최신광학개론

Introduction to Optics 3rd Edition

수정판

Frank L. Pedrotti · Leno M. Pedrotti · Leno S. Pedrotti 지음

조재흥 · 김광석 · 김종렬 · 문한섭 · 안재석 · 차명식 옮김

청문각

3판 수정판

최신광학개론

INTRODUCTION TO OPTICS, third edition

2019년 2월 28일 3판 1쇄 펴냄 | 2022년 2월 1일 3판 2쇄 펴냄
지은이 Frank L. Pedrotti · Leno M. Pedrotti · Leno S. Pedrotti
옮긴이 조재흥 · 김광석 · 김종렬 · 문한섭 · 안재석 · 차명식
펴낸이 류원식 | 펴낸곳 (주)교문사

편집부장 김경수 | 본문편집 김미진 | 표지디자인 유선영

주소 (10881) 경기도 파주시 문발로 116(문발동 536-2)
전화 031-955-6111~4 | 팩스 031-955-0955
등록 1968. 10. 28. 제406-2006-000035호
홈페이지 www.gyomoon.com | E-mail genie@gyomoon.com
ISBN 978-89-363-1829-1 (93420) | 값 35,000원

대표 역자 서문

1983년 서울 홍릉에 있던 한국과학기술원 물리학과에서 한국광학계의 기초를 세운 고 이상수 교수님을 석·박사 과정의 지도교수님으로 모시면서 처음으로 제대로 된 광학이론과 실험을 배우기 시작한 지 2019년 2월로 만 35년이 되었다. 이 긴 세월 동안 150편이 넘는 논문과 120명이 넘는 석·박사 제자를 배출하게 되었기에 여러 가지 감회가 드는 바이다. 이러한 결과는 지방 사립 대학교라는 어려움 속에서도 나름대로 대학교수가 된 후 스스로 교육자와 연구자로서 인생의 목표로 세운 것들이다. 하지만 이러한 결과는 한 순간순간마다 최선을 다해준 사랑하는 제자들과 주변에서 연구와 교육에 힘쓸 수 있도록 도와준 동료 학과 교수와 대덕연구단지 내에서 공동 연구 및 공동 논문지도로 고민을 같이해준 동료 과학자들의 협조와 도움이 있었기에 가능한 일이어서 이들에게 커다란 고마움을 표하는 바이다.

이러한 교육과 연구에 정열을 바친 지난 35년간 수많은 교재와 중요 전문 학술서적을 보았으며, 일부는 직접 대학교와 대학원에서 교재로 사용하기도 하였고, 일부는 번역을 하였으며, 일부는 논문 작성 시 중요한 참고문헌으로 거론하기도 하였다. 특히 이 중에서 내가 기억하는 한도 내에서 대학교 학부생을 위한 매우 훌륭한 외국 광학교재로는 Grant R. Fowles의 <Introduction to Modern Optics; 2nd ed.>, Max Born과 Emil Wolf의 <Principles of Optics; 7th ed.>, Eugene Hecht의 <Optics; 4th ed.>, Jurgen R. Meyer-Arendt의 <Introduction to Classical and Modern Optics>, Frank L. Pedorotti 외 2인의 <Introduction to Optics; 3rd ed.> 등이 있다. 물론 이외에도 대학원

생들을 위한 광학교재 및 각 분야별 주옥같은 외국저서들이 있고, 최근에는 국내에서 출간되는 여러 교수님들이 저술한 매우 귀중하고 훌륭한 국내 교재도 있으나, 학부생 강의용으로 외국 교재에서 내가 접한 것으로는 위의 5권이다. 이 중 Eugene Hecht의 교재와 Jurgen R. Meyer-Ardent의 교재는 이미 본 역자가 번역하여 시중에 널리 보급하였으며, Grant R. Fowles의 교재는 상당히 오래전에 다른 역자가 번역하였고 이제는 절판이 되었다. 이번에 남은 2권 중 1권인 Frank L. Pedorotti 외 2인의 "Introduction to Optics; 3rd ed."을 번역할 수 있는 기회가 생긴 것에 감사의 기도를 하면서 이러한 기회를 제공해 준 청문각 및 본 교재를 같이 번역한 부산대학교의 차명식 교수를 비롯한 번역진들에게도 감사를 새삼 표하는 바이다.

본 교재는 고전적인 기학광학과 파동광학에서 시작하여 광정보, 레이저, 홀로그래피와 같은 최신 광학분야를 다루되, 상당히 세밀하고 논리적인 이론으로 이를 자세히 설명하고 있다. 즉, 학부생이 볼 수 있는 교재로는 상당한 수준이지만, 대부분의 학부 광학교재에서 부족하였던 이론적 배경을 학부생이 이해할 수 있는 한계 내에서 정확히 다루고 있다. 이런 점에서 여타의 학부 광학교재보다는 수준이 한 단계 높다고 말할 수 있으며, 학부 4학년이나 대학원 석사과정 1년차들이 본격적인 광학 공부를 하기 직전에 보기에 매우 적합한 교재라고 판단하는 바이다. 또한 다른 분야를 공부하다가 광학 및 광전자 분야로 입문한 대학원생이나 직장인들에게는 우선적으로 권하는 책들 중 하나이다. 다만 약간의 수학적 지식과 선험적 광학지식이 있으면 훨씬 더 쉽게 이해하고 따라갈 수 있으므로 사전에 일반물리학 수준 정도나 앞서 언급한 교재들을 먼저 보기를 권하는 바이다. 그러나 바로 이 교재를 접하여도 크게 문제가 없다는 것을 알려드리며, 열심히 정독하면 광학에 대한 새로운 이해를 하는 계기가 되리라 본다.

본 교재는 번역하신 6분의 교수님들이 각 분야의 전문가임을 충분히 인지하여 각 분야를 나누어 최선을 다하여 번역하였다. 그럼에도 불구하고 지난 1년간 오탈자 및 오역이 일부 발견되었기에 이번에 새로이 교재를 출간하면서 이 오탈자를 바로 잡았다. 그래도 혹시 본 교재에 대한 오탈자나 오역이 혹시라도 발견될 시에는 대표 역자를 포함한 역자들의 이메일 주소로 알려준다면 다음번 2차 교정에서 새로이 반영하고자 한다. 본 교재의 새로운 출간을 위하여 힘써준 청문각에 심심한 감사를 드리는 바이다.

끝으로 이러한 훌륭한 교재를 만든 Frank L. Pedorotti 외 2인의 원저자진들에게 경의를 표하고, 본 역서가 나올 때까지 용기를 주면서 격려를 해준 가족 및 제자들에게 감사를 표하는 바이다.

이제는 초심으로 돌아가서 대학교수로서의 위치와 시대적 사명을 다시금 마음에 새기고 자연에 대한 놀라움을 대학 학부생들과 일반인들에게 전달하는 역할을 하고자 한다.

2019년 2월

한남대학교 광·센서공학과 조재흥 교수(대표 역자)

역자 소개

조재흥 한남대학교 교수/KAIST
(jhjo@hnu.kr): 저자서문, 1장~3장

김광석 부산대학교 교수/Univ. of Oxford
(kskyhm@pusan.ac.kr): 4장~7장

안재석 부산대학교 교수/서울대학교
(jaisahn@pusan.ac.kr): 8장~11장

차명식 부산대학교 교수/Univ. of Central Florida
(mcha@pusan.ac.kr): 12장~17장

문한섭 부산대학교 교수/한국교원대학교
(hsmoon@pusan.ac.kr): 18장~23장

김종렬 세종대학교 교수/KAIST
(jrkim@sejong.ac.kr): 24장~28장

저자 서문

소개

광학분야는 물리학, 공학, 기술분야의 응용영역을 확장하는 데 커다란 역할을 한다. 1960년대에 동시에 출현한 레이저, 광섬유 광학, 비선형 광학부품, 반도체 광원 및 반도체 광검출기 분야는 응용광학 및 이론광학 분야를 새롭게 문을 열기 시작하였다. 이에 따라 이전과는 다른 접근법으로 기술하고 다른 분야를 강조한 보다 개선된 다양한 교재들이 필요한데, 이 교재들은 광학을 전공하는 학생들과 보조적으로 광학기초를 다시 보아야 할 전문가들에게 모두 필요한 것이다.

중간 정도의 수준에서 개론적인 현대광학을 가르치고자 한다면 본 교재인 최신 광학개론(Introducton to Optics)으로 가르칠 것을 제안한다. 이 교재를 보기 위해서 학생들은 적어도 2학기 정도의 미적분학과 미적분을 기초로 한 일련의 물리개론을 사전에 수강해야만 한다. 이 교재는 전통적인 광학분야와 현대광학의 여러 주제를 포함하고 있으며, 서로 다른 분야들로 구성하여 다양한 한 학기 과정으로 사용할 수 있게 만들었다. 이에 더해서 학부 2학년생, 3학년생, 4학년생의 물리학 또는 공학을 배우는 학생들의 1년 코스의 광학교재로 사용하기에 충분하도록 만들었다.

전통적인 방법이 아닌 2×2 행렬로 광선추적(ray tracing), 편광(polarization), 다층박막 간섭을 다루는 것이 이 교재만의 특별한 방식이다. 이러한 세 장은 레이저를 취급할 때에도 사용하고, 안광학을 다룬 장에서도 사용하며, 홀로그래피, 결맞음(coherence), 광섬유 광학, 간섭계, 푸리에 광학, 비선형광학, 프레넬 식에도 사용한다. 이 교재는 2부로 구성된다. 1부는 물리학 전공의 2학년 또는 3학년생들을 위한 1학기 광학수업을 위한 기초 내용으로 된 장들로 이루어져 있는데, 이들의 일부분은 특별한 교과과정에서만 필요한 것들이기 때문에 건너뛸 수도 있다. 2부는 완전히 독립된 장이지만, 1부의 각 장들에서 빠진 내용들을 기술하여 그 내용을 보다 다양하고 완벽하게 만든다. 이렇게 2부의 각 장들을 구성함으로써 교수들이 각자의 구미에 맞는 교과과정을 만들 수 있다. 이를 도와주기 위해서 이 서문 후반부에 몇몇 광학 강의코스에 맞도록 각 장의 순서를 제시하여 놓았다.

3판의 개선방향

이 교재의 3판은 2판과는 다르게 몇몇 주제가 추가되고 내용이 더 많이 기술되었으며, 강사들이 각자 필요한 교과과정에 교재의 내용을 자유로이 구성할 수 있도록 교재 내용의 순서도 바꾸었다. 3판의 새로운 모습은 다음과 같다.

- 원통빔과 가우스빔의 정량적 기술을 첨가하기 위해서, 그리고 편광에 대한 초기 소개를 위해서 파동방정식(4장)을 사용하였다.
- 광간섭계(8장)에서는 패브리-페로 간섭계의 자세한 작동원리와 응용분야를 추가하였고, 중력파 검출기 분야도 추가하였다.
- 교재 전반에 걸쳐서 여러 현대광학의 응용분야를 새로이 기술하였다. 보기를 들면, 10장의 광섬유통신시스템에서는 파장분할다중화(wavelength-division-multiplexing)에 대한 절을 추가하였으며, 17장에서는 액정 디스플레이와 플라즈마 디스플레이에 대한 절을 추가하였다.
- (26장인 "레이저 작동"과 같은) 새로운 장에서는 레이저 작동을 설명하는 정량적인 비율방정식을 도입했으며, 반도체 레이저에 대한 정량적 소개도 하였다. 그리고 동시에 작성한 6장 "레이저의 성질", 26장 "레이저 작동", 27장 "레이저 빔의 특징", 28장 "현대적 응용 특론"의 4개장은 대학교 학부생들을 대상으로 한 레이저광학의 이해를 돕는 입문용으로 만든 것이다.
- 강력한 교재 평가자의 피드백에 기초하여 각 장들에 대해서 좀 더 깊이 있고 명쾌한 논의와 수학적 취급을 전반적으로 하였다.
- 2판의 "레이저 응용" 장을 확대하여 교정한 28장에는 극초단 레이저 펄스발생(ultrashort pulse production), 레이저 냉각과 포획(laser cooling and trapping), 광매개 공진기(optical parametric oscillator), 근접장 현미경법(near-field microscopy)과 같은 것들을 기술한 새로운 절을 추가하였다.
- 100개 이상의 문제를 추가하였다.

교재 구성

교재는 크게 2개의 부분으로 구성된다. 2부의 각 장들은 우선적으로 1부에서 취급한 내용에 따라 구성되지만 서로 다른 다양한 연속성을 갖도록 되어 있다. 교재의 유연성을 위해서 1학기용으로 된 4가지 코스를 제공한다.

전통적인 "균형잡힌" 광학코스

필수조건: 일반물리학 2~3학기와 미적분학 2학기 이수

1장 빛의 성질
2장 기하광학
3장 광학기기
4장 파동방정식
5장 파동의 중첩
6장 레이저의 특성
7장 빛의 간섭
8장 광간섭법
9장 결맞음
10장 광섬유 광학
11장 프라운호퍼 회절
13장 프레넬 회절
15장 편광의 생성

전통 코스: 기하광학 위주

필수조건: 일반물리학 2~3학기와 미적분학 2학기 이수

1장 빛의 성질
2장 기하광학
3장 광학기기
18장 근축 광학의 행렬 해법
19장 안광학
20장 수차 이론
4장 파동방정식
5장 파동의 중첩
6장 레이저의 특성
7장 빛의 간섭
8장 광간섭법
10장 광섬유 광학

물리광학

필수조건: 일반물리학 2~3학기, 미적분학 2학기, 중급 전자기학 1학기 이수

1장 빛의 성질
4장 파동방정식
5장 파동의 중첩
6장 레이저의 특성
7장 빛의 간섭
8장 광간섭법
9장 결맞음
11장 프라운호퍼 회절
12장 회절격자
13장 프레넬 회절
14장 편광의 행렬 기법
15장 편광의 생성
16장 홀로그래피
21장 푸리에 광학

레이저광학

필수조건: 일반물리학 2~3학기, 미적분학 2학기, 중급 전자기학 1학기 이수

4장 파동방정식
5장 장 파동의 중첩
6장 레이저의 특성
26장 레이저의 동작원리
7장 빛의 간섭
8장 광간섭법
9장 결맞음
10장 광섬유 광학
11장 프라운호퍼 회절
14장 편광의 행렬 기법
18장 근축 광학의 행렬 해법
27장 레이저 빔의 특성
28장 레이저의 응용

물론 다른 장들을 연결하여 강의하는 것도 가능하다. 예를 들어, 전자기학 2학기와 레이저광학 코스를 마친 학부생들에게는 4장, 5장, 7장을 16장("홀로그래피"), 22장("다층박막 이론"), 24장("비선형광학과 광변조")으로 바꾸어 가르칠 수 있다. 두 학기 강의, 2번의 계절학기 강의, 또는 3번에 걸친 계절학기 강의를 하는 것도 가능하다.

감사의 글

저자들에게 광학과목 자체의 흥미와 강의에 대한 흥미를 갖도록 영감을 준 많은 선생님들과 저자들이 명쾌하고 효율적으로 가르칠 수 있도록 동기를 부여한 여러 학생들에게 감사를 전한다.

1판과 2판

1판의 매우 유익한 책 내용 저술에 도움을 준 Hugo Weichel, James Tucci, Hajime Sakai, Arthur H. Guenther, Thomas B. Greenslade에게 감사를 드리는 바이다. 그리고 2판을 출판하면서 여러분들이 제안한 내용들도 도움이 되었는데, 이에 대해서 Prentice Hall 출판사가 선정한 심사위원회의 회원인 Florida Institute of Technology의 Joel Blatt, Oregon Institute of Technology의 James Boger, New Mexico State University의 Harry Daw, University of Delaware의 Edward Eyler, University of Nebraska의 Daniel Wilkins에게 감사를 전한다. 꼼꼼히 읽어 검토해주고 제언해준 것에 대해서 O.D.의 Michael Pertotti 박사에게도 감사의 말을 전하며 고마움을 느끼는 바이다. 또한 1쪽을 빛낸 아인슈타인 초상화를 그려준 CORD의 Judy Lawson에게도 감사를 드린다.

3판

이 책인 3판에서 새로이 바뀐 수많은 변화의 내용들은 출판사의 심사위원인 University of Missouri at Rolla의 Ralph Alexander, San Jose State University의 Ramendra Bahuguna, Rose-Hulman Institute of Technology의 Robert M. Bunch, Texas A&M, Kingsville의 Henry J. Leckenby, University of Tulsa의 Peter G. LoPresti, University of Alabama, Birmingham의 Sergey Mirov, Rice University의 B. Paul Padley, Case Western University의 Jie Shan, Weber State University의 John E. Sohl, Georgia Tech의 Rick Tebino, Wittenberg University의 Paul Voytas가 제안한 생각을 받아들인 결과이다. 이 심사위원들이 유용한 제안들을 해준 것에 대해서도 깊은 감사를 드리는 바이다. 이들 심사위원들 중에서도 특히 3판 전체를 주의깊게 읽어준 John Sohl과 Robert Bunch에게 특별히 감사를 더 드리는 바이다. 또한 3판의 새 내용들에 대한 충고와 제안들을 해준 University of Dayton의 Robert Brecha, Bruce Craver, Peter Powers에게도 감사하며, 예술적 측면과 논리적 측면에서 도와준 CORD의 Mark Whitney와 Kathy Kral에게도 감사한다.

끝으로 열정과 프로정신으로 일해준 Prentice Hall의 편집부와 출판부에게도 사의를 표하는 바이다. 특히 1판의 출판편집인인 Holly Hodder, 2판의 출판편집인인 Ray Henderson, 3판의 출판편집인인 Erik Fahlgren, 1판과 2판의 생산편집인인 Kathleen Lafferty, 3판의 생산편집인인 (GGS Book Service의) Kevin Bradley와 Cindy Miller에게도 감사를 드린다. 최선을 다해서 실수가 없도록 책을 만들었지만 혹시라도 발견되는 모든 실수들은 전부 저자의 책임임을 밝히는 바이다.

Frank L. Pedrotti, S. J.
Leno S. Pedrotti
Leno M. Pedrotti

요약 차례

차례

물리상수

광속	$c = 2.998 \times 10^{8}$ m/s
전하	$e = 1.602 \times 10^{-19}$ C
전자의 정지질량	$m = 9.109 \times 10^{-31}$ kg
플랭크 상수	$h = 6.626 \times 10^{-34}$ J-s
볼쯔만 상수	$k = 1.3805 \times 10^{-23}$ J/K
진공에서의 유전율	$\varepsilon_0 = 8.854 \times 10^{-12}$ C^2/N-m^2
진공에서의 투자율	$\mu_0 = 4\pi \times 10^{-7}$ T-m/A

chapter 1 빛의 성질

"그들은 월요일, 수요일, 금요일에는 빛을 파동으로 보아야 하고 화요일, 목요일, 토요일에는 빛을 입자로 보아야 하며 일요일에는 단순히 기도만 하는 것으로 투덜거리면서 이 문제를 잘 해결하였지만 여전히 비통한 얼굴을 하면서 되돌아갔다."

The Strange Story of the Quantum
베네쉬 호프만(Benesh Hoffmann), 1947

서론

위에서 언급한 1947년의 양자세계에 대한 대중적인 입문서에서 인용한 양자(quantum)라는 단어는 빛의 성질과 관련된 여러 가지 것들을 이제 막 접하기 시작한 수많은 독자들에게서 각광을 받아왔다. "구별이 불가능한 두 사람 또는 두 물건"인 파동-입자라는 쌍둥이에 대해 이야기를 부분적으로 언급하는 호프만의 놀랍고 유익한 이야기는 빛의 실제 성질에 대한 그 시대에 느꼈던 좌절의 정도를 멋지게 기술한 것이다. 대략 60년이 지난 후인 요즈음에도 이 "구별이 불가능한 두 사람 또는 두 물건"에 대한 퍼즐문제는 여전히 지속되고 있다. 빛이란 무엇인가? 광자란 무엇인가? 2003년 10월 미국광학회(The Optical Society of America)에서는 *Optics and Photonics News*에 "The Nature of Light: What is a Photon?"라는 특별주제를 할애하여 이를 다루었다. 이 주제[1]에서 다섯 개의 감동적인 소론을 통하여 많은 유명한 과학자들이 광자를 기술하는 난제를 다루었다. "Light Reconsidered"라는 제목의 선두 논문에서 아더 자욘크(Arthur Zajonc)는 다음과 같이 말했다.

1 "The Nature of Light: What is a Photon?" *OPN Trends*, Vol. 3., No.1, October 2003.

빛은 일상생활에서 당연하게 보는 것이지만, 빛의 실질적인 성질은 수백 년 동안 아직도 쉽게 알아내지 못하고 있다. 알버트 아인슈타인(Albert Einstein)은 거의 말년에 "50년 동안 신중하게 곰곰이 생각해봤지만 광자란 무엇인지에 대한 질문의 답을 구하지 못했다"라고 말했다. 오늘날에도 아인슈타인처럼 빛에 관해서는 여전히 "학문적인 무지"상태이다.

빛의 물리적 성질을 파악하는 것은 과학사에서 가장 흥미로운 이야기들 중 하나이다. 16세기와 17세기 현대과학 태동기 이래로 서로 모순된 모델처럼 보이지만 빛은 입자 또는 파동 중 하나로 그려졌다. 이 2가지 모델 각각은 과학 분야에서 모두 황금시대를 구가하였다. 20세기에는 어느 정도 빛이 파동과 입자 모두라는 것이 명백해졌지만 여전히 빛은 정확히 둘 중 어느 것도 아니라는 것이다. 오랜 시간 빛의 이러한 두 상태가 얽힌 것을 **파동-입자의 이중성**(wave-particle duality)이라고 했으며, 빛에 대한 이러한 모순적인 모델은 우리 시대의 위대한 과학적 사고의 동기가 되었다. 공식적인 개념에서 이는 물리학에서 가장 성공적인 이론체계인 **양자전기역학**(quantum electrodynamics)이라는 새로운 분야를 만들었다. 그러나 여전히 많은 과학자들은 빛의 성질을 쉽게 이해하는 것이 상당히 어렵다는 것에 동의한다.

여기서는 빛과 광자를 이해하는 과정에서 가장 중요한 부분들만 간단하게 보여줄 것이다. 광학과 다른 물리학 영역들, 즉 전자기학 및 원자물리학과 같은 영역들이 이러한 설명에 매우 깊게 관여한다. 이러한 설명은 물리적 세상을 이해하는 데 사용하는 위대한 통일이론들 중 하나이다. 최종 결론은 빛과 전자와 같은 소립자들을 에너지를 표현하는 데에 고려해야 하고, 동일한 공식적인 원리가 이들을 지배한다는 것이다. 서론에 해당하는 이 장에서는 입자와 파동을 서로 바꾸어가면서 간단히 빛의 역사를 살펴볼 것이다. 이 방법에 따르면 하나의 관점 또는 또 다른 관점이 각각 올바르다는 사고를 보게 된다. 양자물리학과 특수상대론과 같은 몇 가지 기본적인 관계식으로 전자와 **광자**(photon)와 같은 소립자의 성질을 설명하는 과정을 따라간다. 끝으로 전자기적 스펙트럼에 대한 간단한 소개와 전자기 복사의 성질을 기술하는 데 사용하는 **복사측정 단위**(radiometric units)에 대한 개론으로 이 장을 마무리한다.

1-1 간단한 역사[2]

17세기에 빛의 **입자론**(particle theory)에 대한 가장 유명한 지지자는 역학과 중력을 모두 완성시킨 창조적 거인인 아이작 뉴턴(Isaac Newton)이다. 유명한 논문인 *Optics*에서 뉴턴은 광선을 광원에서 방출된 매우 작은 입자가 직선으로 이동하는 것으로 명쾌하게 설명하였다. 뉴턴은 오직 관찰과 실험을 통해서 유도한 가설만을 강력하게 주장하였지만, 이 논문에서는 그 자신이 입자 가설을 채택하고 이를 그 자신의 경험만을 가지고 정당

2 예를 들면 이보다 깊이 있는 역사적 설명은 다음과 같은 저서에서 찾을 수 있다. Vasco Ronchi, *The Nature of Light* (Cambridge: Harvard University Press, 1970).

하다고 믿었다. 뉴턴이 생각한 중요한 사실은 빛이 물체를 비추면 예리한 그림자가 생기는 것처럼 보이는 반면 수면파나 음파는 진행경로 상에 장애물이 있을 경우 이 장애물에서 휘어져 진행한다는 것이다. 이와 동시에 뉴턴은 요즈음 **뉴턴 원무늬**(Newton's ring)라고 하는 현상도 알았다. 이런 무늬는 직선으로 움직이는 입자흐름만을 가지고는 설명하기 쉽지가 않다. 그러나 뉴턴은 그의 기본적인 입자가설을 그대로 유지하고 입자 자체에 "손쉬운 반사와 손쉬운 투과로 맞춤"이라고 부르는 것을 부여함으로써 이 현상을 설명하였는데, 이는 장애물이 만드는 인력과 척력에 기인한 일종의 주기적인 운동이라는 것이다. 과학자로서의 그의 명성 때문에 뉴턴의 이러한 시각은 그가 활약했던 시대를 전반적으로 지배하였다.

뉴턴과 동시대의 네덜란드 과학자인 크리스티안 호이겐스(Christian Huygens)는 (그가 저술한 *Treatise on Light*라는 책에서) 빛을 파동으로 생각하는 견해, 즉 광원에서 나온 빛이 모든 방향으로 퍼지고 **에테르**(ether)라고 부르는 완벽한 침투성의 탄성매질을 통해서 전파한다는 생각을 밝혔다. 예를 들어 그는 두 개의 빔(beams of light)을 서로 교차시켰을 때 서로 간에 어떤 변화도 없이 다시 진행한다는 실험적 사실로 이를 증명하였는데, 이는 수면파나 음파의 경우와 동일한 현상이다. 파동론을 채택하여 호이겐스는 **반사법칙과 굴절법칙**(laws of reflection and refraction)을 유도하였으며, 또한 방해석(calcite)에서의 **이중굴절**(double refraction) 현상도 설명하였다.

뉴턴의 *Optics* 출판 100주년으로부터 2년이 지난 후 영국인인 토마스 영(Thomas Young)이 파동적 해석만을 요구하는 것처럼 보이는 결정적인 실험을 수행하였는데, 이로 인하여 빛의 파동론이 대세가 되었다. 이는 **이중슬릿 실험**(double-slit experiment)으로 두 개의 작고 인접한 구멍을 갖는 불투명한 스크린을 작은 광원에서 나온 단색광으로 비추는 실험이다. 관찰된 "그림자"에서는 수면파가 만드는 간섭무늬와 같은 복잡한 간섭무늬가 보인다.

파동론의 승리는 20세기까지 이어졌다. 19세기 후반의 특징인 안정적인 과학적 신뢰의 분위기 속에서 대부분의 다른 고전물리학 영역처럼 빛도 잘 이해하고 있다고 생각하였다. 1821년에 오귀스탱 프레넬(Augustin Fresnel)은 빛이 횡파라는 것을 나타내는 실험결과와 이에 대한 분석내용을 발표하였다. 이러한 근거 하에서 방해석의 이중굴절도 **편광된 빛**(polarized light)의 현상으로 이해할 수 있었다. 에테르 속에서 광파는 유체 속에서의 음파처럼 필수적으로 종파라는 것으로 가정하였는데, 횡파의 진동을 설명할 수 없었다. 편광된 빛의 두 성분 각각에 대해서 프레넬은 **프레넬 식**(Fresnel equations)을 유도했는데, 이 식은 두 광학매질을 분리하는 평면 경계에서 반사하고 투과하는 빛의 진폭을 알 수 있게 해준다.

전기와 자기 분야에서 일한 제임스 클럭 맥스웰(James Clerk Maxwell)은 4개의 **맥스웰 방정식**(Maxwell equations)으로 전자기학의 기존 원리들을 분석하였다. 이 방정식은 **실험적으로 측정한 광속**(measured speed of light)과 동일한 에테르 내에서의 전자기적 특징인 **전자기파**(electromagnetic wave)의 속력을 예측하였다. 그 이후로 빛을 복사에 대한 전자기파 스펙트럼의 특별한 영역으로 보는 관점이 생겼다. 에테르 속에서의 지구의 운동을 광학적으로 검출하려고 시도한 알버트 마이컬슨(Albert Michelson)과 에드워드 몰리(Edward Morley)의 실험(1887), 알버트 아인슈타인(Albert Einstein)의 특수상대론(1905)은 기념비적 중요도를 갖는다. 이 실험과 이론은 모두 필연적으로 에테르의 가정이 쓸데없는 것이라는 결론을 이끌어냈다. 그래서 빛이 **유체 내에서의 횡파**인지와 관련된 질문들은 모두 폐기되었다.

19세기가 단단한 토대 위에 빛의 파동론이라는 장소를 제공하였다면, 19세기 말부터 이 토대는 무너지기 시작하였다. 파동론과 입자론에 대한 논쟁이 힘차게 다시 점화되었다. 다시 여기에서 이 문제를 바라보는 방향에 따라 몇몇 주요 쟁점들을 간단하게 언급한다. 파동론으로 해결이 안되는 여러 문제점들은 **빛과 물질의 상호작용**(interaction of light with matter)을 포함한 상황을 나타내는 것처럼 보인다. 20세기의 여명기인 1900년에 막스 플랑크(Max Planck)는 독일물리학회 학술발표회에서 원자들이 연속 에너지 스펙트럼이 아니라 불연속 에너지 스펙트럼으로 방사한다는 기묘한 가정을 사용한다면 흑체복사의 실험결과를 제대로 유도하고 설명할 수 있다는 것을 발표하였다. 그래서 **양자**(quanta)와 **양자역학**(quantum mechanics)이 탄생했다. 플랑크에 따르면 전자기 복사에서 나오는 양자 에너지 E는 복사 주파수 v에 비례한다.

$$E = hv \tag{1-1}$$

여기에서 비례상수 h는 **플랑크 상수**(Planck's constant)라고 하며, 6.63×10^{-34} J · s이라는 매우 작은 값이다. 특수상대론을 발표한지 5년 후, 알버트 아인슈타인은 빛이 금속표면을 비출 때 이 금속 표면에서 튀어나오는 전자복사에 대한 **광전효과**(photoelectric effect)의 원리를 성공적으로 설명하였다. 이 설명의 핵심은 광양자(light quanta)의 에너지와 빛의 주파수가 플랑크 식인 식(1–1)로 연결된 광양자의 흐름으로 빛을 나타낸다는 것이다. 1913년 덴마크 물리학자인 닐스 보어(Niels Bohr)는 수소 원자의 **흡수와 방출**(emission and absorption)을 설명하기 위해서 한번 더 **복사양자**(quantum of radiation)라는 개념을 사용하였는데, 이는 수소 스펙트럼을 이해하는데 물리적 기본 토대를 제공한다. 또한 1922년에 이 광양자 모델은 X-선과 전자 사이의 산란을 광양자와 전자 사이의 에너지와 운동량이 보존되는 입자형 충돌로 설명한 아더 콤프턴(Arthur Compton)의 설명에서 주요 도구가 되었다. 1926년에는 화학자인 길버트 루이스(Gilbert Lewis)가 "광양자(quantum of light)" 또는 "광자(photon)"라는 명칭을 제안하였으며, 이후로 이 명칭으로 굳어졌다.

광자 또는 빛의 입자모델에 대한 이런 모든 성공적 결과들은 빛을 에너지와 운동량을 함께 갖는 일종의 입자로서 취급할 수 있다는 것을 알려준다. 빛의 다른 모습을 보았던 루이 드 브로이(Louis de Broglie)도 있다. 1924년에 그는 **소립자**(subatomic particles)에 **파동성**(wave properties)을 부여한 공리를 발표하였다. 사실상 그는 운동량 p를 갖는

한 입자가 다음과 같은 파장을 갖는다고 주장하였다.

$$\lambda = \frac{h}{p} \tag{1-2}$$

여기에서 h는 플랑크 상수이다. 드 브로이의 가설은 1927~1928년 사이에 실험으로 확인하였는데, 미국인 클린턴 데이비슨(Clinton Davisson)과 레스터 거머(Lester Germer), 영국인 조지 토마스 경(Sir George Thomas)이 **전자 빔의 회절**(the diffraction of a beam of electrons)로만 오직 해석할 수 있는 실험을 수행하였다.

그래서 입자-파동의 이중성은 완전한 완성품이 되었다. **빛은 전파, 간섭, 회절을 할 때 파동처럼 행동한다. 그러나 콤프턴 효과와 광전효과와 같은 빛이 물질과 에너지를 교환할 때는 입자처럼 행동한다.** 이와 유사하게 전자 빔에 노출된 형광체에 점같은 섬광이 관찰될 때 전자는 종종 입자처럼 행동하지만, 이 전자 빔은 전자현미경에서 생기는 전자의 회절에서처럼 파동처럼 행동하기도 한다.

1-2 입자와 광자

입자와 파동은 정말로 완전히 다른 존재이기 때문에 입자와 파동으로서 함께 행동하는 광자와 전자는 모순 덩어리처럼 보인다. 닐스 보어(Niels Bohr)는 **상보원리**(principle of complementarity)를 통해서 점진적으로 광자와 전자가 파동도 아니고 입자도 아니라는 것을 명백히 하였지만, 이것들은 이 두 가지 성질보다 훨씬 더 복잡한 그 무엇이다.

물리현상을 설명하기 위해서는 파동과 입자처럼 잘 알려진 물리 모델을 사용하는 것이 자연스럽다. 그러나 이미 밝혀진 것처럼 광자와 전자의 완벽한 성질은 이들 어느 쪽 모델로도 구석구석 완벽하게 기술할 수가 없다. 어떤 상황에서는 파동적인 기여가 우선적일 수도 있고, 또 다른 상황에서는 입자적인 기여로 설명을 해야 한다. 모든 경우를 다 설명할 수 있는 알맞은 더 이상 간단한 물리모델은 없다.

양자역학은 빛과 물질을 모두 기술할 수 있으며, 특수상대론으로 다음과 같은 식으로 매질의 입자와 광자 모두에 대한 운동량 p, 파장 λ, 속력 v를 나타낼 수 있음을 예측할 수 있다.

$$p = \frac{\sqrt{E^2 - m^2c^4}}{c} \tag{1-3}$$

$$\lambda = \frac{h}{p} = \frac{hc}{\sqrt{E^2 - m^2c^4}} \tag{1-4}$$

$$v = \frac{pc^2}{E} = c\sqrt{1 - \frac{m^2c^4}{E^2}} \tag{1-5}$$

이 식들에서 m은 정지질량이고, E는 총에너지로 정지질량의 에너지 mc^2과 입자를 정지 상태에서 측정한 속도까지 가속시키는데 한 일인 운동에너지인 E_K의 합이다. 운동에너지에 대한 적절한 표현은 간단하게 $E_K = \frac{1}{2}mv^2$이 아니고 오히려 $E_K = mc^2(\gamma - 1)$인데, 여기에서 $\gamma = 1/\sqrt{1-(v^2/c^2)}$이다. 운동에너지 E_K에 대한 이러한 상대론적 표현[3]은 $v \ll c$로 근접하는 경우에 $\frac{1}{2}mv^2$이 된다.

전자나 중성자와 같은 입자와 광자와 같은 입자 사이의 중대한 차이는 후자의 **정지질량이 영**이라는 것이다. 그래서 식(1-3)부터 식(1-5)까지는 광자에 대해서 다음과 같이 간단한 형태가 된다.

$$p = \frac{E}{c} \tag{1-6}$$

$$\lambda = \frac{h}{p} = \frac{hc}{E} \tag{1-7}$$

$$v = \frac{pc^2}{E} = c \tag{1-8}$$

그래서 전자와 같은 정지질량이 영이 아닌 입자는 c보다 작은 속력을 갖는 반면에, 식(1-8)은 광자와 같은 정지질량이 영인 입자는 일정한 속력 c로 움직인다는 것을 보여준다. 광자의 에너지는 광자 속력의 함수가 아니고 오히려 식(1-1)이나 식(1-6)과 식(1-7)에서 표현한 것처럼 광자 주파수의 함수이다. 광자의 경우, 이것의 영인 정지질량 때문에 광자의 총에너지와 광자의 운동에너지 사이의 차이는 없다. 다음 보기는 동일한 총에너지를 갖는 전자와 광자의 운동량, 파장, 속력 사이의 차이를 명백하게 보여준다.

예제 1-1

전자 하나가 2.5 MeV의 운동에너지 E_K까지 가속한다. (a) 이 전자의 상대론적 운동량, 드 브로이 파장, 속력을 구하시오. (b) 이 전자와 동일한 총에너지를 갖는 광자 하나에 대한 동일한 상대론적 운동량, 드 브로이 파장, 속력을 구하시오.

풀이

전자의 총에너지 E는 이 전자의 정지질량 에너지 mc^2과 이 전자의 운동에너지 E_K의 합이여야만 한다. 정지질량 에너지는

$mc^2 = (9.11 \times 10^{-31}\,\mathrm{kg})(3 \times 10^8\,\mathrm{m/s})^2 = 8.19 \times 10^{-14}\,\mathrm{J}$이다.

$1\,\mathrm{eV} = 1.6 \times 10^{-19}\,\mathrm{J}$이므로 $mc^2 = 5.11 \times 10^5\,\mathrm{eV} = 0.511\,\mathrm{MeV}$이다. 그래서

$$E = mc^2 + E_K = 0.511\,\mathrm{MeV} + 2.5\,\mathrm{MeV} = 3.011\,\mathrm{MeV}$$

---

3 이 논의는 상대론 역학에 대한 요약으로만 할 수 있다는 것을 의미하지 않고 매질의 입자와 빛을 합치시키는 일부의 기본 관계식인 식(1-3)부터 식(1-8)까지의 도움으로도 할 수 있다는 것이다.

또는

$$E = 3.011 \times 10^{6}\,\mathrm{eV} \times (1.602 \times 10^{-19}\,\mathrm{J/eV}) = 4.82 \times 10^{-13}\,\mathrm{J}$$

이다. 그래서 다른 물리량들은 순서대로 계산된다. SI 단위로 계산을 하면, 식(1-3)에서

$$p = \frac{\sqrt{E^2 - (mc^2)}}{c} = \frac{\sqrt{(4.82 \times 10^{-13}\,\mathrm{J})^2 - (8.19 \times 10^{-14}\,\mathrm{J})^2}}{3 \times 10^{8}\,\mathrm{m/s}}$$

$$= 1.58 \times 10^{-21}\,\mathrm{kg \cdot m/s}$$

이고, 식(1-4)에서

$$\lambda = \frac{h}{p} = \frac{6.626 \times 10^{-34}\,\mathrm{J \cdot s}}{1.58 \times 10^{-21}\,\mathrm{kg \cdot m/s}} = 4.19 \times 10^{-13}\,\mathrm{m} = 0.419\,\mathrm{pm}$$

이며, 식(1-5)로부터

$$v = \frac{pc^2}{E} = \frac{(1.58 \times 10^{-21}\,\mathrm{kg \cdot m/s})(3 \times 10^{8}\,\mathrm{m/s})^2}{4.82 \times 10^{-13}\,\mathrm{J}}$$

$$= 2.95 \times 10^{8}\,\mathrm{m/s}$$

이다. 이에 반하여 광자에 대해서는 $m = 0$이므로 식(1-6)에 따라

$$p = \frac{E}{c} = \frac{4.82 \times 10^{-13}\,\mathrm{J}}{3 \times 10^{8}\,\mathrm{m/s}} = 1.61 \times 10^{-21}\,\mathrm{kg \cdot m/s}$$

이고, 식(1-7)로부터

$$\lambda = \frac{h}{p} = \frac{6.626 \times 10^{-34}\,\mathrm{J \cdot s}}{1.61 \times 10^{-21}\,\mathrm{kg \cdot m/s}} = 0.412\,\mathrm{pm}$$

이며, 식(1-8)에서

$$v = c = 3.00 \times 10^{8}\,\mathrm{m/s}$$

이다.

전자와 광자 사이의 또 다른 중요한 차이가 있다. 전자는 **페르미-디락 통계**(Fermi-Dirac statistics)를 따르는 반면에, 광자는 **보제-아인슈타인 통계**(Bose-Einstein statistics)를 따른다. 페르미-디락 통계의 결과는 동일한 상호작용계 내의 두 전자는 동일한 **상태**(state) 내에 있을 수 없다는 것, 즉 완전히 동일한 물리적 성질을 가질 수 없다는 것이다. 보제-아인슈타인 통계는 이러한 제한 조건이 없어서 동일한 에너지, 운동량, 편광 상태를 갖는 동일한 광자가 수없이 함께 존재할 수 있다는 것으로, 예를 들면 레이저 공진기 내에서 일어나는 광자의 상태들을 말한다.

양자역학의 원리와 특수상대론 원리를 결합한 **양자전기역학**(quantum electrodynamics)에서 보면 광자는 오직 전하와 상호작용한다. 예를 들어 하나의 전자는 하나의 광자를 흡수할 수도 있고 방출할 수도 있다. 입자와 관련된 전하에 대한 보존법칙이 광자에 대해서는 없다. 앞서의 예제에서 보여준 것처럼 이 이론에서 파동-입자의 이중성은 고전적 파동(즉, 빛)과 고전적 입자(즉, 전자) 모두가 동일한 기본적인 성질을 갖는다는 개념에서 언급되기 시작하는데, 이는 온전히 파동도 아니고 온전히 입자도 아니라는 것이다. 광자와 전자 사이의 근본적인 차이점이 없어지고 이 둘 모두는 동일한 일반적인 원리를 따른다. 그럼에도 불구하고 적절할 때마다 입자성이나 또는 파동성을 사용할 수 있는 것을 보면 빛에 대한 파동과 입자성의 상보적인 양상만이 남는다는 것이다. 빛의 파동성은 이 교재에서 다루는 대부분의 광학 현상을 기술하기에 적절하다는 것을 알 것이다.

이러한 간단한 비교를 통해서 고전적 입자와 빛 사이의 차이점과 유사점 중 일부를 알았으며, 이 두 가지에 적용하는 몇몇 기본적인 관계를 알게 된다. 일정한 에너지, 운동량, 편광을 갖는 광자를 교환함으로써 빛이 물질과 상호작용한다는 개념을 레이저 작동원리를 고려하는 몇몇 장에서 사용할 것이다.

1-3 전자기 스펙트럼

이 교재에서는 빛의 성질과 응용분야에 대해서 생각한다. 전기와 자기를 설명하는 전자기 방정식에 이름을 단 제임스 클럭 맥스웰의 중요한 업적에 따르면, “빛”은 인간 눈이 검출하고 해석할 수 있는 주파수 영역 내의 **전자기파**(electromagnetic wave)로 정의된다. 모든 전자기파는 시간 의존형 전기장과 자기장으로 구성된다. 가속하는 전하 분포가 전자기(EM: electromagnetic)파를 만들고, 이 전자기파가 에너지를 운반하며, 전자기파가 비춘 하전입자에 힘을 가한다. 전자기파에 대한 성질은 4장과 이 교재의 다른 모든 장에서 좀 더 자세히 논의한다. 이 서론의 두 절에서는 전자기파의 가장 기본적인 특성만을 소개할 것이다.

자유공간(즉 빈 공간)에서 모든 전자기파는 일반적으로 c라고 쓰는 동일한 속력으로 진행한다. 이 속력은 자연스럽게 맥스웰 방정식에서 나오는데, 근사적으로 $c = 3 \times 10^8$ m/s이다. 모든 전자기파의 주파수는 파원의 주파수로 결정된다. 공간을 전파하는 전자기 교란은 실질적 목적으로 단일 주파수로 정의하는 **단색**(monochromatic)파일 수도 있고, 혹은 이산적이든 연속적이든 많은 주파수로 표현하는 **다색**(polychromatic)파일 수도 있다. 이러한 전자기파의 여러 성분파 사이의 에너지 분배 상태를 이 복사에 대한 **스펙트럼**(spectrum)이라고 하며, 형용사 ‘spectral’은 파장 의존성을 의미한다. **전자기 스펙트럼**(electromagnetic spectrum) 상의 다양한 영역들은 생성되는 방법과 검출하는 방법의 차이에 따라 **라디오파**(radio wave), **우주선**(cosmic rays), **가시광**(light), **자외선**(ultraviolet radiation)과 같은 특별한 명칭이 붙어있다. 다양한 주파수 영역에 대한 대부분의 공통적인 분류는 그림 1-1과 같으며, 이 그림에서 전자기 스펙트럼은 주파수 ν와 파장 λ로 보여준다. 이 두 물리량은 모든 종류의 파동운동에서 속도 c를 매개로 다음과 같은 식(1-9)으로 연결된다.

$$c = \lambda v \tag{1-9}$$

그림 1-1에서 보여준 것처럼 파장의 공통 단위는 **옹스트롬**(angstrom)(1 Å = 10^{-10} m), **나노미터**(nanometer)(1 nm = 10^{-9} m), **마이크로미터**(micrometer)(1 μm = 10^{-6} m)이다. 그림에서 보는 것과 같이 여러 파의 형태로 나뉜 영역들은 정밀하게 분할된 것이 아니다. X-선부터 감마선 사이의 연속 스펙트럼의 경우처럼 스펙트럼 영역들이 서로 겹칠 수도 있다. 각 스펙트럼의 명칭은 복사의 발생 원인이나 이에 대한 이용 방법에 따라 정해진다.

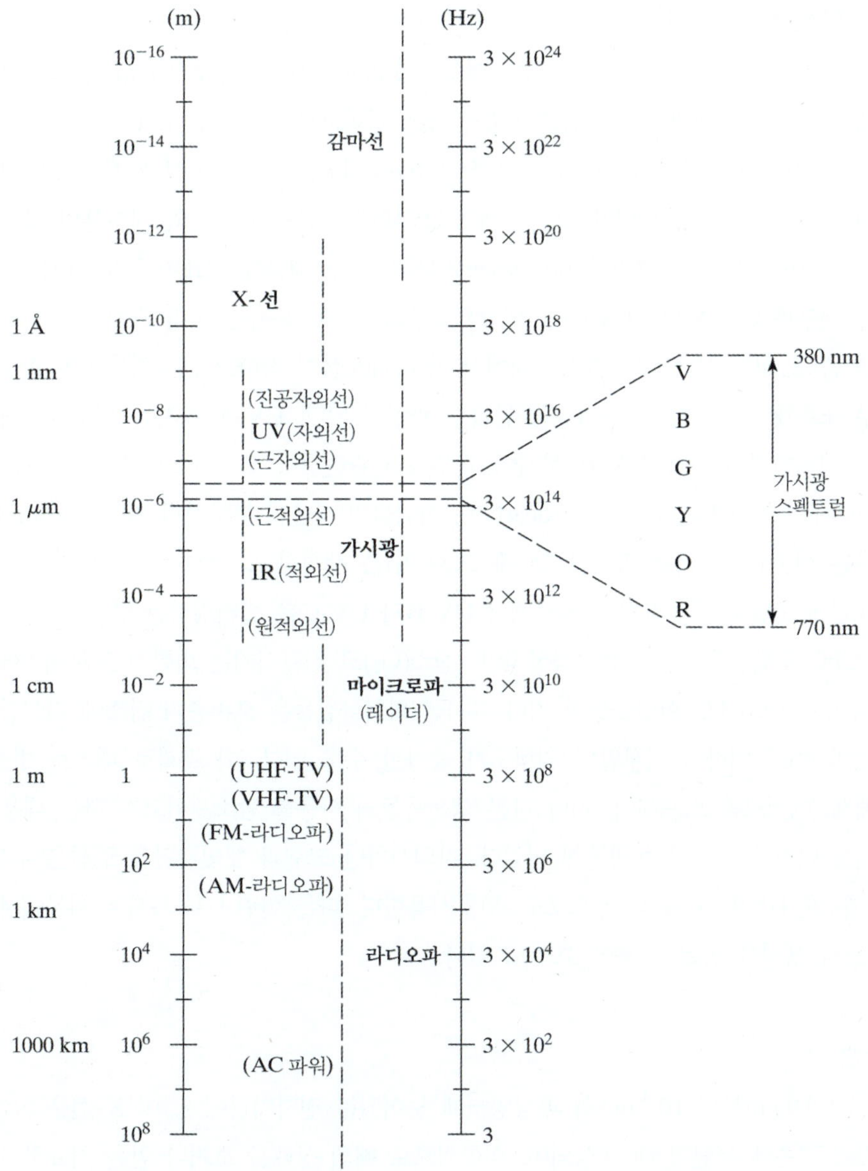

그림 1-1 미터(meter) 단위로 나타낸 파장과 헤르츠(hertz) 단위로 표현한 주파수로 열거한 전자기 스펙트럼. 가시광의 좁은 영역을 크게 확대하였다.

근사적으로 380 nm에서 770 nm 사이의 좁은 전자기파 영역은 인간 눈이 볼 수 있으며, 이 영역의 전자기파를 보통 "빛"이라고 말한다. 스펙트럼 상의 **가시광 영역**(visible region)은 태양광에서 주로 나오는 전자기 복사의 주파수에 대응한다. 인간은 서로 다른 빛의 파장을 서로 다른 색으로 "본다". 색의 가시광 스펙트럼은 적색(장파장의 끝)부터 보라색(단파장의 끝)까지 펼쳐져 있고, **그림 1-1**에서 보는 것처럼 색은 눈에 보이지 않는 **자외선**(ultraviolet)과 **적외선**(infrared) **영역** 사이에 갇혀 있다. 이 세 영역을 통틀어 **광스펙트럼**(optical spectrum)이라고 하는데, 광학 교재에서 특별히 관심을 갖는 전자기 스펙트럼 영역이다. 그리고 원자와 분자들은 이 광스펙트럼에서 공명주파수를 가지며, 이 주파수 영역에서의 전자기파는 원자 및 분자들과 강하게 상호작용한다. 전자기 스펙트럼의 다양한 눈에 보이지 않는 영역들을 아래에서 간단하게 설명한다.

자외선 (ultraviolet)

가시광의 단파장 쪽에서 이 전자기파 영역은 380 nm부터 아래로 10 nm까지의 파장 영역에 걸쳐 있다. 때때로 자외선은 3개의 작은 영역으로 나누어진다. UV-A는 380~315 nm의 파장영역을 말하며, UV-B는 315~280 nm의 파장영역이고, UV-C는 280~10 nm까지의 파장영역이다. 태양은 모든 3개의 UV대에서 전자기 복사의 대부분의 양을 방출하지만, 지구 대기의 **오존대**(ozone layer)에서의 흡수 때문에 지표면에 도달하는 UV 복사는 대부분 UV-A대의 UV이다. 태양으로부터의 UV 복사는 여러 가지 건강상의 해로움을 준다. 일반적으로 3개의 UV대에서 가장 해로움이 작다고 생각하는 UV-A 복사는 피부 노화에 기여하며, 일부의 피부암과도 관련이 된다. UV-A 복사는 피부를 그을리는 데는 기여하지 않는다. UV-B 복사와 피부암의 관련성이 오존층 고갈을 걱정하는 주된 요인인데, 이는 CFC(chlorofluorocarbon) 화합물의 사용이 부분적인 원인이 된다. UV-C 복사는 성층권에서 산소와 반응할 때 오존(O_3)을 생성하고, 앞서 말한 대로 이 오존은 지표면에 도달하는 전자기파 복사에서 UV-B와 UV-C를 필터링하는 중요한 역할을 한다. CFC 화합물들은 오존을 "정상적인" 산소(O_2)로 전환시키는 화학적 프로세스에 기여할 수도 있다. CFC 화합물들과 기타 유사한 화학물질들은 오존층의 감소에 기여할 수도 있는데, 이로 인하여 피부암의 위험도가 증가할 수도 있다. 이 결과로 대기로 방출되는 냉매제, 에어로졸 스프레이, 기타 다른 생산품들의 사용을 감소시키고자 하는 내용의 의정서를 여러 국가들이 채택하게 되었다. 자외선차단 크림과 햇빛차단용 로션은 부분적으로 해로운 UV-B 복사차단용으로도 확대 사용한다. 다른 한편 UV 복사는 피부에서 비타민 D의 생성을 돕는 유용한 효과도 있다.

X-선

X-선은 10 nm부터 10^{-4} nm의 파장영역에 놓여있는 전자기파이다. 이 X-선은 고에너지 전자가 금속에 부딪힐 때 생성되며, 의학적으로 뼈의 상태를 보거나 암을 치료하기 위한

진단도구로 이용한다. X-선 회절은 결정화된 고체의 격자구조를 조사하는 데 사용하며, X-선 망원경은 천체에서 중요한 정보를 얻는 데 사용한다.

감마선

이 전자기 복사의 원천은 핵 방사능 붕괴와 이외의 다른 핵반응이다. 감마선은 0.1 nm부터 10^{-14} nm의 파장영역 내에 있는 매우 짧은 파장의 전자기파이다. X-선처럼 투과하는 감마선은 의학분야나 일부 국소화된 암을 치료하는 데 사용한다.

적외선 복사

가시광 스펙트럼의 장파장 쪽에 있는 적외선(IR) 복사는 770 nm부터 1 mm까지의 파장영역에 걸쳐 있다. 지표의 온도와 열평형이 이루어진 물체는 IR 영역에서 에너지 극대치가 나오는 복사를 방출한다. 이 결과로 적외선 복사는 때때로 "열복사"라고도 하며, 절대적 "어둠" 속에 있는 물체에서 방출하는 IR을 검출하는 야시경이나 서로 다른 온도를 갖는 (그래서 이로 인한 복사들이 서로 다른 극대치의 파장을 갖는) 물체에 대한 선명도가 좋고 밝은 적외선 사진을 찍는 적외선 사진기와 같은 응용에 사용한다. 이와 같은 영상들은 지상의 각 지점들에 대한 온도편차 지도를 만드는 데 사용할 수도 있다. 적외선 복사는 아픈 근육이나 관절을 진단하는 데도 사용하며, 최근에는 IR 복사를 하는 레이저로 시력이상인 눈을 치료하는 데 사용하기도 한다. 또한 적외선 복사는 광섬유 통신용과 다양한 리모트 컨트롤용 기기로도 사용한다.

마이크로파

적외선 복사를 넘어가면 1 mm부터 30 cm까지의 파장을 갖는 마이크로파가 있다. 부엌용 공용기기인 전자레인지는 음식을 데우기 위해서 마이크로파를 사용한다. 또한 마이크로파는 지상과 공중에서의 레이더나 원거리통신, 분광학 분야에서 중요한 역할을 한다.

라디오파

라디오파는 다양한 모양의 안테나를 만든 도체에서 진동하는 전자가 만드는 장파장의 전자기파이다. 라디오파는 수 미터에서 수천 미터의 파장을 갖는다. 라디오나 텔레비전 방송용으로 공통적으로 사용하는 188 m에서 556 m의 파장 영역대를 갖는 AM 라디오대 (540~1600 kHz)와 2.78 m에서부터 3.41 m까지의 파장 영역대를 갖는 FM 라디오대 (88~108 MHz)가 라디오파에 속한다.

전자기파는 광자라고 하는 에너지 양자와 연관된 에너지의 정수배로 주어진 이산적인 에너지 양을 잃거나 얻는다. 식(1-1)로부터 광자의 에너지는 $h\nu$이다. 전자기파의 에너지를 검출할 때 오직 검출기는 광자 에너지의 정수배인 에너지만을 기록한다. 미시적인 광원에 대한 다음 예제에서 보듯이, 전형적으로 광자 하나의 에너지는 총 검출된 에너지에 비해서 엄청나게 작고, 이로 인하여 검출된 에너지는 광자 에너지의 정수배여야만 한다는 제약조건은 별로 중요하지가 않게 된다. 파장이 길어짐에 따라 광자당 에너지는 감소하기 때문에 주어진 총에너지에 대해서 에너지 "덩어리(graininess)"는 단파장 복사보다는 장파장 복사에서 더 작다. 빛과 개개의 원자와 분자들 사이의 상호작용을 이해하기 위해서는 전자기파가 이들 원자나 분자들로부터 복사파의 주파수에 비례하는 이산적인 에너지를 받거나 준다는 것을 기억하는 것이 중요하다. 다음 예제를 생각하자.

예제 1-2

어떤 민감한 레이더가 100 MHz의 주파수와 6.63×10^{-16} J/s의 일률(에너지/시간)을 갖는 전자기 신호를 검출한다.

a. 이 주파수를 갖는 광자의 파장은 얼마인가?
b. 이 신호에서 광자의 에너지는 얼마인가? J과 eV의 단위로 이 에너지를 표현하시오.
c. 이 신호에서 얼마나 많은 초당 광자가 레이더에 도달하는가?
d. 파장 555 nm의 가시광 광자가 갖는 에너지는 얼마인가?
e. 6.63×10^{-16} J/s의 검출된 일률에 대응하는 초당 가시광($\lambda = 555$ nm) 광자는 얼마인가?
f. 0.1 nm의 파장을 갖는 X-선의 에너지는 J과 eV의 단위로 얼마인가?
g. 6.63×10^{-16} J/s의 검출된 일률은 몇 개의 X-선($\lambda = 0.1$ nm) 광자/s에 해당하는가?

풀이

a. $\lambda = c/v = \dfrac{3 \times 10^8\,\mathrm{m/s}}{100 \times 10^6\,\mathrm{Hz}} = 3\,\mathrm{m}$

b. $E = hv = (6.63 \times 10^{-34}\,\mathrm{J \cdot s})(100 \times 10^6\,\mathrm{Hz}) = 6.63 \times 10^{-26}\,\mathrm{J}$

$$E = 6.63 \times 10^{-26}\,\mathrm{J}\left(\frac{1\,\mathrm{eV}}{1.6 \times 10^{-19}\,\mathrm{J}}\right) = 4.14 \times 10^{-7}\,\mathrm{eV}$$

c. 초당 검출된 광자수 N은

$$N = \frac{\text{일률}}{\text{에너지/광자}} = \frac{6.63 \times 10^{-16}\,\mathrm{J/s}}{6.63 \times 10^{-26}\,\mathrm{J}} = 10^{10}/\mathrm{s}$$

이다. 그래서 개개의 광자가 기여하지만, 한 광자는 레이더에서 총일률의 100억 분의 1 정도밖에 담당하지 못할 정도로 매우 미약한 신호를 준다. 이런 경우에 이 신호에서 일률에 해당하는 에너지 덩어리는 검출되지 않을 수도 있다.

d. $E_{555} = hv = \dfrac{hc}{\lambda} = \dfrac{(6.63 \times 10^{-34}\,\mathrm{J \cdot s})(3 \times 10^{8}\,\mathrm{m/s})}{555 \times 10^{-9}\,\mathrm{m}}$

$= 3.58 \times 10^{-19}\,\mathrm{J} = 2.2\,\mathrm{eV}$

e. $N_{555} = \dfrac{\text{일률}}{\text{에너지/광자}} = \dfrac{6.63 \times 10^{-16}\,\mathrm{J/s}}{3.58 \times 10^{-19}\,\mathrm{J}} = 1850/\mathrm{s}$.

하나의 단일광자를 추가하거나 제거하는 효과에 대해서 주목할 만하다.

f. $E_{\text{X-선}} = hv = \dfrac{hc}{\lambda} = \dfrac{(6.63 \times 10^{-34}\,\mathrm{J \cdot s})(3 \times 10^{8}\,\mathrm{m/s})}{0.1 \times 10^{-9}\,\mathrm{m}}$

$= 1.99 \times 10^{-15}\,\mathrm{J} = 12{,}400\,\mathrm{eV}$

g. $N_{\text{X-선}} = \dfrac{\text{일률}}{\text{에너지/광자}} = \dfrac{6.63 \times 10^{-16}\,\mathrm{J/s}}{1.99 \times 10^{-15}\,\mathrm{J}} = 0.33/\mathrm{s}$

하나의 X-선 광자는 3초마다 1개씩 검출된다. 이 경우에 광자의 이산적인 에너지를 매우 명확하게 볼 수 있다.

이 예제에서 검출기 및 전자기파가 전달하는 에너지와 일률에 대한 개념을 도입하였다. 전자기파 에너지와 관련된 여러 가지 개념, 즉 일률, 단위 면적당 일률, 단위 입체각당 일률과 같은 것들이 있다. 전자기파의 이러한 특징을 정량화하기 위해서 복사학(radiometry)이라는 주제를 다룬다.

1-4 복사학

복사학(radiometry)은 전자기 복사에 대한 측정학이다. 이 주제에서는 복사의 에너지에 대한 내용을 나타내는 데 사용한 물리적 용어 또는 **복사학적인 양**(radiometric quantities)을 간단하게 나타내는 데 만족하고자 한다.

여러 광학 교재에서는 아주 많은 복사학적인 항목들을 도입하고 사용하였다. 그러나 이 책에서는 오직 세계적으로 공인된 SI(International System) 단위만을 사용한다. 이들 용어와 단위들은 표 1-1[4]에 요약되어 있다.

복사학적 양들은 아래첨자 e(electromagnetic)가 있을 수도 있고 없을 수도 있다. **복사에너지**(radiant energy)인 Q_e(J = 줄(joules)), **복사에너지밀도**(radiant energy density)인 w_e(J/m^3), **복사선속**(radiant flux) 또는 **복사속**(radiant power)인 Φ_e(W = 와트(watts) = J/s)와 같은 양들은 더 이상의 설명이 필요가 없다. 단위 제곱미터당 와트로 측정하는

4 어떤 단위들은 극히 드물게 사용하며 어떤 단위들은 잘못 사용하는 아주 많은 새로운 단위를 "서론"에서 도입하는 것은 교육학적으로 알맞지가 않다. 표 1-1은 필요할 때 다시금 언급하여 사용할 수 있는 편리한 요약본으로 정리하여 제공한 것이다.

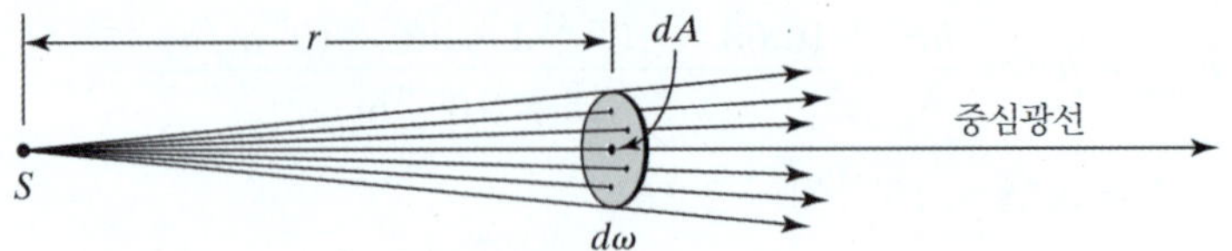

그림 1-2 복사도는 단위 입체각 당 단면적 dA를 통과하는 선속이다. 여기에서 입체각은 $d\omega = dA/r^2$이다.

어떤 표면에서의 **복사선속밀도**(radiant flux density)는 이 표면에서 방출하면 이를 **복사방출도**(radiant exitance) M_e라고 부르고, 이 표면으로 입사하면 이를 **복사조도**(irradiance) E_e라고 부른다. 그림 1-2에서 보듯이 주어진 방향에서 한 점광원에 의해서 단위 입체각 당 방출된 복사선속(Φ_e)을 **복사도**(radiant intensity) I_e라고 한다. 이 양은 종종 **복사조도**(irradiance)와 헷갈리기도 한다.

$$I_e = \frac{d\Phi}{d\omega} \tag{1-10}$$

입체각(sr: steradians)으로 측정하는 미분입체각 $d\omega$는 그림 1-2와 같이 정의된다. 예를 들어 모든 방향으로 균일한 일률인 Φ_e(와트(W))로 복사하는 구로부터 나오는 복사도 I_e는 이 구를 둘러싼 입체각이 $4\pi sr$이므로 $\Phi_e/4\pi$(W/sr)이다.

표 1-1 복사학 용어

용어	기호(단위)	정의식
복사에너지(radiant energy)	Q_e(J = W · s)	—
복사에너지밀도(radiant energy density)	ω_e(J = m^3)	$w_e = dQ_e/dV$
복사선속(radiant flux), 복사속(radiant power)	Φ_e(W)	$\Phi_e = dQ_e/dt$
복사발산도(radiant exitance)	M_e(W/m^2)	$M_e = d\Phi_e/dA$
복사조도(irradiance)	E_e(W/m^2)	$E_e = d\Phi_e/dA$
복사도(radiant intensity)	I_e(W/sr)	$I_e = d\Phi_e/d\omega$
복사휘도(radiance)	$L_e\left(\frac{\text{W}}{\text{sr}\cdot\text{m}^2}\right)$	$L_e = dI_e/dA\cos\theta$

약자- J: 줄(joule), W: 와트(watt), m: 미터, sr: 스테라디안(steradian)

그림 1-3에 그려놓은 하나의 점광원에서 나오는 친숙한 복사에 대한 역제곱 법칙은 입체각이 $4\pi sr$이고 표면적이 $4\pi sr^2$인 이 점광원을 둘러싼 구면에서 이 점광원의 복사휘도를 계산함으로써 명백하게 알 수 있다. 그래서

$$E_e = \frac{d\Phi_e}{dA} = \frac{\Phi_e}{A} = \frac{4\pi I_e}{4\pi r^2} = \frac{I_e}{r^2}, \text{ 점광원} \tag{1-11}$$

이다.

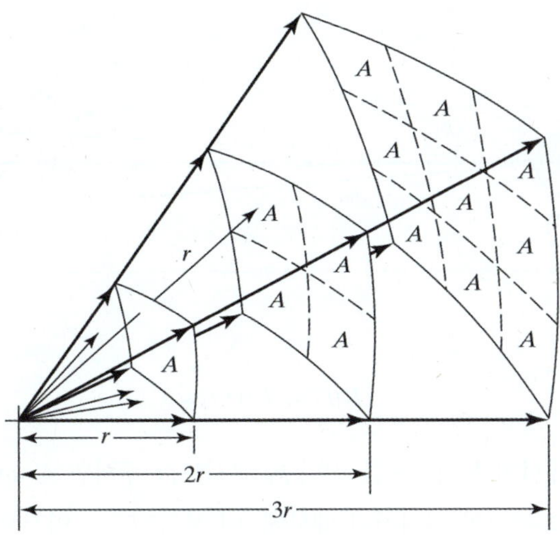

그림 1-3 역제곱 법칙에 대한 그림. 어떤 입체각 내에서 점광원으로부터 나온 복사선속은 거리에 따라 더욱 커지는 면적 전체에 퍼지고, 이 결과 복사휘도는 이 거리의 제곱의 역으로 감소한다.

복사휘도 L_e는 특정 방향에 대해서 수직으로 놓인 단위 투사면적당 복사도로 기술하는데, 이는 다음과 같다.

$$L_e = \frac{dI_e}{dA\cos\theta} = \frac{d^2\Phi_e}{d\omega(dA\cos\theta)} \tag{1-12}$$

다음과 같은 논의를 통해서 복사휘도의 중요성을 강조한다. 평면 복사체 또는 평면 반사체가 완벽한 **난반사면**(diffuse)이라고 가정하자. 이는 이 복사체나 반사체가 모든 방향으로 빛을 균일하게 복사한다는 것을 의미한다. 그림 1-4에서 보는 것처럼 복사도는 복사면에서 거리 r만큼 떨어진 일정한 구경 A_p로 정의한 일정한 입체각에 대해서 측정한다, 이 구경은 입사하는 모든 복사선속을 측정하는 검출장비의 입구 구경이다. 이 복사면의 수직 방향을 따라 $\theta = 0°$로 볼 때, 어떤 최대세기 $I(0)$이 관찰된다. 구경이 반지름 r인 원의 움직임에 따라서, 즉 각도 θ가 증가함에 따라 이 구면에서 복사 단면적은 다음과 같은 **람베르트의 코사인 법칙**(Lambert's cosine law)이라고 하는 관계에 의해 감소한다.

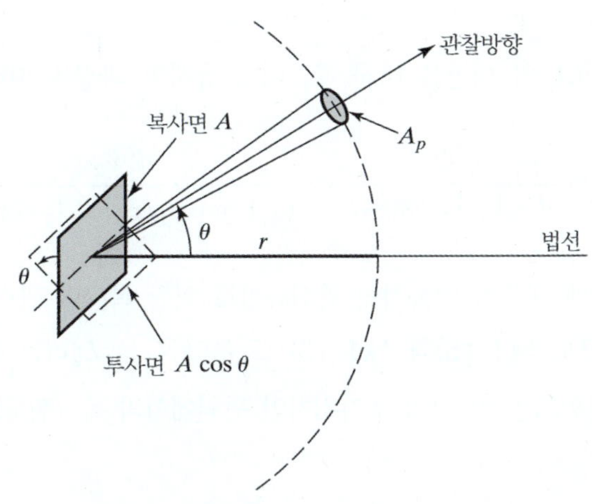

그림 1-4 복사면에 수직을 기준으로 각도 의 방향에서 측정한 복사선속. 이 복사면에서 점선의 사각형은 이 복사면의 투사면(projected area)이다.

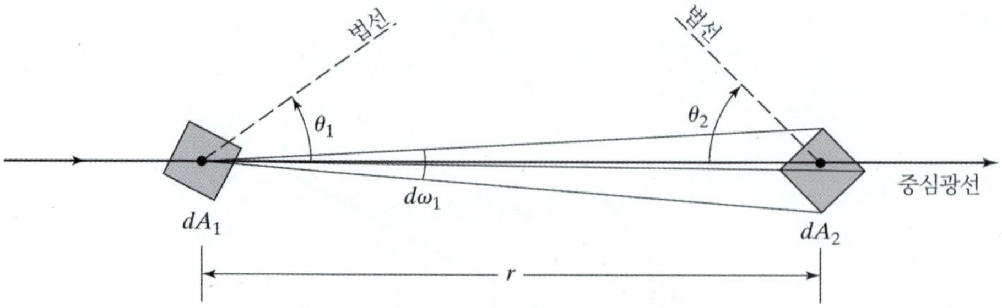

그림 1-5 균일하고 손실이 없는 매질 내에서 복사휘도의 불변(invariance)을 보여주는 데 사용된 기하학적 그림.

$$I(\theta) = I(0)\cos\theta \tag{1-13}$$

만약에 모든 각도에서의 복사휘도를 안다면, 복사도를 투사면 A cos θ 로 나누어야 하고 그 결과로 코사인 의존성이 사라지기 때문에, 이 복사휘도는 일정하다는 것을 알 수 있다.

$$L_e = \frac{I(\theta)}{A\cos\theta} = \frac{I(0)\cos\theta}{A\cos\theta} = \frac{I(0)}{A} = \text{일정} \tag{1-14}$$

그래서 복사면(또는 반사면)에서의 복사휘도가 보는 각도와는 무관할 때, 이 면을 완벽한 난반사면 또는 **람베르트 면**(Lambertian surface)이라고 말한다.

다음으로 균일한 비흡수 매질에서 전파하는 광선을 따라 놓여있는 모든 지점에서 복사휘도가 같다는 것을 증명하고자 한다. 그림 1-5는 이런 매질 내에서 중심광선 1개와 (보이지는 않지만) 이를 둘러싼 작은 주변광선 묶음으로 구성된 한 가닥의 좁은 복사 빔이 이 빔을 따라 놓여 있는 서로 다른 두 지점들에서 미소단면적 dA_1과 dA_2를 통과하는 것을 그려놓은 것이다. 중심 광선은 그림에서 보는 것처럼 이들 미소면의 법선에 대해서 각각 θ_1과 θ_2로 입사한다. 입체각은 $d\omega_1 = dA_2\cos\theta_2/r^2$인데, 여기에서 $dA_2\cos\theta_2$는 중심광선에 대해서 dA_2의 수직인 투사면을 나타낸다. 식(1-12)에 따라 dA_1에서의 복사휘도 L_1은 다음과 같다.

$$L_1 = \frac{d^2\Phi_1}{d\omega_1(dA_1\cos\theta_1)} = \frac{d^2\Phi_1}{(dA_2\cos\theta_2/r^2)(dA_1\cos\theta_1)} \tag{1-15}$$

그림에서 dA_1과 dA_2의 역할을 바꾼 후, 이와 유사한 과정을 따라가면

$$L_2 = \frac{d^2\Phi_2}{d\omega_2(dA_2\cos\theta_2)} = \frac{d^2\Phi_2}{(dA_1\cos\theta_1/r^2)(dA_2\cos\theta_2)} \tag{1-16}$$

이다. 비흡수 매질에 대해서 연속적인 광선다발로 인한 복사와 관련된 일률은 일정하다. 즉 $d\Phi_1 = d\Phi_2$이므로 식(1-15)와 식(1-16)으로부터 $L_1 = L_2$라는 결론을 내릴 수 있다. 또한 이 빔의 복사휘도는 이 빔의 초기위치인 광원에서의 복사휘도로, 이 결과 $L_1 = L_2 = L_0$이다.

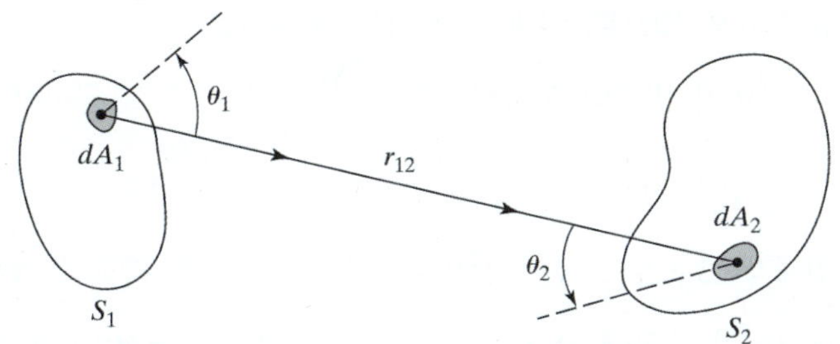

그림 1-6 복사면이 다른 면을 조명하는 일반적인 경우. 개개의 기본 복사면(radiating area) dA_1은 개개의 기본 조명면(irradiated area) dA_2에 기여한다.

그림 1-6에서 언급한 것처럼 면 S_1에서의 미소광원 dA_1에 기인한 면 S_2에서의 미소광원 복사면적 dA_2에 도달하는 복사속을 계산하고자 한다. 그림에서 보는 것처럼 길이가 r_{12}인 미소면적을 연결하는 선은 이 면에 대한 법선에 대해서 θ_1과 θ_2의 각도를 이룬다. 복사속은 광원과 수광부가 둘 다 모두 미소면이기 때문에 2차 미분 형태인 $d^2\Phi_{12}$이다. 식(1-15) 또는 식(1-16)에 의해서

$$d^2\Phi_{12} = \frac{L dA_1 dA_2 \cos\theta_1 \cos\theta_2}{r_{12}^2}$$

이고, 윗 식을 적분하면 첫 번째 면 전체에 기인한 두 번째 면 전체에서의 총복사속은

$$\Phi_{12} = \int_{A_1}\int_{A_2} \frac{L\cos\theta_1 \cos\theta_2 \, dA_1 dA_2}{r_{12}^2} \tag{1-17}$$

이다. 이 적분에서 진폭보다는 오히려 복사속을 더함으로써, 복사광원이 결맞지 않은 복사를 방출한다고 암암리에 가정했다. 이후로 결맞은 복사(coherent radiation)와 결맞지 않은 복사(incoherent radiation)에 대해서 구별하여 언급할 것이다. 그럼 예제를 풀어보자.

예제 1-3

1.3 mrad의 발산각을 갖는 "가느다란(pencil-like)" 빔이 나오는 $\Phi_e = 5$ mW의 헬륨-네온 레이저를 생각하자. 면적이 $\Delta A_S = 2.5 \times 10^{-3}$ cm^{2}인 출력경에서 빔이 나오는 레이저 공진기를 설계한다. 그림 1-7의 스케치를 보자.

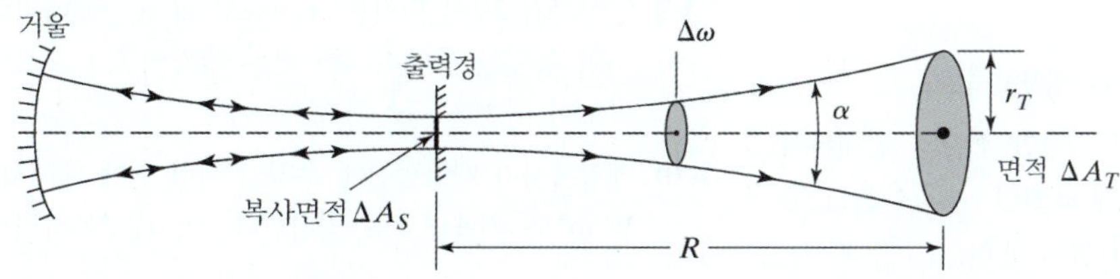

그림 1-7 예제 1-3.

a. R과 α의 항으로 입체각 $\Delta\omega$를 구하시오.

b. 이 레이저 광원의 복사휘도를 $\frac{\mathrm{W}}{\mathrm{cm^2 \cdot sr}}$의 단위로 구하시오.

풀이

a. 입체각 $\Delta\omega$는 $\Delta A_T / R^2$인데, 여기에서 작은 각도의 경우 $\tan(\alpha/2) \simeq \alpha/2$이기 때문에 $\Delta A_T = \pi(R\tan(\alpha/2))^2 \simeq \pi R^2(\alpha/2)^2$이다.

그래서 R의 값에 무관하게 $\Delta\omega = \frac{(\pi R^2\alpha^2)/4}{R^2} = \frac{\pi\alpha^2}{4}$이다. 그러므로

$$\Delta\omega = \frac{\pi\alpha^2}{4} = \frac{\pi(0.0013)^2}{4}\mathrm{sr} = 1.33 \times 10^{-6}\mathrm{sr}$$

이다.

b. **표 1-1**에서 복사휘도 L_e에 대한 정의식을 사용한다면, $L_e = \frac{\Delta I_e}{\Delta A_S \cos\theta}$이 되는데 미분량 dI_e와 dA_s를 ΔI_e와 ΔA_s로 대체하여 구하였다. 여기에서 레이저 빔의 방향이 ΔA_s에 수직이기 때문에 $\Delta I_e = \frac{\Phi_e}{\Delta\omega}$와 $\theta = 0$이다. 그래서

$$\Delta L_e = \frac{\Phi_e}{\Delta A_S \Delta\omega} = \frac{5 \times 10^{-3}\mathrm{W}}{(2.5 \times 10^{-3}\mathrm{cm^2})(1.33 \times 10^{-6}\mathrm{sr})}$$

$$= 1.5 \times 10^6 \frac{\mathrm{W}}{\mathrm{cm^2 \cdot sr}}$$

인데, 정말로 멋진 값이다!

문 제

1-1 (a) 20 m/s로 움직이는 질량이 50 g인 골프공과 (b) 에너지가 10 eV의 운동에너지를 갖는 전자의 드 브로이 파장을 계산하시오.

1-2 사람 눈의 민감도 문턱(threshold)은 초당 약 100개의 광자이다. 눈은 550 nm 근처의 파장에서 가장 민감하다. 이 파장에서 W(와트) 단위 복사속의 문턱을 구하시오.

1-3 가시광 스펙트럼, 즉 파장 380 nm부터 770 nm의 파장대의 양끝 부분에서 나온 광자의 에너지는 전자볼트 단위로 얼마인가?

1-4 전자의 정지질량과 같은 에너지를 갖는 광자의 파장과 운동량을 구하시오.

1-5 전자의 정지질량이 0.511 MeV임을 증명하시오.

1-6 일백만 볼트의 퍼텐셜차를 통하여 가속한 전자의 상대론적 운동량이 1.422 MeV/c로 편리하게 표현될 수 있음을 증명하시오. 여기에서 c는 진공에서의 광속이다.

1-7 옹스트롱(angstroms) 단위로 측정한 광자의 파장이 다음과 같은 편리한 관계식에 의해서 전자볼트로 측정한 이 광자의 에너지로부터 구할 수 있다는 것을 증명하시오.

$$\lambda(\text{Å}) = \frac{12{,}400}{E(\mathrm{eV})}$$

1-8 상대론적 운동에너지인

$$E_K = mc^2(\gamma - 1)$$

가 $v \ll c$일 때 고전적 표현인 $\frac{1}{2}mv^2$으로 접근한다는 것을 증명하시오.

1-9 양성자가 20억 전자볼트(2 GeV)의 운동에너지로 가속한다. 이와 동일한 총에너지를 갖는 광자의 (a) 운동량과 (b) 드 브로이 파장을 구하시오.

1-10 태양복사가 태양광선에 수직인 어떤 면에 대해서 평균 1000 W/m^{2}로 지표면으로 입사한다. 이 태양복사의 중심파장인

550 nm에 대해서 매 초마다 이 면의 1 cm^2에 입사하는 광자의 수를 계산하시오.

1-11 서로 다른 파장을 갖는 두 평행한 전자기 빔이 이 빔에 수직한 면에 동일한 복사속을 보낸다. 이 두 빔에 대해서 초당 이 면에 도달하는 광자의 수가 이 두 빔의 파장에서 같은 비율이라는 것을 증명하시오.

1-12 정시안에서 시각을 느끼게 하는 전자기복사의 주파수대를 계산하시오.

1-13 100 MHz의 FM 라디오파를 방송하기 위해서 설계한 반파장 쌍극자 안테나의 길이는 얼마인가?

1-14 소위 "토끼 귀" 형태의 TV 안테나는 서로 다른 각도로 벌려지는 조절 가능한 한 쌍의 직선 안테나이다. 만약에 개개의 이 직선 안테나의 길이는 90 MHz의 절반 주파수를 갖는 TV 채널에 대한 1/4 파장에 맞추어져있다. 이 직선 안테나의 길이는 얼마인가?

1-15 소프라노의 목소리를 90 km 떨어진 도시의 청취자까지 라디오파로 전달한다.

a. 이 경우에 소프라노의 목소리가 청취자까지 도달하는 데 걸리는 시간은 얼마인가?

b. 동일한 시간 간격의 조건으로 강당에서 음성으로 소프라노 목소리를 직접 청취자에게 전달할 때, 소프라노 음원으로부터 이 음성은 얼마나 멀리까지 진행하는가? 음속은 340 m/s로 가정한다.

1-16 500 nm의 파장으로 복사하는 작은 단색광원은 500 W로 출력이 나온다.

a. 만약에 이 광원이 모든 방향으로 균일하게 복사한다면 이 광원의 복사도는 얼마인가?

b. 만약에 이 광원의 표면적이 5 cm^2라면 복사방출도는 얼마인가?

c. 이 광원으로부터 2 m 떨어진 곳에 위치한 스크린의 복사조도는 얼마인가?

d. 만약에 수광용 스크린이 지름 5 cm의 구멍을 갖고 있다면, 이 구멍을 통과하는 복사선속은 얼마인가?

1-17 1.5 mW의 헬륨-네온 레이저는 폭이 15 m인 방을 가로질렀을 때 지름이 5 mm가 된다. 이 레이저 빔은 레이저 출력경에 있는 지름 0.5 mm의 작은 원형구멍을 통해서 복사한다. 이 빔의 복사조도는 발산빔 전체에서 일정하다고 가정한다.

a. 이 레이저의 발산각은 얼마인가?

b. 이 레이저는 이 빔을 몇 스테레디안의 입체각으로 복사하는가?

c. 이 레이저에서 15 m 떨어진 벽에 생긴 스폿에서의 복사조도는 얼마인가?

d. 이 레이저의 복사휘도는 얼마인가?

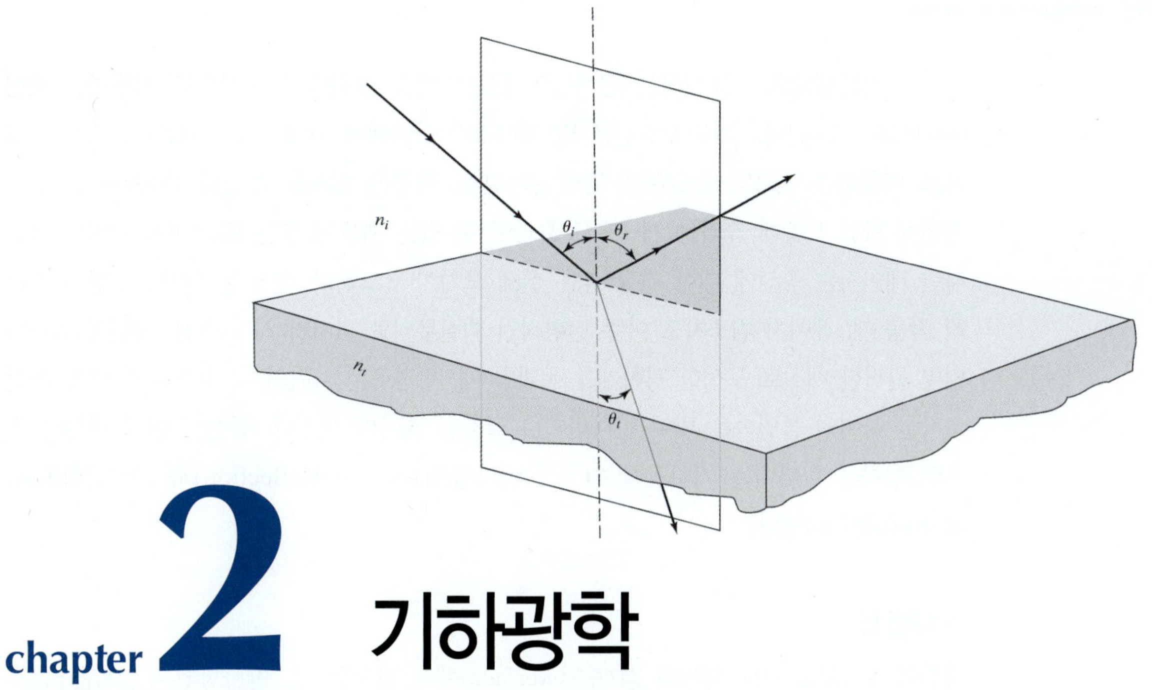

chapter 2 기하광학

서론

파동운동으로 취급한 빛의 파장이 광학계의 관련 부품의 크기와 비교해서 무시할 수 있는 근사영역이 있다. 이 근사영역의 광학을 **기하광학**(geometrical optics)이라고 한다. 빛의 파동성을 무시할 수 없을 때, 이러한 영역의 광학을 **물리광학**(physical optics)이라고 한다. 그래서 기하광학은 물리광학의 특별한 경우이며, 다음처럼 요약할 수 있다.

$$\lim_{\lambda \to 0} \{\text{물리광학}\} = \{\text{기하광학}\}$$

500 nm 근처 빛의 파장은 일반적인 물체와 비교해서 매우 작기 때문에, 초기에는 기하광학만으로 경로 상에 있는 구멍이나 장애물을 통과하는 빛의 양상에 대해서 대략적인 관찰의 결과를 설명할 수 있었다. 빛이 물체나 구멍을 지나면서 만든 **진그림자**(distinct shadows)의 존재는 명백히 빛의 직진성은 파동운동보다는 오히려 빛 알갱이의 흐름에 의한 것이라고 주장하는 뉴턴에게 영향을 주었다. 수면파나 음파와 같은 더 긴 파장에서의 파동운동을 보면 장애물 근처에서 확실하게 휘어지는 것을 알 수 있다. 그런 까닭에 뉴턴식 빛의 전파 모델은 매우 작은 파장에 대한 파동운동의 존재를 부인하는 것처럼 보인다. 사실상 광파에 대해 휘어지는 것에 대한 증거가 아이작 뉴턴(Issac Newton) 시대에 이미 있었다. 예수회 수사인 프란세스코 그리말디(Francesco Grimaldi)는 빛의 직진성으로 설명할 수 없는 그림자 가장자리의 미세구조에 주목하였다. 장애물의 가장자리 근처에서 빛이 휘어지는 것을 **회절**(diffraction)이라고 하는데, 이것이 다음에 상세히 취급할 주제이다.

기하광학으로 표현하는 근사영역에서는 빛을 광원에서 직선으로 진행하는 **광선**(ray)으로 이해한다. 그래서 광선을 빛 에너지가 광학계에 의해서 한 지점에서 다른 지점으로 이동하는 경로로 간단하게 말할 수 있다. 광선은 실제로 부정확하지만 광선 빔을 직선에 가깝고 좁게 그리는 개념으로 요약할 수 있는 매우 유용한 도구이다. 아마도 가느다란 레이저는 광선에 대한 가장 좋은 실제 보기이다(그러나 빔이 통과하는 구멍이 충분히 작을 때, 레이저 빔조차도 아주 전형적인 회절무늬로 퍼지기 시작한다). 광선이 일련의 몇몇 균질한 매질로 구성한 광학계를 통과할 때, 광경로는 일련의 직선 조각이 된다. 직선 조각들 사이의 불연속은 빛이 반사하거나 굴절할 때마다 생긴다. 광선이 반사 또는 굴절 후의 방향을 나타내는 기하광학 법칙이 반사법칙(Law of Reflection)과 굴절법칙(Law of Refraction)이다.

반사법칙

광선이 두 광학 매질 사이의 **경계면**(interface)에서 반사할 때, 반사광선은 **입사면**(plane of incidence) 내에 있고, 반사각 θ_r은 입사각 θ_i와 같다. **입사면**은 입사광선과 입사점에서 세운 법선이 같이 포함된 면이다.

굴절법칙(스넬의 법칙)

광선이 두 투명한 매질 사이의 경계면에서 굴절할 때, 투과광선은 입사면 내에 놓여있으며, 굴절각 θ_t의 사인값은 입사각 θ_i의 사인값에 직접 비례한다. 이 두 법칙을 그림 2-1에 요약해 놓았는데, 두 투명한 매질 사이의 경계면에서 일부는 반사하고 일부는 투과하는 일반적인 경우에 대한 것이다.

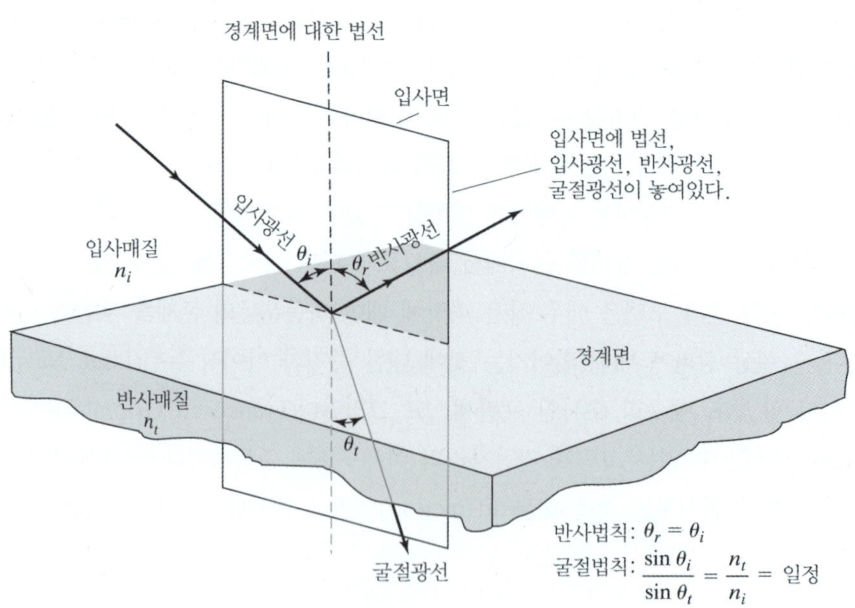

그림 2-1 두 광학 매질 사이의 경계면에서의 반사와 굴절. **입사면**(plane of incidence) 내에 입사광선, 반사광선, 굴절광선이 있다.

2-1 호이겐스 원리

네덜란드 물리학자인 크리스티안 호이겐스(Christian Huygens)는 물체의 각 지점에서 방출된 일련의 펄스로 빛을 상상하고, 모든 공간을 꽉 채운 탄성매질인 에테르의 입자들이 이 펄스를 릴레이하며 전파한다고 생각하였다. 이러한 개념과 일관되게 호이겐스는 현 교란(disturbance) 상에서의 개개의 점들에서 만들어진 펄스들이 조금 후 새로운 교란을 만드는 원천이 되는 과정을 상상했다. 이러한 빛의 전파에 대한 호이겐스의 모델이 기하광학의 여러 법칙에 어떻게 적용되는지를 보여주기 위해서 호이겐스는 다음과 같은 원리를 발표했다. 광파 교란의 전면, 즉 파면 상의 개개의 점들은 구면파(**잔파**(wavelets))의 2차 파원이 되는데, 이 잔파 자체는 매질 내에서 광속으로 진행하며, 잠시 후 이 잔파들의 포락선(envelop)은 새로운 파면을 만든다. 그림 2-2는 평면파와 구면파에 대해서 이러한 원리를 적용한 간단한 응용을 보여주는 그림이다. 각 경우에 있어서, AB는 초기 광파 교란 또는 파면을 만들며, $A'B'$은 시간이 t만큼 흐른 뒤에 생긴 새로운 파면이다. 따라서 각 잔파의 반지름은 vt이며, 여기에서 v는 매질 내에서의 광속이다. 새로운 파면은 파면 상의 어떤 단일 지점에서 생긴 각각의 잔파에 수직으로 접한다. 호이겐스의 말에 따라 각 잔파의 나머지 부분들은 고려하지 않는다. 2차 포락선에 기여하지 않은 잔파의 나머지 부분들이 광파 교란의 전파과정에서 상당히 기여한다고 하면, 호이겐스는 그의 원리로부터 직진전파의 법칙(law of rectilinear propagation)을 유도할 수 없었을 것이다. 이를 보다 더 잘 살펴보기 위해서 O에서 시작한 구면파 교란이 열린 부분 SS'를 갖는 구멍에 입사하는 그림 2-3을 살펴본다. 직진전파의 개념에 따라서 직선 OA와 OB는 구멍의 오른쪽에 날카로운 가장자리를 갖는 그림자를 만든다. 그러나 파면(호 SS')의 각 지점들로부터 시작하는 잔파들 중 일부는 그림자 영역에서 서로 겹쳐진다. 그러나 호이겐

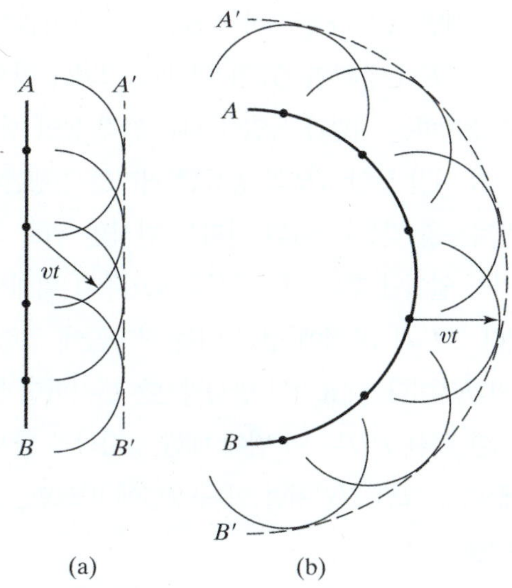

그림 2-2 (a) 평면파와 (b) 구면파에 대한 호이겐스 원리의 개략도.

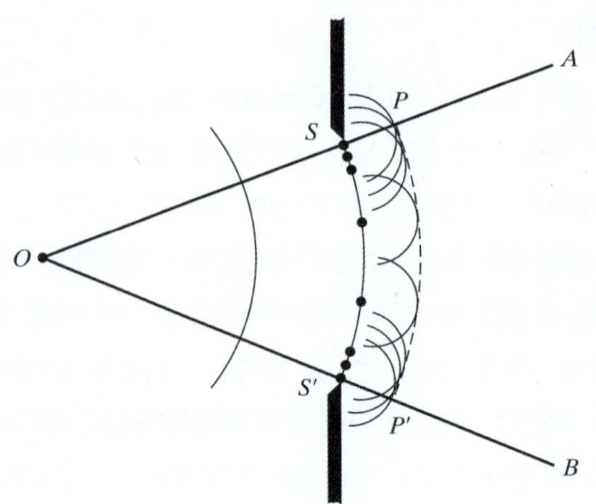

그림 2-3 장애물을 만난 파면에 대한 호이겐스 원리.

스 원리에 따라서 이 부분들은 무시되며, 새로운 파면은 P점과 P'점에서 끝난다. 이 지점들을 정밀하게 살펴보면, S점과 S'점에서 시작한 극한 파면들은 새로운 파면에 접하고 있다. 서로 겹치는 잔파들의 효과를 무시함으로써 호이겐스는 기하학적인 그림자 영역에서 빛의 회절이 생기는 가능성을 피하였다. 또한 호이겐스는 뒤로 진행하는 잔파들의 절반이 만드는 파면도 무시하였는데, 이는 이들 파면들이 반대방향으로 진행하는 광파 교란을 만들기 때문이다. 물론 이후에 프레넬(Fresnel)을 비롯한 여러 사람들이 이 모델의 약점을 교정하였지만, 이 약점에도 불구하고 호이겐스는 아래에서 설명하는 것처럼 반사법칙과 굴절법칙을 증명하는데 이 호이겐스 원리를 적용할 수 있었다.

그림 2-4(a)는 반사법칙을 증명하기 위한 좁고 평행한 빔에 대한 호이겐스 구성법을 그려놓은 것이다. AC와 같은 파면이 XY와 같은 평면 경계면과 임의의 각도로 만나는 경우를 생각하기 위해서 호이겐스 원리를 약간 수정해야 한다. 여기에서 경계면의 법선인 PD에 대한 광선 AD, BE, CF의 입사각은 θ_i이다. 평면 파면을 따라 놓여있는 점들이 동시에 경계면에 도달하지 않기 때문에, 반사파면을 구성하는 잔파를 만들 때에도 이 차이가 생긴다. 만약 경계면 XY가 존재하지 않는다면 호이겐스 구성법에 따라 I에서 경계면에 도달한 임시광선 CF에서 파면 GI가 생긴다. 그러나 반사면으로 들어간 그림은 광선 CF가 F에서 I로 진행하는 시간과 동일한 시간 간격 동안 광선 BE는 E부터 J까지 진행하는데, 반사 후 이 시간 동안 JH와 동등한 거리를 진행한다. 그래서 J에 중심을 두면서 $JN = JH$의 반지름을 갖는 하나의 잔파를 반사면 위로 그린다. 이와 유사하게 빔의 아래쪽 부분의 반사가 일어난 후의 전파과정을 보여주기 위해서 D에 중심을 둔 반지름 DG의 잔파를 그린다. M'과 N점에 생긴 이들 잔파들에 접하면서 점 I를 포함하는 새로운 파면이 이 그림의 KI이다. 대표적인 반사광선은 반사파면에 수직으로 그린 DL이다. 이 광선에 대해서 그린 법선 PD는 이 빔에 대한 입사각과 반사각을 정의하기 위해서 사용한다. 그림 2-4(a)에 대략 그린 그림처럼 이 구성법에 따르면, 입사각과 반사각이 같다는 것을 명백히 알 수 있다.

이와 유사하게 그림 2-4(b)는 호이겐스 구성법에 따라 굴절법칙을 그린 것이다. 여기에서 위쪽 매질과 아래쪽 매질에서의 서로 다른 광속을 고려해야만 한다. 만약에 진공에서의 광속이 c라면, 위쪽 매질에서의 광속은 c/n_i이다. 여기에서 n_i는 매질의 광학적 특성을 나타내는 상수로 **굴절률**(refractive index)이라고 한다. 이와 유사하게 아래쪽 매질

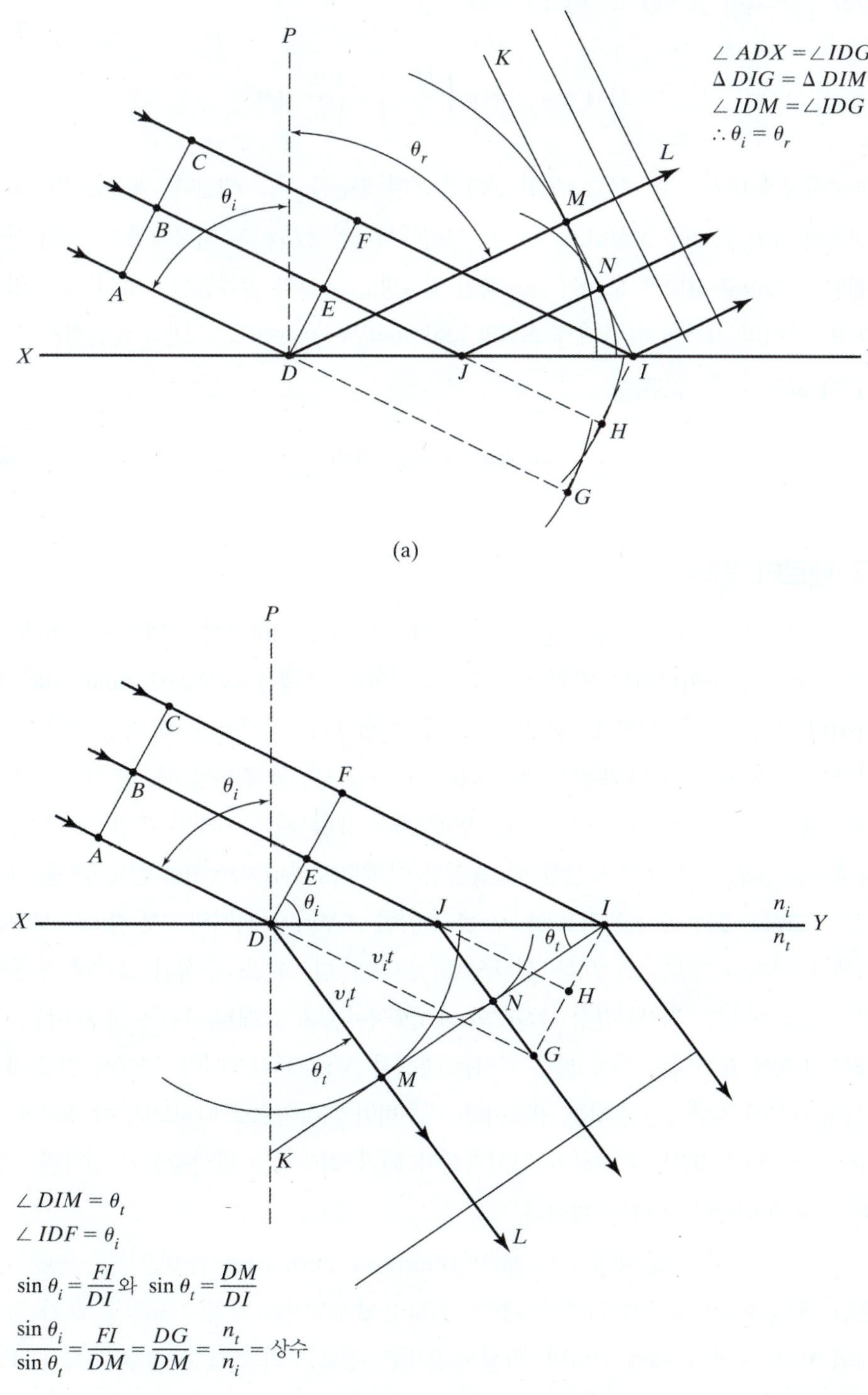

그림 2-4 (a) 반사법칙을 증명하기 위한 호이겐스 구성법. (b) 굴절법칙을 증명하기 위한 호이겐스 구성법.

에서의 광속은 c/n_t이다. 입사파면 상의 D, E, F점들은 서로 다른 시간에 경계면 XY 상의 D, J, I 지점에 도달한다. 굴절면이 없다면 I에 도달한 광선 CF가 파면 GI를 만든다. 그러나 시각 t에서, F에서 I까지 광선 CF가 진행하는 동안 광선 AD는 아래쪽 매질로 들어가는데, 앞서 말했듯이 이 광선의 광속은 더 느려진다. 그래서 만약에 거리 DG가 $v_i t$라고 한다면, 반지름 $v_t t$인 잔파가 D를 중심으로 만들어진다. 또한 반지름 DM은 다음처럼 표현할 수 있다.

$$DM = v_t t = v_t\left(\frac{DG}{v_i}\right) = \left(\frac{n_i}{n_t}\right)DG$$

이와 유사하게 반지름 $(n_i/n_t)JH$인 잔파가 J에 중심을 두고 생긴다. 새로운 파면 KI는 이 경계면 상의 점 I를 포함하고 있으며, 그림에서처럼 M과 N 지점에서 두 개의 잔파들에 접한다. 그림 2-4(b)에 보듯이 대표적인 입사광선 AD와 굴절광선 DL이 만든 입사각 θ_i와 θ_t 사이의 기하학적 관계가 **스넬의 법칙**(Snell's law)이다. 스넬의 굴절법칙은 다음과 같이 표현할 수 있다.

$$n_i \sin\theta_i = n_t \sin\theta_t \tag{2-1}$$

2-2 페르마 원리

다른 기본적인 가정을 사용하여 이보다 우아하게 기하광학의 법칙들을 유도할 수 있다. 근본적인 아이디어는 기원전 2세기에 살았던 알렉산드리아(Alexandria)의 헤론(Hero)이 제공하였다. 헤론에 따르면 빛은 두 지점 사이를 전파할 때 가장 짧은 경로를 선택한다는 것이다. 균일한 똑같은 매질 내의 두 지점 사이를 전파할 때, 명백히 이 경로는 두 지점을 연결한 직선이다. 그러나 첫 번째 지점 A를 지나는 빛이 평면 경계면에서의 반사 후 두 번째 지점 B에 도달할 때, 동일한 이 원리로부터 다음처럼 반사법칙을 예상할 수 있다. 그림 2-5는 올바른 경로 ADB를 포함한 A부터 B까지의 3개 경로를 보여준다. 여기에서 임의의 경로 ACB를 생각하자. 만약에 점 A'을 수직선 AO에 만들어서 $AO = OA'$이라면, 직각삼각형 AOC와 $A'OC$는 같다. 그래서 $AC = A'C$이고, C를 지나서 A에서 B까지의 가장 짧은 거리는 명백히 직선 $A'DB$이다. 그래서 경로 ADB는 실제 광선이 지나가는 올바른 경로이다. 기초적인 기하학으로 따져보면 이 경로에 대해서 $\theta_i = \theta_r$이다. 또한 $A'DB$가 단일직선이 되기 위해서는 반사광선이 입사면, 즉 이 지면 내에 있어야만 한다는 것이다.

프랑스 수학자인 피에르 드 페르마(Pierre de Fermat)는 굴절법칙을 증명하는 데 사용한 헤론(Hero) 법칙을 일반화하였다. 그림 2-6에서처럼 만약에 도착점 B가 경계면 아래의 두 번째 매질 내에 있다면, 확실히 올바른 경로는 가장 짧은 경로나 직선 AB가 아니다. 즉, 직선의 경우에는 굴절각이 입사각과 같아지므로 경험법칙인 굴절법칙이 깨진

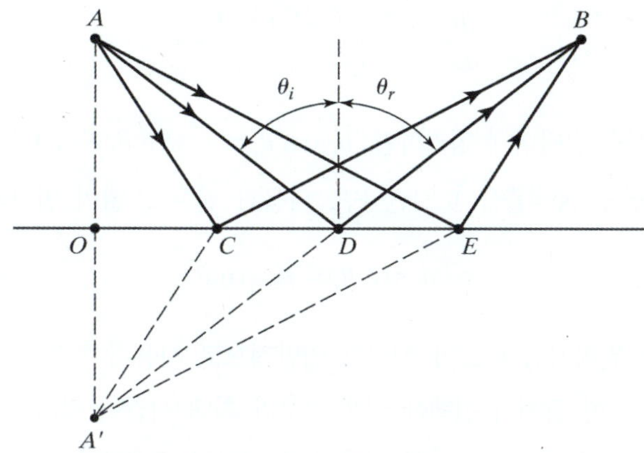

그림 2-5 헤론 원리로부터 반사 법칙을 중명하기 위한 작도.

다. "자연의 경제"를 언급하는 것으로 페르마는 광선이 A에서 B까지 갈 때 **최소시간**(least time)의 경로로 간다고 가정하였다. 이것이 헤론 원리를 일반화한 페르마 원리로 헤론 원리는 이 원리의 어떤 특별한 한 경우이다. 만약에 빛이 두 번째 매질에서 더욱더 느리게 움직인다면, **그림 2-6**에서 가정한 것처럼 빛은 두 번째 매질에서 더 짧은 시간이 걸리는 경로를 택하여 감으로써 A에서 B까지의 총이동시간을 최소화하기 때문에 경계면에서 경로가 구부러진다. 수학적으로 총이동시간

$$t = \frac{AO}{v_i} + \frac{OB}{v_t}$$

를 최소화하는 것이다. 여기에서 v_i와 v_t는 각각 입사매질과 투과매질에서의 광속이다. 피타고라스 정리와 **그림 2-6**에서 정의한 거리를 사용한다면, $AO = \sqrt{a^2 + x^2}$과 $OB = \sqrt{b^2 + (c-x)^2}$이 되므로

$$t = \frac{\sqrt{a^2 + x^2}}{v_i} + \frac{\sqrt{b^2 + (c-x)^2}}{v_t}$$

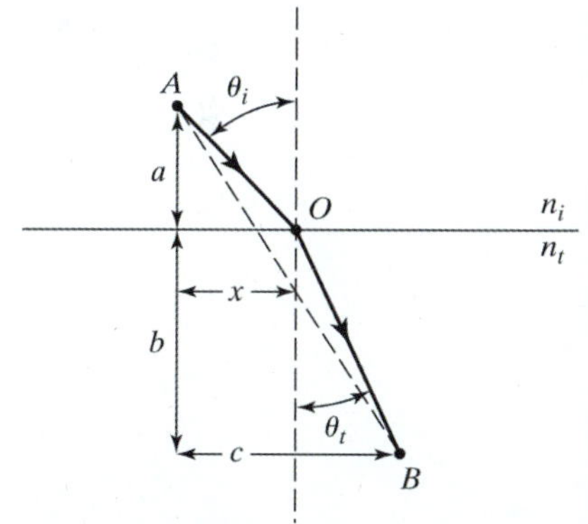

그림 2-6 페르마 원리로부터 굴절법칙을 증명하기 위한 작도.

이다. 다른 경로를 선택하면 점 O의 위치와 거리 x가 변하기 때문에, $dt/dx = 0$이라고 놓아서 다음과 같이 시간을 최소화할 수 있다.

$$\frac{dt}{dx} = \frac{x}{v_i\sqrt{a^2 + x^2}} - \frac{c-x}{v_t\sqrt{b^2 + (c-x)^2}} = 0$$

다시 **그림 2-6**에서 보듯이 $\sin\theta_i = \dfrac{x}{\sqrt{a^2 + x^2}}$과 $\sin\theta_t = \dfrac{c-x}{\sqrt{b^2 + (c-x)^2}}$이기 때문에 각각 AO와 OB를 포함하는 두 개의 직각삼각형에서 입사각과 굴절각을 이전의 조건 아래에서 다음과 같이 도입할 수 있다.

$$\frac{dt}{dx} = \frac{\sin\theta_i}{v_i} - \frac{\sin\theta_t}{v_t} = 0$$

0으로 놓은 이 식을 간단하게 정리하면, $v_i \sin\theta_i = v_t \sin\theta_t$가 된다. $v = c/n$인 관계식을 사용하여 매질의 굴절률을 도입한다면, 다음과 같은 스넬의 법칙을 유도할 수 있다.

$$n_i \sin\theta_i = n_t \sin\theta_t$$

호이겐스 원리처럼 페르마 원리도 일반적으로 사용하기 위해서는 더욱더 정교하게 논의해야 한다. 한 광선이 선택한 실제 경로가 최대 시간이 걸리거나 경로마다의 시간이 모두 같은 많은 경로들 중 하나일 때와 같은 상황도 존재한다. 이런 경우들 중 뒤 경우의 보기로, 한 초점에서 타원거울 내의 또 다른 초점으로 무수히 많은 가능한 경로들 중 어떤 경로를 따라서 전파하는 빛을 생각하자. 타원은 두 초점과 타원거울 면을 연결한 거리가 일정하기 때문에, 정말로 모든 경로를 지나가는 시간들은 모두 똑같다. 이웃한 경로들에 대해서 어떤 극값만을 단지 요구한다는 페르마 원리를 아주 자세히 살펴보면 다음과 같다. 광학계에서 주어진 두 지점 사이를 빛이 전파할 때, 광선이 선택한 실제 경로는 첫 번째 근사에서 이 광경로를 실제 경로에 밀접하게 이웃한 다른 경로들과 같도록 만드는 것이다.

이를 수식으로 바꾸면, 페르마 원리는 정적분 값을 최소화하는 함수의 형태를 구하는데 사용하는 수학적 기술인 **변분법**(variational calculus)이라고 하는 문제가 된다. 광학에서 이 정적분은 출발점에서부터 도착점까지의 광선이 이동하는데 걸린 시간적분이다.[1]

2-3 역진성 원리

그림 2-5와 그림 2-6에 그린 반사와 굴절의 경우를 다시 한번 논의하자. 만약에 A점과 B점의 역할을 서로 바꾸어서 B가 광원이 된다면, 최소시간에 대한 페르마 원리로부터 원래의 전파방향을 결정할 수 있었듯이 이 경우에 대해서도 동일한 경로를 예측할 수 있다. 그래서 일반적으로 광선의 방향이 뒤집어진다면, 광학계 내에서의 어떤 실제 광선이라도 동일한 경로를 반대로 되짚어간다. 이러한 **역진성 원리**(principle of reversibility)는 이 후에 취급할 다양한 응용분야에서 매우 유용한 도구가 된다.

2-4 평면거울에서의 반사

일반적인 방법으로 결상을 논의하기 전에, 먼저 평면거울에 의해서 결상된 경험적이고 가

---

1 여기에서 이와 유사한 원리로 라그랑즈 함수(Lagrangian function, 라그랑즈 함수 = 운동에너지 − 퍼텐셜에너지)에 대한 정적분을 최소화하는 것과 같은 역학에서 나오는 **해밀턴의 최소작용 원리**(Hamilton's principle of least action)가 있다. 이는 역학법칙들에 대한 다른 수학적 표현이며, 이것이 뉴턴의 역학법칙 그 자체를 의미한다는 것도 흥미롭다.

장 쉽게 접근할 수 있는 가장 간단한 상의 경우에 대해서 토의한다. 이러한 배경 아래에서 완벽하게 연마된 면에서 생기는 **거울반사**(specular reflection)와 거칠고 울퉁불퉁한 면에서 생기는 **난반사**(diffuse reflection)를 구별하는 것이 중요하다. 전자의 경우, 반사면에 입사하는 모든 평행한 광선은 평면 반사면에서의 반사법칙을 따른다. 후자의 경우, 반사의 법칙은 각 광선에 대해서 국지적으로 적용되지만, 미소하게 거친 면은 결과적으로 평행하게 입사한 입사광선을 여러 방향으로 골고루 산란시킨다. 실제로 오직 완벽하게 연마된 면만 거울반사에 가깝기 때문에 실제로는 모든 평면 반사면에서 어느 정도 이런 난반사가 생긴다. 다음의 내용들은 거울반사의 경우를 가정한다.

그림 2-7(a)에서 보듯이 xy-면으로부터 생긴 단일광선 OP에 대한 거울반사를 생각하자. 반사법칙 때문에 반사광선 PQ는 입사면에 있으며 P에 세운 법선에 대해서 동일한 입사각과 반사각이 생긴다. 만약에 경로 OPQ를 x-, y-, z-성분으로 분해한다면, 반사만으로는 광선 OP의 방향이 오직 z-방향만 바뀌기 때문에 간단하게 z-성분만 뒤집어진다. 만약에 단위벡터 $\hat{\mathbf{r}}_1 = (x,\ y,\ z)$로 입사광선을 나타낸다면, 반사로 인하여

$$\hat{\mathbf{r}}_1 = (x,\ y,\ z) \longrightarrow \hat{\mathbf{r}}_2 = (x,\ y,\ -z)$$

이 된다. 만약에 그림 2-7(b)의 "코너반사체(corner reflector)"처럼 광선이 입사하여 3개의 직각좌표 면에서 연이어 반사한다면,

$$\hat{\mathbf{r}}_1 = (x,\ y,\ z) \longrightarrow \hat{\mathbf{r}}_2 = (-x,\ -y,\ -z)$$

이 되며, 정확하게 입사광선은 원래의 들어왔던 방향과 평행한 방향으로 되돌아 나간다. 이런 코너반사체의 시스템에서 광선 빔은 완전히 되돌아 나간다. 이 코너반사체들은 고속도로 표지판에 사용되어 자동차 전조등 불빛을 반사하거나 달에 설치하여 지구에서 보낸 레이저 빔을 반사하는데 사용한다.

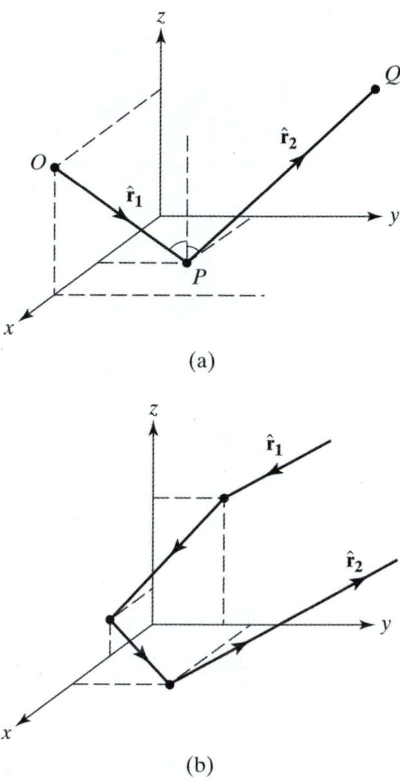

그림 2-7 평면 반사면에서 반사하는 단일광선의 기하학적 그림.

그림 2-8(a)는 평면거울에서의 결상을 보여주는 그림이다. 점물체 S는 그림처럼 반사하여 평면거울 쪽으로 광선을 보낸다. 반사법칙에 따라 SNP와 $S'NP$와 같은 한 쌍의 삼각형은 확실히 똑같다. 이로 인하여 물체에서 나온 모든 반사광선은 거울에 수직한 법선 SN을 따라 놓인 상점 S'을 만들며, 이 거리에서는 **상거리**(image distance) $S'N$이 **물체거리**(object distance) SN과 서로 같다. 눈은 S'에 놓인 실제 점물체를 보는 것과 완전히 같은 방식으로 S'에 있는 점상을 본다. 이 경우 실제의 광선들 중 어떤 것도 거울 아래에 존재하지 않기 때문에 이 상을 **허상**(virtual image)이라고 말한다. 이 상 S'은 **실상**(real image)의 경우와는 반대로 스크린에 투사할 수 없다. 그림 2-8(b)에서 화살표로 나타낸 물체처럼 크기를 가진 물체의 모든 지점들은 이와 유사한 방식으로 평면거울에 의해서 결상된다. 물체의 각 지점은 거울면에 대한 법선을 따라 상점을 맺으며, 물점이 이 거울면 위쪽에 있으므로 이 상점은 거울면 아래 먼 곳에 생긴다. 상점의 위치가 눈의 위치와는

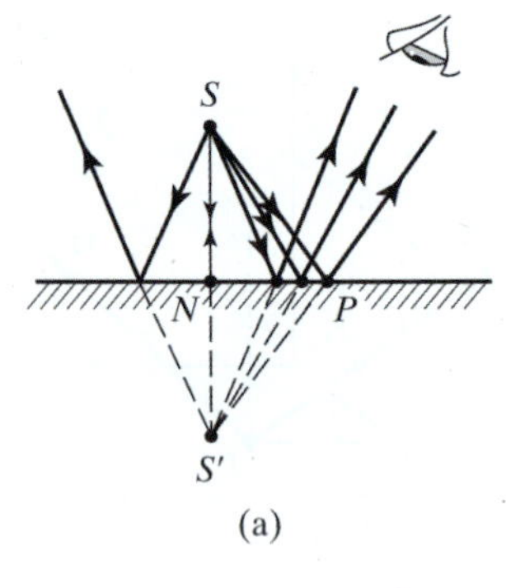

(a)

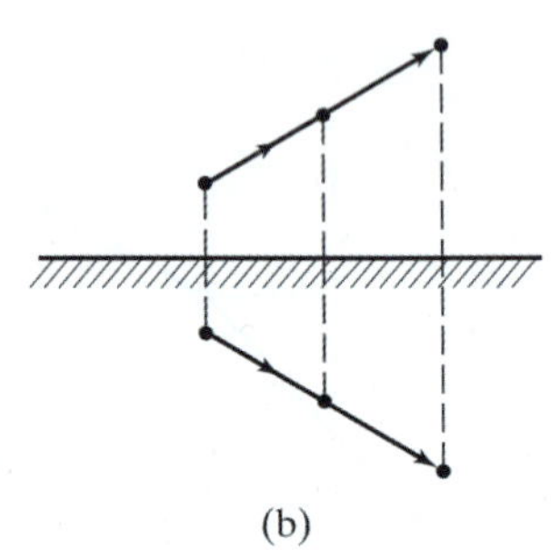
(b)

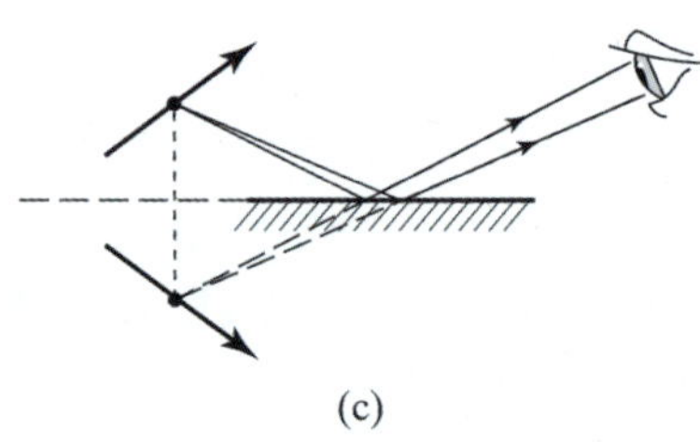
(c)

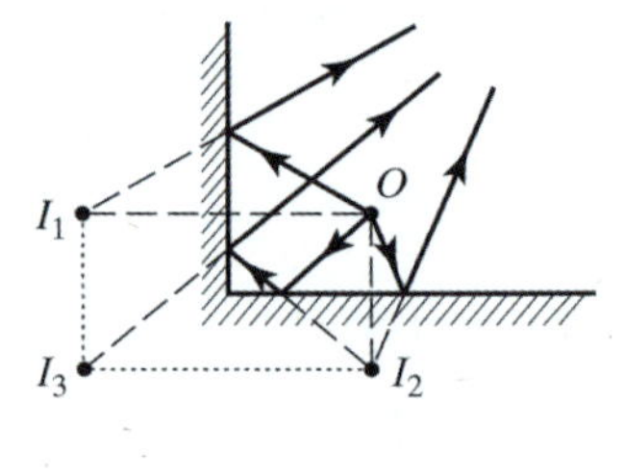

(d)

그림 2-8 평면거울 내에서의 결상.

무관하다는 것을 주목해야 한다. 더군다나 그림 2-8(b)의 작도에서 보면 상 크기가 물체 크기와 똑같아서 **배율**(magnification)이 1이다. 이에 더하여 물체와 상의 횡배열 형태도 동일하다. 그러나 우수계의 물체는 좌수계의 상이 된다. 거울이 물체 아래에 직접 있지 않은 그림 2-8(c)의 경우, 물체에서 시작한 반사광을 검출하는 눈이 이 물체에 대한 상 위치를 잡기 위해서 반사광을 거울 뒤로 길게 확장시킬 수도 있다. 그림 2-8(d)는 두 개의 수직한 거울로 만든 점광원 O의 다중상을 보여준다. 상 I_1과 I_2는 두 거울 각각에서 한 번 반사로 생긴 상들인 반면에 세 번째 상 I_3는 두 거울의 연속적인 반사의 결과로 생긴 상이다.

2-5 평면에서의 굴절

그림 2-9(a)에서 굴절률 n_1과 n_2로 구별한 두 개의 투명한 매질 사이의 평면 경계면에 순차적으로 각도 θ_1으로 입사하는 광선 (1)을 생각하자. 굴절각은 θ_2로 놓는다. 스넬의 법칙인

$$n_1 \sin\theta_1 = n_2 \sin\theta_2 \tag{2-2}$$

을 따라 그림 2-9(a)에서 보는 것처럼 $n_2 < n_1$일 때 광선 (1)과 광선 (2) 모두 굴절광선이 법선으로부터 멀리 구부러진다. 반면에 $n_2 > n_1$인 경우, 굴절광선은 법선 쪽으로 구부러진다. 또한 스넬의 법칙에 의하면 경계면에 수직으로 입사하는($\theta_1 = 0$) 광선 (3)이 두 매질 사이의 굴절률의 비를 고려하지 않고 진행방향에 대한 변화가 없이($\theta_2 = 0$) 두 매질을 투과한다.

물($n_1 = 1.33$)에서 나와서 공기($n_2 = 1.00$)로 들어가는 빛의 경우처럼 그림 2-9(a)에서 보는 3개의 광선은 경계면 아래의 매질 내에 위치한 점광원 S에서 빛이 나와서 이보다 굴절률이 더 낮은 위 매질로 들어간다. 이 광선들이 공통된 교차점을 가지고 있지 않기 때문에 혹은 굴절광선을 확장한 점선으로 보여준 것처럼 굴절 후 경계면 아래에 생기는 허상점을 가지고 있기 않기 때문에 이 광선들로는 어떤 유일한 상점을 정할 수 없다. 그러나 경계면의 법선에 가까운 매우 작은 입사각을 갖는 입사광선의 경우, 상당히 좋은 상이 생긴다. 상을 결상하기 위해서 오직 **근축광선**(paraxial rays)[2]만을 사용하는 경우에 입사각과 굴절각은 모두 매우 작고 다음과 같은 근사가 성립한다.

$$\sin\theta \cong \tan\theta \cong \theta \ \ (\text{라디안 단위})$$

식(2-2)로부터 스넬의 법칙은 근사적으로 다음과 같이 된다.

$$n_1 \tan\theta_1 \cong n_2 \tan\theta_2 \tag{2-3}$$

---

2 일반적으로 근축광선은 결상광학계의 광축 근처에 있는 광선들로 광축에 대해서 매우 작은 각도를 갖는다.

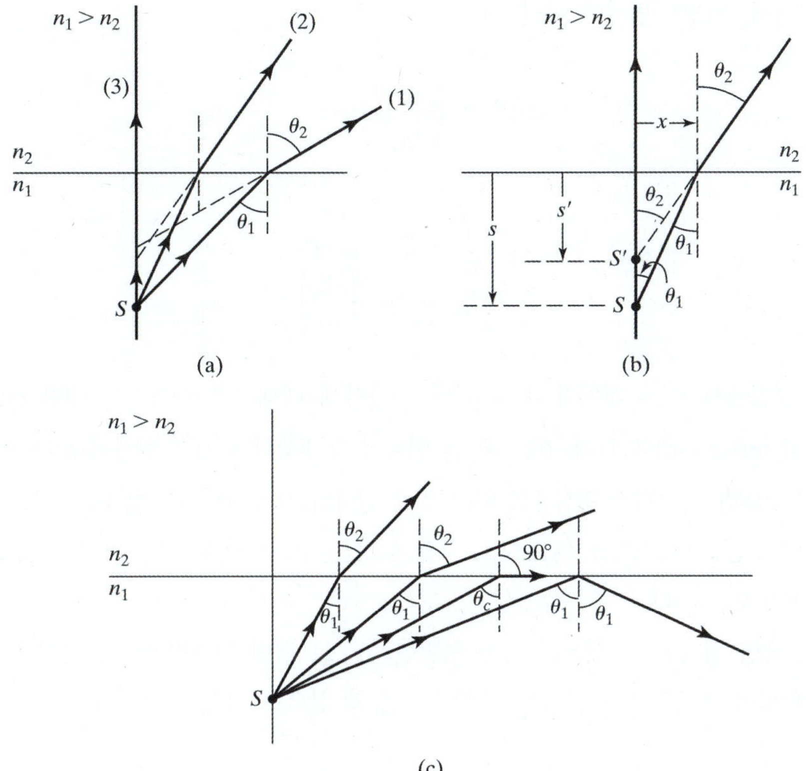

그림 2-9 평면 경계면에서 굴절된 광선의 기하학적 그림.

그림 2-9(b)로부터 적절한 탄젠트 값을 취한다면 식(2-3)은

$$n_1\left(\frac{x}{s}\right) = n_2\left(\frac{x}{s'}\right)$$

이 된다. 상점은 경계면 아래에 다음과 같은 수직거리 s'에 생긴다.

$$s' = \left(\frac{n_2}{n_1}\right)s \tag{2-4}$$

여기에서 s는 물체까지의 깊이이다. 그래서 직접 위로 상이 맺히는 수면 아래의 물체는 이 경우에 있어서 $s' = (1/1.33)s = (3/4)s$이기 때문에 실제로 이 물체가 있는 깊이보다 더 경계면에 가깝게 떠 보인다. 시야각 θ_2가 작지 않을 때조차도 눈의 구경조리개 혹은 동공이 단지 작은 광선다발만을 통과시키기 때문에 수면 아래의 물체에 대한 망막상은 잘 결상된다. 즉, 좁은 동공을 통과한 이 광선들은 전파방향이 약간씩 다르지만 근사적으로 동일한 결상점에 모일 것이다. 그러나 일반적으로 상이 위치한 깊이는 수직 입사 시의 물체가 놓인 깊이의 3/4이 아니며, 상을 바라보는 시야각에 따라 이 깊이가 변할 것이다.

그림 2-9(c)에서 보는 것처럼 스넬의 법칙에 따라 경계면에서의 입사각이 점점 더 커진 입사광선들은 굴절각도 점점 더 커진다. 임계입사각 θ_c는 굴절각이 90°일 때 생긴

다. 그래서 스넬의 법칙에 따라

$$\sin\theta_c = \left(\frac{n_2}{n_1}\right)\sin 90 = \frac{n_2}{n_1}$$

또는

$$\theta_c = \sin^{-1}\left(\frac{n_2}{n_1}\right) \tag{2-5}$$

이다. 그림에서 보는 것처럼 $\theta_1 > \theta_c$의 입사각에 대해서 입사광선은 **내부 전반사**(total internal reflection)를 한다. $\theta_1 < \theta_c$인 입사각에 대해서 굴절과 반사가 모두 생긴다. 10장에서 논의할 것이지만 광섬유를 따라 빛이 전파하는 과정에서는 이 내부 전반사가 본질적인 주요 원인이다. θ_c를 식(2-5)로 구할 수 있는 $n_1 > n_2$의 경우가 아니라면, 이 현상이 발생하지 않는다.

구면 경계면에서의 굴절하는 특별한 경우로 평면 경계면에서의 굴절을 이해하기 위해서 평면 경계면에서 발생한 굴절로 결상한 상으로 다시 돌아간다.

2-6 광학계의 결상

이 절에서는 일반적인 상의 의미를 논의하고, 완벽하지 않지만 실질적인 결상 요인과 이론적인 요인들을 살펴본다. 그림 2-10에서 "광학계"라고 이름을 붙인 영역에는 여러 가지 곡률을 갖는 여러 개의 반사면과 굴절면이 들어있다. 이로 인하여 **물점**(object point) O로부터 나온 광선의 방향이 바뀐다. 이 영역은 수많은 균질하고 등방성인 중간 매질을 포함하며, 각각의 굴절률로 중간매질의 광학적 특성을 나타낸다. 그래서 그림에서 보는 것처럼 광선이 물점 O로부터 나와서 방사상의 모든 방향으로 퍼져나간 후, **실물체 공간**(real object space) 내에서 광학계의 첫 번째 반사면 또는 굴절면으로 진행한다. 이 광선들에 수직인 구면 집단이 **파면**(wavefront)인데, 이는 하나의 파면과 접촉하는 광원으로부터 나온 각 광선들이 파면까지의 동일한 이송시간을 갖는 지점들의 궤적이다. 실물체 공간에서 나온 광선들은 발산하며, 이렇게 발산된 구면파면들은 널리 퍼져나간다. 지금부터

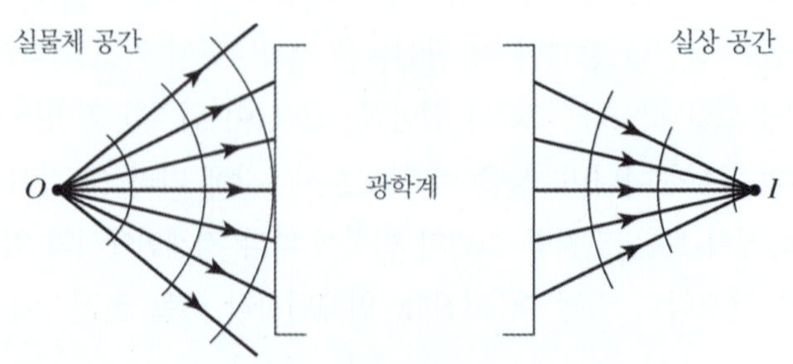

그림 2-10 광학계에 의한 결상.

광선들이 광학계를 나와서 **실상 공간**(real image space)으로 들어가서 광선들의 방향이 바뀌는 광학계를 가정한다. 이 경우 광선들이 광학계에서 실상공간으로 나가면서 파면이 줄어들고 광선이 **상점**(image point) I로 정의된 하나의 공통점으로 수렴한다. 페르마 원리에 따라 이러한 모든 광선들은 O에서 시작하여 I에서 끝나기 때문에 모든 광선들은 동일한 이송시간이 걸린다. 이러한 광선들을 **등시**(isochronous)광선이라고 말한다. 더군다나 **역진성 원리**(principle of reversibility)에 의해서 만약에 I를 물점이라고 생각한다면 이 물점에서 나온 광선은 진행방향이 뒤집어지고, 광학계를 통과하는 광선의 경로는 그대로 유지되면서 O가 이에 대응하는 상점이 된다. 점 O와 I를 이 광학계의 **공액점**(conjugate points)이라고 한다. 이상적인 광학계에서 O에서 나온 모든 광선들 중 광학계를 지나가는 광선만이 I에 모인다. 실제 물체를 결상하기 위해서는 이러한 요구조건이 모든 물점과 이에 대한 공액 상점에 대해서 들어맞아야만 한다.

실제로는 (1) 광산란, (2) 수차, (3) 회절 때문에 이상적이지 않은 상이 형성된다. O에서 나온 일부의 광선은 굴절면의 반사손실, 반사면에서 난반사, 투과매질의 비균질성 때문에 I에 도달하지 못한다. 그러나 이런 것들에 의한 광선손실은 상의 밝기를 줄일 뿐이다. 이들 광선의 일부는 비공액 물점에서 나와 I를 지나면서 산란하는데, 이로 인하여 상의 질이 저하된다. 광학계 자체에서 생기는 **광학계 수차**(system aberrations) 때문에 모든 물점들에 대한 완벽한 결상을 위한 물체광선과 상광선 사이의 1:1 관계가 성립되지 않을 수 있다. 이런 수차는 20장에서 자세하게 취급할 것이다. 끝으로 모든 광학계는 물체에서 나오는 파면의 일부만을 모으기 때문에, 상은 완벽하게 선명하지가 않는다. 이밖에 상이 완벽할 때조차도 파면의 제한된 부분만을 사용하는 유한 구경효과로 인하여 회절이 생기고, 이로 인하여 퍼진 상이 생긴다. 이러한 결상을 **회절제한된**(diffraction limited) 결상이라고 한다. 회절에 대한 절에서 더 논의하겠지만, 불완전한 결상에 대한 이러한 원인이 상을 무디게 하는 근본적인 요인으로 현재로서는 완벽하게 극복될 수 없는 한계이다. 이러한 문제는 광의 파동성 때문에 생긴 것이다. 단지 결코 일어나지 않는 $\lambda \rightarrow 0$으로 가는 기하광학적 극한에서만 완전히 회절효과가 사라진다.

완벽한 상을 만드는 반사면과 굴절면을 **데카르트면**(Cartesian surface)이라고 부른다. 반사의 경우에 있어서 그림 2-11에서 보는 것처럼 이런 면은 원추 단면이다. 개개의 이들 그림에서 물점과 상점의 역할은 역진성 원리에 의해서 서로 뒤바뀔 수도 있다. 그림 2-11(b)에서 상은 허상이라는 것에 주목하여야 한다. 그림 2-11(c)에서 보는 평행한 반사광선은 "무한대"에 결상된다. 각 경우에서 물점과 상점 사이에서는 등시광선(isochronous rays)이어야 한다는 페르마 원리로부터 이에 대응하는 원추 단면의 기하광학적 정의와 동등한 조건이 나온다.

굴절 시 완벽한 결상을 하는 데카르트면은 이보다 더 복잡하다. 그림 2-12에서 설명하듯이 상점 I에 물점 O를 결상하는 적절한 굴절면에 대한 식에 대해서 알아보자. 그곳에서 좌표가 (x, y)인 어떤 임의의 점 P가 원하는 면 Σ에 있다. 이러한 조건은

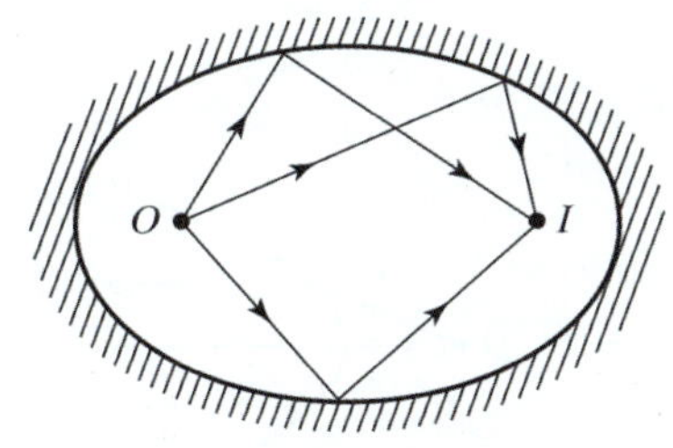

(a) 타원면(ellipsoid)

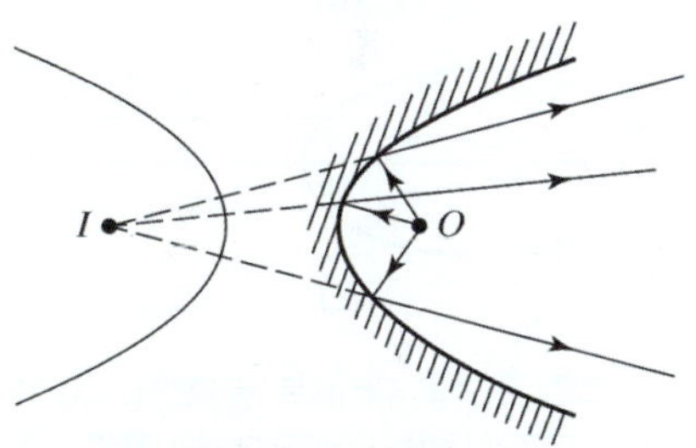

(b) 쌍곡면(hyperboloid)

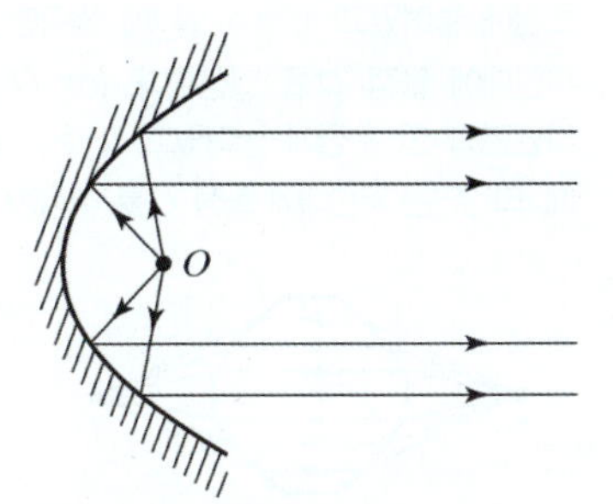

(c) 포물면(paraboloid)

그림 2-11 공액관계인 물점과 상점을 보여주는 데카르트 반사면.

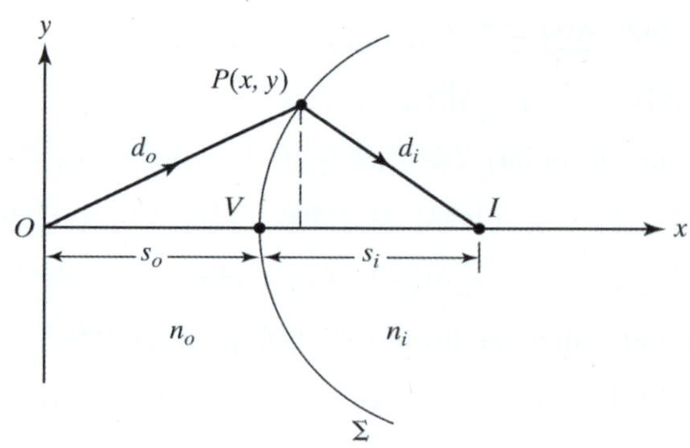

그림 2-12 상점 I에서 물점 O를 결상하는 데카르트 굴절면.

OPI처럼 O에서 나온 모든 광선은 이 면에서 굴절한 후, 상 I를 통과하여 지나간다는 것이다. 명백하게 이런 종류의 다른 광선 OVI는 이 면의 정점 V에서 이 굴절면에 수직이다. 페르마 원리에 의해서 이들은 등시광선이다. 그러나 굴절면을 기준으로 양쪽의 매질들은 서로 다른 굴절률로 나타내기 때문에, 등시광선들은 길이가 같지가 않다. 이 광선이 굴절률 n을 갖는 두께 x의 매질을 통과하는 데 걸리는 이송시간은

$$t = \frac{x}{v} = \frac{nx}{c}$$

이다. 그러므로 이 등가시간은 **광경로 길이**(optical path length)라고 부르는 nx의 등가값을 나타낸다. 그래서 이 준비된 문제에서 페르마 원리로부터

$$n_o d_o + n_i d_i = n_o s_o + n_i s_i = \text{상수} \tag{2-6}$$

이 나온다. 여기에서 각 거리들은 그림 2-12에서 보는 것처럼 정의한다. P에 대한 (x,y)-좌표를 사용하면 식(2-6)의 첫 번째 합은

$$n_o (x^2 + y^2)^{1/2} + n_i [y^2 + (s_o + s_i - x)^2]^{1/2} = \text{상수} \tag{2-7}$$

이 된다. 이 식에서 상수는 식(2-6)의 가운데 부분인 $n_o s_o + n_i s_i$로 결정하는데, 일부의 문제에서만 이것을 계산할 수 있다. 그림 2-13(a)에서 보는 것처럼 식(2-7)은 데카르트 타원체를 나타낸다.

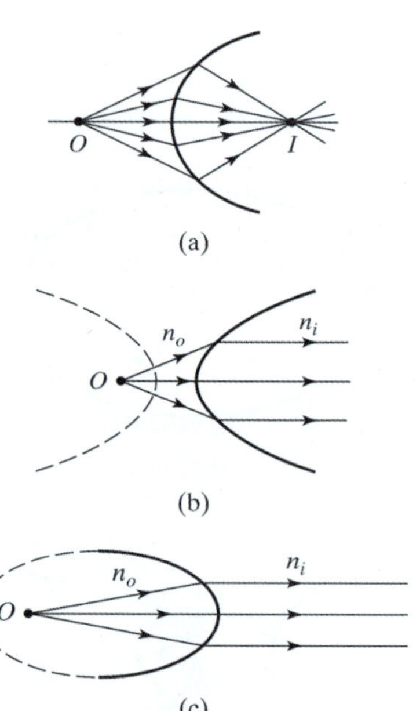

그림 2-13 데카르트 굴절면들. (a) 데카르트 타원체의 굴절면에서의 굴절로 인한 I에 생긴 상 O. (b) O가 쌍곡면의 한 초점에 놓여있고 $n_i > n_o$일 때, 쌍곡면은 무한대에 물점 O를 결상한다. (c) O가 타원면의 한 초점에 놓여있고 $n_o > n_i$일 때, 타원면은 무한대에 물점 O를 결상한다.

이들 중 첫 번째 것은 공기 중에 놓여있는 물체에 대한 보통의 경우에 적용한다. 그래서 양쌍곡면 렌즈는 그림 2-14에서 보는 것처럼 기능을 한다. 그러나 이렇게 얻어진 무수차 결상(aberration-free imaging)은 오직 렌즈로부터 알맞은 거리에서 광축 상에서만 생긴다. 바로 이웃한 점들에 생기는 결상은 완벽하지가 않다. 물체의 크기가 커질수록 상의 예리함은 더욱더 나빠진다. 실제 물체의 결상에는 수차가 동반되고, 또한 쌍곡면은 **연삭이 어렵기** 때문에 대부분의 광학면들은 구면으로 보통 제작한다.[3] 구면 제작이 쉽기

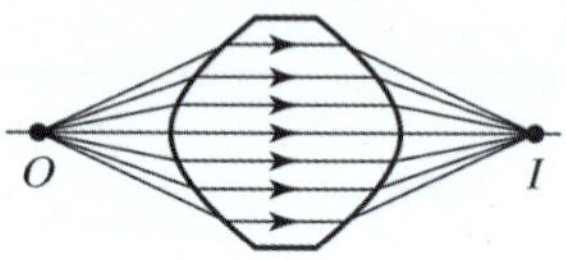

그림 2-14 양쌍곡면 렌즈에 의한 점물체 O의 무수차 결상.

3 사출금형기술을 사용한 렌즈 제작기술로 구면을 갖는 렌즈의 양산이 쉬워졌다.

때문에 **구면수차**(spherical aberrations)는 비교적 어느 정도 받아들인다. 이 장의 나머지 부분들에서 구면 반사면과 구면 굴절면에 대해서는 상세히 논의할 것이지만, 원통 반사면과 원통 굴절면은 이보다 간단하게 논의할 것이다. 평면은 원통면이나 구면의 **곡률반지름**(radius of curvature)을 무한대로 놓은 극한적 경우로, 평면은 원통면이나 구면의 특별한 경우로 취급한다.

2-7 구면에서의 반사

구면거울의 곡률중심 C가 반사면의 앞면에 있는지 아니면 뒷면에 있는지에 따라 구면거울은 물점 O에 대해서 오목하든지 아니면 볼록하다. 그림 2-15에서 보는 거울은 볼록하며, O에서 시작한 두 광선 중 하나는 볼록거울의 정점 V에서 구면에 수직한 광선이고 나머지 하나는 P에 입사하는 임의의 광선이다. 첫 번째 광선은 거울에서 반사한 후 동일한 경로로 되돌아 나온다. 두 번째 광선은 마치 P에 접한 평면에서 반사하는 것처럼 반사법칙을 만족하면서 P에서 반사한다. 두 반사광선은 거울에서 반사한 후에는 서로 발산한다. (거울 뒤로 반사광선을 연장시켜서 만나는) 두 광선의 교차점이 O에 대한 공액상점인 I이다. 이 상은 **허상**(virtual image)으로 거울 뒷면에 생긴다.

정점으로부터 측정한 물체거리와 상거리는 각각 s와 s'이다. Q점에서 측정한 P점부터 광축까지의 수직 높이가 h이다. 앞으로 거울의 곡률반지름 R에만 의존하는 s와 s' 사이의 관계를 찾고자 한다. 이러한 관계는 오직 구면에서 물체광선과 상광선이 만든 각도에 대한 사인과 코사인의 1차 근사의 결과일 뿐이다. 이것은

$$\sin\varphi = \varphi - \frac{\varphi^3}{3!} + \frac{\varphi^5}{5!} - \cdots$$

와

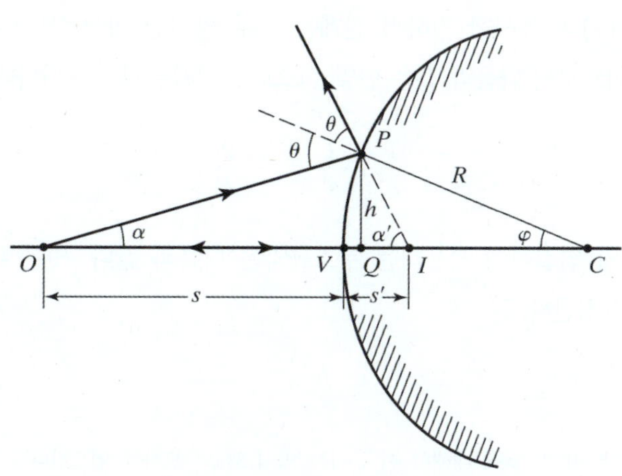

그림 2-15 구면에서의 반사.

$$\cos\varphi = 1 - \frac{\varphi^2}{2!} + \frac{\varphi^4}{4!} + \cdots \quad \text{(2-8)}$$

과 같은 이항전개식에서 첫 번째 항만을 고려하면

$$\sin\varphi \cong \varphi \text{와 } \cos\varphi \cong 1 \quad \text{(2-9)}$$

이 되는데, 이 관계는 φ가 충분히 작을 때만 정확히 맞는 관계이다.[4] 1841년에 이 주제를 최초로 발표하였던 칼 프리드리히 가우스(Karl Friedrich Gauss) 이래로 **1차 광학**(first-order optics) 또는 **가우스 광학**(Gaussian optics)이라고 부르는 분야가 이 근사로부터 시작되었다. 직접 이 문제로 되돌아가서 보면, 삼각형의 외각이 삼각형의 내각의 합과 같기 때문에 그림 2-15에서 두 개의 각도 관계를 구할 수 있다. 이 관계는

$$\theta = \alpha + \varphi \text{와 } 2\theta = \alpha + \alpha'$$

인데, 이를 결합하면

$$\alpha - \alpha' = -2\varphi \quad \text{(2-10)}$$

이 된다. 작은 각 근사를 사용한다면 식(2-10)의 각은 이 각에 대한 탄젠트 값으로 대체될 수 있는데, 이는

$$\frac{h}{s} - \frac{h}{s'} = -2\frac{h}{R}$$

이다. 여기에서 φ가 작을 때 VQ도 작아지므로 이를 무시한다. 위 식에서 h를 소거하면 다음과 같은 원하는 관계식이 나온다.

$$\frac{1}{s} - \frac{1}{s'} = -\frac{2}{R} \quad \text{(2-11)}$$

만약에 이 거울 대신에 오목 구면거울을 선택한다면, 곡률중심은 거울 정점의 왼쪽에 있다. 물점 O의 임의의 위치에서 거울의 왼쪽에 생긴 실상을 찾는 것은 가능하다. 이러한 경우에 있어서 식(2-11)과 유사한 기하적 관계는 모두 양수인 항들로만 이루어진다. 적절한 부호규약을 채택함으로써 다음과 같은 단일 식으로 이 모든 경우를 나타내는 것이 가능하다.

$$\frac{1}{s} + \frac{1}{s'} = -\frac{2}{R} \quad \text{(2-12)}$$

식(2-12)와 연결하여 사용하는 부호규약은 다음과 같다. 빛은 왼쪽에서 오른쪽으로 진행한다고 가정한다.

4 예를 들어 약 10°의 φ에 대해서 이 근사는 약 1.5%의 오차를 일으킨다.

1. O가 V의 왼쪽에 있을 때 **물체거리**(object distance) s는 양수인데, 이는 실물체에 대응한다. 그리고 O가 V의 오른쪽에 있을 때 s는 음수로서 허물체에 대응한다.
2. I가 V의 왼쪽에 있을 때 **상거리**(image distance) s'는 양수로, 이는 실상에 대응한다. 그리고 I가 V의 오른쪽에 있을 때 s'는 음수인데, 이는 허상에 대응한다.
3. 곡률중심 C가 V의 오른쪽에 있을 때 **곡률반지름**(radius of curvature) R은 양수로 이는 볼록거울에 대응하며, C가 V의 왼쪽에 있을 때 곡률반지름 R은 음수로 이는 오목거울에 대응한다.

이 결과들[5]은 양의 물체거리와 양의 상거리는 실물체와 실상에 대응하고 볼록거울은 양의 곡률반지름을 갖는다는 것으로 간단히 요약할 수 있다. 규칙 2를 그림 2-15에 적용한다면 일반적인 식(2-12)는 그림 2-15와 연결되어 유도된 특별한 경우에 대한 식(2-11)과 똑같아진다. 일련의 2개 이상의 반사면이나 굴절면이 있는 광학계에서만 허물체가 생기는데, 이는 나중에 추가로 생각할 것이다.

구면거울을 표현한 식(2-12)에 $R \to \infty$ 인 평면거울을 적용해보면 이전에 구한 것처럼 $s' = -s$가 된다. 음의 부호는 실물체에 대한 허상을 의미한다. 즉 식(2-13)에서 물체거리와 상거리가 대칭적으로 같다는 것에 주목해야 하는데, 이는 공액점들에 대해서는 서로의 위치를 상호교환이 가능함을 의미한다. 오목거울($R < 0$)과 볼록거울($R > 0$)에 대한 그림 2-16(a)와 그림 2-16(b)에서 보듯이 무한대에 갖다놓은 물체의 경우, 입사광선은 평행하고 $s' = -R/2$이다. 각 경우에 대한 상거리를 거울의 **초점거리**(focal length) f로 정의한다. 그래서

$$f = -\frac{R}{2}\begin{cases} < 0, & \text{볼록거울} \\ > 0, & \text{오목거울} \end{cases} \tag{2-13}$$

이다. 이를 사용한다면 다음처럼 보다 간단하게 거울방정식을 적을 수 있다.

$$\frac{1}{s} + \frac{1}{s'} = \frac{1}{f} \tag{2-14}$$

그림 2-16(a)와 그림 2-16(b)에서 보는 것과 같이 거울의 정점에서 초점거리 f인 곳에 위치한 초점 F는 그림으로 광선추적을 할 때 중요한 점인데, 이는 다음에 볼 예제 2-1에서 다시 논의할 것이다.

그림 2-16(c)는 횡배율을 구하기 위한 작도이다. 물체는 세로크기가 h_o인 큰 물체이다. 물체인 화살표의 꼭대기 상은 반사 후 광선 방향을 알 수 있는 2개의 광선으로

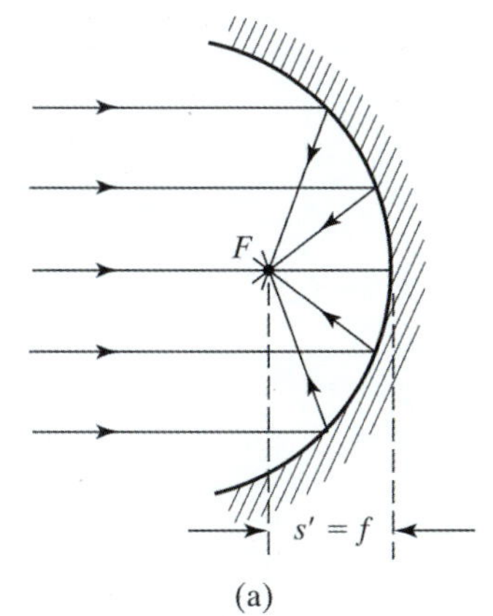

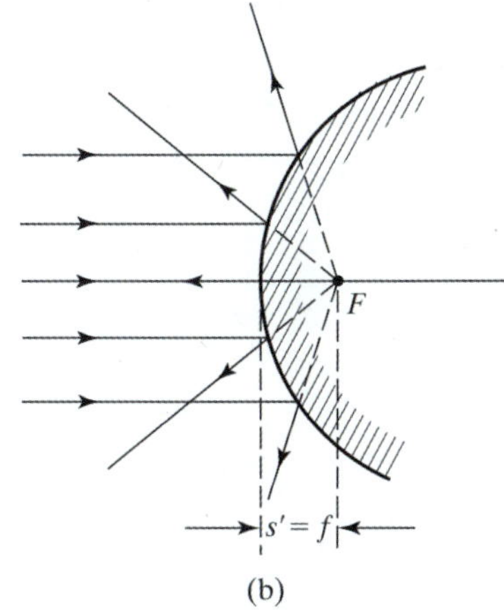

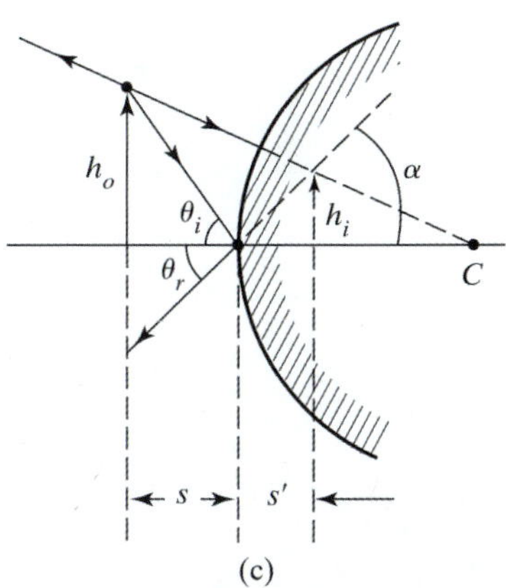

그림 2-16 (a) 오목거울에 대한 초점 위치, (b) 볼록거울에 대한 초점 위치, (c) 구면거울에 대한 배율을 구하기 위한 작도.

5 이러한 부호규약은 널리 사용되지만, 다른 방식의 부호규약도 존재하므로 학생들은 조심해야 한다.

구한다. 정점을 향해 입사하는 광선은 광축에서 동일한 반사각이 생기게 반사해야만 한다. 다른 광선은 광선의 거울면의 입사점에 대한 법선을 따라 곡률중심 쪽으로 진행하다가 입사광선 방향으로 되돌아가도록 반사한다. 이 두 반사광선의 교차점은 거울 뒤쪽에 생기며 그 교차점에 크기가 h_i인 허상이 생긴다. 그림 2-16(c)에 나온 세 개의 각도가 모두 똑같기 때문에,

$$\frac{h_o}{s} = \frac{h_i}{s'}$$

이 된다. 횡배율(lateral magnification) m은 상의 횡크기를 물체의 횡크기로 나눈 비로 정의하므로

$$|m| = \frac{h_i}{h_o} = \frac{s'}{s} \tag{2-15}$$

이다. 부호규약에 배율을 포함한다면, 상이 물체와 같은 방향이면 배율을 (+)로 정하고, 상이 물체와 반대 방향으로 놓여있으면 배율을 (−)로 정한다. 그림 2-16(c)의 작도에서 s'은 그 자체가 음수이기 때문에 (+) 배율을 만들기 위해서는 다음과 같은 일반적인 형태로 식(2-15)를 수정한다.

$$m = -\frac{s'}{s} \tag{2-16}$$

다음 예제는 부호규약에 대한 올바른 사용법을 보여준다.

예제 2-1

3 cm 크기의 물체를 초점거리가 10 cm인 (a) 구면볼록거울과 (b) 구면오목거울로부터 20 cm 떨어진 곳에 놓는다. 각각의 경우에 대해서 상의 위치와 상의 상태를 구하시오.

풀이

a. 볼록거울: $f = -10$ cm와 $s = \pm 20$ cm.

$$\frac{1}{s} + \frac{1}{s'} = \frac{1}{f} \quad \text{또는} \quad s' = \frac{fs}{s-f} = \frac{(-10)(20)}{(20)-(-10)} = -6.67 \text{ cm}$$

$$m = -\frac{s'}{s} = -\frac{-6.67}{20} = +0.333 = \frac{1}{3}$$

(s'이 음수이기 때문에) 상은 허상이고, 거울 정점으로부터 오른쪽으로 6.67 cm에 생기며, (m이 양수이기 때문에) 정립상이고, 상 크기는 물체 크기의 1/3배로 1 cm이다.

b. 오목거울: $f = +10$ cm와 $s = +20$ cm.

$$s' = \frac{fs}{s-f} = \frac{(10)(20)}{20-10} = +20 \text{ cm}$$

$$m = -\frac{s'}{s} = -\frac{20}{20} = -1$$

(s'이 양수이기 때문에) 상은 실상이고, 거울 정점으로부터 왼쪽으로 20 cm에 생기며, (m이 음수이기 때문에) 도립상이고, 상 크기는 물체 크기와 같은 3 cm이다. 상과 물체는 거울의 곡률중심인 $2f = 20$ cm에 생긴다.

거울에 의해서 결상된 상의 위치와 상의 상태는 광선추적 작도법으로 구한다. 그림 2-17은 물체의 꼭대기인 P에서 시작한 1, 2, 3이라고 이름을 붙인 3개의 중요한 광선들이 공액상점인 P'에 교차하도록 그린 그림이다. 사실상 식(2-12)부터 식(2-16)까지의 식들이 유효한 조건 아래에서 P에서 시작한 임의의 두 광선에 대한 경로로도 공액상점 P'

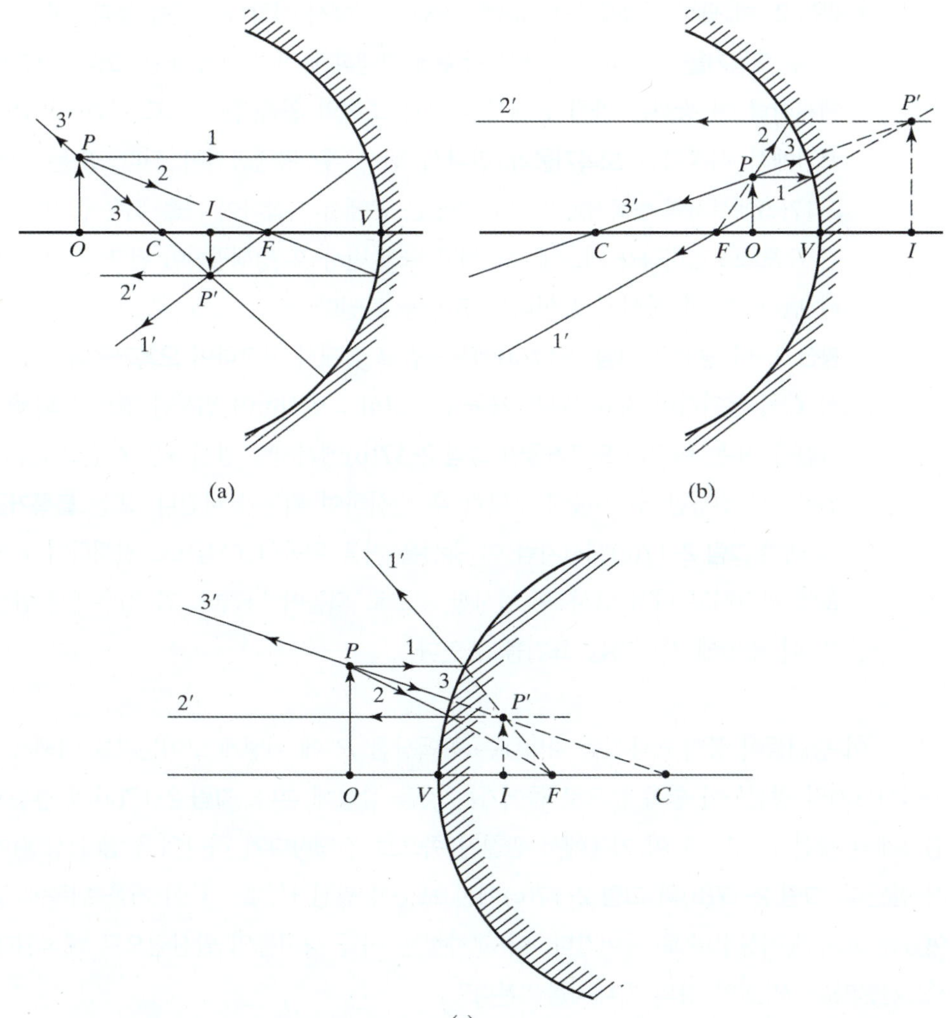

그림 2-17 구면거울에 대한 광선추적 그림. (a) 실상이고 오목거울임. 물체거리는 초점거리보다 더 크다. (b) 허상이며 오목거울임. 물체거리는 초점거리보다 더 작다. (c) 허상이고 볼록거울임.

을 충분히 만들 수 있다. 세 번째 광선은 처음에 선택한 두 광선으로 만든 상점이 정확한지를 쉽게 점검하는데 사용한다. 거울의 곡률중심 C를 지나가는 광선, 초점 F를 지나가는 광선, 거울의 광축을 따라 정점 V를 지나가는 광선을 자만으로 그릴 수 있기 때문에 그림 2-17에서 논의한 3개의 중요한 광선들은 광선추적 작도법의 기초용 광선이 된다. 공액상점 P'은 상의 꼭대기를 가리키는데, 전체 상은 P'과 광축 상의 I 지점 사이에 놓인다.

지금부터 3개의 중요한 광선들을 그리는 법과 연결하여 그림 2-17(a), (b), (c)를 설명하고자 한다. 물체가 C와 F 전후에 놓이는 상태와 거울의 기하학적 모양, 즉 오목거울인지 볼록거울인지에 따라 각 광선추적들에 의하여 생긴 상들의 차이에 주목해야한다.

- **광선 1**. 이 광선은 그림 2-17(a)와 2-17(b)에서처럼 P점에서 시작하여 광축에 평행하게 진행하다가 거울에 부딪히고 반사하여 오목거울의 초점 F를 통과하여 지나간다. 또는 그림 2-17(c)에서처럼 이 광선은 볼록거울에 부딪혀서 마치 광선이 거울 뒤쪽에 있는 초점 F로부터 나오는 것처럼 반사한다. 이 경우에 대해서 반사 후 나오는 이 광선에 $1'$이라는 표기를 붙인다.
- **광선 2**. 이 광선은 그림 2-17(a)에서처럼 P점에서 시작하여 F를 통과하여 지나간 후 **오목거울**에 부딪히고 나서 광축에 평행하게 반사한다. 또는 그림 2-17(b)에서처럼 이 광선은 마치 F에서 나와서 초점의 왼쪽(점선)으로 향한 것 같이 P점에서 시작하여 **오목거울**과 만나서 반사 후 평행광선이 된다. 또는 그림 2-17(c)에서처럼 **볼록거울**의 경우 광선은 P에서 시작하여 거울 뒤쪽에 있는 초점 F쪽으로 향하다가 거울에 부딪히고 나서 반사 후 평행광선이 된다. 각 경우에서 반사 후 이 광선에 $2'$이라는 표기를 붙인다.
- **광선 3**. 이 광선은 그림 2-17(a)에서처럼 P점에서 시작하여 **오목거울**의 곡률중심 C를 통과하여 지나가다가 거울에 부딪히고 반사하여 입사한 경로로 되돌아 나간다. 또는 여전히 **오목거울**인 그림 2-17(b)에서처럼 광선 3은 C점으로부터 왼쪽으로 진행한 후 거울에 부딪힌 후 반사하여 되돌아 나간다. 또는 **볼록거울**에 대한 그림 2-17(c)에서처럼 이 광선은 거울 뒤쪽의 C점으로 진행하다가 거울에 부딪히고 나서 반사 후 입사한 경로로 되돌아 나간다. 각 경우에서 반사 후 이 광선에 $3'$이라는 표기를 붙인다.

이 광선들이 상의 꼭대기를 나타내는 공액상점 P'에 어떻게 모이는지를 이해하기 위해서 3개의 광선들이 한쪽 눈으로 들어가는 것을 상상해 본다. 그림 2-17(a)의 경우처럼 3개의 광선 $1'$, $2'$, $3'$이 거울에서 관찰자 쪽으로 진행하다가 하나의 상점(실상점)에서 만난다. 그림 2-17(b)와 그림 2-17(c)에서 보듯이 광선 $1'$, $2'$, $3'$이 거울 뒤쪽에 놓여있는 교차점(허상점)으로 들어간다. 이 교차점은 이들 광선들의 발산점으로 해석된다. 즉, 관찰자는 P'점인 상의 꼭대기를 "본다".

2-8 구면에서의 굴절

그림 2-18의 오목면을 선택하여 구면에서의 굴절을 살펴본다. 2개의 광선은 물점 O에서 발산하는 것처럼 보인다. 한 광선은 경계면의 정점에서 경계면에 수직인 축상광선(axial ray)인데, 이 광선은 굴절 후에도 진행방향이 바뀌지 않는다. 다른 광선은 P점으로 입사하는 임의의 광선으로 이 광선은 다음과 같은 스넬의 법칙에 따라 굴절한다.

$$n_1 \sin \theta_1 = n_2 \sin \theta_2 \tag{2-17}$$

2개의 굴절광선이 공통된 교차점인 상점 I에서 나오는 것처럼 보인다. 삼각형 CPO에서 외각은 $\alpha = \theta_1 + \varphi$이고, 삼각형 CPI에서는 외각이 $\alpha' = \theta_2 + \varphi$이다. 근축광선으로 근사하고 식(2-17)에 θ_1과 θ_2를 대입한다면

$$n_1(\alpha - \varphi) = n_2(\alpha' - \varphi) \tag{2-18}$$

이 된다. 다음으로 작은 각 근사에 따라 거리 QV를 무시하고, 그림 2-18에서 이 각도들에 대한 탄젠트를 적어보면

$$n_1\left(\frac{h}{s} - \frac{h}{R}\right) = n_2\left(\frac{h}{s'} - \frac{h}{R}\right)$$

또는

$$\frac{n_1}{s} - \frac{n_2}{s'} = \frac{n_1 - n_2}{R} \tag{2-19}$$

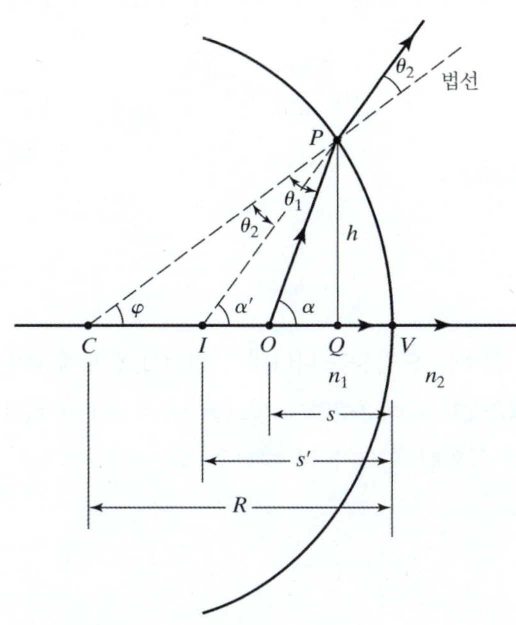

그림 2-18 $n_2 > n_1$의 경우 구면에서의 굴절

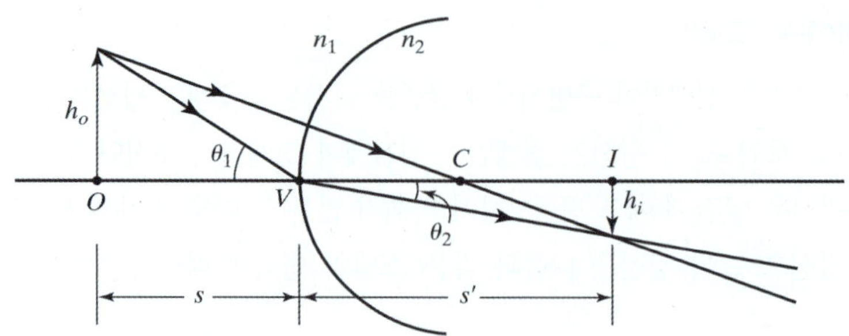

그림 2-19 구면 굴절면에 의한 횡배율을 구하는 작도.

이 된다. 거울에서 사용한 **동일한 부호규약**(즉 실물체와 실상에 대해서는 양의 거리이고, 허물체와 허상에 대해서는 음의 거리)을 사용한다면, 허상거리는 $s' < 0$이고 곡률반지름은 $R < 0$이다. 만약에 이들 음의 부호를 그림 2-18의 경우에 적용한다면, 굴절방정식의 일반적인 형태는

$$\frac{n_1}{s} + \frac{n_2}{s'} = \frac{n_2 - n_1}{R} \tag{2-20}$$

인데, 이는 볼록면에 대해서도 동일하게 잘 적용된다. $R \to \infty$ 일 때, 구면이 평면 굴절면이 되고

$$s' = -\left(\frac{n_2}{n_1}\right)s \tag{2-21}$$

이다. 여기에서 s'은 앞에서 구했던 겉보기 깊이(apparent depth)이다. 실물체($s > 0$)에 대해서 식(2-21)의 음의 부호는 상이 허상임을 알려준다. 큰 물체의 횡배율은 간단하게 그림 2-19에서 구할 수 있다. 정점 V에 대한 입사광선의 작은 각 근사에 대해서 스넬의 법칙은 $n_1\theta_1 = n_2\theta_2$이 되며, 모든 각에 대한 탄젠트를 사용한다면

$$n_1\left(\frac{h_o}{s}\right) = n_2\left(\frac{h_i}{s'}\right)$$

이 된다. 그래서 횡배율은

$$m = \frac{h_i}{h_o} = -\frac{n_1 s'}{n_2 s} \tag{2-22}$$

이며, 여기에서 음의 부호는 도립상을 나타내기 위해서 전체에 붙인 것이다. 평면 굴절면의 경우에 대해서 식(2-21)을 식(2-22)에 넣으면 $m = +1$이 된다. 그래서 평면 굴절면이 만든 상은 물체와 동일한 횡크기 및 방향을 갖는다.

예제 2-2

구면에 의한 굴절을 살펴보는 예제가 **그림 2-20**이다. (a)에서 실물체는 공기 중에 놓여 있으며, 곡률반지름이 5 cm인 볼록구면에서 30 cm 떨어진 곳에 위치한다. 경계면의 오른쪽에서 굴절률은 물의 굴절률이다. 대표적인 광선들로 작도하기 전에 먼저 식(2-20)과 식(2-22)를 사용하여 상거리와 상의 횡배율을 구한다. 식(2-10)은

$$\frac{1}{30}+\frac{1.33}{s_1'}=\frac{1.33-1}{5}$$

이며, 이로부터 $s_1' = +40$ cm이다. 양의 부호는 상이 실상이고 실제 광선이 굴절하는 굴절면의 오른쪽에 결상된다는 것을 가리킨다. 식(2-22)는

$$m=-\frac{(1)(+40)}{(1.33)(+30)}=-1$$

이 되는데, 이는 상크기가 물체크기와 같지만 도립상이라는 것을 알려준다. **그림 2-10**(a)는 몇 개의 광선과 이를 이용하여 구한 상이다. 이 예제에서 구면의 오른쪽에 있는 매질은 이 매질 내에 상이 형성될 정도로 충분히 확장되어 있고, 이 매질 내에서는 더 이상의 굴절이 없다고 가정한다. (**그림 2-20**(b)에서) 두 번째 매질은 두께가 10 cm로 **두꺼운 렌즈**(thick lens)인데, 두 번째 면은 곡률반지름이 5 cm인 오목 구면이다. 물론 첫 번째 면의 굴절은 이러한 상황에서도 영향이 없

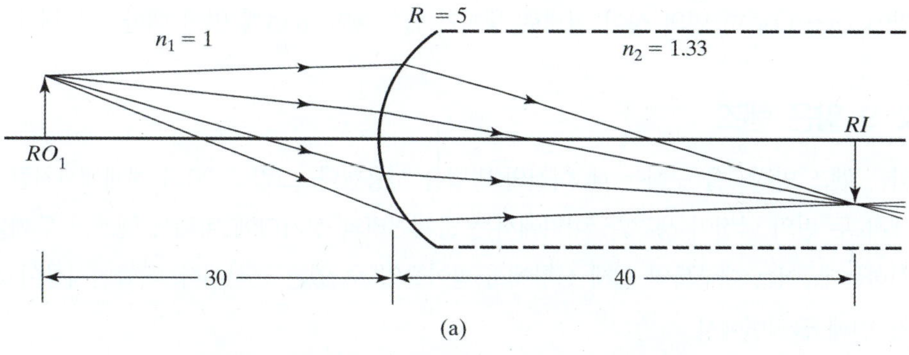

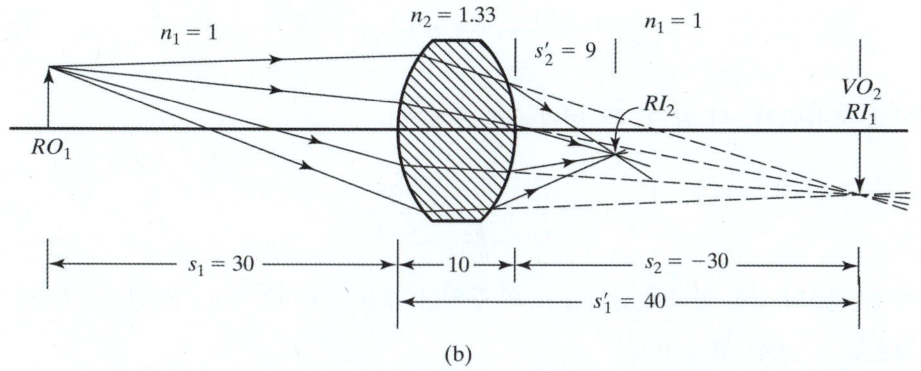

그림 2-20 구면들에 의한 굴절 예제. (모든 거리의 단위는 cm이다.) (a) 단일 구면에 의한 굴절. (b) 하나의 두꺼운 렌즈에 의한 굴절. 아래첨자 1과 2는 각각 첫 번째 면과 두 번째 면에서의 굴절을 의미한다.

다. 그런 까닭에 렌즈 내부에서 광선은 두 번째 면에서 굴절하기 이전에 했던 것처럼 첫 번째 면의 오른쪽 40 cm 지점에 상을 만든다. 그러나 그림에서 보듯이 이 광선들은 두 번째 면에서 굴절한 후 다른 상을 만든다. 수렴하면서 두 번째 면에 부딪히는 광선이 첫 번째 상의 위치를 정하며, 이 상의 위치가 두 번째 굴절면에서 사용할 물체거리가 된다. 면 (1)이 만든 실상을 면 (2)의 **허물체**(virtual object)라고 한다. 그래서 **이전에 정한 부호규약** 때문에 식(2-10)과 식(2-22)를 사용할 때 두 번째 면에 대한 허물체거리는 음수가 된다. 그래서 두 번째 굴절 때문에 식(2-20)은

$$\frac{1.33}{-30} + \frac{1}{s_2'} = \frac{1-1.33}{-5}$$

로 $s' = +9$ cm이 된다. 식(2-22)에 따라서 두 번째 면에 의한 배율은

$$m = \frac{(-1.33)(+9)}{(1)(-30)} = +\frac{2}{5}$$

이다. 그래서 최종상은 이에 대한 (허)물체의 횡크기의 2/5배이고, 동일한 방향으로 나타난다. 원래의 물체에 대해서 최종상은 2/5배 크기이고 도립상이다.

일반적으로 입사한 빛이 반사면과 굴절면을 차례대로 지나면서 최종상을 결상할 때, 최종상의 결상은 빛이 실제로 이 면들에 입사하는 순서에 따라 개개의 반사 또는 굴절을 생각하면 된다. n번째 면에서 물체거리는 $(n-1)$번째 면에서의 상거리가 된다. 만약에 $(n-1)$번째 면의 상이 실제로 생기지 않는다면, n번째 면에 대한 허물체가 된다.

2-9 얇은 렌즈

얇은 렌즈 방정식을 구하는 데 이전의 방법을 사용한다. 그림 2-20의 예제에서처럼 구면에서 두 번의 굴절이 생긴다. 여기에서는 물체거리와 상거리에 비해서 렌즈의 두께를 무시하는데, 이는 대부분의 실제 상황에서 받아들일 수 있는 근사이다. 곡률반지름이 R_1인 첫 번째 굴절면에서

$$\frac{n_1}{s_1} + \frac{n_2}{s_1'} = \frac{n_2 - n_1}{R_1} \tag{2-23}$$

이고, 곡률반지름이 R_2인 두 번째 굴절면에서

$$\frac{n_2}{s_2} + \frac{n_1}{s_2'} = \frac{n_1 - n_2}{R_2} \tag{2-24}$$

이다. 렌즈의 양쪽 공간이 굴절률 n_1의 동일한 매질로 되어있다고 가정한다. 그러면 일반적으로 두 번째 물체거리는

$$s_2 = t - s_1' \tag{2-25}$$

이 되며, 여기에서 t는 렌즈의 두께이다. 이 관계식을 사용해야 그림 2-20에서처럼 중간 상이 렌즈의 내부나 렌즈의 왼쪽에 생길 때 s_2의 부호가 제대로 나온다는 것을 알아야 한다. t를 무시하는 얇은 렌즈 근사에서

$$s_2 = -s_1' \tag{2-26}$$

이 된다. 이 s_2를 식(2-24)에 대입하고 식(2-23)과 식(2-24)를 더한다면, n_2/s_1'이 사라지고

$$\frac{n_1}{s_1} + \frac{n_1}{s_1'} = (n_2 - n_1)\left(\frac{1}{R_1} - \frac{1}{R_2}\right)$$

이 된다. 여기에서 s_1은 원래의 물체거리이고 s_2'은 최종 상거리이므로 위 식에서 아래첨자를 없애버리면 간단하게 다음과 같이 쓸 수 있다.

$$\frac{1}{s} + \frac{1}{s'} = \frac{n_2 - n_1}{n_1}\left(\frac{1}{R_1} - \frac{1}{R_2}\right) \tag{2-27}$$

얇은 렌즈의 초점거리는 다음과 같이 무한대에 있는 물체에 대한 상거리로 정의하거나, 또는 무한대에 있는 상의 물체거리로 정의한다.

$$\frac{1}{f} = \frac{n_2 - n_1}{n_1}\left(\frac{1}{R_1} - \frac{1}{R_2}\right) \tag{2-28}$$

굴절률 n_2인 매질로 곡률반지름 R_1과 R_2인 두 곡면으로 구성된 렌즈를 만들어서 굴절률이 n_1인 매질에서 사용할 때 이 렌즈의 초점거리를 식(2-28)로 알 수 있기 때문에, 이 식을 **렌즈제작자 식**(lensmaker's equation)이라고 한다. 대부분의 경우에서 주변환경은 공기이므로 $n_1 = 1$이다. 그래서 초점거리로 얇은 렌즈 식을 다시 쓰면

$$\frac{1}{s} + \frac{1}{s'} = \frac{1}{f} \tag{2-29}$$

이 된다.

그림 2-21에서 보는 것처럼, 평면파면에 대한 파면분석에서 렌즈의 가운데가 더 두꺼울수록 입사평행광선의 수렴이 더 커지고 가운데가 더 얇을수록 이 입사광선이 덜 수렴한다는 것을 알 수 있다. 렌즈의 더 두꺼운 부분을 통과하여 지나가는 파면부분은 다른 부분보다 시간이 더 지연된다. 그림에서 명백히 나타나듯이 수렴렌즈는 양의 초점거리를 가지며, 발산렌즈는 음의 초점거리를 갖는데, 상은 각각의 경우 실상과 허상이 된다.

수렴렌즈(**볼록렌즈**)와 발산렌즈(**오목렌즈**)에 대한 대표적인 광로도는 그림 2-22이다. 광선 작도를 목적으로 렌즈의 일반적인 모양을 연상시키는 특이한 가장자리들을 갖는 하나의 수직선으로 렌즈를 표현한다. 즉 수렴렌즈는 정상적인 화살표로, 발산렌즈는 뒤집

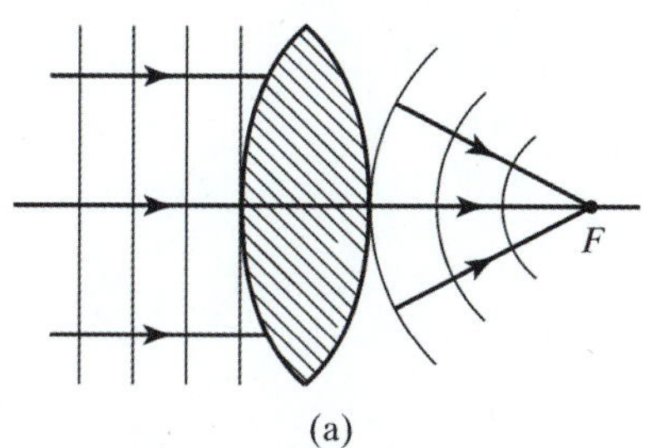

(a)

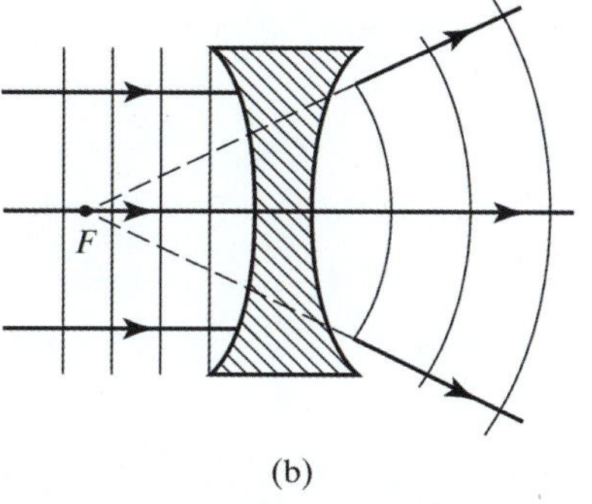

(b)

그림 2-21 평면파면에 대한 렌즈 위치. (a) 수렴렌즈(양의 초점거리). (b) 발산렌즈(음의 초점거리).

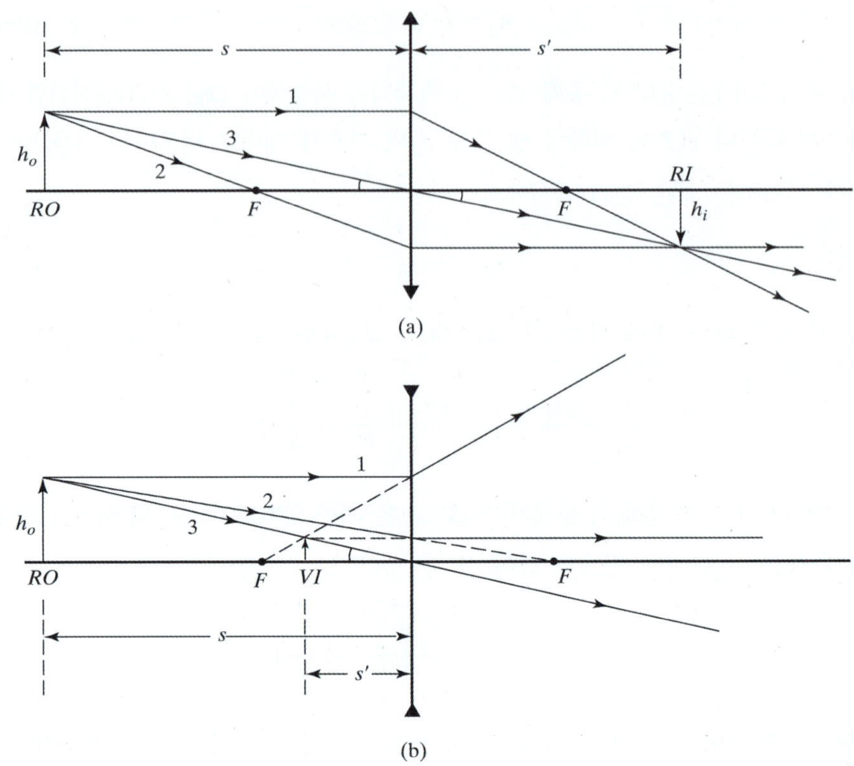

그림 2-22 (a) 볼록렌즈와 (b) 오목렌즈에 의한 결상용 광로도.

어진 화살표로 보통 나타낸다. 그림 2-17의 구면거울에서 했던 것처럼 렌즈의 상 위치를 잡는 작도법에서도 **3개의 중요한 광선**을 사용한다. 다음에 이 과정을 정리해 놓았으며, 그림 2-22와 그림 2-23에 이를 그려 놓았다. 물체의 꼭대기에서 나오는 이 3개의 광선은 얇은 렌즈에서 굴절하여 각 광선의 진행경로가 변한다. 그러면 방향이 바뀐 이들 광선들로 상의 위치를 잡을 수 있다.

- **광선 1.** 그림 2-22(a)에서처럼 물체의 꼭대기에서 나온 광축에 평행한 광선으로 렌즈면에서 굴절하고 **수렴렌즈**의 오른쪽 초점 F를 지나가는 광선. 또는 그림 2-22(b)에서처럼 마치 **발산렌즈**의 **왼쪽** 초점 F로부터 직접 나오는 것처럼 렌즈면에서 굴절하는 평행한 광선.
- **광선 2.** 그림 2-22(a)에서처럼 물체의 꼭대기에서 나와서 **수렴렌즈**의 **왼쪽** 초점을 지나간 후 렌즈면을 통과하여 광축에 평행하게 나가는 광선. 또는 그림 2-22(b)에서처럼 물체의 꼭대기에서 나와서 **발산렌즈**의 **오른쪽** 초점 F쪽으로 진행하다가 렌즈에서 굴절하고 나서 광축에 평행하게 나가는 광선.
- **광선 3.** 그림 2-22(a) 또는 그림 2-22(b)에서처럼 물체의 꼭대기에서 나와서 수렴렌즈나 발산렌즈의 중심을 직접 지나가면서 진행경로가 바뀌지 않고 바로 렌즈를 통과하여 진행하는 광선.

그림 2-22(a)와 그림 2-22(b)에서 보듯이 오른쪽 먼 곳에 있는 관찰자는 마치 물체에서 직접 이들 광선이 물체에서 나오는 것처럼 느끼며, 이들 광선들을 뒤로 연장한 연장선들이 서로 교차하거나 교차하는 것처럼 보이는 지점에 생긴 상의 꼭대기 부분을 "보게 된다". 상의 위치를 알기 위해서는 이들 중 2개의 광선만으로도 충분하다. 세 번째 광선은 광선작도가 정확한지를 검토하는데 사용한다.

그림 2-22에서처럼 광선작도에서 중심광선(광선 3)을 제외하면 볼록렌즈에서 굴절한 각 광선들은 광축 방향으로 구부러지고 오목렌즈에서 굴절한 각 광선들은 광축 방향에서 멀어진다. 어느 광선작도이든지 간에 렌즈의 중심에서 물체와 상을 바라보는 각도들은 서로 같다. 그림 2-22(a)에서 실상 RI이든지 그림 2-22(b)에서 허상 VI이든지 간에

$$\frac{h_o}{s} = \frac{h_i}{s'}$$

이며, 횡배율은

$$|m| = \left|\frac{h_i}{h_o}\right| = \left|\frac{s'}{s}\right|$$

이다. 여기서 채택한 부호규약에 따라서 (a)의 경우에 $s > 0$, $s' > 0$, $m < 0$이면서 도립상이고, (b)의 경우에 $s > 0$, $s' < 0$, $m > 0$이기 때문에 횡배율은 상거리와 물체거리 사이의 비에 음의 부호를 붙여야만 한다. 그러므로 이 두 경우에 있어서

$$m = -\frac{s'}{s} \tag{2-30}$$

이다. 이에 더해서 **일련의 두 렌즈**가 놓여있는 경우에 대한 광선작도의 예제를 그림 2-23에서 보는데, 두 렌즈의 결상에 대한 계산과정은 예제 2-3에 나와 있다.

예제 2-3

그림 2-23(a)에 그린 것처럼 두 렌즈로 된 광학계가 만드는 중간상과 최종상의 위치를 구하고 상의 상태에 대하여 말하시오. $f_1 = 15$ cm이고, $f_2 = 15$ cm이며, 두 렌즈 사이의 거리는 60 cm이다. 그림에서처럼 물체가 첫 번째 렌즈로부터 25 cm에 있다.

풀이

첫 번째 렌즈는 볼록렌즈로 $f_1 = 15$ cm이고 $s_1 = 25$ cm이다.

$$\frac{1}{s_1} + \frac{1}{s_1'} = \frac{1}{f} \quad \text{또는} \quad s_1' = \frac{s_1 f}{s_1 - f} = \frac{(25)(15)}{25 - 15} = +37.5 \text{ cm}$$

$$m_1 = -\frac{s_1'}{s_1} = -\frac{37.5}{25} = -1.5$$

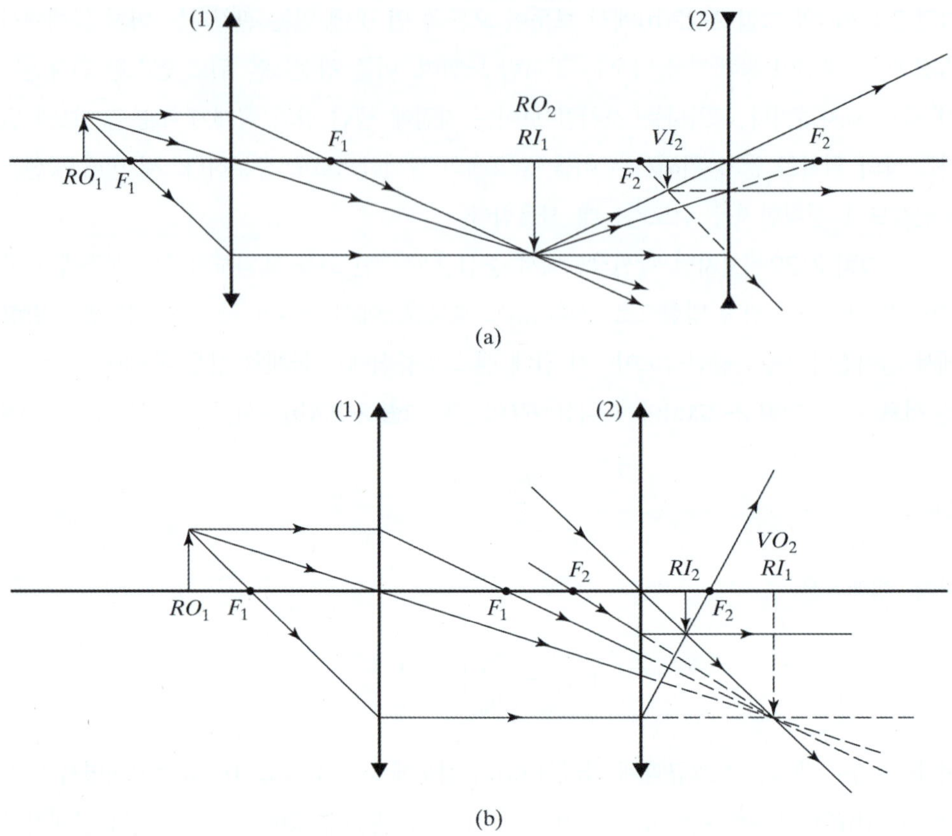

그림 2-23 (a) 볼록렌즈 (1)과 오목렌즈 (2)로 이루어진 일련의 광학계에 의한 허상 VI_2의 결상. (b) 일련의 두 볼록렌즈가 만든 실상 RI_2의 결상. 중간상 RI_1은 두 번째 렌즈에 대해서는 허물체 VO_2가 된다.

그래서 (s_1'이 양수이므로) 첫 번째 상은 실상으로 첫 번째 렌즈의 오른쪽 37.5 cm에 생기며, 물체크기의 1.5배이다. 두 번째 렌즈는 오목렌즈이고 $f_2 = -15$ cm이다. 첫 번째 실상으로부터 실광선이 발산하기 때문에, 이 실상은 두 번째 렌즈에 대한 실물체가 되며, 이 실물체에 대해서 두 번째 렌즈의 왼쪽으로 $s_2 = 60 - 37.5 = +22.5$ cm에 상이 생긴다. 그래서

$$s_2' = \frac{s_2 f}{s_2 - f} = \frac{(22.5)(-15)}{(22.5)-(-15)} = -9 \text{ cm}$$

$$m_2 = -\frac{s_2'}{s_2} = -\frac{-9}{22.5} = +0.4$$

이다. 그러므로 (s_2'이 음수이기 때문에) 최종상은 허상이고, 이 허상은 두 번째 렌즈의 **왼쪽으로** 9 cm에 생기며, (m이 양수이기 때문에) **이 최종상에 대응하는 물체에 대해서 정립상**이 되고, 최종상의 크기는 물체의 0.4배가 된다. 이 광학계의 **총배율**(overall magnification)은 $m = m_1 m_2 = (-1.5)(0.4) = -0.6$이다. 그래서 최종상은 **원래 물체**(original object)에 대해서 도립상이며 물체 횡크기의 6/10

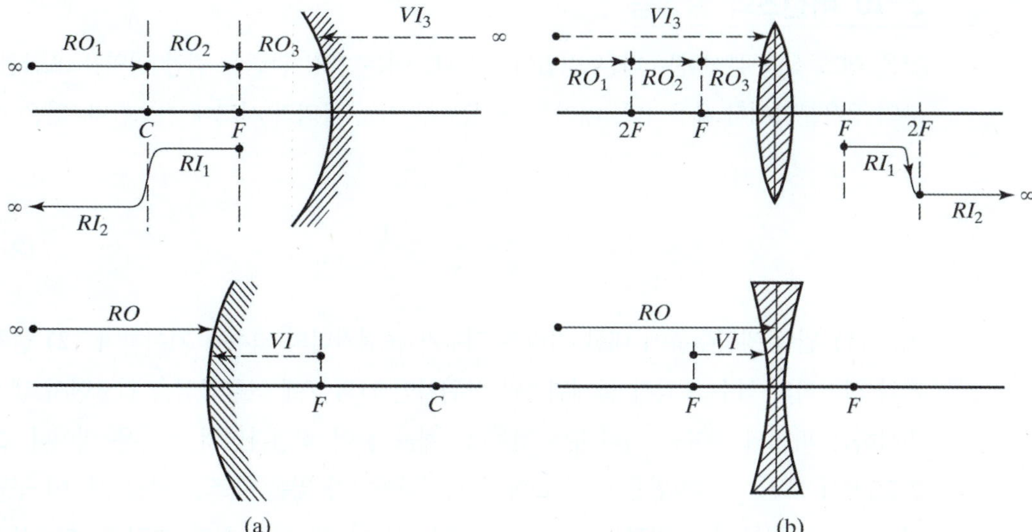

그림 2-24 (a) 구면거울과 (b) 얇은 렌즈에 의한 결상 정리. 상의 위치, 성질, 배율, 방향을 알려주거나 가리켜준다. 문자 R과 V는 실(real)과 허(virtual)를 의미하며, O와 I는 물체(object)와 상(image)를 나타낸다. 수평선의 상승변화는 여러 영역들에서의 배율을 나타낸다.

배이다. 이 모든 상황은 그림 2-23(a)의 광로도에 잘 나와 있다.

표 2-1과 그림 2-24는 렌즈와 거울의 결상에 대한 식들을 사용하기에 편리하도록 정리해 놓은 것이다.

표 2-1 가우스 광학에 따른 거울과 렌즈의 결상에 대한 식들의 정리

	구면	평면
반사	$\frac{1}{s}+\frac{1}{s'}=\frac{1}{f}$, $f=-\frac{R}{2}$ $m=-\frac{s'}{s}$ 오목거울: $f>0$, $R<0$ 볼록거울: $f<0$, $R>0$	$s'=-s$ $m=+1$
단일굴절면	$\frac{n_1}{s}+\frac{n_2}{s'}=\frac{n_2-n_1}{R}$ $m=-\frac{n_1 s'}{n_2 s}$ 오목면: $R<0$ 볼록면: $R>0$	$s'=-\frac{n_2}{n_1}s$ $m=+1$
얇은 굴절렌즈	$\frac{1}{s}+\frac{1}{s'}=\frac{1}{f}$ $\frac{1}{f}=\frac{n_2-n_1}{n_1}\left(\frac{1}{R_1}-\frac{1}{R_2}\right)$ 오목렌즈: $f<0$ 볼록렌즈: $f>0$	

2-10 버전스와 굴절능

얇은 렌즈 식을 분석하는 다른 방법이 있는데, 이는 안경 관련의 검안 영역을 포함한 일부의 응용분야에서 유용하다. 이러한 해석은 두 가지 물리적 사고에 기초한다. 얇은 렌즈 식인

$$\frac{1}{s}+\frac{1}{s'}=\frac{1}{f} \tag{2-31}$$

에서 (1) 왼쪽 광학부품에 대한 거리의 역수가 초점거리의 역수에 기여하며, (2) 물체거리와 상거리의 역수는 각각 물체위치와 상위치인 O와 I에 곡률중심을 갖으면서 렌즈에 입사하는 파면의 곡률을 나타내는 것이다. 예를 들어 평면파면의 곡률은 영이다. 그림 2-25에서 보면, 구면파면은 물점 O에서 퍼져나가다가 얇은 렌즈를 만날 때, 이 구면파면은 $1/s$인 곡률 또는 **버전스**(vergence) V를 갖는다. 또 다른 한편, 그림 2-25(a)에서처럼 렌즈에서 굴절한 후 파면이 줄어들면서 실상점과 허상점에 도달한다. 파면이 렌즈에서 나올 때 파면의 곡률 또는 버전스 V'은 $1/s'$이 된다. 물체공간부터 상공간까지 진행하는 과정에서 생긴 곡률변화는 렌즈의 $1/f$인 **굴절능**(refracting power) P 때문이다. 이러한 정의에 따라 식(2-31)은

$$V+V'=P \tag{2-32}$$

로 다시 적을 수 있다.

식(2-32)에서 각 항의 단위는 길이의 역수이다. 길이를 미터(meter) 단위로 측정할 때, 이 미터의 역수는 **디옵터**(diopters) (D)라는 단위가 된다. 그래서 초점거리 20 cm인 렌즈의 굴절능은 1/0.2 m = 5 D이다. 이러한 얇은 렌즈에 대한 버전스 개념은 파면곡률의 정도 또는 물체거리와 상거리보다는 광선 버전스를 특히 강조하는 것이다. 따라서 원래의 물체광선에 대한 수렴정도 V와 입사파의 곡률을 변화시키는 렌즈의 굴절능 P로

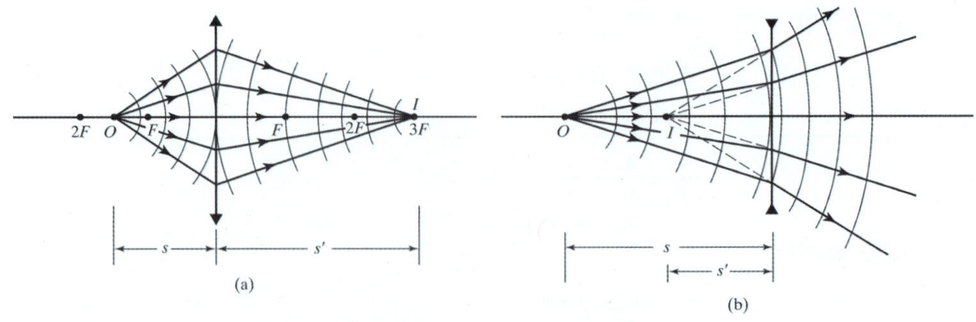

그림 2-25 얇은 렌즈에 의한 굴절 때문에 생긴 파면의 곡률변화. (a) 볼록렌즈, (b) 오목렌즈.

상광선의 수렴정도인 V'을 구한다. 식(2-32)는 물체공간과 상공간의 굴절률이 1이 아닌 경우에 대한 단일 면에서의 굴절식인 식(2-20)에도 또한 적용할 수 있다. 이런 경우에서 **굴절면의 굴절능**(power of the refracting surface)은 $(n_2 - n_1)/R$이다.

이 방법은 또 다른 이유 때문에 유용하다. 얇은 렌즈들을 모두 붙여서 놓을 때, 이 복합렌즈를 단일 얇은 렌즈로 취급하여 구한 초점거리 f는 각각의 얇은 렌즈들의 초점거리인 f_1, f_2 …로 구할 수 있다. 예를 들어 붙어있는 두 얇은 렌즈의 경우 렌즈식은

$$\frac{1}{s_1} + \frac{1}{s_1'} = \frac{1}{f_1} \text{와} \quad \frac{1}{s_2} + \frac{1}{s_2'} = \frac{1}{f_2}$$

이다. 첫 번째에 대한 상거리는 두 번째 렌즈에 대한 물체거리 역할을 하기 때문에

$$s_2 = -s_1'$$

이고, 위의 두 식을 더하면

$$\frac{1}{s_1} + \frac{1}{s_2'} = \frac{1}{f_1} + \frac{1}{f_2} = \frac{1}{f}$$

이다. 그런 까닭에 개개의 초점거리에 역수를 더하면, 이 두 렌즈계의 총 초점거리의 역수가 된다. 일반적으로 **서로 딱 붙어있는** 몇 개의 얇은 렌즈로 구성된 렌즈계에 대해서

$$\frac{1}{f} = \frac{1}{f_1} + \frac{1}{f_2} + \frac{1}{f_3} + \cdots \qquad (2\text{-}33)$$

이 된다. 디옵터 단위로 나타낼 때 간단하게 굴절능을 합치면 된다.

$$P = P_1 + P_2 + P_3 + \cdots \qquad (2\text{-}34)$$

근시안에서는 눈의 굴절능(수렴)이 너무나 커서 망막 앞에 실상이 맺힌다. 물체가 망막에 잘 결상될 때까지 눈앞에 놓여있는 여러 발산렌즈들로 근시안이 만든 심한 수렴을 감소시킬 수 있으므로 검안사는 여러 단일 교정렌즈를 겹쳐서 나온 디옵터 합으로 단일 교정렌즈의 총 디옵터 시방서를 작성할 수 있다. 원시안은 자연스러운 수렴 굴절능이 충분히 크지 않기 때문에 수렴렌즈로 만든 안경으로 수렴 굴절능을 추가하여야만 한다.

2-11 얇은 렌즈에 대한 뉴턴식

그림 2-26에서 보듯이 물체거리와 상거리를 렌즈의 초점 F에 대해서 x와 x'으로 나타낼 때, **뉴턴식**(Newtonian form)이라고 하는 얇은 렌즈 식의 다른 형태가 유도된다. 그림에 나와 있는 두 개의 광선이 렌즈의 양쪽에 위치한 초점들을 서로 연결하여 만

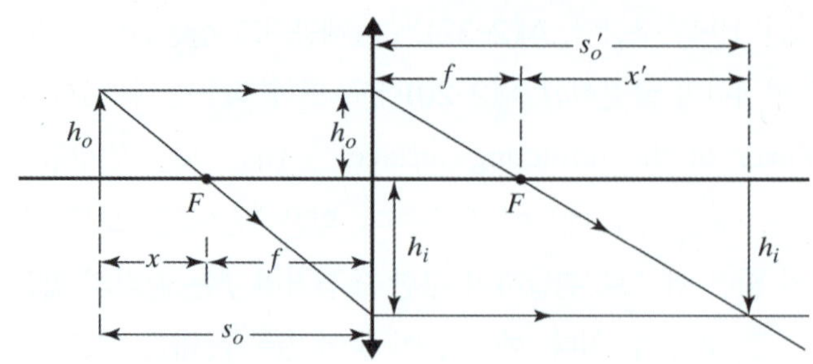

그림 2-26 얇은 렌즈에 대한 뉴턴 식을 유도하기 위한 작도.

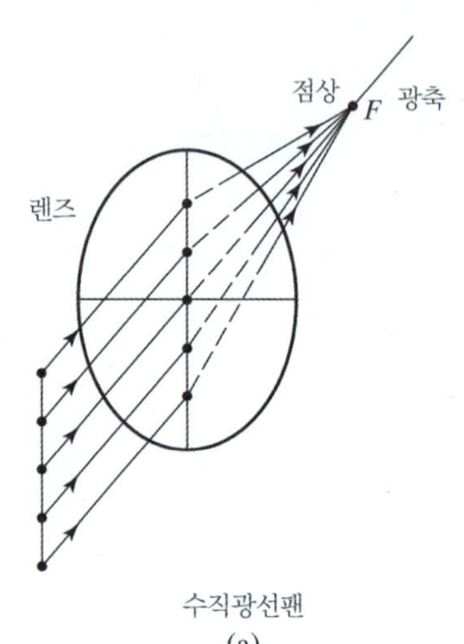

수직광선팬
(a)

점상
광축
F
렌즈

수평광선팬
(b)

그림 2-27 구면렌즈에 의해서 초점이 맺힌 평행광선들. 렌즈의 중심을 지나가는 광축에 대한 회전대 칭축 때문에, 이 렌즈는 (a) 수직축 광선팬과 (b) 수평축 광선팬을 유사하게 모아서 각각의 경우 모두 동일한 지점에 점상을 만든다. 실제 상황을 간단하게 보여주기 위해서 단지 한 번의 굴절만이 생긴 것으로 그린다.

든 두 개의 직각삼각형을 만든다. 각 쌍들은 비슷한 삼각형을 만들기 때문에 횡배율을 나타내는 다음과 같은 양쪽 사이의 비례관계를 세울 수 있다. 이는

$$\frac{h_i}{h_o} = \frac{f}{x} \text{와 } \frac{h_i}{h_o} = \frac{x'}{f}$$

이다. 이 경우에 생긴 도립상으로 인하여 배율에 음의 부호를 도입해야 하기 때문에,

$$m = -\frac{f}{x} = -\frac{x'}{f} \qquad (2\text{-}35)$$

가 된다. 또한 식(2-35)의 두 부분이 얇은 렌즈 식의 뉴턴식이 된다.

$$xx' = f^2 \qquad (2\text{-}36)$$

이 식은 식(2-29)보다 약간 더 간단하게 보이며 어떤 응용들에서는 식(2-29)보다 더 편리하다.

2-12 원통렌즈

원형 테두리를 갖는 구면렌즈와 구면거울이 **원통렌즈**(cylindrical lenses)보다 더 일반적인 광학계이다. 그럼에도 불구하고 원통렌즈는 점을 선으로 결상하는 특별한 디스플레이 분야와 비점수차를 제거하기 위한 검안분야에서 중요하게 사용된다. 이런 특별한 형태의 렌즈를 간단히 살펴보면서 기하광학에 대한 이번 장의 논의를 끝내고자 한다.

구면렌즈에 대한 **광축**(optical axis)은 **대칭축**(axis of symmetry)이다. 이는 광축에 대한 임의의 각만큼 렌즈를 회전시키면 회전하기 전에 했던 것과 동일한 상황이 되기 때문이다. 렌즈면의 곡률에 대한 방향이 이런 회전에 대해서는 변화가 없기 때문에 이 렌즈의 광학적 상황은 변화가 없다. 이런 회전대칭은 구면렌즈에 의한 결상에 대한 분석을 간단하게 만든다. 또 다른 한편, 음료수 캔을 위에서 아래 방향으로 자른 단면적 모양인 원통렌즈는 광축에 대한 이러한 회전대칭성이 없다. 이 결과로 원통렌즈는 비대칭 결

상을 하는데, 이에 대해서 보다 자세하게 살펴볼 것이다. 구면렌즈는 점물체에 대해서 점상을 만드는 반면에, 원통렌즈는 점물체에 대해서 직선상을 만든다. 원통렌즈의 이러한 성질 때문에 구면렌즈를 **무비점수차 렌즈**(stigmatic lens)라고 하며, 원통렌즈는 **비점수차 렌즈**(astigmatic lens)라고 한다.

먼저 그림 2-27(a)와 그림 2-27(b)의 구면렌즈를 살펴보자. 기하학적으로 렌즈 중심을 지나가는 지름을 따라 그린 직선들이 서로 직교하는 렌즈의 수직축과 수평축이다. 수직축(그림 2-27(a))과 수평축(그림 2-27(b))을 지나가는 평행한 광선들이 렌즈에 의해서 동일하게 작동하므로 이들 광선들은 F에 있는 공통 초점으로 모인다.

광축에 대해서 임의의 각도만큼 렌즈를 회전시켜도 같은 결과가 나온다. 그러므로 구면렌즈의 초점은 이 렌즈의 광축(중심축)에 대한 회전이 일어날 때 불변이다.

다음으로 그림 2-28에서 보는 **볼록** 원통렌즈와 **오목** 원통렌즈를 생각한다. 렌즈의 한 면은 원통이고 다른 한 면은 평면이다.[6] 그래서 구부러진 면은 정해진 유한한 곡률반지름을 가지는 반면에, 평면은 무한대의 곡률반지름을 갖는다. 그림 2-29에서 두 개의 수직 조각 또는 단면이 볼록 원통렌즈의 축에 수직한 것을 볼 수 있다. 여기에서 각 단면을 통과하는 대표적인 3개의 광선을 그렸다. 이 렌즈는 명백히 비대칭적이다. 곡률이 없는 수평 부분이 아닌 곡률이 있는 수직 부분을 따라 가는 광선들만 초점을 맺는다. 그래서 광선 1, 2, 3은 A점에 초점을 맺고, 광선 4, 5, 6은 B점에 초점을 맺는다. 그러나 수평 부분에서는 광선 쌍인 1과 4, 2와 5, 3과 6은 초점을 맺지 못한다. 다른 수직 부분들은 앞서 설명한 수직 부분들과 동일한 방법으로 직선상 AB의 다른 부분을 결상한다. 이렇게 생긴 직선상 AB는 항상 원통 축에 평행하다는 것에 주목해야 한다. 또한 이러한 중요한 성질을 그림 2-30에서도 볼 수 있는데, 여기에서 이 직선상은 볼록 원통렌즈에 대해서는 실상이고, 오목 원통렌즈에 대해서는 허상이 된다. 이러한 성질들 때문에 광축에 평행한 광선들이 렌즈의 전체 면으로 입사한다고 가정한다면, 직선상의 길이는 이 렌즈의 축상 길이와 같다. 만약에 렌즈를 통과하는 광선다발의 양을 제한하기 위하여 구경조리개를 렌즈의 바로 앞면에 놓는다면, 직선상의 높이는 원통 축을 따라 구경조리개의 크기 또는 렌즈의 **유효높이**(effective height)와 일치한다.

그림 2-29에서 직선상은 "무한대"에 위치한 것으로 렌즈로 평행하게 만든 물점의 결과로 생긴 것이다. 그림 2-31에서처럼 물점 O가 렌즈 근처에 있으면, 렌즈에 입사한 광선은 수평 부분에서 발산한다. 만약에 렌즈가 얇은 렌즈라면 그림에서 보는 것처럼 수직 부분을 따라 여전히 초점을 맺는다. 그림 2-31에서 보듯이 렌즈의 수직 부분의 왼쪽에서 광선 1과 3은 A에 초점이 맺고, 렌즈의 수직 부분의 오른쪽에서 광선 2와 4는 B에

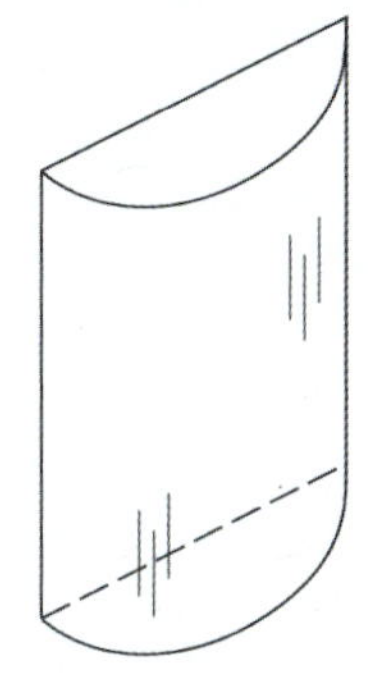

볼록 원통렌즈
(a)

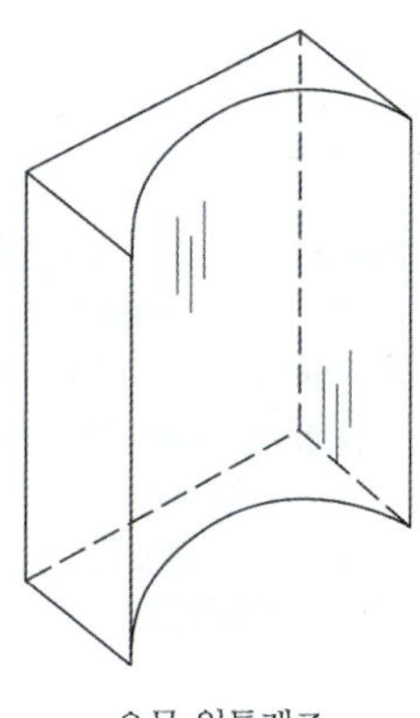

오목 원통렌즈
(b)

그림 2-28 속이 꽉 찼거나 속이 빈 원통막대의 각 부분을 보여준 원통렌즈들.

6 보다 더 자세히 말하자면 그림 2-28에서 보는 것처럼 이 렌즈들은 **평-볼록**(plano-convex) 원통렌즈 또는 **평-오목**(plano-concave) 원통렌즈라고 부른다. 일반적으로 말해서 원통렌즈의 양면은 모두 원통이다. 이런 경우에 렌즈의 두 면의 굴절능을 합치는 것으로 이 렌즈의 굴절능을 생각한다면, 전적으로 이 원통렌즈의 행동이 여기에서 기술한 평-볼록렌즈나 평-오목렌즈의 행동처럼 간단하게 되지 않을지도 모른다.

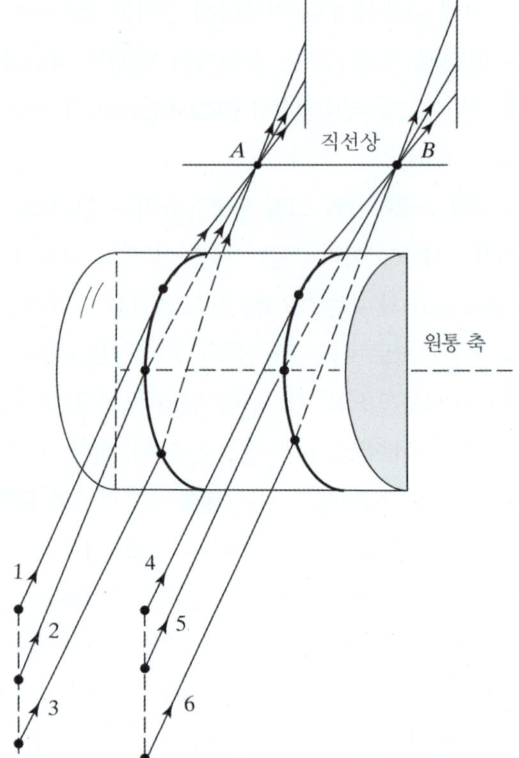

그림 2–29 볼록 원통렌즈의 초점 맺기. 광선 1, 2, 3과 같이 수직 부분을 통과하는 광선들은 공통된 초점을 맺지만, 광선 1과 4처럼 수평 부분을 통과하여 지나가는 광선들은 그렇지가 않다. 이런 평행광선들은 원통 축에 평행한 직선상을 결상한다. 여기에서는 간단하게 보여주고자 오직 원통렌즈의 전면에서 굴절하는 것으로 그렸으며, 비축광선에 의한 구면수차는 무시한다.

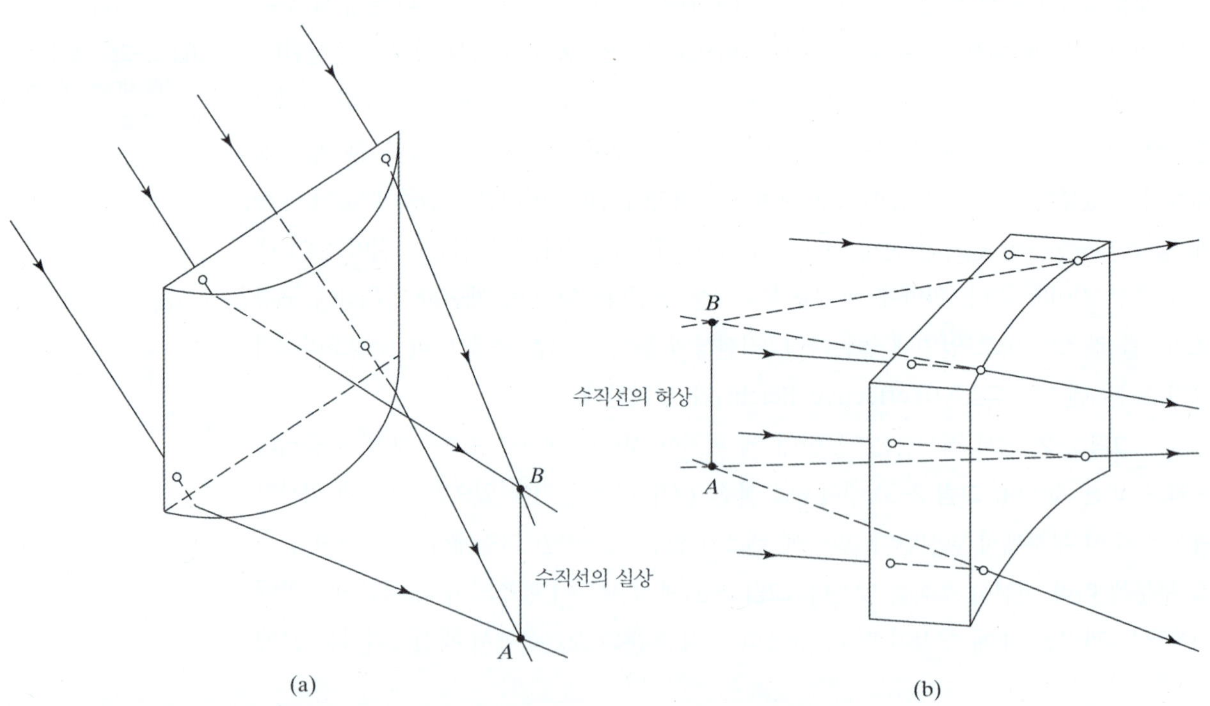

그림 2–30 멀리 떨어진 물체에서 나온 입사광선에 대해서 원통렌즈가 만드는 결상과정. (a)에서 보면 볼록 원통렌즈는 실상을 만든다. (b)에서 보면 오목 원통렌즈는 허상을 만든다. 어느 경우이든지간에 직선상은 원통 축에 평행하다.

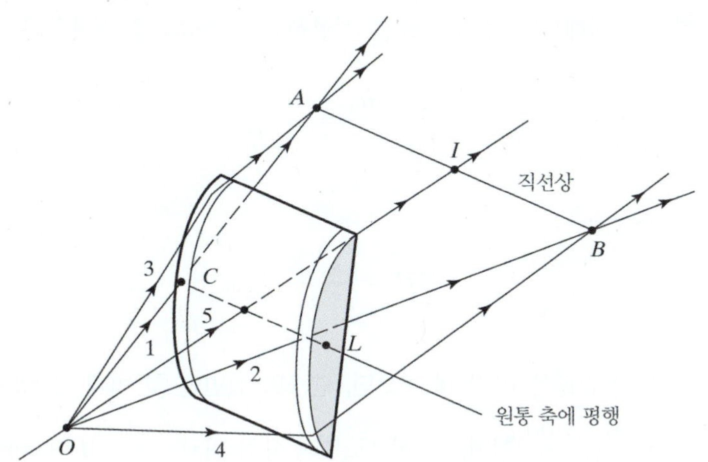

그림 2-31 물체가 렌즈로부터 유한한 거리에 있는 O점에 있을 때, 볼록 원통렌즈에 의한 직선상 AB의 결상. 이 경우에 직선상 AB는 렌즈의 축상 길이인 CL보다 더 길다.

초점을 맺는다. 그러나 수평 부분을 따라서 놓인 광선 1, 5, 2는 초점을 맺지 않는다. 그러나 렌즈로 들어가는 광선의 발산 때문에 초점에 맺힌 직선상 AB는 더 이상 렌즈의 유효길이 CL과 같지가 않다. 렌즈의 양 끝으로 들어가는 광선의 발산을 이용한다면 렌즈의 길이보다 더 긴 상의 크기를 구할 수 있다. 위에서 본 것처럼 **그림 2-31**의 중심부의 수평 부분을 그린 **그림 2-32**(a)를 이용한 간단하고 기하적인 논의로부터 상길이 AB를 구한다. 만약에 원통렌즈의 유효길이가 CL이라면, 유사하게 닮은 삼각형들로부터

$$\frac{AB}{CL} = \frac{s+s'}{s}$$

또는

$$AB = \left(\frac{s+s'}{s}\right)CL \tag{2-37}$$

이다. 여기에서 채택한 부호규약에 따라서 보면 이 관계식은 각각 s와 s'인 물체거리와 상거리와 항상 양수인 AB로 모든 경우들을 다루는 평-원통렌즈에 대한 일반적인 식이다.

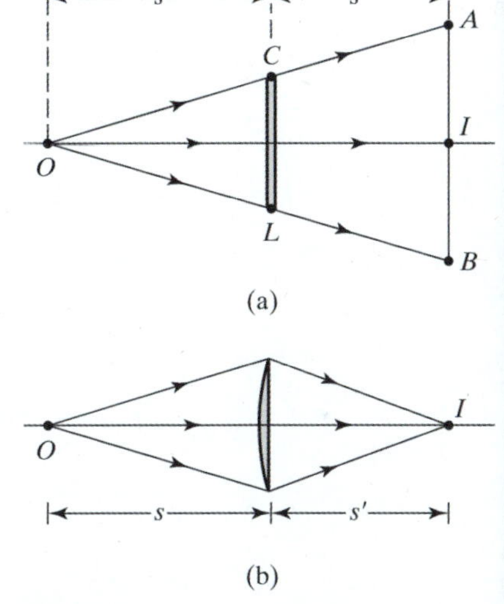

그림 2-32 (a) 그림 2-31에 있는 렌즈의 수평(결상되지 않은) 부분의 상면도로 본 광경로. (b) 그림 2-31에 있는 렌즈의 수직(결상된) 부분의 측면도로 본 광경로.

예제 2-4

곡률반지름이 10 cm이고 굴절률이 1.50이며, 축상두께가 5 cm인, 공기 중에 놓여있는 얇은 평-원통렌즈가 있다. 이 렌즈로부터 25 cm 거리에 있는 점물체에서 나온 빛이 렌즈의 볼록 원통면 쪽으로 입사한다. 이 렌즈가 결상한 직선상의 위치와 크기를 구하시오.

풀이

예제에서 주어진 것처럼 $s = 25$ cm, $R = 10$ cm, n(렌즈) $= 1.50$, $CL = 5$ cm이다. 구면 굴절식(**표 2-1**을 보시오)과 실물체와 실상에 대해서는 양의 부호를 허물

체와 허상에 대해서는 음의 부호를 사용하는 부호규약을 사용한다면,

$$\frac{n_1}{s} + \frac{n_2}{s'} = \frac{n_2 - n_1}{R}$$

와

$$AB = \left(\frac{s + s'}{s}\right) CL$$

이 된다. 위의 값들을 이 식에 넣으면, 렌즈의 전면인 첫 번째 볼록면에서 $\frac{1}{25} + \frac{1.50}{s'} = \frac{1.50 - 1.00}{10}$ 이며, 이 식으로부터 상의 위치는 $s' = 150$ cm이고 실상이다. 그리고 렌즈의 후면인 두 번째 (평)면에 대해서 $\frac{1.50}{-150} + \frac{1.0}{s'} = 0$ 이므로 $s' = 100$ cm이다. 그래서 식(2-37)에 따라 상의 크기는 $AB = \left(\frac{25 + 100}{25}\right) 5$ cm $= 25$ cm가 된다. 그러므로 직선상은 원통 축에 평행하고, 크기는 25 cm로 확대되었으며, 렌즈에서 1 m 거리에 결상된다. 만약에 렌즈를 광축에 대해서 회전시킨다면, 직선상은 당연히 회전하면서도 여전히 원통 축에 평행하게 놓인다.

그림 2-31을 다시 살펴보면서 렌즈가 빛을 모아서 렌즈의 출구 쪽에 놓여진 스크린에 결상하는 과정을 상상하자. 그러면 스크린이 렌즈로부터 거리 s'인 거리에 있을 때 스크린 상에 결상된 직선상 AB, 즉 이 경우에서는 수평방향으로 결상된 직선상을 볼 수 있다. 스크린을 렌즈로부터 점점 더 멀리 놓아서 s'이 커지면, 구경조리개의 모양과 같은, 즉 렌즈만 있을 때는 렌즈의 사각형 단면 모양으로 또는 렌즈에 설치한 구경조리개의 모양으로 결상되지 않은 퍼진 상이 생긴다. 더군다나 그림 2-31에서 보듯이 처음에 렌즈 뒤쪽에 놓았던 스크린을 직선상 AB 쪽으로 움직인다면, 퍼진 상은 커지고 이 퍼진 상의 수직 크기(높이)는 감소한다. 스크린의 위치를 직선상의 위치보다 더 길게 함에 따라 직선상의 폭은 지속적으로 계속 감소하지만 직선상의 높이는 광선들이 렌즈의 초점을 지나서 발산함에 따라 커진다. 만약에 렌즈 전면에 놓은 구경조리개의 모양이 원형이라면, 이에 의한 퍼진 상은 상의 폭과 높이를 나타내는 장축과 단축의 길이가 서로 다른 타원 모양이다. 만약에 구경조리개가 사각형이라면, 퍼진 모양은 사각형 모양이다. 퍼진 상의 폭과 높이는 각각 그림 2-32(a)와 그림 2-32(b)의 기학적 배치를 사용한다면 스크린의 위치에서 구할 수 있다. 이러한 양상은 실험실에서 쉽게 관찰할 수 있다.

이런 관점에서 수평축과 수직축을 모두 갖는 원통렌즈를 취급할 수 있다. 물론 원통 축은 광축에 대해서 임의의 각도로 놓일 수 있다. 예를 들어 대부분의 정시안은 거의 구면광학에 속하는 반면에 난시안(비점수차를 갖는 눈)은 수직축과 수평축을 모두 원통 축 성분으로 갖든지 또는 이 둘 사이의 약간의 각도로 틀어진 두 축을 원통 축 성분으로

갖는다. 그래서 일반적으로 원통렌즈와 비점수차를 취급하려면 임의의 방향으로 놓은 원통렌즈들을 서로 결합하거나 구면렌즈들과 결합한 결과를 구할 수 있어야만 한다. 두 개의 원통렌즈는 하나의 구면-원통렌즈(sphero-cylindrical lens)와 같은 효과를 만들 수 있다는 것을 밝힌다. 사실 시력교정에서 렌즈 교정서는 구면렌즈와 원통렌즈의 결합 항목으로 적는다. 이러한 주제는 다른 문헌에서 더욱더 많이 취급한다.[7]

문 제

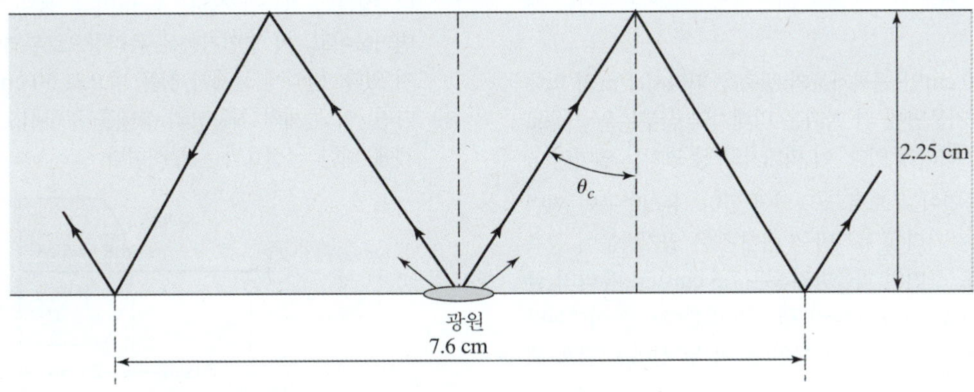

그림 2-33 문제 2-7.

2-1 굴절률이 n_1인 매질을 통하여 거리 x_1을 진행하고, 굴절률이 n_2인 매질을 통하여 거리 x_2를 진행하고, ⋯, 굴절률이 n_m인 매질을 통하여 거리 x_m을 모두 진행하는 광선의 이동시간에 대한 표현을 유도하시오. 이 결과를 나타내기 위해서 합을 사용하시오.

2-2 물점이 렌즈 표면의 정점으로부터 광축인 x축을 따라 20 cm 떨어져 놓여있고 이 물점에 대한 공액상점이 이 정점으로부터 두 번째 매질 내로 10 cm 되는 곳에 생길 때, 굴절면에 의하여 생긴 완벽한 결상을 위한 데카르트 타원체(Cartesian oval)를 추론하시오. 굴절 매질의 굴절률을 1.50으로 가정하고 바깥쪽 매질은 공기라고 가정하시오. 좌표면의 원점이 물점에 있는 xy-면과 타원체의 교차면의 식을 구하시오. 이 면에 대한 (x, y)-좌표들의 표를 만들고 대표적인 샘플 광선과 함께 이 그래프를 그리시오.

2-3 양 볼록렌즈(double convex lens)의 지름은 5 cm이고, 이 렌즈의 가장자리에서 두께는 영이다. 렌즈의 중심을 통과하는 광축 상에 놓여있는 점물체에 대한 실상이 렌즈의 반대면 쪽에 맺힌다. 물체거리와 상거리는 렌즈를 광축에 수직하게 렌즈를 양분하는 면으로부터 동등하게 30 cm이다. 렌즈의 굴절률은 1.52이다. 렌즈의 중심과 가장자리를 통과하여 지나가는 광경로의 길이가 같다는 것을 사용할 때 렌즈의 중심에서의 렌즈 두께는 얼마인가?

2-4 키가 6 ft인 사람이 자신의 전체 키를 볼 수 있는 벽거울의 최소 크기를 구하시오. 이 사람의 꼭대기와 바닥에서 나온 광선을 그리고, 거울부터 이 사람까지의 거리에 무관하게 본인의 전체 상을 볼 수 있는 거울의 적절한 위치를 정하시오.

2-5 광선이 굴절률 1.414인 투명한 육면체의 윗면의 중심에 45°의 입사각으로 들어간다. 이 육면체를 통과하여 지나가는 광선을 추적하시오.

2-6 투명한 유리판의 굴절률을 정하기 위해서 먼저 현미경을 윗면 내에 있는 작은 흠에 초점을 맞추고 배럴위치(barrel position)를 기록한다. 현미경 배럴을 1.87 mm까지 더 아래로 내려 잘 결상된 흠에 대한 상을 다시 본다. 유리판의 두께는 1.50 mm이다. 두 번째 상이 생기는 이유는 무엇이며, 이 유리판의 굴절률은 얼마인가?

---

7 참조 : F. L. Pedrotti and L. S. Pedrotti, *Optics and Vision* (Upper Saddle River, N. J.: Prentice Hall, Inc., 1998)

2-7 두께 2.25 cm인 사각형 유리판의 아랫면에 작은 광원을 유리판의 위에서 내려다본다. 그러면 윗면에서 전반사를 한 광선으로 인하여 유리판의 아랫면에 지름이 7.60 cm인 원이 생긴다. 이 유리판의 굴절률을 구하시오.

2-8 두께 t인 사각형 판을 통과하는 광선의 횡변위 s가

$$s = \frac{t \sin(\theta_1 - \theta_2)}{\cos \theta_2}$$

임을 증명하시오. 여기에서 θ_1과 θ_2는 각각 입사각과 굴절각이다. $t = 3$ cm, $n = 1.50$, $\theta_1 = 50°$일 때 횡변위는 얼마인가?

2-9 초점거리가 40 cm인 볼록거울의 광축을 따라서 1 m의 막대기를 놓는다. 거울면에 더 가까운 막대기의 끝부분은 거울로부터 60 cm인 거리에 있다. 이 막대기의 상 크기는 얼마인가?

2-10 유리반구의 곡면이 은으로 코팅되어 있다. 유리반구의 평면에서 5 cm되는 거리에 유리반구 내에 작은 공기방울이 광축상에 놓여있다. 구면의 곡률반지름은 7.5 cm이고 유리의 굴절률은 1.50이다. 광축을 따라 평면을 바깥에서 들여다본다면, 공기방울의 상이 두 개가 보인다. 이 두 상이 어떻게 생기며 어느 곳에 생기는가?

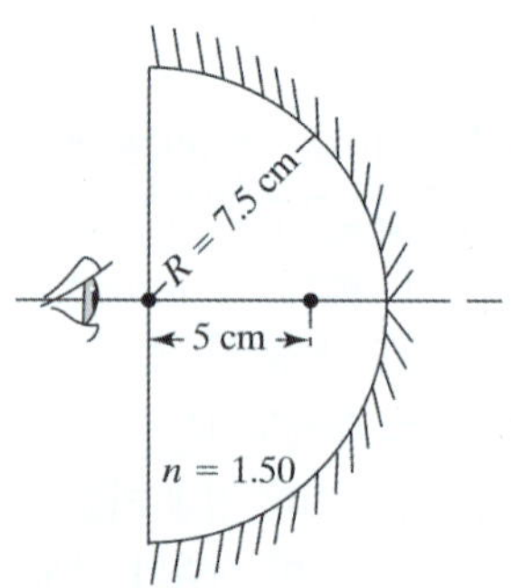

그림 2-34 문제 2-10

2-11 오목거울이 물체보다 2배 큰 상을 스크린에 결상한다. 그리고 물체와 스크린을 모두 움직여서 상크기가 물체크기보다 3배가 크게 만든다. 만약에 스크린을 이 과정에 따라 75 cm을 움직였다면, 물체는 얼마를 움직여야 하는가? 이 오목거울의 초점거리는 얼마인가?

2-12 지름이 5 cm인 유리구의 표면에 작은 흠이 하나가 있다. 반대편 위치에서 이 유리구를 통하여 흠을 볼 때, 이 흠의 상은 어느 곳에 나타나며, 이 유리구의 배율은 얼마인가? 유리구의 굴절률은 $n = 1.50$이라고 가정하시오.

2-13 **a.** 굴절 후 평행광선이 되기 위해서는 굴절구면의 전면 어느 곳에 물체를 놓아야만 하는가? 다시 말하면 단일 굴절면의 초점거리는 얼마인가?

b. 실물체거리가 양수일 때, $n_2 > n_1$인 경우와 $n_2 < n_1$인 경우에 대한 초점거리의 계산결과는 무엇을 의미하는가?

2-14 지름이 30 cm인 구면의 유리어항을 통해서 작은 금붕어 한 마리를 본다. 금붕어의 실제 위치가 시선을 따라 (a) 어항의 중심일 때와 (b) 어항의 중심에서 관찰자 쪽으로 절반되는 곳일 때, 금붕어 눈의 겉보기 위치와 배율을 구하시오. 이 유리어항의 벽은 충분히 얇아서 이 유리벽에 의한 효과는 무시한다고 가정한다.

2-15 작은 물체가 작은 물탱크의 볼록한 구면의 유리창과 마주한다. 창문의 곡률반지름은 5 cm이다. 물탱크의 안쪽 면은 평면거울이고, 이 평면거울은 유리창으로부터 25 cm만큼 떨어져 있다. 만약에 물체가 창문 밖으로 30 cm 거리에 놓여 있다면, 이 물체의 최종상의 상태를 구하시오. 얇은 유리창 자체에 의한 굴절효과는 무시한다.

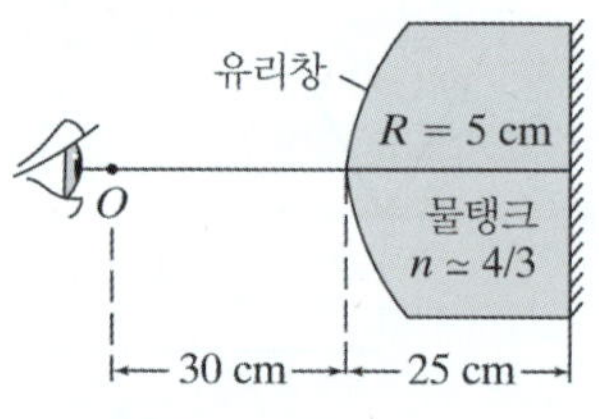

그림 2-35 문제 2-15

2-16 초점거리가 25.0 cm인 평-볼록렌즈를 굴절률이 1.520인 유리로 만든다. 이 렌즈를 만드는데 사용한 역삭기(grinding tool)와 연마기(polishing tool)의 곡률반지름을 계산하시오.

2-17 구면의 곡률반지름이 5 cm와 10 cm인 얇은 메니스커스(meniscus)형 렌즈의 초점거리를 계산하시오. 이 렌즈용 유리의 굴절률은 1.520이다. 이 렌즈의 양의 렌즈 형태와 음의 렌즈 형태를 그려보시오.

2-18 물고기 탱크의 한쪽 면을 유리($n = 1.50$)로 된 큰 구경의 얇은 렌즈로 만든다. 이 렌즈는 양쪽 면의 곡률반지름이 30 cm인 양 볼록렌즈이다. 탱크 안의 작은 물고기 한 마리가 이 렌즈로부터 30 cm인 거리에 있다. 이 물고기를 렌즈를 통하여 밖에서 볼 때 물고기는 어디에 결상되는가? 배율은 얼마인가?

2-19 두 개의 얇은 렌즈의 초점거리가 각각 −5 cm와 +20 cm이다. (a) 두 렌즈를 붙였을 때와 (b) 두 렌즈를 10 cm만큼 떨어트렸을 때, 이에 대한 등가초점거리(equivalent focal length)를 구하시오.

2-20 곡률반지름이 15 cm인 볼록면을 갖는 두 개의 동등한 평-볼록렌즈들의 볼록면이 서로 마주보면서 중심이 붙도록 붙여 놓는다. 두 렌즈 사이에 낀 공간은 굴절률이 1.65인 오일로 채운다. 유리의 굴절률은 1.50이다. 이 복합 렌즈계의 초점거리를 구하시오. (**힌트:** 오일층을 중간의 얇은 렌즈로 생각하시오.)

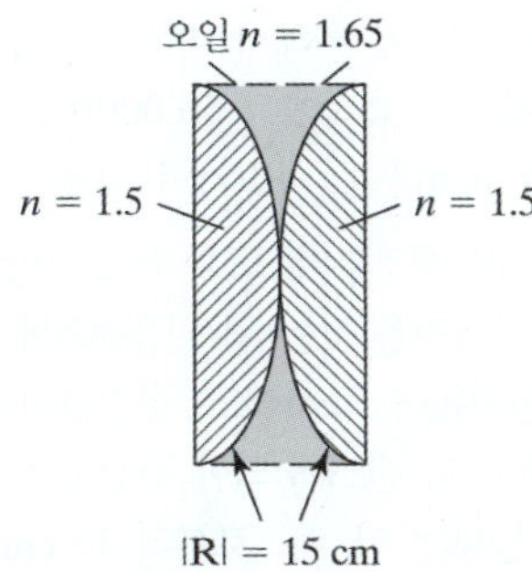

그림 2-36 문제 2-20

2-21 초점거리가 +20 cm인 동일한 두 개의 얇은 렌즈를 16 mm 떨어트려서 접안렌즈를 만든다.

a. 물체에서 나온 빛이 이 렌즈계로 평행하게 되게 하기 위해서 작은 물체를 어디에 놓아야만 하는가?

b. 물체에 대한 도립상을 눈으로 볼 수 있는가? 이 상은 확대되는가? 문제를 자세히 살펴보는데 광로도를 사용하시오.

2-22 얇은 발산렌즈와 오목거울의 초점거리 크기가 같다. 물체는 발산렌즈로부터 $(3/2)f$ 인 지점에 놓고, 오목거울은 발산렌즈의 다른 면으로부터 $3f$ 되는 거리에 놓는다. 가우스 광학을 사용하여 (a) 3개의 광로도와 (b) 수학적 계산으로 이 광학계에 대한 두 번 굴절 후의 최종상을 구하시오.

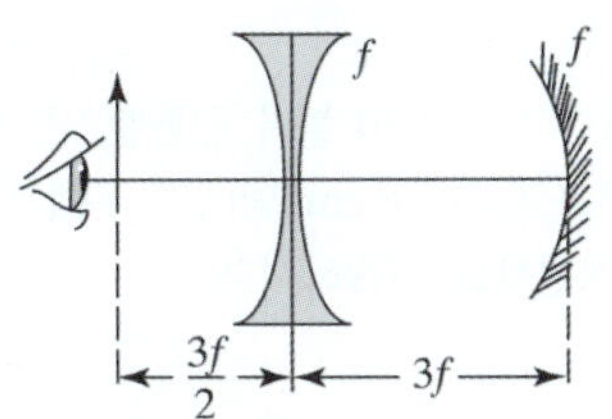

그림 2-37 문제 2-22

2-23 초점거리가 순서대로 10 cm, 15 cm, 20 cm인 렌즈계에서 첫 번째 렌즈로부터 20 cm 떨어진 곳에 작은 물체를 놓는다. 첫 번째 두 렌즈는 30 cm만큼 떨어져 있으며, 마지막 두 렌즈는 20 cm만큼 떨어져 있다. (a) 3개 렌즈 모두 양의 렌즈일 때, (b) 가운데 렌즈만 음의 렌즈일 때, (c) 첫 번째 렌즈와 마지막 렌즈가 음의 렌즈일 때, 마지막 렌즈로부터 최종상이 생긴 곳의 위치와 원래 물체에 대한 이 최종상의 선형배율을 구하시오. 각 경우들에 대한 광로도를 그리시오.

2-24 굴절률이 1.50인 얇은 볼록렌즈의 초점거리가 공기 중에서 30 cm이다. 이 렌즈를 어떤 투명한 액체에 담그었을 때, 이 렌즈는 188 cm인 초점거리를 갖는 음의 렌즈가 된다. 이 액체의 굴절률을 구하시오.

2-25 밝게 조명된 물체에 대해서 상크기가 물체크기의 4배인 상이 스크린에 결상되기를 원한다. 이를 위해서 $n = 1.50$이고 $R = 60$ cm인 평-볼록렌즈를 사용한다. 가우스 렌즈 식에 대응하는 뉴턴 식을 사용하여 렌즈로부터 적절한 물체거리와 스크린 거리를 구하시오. 이 상은 정립상인가 아니면 도립상인가? 보통의 가우스 렌즈식을 사용하여 이 결과를 점검하시오.

2-26 초점거리가 10 cm, 20 cm, 40 cm인 3개의 얇은 렌즈가 단일 복합렌즈를 만들기 위해서 밀착되어 붙어있다.

a. 이 복합렌즈의 각 렌즈들에 대한 굴절능을 디옵터 단위로 구하시오.

b. 이 복합렌즈로부터 12 cm 떨어진 물점의 버전스와 이 물점에 대한 상의 버전스를 구하시오. 이 결과들을 센티미터 단위로 나타낸 상거리로 바꾸시오.

2-27 고정된 물체와 고정된 스크린 사이의 공간에서 광축을 따라 렌즈가 움직인다. 물체와 상 사이의 거리는 이 렌즈의 초점거리의 4배 이상인 거리 L이다. 상이 스크린에 잘 결상되는 렌즈의 두 위치가 있는데, 하나는 확대된 상이 생기며, 다른 하나는 축소된 상이 생긴다. 만약에 두 렌즈위치가 거리 D만큼 차이가 난다면, 이 렌즈의 초점거리가 $f = (L^2 - D^2)/4L$이라는 것을 증명하시오. 이 방법을 렌즈의 초점거리를 구하는 **베셀의 방법**(Bessel's method)이라고 한다.

2-28 렌즈로 인하여 물체의 상이 스크린에 생긴다. 렌즈의 위치를 고정하고 물체를 새 위치로 이동시키면 다시 스크린에 정확히 상이 결상되기 위해서는 스크린의 위치를 움직여야 한다. 만약에 각각 두 물체 거리를 S_1과 S_2라고 하고 상의 횡배율을 M_1과 M_2이라고 하면, 렌즈의 초점거리가

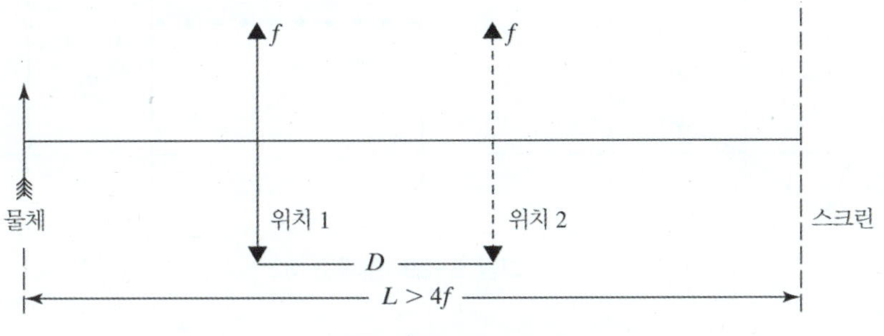

그림 2-38 문제 2-27

$$f = \frac{(S_2 - S_1)}{\left(\dfrac{1}{M_1} - \dfrac{1}{M_2}\right)}$$

임을 증명하시오. 이 방법을 렌즈의 초점거리를 구하는 **아베의 방법**(Abbe's method)이라고 한다.

2-29 임의의 (가설적인) 광선이 어떤 주어진 점광원에서부터 어떤 주어진 수광 지점까지의 이동하는 거리를 최소화하는 페르마 원리로부터 반사법칙을 유도하시오.

2-30 두 개의 동등한 얇은 평-볼록렌즈의 초점거리 비를 구하시오. 하나의 렌즈는 평면을 거울면으로 만들고, 또 다른 렌즈는 곡면을 거울면으로 만든다. 빛은 거울면이 아닌 쪽으로 입사한다.

2-31 물체와 얇은 렌즈가 결상한 상 사이의 최소거리가 $4f$라는 것을 증명하시오. 이런 조건은 언제 생기는가?

2-32 광선이 일련의 평면 경계면을 연속적으로 지나간다. 모든 경계면들은 서로 평행하며 각 경계면들 사이의 두께와 굴절률은 다르다.

a. 마치 처음 경계면과 마지막 사이의 공간이 없는 것처럼 처음 면과 마지막 면 사이에 스넬의 법칙이 성립한다는 것을 증명하시오.

b. 입사점과 출사점 사이의 횡변위를 계산하시오.

2-33 평행한 빛이 두께가 4 cm인 평-볼록렌즈에 입사한다. 또한 이 렌즈의 구면의 곡률반지름은 4 cm이다. 렌즈의 굴절률은 1.50이고 렌즈는 공기 중에 놓여 있다. 렌즈의 각 면에 입사하는 빛이 초점을 맺는 곳을 구하시오.

2-34 곡률반지름이 10 cm인 구면이 굴절률이 1인 매질과 굴절률 4/3인 매질 사이에 놓여있다. 곡률의 중심은 더 높은 굴절률의 공간에 있다. 각 면들에 입사하는 빛에 대한 초점거리를 구하시오. 두 굴절률을 서로 바꾸었을 때 이 결과는 어떻게 바뀌는가?

2-35 지도를 상세히 만들기 위해서 비행기로 공중 지표조사를 한다. 만약에 지도의 축적이 1:50,000이고 사용한 사진기의 초점거리가 6 inch라면, 사진기의 적절한 고도를 구하시오.

2-36 광축 상에서 점물체로부터 공기 중으로 방출하는 광선이 물체 방향으로 볼록면을 갖는 평-원통렌즈에 들어온다. 만약에 렌즈의 곡률반지름이 5 cm이고, 굴절률이 1.60이며, 축상두께가 7 cm라면, 이 렌즈에 의한 직선상의 위치와 길이를 기술하시오. 점물체는 이 렌즈로부터 15 cm에 놓여있다.

2-37 공기 중에 놓여있는 평-원통렌즈의 곡률반지름은 15 cm이며 축상두께는 2.5 cm이다. 이 렌즈의 굴절률은 1.52이다. 이 렌즈로부터 20 cm만큼 떨어진 곳에 놓여있는 점물체에 대해서 이 렌즈가 만든 직선상의 위치와 길이를 구하시오. 물체에서 나온 빛은 이 렌즈의 볼록 원통면에 입사한다.

2-38 공기 중에 놓여있는 평-원통렌즈의 곡률반지름은 10 cm이며, 굴절률은 1.50이고, 축상두께는 5 cm이다. 점물체에서 나온 빛이 렌즈의 왼쪽으로 25 cm 되는 거리에 있는 오목 원통면에 입사한다. 이 렌즈가 만든 상의 위치와 길이를 구하시오.

2-39 렌즈로부터 20 cm만큼 떨어진 놓여있는 점물체의 상을 결상하기 위해서 평-오목 원통렌즈를 사용한다. 이 렌즈의 굴절률은 1.50이고, 곡률반지름은 20 cm이며, 축상두께는 2 cm이다. 이 점에 대한 직선상에 대하여 가능한 한 완벽하게 설명하시오.

2-40 문제 2-36에서 기술한 평-볼록 원통렌즈를 생각하자. 만약에 물점이 이 렌즈로부터 6 cm 떨어진 곳에 있다면, 이로 인하여 결상된 직선상을 기술하시오.

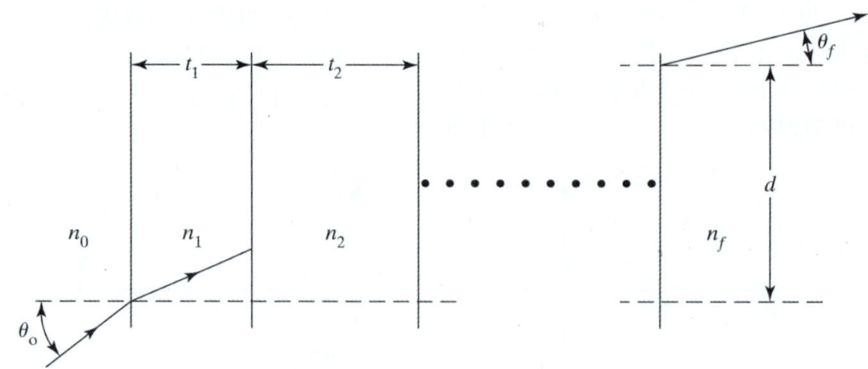

그림 2-39 문제 2-32

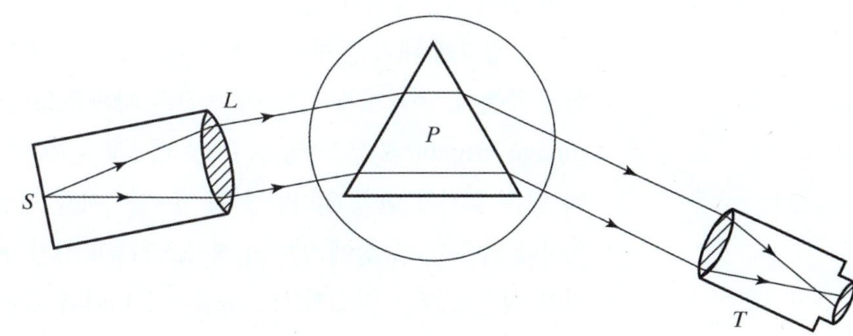

chapter 3 광학기기

서론

몇몇 실질적인 광학기기들에 대해서 논의하기 위해서 앞서 전개하였던 기하광학의 원리를 이 장에 적용한다. 광학기기에서 광량과 시야를 조절을 하는데 실질적으로 중요한 역할을 하는 **조리개**(stop), **동**(pupil), **창**(window)을 소개하는 것으로 이 논의를 시작한다. 그리고 이어서 수차에 대해서 간단히 살펴보고나서 차례로 프리즘, 사진기, 접안렌즈, 현미경, 망원경의 광학원리와 작동원리를 살펴본다.

3-1 스톱, 동, 창

가우스 식들과 광선추적을 차례로 사용하여 광학계를 통과하여 지나가는 광선을 추적하는 방법을 공부하였다. 그러나 물점에서 나온 모든 광선이 광학계 쪽으로 가거나 광학계로 들어가서 최종상을 만들지 않는다. 물점의 위치와 광선의 각도에 따라 상의 상태가 변하기 때문에 렌즈와 거울의 구경이나 광학계에 강제로 설치한 물리적 조리개로 수많은 광선을 차단한다. 가장 넓은 의미에서 **조리개**(aperture)는 기하학적 가장자리로 정의한 열린 구멍이다. 이 절에서는 광학계 내의 광선에 대한 공간적 제한 시 생기는 효과에 대하여 주로 집중하여 논의한다.

다양한 실질적 목적을 달성하기 위해서 앞서 취급한 조리개를 광학계에 설치한다. 20장에서는 조리개가 구면수차, 비점수차, 왜곡수차의 효과에 어떻게 영향을 주는지를 볼 것이다. 다른 여러 응용들에서 광학기기의 접안렌즈에서 볼 수 있는 선명한 가장자리처럼 상에 선명한 자장자리를 만들기 위해서 조리개를 도입할 수 있다. 또한 조리개는 광학부품들로부터 생긴 원하지 않는 산란광을 상으로 들어오지 못하게 막는 데도 사용한다. 모든 렌즈와 거울은 광학계 내에 유한한 구경을 제공하기 때문에, 어떤 경우에라도 광학계에는 조리개가 명백히 존재한다.

광학계 내의 존재하는 조리개는 두 가지 중요한 성질로 인하여 광학계 결상에 영향을 주는데, 조리개가 갖는 이 성질은 **시야**(field of view)를 제한하는 것과 상의 **밝기**(image brightness)를 조절하는 것이다. 첫 번째 성질은 광학계의 뒤 쪽에서 물체를 볼 때 넓은 물체의 면을 얼마만큼 볼 수 있는지를 결정하는 것이다. 두 번째 성질은 상이 얼마나 밝은지, 즉 상에 얼마의 복사조도(W/m^2)가 도달하는지를 결정하는 것이다. 이 두 가지 성질 모두는 직접적으로 물점에서 나와서 광학계와 이 광학계의 조리개를 통하여 지나간 후 공액상점에 도달하는 광선다발의 광학적 성질에 의존한다.

오늘날 광학산업에서는 수많은 실질적인 광학계가 존재하는데, 각각의 경우에 알맞은 조리개의 위치를 잡는 여러 가지 방법이 있다. 이 서론에서는 조리개가 상의 밝기와 시야에 모두 어떻게 영향을 주는지에 관한 기본적인 기술만을 한다. 먼저 **구경조리개**(aperture stop)와 이에 연관된 상의 밝기를 정하는 **동**(pupils)의 역할을 다루고, 그 후 **시야조리개**(field stop)와 이에 연관된 시야를 정하는 **창**(windows)을 취급할 것이다.

조리개, 동, 창의 역할은 명백히 기하광학의 원리를 따르지만, 자세한 내용은 이해하기가 어렵다. 이를 설명하는 교재와 이와 연관된 그림들에서 이를 읽는 순서와 그림들을 조사하는 순서를 잘 정리해 보여주어야 독자들이 이들의 정의를 잘 이해할 수 있다. 예를 들어 교재 내용과 그림 3-1(a), 그림 3-1(b), 그림 3-1(c)에서 구경조리개(AS), 입사동(entrance pupils)(E_nP), 출사동(exit pupils)(E_xP)의 의미를 주의 깊게 정의하고, 몇몇 간단한 광학계에서 이들의 역할을 그림으로 보여준다.

상 밝기: 구경조리개와 동

구경조리개(AS) 광학계의 **구경조리개**는 축상물점에서 이에 대한 공액상점까지 전체 광학계로 모을 수 있는 광선원추의 **최대크기**(maximum cone of rays)를 실질적으로 제한하는 물리적 부품이다. 그래서 이 구경조리개가 상의 밝기를 조절한다. 사진기의 가변조리개(diaphragm)와 사람 눈의 홍채(iris)는 구경조리개의 보기들이다. 또 다른 보기로 망원경에서는 사람 눈의 망막에 최종상을 결상하기 위해서 얼마나 많은 빛을 망원경이 받아들일 수 있는지를 첫 번째 렌즈, 즉 대물렌즈가 결정한다는 것을 알 수 있다. 그리고 망원경에서 대물렌즈는 이 광학계의 구경조리개이다. 그러나 구경조리개가 항상 광학계의 첫 번째 광학부품은 아니다. 예를 들어 그림 3-1(a)를 보자. 그림에서 보는 것처럼 렌즈의 전면에 놓여있는 구경조리개(AS)가 이 렌즈의 가장 가장자리로 진행하는 **주변광선**(marginal rays)을 정한다. 그러나 만약에 물체 OO'을 AS에 더 가까운 위치로 이동한다면, 어떤 지점에서 이 렌즈의 테두리가 광량을 제한하는 구경조리개가 된다. 이 위치는 광축과 구경조리개(AS)의 가장자리를 통과하여 렌즈 테두리로부터 그린 직선 사이의 교

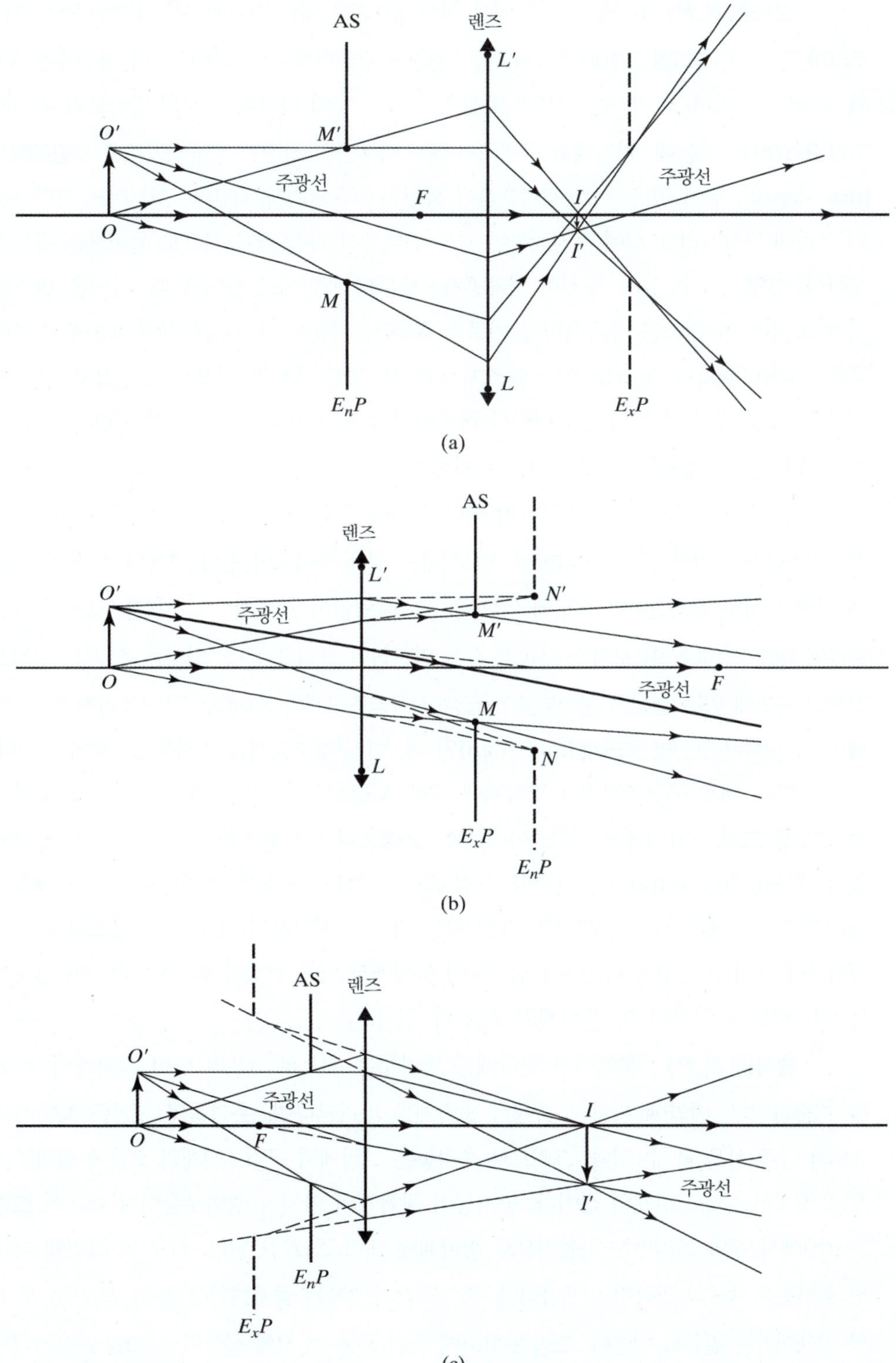

그림 3-1 양의 렌즈와 조리개의 다양한 조합에 따른 광선의 제한.

차점이다. 이 경우 O에서 렌즈 테두리를 바라보는 각($L'OL$)은 구경조리개의 가장자리를 바라보는 각($M'OM$)보다 더 작게 되며, 구경조리개는 렌즈가 된다.

입사동(E_nP) 입사동은 물점에서 광선들이 광학계를 "바라보는" 정도를 제한하는 **조리개**(구멍)이다. 그림 3-1(a)에서 이 입사동은 구경조리개 그 자체여서, 이 경우에는 AS와 E_nP는 동일하다. 이러한 경우가 항상 일어나는 것이 아니라는 것을 알아보기 위해서 그림 3-1(b)를 보는데, 여기에서 구경조리개는 대부분의 사진기에서처럼 렌즈(**후방조리개**(rear stop))의 뒤에 있다. 어느 광학부품이 광선원추의 크기를 제한하는가? 어느 광학부품의 조리개 가장자리가 O에서 시작하여 광축에 대해서 가장 작은 각으로 들어오는 광선을 제한하는지를 알 수 있다. 광선이 물체공간으로부터 광학계로 들어올 때, 사람은 렌즈를 직접 보지만 이 렌즈를 통과하면서 비로소 AS들을 본다. 다시 말하자면 AS에 기인한 **유효조리개**(effective aperture)는 렌즈에 의해서 생긴 AS의 상으로 점선으로 표기한 E_nP이다. O에서 나온 광선이 이러한 허조리개의 가장자리를 향하는 각($N'ON$)이 렌즈 가장자리 쪽으로 향하는 O에서 나온 광선이 만드는 각($L'OL$)보다 더 작다. O로부터 나온 광선이 E_nP의 가장자리로 향하여 가다가 사실상 렌즈에 의해서 먼저 굴절하고 나서 실구경조리개의 가장자리를 통과하여 지나간다는 것에 주목해야 한다. AS와 E_nP가 정의에 의해서 서로 공액면이기 때문에 이 경우에는 틀림없이 E_nP의 가장자리는 AS의 가장자리에 대한 상이다. 이 보기가 다음과 같은 일반적인 규칙을 준다. 입사동 E_nP는 **구경조리개의 왼쪽에 있는 결상용 광학부품이 결상한 구경조리개의 상이다.**[1] 구경조리개가 첫 번째 이런 광학부품(**전방 조리개**(front stop))일 때, 이 구경조리개는 입사동 그 자체가 된다.

다른 예로 구경조리개가 광학계에 대한 AS로서 기능하는 렌즈의 전면에 놓여있는 경우를 그림 3-1(c)에서 본다. 이 경우는 구경조리개가 렌즈의 초점거리 안쪽에 놓여있기 때문에 그림 3-1(a)와는 다르다. 그럼에도 불구하고 렌즈가 아니라 이 AS가 광축에 대해서 광학계에 입사하는 광선을 가장 작은 각도로 제한하기 때문에, 구경조리개가 이 광학계에 대한 AS이다. 더군다나 입사동이 물체에서 나온 광선이 만나는 첫 번째 광학부품이기 때문에 이것이 이 광학계의 E_nP가 된다.

출사동(E_xP) 물체에서 광학계를 바라보는 것으로 AS의 상인 광학계의 E_nP를 기술하였다. 만약에 사람이 상에서 광학계를 바라본다면, 출력빔의 크기를 제한하는 AS의 다른 상을 볼 수 있다. 그러므로 출사동은 그림에서 구경조리개의 오른쪽 광학부품으로 결상한 구경조리개의 상이다. 출사동이 광학계의 마지막 광학부품이기 때문에 그림 3-1(b)에서 후방 조리개는 자동적으로 광학계에 대한 E_xP가 된다. E_xP의 정의에 따르면 출사동은 AS의 광학적 공액상이다. 즉, E_xP와 AS는 공액면이다. 또한 E_xP는 E_nP와 공액이라는 결론도 나온다. 그림 3-1(a)에서 E_xP는 E_nP의 실상이고, 그림 3-1(c)에서 E_xP는 E_nP의 허상이다. 각 경우에 있어서 또한 (실제로 큰 광원일 때) 입사동의 가장자리와 만나는 광선은 출사동의 가장자리를 지나간다.

---

1 "구경조리개의 왼쪽에 있다"는 것은 빛이 조리개에서 왼쪽으로 나갈 때 왼쪽에서 첫 번째 결상부품을 통과하여 지나가야만 한다는 개념으로 사용한다.

그림 3-1(a)와 같은 광학계에서 출사동의 위치에서 설치한 스크린에 구경조리개의 원형구멍에 대한 상이 선명하게 생긴다. 만약에 광학계가 어떤 광학기기의 접안렌즈라면, 출사동의 위치와 크기는 사람 눈의 동공의 위치 및 지름과 잘 일치한다. 더군다나 만약에 스크린을 렌즈 쪽으로 가깝게 이동시킨다면, 스크린에 선명한 상 II'이 생긴다는 것을 주목해야 한다. 출사동은 상의 각 지점을 결상하는 광선의 입체각을 제한하며, 이로 인하여 각 지점마다 상의 밝기를 결정한다.

주광선 **주광선**(chief ray 또는 principal ray)은 **입사동 면** 내에서 **축상점**을 지나가는 물점에서 나온 광선이다. 구경조리개와 입사동 및 출사동 사이의 공액관계로 인하여, 주광선은 실제로 이들 각각의 축상점을 통과하여 지나가야만 한다. 그림 3-1의 3가지 광학계에서 물점 O'에서 나가는 광선원추 내의 주광선을 볼 수 있다. **축상점** O에서 나가는 광선원추 내의 주광선은 항상 광축과 일치한다.

광학계 내에서 조리개를 고려할 때 생기는 새로운 개념들을 추가하기 전에 그림 3-1의 광학계보다 약간 더 복잡한 광학계를 생각한다. 그림 3-2에서 보는 것처럼 두 렌즈 L_1과 L_2 사이에 놓여있는 조리개 A를 갖는 특별한 광학계를 생각한다. 이 광학계에 대해서 첫 번째 질문은 다음과 같다. 어느 광학부품이 전체 광학계에 대한 유효 AS인가? 이 질문에 대한 답은 항상 간단하고 명쾌하지가 않다. 그러나 주어진 광학계의 실제 광학부품들, 즉 이 경우에는 A, L_1, L_2들 중 어느 광학부품이 물점에서 볼 때 광축을 따라 **광선원추각을 가장 작게 제한하는 입사동**인지를 정함으로서 이에 대한 답을 할 수 있다. 어느 후보 광학부품이 구경조리개인지를 알기 위해서 구경조리개의 **왼쪽에 놓여 있는** 광학계의 나머지 부분들에 광을 통과시켜서 각 광학부품의 결상을 조사함으로서 각각에 대한 입사동을 찾는 과정이 필요하다.

L_2: (마치 빛이 오른쪽에서 왼쪽으로 가는 것처럼 해서) 광로도를 그리거나 계산

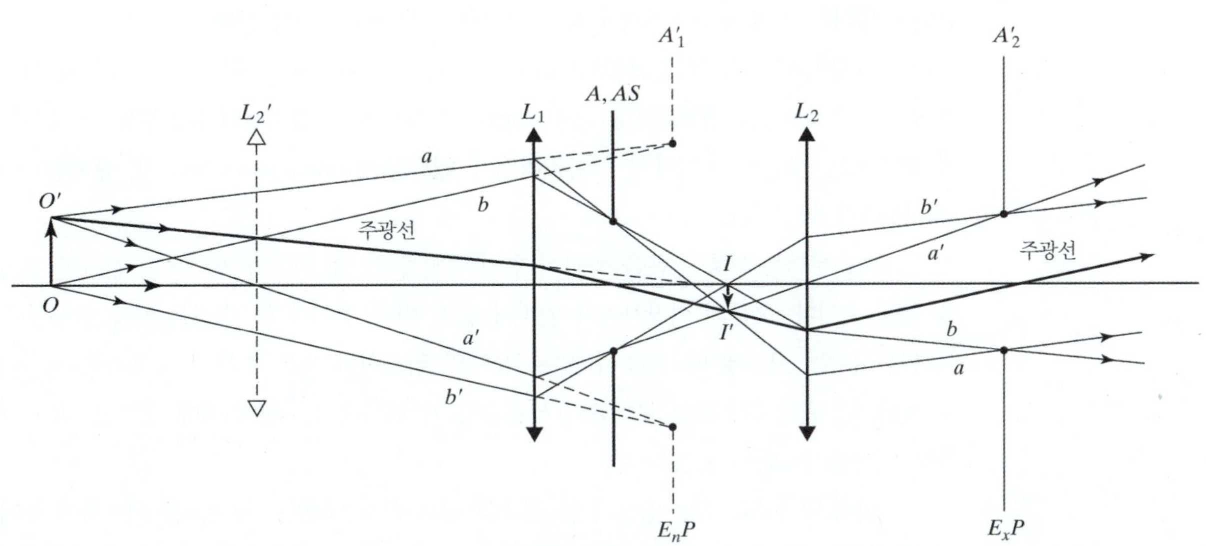

그림 3-2 두 개의 양의 렌즈와 구경조리개 A로 구성된 광학계 내의 광선 제한. 여러 가지 광선을 추적하는 데 도움이 되기 위해서 광선들에 a, a', b, b'로 표기한다.

을 해보면, L_1에 의한 렌즈 L_2의 상은 L_2'이고 이는 실상이다. 그리고 이 상의 위치와 크기(배율)를 모두 알 수 있다.

A: L_1을 통과하여 이 렌즈의 뒤쪽에 있는 광학부품들에 의한 생긴 구경조리개 A의 상은 허상인 A_1'이다.

L_1: 렌즈 L_1이 이 광학계의 첫 번째 광학부품이므로 이 렌즈가 그 자체의 입사동이 된다.

다음으로 입사동에 대한 3개의 후보자인 L_2', L_1, A_1'를 축상 점 O에서 본다. 그림에서 명확하게 보이는 것처럼 A_1'의 테두리는 O에서 가장 작은 각도로 퍼지므로, A_1'의 공액 조리개인 A가 이 광학계의 구경조리개(AS)가 된다.

앞서 AS를 정의하였기 때문에, **출사동**을 찾기 위해서는 AS의 **오른쪽**에 있는 광학부품으로 AS를 결상하면 된다. 이 경우에 L_2를 통하여 조리개 A의 상인 A_2'이 결상된다. 두 개의 주변광선 a와 a'과 함께 주광선을 물체의 꼭대기 O'에서부터 그린다. 주광선이 AS 및 AS의 공액면들인 E_nP와 E_xP의 중심을 통과하여 지나간다는 것을 주목해야 한다. O'으로부터 나온 주광선은 A, A_1'(허상), A_2'에서 광축과 교차한다. O와 O'에서 나온 광선 쌍들인 a와 a' 및 b와 b'으로 정의한 두 개의 광선원추들이 입사동 A_1'의 크기를 제한하면서 출사동 A_2'을 통하여 지나간다. L_1이 결상한 OO'의 상이 II'이다. O 또는 O' 중 하나로부터 나온 광선이 L_2를 통하여 발산하기 때문에, 최종상은 여기서 보이지 않지만 허상이다.

시야: 시야조리개와 창

축상 물점으로부터 광선원추의 크기한계를 기술하면서 입사동과 출사동이 구경조리개와 관련이 있다는 것과 구경조리개가 상의 밝기를 지배한다는 것을 알았다. 앞서 언급했듯이 조리개는 광학계가 취급하는 **시야**(field of view)를 결정한다. 이러한 관계 때문에 이를 조절하는 광학부품을 **시야조리개**(field stop)라고 부르며, 구경조리개가 입사동 및 출사동과 연결되는 방법과 동일하게 시야조리개가 **입사창**(entrance window) 및 **출사창**(exit window)과 연결된다.

여러분들은 보통 창문을 통하여 밖의 경치를 볼 때 시야가 제한되는 간단한 경험을 했을 것이다. 창문의 가장자리가 얼마나 넓게 밖의 경치를 볼 수 있는지를 결정한다. 이러한 시야는 시선에 따라 볼 수 있는 물체의 횡크기나 또는 창문의 각크기로 기술할 수 있다. 즉 관찰자가 보는 물체크기나 관찰자(이 보기에서는 망막)에게 결상된 상의 크기로 시야를 논의할 수 있다.

이제 막 논의하였던 창문과 눈 렌즈의 경우에 적용하였던 광로도를 이용하여 조리개가 시야를 어떻게 제약하는지를 알기 위해서 그림 3-3을 보자. 그림 3-3(a)에서 보듯이 이 광학계는 단일렌즈의 전면에 놓은 단일 조리개 A로 구성된다. 또한 물체면과 상면도

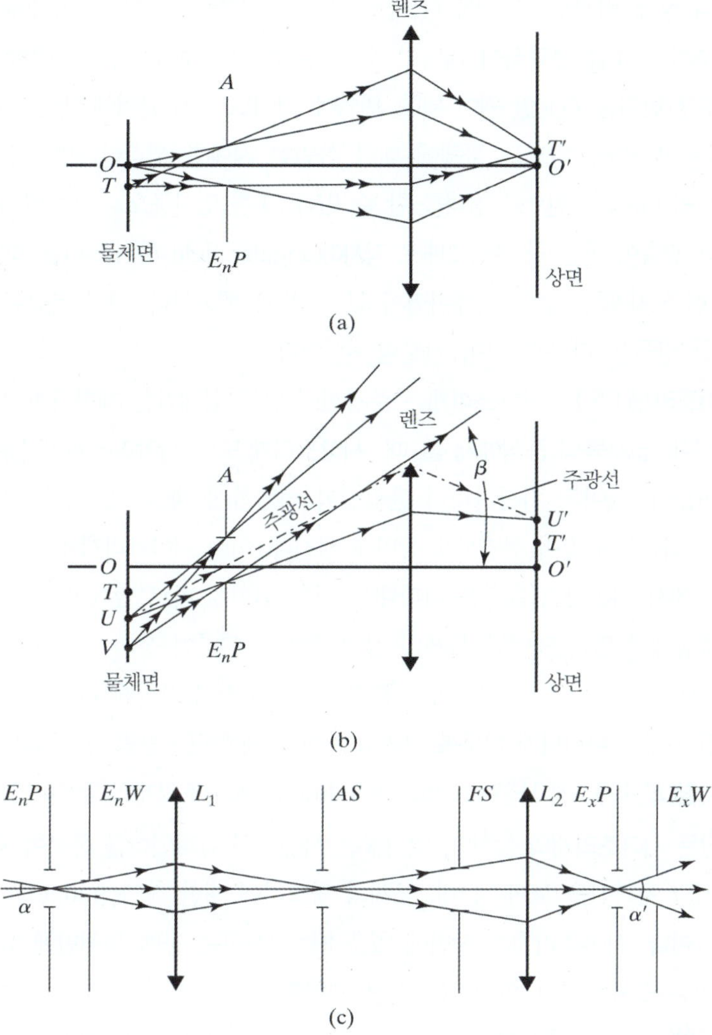

그림 3-3 동일한 광학계를 언급할 때, 광로도 (a)와 (b)는 조리개가 시야를 제약하는 방법과 **비네팅**(vignetting)에 의한 과정을 그림으로 보여준다. 광로도 (c)는 물체공간과 상공간에 대한 각시야가 각각 α와 α'인 더욱더 복잡한 광학계의 한 보기이다.

있다. 축상점 O에서 나온 광선들이 조리개에 의해서 제한이 되고 이것이 렌즈에 의하여 O'점에 초점을 맺는다. 비축물점 T에서 나온 동일한 광선들도 비축상점 T'에 대해서 같은 현상이 생긴다. 이런 두 경우에 있어서 렌즈는 A가 허락한 전체 광선원추를 다 수광할 수 있을 정도로 충분히 크다. 만약에 물체면이 균일하게 밝고 조리개가 원형구멍이라면, 반지름 $O'T'$인 원이 상면에서 균일하게 조명된다.

그러나 만약에 T 아래의 물점을 생각한다면, 이 점에서 나와서 조리개를 통과하여 지나가는 위쪽 광선은 렌즈를 벗어난다. (a)와 동일한 광학계이지만 명확하게 보기 위하여 다시 그린 (b)에서 이런 물점 U를 본다. 이런 경우에, 막 U에서 나온 주광선 다발 또는 중심광선 다발은 렌즈의 꼭대기를 벗어난다. 대략 광선 다발의 절반이 사라지며, 상점 U'은 단지 상점 O'과 T'에서만큼 대략 절반의 광선만을 모인다. 그래서 원형상의 반지름이 커질수록 원형상은 점점 더 어두워지기 시작한다. 조리개 때문에 생긴 비축물점들에 대한 상의 바깥쪽 부분의 부분적 차폐현상을 **비네팅**(vignetting)이라고 부른다. 과도한 비네팅은 점물체의 상에 비점수차를 만든다. 끝으로 물점 V를 선택하면, 여기에서 나온 모든 광선들은 조리개 A를 통과하여 지나간 후 모두 렌즈를 벗어난다. 이 광학계가 갖는 횡시야는 대부분 반지름 OV인 원이 된다. 만약에 적어도 중심 근처에 대한 최대복사조도의 절반을 갖는 상점들을 만드는 물체에 대한 쓸만한 시야를 생각한다면, 이 시야를 종종 반지름 OU의 더 작은 원으로 정의를 할 수 있다. 또한 입사동으로 표현된 구멍의 중심에서 주광선과 광축이 만든 각 β의 2배로 **각시야**(angular field of view)를 정의할 수 있다. 이 경우에 렌즈 자체는 시야조리개이면서 입사창으로 행동한다. 다른 복잡한 광학계에 대해서 이러한 양들을 다음과 같이 기술할 수 있다.

시야조리개(FS) 시야조리개는 주광선이 만든 입체각을 제한하여 시야를 조절하는 조리개이다. **입사동의 중심에서 볼 때, 시야조리개(또는 시야조리개의 상)는 가장 작은 입체각을 만든다.** 시야의 가장자리의 윤곽선이 선명하게 생길 때, 시야조리개는 상면에 놓여 있으며 최종상과 같이 선명하게 상면에 생긴다. 이런 시야조리개에 대한 간단한 보기로는 사진기에서 최종상의 윤곽을 나타내는 필름 전면의 바로 앞에 놓여있는 구멍을 들 수 있다. 축상에서 멀리 벗어난 물체의 상이 수차로 인하여 상의 질이 아주 나빠지거나 또는 비네팅이 심각하여 상의 바깥쪽 부분의 복사조도가 심각하게 저하된다. 이때 이러한 효과가 사진기 상에 나타나지 않도록 고의로 시야를 제한하는 방법으로 조리개를 사용한다.

입사창($E_n W$) 입사창(entrance window)은 **시야조리개의 앞쪽에 있는 모든 광학부품들이 만든 시야조리개의 상이다.** 입사창은 사진기의 뷰파인더를 통하여 보이는 물체에 대한 횡크기의 윤곽선을 보여주는데, 물체의 횡크기에 대한 각지름(angular diameter)이 바로 각시야이다. 시야조리개가 상면에 있을 때, 입사창은 공액 물체면에 있으며, 이것이 광학계가 만든 물체시야의 횡크기를 직접 제한한다.

출사창($E_x W$) **출사창**(exit window)은 **시야조리개의 뒤쪽에 있는 모든 광학부품들이 만든 시야조리개의 상이다.** 창문 밖의 풍경크기가 방에 있는 창문크기로 제한되어 보이는 것과 같이 상면에 있는 관찰자에게 출사창은 상의 크기를 제한하는 것처럼 보인다.

그림 3-3(c)에서와 같이 두 개의 렌즈와 두 개의 조리개로 구성된 보다 복잡한 광학계에서 조리개, 동, 창들의 위치를 살펴본다. 첫 번째 조리개가 이 광학계의 AS이며, 이는 앞서 살펴보았듯이 L_1에 의한 AS의 상인 입사동과 L_2에 의한 AS의 상인 출사동과 관련이 있다. 두 번째 조리개가 시야조리개 FS로 이는 두 렌즈가 각각 만든 FS의 상들과 연결된다. 즉, 시야조리개의 왼쪽에는 입사창이 생기며 오른쪽에는 출사창이 생긴다. 그래서 물체공간에서 시야는 α로 표기하며, 이는 입사동의 중심에서 입사창의 양 가장자리로 퍼진 각이다. 이와 유사하게 상공간에서 시야는 α'으로 표시하는데, 이는 출사동의 중심에서 출사창의 중심에서 출사창의 가장자리까지 벌어진 각이다. 광학계가 결상하는 시야의 크기는 입사창, 즉 실제로 시야조리개의 크기로 결정된다. $E_n W$와 $E_x W$는 모두 FS의 상이기 때문에, 이들은 공액면이이라는 것에 주목해야 한다. 그러므로 입사창을 채운 동일한 광선다발이 시야조리개와 출사창을 꽉 채운다.

이것들을 완벽하게 습득하기 위해서는 인내와 경험을 갖고 여러 보기를 사용하여야 하는데, 이를 위하여 편리하게 사용할 만한 참고자료로 다음과 같은 용어 목록을 이용한다.

상의 밝기

구경조리개 AS: 축상물점에서 광학계가 받아들일 수 광선원추의 크기를 제한하는 광학계의 **실제** 광학부품.

입사동 E_nP: 구경조리개의 앞쪽에 있는 광학부품들이 형성한 구경조리개의 상.

출사동 E_xP: 구경조리개의 뒤쪽에 있는 광학부품들이 형성한 구경조리개의 상.

상의 시야

시야조리개 FS: 광학계가 만든 각시야를 제한하는 **실제** 광학부품.

입사창 E_nW: 시야조리개의 앞쪽에 있는 광학부품들이 형성한 시야조리개의 상.

출사창 E_xP: 시야조리개의 뒤쪽에 있는 광학부품들이 형성한 시야조리개의 상.

다음 보기를 통하여 얇은 렌즈 식인 $1/s+1/s'=1/f$으로 어떤 특정한 광학계의 조리개와 동을 구하는 과정을 연습할 것이다. 풀이에서 나온 풀이과정을 따라가면서 각각의 계산과정에서 물체거리 s, 상거리 s', 초점거리 f, 상배율 $m=-s'/s$과 관련된 부호규약을 올바로 사용했는지를 확인해야 한다.

예제 3-1

지름 6 cm이고 초점거리 $f_1=6$ cm인 얇은 양의 렌즈 L_1, 지름 6 cm이고 초점거리 $f_2=-10$ cm인 얇은 음의 렌즈 L_2, 지름 3 cm인 조리개 A로 광학계를 만든다. 조리개 A는 렌즈 L_2의 앞 4 cm 되는 곳에 놓여있는 렌즈 L_1의 앞쪽으로 3 cm 되는 곳에 놓는다. 크기가 3 cm인 물체 OP를 L_1의 왼쪽으로 18 cm인 곳에 갖다 놓는다(그림 3-4 참조).

문제

a. 어느 광학부품(A, L, L_2)이 구경조리개 AS인지를 정하시오.

b. 입사동과 출사동의 크기와 위치를 구하시오.

c. L_1이 결상한 OP의 중간상과 이 광학계가 만든 최종상에 대한 위치와 크기를 구하시오

d. 모눈종이 위에 광학계의 개략도를 그리고 이 그림에 두 개의 동과 중간상 $O'P'$, 최종상 $O''P''$을 비교하여 그리시오.

e. 물점 P에서 나와서 최종상 내의 이에 대한 공액점 P''까지 지나가는 주광선을 그리시오.

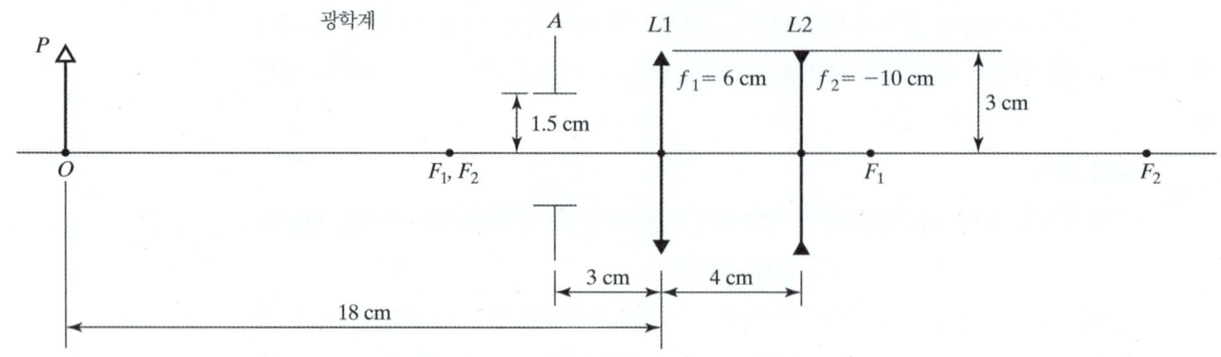

그림 3-4 예제 3-1의 광학계 그림.

풀이

a. 먼저 어느 광학부품(A, L_1, 또는 L_1에 의한 L_2의 상)의 가장자리부터 점 O까지의 반각이 가장 작은지 구하시오.

광학부품 A와 L_1의 왼쪽에는 실질적인 "광학계"가 없으므로 각각 다음과 같은 반각을 갖는다.

$$\text{광학부품} \quad A: \ \theta_A \simeq 1.5/15 = 0.1 \text{ rad}$$

$$\text{광학부품} \quad L_1: \ \theta_{L_1} \simeq 3/18 = 0.17 \text{ rad}$$

빛은 오른쪽에서 시작하여 왼쪽으로 진행하며, $s=4$ cm와 $f=6$ cm일 때 L_1에 의한 L_2의 상을 구하시오. 그러면 $\frac{1}{4}+\frac{1}{s'}=\frac{1}{6}$로부터 $s'=-12$ cm이다. 그래서 상은 허상이고, L_1의 오른쪽 12 cm 지점에 생기며, 상의 절반의 크기는 $(3\text{ cm})\times\left(\frac{-s'}{s}\right)=(3\text{ cm})\left(-\frac{-12}{4}\right)=9$ cm이다. (이 허상이 최종 그림에서 L_2'이다.) 그래서 상인 L_2'의 반각은 다음과 같다.

$$\theta_{L_2'} \simeq 9/30 = 0.3 \text{ rad}$$

이러한 반각들을 서로 비교하면, 광학부품 A가 가장 작은 반각을 갖고, 이로 인하여 이 광학부품이 구경조리개 AS가 된다.

b. 입사동과 출사동의 위치와 크기.

입사동 E_nP: 구경조리개 A의 왼쪽에 광학계가 없으므로 이 자체가 입사동 E_nP이다.

출사동 E_xP: L_1과 L_2는 AS의 오른쪽에 있으므로, 출사동 E_xP의 위치와 크기를 구하기 위해서 이 두 렌즈를 통한 구경조리개 AS의 상을 구해야만 한다. 렌즈 L_1을 통하면 $s_1=3$ cm와 $f_1=6$ cm이므로 $\frac{1}{3}+\frac{1}{s_1'}=\frac{1}{6}$이고, 이로 인하여 $s_1'=-6$ cm이다. 이것이 렌즈 L_2에 대한 물체로 작용하는 허상이 되며, $s_2=6\text{ cm}+4\text{ cm}=10$ cm와 $f_2=-10$ cm이다. 그래서

$\frac{1}{10}+\frac{1}{s_1{}'}=\frac{1}{-10}$이고, 이로 인하여 $s_2{}'=-5$ cm이다. 그래서 출사동 E_xP는 L_2의 왼쪽 5 cm 지점 또는 L_1의 왼쪽 1 cm에 생긴다. 이 출사동의 크기는 최종 그림에서 보듯이 (3 cm)$\left(-\frac{-6}{3}\right)\left(-\frac{-5}{10}\right)=3$ cm이다.

c. 중간상과 최종상의 위치 구하기.

L_1을 통하여 결상된 OP: $s_1=18$ cm이고 $f_1=6$ cm이므로 $\frac{1}{18}+\frac{1}{s_1{}'}=\frac{1}{6}$이고, 이로 인하여 L_1의 오른쪽으로 $s_1{}'=9$ cm 또는 L_2의 오른쪽으로 $s_1{}'=5$ cm인 곳에 상이 생긴다. 그래서 중간상인 $O'P'$의 크기는 (3 cm)$\left(-\frac{9}{18}\right)=-1.5$ cm이다. 그러므로 $O'P'$은 도립상이 되고, 크기는 1.5 cm이며, L_2의 오른쪽 5 cm인 지점에 상이 생긴다(그러나 L_2의 추가적인 굴절로 인해서 이 상은 결코 이곳에 상을 맺지 않는다).

L_2를 통하여 결상된 $O'P'$: L_2에 대한 허물체의 물체거리 s_2는 -5 cm와 같다. 그래서 $\frac{1}{-5}+\frac{1}{s_2{}'}=\frac{1}{-10}$로부터 $s_2{}'=10$ cm이다. 그러므로 최종상 $O''P''$은 L_2의 오른쪽 10 cm인 곳에 생긴다. $O'P'$에 기인한 최종상의 크기는 $(-1.5\text{ cm})\left(-\frac{10}{-5}\right)=-3$ cm이다. 그래서 최종그림에서 보는 것처럼 $O''P''$은 실상이고 도립상이며 크기는 3 cm이고(물체 크기와 같음) L_2로부터 10 cm 되는 지점에 상이 생긴다.

d. 관심있는 모든 항목들을 그려 넣은 최종 그림이 **그림 3-5**이다.

e. 점 P로부터 이에 대한 공액점인 점 P''까지 진행한 주광선을 최종 그림에서

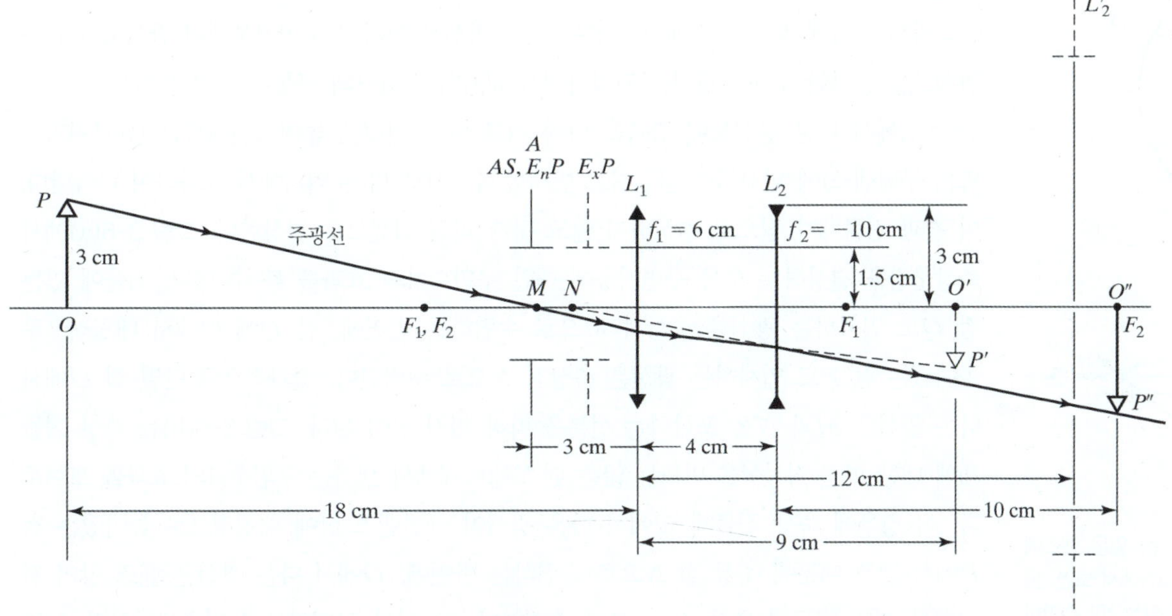

그림 3-5 예제 3-1 (d)에 대한 풀이.

볼 수 있다. 주광선은 AS와 E_nP의 중심인 M을 통과하여 지나간 후, L_1에서 굴절하고, $O'P'$을 향하여 들어간다. 그리고 다시 이 주광선이 $O'P'$에 도달하기 전에 L_2에서 굴절하여 최종상인 $O''P''$을 향하여 진행한다는 것을 주목해야 한다. 또한 만약에 광선의 진행방향을 뒤로 추적한다면, L_2에서 P''까지 진행한 주광선의 일부가 출사동 E_xP의 중심인 점 N으로부터 나오는 것을 알 수 있는데, 이는 주목해야 할 사실이다. 그래서 정의처럼 주광선은 AS, E_nP, E_xP의 중심을 지나간다.

3-2 수차 개론

모든 수차는 광학계가 만든 상을 퍼지게 하므로, 이로 인하여 광학설계자들은 이상적인 상을 만드는 데 있어, 즉 모든 물점들에 대해서 점 대 점으로 확실하게 상점을 만드는 데 어려움을 겪는다. **색수차**(chromatic aberration)와 5가지 **단색수차**(monochromatic aberrations) (구면수차, 코마, 비점수차, 상면만곡, 왜곡수차) 및 이에 대한 수차교정은 20장에서 자세히 취급한다. 렌즈와 거울의 형태와 모양에 따라 수차가 크게 생기며, 이 결과 비축물점에서 나온 광선이 구면을 만나서 이루는 각도는 근축근사에서 구면과 만나서 각보다 더 큰 각이 된다.

구면수차와 색수차를 간단하게 먼저 살펴보는 것은 이 장에서 다루는 광학부품과 광학기기를 살펴보는 데 유용한 기본 지식이 된다. 20장에서 이들 두 수차와 이에 대한 수차교정법을 보다 완벽하게 기술하고 다른 4개의 단색수차에 대해서도 논의한다.

구면수차

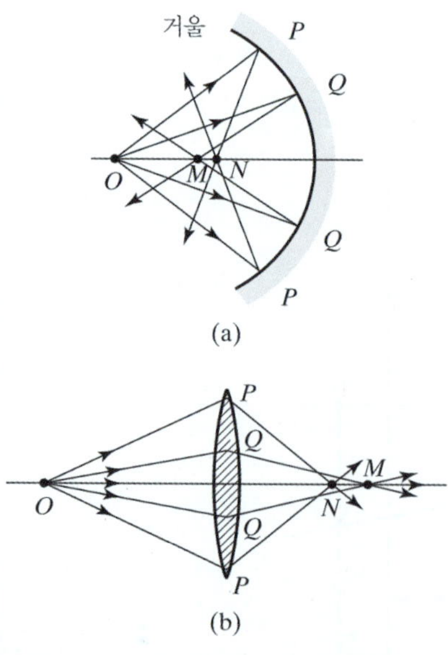

그림 3-6 (a) 구면거울과 (b) 얇은 렌즈에 대한 (과장된) 구면수차. 두 그림에서 보면, 물점 O에서 나온 광선이 단일 상점으로 수렴하지 않는다.

근축광선 근사에 따라 물점에서 나오는 모든 광선은 하나의 구면거울에서 반사하거나 구면렌즈를 통과한 후, 이 광선은 관찰자에서 교차하여 하나의 공통된 상점을 만든다. 사실상 물점에서 나온 광선들이 광축을 따라 서로 다른 거리에 놓여있는 광학부품(구면거울 또는 구면렌즈)에 입사하여 굴절하고 반사한 후, 서로 다른 위치에서 교차하여 나타난다. 이 결과 점물체가 점으로 결상하지 않고 작게 퍼진 직선으로 결상한다. 그림 3-6(a)에서 축상물점을 결상하는 오목 구면거울에 대한 구면수차의 효과를 볼 수 있다. 거울에 있는 점 Q로 입사하는 광선은 축상점 M으로 수렴하는 반면에, 점 Q에 대해서 대칭적으로 놓여있는 점 P로 입사하는 광선은 축상점 N으로 수렴한다. 결과적으로 단일 점 O에서 나온 광선은 M과 N을 포함하는 선분을 따라 퍼진 상이 된다. 그림 3-6(b)는 축상 점물체에 대한 퍼진 직선상을 만드는 얇은 렌즈 광학계에서 생기는 구면수차의 효과를 보여준다. 이 경우에 축상 점물체 O에서 나온 광선이 구면렌즈 상에 대칭적으로 놓여있는 점 P에서 렌즈 때문에 축상 점 N으로 수렴하는 반면에, O에서 나온 광선은 렌즈 상의 점 Q에서 렌즈 때문에 축상 점 M으로 수렴한다. 그 결과 구면거울의 경우에서처럼 M과 N을 포함하는 선분을 따라 퍼진 상이 나온다. 그림 3-6(a)와 그림 3-6(b)에서 보는 것과

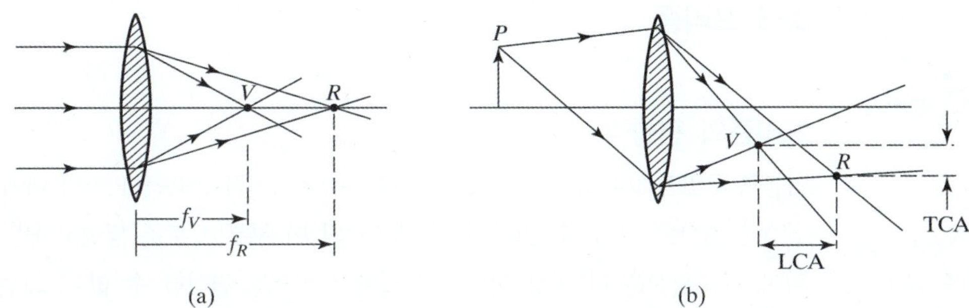

그림 3-7 (a) 얇은 렌즈에 입사하는 평행한 백색광과 (b) 비축점 P로부터 얇은 렌즈로 입사하는 백색광에 대한 (과장된) 색수차.

같이 거의 근축광선만을 입사동으로 지나가게 하는 광학계의 "구경제한(stopping down)"이 구면수차의 효과를 줄일 것이다. 물론 이러한 구면수차 교정방법은 상 밝기를 감소시킨다. 다른 구면수차 교정방법은 양의 렌즈와 음의 렌즈를 결합하여 한 렌즈에서 생긴 구면수차를 다른 렌즈의 구면수차로 상쇄시키는 것이다.

색수차

파장에 따라서 매질의 굴절률이 다르기 때문에 색수차가 생긴다. 렌즈의 초점거리가 렌즈 매질의 굴절률에 의존하므로(렌즈 제작자 식인 식(2-28) 참조), 이 광학계에서 사용한 서로 다른 파장의 빛에 대해서 렌즈의 초점거리와 상 위치는 서로 다르다. 그래서 점물체로부터 나온 다색광은 단일점으로 결상되지 않는데, 이는 각각의 파장에 대해서는 하나의 점이지만 이들이 모인 일련의 점들로 결상이 되기 때문이다.

그림 3-7은 두 개의 서로 관련이 있는 색수차의 상황을 그림으로 그린 것이다. 그림 3-7(a)에서 보듯이 평행광선은 보라색 파장에서는 렌즈에 가까운 점 V에 초점을 맺고, 적색 파장에서는 렌즈에서 먼 점 R에 초점을 맺는다. 그래서 멀리 떨어진 단일 물점에서 나오는 **백색광**은 단일점으로 상을 맺지 못한다. 오히려 서로 다른 파장의 빛은 그림 3-7(a)에서 보듯이 렌즈에서 굴절하여 두 초점거리 f_V와 f_R 사이에 서로 다른 상점을 만든다. 그림 3-7(b)는 비축점 P에서 렌즈로 입사하는 백색광 때문에 생기는 색수차를 약간 다른 관점에서 본다. 점 P에서 나온 백색광의 보라색 파장과 적색 파장은 렌즈에서 서로 다르게 굴절한 후 각각 V와 R로 표기한 서로 다른 상점으로 수렴한다. 그러면 색수차의 양은 그림 3-7(b)에서 보는 것처럼 두 파장이 만든 두 상점 사이의 거리인 **종색수차**(longitudinal chromatic aberration(LCA))와 이와는 다른 **횡색수차**(transverse chromatic aberration(TCA))로 기술할 수 있다.

렌즈에서 생기는 색수차는 서로 반대의 굴절능을 갖는 여러 가지 굴절률을 갖는 광학부품을 혼합적으로 구성하면 이를 효과적으로 감소시킬 수 있는데, 이에 대해서는 20장에서 자세히 살펴볼 것이다. 물론 거울이 만든 상은 거울의 초점이 파장과는 무관하기 때문에 색수차가 생기지 않는다.

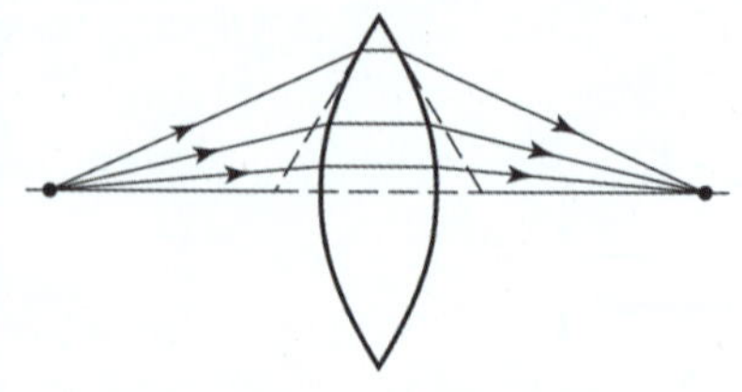

그림 3-8 볼록렌즈의 절반에 기인한 결상은 프리즘으로 근사하여 보여줄 수 있다.

3-3 프리즘

프리즘의 편향각

양볼록 구면렌즈의 위쪽 절반으로도 그림 3-8에서처럼 근축근사 범위 내에서 축상 물점의 상점을 결상할 수 있다. 만약에 이 렌즈면의 이 부분이 모두 평평하다면 이는 프리즘이 되며, 근축광선은 더 이상 하나의 유일한 상점으로 결상할 수 없다. 그럼에도 불구하고 어떤 경우에서는 근사적이지만 프리즘을 볼록렌즈의 절반으로 생각하는 것이 도움이 된다.

여기에서는 프리즘을 통과하여 지나가는 단일 광선의 진행을 정확하게 기술할 수 있는 관계식을 유도한다. 프리즘의 각 면에서 생기는 편향은 스넬의 법칙에 의해서 정해진다. 편향 정도는 프리즘의 굴절률의 함수이고, 이는 입사광의 파장의 함수이다. 빛의 파장에 따른 굴절률과 광속의 변화를 **분산**(dispersion)이라고 하는데 이에 대해서는 뒤에서 논의한다. 현재는 프리즘 매질 내에서 이 매질의 특정한 굴절률을 갖는 단색광을 가정한다. 프리즘을 통과하는 광선의 경로를 기술하는 중요한 각들을 그림 3-9에서 정의한다. 각 프리즘면에서 입사각과 굴절각은 프리즘면과 입사광선이 교차하는 입사점에 세운 법선에 대해서 정의한다. 전적으로 프리즘에 의한 입사광선의 총 편향각 δ는 첫 번째 면과 두 번째 면에서 생긴 각각의 편향각 δ_1과 δ_2의 합이다. 각 프리즘면에 대한 스넬의 법칙은 각각

$$\sin\theta_1 = n\sin\theta_1' \tag{3-1}$$

$$n\sin\theta_2' = \sin\theta_2 \tag{3-2}$$

이다. 그림 3-9에 대한 각도를 조사하면, 다음과 같은 각들 사이의 관계식이 있다는 것을 알 수 있다.

$$\delta_1 = \theta_1 - \theta_1' \tag{3-3}$$

$$\delta_2 = \theta_2 - \theta_2' \tag{3-4}$$

$$B = 180° - \theta_1' - \theta_2' = 180° - A \tag{3-5}$$

$$A = \theta_1' + \theta_2' \tag{3-6}$$

식(3-5)의 두 관계는 삼각형의 내각의 합이 180°라는 것과 사각형의 내각의 합은 360°이

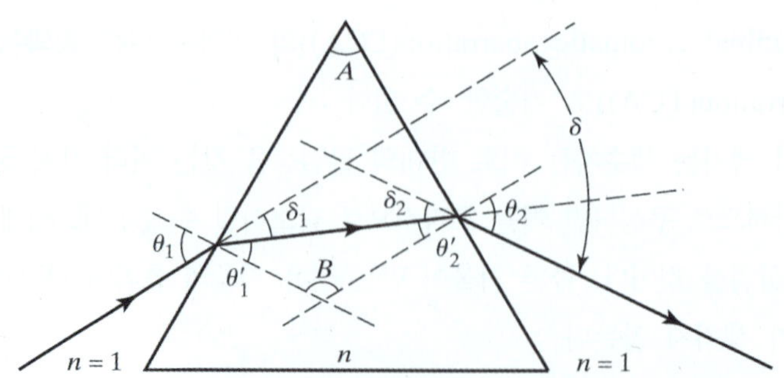

그림 3-9 프리즘을 통과하여 지나가는 임의의 한 광선에 대한 경로.

라는 사실에서 나온다. 각 A와 각 B 및 프리즘의 양면에 세운 법선에 대한 두 직각이 이 사각형의 내각이다.

식(3-6)과 식(3-1)을 사용한다면, 최종적인 **편향각**(angle of deviation) δ를 구하는 일련의 연속적인 계산과정을 고급계산기나 컴퓨터로 쉽게 프로그램화할 수 있다. **프리즘 꼭지각** A와 프리즘의 굴절률 n이 주어졌다고 가정할 때, θ_1으로 입사한 광선에 대한 단계적 계산과정은 다음과 같다.

$$\theta_1' = \sin^{-1}\left(\frac{\sin\theta_1}{n}\right) \tag{3-7}$$

$$\delta_1 = \theta_1 - \theta_1' \tag{3-8}$$

$$\theta_2' = A - \theta_1' \tag{3-9}$$

$$\theta_2 = \sin^{-1}(n\sin\theta_2') \tag{3-10}$$

$$\delta = \theta_1 + \theta_2 - \theta_1' - \theta_2' \tag{3-11}$$

$A = 30°$와 $n = 1.50$일 때, 입사각에 따른 편향각의 변화가 그림 3-10이다. 이 경우 최소편향이 $\theta_1 = 23°$일 때 생긴다는 것에 주목해야 한다. 최소편향 조건에서의 프리즘 굴절현상은 종종 실제로 사용된다. 최소편향이 생길 때 광선이 프리즘을 통과하는 경로는 프리즘의 두 면에 대해서 대칭적으로 나타나기 때문에 그림 3-11에서 보는 것처럼 각에 붙이는 아래첨자는 필요하지 않다. 그러나 그림 3-9처럼 최소편향이 비대칭적인 상태에

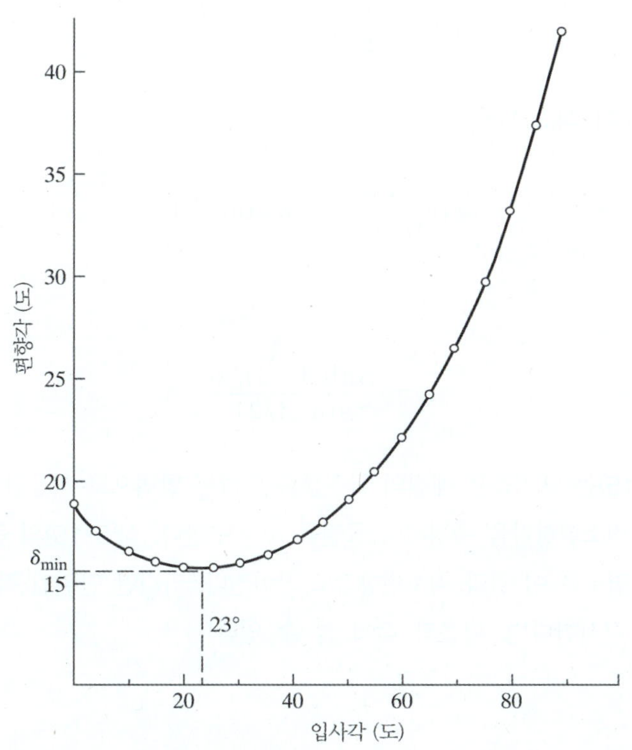

그림 3-10 $A = 30°$와 $n = 1.50$일 때, 프리즘을 통과한 광선에 대한 입사각 대 총 편향각의 그래프.

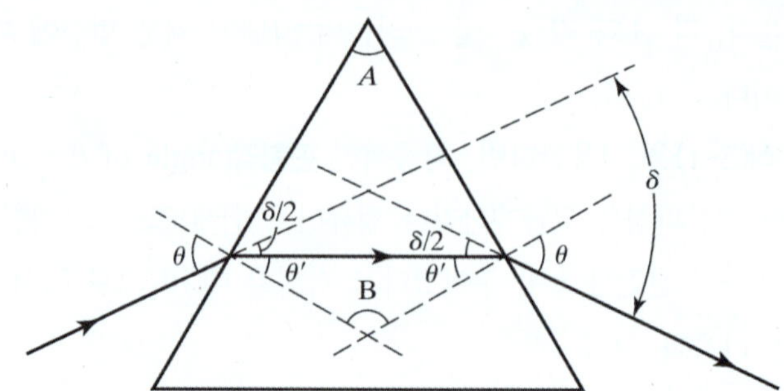

그림 3-11 최소편향각 조건에서 프리즘을 통과하는 광선의 경로.

서 일어난다고 가정할 때에는 아래첨자를 붙인다. 이 경우 만약에 광선을 역으로 입사시킨다면 동일한 경로를 되짚어가므로, 왼쪽에서 오른쪽으로 진행한 광선에 대한 최소편향각과 동일한 최소편향각을 갖게 된다. 그래서 최소편향각을 만드는 두 개의 입사각 θ_1과 θ_2가 있게 되는데, 이는 실험의 결과와는 다르다. 그러므로 최소편향이 일어나는 경우에서 기하적 관계식은 다음과 같이 간단하게 표현된다. 식(3-11)에서

$$\delta = 2\theta - 2\theta' \tag{3-12}$$

이고, 식(3-6)에서

$$A = 2\theta' \tag{3-13}$$

이다. 이들 두 식을 갖고 정리하면

$$\theta' = \frac{A}{2} \text{와 } \theta = \frac{\delta + A}{2} \tag{3-14}$$

이 되며, 이로부터 식(3-1)은

$$\sin\left(\frac{A+\delta}{2}\right) = n\sin\left(\frac{A}{2}\right)$$

또는

$$n = \frac{\sin[(A+\delta)/2]}{\sin(A/2)} \tag{3-15}$$

이 된다. 식(3-15)는 프리즘용 매질의 굴절률을 구하는 방법으로 사용한다. 샘플인 프리즘의 꼭지각과 최소편향각을 측정하여 굴절률 n을 구한다. 식(3-15)의 근사식은 프리즘 꼭지각이 작은 경우로 이 결과 최소편향각도 작아진다. 라디안 단위인 각도로 이 각도에 대한 사인값을 근사한다면, 다음과 같이 쓸 수 있다.

작은 꼭지각 A를 갖는 공기 중의 프리즘에 대해서

$$n \simeq \frac{(A+\delta)/2}{A/2}$$

또는

$$\delta \simeq A(n-1) \tag{3-16}$$

이다. $A=15°$인 경우에 근사식인 식(3-16)으로 주어진 최소편향각의 정확한 값에 대한 오차는 약 1% 이내이다. $A=30°$인 경우는 오차가 약 5%이다.

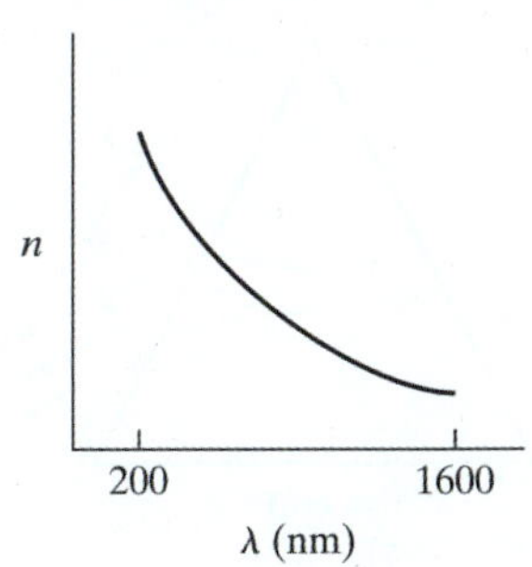

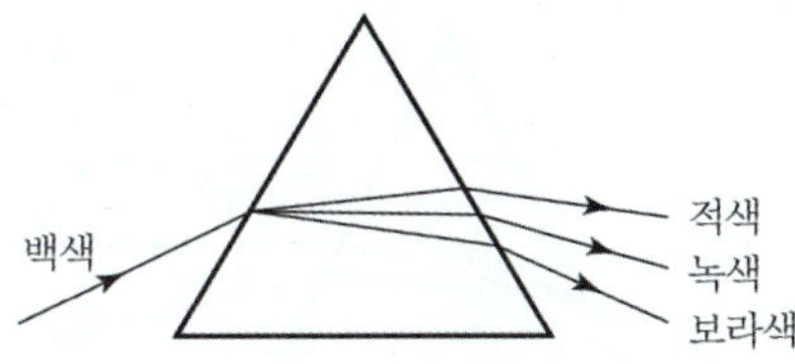

그림 3-12 전형적인 정상분산 곡선과 이 결과로 인한 프리즘을 통과하여 굴절된 백색광의 색분리 현상.

분산

프리즘을 통과한 단색광의 편향각은 프리즘 매질의 굴절률 항으로 주어진 식(3-15)로 주어진다. 그러나 굴절률이 파장에 의존하므로 이 파장에 대해서 굴절률을 n_λ라고 쓰는 것이 더 좋다. 결과적으로 총 편향각은 그 자체가 파장에 의존하는데, 이는 입사광의 여러 가지 파장 성분들이 프리즘의 굴절로 인하여 분리된다는 것을 의미한다. 전형적인 **정상분산**(normal dispersion) 곡선과 이 결과로 생기는 색분리의 원리를 그려 놓은 것이 그림 3-12이다. 파장이 짧아질수록 굴절률이 더 커지며, 이로 인하여 프리즘에서 광속이 더 느려진다는 것을 주목해야 한다. 결과적으로 보라색 빛이 프리즘을 통과하여 가장 크게 굴절한다. 그림 3-12에서 n 대 λ의 그래프가 보여주는 분산을 "정상"분산이라고 부른다. 매질이 분산곡선의 파장범위 내에서 빛을 흡수하는 고유의 들뜸을 가질 때, 파장에 대한 흡수영역에서는 이 분산곡선은 양의 기울기를 갖는다. 이러한 흡수현상이 일어날 때 **비정상분산**(anomalous dispersion)이라는 용어를 사용하는데, 이 분산 자체는 비정상적인 것이 아니다(이 주제는 25장에서 더 많이 취급한다). 그림에서 보는 정상분산곡선은 전형적인 형태이지만 서로 다른 물질에서는 어느 정도 변한다. 오귀스탕 코시(Augustin Cauchy)가 도입한 이 곡선에 대한 근사 경험식은

$$n_\lambda = A + \frac{B}{\lambda^2} + \frac{C}{\lambda^4} + \cdots \tag{3-17}$$

이다. 여기에서 A, B, C …는 특정 물질의 분산 자료에 대한 맞추어진 경험상수이다. 종종 처음 항과 두 번째 항만으로도 실제 분산그래프를 합리적이고 잘 맞추는데, 이 경우 두 개의 다른 파장에 대한 n의 실험값을 분산을 나타내는 A와 B를 정하는 것만으로도 충분하다. 그래서 $dn/d\lambda$으로 정의한 분산은 코시의 분산식을 사용할 경우 $dn/d\lambda = -2B/\lambda^3$으로 표현된다.

분산과 편향을 구별하는 것이 중요하다. 큰 굴절률 n을 갖는 프리즘 매질이 주어진 파장에서 큰 편향을 일으키지만, 이에 대응하는 이웃한 파장들 사이의 분산은 클 필요는

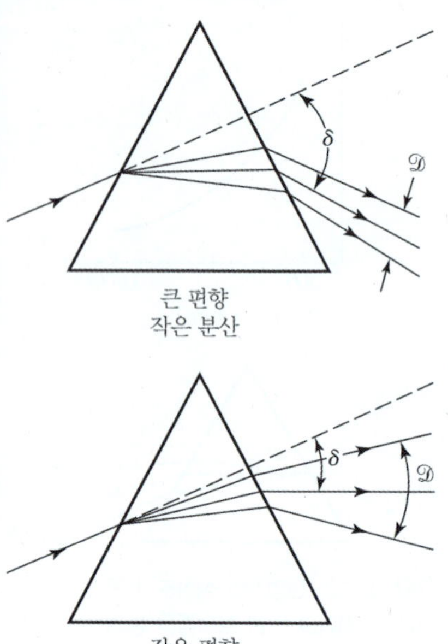

그림 3-13 3개의 파장에 대한 분산 $\mathfrak{D}$와 중간 파장에 대한 편향 δ를 보여주는 극단적인 경우들.

없다. **그림 3-13**은 이러한 특징들을 보여주는 극단적인 경우이다. 역사적으로 분산은 가시광 스펙트럼의 중간과 끝에 있는 3개의 파장을 사용하여 정의하였다. 이 파장들을 **프라운호퍼 선**(Fraunhofer lines)이라고 부른다. 이들 선들은 프라운호퍼(J. von Fraunhofer)가 연구한 태양 스펙트럼에서 나타난 분광선 중에 있다. 굴절률과 함께 이들 파장은 **표 3-1**에 정리되어 있다. F와 C의 검은 선은 태양 외부 대기에 있는 수소 원자의 흡수선이며, D의 검은 선은 태양 외부 대기에 있는 나트륨에 의한 흡수선이다.[2] 예를 들어 D선에 대한 최소편향각이 되는 얇은 프리즘을 사용한다면, **그림 3-13**에서 제안한 것처럼 F선과 C선 파장들 사이의 분산각의 차이 $\mathfrak{D}$를 D선 파장에 대한 편향각 δ로 나눈 비는 다음과 같다.

$$\frac{\mathfrak{D}}{\delta}=\frac{n_F-n_C}{n_D-1}$$

분산 $\mathfrak{D}$와 편향 δ의 비에 대한 이러한 측정을 **분산능**(dispersive power) Δ로 정의하며, 다음과 같다.

$$\Delta=\frac{n_F-n_C}{n_D-1} \tag{3-18}$$

표 3-1을 사용한다면 크라운 유리의 분산능은 1/65인 반면에 프린트 유리의 분산능은 크라운 유리 분산능의 거의 2배 이상인 1/29로 계산된다. 분산능의 역수는 **아베수**(Abbe number)로 알려져 있다.

표 3-1 프라운호퍼 선들

λ(nm)	특징	n	
		크라운 유리	프린트 유리
486.1	F, 청색	1.5286	1.7328
589.2	D, 노란색	1.5230	1.7205
656.3	C, 적색	1.5205	1.7076

프리즘 분광기

분산용 광학부품으로 프리즘을 사용하는 분석기기를 **프리즘 분광기**(prism spectrometer)라고 한다. 이는 프리즘의 꼭지각과 프리즘에 입사하는 입사광의 다양한 파장에 대한 편향각을 함께 측정하는 장비이다. **그림 3-14**에서 이 장비에 대한 필수적인 광학부품을 본다. 분석할 빛이 슬릿 S에 맺힌 후, 렌즈 L로 평행광이 되며, 회전각이 표시된 회전가능

2 노란색 나트륨 D선은 이중선(doubet)(589.0 nm와 589.6 nm)이기 때문에 이보다 더 단색인 587.56 nm의 헬륨 d선을 가시광의 중심선으로 종종 선호한다. 발광곡선의 중심에 더 가까이 놓여있는 546.07 nm의 녹색 수은 선도 종종 사용한다.

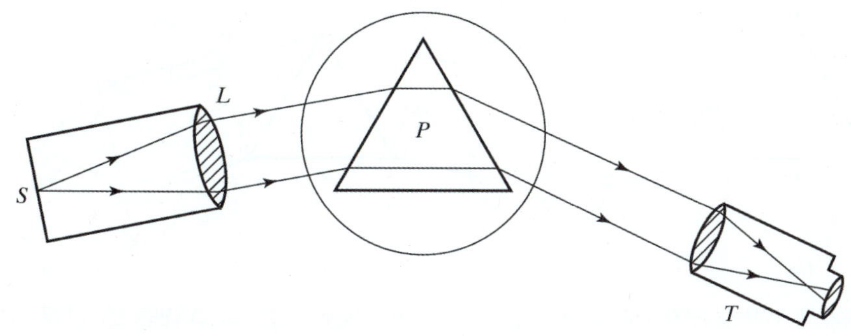

그림 3–14 프리즘 분광기의 핵심 광학부품.

한 평판에 올려놓은 프리즘 P에서 굴절한다. 각 파장에 대응하는 광선은 프리즘에서 굴절한 후 각자 평행하게 나가서 무한대에 초점을 맞춘 망원경으로 본다. 망원경이 눈금을 새긴 프리즘 회전판 주위에서 돌 수 있기 때문에 각 파장에 대응하는 편향각에서 슬릿에 초점이 맺힌 상을 이 망원경으로 볼 수 있다. 프리즘 없이 슬릿을 볼 때의 망원경의 위치를 기준으로 프리즘이 있을 때 생기는 상을 보는 망원경의 위치를 측정하여 편향각 δ를 측정한다. 이 장비에서 "분광선들"의 각변위를 측정하지 않고 직접 눈으로 분광선을 직접 본다면 이를 **분광경**(spectroscope)이라고 한다. 또한 만약에 망원경의 대물렌즈의 초점면에 사진 필름을 놓아서 스펙트럼을 기록한다면, 이 장비를 **분광사진기**(spectrograph)라고 한다. 프리즘을 여러 가지 유리로 만들 때 가시광 파장 너머에서 생기는 유리의 흡수로 인하여 이 분광기의 파장 영역이 한정된다. 분광사진기의 효용성을 자외선 너머로 넓히기 위해서 수정(SiO_2)이나 형석(CaF_2)으로 만든 프리즘을 사용한다. 그리고 사용파장을 적외선 너머로 넓히기 위해서는 소금(NaCl, KCl)이나 사파이어(Al_2O_3)로 만든 프리즘을 사용한다.

색 분해능

만약에 프리즘에 입사하는 빛의 두 파장 사이의 차이가 점차로 감소한다면, 궁극적으로 프리즘으로 이 두 파장을 분해할 수 없다. 그래서 프리즘 분광사진기의 분해능은 중요한 성능변수이므로 이 절에서 논의할 것이다. 프리즘 분광사진기의 사진 필름에 결상된 두 개의 분광선을 생각하자. 이 선들은 슬릿의 상이고, 정밀한 파장 측정에 대해서 입사슬릿은 필름에 적절한 광량이 들어가도록 맞추면서 가능한 한 좁아야만 한다. 그러나 가장 좁은 슬릿 폭으로 조정할 때조차도 시준렌즈나 프리즘의 가장자리까지 광이 입사할 수 있기 때문에 이 슬릿 폭이 포함된 분광선 상이 나온다. 그렇기 때문에 나중에 다룰 **회절**(diffraction) 효과가 포함된 상이 나온다. 직선상의 폭은 회절 때문에 더 이상 줄어들 수가 없다. $\Delta\lambda$가 감소하면서 직선상이 다른 직선상에 다가감에 따라 두 직선상은 하나로 겹쳐지는 한계점에 도달하는데, 이 상태가 이 장비의 **분해한계**(limit of resolution)이다. 상의 배율을 높인다고 매우 가까이 인접한 두 분광선을 식별할 수 있는 능력, 즉 분해능이 높아지지는 않는다.

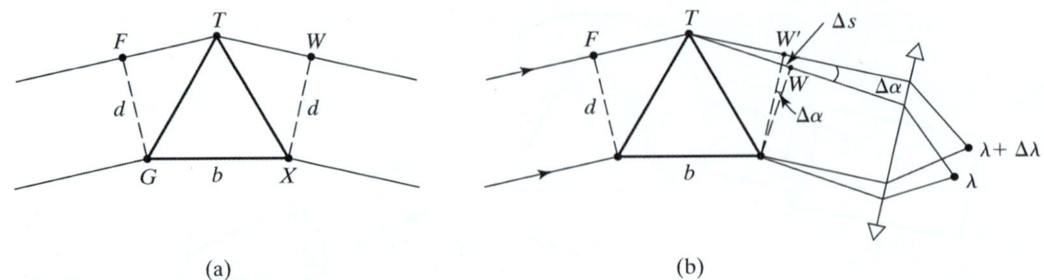

그림 3-15 프리즘의 색 분해능을 구하기 위해서 사용하는 광로도. (a) 단색광의 굴절. (b) $\Delta\lambda$만큼 분리된 두 개의 파장을 갖는 빛의 굴절.

단색 평행광이 프리즘에 입사하여 프리즘 면에 꽉 차서 들어가는 그림 3-15(a)를 생각하자. 페르마 원리를 적용하면, 광선 FTW는 광선 GX와 동일한 파면 GF에서 시작하여 동일한 파면 XW에서 끝나기 때문에 이 두 광선은 등시적이다. 그러므로 이 광경로들에 대해서는 다음과 같이 식을 세울 수 있다.

$$FT + TW = nb$$

여기에서 b는 프리즘의 밑변이고 n은 파장 λ에 대한 프리즘의 굴절률이다. 만약에 $\lambda' - \lambda = \Delta\lambda$인 이웃한 파장 λ'을 갖는 두 번째 입사광이 있다면, λ'은 다른 굴절률 $n' = n - \Delta n$과 관련될 것이다. 정상분산에 대해서 Δn은 작고 양수일 것이다. 그래서 그림 3-16(b)에서 보듯이 두 파장을 갖고 들어오는 빔의 파면은 프리즘에서 작은 각 차이인 $\Delta\alpha$만큼 분리되고, 이에 따라 망원경 대물렌즈의 초점면 내의 다른 지점에 초점을 맺는다. 두 번째 광의 파장 λ'에 적용한 페르마 원리에 따라

$$FT + TW - \Delta s = (n - \Delta n)b$$

이 된다. 마지막 두 식을 빼면

$$\Delta s = b\,\Delta n \tag{3-19}$$

이 되거나, 분산을 도입하면

$$\Delta s = b\left(\frac{dn}{d\lambda}\right)\Delta\lambda \tag{3-20}$$

이 된다. 식(3-20)은 경로차 Δs와 파장차 $\Delta\lambda$를 연결해 준다. 또한 각도 차인 $\Delta\alpha$를 사용할 수 있는데, 이를 사용하면

$$\Delta\alpha = \frac{\Delta s}{d} = \left(\frac{b}{d}\right)\left(\frac{dn}{d\lambda}\right)\Delta\lambda \tag{3-21}$$

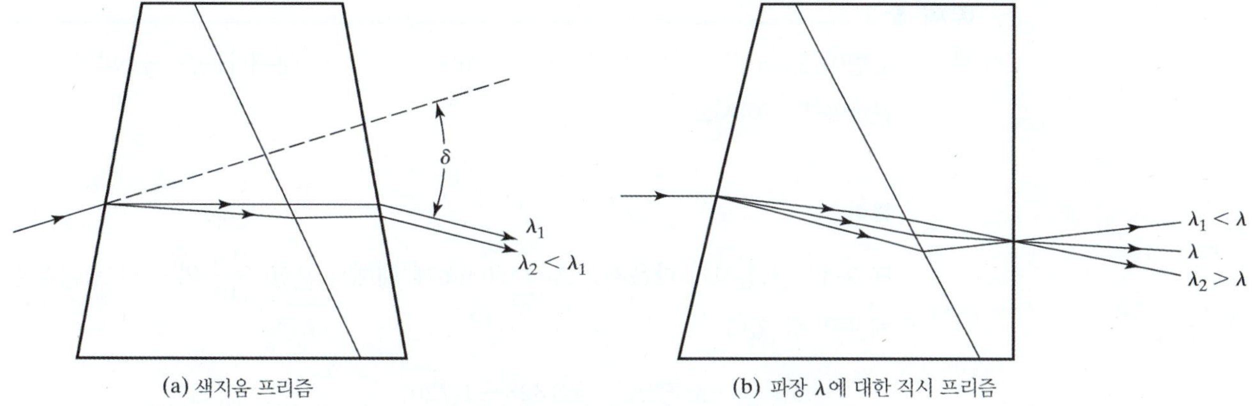

(a) 색지움 프리즘

(b) 파장 λ에 대한 직시 프리즘

그림 3-16 비분산 프리즘과 무편향 프리즘.

이 된다. 여기에서 d는 빔의 폭이다. 지금부터 회절한계 직선상의 분해한계를 구하는 데 사용하는 **레일리 기준**(Rayleigh's criterion)을 구하고자 한다. 이 기준은 이후에 회절을 다룰 때 설명하고 자주 사용할 것이다. 회절에서 결상된 상을 거의 분해할 수 없는 두 파면의 최소각 차인 $\Delta\alpha$는 다음과 같다는 것을 알 수 있다.

$$\Delta\alpha = \frac{\lambda}{d} \tag{3-22}$$

그러므로 식(3-21)과 식(3-22)를 결합시킨다면,

$$\frac{\lambda}{d} = \left(\frac{b}{d}\right)\left(\frac{dn}{d\lambda}\right)\Delta\lambda$$

이고, 이로부터 분해가능한 상에 대한 최소 파장 차는

$$(\Delta\lambda)_{\min} = \frac{\lambda}{b(dn/d\lambda)} \tag{3-23}$$

이 된다. **분해능**(resolving power)은 분광 장비의 분해한계를 알려주는 다른 방법이다. 정의에 따라 분해능 $\mathfrak{R}$은

$$\mathfrak{R} = \frac{\lambda}{(\Delta\lambda)_{\min}} = b\frac{dn}{d\lambda} \tag{3-24}$$

인데, 식(3-23)을 사용하였다. 분산은 유리 종류에 따라 제한되기 때문에 프리즘 분해능은 프리즘 밑변인 b를 크게 만들어 개선한다. 그러나 이 방법은 크고 무거운 프리즘이 필요하기 때문에 비현실적이다. 예를 들어 분해능 계산에 필요한 분산 $dn/d\lambda$는 프리즘 매질에 대한 분산식인 식(3-17)로 계산한다.

예제 3-2

밑변이 5 cm인 프린트 유리로 만든 프리즘에 대해서 분해가능한 최소파장 차와 분해능을 구하시오.

풀이

표 3-1을 사용하여 다음처럼 $\lambda = 550$ nm에 대해서 분산 $\dfrac{\Delta n}{\Delta\lambda}$의 근사 평균값을 계산할 수 있다.

$$\frac{\Delta n}{\Delta\lambda} = \frac{n_F - n_D}{\lambda_F - \lambda_D} = \frac{1.7328 - 1.7205}{486 - 589} = -1.19 \times 10^{-4}\ \mathrm{nm}^{-1}$$

그래서 분해능은

$$\Re = b\left(\frac{dn}{d\lambda}\right) = (0.05 \times 10^{9}\ \mathrm{nm})(1.19 \times 10^{-4}\ \mathrm{nm}^{-1}) = 5971$$

이다. 550 nm 근처의 파장영역에서 분해가능 최소 파장 차는

$$(\Delta\lambda)_{\min} = \frac{\lambda}{\Re} = \frac{5550\ \text{Å}}{5971} \simeq 1\ \text{Å}$$

이다.

회절격자 분광사진기의 분해능이 더 높지만, 일반적으로 회절격자 분광사진기의 광량 손실이 더 크다. 더군다나 이 회절격자 분광사진기는 동일한 파장 성분에 대한 고차의 상을 만드는데, 이 때문에 분광 기록을 해석할 때 혼란이 생길 수 있다. 이 회절격자 분광사진기는 나중에 논의한다.

특수 응용 프리즘

편향은 영이 아니지만 두 개의 주어진 파장에 대한 순 분산이 영이 되는 전체 광학계의 **색지움**(achromatic)을 만드는데 프리즘을 사용한다. 또 다른 한편, 그림 3-16인 **직시 프리즘**(direct vision prism)은 동시에 분산이 생기는 동안에 특정 파장에 대해서 편향이 없게 한 프리즘이다. 두 프리즘의 결합으로 만든 두 종류의 프리즘에 대한 개략도를 그림 3-16에서 본다. 그림 3-16(a)에서 보는 것과 같이 한 프리즘의 분산을 다른 프리즘의 분산이 상쇄시키도록 프리즘을 결합시킨 배열에서 두 프리즘을 서로 바꿀 경우 분산이 증폭되어 2배가 된다.

분광된 빛을 관찰하거나 측정할 때 모든 파장에 대해서 일정한 편향만 생기도록 하는 분광기용 프리즘을 설계한다. 이런 프리즘 설계의 한 보기가 그림 3-17에서 보여준 **펠린-브로카 프리즘**(Pellin-Broca prism)이다. 이 프리즘에서 시준 빔은 프리즘 면 AB

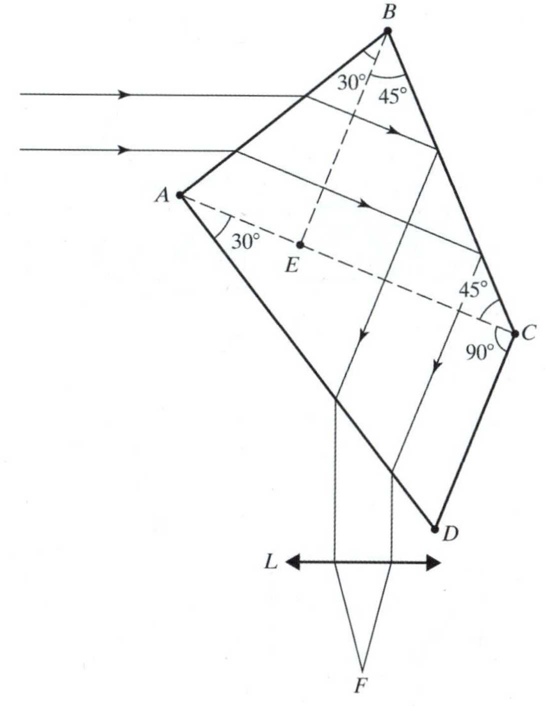

그림 3-17 일정한 편향을 하는 펠린-브로카 프리즘.

로 들어왔다가 프리즘 면 AD에서 나가기 때문에 입사방향에 대해서 90° 편향이 된다. 점선은 단지 단일구조를 갖는 이 프리즘의 작동과정을 분석하는 데 도움을 주기 위해서 추가한 것이다. 단지 그림에서 보는 것처럼 입사파장에 대한 최소편향이 되는 각도로 입사광선이 굴절하여 프리즘 밑변 AE에 평행한 광선이 된다. 면 BC에서 생긴 내부전반사로 인하여 프리즘의 아래 조각 ACD로 빛의 방향이 바뀐 후, 이 조각에서 다시 최소편향 조건을 따라 진행한다. 프리즘 조각 BEC는 오직 거울처럼 행동하기 때문에 빔은 프리즘 조각 ABE와 ACD를 통과하면서 최소편향 각도로 지나간다. 이 두 조각의 꼭지각은 각각 60°이다. 이 프리즘에서 나온 빛의 분광선을 렌즈 L의 초점인 F에서 관찰하거나 기록한다. 이를 위해서 관찰용 망원경은 완전히 고정한다. 그 대신에 프리즘은 프리즘 판에서 (또는 이 지면에 수직인 축에 대해서) 회전하며, 이 프리즘이 회전함에 따라 여러 가지 파장에 대한 입사 빔은 연속적으로 최소편향 입사각 조건이 되어 그림에서 가르쳐준 경로를 지나가서 F에 초점을 맺는다. 프리즘 회전은 각도 또는 파장으로 교정한다.

반사프리즘

내부전반사 프리즘은 광축의 방향을 바꾸기 위해서 그리고 상이 놓인 위치를 바꾸기 위해서 자주 광학계에서 사용한다. 물론 프리즘 단독으로 상을 만들 수는 없다. 결상용 광학부품과 연결하여 사용할 때 먼저 프리즘에 의한 상의 수차를 없애기 위해서 프리즘에 입사하는 빛을 평행화하고 이를 프리즘 면에 수직으로 입사시킨다. 평면거울로 반사프리즘을 대체할 수 있지만, 프리즘의 반사면은 오염이 훨씬 더 작고 전반사의 반사율이 더 높기

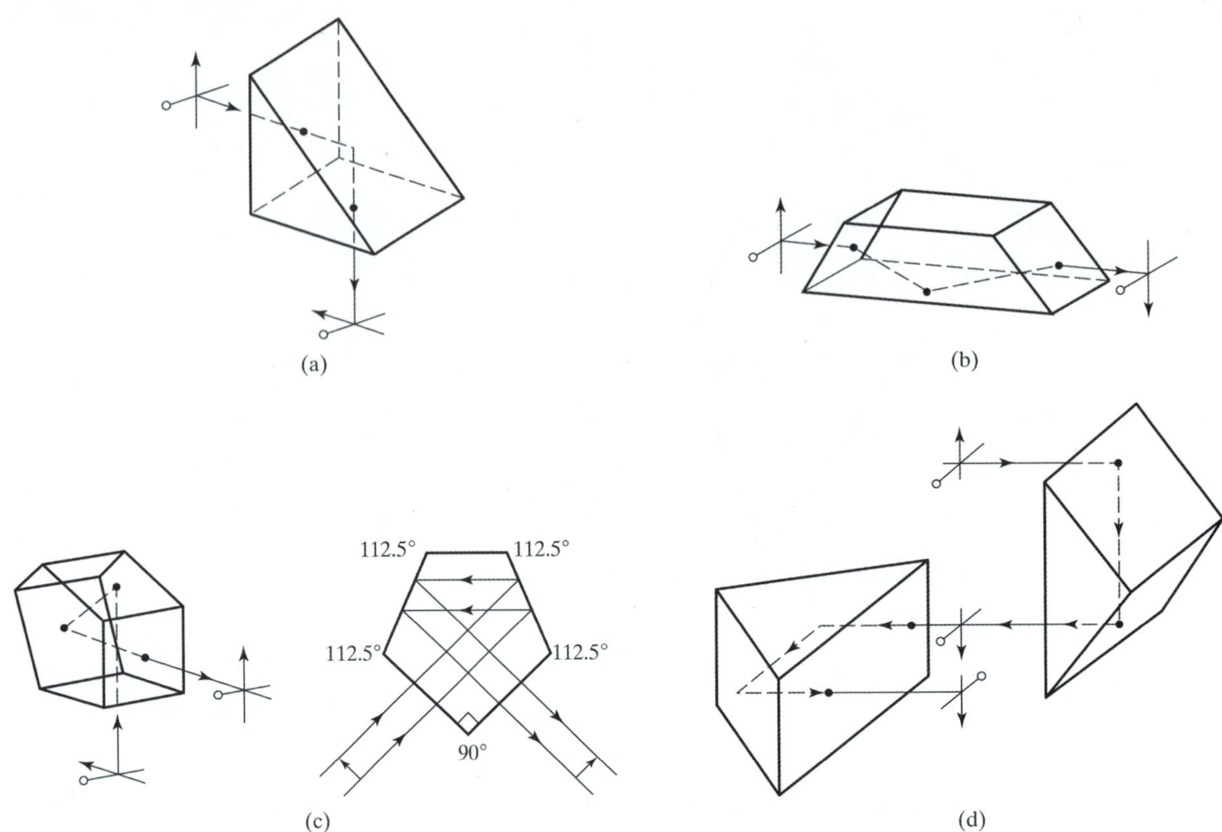

그림 3-18 반사프리즘에 의한 상의 진행방향과 놓인 위치. (a) 직각 프리즘. (b) 도브 프리즘. (c) 펜타 프리즘: 오각형의 단면. (d) 포로 프리즘.

때문에 평면거울보다는 내부전반사 프리즘을 더 애용한다. 프리즘 면에서 각 사이의 관계가 안정적인 것도 일부의 응용에서는 중요한 장점이다. 실제로 사용하는 프리즘의 몇몇 보기를 그림 3-18에 그려놓았다. 그림 3-18(d)의 **포로 프리즘**(Porro prism)은 두 개의 직각 프리즘으로 만드는데, 입사광이 한 프리즘의 빗면 일부분으로 들어와서 두 번째 프리즘의 빗면 일부분으로 출력광이 나간다. 이러한 것을 명확하게 보여주기 위해서 그림에서 프리즘을 반으로 나누어 그려놓았다. 이 두 프리즘 때문에 상은 수직과 수평이 모두 뒤집어지기 때문에, 보통 포로 프리즘은 쌍안경에서 정립상을 만들기 위해서 사용한다.

3-4 사진기

사진기 중에 가장 간단한 것이 그림 3-19(a)에 나온 바늘구멍 사진기이다. 물체에서 나온 광선은 빛이 새지 않는 상자에 뚫어 놓은 작은 바늘구멍을 통과하여 상자 내의 사진 필름에 조사된다. 바늘구멍은 검은 테이프와 같은 것으로 상자의 앞면을 막은 후 바늘로 뚫으면 된다. 직선 물체의 상은 상자의 검은 면에 투사되어 필름에 직선으로 결상된다.

앞서 말한 것처럼 주어진 하나의 물점에서 나온 모든 광선은 각각 광학계를 거쳐서 이에 대응하는 상점에 모인다. 바늘구멍은 초점을 맺는 데는 기여하지 못하면서 실제로 각 물점에서 나온 광선 대부분을 막아버린다. 그러나 바늘구멍이 매우 작기 때문에 **근사적이지만** 상의 모든 지점은 물체의 동일한 지점에서 나온 광선이 도달하여 만든다. 바꾸어 말하자면 모든 물점은 스크린에 광선다발을 보내는데, 그림 3-19(a)에서처럼 작은 바늘구멍이 이 광선다발의 양을 제한하여 스크린에 빛의 조그만 원형 상을 만든다. 각 물점이 만든 이들 원들이 서로 겹쳐져서 상을 만들기 때문에 이 상의 선명도는 개개 원의 지름에 의존한다. 만약에 이 원들이 너무 크다면 상은 퍼진다. 그래서 바늘구멍의 크기를 줄일수록 바늘구멍 크기까지 상이 선명해진다. 바늘구멍이 더욱더 작아진다면 회절 때문에 각 물점은 더 커지고 상의 질은 더 나빠진다. 실험적으로 바늘구멍부터 필름까지의 거리가 약 25 cm일 때, 최적의 바늘구멍 지름은 약 0.5 mm이다. 바늘구멍 자체는 가능한 한 얇은 판에 구멍을 내서 만들어야 한다. 바늘구멍 재료로는 큰 외곽 틀에 붙여 놓은 알루미늄 박이면 매우 좋다. (바늘구멍 사진기가 매우 단순하다는 장점을 제외하고) 바늘구멍 사진기의 제일의 장점은 이 사진기 자체가 초점을 맺는 렌즈가 없기 때문에 물체가 멀든지 가깝든지 간에 스크린에 초점이 잘 맺는다는 것이다. 다른 말로 하자면, 사진기의 **심도**(depth of field)가 무한대라는 것이다. 이 사진기의 가장 큰 단점은 바늘구멍을 통과하는 빛이 너무 적기 때문에 노출시간을 길게 해야만 한다는 것이다. 바늘구멍에서 필름까지 거리는 상의 선명도와 시야에 영향을 주지만 결정적이지는 않다. 이 거리가 줄어들수록 필름에서 바늘구멍을 바라보는 각도가 더 커져서 더 넓은 풍경을 찍을 수 있고, 이에 대응하여 필름에 찍을 수 있는 풍경의 크기는 작아진다. 또한 상을 만드는 원의 크기도 작아지고, 이로 인하여 더 깨끗한 상이 생긴다.

만약에 바늘구멍을 충분히 크게 한 후에 수렴렌즈를 이 구멍에 끼운다면 정상적인 사진기의 기본부품이 다 갖추어진 것이 된다(그림 3-20). 이런 바늘구멍 사진기의 변형 사진기가 갖는 가장 중요한 이득은 (1) 각각의 물점에서 나온 **모든** 광선이 이 물점에 대한 공액상점에 결상을 하기 때문에 상의 밝기가 증가한다는 것과 (2) 렌즈의 초점 맺는 굴절능 때문에 상의 선명도가 증가한다는 것이다. 이 사진기에서는 렌즈에서 필름까지의 거리가 상의 선명도와 밝기에 결정적으로 중요하며, 이는 물체거리와 렌즈의 초점거리에

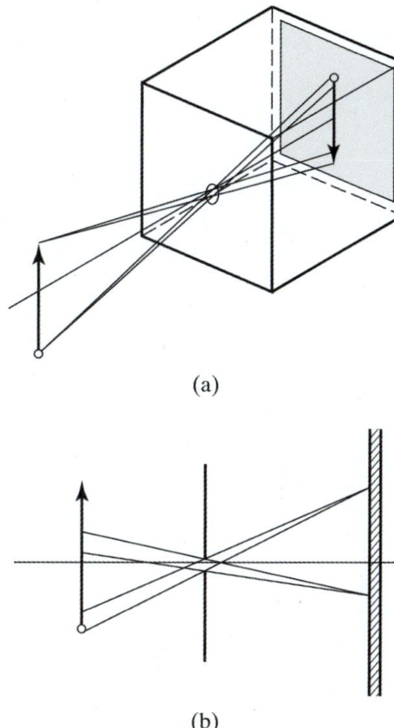

그림 3-19 바늘구멍 사진기에 의한 결상.

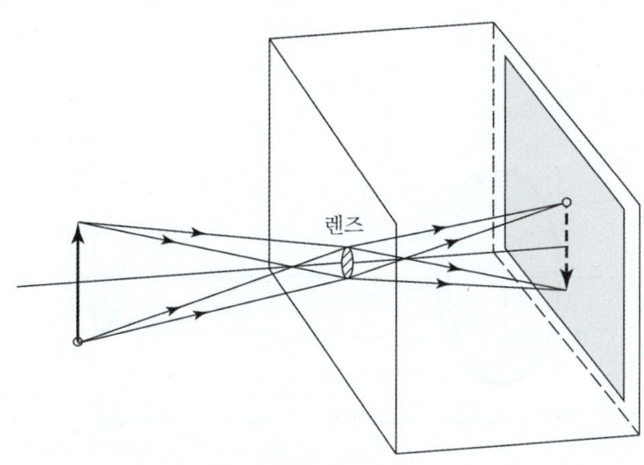

그림 3-20 단순 사진기.

의존한다. 먼 곳에 있는 물체의 경우에 필름은 렌즈의 초점면에 놓아야 한다. 이보다 더 가까운 물체의 경우에는 초점이 필름을 지나서 맺힌다. 필름면이 고정되어 있기 때문에 렌즈를 필름으로부터 멀리 이동시켜야만, 즉 "사진기의 초점을 조절해야만" 상이 필름면에 결상된다. 렌즈를 가장 멀리 움직인 위치로부터 사진을 찍을 수 있는 가장 가까운 물체거리를 구한다. "접사(close-ups)"는 현재 사용하는 렌즈를 이보다 더 초점거리가 짧은 렌즈로 바꾸면 된다. 그래서 렌즈의 초점거리가 필름의 수광면적과 이에 대응하는 상크기를 정한다. 일반적으로 상크기는 초점거리에 비례한다. **광각렌즈**(wide-angle lens)는 큰 시야와 짧은 초점거리를 갖는다. **망원렌즈**(telephoto lens)는 긴 초점거리를 갖는데, 수광면적에서 어느 정도 손실이 생길 정도로 배율이 낮다. 망원렌즈는 하나의 양의 렌즈와 이보다 초점거리가 더 짧은 두 번째 음의 렌즈를 서로 떨어트려서 구성한다. 이 복합 망원렌즈의 굴절능을 양수가 되게 함으로써 사진기의 길이가 길어지는 것을 막는다.

또한 사진기의 작동에서 중요한 것은 이 사진기의 구경조리개 크기인데, 이는 필름에 들어가는 빛의 양을 조절한다. 대부분의 사진기에서 구경조리개의 크기는 가변이고, 풍경에서 나온 광량 중 필름을 노출하는 데 필요한 노출시간(셔터속도)을 결정한다. 상면에 입사하는 광출력(제곱미터당 와트의 단위로 기술하는 복사조도 E_e)은 (1) 구경조리개의 면적에 직접적으로 비례하고 (2) 상 크기에 반비례한다. 그림 3-21에서처럼 만약에 구경조리개가 지름 D를 갖는 원형이고, 구경조리개에 입사한 빛 에너지가 이에 대응하는 지름 d의 원형의 상에 균일하게 분포한다고 가정한다면,

$$E_e \propto \frac{\text{구경조리개의 면적}}{\text{상의 면적}} = \frac{D^2}{d^2} \tag{3-25}$$

이다. 그림 3-21에서처럼 상 크기는 렌즈의 초점거리에 비례하므로

$$E_e \propto \left(\frac{D}{f}\right)^2 \tag{3-26}$$

과 같이 적을 수 있다. f/D는 렌즈의 **상대구경**(relative aperture)이다(또는 f-수(f-number) 또는 f/스톱이라고 부른다). 그러나 보통 아래와 같이 문자 A를 사용하여 상대구경을 나타낸다.

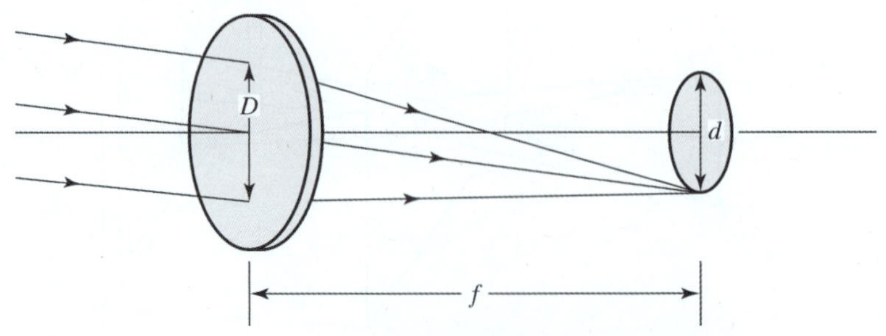

그림 3-21 상을 조명하기. (보이지는 않지만) 구경조리개가 렌즈의 지름 D를 결정한다.

$$A \equiv \frac{f}{D} \tag{3-27}$$

예를 들어 0.5 cm의 지름을 갖는 구경조리개로 가린 초점거리 4 cm의 렌즈는 $A = 4/0.5 = 8$의 상대구경을 갖는다. 이 구경조리개를 보통 사진사들은 $f/8$이라고 말한다. 복사조도는

$$E_e \propto \frac{1}{A^2} \tag{3-28}$$

이다. 대부분의 사진기는 2만큼 각 단계에서 복사조도를 단계적으로 바꾸는 기능을 갖는 조리개를 가지고 있다. 이 대응하는 f-수는 **표 3-2**에서처럼 $\sqrt{2}$의 비율로 기하급수적으로 커진다. 더 큰 구경조리개수는 더 작은 노출에 대응한다. 필름의 **총노출**(J/m^2)은 복사조도$\left(\frac{\text{J}}{\text{m}^2\cdot\text{s}}\right)$와 시간(s)의 곱에 의존한다. 따라서 만약에 $\frac{1}{50}$s의 셔터속도와 $f/8$의 상대구경으로 어떤 풍경을 특별한 필름(이 필름의 **속력**(speed)은 ISO 숫자로 나타낸다)에 완벽하게 노출시킨다면, 이와 동일한 총노출을 주는 다른 방법도 있다. 이 경우에 다른 방법은 $\frac{1}{100}$s의 셔터속도와 $f/5.6$의 상대구경을 선택하는 것이다. 셔터속도의 변화는 총노출을 절반으로 줄이지만, 다음 단계의 $f/$스톱으로 구경조리개를 변화시키면 노출이 2배가 되어서 순노출은 변화가 생기지 않는다.

표 3-2 사진기에서 사용하는 표준 상대구경과 복사조도

$A = f$-수	$(A = f\text{-수})^2$	E_e
1	1	E_0
1.4	2	$E_0/2$
2	4	$E_0/4$
2.8	8	$E_0/8$
4	16	$E_0/16$
5.6	32	$E_0/32$
8	64	$E_0/64$
11	128	$E_0/128$
16	256	$E_0/256$
22	512	$E_0/512$

최적의 총 노출을 위해서 선택한 셔터속도와 상대구경의 특별한 조합은 항상 임의적으로 선택할 수 없다. 물론 상 퍼짐이 없이 움직이는 장면을 찍기 위해서는 셔터속도가 빨라야만 한다. 또한 상대구경의 선택에 따라 상의 다른 성질인 **심도**(depth of field)가 바뀐다. 이것을 정확하게 정의하기 위해서 **그림 3-22**를 사용하는데, 이 그림은 렌즈로부터 거리 s_0'만큼 떨어진 물점 O가 다른 공간상에서 렌즈로부터 거리 s_0'만큼 떨어진 상

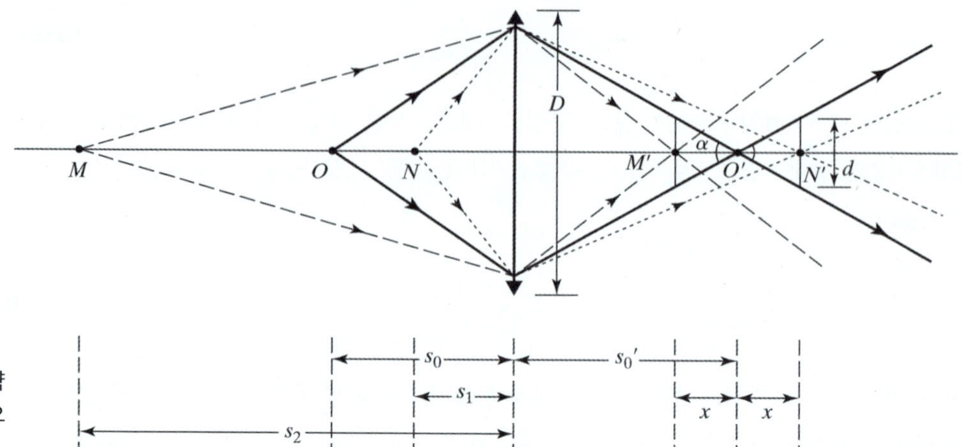

그림 3-22 심도 MN을 그린 개략도. 물체공간과 상공간은 동일한 축적으로 나타내지 않았다.

점 O'에 결상되는 과정을 보여준다. 물체면의 모든 물체는 렌즈 수차를 고려하지 않으면 정확하게 상면에 결상된다. 그러나 물체가 (s_1)에 더 가까워질수록 그리고 물체가 (s_2)로부터 더욱더 멀어질수록 렌즈는 상면으로부터 더 먼 $(s_0{}' + x)$에 그리고 상면에 더 가까운 $(s_0{}' - x)$에 각각 상을 맺는다. 그래서 렌즈로부터 거리 $s_0{}'$에 놓은 평면 필름에 이런 물점에 대응하는 **착란원**(circles of confusion)이 생긴다. 만약에 이 착란원의 지름이 충분히 작다면, 이 결과로 생긴 상은 여전히 사용할 만하다. 그림과 같이 가장 큰 착란원의 지름이 d라고 가정하자. 그래서 정밀하게 결상된 상의 거리 x 내에서 모든 상은 "초점이 적절히 잘 맺는다". 그림에서 보듯이 심도는 간격 $M'N'$에 공액인 물체공간의 간격 MN을 말한다. 간격 $M'N'$이 상공간 내의 $s_0{}'$에 대해서 대칭이지만 심도 간격 (MN)은 물체공간의 s_0에 대해서 대칭이 아니다.

상퍼짐(blurring) 변수 d를 측정하고 렌즈의 초점거리와 상대구경을 알면 이 렌즈에 대한 심도(MN)의 근점거리 s_1과 원점거리 s_2를 구할 수 있다. 그림 3-22에서 각 α는

$$\tan\alpha \cong \frac{D}{s_0{}'} \text{와 } \tan\alpha \cong \frac{d}{x}$$

와 같은 두 가지 방법으로 구할 수 있으므로, 이 두 식으로부터 x는

$$x \cong \frac{ds_0{}'}{D} \tag{3-29}$$

이다. 그래서 렌즈 식으로부터 상거리 $s_0{}' + x$에 대응하는 s_1과 상거리 $s_0{}' - x$에 대응하는 s_2는 다음과 같다.

$$s_1 = \frac{s_0 f(f + Ad)}{f^2 + Ads_0} \tag{3-30}$$

$$s_2 = \frac{s_0 f(f - Ad)}{f^2 - Ads_0} \tag{3-31}$$

여기에서 상대구경 A는 $A = f/D$이다. 심도 $MN = s_2 - s_1$은

$$\text{심도} = \frac{2Ads_0(s_0 - f)f^2}{f^4 - A^2 d^2 s_0^2} \tag{3-32}$$

로 표현할 수 있다. 뿌연 원형으로 보인 상퍼짐에 대한 변수 d는 사진의 질에 의존한다. 투영할 슬라이드나 확대용 음화 필름은 원판이 좋아야 더 세밀하게 좋아지므로 이를 위해서는 d가 더 작아져야 한다. 대부분의 사진작업에서 d는 수천분의 1인치 정도이다.

예제 3-3

9 ft 떨어진 물체를 결상하기 위해서 $f/16$인 초점거리 5 cm의 렌즈를 사용한다. 이 상의 상퍼짐 지름을 $d = 0.04$ mm로 선택한다.

문제

근점(s_1)과 원점(s_2)의 위치와 심도를 구하시오.

풀이

그림 3-22와 주어진 자료를 기초로 하면,

$$s_0 = 9\ \text{ft} \simeq 275\ \text{cm} \qquad d = 0.004\ \text{cm}$$

$$f = 5\ \text{cm} \qquad A = 16$$

이다. 이 자료와 식(3-30)을 사용한다면, 근점은

$$s_1 = \frac{s_0 f(f + Ad)}{f^2 + Ads_0} = \frac{(275)(5)[5 + 16(0.004)]}{25 + 16(0.004)(275)}\ \text{cm} = 163.5\ \text{cm} \simeq 5.4\ \text{ft}$$

이다. 원점은

$$s_2 = \frac{s_0 f(f - Ad)}{f^2 - Ads_0} = \frac{(275)(5)[5 - 16(0.004)]}{25 - 16(0.004)(275)}\ \text{cm} = 1103\ \text{cm} \simeq 30\ \text{ft}$$

이다. 그래서 그림 3-22에서 9 ft 떨어진 물체를 결상하는 초점거리 5 cm인 렌즈의 경우 심도 MN은 약 25 ft이다. 효과적 측면에서 이 렌즈는 5 ft부터 30 ft 사이의 모든 물체를 선명하게 결상할 수 있을 것이다.

대부분의 사진기에는 심도를 쉽게 알아볼 수 있도록 s_1과 s_2 사이의 심도 눈금을 표시하며, 이를 이용하여 물체거리와 조리개를 선택할 수 있도록 한다. 식(3-32)에 따라서 구경조리개가 작고(f-수가 큼), 초점거리가 짧으며, 촬영거리가 길수록 심도는 더 커진다.

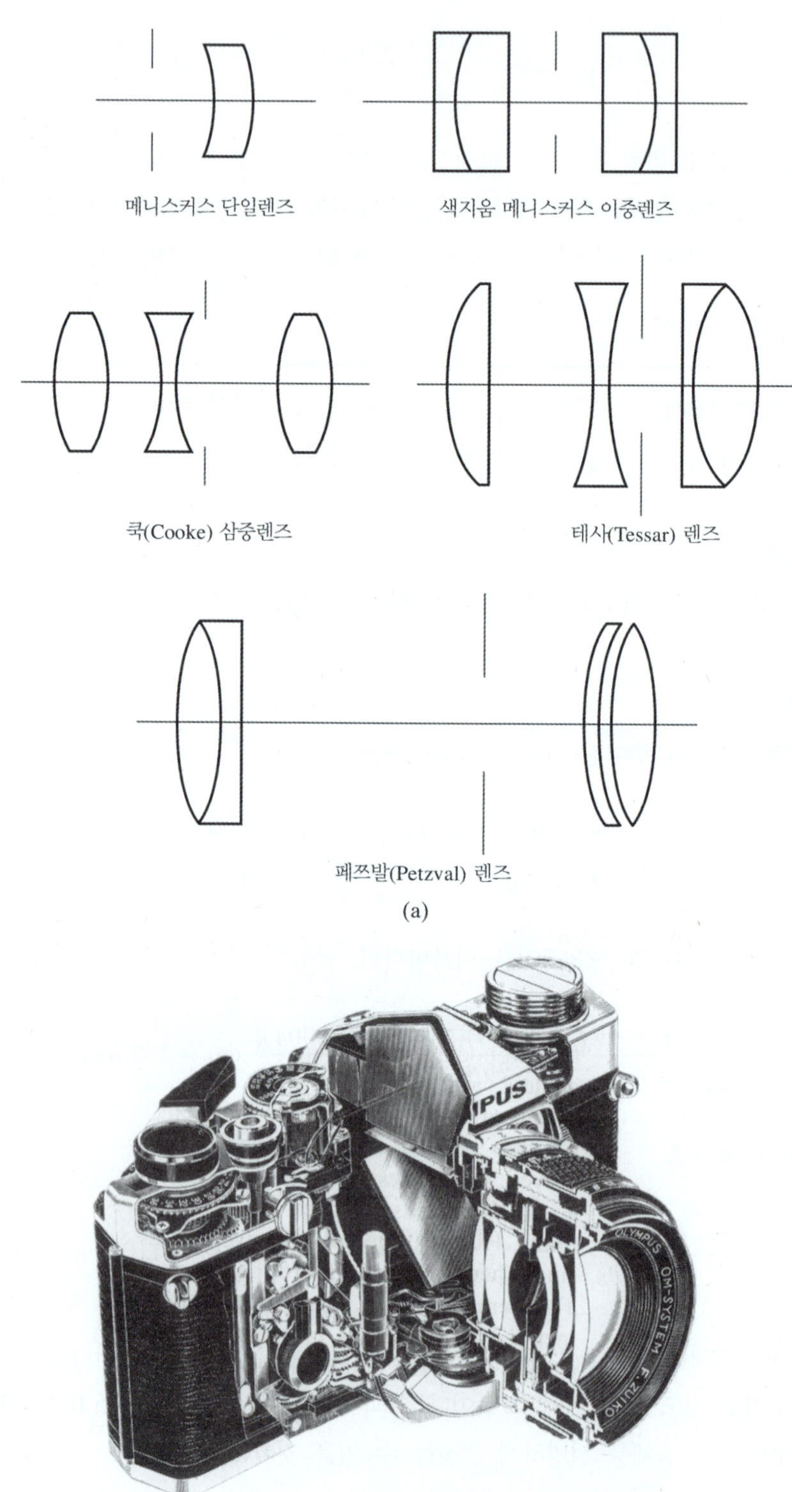

그림 3-23 (a) 사진기 렌즈설계. (b) 35 mm 카메라의 여러 매수로 만든 다중렌즈에 대한 단면 조감도. (Olympus Corp., Woodbury, N.Y. 제공)

사진기 렌즈는 놀랄만한 임무를 수행하도록 되어있다. 이 표준렌즈의 사진기 렌즈는 35°부터 65°까지의 시야를 그리고 광각렌즈의 사진기 렌즈는 120° 이상의 시야를 갖는다. 상은 초점이 잘 맺어야만 하며 초점면에 있는 필름면 전체에 걸쳐서 상당히 수차가 적어야만 한다. 색수차를 포함하여 수광각도 범위 내에서는 줄여야 하는 수차가 5개의 단색수차인 구면수차, 코마, 비점수차, 상면만곡, 왜곡수차이다. 종종 한 종류의 수차에 대해서 보정을 한 상을 측정해보면 다른 종류의 수차는 커지고 이로 인한 상의 질은 상당히 나빠지기 때문에 우리가 구한 광학설계의 해는 많은 가능한 렌즈설계 결과들 중 하나일 뿐이라고 생각해야 한다. 제작이 가능한 한계 내의 특별한 내역을 만족하는 알맞은 렌즈설계를 구하는 일은 컴퓨터 프로그래밍을 통하여 상당히 줄일 수 있다. 그럼에도 불구하고 주어진 내역을 만족하는 광학적 풀이가 하나 이상이기 때문에 인간의 창의성이 렌즈설계에서 근본적으로 필요한 것이다. 사진기 렌즈로 요구되는 조건은 단일렌즈만을 사용하여서는 달성할 수 없다. 그림 3-23(a)에는 여전히 간단한 사진기에서 사용하는 메니스커스형 단일렌즈로부터 4매 테사(Tessar) 렌즈까지 사진기용 렌즈설계에 대한 문제를 풀어가는 단계를 그려놓았다. 구경조리개를 중심으로 렌즈나 렌즈계를 대칭적으로 배치하는 것은 이런 렌즈 형태에서 종종 나타나는 특징적인 모습이다. 이런 광학계 배치에서는 한 그룹의 수차가 다른 그룹의 수차와 완전 반대가 되므로 코마, 왜곡수차, 횡색수차와 같은 수차들에 의한 상이 나빠지는 것을 줄여준다. 그림 3-23(b)의 단면사진은 35 mm 사진기에서 사용하는 다수의 광학부품을 사용한 다중렌즈에 대한 것이다.

3-5 돋보기와 접안렌즈

돋보기는 근본적으로 작은 글씨를 읽기 위해서 사용하는 양의 렌즈로서 종종 **독서용 안경**(reading glass)이라고 한다. 그리고 돋보기는 실물체의 작은 부분들을 눈으로 자세히 살펴보는 보조용 도구로 사용한다. 종종 이것은 간단한 볼록렌즈로 만들기도 하지만 이중렌즈나 삼중렌즈로 만들어서 더 좋은 상을 보기도 한다.

그림 3-24는 돋보기의 작동원리를 보여주는 그림이다. 맨눈으로 물체를 볼 때 정시안의 근점, 즉 특정한 시력으로 볼 수 있는 가장 가까운 물체의 위치인 눈으로부터 25 cm에 해당하는 (a) 위치에 크기가 h인 작은 물체가 있다고 가정한다. 이 위치에서 눈이 물체를 각도 α_0의 시야로 본다. 망막에 더 큰 상을 투사하기 위해서 돋보기를 착용하면 물리적으로 물체가 위치 (b)로 이동하는데, 이 위치는 렌즈의 초점이거나 초점 안쪽이 된다. 이 위치 안에서 렌즈는 허상을 만들고 눈이 이 허상을 더 큰 각 α_M의 시야로 본다. 돋보기의 **각배율**(angular magnification)[3]은 α_M/α_0로 정의한다. 근축근사에서 각은 이

3 광학기기를 사용하여 허상을 볼 때, 상은 상당히 먼 곳에, 심지어는 "무한대"에 있을 수 있으므로 눈으로 들어가는 광선은 평행광선이 된다. 이런 경우에 횡배율은 무한대로 접근하기 때문에 이 배율은 쓸모가 없게 된다. 이보다 더 편리한 각배율은 망막에 형성된 상크기를 측정하는 것으로, 현미경이나 망원경처럼 접안렌즈를 사용할 때 이 기기의 배율을 나타내기 위해서도 사용한다.

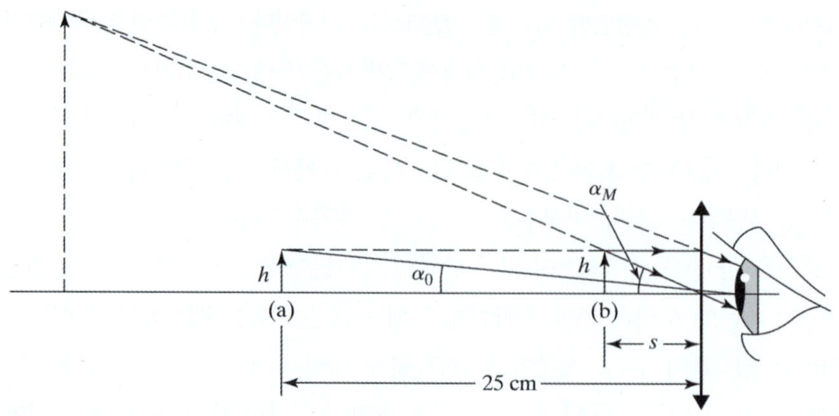

그림 3-24 돋보기의 작동원리.

각의 탄젠트로 표현할 수 있으므로

$$\frac{\alpha_M}{\alpha_0} = \frac{h/s}{h/25} = \frac{25}{s}$$

이다. 만약에 상이 무한대에서 보인다면, $s = f$이고

$$\text{무한대에 생긴 상: } M = \frac{25}{f} \tag{3-33}$$

이다. 또 다른 극한의 위치가 있는데, 만약에 눈의 근점에 있는 허상을 본다면 $s' = -25$ cm이고 얇은 렌즈 식으로부터

$$s = \frac{25f}{25+f}$$

가 된다. 이로부터

$$\text{정시안의 근점에 생긴 상: } M = \frac{25}{f} + 1 \tag{3-34}$$

의 각배율이 나온다. 그래서 실제 각배율은 허상이 완벽하게 보일 때까지 돋보기를 움직이는 사용자의 상태에 따라 변한다. 작은 초점거리에 대해서 식(3-33)과 식(3-34)는 크게 다르지 않으므로 식(3-33)을 대부분의 경우에 사용한다. 돋보기용 렌즈로 수차가 보정된 렌즈를 사용할 경우 돋보기라도 큰 배율을 가질 수 있지만, 보통 돋보기는 $2\times$부터 $10\times$까지의 배율을 갖는다.

광학기기의 중요한 렌즈계가 만든 상을 보는데 눈을 도와주기 위해서 돋보기를 사용할 때, 이 돋보기를 **대안렌즈**(oculars) 또는 **접안렌즈**(eyepieces)라고 한다. 예를 들어 현미경의 대물렌즈가 만든 실상은 접안렌즈가 바라보는 물체가 되며, 접안렌즈의 각배율은 현미경의 총 배율에 들어간다. 좋은 상을 만들기 위해서 접안렌즈의 수차, 특히 횡색수차를 어느 정도 보정한다. 이러한 접안렌즈의 수차 보정을 위해서 대부분 접안렌즈에 두 개의 렌즈를 사용한다. 거리 L만큼 떨어진 두 렌즈에 의한 유효초점거리 f는 18장에서 보는 것처럼

$$\frac{1}{f} = \frac{1}{f_1} + \frac{1}{f_2} - \frac{L}{f_1 f_2} \tag{3-35}$$

이며, 여기에서 f_1과 f_2는 두 렌즈 쌍의 개개의 초점거리이다. 동일한 유리로 만든 두 렌즈에 대해서 렌즈제작자 식은

$$\frac{1}{f_1} = (n-1)\left(\frac{1}{R_{11}} - \frac{1}{R_{12}}\right) = (n-1)K_1 \tag{3-36}$$

와

$$\frac{1}{f_2} = (n-1)\left(\frac{1}{R_{21}} - \frac{1}{R_{22}}\right) = (n-1)K_2 \tag{3-37}$$

이며, 여기에서 렌즈면들의 곡률반지름으로 표기한 괄호를 각각 상수 K_1과 K_2로 표기한다. 식(3-35)에 식(3-36)과 식(3-37)을 대입함으로써

$$\frac{1}{f} = (n-1)K_1 + (n-1)K_2 - L(n-1)^2 K_1 K_2 \tag{3-38}$$

이 된다. 횡색수차를 보정하기 위해서 이 렌즈쌍의 유효초점거리가 굴절률에 무관하여야 하므로

$$\frac{d(1/f)}{dn} = 0$$

이다. 식(3-38)에서

$$\frac{d(1/f)}{dn} = K_1 + K_2 - 2LK_1K_2(n-1) = 0$$

이 된다. 그러므로 두 렌즈가

$$L = \frac{1}{2}\left[\frac{1}{K_1(n-1)} + \frac{1}{K_2(n-1)}\right]$$

만큼 떨어져 있을 때, 또는 이를 보다 간단하게 적어서

$$L = \frac{1}{2}(f_1 + f_2) \tag{3-39}$$

일 때, 횡색수차가 제거되는 조건을 만족한다. 이 조건은 렌즈모양과 무관하므로 이 조건을 만족한 후에 렌즈의 모양으로 다른 수차를 보정한다.

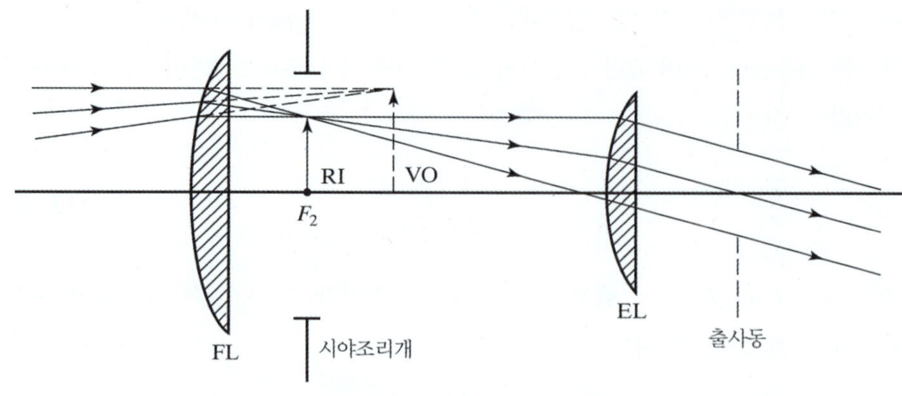

그림 3-25 호이겐스 접안렌즈

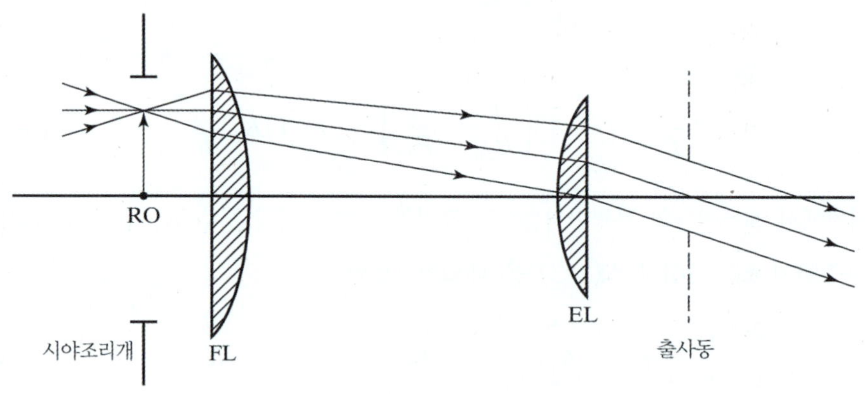

그림 3-26 람스덴 접안렌즈

그림 3-25와 그림 3-26에 그린 **호이겐스**(Huygens) **접안렌즈와 람스덴**(Ramsden) **접안렌즈 모두** 식(3-39)에서 요구하는 렌즈설계 형태를 갖는다. 즉, 이 접안렌즈들에서 평-볼록렌즈 2개가 이 두 렌즈의 초점거리 합의 절반되는 거리만큼 떨어져 있다. 그림 3-25의 그림에서 보듯이 시야렌즈 FL의 초점거리는 눈렌즈(eye lens) EL의 초점거리의 약 1.7배이다. 이 경우에 접안렌즈가 "보는" 첫 번째 상은 시야렌즈가 만든 허물체(virtual object) VO인데, 이 허물체의 위치는 두 렌즈 사이에 존재한다. 그리고 시야렌즈는 눈렌즈가 보는 실상(real image) RI를 만든다. 이 실상이 눈렌즈의 초점면에 맺힐 때, 접안렌즈의 출사동에 위치한 눈은 무한대에 있는 이 실상을 보게 된다. 호이겐스 접안렌즈는 정상적인 확대경으로 사용할 수 없다는 점을 주목해야 한다. 만약에 눈금이 새겨진 가는 실선이나 십자선을 접안렌즈에 사용하여 물체 크기를 정량적인 측정하고자 한다면, 눈렌즈 EL이 만든 상을 가지고 초점을 맞추기 위해서 십자선을 RI가 생기는 초평면에 놓아야 한다. 즉 보통 이 십자선을 이 초평면에 세운 시야조리개 또는 구경조리개에 설치한다(그림 3-27). 그러나 접안렌즈에서는 눈렌즈만으로 결상을 하지 않기 때문에 십자선의 상으로 인하여 접안렌즈 전체가 만드는 상의 질이 전체적으로 떨어지지 않는다. 이것은 그림 3-36의 람스덴 접안렌즈에서도 문제가 되지 않는데, 이 형태의 접안렌즈에서 첫 번째

상과 중간상은 시야렌즈의 앞에 생긴다. 이러한 접안렌즈에서 렌즈들은 식(3-39)에 따라 동일한 초점거리 f를 갖고 서로 f만큼 떨어져 있다. 이상적으로 실상 RO가 첫 번째 렌즈의 위치에 생길 때, 광선은 서로 평행하게 접안렌즈를 나가서 무한대에 확대된 허상을 만든다. 그래서 십자선, 시야조리개, 시야렌즈는 모두 근본적으로 "동일한" 면에 있다. 이러한 배열의 단점은 먼지와 얼룩으로 오염된 렌즈면에 초점에 맞아야 한다는 것이다. 이를 피하기 위해서 그림 3-26과 그림 3-27에서 보는 것과 같이 렌즈 간격을 f보다 약간 작게 하여 십자선이 렌즈보다 약간 앞에 초점이 맺게 한다. 그러나 렌즈의 간격을 f보다 약간 작게 하면, 횡색수차의 보정 조건이 약간 깨지게 된다. 색수차를 거의 제거한 람스덴 접안렌즈의 변형 렌즈가 **켈러(Keller) 접안렌즈**인데, 이 접안렌즈에서는 람스덴 눈렌즈를 색지움 이중렌즈로 대체했다. 그리고 더 큰 배율과 더 큰 시야를 갖는 다른 형태의 접안렌즈 설계도 있다.

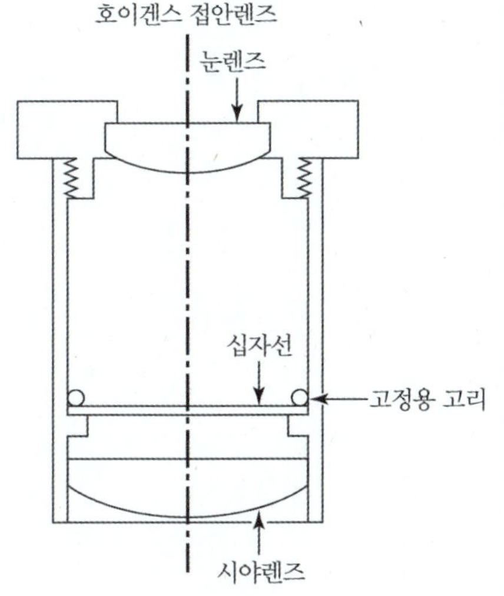

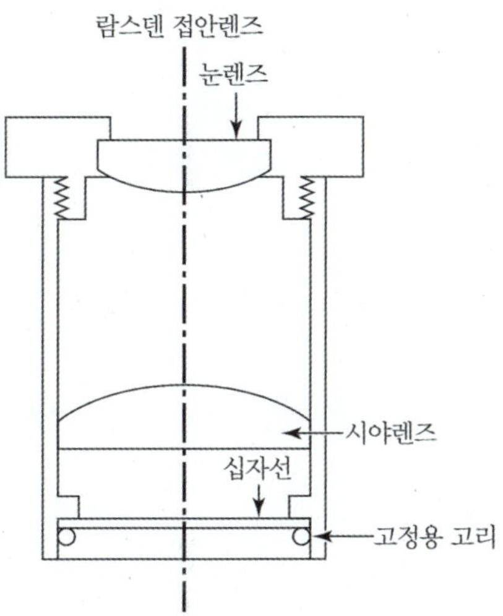

그림 3-27 호이겐스 접안렌즈와 람스덴 접안렌즈의 구조

예제 3-4

호이겐스 접안렌즈는 각각 초점거리가 6.25 cm와 2.50 cm를 갖는 두 개의 렌즈를 사용한다. 색수차를 줄이기 위한 두 렌즈 사이의 최적의 간격, 이 접안렌즈의 등가 초점거리, 무한대에서 상을 볼 때 이 접안렌즈의 각배율을 각각 구하시오.

풀이

최적의 간격은

$$L = \frac{1}{2}(f_1 + f_2) = \frac{1}{2}(6.25 + 2.50) = 4.375 \text{ cm}$$

이다. 등가 초점거리는

$$\frac{1}{f} = \frac{1}{f_1} + \frac{1}{f_2} - \frac{L}{f_1 f_2} = \frac{1}{6.25} + \frac{1}{2.50} - \frac{4.375}{(6.25)(2.50)}$$

인데, 이로부터 $f = 3.57$ cm이다. 각배율은

$$M = \frac{25}{f} = \frac{25}{3.57} = 7$$

이다.

접안렌즈 설계에서 보통 눈의 입사동 크기보다는 더 크지 않게 접안렌즈의 출사동을 잡는데, 이렇게 해야만 접안렌즈에서 나오는 복사휘도를 잃지 않는다. 이 보기에서 출사동은 눈렌즈가 만든 입사동의 상이며 출사동의 지름에 대한 입사동 지름의 비가 배율이다. 광학계의 앞에 있는 광학부품으로 입사동을 정하기 때문에(간단한 망원경에서는 대물렌즈의 지름이 입사동임), 이러한 접안렌즈의 출사동 크기에 대한 위의 요구조건으로 인

하여 접안렌즈 확대배율의 한계, 즉 접안렌즈의 초점거리의 아래쪽 한계가 정해진다.

접안렌즈의 수차가 어떤 특별한 응용에서 수용한계 내에 있다고 가정한다면, 접안렌즈용 중요 내역은 다음과 같다.

1. $25/f$로 나타내는 각배율. 여기에서 f는 센티미터 단위로 나타낸 렌즈의 초점거리이다. 일상적인 각배율은 4×부터 25×까지인데, 이는 6.25 cm부터 1 cm 이하의 접안렌즈 초점거리에 해당한다.
2. 사출동 거리(eye relief), 즉 눈렌즈에서 출사동까지의 거리. 일상적인 접안렌즈는 6 mm부터 26 mm까지의 사출동 거리를 갖는다.
3. 시야 또는 접안렌즈가 감당할 수 있는 첫 번째 상의 크기. 이 크기는 6 mm부터 30 mm까지이다.

3-6 현미경

돋보기만을 사용하여 확대한 작은 물체는 복합현미경을 사용한다면 더욱더 크게 확대하여 볼 수 있다. 물체를 마주 대하는 짧은 초점거리의 대물렌즈와 접안렌즈인 두 개의 양의 렌즈로 구성한 복합현미경이 가장 간단한 형태의 현미경이다. 접안렌즈로 대물렌즈가 만든 실상을 "본다". 그림 3-28에서 보는 것처럼 물체를 대물렌즈의 초점거리 f_o 바깥에 놓으면 대물렌즈에 의한 실상 I가 현미경 경통 내에 결상된다. 광선들이 I에서 만나 상을 맺은 후, 접안렌즈 또는 눈렌즈로 간다. 가시적 관찰을 위해서 중간상이 접안렌즈의 제1초점거리인 f_e에 또는 이 초점거리 안쪽에 생긴다. 그러므로 그림처럼 접안렌즈 근처인 E_xP에 위치한 눈은 허상이면서 도립상인 확대된 상을 본다. 대물렌즈는 이 광학계의 구경조리개이자 입사동 역할을 한다. 그리고 접안렌즈가 만든 대물렌즈의 상이 출사동인

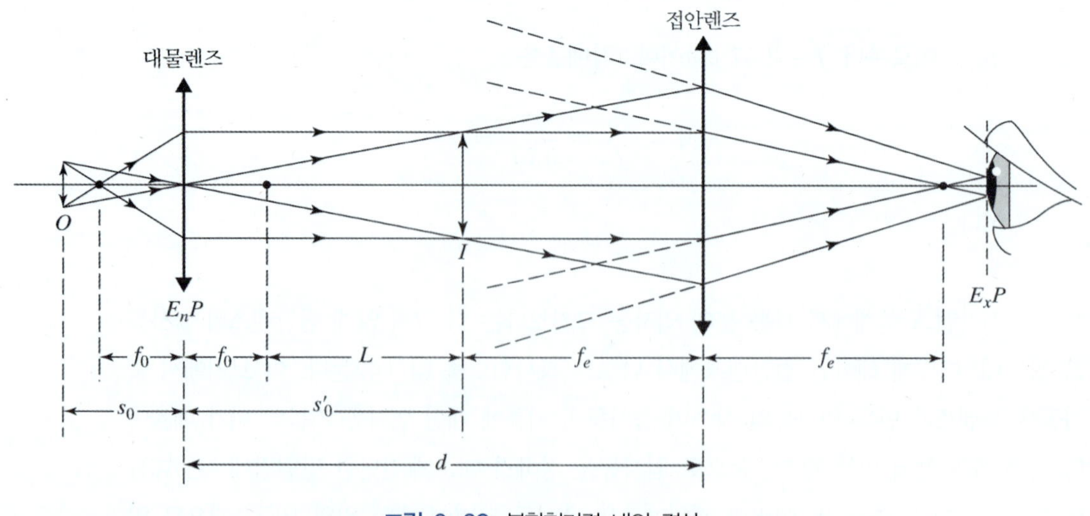

그림 3-28 복합현미경 내의 결상.

데, 이곳이 최대 복사에너지 밀도가 모이는 곳이므로 눈의 출사동이 있어야만 하는 최적의 위치가 된다. 시야조리개로서 역할을 하는 특수 조리개를 중간상 I가 있는 위치에 놓는다. 그러면 눈은 선명한 가장자리의 크기로 정의하는 시야와 물체를 동시에 초점을 맺는다. 만약에 사진기가 현미경에 붙어 있다면 실상이 필요하다. 이러한 경우에 중간상 I는 눈렌즈의 초점거리 f_e의 바깥에 위치해야만 한다.

총배율

눈이 최종상을 볼 때, 현미경의 배율은 돋보기의 경우처럼 정의한다. 그러므로 무한대에서 있는 상에 대한 각배율은

$$M = \frac{25}{f_{\text{eff}}} \tag{3-40}$$

이다. 여기에서 cm 단위로 기술하는 f_{eff}는 서로 d만큼 떨어져 있는 두 렌즈의 유효초점거리로 식(3-35)에서

$$\frac{1}{f_{\text{eff}}} = \frac{1}{f_o} + \frac{1}{f_e} - \frac{d}{f_o f_e} \tag{3-41}$$

이다. 식(3-41)을 식(3-40)에 대입한다면,

$$M = \frac{25(f_e + f_o - d)}{f_o f_e} \tag{3-42}$$

이다. 그러나 얇은 렌즈 식의 수학적 계산에 따라 대물렌즈에 대한 상거리를 물체거리로 나눈 비 s_o'/s_o가

$$\frac{s_o'}{s_o} = \frac{d - f_e - f_o}{f_o} \tag{3-43}$$

이라는 것을 보일 수 있다. 여기에서 그림으로 확인된 $s_o' = d - f_e$라는 명백한 사실을 사용하였다. 식(3-43)을 식(3-42)에 대입한다면,

$$M = -\left(\frac{s_o'}{s_o}\right)\left(\frac{25}{f_e}\right) \tag{3-44}$$

이다. 이는 무한대에서 최종상이 보일 때 총배율이 접안렌즈의 각배율인 $(25/f_e)$에 대물렌즈의 선형배율 (s_o'/s_o)을 곱한 것임을 의미한다. 총배율에서 음의 부호는 도립상을 의미한다. 그림 3-28과 얇은 렌즈에 대한 뉴턴 식과 관련된 기하적 그림인 그림 2-26을 서로 비교한다면, $x' = L$이 그림에서 보듯이 대물렌즈의 상과 대물렌즈의 제 2초점 사이의 경통거리이기 때문에 횡배율의 크기는

$$|m| = \left|\frac{h_i}{h_o}\right| = \left|\frac{s_o'}{s_o}\right| = \frac{x'}{f_o} = \frac{L}{f_o} \tag{3-45}$$

이다. 그러므로 현미경의 배율은 보다 편리하게 다음처럼 표현된다.

$$M = -\left(\frac{25}{f_e}\right)\left(\frac{L}{f_o}\right) \tag{3-46}$$

대부분의 현미경들에서 경통길이 L은 16 cm로 표준화되어 있다. 초점거리 f_e와 f_o는 각각 수차를 적절히 보정하기 위해서 다수의 렌즈로 구성한 복합렌즈계인 접안렌즈와 대물렌즈의 유효초점거리이다.

예제 3-5

어떤 현미경이 초점거리가 3.8 cm인 대물렌즈와 초점거리가 5 cm인 접안렌즈로 구성되어있다. 두 렌즈들 사이의 거리가 16.4 cm일 때, 이 현미경의 배율을 구하시오.

풀이

$$L = d - f_o - f_e = 16.4 - 3.8 - 5 = 7.6 \text{ cm}$$

이므로

$$M = -\left(\frac{25}{f_e}\right)\left(\frac{L}{f_o}\right) = -\left(\frac{25}{5}\right)\left(\frac{7.6}{3.8}\right) = -10$$

이다. 10×의 배율이다.

수치 구경

많은 빛을 모아서 밝은 상을 만들기 위해서는 대물렌즈(보통은 구경조리개)에 들어가는 물체에서 나온 광선원추가 가능한 커야 한다. 배율이 증가하고 이에 대응하여 대물렌즈의 초점거리와 지름이 작아짐에 따라 대물렌즈에서 나온 사용 가능한 광선의 입체각은 점차로 감소한다. 그림 3-29에서 보듯이 물점 O에서 시작하여 대물렌즈 L의 첫 번째 렌즈까지 얇은 유리덮개와 공기를 통과하여 지나가는 광선은 광축의 오른쪽에서 α_a의 초기반각을 만든다. 유리-공기의 경계면에서 생긴 굴절 때문에 α_a보다 더 큰 각으로 들어가는 광선은 렌즈로 들어가지 못한다. 이러한 문제는 굴절률이 가능한 한 유리의 굴절률과 비슷하게 맞춘 투명한 액체 "커플러"를 사용하여 어느 정도 막을 수 있다. 그림에서 보듯이 광축의 왼쪽에 보이는 기름층으로 인해서 반각 α_o은 작아진다. 전형적으로 유리덮개의 굴절률은 1.522이며 기름의 굴절률은 1.516으로 유리덮개의 굴절률과 거의 같다. 그래서 물체공간 내의 굴절률을 크게 하면 대물렌즈의 집광력이 크게 증가한다.

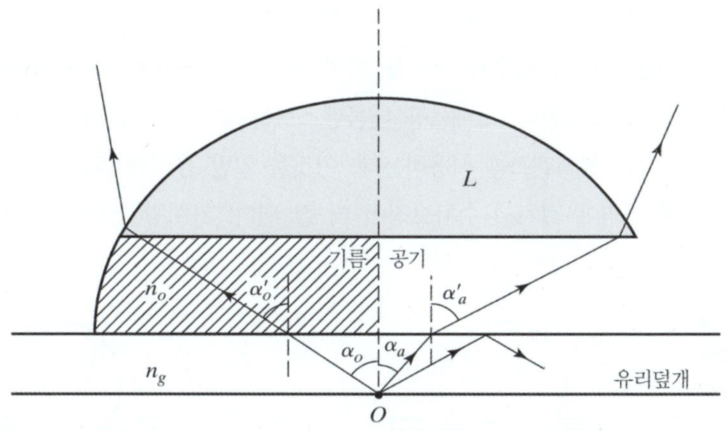

그림 3-29 유침렌즈로 집광력을 증가시키는 것을 보여준 현미경 대물렌즈

이 집광력은 다음과 같은 반각과 굴절률의 곱인 **수치 구경**(numerical aperture) N.A.를 측정하여 나타낸다.

$$\text{N.A.} = n \sin\alpha \tag{3-47}$$

스넬의 법칙으로 인하여 수치 구경은 물체공간에서 불변이다. 즉 공기의 경우에는

$$\text{N.A} = n_g \sin\alpha_a = \sin\alpha_a{}'$$

이며, **유침대물렌즈**(oil-immersion objective)를 사용하는 경우에는

$$\text{N.A.} = n_g \sin\alpha_o = n_o \sin\alpha_o{}'$$

이다. 공기를 사용한 경우에 수치 구경의 최대값은 1이지만, 물체공간이 굴절률 n인 액체로 채워지면 최대수치 구경은 n의 값까지 증가한다. 실제로 이 한계는 1.6 근처까지이다. 수치 구경은 상대구경을 달리 정의하는 방법이며, 얼마나 렌즈가 "빨라지는지"를 나타내는 것이다. 앞서 보았듯이 상의 밝기는 f-수의 제곱에 반비례한다. 또한 여기에서 상의 밝기는 수치 구경의 제곱에 비례한다. 수치 구경이 렌즈의 분해능과 심도를 제한하기 때문에 수치 구경은 중요한 렌즈설계 변수이다. 분해능은 수치 구경에 비례하는 반면에 심도는 수치 구경의 제곱에 반비례한다. 대부분의 현미경은 0.08부터 1.30까지의 수치 구경을 갖는 대물렌즈를 사용한다.

보통 생물현미경에서는 두께가 0.17 mm 또는 0.18 mm인 유리덮개로 생물시료를 덮는다. 대물렌즈에서 유침을 사용하지 않았을 때 유리덮개로 인하여 상당한 구면수차가 생기기 때문에 0.30 이상의 수치 구경을 갖는 대물렌즈에서 유리덮개는 상의 질에 미치는 영향이 크다. 그러므로 **생물현미경용 대물렌즈**는 유리덮개가 만든 수차에 대해서 보정한다. 이와 대조적으로 **광물현미경용 대물렌즈**는 이러한 수차에 대한 보정이 없이 설계하여 만든다. 대물렌즈는 설계에 사용한 수차보정과 관련하여 크게 분류된다. 일반적으로 초점거리가 8 mm부터 64 mm까지인 색지움 **대물렌즈**(achromatic objectives)를 저배율

용 대물렌즈로 사용한다. 이러한 대물렌즈는 보통 프라운호퍼 C(적색) 파장과 프라운호퍼 F(청색) 파장에 대해서 색수차 보정을 하며, 프라운호퍼 D(나트륨 노란색) 파장에 대해서는 구면수차를 보정한다. 고배율용 대물렌즈로는 초점거리가 4 mm부터 16 mm의 초점거리 범위를 갖는 형석렌즈를 사용하는데, 이것을 일반 유리렌즈와 같이 사용하면 가시광 스펙트럼 전 영역에 걸쳐서 수차보정이 더 잘 된다. 가시광 스펙트럼에서 대물렌즈

그림 3-30 (a) 쾰러(Koehler) 조명으로 비춘 표준용 현미경. (b) 현미경에서 물체 조명과 결상을 위하여 현미경 속을 지나가는 자세한 광선 경로를 보여주는 광로도. (Carl Zeiss, Inc., Thornwood, N.Y. 제공)

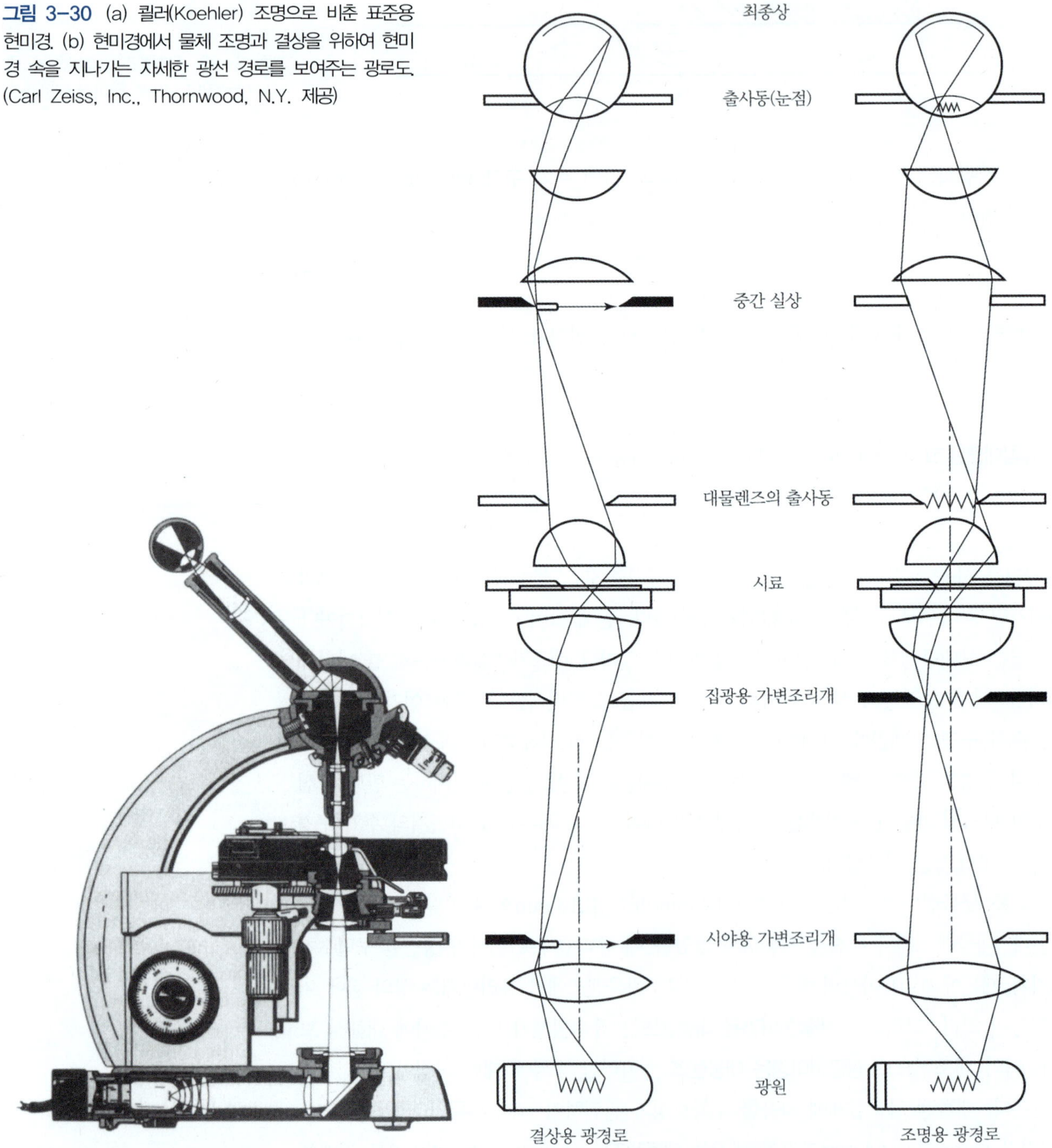

의 수차보정이 거의 완벽하다면 이 대물렌즈를 **삼색지움**(apochromatic) 대물렌즈라고 부른다. 고배율에서 수차보정은 어렵기 때문에 보통 삼색지움 대물렌즈는 1.5 mm부터 4 mm까지의 초점거리를 갖는다. 이보다 더 높은 배율을 얻기 위해서는 보통 대물렌즈를 **유침렌즈**(immersion objectives)로 설계한다. 또한 현대적인 렌즈설계기술과 광학재료를 사용하면 전 시야에 걸쳐서 상면만곡을 근본적으로 제거한 **상면만곡지움**(flat-field) 대물렌즈를 만드는 것도 가능하다. 자외선 유침 현미경에서는 관습적으로 기름 대신에 글리세린을 사용하며, 단파장에서의 높은 투과도 때문에 광학용 유리렌즈 대신에 형석렌즈와 수정렌즈를 사용한다.

이러한 논의를 통하여 오늘날 고품질의 현미경이 설계되며 보통 특수목적용 현미경도 설계된다. 대물렌즈 또는 접안렌즈의 설계는 직접적으로 현미경 경통 내의 릴레이렌즈를 포함한 현미경의 다른 광학부품의 성능에도 영향을 준다. 그래서 일반적으로 서로 다른 모델의 현미경 사이에 대물렌즈와 접안렌즈를 교환하여 사용하면 상의 질적 저하가 생긴다.

그림 3-30은 표준용 현미경 내에서 광학부품들의 배치와 현미경을 통과하여 지나가는 광선의 자세한 과정을 그려놓은 그림이다.

3-7 망원경

망원경은 상을 만드는 데 렌즈를 사용했는지 아니면 거울을 사용했는지에 따라 **굴절식**(refracting) 망원경과 **반사식**(reflecting) 망원경으로 분류한다. 추가적으로 굴절면과 반사면을 결합한 **굴절반사식**(catadioptric) 망원경도 있다. 또한 망원경은 최종상이 정립상인지 도립상인지에 따라 구별하기도 하며, 관찰수단이 눈으로 보는 것인지 아니면 사진기로 찍는 것인지에 따라 구별하기도 한다.

굴절식 망원경

그림 3-31과 그림 3-32는 각각 도립상과 정립상을 갖는 두 가지 형태의 굴절식 망원경에 대한 그림이다. 그림 3-31의 **케플러식 망원경**(Keplerian telescope)은 종종 **천체망원경**(astronomical telescope)이라고 하는데, 이는 결상된 천체상이 도립상이어도 관측에 어려움이 없기 때문이다. 그림 3-32의 **갈릴레이식 망원경**(Galilean telescope)은 음의 초점거리를 갖는 접안렌즈로 인하여 정립상이 생긴다. 두 경우 모두 먼 물체에서 나온 거의 평행한 광선들이 양의 대물렌즈로 모여서 초점면에 실상을 형성한다. 눈의 동공지름보다 더 큰 지름을 갖는 대물렌즈가 더 많은 빛을 모아서 별과 같은 점광원을 보는데, 이렇게 하지 않으면 별이 거의 보이지 않는다. 보통 대물렌즈는 색수차가 보정된 이중렌즈로 만든다. 대물렌즈가 만든 실상을 그림에 나타낸 단일렌즈인 접안렌즈로 관찰한다. 이 접안렌즈의 초점에 또는 초점 근처에 생긴 중간상은 천체망원경 내의 접안렌즈에 대한 실상

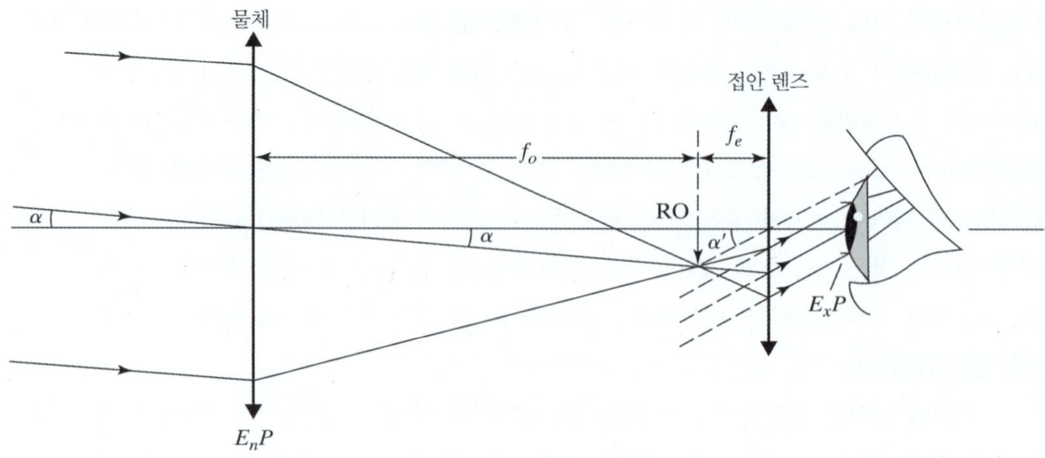

그림 3-31 천체 망원경.

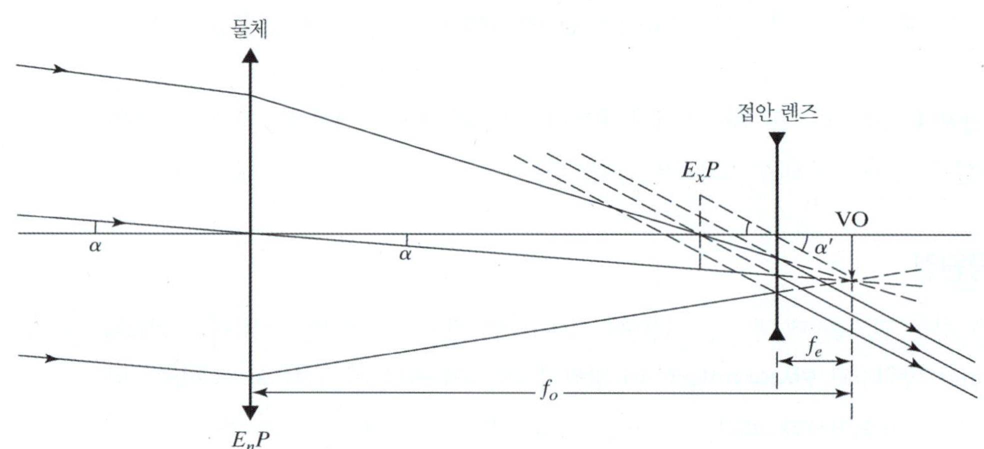

그림 3-32 갈릴레이식 망원경.

(RO)이 되며, 갈릴레리식 망원경에 대해서는 허상(VO)이 된다. 양자의 경우에 입사광이 접안렌즈에서 굴절하여 출사광이 평행광선 또는 거의 평행한 광선이 된다. 접안렌즈 근처에 놓은 눈은 그림에서 보는 것처럼 각도의 비인 α'/α으로 나타낸 각배율로 무한대의 상을 본다. 맨눈으로는 물체가 각도 α로 보이며, 대물렌즈에서는 α'으로 물체가 보인다.

중간상과 광축이 만든 두 개의 삼각형에서 명백히 각배율은

$$M = \frac{\alpha'}{\alpha} = -\frac{f_o}{f_e} \tag{3-48}$$

이다. 보통 $f_e > 0$인 그림 3-31에서 상이 도립상이 되는 것과 $f_e < 0$인 그림 3-32에서 상이 정립상인 것을 알려주기 위해서 음의 부호를 도입한다. 양자의 경우에서 망원경의 길이 L은

$$L = f_o + f_e \tag{3-49}$$

으로 길이가 짧은 갈릴레이식 망원경에도 적용된다. 이 때문에 갈릴레이식 망원경 설계는 **오페라 안경**(opera glass)으로 편하게 사용한다. 천체망원경에서 중간상을 간단하게 바로 세워서 정립상을 만드는 기능을 하는 3번째 양의 렌즈를 추가하는 변형도 가능하지만, 이 경우 망원경의 길이가 최소한도로 잡아도 추가된 렌즈의 초점거리의 4배 정도로 길어진다. 또한 앞서 프리즘에서 논의한 것처럼 쌍안경에서 사용하는 포로 프리즘을 여기에서도 사용하면 망원경의 길이가 더 늘어나지 않고도 상반전이 가능하다.

양자의 경우 망원경의 대물렌즈는 구경조리개와 입사동으로 역할을 한다. 그리고 그림처럼 이들의 접안렌즈에 의한 상은 출사동이다. 천체망원경에서 출사동은 접안렌즈 바로 바깥에 위치하며 눈의 동공크기에 맞도록 설계된다. 망원경에서 편안한 **사출동 거리**가 되도록 접안렌즈로부터 충분한 거리에 접안렌즈의 출사동이 생겨야만 한다. 더 쉽게 물체를 관찰을 하기 위해서는 출사동이 눈의 동공지름보다 약간 더 커야 되는데, 이는 눈과 접안렌즈 사이의 거리를 상대적으로 바꾸어서 만들 수 있다. 갈릴레이식 망원경에서 출사동은 접안렌즈 안쪽에 맺히는데, 이곳에는 눈이 접근할 수가 없다. 이것이 갈릴레이식 망원경의 단점이며, 이로 인하여 시야가 제한된다. 또한 십자선이 있는 시야조리개를 천체망원경 내의 중간상 위치에 설치할 수 있는 반면에 갈레이식 망원경에서는 이런 배치를 할 수가 없다. 입사동의 지름 D_{ex}는 아래에서처럼 각배율을 통하여 대물렌즈의 지름 D_{obj}와 간단하게 관련이 지어진다. 출사동은 눈렌즈가 만든 입사동의 상이기 때문에, 선형 횡배율을

$$m_e = \frac{D_{\text{ex}}}{D_{\text{obj}}} \tag{3-50}$$

또는 배율에 대한 뉴턴 형태를 도입하여

$$m_e = -\frac{f}{x} = -\frac{f_e}{f_0} \tag{3-51}$$

이라고 쓸 수 있다. 여기에서 x는 접안렌즈의 초점에서 물체(대물렌즈)까지의 거리인 f_0이다. 식(3-48), 식(3-50), 식(3-51)을 결합하면

$$m_e = \frac{1}{M} = \frac{D_{\text{ex}}}{D_{\text{obj}}} \tag{3-52}$$

이므로

$$D_{\text{ex}} = \frac{D_{\text{obj}}}{M} \tag{3-52}$$

이다. 그러므로 대물렌즈를 꽉 채운 평행 광선다발의 지름은 출사동을 통과하여 지나가는 광선다발의 지름보다 M배 만큼 더 크다. 그러므로 상의 겉보기 크기가 M배 만큼 커지

그림 3-33 대물렌즈와 접안렌즈의 복합렌즈계와 상반전용 프리즘이 보이게 쌍안경의 일부를 잘라낸 모습. (Carl Zeiss, Inc., Thornwood, N.Y. 제공; Dave King Dorling Kindersley, The Science Museum, London 제공)

기 때문에 상이 같은 비율로 더 밝아진다는 것을 알 수 있다. 상의 밝기는 물체의 밝기보다 더 커질 수가 없다. 사실상 렌즈 면에서의 반사 때문에 생기는 불가항력적인 광손실로 인하여 상이 덜 밝아지는 것이다.

두 눈이 모두 괜찮을 때, 쌍안경(그림 3-33)으로 보다 편안하게 먼 곳을 관측할 수 있다. 이에 더해서 최종상을 정립상으로 만들기 위해서 포로 프리즘이나 다른 프리즘을 사용하면 두 대물렌즈 사이의 거리가 눈의 동공 사이의 거리보다 더 크게 할 수 있어서 정상적인 쌍안경 시선으로 만들어지는 입체효과를 보다 더 크게 증폭한다. 쌍안경에 대한 "6×30"이라는 명칭은 각배율 M이 6×이고 대물렌즈의 지름은 30 mm라는 것을 의미한다. 식(3-52)를 사용한다면 이런 쌍안경에 대한 출사동은 5 mm로 계산되는데, 이는 정상동공의 지름과 잘 일치한다. 야간 관측에서 동공이 약간 더 커질 때는 출사동 지름이 7 mm인 7×50의 등급을 더 잘 사용한다.

예제 3-6

위에서 설명한 6×30인 쌍안경에 대한 사출동 거리와 시야를 구하시오. 대물렌즈의 초점거리는 15 cm이고 시야렌즈(접안렌즈)의 지름은 1.50 cm로 가정하시오.

풀이

접안렌즈의 초점거리는

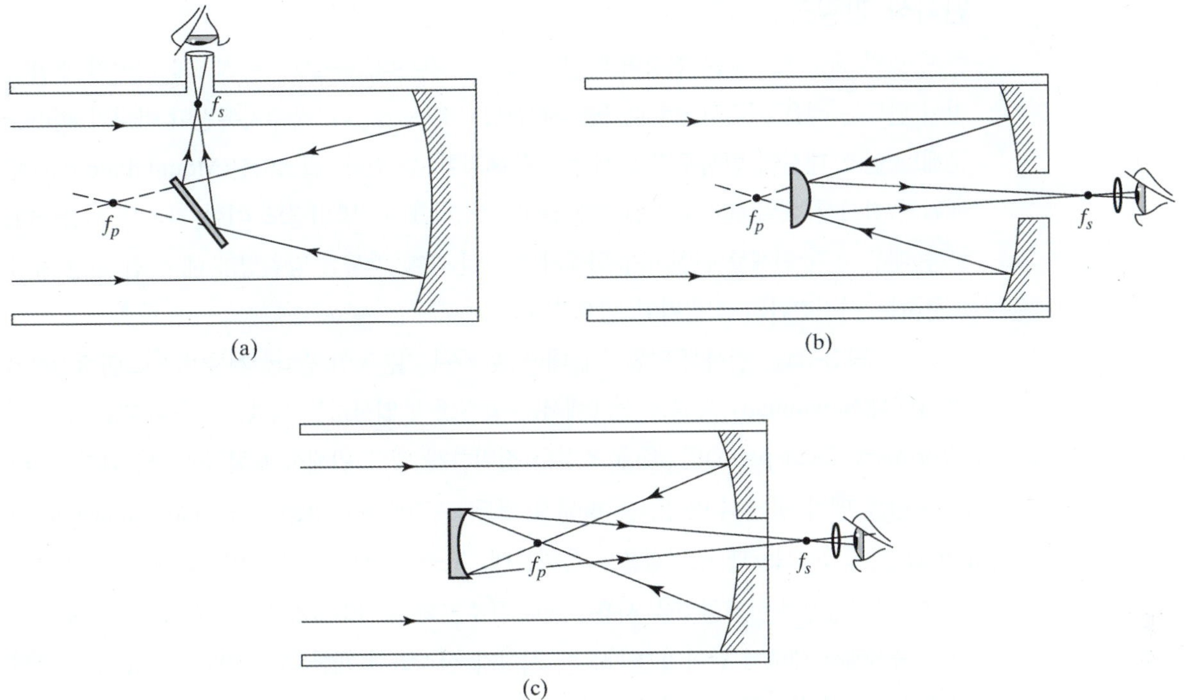

그림 3-34 반사식 망원경에 대한 기본설계. (a) 뉴턴식 망원경. (b) 카세그레인식 망원경. (c) 그레고리식 망원경.

$$f_e = -\frac{f_o}{M} = -\frac{15}{-6} = 2.5 \text{ cm}$$

이다. 사출동 거리는 접안렌즈에서 출사동까지의 거리이다. 출사동은 접안렌즈가 만든 대물렌즈의 상이기 때문에 사출동 거리는 다음과 같이 주어진 상거리 s'이다.

$$s' = \frac{sf}{s-f} = \frac{Lf_e}{L-f_e} = \frac{(f_o+f_e)f_e}{(f_o+f_e)-f_e} = \frac{(15+2.5)(2.5)}{15} = 2.92 \text{ cm}$$

대물렌즈에서의 각시야는 대물렌즈의 한쪽 면에서 물체를 바라보는 것과 대물렌즈의 다른 한쪽 면에서 접안렌즈의 시야렌즈를 바라보는 것을 모두 의미한다. 그러므로 1000 yd의 표준거리에 서 있는 물체에 대해서

$$\theta = \frac{h}{s} = \frac{D_f}{L}$$

또는 1000 yd 떨어진 곳에서

$$h = s\theta = \frac{sD_f}{L} = \frac{(3000 \text{ ft})(1.50)}{15+2.5} = 257 \text{ ft}$$

이다.

반사식 망원경

큰 구경의 대물렌즈는 큰 집광력과 큰 분해능을 갖는다. 균질한 큰 렌즈를 광학적 결함이 없이 만드는 것은 어렵고, 이 렌즈를 지탱하는 것도 어렵다. 색수차뿐만이 아니라 이러한 문제도 렌즈 대신에 반사구면을 사용하면 해결할 수 있다. 팔로마산(Mount Palomar)에 세워진 반사식 헤일(Hale) 망원경과 같이 엄청나게 큰 망원경도 이런 거울을 사용한다. 보통 매우 흐린 천체를 관찰하기 위해서는 이런 대형 반사식 망원경과 매우 긴 시간 동안 노출하는 사진건판의 집광력이 필요하다.

그림 3-34는 반사식 망원경에 대한 몇 가지 기본적인 광학설계들이다. 그림 3-34(a)의 **뉴턴식**(Newtonian) 망원경 설계에서는 망원경에 입사하는 평행광선을 주거울의 주초점(primary focal point)인 f_p에 초점을 정밀하게 맺기 위해서 **포물경**을 사용한다. 그리고 초점을 맺기 전에 수렴광선을 망원경 경통 근처에 놓여있는 부초점(secondary focal point) f_s로 모으는 데 평면경을 사용하는데, 이곳에 상을 보기 위한 접안렌즈가 놓여있다. 이 망원경에서는 포물경을 사용하므로 색수차와 구면수차가 모두 제거되지만, 코마는 비축 물점에서 대해서 남아있기 때문에 시야가 심각하게 제한된다. 200 inch의 헤일 망원경에서는 평면경이 없으며 입사 평행광선은 이 망원경의 주초점으로 수렴한다. 이 망원경은 충분히 커서 관찰자는 주초점 바로 뒤에다 특별하게 제작한 방에 들어가서 상을 측정한다(그림 3-35). 물론 망원경 내에 설치한 방해물이 상을 결상하는데 필요한 입사광의 단면적을 줄인다. **카세그레인식**(Cassegrain) 망원경(그림 3-34(b)) 설계에서 부거울은 쌍곡면 볼록 모양으로 주거울 내의 조리개를 통과하여 주거울로부터 나온 광을 부초점으로 가도록 만들고, 이 후에 부초점에서 나오는 반사광을 눈이나 접안렌즈로 편리하게 보거나 기록한다. 쌍곡면은 주초점과 부초점 사이에서 완벽한 결상을 하는데, 여기에서 부초점은

그림 3-35 주초점 방에 들어있는 관찰자와 200 inch 반사거울면이 보이는 (200 inch) 헤일 망원경. (California Institute of Technology 제공)

쌍곡면의 초점이다. 또한 **그레고리식**(Gregorian) 망원경(그림 3-34(c))에서처럼 이러한 부거울이 오목형 타원체일 때도 정확한 결상이 된다. 이 망원경의 주초점과 부초점은 타원체의 초점이다.

슈미트 망원경

아마도 가장 축복받은 굴절반사식 망원경은 베른하르트 슈미트(Bernhardt Schmidt)의 광학계 설계에 기초하여 만든 것이다. 그는 망원경의 조리개에 얇은 굴절보정판을 사용하

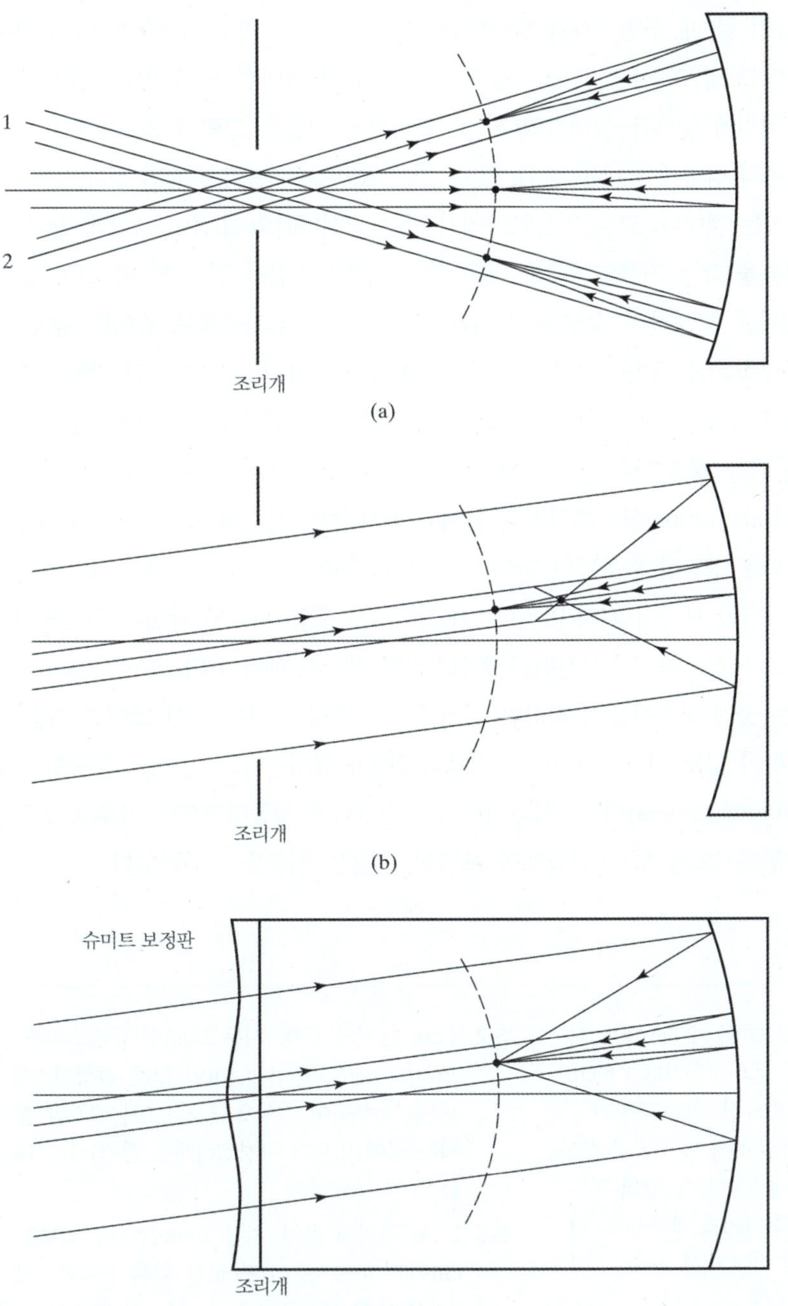

그림 3-36 슈미트 광학계.

여 구면인 주거울이 만든 구면수차를 제거하였다. 슈미트의 설계를 이해하기 위해서 그림 3-36을 보도록 한다. 그림 3-36(a)에서 보는 오목거울인 주반사경은 여러 방향으로부터 들어오는 작은 평행광선다발을 받아들이는 기능을 한다. 각 광선다발은 주거울의 곡률중심에 설치한 조리개로 들어간다. 임의의 광선다발에 대한 축을 광축으로 생각할 수 있기 때문에 비축물점은 없고 이로 인하여 코마와 비점수차는 이 망원경에서 생기지 않는다. 광선다발이 작을 때 각 광선다발은 평행광선이기 때문에 거울로부터 같은 거리에 초점이 맺는데, 이 거리는 거울의 초점거리와 같거나 거울의 곡률반지름의 절반과 같다. 그래서 이런 상점의 궤적이 점선으로 표기한 구면이다. 그러나 그림 3-36(b)에서 보는 것처럼 광선다발이 클 때 구면수차가 발생하며, 이 구면수차로 인하여 광선다발의 광축에 대한 거울의 바깥 영역에서 반사하는 광선의 초점이 더 짧아진다. 슈미트는 투명한 보정판을 조리개 위치에 놓도록 설계하였다. 이 보정판의 기능은 그림 3-36(c)에서 보는 것처럼 모든 거울의 영역에서 나온 광선다발이 만든 초점을 구면의 초점면 상에 있는 한 지점에 모이게 하는 것이다. 모든 거울영역에서 나온 광선다발의 초점이 조리개 반지름의 0.707인 반지름을 갖는 거울영역에서 나온 광선다발의 초점과 일치하도록 그림 3-36(c)에서 보는 것처럼 보정판의 모양을 설계한다. 그러므로 결과적으로 **슈미트 광학계**(Schmidt optical system)는 코마, 비점수차, 구면수차에 대해서 고도로 보정된 광학계이다. 보정판을 거울의 곡률중심에 놓기 때문에, 이 보정판은 근사적으로 서로 다른 방향으로 들어오는 모든 빔을 평행으로 만드는 광학부품이므로 망원경의 시야를 넓게 만든다. **잔류수차**(residual aberrations)는 보정판의 실제 제작시 벌어지는 제작오차 때문에 생긴다. 이 결과 보정판은 정밀하게 동일한 단면이 아니기 때문에 서로 다른 방향으로 들어가는 빔에 대해서 동일한 보정이 되지 않는다. 이 광학계가 갖는 하나의 단점은 초점면이 구면이라는 것으로 사진필름이나 사진판을 조심스럽게 잘 설치해야 한다. 또한 거울의 초점거리의 2배 되는 곳에 보정판을 설치하면 슈미트 망원경의 길이는 앞서 보여준 그림 3-34에서 본 보정판이 없는 일반망원경의 길이보다 2배가 길어진다. 그럼에도 불구하고 **슈미트 사진기**(Schmidt camera)라고 하는 사진기는 엄청나게 성공하였으며 이후로 초점면에서 시야가 평평해지도록 하는 광학계를 포함한 수많은 변종을 양산하였다.

문제

3-1 어떤 광학계의 광축 위에 놓은 물체의 크기는 2 cm이며, 이 광학계는 지름 2 cm의 구경조리개 한 개와 초점거리가 5 cm이고 바깥지름이 5 cm인 얇은 볼록렌즈 한 개로 구성된다. 물체는 이 렌즈의 앞쪽으로 10 cm 되는 곳에 있으며 구경조리개는 렌즈 앞쪽으로 2 cm 되는 곳에 놓여있다. 상의 위치와 크기 및 입사동과 출사동의 위치와 크기를 구하시오. 이 광학계의 주광선과 물체의 끝부분에서 이에 대한 공액상점까지 지나가는 2개의 주변광선을 그리시오.

3-2 4 cm 크기의 물체, 지름 2 cm인 구경조리개, 초점거리가 6 cm이고 바깥지름이 5 cm인 얇은 볼록렌즈에 대해서 문제 3-1을 반복하여 푸시오. 물체는 이 렌즈의 앞쪽으로 14 cm 되는 곳에 있으며 구경조리개는 렌즈 뒤쪽으로 2.50 cm 되는 곳에 놓여있다.

3-3 2 cm 크기의 물체, 지름 2 cm인 구경조리개, 초점거리가 6 cm이고 바깥지름이 5 cm인 얇은 볼록렌즈에 대해서 문제 3-1을 반복하여 푸시오. 물체는 이 렌즈의 앞쪽으로 14 cm

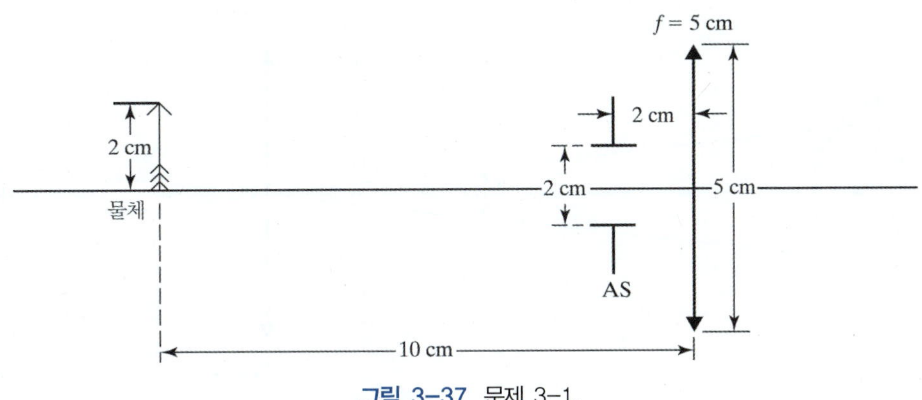

그림 3–37 문제 3-1.

되는 곳에 있으며 구경조리개는 렌즈 앞쪽으로 4 cm 되는 곳에 놓여 있다.

3-4 광축을 따라 왼쪽에서 오른쪽으로 다음 광학부품들이 차례대로 놓여있으며, 이 광학부품의 중심은 광축에 놓여있다.

1. 광원면
2. 광원면에서 40 cm 떨어진 곳에 놓은 얇은 렌즈 L_1
3. L_1에서 20 cm 떨어진 곳에 놓은 조리개 A
4. A에서 10 cm 떨어진 곳에 놓은 얇은 렌즈 L_2
5. 상면

렌즈 L_1의 초점거리는 40/3 cm이고 지름은 2 cm이다. 렌즈 L_2의 초점거리는 20/3 cm이고 지름은 2 cm이다. 조리개 A는 지름이 0.5 cm인 원형구멍으로 중심이 광축에 있다.

a. 이 광학계의 그림을 그리시오.
b. 상면의 위치를 구하시오.
c. 구경조리개와 입사동의 위치를 구하시오.
d. 출사동의 위치를 구하시오.
e. 시야조리개, 입사창, 출사창의 위치를 구하시오.
f. 각시야를 구하시오.

3-5 초점거리가 각각 6 cm와 −10 cm인 양의 렌즈와 음의 렌즈를 포함한 교재의 예제 3-1로 되돌아가자. 이 예제에서 이미 부분적으로 분석했던 똑같은 광학계에 대해서

a. 시야조리개 FS의 위치와 크기를 구하시오.
b. 입사창과 출사창의 위치와 크기를 구하시오.
c. 물점 P에서 상점 P''으로 진행하는 주광선을 사용하여, 이 광학계를 완전히 지나가는 주광선을 중심으로 한 광선원추를 정의하는 데 사용하는 P에서 P''으로 가는 두 개의 주변광선을 그리시오.

3-6 꼭지각이 60°이고 굴절률이 1.52인 프리즘의 총 편향각 대 입사각의 곡선을 그리시오.

3-7 60° 유리프리즘에 평행하게 입사하는 백색광 빔이 최소편향의 위치에서 굴절한다. 이 프리즘에서 나오는 적색($n = 1.525$)광과 청색($n = 1.535$)광의 편향각 사이의 간격은 얼마인가?

3-8 **a.** 표 3-1의 프라운호퍼 C선과 F선에 대한 자료를 사용하여 크라운 유리와 프린트 유리에 대한 코시상수 A와 B를 근사적으로 구하시오. 이들 상수와 이 두 항으로 근사한 코시식을 사용하여 각 경우에 대한 프라운호퍼 D선에 대한 굴절률을 계산하시오.

b. 코시식을 이용하여 각 유리에 대한 프라운호퍼 D선 근처에 대한 분산을 계산하시오.

c. 각 프리즘 밑변의 길이를 75 mm라고 가정했을 때, 프라운호퍼 D선의 근처에서 크라운 유리와 프린트 유리에 대한 색분해능을 계산하시오. 또한 이 영역에서 파장별 분해가능한 최소파장 간격을 계산하시오.

3-9 굴절률이 높은 바륨(barium) 크라운 유리로 만든 등변프리즘을 분광용으로 사용한다. 이 프리즘 유리의 굴절률은 아래 표에서 보는 것처럼 파장에 따라 변한다.

nm	n
656.3	1.63461
587.6	1.63810
486.1	1.64611

a. 파장 589.3 nm인 나트륨 빛에 대한 최소편향각을 구하시오.
b. 프리즘의 분산능을 구하시오.
c. 장파장 영역에서 코시상수 A와 B를 구하시오. 656.3 nm에서 프리즘의 분산을 구하시오.
d. 만약에 어떤 프리즘으로 파장 656.2716 nm와 656.2852 nm인 수소 이중선을 분광한다면, 이 프리즘의 최소밑변길이는 얼마인가? 이 방법은 실제로 가능한가?

3-10 분광기를 사용하면 60°인 굴절각을 갖는 프리즘의 최소편향각은 다음과 같다. 프라운호퍼 C선: 38°20′, 프라운호퍼 D선: 38°33′, 프라운호퍼 F선: 39°12′. 프리즘의 분산능을 구하시오.

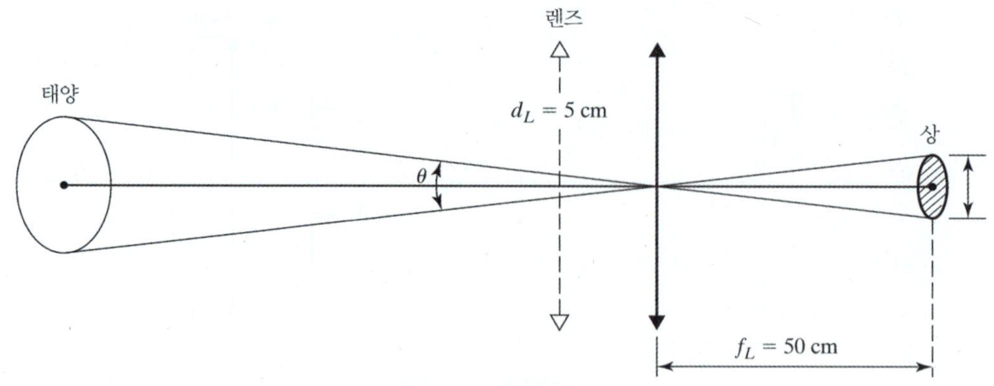

그림 3-38 문제 3-18.

3-11 어떤 크라운 유리와 프린트 유리에 대한 굴절률이

크라운 유리: $n_C = 1.527,\ n_D = 1.530,\ n_F = 1.536$

프린트 유리: $n_C = 1.630,\ n_D = 1.635,\ n_F = 1.648$

이다. 두 유리는 D선 파장에 대해서 직시프리즘이 되는 이중프리즘을 만드는 데 함께 사용한다. 프린트 프리즘의 굴절각은 5°이다. 직시프리즘이 되기 위한 크라운 프리즘에 필요한 굴절각을 구하고, 이 결과로 나온 C선과 F선을 갖는 광선 사이의 분산각은 구하시오. 프리즘은 얇은 프리즘으로 가정하고 최소편향각 조건이 만족된다고 가정한다.

3-12 프라운호퍼 C선과 F선에 대한 얇은 색지움 프리즘을 표 3-1에 나온 크라운 유리와 프린트 유리로 만든다. 만약에 크라운 유리 프리즘의 프리즘 각이 15°이라면, (a) 프린트 유리 프리즘의 프리즘 각과 (b) 이 결과로 생긴 D선에 대한 "평균" 편향각은 얼마인가?

3-13 **람베르트 면**(Lambertian surface)인 완벽한 산란면을 한 변이 5 cm인 사각형 형태로 만든다. 이 물체가 4π인 총 입체각의 절반되는 입체각에서 전방 방향으로 25W의 총복사속을 복사한다. 물체를 사진기 렌즈로부터 1 m인 곳에 놓았을 때, 초점거리가 4 cm이고 스톱이 $f/8$인 사진기로 이 물체의 사진을 찍는다.

a. 물체의 복사 방출도(radiant exitance), 복사도(radiant intensity), 복사휘도(radiance)를 구하시오. (표 1-1을 보시오.)

b. 필름에 전달된 복사선속(radiant flux)을 구하시오.

c. 필름에서의 복사조도(irradiance)를 구하시오.

3-14 조리개 상에서의 심도, 초점거리, 물체거리에 따라 변하는 식 (3-32)의 양상을 조사하시오. 계산기나 컴퓨터 프로그램을 이용하여 이 변수들의 의존성을 보여주는 그래프를 그리시오.

3-15 어떤 사진기로 6 m씩 떨어져서 3줄로 선 학생들을 사진으로 찍되 가운데 줄에 초점을 맞춘 사진을 찍는다. 첫 번째 줄과 세 번째 줄의 물점에 대한 상의 퍼진 초점크기, 즉 상퍼짐이 생긴 원의 크기가 감광유제에 들어있는 전형적인 1 μm 크기의 은 입자보다 더 작아야만 한다고 가정하자. 만약에 사진기의 초점거리가 50 mm이고 $f/4$로 조리개를 조절한다면 가운데 줄을 중심으로 어느 정도 이상의 물체거리가 된다면 상퍼짐을 받아들일 수 없게 되는가?

3-16 망원렌즈를 각각 초점거리가 +20 cm와 −8 cm인 두 얇은 렌즈를 결합하여 만든다. 두 렌즈 사이의 거리는 15 cm이다. 결합된 렌즈계의 초점거리, 음의 렌즈에서부터 필름 면까지의 거리, 사진기에서 2°의 각도로 보이는 먼 물체의 상크기를 각각 구하시오.

3-17 $f/4$의 조리개를 갖는 초점거리 5 cm의 사진기로 6 ft 떨어져 있는 물체를 찍는다. 만약에 착란원의 최대지름이 0.05 mm이라면, 이 사진의 심도는 얼마인가?

3-18 지표면에서 태양의 양끝을 보는 각도가 0.5°이며, 이 지표면에서 복사조도는 수직 입사의 경우 약 1000 W/m^{2}이다. 지름 5 cm이고 초점거리가 50 cm인 렌즈가 만든 태양의 상에 대한 복사조도는 얼마인가?

3-19 **a.** 사진기의 렌즈가 초점거리 15 cm인 볼록렌즈이다. 이 사진기로 100 ft 떨어져있는 키가 6 ft인 사람을 필름에 찍을 때 얼마나 되는 크기의 상이 생기는가?

b. 이 볼록렌즈를 초점거리가 12 cm인 볼록렌즈와 오목렌즈로 구성한 망원경 광학계로 대체한다. 이 오목렌즈를 원래의 렌즈 위치에 놓고 볼록렌즈는 오목렌즈 앞쪽 8 cm에 놓는다. 먼 곳에 있는 물체가 동일한 필름면에 결상이 되는 오목렌즈의 초점거리는 얼마인가? 이러한 망원경식 렌즈를 사용하여 찍은 사람의 상은 얼마나 더 커지는가?

3-20 35 mm 사진기의 렌즈에는 "50 mm, 1:1.8"이라고 적혀있다.

a. 최대 조리개 지름은 얼마인가?

b. 최대 조리개로 정해놓고 시작한다면, 각각 연속적인 스톱

작동시켜서 초기 복사조도의 $\frac{1}{3}$ 로 복사조도가 줄여드는 다음 번 3개의 f-수를 보이시오.

c. 이들 f-수에 대응하는 조리개 지름은 얼마인가?

d. 만약에 최대 조리개와 $\frac{1}{100}$ 초에서 사진을 찍는다면, 조리개를 다르게 열었을 때 총 노출이 같다면 노출시간은 각각 얼마인가?

3-21 만약에 식(3-35)로 주어진 등가 초점거리를 사용한다면, 식(3-33)인 배율은 이중렌즈형 접안렌즈에서도 유용하다. 색수차를 제거를 위한 조건을 만족하도록 설계된 이중렌즈형 접안렌즈의 배율이 무한대 상에 대해서 다음과 같다는 것을 보이시오.

$$M = 12.5\left(\frac{1}{f_1} + \frac{1}{f_2}\right)$$

3-22 각각 초점거리가 3 cm이고 2.8 cm 간격으로 떨어져있는 두 개의 얇은 평-볼록렌즈로 확대경을 만든다. (a) 이 확대경의 등가 초점거리와 (b) 눈의 근점에 만든 상에 대한 확대능(magnifying power)을 구하시오.

3-23 초점거리가 0.5 cm인 현미경의 대물렌즈에 의해서 중간상이 두 번째 초점에서부터 16 cm 떨어진 곳에 생긴다.

a. 10× 의 접안렌즈를 사용한다면, 이 현미경의 전체 배율은 얼마인가?

b. 현미경으로 보는 점물체는 대물렌즈로부터 얼마나 되는 거리에 있는가?

3-24 자체 제작한 복합현미경에서 대물렌즈와 접안렌즈로 각각 초점거리가 1 cm와 3 cm인 얇은 렌즈를 사용한다. 물체는 대물렌즈로부터 1.20 cm인 거리에 있다. 만약에 접안렌즈가 만든 허상이 눈으로부터 25 cm 되는 곳에 생긴다면, (a) 현미경의 확대능과 (b) 렌즈 간격을 계산하시오.

3-25 두 개의 얇은 볼록렌즈가 서로 25 cm 떨어져서 복합 현미경을 만드는데, 이 복합 현미경의 겉보기 배율은 20이다. 만약에 접안렌즈의 초점거리가 4 cm라면, 다른 렌즈의 초점거리는 얼마인가?

3-26 고도측정용 망원경에는 눈금이 새겨진 원형유리인 **눈금판**(graticule)이 대물렌즈와 접안렌즈의 공통 초평면에 설치되어있어서 먼 곳의 물체를 가지고 초점을 맞추면 이 눈금판이 보인다. 만약에 망원경이 30 m 떨어진 전봇대에 초점을 맞춘다면, 눈금판에 새겨진 밀리미터 단위의 눈금에 얼마나 많은 전봇대가 나타나는가?

3-27 쌍안경에 "7×35"라는 표기가 새겨져 있다. 이 쌍안경의 대물렌즈의 초점거리는 14 cm이고, 접안렌즈의 시야렌즈 지름은 1.8 cm이다. (a) 먼 물체에 대한 각배율, (b) 접안렌즈의 초점거리, (c) 출사동의 지름, (d) 사출동 거리, (e) 100 yd에서의 피트 단위로 나타낸 시야를 구하시오.

3-28 **a.** 최종상이 무한대에서 보이지 않을 때, 천체망원경의 각배율이 다음과 같이 표현되는 것을 보이시오. 여기에서 m_{oc}는 접안렌즈의 선형배율이며 s''은 접안렌즈로부터 최종상까지의 거리이다.

$$M = -\frac{m_{oc} f_{obj}}{s''}$$

b. 초점거리가 30 cm와 4 cm인 두 수렴렌즈를 사용하는 망원경에 대해서 상이 무한대에서 보일 때와 상이 25 cm인 근점에서 보일 때 각각의 각배율을 구하시오.

3-29 천체망원경의 대물렌즈에서 달의 양 끝을 바라본 각이 0.5°이다. 대물렌즈와 접안렌즈의 초점거리는 각각 20 cm와 5 cm이다. 25 cm인 근점에서 망원경을 통하여 바라본 달의 상에 대한 지름을 구하시오.

3-30 오페라 안경으로 각각 초점거리가 +12 cm와 −4.0cm인 대물렌즈와 접안렌즈를 사용한다. 이 망원경의 원경 경통 길이(두 렌즈 사이의 거리)를 구하고, 눈을 (a) 무한대에 초점이 맞춘 관찰자와 (b) 30 cm의 근점에 초점이 맞춘 관찰자에 대한 망원경의 확대능을 구하시오.

3-31 천체망원경을 사용하여 달을 관찰한다면, 초점거리가 5 cm인 접안렌즈로부터 25 cm 떨어진 스크린에 달의 실상을 맺을 수 있다. 이 경우 접안렌즈의 정상위치로부터 얼마나 많이 움직여야만 하는가?

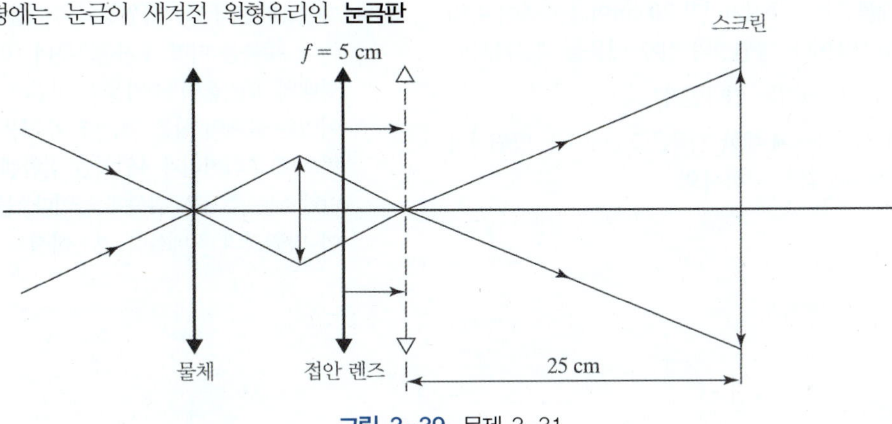

그림 3–39 문제 3–31.

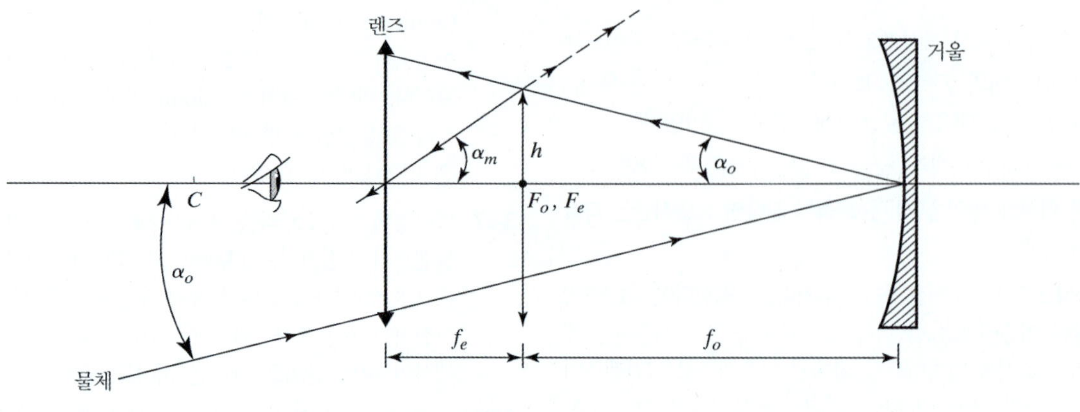

그림 3-40 문제 3-33.

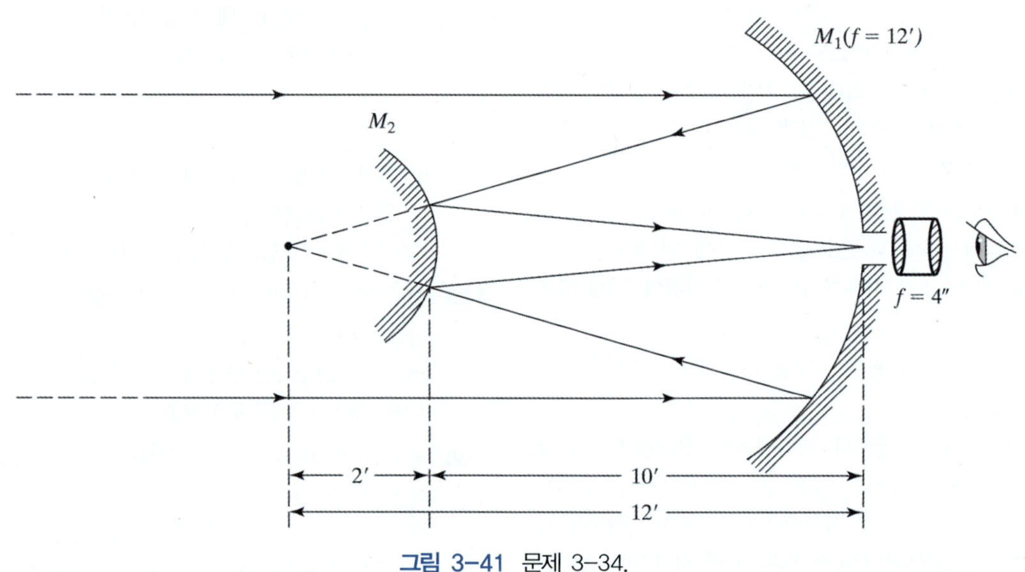

그림 3-41 문제 3-34.

3-32 **a.** 망원경의 람스덴 접안렌즈는 각각 초점거리가 2 cm인 두 개의 양의 렌즈를 2 cm만큼 떨어트려서 만든다. 무한대에 있는 상을 볼 때 이 접안렌즈의 확대능은 얼마인가?

b. 망원경의 대물렌즈는 초점거리가 30 cm이고 지름이 4.50 cm인 양의 렌즈이다. 망원경의 전체 배율을 계산하시오.

c. 출사동의 위치와 크기는 얼마인가?

d. 접안렌즈의 시야렌즈에 대한 지름은 2 cm이다. 망원경의 시야를 정의하는 각을 구하시오.

3-33 상이 무한대에 생길 때 굴절식 망원경에서 구했던 것처럼, 뉴턴식 반사망원경의 각배율도 대물렌즈의 초점거리와 접안렌즈의 초점거리의 비라는 것을 보이시오.

3-34 카세그레인식 반사망원경의 주거울은 12 ft의 초점거리를 갖는다. 주축을 따라 주거울로부터 10 ft 거리에 있는 볼록거울 형태의 부거울이 주거울의 정점으로부터 멀리 떨어져서 놓여있는 물체의 상을 맺는다. 주거울의 가운데를 뚫어놓은 구멍으로 초점거리가 4인치인 접안렌즈로 상을 보는데, 이 접안렌즈는 주거울 뒤쪽에 놓인다. 볼록 부거울의 초점거리와 이 망원경의 각배율을 계산하시오.

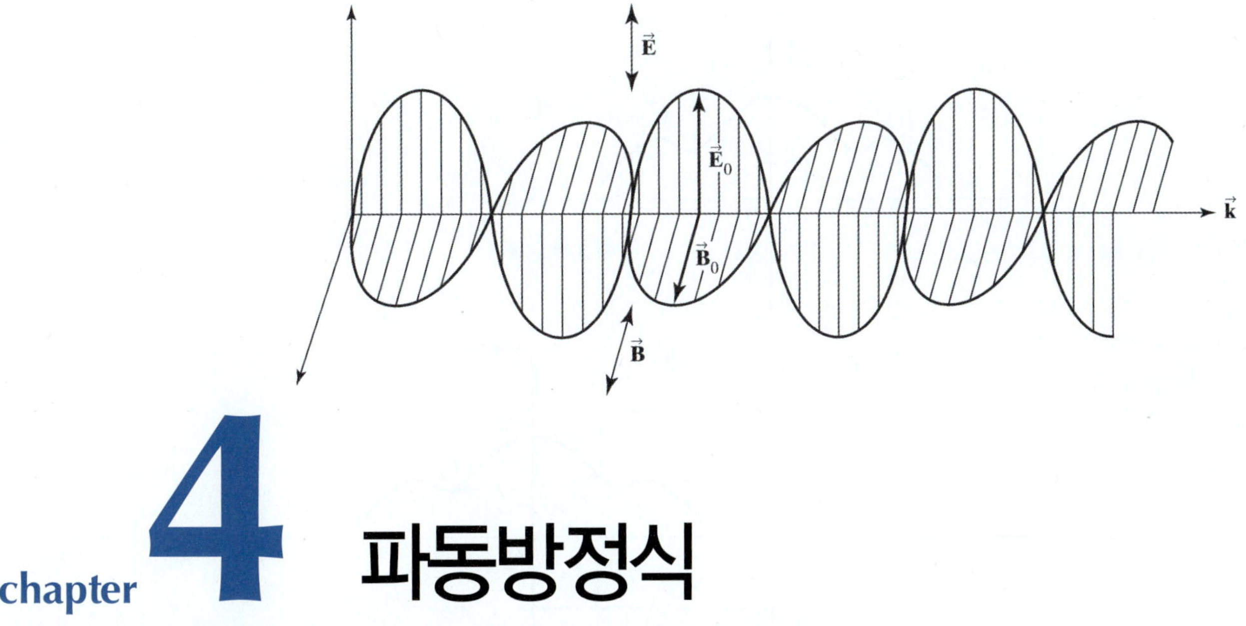

chapter 4 파동방정식

서론

이 장에서는 일반적 파동운동의 수학적 표현을 다루지만 가장 유용한 특별한 경우인 조화파동에 집중한다. 조화파동함수는 빛을 포함하는 전자기파동을 대표하는 것으로 간주된다. 전자기파동의 물리현상인 전자기학의 결과들을 차용하여 이러한 파동들에 의해 수송되는 에너지를 결정할 수 있다.

4-1 1차원 파동방정식

가장 일반적인 형태의 1차원 진행파와 그것을 만족하는 미분방정식은 아래의 방식으로 결정된다. 그림 4-1(a)와 같이 $y' = f(x)$로 표현되고 (움직이는) 좌표계 $O'(x', y')$에 고정되어 있는 경우, 임의의 (시간에 무관한) 1차원 파동을 우선 고려해 보자. 그 다음 그림 4-1(b)와 같이 고정된 좌표계 $O(x, y)$에 대해 펄스와 함께 상대적으로 x-축 방향으로 일정한 속력 v로 오른쪽으로 움직이고 있는 좌표계 O'계에 대해서 고려해 보자. 이동이 진행되더라도 펄스는 제 모양을 유지한다. 펄스 위의 임의 지점 P는 $x' = x - vt$의 관계를 가지는 두 개의 좌표축 x 혹은 x'으로 기술될 수 있다. y-축은 양쪽 좌표계 모두 동일하다. 이러한 정상 좌표계의 관점에서 고려해 볼 때, 이 움직이는 펄스는 $y = y' = f(x') = f(x - vt)$라는 수식의 형태를 지니게 된다.

만약 이 펄스가 왼쪽으로 움직인다면 v의 부호는 반대가 되므로, $t = 0$에서 $x = x'$이라면 진행파의 일반적인 형태를 아래와 같이 쓸 수 있다.

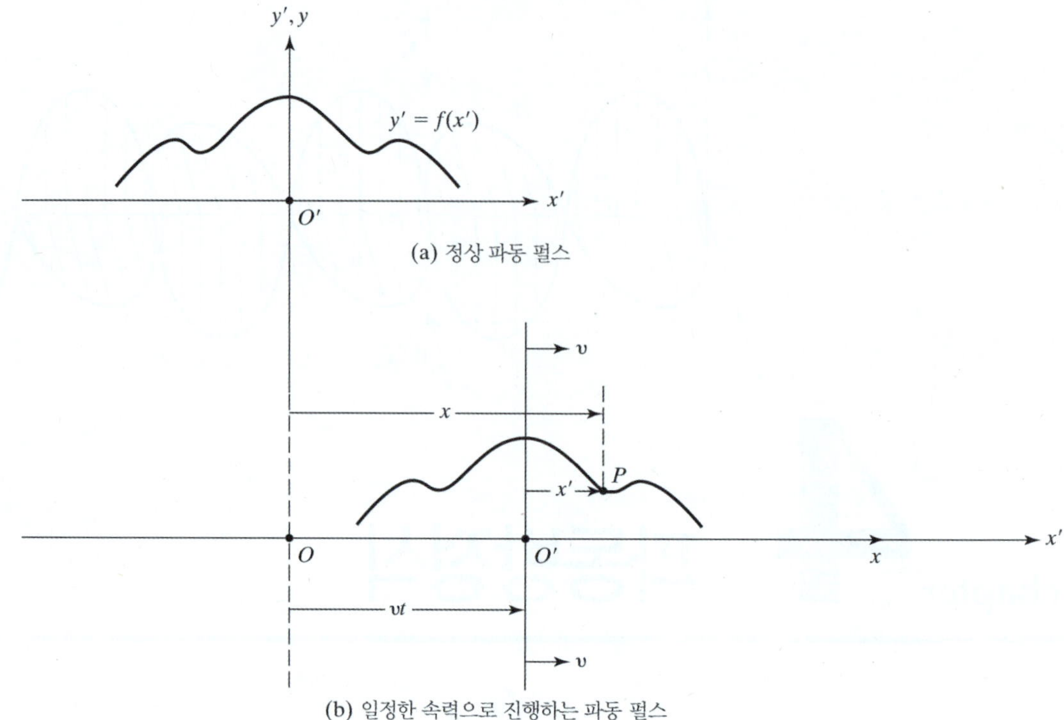

그림 4-1 진행하는 파동의 펄스들.

$$y = f(x \pm vt) \tag{4-1}$$

원래의 펄스의 형태 $y' = f(x')$는 변하지 않고 단순히 x-축 방향으로 t시간 동안 vt의 크기만큼 이동하게 된다. 함수 f가 무엇이든 아래 수식의 사례들은 모두 진행하는 파를 대표하게 된다.

$$y = A\sin(k[x - vt])$$
$$y = A(x + vt)^2$$
$$y = e^{k(x - vt)}$$

여기서 단지 첫 번째 경우만 중요한 주기적 파동에 해당된다.

다음으로 특별한 함수 f가 아닌 모든 파동의 경우에 대해 만족하는 미분방정식을 찾고자 한다. y는 두 개의 변수 x와 t의 함수이므로 미분연산의 연쇄법칙을 적용시켜 적으면

$$y = f(x')$$

여기서

$$x' = x \pm vt$$

이다. 따라서,

$$\partial x'/\partial x = 1 \text{과 } \partial x'/\partial t = \pm v$$

이다. 연쇄법칙을 적용하면 공간적 미분은

$$\frac{\partial y}{\partial x} = \frac{\partial f}{\partial x'}\frac{\partial x'}{\partial x} = \frac{\partial f}{\partial x'}$$

이고, 두 번째 미분을 위해 동일한 과정을 반복하면

$$\frac{\partial^2 y}{\partial x^2} = \frac{\partial}{\partial x}\left(\frac{\partial y}{\partial x}\right) = \frac{\partial(\partial y/\partial x)}{\partial x'}\frac{\partial x'}{\partial x} = \frac{\partial}{\partial x'}\left(\frac{\partial f}{\partial x'}\right) = \frac{\partial^2 f}{\partial x'^2}$$

이다. 유사한 방식으로 시간적인 미분들도 얻을 수 있다.

$$\frac{\partial y}{\partial t} = \frac{\partial f}{\partial x'}\frac{\partial x'}{\partial t} = \pm v\frac{\partial f}{\partial x'}$$

$$\frac{\partial^2 y}{\partial t^2} = \frac{\partial}{\partial t}\left(\frac{\partial y}{\partial t}\right) = \frac{\partial(\partial y/\partial t)}{\partial x'}\frac{\partial x'}{\partial t} = \frac{\partial}{\partial x'}\left(\pm v\frac{\partial f}{\partial x'}\right)(\pm v) = v^2\frac{\partial^2 f}{\partial x'^2}$$

2계 미분결과들을 결합하여 미분형태의 1차원 파동방정식이 된다.

$$\frac{\partial^2 y}{\partial x^2} = \frac{1}{v^2}\frac{\partial^2 y}{\partial t^2} \tag{4-2}$$

식(4-1)의 어떠한 형태의 파동함수도 그 파동의 물리적 특성과 상관없이 식(4-2)를 만족해야 한다. 즉 주어진 x와 t에 의존하는 임의의 함수가 진행파인지 결정하기 위해서는, 그 함수가 식(4-1)의 형태이거나 식(4-2)를 만족하는지를 보이는 것으로 충분하다.

4-2 조화파동

특히 중요한 조화파동은 사인 혹은 코사인 함수를 포함하는 경우이다.

$$y = A\,{}^{\sin}_{\cos}[k(x \pm vt)] \tag{4-3}$$

여기서 A와 k는 조화파동의 특성을 변화시키지 않고 변화시킬 수 있는 상수이다. 이러한 것들은 주기적인 파동으로서 자기자신을 무한히 반복하는 연속적인 패턴을 보여준다. 이런 파동들은 감쇄가 없이 단순 조화운동을 하는 진동자에 의해 생성될 수 있다. 또한 사인과 코사인 함수들은 서로가 결합되어 **완전한 파동**을 형성할 수 있다. 즉, 식(4-3)과 같은 항들의 선형결합은 임의의 주기적인 파형을 나타낼 수 있게 된다. 이러한 항들의 전개는 푸리에 급수라고 불리며 9-1절에서 좀 더 다루게 된다. 그러므로 조화파동들의

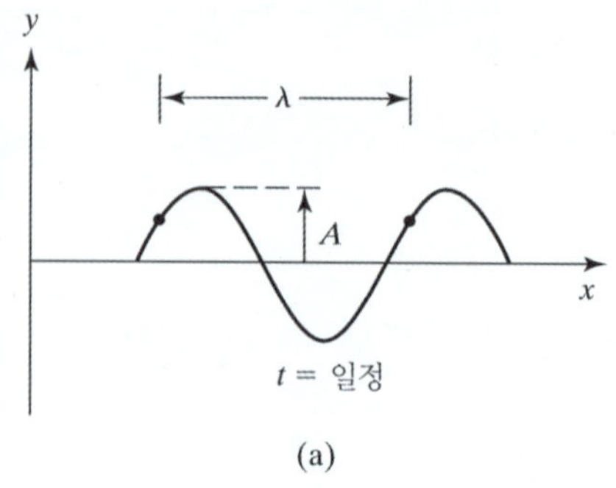

(a)

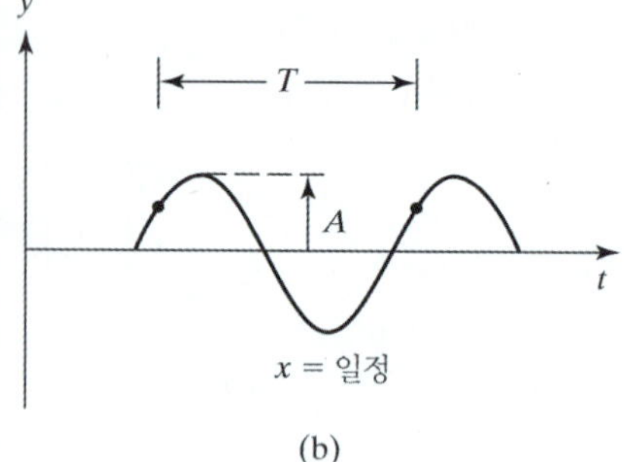

(b)

그림 4-2 사인 파동의 공간적 시간적 확장모습. (a) 고정된 한 시점에서 사인 파동의 모습. (b) 고정된 공간의 한 지점에서 사인 파동의 모습.

결합은 직사각형이나 정사각형 파동의 전개와 같은 보다 복잡한 파형을 표현할 수 있게 된다.

$\sin x = \cos(x - \pi/2)$이므로, 사인과 코사인 함수는 $\pi/2$의 위상이동차이만 존재한다. 따라서 두 함수 중 하나만 취급하는 것으로 충분한다. 그림 4-1은 사인 파동의 일부를 보여주고 있다. 그림 4-2(a)는 스냅사진을 찍는 것과 유사하게 고정된 어떤 시간에서 파동의 **진폭** A를 보여주고 있다. 그림 4-2(b)는 파동을 따라 고정된 한 점 x에서 그 파동의 시간적 변화를 보여주고 있다.

그림 4-2(a)에서, 그 파동의 공간적으로 반복되는 단위를 **파장** λ로 보여주고 있다. 주기성에 의해 모든 x에서 λ만큼 증가시킬 때마다 동일한 파동이 반복적으로 나타난다. 수학적으로 사인 함수의 위상이 2π만큼씩 나아갈 때마다 파동은 주기적으로 재생된다. 수식으로 표현하면

$$A \sin k[(x+\lambda)+vt] = A \sin[k(x+vt)+2\pi]$$

혹은

$$A \sin(kx + k\lambda + kvt) = A \sin(kx + kvt + 2\pi)$$

가 성립한다. 이것은 $kvT = 2\pi$을 유도하므로, **전파상수** k는 파장에 대해 다음과 같은 정보를 가지고 있다.

$$k = \frac{2\pi}{\lambda} \tag{4-4}$$

다른 한편으로 그림 4-2(b)와 같이 만약 파동을 고정된 한 지점에서 관측한다면, 그것은 **주기**(T)라고 불리는 반복적인 시간의 단위를 지니는 주기적인 모습이다. 모든 t에 대해서 시간을 T만큼 증가시킴에 따라 그 파형은 정확히 재현된다. 그러므로

$$A \sin k[x+v(t+T)] = A \sin[k(x+vt)+2\pi]$$

혹은

$$A \sin(kx + kvt + kvT) = A \sin(kx + kvt + 2\pi)$$

가 성립한다. 명확하게 $kvT = 2\pi$가 성립하고, 주기(T)를 전파상수 k와 파동의 속도 v와 관련된 표현식을 얻을 수 있다.

$$v = \nu\lambda \tag{4-5}$$

여기서 우리는 식(4-4)와 주기 T와 주파수 n의 반비례관계를 이용하였다.

$$\nu = \frac{1}{T} \tag{4-6}$$

파동변수들과 관련된 표현들은 자주 사용된다. $\omega = 2\pi\nu$는 **각주파수**라 불리며, 파장의 역수 $\kappa = 1/\lambda$를 **파수**라고 한다. 전파상수 κ가 **공간적 주기**(즉, 파장)와 관련이 있는 것과 동일한 방식으로 각주파수 ω는 시간적 주기 T와 관련이 있다. 이러한 관계를 기반으로, 아래의 조화파동의 일반적 형태들이 모두 동일하다는 것을 쉽게 알 수 있다.

$$y = A\,{}^{\sin}_{\cos}\,[k(x \pm vt)] \tag{4-7}$$

$$y = A\,{}^{\sin}_{\cos}\left[2\pi\left(\frac{x}{\lambda} \pm \frac{t}{T}\right)\right] \tag{4-8}$$

$$y = A\,{}^{\sin}_{\cos}[(kx \pm \omega t)] \tag{4-9}$$

어떠한 경우라도, 사인과 코사인 함수의 변수는 공간과 시간에 의존하게 되는데, 그것을 물리적으로도 **위상**(phase) φ이라고 한다. 예를 들어 식(4-7)에서

$$\varphi = k(x \pm vt) \tag{4-10}$$

φ를 일정하게 유지하면서 x와 t가 변하는 경우, 파동의 변위 $y = A\sin\varphi$는 역시 일정하게 된다. 따라서 위상이 일정하다는 조건은 파속을 가지고 움직이고 있는 파형의 고정된 한 지점에서의 운동을 기술한다. 즉 만약 φ가 일정하다면

$$d\varphi = 0 = k(dx \pm vdt)$$

이고,

$$\frac{dx}{dt} = \mp v$$

이다. 이를 통해 v가 파동의 속도를 나타낸다는 것을 확인할 수 있고, 그 속도는 $\varphi = k(x + vt)$일 경우 음(−)의 x-방향으로, $\varphi = k(x - vt)$일 경우 양(+)의 x-방향을 가지게 된다.

식(4-7)에서 (4-9)까지 사인 함수를 사용하는 파형을 주목해보자. 이 경우 $x = 0$과 $t = 0$에서 $y = 0$인 파동을 보여준다. 반면 모든 코사인 함수의 파형은 동일한 수식들로부터 $x = 0$과 $t = 0$에서 $y = A$의 값을 지니는 파동을 보여준다. 앞서 지적한 바와 같이 두 경우 모두 기존 위상에 $\pi/2$가 더해졌다면 사인 함수나 코사인 함수를 통해 조절할 수 있다. 일반적으로 초기 임의 변위를 포함시키기 위해서는, 기존에 가지고 있는 위상에 각 φ_0를 추가해야 한다. 예를 들어 식(4-7)의 사인 함수는 아래와 같이 된다.

$$y = A\sin[k(x \pm vt) + \varphi_0]$$

이제 $x = 0$과 $t = 0$일 때 초기 경계조건이 $y = y_0$이라면

$$y = A\sin\varphi_0 = y_0$$

인데, 여기서 요구되는 **초기위상각** φ_0은 다음과 같이 계산된다.

$$\varphi_0 = \sin^{-1}\left(\frac{y_0}{A}\right)$$

따라서 식(4-7)에서 (4-9)까지의 파형들은 기존 위상값에 초기위상각 φ_0를 추가함으로써 어떠한 초기변위에 대해서도 일반화시킬 수 있다. 많은 경우에 파동의 정확한 위상은 관심사가 아니다. 그래서 φ_0를 0으로 단순화시키기도 한다.

예제 4-1

현에서 진행하는 파동의 경우, 평형상태로부터의 변위가 현의 길이 x와 시간 t의 함수로 다음과 같이 주어졌다.

$$y(x,\ t) = (0.35\ \text{m})\sin[(3\pi/\text{m})x - (10\pi/\text{s})t + \pi/4)]$$

이 파동의 파장, 주파수, 속도 그리고 초기위상각을 결정하시오. 또한 $x = 10$ cm, $t = 0$일 때의 변위를 구하시오.

풀이

식(4-9)와 비교하면 $k = 3\pi/\text{m}$이고 $\omega = 10\pi/\text{s}$이다. 그러므로 $\lambda = \dfrac{2\pi}{k} = \dfrac{2}{3}$ m이고 $\nu = \dfrac{\omega}{2\pi} = 5$ Hz이다.

초기위상($x = 0,\ t = 0$)은 $\pi/4$이다. 이 파동의 속도는 (시간과 관련된 위상 항에 음(−) 부호가 있으므로) 양의 x-방향으로 $v = \lambda\nu = (2/3)5\ \text{m/s} = 3.33\ \text{m/s}$이다. 또한 위상항 전체 $\varphi = (3\pi/\text{m})x - (10\pi/\text{s})t + \pi/4$가 일정하다고 놓을 수 있으므로,

$$d\varphi = (3\pi/\text{m})dx - (10\pi/\text{s})dt = 0$$

혹은 $v = dx/dt = 10\pi/3\pi\ \text{m/s} = +3.33\ \text{m/s}$와 같은 동일한 해를 얻을 수 있다. 또한 $x = 10$ cm, $t = 0$에서의 변위는 다음과 같다.

$$y = (0.1\ \text{m},\ 0) = (0.35\ \text{m})\sin\left(0.3\pi + \frac{\pi}{4}\right) = +0.346\ \text{m}$$

4-3 복소수

많은 경우에 조화파동을 복소수 기호로 표현하는 것이 유용하다. 이를 위해 먼저 파동과 복소수와의 관계에 대해 간략히 소개하고자 한다.

복소수 $\tilde{z}$는 다음과 같이 **실수**부와 **허수**부의 합으로 표현된다.

$$\tilde{z} = a + ib \tag{4-11}$$

여기에서 $a = \mathrm{Re}(\tilde{z})$와 $b = \mathrm{Im}(\tilde{z})$는 실수값이고 $i = \sqrt{-1}$ 이다. 식(4-11)에서 주어진 복소수의 형태는 극좌표계로도 표현될 수 있다. 그림 4-3을 참조하면 복소수 $\tilde{z}$는 실수부와 허수부에 대응되는 좌표축들을 통해 표현될 수 있다. $|\tilde{z}|$로 표기되는 $\tilde{z}$의 크기는 **절대치** 혹은 **모듈러스**라고 불리며, 피타고라스 정리에 의해

$$|\tilde{z}|^2 = a^2 + b^2 \tag{4-12}$$

로 주어진다. 그림 4-3으로부터 $a = |\tilde{z}|\cos\theta$, $b = |\tilde{z}|\sin\theta$이므로, $\tilde{z}$는 아래와 같은 표현이 가능하다.

$$\tilde{z} = |\tilde{z}|(\cos\theta + i\sin\theta)$$

위 식의 괄호 속 표현은 오일러 공식에 의해

$$e^{i\theta} = \cos\theta + i\sin\theta \tag{4-13}$$

이다. 따라서

$$\tilde{z} = |\tilde{z}|e^{i\theta} \tag{4-14}$$

이고, 여기서

$$\theta = \tan^{-1}\left(\frac{b}{a}\right) \tag{4-15}$$

이다. **복소공액** $\tilde{z}^*$은 단순히 복소수 $\tilde{z}$의 i를 $-i$로 바꾼 것이다. 따라서 만약 $\tilde{z} = a + ib$라면

$$\tilde{z}^* = a - ib \quad \text{또는} \quad \tilde{z}^* = |\tilde{z}|e^{-i\theta} \tag{4-16}$$

인데, 여기서 별표는 복소공액을 표기하는 데 사용된다. 아주 유용한 정리는 어떤 복소수와 그 복소수의 복소공액간의 곱은 그 복소수의 절대치와 동일하다는 것이다. 극좌표 형태를 활용할 경우, 이 정리는 다음과 같이 표현된다.

$$\tilde{z}\tilde{z}^* = (|\tilde{z}|e^{i\theta})(|\tilde{z}|e^{-i\theta}) = |\tilde{z}|^2 \tag{4-17}$$

마지막으로 식(4-13)의 오일러 공식을 이용하여 자주 등장하는 $e^{i\theta}$의 특별한 값들의 목록을 작성하면 유용할 것이다. 그림 4-4에는 그 값들을 쉽게 기억해 내는데 도움을 주는 도표가 함께 있다.

그림 4-3 실수(Re)축과 허수(Im)축을 통한 복소수의 그래프 표현.

θ	$e^{i\theta}$
0	1
$\pi/2$	i
π	-1
$3\pi/2$	$-i$

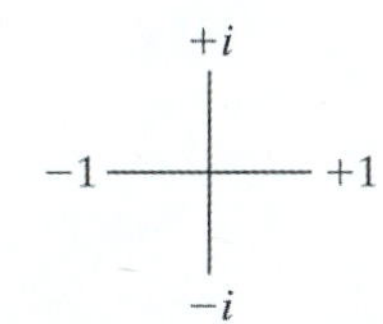

그림 4-4 자주 사용되는 $e^{i\theta}$의 값들.

4-4 복소함수로서의 조화파동

오일러의 공식을 이용하여 하나의 조화파동을 복소함수의 실수부(혹은 허수부)로 표현하는 것이 가능하다.

$$\tilde{y} = Ae^{i(kx - \omega t)} \tag{4-18}$$

그래서

$$\mathrm{Re}(\tilde{y}) = A\cos(kx - \omega t) \text{ 혹은 } \mathrm{Im}(\tilde{y}) = A\sin(kx - \omega t) \tag{4-19}$$

$\tilde{y}$에 대해 선형적인 항들만을 포함하고 있는 임의의 방정식과 그것들의 미분은 $\mathrm{Re}(\tilde{y})$ 혹은 $\mathrm{Im}(\tilde{y})$에 대해서도 유효하다는 점을 주목하자. 삼각함수보다 지수함수를 통해서 많은 수학적 조작들이 보다 단순하게 수행될 수 있다. 흔히 계산할 때는 식(4-18)의 복소 파동 형태로 조화파동을 표현하고, 그 결과 복소함수에 대해 식(4-19)로 실수부나 허수부를 취하여 물리적 의미가 있는 파동을 복원한다.

4-5 평면파

여기에서는 조화 파동방정식을 조금 더 일반화시켜 임의의 방향으로 진행하는 파형을 표현하고자 한다. 임의의 방향은 공간좌표 x, y, z를 포함하게 되므로, 파동의 "변위"나 "교란"을 1차원 변위에 대응되는 y 대신 3차원 변위에 대응되는 ψ로 표현하고자 한다. 예를 들어

$$\psi = A\sin(kx - \omega t) \tag{4-20}$$

인데, ψ는 단지 물리적인 변위만을 표현해야 할 필요는 없다. 즉, 평형상태를 기준으로 한 공기 압력의 변화(음파) 혹은 전기장이나 자기장의 변화(빛)와 같은 공간과 시간에 따라 변화하는 어떠한 양이 ψ이다. 식(4-20)은 $+x$-방향으로 진행하는 파동을 표현하고 있다. 고정된 시각에서 (단순화를 위해 $t = 0$을 취해보면), 파동은 다음과 같이 기술된다.

$$\psi = A\,\mathrm{sin}kx \tag{4-21}$$

x가 일정하다면 위상 $\varphi = kx$도 일정하게 된다. 따라서 위상이 일정한 면들은 x-축과 **직교하는 평면**들이 된다. 이렇게 위상이 일정한 면들은 종종 **변위의 파면**이라 한다. 좀 더 구체적인 예를 들어보면 공기로 채워진 시료를 관통하며 x-방향으로 진행하고 있는 음파의 평면을 고려해 보자. 이 음파의 진행은 공기를 통과하면서 그 공기의 압력 P를 바꾸게 된다. 평형상태($P_0 \approx 10^5\ \mathrm{N/m^2}$)로부터 일어나는 공기압력의 변화를 다음과 같이 표현해 보자.

$$\psi = P - P_0 = (10\ \mathrm{N/m})^2 \sin[(2\pi/\mathrm{m})x - (680\pi/\mathrm{s})t]$$

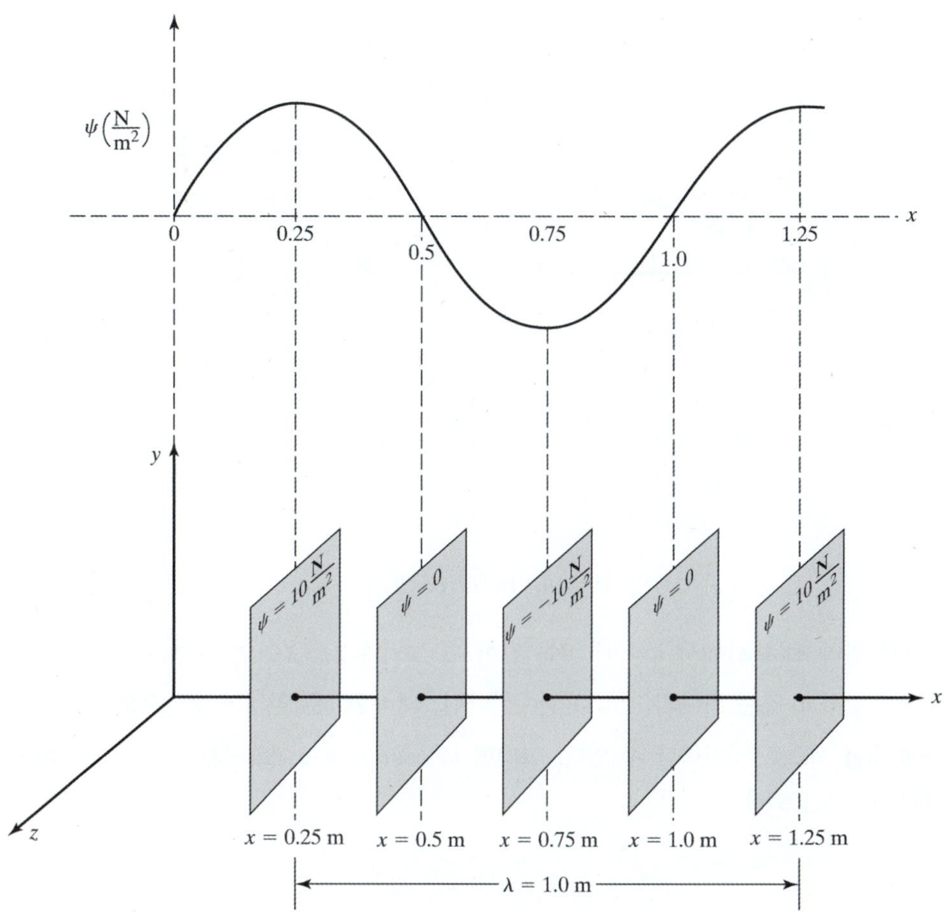

그림 4-5 x-방향으로 진행하는 음파의 파면에 의해 유도되는 공기압력의 변화. 이 그림은 $t=0$일 때 평형 상태로부터 공기압력의 변화를 x에 대한 함수로 보여주고 있으며, 동일한 시각에서 여러 개의 평면적 파면도 함께 보여주고 있다. 파면들 중 최대 변위를 보이는 파면들은 한 파장의 간격으로 떨어져 있음에 주목하자.

그림 4-5에서 $t=0$으로 고정된 시간에서 ψ를 x에 대한 함수와 동일한 시간에 대해 음파의 면과 관련된 여러 개의 파면들을 함께 보여주고 있다. 주어진 하나의 파면에서는 ψ가 모두 동일한 값을 가진다는 것에 주목하자. 또한 ψ는 한 파장 $\lambda = 1\text{ m}$ 간격으로 떨어져 있는 지점의 모든 파면들과도 동일한 값을 가진다. 그림 4-5의 그림조각들을 모아 동적 움직임을 구성해 보면 음파 파면이 x-방향으로 음속 340 m/s로 진행하는 것을 볼 수 있다. 분명히 공간적으로 무한히 먼 영역에까지 펼쳐져 있어야 하는 평면적인 파면들은 진행하는 파동의 수직방향에 대해 공간적 한계가 있는 실제의 파동을 이상적으로 근사한 것이다. 파동의 일부구간이지만 관심영역 전체에서 거의 평면적인 파면의 모습을 보여준다면, 파동을 단순히 평면파로 근사하는 것은 아주 유용한 근사이다.

식(4-20)에서 표현된 파동을 다시 고려해 보면, 그림 4-6(a)에서 나타나는 평면파의 경우 $x = r\cos\theta$를 이용하면 벡터 r에 의해 정의되는 공간상의 한 점에서의 파동의 변위는 x-축에 있는 점 x에 대한 변위와 동일하다. 식(4-21)은 다음과 같이 쓸 수 있다.

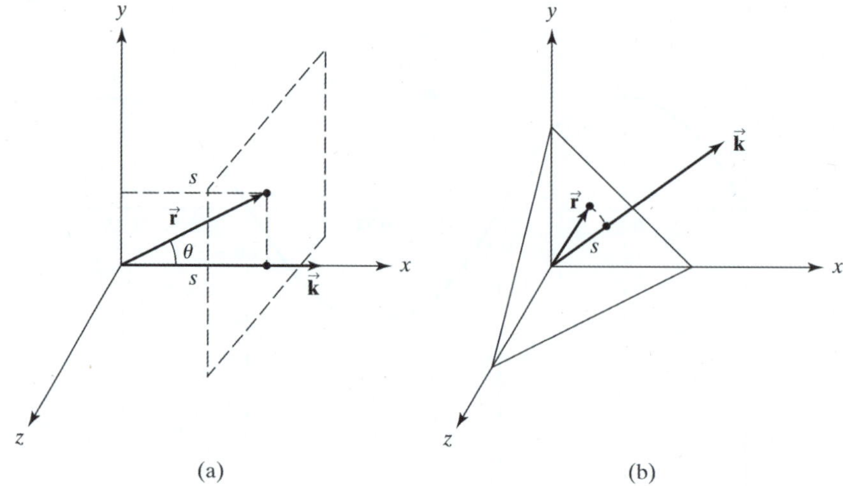

그림 4-6 임의의 방향에 대한 평면파의 일반화. 파동의 방향은 벡터 $\vec{\mathbf{k}}$에 의해 x-축 방향 (a) 혹은 임의의 방향 (b)으로 주어진다.

$$\psi = A\sin(kr\cos\theta)$$

그러므로 만약 식(4-4)에서 주어진 바와 같이 그 크기가 $2\pi/\lambda$인 전파상수를 파동의 진행방향을 향하고 있는 하나의 벡터로 간주한다면, 식(4-20)은 임의의 방향으로 진행하는 파동에 대한 식으로 일반화할 수 있다. 그러면 $kr\cos\theta = \vec{\mathbf{k}}\cdot\vec{\mathbf{r}}$이고 식(4-20)의 조화파동은 다음과 같이 된다.

$$\psi = A\sin(\vec{\mathbf{k}}\cdot\vec{\mathbf{r}} - \omega t)$$

이와 같은 형태에서는 그림 4-6(b)와 같이, 식(4-22)는 $\vec{\mathbf{k}}$로 주어진 임의의 방향으로 진행하는 평면파를 표현하게 된다. 이러한 일반적인 경우에

$$\vec{\mathbf{k}}\cdot\vec{\mathbf{r}} = xk_x + yk_y + zk_z = kr\cos\theta \equiv ks$$

이며, 여기서 $(k_x,\ k_y,\ k_z)$는 진행방향에 대한 성분이고, $(x,\ y,\ z)$는 변위 ψ를 구하는 공간상의 한 지점의 성분이며, s는 파동의 진행방향에 대한 위치 벡터의 성분이다. 일반적인 경우, s는 파면에 대해 수직한 방향으로 측정된 진행하는 파형의 거리를 기술한다는 것을 주목하자. 3차원에서 일반적인 조화파동을 복소수의 형태로 표현하면 다음과 같다.

$$\psi = Ae^{i(\vec{\mathbf{k}}\cdot\vec{\mathbf{r}} - \omega t)} \tag{4-23}$$

(물리적인 파형은 복소수형태의 실수부와 허수부로 기술된다는 것을 기억하자.) 이러한 3차원식을 만족하는 미분방정식은 식(4-2)의 일반적인 형태가 되어

$$\frac{\partial^2\psi}{\partial x^2} + \frac{\partial^2\psi}{\partial y^2} + \frac{\partial^2\psi}{\partial z^2} = \frac{1}{v^2}\frac{\partial^2\psi}{\partial t^2} \tag{4-24}$$

이 된다. 위 식은 식(4-23)으로부터 ψ를 두 번 미분하여 쉽게 검증할 수 있다. 파동에

대한 식(4-24)는 ψ에 대한 공간적 이계 미분항들을 연산자로 취급하여 분리시켜 다음과 같이 보다 간결한 형태로 쓸 수 있다.

$$\left(\frac{\partial^2}{\partial x^2}+\frac{\partial^2}{\partial y^2}+\frac{\partial^2}{\partial z^2}\right)\psi=\frac{1}{v^2}\frac{\partial^2\psi}{\partial t^2}$$

괄호 속의 모든 것을 포함하는 하나의 연산자는 다음과 같이 **라플라스 연산자**로 알려져 있다.

$$\nabla^2\equiv\frac{\partial^2}{\partial x^2}+\frac{\partial^2}{\partial y^2}+\frac{\partial^2}{\partial z^2}$$

따라서 식(4-24)는 다음과 같이 보다 단순화된다.

$$\nabla^2\psi=\frac{1}{v^2}\frac{\partial^2\psi}{\partial t^2} \tag{4-25}$$

4-6 구면파

점원으로부터 방출되고 있는 조화파동의 변위들이 균질한 매질 내에서 모든 방향에 대해 일정한 비율로 전파되고 있다. 그림 4-7에서와 같이, 일정한 위상의 표면들(즉, 파면들)은 점원을 중심으로 한 구각형태의 구면이다. 이러한 파동들은 물론 식(4-25)의 해들이며 복소수 파형에 의해 다음과 같이 표현된다.

$$\psi=\left(\frac{A}{r}\right)e^{i(kr-\omega t)} \tag{4-26}$$

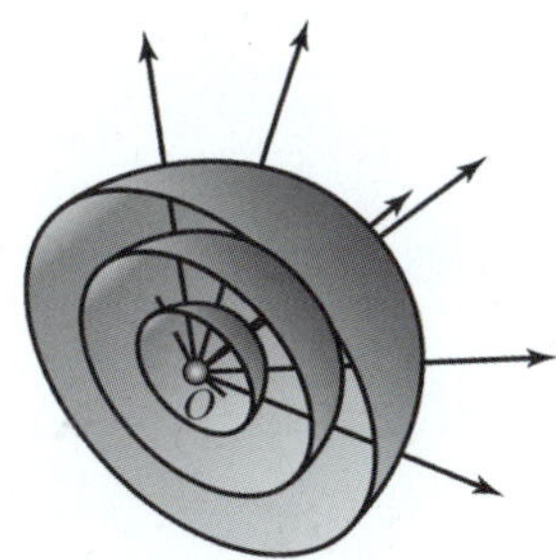

그림 4-7 하나의 점원 O로부터 방사되고 있는 3차원 구각 파면의 일부들. 광로는 O로부터 에너지 진행의 방향이 방사상으로 나오고 있다는 것을 보여준다.

여기서 r은 점원으로부터 파형의 한 지점까지의 반지름 거리이고, 평면파의 경우처럼 $k=2\pi/\lambda$이고 $\omega=2\pi/T$이다.

식(4-26)에 등장하는 상수 A는 파동의 전체 진폭이 아니라는 것에 주목하자. 진폭은 오히려 A/r로 주어진다. 구면파는 파원으로부터 멀리 진행하면 할수록 진폭이 감소한다. 이것은 파동이 진행을 해도 진폭이 일정하게 유지되는 평면파의 경우와 대비된다. 만약 점원으로부터 r만큼 떨어진 지점에서의 진폭이 A/r이라면, 그 지점에서 파동의 복사조도 $(\mathrm{W/m^2})$는 $(A/r)^2$에 비례한다. 즉 식(4-26)은 구면 파동변위의 전파에 대한 **역제곱법칙**을 함축한다. 명백히 식(4-26)은 r이 0 근처로 근접해감에 따라 유효하지 않다. 오히려 이 식은 작은 물리적 파원으로부터 유한한 거리에 떨어져 있는 변위를 기술한다. 만약 대상 영역이 충분히 작거나(혹은 파원으로부터 충분히 멀리 있을 경우) 구면파와 관련한 구형 파면은 평면으로 근사할 수도 있다. 그러한 이유로 점 파원으로의 거리와 비교해 관심영역이 작은 경우, 파원으로부터 방출되고 있는 파동은 평면파로 적절히 기술될 수 있다.

4-7 다른 조화파형들

원통형 파동

복소수를 통해 기술하는 또 다른 형태로 그림 4-8에서 보여지는 바와 같이, 파면이 대칭적 선들로 원통면 주변을 둘러싸며 밖으로 퍼져 나가는 원통형 파동이 있다. 이러한 파동은 다음과 같은 형태를 가진다.

$$\psi = \frac{A}{\sqrt{\rho}} e^{i(k\rho \pm \omega t)} \tag{4-27}$$

여기서 ρ는 원통의 중심 대칭선부터 파면의 한 지점까지의 거리이다. 만약 z-축이 대칭선이라면, $\rho = \sqrt{x^2 + y^2}$ 형태의 파동은 식(4-25)로 주어진 파동방정식의 정확한 해는 아니므로 물리적인 파동을 정확히 기술하지는 않지만, 값이 큰 ρ에 대해서는 근사적으로 유효하다. 이 식은 슬릿에 평면파가 비추어질 때 발생하는 파동의 모습에 대해 여전히 근사적으로 유용한 형태이다.

가우스 빔

식(4-25) 파동 미분방정식의 단일 주파수에 대한 근사해 중 또 다른 중요한 유형은 다소 복잡하지만 에르미트-가우시안이다. **에르미트-가우시안** 파형은 구형거울들로 구성된 레이

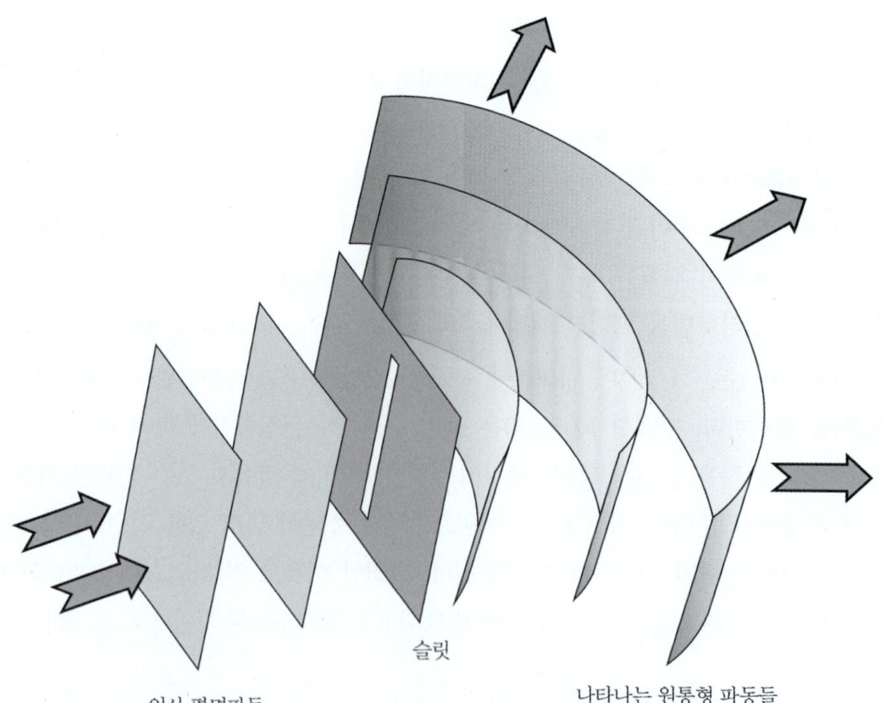

그림 4-8 슬릿을 향해 입사하는 평면 파동들은 원통형 파동을 생성한다.

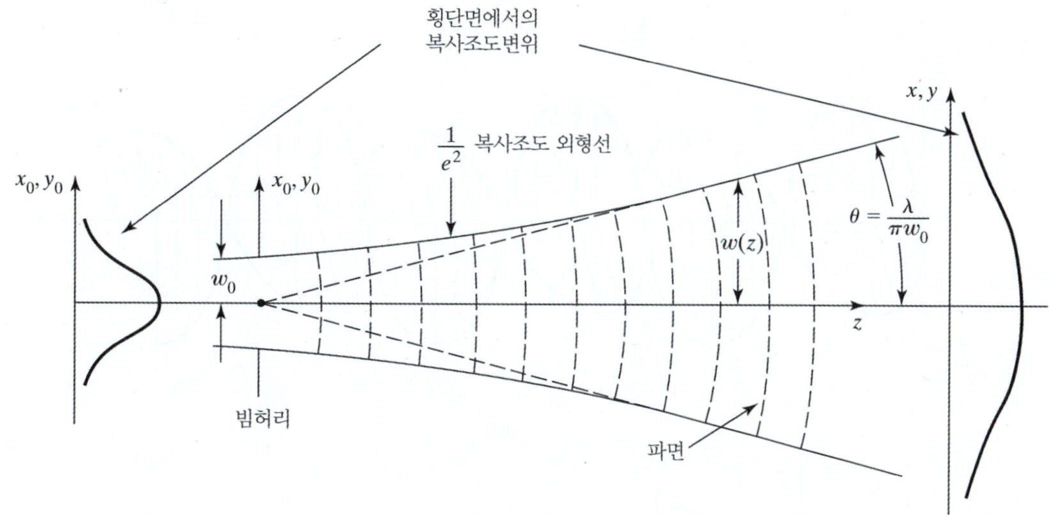

그림 4-9 z-방향으로 진행하고 있는 가우스 빔. 평면형태의 파면으로 근사할 수 있는 빔허리에서의 스폿 크기는 w_0로 정의된다. 반각 빔발산 $\theta = \lambda/(\pi w_0)$은 원거리 장에서만 유효하다. 빔이 오른쪽으로 진행해갈수록 횡방향 복사조도가 변하는 것에 주의하자.

저 시스템의 공진기 내부에서 생성되며 근사적으로 실제의 빔과 유사하다. 그런 맥락에서 빔의 복사조도는 횡방향으로 구속되어 있다. 자세한 논의는 27장에서 다루기로 하고, 여기서는 그림 4-9의 단순한 에르미트-가우시안 파형의 몇몇 중요한 특징을 개략적으로 지적하고자 한다. 그림 4-9에서 보여지는 변수 $w(z)$는 흔히 **스폿 크기**라고 불리며, 빔의 복사조도가 최대인 빔의 축으로부터 복사조도가 $e^{-2} \approx 0.135$로 떨어지는 지점까지의 횡방향 거리를 나타낸다. 그 빔이 진행할 때 구형파면은 유지하면서도 곡률반지름이 변한다는 점을 주목하자. 최소 스폿 크기 w_0는 소위 **빔허리**라고 불리는 지점에서 발생하는데, 그 지점에서 파면들의 모습은 평면적이다. 빔허리의 위치와 크기는 빔을 형성하는 레이저 공진기의 성향(그리고 연계되어 있는 집광용 부품들)에 의해 결정된다. 빔허리가 작을수록 반각 빔 발산정도는 커진다는 점을 주의하자. 이것은 11장과 27장에서 다루게 될 진행하는 전자기파의 중요한 일반적 특성이다. 대칭축 근처 영역에서는, 가우스 빔은 평면형태의 파형으로도 적절하게 기술될 수 있다.

4-8 전자기 파동

지금까지 논의된 조화파동들은 사인 함수나 코사인 함수의 모습으로 변하는 파의 요동을 기술할 수 있다. 그런 변위를 가지는 익숙한 몇 가지 예들은 현의 파동, 수면파, 음파들이다. 파동의 요동 ψ는 앞서 언급한 바와 같이 현의 횡방향 변위 혹은 가스 속에서 진행하는 음파의 종방향 변위를 의미한다. 일반적으로 조화파동들은 주기적인 방법으로 진동하는 파원들에 의해 발생된다. 일정한 주파수로 진동하는 대전된 입자들은 전자기파를 방출한다. 전자기파동들에 대해서는 (가시광선을 포함하여), ψ는 그 파동을 구성하는 변화하

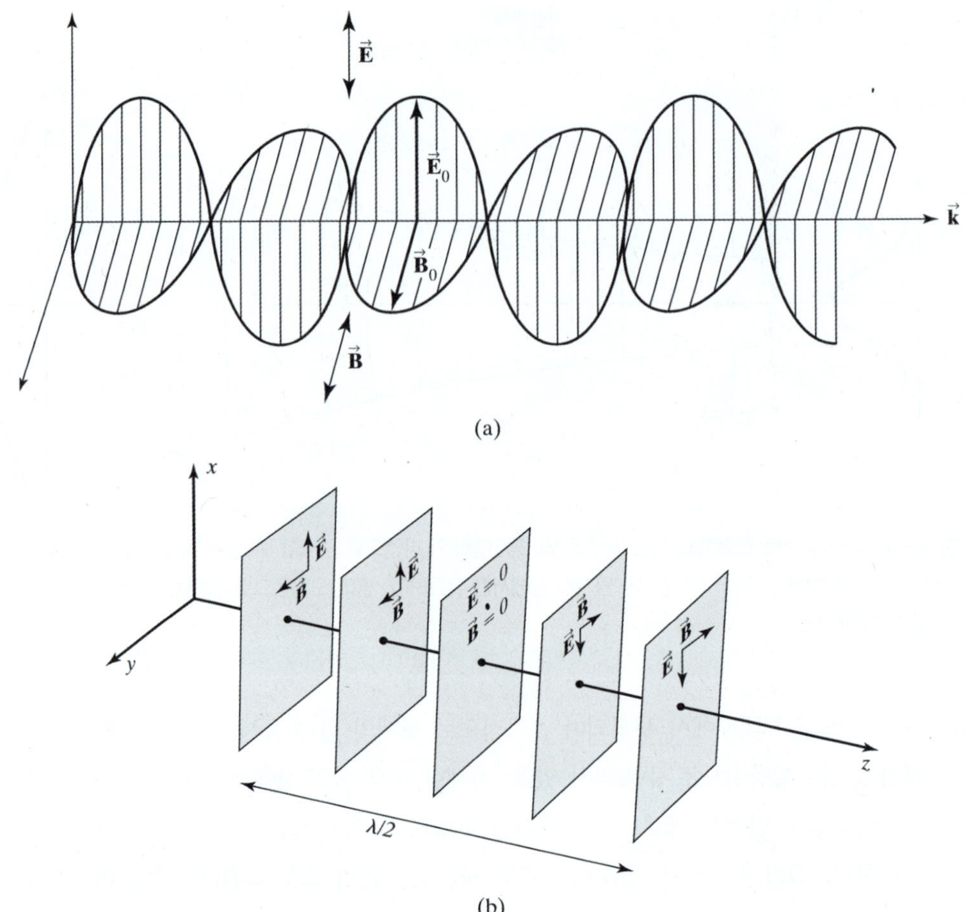

그림 4-10 식(4-28)과 식(4-29)에서 기술되는 전자기파의 평면파. (a) 전기장 $\vec{\mathrm{E}}$, 자기장 $\vec{\mathrm{B}}$, 진행 벡터 $\vec{\mathrm{k}}$는 모든 지점에서 서로 직교한다. (b) (선편광된) 전자기파 평면파의 파면.

는 전기장 혹은 자기장을 대표한다. 그림 4-10(a)는 임의의 방향으로 진행하고 있는 평면파 형태의 전자기파를 보여주고 있다. 그림 4-10(a)의 직교하는 축들이 제시하는 바와 같이, 이러한 파동들을 기술하는 맥스웰 방정식으로부터 조화적으로 변화하는 전기장과 자기장은 서로가 수직이면서 $\vec{\mathrm{k}}$로 주어진 파동의 진행방향에 대해서도 수직이다. 이러한 변화들은 조화파의 형태로 다음과 같이 기술될 수 있다.

$$\vec{\mathrm{E}} = \vec{\mathrm{E}}_0 \sin(\vec{\mathrm{k}}\cdot\vec{\mathrm{r}} - \omega t) \tag{4-28}$$

$$\vec{\mathrm{B}} = \vec{\mathrm{B}}_0 \sin(\vec{\mathrm{k}}\cdot\vec{\mathrm{r}} - \omega t) \tag{4-29}$$

여기서 $\vec{\mathrm{E}}$와 $\vec{\mathrm{B}}$는 각각 전기장과 자기장을 나타내며, $\vec{\mathrm{E}}_0$와 $\vec{\mathrm{B}}_0$는 전기장과 자기장의 진폭들이다. 파동의 각각의 성분은 동일한 진행 벡터 $\vec{\mathrm{k}}$와 주파수 ω를 가지고 진행하며, 따라서 동일한 파장과 속력을 가진다. 전자기이론에 따르면 전기장과 자기장의 진폭은 $E_0 = cB_0$로 관련되어 있다. 여기서 c는 빛의 속력이다. 그림 4-10(b)는 전기장은 x-방향을 따라 변화하고 자기장은 y-방향을 따라 변화하면서 양의 z-방향으로 진행하는 평면파를 보여주고 있다.

임의의 시간과 지점에서

$$E = cB \tag{4-30}$$

인데, 자유공간에서 빛의 속도 c는 다음과 같이 주어진다.

$$c = \frac{1}{\sqrt{\varepsilon_0 \mu_0}} \tag{4-31}$$

여기서 상수 ε_0와 μ_0는 각각 진공에서의 전기적 유전율, 자기적 투자율이다. 이 상수 값들은 $\varepsilon_0 = 8.8542 \times 10^{-12} (\mathrm{C \cdot s})^2/\mathrm{kg \cdot m^3}$와 $\mu_0 = 4\pi \times 10^{-7}\ \mathrm{kg \cdot m}/(\mathrm{A \cdot s})^2$이며, 이 두 값으로부터 진공에서 빛의 속력 $c = 2.998 \times 10^8\ \mathrm{m/s}$를 간접적으로 유도할 수 있다. 1장에서 **빛**이라는 용어는 사람의 눈으로 볼 수 있는 전자기 방출이라고 했던 것을 환기하자. 사람의 눈은 다른 파장들을 다른 색깔로 본다. 1장에서 빛(가시광선)의 파장은 380 nm(보라)에서 770 nm(빨강)의 영역에 분포하고 있다고 말한 것에 주목하자.

전자기파동은 물론 에너지의 투과를 의미한다. 그것의 전기장과 관련된 에너지의 밀도 u_E는 J/m^3 단위로 표기되며, 자유공간에서 다음과 같이 주어진다.

$$u_E = \frac{1}{2} \varepsilon_0 E^2 \tag{4-32}$$

그리고 자유공간에서 자기장과 관련된 에너지 밀도 u_B는 다음과 같다.

$$u_B = \frac{1}{2} \frac{1}{\mu_0} B^2 \tag{4-33}$$

이 표현들은 이상적 축전기의 정전기장 에너지와 이상적 솔레노이드의 정자기장 에너지로부터 쉽게 유도될 수 있다. 식(4-30)과 (4-31)을 식(4-32) 혹은 (4-33)과 결합하면 u_E와 u_B는 서로 크기가 같게 된다. 예를 들어 식(4-33)으로부터 시작하면,

$$u_B = \frac{1}{2} \frac{1}{\mu_0} B^2 = \frac{1}{2} \frac{1}{\mu_0} \left(\frac{E}{c} \right)^2 = \left(\frac{1}{2} \frac{\varepsilon_0 \mu_0}{\mu_0} \right) E^2 = \frac{1}{2} \varepsilon_0 E^2 = u_E \tag{4-34}$$

이다. 즉 전자기파의 에너지는 전기장과 자기장으로 균등하게 나뉘어져 있다. 전체 에너지 밀도는 그들의 합으로서,

$$u = u_E + u_B = 2u_E = 2u_B$$

혹은

$$u = \varepsilon_0 E^2 = \left(\frac{1}{\mu_0} \right) B^2 \tag{4-35}$$

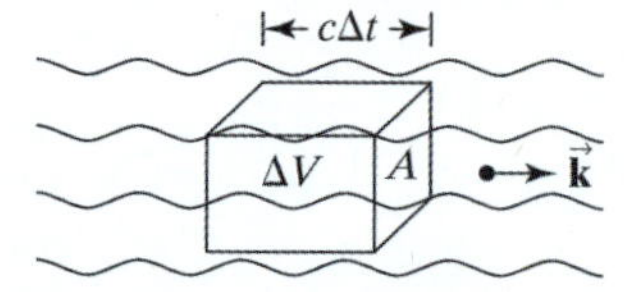

그림 4-11 전자기파의 에너지 흐름. 시간 Δt 동안 직육면체 체적 ΔV 내의 에너지는 표면 A를 지나 흘러간다.

이다. 다음으로 전자기파동의 형태로 에너지가 전송되는 시간당 비율, 즉 **일률**(power)을 고려해 보자. 주어진 시간 Δt 동안, 면적이 A인 (그림 4-11) 단면을 통과해 지나가는 에너지 전송은 길이가 $c\Delta t$인 체적 ΔV와 관련된 에너지이다. 따라서

$$\text{일률} = \frac{\text{에너지}}{\Delta t} = \frac{u\Delta V}{\Delta t} = \frac{u(Ac\Delta t)}{\Delta t} = ucA \tag{4-36}$$

혹은 단위 면적당 전송해 가는 일률 S는

$$S = uc \tag{4-37}$$

이다. 우리는 이제 에너지 밀도 u를 E와 B로 식(4-31)과 (4-35)를 이용하여 다음과 같이 표현할 수 있다.

$$u = \sqrt{u}\ \sqrt{u} = (\sqrt{\varepsilon_0}\,E)\left(\frac{B}{\sqrt{\mu_0}}\right) = \frac{\varepsilon_0}{\sqrt{\varepsilon_0\mu_0}}EB = \varepsilon_0 cEB \tag{4-38}$$

이 결과를 식(4-37)에 대입하면,

$$S = \varepsilon_0 c^2 EB \tag{4-39}$$

이다. 단위 면적당 일률인 S를 **포인팅 벡터**라고 부른다. 여기서 벡터의 방향은 파동의 진행방향이다. 이 방향은 서로 직교하는 벡터 $\vec{\mathbf{E}}$와 $\vec{\mathbf{B}}$의 외적의 방향과 동일하므로, 최종적으로 다음과 같이 쓸 수 있다.

$$\vec{\mathbf{S}} = \varepsilon_0 c^2\,\vec{\mathbf{E}} \times \vec{\mathbf{B}} \tag{4-40}$$

이 관계식이 두 파형의 곱을 내포하는 것으로 보아, 복소수 형태로 표현된 파형을 유지하지 않는다는 것을 알 수 있다. 그 전기장과 자기장은 아주 빠르게 (가시광 영역에서 그 변화의 주파수는 10^{14} Hz에서 10^{15} Hz까지이다) 변화하기 때문에 식(4-39) 포인팅 벡터의 크기 또한 시간에 대해 아주 빠르게 변화하는 함수이다. 대부분의 경우 단위 면적당 전송되는 평균 일률을 필요로 한다. 이 물리량을 **복사조도** E_e라고 한다.[1]

$$E_e = \langle|\vec{\mathbf{S}}|\rangle = \varepsilon_0 c^2 \langle E_0 B_0 \sin^2(\vec{\mathbf{k}}\cdot\vec{\mathbf{r}} \pm \omega t)\rangle \tag{4-41}$$

여기서 물리량 양쪽에 꺽쇠 모양으로 표기된 괄호는 시간평균을 의미하고, 장들을 위상에 대한 사인 함수로 표기하였다. $\sin^2\theta$나 $\cos^2\theta$ 함수의 한 주기에 대한 평균이 1/2이라는 것은 쉽게 보일 수 있다. 그러므로

1 전기장과 복사조도와의 혼란을 피하기 위해, 본문의 나머지 대부분에 대해 E_e 대신 I를 기호로 사용할 것이다.

$$E_e = \frac{1}{2}\varepsilon_0 c^2 E_0 B_0$$

$$E_e = \frac{1}{2}\varepsilon_0 c E_0^2$$

$$E_e = \frac{1}{2}\left(\frac{c}{\mu_0}\right)B_0^2 \tag{4-42}$$

이다. 자유공간에서 식(4-42)는 또 다른 형태로 표현될 수 있다. 만약 ε_0를 $n^2\varepsilon_0$로 바꾸고 c를 c/n으로 대체하면, 이들은 굴절률이 n인 매질에 적용될 수 있다. 이러한 변화에 대해 첫 번째 대체식의 경우 바뀌지 않는다는 것을 **반드시** 기억하자.

예제 4-2

반지름이 1 mm인 레이저 빔이 6 kW의 일률을 운반하고 있다. 그것의 평균 복사조도와 전기장(E)와 자기장(B)의 진폭을 구하시오.

풀이

평균 복사조도는

$$E_e = \frac{\text{power}}{\text{area}} = \frac{6000}{\pi(10^{-3})^2} = 1.91 \times 10^9\ \text{W/m}^2$$

이며, 식(4-42)로부터

$$E_0 = \left(\frac{2E_e}{\varepsilon_0 c}\right)^{1/2} = \left[\frac{2(1.91\times 10^9)}{\varepsilon_0 c}\right]^{1/2} = 1.20\times 10^6\ \text{V/m}$$

이다. 그리고 식(4-30)으로부터

$$B_0 = \frac{E_0}{c} = \frac{1.20\times 10^6}{c} = 4.00\times 10^{-3}\ \text{T}$$ 이다.

4-9 빛의 편광

앞서 지적한 바와 같이 전자기파와 관련된 장들은 벡터량이다. 즉 파동의 모든 점에서 전기장과 자기장은 서로 수직이고, 그 장들은 동시에 $\vec{\mathbf{E}}\times\vec{\mathbf{B}}$인 에너지의 진행방향에 대해서도 서로 직교한다. 전자기파를 완전히 표현하기 위해서는 전기장을 지정하는 것으로 충분하다. 왜냐하면 자기장의 방향과 포인팅 벡터는 $\vec{\mathbf{E}}$를 알면 자동적으로 결정되기 때문이다. 전기장의 방향을 그 **전자기** 파동에서의 편광이라고 한다. 예를 들어 양의 z-방향으로 진행하고 x-방향으로 편광된 전기장을 고려하면,

$$\vec{\mathbf{E}} = E_0 \sin(kz - \omega t)\hat{\mathbf{x}} \tag{4-43}$$

이다. 맥스웰 방정식에서 의해, 이 전기장과 관련된 자기장은 다음과 같다.

$$\overrightarrow{\mathbf{B}} = \left(\frac{1}{c}\right) E_0 \sin(kz - \omega t)\,\hat{\mathbf{y}}$$

그리고 식(4-40)에 따라 포인팅 벡터의 값은 다음과 같다.

$$\overrightarrow{\mathbf{S}} = \varepsilon_0 c E_0^2 \sin^2(kz - \omega t)\,\hat{\mathbf{z}}$$

전자기파동의 편광은 **로렌츠 법칙** 적용을 통해 전자기 파동의 경로에 놓인 전하를 띤 입자가 받는 힘의 방향을 결정한다. 로렌츠 법칙은 전하량 Q를 가지고 속도 $\overrightarrow{\mathbf{V}}$로 움직이는 입자에 가해지는 전자기적인 힘을 다음과 같이 기술한다.

$$\overrightarrow{\mathbf{F}} = Q(\overrightarrow{\mathbf{E}} + \overrightarrow{\mathbf{V}} \times \overrightarrow{\mathbf{B}})$$

만약 대전된 입자의 속력이 빛의 속력과 비교해 큰 비중을 차지하지 않는다면, 이 입자에 가해지는 전기적인 힘이 자기적인 힘보다 훨씬 크다. 대전 입자에 가해지는 전기력은 파동의 편광방향이고 당연히 파동의 진행방향에 대해 수직이어야 한다. 요약하자면 전자기 파동은 진동하는 (진동도 가속의 일종이므로 일반적으로 단순히 가속하는) 전하 분포에 의해 발생되고, 전자기 파동이 이동하면서 에너지와 운동량을 수송한다. 이러한 파동들은 파동의 경로 내에 있는 대전된 입자에 힘을 가하게 된다.

선 편광과 타원 편광

편광된 빛의 성질, 결과, 몇 가지 응용은 14장과 15장에 자세하게 다루기로 하고, 이 절에서는 편광된 조화 전자기장의 기본적인 성질에 대해서 간략하게 결론을 내고자 한다. 식(4-43)의 전기장은 x-방향으로 편광되었다고 말한다. 왜냐하면 그 전기장의 방향은 항상 x-방향이기 때문이다. 그림 4-12(a)에서 도식화된 바와 같이 빛은 파동의 진행방향에 수직한 임의의 선을 따라 편광된다. 이 그림에서 전기장 $\overrightarrow{\mathbf{E}}$는 x-방향과 y-방향 성분으로 구성되었고, x-축에 대해 45° 각을 가지는 선을 따라 진동한다. 한 주기가 $T = 2\pi/\omega$인 $z = 0$ 평면에서의 전기장 벡터를 1/8 주기마다 보여주고 있다.

일반적으로 전기장들은 타원형태로 편광되어 있을 수 있는데, 그 의미는 시간이 지나면 파동의 진행에 따라 전기장 벡터의 궤적이 타원의 곡선을 따라간다는 것이다. 그들 중 원형으로 편광된 전자기파의 특별한 사례를 그림 4-12(b)에서 보여주고 있다. 이 그래프에서는 y-방향에 대한 전기장의 성분은 항상 전기장의 x-방향 성분에 대해 $\pi/2$의 위상차를 가지고, 결과적으로 원편광으로 형성하게 된다. 원편광과 선편광의 두 사례 모두 타원편광의 극단적인 사례로 표현될 수 있다는 점을 주목하기 바란다. 임의의 타원편광에 대한 조사는 연습으로 남겨둔다(문제 4-24 참조).

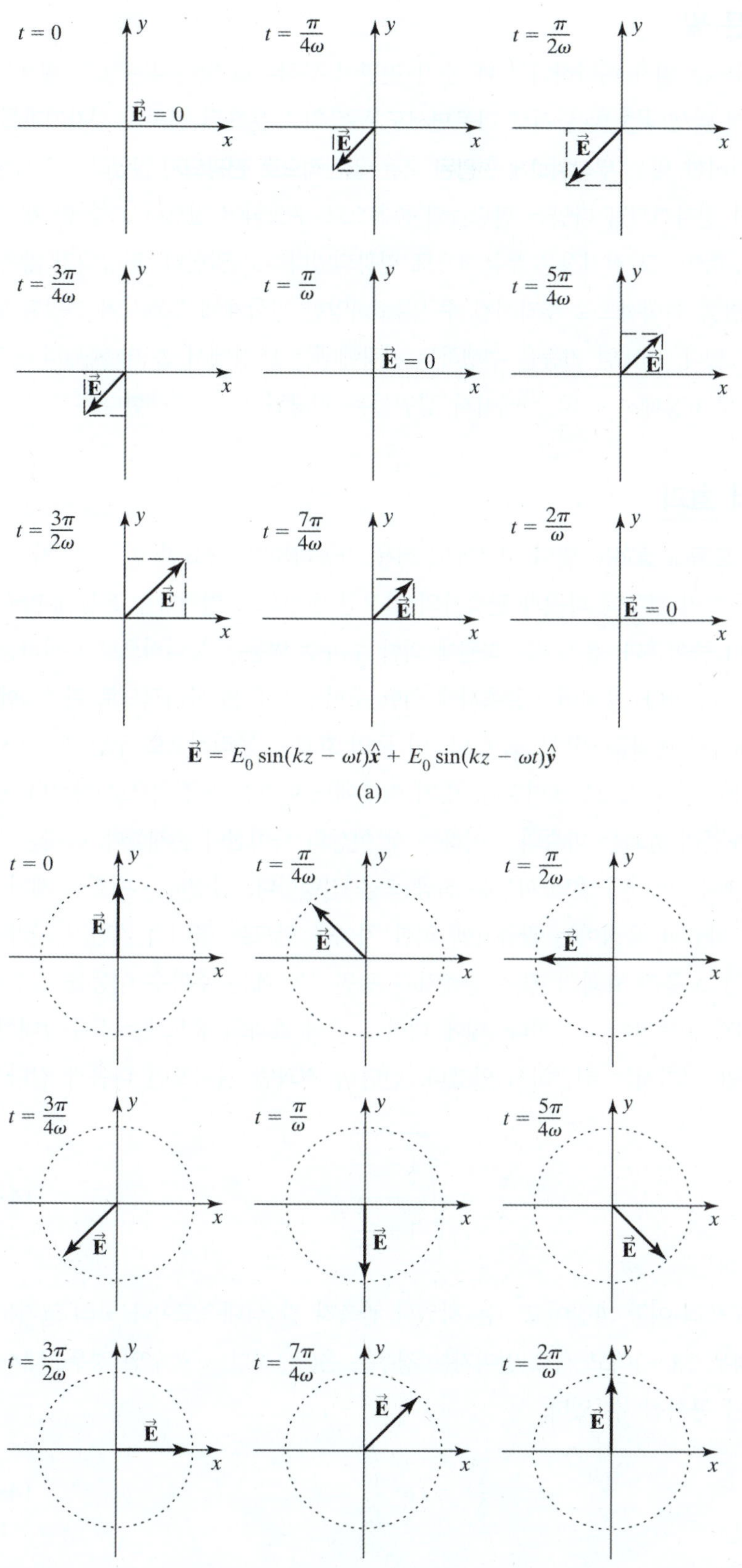

그림 4–12 전기장 편광. (a) 선편광과 (b) 원편광 파동에 대해 $z = 0$의 고정면에서 한 주기 동안 일어나는 전기장 벡터의 움직임.

편광되지 않은 빛

종종 광원을 이루는 원자 하나하나는 매 순간 편광이 무작위로 달라지는 빛을 발생한다. 이러한 광원에서 발생되는 빛은 서로 다르면서도 무작위로 분포된 편광의 전자기파를 중첩한 것이다. 이러한 빛을 **무작위하게 편광된** 혹은 **일반적으로 편광되지 않았다**라고 표현한다. 만약 어떠한 전자기파가 다양한 편광들의 중첩으로 구성되어 있으나 그중 한 개 혹은 다수가 두드러진다면, 그 전기장은 부분적으로 편광되었다라고 말한다. 편광되지 않은 빛을 **특별한 편광**만을 선택적으로 투과시킬 수 있는 다양한 광학계에 투과시켜 편광된 빛을 만들어 낼 수도 있다. 이러한 기능을 수행하는 편광매체는 15장에서 좀 더 자세히 논의하겠다. 추가적으로 6장에서 논의할 레이저 광원들은 편광된 빛을 발생한다.

4-10 도플러 효과

음파에 친숙한 **도플러 효과**는 빛의 경우에도 적용 가능하지만, 중요한 한 가지 차이점을 가지고 있다. 음파의 경우에 파원과 관측자의 연결선 방향으로 일어나는 운동에 따라 주파수가 커지거나 줄어든다. 움직이는 **파원**에 의한 주파수 변동은 물리적으로 투과하는 파장의 변화에서 기인한다. 움직이는 **관측자**에 의한 주파수 변동은 물리적으로 관측자에 대한 음파의 상대속력 변화를 기반으로 한다. 이 둘의 효과는 물리적으로 구별되는 차이를 지니고 서로 다른 방정식으로 표현된다. 빛의 경우에도 이들은 본질적으로 다르다. 음파와 빛에 대한 도플러 효과는 파속의 차이라는 것 이상의 차이점이 존재한다. 음파는 물질의 매질을 투과하는 반면에 빛의 파동은 진공 속을 진행한다. 진행하는 매질을 제거하자마자 움직이는 파원과 움직이는 관측자에 의한 차이를 만드는 물리적 기반이 사라지게 된다. 빛에 대한 도플러 효과의 경우 관측자와 광원 사이에는 주파수 이동을 결정하는 **단 하나**의 상대적 운동만이 존재한다. 빛에 대한 도플러 효과의 유도에는 특수상대성 이론이 필요하지만 여기서는 취급하지 않겠다. 간단히 결과만 살펴보면 다음과 같다.[2]

$$\frac{\lambda'}{\lambda} = \sqrt{\frac{1-\dfrac{v}{c}}{1+\dfrac{v}{c}}} \tag{4-44}$$

여기서 λ'는 도플러-이동 파장이고 v는 광원과 관측자 간 상대속도이다. v의 크기는 서로 다가가는 경우 양(+)이고 서로 멀어지는 경우는 음(−)이다. $v \ll c$인 경우, 식(4-44)는 다음과 같이 근사될 수 있다.

$$\frac{\lambda'}{\lambda} = 1-\frac{v}{c} \tag{4-45}$$

---

2 Robert Resnick. *Basic Concepts in Relativity and Quantum Mechanics* (New York: John Wiley and Sons, 1972). Ch. 2.

도플러 효과는 천문학에서 전자기파를 방출하는 광원의 속력을 결정하는 데 아주 중요하다. **적색편이**는 관측하는 우리로부터 **멀어져가는** 광원의 상대속력에 의해 복사가 긴 파장 쪽으로 이동하는 현상이다.

예제 4-3

먼 은하로부터 도달한 빛이 산소 스펙트럼을 보여주고 있다. 하지만 실험실 광원을 사용해 측정한 값과 달리 관측된 파장의 값은 이동을 보여주고 있다. 특히 513 nm에서 예측되는 스펙트럼 선이 525 nm에서 나타나고 있다. 지구에 대한 이 은하의 속력을 구하시오.

풀이

주어진 값인 $\lambda = 513$ nm와 $\lambda' = 525$ nm 및 식(4-25)를 이용하면,

$$\frac{525}{513} = 1 - \frac{v}{c}$$

$$v = -0.0234c = -7020 \text{ km/s}$$

이 된다. 분명 λ는 길어졌으므로(즉 주파수는 줄어들었다), 이 은하는 대략 7020 km/s의 속력으로 지구로부터 멀어지고 있다.

도플러 효과가 중추적으로 중요한 또 다른 상황은 **도플러 확대**(Doppler broadening)으로서, 이것은 빠르게 움직이고 있는 가스 내 원자에서 방출되는 스펙트럼 선과 관련이 있다. 이 움직이는 원자들은 각자가 모두 거의 동일한 주파수의 전자기파를 복사한다고 하더라도, 검출기에 대해 상대속도를 가지므로 다양한 주파수 영역을 나타내며 측정된다. 마지막으로 움직이는 빗방울이나 다른 물체를 향해 전자기파를 발생시키는 광원인 **도플러 날씨 레이더**를 언급하고자 한다. 결과적으로 그 입자들은 광원을 향해 전파를 반사하게 된다. 광원으로부터 발생된 파장과 반사되어 되돌아온 파장과의 차이는 레이더 광원에 대한 그 입자들의 상대속도와 직접적으로 관련이 있다.

문제

4-1 줄(rope)에 $y = ae^{-bx^2}$ 식을 만족하는 펄스가 있다. (a와 b는 상수이고 x는 cm 단위) 이 펄스의 모양을 그려라. 이 펄스가 10 m/s로 반대방향으로 움직일때 펄스의 방정식을 구하시오.

4-2 줄에 아래의 식으로 표현되는 횡파가 $t = 0$에서 출발하였다.

$$y = \frac{4\,\text{m}^3}{x^2 + 2\,\text{m}^2}$$

a. 이 횡파가 $-x$ 방향으로 2.5 m/s의 속도로 움직일 때 횡파의 변위 $y(x, t)$를 시간 t와 위치 x의 함수로 표현하시오.

b. $t=0,\ t=2\,\text{s},\ t=5\,\text{s}$ 일 때 펄스를 그리시오.

4-3 수학적으로 다음과 같이 표현되는 파들이 있다. (길이는 m 단위)

1. $y(z,\ t)=A\sin^2[4\pi(t/\text{s}+z/\text{m})]$
2. $y(x,\ t)=A(x/\text{m}-t/\text{s})^2$
3. $y(x,\ t)=A/(Bx^2-t)$

a. 이 중에서 이동파는 어떤 파인가? 증명하시오.

b. 이동파라면 속도의 방향과 크기를 구하시오.

4-4 다음과 같은 식의 이동파가 있다. 이동 속도의 방향과 크기를 구하시오. (길이는 m 단위)

$$y=\frac{(100\ \text{m})e^{[x^2/\text{m}^2-20(x/\text{m})(t/\text{s})+100t^2/\text{s}^2]}}{x/\text{m}-10t/\text{s}}$$

4-5 2(임의 단위)의 진폭, 5 m의 파장, 3 s의 주기를 가진 조화진동파가 $-z$ 방향으로 이동하고 있다. 처음($t=0$) 시작점에서의 변위는 0이다. (a) 파장과 주기를 이용하여 이 파동의 파동방정식을 구하시오. (b) 전파상수와 속도를 이용하여 이 파동의 파동방정식을 구하시오. (c) 이 파동의 파동방정식을 복소수 형태로 구하시오.

4-6 **a.** 5 m의 진폭과 50 m의 파장을 가진 조화파가 $t=0$에서 $+x$ 방향으로 이동할 때 파동방정식을 구하시오.

b. 이 조화파가 $t=4$일 때 외부의 영향으로 $-x$ 방향으로 2 m/s로 이동하게 되었다면, 이때 외부의 영향을 구하시오.

4-7 아래의 식과 같은 조화파가 있다.

$$y=(10\ \text{cm})\sin[(628.3/\text{cm})x-(6283/\text{s})t]$$

아래의 값을 구하시오.

(a) 파장, (b) 진동수, (c) 전파상수, (d) 각진동수, (e) 주기, (f) 속도, (g) 진폭.

4-8 위상상수 조건을 이용하여 아래의 파동의 속도를 상수 A, B, C, D로 표현하시오. (거리는 m, 시간은 s 단위) 결과를 치수로 잴 수 있게 확인하시오.

a. $f(y,\ t)=A(y-Bt)$

b. $f(x,\ t)=A(Bx+ct+D)^2$

c. $f(z,\ t)=A\exp(Bz^2+BC^2t^2-2BCzt)$

4-9 $t=0$일 때 $+x$ 방향으로 진행하는 조화파가 있다. 이때 $x=0$에서의 변위는 13, $x=3/4$에서의 변위는 -7.5이다. $t=0$일 때 파동방정식을 구하시오.

4-10 **a.** $t=0$일 때 원점에서 x_0 cm만큼 떨어진 곳에서 최대의 양의 변위를 가지는 사인파가 있다. 이 사인파가 다음과 같은 위상각(phase angle) φ_0를 가짐을 보여라. (파장은 cm)

$$\varphi_0=\frac{\pi}{2}-\left(\frac{2\pi}{\lambda}\right)x_0$$

b. $\lambda=10$ cm이고 $x_0=0,\ 5/6,\ 5/2,\ -1/2$ cm일 때 파동을 그리고 초기 위상을 구하시오.

c. 사인파를 코사인파로 바꾸었을 때 (b)에서의 조건에 따른 초기 위상각을 구하시오.

4-11 $\vec{\mathbf{k}}\cdot\vec{\mathbf{r}}$의 알맞은 표현식을 찾고 이로부터 아래의 조건으로 진행하는 3차원상의 사인파의 방정식을 파장과 속도를 이용하여 구하시오.

a. $+z$ 방향

b. $x=y,\ z=0$인 직선방향

c. $x+y+z=$상수인 평면에 수직방향

4-12 $\tilde{z}$가 복소수일 때 아래 식이 성립함을 보여라.

(a) $\text{Re}(\tilde{z})=(\tilde{z}+\tilde{z}^*)/2$

(b) $\text{Im}(\tilde{z})=(\tilde{z}-\tilde{z}^*)/2i$

(c) $\cos\theta=(e^{i\theta}+e^{-i\theta})/2$

(d) $\sin\theta=(e^{i\theta}-e^{-i\theta})/2i$

4-13 복소수로 표현된 파동함수에 (a) i를 곱했을 때 위상이 $\pi/2$만큼 변하고 (b) -1을 곱했을 때 위상이 π만큼 변함을 보여라.

4-14 두 파동이 같은 공간에서 같은 진폭, 속도, 진동수를 가지고 진행하고 있다. 결합파를 각각 파동의 합으로 다음과 같이 표현할 수 있다.

$$\psi(y,\ t)=A\sin(ky+\omega t)+A\sin(ky-\omega t+\pi)$$

복소 지수함수(complex exponentials)를 이용하여 아래 식을 증명하시오.

$$\psi(y,\ t)=2A\cos(ky)\sin(\omega t)$$

4-15 햇빛으로부터 생성된 지구표면에서의 에너지 흐름(energy flow)은 약 1.0 kW/m^{2}이다. 이런 에너지 밀도를 가지는 파의 E, B의 최댓값을 구하시오.

4-16 빛이 굴절률 1.5의 유리 속을 진행한다. 파동의 전기장 진폭이 100 V/m일 때 (a) 자기장의 진폭은 얼마인가? (b) 포인팅벡터의 평균 크기는 얼마인가?

4-17 태양상수는 태양으로부터 지구의 대기표면에 도달하는 복사에너지 밀도(radiant flux density)를 나타내며 약 0.135 W/cm^{2}의 값을 가진다. 지구에 도달하는 태양빛의 평균 파장이 700 nm라고 가정할 때, (a) 전기장, 자기장의 진폭을 구하시오. (b) 1 m^{2}의 태양판(solar panel)에 1초당 도달하는 광자(photon)의 개수를 구하시오. (c) 태양복사파의 전기장 부분의 조화파 파동방정식을 모든 상수를 넣어 구하시오.

4-18 **a.** 220 W의 램프가 모든 방향으로 동일하게 빛을 낸다. 이 전자기파의 복사조도를 구하고 램프로부터 10 m 떨어진 곳에서 전기장의 진폭을 구하시오. 램프 에너지의 5%가 빛으로 변환된다고 가정하자.

b. 2000 W의 레이저빔을 렌즈를 이용하여 1×10^{-6} cm^2의 단면적을 가지도록 집광하였다. 이때의 복사조도와 자기장, 전기장의 진폭을 구하시오.

4-19 에너지 보존을 위해서는 원통파(cylindrical wave)의 진폭이 $\sqrt{r}$에 반비례함을 증명하시오.

4-20 $v \ll c$일 때 식(4-44)로부터 식(4-45)를 유도하시오.

4-21 녹색신호를 보기 위해서 얼마나 빠른 속도로 빨간 신호등에 다가가야 하는가? 우리 눈의 반응도는 같고, 빨간빛은 640 nm, 녹색빛은 540 nm이다.

4-22 현재 관찰되는 우주의 한계에 있는 퀘이사(quasar)에서는 지구에서의 동일 분자가 내놓는 파장의 4.8배만큼 긴 파장을 내놓는다. 이것이 도플러 효과에 의한 것이라고 할 때 퀘이사에서의 속도는 지구에서의 속도와 어떻게 다를 것인가?

4-23 1000 K에서 헬륨 가스가 내놓는 706.52 nm 선의 도플러 확장(Doppler broadening)을 구하시오. 다음 가스분자의 속도식을 이용하시오.

$$v_{rms} = \sqrt{\frac{3RT}{M}}$$

R: 가스상수, T: 절대 온도, M: 분자 무게.

4-24 다음과 같은 식의 전기장이 있다.

$$\vec{\mathbf{E}} = E_x \sin(kz - \omega t + \varphi_{0x})\hat{\mathbf{x}} + E_y \sin(kz - \omega t + \varphi_{0y})\hat{\mathbf{y}}$$

아래 각각의 경우에서 그림 4-12처럼 $z=0$ 평면에서 한주기 동안 변하는 전기장 벡터의 진행과정을 그리시오.

a. $E_x = 2E_y$, $\varphi_{0x} = \varphi_{0y} = 0$

b. $E_x = 2E_y$, $\varphi_{0x} = 0$, $\varphi_{0y} = \pi/2$

c. $E_x = 2E_y$, $\varphi_{0x} = 0$, $\varphi_{0y} = -\pi/2$

d. $E_x = 2E_y$, $\varphi_{0x} = \pi/4$, $\varphi_{0y} = -\pi/4$

e. $E_x = 2E_y$, $\varphi_{0x} = 0$, $\varphi_{0y} = -\pi/4$

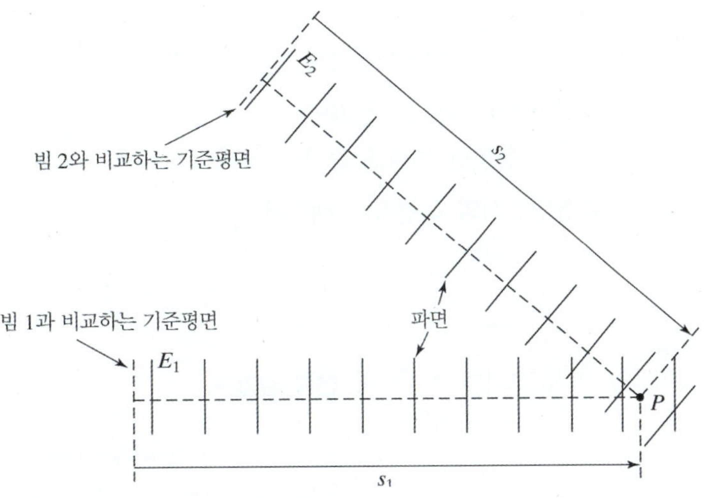

chapter 5 파동의 중첩

서론

4장에서 파장, 진폭, 그리고 주파수를 이용한 방정식으로 파동을 기술해 보았다. 흔히 두 개 혹은 그 이상의 파동들이 공간상의 동일한 한 지점에 도착하거나 동일한 방향으로 함께 존재하는 상황을 취급해야 할 필요가 있다. 이 장에서는 두 개 혹은 그 이상의 조화파동들이 결합된 여러가지 중요한 사례에 대해서 취급하고자 한다. 첫 번째 경우로 주파수는 동일하지만 진폭과 위상이 서로 다른 조화파동의 중첩을 다룬다. 그것에 대한 분석 결과는 단지 동일한 주파수를 가진 또 다른 조화파동이라는 것을 보여준다. 이것은 서로 다른 위상을 지닌 파동들이 무작위로 결합한 조화파로부터 얻은 복사조도와는 중요한 차이가 있다. 그 다음으로는 하나의 조화파동과 그것의 대응부인 반사파와의 중첩의 결과로 만들어지는 정상파를 취급할 것이다. 끝으로 주파수가 미세하게 다른 파동들의 중첩을 고려하면서 그것에 대한 분석을 맥놀이와 전자기파형의 위상속도와 군속도간의 구별과 연계하고자 한다.

5-1 중첩의 원리

파동의 결합효과를 성공적으로 설명하기 위해서는 구체적으로 질문을 해야 한다. 독립적인 변위 ψ_1과 ψ_2를 지니는 파동들이 함께 존재하는 공간의 한 지점에서 알짜변위 ψ는 무엇인가? 궁금증의 해답은 **중첩의 원리**에서 얻을 수 있다. 결과적으로 알짜변위는 구성하고 있는 개별 파동의 변위의 합과 같다.

$$\psi = \psi_1 + \psi_2$$

이 원리를 이용하여 결과파동의 진폭과 복사조도(W/m^2)를 계산해낼 수 있고 측정을 통해 검증할 수 있다.

동일한 원리를 보다 공식적으로 다음과 같이 진술할 수 있다. 만약 ψ_1과 ψ_2가 파동방정식의 독립적인 해라면,

$$\nabla^2\psi = \frac{1}{v^2}\frac{\partial^2\psi}{\partial t^2}$$

이다. 그러면 이것들의 **선형 결합**은,

$$\psi = a\psi_1 + b\psi_2$$

이 된다. 여기서 a와 b는 상수이고, 이 선형결합도 역시 하나의 해가 된다.

전자기파(EM 파동)의 중첩은 전기장이나 자기장 벡터 방정식으로 표현될 수 있다.

$$\vec{\mathrm{E}} = \vec{\mathrm{E}}_1 + \vec{\mathrm{E}}_2, \quad \vec{\mathrm{B}} = \vec{\mathrm{B}}_1 + \vec{\mathrm{B}}_2$$

일반적으로 전기장과 자기장의 방향은 반드시 고려되어야 한다. 예를 들어, 합성하는 전기장이 서로 직교하는 경우 공간의 한 점에서 파동의 중첩결과는 전기장들이 서로 나란한 경우와는 다르다. 두 전자기파의 중첩에서 $\vec{\mathrm{E}}$의 벡터 성질에 대한 보다 체계적인 설명은 7장에서 배울 것이다. 지금은 전기장을 스칼라량으로 취급한다. 이러한 취급은 개별적인 $\vec{\mathrm{E}}$ 벡터들이 나란할 경우 확실히 유효하다. 전기장이 거의 나란한 경우에도 흔히 적용되기도 한다. 이러한 취급법은 $\vec{\mathrm{E}}$장이 두 개의 직교하는 성분으로 표기되는 (위상은 무작위) 편광되지 않은 빛의 경우에도 유효하다. 이 경우 스칼라 이론은 각각의 파동성분과 이와 중첩되는 파동에서 대응성분, 그리고 결국 전체 파동에도 적용된다.

진폭이 아주 큰 두 개 혹은 그 이상의 빛의 장들이 물질 내에서 혼합될 경우, 결과적인 빛의 장은 개별적 장들의 단순한 중첩이 아닐 수 있다. 이러한 경우 물질과의 상호작용은 비선형 효과를 발생시킬 수 있다. 레이저 빛을 사용하여 고에너지 밀도를 생산하는 가능성은 이것에 대한 연구와 그 응용을 촉진시켜서 **비선형광학**을 현대광학의 중요한 분야가 되게 하였다. 이 주제들에 대한 소개는 24장에서 다룬다.

5-2 같은 주파수를 가진 파동들의 중첩

첫 번째 고려하는 중첩의 사례는 주파수가 같은 두 개의 평면 조화파가 공간의 특별한 점 P에서 결합되어 그림 5-1과 같은 파동의 변위를 보여주는 경우이다. 여기에서 두 개의 파동의 진폭과 위상을 다르게 하였다. 중첩이 일어나는 점 P에서 파동을 취하면 다음과 같은 형태를 지닌다.

$$E_1 = E_{01}\cos(ks_1 - \omega t + \varphi_1) \tag{5-1}$$

$$E_2 = E_{02}\cos(ks_2 - \omega t + \varphi_2) \tag{5-2}$$

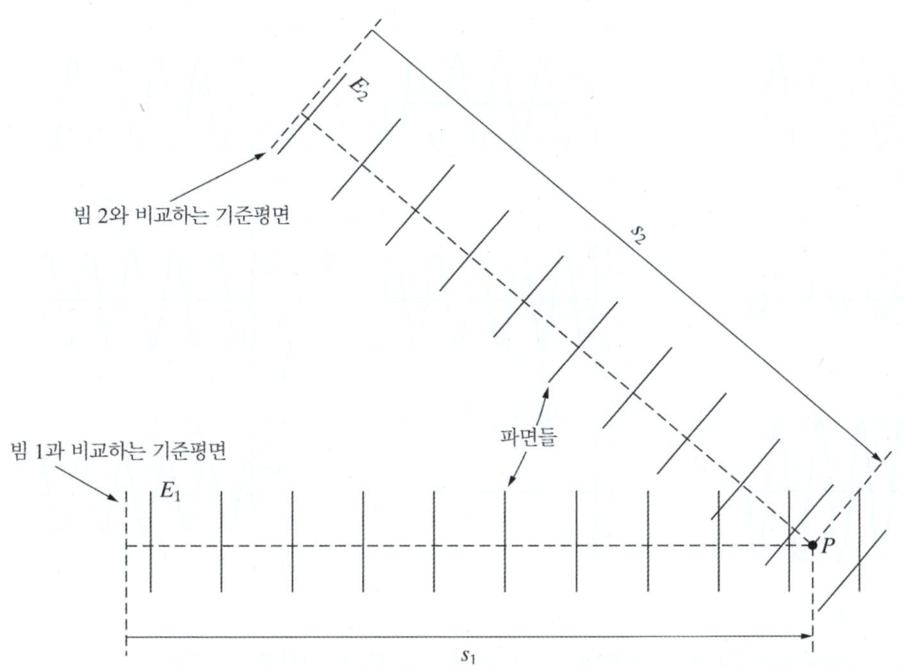

그림 5-1 점 P에서 두 평면파들의 중첩. 파동이 향하는 거리 s_1과 s_2는 기준 평면들로부터 직교하는 중첩점까지의 거리이다.

여기서 s_1과 s_2는 $t=0$에서 개별적인 파동의 위상이 φ_1과 φ_2인 기준 평면들로부터 각각의 광파 진행방향을 따라서 향하는 변위를 나타낸다.

단순한 표기를 위해서 다음과 같이 일정한 위상을 도입한다.

$$\alpha_1 = ks_1 + \varphi_1 \tag{5-3}$$

$$\alpha_2 = ks_2 + \varphi_2 \tag{5-4}$$

따라서 주어진 지점에서 EM 파동들의 시간적 변위는 다음과 같이 표현될 수 있다.

$$E_1 = E_{01}\cos(\alpha_1 - \omega t) \tag{5-5}$$

$$E_2 = E_{02}\cos(\alpha_2 - \omega t) \tag{5-6}$$

이러한 두 파동들은 고정된 점 P에서 만나면서 다음과 같은 위상차를 보인다.

$$\alpha_2 - \alpha_1 = k(s_2 - s_1) + (\varphi_2 - \varphi_1)$$

여기서 전체적인 위상차는 첫 번째 항의 경로차와 두 번째 항의 초기 위상차에 기인한다. 중첩의 원리에 의해 주어진 점 P에서 결과적인 전기장 E_R은

$$E_R = E_1 + E_2 = E_{01}\cos(\alpha_1 - \omega t) + E_{02}\cos(\alpha_2 - \omega t) \tag{5-7}$$

이다. 그림 5-2는 동일한 주파수를 가지고 있는 두 개의 조화파동들이 공간상의 한 점에서 중첩할 때의 성향에 대한 세 가지 사례를 보여주고 있으며 아래에서 논의할 것이다.

보강간섭

그림 5-2(a)는 개별적인 파동들이 "발맞추어" 중첩되어 있는 **보강간섭**의 경우를 보여주고

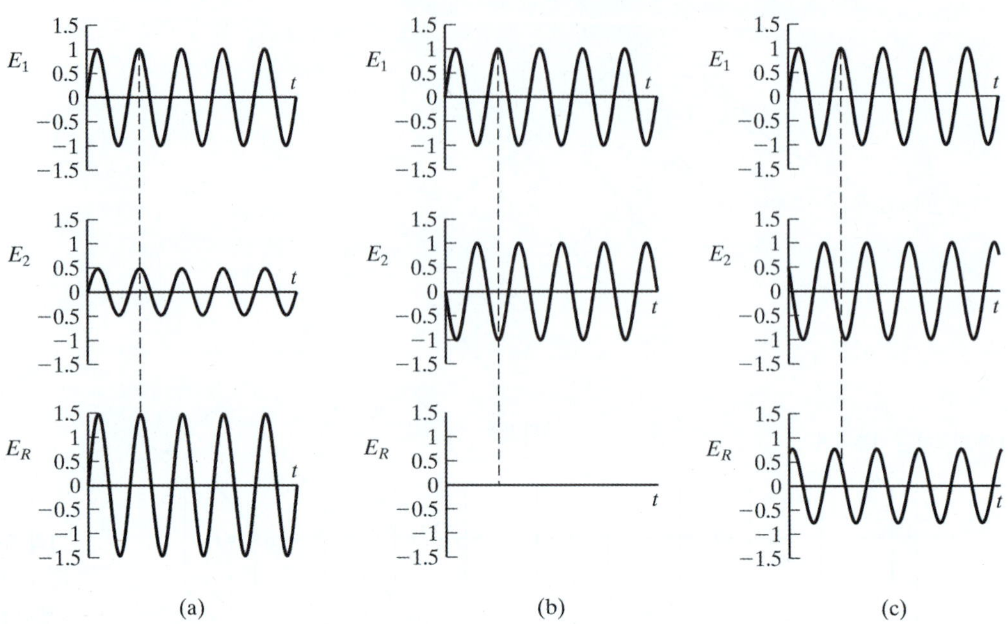

그림 5-2 공간의 고정된 한점에서 동일한 주파수를 가진 파동들의 중첩의 세 가지 경우. 각각의 경우, $E_R = E_1 + E_2$. 수직 점선은 어떤 구체적 시간에 E_1, E_2, E_R의 값을 표시하고 있다. (a) 보강간섭: E_1과 E_2가 위상이 같으며 결과파동의 진폭은 단순히 E_1과 E_2의 진폭들의 합이다. (b) 상쇄간섭: E_1과 E_2는 위상이 π만큼 다르며 결과파동의 진폭은 E_1과 E_2의 진폭들의 차이이다. 이 사례에서 보여주는 바와 같이, E_1과 E_2의 진폭은 동일하다. 따라서 간섭의 관점에서 결과적 변위는 0이다. (c) 일반적 중첩: 결과파동의 진폭은 E_1과 E_2의 진폭의 합도 아니고 차도 아니다.

있는데, 그 의미는 파동들의 피크값이 똑같은 시간에 일어난다는 것이다. 이러한 경우, 결과파동은 중첩되어 있는 파동들과 발맞춘다. 그리고 결과파동의 진폭은 단순히 개별적 파동들의 진폭의 합 $(E_{01} + E_{02})$이다.

식(5-5)와 (5-6)에서 주어진 형태의 두 파동은 만약 그들의 위상상수의 차이$(\alpha_2 - \alpha_1)$가 $m(2\pi)$이면, 보강간섭을 할 것이다. 여기서 m은 정수이다. 이런 경우, 파동은 다음과 같은 형태가 된다.

$$\begin{aligned} E_R = E_1 + E_2 &= E_{01}\cos(\alpha_1 - \omega t) + E_{02}\cos(\alpha_1 + 2m\pi - \omega t) \\ &= (E_{01} + E_{02})\cos(\alpha_1 - \omega t) \end{aligned}$$

상쇄간섭

만약 동일한 주파수를 가진 두 개의 조화파동이 "어긋나게 발맞춘"다면, 즉 한 개의 피크치가 항상 다른 한 개의 골과 일치한다면, 그런 파동들은 **상쇄 간섭한다**라고 말한다. 이런 경우, 파동들은 더해져 결과파동을 형성하는데 진폭의 크기는 중첩된 파동들의 진폭의 차이가 되고 그 중 가장 큰 진폭하고만 발맞추어진다. 만약 그들의 위상차가 π의 홀수 배라면, 즉 $\alpha_2 - \alpha_1 = (2m+1)\pi$이라면 식(5-5)와 (5-6)에서 주어진 형태의 두 개의 파동은 상쇄적으로 간섭할 것이다. 여기서 m은 정수이다. 이 경우

$$E_R = E_1 + E_2 = E_{01}\cos(\alpha_1 - \omega t) + E_{02}\cos(\alpha_1 + (2m+1)\pi - \omega t)$$
$$= (E_{01} - E_{02})\cos(\alpha_1 - \omega t)$$

그림 5-2(b)가 보여주는 바와 같이 진폭이 동일한 파동들이 상쇄적으로 간섭할 경우, 간섭지점에서의 결과 변위는 0인 것을 주목하자.

일반적 간섭

일반적인 두 파동의 중첩은 그림 5-2(c)에서 보여지는 바와 같이 발맞춤도 아니고 어긋난 발맞춤도 아니다. 이러한 경우 결과파동의 진폭은 중첩된 파동들의 진폭의 합과 차의 사이에서 중간치 정도를 지닌다. 그림 5-2(c)에서와 같이, 결과파동은 일반적으로 중첩되어진 파동들과 발맞추지 않는다. 그러한 일반적인 경우, 식(5-7)의 결과장은 중첩되는 장들을 복소수 형태로 표기하고 각각의 개별 장들을 더하는 것을 용이하게 하기 위하여 위상자 도표를 활용한다. 이를 표기해보면

$$E_R = \mathrm{Re}(E_{01}e^{i(\alpha_1 - \omega t)} + E_{02}e^{i(\alpha_2 - \omega t)}) = \mathrm{Re}(e^{-i\omega t}(E_{01}e^{i\alpha_1} + E_{02}e^{i\alpha_2}))$$

이고, 다음과 같이 정의하면

$$E_0 e^{i\alpha} = E_{01}e^{i\alpha_1} + E_{02}e^{i\alpha_2} \tag{5-8}$$

결과파동을 아래와 같이 표준 형태로 표현할 수 있다.

$$E_R = \mathrm{Re}(E_0 e^{i(\alpha - \omega t)}) = E_0\cos(\alpha - \omega t)$$

식(5-8)의 복소수를 벡터처럼 취급하여 그림 5-3에 표기된 위상자 도표와 같이, 결과장의 진폭과 위상을 용이하게 얻을 수 있다. 복소수의 성질은 복소수의 실수부와 허수부를 각각 그 벡터의 수평축과 수직축의 성분인 하나의 벡터처럼 취급한 위상자 도표로 나타낼 수 있다는 것을 환기하자(그림 5-3(a) 참조). 이 표현에서 벡터의 길이는 복소수의 크기가 되고 벡터가 수평축과 이루는 각도는 그 복소수의 위상이 된다. 그림 5-3(b)로부터, 결과 위상자의 성분 $E_0 e^{i\alpha}$는 다음과 같다.

$$E_0\cos\alpha = E_{01}\cos\alpha_1 + E_{02}\cos\alpha_2$$
$$E_0\sin\alpha = E_{01}\sin\alpha_1 + E_{02}\sin\alpha_2$$

그림 5-3(a)에 코사인 법칙을 적용시키면 결과장의 진폭 E_0는 다음과 같이 표현된다.

$$E_0^2 = E_{01}^2 + E_{02}^2 + 2E_{01}E_{02}\cos(\alpha_2 - \alpha_1) \tag{5-9}$$

그림 5-3(b)로부터, 결과장의 위상각은 다음과 같이 분명하게 주어진다.

$$\tan\alpha = \frac{E_{01}\sin\alpha_1 + E_{02}\sin\alpha_2}{E_{01}\cos\alpha_1 + E_{02}\cos\alpha_2} \tag{5-10}$$

요약하면 다음과 같이 된다.

$$E_R = E_{01}\cos(\alpha_1 - \omega t) + E_{02}\cos(\alpha_2 - \omega t) = E_0\cos(\alpha - \omega t) \tag{5-11}$$

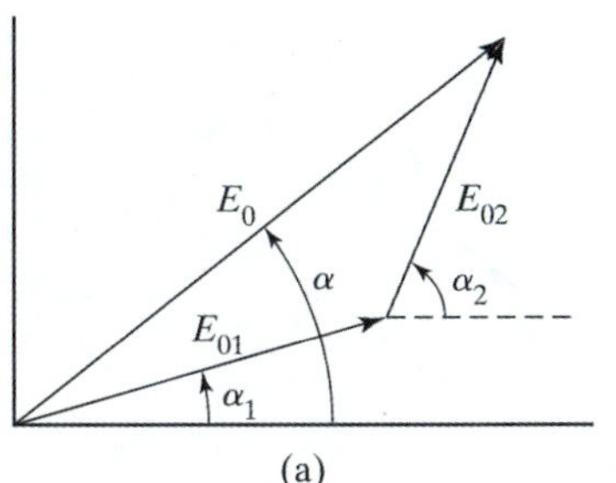

(a)

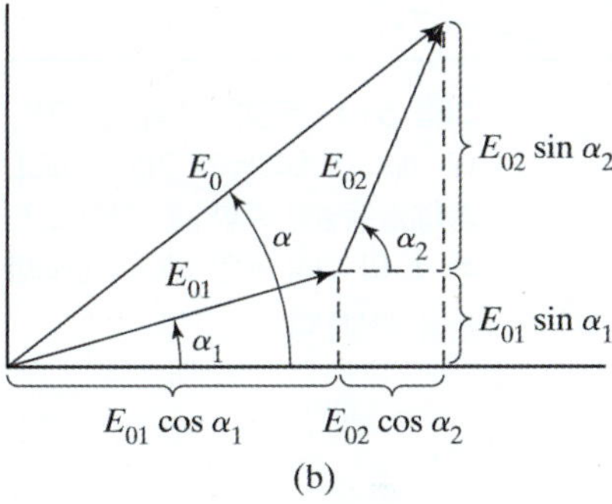

(b)

그림 5-3 두 개의 조화파동의 합을 결정하는데 유용한 위상자 도표. (a) 벡터 합을 통한 위상자 합의 결정. (b) 위상자 성분.

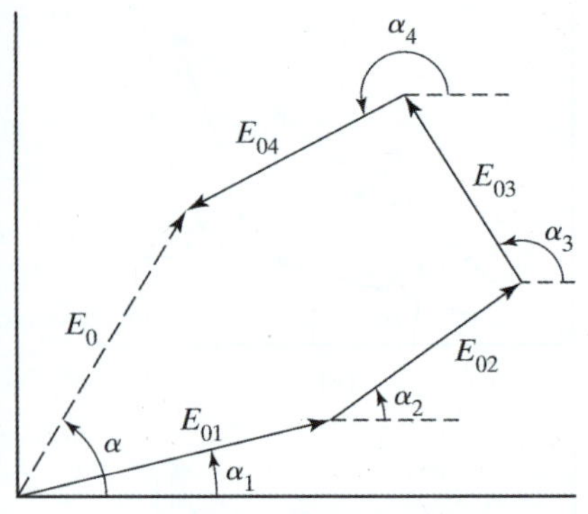

그림 5-4 동일한 주파수를 가진 네 개의 조화파동의 위상자 도표. 중첩은 동일한 주파수를 가지고 진폭 E_0와 위상 α인 하나의 결과파동을 생성한다.

여기서 결과장의 진폭 E_0는 식(5-9)에 의해 주어지고, 결과장의 위상 α는 식(5-10)에 의해 주어진다.

그림 5-4와 같이 네 개 파동들의 경우처럼 이 같은 그래프를 이용한 방법은 동일한 주파수를 가진 임의의 수의 파동성분으로까지 확장시킬 수 있다. 이 도표는 N개의 조화파동에 대해 식(5-10)과 (5-9)를 적절하게 일반화할 수 있음을 명백하게 보여준다.

$$\tan\alpha = \frac{\sum_{i=1}^{N} E_{0i}\sin\alpha_i}{\sum_{i=1}^{N} E_{0i}\cos\alpha_i} \tag{5-12}$$

그리고 피타고라스 정리에 의해,

$$E_0^2 = \left(\sum_{i=1}^{N} E_{0i}\sin\alpha_i\right)^2 + \left(\sum_{i=1}^{N} E_{0i}\cos\alpha_i\right)^2 \tag{5-13}$$

이 된다. 식(5-13)은 식(5-9)의 코사인 법칙을 일반화시킨 것과 같은 형태가 된다. 각각의 항을 풀어보면,

$$\left(\sum_{i=1}^{N} E_{0i}\sin\alpha_i\right)^2 = \sum_{i=1}^{N} E_{0i}^2\sin^2\alpha_i + 2\sum_{j>i}^{N}\sum_{i=1}^{N} E_{0i}E_{0j}\sin\alpha_i\sin\alpha_j \tag{5-14}$$

$$\left(\sum_{i=1}^{N} E_{0i}\cos\alpha_i\right)^2 = \sum_{i=1}^{N} E_{0i}^2\cos^2\alpha_i + 2\sum_{j>i}^{N}\sum_{i=1}^{N} E_{0i}E_{0j}\cos\alpha_i\cos\alpha_j \tag{5-15}$$

이다. 오른쪽에 있는 요소들 중 첫 번째 항은 왼쪽 요소들의 개별적 전개항들의 제곱의 합이다. 위 식들의 오른쪽 항의 두 번째 식에 있는 중복 합의 항은 모든 곱의 산물을 표기하는데, $j>i$를 사용하여 첫 번째 항에서 이미 계산된 자체곱들이 중복해서 합해지는 것을 배제하며, 2가 붙어있는 항 내에서도 항들의 중복계산을 피하게 한다. 식(5-14)와 (5-15)를 더하면,

$$E_0^2 = \sum_{i=1}^{N} E_{0i}^2(\sin^2\alpha_i + \cos^2\alpha_i) + 2\sum_{j>i}^{N}\sum_{i=1}^{N} E_{0i}E_{0j}(\cos\alpha_i\cos\alpha_j + \sin\alpha_i\sin\alpha_j)$$

이 된다. 여기에서 첫 번째 항의 괄호항의 표현은 1이고, 두 번째 항의 괄호항은 $\cos(\alpha_j - \alpha_i)$과 동일하다. 그러므로 결국

$$E_0^2 = \sum_{i=1}^{N} E_{0i}^2 + 2\sum_{j>i}^{N}\sum_{i=1}^{N} E_{0i}E_{0j}\cos(\alpha_j - \alpha_i) \tag{5-16}$$

이 된다. 끝으로 이를 모두 합하면, 주파수가 동일한 N개의 조화파동들의 합은 다시 동일한 주파수를 지닌 하나의 조화파동이 된다. 그것은 진폭은 식(5-13) 혹은 (5-16)로 주어지고, 위상은 식(5-12)로 주어진다.

예제 5-1

다음과 같은 조화파동들의 중첩의 결과를 구하시오.

$$E_1 = 7\cos(\pi/3 - \omega t),\ \ E_2 = 12\sin(\pi/4 - \omega t)$$

그리고

$$E_3 = 20\cos(\pi/5 - \omega t)$$

이다.

풀이

모든 위상각들을 일관성 있게 만들기 위해, 우선 사인 파동을 코사인 파동으로 전환하시오.

$$E_2 = 12\cos(\pi/4 - \pi/2 - \omega t) = 12\cos(-\pi/4 - \omega t)$$

식(5-13)을 사용하면

$$E_0^2 = \left[7\sin\left(\frac{\pi}{3}\right) + 12\sin\left(-\frac{\pi}{4}\right) + 20\sin\left(\frac{\pi}{5}\right)\right]^2 + \left[7\cos\left(\frac{\pi}{3}\right) + 12\cos\left(-\frac{\pi}{4}\right) + 20\cos\left(\frac{\pi}{5}\right)\right]^2$$

이며, 이로부터 $E_0^2 = 9.333^2 + 28.1666^2$이 되어서 최종적으로 $E_0 = 29.67$이 된다. 식(5-16)을 사용하여 다음과 같은 형태의 동일한 결과를 얻을 수 있다.

$$E_0^2 = 7^2 + 12^2 + 20^2 + 2\left[(7\times 12)\cos\left(-\frac{\pi}{4} - \frac{\pi}{3}\right) + (7\times 20)\cos\left(\frac{\pi}{5} - \frac{\pi}{3}\right) + (12\times 20)\cos\left(\frac{\pi}{5} - \left(-\frac{\pi}{4}\right)\right)\right]$$

식(5-12)를 사용하면 결과 조화파동의 위상각도를 얻을 수 있다. 위상각을 얻기 위한 분모와 분자를 형성하는 합산이 첫 번째 부분에서 이미 계산되었으므로, 우리는 다음과 결과를 얻는다.

$$\tan\alpha = \frac{9.333}{28.166},\ \ \alpha = 0.32\ \text{rad}$$

따라서 최종 조화파동 $E_R = E_0\cos(\alpha - \omega t)$은 다음과 같이 된다.

$$E_R = 29.67\cos(0.32 - \omega t)$$

5-3 무작위 결맞음 광원들

식(5-16)을 얻기 위해 소모한 노력의 보답으로 아래 두 개의 중요한 중첩의 사례를 깔끔하게 구별할 수 있게 되었다. (1) 진폭과 주파수가 동일하나 무작위 위상값이 주어진 N 개의 광원의 경우와 (N은 큰 수), (2) 동일한 유형의 N개의 결맞은 광원들. 첫 번째 예에서, 만약 위상들이 무작위하다면, 그 위상차 $\alpha_2 - \alpha_1$도 역시 무작위적이다. 그러면 식(5-16)의 코사인 항의 합은 N이 증가할수록 0으로 수렴해 간다. 왜냐하면 항들은 -1에서 $+1$ 사이에서 분포하는 양과 음의 조각으로 균등하게 나누어지기 때문이다. N개의 동일한 진폭을 가진 광원들이 있으므로 결국 아래 항만 남는다.

$$E_0^2 = \sum_{i=1}^{N} E_{0i}^2 = NE_{01}^2 \tag{5-17}$$

즉 N개의 **무작위 위상**이 주어진 경우, 각 진폭의 제곱의 합이 결과진폭의 제곱이 된다. 복사조도(W/m^2)는 전기장 진폭의 제곱에 비례한다는 것을 상기하면, **"위상이 무작위로 주어진 N개의 동일한 광원의 결과 복사조도는 개별적 복사조도의 합과 같다"**라고 말할 수 있다. 만약 N개의 광원이 **결맞고**(coherent) **위상일치**(in phase)하다면, 모든 α_i는 동일하다. 이 경우 모든 코사인 부분은 1이므로, 식(5-16)은 다음과 같이 된다.

$$E_0^2 = \sum_{i=1}^{N} E_{0i}^2 + 2\sum_{j>i}^{N}\sum_{i=1}^{N} E_{0i}E_{0j}$$

오른쪽 항은 개개의 진폭 합의 제곱이라는 알 수 있을 것이다. 진폭이 모두 동일한 경우라면

$$E_0^2 = \left(\sum_{i=1}^{N} E_{0i}\right)^2 = (NE_{01})^2 = N^2E_{01}^2 \tag{5-18}$$

이 된다. 여기서 개개의 진폭들은 (**복사조도가 아닌**) 단순히 더해져 하나의 결과 $E_0 = N E_{01}$를 만든다. 따라서 **서로 위상을 맞추어 복사하고 있는 N개의 동일한 결맞은 광원의 결과 복사조도는 개별 광원의 복사조도의 N^2배이다.** 이 경우, N이 반드시 클 필요는 없다는 것에 주목하자. 100개의 위상을 맞춘 광원들의 복사조도는, 예를 들어 100개의 무작위 광원들이 합친 최종 복사조도의 100배라는 결론을 내릴 수 있다. 만약 E가 압축형 파동의 진폭이라면, 이 결과는 음파의 세기를 다루는 경우에서도 유효하다.

5-4 정상파

동일한 매질에서 파동이 정방향, 역방향으로 모두 존재하는 경우 중첩의 또 다른 중요한 사례가 발생한다. 이러한 조건은 그림 5-5(a)와 같이 하나의 파동 혹은 반대방향으로 진행하는 파동들이 경로를 따라 진행하다 어떤 한 지점에서 반사를 경험하게 되면 종종 일어난다. 구체적으로, 그림 5-5(a)에서 보여지는 것과 같이 음의 x-방향(실선)으로 진행하는 파동이 장벽을 만나서 반사(점선)되는 상황을 고려해 보자. 일단은 파동의 매질투과에 의한 반사나 흡수과정에 어떠한 에너지의 손실도 없는 이상적인 상황을 고려해 본다. 이러한 상황은 양쪽 파동 모두 같은 진폭으로 표기할 수 있다. 반대로 향하는 파동은 다음과 같이 적을 수 있다.

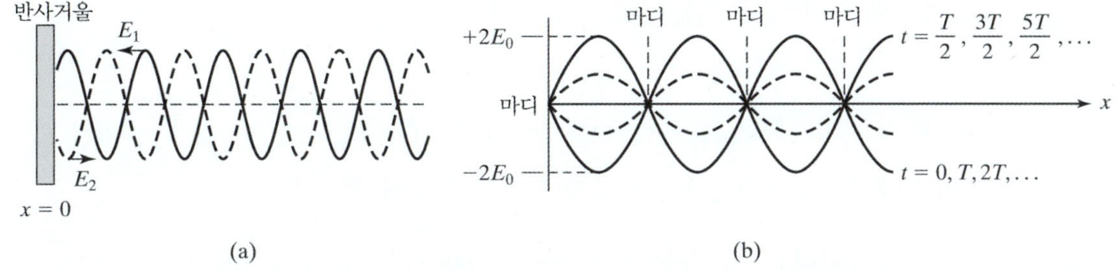

그림 5-5 정상파. (a) 하나의 파동 E_1과 그것의 반사 E_2가 같은 매질 내에 존재할 경우 전형적인 정상파 상황이 발생한다. 이 경우 보여지는 바와 같이, 반사에 의한 π-위상이동이 일어남으로 거울에서는 마디가 존재한다. (b) 다양한 순간의 모습을 보여주고 있는 정상파의 결과 변위. 직선들은 파동의 최대 변위를 지시한다. 마디에서의 변위는 항상 0이다.

$$E_1 = E_0 \sin(\omega t + kx) \cdots\cdots \text{ 왼쪽으로 진행} \tag{5-19}$$

$$E_2 = E_0 \sin(\omega t - kx - \varphi_R) \cdots\cdots \text{ 오른쪽으로 진행} \tag{5-20}$$

여기서 φ_R는 반사에 의해 일어날 수 있는 위상이동을 고려하기 위해 추가하였다. 각각의 파동들을 표현하는데 편의상 사인 함수들을 이용하였다는 것을 참고하기 바란다. 추가적으로, 식(5-19)와 (5-20)의 사인함수들의 위상각에 시간적 부분을 공간적 부분 앞에 기재하도록 하였다. 이런 식의 표기는 φ_R와 반사에 의한 위상이동을 연관시키고자 할 때 유용하다.

중첩의 원리에 의한 매질에서 결과파동은 다음과 같다.

$$E_R = E_1 + E_2 = E_0[\sin(\omega t + kx) + \sin(\omega t - kx - \varphi_R)] \tag{5-21}$$

이 경우 다음과 같이 정의하는 것이 편리하다.

$$\beta_+ = \omega t + kx, \quad \beta_- = \omega t - kx - \varphi_R$$

그리고 다음과 같은 삼각함수의 공식을 이용하자.

$$\sin\beta_+ + \sin\beta_- \equiv 2\sin\frac{1}{2}(\beta_+ + \beta_-)\cos\frac{1}{2}(\beta_+ - \beta_-)$$

식(5-21)에 적용해 보면, 아래와 같은 결과로 이끈다.

$$E_R = 2E_0 \cos\left(kx + \frac{\varphi_R}{2}\right)\sin\left(\omega t - \frac{\varphi_R}{2}\right) \tag{5-22}$$

그림 5-5(a)에서와 같이 반사에 의한 π-위상이동이 일어나는 사례는 전도성 평면 거울에서 일어나는 전자기파 반사와 관련된 물리적으로 흥미로운 경우에 대응된다(고정된 경계에서 현의 횡파가 반사하는 사례와 유사하다). 이런 경우에서는 $\varphi_R/2 = \pi/2$이고 최종장은 다음과 같이 된다.

$$E_R = (2E_0 \sin kx)\cos\omega t \tag{5-23}$$

그림 5-5(b)와 같이, 식(5-23)은 하나의 **정상파**를 표현하고 있다. 괄호 안에 있는 양을 공간에만 의존하는 진폭이라고 취급하면 해석이 용이해진다. 매질을 따라 존재하는 임의

의 점 x에서 진동들은 다음과 같이 주어진다.

$$E_R = A(x)\cos\omega t$$

여기서 $A(x) = 2E_0 \sin kx$이다. 모든 t에 대해 $A(x) = 0$이고, 따라서 $E_R = 0$인 x값들이 존재한다. 그러한 값들은 다음과 같은 경우일 때 일어난다.

$$\sin kx = 0,\ \text{또는}\ kx = \frac{2\pi x}{\lambda} = m\pi,\ m = 0,\ \pm 1,\ \pm 2,\ \cdots$$

혹은

$$x = m\left(\frac{\lambda}{2}\right) = 0,\ \frac{\lambda}{2},\ \lambda,\ \frac{3\lambda}{2},\ \cdots \tag{5-24}$$

이러한 점들을 정상파의 마디라고 말하는데 반파장 간격으로 떨어져 있다. 여러 가지 시간들에서 정상파는 그림 5-5(b)에서 보여지는 바와 같이 다양한 진폭을 가진 사인 파동들로 나타날 것이다. 그들의 진폭은 시간에 따라 변하지만 고정된 마디점들에서는 모두 0의 값을 가지면서 지나간다. E_R은 $\cos\omega t = \pm 1$일 때, 혹은

$$\omega t = 2\pi\nu t = \left(\frac{2\pi}{T}\right)t = m\pi$$

일 때, 모든 점에서 최고치를 가진다. 그러므로 정상파의 바깥 외형파형은 아래와 같은 시간일 때 나타난다.

$$t = m\left(\frac{T}{2}\right) = 0,\ \frac{T}{2},\ T,\ \frac{3T}{2},\ \cdots$$

여기서 T는 주기이다. $t = T/4,\ 3T/4,\ \cdots$에 대해 $\cos\omega t = 0$이므로 모든 곳에서 정상파가 0이 되는 주기적 시간들이 존재한다.

이제까지 반사에 의해 π의 위상이동을 겪는 중요한 경우에 대해 논하였다. 식(5-22)의 검토에서 볼 수 있었던 바와 같이, 반사파의 진폭이 입사파의 그것과 같을 때, 정상파가 발생한다. 좀 더 일반적인 임의의 위상이동을 가지는 완전 반사의 경우, 그림 5-5(b)에서 보인 것처럼 마디의 위치는 이동하지만 그 마디들은 여전히 $\lambda/2$만큼 떨어져 있다. 하지만 정상파의 고유한 원리에 의한 모습들은 영향을 받지 않고 남아있게 된다.

6장에서 레이저에 대해 다룰 때, 레이저 광은 레이저 이득 매질을 둘러싸고 있는 높은 반사율을 지닌 두개의 거울로 구성된 **공진기**로부터 발생된다는 것을 배우게 될 것이다. 이러한 공진기 내부의 빛은 정상파를 형성하는 전자기파의 반사짝들로 구성된다. 이것은 거울 주변에서 전기장이 0이 되어야 하는 전자기파 경계조건에 관한 특별한 경우이고, 이것은 그 거울들에서 정상파의 마디가 나타나야 한다는 것을 의미한다. 이 상황은 그림 5-6에서 보여지고 있다. 이 그림과 식(5-24)의 검토에서 보여지는 바와 같이, 거울들의 위치에서 마디가 존재해야 한다는 필요조건은 공진기에 의해 공급되는 파장들이 띄엄띄엄한 값을 가지도록 제한한다. 만약 공진기 거울들 간의 거리가 d이면, 공진기는 다음과 같은 조건을 만족하는 파장 λ_m을 지닌 정상파들을 띄엄띄엄하게 만들어낸다.

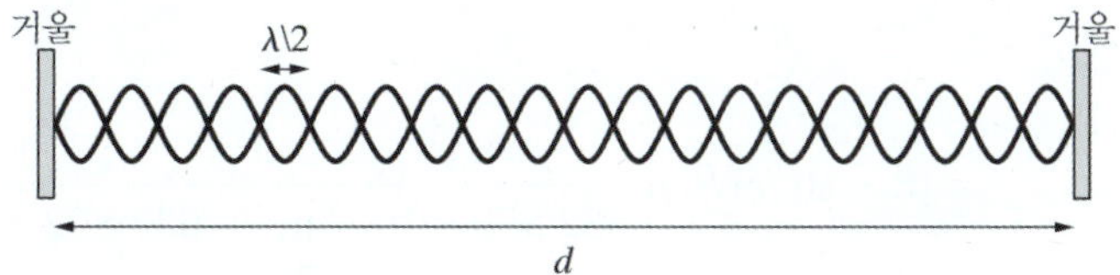

그림 5-6 거울 간격이 d인 레이저 공진기의 정상파 모드. 정상파를 덮고 있는 각각의 고리들은 길이가 $\lambda/2$짜리다.

$$d = m\left(\frac{\lambda_m}{2}\right) \tag{5-25}$$

여기서 m은 0이 아닌 정수이다. 즉 공진기의 정상파 **정규모드**들은 반파장의 정수배가 공진기의 길에 맞는 파장들을 가지게 된다.

식(5-25)는 레이저 공진기의 정상파 모드들의 주파수를 결정짓는 데 사용된다. 정상파 모드의 파장에 대한 식(5-25)를 풀어보면 다음과 같이 얻을 수 있다.

$$\lambda_m = \frac{2d}{m}$$

정상파 모드의 주파수 ν_m은 빛의 주파수, 파장, 빛의 속력 c에 대한 기초적인 관계식으로부터 얻을 수 있다.

$$\nu_m = \frac{c}{\lambda_m} = m\frac{c}{2d} \tag{5-26}$$

전개과정에서, 위의 분석은 평면거울이 만드는 공진기들에 한해서만 맞는 것이 아니라 구면거울로 이루어진 공진기의 거동에도 지침이 된다(27장을 보라). 일반적으로 레이저의 출력은 그 레이저의 이득매질이 제공하는 식(5-26)에서 주어진 주파수들로 구성된다.

예제 5-2

그림 5-6과 같은 방식의 He-Ne 레이저 공진기가 30 cm 떨어진 거울들을 지니고 있다. 헬륨-네온 레이저 이득 매질은 $\lambda_1 = 632.800$ nm로부터 $\lambda_2 = 632.802$ nm까지 걸친 파장들을 제공할 수 있다. 다음을 구하시오.

a. 레이저 공진기에 맞는 반파장의 근사적인 정수 m.
b. 헬륨-네온 이득 매질에서 공급된 주파수의 영역.
c. 이 공진기의 인접한 정상파 모드들간의 주파수 차이.
d. 레이저 출력에 존재할 정상파 모드들의 수.

풀이

a. 식(5-25)로부터, $m = \dfrac{2d}{\lambda_1} \approx \dfrac{(2 \times 0.3\ \text{m})}{632.8 \times 10^{-9}\ \text{m}} = 948,166.$

(여기서, 정수값 근처로 어름내림 하였다)

b. 이득 매질에 의해 제공되는 주파수 영역 $\Delta\nu_{\text{gain}}$은 다음과 같다.

$$\Delta\nu_{\text{gain}} = \frac{c}{\lambda_1} - \frac{c}{\lambda_2}$$
$$= (3\times10^8\,\text{m/s})\left(\frac{1}{632.800\times10^{-9}\,\text{m}} - \frac{1}{632.802\times10^{-9}\,\text{m}}\right)$$
$$= 1.50\times10^9\,\text{Hz}$$

c. 식(5-26)을 사용하면,

$$\nu_{m+1} - \nu_m = (m+1)\frac{c}{2d} - m\frac{c}{2d} = \frac{c}{2d}$$
$$= \frac{3\times10^8\,\text{m/s}}{2(0.3\,\text{m})} = 5\times10^8\,\text{Hz}$$

이다.

d. 레이저 출력에서 존재하는 정상파 모드의 수 $\mathcal{N}$은 이득 매질에서 제공하는 주파수 영역에 대한 정상파 모드들 사이의 주파수 간격 비율이다.

$$\mathcal{N} = \frac{\Delta\nu_{\text{gain}}}{\nu_{m+1} - \nu_m} = \frac{1.5\times10^9\,\text{Hz}}{5\times10^8\,\text{Hz}} = 3$$

진행하는 파동과 달리 정상파는 에너지를 전달하지 않는다. 모든 에너지는 정방향과 역방향 진행 파동이 만나 상쇄되는 마디 사이에서 일어나는 이 파동의 진동으로 간다. 만약 경계에서 반사되는 입사장이 전부 반사되지 않는다면, 입사와 반사 파동은 완벽한 정상파를 형성하지 않을 것이다. 이 경우 입사파와 반사파의 중첩은 (에너지를 전달하지 않는) 정상파와 경계에서 흡수나 투과가 일어나 에너지를 전달하는 진행파의 합으로 적절하게 기술된다. 이런 방식으로, 일부가 거울을 투과하는 레이저 공진기 내의 장들을 모형화할 수 있다.

5-5 맥놀이 현상

아직 다루지 않은 또 다른 중첩의 사례는 광학응용에서 아주 중요한 것으로, 동일하거나 혹은 유사한 진폭을 가진 그러나 다른 주파수를 지닌 파동들의 중첩이다. 만약 매질이 분산적이라면, 주파수의 차이는 파장의 차이를 의미하고 속도의 차이를 의미한다. 이 절에서는 분산이 없는 경우를 다루고자 한다. 이런 비분산 매질에서는 (정의에 의해) 주파수가 다른 파장들은 모두 동일한 속력으로 진행한다. 파장과 주파수가 다르지만 매질에서 동일한 속력을 지니는 두 파장의 중첩을 고려하자.

$$E_1 = E_0\cos(k_1x - \omega_1t) \tag{5-27}$$

$$E_2 = E_0\cos(k_2x - \omega_2t) \tag{5-28}$$

주어진 매질에서 함께 진행하는 이러한 파장들의 중첩은

$$E_R = E_1 + E_2 = E_0[\cos(k_1x - \omega_1t) + \cos(k_2x - \omega_2t)]$$

이다. 다음의 삼각함수정리를 이용하고

$$\cos\alpha + \cos\beta \equiv 2\cos\frac{1}{2}(\alpha+\beta)\cos\frac{1}{2}(\alpha-\beta) \tag{5-29}$$

아래와 같이 정의하면

$$\alpha = k_1 x - \omega_1 t$$
$$\beta = k_2 x - \omega_2 t$$

다음 식을 얻을 수 있다.

$$E_R = 2E_0\cos\left[\frac{(k_1+k_2)}{2}x - \frac{(\omega_1+\omega_2)}{2}t\right]\cos\left[\frac{(k_1-k_2)}{2}x - \frac{(\omega_1-\omega_2)}{2}t\right] \tag{5-30}$$

여기서 다음과 같이 놓자.

$$\omega_p = \frac{\omega_1+\omega_2}{2},\ k_p = \frac{k_1+k_2}{2} \tag{5-31}$$

그리고

$$\omega_g = \frac{\omega_1-\omega_2}{2},\ k_g = \frac{k_1-k_2}{2} \tag{5-32}$$

그러면

$$E_R = 2E_0\cos(k_p x - \omega_p t)\cos(k_g x - \omega_g t) \tag{5-33}$$

이 된다.

식(5-33)은 두 개의 코사인 함수의 곱을 표현한다. 첫 번째 항은 ω_p의 주파수와 진행상수 k_p를 포함하고 있는데 이것은 그 성분 파동들에 대한 평균주파수와 평균진행상수이다. 두 번째 코사인 요소는 주파수 ω_g와 진행상수 k_g로 표현되는데 식(5-32)에서 원래 주어진 파동요소의 값들에 대한 차이이므로 이것들은 상대적으로 아주 작은 값이다. $\omega_p \gg \omega_g$를 가지고, 동일한 점 x_0에서 계산된 시간에 대한 그 코사인 함수들의 그래프들은 그림 5-7(a)에서와 같이 나타날 것이다. 천천히 변하는 코사인 함수는 다양한 시간에 대해 $+1$에서 -1 사이에 영역을 가지는 요소들이다. 이 코사인 함수와 전체적으로 고정된 진폭 $2E_0$의 곱은 결과파동의 **천천히 변하는 진폭**으로 간주된다. 즉, 전체적인 효과는 그림 5-7(a)에서 보여지는 바와 같이 저주파 파동은 고주파로 변조되고 있는 **파동의 포락선**(envelope)을 제공한다. 고주파 코사인 요소는 결과 파형에서 저주파 포락선과 구별하기 위해 **캐리어**(carrier) **파동**이라고 불리운다. 사선은 결과파동 동요의 포락선을 그리고 있다. 이러한 파동의 동요는 맥놀이라는 현상을 보여준다. 왜냐하면 어떠한 주어진 시간에서 그 파동의 변위 제곱은 복사조도의 측정치가 되므로, 그림 5-7(b)에서 진행하는 펄스의 배열이 옮겨주는 에너지는 ω_b의 **맥놀이 주파수**로 자기자신을 맥이 뛰게 한다. 이 그림은 맥놀이 주파수는 포락선 변조의 주기의 두 배라는 것을 보여주고 있다. 혹은

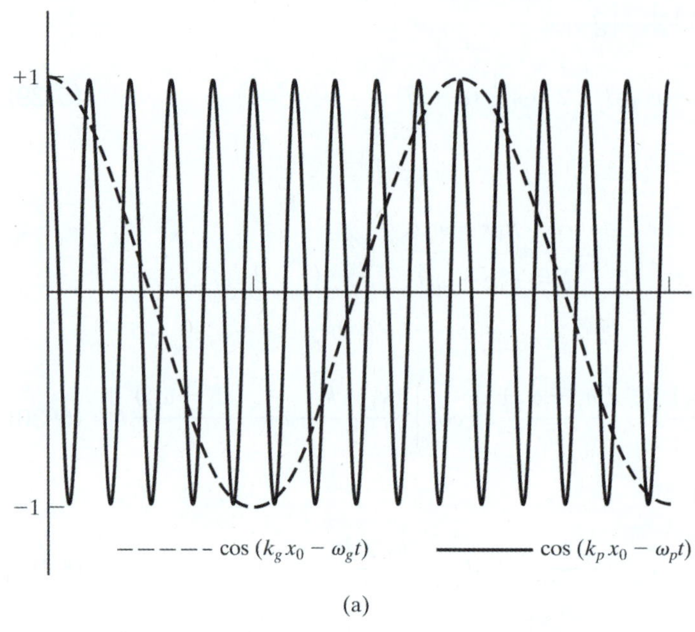

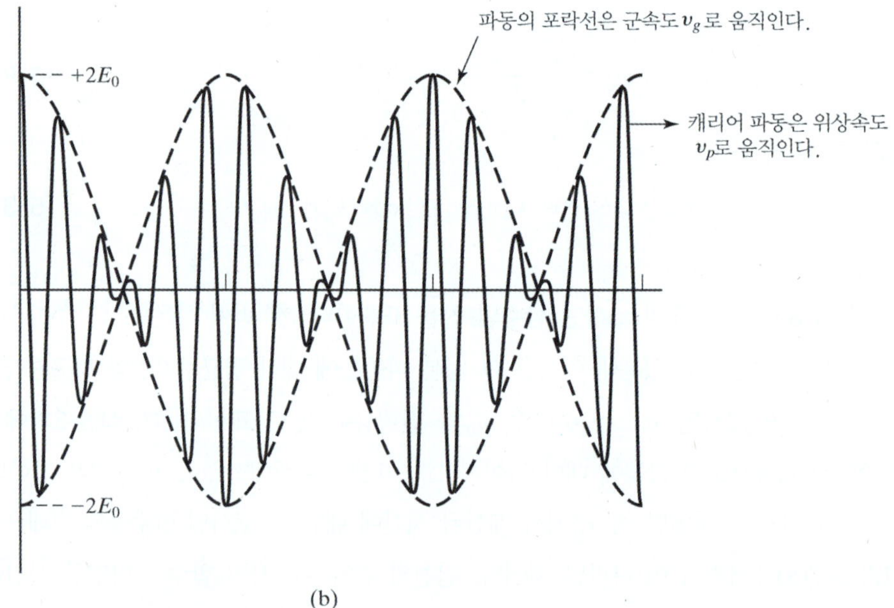

그림 5-7 (a) $\omega_p \gg \omega_g$일 때 $x = x_0$에서 식(5-33)의 코사인 요소들을 분리해서 그린 것들. (b) 식(5-33)의 $x = x_0$에서의 변조된 파동의 표현. 다음 절에서 군속도와 위상속도라는 용어들이 소개된다.

$$\omega_b = 2\omega_g = 2\left(\frac{\omega_1 - \omega_2}{2}\right) = \omega_1 - \omega_2 \tag{5-34}$$

이다. 식(5-34)로부터 맥놀이 주파수는 단순히 그 두 파동의 주파수 차이라는 것을 알 수 있다. 소리의 경우, 두 개의 소리굽쇠를 동시에 진동하도록 만들었을 때 두 소리굽쇠의 주파수 차이와 동일한 주파수로 일어나는 맥놀이를 들을 수 있다. 이러한 맥놀이 현상은 거의 동일한 주파수를 가진 두 신호의 주파수 차이를 측정할 수 있는 민감한 방법을 제공한다. 두 명의 기타 연주자들은 음표의 음을 울리고 그 음표의 맥놀이를 들어서 그들의 기타가 서로 "조율되어 있다"고 확신할 수 있다. 조율이 안된 기타는 맥놀이가 사라질 때까지 기타 줄의 장력을 조절하여 기타를 조율할 수 있다. 광학의 영역에서는 도플러 날씨 레이더(4-10절을 볼 것)에서 방출된 레이더 파장과 그 파장에 도플러 이동된 신호 간의 차이를 측정하는 데 사용되거나 혹은 두 광원의 주파수가 동일한 것을 확인하는 되먹임 루프의 일부로 활용된다.

5-6 위상속도와 군속도

임의의 빛의 펄스는 다른 주파수를 지닌 조화파동들의 중첩으로 볼 수 있다.[1] 펄스의 지속시간은 펄스를 형성하기 위해 중첩된 조화파동들의 주파수 범위의 역수에 비례한다. 즉 좁은 펄스들은 넓은 영역의 주파수들로 구성되어 있다. 무한한 시간과 공간으로 퍼져있지 않다고 하는 단색광조차도 매우 좁지만 중심파장을 중심으로 퍼져있다. 다른 주파수를 가진 전자기 파장들은 주어진 약간씩 다른 속력으로 매질을 통과하며 진행한다. 앞서 언급한 바와 같이, 이런 것은 **분산**이라고 알려져 있다. "투명한" 매질조차도 최소한 약간은 흡수를 하며 따라서 분산이 있다.

따라서 흡수를 초래하는 매질과의 상호작용은 일반적으로 파동의 속력에도 영향을 미친다. 기차같은 파동 펄스의 배열에서, 고진폭 펄스들은 구성 조화파동들이 일치하고 보강간섭을 하는 최고점의 시간과 공간적 위치에서 발생한다. 펄스 간의 장의 진폭이 낮은 영역은 다소 위상차가 있는 구성 파동들이 나란하게 배열된 결과이다. 만약 기차배열을 하고 있는 펄스의 모든 조화파동들이 같은 속력으로 움직인다면, 보강간섭 위치(즉, 펄스) 또한 이와 같은 속력으로 움직인다. 반면, 만약 기차배열을 하고 있는 펄스의 모든 조화파동들이 서로 다른 속력으로 움직인다면, 알짜 보강간섭의 위치들은 구성 조화파동들의 속력과 보다 복잡한 관계를 가진다. 전자기파 신호의 **위상속도**는 신호를 구성하는 조화파동들의 속도에 대한 측정치이다. 그 신호의 **군속도**는 최대 보강간섭이 진행하는 위치들에서의 속도이다.

맥놀이 현상에 대한 앞 절의 해석은 위상속도와 군속도를 정성적으로 이해하는 유용한 출발점을 제공한다. 분산적인 매질을 통과해서 움직이고 있는 어떤 빔의 두 가지 파장성분들은 식(5-27)과 식(5-28)로 표현될 수 있고, 그림 5-7(a)의 상황과 같은 결과를 발생시킨다. 식(5-33)의 결과 파형 내 고주파수 캐리어 파동의 속도와 저주파수 포락선 파동의 속도는 다음과 같은 속도에 대한 일반적 관계식을 통해 얻을 수 있다.

$$v = \nu\lambda = \frac{\omega}{k} \tag{5-35}$$

식(5-33) 파형을 지닌 고주파수 캐리어 파동의 속도는 다음과 같이 위상속도로 알려져 있다.

$$v_p = \frac{\omega_p}{k_p} = \frac{\omega_1 + \omega_2}{k_1 + k_2} \cong \frac{\omega}{k} \tag{5-36}$$

---

1 푸리에 분석은 많은 조화성분들의 중첩을 다루는 기법을 제공한다. 이 주제는 9장에서 소개된다.

여기서 마지막 항은 연속체의 인접하고 있는 주파수와 파장성분들이 $\omega_1 \cong \omega_2 = \omega$와 $k_1 \cong k_2 = k$인 경우에 대한 근사이다. 한편, 군속도라고 불리는 포락선의 속도는 다음과 같다.

$$v_g = \frac{\omega_g}{k_g} = \frac{\omega_1 - \omega_2}{k_1 - k_2} \cong \frac{d\omega}{dk} \tag{5-37}$$

여기서 주파수와 진행상수들의 차이는 작다고 가정하였다. 이제 군속도 $v_g = d\omega/dk$와 위상속도 $v_p = \omega/k$는 같을 필요가 없다. 이 장 앞절의 그림 5-7(b)를 참조하면, 만약 $v_p > v_g$이라면, 고주파 파장들은 움직임에 있어서도 포락선에 대해 상대적으로 오른쪽으로 향하는 속도를 가지며 나타날 것이다. 이러한 파동들은 오른쪽 마디들에서 사라지거나 각각의 펄스의 왼쪽 마디에서 생성될 듯하다. 만약 $v_p < v_g$이라면, 그들의 상대적인 운동은 물론 반대가 된다. $v_p = v_g$인 경우, 고주파수 파동들과 포락선은 같은 비율로 상대적인 운동 없이 함께 움직일 것이다. 군속도와 위상속도와의 관계는 다음과 같이 주어진다. 식(5-36)을 식(5-37)에 대입하고 곱의 항에 대한 미분을 수행하면 다음과 같다.

$$\begin{aligned} v_g &= \frac{d\omega}{dk} = \frac{d}{dk}(kv_p) \\ v_g &= v_p + k\left(\frac{dv_p}{dk}\right) \end{aligned} \tag{5-38}$$

만약 어떤 파동의 속도가 파장에 의존하지 않으면, 비분산 매질에서 $dv_p/dk = 0$이고, 위상속도와 군속도가 동일하게 된다. 이것은 $v_p = v_g = c$인 진공 중 빛의 진행과 동일한 사례가 된다. 반면 분산 매질에서는 $v_p = c/n$이다. 여기서 굴절률 n은 λ와 k의 함수이다.

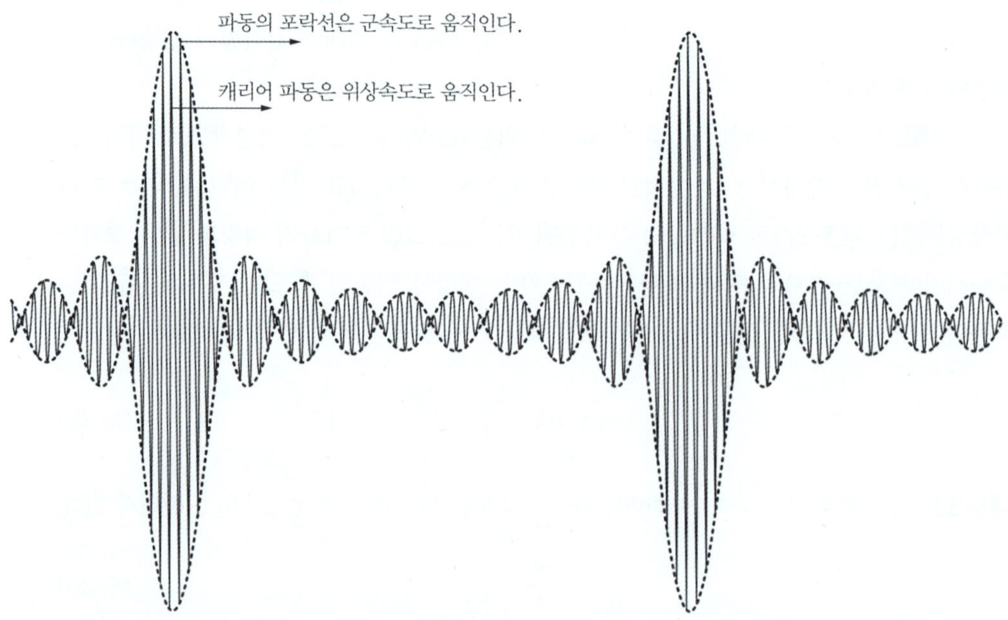

그림 5–8 평균주파수의 1/50인 주파수 간격을 지닌 구성 조화파동들 10개가 동일–진폭을 가지면서 더해졌을 때의 순간포착 파형. 점선 포락선은 군속도로 운동하고 고주파 캐리어 파동은 위상속도로 움직인다.

그러므로 $n = n(k)$이고 다음을 만족한다.

$$\frac{dv_p}{dk} = \frac{d}{dk}\left(\frac{c}{n}\right) = \frac{-c}{n^2}\left(\frac{dn}{dk}\right)$$

식(5-38)과 결합하면, 위상속도와 군속도 간의 대체 관계식을 얻을 수 있다.

$$v_g = v_p\left[1 - \frac{k}{n}\left(\frac{dn}{dk}\right)\right] \tag{5-39}$$

다시 한번, $k = 2\pi/\lambda$와 $dk = -(2\pi/\lambda^2)d\lambda$를 이용하면, 식(5-39)의 공식은 다음과 같이 다시 정리될 수 있다.

$$v_g = v_p\left[1 + \frac{\lambda}{n}\left(\frac{dn}{d\lambda}\right)\right] \tag{5-40}$$

정상 분산 영역에서는 $dn/d\lambda < 0$이고 $v_g < v_p$이다.

이런 결과들은 두 개의 구성파동의 사례 외에 좁은 주파수 영역을 지닌 많은 수의 파동에 대한 경우에도 유효하다. 앞서 언급한 바와 같이, 만약 넓은 주파수 영역의 조화파들이 파형을 구성하면, 결과는 그림 5-8에서 보여지는 바와 같이 상대적으로 간격이 크고, 진폭이 낮은 장들에 의해 분리된 좁은 펄스가 만들어진다. 여전히 많은 수의 가깝게 뭉친 조화성분들의 합은 위상속도, 개별 파동들의 평균속도, 변조되는 파형자체의 속도인 군속도에 의해 특성을 분석해 낼 수 있다. 후자(군속도)는 에너지가 전달되는 속력을 결정하기 때문에, 그 파동의 측정 가능한 속력이 된다. AM-라디오의 진폭변조와 같이 정보를 싣기 위해 캐리어 파동들이 변조될 때는, 일반적으로 캐리어의 위상속도보다 느린 군속도를 신호 속도라고 말할 수 있다. 다양한 주파수 범위에 펼쳐진 많은 수의 조화파동들로 구성된 광 펄스가 분산 매질을 지나 투과하고 있을 때, 이 그룹들의 속도는 펄스의 속도가 되고, 개별적 조화파동들의 속도와는 다르다. 양자역학의 형식에서, 전자자체는 다양한 파장범위를 지닌 조화파동들로 분해될 수 있는 국소 파속(wave-packet)으로 표현된다. 그 전자의 측정되는 속도는 구성 파동들의 군속도인 파속의 속도이다. 최근 연구에서 분산매질의 특성에 의해 거의 투명한 매질을 투과하면서도 광 펄스의 군속도가 0으로 근접할 수 있는 광학 매질을 만드는 데 성공함에 따라 군속도와 위상속도의 관계에 관한 괄목할 만한 결과를 얻었다.[2]

굴절률의 파장의존성은 신호 광이 진행하고 있는 매질의 성질에 따라 다양한 형태를 취할 수 있다. 예제 5-3에서 우리는 그러한 의존성을 다룬다.

예제 5-3

가시광 스펙트럼의 파장들에 대해, 임의 유형의 크라운 유리의 굴절률은 관계식

---

2 이러한 현상에 대한 참고 소개서로 다음을 보라. Kirt T. McDonald, *Am. J. Phys.* Vol. 68, No. 293 (2000) 그리고 Gross Levi, *Phys. Today*, Vol. 54, No. 17 (2001).

$n(\lambda) = 1.5255 + (4825\ \mathrm{nm}^2)/\lambda^2$을 통해 근사될 수 있다.

a. 파장이 각각 400 nm, 500 nm, 700 nm인 빛에 대한 크라운 유리의 굴절률을 구하시오.

b. 주파수가 500 nm에 중심을 두고 있는 펄스에 대한 이 유리 내에서의 위상속도를 구하시오.

c. 주파수가 500 nm에 중심을 두고 있는 펄스에 대한 이 유리 내에서의 군속도를 구하시오.

풀이

a. 굴절률은 다음과 같다

$$n_{400} = 1.5255 + (4825\ \mathrm{nm}^2)/(400\ \mathrm{nm}^2) = 1.5557$$

$$n_{500} = 1.5255 + (4825\ \mathrm{nm}^2)/(500\ \mathrm{nm}^2) = 1.5448$$

$$n_{700} = 1.5255 + (4825\ \mathrm{nm}^2)/(700\ \mathrm{nm}^2) = 1.5353$$

b. 위상속도는

$$v_p = \frac{c}{n_{500}} = \frac{3 \times 10^8\ \mathrm{m/s}}{1.5448} = 1.942 \times 10^8\ \mathrm{m/s}$$

c. 이 펄스에 대한 군속도는

$$v_g = v_p\left[1 + \frac{\lambda}{n}\left(\frac{dn}{d\lambda}\right)\right]\bigg|_{\lambda = 500\,\mathrm{nm}} = v_p\left[1 + \frac{\lambda}{n}\left(\frac{4825\ \mathrm{nm}^2}{\lambda^3}\right)(-2)\right]\bigg|_{\lambda = 500\,\mathrm{nm}}$$

$$= v_p\left[1 - \frac{9650\ \mathrm{nm}^2}{n\lambda^2}\right]\bigg|_{\lambda = 500\,\mathrm{nm}}$$

$$v_g = (1.942 \times 10^8\ \mathrm{m/s})\left[1 - \frac{9650\ \mathrm{nm}^2}{(1.5448)(500\ \mathrm{nm})^2}\right] = 1.893 \times 10^8\ \mathrm{m/s}$$

이 유리를 통해 진행하는 가시광 펄스의 군속도와 위상속도의 차이는 그렇게 크지는 않다. 왜냐하면 가시광선 영역에 걸친 이 유리에 대한 굴절률은 미세하게 변하기 때문이다.

구성 조화파동들이 진행하기 때문에 군속도 개념은 그 펄스가 함께 유지하고 있는 경우에만 의미 있다. 일반적인 경우, 펄스가 매질을 진행하면서 다른 조화 성분들의 속력이 달라지므로 펄스는 퍼지거나 왜곡된다. 구성 조화파동들의 위상속도 차이가 충분히 커서 펄스가 분해되는 경우, 이 신호에 대한 단일 군속도는 정할 수 없게 된다.

문제

5-1 두 평면파가

$$E_1 = \frac{5E_0}{[(3/\mathrm{m})x - (4/\mathrm{s})t]^2 + 2},$$
$$E_2 = \frac{-5E_0}{[(3/\mathrm{m})x + (4/\mathrm{s})t - 6]^2 + 2}$$

에 의해 주어진다.

a. 두 파의 운동을 그리시오.

b. 파들의 중첩이 모든 곳에서 0이 되는 순간은 언제인가?

c. 파들의 중첩이 언제나 0인 지점은 어디인가?

5-2 **a.** 아래의 두 조화파를 위상 벡터를 이용하여 나타내시오.

$$E_1 = 2\cos\omega t,\ \ E_2 = 7\cos\left(\frac{\pi}{4} - \omega t\right)$$

b. 합성파를 수학적인 표현으로 나타내시오.

5-3 진폭 3과 4, 위상 $\pi/6$와 $\pi/2$를 각각 가지는 두 조화파의 중첩으로 생기는 합성파를 아래의 식의 형태로 나타내시오. 두 조화파는 둘 다 $1s$의 주기를 가진다.

$$E = E_0\cos(\alpha - \omega t)$$

5-4 같은 선을 따라 함께 진행하는 두 파가

$$y_1 = 5\sin\left[\omega t + \frac{\pi}{2}\right]$$
$$y_2 = 7\sin\left[\omega t + \frac{\pi}{3}\right]$$

에 의해 주어진다. 합성파의 형태를 쓰시오.

5-5 아래 조화파들의 중첩방정식을 쓰고, 그래프로 나타내시오. 각각의 주기는 $2s$이다.

$$E_1 = \sin\left(\frac{\pi}{18} - \omega t\right),\ \ E_2 = 3\cos\left(\frac{5\pi}{9} - \omega t\right),$$
$$E_3 = 2\sin\left(\frac{\pi}{6} - \omega t\right)$$

5-6 100개의 안테나가 $E = 0.02\cos(\varepsilon - \omega t)\ \mathrm{V/m}$에 의해 주어진, 동일한 파를 내놓고 있다. 파들은 한 점에서 합쳐진다. (a) 모든 파들이 같은 위상(결맞음 소스)에 있을 때, 합성파의 진폭은 얼마인가? 그리고 (b) 파들이 무작위 위상차를 가질 때, 합성파의 진폭은 얼마인가?

5-7 같은 진동수를 가지고, z-방향으로 진동하는 두 평면파가

$$\psi(x,\ t) = (4\ \mathrm{cm})\cos\left(\frac{\pi}{3\ \mathrm{cm}}x - \frac{20}{s}t + \pi\right)$$
$$\psi(y,\ t) = (2\ \mathrm{cm})\cos\left(\frac{\pi}{4\ \mathrm{cm}}y - \frac{20}{s}t + \pi\right)$$

에 의해 주어진다. 점 $x = 5\ \mathrm{cm}$, $y = 2\ \mathrm{cm}$에서의 두 파의 중첩을 표현하는 합성파의 형태를 나타내시오.

5-8 $v_g = v_p - \lambda(dv_p/d\lambda)$의, 군속도와 위상속도 사이의 관계로부터 (a) n, ω의 단위로 이 관계식을 표현하시오. 그리고 (b) 정상 분산을 가지는 매질에서 군속도가 위상속도보다 더 큰지 혹은 작은지에 대해 설명하시오.

5-9 유리의 분산 능력은 $(n_F - n_C)/(n_D - 1)$의 비로 정의된다. C, D 그리고 F는 프라운호퍼 파장을 나타내고, $\lambda_C = 6563$ Å, $\lambda_D = 5890$ Å, $\lambda_F = 4861$ Å이다. 분산 능력이 1/30이고, $n_D = 1.50$인 유리에서의 근사적인 군속도를 구하시오.

5-10 유리의 분산곡선은 코시의 실험 방정식, $n = A + B/\lambda^2$에 의해 근사적으로 표현되어질 수 있다. $A = 1.40$, $B = 2.5 \times 10^6$ Å^{2}인 특별한 유리에서, 500 nm 파장의 빛에 대한 위상속도와 군속도를 구하시오.

5-11 기체의 유전상수 K는 그것의 굴절률과 $K = n^2$의 관계를 가진다.

a. 기체 안에서 진행하는 파의 군속도가, 유전상수의 단위로

$$v_g = \frac{c}{\sqrt{K}}\left[1 - \frac{\omega}{2K}\frac{dK}{d\omega}\right]$$

와 같이 표현될 수 있음을 보이시오. 진공에서의 빛의 속도는 c이다.

b. 진동수에 따른 K의 변화를 나타내는 실험 방정식은

$$K = 1 + [A/(\omega_0^2 - \omega^2)]$$

이다. 기체에 대해 A와 ω_0는 상수이다. 만일 두 번째 항이 첫 번째 항에 비해 매우 작다면, 아래와 같이 됨을 보여라.

$$v_g \cong c\left[\frac{\omega^2 A}{(\omega_0^2 - \omega^2)^2}\right]$$

5-12 **a.** 군속도가 아래와 같이 표현될 수 있음을 보이시오.

$$v_g = v_p - \lambda\left(\frac{dv_p}{d\lambda}\right)$$

b. 위상속도 $v_p = A + B\lambda$인 분산매질에서 평면파의 군속도를 구하시오. A, B는 상수이다. 결과를 해석하시오.

5-13 해양의 파도는 깊이에 따라 다른 속도를 가진다. 긴 파장의 파도는 해양 깊은 곳에서 진행하고, 위상속도

$$v_p = \left(\frac{g\lambda}{2\pi}\right)^{1/2}$$

에 의해 근사적으로 주어진다. g는 중력 가속도이다. 짧은 파장의 파도는 표면의 잔물결에 따라, 위상속도

$$v_p = \left(\frac{2\pi T}{\lambda\rho}\right)^{1/2}$$

에 의해 근사적으로 주어진다. ρ는 밀도, T는 표면장력이다. 긴 파장의 파도에 대한 군속도가 그것의 위상속도의 1/2이고, 짧은 파장의 파도의 군속도가 그것의 위상속도의 3/2이 됨을 보여라.

5-14 레이저가 파장 λ의 단색의 빔을 내놓고, 이 빔은 평면거울로부터 수직으로 v의 속도로 반사된다. 입사된 빛과 반사된 빛 사이의 맥놀이 진동수는 얼마인가?

5-15 파 $y = (7\text{ cm})\sin\left[2\pi\left(\frac{t}{T} - \frac{2x}{\pi\text{ cm}}\right)\right]$와 매질로부터 반사된 파의 중첩에 의해 정지파가 만들어진다. 매질에서의 흡수는 무시한다. 합성파의 진폭, 파장, 배의 길이, 속도 그리고 주기를 찾으시오.

5-16 매질이 $y = (3\text{ cm})\sin\left(\frac{\pi x}{10\text{ cm}}\right)\cos\left(\frac{50\pi}{s}t\right)$로 나타나는 진동에 의해 방해를 받는다.

a. 진폭, 진동수, 파장, 속도 그리고 성분 파들의 방향을 결정하시오.

b. 마디 사이의 거리는 얼마인가?

c. $x = 5\text{ cm}$, $t = 0.22\text{ s}$에서 매질에 있는 입자의 변위, 속도 그리고 가속도는 얼마인가?

5-17 식(5-19)와 (5-20)의 평면파를 복소수 표현으로 나타내시오. 이러한 표현으로, 파들의 중첩이 식(5-22)에서 주어진 정지파임을 보이시오.

5-18 어떤 Ar-ion 레이저가 6 GHz의 진동수 영역대에 대한 레이징을 낼 수 있다. 만약 레이저 공진기의 길이가 1 m라면, 레이저 출력에 있을 정지파 모드의 수를 구하시오.

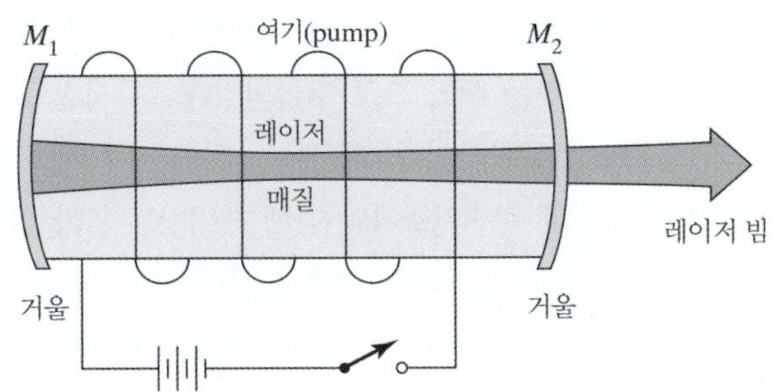

chapter 6 레이저의 특성

서론

레이저는 지난 50년간 개발되어온 가장 중요한 광소자이다. 1960년대 출현 당시에는 학계 외부로 알려지지 못하고 잠잠하다가, 오늘날에 와서야 자극을 받아 과학과 기술계에서 가장 빠르게 성장하는 분야가 되었다.

레이저(laser)라는 단어는 유도 방출 복사에 의한 광 증폭(**l**ight **a**mplification by the **s**timulated **e**mission of **r**adiation)을 뜻하는 영어의 머리글자이다. 여기서 핵심 단어는 **증폭**(amplification)과 **유도 방출**(stimulated emission)이다. 레이저 시스템은 (전기적 혹은 광학적) 에너지를 강하고, 방향성이 좋으며, 거의 단색광인 전자기파 에너지로 전환시킨다. 알버트 아인슈타인은 **유도작용**이라 불리는 발광과정의 존재를 처음으로 예언하면서 1916년이라는 이른 시기에 레이저 작동에 대한 이론적 기반을 마련하였다. 그러나 그의 이론은 1954년 찰스 하드 타운즈(C. H. Townes)와 그의 공동연구자들이 **메이저**(maser)라 불리는 복사의 유도 방출을 기반으로 한 마이크로파 증폭기(**m**icrowave **amp**lifier)를 개발할 때까지 주목받지 못한 채로 남아 있었다. 그 후 1958년, 아서 레너드 숄로(A. Schawlow)와 타운즈는 메이저를 가시광선 영역으로 적용시켰고, 1960년 시어도어 해롤드 메이먼(T. H. Maiman)은 최초의 레이저 소자를 구축했다. 메이먼의 레이저는 레이저 증폭 매질로 루비 결정을 이용했고 공진기로 두 개의 거울을 사용했다. 694.3 nm의 깊은 붉은색을 발광하는 메이먼의 루비 레이저가 출시되는 몇 달 동안에 자반(A. Javan)과 관계자들은 적외선과(1.15 μm) 가시광선(632.8 nm) 영역 모두에서 발광하는 헬륨-네온 레이저라는 최초의 가스 레이저를 개발하였다.

루비 레이저와 헬륨-네온 레이저의 발견에 뒤이어 다양한 증폭 매질을 이용하고 다양한 파장을 발생시키는 많은 다른 종류의 레이저가 빠르게 개발되었다. 여전히 1960년대에 레이저는 산업 및 기술 분야에겐 과학적 호기심의 대상일 뿐이었다. 우스개 소리로 "문제를 찾는 해법"으로 취급되었다. 그 시절로부터 레이저의 산업과 연구응용의 사례가 급속도로 증가하였다. 최근에는 거의 매주 새로운 레이저 응용들이 발견되고 있다. 광섬유와 반도체 광전자소자와 함께 레이저는 광학 및 광산업 분야에 혁명을 일으키고 있다.

이 장에서는 우선 빛과 물질의 상호작용과 관련한 기본 과정에 대해 기술하고 레이저가 아닌 광원들에서 방출되는 빛의 성질에 대해 논의할 것이다. 그런 다음 레이저의 핵심 요소에 대해 조사하고, 기본 작동원리를 기술하고, 레이저의 독특한 특성에 대해 나열한다. 마지막으로 다양한 레이저를 주요 작동 변수와 특성이 포함된 표로 요약하여 제공한다. 26장에서는 레이저의 작동원리, 시스템, 그리고 응용에 대해 보다 심도 깊게 다룰 것이다. 27장에서는 레이저 광원들에 의해 방출된 전자기파의 진행 특성을 자세하게 조사할 것이다.

6-1 빛과 물질 내 에너지 양자화

대전된 입자가 가속되면 전자기 파동이 발생한다. 대전된 입자는 다시 전자기장에 의해 가속된다. 레이저 빛은 대전된 입자와 전자기장 간의 특별한 상호작용에 대한 하나의 시현이다. 이 상호작용에 대한 이해는 전자기장과 원자들의 에너지 양자화에 대한 논의를 필요로 한다.

전자기장들의 에너지 양자화

1장에서 논의한 바와 같이, 주파수 ν를 가진 전자기파의 복사 에너지는 $h\nu$의 단위로 양자화된다. 여기서 $h = 6.63 \times 10^{-34}\ \mathrm{J \cdot s}$는 플랑크 상수이다. 이러한 전자기파 에너지의 단위는 앞서 언급한 것과 같이 **광자**라고 불린다. 일반적으로 주파수가 ν인 전자기파에 저장된 전체 에너지 E_n^{EM}는 다음과 같다.

$$E_n^{EM} = \frac{1}{2}n\nu + nh\nu \quad n = 0,\ 1,\ 2,\ \cdots \tag{6-1}$$

여기서 n은 이 전자기파장에 대응되는 광자수이다. 광자는 전체 전자기장과 관련된 에너지 양자로 생각되어야 한다. 대응되는 광자가 하나도 없어도 발생 가능한 가장 낮은 에너지 준위는 0이 아니라 오히려 $h\nu/2$라는 점을 주목하자. 이러한 장은 전자기파의 **바닥** 상태이며 완전 암흑상태에 대응된다. 이런 완전 암흑상태는 **전자기파의 진공**으로 불린다.

전자기파 진공이 에너지를 가진다는 사실은 (이 에너지가 다른 에너지로의 전환이 불가능하다 하더라도) 나중에 논의될 자발 방출에 대한 논의와 상관이 있다. 전자기 파동은 식(6-1)에서 주어진 에너지를 가지므로, 광자 에너지 $h\nu$의 정수배만큼의 에너지를 잃거나 얻는다. 예제 6-1에서 보여주는 바와 같이 광자 하나의 에너지는 전형적인 거시적 전자기장에 축적된 전체 에너지에 비해 아주 작다. 그래서 전자기장의 알갱이 성질은 쉽게 알아차릴 수 없다.

예제 6-1

파장 500 nm에서 1 W의 빛을 내는 광원이 1초 동안 방출시킨 광자 수를 어림해서 구해보시오.

풀이

출력 일률 P는 에너지 방출의 비율이다. 1초라는 시간 간격 t 동안 방출된 전체 에너지 E_{TOT}는 다음과 같이 쓸 수 있다.

$$E_{\mathrm{TOT}} = Pt = (1\ \mathrm{W})(1\ \mathrm{s}) = 1\ \mathrm{J}$$

방출된 에너지는 광자의 에너지 $h\nu = hc/\lambda$의 n배이다. 즉

$$E_{\mathrm{TOT}} = nh\nu = nhc/\lambda$$

이므로, 1초 동안 방출된 광자수 n은

$$n = \frac{E_{\mathrm{TOT}}}{hc}\lambda = \frac{1\ \mathrm{J}}{(6.63\times10^{-34}\ \mathrm{J\cdot s})(3\times10^{8}\ \mathrm{m/s})}(5\times10^{-7}\ \mathrm{m}) = 2.5\times10^{18}$$

이다. 이런 광원에서 광자 한두 개의 많고 적음은 거의 차이가 없다.

물질 내 에너지 양자화

원자는 대전된 입자로 구성되어 있어서 전자기장과 상호작용한다. 물질을 구성하는 원자과 분자는 양자화된 에너지를 가지고 있다. 에너지 보존법칙에 따르면 물질의 구성요소들이 $E_n - E_m = E_{n+1}^{EM} - E_n^{EM} = h\nu_0$을 만족하는 E_n이나 E_m 형태의 에너지들을 가지고 있을 때만 주파수가 ν_0인 전자기파동과 물질 사이에 강한 에너지 교환이 일어날 수 있다.[1] 이러한 경우 원자나 분자 내 E_n에서 E_m으로 일어나는 **전이**를 전자기장이 **공명**한다고 말한다. 추가적으로 고체나 액체의 에너지 준위들은 개별적 원자와 분자들보다 고체 전체와 관련되어 있다. 고체와 액체들은 종종 연속적인 에너지 밴드를 형성한다.

다양한 형태의 원자와 분자에 허용된 전자의 에너지는 단순한 형태로 요약될 수 있다. 원자 내 전자들의 허용된 에너지의 기본적인 양자화 성향을 보여주기 위해[2] 가장 단순한 원자인 수소 내 전자의 허용된 에너지를 고려해 보자. 수소에 구속된 전자가 가지는 에너지는 다음의 관계식으로 표현된다.

---

1 실제 상황은 이것보다 좀 더 복잡하다. 예를 들어 비선형 광학 과정은 주어진 시간에 물질과 두 개 혹은 그 이상의 광자를 교환하는 과정들을 포함하고 있다.

2 원자, 분자, 액체, 고체들의 에너지 준위를 언급하는 것은 좀 섣부른 감이 있다. 그래서 이런 관점에서, 간단히 이해할 수 있는 원자의 에너지 준위를 언급하는 것부터 시작해서 그 논의들은 차후 분자, 액체, 고체로 곧 응용 가능할 수 있다는 의미이다.

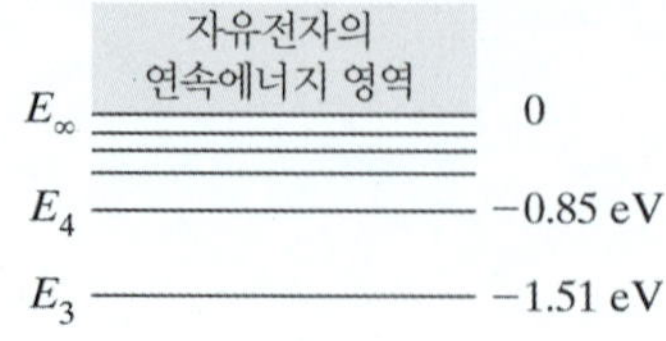

그림 6-1 수소 원자 내에서 허용된 전자의 에너지들. 수소 원자로부터 벗어난 자유전자는 아무 에너지나 가질 수 있음을 주목하시오.

$$E_n = -\frac{13.6\ \mathrm{eV}}{n^2} \quad n = 1,\ 2,\ 3,\ \cdots \tag{6-2}$$

허용된 에너지는 그림 6-1에서 보여지는 바와 같이 에너지 준위 도식으로 종종 나타낸다. 여기에서 $E_1 = -13.6\ \mathrm{eV}$로 가장 낮은 에너지를 가지는 바닥상태는 전자가 핵에 가장 근접한 가장 안정적인 상태이다. 전자가 좀 더 높은 에너지를 가지면 핵으로부터 좀 더 멀어진 궤도에 머무는 들뜬 상태가 된다. 에너지가 0 이상인 전자는 수소 원자의 핵에 있는 양성자에 더 이상 구속되지 않는다. 즉 수소 원자를 **이온화**하기 위해서는 바닥 상태에 있는 전자에게 13.6 eV의 에너지가 주어져야만 한다. **자유전자**의 에너지는 **양자화되어 있지 않다**는 것을 기억하자. 결과적으로 자유전자들은 어떠한 주파수의 광자와도 상호작용할 수 있다. 예제 6-2에서 수소 원자와 전자기장의 양자화 조건에 대해 조사한다.

예제 6-2

a. 수소 원자의 바닥에너지 E_1과 첫 번째 들뜬에너지 E_2 사이의 에너지 차이를 eV와 J 단위로 계산하시오.

b. a에서 구한 에너지 차이 $E_2 - E_1$과 같은 에너지를 지닌 광자의 주파수와 파장을 구하시오.

풀이

a. 식(6-2)를 이용하여,

$$E_2 - E_1 = -\frac{13.6\ \mathrm{eV}}{2^2} - \left(-\frac{13.6\ \mathrm{eV}}{1^2}\right)$$

$$= -3.4\ \mathrm{eV} + 13.6\ \mathrm{eV} = 10.2\ \mathrm{eV}$$

$$E_2 - E_1 = (10.2\ \mathrm{eV})\left(\frac{1.6\times 10^{-10}\ \mathrm{J}}{\mathrm{eV}}\right) = 1.63\times 10^{-18}\ \mathrm{J}$$

b. 이 에너지를 지니는 광자 하나의 주파수는

$$E_2 - E_1 = h\nu_0 \Rightarrow \nu_0 = \frac{E_2 - E_1}{h} = \frac{1.63\times 10^{-18}\ \mathrm{J}}{6.63\times 10^{-34}\ \mathrm{J\cdot s}} = 2.46\times 10^{15}\ \mathrm{Hz}$$

이 광자의 파장은

$$\lambda_0 = \frac{c}{\nu_0} = \frac{3\times 10^8\ \mathrm{m/s}}{2.46\times 10^{15}\ \mathrm{Hz}} = 1.22\times 10^{-7}\ \mathrm{m} = 122\ \mathrm{nm}$$

선 스펙트럼 모양함수

지금까지 원자의 에너지 준위가 정말 불연속적이라고 취급해왔다. 사실상 그 에너지 준위는 원자와 주변환경 간의 피할 수 없는 상호작용으로 인해 전형적으로 좁지만 유한한 선폭 ΔE를 가지게 된다. 원자 내 에너지 준위의 선폭은 매우 다양하지만 대략 $10^{-7}\ \mathrm{eV}$

정도이다. 허용된 에너지 준위의 선폭은 에너지 준위의 차이와 광자의 에너지가 정확히 일치해야 한다는 엄격한 조건을 완화시킨다. 오히려 원자와 상호작용하기 위해서 광자의 에너지는 두 에너지 준위의 차이에 해당하는 선폭 범위 내에 존재해야 한다. 만약 에너지 E_n과 E_m의 상태가 각각 에너지 선폭 ΔE_m과 ΔE_n을 가진다면, 이 원자와 상호작용하기 위해서는 광자는 대략 다음과 같은 영역의 에너지를 가져야 한다.

$$h\nu = E_n - E_m - \frac{(\Delta E_n + \Delta E_m)}{2} \text{부터 } h\nu = E_n - E_m + \frac{(\Delta E_n + \Delta E_m)}{2} \text{까지}$$

이 전이의 중심 주파수는 $\nu_0 = (E_n - E_m)/h$이다. 따라서 다음과 같은 주파수를 지닌 장들만이 원자 에너지 준위의 짝 E_n, E_m과 두드러지게 상호작용할 수 있다.

$$\nu = \frac{(E_n - E_m)}{h} \pm \frac{(\Delta E_n + \Delta E_m)}{2h} = \nu_0 \pm \frac{\Delta\nu}{2}$$

원자 준위들의 짝 사이에서 일어나는 전이와 관련된 주파수 **선폭** $\Delta\nu$를 다음과 같이 정의했다는 것을 기억해 두자.

$$\Delta\nu = \frac{\Delta E_n + \Delta E_m}{h} \tag{6-3}$$

흔히, 주파수 ν_0를 스펙트럼 **선 중심** 주파수라고 말한다. 다른 원자 전이의 선폭은 넓은 범위를 두고 변화하지만 전이와 관련된 광자의 주파수 $10^{14} \sim 10^{15}$ Hz에 대해 $10^6 \sim 10^9$ Hz 정도의 선폭이 일반적이다. 에너지 준위 E_n과 E_m을 지닌 원자가 주파수 ν를 지닌 광자와 상호작용할 가능성은 **선 스펙트럼 모양함수** $g(\nu)$에 비례한다. 여기서 $g(\nu)$의 전형적인 모습은 선폭 $\Delta\nu$를 지니면서 거의 대칭적이고, $\nu = \nu_0$에서 최고치를 가진다. 전형적인 선 스펙트럼 함수는 그림 6-2에서 보여주고 있다. 편의를 위해 선 스펙트럼 모양함수 $g(\nu)$는 다음과 같이 정규화한다.

$$\int_{\text{all }\nu} g(\nu)d\nu = 1$$

선 스펙트럼 모양함수의 형태에 영향을 주는 다양한 물리적 과정들에 대해서는 26장에서 자세히 다룰 예정이다. 여기서는 레이저 광에 대한 논의를 구성해 가고 있으므로 우선 레이저가 아닌 광원들의 성질에 대해 훑어본다. 이런 검토는 자연스럽게 열적 평형상태에서 빛과 물질의 상호작용에 대한 논의를 시작하게 한다.

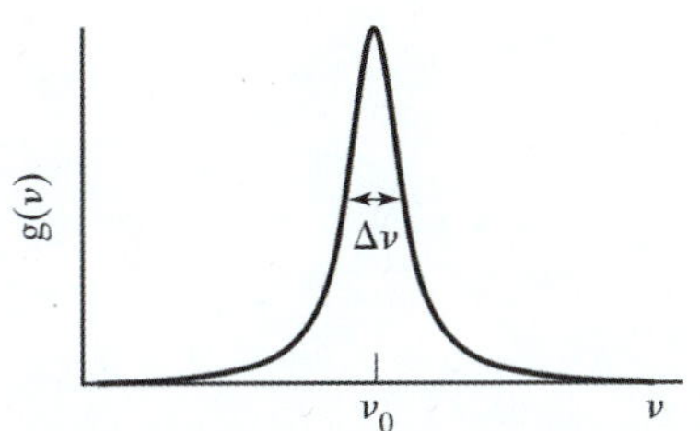

그림 6-2 대략적인 준위 간 에너지 차이 $h\nu_0$를 지니는 원자의 전이에 대한 선 스펙트럼 모양함수 $g(\nu)$. 전이 선폭 $\Delta\nu$는 선 스펙트럼 모양함수의 최대치의 절반을 가지는 지점에서의 전체 폭으로 정의된다.

6-2 열적 평형과 흑체복사

어떠한 계가 주변환경과 **열적 평형상태**에 있으면 그 계와 주변환경 사이에는 알짜 에너지 흐름이 없다. 이런 경우 계와 주변 환경은 동일한 온도 T로 특성화된다. 만약 온도가 다른 두 계를 함께 두면, 온도가 높은 계에서 낮은 계로 알짜 에너지의 흐름이 존재한다. 만약 두 계가 동일한 온도에 다다르면, 두 계 사이의 에너지 흐름의 비율은 동일해진다. 원자를 구성하는 전자와 양성자는 대전 입자이므로, 모든 원자는 빛을 흡수하거나 방출할 수 있다. 그러므로 전자기파동의 흡수와 방출은 두 계 사이의 에너지 교환과 관련된 하나의 중요한 모드이다. 이 절에서는 주어진 온도 T에서 열적 평형을 이루고 있는 원자와 전자기장들 간의 열역학 관계식을 사용할 것이다. 이러한 열역학적 논의는 레이저에 대한 논의에 아주 유용한 배경지식을 형성할 것이다. 레이저의 주변환경은 레이저의 이득 매질이나 전자기장과도 열적 평형상태를 이루지 않는다.

열적 평형상태의 원자: 볼츠만 분포

온도 T에서 열적 평형상태에 있는 원자의 집합을 고려해 보자. 이 집합 중에서 하나의 원자가 에너지 상태 E_i 중 하나에 있을 확률 P_i는 소위 말하는 **볼츠만 분포**로 주어진다.

$$P_i = P_1 e^{-(E_i - E_1)/k_B T} \tag{6-4}$$

여기서 P_1는 원자가 에너지 E_1의 바닥 상태 에너지를 가질 확률이다. $k_B = 1.38 \times 10^{-23}\ \mathrm{J/K} = 8.62 \times 10^{-5}\ \mathrm{eV/K}$는 볼츠만 상수이며, 온도는 켈빈 단위로 측정된다. 켈빈 온도 단위에서는 가장 낮은 온도는 0이며(**절대 0도**), °C로 표기되는 셀시우스 온도와 $T_{\mathrm{Kelvins}} = T_{\mathrm{Celsius}} + 273$의 관계에 있다. 예를 들어 물의 어는 온도는 $T = 0°\mathrm{C} = 273\ \mathrm{K}$이다. 볼츠만 분포[3]는 **열적 평형상태에서 원자들은 가장 낮은 에너지에 있을 가능성이 더 많다**는 것을 보여준다. 예제 6-3에서 상온에서 열적 평형상태에 있는 모든 수소 원자들은 전자의 바닥 상태에 있다는 것을 보일 것이다.

예제 6-3

a. 만약 원자들이 상온(293 K)에서 열적 평형상태에 있을 때 어떤 원자가 바닥 상태의 에너지 E_1에 있을 확률 P_1에 대한 들뜬 상태의 에너지 E_2에 있을 확률 P_2의 비를 구하시오.

b. 확률의 비 P_2/P_1가 1/1000일 온도를 구하시오.

풀이

a. 식(6-4)를 이용하면 식(6-2)로 얻어지는 수소 원자의 바닥 상태와 들뜬 상태 에너지의 값들은 다음과 같은 결과를 얻는다.

$$\frac{P_2}{P_1} = e^{-(E_2 - E_1)/k_B T} = e^{-(-3.4 + 13.6)/(8.62 \times 10^{-5} \cdot 293)} = 4.1 \times 10^{-176}!$$

---

3 만약 확연히 차이가 있는 여러 개의 물리적 상태가 동일한 에너지를 가진다면, 그 에너지 준위는 축퇴되어 있다고 말한다. 에너지 E_i를 가진 구별 가능한 상태의 수가 g_i개이고 바닥 상태가 축퇴되어 있지 않다면, 이 계가 에너지 E_i를 지닌 그 어떤 상태에 있을 확률은 $P_i = g_i P_1 e^{-(E_i - E_1)/k_B T}$.

즉 수소 원자들은 상온에서 바닥 상태에 존재할 가능성이 아주 유력하다. 문제 6-3은 상온에서 상당수의 수소 **분자**들이 첫 번째 들뜨게 된 **회전**에너지 준위에 있다는 것을 보이는 문제이다. 수소 원자의 경우, 전자의 궤도 각운동량과 스핀 각운동량을 결합해서 동일한 E_2의 에너지를 만들어 내는 8가지의 방법이 존재한다. 그러므로 수소 원자가 E_1에너지를 가지는 경우에 대해 E_2의 에너지를 가질 확률의 비는 여기서 주어진 값보다 실제 8배가 많다 (주석 3 참조).

b. 다시 식(6-4)를 이용하면

$$\frac{P_2}{P_1} = e^{-(10.2\,\mathrm{eV})/[(8.62\times10^{-5}\,\mathrm{eV/K})T]} = 0.001$$

그래서

$$-(10.2\,\mathrm{eV})/[(8.62\times10^{-5}\,\mathrm{eV/K})T] = \ln(0.001)$$

그리고

$$T = 17,100\ \mathrm{K}$$

이 온도는 태양 표면 온도에 비해 대략 3배 이상이다.

열적 평형상태의 전자기 파동

초기 양자역학의 업적 중 하나는 온도 T에서 열적 평형상태에 있는 흑체에서의 전자기 복사와 관련된 실험적으로 증명 가능한 파장 분포(즉, **스펙트럼**)의 관계식에 대한 예측이다. **흑체**라는 것은 이상적인 흡수체이다. 즉 **흑체**로 떨어진 모든 복사는 파장이나 입사각과 무관하게 완전히 흡수된다. 흑체는 또한 이상적인 발광체이다. 즉 그 어떤 물체도 동일한 온도에서 임의의 파장과 임의의 각도에 대해 흡체보다 많은 복사를 방출할 수 없다. 흑체는 표면을 검게 만들고 내부의 복사 공동에 아주 작은 구멍을 뚫어서 비슷하게 만들 수 있다. 흑체에 대한 우수한 한 가지 예는 날카로운 면도날들의 배열로 형성된 표면이다. 칼날 끝의 배열들은 입사광을 효율적으로 가둘 수 있고 거의 완전히 입사광을 흡수한다. 흑체의 스펙트럼 표면 복사 발산도 M_λ에 대한 제대로 된 관계식은 1900년 막스 플랑크에 의해 처음으로 유도되었다. 그는 흑체의 복사와 흡수과정에서 양자화를 가정할 필요가 있다는 것을 발견하였다. 플랑크는 온도 T에서 흑체의 스펙트럼 표면 복사 발산도는 다음과 같다는 것을 발견하였다.

$$M_\lambda = \frac{2\pi hc^2}{\lambda^5}\left(\frac{1}{e^{hc/\lambda k_B T}-1}\right) \tag{6-5}$$

스펙트럼 표면 복사 발산도 M_λ는 광원으로 방출되는 단위 파장의 구간 및 단위 면적당 출력이다. 이 양을 그림 6-3에서 여러 가지 온도에 대해 그렸다. 스펙트럼 표면 복사 발산도는 각각의 파장마다 절대 온도가 올라갈수록 증가를 보여주고 있다. 스펙트럼 표면 발산도의 최고치 역시 온도가 증가할수록 짧은 파장쪽으로 이동하여 온도 5000~6000

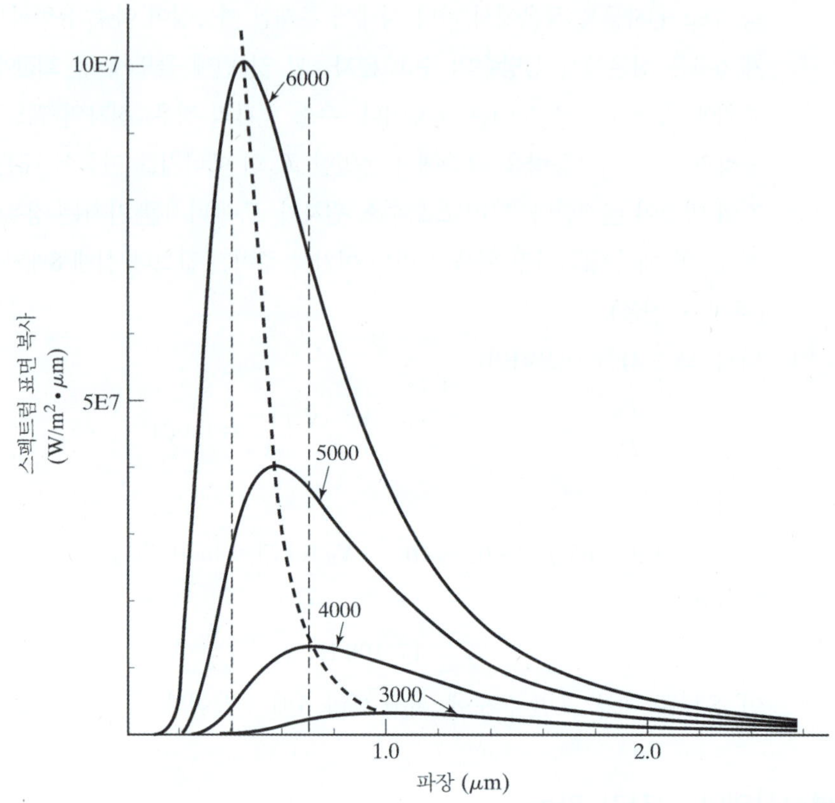

그림 6-3 4가지 켈빈 온도에 대한 흑체 표면 복사 스펙트럼 분포. 연직 사선들은 가시광선 영역을 표시하고, 사선 커브는 네 가지 스펙트럼의 최고치를 연결하는 것으로 빈의 변위 법칙을 보여주고 있다(표기에서 $5E7 = 5 \times 10^7$).

K 구간에서 가시광선 영역(수직 파선 사이의 구간)으로 떨어진다. 온도에 따른 M_λ가 최고치를 가지는 파장 λ_{max}의 변화는 M_λ는 λ에 대해 미분하고 0이 되는 지점을 찾아 얻을 수 있다. 이 결과는 **빈의 변위 법칙**(Wien displacement law)으로서 다음과 같이 주어지며 그림 6-3에 파선 곡선으로 표시되어 있다.

$$\lambda_{max} T = \frac{hc}{5k_B} = 2.898 \times 10^3 \, (\mu\text{m} \cdot \text{K}) \tag{6-6}$$

만약 식(6-5)의 스펙트럼 표면 복사 발산도를 모든 파장에 대해 적분하면, 총 표면 복사 발산도 혹은 온도 T에서 흑체복사 스펙트럼 커브의 면적은 다음과 같이 얻을 수 있다.

$$M = \int_0^\infty M_\lambda d\lambda = \sigma T^4 \tag{6-7}$$

이 관계식은 **스테판-볼츠만 법칙**으로 알려져 있으며, σ는 스테판-볼츠만 상수로서 그 값은 5.67×10^{-8} W/(m$^2 \cdot$K^4)이다.

실제 표면으로부터의 복사는 흑체 혹은 **플랑크 광원**보다 적고 **방출률** ε로 정성적으로 설명된다. 시료로부터 측정된 복사의 스펙트럼 표면 복사 발산도 M과 동일한 온도에 있는 흑체의 값 M_{bb}를 구별하여, 다음과 같이 정의할 수 있다.

$$\varepsilon(T) = \frac{M}{M_{bb}} \tag{6-8}$$

흑체와 실제 시료의 복사 스펙트럼 표면 발산도를 다양한 좁은 파장 폭에 대해 비교해 보면 스펙트럼 방출률을 계산할 수 있는데, 그 값은 일반적으로 상수가 아니다. 특히 방출률이 파장에 무관한 경우 그 시료를 **회색체**라 한다. 이 경우 시료의 스펙트럼 표면 복사 발산도는 흑체의 값에 비례하고, 그 스펙트럼 곡선은 일정한 비율만큼 줄어드는 것 외에는 동일하다. 예를 들어 가열된 텅스텐 선에서 방출되는 스펙트럼 복사는 $\varepsilon = 0.4 - 0.5$의 값을 가지는 회색체와 유사한 값을 가진다.

흑체복사는 절대온도에 따른 색깔 비율을 정립하는 데 사용된다. 시료 빛의 **색온도**는 스펙트럼 에너지 분포와 유사한 흑체의 온도이다. 이런 방식으로 촛불의 화염($\lambda_{\max}$ $\sim$1500 nm)은 1900 K 정도의 색깔 온도를 가지고 있다고 말할 수 있다. 반면 태양($\lambda_{\max}$ = 500 nm)은 전형적인 색깔온도 5800 K를 지니고 있다. 상온의 광원(293 K)은 적외선 영역의 피크 파장 $\lambda_{\max} = 9890$ nm의 전자기 복사를 방출한다.

6-3 레이저 이외 광원의 전자기 복사

레이저 광의 발생과 특성을 조사하기 전에, 레이저 이외 광원들에 대해 간략히 다루고자 한다. 원자들 혹은 입자들의 조합을 흑체나 회색체로 취급하기 위해서는, 그 조합이 연속적인 주파수 영역에서 빛을 방출하거나 흡수할 수 있어야 한다. 이를 위해 입자의 조합은 연속적인 영역에 걸쳐있는 다양한 에너지 상태로 존재해야 한다. 이런 상황은 고체나 액체에서 일어나는데 그 내부에서는 인접한 원자들 사이에 무수히 많은 상호작용이 존재해서 그 물질 내 원자 혹은 분자들의 가능한 에너지들을 거의 연속적으로 분포하게 한다. 일부의 원자들이 이온화되는 뜨거운 가스 역시 연속적인 발광 스펙트럼을 가지는 계를 구성한다. 이온화된 (자유)전자들은 어떠한 에너지도 가질 수 있기 때문이다. 한편 차갑고 성긴 가스는 전자전이, 가스를 구성하는 요소들의 회전 혹은 진동에 관련된 몇몇 허용된 에너지 준위에 대응되는 에너지만을 보여준다. 이러한 가스는 드문드문 존재하는 특별한 에너지에 대응되는 빛을 방출하거나 흡수한다. 가스에서 방출되는 스펙트럼은 드문드문한 에너지 준위들 사이의 특별한 전위에 대응되는 **선 스펙트럼**에 연속적인 형태의 배경 스펙트럼이 겹쳐져 있는 형태이다. 복사에 분포하고 있는 에너지의 방식은 빛의 색깔을 결정하는데, 결과적으로 빛을 비추어 보이는 표면의 색깔을 의미한다. 필름 카메라를 사용한 적 있는 사람이라면 필름의 실제 색깔 반응은 그 대상을 비추는 빛의 유형에 의존한다는 것을 알 것이다.

레이저 이외의 광원들에 대한 아래의 설명은 완전한 이해를 돕는다기보다는, 다음 절의 레이저 광에 대한 논의에 앞서 배경지식을 제공하기 위해 준비했다.

태양광과 하늘 빛

낮의 빛은 태양광과 하늘 빛의 조합이다. 태양에서 직접 내리쬐는 빛은 파란 색조를 띠는 하늘 빛의 스펙트럼과 확연히 다르다. 그림 6-4는 태양광 복사조도를 그래프로 보여주고 있다. 지구 외계에 위치한 태양 복사조도의 성질은 태양이 중심온도 6000 K와 외각온도 5000 K인 흑체와 비슷하게 거동하고 있다는 것을 보여준다. 하지만 지구 표면에서 측정된 태양의 복사는 지구 대기의 흡수로 인해 변형된다. 지구 대기 밖에서 측정되는 연간 복사조도의 평균은 **태양상수**로 1350 W/m^2이다. 맑은 날 지구의 표면에 도달하는 총 복사조도의 평균은 대략 1000 W/m^2이다. 지구 외부에 위치한 광원으로서의 태양광의 스펙트럼과 지구 표면에 도달하는 스펙트럼은 양쪽 모두 연속적인 흑체복사 배경을 지니지만 군데군데 홈들로 패인 곳이 존재한다. 이러한 홈들은 태양 외부층과 지구 대기에 존재하는 특정 원소들의 선택적 흡수의 결과들이다.

우주 배경복사

1965년 Bell 연구소의 Arno Penzias와 Robert Wilson은 지구는 색깔 온도로 치면 2.7 K에 해당하는 복사조도의 스펙트럼을 가지는 등방적인 흑체복사에 둘러싸여 있다는 것을 발견하였다. 이 복사는 뜨겁고 밀한 초기 우주가 형성되는 과정에서 기인한 것으로 생각할 수 있다. 우주의 점차적인 팽창은 흑체복사 복사조도의 스펙트럼의 특징적 형태는 그대로 유지하면서 단지 복사의 온도를 낮추었다. 우주 배경복사는 우주 기원에 관한 **대폭발**(Big Bang) 이론을 지지하는 중요한 증거이다.

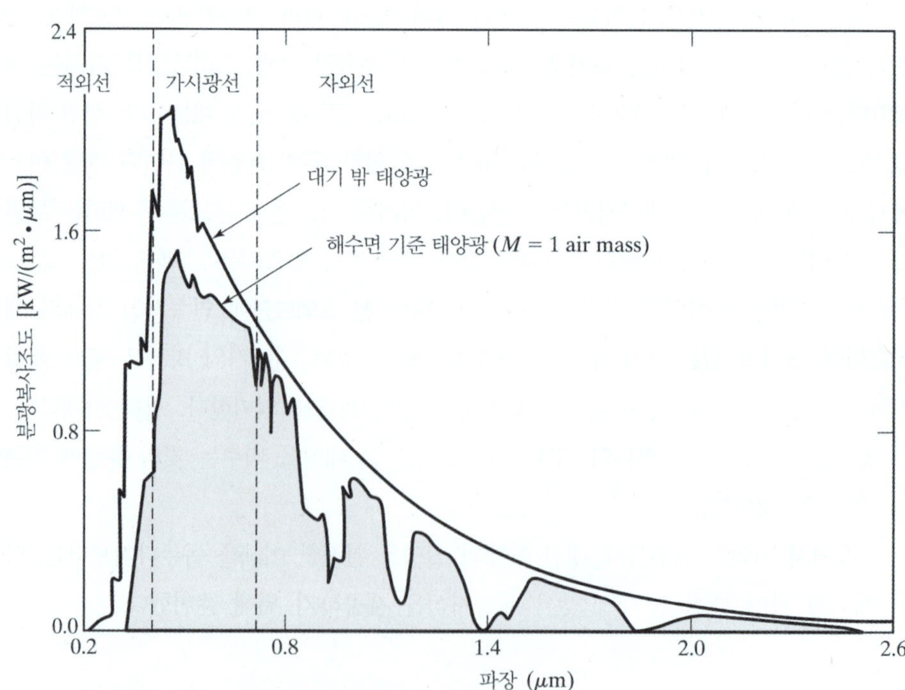

그림 6-4 대기 밖과 수면 높이의 평지에서의 태양광 복사조도 스펙트럼: 맑은 날, 태양이 천정에 도달했을 때.

백열광원

전류가 흘러 발생한 열로 만들어진 광원을 **백열광원**이라고 한다. 복사는 열적으로 들뜬 원자나 분자들이 낮은 에너지 상태로 전이하면서 발생한다. 그 에너지는 넓고 연속적인 파장에 걸쳐 방출된다. 시중에서 구매 가능한 **흑체광원**들은 작은 구멍을 지닌 공동(cavity)으로 구성된다. 이 작은 구멍으로부터 나오는 복사는 거의 일정하고 값이 1인 방출률을 가진다. 이런 광원들의 구동온도는 액체 질소(−196°C)의 구동온도부터 3000°C까지 사용 가능하다. 특히 적외선용 백열광원으로는 **네른스트 발광체**(Nernst glower)가 있다. 이 광원은 내열성 물질들(지르코니아, 산화이트륨, 산화토륨)로 막대 모양으로 만들며, 여기에 전류를 흘려 열을 발생시키고 가시광선에서 30 μm까지 유용하다. 네른스트 발광체는 방출률이 0.75 이상인 회색체와 유사하게 거동한다. 그 물질이 결합된 탄화규소(SiC)로 만들어진 막대인 경우, 그 광원을 **글로버**(globar)라고 부르며, 이것은 평균 방출률 0.88을 지닌 회색체로 근사된다(그림 6-5 참조).

텅스텐 필라멘트 램프는 가시광선에서 적외선 영역까지 연속적인 복사를 사용하기 위해 제작된 광학장비에 들어가는 인기 많은 광원이다. 이 램프는 전구 및 필라멘트의 배열과 기본 모양에 따라 폭넓게 활용할 수 있다. 필라멘트는 코일 혹은 리본 모양의 필라멘트의 형태를 가지는데, 리본 모양은 보다 균질한 복사 표면을 제공한다. 고온 작동에 사용되는 석영(quartz)을 제외한 일반적인 전구의 외형은 유리를 사용한다. 가시광선 영역에 걸친 복사는 회색체로 근사되는데 촘촘하게 감은 코일의 경우 방출률이 1에 근접한다. 빛의 출력(일반적으로 루멘(lumen)이라는 단위로 주어진다)은 필라멘트 온도와 입력 전압(와트) 모두에 의존한다. 작동하는 동안 텅스텐은 점차적으로 필라멘트에서 증발하여 전구의 내부 표면에 증착되어 검은 막을 남긴다. 이 때문에 전구의 수명기간 동안 많게는 18%까지 빛의 출력이 감소한다. 이 과정은 필라멘트를 약하게 하고 그것의 전기저항을

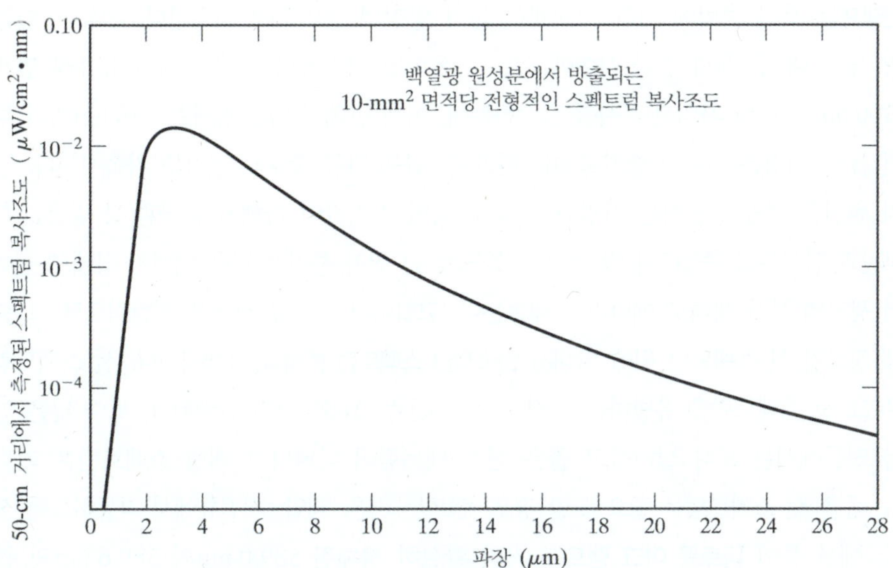

그림 6-5 온도변화가 1000 K까지 가능한 글로버 적외선 광원은 1에서 25 μm에 걸친 적외선 광원을 공급한다. 이 광원은 6.2 nm 지름의 탄화규소 저항이다.

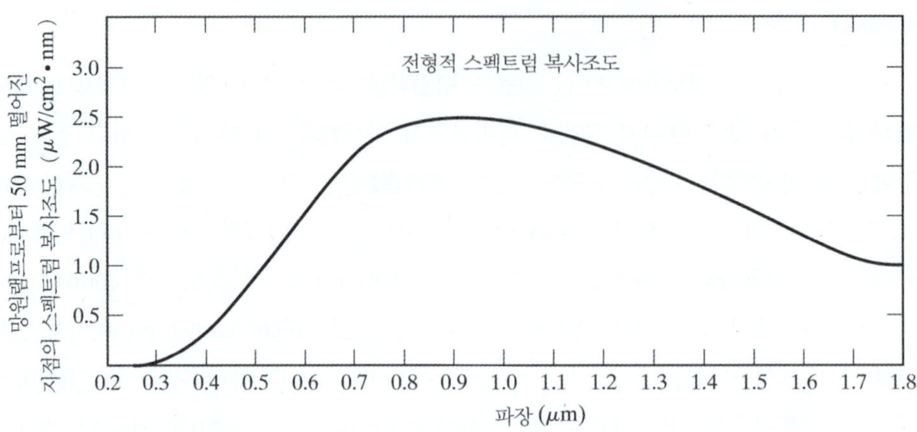

그림 6–6 100 W 석영–할로겐 램프의 스펙트럼 복사조도는 0.3에서 2.5 μm까지의 연속적인 복사를 제공한다.

증가시킨다. 따라서 질소나 아르곤 등의 비활성 기체를 대기압의 8/10 정도 채워 증발 속도를 느리게 한다. 보다 최근엔 할로겐 증기(요오드, 브롬)를 **석영–할로겐** 혹은 **텅스텐–할로겐** 램프의 가스에 추가해 이 문제를 최소화시켰다. 할로겐 증기는 텅스텐 증착이 없는 전구를 유지하면서 재생 순환의 기능을 한다. 요오드(iodine)는 증착된 텅스텐과 반응해서 기체 형태의 요오드화 텅스텐을 형성하는데, 그것들은 점차적으로 뜨거운 필라멘트에서 분해되는 반복과정을 통해 텅스텐은 필라멘트에 재증착하고 요오드는 풀어주는 과정을 반복한다. 그림 6-6은 100 W 석영-할로겐 필라멘트 광원의 전형적인 복사조도 스펙트럼 곡선을 보여준다. 그 램프는 3000 K 회색체 광원으로 근사되는데, 0.3~2.5 μm에 걸친 연속체 스펙트럼을 공급한다. 텅스텐 아크 램프에서는 두 개의 텅스텐 전극들 사이의 아크 방전이 전극을 가열시켜 대기압에서의 아르곤 내 백열광을 발생시키는데, 3100 K의 텅스텐 램프와 유사한 복사 스펙트럼을 제공한다.

방전램프

방전램프는 복사 출력에 따라 기체에서 전기 방전의 동역학에 의존한다. 전류는 밀봉된 석영 튜브 내 두 개의 전극 사이에 있는 이온화된 가스를 통과해 지나간다(유리 덮개는 약 300 nm 이하의 자외선 복사를 흡수하는데, 이에 반해 석영은 짧게는 180 nm까지 투과시킨다). 전기장은 원자의 증기를 이온화할 수 있을 만큼 충분히 전자를 가속시킨다. 전자들의 원천은 열을 방출하는 가열된 음극관, 강한 전기장이 가해진 음극관(장 방출), 혹은 음극관과 양이온의 충돌(2차 발광)이다. 들뜨게 된 원자 증기가 낮은 에너지 상태로 전이하면서 광자의 복사 형태로 에너지를 내놓는다. 고압이나 고전류 작동은 일반적으로 그 증기의 특징적인 선 스펙트럼 위에 더해져 **연속적인 스펙트럼 출력**을 발생시킨다. 선 스펙트럼의 폭은 그 선 스펙트럼을 유발하는 특정 전이의 선폭 $\Delta\nu$와 직접 관련된다. 보다 낮은 압력이나 전류에서는 보다 날카롭고 좁은 선 스펙트럼이 나타나고 배경 스펙트럼은 최소가 된다. 좁은 선 스펙트럼을 필요로 할 경우, 램프는 저온, 저압, 저전류에서 작동하도록 설계된다. 예를 들어 **나트륨 아크 램프**는 거의 확실히 정해진 589.0 nm와 589.6 nm의 좁은 노란색 빛을 낸다. 저압 **수은 방전램프**는 대역투과필터를 사용하면 404.7 nm나 435.8 nm (보라), 546.1 nm (초록), 577.0 nm와 579.1 nm(노랑)와 같은 우수한 단색 광을 공급할 수 있다. 다른 필요한 파장을 얻기 위해 다른 종류의 기체나 증기도 사용될 수 있다. 가장 높은 스펙트럼 순도를 위해, 특정 동위원소 기체들이 사용되기도 한다.

스펙트럼 순도보다 높은 복사조도를 원할 경우 다른 설계들도 사용 가능하다. 이런 종류의 가장 오래된 광원은 아마도 **탄소아크**(carbon arc) 등 여전히 손전등이나 동영상 프로젝터로 폭넓게 사용되고 있다. 이 광원의 스펙트럼 분포는 6000 K의 회색체의 모습에 근접해 있다. 탄소 막대의 중심부에 다양한 물질을 사용하면 다양한 범위의 스펙트럼 출력이 가능하다. 아크가 고압으로 밀봉된 **소형 짧은 아크 광원**(compact short-arc source)은 선과 연속 스펙트럼이 뒤섞인 복사를 낸다. 그림 6-7은 이런 종류의 램프에 대한 대략적인 모습과 외형을 그린 것이다. 이런 종류의 램프 중 50 W에서 25 kW까지 작동하도록 설계된 가장 유용한 것은 **고압 수은 아크 램프**인데, 상대적으로 약한 배경 복사에 비해 강한 선 스펙트럼을 지니고 있다. 좋은 자외선 광원으로 사용되는 **제논**(xenon) **아크 램프**도 있는데, 이것은 실용적으로 근자외선에서 가시광선과 근적외선까지 연속적인 복사를 제공한다. 그리고 **수은-제논 아크 램프**는 본질적으로 수은의 스펙트럼을 제공하는데, 제논이 연속 스펙트럼과 0.8~1 μm 범위의 강한 복사를 더해준다. 제논과 수은-제논 램프의 발광 스펙트럼 곡선들은 그림 6-8과 6-9에서 보여지고 있다.

섬광전구(flash tube)는 가시광선과 근적외선 복사의 고출력 광원을 대표하는데, 기체가 채워진 관 내부에서 저장된 전기 에너지를 방전하는 과정을 통해 빛을 생성한다. 그 기체는 거의 대부분 제논이다. **사진용 섬광전구**(photoflash tube)는 이에 대비되게 고강

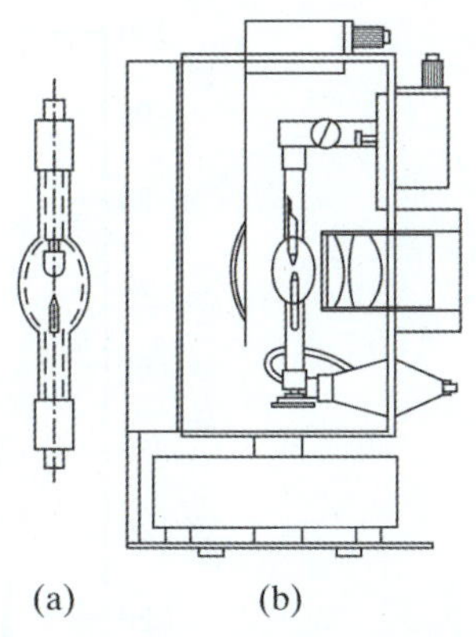

그림 6-7 높은 복사조도를 내는 소형 아크 광원 (a) 소형 아크 램프 (b) 구조 내부에 설치된 램프, 후변 반사체와 초점 시스템을 보여주고 있다.

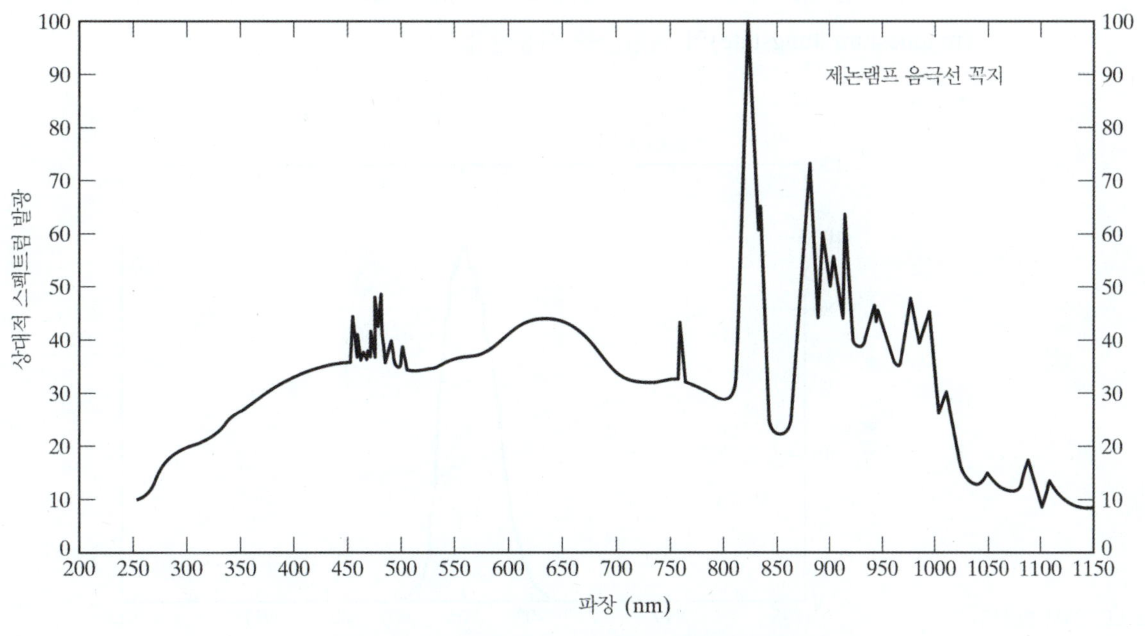

그림 6-8 아담한 제논 아크 램프의 발광 스펙트럼.

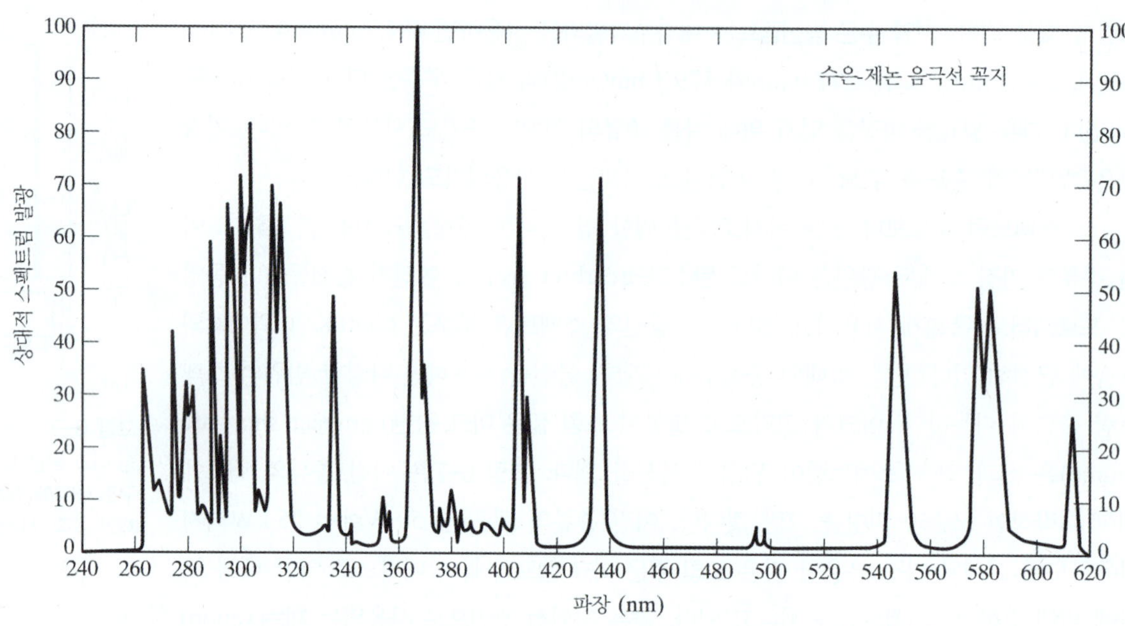

그림 6-9 수은-제논 아크 램프의 발광 스펙트럼.

도의 빛과 순도 높은 산소로 채워진 대기 내에서 금속(알루미늄, 지르코늄)막이나 선의 빠른 연소를 통해 짧은 조명시간을 제공한다. 섬광등들과 아크 램프들은 고체 매질(Neodynium: YAG)의 레이저를 광학적으로 들뜨게 하는 용도로 사용되기도 한다.

가정용 **형광등**은 저압, 수은 증기 내 저전류 방전 방식을 사용한다. 들뜬 수은 원자들로부터의 자외선 복사는 밀봉 유리관 안쪽 면에 코팅된 형광체에 흡수되어 가시광선 형광으로 전환된다. 스펙트럼 출력은 사용된 특별한 형광체에 의존한다. 예를 들어 낮에 사용되는 램프는 아연 베릴륨 규산염(zinc beryllium silicate)이나 마그네슘 텅스텐(magnesium tungstate)의 혼합물을 사용한다.

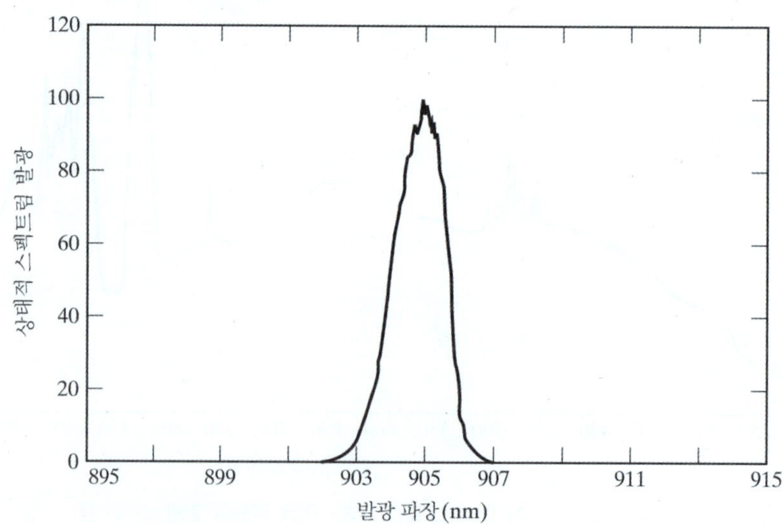

그림 6-10 GaAs LED에서 방출되는 출력의 스펙트럼.

LED

LED(light-emitting diode)는 지금까지 기술된 것들과 아주 다른 중요한 광원이다. LED는 반도체 결정의 p-n 접합을 도입한 고체 소자이다. 이 p-n 접합 소자는 빛이 중심에서 나오도록 보호 용기 안에 밀봉되어 있다. 정방향으로 아주 작은 바이어스 전압이 가해지면, 그 접합된 영역 근처에서 일어나는 전자와 양공의 재결합에 의해 광학적 에너지가 생성된다. 잘 알려진 LED로는 최고 출력이 900 nm 근처에 위치한 적외선 GaAs 소자, 최고 출력이 580 nm에 위치한 가시광선 SiC 소자가 있다. 그림 6-10에서 보는 바와 같이 LED는 좁은 발광 스펙트럼 대역을 제공한다. 유사한 화합물 반도체의 용액들은 그 화합물의 조성비 조절이 가능한 범위에서 다양한 파장영역의 스펙트럼을 제공한다.

전 후
E_2 E_2
입사 $h\nu'$ 복사
E_1 E_1
원자
(a) 유도 흡수

E_2 E_2
입사 $h\nu'$ 복사 $2\,h\nu'$
E_1 E_1
(b) 유도 방출

E_2 E_2
$h\nu$
E_1 E_1
(c) 자발 방출

그림 6-11 매질을 통과하는 복사의 통로에 영향을 미치는 세 가지 기본 과정들.

6-4 빛-물질 상호작용에 대한 아인슈타인의 이론

1916년 아인슈타인은 빛과 물질 사이의 열적 평형의 존재는 기본적 상호작용에 관한 세 가지 과정을 통해 설명될 수 있다는 것을 보였다. 이 과정들은 **유도 흡수**, **유도 방출**, **자발 방출**로 알려져 있다. 이 절에서는, 이 과정들에 관해 논의하고 그 과정의 발생률을 관장하는 **아인슈타인 A-, B-계수**로 알려진 값을 소개한다. 이제 그림 6-11이 설명하는 빛과 물질의 상호작용을 기술하는 세 가지 기본과정에 대해 알아보자. 그림 6-12(a)에서 주파수가 ν'이고 복사조도가 I인 (거의) 단색광이 두 개의 에너지 준위 E_1, E_2를 가지는 원자들로 구성된 시료에 입사하고 있는데, 이 입사광이 $E_2 - E_1 \approx h\nu'$과 같이 **공명**을 이루고 있다. 그림 6-12(b)는 입사광의 주파수 ν'과 관련된 상태 $2 \rightarrow 1$ 전이의 선 스펙트럼 모양함수 $g(\nu)$를 보여주고 있다. 나아가 원자의 두 에너지 준위들에 대응되는 밀도들은 N_2와 N_1으로 각각 주어진다. 하나의 에너지 준위에 대한 밀도는 그 에너지 준위에 있는 단위 체적당 원자들의 수이다.

유도 흡수

유도 흡수 혹은 단순히 흡수는 전자기파동이 물질의 에너지로 전환되는 과정이다. 하나의 원자는 $h\nu' \approx E_n - E_m = h\nu_0$의 관계식을 만족하는 주파수 ν'의 광자를 흡수하여 원자의 초기 에너지 E_m 상태에서 최종 에너지 E_n 상태로 **올려질 수 있다.** 유도 흡수 과정은

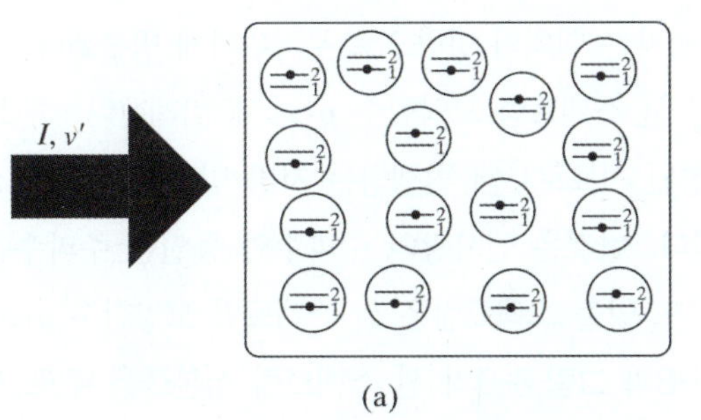

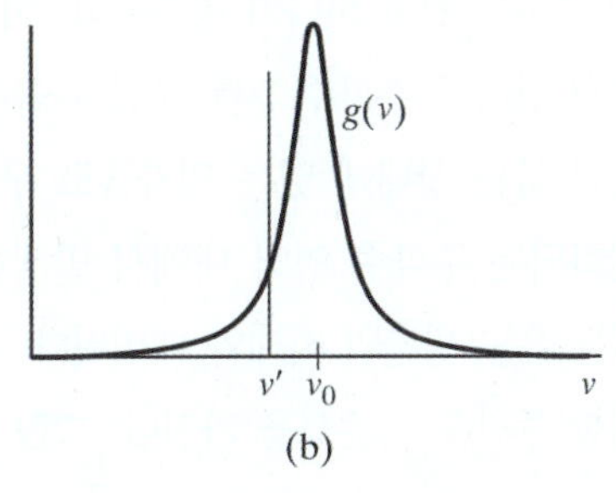

그림 6-12 (a) 복사조도 I, 주파수가 ν'인 단색광은 에너지 준위 2와 1을 지닌 원자들의 집단과 입사광의 광자 에너지에 대해 거의 공명상태이다. (b) 원자들의 에너지 준위 2와 1 사이에서 일어나는 전이에 대한 선 스펙트럼 모양함수.

그림 6-11(a)에서 보여지고 있다. 이 그림에서 하나의 원자는 당초 **바닥 상태**라 불리는 가장 낮은 에너지 상태 E_1에 있다. $E_2 - E_1 \approx h\nu'$ 조건을 만족하는 광자의 흡수를 통해 **들뜬 상태**라 불리는 E_2상태로 올려진다. 주파수가 ν'이고 복사조도가 I인 단색광이 그림 6-11(a)에서 보여지는 바와 같은 원자들로 구성된 집단에 입사하는 경우, 단위 체적당 유도 흡수가 일어나는 발생률 $R_{\mathrm{St.\,Abs.}}$은 다음과 같이 주어진다.

$$R_{\mathrm{St.\,Abs.}} = B_{12}g(\nu')(I/c)N_1 \tag{6-9}$$

여기서 B_{12}는 유도 흡수와 관련된 아인슈타인 B 계수이다. 유도흡수율은 B_{12}, 입사광의 복사조도 I, 입사장의 주파수에 의해 결정되는 선 스펙트럼 모양함수 $g(\nu')$, 그리고 두 개의 에너지 준위 중 흡수전이와 관련된 낮은 에너지 준위에서의 밀도 N_1에 비례한다.

유도 방출

그림 6-11(b)에서 보여지는 바와 같이, $h\nu' E_2 - E_1 = h\nu_0$의 조건을 만족하는 하나의 광자가 초기 E_2 들뜬 상태에 있는 원자를 만났을 경우, 광자는 원자를 유도 혹은 자극하여 보다 낮은 에너지 상태 E_1으로 떨어뜨릴 수 있다. 이 과정에서 원자는 입사 광자와 **동일한 에너지, 방향, 위상, 편광**을 지닌 광자를 내놓는다. 결과적으로 그 원자를 지나가는 전자기 파장은 $h\nu'$ 덩어리(혹은 에너지 양자)만큼의 에너지가 증가하게 된다. 이것이 레이저 시스템 내에서 빛의 증폭을 가능하게 하는 유도 방출이다. 이 유도 방출로 "쌍둥이" 광자가 만들어지는데, 이것으로 레이저 고유의 단색광, 직진성, 결맞음도 등을 설명할 수 있다. 주파수가 ν'이고 복사조도가 I인 단색장이 그림 6-12(a)에서 보여지는 바와 같은 원자들로 구성된 집단에 입사하는 경우, 단위 체적당 유도 방출이 일어나는 발생률 $R_{\mathrm{St.\,Em.}}$은 다음과 같이 주어진다.

$$R_{\mathrm{St.\,Em.}} = B_{21}g(\nu')(I/c)N_2 \tag{6-10}$$

여기서 B_{21}는 유도 방출과 관련된 아인슈타인 B 계수이다.

자발 방출

그림 6-11(c)에서 보여지는 바와 같이 자발 방출은 원자에 입사하는 광자가 없더라도 들뜨게 된 원자에서 일어난다. 이 과정에서는 들뜬 상태 에너지 E_2에 있는 원자가 자발적으로 그 에너지를 포기하고 낮은 에너지 E_1으로 떨어지는데 이 과정에서 $h\nu' \approx E_2 - E_1 = h\nu_0$를 만족하는 광자 하나가 방출된다. 이 광자는 임의의 방향으로 무작위하게 방출된다. 자발 방출된 광자가 주파수 ν를 가질 확률은 선 스펙트럼 모양함수 $g(\nu)$에 비례한다. 즉 모두 동일한 들뜬 상태에 있는 원자들로 구성된 시료로부터 발생하는 자발 방출은 선폭 $\Delta\nu$로 특성화되는 주파수 영역 내에서 발생한다. 이것은 입사광의 주파수와 동일한 주파수만을 가지는 유도 방출의 사례와 대비된다. 유도 방출 스펙트럼은 선 스펙트럼 모양함수 $g(\nu)$와 동일한 주파수 의존성을 가진다. 그림 6-8과 그림 6-9의 선 스펙트럼 성분들은 주로 자발

방출에 기인하며, 그래서 이 스펙트럼의 특징적 선 모양의 폭은 특정 선 스펙트럼과 연관된 짝 에너지 준위 간 선 스펙트럼 모양함수의 선폭이기도 하다. 들뜬 상태에 있는 희박한 기체의 선 스펙트럼은 흔히 기체의 **형광 스펙트럼**으로 불리기도 한다. 자발 방출은 유도 방출을 일으키는 입사광이 존재할 때도 일어난다. 이런 경우 원자로부터 복사되는 빛의 장들은 자발 방출에 의한 일부와 유도 방출에 기인한 일부가 섞인 형태로 구성된다. 모든 유도 방출 광자는 입사 전자기파동과 동일한 주파수와 방향을 가지는 반면, 자발 방출 광자는 선 스펙트럼 모양함수로 기술되는 주파수 범위를 지니며 임의의 방향으로 방출된다.

근본적으로 자발 방출은 6-1절에 기술된 것처럼 전자기적 진공과의 상호작용의 결과이다. 즉 아무런 광자를 지니지 않은 전자기장도 들뜬 상태에 있는 원자에 영향을 미칠 수 있다. 자발 방출은 보다 적절하게 종종 **진공 유도 방출**로 언급되기도 한다. 전자기적 진공은 모든 주파수, 모든 방향에 대해 $\frac{1}{2}h\nu$의 에너지를 가지고 있으며 무작위 위상을 지니고 있다. 그래서 원자가 방출할 수 있는 아무 주파수를 임의의 방향으로 방출할 수 있다. 물론 전자기적 진공에 유도되어 흡수가 일어나지는 않는다. 왜냐하면 전자기장의 바닥 상태인 진공은 원자에 아무런 에너지 양자를 공급할 수 없기 때문이다. 단위 부피당 자발 방출의 비율은 다음과 같이 주어진다.

$$R_{\text{Sp. Em.}} = A_{21}N_2 \tag{6-11}$$

여기서 A_{21}는 2-상태에서 1-상태로의 전이에 대한 아인슈타인 A 계수이다.

아인슈타인 *A*- 및 *B*-계수들 간의 상관관계

아인슈타인은 아래 관계식을 만족할 경우 복사장과 원자 집단 간의 열적 평형이 존재한다는 것을 보임으로써 아인슈타인 A- 및 B-계수들 간의 상관관계를 정립하였다.

$$\frac{A_{21}}{B_{21}} = 8\pi h\nu^3/c^3 \tag{6-12}$$

$$B_{12} = B_{21} \tag{6-13}$$

이런 상관관계들은 원자 집단과 복사장 간의 열적평형이 존재하기 위해 필요하며 아인슈타인 A- 및 B-계수들은 원자준위의 특성이므로 일반적으로 유효하다. 이 상관관계식들에 대한 아인슈타인 방식의 유도는 26장에서 정리할 것이지만, 여기서 다루는 전자기장과 원자 간의 상호작용에 직접적인 양자역학적 방법을 적용해도 유도할 수 있다. 현재의 논의를 위해 식(6-13)이 연관되어 있다. 유도 방출에 관한 계수와 유도 흡수에 관한 계수는 서로 동일하다는 점을 유념해야 한다. 따라서 식(6-9), (6-10)에 의해 유도 유도방출율의 전체적인 비는 낮은 에너지 준위에 대한 높은 에너지 준위의 밀도의 비가 된다. 즉

$$\frac{R_{\text{St. Em.}}}{R_{\text{St. Abs.}}} = \frac{B_{21}g(\nu')(I/c)N_2}{B_{12}g(\nu')(I/c)N_1} = \frac{N_2}{N_1} \tag{6-14}$$

이제 열적평형 상태에 있는 원자 집단들 내 밀도는 주어진 원자가 특별한 에너지 준위에 있을 확률에 비례하게 된다. 즉 식(6-4)의 볼츠만 분포를 사용하여 다음과 같은 관계식을 쓸 수 있다.

$$P_2/P_1 = N_2/N_1 = e^{-(E_2 - E_1)/k_B T} < 1$$

그러므로 주변환경과 열적평형을 이루고 있는 원자 집단 내에서는 유도 방출보다 유도 흡수가 보다 더 자주 일어날 것이다. 결과적으로 열적 평형상태에 있는 원자들의 집단은 항상 입사광에 대한 알짜 흡수체가 된다. 원자집단이 입사 전자기장을 **증폭시키기** 위해서는 원자들이 열적평형의 균형으로부터 벗어나 높은 에너지 준위에 보다 많이 점유할 수 있어야 한다. 그래서 $N_2 > N_1$이고, $R_{\mathrm{St.\,Em.}} > R_{\mathrm{St.\,Abs.}}$이기 위해서는 원자들에 대해 외부에서 펌프에너지가 공급되어야 한다. 이러한 증폭 혹은 **이득 매질**은 레이저 작동에 핵심적인 역할을 한다. 높은 에너지 준위가 낮은 에너지 준위에 비해 더 큰 밀도를 지니고 있을 때, 우리는 그것을 **밀도 반전**이 존재한다라고 말한다. 물론 유도 방출과 함께 자발 방출도 추가적으로 일어나므로 많은 흡수체로부터 상당량의 빛이 방출되지만, 자발 방출광은 선 스펙트럼 모양함수 내의 임의의 주파수를 지니며 임의의 방향으로 방출된다.

6-5 레이저의 핵심 요소

레이저라는 소자는 강하고, 아주 잘 시준된 결맞은 복사광을 방출하는 광학적 진동자이다. 이 소자는 **펌프**라 불리는 외부 에너지원, **이득 매질**, 광학적 공동 혹은 **공진기**의 세 가지 핵심 요소로 구성되어 있는데, 이는 그림 6-13에 도식적으로 그려져 있다. 그림 6-13(a)는 레이저 장치, (b), (c), (d)는 개별 부품이다. 웬만큼 높은 출력을 지닌 레이저 시스템들은

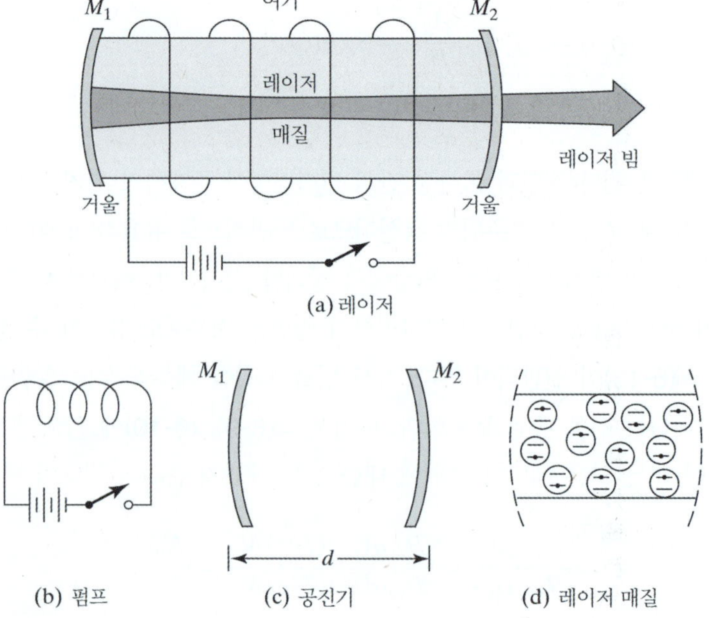

그림 6-13 레이저의 핵심 요소들. (a) 레이저 출력과 함께 표시된 조립이 완성된 레이저 소자의 모습 (b) 외부 에너지원 혹은 펌프. 펌프 시스템은 레이저 매질에 밀도 반전을 발생시키는데, 광학적 펌프 시스템은 전기적, 화학적, 열적 방식의 다양한 에너지원들이 가능하다. (c) 텅 빈 광학적 공동, 혹은 공진기는 두 개의 거울에 의해 빛을 구속한다. (d) 이득 매질을 가지고 있는 활성화된 공진기. 레이저 매질 속에서 빛을 증폭하기 위해서는 밀도 반전과 유도 방출이 함께 일어난다.

통상적으로 냉각 시스템도 함께 가지고 있다.

펌프 시스템

펌프 혹은 펌프 시스템은 레이저 매질 속에서 밀도 반전을 발생시킬 수 있는 외부 에너지원을 일컫는 말이다. 앞 절에서 설명한 바와 같이, 광파나 광자의 복사장의 증폭은 두 에너지 준위 간 밀도 반전을 이루고 있는 매질 내에서만 일어난다. 이런 경우 유도 방출의 비율은 유도 흡수의 비율을 초과하고 빛의 복사조도는 이 매질을 통해 지나가는 매 과정마다 증가하게 될 것이다. 펌프 에너지가 없으면 매질을 통과하는 동안 빛은 감쇄하게 될 것이다.

펌프 방식에서 레이저 매질과 결합하여 그 원자들을 들뜨게 하고 필요한 만큼 밀도 반전을 이룰 정도의 에너지 공급이 가능하다면 광학적, 전기적, 화학적, 혹은 열적 방법이 모두 가능하다. 헬륨-네온 레이저 같은 기체 레이저의 경우, 가장 흔하게 사용되는 펌프 방식은 **전기적 방전**이다. 이러한 펌프과정을 관장하는 가장 중요한 변수들은 전자 들뜸 단면적(electron excitation cross section)과 여러 에너지 준위들의 수명이다. 어떤 기체 레이저들은, 방전 과정에서 발생한 자유전자들이 레이저 원자, 이온, 분자들과 직접적으로 충돌하고 들뜨게 한다. 원자-원자 (혹은 분자-분자) 비탄성 산란에 의해 들뜸이 발생하는 방식도 있다. 후자와 같은 접근방식의 경우, A와 B라는 두 종류의 원자들이 각각 에너지 준위가 일치하는 A^*와 B^*의 들뜬 상태를 지니고 있는 혼합 기체가 사용된다. 에너지는 한 종류의 들뜬 상태에서 다른 종류로 전이되는데 이 과정에 대한 알짜 효과는 다음과 같은 관계식으로 표기할 수 있다. $A + B^* \rightarrow A^* + B$. 여기서 원자 A는 당초 자유전자나 다른 어떤 방식의 들뜸과정을 통해 들뜸 에너지를 이미 받은 상태이다. 주목할 만한 예는 헬륨-네온 레이저인데, 레이저에서 활성화되는 네온 원자들은 준 안정상태에 있는 헬륨으로부터 에너지가 전환되어 들뜨게 된다. 헬륨 원자는 자유전자들과의 충돌로 에너지를 공급받는다.

다양한 펌프 시스템과 들뜸 과정이 있지만, 역사적으로 주목할 만한 한 가지 과정을 더 소개하고자 한다. 1960년대 휴즈사(Hughes Research Laboratories)의 메이먼(T.

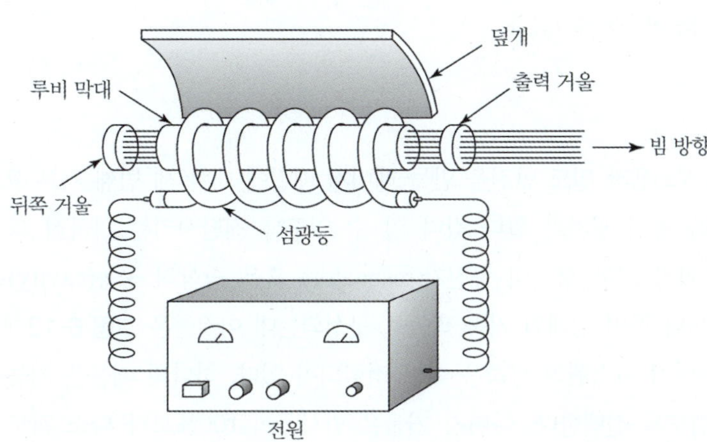

그림 6-14 루비 레이저 장치의 부품들. 덮개(shield)는 섬광등의 빛이 반사되어 루비 막대로 되돌아오게 돕는다.

Maiman)에 의해 개발된 최초의 레이저는 694.3 nm의 붉은 가시광 파장에서 작동하는 펄스형 루비 레이저였다. 그림 6-14는 루비 레이저 소자의 도면을 보여주고 있다. 루비 막대에 있는 불순물 Cr^{+3}을 들뜨게 하기 위해, 메이먼은 제논 기체로 채워진 나선형의 섬광등을 사용하였다. 레이저 매질을 들뜨게 하는 이 특별한 방식은 **광학적 펌핑**으로 알려져 있다. 고체와 기체 이득 매질들은 전형적으로 섬광등 방식이나 또 다른 방식을 통해 광학적으로 들뜨게 된다.

이득 매질

레이저 시스템은 통상적으로 소자에 사용하는 이득 매질의 구성물에 따라 그 이름을 붙인다. 기체, 액체, 고체 같은 이득 매질로 참여하는 에너지 준위들은 레이저 복사의 파장을 결정한다. 레이저 매질의 폭넓은 선택 덕분에, 레이저 파장들은 자외선에서 적외선 영역(간혹 1 mm에 꽤 근접한)까지 확장이 가능하다. 레이저 작동은 기체에서만 원소의 절반 이상에서 관측되었고, 천 개 이상의 전이가 알려져 있다. 기체 내에서 가장 잘 알려진 두 개는 네온에서 가시광 복사하는 632.8- nm와 CO_2 분자의 적외선을 복사하는 10.6-μm이다. 흔히 사용되는 다른 레이저 매질과 작동 파장들은 이 장 마지막 부분에 있는 표 6-1에 정리해 놓았다.

어떤 레이저에서는 증폭 매질이 레이저 주 매질과 레이저 원자와 같은 두 개 부분으로 구성된다. 예를 들어 Nd:YAG의 주매질은 이트륨 알루미늄 가넷(yttrium alumium garnet; YAG)인 반면 레이저 원자들은 3가 네오디뮴(neodymium) 이온들이다. 기체들의 혼합으로 구성되는 기체 레이저들의 경우, 주매질과 레이저 원자의 구분이 없다.

증폭 매질의 가장 중요한 필요조건은 레이저 원자들의 2 준위 간 밀도 반전을 공급할 수 있는 능력이다. 이것은 낮은 준위보다 높은 에너지 준위에 더 많은 원자들이 존재할 수 있도록 들뜸(혹은 펌핑)함으로써 실현된다. 펌핑 없이는 레이저 매질 내 2 준위 간 밀도 반전이 일어날 수 없다. 이 부자연스러운 밀도 반전을 발생시키기 위해서는 펌핑이 (간혹 강력한 펌핑) 필요하다. 하지만 원자 에너지 준위들의 다양한 수명 차이 때문에 강력한 펌핑을 하더라도 적절한 자발 방출 수명을 지닌 단지 몇몇의 에너지 짝들만이 밀도 반전을 이루어 낼 수 있다.

공진기

주어진 펌프 시스템과 밀도 반전을 만들 레이저 매질에 대한 세 번째 기본 요소는 레이저(증폭) 매질을 통해 광자가 왔다 갔다 할 수 있도록 전환시키는 광학적 피드백 소자인 공진기이다. 가장 기본 형태의 공진기(resonator) 혹은 광학적 공동(cavity)은 정밀하게 배열된 평면이나 곡면 형태의 거울 짝들로 구성되는데 이것들은 그림 6-13에서 보여지는 바와 같이 레이저 시스템의 광축을 따라 정렬되어 있다. 하나의 거울은 가능한 반사율이 100%에 가깝도록 선택한다. 나머지 거울은 반사율이 100%보다 다소 작도록 준비하여 일부 투과된 빛이 레이저 출력 빔이 되도록 한다.

5-4절에서 논의된 바와 같이, 광학적 거리 d만큼 떨어진 두 개의 평면 거울들로 구성되는 레이저 공진기(공동)는 $d = m\lambda/2 = mc/2\nu$의 조건(m은 일반적으로 아주 큰 양의 정수)을 만족하는 파장 λ_m, 주파수 ν_m의 정상파들을 발생시킨다. 따라서 이러한 공진기 내부의 모드들에 대응되는 주파수는

$$\nu_m = m\frac{c}{2d} \tag{6-15}$$

이다. 앞서 지적한 바와 같이, 레이저 공진기 내부의 거울 중 하나는 레이저 출력을 발생시키기 위해 부분적 투과가 가능해야 한다. 결과적으로 공진기는 식(6-15)에 주어진 정상파 주파수 근처의 선폭 좁은 주파수를 공급할 것이다. 그래서 레이저 공진기는 피드백 소자로서 작용하는 것뿐만 아니라 주파수 필터로도 작동한다. 레이저 출력의 전자기장은 레이저발진 전이(두드러진 이득이 존재하는 영역)의 공명주파수 근처와 공진기의 정상파 주파수(손실이 아주 적은 영역)에 아주 근접한 주파수에서만 존재하게 된다.

레이저 거울은 대개 구면거울인데, 반복적으로 나타나는 안정적인 전자기장의 패턴은(즉, 공진기 모드) 앞서 논의한 평면 거울에 의해 생성되는 평면 정상파보다 훨씬 복잡하다. 거울의 기하학적 모양과 분리 거리는 레이저 공진기 내부의 전자기장의 모드 구조를 결정짓는다. 출력되는 레이저 빔의 파면에 나타나는 전기장 패턴의 정확한 분포는(즉, 빔의 횡방향 복사조도) 공진기 구조와 거울의 표면들에 의존한다. TEM **모드**라고 불리는 다양한 횡방향 복사조도 패턴이 레이저 출력 빔에 존재하게 된다. 높은 차수의 이득 모드를 (빔의 끝자락 부분에 있는 강한 전기장들) 억제함으로써 레이저를 TEM_{00}라는 단일 모드에서 작동하게 할 수 있다. TEM_{00}의 횡방향 복사조도의 변화는 중심부분에서 가장 세기가 크고 가장자리로 갈수록 지수함수 형태로 감소하는 **가우스** 함수 모양을 보인다. 이 가우스 함수 형태의 모드는 4-7절에서 간략하게 기술하였다. TEM_{00}의 특성과 높은 차수의 TEM 모드는 27장에서 자세히 논의할 것이다.

냉각 시스템

레이저 시스템에서 전체 **효율**(overall efficiency)은 작동 특성 중 중요한 항목이다. 레이저 시스템의 전체 효율은 그 레이저를 펌프하기 위한 총 일률(종종 **콘센트 일률**이라고도 한다)에 대한 그 레이저 출력의 비율이다. 이에 대한 전형적인 효율은 (이 장 맨 마지막 표 6-1 참조) 1% 미만에서 25% 정도 범위에 걸쳐있다. 많은 고출력 레이저 시스템들이 1% 미만의 효율을 가지고 있다. 레이저 출력에 기여하지 못하는 펌프 에너지들은 피할 수 없이 열에너지로 전환된다. 한 예로 10W 출력의 아르곤 이온 레이저를 고려해 보자. 이 레이저 시스템의 전체 효율이 0.05%라면, 전체 사용한 일률은 $P_{\mathrm{used}} = (10\ \mathrm{W})/(5\times10^{-4}) = 2\times10^{4}\ \mathrm{W}$이다. 이 전체 일률 중 99.95%는 열에너지로 소모된다. 만약 이 시스템의 열을 제거하지 않으면 이 시스템의 부품들은 손상받거나 품질이 떨어지게 된다.

고체 이득 매질을 사용하는 레이저 시스템은 일반적으로 냉각 재킷으로 이득 매질(종종 광학적 펌프)을 둘러싸 냉각시킨다. 물 혹은 냉각 기름이 이 냉각 재킷을 통해 흐르면서 레이저의 열을 빼앗아 간다. 기체나 액체를 지닌 레이저 시스템은 동일한 방식으로 냉각하거나 공진기 내에서 레이저 매질 자체를 흘려 다시 한번 펌프되기 전에 냉각시키기도 한다. 이러한 냉각방식은 간혹 이산화탄소 레이저나 색소 레이저에서 사용된다. 헬륨-네온 레이저 같은 저출력 레이저들은 외부 냉각 시스템을 필요로 하지 않지만, 고출력 레이저에서는 냉각 시스템이 가장 핵심적인 부분이다.

6-6 레이저 작동의 간략한 기술

레이저 소자를 구성하는 기본 요소들을 간략하게 알아보았다. 이 요소들(펌프, 매질, 그리고 공진기)은 레이저 출력을 발생시키기 위해 어떻게 함께 작동할까? 레이저 공진기 내에서 반드시 광자들이 발생되어야 하고, 모든 광자가 이 공진기의 두 거울 사이를 왔다 갔다 하는 동안 원자들과 상호작용해야 하며, 유도 방출을 통해 증폭되어야 한다. 그림 6-15와 6-16을 통해 레이저 작동 원리를 정성적으로 이해해보자. 그림 6-15(a)는 레이저 광자가 발생하는 동안 일반적인 레이저 매질 내의 원자에서 무슨 일이 일어나고 있는지를 4단계에 걸쳐 보여주고 있다. 그림 6-15(b)는 헬륨-네온 레이저의 실제 에너지 준위들을 보여주고 있는데, 그림 6-15(a)에서 설명된 것 같은 분명한 4단계를 가지고 있다. 그림 6-16은 레이저 매질 내 원자의 거동과 레이저 공진기 내 광자의 밀도에 초점을 맞추어 동일한 4단계 과정을 보여주고 있다. 이 그림을 차례로 살펴보도록 하자.

그림 6-15(a)의 1단계에서, 적당한 펌프로부터 얻은 에너지는 레이저 매질과 결합한다. 펌프 에너지와 비율은 많은 수의 원자를 집단으로 바닥 상태 E_0에서 들뜬 상태 E_3로 들뜨게 하기에 충분할 만큼 높아야 한다. 일단 들뜸 준위에 있으면, 원자들은 다양한 연쇄 과정을 통해 바닥 상태 E_0로 자발적으로 감쇄한다. 하지만 많은 원자들이 아주 빠른 감쇄를 (일반적으로 비복사 과정) 통해 펌프 준위인 E_3로부터 어떤 특별한 준위 E_2로 돌아가는 과정을 선호한다. 이 감쇄 과정은 2단계에 나타나 있다. 준위 E_2는 "높은 레이저 준위"로 표기되었다. 이 준위는 긴 수명을 가지고 있으므로 조금 특별한 경우이다. 대부분의 원자 내 들뜸 준위들은 10^{-8} s의 시간 스케일 안에 감쇄하는 반면, E_2 준위는 다른 준위들에 비해 10만 배 이상의 긴 (전형적인 수명이 10^{-3} s) **준안정적**(metastable) 상태이다. 따라서 원자들이 깔대기처럼 펌프 준위 E_3로부터 E_2로 급격하게 떨어지므로, 병목 현상처럼 이 준안정 준위 E_2에 원자가 쌓이게 된다. 이 과정에서 N_2가 큰 값으로 증가한다. 가령 E_2가 자발 방출로 감쇄한다고 하면, '낮은 준위'로 표시된 E_1로 감쇄한다. 준위 E_1은 바닥 상태로 빠르게 전이하는 평범한 준위이므로, 큰 수의 밀도 N_1이 쌓일 수 없다. 알짜 효과는 유도 방출에 의한 광증폭을 위한 밀도 반전($N_2 > N_1$)이다.

일단 밀도 반전이 구축되고 공명 에너지 $h\nu' \cong E_2 - E_1$를 갖춘 광자 하나가 높은

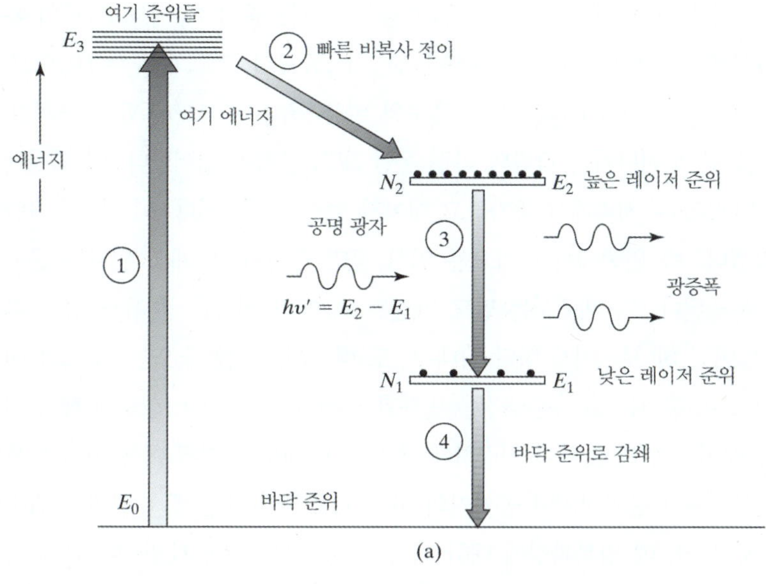

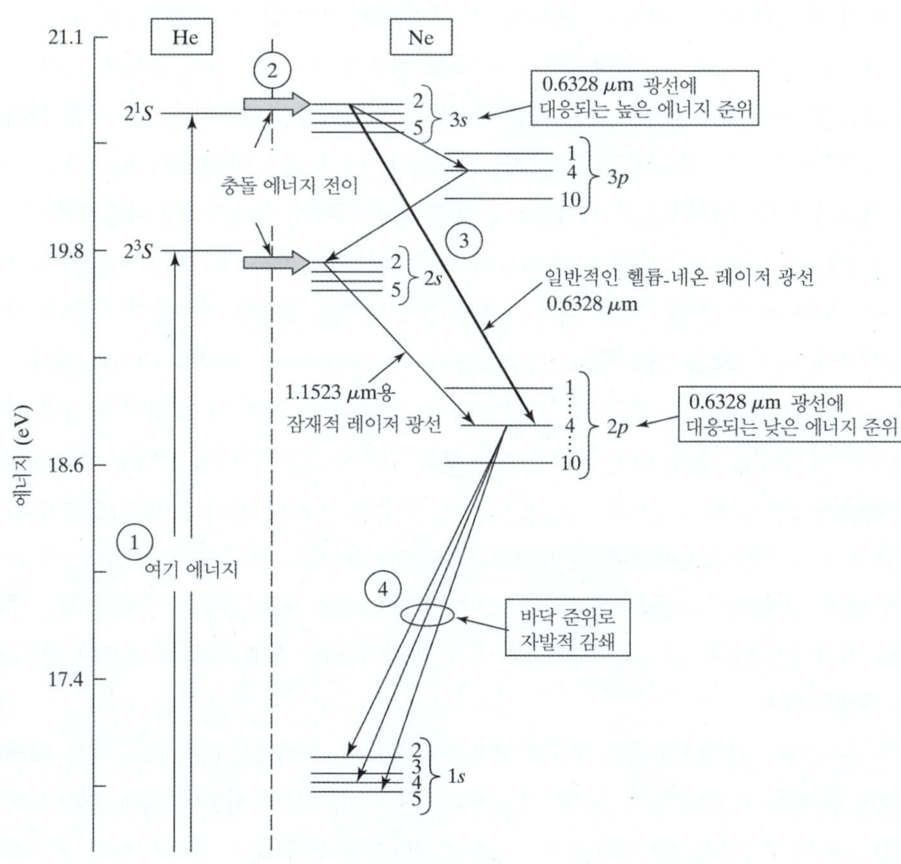

그림 6-15 (a) 일반적인 4준위 레이저와 (b) 특별한 헬륨-네온 레이저에 대해 레이저 발생과정에 관여하는 4단계 에너지 순환. (a) 레이저 광자 발생에 관여하는 레이저 원자의 4단계 에너지 순환. (b) (a)에서 정리한 4단계 (숫자는 순환 단계)에 따른 0.6328-μm 레이저 선을 지닌 헬륨-네온 레이저의 에너지 준위 도표.

준위에 있는 N_2개의 원자들 중 하나를 지나면, 유도 방출이 일어나게 된다. 그럴 경우 레이저 증폭이 시작된다. 공명 에너지 $E_2 - E_1$의 광자 하나는 준위 E_1에서 E_2로의 흡수 또한 유도하며 자신은 이 과정을 통해 사라진다. N_2가 N_1보다 크고, $B_{21} = B_{12}$이므로, 유도 방출의 비율 $B_{21}g(v')(I/c)N_2$은 유도 흡수의 비율 $B_{12}g(v')(I/c)N_1$을 초과한다. 따라서 이득 매질을 통해 지나가는 각각의 과정 동안 빛의 증폭이 일어난다. 이 과정에서 입사한 공명 광자의 밀도는 지속해서 증가하고 레이저 발진은 계속된다. 이 과정을 3단계로 도식적으로 그렸다. 즉 왼쪽에서 다가오는 입사 공명 광자가 N_2개의 원자들 근처를 떠나면서 똑같이 복제된다. 4단계에서는 밀도 반전된 N_2개의 원자들 중 유도 방출 과정에서 E_1 준위로 떨어진 하나는 이제 바닥 상태 E_0로 빠르게 감쇄한다. 만약 펌프가 여전히 작동하고 있으면, 이 원자는 그 순환과정을 반복할 준비가 되어 있다. 그렇게 해서 지속적인 밀도 반전과 레이저 빔의 출력이 일정하게 유지된다. 밀도 반전된 이득 매질을 통해 매번 지나가며 복사조도가 증가하지만 공진기의 출력 거울을 만나는 매 순간마다 감소한다는 사실을 염두해 두자. 매 왕복과정에 대한 이득이 그 왕복과정에 대한 손실을 초과하기만 하면, 공진기 내 복사조도는 연속적으로 증가한다. 복사조도가 증가할수록 밀도 반전 $N_2 - N_1$은 필연적으로 감소한다. 왜냐하면 유도 방출의 초과분은 높은 준위의 레이저 작용에 의한 밀도에 대한 손실을 치룬 만큼 광자들을 생성시키기 때문이다. 그러므로 **복사조도가 증가할수록, 이득 매질의 밀도 반전은 감소한다.** 이 과정은 **이득포화**(gain saturation)라고 알려져 있다. 점차적으로 복사조도는 충분히 증가해서 왕복과정에 따른 이득이 그 왕복과정에 따른 손실과 동일하게 될 만큼의 밀도 반전 지점까지 감소한다. 이것이 일어나면 복사조도는 더 이상 증가하지 않고 그래서 밀도 반전은 일정한 상수를 유지한다. 이것을 레이저에 대한 **정상-상태 작동조건**(steady-state operation condition)이라 한다.

그림 6-15(b)에서, 펌프 에너지(1단계)는 저압 혼합 기체 내 전기적 방전에 의해 공급된다. 이 방법을 통해 바닥 상태에 있는 헬륨 원자를 높은 에너지 상태로 상승시킨다. 그중 하나가 2^1S로 표기되었다. 그리고 나서 공명 충돌 에너지 전이에 의해 (2^1S 준위의 헬륨은 $3s_2$ 준위의 네온과 거의 일치해서 가능하다) 2단계는 이루어질 수 있다. 즉 들뜨게 된 헬륨 원자들은 그들의 에너지를 바닥 상태의 네온 원자들에게 전달해 $3s_2$ 네온 준위로 올라가게 된다. 이 과정은 복사의 유도 방출에 의한 유효 증폭에 필요한 밀도 반전을 발생시킨다.

유도 방출 과정(3단계)은 네온의 준위 $3s_2$과 $2p_4$ 사이에서 (준위 $3s_2$에서 10개의 $2p$ 상태 중 가장 확률이 높은 전이)[4] 발생한다. 이 전이는 유도 방출에 의해 증폭된 파장 0.6328 μm의 광자들을 발생시키는데, 이것이 일반적인 헬륨-네온 레이저 빔의 붉은색이다. 마지막으로 4단계에서 $2p_4$ 에너지 상태에 있는 네온 원자는 자발 방출을 통해 $1s$ 바닥 상태로 감쇄된다. 다시 한번 바닥 상태로 돌아가, 들뜬 헬륨 원자와 충돌하고 그 순환

4 에너지 준위 도표와 전이 확률을 통한 헬륨-네온 레이어저의 이해와 논의를 위해 읽을 만한 책으로 G. H. B. Thomson, *Physics of Semiconductor Laser Devices* (New York: Wiley-Interscience, 1980).

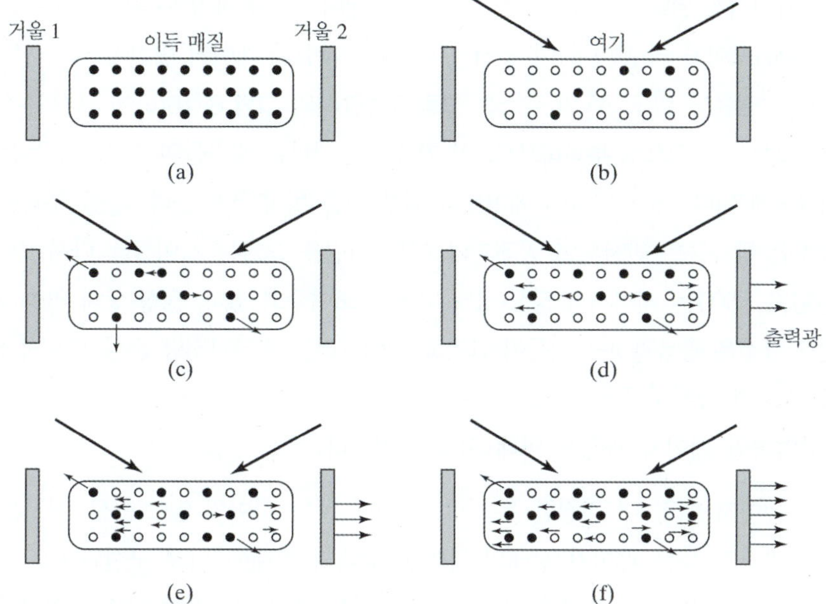

그림 6-16 전형적인 레이저 공진기 내 레이저 진동이 시작되는 시간적 변화 과정. (a) 아무 활동을 하지 않는 레이저. (b) 이득 매질의 펌핑은 점유도 밀도 반전을 발생시킨다. (c) 자발 방출이 유도 방출을 시작하게 한다. (d) 빛의 증폭과 이득포화가 시작된다. (e) 이득포화가 지속된다. (f) 정상-상태 레이저 작동이 안정화된다.

과정을 반복할 준비가 된다. 그림 6-15(b)는 모든 네 가지 단계들과 헬륨-네온 레이저 0.6328 μm 발광 선과의 관계에만 연결시켰지만 $3s$로부터 $2s$나 $2p$로의 다른 전이들도 레이저 작동이 가능하다. 이 전이에 대한 한 가지가 그림에 표기된 1.1523 μm 선이다.

이제 정상-상태 레이저 작동에 대해 위의 설명을 반복해 보자. 대신 이번엔 레이저 공진기 내 빛의 장이 어떻게 변화 혹은 진화(evolution)해 가는지에 주안점을 둔다. 이 빛의 장의 변화에 대한 논의를 돕기 위해, 그림 6-16을 고려해 보자. 그림 6-16(a)에서 레이저 매질은 광학적 공진기의 거울들 사이에 위치해 있다. 거울 1은 본질적으로 100% 반사를 하고, 거울 2는 부분적으로 반사도 하고 투과도 시킨다. 레이저 매질 내 대부분의 원자들은 바닥 상태에 있다. 이것을 검은 점으로 표시하였다. 그림 6-16(b)에서 외부 에너지(예를 들어 플래쉬 램프의 빛이나 전기적 방전)가 그 매질로 펌프되면서 밀도 반전이 일어난다. 높은 레이저 준위를 점유하고 있는 원자들(그림 6-15(a)의 E_2 상태)은 속이 빈 원형으로 표기하였다. 그림 6-16(c)에서처럼, 높은 에너지 준위 E_2에 들뜬 원자들이 자발적으로 준위 E_1으로 감쇄할 때, 빛의 증폭 과정이 시작된다. 이것은 자발 방출이므로, 이 과정에서 떨어져 나간 광자들은 무작위하게 모든 방향으로 빛을 복사한다. 그러므로 많은 광자들이 레이저 공진기의 측면으로 나가서 손실된다. 그럼에도 불구하고, 일반적으로 예닐곱 개의 광자들이 레이저의 광축을 따라 존재한다(이것을 씨앗 광자라 부른다). 이것을 그림 6-16(c)에 수평방향 화살표들로 표시하였다. 공진기 내 거울들 사이에서 여전히 높은 레이저 준위 E_2에 있는 많은 원자들을 향하고 있는 정확하게 공진되는 에너지를 지닌 씨앗 광자들을 가지고 있으면, 유도 방출의 무대가 준비된 것이다. 씨앗 광자들이 높은 레이저 준위에 있는 원자들을 지나가면서 유도 방출은 똑같은 방향에 있는 동일한 광자들을 더해나가며, 이것은 공진기의 두 거울 사이를 오가는 결맞은 광자들의 밀도를 증가시키게 된다. 이 과정에서, 물론 높은 레이저 준위에 있는 원자들의 수는 줄어든다. 즉 이득포화가 발생한다. 이 공진기 내 빛의 쌓임과 레이저 발진이 일어나는 높은 준위의 원자 점유도 밀도 N_2의 감소는 그림 6-16(d)와 그림 6-16(e)에 표시되어 있다. 출력 거울 2는 부분적으로 투과하므로, 이 거울에 입사하는 광자들의 작은 부분들은 거울을 통해나오게 된다. 이 광자들이 레이저의 외부 빔을 형성한다. 출력거울을 투과하지 못하고 남겨진 광자들은 반사되어 공진기와 이득 매질을 오가는 사이클을 다시 반복하게 된다. 그림 6-16(f)는 레이저의 정상-상태 작동을 보여주고 있다. 정상-상태 연속 작동의 경우 밀도 반전은 왕복과정당 이득이 그것을 떨어뜨리는 왕복과정당 손실과 같게 유지할 수 있을 정도면 충분하다.

요약하면 레이저 과정은 아래 사항을 따른다.

1. 레이저 매질 내 적절한 두 개의 에너지 준위 사이의 **밀도 반전**. 이것은 펌핑 과정과 높은 레이저 상태의 준안정 상태의 존재에 의해 구현된다.
2. 두 개의 에너지 준위가 어쩔 수 없이 항상 존재하는 자발 방출에 의해 초래되는 **씨앗 광자들** 중 적절한 에너지와 방향을 지닌 것들이 **유도 방출** 과정을 개시시킨다.
3. **광학적 공동**(혹은 공진기)는 레이저 매질을 통해 오고 가며 지속적으로 숫자를 증가되는 공명 에너지의 광자를 구속하고 방향을 지시하여, 보다 많은 유도 방출이 발생할 수 있도록 지속적으로 밀도 반전을 수행한다. 이 과정을 통해 거울 사이를 오가는 보다 많은 광자가 발생한다.
4. **이득 포화**는 공진기 내 광자 수가 증가할수록 유도 방출의 비율은 증가하고 그래서 이득 매질 내 밀도 반전이 감소한다는 사실에 기인한다. 밀도 반전이 공진기 내 왕복과정당 이득이 왕복과정당 손실과 같아지는 지점까지 감소하면, 레이저는 정상 상태의 연속파 작동으로 안정화된다.
5. **출력 결합 거울**을 통해 공진기 내 레이저 빛의 일부를 외부로 뽑아낼 수 있고 그것이 레이저의 외부 빔을 형성한다.

6-7 레이저 광의 특성

단색성

어떤 빛도 완전한 단색광이 될 수 없지만, 레이저 빛은 다른 광원에 비해 이상적인 한계에 보다 근접해 있다. 어떤 광원의 단색광 정도는 복사의 선폭을 통해 구체화될 수 있다. 레이저의 선폭 $\Delta\nu_L$은 그 복사의 스펙트럼 복사조도의 반치폭(FWHM: full width at half maximum)이다. 앞에서 다룬대로 약하게 들뜨게 된 기체의 자발 방출에 의한 형광선은 그 형광과 관련된 원자 전이의 선 스펙트럼 모양함수 $g(\nu)$의 선폭과 동일하다. 레이저 출력은 말 그대로 동일한 주파수의 광자들을 생성하는 **유도 방출**이 주를 이룬다. 레이저 라인의 좁은 정도의 근원적 한계는 이득 매질로부터 발생하는 일부의 무작위-위상의 자발 방출의 결과로서, 레이저 출력 거울에서 나와 유도 방출 출력과 혼합되어 유한한 선폭을 형성한다. 이 근원적 선폭을 간혹 Schawlow-Townes 선폭[5]이라고 부른다. 실제 레이저의 선폭은 레이저 출력에 **자발 방출**이 혼합되므로 설정된 한계보다 훨씬 크다. 레이저 출력의 단일모드 선폭은 일반적으로 공진기 길이를 바꾸는 역학적 진동이나 혹은 이득 매질의 굴절률 변화 같은 주변환경에 영향을 받는다. 두 메커니즘 모두 공진기 내 정상파의 주파수를 변화시킨다. 헬륨-네온 레이저에 관련한 예가 지침이 된다. 헬륨-네온 레이저의 네온 0.6328 μm의 레이저 전이 형광선폭은 대략 1.5 GHz이다. 단일-모드 헬륨-네온 레이저의 전형적인 작동 선폭은 1 kHz에서 1 MHz 영역에 걸쳐있다. 헬륨-네온 레이저선의 Schawlow-Townes 선폭은 10^{-3} Hz이므로 작동 선폭에 비하면 무시할 만하다. 헬륨-네온 레이저의 단일-모드 작동 선폭은 네온 전이와 관련된 형광선폭에 비해 1000에서 백만 배 좁다.

결맞음

다른 광원에 비해 레이저가 지니는 가장 차별화된 광학적 특성은 결맞음성이다. **결맞음**(coherence)은 어떤 광원의 복사장을 다른 위치와 다른 시간에 측정했을 때 나타나는 위상 상관관계의 정도에 대한 측정치이다. 이 전자기복사의 특성은 9장에서 자세히 논의하겠다. 여기선 레이저에서 일어나는 이 중요한 특성에 대해 간략히 정성적 기술만 하고자 한다. 빛의 단색성의 정도에 대한 측정치로 "**시간적 결맞음**", 광학적 파면에 걸친 위상의 균질성에 대한 측정치로 "**공간적 결맞음**"이라는 표현을 쓴다. 시간적 그리고 공간적 결맞음에 대한 정성적 이해를 돕기 위해 이상적 단색광의 점광원을 고려해 보자. 그림 6-17은 이런 이상적 점광원에서 발생된 파면의 일부를 보여주고 있다. 이상적 단색 점광원에서 발생된 전자기장은 완벽한 시간적 그리고 공간적 결맞음을 지니고 있다. 이 시간적 결맞음성은 완벽하다. 왜냐하면 파동이 단일 주파수를 지니고 있으므로 어떤 시간 t_1에서 주어진 한 점(가령 P_1)에서의 위상에 대한 정보는 P_1지점에서 조금 지난 시간 t_2에서의 위상에 대해 완벽한 확신을 가지고 예측할 수 있게 한다. 이 파동장에 대한 공간적 결맞음도 역시 완벽하다. 왜냐하면 각각의 파면을 따라서 장의 상대적 위상 변화는 없기 때문이다. 따라서 어떤 시간 t_1에서 점 P_1의 위상에 대한 정보는 동일한 시간 t_1에서 동일한 파면을 따라 있기는 하지만 공간적으로 구별되는 점 P_2에서의 장의 위상에 대해 완벽한 확신을 가지고 예측할 수 있게 한다. 만약 이 점광원의 주파수가 무작위 방식으로 변화한다면, 파동장의 시간적 결맞음은 줄어들게 된다. 만약 근처에 있는 예닐곱 개의 점광원이 동일한 주파수의 빛을 방출하지만 상대적 위상이 무작위라면 결과적으로 이 파동장의 공간적 결맞음은 감소되어야 한다. 시간적으로 공간적으로 양쪽 모두 결맞은 장을 생성하기

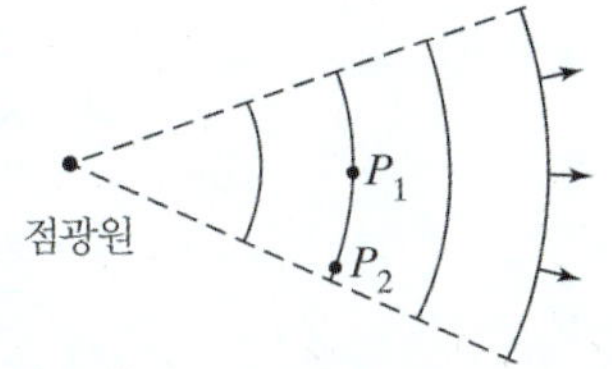

그림 6-17 이상적 단색성 점광원에 의해 발생되는 완벽하게 결맞은 빛의 파면 일부.

5 다음 참고서적을 볼 것. M. O. Scully and M. S. Zubairy, *Quantum Optics* (Cambridge, UK: Cambridge University Press, 1997)

위해선, 주변에 있는 광원들이 동일한 주파수와 상관관계를 유지하는 위상으로 빛을 발생시켜야 한다. 이것은 정확히 공진기 내 광의 재활용에 의해 발생하는 유도 방출 때문에 이득 매질 안에서 일어나는 일이다.

간섭계와 홀로그래피에서는 높은 수준의 광 결맞음이 요구된다. 이 내용은 둘 다 바로 다음 내용에서 논의하겠다. 레이저가 아닌 광원들은 주로 많은 원자들의 상관관계가 없는 자발 방출 작용에 의해 빛을 방출한다. 이 결과는 결맞음성 없는 빛의 발생이다. 레이저가 아닌 광원으로부터 약간의 결맞음성을 획득하기 위해서는, 그 발광체에 대해 두 개의 수정이 가해져야 한다. 첫째, 이 광원의 공간적 범위를 제한하기 위해 바늘구멍을 사용할 수 있다. 둘째, 이 광원의 선폭을 두드러지게 줄이기 위해 좁은 대역 필터를 사용할 수 있다. 각각의 변형은 이 광원에서 나오는 빛의 결맞음성을 향상시키지만 많은 빛의 에너지의 손실이라는 대가를 감수해야 한다.

이와는 반대로 앞서 언급한 바와 같이 레이저 광원은 유도 방출에 의한 그 고유한 특성에 의해 좁은 대역의 출력과 높은 위상 상관관계를 모두 확신할 수 있다. 유도 방출 과정에서는 그 유도 방출에 더해지는 각각의 광자가 위상, 편광, 에너지, 방향에 있어 모

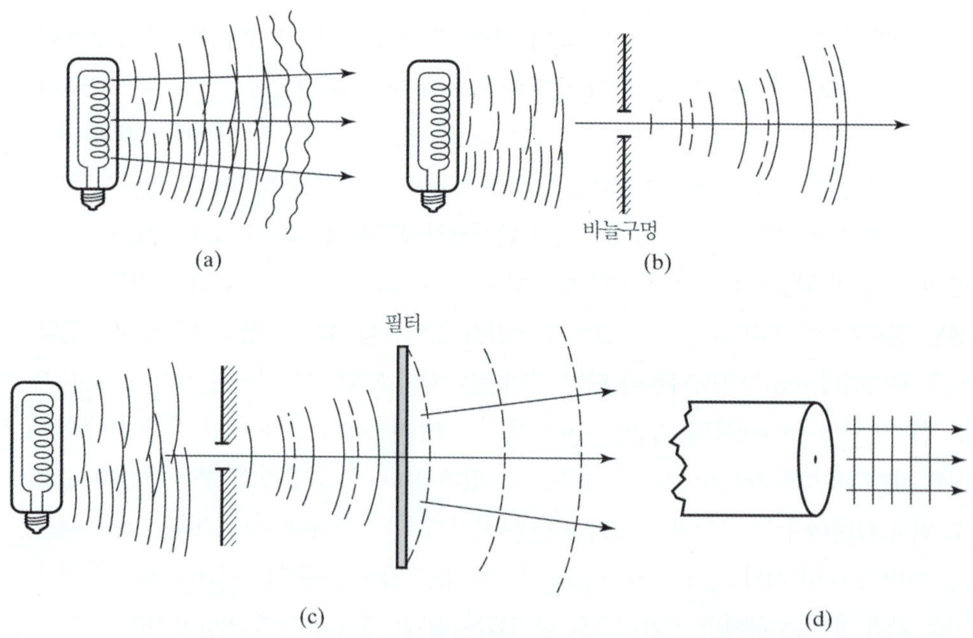

그림 6–18 텅스텐 램프는 부분적으로 결맞은 빛을 생성하기 위해서는 바늘구멍과 필터가 필요하다. 레이저 광은 자연적으로 결맞음성을 지니고 있다. (a) 텅스텐 램프. 텅스텐 램프는 다양한 파장을 방출하는 넓은 광원이다. 이 방출은 시간적 그리고 공간적 모두 결맞음성이 결여되어 있다. 파면들은 불규칙적이고 모양의 변화는 무작위적인 방식을 띤다. (b) 바늘구멍이 장착된 텅스텐 램프. 이상적인 바늘구멍은 텅스텐 광원의 영역을 제한하고 그 빛의 공간적 결맞음성을 향상시킨다. 하지만 그 빛은 모든 파장이 존재하므로 여전히 시간적 결맞음성이 결여되어 있다. 빔의 일률은 줄어든다. (b) 바늘구멍과 필터가 장착된 텅스텐 램프. 좁은 대역폭을 지닌 좋은 필터는 일률을 줄이지만 시간적 결맞음성을 향상시킨다. 이제 그 빛은 결맞음성을 지니게 된다. 하지만 활용 가능한 일률은 애초에 램프에서 복사하던 값에 비해 아주 작다. (d) 레이저. 레이저로부터 나오는 빛은 공간적 그리고 시간적 결맞음성의 정도가 아주 높다. 또한 출력 일률도 아주 높다.

두 레이저 공진기 내 증폭되는 빛의 파장과 동일한 값을 지닌다는 점을 기억해 두자. 따라서 생성되고 출력되는 레이저 광은 시간적, 공간적으로 양쪽 모두에서 결맞음성을 지닌다. 그림 6-18은 레이저 광원과 레이저가 아닌 광원들의 결맞음성에 대한 기본적인 개념들을 정리하고 있다.

자발 방출의 레이저 출력이나 주변환경의 잡음요동과의 혼합은 레이저 광원이 완벽하게 결맞음 광원을 방출하는 것을 방해한다. 여전히 일반적으로 레이저는 다른 광원들에 비해 공간적, 시간적 결맞음성이 탁월하게 우수하다. 단일-모드 레이저 빔의 횡방향 공간 결맞음은 그것이 레이저의 종류가 뭐든 간에 그 빔의 반치폭 정도까지 다다른다. 다른 평범한 광원들에 비해 레이저의 시간적 결맞음(종방향 결맞음)은 수백 배 이상 높다. 레이저의 **결맞음 시간** t_c이란 그 시간간격 동안 공간의 임의의 한 점에서 레이저 빔의 정확한 위상을 지속적으로 예측할 수 있는 평균 시간간격에 대한 측정치이다. **결맞음 거리** L_c는 식 $L_c = ct_c$(c는 빛의 속도)와 같이 결맞음 시간과 관계를 가지고 있다. 따라서 결맞음 길이란 파동의 위상이 바뀌지 않고 지속적으로 유지되는 평균길이다. 단일-모드 헬륨-네온 레이저의 경우, 결맞음 시간은 수 ms 정도이고(나트륨 방전등의 경우에 대한 결맞음 시간 10^{-11} s와 비교), 결맞음 길이는 천 km 정도가 된다(나트륨 등은 수 mm 정도임).

직진성

만약 가는 연필모양의 레이저 빔을 처음 본다면, 그 빔의 높은 직진성에 당황할 것이다. 렌즈나 거울의 도움이 있든 없든, 다른 어떤 광원도 레이저처럼 정밀하고 확실하며 최소의 각 퍼짐을 가지는 그런 빔을 만들어 낼 수 없다. 단일-모드 레이저 빔의 높은 직진성은 레이저 공진기의 기하학적 구조와 유도 방출이 동일한 광자들을 발생시킨다는 사실에 기인한다. 그림 6-19는 구체적인 공진기 설계와 (먼 거리) 발산각을 θ로 표기한 외부 레이저 빔을 보여주고 있다. 공진기 거울들은 공진기 내부를 향해 오목한 표면의 모양을 보여주고 있는데 이를 통해 공진기 내부로 반사되는 빛을 집광시키고 공진기의 한 위치에서 **빔허리**(beam waist) w_0를 형성한다. 레이저 공진기 내 빔의 성질과 공진기 외부에서의 특성은 27장에서 자세하게 논의할 것이다. 여기서는 단순하게 레이저의 출력이 기본 TEM_{00} 모드로 구성된 경우, 발산각은 다음과 같이 주어진다.

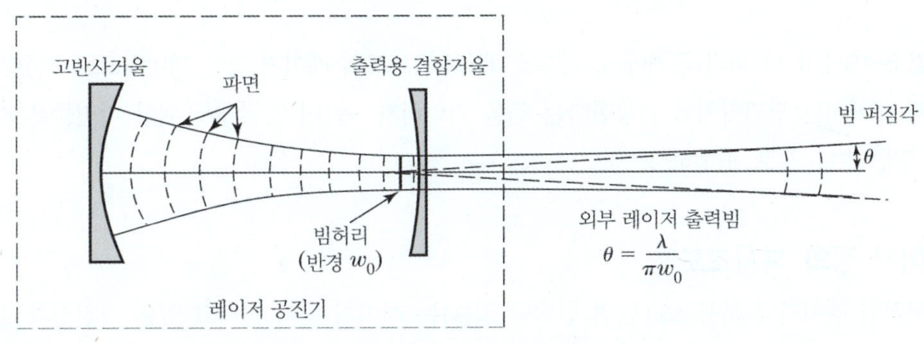

그림 6-19 주어진 공진기에 대한 외부 및 내부 레이저 빔. 발산각 θ는 빔허리 반지름 w_0와 관련된다.

$$\theta = \frac{\lambda}{\pi w_0} \tag{6-16}$$

여기서 θ는 빔 퍼짐에 대한 반각을 표기하고 있다.

빔허리를 작게 만들수록 발산각이 커진다. 이 일반적인 거동은 원형의 구경조리개를 통해 지나가는 빔의 거동과 아주 유사하다. 11장에서는 반지름 r인 원형 구경조리개를 통과하는 빔의 회절에 따른 발산각이 $\theta_{diff} = 0.61\ \lambda/r$임을 배울 것이다. 빔허리 반지름 w_0는 레이저 공진기의 설계에 의해 결정되는데 두 거울의 곡률반지름과 거울 간의 거리에 의존한다. 그러므로 주어진 빔허리 반지름과 결과적으로 그에 해당하는 빔 발산을 지닌 레이저를 만들 수 있다.

예제 6-4

a. 내부 빔허리가 약 0.25 mm인 헬륨-네온 레이저(0.6328 μm)가 있다. 빔 발산각 θ를 구하시오.

b. 레이저 공진기 설계를 통해 빔허리 반지름 w_0을 제어하거나 다른 레이저 매질을 골라 파장을 선택할 수 있으므로, 그 빔 발산의 하한이 무엇인지 예측할 수 있지 않을까? 빔허리 0.25-cm 반지름에 파장이 200 nm인 레이저를 설계하고 있다면 빔 발산은 얼마만큼 줄어들까?

풀이

a.
$$\theta = \frac{\lambda}{\pi w_0} = \frac{0.6328\ \mu\text{m} \times 10^{-9}\ \text{m}}{\pi(2.5 \times 10^{-4}\ \text{m})} = 8 \times 10^{-4}\ \text{rad}$$

전형적인 레이저 빔 발산값으로서, 해당 빔 반지름은 100 m마다 8 cm 정도 증가한다.

b.
$$\theta = \frac{\lambda}{\pi w_0} = \frac{200 \times 10^{-9}\ \text{m}}{\pi(2.5 \times 10^{-3}\ \text{m})} = 2.55 \times 10^{-5}\ \text{rad}$$

a에서 다룬 헬륨-네온 레이저의 빔 퍼짐에 대해 대략 30배 정도 감소함을 보여준다. 이 빔 반지름은 3130 m마다 대략 8 cm 증가한다.

그림 6-19에서 빔 허리 근처에서, 가우스 TEM_{00} 모드의 레이저 장은 횡방향으로 제한된 영역 안에서는 평면파처럼 거동한다는 점을 기억하자. 즉 이 영역에서 위상 파면들은 거의 평면이며, 서로 평행하다.

레이저 광의 복사조도

전형적인 레이저의 복사조도(단위 면적당 일률)는 레이저 빔이 지니고 있는 직진성과 밀집성에 기인해 다른 전자기 복사를 하는 광원들에 비해 훨씬 크다. 예를 들어 모든 방향으로 그 출력을 균질하게 퍼트려서 10 W의 광 출력을 지닌 하나의 전구로부터 1 m 떨어진 지점의 복사조도는 다음과 같다.

$$I = P/A = \frac{0.001\ \text{W}}{\pi(0.002\ \text{m})^2}$$
$$= 79.6\ \text{W/m}^2 \quad 10\ \text{W 광전구로부터 1 m 떨어진 지점의 복사조도}$$

이에 반해 헬륨-네온 레이저의 출력은 레이저로부터 발생하는 얇은 빔에 집중되어 있다. 헬륨-네온 레이저의 출력으로부터 1 m에서 빔 반지름은 약 2 mm이다. 이런 여건에서 보다 작은 출력 일률 1 mW를 지닌 헬륨-네온 레이저로부터 1 m 떨어진 지점의 복사조도는 다음과 같이 계산된다.

$$I = P/A = \frac{P}{4\pi r^2} = \frac{10\ \text{W}}{4\pi(1\ \text{m}^2)}$$
$$= 0.796\ \text{W/m}^2 \quad 10\ \text{mW 헬륨-네온 레이저에서 1 m 떨어진 지점의 복사조도}$$

고출력 레이저들은 빔 반지름 1 cm에 10^5 W의 연속적인 출력을 가지고 있다. 이런 레이저의 복사조도는 $3.18 \times 10^8\ \text{W/m}^2$이다. 레이저 시스템은 펌프 에너지를 레이저 출력으로 전환시키고 레이저의 평균 출력일률은 펌프 레이저의 평균 일률에 비해 항상 작다는 것을 환기하자. 하지만 레이저 일률은 작은 단면적을 가지고 단색광으로 직진하는 빔에 집중되어 있어서 복사조도는 아주 크다.

집광성

레이저가 아닌 광원들이 주목할 만큼의 빛을 발생키기기 위해서는 상당히 덩치가 커야 한다. 그러므로 렌즈나 거울들에 의해 형성된 이 광원들의 상들은 기하광학의 법칙에 의해 유한한 크기를 지니게 된다. 상이 맺힌 위치에서의 빛의 양은 렌즈에 의해 포획된 그 광원의 빛의 양에 의해 결정된다. 결과적으로 작은 스폿에 집광될 수 있는 빛의 양은 많지 않다. 이와는 대조적으로 횡방향으로 작은 영역을 지니는 레이저 빔은 렌즈나 거울이 그 빔 파원의 거의 대부분을 포획할 수 있도록 한다. 또한 레이저는 높은 직진성을 가지고 있으므로 빔허리 근처에서는 무한히 먼 지점에 있는 한 점으로부터 나오는 나란한 빔처럼 거동한다. 결과적으로 대부분의 레이저 일률이 렌즈나 거울의 초점에 집중된다. 초점에 집광된 스폿의 지름은 레이저 빛의 파장 정도로 작다. 27장에서 레이저 빔의 초점집광도에 대한 한계에 대해 논의할 것이다. 그림 6-20은 레이저광과 레이저가 아닌 광들이 집광되는 방식을 도식적으로 보여준다.

작은 목표 영역에 집광된 레이저 에너지는 단단하고 밀한 물질에 작은 구멍을 뚫거나, 작은 흠집이나 용접, 고밀도 기록을 가능하게 하며, 일반적으로 한두 파장 정도 크기의 목표영역에 작용하여 산업체 혹은 의학적 공정을 수행한다. 예를 들어 각막 수술에

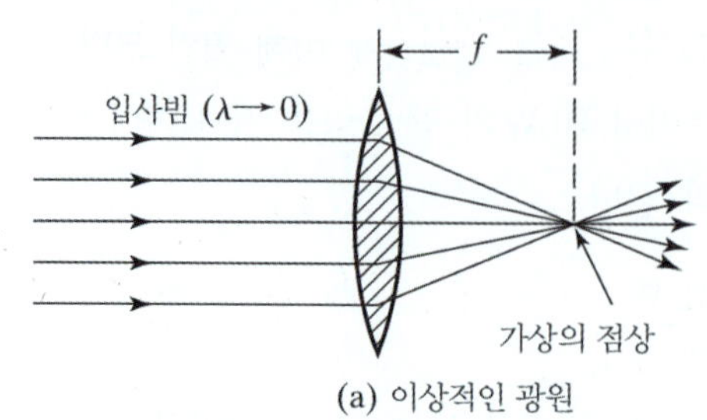

(a) 이상적인 광원

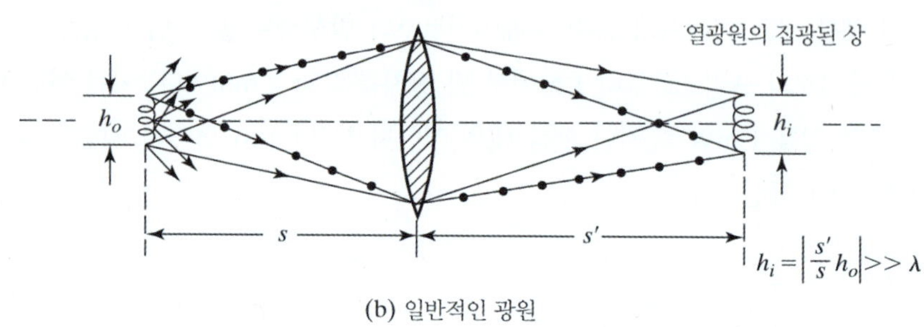

(b) 일반적인 광원

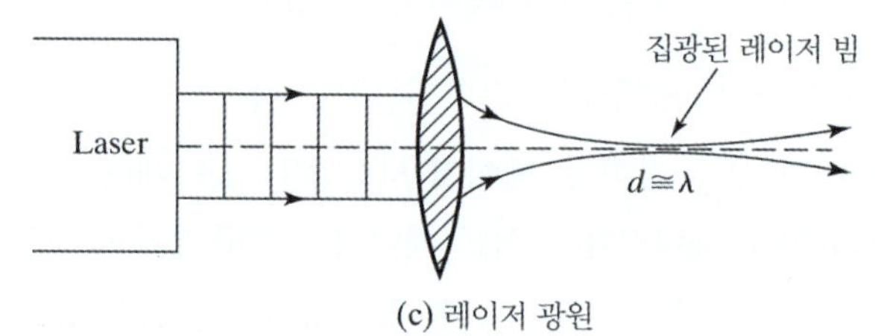

(c) 레이저 광원

그림 6–20 다양한 광원들의 집광된 빔. (a) 이상적인 경우, 나란하게 배열된 빔이 기하광학에 따라 가상의 한 "점"에 초점이 모이게 된다. (b) 열광원으로 부터의 결맞지 않은 복사는 $h_i \gg \lambda$으로 축소된 상으로 초점을 맺는다. (c) 결맞은 레이저 빔은 회절한계를 지닌 지름 $d \cong \lambda$의 점으로 초점이 모인다.

Nd:YAG 레이저가 사용되는 안과에서는 10^9에서 10^{12} W/cm^{2}까지의 목표 복사조도가 필요하다. 이런 정도의 복사조도는 빔 확장기나 적절한 집광기기의 도움으로 쉽게 달성할 수 있다.

펄스형태의 레이저 작동

지금까지는 레이저 시스템이 일정한 복사조도를 공급하는 연속파 레이저들에 대해서만 기술하였다. 많은 중요한 레이저 응용 분야에서는 레이저가 짧은 시간 동안 켜지고 꺼지는 펄스 출력을 활용한다. 어떤 펄스 레이저는 펨토 초 정도로 작은 지속시간(**펄스 시간폭**)을 가지고 복사를 터트린다. 우리는 26장에서 레이저 출력을 펄스형태로 만드는 데 사용하는 대표적인 두 가지 방법인 Q-스위칭과 모드 잠금(mode locking)에 대해 논의할 것이다. 펄스 형태의 레이저 출력은 물질가공 응용, 채공시간 거리 측정법, 시스템의 물성의 빠른 변화 추적 등에 유용하다.

6-8 레이저 유형과 제어변수

지금까지는 빛과 물질의 상호작용과 관련된 기초 과정들을 조사하고, 레이저를 구성하는 핵심 부분들을 규정하며, 레이저가 일반적으로 어떻게 작동하는지 기술하고, 레이저를 그렇게 독특한 광원이 되게끔 하는 특징들에 대해 공부하였다. 이제 오늘날 존재하는 몇몇 흔한 레이저들에 대해 정의하고 다른 레이저와 구별하게 만드는 제어변수로 관심을 돌려 보고자 한다.

표 6-1에 레이저 기술의 상태를 일목요연하게 정리하였다. 각각의 레이저에 대한 모든 정보-펌프 작동원리, 발광 파장, 출력 일률 (혹은 펄스당 에너지), 출력의 성질, 빔 지름, 빔 발산, 작동 효율을 포함한다. 출력 방식에 따라 펄스형과 연속발진으로 나누어 정리했다. 전부를 취합해 보면, 표 6-1은 파장이 193 nm(깊은 자외선)에서 10.6 μm(원적외선)까지 변하고, 연속레이저의 출력일률이 0.1 mW에서 20 kW까지 변화하거나, 빔 발산이 0.2 mrad(원형 단면에서)에서 200×600 mrad(타원형 단면)까지 변하고, 전체 효율(레이저 출력에너지를 펌프 에너지로 나눈)이 0.1% 미만에서 20%까지 변하는 레이저들을 포함하고 있다. 우리는 다음 장에서 여기 나열된 몇몇 레이저 시스템의 응용에 관해 논의할 때 이 표를 다시 살펴볼 것이다.

레이저 작동원리에 대해 다소 정성적으로 설명한 이 단원을 마치면서 레이저 작동과 레이저 빔의 특성에 대한 좀 더 정량적인 취급을 26장과 27장에서 보충할 것이라는 것을 기억하기 바란다. 중요한 레이저 응용들은 26장, 28장과 이 교재의 많은 부분에 걸쳐 논의될 것이다. 추가적으로, 이 장에서 다룬 레이저와는 여러 가지 측면에서 다른 반도체 레이저의 특징과 작동원리에 대해서는 26장에서 간략하게 취급될 것이다.

표 6-1 여러 가지 흔한 레이저들의 레이저 변수값들.

이득 매질	펌프 방식	파장	출력/에너지	출력방식	빔 직경	빔 발산각	효율	냉각방식
기체, 원자								
헬륨 네온	전기방전	0.6328 μm, 기타 파장	0.5~50 nW	연속발진	0.5~2.5 mm	0.5~3 mrad	< 0.1%	공냉식
헬륨 카드뮴	전기방전	325 nm, 441.6 nm, 기타 파장	5~150 nW	연속발진	0.2~2 mm	1~3 mrad	< 0.1%	공냉식
기체, 이온								
아르곤	전기방전	350~530 nm 사이의 여러 선, 주 선은 488 nm와 514.5 nm	2 nW~20 W	연속발진	0.6~2 mm	0.4~1.5 mrad	< 0.1%	수냉식 혹은 강제 공냉식
크립톤	전기방전	350~800 nm 사이의 여러 선, 주 선은 647.1 nm	5 nW~6 W	연속발진 (모드 잠금)	0.6~2 mm	0.4~1.5 mrad	< 0.05%	수냉식 혹은 강제 공냉식
기체, 분자								
이산화탄소	전기방전	10.6 μm	3 W~20 nW	연속발진 긴-펄스	3~50 mm	1~3 mrad	5~15%	기체순환
질소	전기방전	337.1 nm	1~300 nW (평균)	펄스형	2×3~6×30 mm (직사각형)	1~3×7 mrad	< 0.1%	기체순환
기체, 엑시머								
불화 아르곤	단-펄스 전기방전	193 nm	50 W까지 (평균)	펄스형	2×4~25×30 mm (직사각형)	2~6 mrad	< 1%	공냉식/수냉식
불화 크립톤	단-펄스 전기방전	248 nm	100 W까지 (평균)	펄스형	2×4~25×30 mm (직사각형)	2~6 mrad	< 2%	공냉식/수냉식
염화 제논	단-펄스 전기방전	308 nm	150 W까지 (평균)	펄스형	2×4~25×30 mm (직사각형)	2~6 mrad	< 2.5%	공냉식/수냉식
불화 제논	단-펄스 전기방전	351 nm	30 W까지 (평균)	펄스형	2×4~25×30 mm (직사각형)	2~6 mrad	< 2%	공냉식/수냉식

표 6-1 계속.

이득 매질	펌프 방식	파장	출력/에너지	출력방식	빔 직경	빔 발산각	효율	냉각방식
액체								
다양한 색소	다른 레이저들, 섬광등	파장 가변식, 300~1000 nm	20 nW~1 W (평균)	연속발진 혹은 (극초단) 펄스	1~20 mm	0.3~2 mrad	1~20%	색소 용액 주입 혹은 수냉식
고체								
Nd:YAG	섬광등, 아크램프, 반도체 레이저	1.064 μm	10 kW까지 (평균)	연속발진 혹은 펄스	0.7~10 mm	0.3~25 mrad	0.1~2% (5~8%, 반도체 레이저로 펌핑)	공냉식/수냉식
Nd:glass	섬광등	1.06 μm	0.1~100 J당 펄스	펄스형	3~25 mm	3~10 수 mrad	1~5%	수냉식
Alexandrite	섬광등	파장 가변식, 700~818 nm	< 100 W 평균 출력	연속발진 혹은 펄스	수 mm	수 mard	0.5%	공냉식/수냉식
Ti-sapphire	섬광등, 반도체 레이저, Nd:YAG의 2차 조화파	파장 가변식, 660~1000 nm	~2 W 평균 출력	연속발진 혹은 (극초단) 펄스	수 mm	수 mard	Nd:YAG와 비교할 만 함	공냉식/수냉식
Erbium:Fiber	섬광등, 반도체 레이저	1.55 μ—	1~100 W	연속발진 혹은 펄스	수 mm	수 mard	Nd:YAG와 비교할 만 함	공냉식
반도체 레이저								
GaAs, GaAlAs	전류, 광 펌프	780~900 nm, 원소조성비에 따름	1 mW~수 W 반도체 레이저 배열은 100 kW까지	연속발진 혹은 펄스	해당 없음 (아주 급격히 발산)	200×600 mrad (타원형)	1~50%	공냉식, 열 싱크
InGaAsP	전류, 광 펌프	1100~1600 nm, 원소조성비에 따름	1 mW~1 W	연속발진 혹은 펄스	해당 없음 (아주 급격히 발산)	200×600 mrad (타원형)	1~20%	공냉식, 열 싱크

문 제

6-1 들뜬 상태에서 $n=1$인 바닥 상태로 전이될 때 방출되는 빛을 수소원자의 선 스펙트럼에서 라이먼 계열이라 한다. 발머 계열은 $n \geq 3$인 들뜬 상태에서 $n=2$인 에너지 상태로 전이할 때 방출되는 빛을 말한다.

a. 라이먼 계열의 파장을 가장 짧은 순서대로 3개 구하시오. 라이먼 계열의 스펙트럼선들은 전자기파의 스펙트럼에서 어느 범위에 존재하는가?

b. 발머 계열의 파장을 가장 짧은 순서대로 3개 구하시오. 발머 계열의 스펙트럼선들은 전자기파의 스펙트럼에서 어느 범위에 존재하는가?

6-2 **a.** 5eV의 에너지를 가진 광자가 바닥 상태에 있는 수소 원자에 의해 들뜬 상태로 흡수될까?

b. 바닥 상태에 있는 수소 원자가 들뜬 상태가 될 수 있는 광자의 파장 영역을 구하시오.

c. $n=2$의 에너지 상태인 수소 원자가 들뜬 상태가 될 수 있는 광자의 파장 영역을 구하시오.

6-3 이원자 분자의 허용된 회전 에너지는 다음과 같이 주어진다. 이 식에서 l은 회전 양자수이고 $l=0,\ 1,\ 2\ldots$와 같은 값을 가진다. I는 질량중심을 중심축

$$E_l = \frac{l(l+1)\hbar^2}{2I}$$

으로 두었을 때의 회전관성이며, $\hbar = h/2\pi$이다. 이원자 수소 분자의 두 원자 사이의 평형 거리는 약 0.074 nm이다. 각 수소 원자의 질량은 약 1.67×10^{-27} kg이다.

a. 질량 중심을 축으로 한 수소 이원자 분자 H_2의 회전 관성이 약 $I=4.6\times10^{-48}\ \mathrm{kg\cdot m^2}$임을 보여라.

b. 바닥 상태의 회전 에너지와 첫 번째 들뜬 상태의 회전 에너지의 차이를 구하시오. 즉 $E_1^{\mathrm{rot}} - E_0^{\mathrm{rot}}$을 구하시오. 이때, 답을 J 또는 eV로 표현하시오.

c. 수소 분자가 상온인 $T=293$ K에서 열평형 상태에 있을 때 처음 들뜬 회전 에너지의 상태가 될 상대적 확률인 $P_{l=1}/P_{l=0}$을 구하시오(단, 축퇴는 무시할 것).

6-4 이원자 분자의 진동과 관련된 허용된 에너지는 다음과 같다.

$$E_k^{\mathrm{vib}} = (k+1/2)hf$$

여기서, k는 진동 양자수이고 $k=0,\ 1,\ 2\ldots$와 같은 값을 가지며, f는 진동의 공명 진동수이다. 이원자 수소 분자 H_2의 단순 모형에서, 진동의 공명 진동수는 $f=1.3\times10^{14}$ Hz라 볼 수 있다.

a. 바닥 상태의 진동 에너지와 첫 번째 들뜬 상태의 진동 에너지의 차이를 구하시오. 즉 $E_1^{\mathrm{vib}} - E_0^{\mathrm{vib}}$을 구하시오. 이때 답을 J 또는 eV로 표현하시오.

b. 수소 분자가 상온인 $T=293$ K에서 열평형 상태에 있을 때 처음 들뜬 회전 에너지의 상태가 될 상대적 확률인 $P_{k=1}/P_{k=0}$을 구하시오.

6-5 6-3, 6-4 문제와 식(6-2)를 참고하여, H_2 분자의 전자가 바닥 상태의 첫 번째 진동과 회전 상태를 나타내는 H_2 분자의 에너지 준위 도표를 그리시오(힌트: H_2 분자는 동시에 진동과 회전을 할 수 있다).

6-6 He-Ne 레이저처럼 0.6328 μm의 파장에 해당하는 에너지로 나누어진 두 에너지 준위를 가지는 원자들을 생각해보자. 만약 원자들이 $T=300$ K의 온도에서 열평형 상태에 있다고 할 때, 이 두 에너지 준위의 밀도의 비는 얼마인가?

6-7 자발적 방출만이 일어난다고 볼 때, 들뜬 상태의 에너지 준위 E_2인 밀도(popubtion density) N_2를 가지는 원자들의 감쇄는 다음 식과 같다.

$$\left(\frac{dN_2}{dt}\right)_{\mathrm{spont}} = -A_{21}N_2$$

초기 여기 밀도 N_{20}은 τ의 시간 동안에 $1/A_{21}$와 같은 N_{20}/e로 감소함을 보여라. 즉 A_{21}이 에너지 준위 E_2에서의 **수명**의 역수임을 보여라.

6-8 플랑크의 흑체 스펙트럼 휘도 공식으로부터 빈의 변위 법칙을 유도하시오.

6-9 플랑크의 흑체 스펙트럼 휘도 공식으로부터 스테판-볼츠만 법칙을 유도하시오(힌트: 적분을 풀기 위해 의 식을 대입하여 사용하시오).

6-10 **a.** 6000 K에서 흑체가 가장 많은 양을 방출하는 파장은 무엇인가?

b. 위의 온도에서 흑체가 1 mm의 지름의 구멍을 가진 공동 복사체라고 하면, 5500~5510 Å 의 파장대에서 이 구멍을 통해 방출되는 빛의 일률을 구하시오.

6-11 어떤 온도에서, 흑체 공동에서 $\lambda_{\max} = 550$ nm이다. 이 흑체 공동의 온도는 총 방사 발산도가 두 배가 될 때까지 상승한다. 총 방사 발산도가 두 배가 될 때까지 상승한 온도와 이때 $\lambda_{\max}$는 무엇인가?

6-12 온도가 5000 K인 흑체가 방출하는 총 방사 발산도과 방출률이 0.45인 회색체의 총 방출량이 같다면, 이 회색체의 온

도는 얼마여야 하는가?

6-13 종이가 타는 온도인 451 °F에서 열평형 상태를 이루고 있는 방출률이 0.4인 회색체의 분광복사발산도 M_λ를 그리시오.

6-14 왜 적외선 영역의 파장에서 레이저 발진보다 자외선 영역의 파장에서 레이저 발진이 더 어려울 것이라 예상할까? A_{21}/B_{21}의 비율과 A_{21}, B_{21}의 의미를 토대로 하여 답하시오.

6-15 Nd:YAG 이득 물질의 레이저 전이의 이득 대역폭(즉 전이와 관련된 원자 선모양 $g(\nu)$의 폭)은 약 $\Delta\nu = 1.2 \times 10^{11}$ Hz이다. 이 대역폭을 파장 범위 $\Delta\lambda$로 표현하시오. Nd:YAG 레이저 전이의 중심 파장을 찾기 위해 표 6-1을 사용하시오.

6-16 Ar 이온 레이저의 출력은 공동 공명 조건을 만족하고 레이저 전이의 이득 대역폭 안에 존재하는 진동수의 많은 모드로 구성될 수 있다. 레이저 전이의 이득 대역폭은 대략적으로 레이저 전이와 관련된 원자 선모양 함수 $g(\nu)$의 폭과 같다. Ar 이온 레이저의 이득 대역폭이 2 GHz라 하고, Ar 이온 레이저에서 나오는 각각의 모드의 선폭을 100 kHz로 두자. 레이저 빔의 결맞음 시간은 대략 출력 빔 주파수 폭의 역수와 같다. 다음 조건에서의 Ar 이온 레이저의 결맞음 길이와 결맞음 시간을 구하시오.

a. 레이저 출력이 단일 모드로만 구성될 때

b. 레이저 출력이 레이저 전이의 이득 대역폭에 걸쳐 있는 진동수를 가진 많은 모드로 구성될 때

6-17 만약 레이저가 거리가 $d = 0.5$ m 간격으로 거울이 배치된 공진기를 사용한다면, 문제 6-16의 Ar 이온 레이저의 이득 대역폭 내의 정상파로 존재하는 공동(cavity) 모드의 수를 찾아라.

6-18 He-Ne 레이저가 약 1 mm의 빔 지름을 가진다.

a. 먼 거리에서 빔 발산각은 얼마인가?

b. 레이저 빔이 1 km를 진행한 후에 이 레이저 빔의 지름을 추측하시오.

6-19 만약 레이저 빔의 반점 내의 복사조도가 지구 표면에 도달하는 태양의 복사조도와 동일하다면, 10 mW 세기의 He-Ne 레이저 빔의 반점의 지름은 얼마인가(지구 표면에 도달하는 태양의 복사조도는 약 1000/m^{2}이다)?

6-20 Nd:YAG 레이저는 바닥 상태 에너지 준위로부터 1.53 eV, 1.653 eV, 2.119 eV 그리고 2.361 eV 위에 존재하는 네 개의 펌프 준위가 있다.

a. 각 펌프 준위로 전이시키기 위해 필요한 광자 에너지와 관련된 파장은 얼마인가?

b. Nd:YAG 레이저가 파장 1.064 μm인 광자를 방출한다고 하면, 각각 네 펌프 준위와 관련된 양자 효율을 구하시오(양자 효율은 출력 광자와 하나의 단일 펌프 사건의 에너지의 비로 정의된다).

6-21 Nd:YAG 레이저를 작동시키려면, 아크 램프를 작동시킬 전원 공급을 위해 콘센트 전원 2500 W가 필요하다. 아크 램프는 밀도 반전이 이루어질 수 있도록 펌프 에너지를 공급한다. 입력(전원 공급)부터 출력(레이저 빔)까지 해당하는 레이저 시스템 전체는 다음 성분 효율에 따라 나타낼 수 있다.

80% - 전원 공급 작동

30% - 빛 에너지를 이용한 펌프 용도의 아크 램프

70% - 레이저 rod에 펌프 빛의 조준하는 데 필요한 광학 반사경

15% - Nd:YAG 펌프 준위로 펌프 빛을 스펙트럼으로 맞춤

50% - 내부 공동/매질에서의 손실

a. 위의 일들이 연달아서 일어남을 고려하여 초기 2500 W 중 얼마가 레이저 출력 빔의 전원으로 사용되는가?

b. 이 레이저의 전체적 작동 효율(콘센트 효율)은 얼마인가?

6-22 표 6-1을 보면 반도체 레이저가 큰 발산각도를 가진다는 것을 알 수 있다. 왜 이 사실이 합당한가?

6-23 레이저 공진기 내의 복사조도가 증가하면서 정상 상태에 도달할 때까지 이득 물질 내의 밀도 반전은 증가하는가 혹은 감소하는가? 이를 설명하시오.

6-24 왜 아크 램프를 펌프로 사용하는 Nd:YAG 레이저보다 반도체 레이저를 펌프로 사용하는 Nd:YAG 레이저가 더 효율적일까? 표 6-1을 참고하시오.

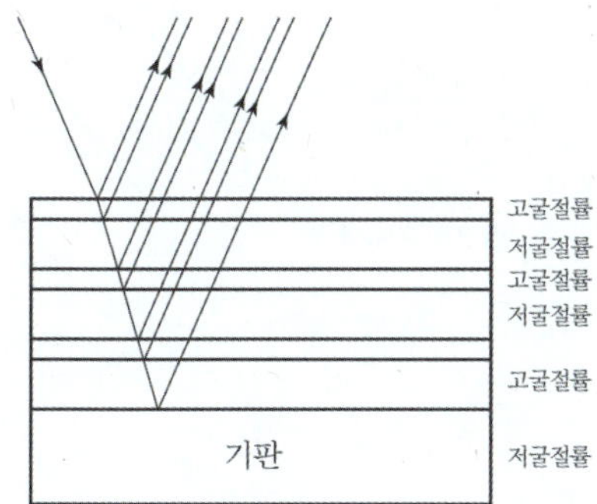

chapter 7 빛의 간섭

서론

5장에서 취급한 정상파나 맥놀이처럼, 간섭현상은 다소 엄격한 조건하에 있는 두 개 혹은 여러 개의 개별적 파동들의 중첩에 의존한다. 중첩에 의한 파동의 증강이나 감쇠 효과가 주관심 대상이라면, 이들을 통상적으로 빛의 간섭 현상이라고 한다. **보강간섭**(증강 조건)과 **소멸간섭**(감쇠 조건)은 공간에서 번갈아가면서 일어나며 이중-슬릿 **간섭** 패턴에서처럼 간섭무늬의 패턴을 발생한다. 동일한 조건에서 다른 것들을 희생하는 대가로 한 가지 가시광선 파장 혹은 한 가지 색깔의 향상만을 유도할 수 있는데 이 경우 기름막이나 비누거품막에서처럼 간섭색들이 발생한다. 빛을 파동의 운동으로 취급하면 이런 현상들을 쉽게 설명할 수 있다. 앞으로 소개될 단원들에서는 간섭을 전제로 하여 다양한 응용을 소개한다.

7-1 두 빔의 간섭

$\vec{E}_1$와 $\vec{E}_2$로 표기되는 동일한 주파수를 가지는 두 **평면파**의 간섭을 고려하자. 이 두 장들이 합쳐지는 한 점 P에서 그 두 전기장들을 다음과 같이 나타낼 수 있다.

$$\vec{E}_1 = \vec{E}_{01} \cos(ks_1 - \omega t + \phi_1) \tag{7-1}$$

$$\vec{E}_2 = \vec{E}_{02} \cos(ks_2 - \omega t + \phi_2) \tag{7-2}$$

이 관계식들에서 $k = 2\pi/\lambda$이고, s_1과 s_2는 각 빔이 광원에서 관측점 P까지 각자의 경로를 따라 이동한 거리이다(그림 7-1 참조). ϕ_1과 ϕ_2는 시간 $t = 0$에서 광원 각자의 위

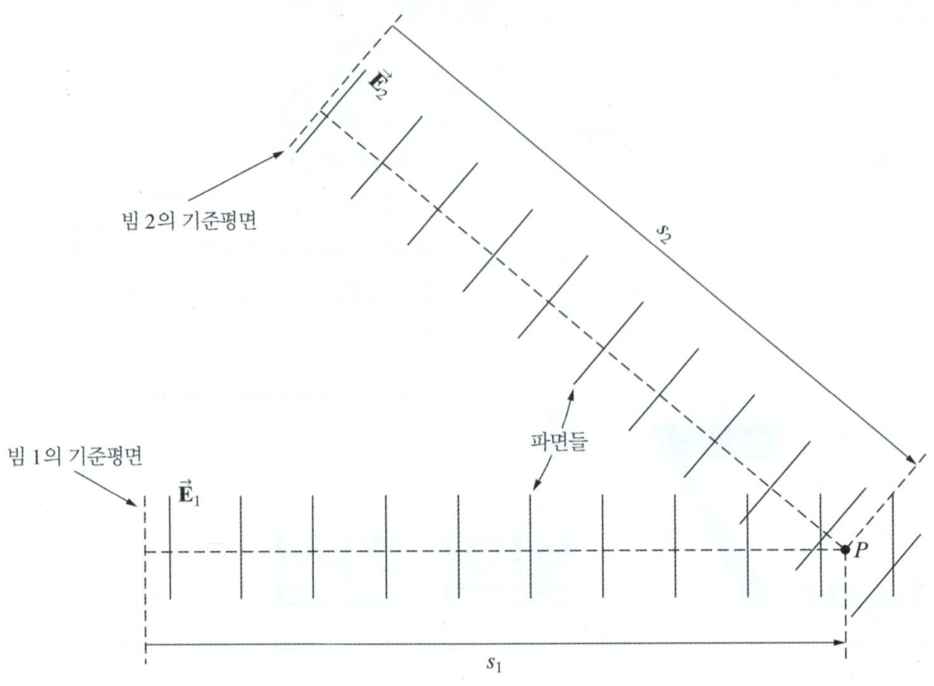

그림 7-1 두 빔의 간섭.

상을 나타낸다. 이 파동들은 점 P에서 합쳐져서 교란을 발생시키는데 그 지점의 전기장 $\vec{\mathrm{E}}_p$는 중첩의 원리에 의해

$$\vec{\mathrm{E}}_p = \vec{\mathrm{E}}_1 + \vec{\mathrm{E}}_2$$

가 된다. $\vec{\mathrm{E}}_1$과 $\vec{\mathrm{E}}_2$는 가시광에서 10^{14}~10^{15} Hz의 주파수를 가지는 아주 빠르게 변화하는 함수들이라는 점을 기억하자. 따라서 $\vec{\mathrm{E}}_1$과 $\vec{\mathrm{E}}_2$ 양쪽 모두 아주 짧은 시간 구간에서 평균을 취하면 0이 된다. 눈이나 다른 광학측정 장치를 통해 이 파동들을 측정하는 것은 그 빛의 빔이 지니는 에너지에 의존한다. 복사의 일률 밀도 혹은 **복사조도** E_e(W/m^2)는 그 파동의 진폭 제곱의 시간 평균치를 측정한다. 실제로 시간 평균은 측정기를 통해 수행된다. 사람 눈의 평균화 시간은 1/30초 정도이다. 다른 측정기들은 나노초 정도로 짧게 평균화 시간을 측정한다. 일반적으로, 물리적 측정기들의 평균화 시간은 광학적 주기 $(10^{-14} - 10^{-15}\,s)$보다 훨씬 길다.

불행하게도 복사조도에 대한 표준 기호는 아래첨자를 제외하고 전기장에 대한 것과 동일하다. 혼란을 막기 위해 여기서는 복사조도에 대해 I 기호를 사용하여 식(7-3)으로 표기한다.

$$I = \varepsilon_0 c \langle \vec{\mathrm{E}} \cdot \vec{\mathrm{E}} \rangle \tag{7-3}$$

따라서 P에서 결과 복사조도는 다음과 같이 주어진다.

$$\begin{aligned} I &= \varepsilon_0 c \langle \vec{\mathrm{E}}_p^2 \rangle = \varepsilon_0 c \langle \vec{\mathrm{E}}_p \cdot \vec{\mathrm{E}}_p \rangle \\ &= \varepsilon_0 c \langle (\vec{\mathrm{E}}_1 + \vec{\mathrm{E}}_2) \cdot (\vec{\mathrm{E}}_1 + \vec{\mathrm{E}}_2) \rangle \end{aligned}$$

혹은

$$I=\varepsilon_0 c\langle \vec{\mathbf{E}}_1\cdot\vec{\mathbf{E}}_1+\vec{\mathbf{E}}_2\cdot\vec{\mathbf{E}}_2+2\vec{\mathbf{E}}_1\cdot\vec{\mathbf{E}}_2\rangle \tag{7-4}$$

이다. 식(7-4)에서 첫 번째 항과 두 번째 항은 각 파동의 복사조도 I_1과 I_2이다. 마지막 항은 파동들의 상호작용에 의존하는데 **간섭항** I_{12}라고 불린다. 그러면 다음과 같이 정리할 수 있다.

$$I=I_1+I_2+I_{12} \tag{7-5}$$

만약 빛이 간섭 없이 거동한다면, 고전적 입자들처럼 $I=I_1+I_2$가 될 것이다. 세 번째 항 I_{12}의 존재는 간섭에 의한 복사조도의 향상이나 감쇄를 유발할 수 있는 빛의 파동성에 기인한다. 만약 $\vec{\mathbf{E}}_1$과 $\vec{\mathbf{E}}_2$가 직교해서 내적 값이 상쇄된다면, 아무런 간섭도 발생하지 않는다. 반면 만약 전기장들이 나란하다면, 그 간섭항은 최대의 기여를 만들어 낼 수 있다. 편광되지 않은 두 개의 빔도 간섭을 발생시킬 수 있다. 왜냐하면 각 빔의 전기장은 수직 성분으로 분해되고, 각 성분끼리 중첩되어 간섭할 수 있기 때문이다. $\vec{\mathbf{E}}_1 \parallel \vec{\mathbf{E}}_2$인 (서로 나란한) 각각의 성분들은 간섭을 발생시킨다.

간섭항을 고려해 보면,

$$I_{12}=2\varepsilon_0 c\langle \vec{\mathbf{E}}_1\cdot\vec{\mathbf{E}}_2\rangle \tag{7-6}$$

이다. 여기서 $\vec{\mathbf{E}}_1$과 $\vec{\mathbf{E}}_2$는 식(7-1)과 (7-2)에 의해 주어진다. 그들의 내적은 다음과 같다.

$$\vec{\mathbf{E}}_1\cdot\vec{\mathbf{E}}_2=\vec{\mathbf{E}}_{01}\cdot\vec{\mathbf{E}}_{02}\cos(ks_1-\omega t+\phi_1)\cos(ks_2-\omega t+\phi_2)$$

이는 직관적인 방식으로 삼각함수 정리를 이용하여 단순화된다. 이를 위해 아래 사항을 정의하자.

$$\alpha\equiv ks_1+\phi_1 \text{와 } \beta\equiv ks_2+\phi_2$$

그러면

$$2\vec{\mathbf{E}}_1\cdot\vec{\mathbf{E}}_2=2\vec{\mathbf{E}}_{01}\cdot\vec{\mathbf{E}}_{02}\cos(\alpha-\omega t)\cos(\beta-\omega t)$$

이다. 삼각함수 정리 $2\cos(A)\cos(B)=\cos(A+B)+\cos(B-A)$를 이용하면 시간 평균 $2\vec{\mathbf{E}}_1\cdot\vec{\mathbf{E}}_2$을 다음과 같이 쓸 수 있다.

$$2\langle\vec{\mathbf{E}}_1\cdot\vec{\mathbf{E}}_2\rangle=\vec{\mathbf{E}}_{01}\cdot\vec{\mathbf{E}}_{02}[\langle\cos(\alpha+\beta-2\omega t\rangle+\langle\cos(\beta-\alpha)\rangle]$$

이 관계식의 첫 번째 시간 평균은 빠르게 진동하는 코사인 함수에 대해 취해지고 그 값은 0이 된다. 그러므로,

$$\begin{aligned}2\langle\vec{\mathbf{E}}_1\cdot\vec{\mathbf{E}}_2\rangle&=\vec{\mathbf{E}}_{01}\cdot\vec{\mathbf{E}}_{02}\langle\cos(\beta-\alpha)\rangle=\vec{\mathbf{E}}_{01}\cdot\vec{\mathbf{E}}_{02}\langle\cos(k(s_2-s_1)+\phi_2-\phi_1)\rangle\\&\equiv\vec{\mathbf{E}}_{01}\cdot\vec{\mathbf{E}}_{02}\langle\cos\delta\rangle\end{aligned} \tag{7-7}$$

이다. 여기서 $\vec{\mathbf{E}}_2$과 $\vec{\mathbf{E}}_1$의 위상차를 다음과 같이 정의하였다.

$$\delta = k(s_2 - s_1) + \phi_2 - \phi_1 \tag{7-8}$$

순수하게 단색광인 장에서 δ는 시간에 무관하다. 이 경우 $\langle \cos\delta \rangle = \cos\delta$이다. 하지만 앞으로 논의될 완전한 단색광이 아닌 실제 장들에 대해선 시간 평균을 취할 때 주의가 필요하다. 식(7-6)과 (7-7)을 결합하면,

$$I_{12} = \varepsilon_0 c \vec{\mathbf{E}}_{01} \cdot \vec{\mathbf{E}}_{02} \langle \cos\delta \rangle \tag{7-9}$$

이다. 식(7-5)의 복사조도 항 I_1과 I_2들은 다음과 같이 유도될 수 있다.

$$I_1 = \varepsilon_0 c \langle \vec{\mathbf{E}}_1 \cdot \vec{\mathbf{E}}_1 \rangle = \varepsilon_0 c \vec{E}_{01}^2 \langle \cos^2(\alpha - \omega t) \rangle = \frac{1}{2} \varepsilon_0 c E_{01}^2 \tag{7-10}$$

그리고

$$I_2 = \varepsilon_0 c \langle \vec{\mathbf{E}}_2 \cdot \vec{\mathbf{E}}_2 \rangle = \varepsilon_0 c \vec{E}_{02}^2 \langle \cos^2(\beta - \omega t) \rangle = \frac{1}{2} \varepsilon_0 c E_{02}^2 \tag{7-11}$$

이다. 식(7-10)과 (7-11)에서 우리는 빠르게 진동하는 삼각함수 제곱의 시간평균이 1/2이라는 사실을 이용하였다. 식(7-9)에서 $E_{01} \parallel E_{02}$일 때, 그들의 내적은 E_{01}과 E_{02}의 진폭 크기들의 곱과 동일하다. 이것은 식(7-10)과 (7-11)을 사용하여 I_1과 I_2항들로 표현될 수 있고 식(7-9)와 결합하여 다음과 같은 결과를 얻는다.

$$I_{12} = 2\sqrt{I_1 I_2} \langle \cos\delta \rangle \tag{7-12}$$

최종적으로 다음과 같이 쓸 수 있다.

$$I = I_1 + I_2 + 2\sqrt{I_1 I_2} \langle \cos\delta \rangle \tag{7-13}$$

일단 $\vec{\mathbf{E}}$ 장들이 나란하다는 가정을 하고 나면 그 취급법이 5장에서 다루었던 스칼라의 경우와 동일해진다는 점을 주목하자.

서로 결맞지 않은 장들 간의 간섭

실제적으로 다른 광원에서 발생한 전기장 $\vec{\mathbf{E}}_1$과 $\vec{\mathbf{E}}_2$에 대해 식(7-13)의 시간 평균은 0이다. 어떤 광원도 완벽한 단색광원일 수 없으므로 이런 일이 일어난다. 실제 광원들에 대한 모형을 만들기 위해서, 식(7-1)과 (7-2)는 완벽히 단색성이 아니란 점을 고려해 수정되어야 한다. 그렇게 할 수 있는 한 가지 방법은 ϕ_1과 ϕ_2를 시간에 관한 함수가 되도록 하는 것이다. 레이저 광원에서 이 위상들은 광학적 주기보다는 길고 전형적인 측정장치의 평균을 취하는 시간보다는 짧은 시간에 대한 무작위 함수들이 된다. 이 경우 간섭항 I_{12}는 다음과 같은 형태를 취한다.

$$2\sqrt{I_1 I_2} \langle \cos(k(s_2 - s_1) + \phi_2(t) - \phi_1(t)) \rangle$$

언급한 바와 같이 실제 측정장치들이나 최신식 주파수 안정화 기술이 장착된 레이저 광원들에 대해서도, 앞서 언급한 관계식에 있는 시간 평균은 0이 된다. 이런 경우 광원들을 '**서로 결맞지 않은**(mutually incoherent)' 광원이라고 말하고 측정장치의 복사조도는 다

음과 같이 된다.

$$I = I_1 + I_2 \quad \text{서로 결맞지 않은 빔}$$

따라서 만약 두 광원이 동일한 종류의 레이저라 하더라도 독립적인 광원들로부터 발생한 빛의 빔은 서로 간섭하지 않는다고 종종 말한다. 사실상 이 장들은 간섭하고 있다. 그러나 그 간섭항이 실제의 측정장치가 시간 평균을 취하는 동안 평균치가 0이 되는 것이다.

상호 결맞은 빔의 간섭

만약 동일한 레이저 광원에서 발생한 빛이 쪼개져 하나의 측정장치에서 합쳐진다면, 식 (7-13)의 시간 평균치는 0이 될 필요가 없다. 두 빔이 동일한 광원으로부터 출발하였기 때문에 여전히 완벽한 단색광이 아니지만 위상들 사이에 상관관계를 가지게 되어 이런 일이 발생한다. 이런 경우 빔이 측정장치에서 합쳐지기 전에 **동일한 시간**간격의 경로를 이동한다면, 위상차 $\phi_2(t) - \phi_1(t)$는 엄밀하게 0이다. 이 경우 δ는 일정하고 간섭항은 다음과 같은 형태를 가진다.

$$\begin{aligned} 2\sqrt{I_1 I_2}\,\langle \cos\left(k(s_2 - s_1) + \phi_1(t) - \phi_1(t)\right)\rangle &= 2\sqrt{I_1 I_2}\cos\left(k(s_2 - s_1)\right) \\ &= 2\sqrt{I_1 I_2}\cos\delta \end{aligned}$$

전기장들이 시간 간격 δt만큼 다른 경로를 진행한다고 해도, 단색성으로부터의 벗어남이 원인이 되어 발생한 위상차 $\phi_2(t) - \phi_1(t + \delta t)$는 δt가 **결맞음 시간** τ_0에 비해 작기만 하다면 여전히 거의 0이 된다. 정성적으로, 광원의 결맞음 시간은 그 시간 동안 단색성으로부터의 이탈이 작게 유지되는 시간 간격이다. 우리는 9장에서 광원의 결맞음 시간이 전기장을 구성하는 성분의 주파수 범위 $\Delta\nu$에 반비례하다는 것을 보일 것이다. 즉

$$\tau_0 = \frac{1}{\Delta\nu}$$

이다. 결맞음 거리 $l_t = c\tau_0$는 광원의 결맞음 시간과 관련되어 있는데, 그 전기장이 결맞음 시간 동안 이동하는 거리를 의미한다. 백색광원의 경우 결맞음 길이는 대략 1 μm, 레이저 광원들은 결맞음 길이가 수십 센티미터에서 수십 킬로미터까지에 걸쳐있다. 이 장의 남은 부분을 통해, 동일한 광원에서 출발하여 이동한 경로의 차이는 그 광원의 결맞음 길이에 비해 매우 작다고 가정할 것이다. 이 경우 그 전기장들은 **서로 결맞은 것**이라고 말하고 합쳐진 장들의 복사조도는 다음과 같은 형태를 가진다.

$$I = I_1 + I_2 + 2\sqrt{I_1 I_2}\cos\delta \quad \text{서로 결맞은 빔} \tag{7-14}$$

여기서 δ는 빔의 결합지점에서 총 위상차다. 만약 두 빔이 동일한 광원에서 발생한 것이라면, 이 위상차는 각각의 빔이 이동한 경로차의 결과로서 쌓인 것이다. 그러나 다른 요인들이 빔 사이의 위상차를 만들어 내기도 한다. 이런 종류의 중요한 메커니즘들로는 빔 가르개(beam splitter)로부터의 반사에 의해 위상이 바뀌거나 두 빔이 독립적으로 취한

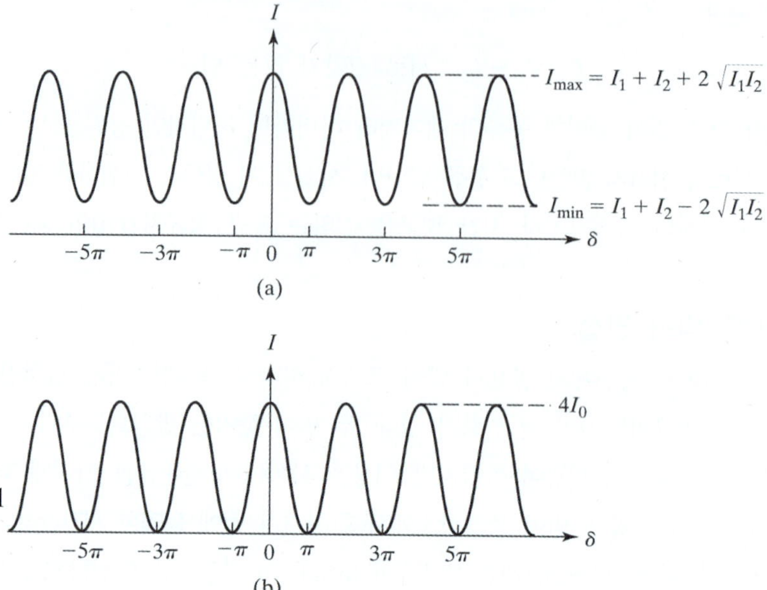

그림 7-2 위상차 δ에 대한 복사조도 간섭무늬. $I_1 = I_2$일 때 배경 복사조도 $I_{min} = 0$인 (b)에서 가시도(visibility)는 향상된다.

경로 내에서 굴절률이 다른 것 등이 있다. 식(7-14)의 $\cos\delta > 0$ 혹은 $\cos\delta < 0$에 따라 그 간섭항은 개별적 복사조도 I_1과 I_2의 합을 증가시키거나 감소시켜, 상대적으로 보강 혹은 소멸간섭이 일어난다. 일반적으로 두 빔이 이동한 상대적인 거리는 겹치는 영역 내에 있는 관측 지점에 따라 달라지므로, 위상차 δ도 역시 관측 지점마다 다르다. 전형적으로 $\cos\delta$는 번갈아가면서 최저치와 최대치를 오가며 값을 취할 것이고, 공간적으로 분리된 **간섭무늬**가 관측면 내에서 일어날 것이다.

좀더 구체적으로, $\cos\delta = +1$일 때, 보강간섭은 최대 복사조도를 유발한다.

$$I_{max} = I_1 + I_2 + 2\sqrt{I_1 I_2} \tag{7-15}$$

이 조건은 위상차가 $\delta = 2m\pi$일 때만 일어난다. 여기서 m은 임의의 정수이거나 0이다. 한편, $\cos\delta = -1$일 때, 상쇄간섭은 최소치 혹은 배경 복사조도를 유발한다.

$$I_{min} = I_1 + I_2 - 2\sqrt{I_1 I_2} \tag{7-16}$$

이 사건은 조건이 $\delta = (2m+1)\pi$일 때마다 일어난다. 그림 7-2(a)에서 위상 δ에 대한 복사조도 I의 그래프는 주기적인 간섭무늬를 보여주고 있다. $I_1 = I_2 = I_0$이면 완전한 상쇄간섭(즉 완전히 상쇄되어 최종값이 0이 되는)이 일어난다. 그러면 식(7-15)와 (7-16)은 다음과 같이 된다.

$$I_{max} = 4I_0 \text{와 } I_{min} = 0$$

그림 7-2(b)에서 이제 결과 간섭무늬들은 보다 좋은 대비를 보여주고 있다. **가시도**(visibility)라 불리는 **간섭무늬 대비**에 대한 측정치는 0과 1 사이의 값을 가지며, 다음과 같은 양으로 주어진다.

$$\text{가시도} = \frac{I_{\max} - I_{\min}}{I_{\max} + I_{\min}} \tag{7-17}$$

간섭무늬 패턴을 응용할 때는, 일반적으로 간섭하는 빔이 동일한 진폭을 지니고 있다는 것을 확인할 필요가 있다.

동일한 진폭을 가져서 $I_1 = I_2 = I_0$인 두 빔이 간섭하는 경우, 식(7-14)를 다음과 같이 쓸 수 있다.

$$I = I_0 + I_0 + 2\sqrt{I_0^2}\cos\delta = 2I_0(1+\cos\delta)$$

그리고 삼각함수 정리를 이용하면

$$1 + \cos\delta \equiv 2\cos^2\left(\frac{\delta}{2}\right)$$

이며, 간섭하는 동일한 빔의 복사조도는

$$I = 4I_0\cos^2\left(\frac{\delta}{2}\right) \tag{7-18}$$

이다. 중첩의 각 지점마다 에너지가 보존되지 않는다는 것을 명심하라. 즉 $I \neq 2I_0$이다. 그러나 적어도 간섭무늬 패턴의 한 공간적 주기 이상을 평균하면 $I_{av} = 2I_0$가 된다. 이런 상황은 간섭과 회절에서 흔히 볼 수 있는 현상이다. 어떤 점에서 복사조도가 평균값 이하로 떨어지면, 다른 점에서는 평균값 이상으로 올라간다. 이런 방식으로 전체적인 패턴은 에너지 보존법칙을 만족하게 된다.

예제 7-1

중첩되어 있는 나란한 전기장을 지닌 두 개의 빔이 간섭하는 경우를 고려해 보자. 개별 빔의 전기장들이 아래와 같이 주어진다.

$$E_1 = 2\cos(ks_1 - \omega t) \quad (\text{kV/m})$$
$$E_2 = 5\cos(ks_2 - \omega t) \quad (\text{kV/m})$$

각각의 빔이 홀로 작용하여 기여한 복사조도를 구해보자. 그리고 경로차가 $k(s_2 - s_1) = \pi/12$로 주어졌을 때 한 점에서의 상호 간섭에 의한 복사조도를 구해보자.

풀이

다음과 같은 복사조도를 얻을 수 있다.

$$I_1 = \frac{1}{2}\varepsilon_0 c E_{01}^2 = \frac{1}{2}\varepsilon_0 c(2000)^2 = 5309\ \text{W/m}^2$$
$$I_2 = \frac{1}{2}\varepsilon_0 c E_{02}^2 = \frac{1}{2}\varepsilon_0 c(5000)^2 = 33{,}180\ \text{W/m}^2$$
$$I_{12} = 2\sqrt{I_1 I_2}\cos\delta = 2\sqrt{5309 \times 33180}\cos(\pi/12) = 25{,}640\ \text{W/m}^2$$

결합 지점 근처에서 가시도를 구하기 위해, 다음을 계산해야 한다.

$$I_{\max} = I_1 + I_2 + 2\sqrt{I_1 I_2} = 5309 + 33180 + 2\sqrt{(5309 \times 33180)}$$
$$= 65{,}034 \text{ W/m}^2$$
$$I_{\min} = I_1 + I_2 - 2\sqrt{I_1 I_2} = 5309 + 33180 - 2\sqrt{(5309 \times 33180)}$$
$$= 11{,}945 \text{ W/m}^2$$

식(7-17)에 의해 아래와 같이 가시도를 얻을 수 있다.

$$\text{가시도} = \frac{65{,}034 - 11{,}945}{65{,}034 + 11{,}945} = 0.690$$

만약 두 파동들의 진폭이 동일하다면, $I_{\max} = 4I_0$, $I_{\min} = 0$, 그리고 가시도는 1이 된다.

식(7-14)의 두 개의 상호 결맞은 빔의 간섭 결과로 발생한 복사조도를 이끌어 내는 과정에서 각 빔이 식(7-1)과 식(7-2)의 평면파들이라고 가정하였다. 사실상 이 해석은 모든 종류의 조화파동에 대해 유효하다(예를 들어 구면파, 원통파, 혹은 가우스 형태의 파동들). 하지만 이런 형태의 파동들에 대해서는, 진폭 E_{01}과 E_{02}는 (그래서 해당 복사조도는 I_1과 I_2) 광원에서 관측지점까지의 거리에 의존한다.

7-2 영의 이중슬릿 실험

그림 7-3에서 도식적으로 보여지는 바와 같이 결정적인 실험이 1802년 토마스 영(Thomas Young)에 의해 수행되었다. 단색광은 우선 점광원 S로 근사할 수 있도록 작은 구멍을 통해 지나가도록 한다. 그 빛은 호이겐스의 원리에 의해 광원 S로부터 구형의 파동으로

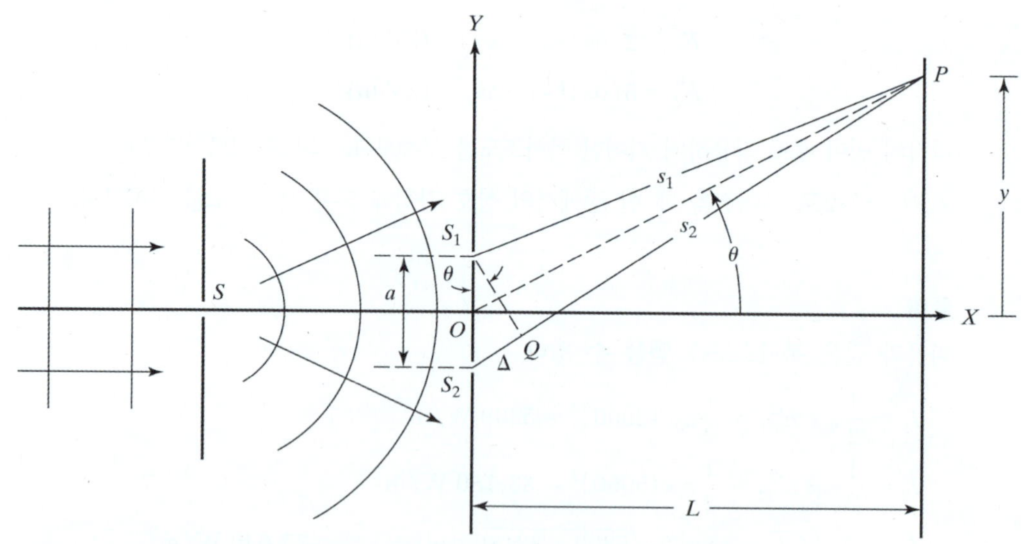

그림 7-3 영의 이중슬릿 실험의 도식. 구멍 S_1과 S_2는 일반적으로 이 지면을 뚫고 지나가는 가늘고 긴 형태의 슬릿. 만약 광원 자체가 공간적으로 결맞은 레이저라면 구멍 S가 필요없다.

퍼져나가고 가까운 위치에 놓인 두 개의 구멍 S_1과 S_2에 다다른다. 요즘에는 이 실험에서는 두 개의 구멍에 빛을 비추기 위해 하나의 레이저가 사용된다. 이 구멍들은 결맞은 두 개의 광원이 되어 멀리 떨어진 스크린에 간섭을 측정할 수 있게 된다. 만약 두 개의 구멍이 크기가 동일하다면, 이 구멍들로부터 방출되는 빛은 서로 비슷한 진폭을 가지므로 간섭 결과 복사조도는 식(7-18)과 같이 될 것이다. 그림 7-3을 참조하여 두 개의 구멍 S_1과 S_2를 포함하고 있는 평면으로부터 L만큼 떨어진 위치에 있는 스크린 위의 관측점 P에서의 복사조도에 관해 알아보자. 관측점 P에 도달하는 두 개의 파동 사이의 위상차 δ를 알아야 그 지점에서의 결과 복사조도를 계산해 낼 수 있다. 만약 $S_2P - S_1P = s_2 - s_1 = m\lambda$이면, 두 파동이 동일한 위상을 가지며 도달하고, 최대 복사조도 혹은 밝은 무늬가 나온다. 만약 $s_2 - s_1 = \left(m + \frac{1}{2}\right)\lambda$라면, 소멸간섭 혹은 어두운 무늬의 조건이 충족된다. 실제로 구멍 간의 간격 a는 스크린까지의 거리 L보다 아주 작아서 그 경로 거리 $s_2 - s_1$에 대한 단순한 표현을 얻을 수 있다. P를 중심으로 사용하며, 반지름 s_1을 가진 호 S_1Q를 그려보면 Q에서 선 S_2P와 교차한다. 그러면 $s_2 - s_1$는 그림에서 표기된 조각 Δ와 동일하게 된다. 첫 번째 근사는 호 S_1Q를 오른쪽 삼각형 S_1S_2Q의 한 변을 이루는 선분으로 취급하는 것이다. 만약 θ가 선분 S_1S_2와 S_1Q 사이의 각이라면, $\Delta = a\sin\theta$이다. 두 번째 근사는 θ가 광축 중간점 O와 스크린 위의 점 P를 연결한 선이 광축 OX와 이루는 각과 동일하다고 본다. $OX \perp S_1S_2$이므로 OP가 S_1Q와 거의 직교한다는 관계식을 얻게 한다.

그러면 스크린 위의 점 P에서 **보강간섭**을 위한 조건은 다음과 같이 얻을 수 있다.

$$s_2 - s_1 = \Delta = m\lambda \cong a\sin\theta \tag{7-19}$$

이에 반해 **소멸간섭**에 대해서는

$$\Delta = \left(m + \frac{1}{2}\right)\lambda \cong a\sin\theta \tag{7-20}$$

이며, 여기서 m은 0 혹은 정수값이다. 전형적으로, 관심 영역(스크린의 중심 근처)에서는 두 개의 슬릿들로부터 발생한 빔의 전기장 **진폭**들은 거의 동일해서 각 θ로 결정되는 스크린 위의 한 점에서의 복사조도는 식(7-18)을 사용하여 얻을 수 있으며 경로차 Δ와 위상차 θ와의 관계식은

$$\delta = k(s_2 - s_1) = \frac{2\pi}{\lambda}\Delta$$

이며, 그 결과는 다음과 같다.

$$I = 4I_0\cos^2\left(\frac{\pi\Delta}{\lambda}\right) = 4I_0\cos^2\left(\frac{\pi a\sin\theta}{\lambda}\right)$$

$y \ll L$인 광축 근처의 점 P에 대해 근사하면 $\sin\theta \cong \tan\theta \cong y/L$이다. 따라서,

$$I = 4I_0\cos^2\left(\frac{\pi a y}{\lambda L}\right) \tag{7-21}$$

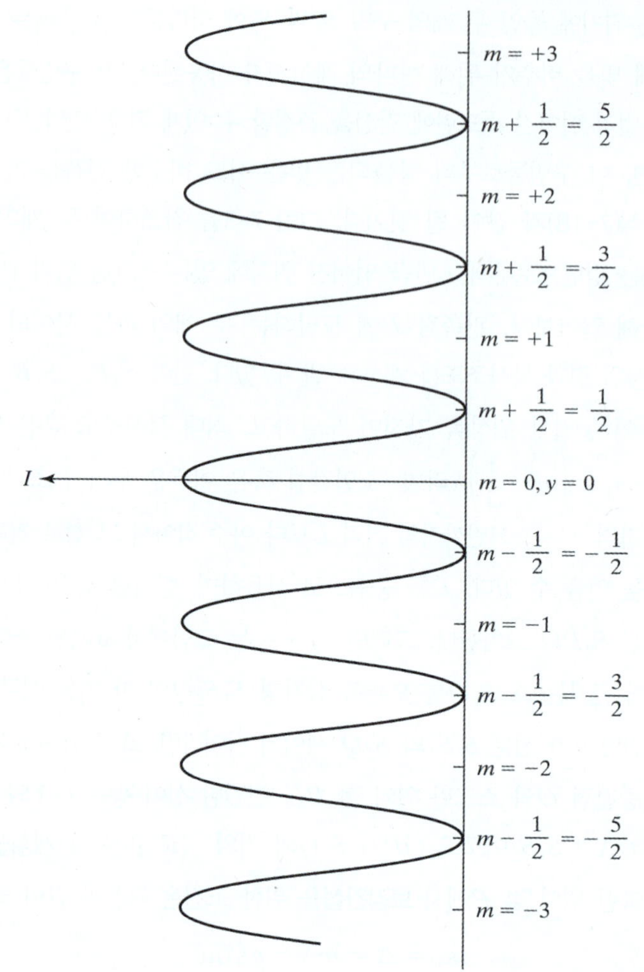

그림 7-4 이중슬릿 간섭무늬 패턴에서 광축에서 떨어진 거리에 대한 복사조도. 간섭무늬 차수는 간섭무늬 최고치의 위치를 결정하는 정수값 m으로 표시되었다.

식(7-21)의 코사인 함수가 ± 1과 0이 되게 하면 식(7-19)와 식(7-20)의 보강 간섭 및 소멸 간섭 조건을 확인할 수 있다.

이제 식(7-19)와 각이 작을 경우의 관계식 $\sin\theta \cong \tan\theta \cong y/L$를 사용하면, 밝은 간섭무늬 위치에 대한 조건은 다음과 같이 주어진다.

$$y_m = \frac{m\lambda L}{a}, \quad m = 0, \pm 1, \pm 2, \cdots \tag{7-22}$$

결과적으로, 복사조도 최대치들 사이에 일정한 거리가 존재하는데 일련의 정수 m값에 따라 다음과 같이 주어진다.

$$\Delta y = y_{m+1} - y_m = \frac{\lambda L}{a} \tag{7-23}$$

여기서 최소치는 최대치 사이에 존재한다. 따라서 간섭무늬 간격은 파장과 스크린까지의 거리에 비례하고 구멍의 간격에 반비례한다. 구멍의 간격을 줄일수록 각각의 색깔에 따른 간섭무늬의 패턴은 크게 확장된다. 이 간섭무늬 간격의 측정은 그 빛의 파장을 결정하는 하나의 방법을 제공한다. 공간적 결맞음성을 위해서 사용하는 단일 구경은 만약 단색성과 공간적 결맞음성이 우수한 레이저를 사용하는 경우 제거해도 되며 바로 이중슬릿에 비춰서 사용한다. 막 설명한 관측 설정에서, 그림 7-4와 같이 구경으로부터 적당히 떨어진 거리의 광축으로부터 수직인 스크린에 간섭무늬들이 관측된다. 간섭무늬들의 최고값은 정수값(차수) m에 대응되며 최소값은 인접한 최고값들 중간에 위치한다.

예제 7-2

나란하게 위치하며 0.2 mm 떨어져 동일한 2개의 슬릿들을 통해 빛이 통과하고 있다. 1 m 떨어진 스크린에 간섭무늬들이 보이고 있다. 간섭무늬의 최고치들은 3.29 mm씩 떨어져 있다. 이 빛의 파장은 무엇일까? 하나의 슬릿을 통과하는 빛의 세기가 I_0라면 스크린에서 복사조도는 어떻게 변하는가?

풀이

식(7-23)으로부터

$$\lambda = a\Delta y/L = (0.0002\ \mathrm{m})(3.29\times 10^{-3}\ \mathrm{m})/(1\ \mathrm{m})$$
$$= 6.58\times 10^{-7}\ \mathrm{m} = 658\ \mathrm{nm}$$

이다. 그러면 식(7-21)로부터 $I = 4I_0\cos^2[\pi ay/\lambda L]$이다. 이 경우,

$$I = 4I_0\cos^2[\pi(0.0002)y/(658\times 10^{-9})(1\ \mathrm{m})] = 4I_0\cos^2[(955/\mathrm{m})y]$$

이다.

그림 7-5는 보강간섭에 의한 밝은(B) 위치와 상쇄간섭에 의한 어두운(D) 위치의 형성을 이해하는 또 다른 방법을 보여주고 있다. S_1과 S_2로부터 발생된 구면파동의 봉우리

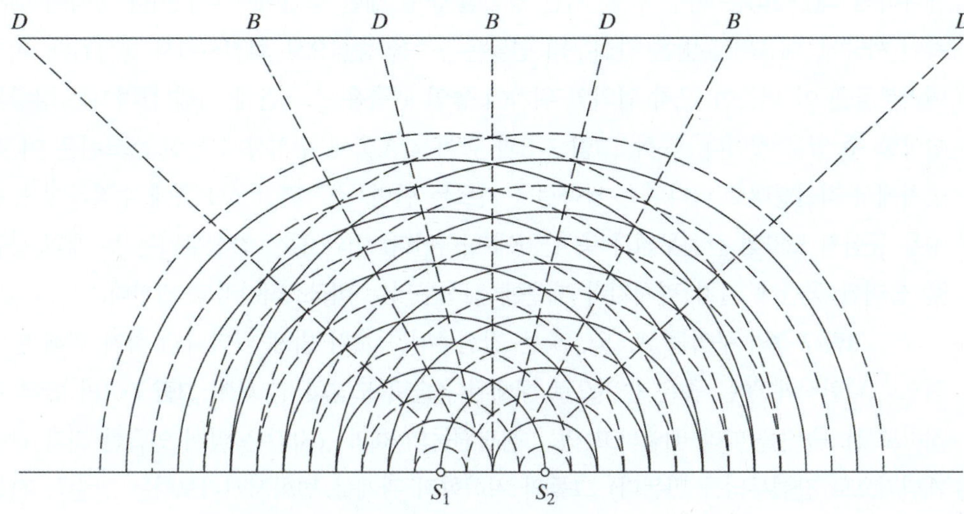

그림 7-5 두 개의 결맞은 광원들으로부터 발생된 빛에 의해 밝고 어두운 간섭무늬가 생성된다. S_1에서 발생되는 봉우리(실선 원)와 S_2에서 발생되는 파동의 봉우리가 교차하는 지점에 의해 형성된 선을 따라 밝은 무늬(B)가 발생된다. 봉우리가 골짜기(파선 원)를 만나는 지점에 의해 형성된 선을 따라 어두운 무늬(D)가 발생한다.

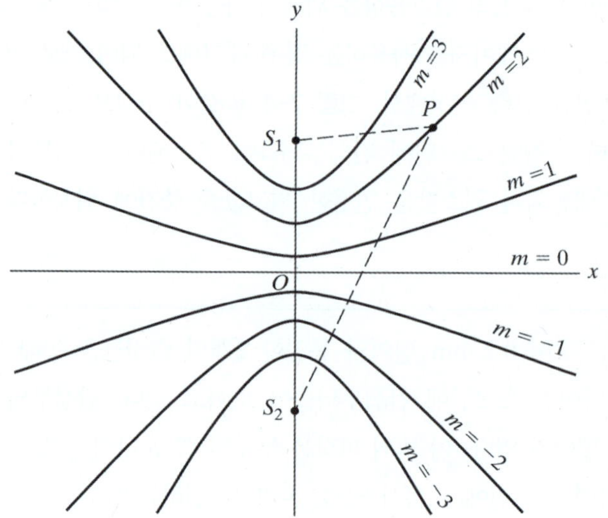

그림 7-6 두 개의 결맞은 점광원들이 만드는 밝은 간섭무늬 면들. S_1과 S_2로부터 밝은 간섭무늬 면 위에 있는 임의의 점 P까지의 거리는 파장의 정수배만큼만 다르다. 간섭무늬 면들은 이 패턴을 y축에 대해 회전시켜 얻을 수 있다.

와 계곡들이 스크린으로 다가가고 있다. B로 표시된 방향을 따라서 양쪽 슬릿에서 발생된 파동의 봉우리(혹은 파동의 계곡)는 서로 일치해 최고치의 복사조도를 발생시킨다. 반면 D로 표시된 방향을 따라서 두 파동들은 반파장 차이의 어긋남을 보여 소멸간섭을 일으킨다.

비록 복사조도 진행의 정방향으로 가장 세지만 구멍에서 나온 빛들이 간섭을 하므로 간섭무늬는 구멍 주위의 모든 공간에서 나타난다. 두 개의 결맞은 광원들이 모든 방향으로 빛을 복사하고 있다고 상상해 보면, 밝은 간섭무늬를 위한 조건은 식(7-19)에 의해 다음과 같이 주어지며 구멍들을 둘러싸고 있는 공간의 밝은 간섭무늬 군을 정의한다.

$$s_2 - s_1 = m\lambda \tag{7-24}$$

이 면들의 집합을 시각화하기 위해, 대칭성을 이용하여 한 단면에서 분석해 보자. 그림 7-6에서 여러 개의 밝은 간섭무늬 면들과 두 개의 광원을 포함하는 면과의 교선을 보여주고 있는데, 여기서 각각의 선들은 정수 차수 m값에 대응된다. 이 선들은 쌍곡선이다. 왜냐하면 식(7-24)는 변수 m을 지닌 쌍곡선 군에 대한 조건이기 때문이다. y축이 대칭축인 까닭에, 대응되는 밝은 간섭무늬 면들은 y축을 중심으로 회전시켜서 생성된다. 이제 여러분들은 이 면들이 근처 임의의 위치에 놓인 관측용 스크린에 의해 잘려지는 상황을 상상할 수 있을 것이다. 특히, 그림 7-3과 같이 OX축에 수직하게 놓인 스크린은 이 축 근처에서 직선형태로 나타나는 쌍곡선을 가르는 반면, 스크린이 OY축에 수직하게 놓인 경우 동심원 모양의 간섭무늬가 축 근처에 나타난다. 이와 같은 간섭무늬는 두 개의 광원을 둘러싼 공간에 걸쳐 펼쳐지기 때문에 간섭무늬는 **비국소적**이라고 말한다.

그림 7-3의 구멍들 S, S_1, S_2는 간섭무늬를 보다 밝게 나타나게 하기 위해 일반적으로 나란하게 놓은 좁은 슬릿으로 대체된다(슬릿 모양의 긴 쪽이 그림 7-3의 면에 수직하도록). 슬릿을 따라 배열하고 있는 점광원들의 효과는(각각은 앞서 언급한 것과 같이 개별적으로 간섭무늬를 만든다) 그들의 기하학적 관계를 변화시키기보다는 단순히 간섭

무늬에 나란한 방향으로 패턴들을 늘리는 것이다. 이것은 하나의 슬릿(광원)을 따라 위치한 두 점광원이 서로 결맞지 않더라도 사실이다.

7-3 허상 광원들에 의한 이중슬릿 간섭

간섭무늬는 때로는 하나의 광원이 존재하는 광학적 배열에서도 일어난다. 반사나 굴절을 통해서 실재하는 광원과 함께 작용하는 허상을 만들어 낼 수 있는데 이들은 마치 2개의 광원처럼 거동하면서 간섭무늬 패턴을 만들어 낸다. 그림 7-7에서 7-9는 이런 예들을 보여주고 있다. 이 예들은 역사적으로 어느 정도 중요성을 가지고 있을 뿐만 아니라 우리가 전혀 기대하지 않은 다양한 방식들로 광학실험에서 간섭무늬를 일으킬 수 있다는 사실로 우리를 놀라게 한다(특히 결맞음성이 아주 좋은 레이저 광이 사용될 경우).

그림 7-7 로이드의 거울에 의한 간섭. 결맞은 광원은 점광원 S와 그것의 허상 S'.

로이드 거울(Lloyd's mirror)

그림 7-7의 스크린은 실제의 광원 S에서 발생한 빛을 반사시켜, 거울 MM' 면 아래에 위치한 허상의 광원 S'에서 빛을 발생시키는 것과 같은 효과를 내며, 이때 두 빛의 중첩에 의해 간섭무늬가 발생한다. 빔이 직접 그리고 반사를 통해 스크린에 도달하는 곳에 간섭무늬가 나타난다. 밝은 간섭무늬들의 위치는 식(7-22)에 의해 주어지는데 a는 거울면에서 광원 S까지 거리의 두 배이다. 이 광학적 배열을 **로이드 거울**이라 한다. 만약 스크린이 M'에서 접촉한다면, M'에서의 간섭무늬는 어둡다. 이 지점에서 두 개의 간섭하는 빔의 광경로차는 영(0)이므로, 밝은 간섭무늬를 기대할 것이다. 하지만 이런 예측에 반하는 실험결과인 어두운 간섭무늬는 공기-유리 반사에 의해 얻은 π만큼의 위상이동으로 설명된다.[1]

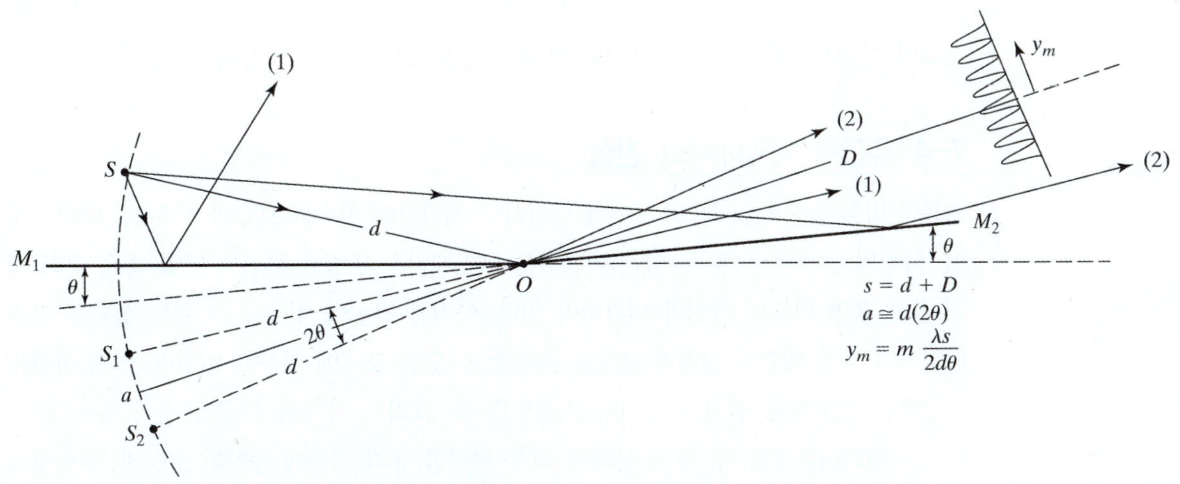

그림 7-8 프레넬의 거울을 이용한 간섭. 결맞은 광원 S_1과 S_2는 실제의 광원 S에 대한 두 개의 허상에 해당하며 두 개의 평면거울 M_1과 M_2에 의해 형성된다. 광원 S로부터 스크린에 곧장 도달하는 직사광선은 사용하지 않는다.

1 반사에 의한 위상변화에 대한 이론적 설명은 맥스웰 방정식을 기반으로 한 분석의 결과이며 그 빛의 편광상태에 대한 명확한 정보가 필요하다. 이 주제는 23장에서 다룬다.

프레넬 거울(Fresnel's Mirrors)

관련된 또 다른 배열로 그림 7-8의 **프레넬 거울**이 있다. 간섭은 두 개의 거울 M_1과 M_2에서 각각 반사된 빛에 의해 발생하는데, 두 거울은 서로에 대해 작은 각 θ만큼 기울어져 있다. 각각 반사된 두 개의 광선들은 번호를 붙여 거울 M_1에서 나온 경우는 (1), M_2에서 나온 경우는 (2)로 표기했다. 간섭무늬는 겹치는 영역에서 일어난다. 결맞음성을 가지며 광원처럼 거동하는 두 개의 허상 S_1과 S_2 사이에 간섭이 일어난다. 허상들의 간격 a가 기울어진 각 θ와 실제의 광원으로부터 거울들과의 교차점 O까지의 거리인 d와 관련되어 있기만 하면, 그 간섭무늬 패턴은 다시 한번 식(7-22)에 의해 기술될 수 있다. 스크린은 점 O로부터 D만큼 떨어져 보인다.

프레넬 겹프리즘(Fresnel's Biprism)

그림 7-9는 **프레넬 겹프리즘**을 보여주고 있는데 작은 광원 S의 빛이 굴절하여 두 개의 결맞은 허광원 S_1과 S_2에서 빛이 오는 것과 같은 현상이 일어나는 방식이다. 위와 아래의 반쪽 끝부분 광선의 굴절을 보여주고 있다. 스크린에서 겹쳐지는 영역에서 간섭무늬들이 보인다. 실제 프리즘의 각 α는 수 도(°) 정도로 아주 작다. 그림에서 보이는 것처럼 빔 중 하나가 대칭적인 방식으로 프리즘 쐐기모양 부분을 통과하면 프리즘에 들어오고 나가는 두 면들에 대해 동일한 각들을 만들고 최소 편향각 조건을 만족시킨다. 이러한 광선에 대해 편향각 δ_m은 $\delta_m = \alpha(n-1)$로 주어진다. 이 특별한 광선에 대한 기하학적 모양은 프리즘의 굴절률 n과 각도 α로 두 허광원들 사이의 간격 a는 다음과 같이 근사적으로 결정된다.

$$a = 2d\delta_m = 2d\alpha(n-1) \tag{7-25}$$

그러면 간섭무늬들은 지금까지 사용한 방식처럼 식(7-22)로 기술된다.

7-4 유전체 박막에서의 간섭

기름 물방울이나 비누거품의 표면에 나타나는 색깔들의 친숙한 모습과 진주층, 공작의 깃털, 나비의 날개에서 볼 수 있는 아름다운 무지개빛은 투명한 물질의 단일 혹은 여러 개의 얇은 표면 막들의 간섭과 연관되어 있다. 이러한 간섭이 일어날 수 있는 상황은 아주 다양하며 간섭 패턴의 성질과 그것을 측정할 수 있는 조건에 영향을 미친다. 이런 상황을 결정하는 변수들은 광원의 크기와 스펙트럼 폭 그리고 박막의 모양과 반사 등이다.

매끄러운 기름막, 금속 산화막, 혹은 평평한 유리 기판에 증착된 코팅에 의해 형성된 것과 같은(그림 7-10) 나란한 평면들에 부착된 투명 물질의 박막의 경우를 고려해 보자. 박막 표면의 A위치에 입사하는 광빔은 반사와 굴절 부분으로 나뉜다. 결합과 간섭의 예비과정으로 원래의 빛이 이렇게 두 부분으로 나뉘는 것을 **진폭 분할**이라 하는데 이것은 영의 이중슬릿에서 분리인 **파면 분할**이 일어나는 상황과 대조적이다. 굴절된 빔은 박막과

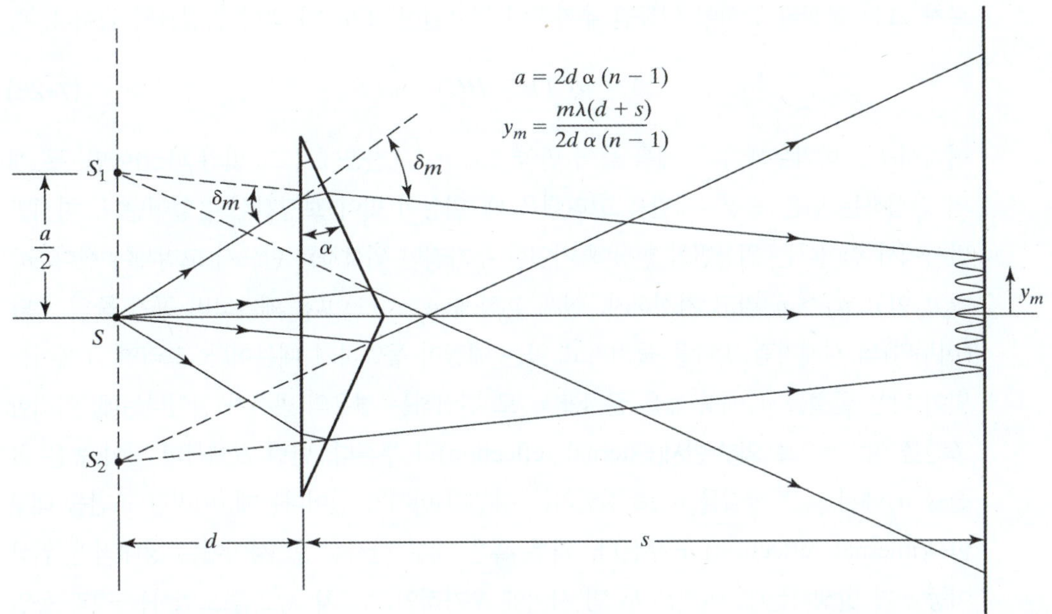

그림 7–9 프레넬 겹프리즘에 의한 간섭. 결맞은 광원들은 실제의 광원 S가 프리즘의 두 개의 반쪽영역에서 굴절하여 형성되는 허상 S_1과 S_2이다.

기판의 경계면 B에서 다시 반사하고 C에서 박막을 떠나는데 이는 A에서 반사된 빔과 동일한 방향이다. 빔의 일부는 C에서 내부 반사를 하고 자신의 복사조도를 잃을 때까지 박막 내에서 다중 반사를 지속적으로 겪는다. 그러므로 비록 내부 반사가 반복될수록 진폭은 급격하게 감소하지만 최상단 표면에서 나오는 여러 개의 나란한 빔이 존재하게 될 것이다. 박막의 반사가 크지 않다면, 보다 복잡한 다중 반사에 대한 좋은 근사로 가장 먼저 나타나는 두 개의 빔만 고려한다. 박막 A와 C를 떠나는 두 개의 나란한 빔은 수렴렌즈(예를 들어, 사람 눈)로 모을 수 있다. 점 P에서 교차하는 이 두 개의 빔은 중첩되고 간섭한다. 두 빔은 점 A에서부터 전방으로 다른 경로를 진행하므로, 점 P에서 보강간섭 혹은 상쇄간섭을 발생시킬 수 있는 상대적인 위상차가 유발된다. 수직 입사의 경우 광경

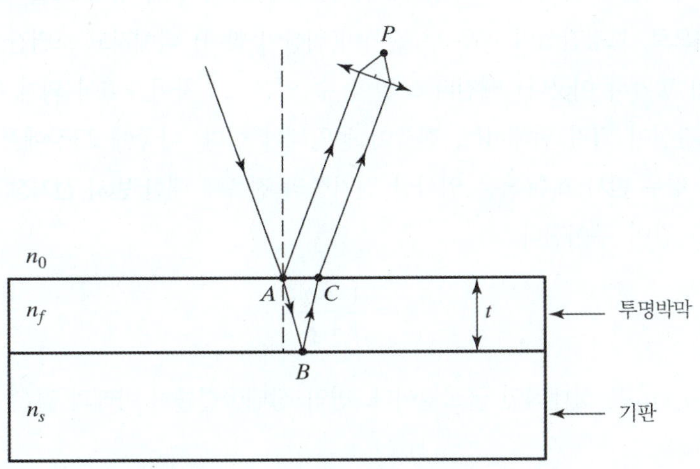

그림 7–10 박막으로부터의 이중–빔 간섭. 박막의 윗면과 아랫면에서 반사된 광선은 렌즈에 의해 점 P에서 합쳐진다.

로차 Δ는 굴절된 광선이 이동한 추가적인 경로길이 ABC와 박막 굴절률의 곱이다. 즉

$$\Delta = n(AB + BC) = n(2t) \tag{7-26}$$

여기서 t는 박막두께이다. 예를 들어 만약 $2nt = \lambda_0$(진공에서 그 빛의 파장)이면, 두 개의 간섭하는 빔은 광경로차만을 고려했을 때 위상이 맞아 보강간섭이 일어난다. 하지만 반사에서 일어나는 위상변화 현상에 기인한 추가적인 위상차를 반드시 고려해야 한다. $n_f > n_0$이고 $n_f > n_s$라고 가정하자. 실제 흔하게 $n_f = n_s$이다. 왜냐하면 공기 중의 수막(비누막)의 사례처럼 박막을 둘러싸고 있는 매질이 동일하기 때문이다. 그러면 A에서는 빛이 낮은 굴절률 n_0에서 높은 굴절률 n_f로 진입하는 경우의 반사가 일어나는데, 이러한 조건을 일반적으로 **외부 반사**(external reflection)라 부른다. 반면 B에서의 빛이 높은 굴절률 n_f에서 낮은 굴절률 n_s로 진입하는 경우의 반사가 일어나는데, 이러한 조건을 **내부 반사**(internal reflection)라 부른다. 외부 혹은 내부 반사된 빔 사이에는 상대적인 위상 이동 π가 발생하는데, 이것은 두 빔 사이에 추가적인 경로차 $\lambda/2$를 도입하는 것과 동일하다. 이 빔 사이의 알짜 광경로차는 $\lambda + \lambda/2$가 되고, 이것은 두 빔의 위상이 어긋하게 하여 점 P에서 상쇄간섭을 일으킨다. 대신 만약 양쪽 모두가 외부 반사($n_0 < n_f < n_s$)이거나 혹은 모두 내부 반사($n_0 > n_f > n_s$)라면, 반사로 인한 상대적 위상차를 고려할 필요가 없다. 이 경우 점 P에서는 보강간섭이 일어난다.

이런 단일-박막은 광학소자 표면에 입히는 **무반사** 코팅으로 흔히 사용된다. 대부분의 경우 빛은 공기에서 박막방향으로 입사하므로 $n_0 = 1$이다. 나아가 만약 $n_s > n_f$이면, 두 개의 반사된 빔 사이에 상대적 위상차는 없고 광경로차만이 관측될 간섭의 유형을 결정한다. 만약 박막의 두께가 $\lambda_f/4$이면 (λ_f는 박막 안에서의 빛의 파장), $2t = \lambda_f/2$이고 광경로차는 $2n_f t = \lambda_0/2$이다. 왜냐하면 $\lambda_0 = n_f\lambda_f$이기 때문이다. 그리고 이 파장과 인접하고 있는 파장들까지도 상쇄간섭이 일어나는데, 이것은 박막에서 반사된 빛은 입사한 스펙트럼에서 λ_0 근처 파장영역을 뺀 것을 의미한다. 만약 입사광이 흰색이고 λ_0가 가시광 영역에 있다면, 반사광은 색깔을 띠게 된다. 만약 두 개의 반사 빔의 진폭이 동일하다면 $\lambda/4$ 두께를 지닌 무반사 코팅 막에 의한 스펙트럼 상의 영역 소멸은 보다 효과적이다. 일반적으로, 보강간섭의 경우 두 진폭이(위상이 맞아) 더해지고 소멸간섭의 경우 진폭이 (위상이 정확히 어긋나) 빼진다고 말할 수 있다. 그 차이가 0이 되기 위해서는, 즉 완전한 소멸간섭이 되기 위해서는, 진폭이 동일해야 한다. 나중에 23장에서 보이겠지만 수직 입사의 경우 **반사 계수**(혹은 입사한 전기장의 진폭에 대한 **반사 전기장**의 진폭의 비율)는 다음과 같이 주어진다.

$$r = \frac{1-n}{1+n} \tag{7-27}$$

여기서 $n = n_2/n_1$은 상대적인 굴절률이다. 만약 상대굴절률이 아래와 같은 조건을 만족하면

$$\frac{n_f}{n_0} = \frac{n_s}{n_f} \text{ 또는 } n_f = \sqrt{n_0 n_s} \tag{7-28}$$

이다. 그림 7-10에서처럼 그 박막의 내부 혹은 외부 반사한 전기장의 진폭들은 동일하다(박막은 흡수가 없다고 가정한다). 일반적으로 $n_0 = 1$이므로, 기판 굴절률의 제곱근 값과 동일한 굴절률을 가진 박막을 선택하면 (내부/외부) 반사된 빔의 진폭이 동일하다는 조건을 만족시킬 수 있다. 이러한 응용을 위한 적절한 박막이 존재하지 않을 경우, 절충안을 찾는다. 예를 들어 백색광을 다루는 광학 장비에 도입된 렌즈의 반사를 줄이기 위해 박막 두께 $\lambda/4$는 가시광 스펙트럼의 중심 파장 λ 혹은 측정기의 가장 감도가 좋은 파장으로 결정된다. 사람 눈의 경우 550 nm 근처의 노랑-초록 영역이다. 유리 렌즈의 굴절률 $n =$ 1.50을 가정하면 이상적으로 $n_f = \sqrt{1.50} = 1.22$이다. 이 값과 가장 유사한 굴절률을 가진 실제 박막물질은 $n = 1.38$의 MgF_2이다. 이런 형태의 무반사 코팅의 경우, 스펙트럼 중간영역에서 반사가 줄어든 빛은 결과적으로 그 스펙트럼의 끝자락에 있는 파란색과 붉은색이 두드러지게 되어 코팅에서 반사된 광은 보라색을 띠게 된다.

또 다른 예로, 굴절률이 높고 낮은 두 종류의 유전체 박막을 번갈아 쌓아올린 다중박막을 고려해 보자(그림 7-11). 만약 각 박막의 광학적 두께가 $\lambda_f/4$이면, 약간의 분석을 통해 방출되는 모든 빔의 위상이 맞는다는 것을 알 수 있다. λ_0근처의 다중 반사는 총 반사광의 세기를 증가시키고 1/4-파장 층은 효율적인 거울처럼 거동한다. 이러한 다중막은 단일 박막의 경우에 비해 보다 넓은 스펙트럼 영역에서 반사의 상쇄나 증가를 만족시킬 수 있도록 설계할 수 있다. 이들은 22장에서 보다 자세하게 다룰 것이다.

단일 박막으로 다시 돌아와서, 우선 **수직 입사하지 않는 입사광**에서 광경로차를 계산하여 보강간섭 및 소멸간섭의 조건을 일반화하고자 한다. 그림 7-12는 박막에 대해 입

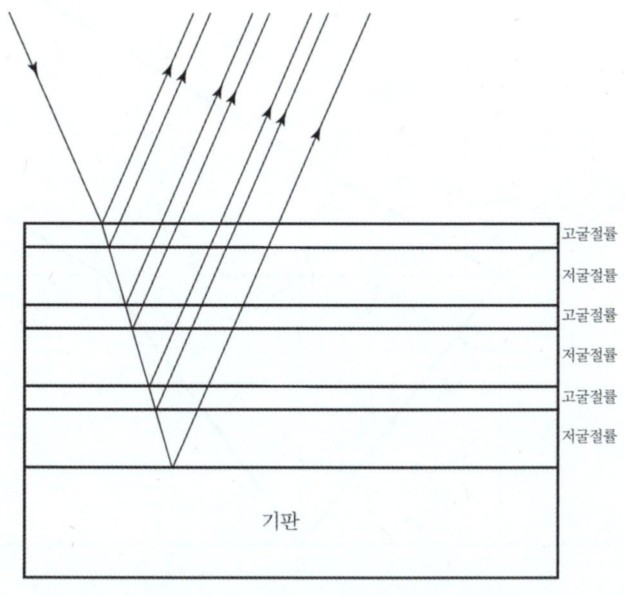

그림 7-11 높고 낮은 굴절률을 번갈아가면서 쌓아올린 다중 유전체 박막. 각 박막의 광학적 두께는 $\lambda_f/4$이다.

사 각 θ_i를 가지고 진입하는 빛을 보여주고 있다. 나타나는 빔의 점 C와 점 D에서의 위상차는 경로 AD와 ABC 사이의 광학적 경로차에 기인한다. 점 C와 점 D에 도달한 후, 빔은 서로 나란하고, 같은 매질 안에 있으므로 향후 추가적인 위상차가 발생하지 않는다. 계산을 돕기 위해, 이등변 삼각형 ABC의 밑변인 선분 AC의 중점 G를 표시했다. 점 E와 점 F는 점 G에서 경로 AB와 BC에 수선을 내린 교차점이다. 그러면 두 빔 간의 광경로차는 다음과 같다.

$$\Delta = n_f(AB + BC) - n_0(AD)$$

여기서 n_f와 n_0는 그림에서 보여주는 것처럼 박막과 외부 매질의 굴절률이다.

경로 AB와 BC를 부분적으로 쪼개고 항들을 다시 정리하면 아래와 같은 결과를 얻게 된다.

$$\Delta = [n_f(AE + FC) - n_0 AD] + n_f(EB + BF) \tag{7-29}$$

곧 보여주는 바와 같이, [ ] 안의 양들은 서로 상쇄된다. 스넬의 법칙에 의해

$$n_0 \sin\theta_i = n_f \sin\theta_t \tag{7-30}$$

이고, 다음을 고려해 보면

$$AE = AG\sin\theta_t = \left(\frac{AC}{2}\right)\sin\theta_t \tag{7-31}$$

$$AD = AC\sin\theta_i \tag{7-32}$$

이고, 식(7-31)로부터 차례로 식(7-32)와 (7-30)을 조합하면

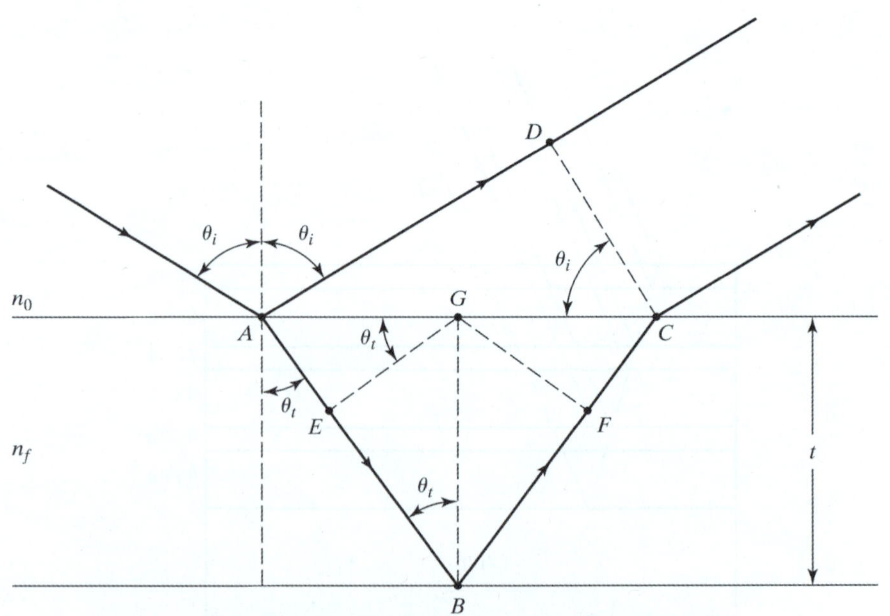

그림 7–12 임의의 입사각 θ_i에서의 단일-박막 간섭.

$$2AE = AC\sin\theta_t = AD\left(\frac{\sin\theta_t}{\sin\theta_i}\right) = AD\left(\frac{n_0}{n_f}\right)$$

이다. 그러므로

$$n_0 AD = 2n_f AE = n_f(AE + FC) \tag{7-33}$$

이므로, 식(7-29)의 [ ] 안의 양들이 서로 상쇄된다는 것이 증명되었다. 그러면 식(7-29)로부터 다음을 얻을 수 있다.

$$\Delta = n_f(EB + BF) = 2n_f EB \tag{7-34}$$

길이 EB는 $EB = t\cos\theta_t$에 의해 박막의 두께 t와 관련되어 있다. 그래서 우리는 최종적으로 다음의 식을 얻게 된다.

$$\Delta = 2n_f t\cos\theta_t \tag{7-35}$$

광경로차 Δ는 식(7-35)에서 간단한 형태로 표현하기 위해 입사각이 아닌 굴절각으로 표현하였는데, 식(7-30) 스넬의 법칙을 통해 제대로 된 형태로 표현할 수 있다. 수직 입사의 경우, 예상한 바와 같이 $\theta_i = \theta_t = 0$이고 $\Delta = 2n_f t$임을 확인할 수 있다. 여기에 대응되는 위상차는 $\delta = k\Delta = (2\pi/\lambda_0)\Delta$이다. 앞서 언급한 바와 같이 알짜 위상차는 반사에 의한 위상차까지 고려해야 한다. 그럼에도 불구하고, 식(7-35)의 광경로차를 Δ_p, 반사에서 일어나는 위상변화에 해당하는 유효 경로차를 Δ_r이라고 하면, 아래와 같이 보강/소멸 조건들에 대한 아주 일반적인 기술을 할 수 있다.

$$\text{보강간섭:}\quad \Delta_p + \Delta_r = m\lambda \tag{7-36}$$

$$\text{소멸간섭:}\quad \Delta_p + \Delta_r = \left(m + \frac{1}{2}\right)\lambda \tag{7-37}$$

여기서 $m = 0,\ 1,\ 2\ldots$이다.

각 θ_i로 입사하는 단일 빔들 사이에서 보강간섭이 발생한다면, 동일한 각도로 입

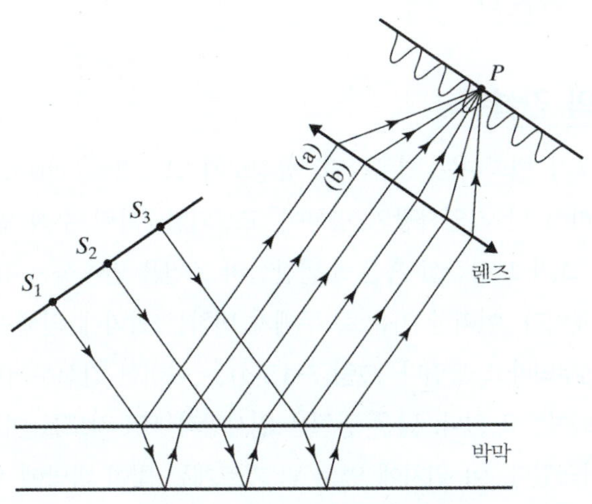

그림 7-13 단일 유전체 박막에 의한 넓은 광원의 간섭. 렌즈의 초평면에 등경사 간섭무늬가 형성된다.

사하는 모든 빔에 대해서도 동일한 조건이 유효할 것이다. 이것은 광원이 넓은 광원일 경우 가능하다. 독립적인 광원 S_1, S_2 그리고 S_3를 보여주는 그림 7-13과 같이 모든 빔이 점 P에서 빛의 세기에 기여한다. 이 광원들은 결맞지 않기 때문에, 간섭은 동일한 광원에서 나와 반사된 광선의 짝들 사이에서만 유지된다. 만약 렌즈의 구경이 너무 작아 S_1에서 나온 두 개의 빔 (a)와 (b)를 둘 다 통과시키지 못하면, 간섭을 측정할 수 없다. 예를 들어 박막의 두께(즉, 두 간섭하는 빔 (a)와 (b) 사이의 공간적 분리)가 증가할 경우 이런 일이 일어날 수 있는데, 반사된 빛을 바라보는 사람눈의 동공은 그 크기가 제한되어 있기 때문에 빛을 모으는 도구를 사용하지 않고는 이러한 **허상의 간섭무늬**는 나타나지 않는다. 말하자면 무한대에서 국소화되어 있기 때문에 이들을 **국소적 간섭무늬**라고 부른다. 이와는 대조적으로 **비국소 간섭무늬**(그림 7-6)는 모든 곳에 있다는 점을 환기해 보라. 또한 그림 7-13과 같이 형성된 간섭무늬들은 **하이딩거 간섭무늬**(Haidinger fringes) 혹은 **등경사 간섭무늬**라고 부른다. 왜냐하면 이들은 공간적으로 넓은 광원으로부터 나란하게 입사하는 빔에 의해 형성되기 때문이다. 만약 다른 기울기(경사각)를 선택한다면, 다양한 점 광원에서 나란하게 입사하는 광선들은 박막에 다른 각으로 입사하고, 박막에서 다른 각도로 나란한 광선으로 반사되며, 모든 광선들은 식(7-36)과 (7-37)에 의해 표현되는 조건에 따라 어떤 한 점에 집광되고 간섭한다.

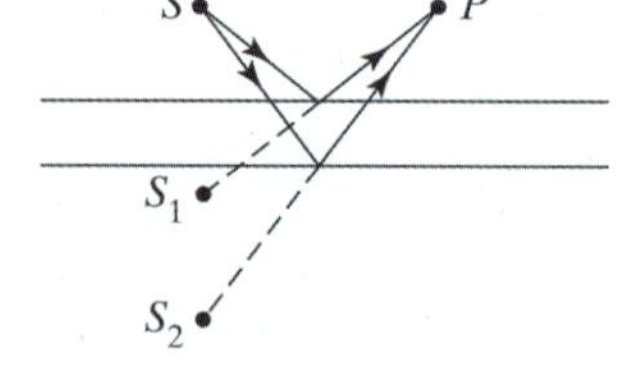

그림 7-14 단일 유전체 박막에 의한 점광원의 간섭. 그림 7-6의 두 점 광원 패턴에서와 같이 실상의 비국소 간섭무늬가 나타난다. 굴절은 무시되었다.

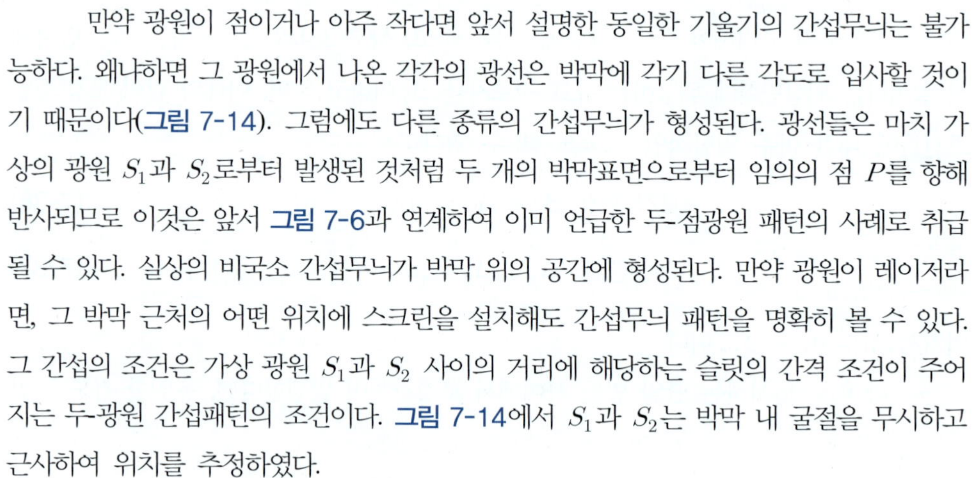

만약 광원이 점이거나 아주 작다면 앞서 설명한 동일한 기울기의 간섭무늬는 불가능하다. 왜냐하면 그 광원에서 나온 각각의 광선은 박막에 각기 다른 각도로 입사할 것이기 때문이다(그림 7-14). 그럼에도 다른 종류의 간섭무늬가 형성된다. 광선들은 마치 가상의 광원 S_1과 S_2로부터 발생된 것처럼 두 개의 박막표면으로부터 임의의 점 P를 향해 반사되므로 이것은 앞서 그림 7-6과 연계하여 이미 언급한 두-점광원 패턴의 사례로 취급될 수 있다. 실상의 비국소 간섭무늬가 박막 위의 공간에 형성된다. 만약 광원이 레이저라면, 그 박막 근처의 어떤 위치에 스크린을 설치해도 간섭무늬 패턴을 명확히 볼 수 있다. 그 간섭의 조건은 가상 광원 S_1과 S_2 사이의 거리에 해당하는 슬릿의 간격 조건이 주어지는 두-광원 간섭패턴의 조건이다. 그림 7-14에서 S_1과 S_2는 박막 내 굴절을 무시하고 근사하여 위치를 추정하였다.

7-5 동일 두께의 간섭무늬

만약 박막의 두께 t가 변화하는 경우라면, 광경로차 $\Delta = 2n_f t \cos\theta_t$는 입사각의 변화 없이도 변한다. 따라서 만약 입사광의 방향이 고정되면 (가령 수직 입사인 경우), 밝고 어두운 간섭무늬는 Δ가 보강간섭 혹은 소멸간섭의 조건을 만족하는 각각의 특별한 두께와 연관되어 있을 것이다. 이러한 이유로, 두께가 변하는 박막에 의해 만들어진 간섭무늬들은 **동일 두께 간섭무늬**라고 불린다. 그림 7-15(a)는 이러한 간섭무늬를 보기 위한 전형적인 장치 배열을 보여주고 있다. 넓은 광원은 입사광과 45° 각도를 이루고 있는 빔 가르개와 결합되어 설치돼있다. 이 위치에 있는 빔 가르개는 빛이 박막에 수직으로 입사하도록 해주고, 동시에 반사된 빛의 일부가 투과하여 측정기(눈)에 이르도록 해준다. 종종 **피조 간섭무늬**(Fizeau fringes)로 불리는 간섭무늬는 박막에 국소화되어 있고, 간섭했던 광선들은 여기서 다시 퍼져나간다. 수직 입사의 경우, $\cos\theta_t = 1$이고 $\Delta = 2n_f t$이다. 따라서 밝고 어두운 간섭무늬를 위한 조건인 식(7-36)과 (7-37)에 의해 다음과 같다.

$$2n_f t + \Delta_r = \begin{cases} m\lambda, & \text{밝은 무늬} \\ \left(m + \dfrac{1}{2}\right)\lambda, & \text{어두운 무늬} \end{cases} \tag{7-38}$$

여기서 Δ_r는 $\lambda/2$ 혹은 0인데 박막의 표면과 바닥에서 반사된 광선들 사이에서 발생하는 상대적 위상이동 π의 여부에 달려있다. 실험을 위해 쐐기모양을 만드는 방법 중 하나는 그림 7-15(b)처럼 두 개의 깨끗한 현미경용 유리 기판을 사용하여 한쪽 모서리에 얇은 공간을 만들 수 있는 물체(가령 머리카락)를 넣는 것이다. 단색광이 비춰진 두 개의 유리기판 사이에 생성된 공기층은 피조 간섭무늬를 보여준다. 박막의 경우, 두 개의 반사는 유리에서 공기(내부 반사) 그리고 공기에서 유리(외부 반사)이므로, 식(7-38)의 Δ_r는 $\lambda/2$이다. t가 유리기판을 따라 $t=0$에서 $t=d$까지 선형적으로 증가함에 따라, 식(7-38)은 보강간섭의 차수 m을 만족시키고 반사광에 의해 밝고 어두운 간섭무늬가 번갈아가면서 동일한 간격으로 나타나는 배열을 볼 수 있다. 이 간섭무늬들은 허상이며 국소 간섭무늬이고 스크린 위에 투영될 수 없다.

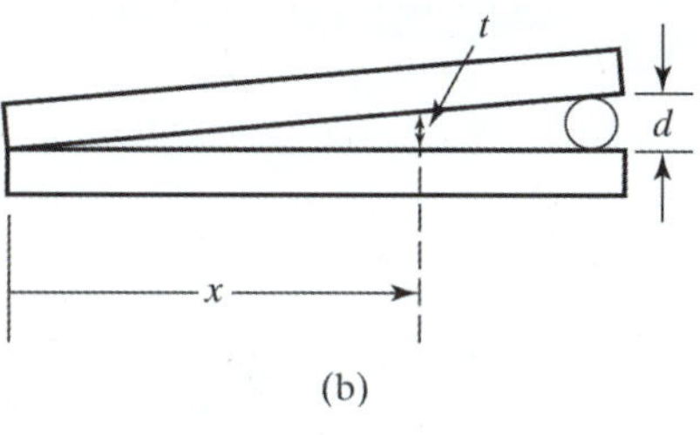

그림 7-15 동일한 두께의 국소 간섭무늬를 발생시키는 쐐기 모양의 박막에서의 간섭. (a) 장치 배열 도식도. (b) 현미경용 두 개의 슬라이드에서 형성된 공기층의 쐐기.

만약 그림 7-15(a)의 확장된 광원이 하늘이고, 그림 7-16과 같이 백색광이 두께가 변하는 박막에 어떤 각을 가지고 입사한다면 그 박막은 비온 후 물 위에 떠있는 기름막처럼 다양한 색깔을 띠게 된다. 박막의 작은 영역에서 스펙트럼의 붉은색 파장에 대해 m차수로 보강간섭을 발생시킬 만큼의 두께를 지니고 있다고 가정해 보자. 만약 $m+1$과 $m-1$의 차수의 보강간섭이 일어나는 파장이 그 가시광선 스펙트럼 영역에서 벗어난다면, 반사광은 붉은색으로 보인다. 이런 일은 낮은 차수, 즉 얇은 막의 경우에서 쉽게 일어난다.

7-6 뉴턴 원무늬

피조 간섭무늬는 동일 두께 무늬이기 때문에, 그들의 등고선들은 박막 두께의 균질 정도를 직접적으로 드러낸다. 그림 7-17(a)는 이러한 환경이 실제 어떻게 적용되는지를 보여주고 있다. 이 예에서처럼 렌즈 구면의 품질을 측정하는 데 사용한 이 피조 간섭무늬를 **뉴턴 원무늬**(Newton's rings)라 한다. 구면과 광학적 평면 사이에서 형성된 공기의 쐐기를 수직으로 입사하는 단색광(레이저나 필터를 사용하는 나트륨 혹은 수은 램프)으로 비춘다. 완벽한 구면에서의 동일 두께 등고선들은(즉, 간섭무늬) 광학적 평면과 만나는 점을 중심으로 한 동심원이다. 렌즈와 평평한 표면이 만나는 점에서 $t=0$이고 반사의 결과로 나타나는 반사광선들 사이의 경로차는 $\lambda/2$이다. 따라서 간섭무늬 패턴의 중심은 어둡게 나타나고, 식(7-38)에서 소멸간섭의 차수 $m=0$이다. 렌즈 표면의 불규칙성은 동심원 패턴의 뒤틀림으로 드러난다. 이런 배열은 렌즈 표면의 곡률반지름을 측정하는 광학적 방법으로

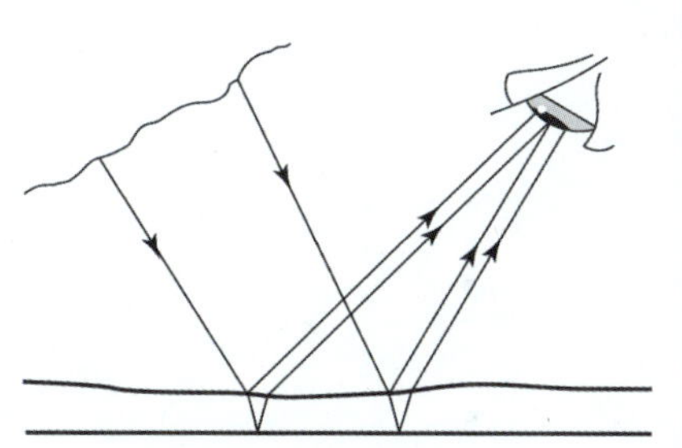

그림 7-16 넓은 광원으로 비춘 불규칙적인 박막에 의한 간섭. 박막 두께 및 입사각의 변화는 간섭에 의해 증강될 파장영역을 결정한다.

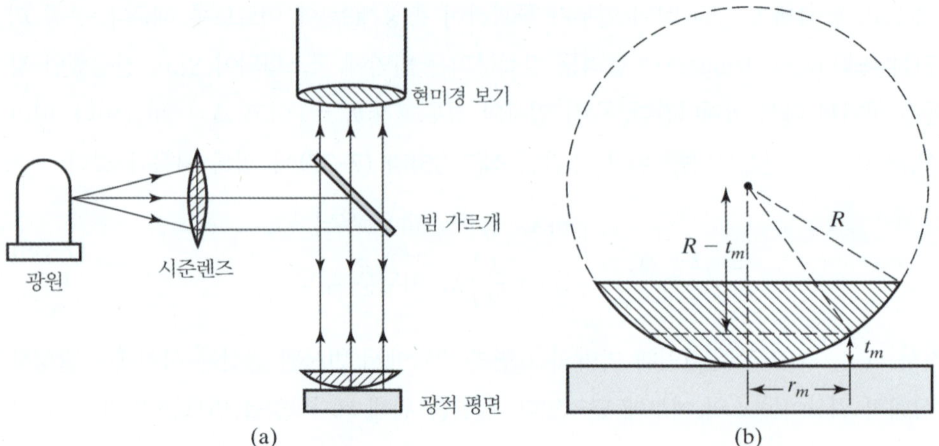

그림 7-17 (a) 뉴턴 원무늬 장치. 렌즈와 광적 평면 사이에서 만들어진 공기의 쐐기에서 동일 두께 간섭무늬가 생성된다. (b) 뉴턴 원무늬 발생을 위한 핵심적 배치.

이용될 수 있다. 차수 m인 어두운 간섭무늬의 반지름 r_m, 이에 대응되는 공기층 두께 t_m, 그리고 공기층 혹은 렌즈 표면의 곡률반지름 사이에는 기하학적 관계가 존재한다. 그림 7-17(b)를 참조하여 피타고라스 정리를 이용하면, 다음과 같은 식을 얻게 된다.

$$R^2 = r_m^2 + (R - t_m)^2$$

혹은

$$R = \frac{r_m^2 + t_m^2}{2t_m} \tag{7-39}$$

m번째 어두운 원무늬의 반지름을 측정하면 이에 대응되는 공기층의 두께가 식(7-38)의 간섭조건으로부터 결정된다. 따라서 R을 얻을 수 있다. 조금만 생각해 보면 박막과 광학 평면을 투과한 빛도 역시 원형의 간섭무늬를 보일 것이라 확신할 수 있다. 그림 7-18에서 보이는 것처럼, 패턴들은 투과된 빛의 간섭무늬들과 비교해 두 가지의 중요한 차이를 보인다. 첫째, 간섭무늬들은 명암 대비가 좋지 않다. 왜냐하면 두 개의 투과된 빔의 진폭은 아주 달라서 완전하게 상쇄되지 않기 때문이다. 둘째, 원무늬의 중심은 반사 무늬와는 반대로 밝다. 그리고 전체의 간섭무늬 체계는 반사로 만들어진 체계에 대해 보완적이다.

예제 7-3

1/8 디옵터의 평-볼록렌즈($n = 1.523$)가 그림 7-17(a)처럼 볼록한 부분이 아래로 향하여 광학 평면에 놓여있다. 움직이는 현미경과 나트륨 빛($\lambda = 589.3$ nm)을 이용하여, 간섭무늬들이 측정되었다. 첫 번째와 열 번째 **어두운 원무늬**의 반지름을 구하시오.

풀이

이 경우 $\Delta_r = \lambda/2$에 해당되므로 식(7-38)은 $t_m = m\lambda/2n_f$로, 주어지는 m번째 어두운 원무늬에서의 박막 두께를 구한다. 여기서 박막은 공기이므로, $n_f = 1$이고 $t_m = m\lambda/2$이다. 원무늬의 반지름은 식(7-39)로 주어진다. 아주 작은 항 t_m^2을 무시하면, $r_m^2 = 2Rt_m$이다. 렌즈의 볼록한 표면의 곡률반지름은 렌즈제작자 방정식으로부터 구할 수 있다.

$$\frac{1}{f} = (n-1)\left(\frac{1}{R_1} - \frac{1}{R_2}\right)$$

$f = 8$ m, $n = 1.523$, 그리고 $R_2 \to \infty$를 사용하면 $R_1 = R = 4.184$ m이다. 그러면

$$r_m^2 = 2Rt_m = 2R\left(\frac{m\lambda}{2}\right) = mR\lambda$$

$$r_1^2 = (1)(4.184)(589.3 \times 10^{-9})\ \text{m}^2 = 2.466 \times 10^{-6}\ \text{m}^2$$

$$r_{10}^2 = (10)(4.184)(589.3 \times 10^{-9})\ \text{m}^2 = 24.66 \times 10^{-6}\ \text{m}^2$$

이다. 그러므로 $r_1 = 1.57$ mm 그리고 $r_{10} = 4.97$ mm이다.

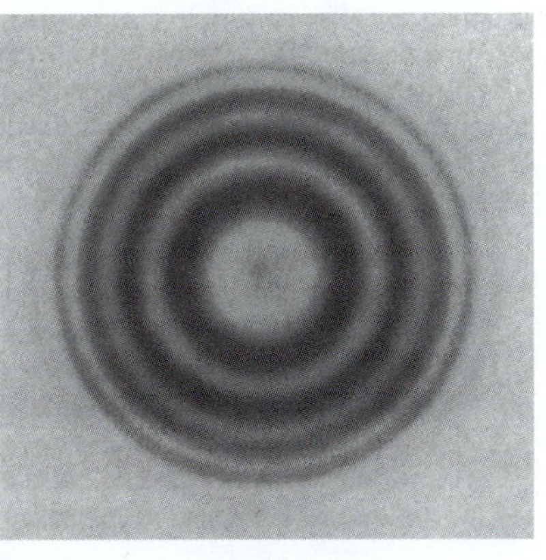

(a)

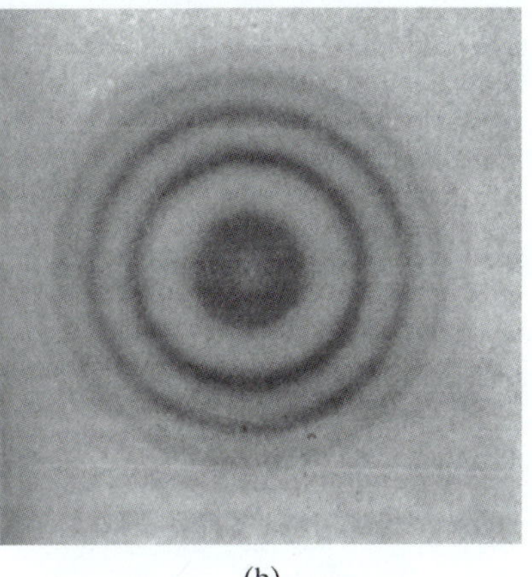

(b)

그림 7-18 (a) 반사광과 (b) 투과광으로 만들어진 뉴턴 원무늬는 상호 보완적이다.

지금껏 기술한 뉴턴 원무늬라는 현상은 빛의 파동성에 대한 친숙한 면모를 기술하고 있지만 빛의 입자이론을 대표하는 사람의 이름을 따왔다는 점은 아이러니하다. 아마도 빛의 파장에 대한 최초의 측정이 이 기법을 이용한 뉴턴에 의해서 이루어졌기 때문일 것이다. 하지만 뉴턴은 그의 입자이론과 일치하도록 이 양을 빛 입자들의 반사를 쉽게 맞출 수 있는 값들 간의 거리에 대한 측정치("easy fits of reflection")로 분석하였다.

7-7 간섭을 이용한 박막 두께 측정

동일 두께 간섭무늬는 박막의 두께를 측정하는 민감한 광학적 방법을 제공한다. 그림 7-19는 한 가지 가능한 배열에 대한 간략한 도식을 보여주고 있다. 측정해야 할 박막

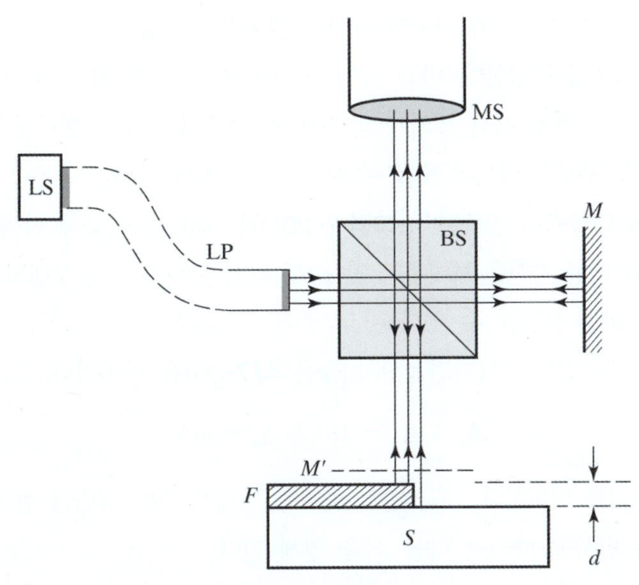

그림 7-19 박막 두께 측정. 기판과 표면으로부터 반사되어 생성된 간섭무늬는 박막의 두께 d를 결정할 수 있게 한다.

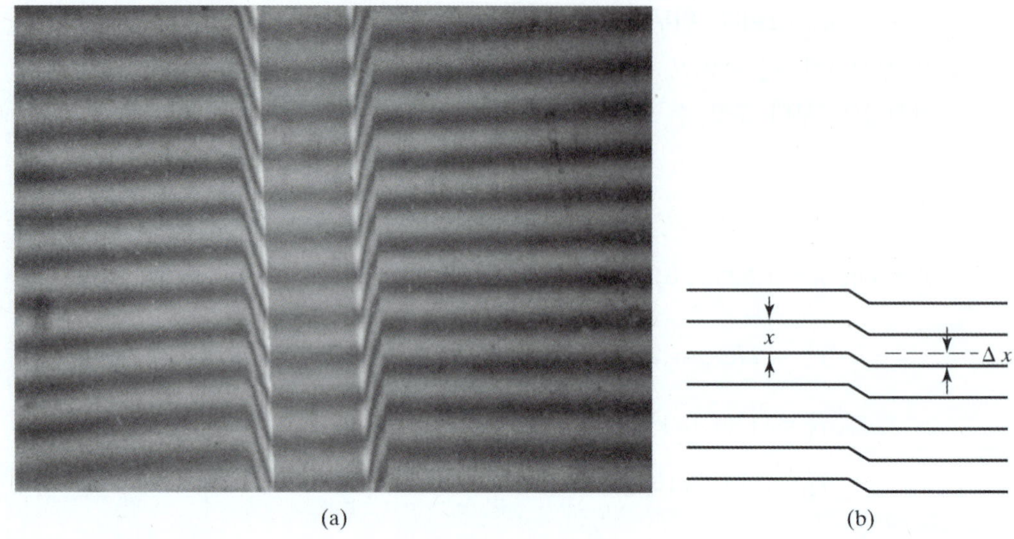

그림 7-20 (a) **그림 7-19**의 광학배열에 의해 발생되는 간섭 무늬들의 사진. 홈통같이 찌그러진 간섭 무늬 패턴은 가늘고 곧은 선 위에 박막을 증착시켜 만들어진다. (b) 사진에서 보여진 홈통의 좌측에 대한 도식(크기 비교 불가). 간섭 무늬 패턴은 박막 모서리에서 Δx만큼 이동한다.

F의 두께가 d라고 하자. 이 박막은 어떤 기판 S에 증착되었다. 광원 LS로부터 광섬유 도파관 LP를 통해 단색광을 수로처럼 이동시켜 직각 빔 가르개 프리즘 BS까지 이르게 하면, 하나의 빔은 투과하여 평평한 거울 M에 다른 하나의 빔은 박막의 표면에 도달한다. 반사 후에, 각각은 빔 가르개를 투과하여 간섭 무늬가 발생하는 현미경에 도달한다. 이와 동일하게, 거울 M에서 반사된 빔은 허상 M'으로 나타나는 것으로 취급될 수 있다. 가상의 거울 M'은 빔 가르개의 반사면을 통해 M이 투영되면서 만들어진다. 따라서 간섭 무늬 패턴은 M'에 있는 반사면과 박막 F 사이에 있는 공기막에 의한 간섭의 결과이다. 실제로 거울 M은 광경로 길이를 동일하게 하기 위해 빔 가르개가 있는 방향으로 혹은 멀어지는 방향으로 움직일 수 있으며 M'이 박막의 표면과 보다 나란하게 되도록 기울일 수도 있다. 나아가 빔 가르개와 거울의 배열은 현미경의 대물렌즈가 있는 위치에 부착할 수 있는 하나의 장치를 구성한다. 만약 M'과 박막표면이 정밀하게 나란하지 않으면, 쐐기에서 흔히 발생되는 피조 간섭 무늬가 박막에 초점을 미리 맞춘 현미경을 통해 관측될 것이다. 박막 단층 부분을 덮도록 빛을 비추면 단층 양쪽에서 다른 공기층 두께에 대응하는 두 간섭 무늬가 나란히 관측된다. **그림 7-20**(a)는 현미경을 통해 만들어진 전형적인 간섭 무늬 체계에 대한 사진을 보여주고 있다. 두 간섭 무늬 사이의 상대적 이동을 측정하면 다음과 같이 d를 결정할 수 있다.

수직 입사의 경우, 밝은 간섭 무늬들은 식(7-36)을 만족한다.

$$\Delta_p + \Delta_r = 2nt + \Delta_r = m\lambda$$

t는 공기층의 두께를 의미한다. 지금 만약 공기층 두께가 $\Delta t = d$만큼 변하면, 간섭의 차수 m도 따라서 변하고 따라서 다음 식을 얻게 된다.

$$2\Delta t = 2d\,(\Delta m)\lambda$$

여기서 공기층에 대해 $n = 1$로 두었다. 예를 들어 두께 t를 $\lambda/2$만큼 증가시키는 것은 임의의 간섭 무늬의 차수를 $\Delta m = 1$만큼 변화시킨다. 즉 간섭 무늬 패턴은 하나의 간섭 무늬 전체가 이동하는 셈이다. 간섭 무늬가 Δx 크기만큼 이동한 경우 (그림 7-20(b)) m의 변화는 $\Delta m = \Delta x/x$가 되고 다음과 같은 결과를 얻는다.

$$d = (\Delta x/x)(\lambda/2) \tag{7-40}$$

간섭 무늬 간격 x와 간섭 무늬 이동 Δx 모두는 안정적인 현미경을 통해 (그림 7-20과 같은 사진을 통해) 측정될 수 있고, 따라서 박막 두께 d를 얻을 수 있다. 단색광을 사용할 때는, 간섭 무늬 체계의 알짜 이동은 애매하다. 왜냐하면 예를 들어 이동치 $\Delta x = 0.5x$는 $\Delta x = 1.5x$와 정확하게 같을 것이기 때문이다. 이러한 모호성은 두 가지 방법 중 하나를 통해 제거될 수도 있다. 만약 그 이동이 간섭 무늬 한 개 폭 이상이면, 이 상황은 동일한 방식으로 형성된 백색광 간섭 무늬를 보는 경우 명백하다. 백색광 간섭 무늬를 형성하는 색깔들의 중첩은 하나의 패턴을 만드는데 $m = 0$인 중심은 유일한 것이어서 간섭 무늬 위치의 명확한 지침 역할을 한다. 따라서 간섭 무늬 패턴의 누적 이동(integrated shift)을 쉽게 관측할 수 있고 앞선 Δx의 단색광 측정과 결합시킬 수 있다. 두 번째 방법은 단층 부분이 날카롭지 않고 경사가 완만한 박막을 준비하는 것이다. 이 경우, 그림 7-20에서처럼 두 간섭 무늬는 단층 부근에서 연속적으로 보인다. 만약 단층이 너무 날카로우면 박막과 기판을 덮도록 은을 얇게 입힌다. 그러면 은 표면의 단층은 통상적으로 약간 경사를 이루게 되지만, 그 위로 측정되는 두께는 알고자 하는 박막의 두께와 동일하게 된다. 즉, 두 간섭 무늬를 1:1 대응으로 연결시켜 관측할 수 있다.

7-8 스톡스 관계식

단일 박막 내 다중 반사를 설명하기 위해서는 두 개의 다른 매질 간 경계에 입사하는 전기장의 반사와 투과에 대한 관계식을 개발해야만 한다. 조지 스톡스 경(Sir George Stokes)에 따르면 이 관계식은 그림 7-21(a)처럼 평면 굴절면에 입사하는 평면파의 반사광과 투과광의 진폭과 관련된 정보를 제공한다. E_i를 입사광의 진폭이라 할 때, 반사와 투과 계수[2]를 다음과 같이 정의한다.

$$r = \frac{E_r}{E_i}, \quad t = \frac{E_t}{E_i} \tag{7-41}$$

따라서 그림처럼 경계에서 E_i는 반사된 부분 $E_r = rE_i$와 투과된 부분 $E_t = tE_i$로 나뉜다. 매질 2로부터 매질 1로 입사하는 광선에 대해서도 반사와 투과 계수를 유사하게 정의

2 대응하는 복사조도의 비로 정의되는 **반사율**(R)과 **투과율**(T)을 다루는 경우도 있다. 23-4절에서 설명된 바와 같이 $R = r^2$이지만, $T \neq t^2$이다.

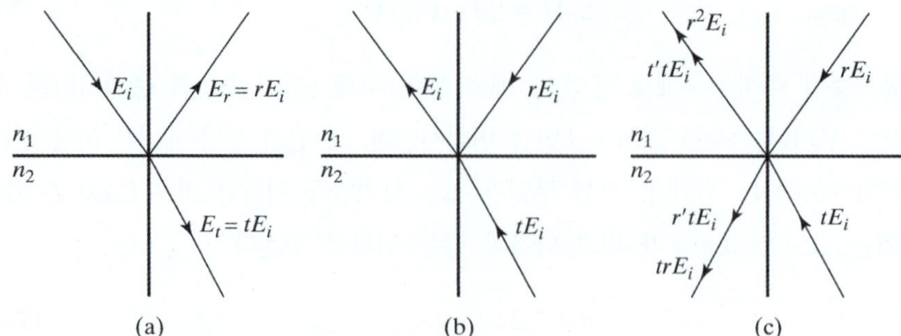

그림 7-21 스톡스 관계식을 유도하는 데 사용되는 그림들.

하고 프라임 부호를 붙여 r'과 t'으로 구별한다. 광선의 가역성 원리에 의해 그림 7-21(b)과 같은 상황이 일어난다. 일반적으로 경계면에 입사하는 두 개의 광선들은 그림 7-21(b)에서처럼 각각이 반사와 투과 광선을 발생시킨다. 모든 광선들은 적절한 진폭을 지니며 그림 7-21(c)에 나타내었다. 그림 7-21(b)와 7-21(c)에 표기된 상황이 물리적으로 동일하다는 결론을 내릴 수 있으며 다음과 같이 쓸 수 있다.

$$E_i = (r^2 + t't)E_i$$

그리고

$$0 = (r't + tr)E_i$$

즉,

$$tt' = 1 - r^2 \tag{7-42}$$

$$r = -r' \tag{7-43}$$

이다. 식(7-42)와 (7-43)들은 스넬의 법칙을 통해 연관된 입사각들에 대한 진폭 계수들 간의 **스톡스 관계식**이다. 식(7-43)은 각 방향으로 입사하는 광선에 대한 반사 빔의 진폭이 크기는 같지만 위상차가 π임을 보인다. 만약 식(7-43)을 동일한 형태 $r = e^{i\pi}r'$으로 쓰면 조금 더 명확해진다. 이 결과는 23장에서 다루게 될 보다 복잡한 **프레넬 방정식**(Fresnel equations)의 예측과 일치한다. 프레넬의 이론과 로이드의 거울 실험 양쪽 모두 굴절률이 작은 매질에서 더 큰 매질로 입사하는 광선에 대해 π만큼 위상이동이 발생한다는 사실을 확실히 보여준다. 이 파동 현상은 한 쪽이 고정된 로프로부터의 파동반사와 유사성을 지니고 있다. 두 스톡스 관계식 모두 다음의 내용을 토론하기 위해서는 꼭 필요하다.

7-9 평행판의 다중 빔 간섭

이제 7-4절에서 두 빔 근사로 이미 다룬 적 있는 단일 박막으로부터 일어나는 반사들에 대한 문제로 다시 돌아간다. 좀 더 구체적으로 양쪽 면이 모두 공기로 둘러싸인, 두께가 t이고 굴절률이 n_f인 평행판에 대해 고려해 보자. 그림 7-22와 같이 진폭이 E_0이고 입사각이 θ_i인 폭이 좁은 가느다란 빔의 다중 반사를 고려해 보자. 반사 계수와 투과 계수는 외부 반사의 경우 r과 t, 내부 반사의 경우 r'과 t'이다. 각 빔의 진폭은 앞선 진폭에 적절한 반사나 투과 계수를 곱하여 정해지는데, 입사 파장의 진폭 E_0에서 시작해 연달아 일어나는 반사를 통해 단계적으로 작용된다. 나란한 다중 빔은 판의 윗면과 아랫면 모두에서 나타난다. 다중-빔 간섭은 어느 쪽이든 수렴렌즈에 의해 하나의 점으로 모아질 때 일어나는데 그림에서는 투과된 빔에 대해 보여주고 있다. 단일 빔에서 기원한 것이기에 다중 빔은 결맞음을 지닌다. 더욱이, 수직 입사에 가까우면 렌즈에 의해 모인 빔의 전기장들은 서로 거의 평행하다.

판의 맨 위로부터 반사된 이웃 빔들을 중첩을 고려해 보자. 식(7-35)에 의해 연달아서 반사된 이웃 빔들 사이의 위상차는 다음과 같이 주어진다.

$$\delta = k\Delta, \quad \Delta = 2n_f t \cos\theta_t \tag{7-44}$$

입사 광선을 $E_0 e^{i\omega t}$로 표현한다면, 연달아서 반사되는 광선들은 초기 파동의 진폭과 위상을 적절하게 보정하여 표현할 수 있다. 그림 7-22를 참조하면 반사되는 광선들은 다음과 같이 주어진다.

$$E_1 = (rE_0)e^{i\omega t}$$
$$E_2 = (tt'r'E_0)e^{i(\omega t - \delta)}$$
$$E_3 = (tt'r'^3E_0)e^{i(\omega t - 2\delta)}$$
$$E_4 = (tt'r'^5E_0)e^{i(\omega t - 3\delta)}$$

이 식들에 대해 살펴보면, N-번째 반사된 파동에 대해서는 다음과 같이 쓸 수 있는데, E_1를 제외한 다른 모든 항에 대해 유효하다.

$$E_N = (tt'r'^{(2N-3)}E_0)e^{i[\omega t - (N-1)\delta]} \tag{7-45}$$

모든 항들이 중첩되면, 결과적으로 E_R은 다음과 같이 쓸 수 있다.

$$E_R = \sum_{N=1}^{\infty} E_N = rE_0 e^{i\omega t} + \sum_{N=2}^{\infty} tt'E_0 r'^{(2N-3)} e^{i[\omega t - (N-1)\delta]}$$

공통항을 골라내면 다음을 얻게 된다.

$$E_R = E_0 e^{i\omega t}\left[r + tt'r'e^{-i\delta}\sum_{N=2}^{\infty} r'^{(2N-4)}e^{-i(N-2)\delta}\right]$$

이제 합산은 아래와 같이 기하급수의 형태이다.

$$\sum_{N=2}^{\infty} x^{N-2} = 1 + x + x^2 + \cdots$$

이며, 여기서

$$x = r'^2 e^{-i\delta}$$

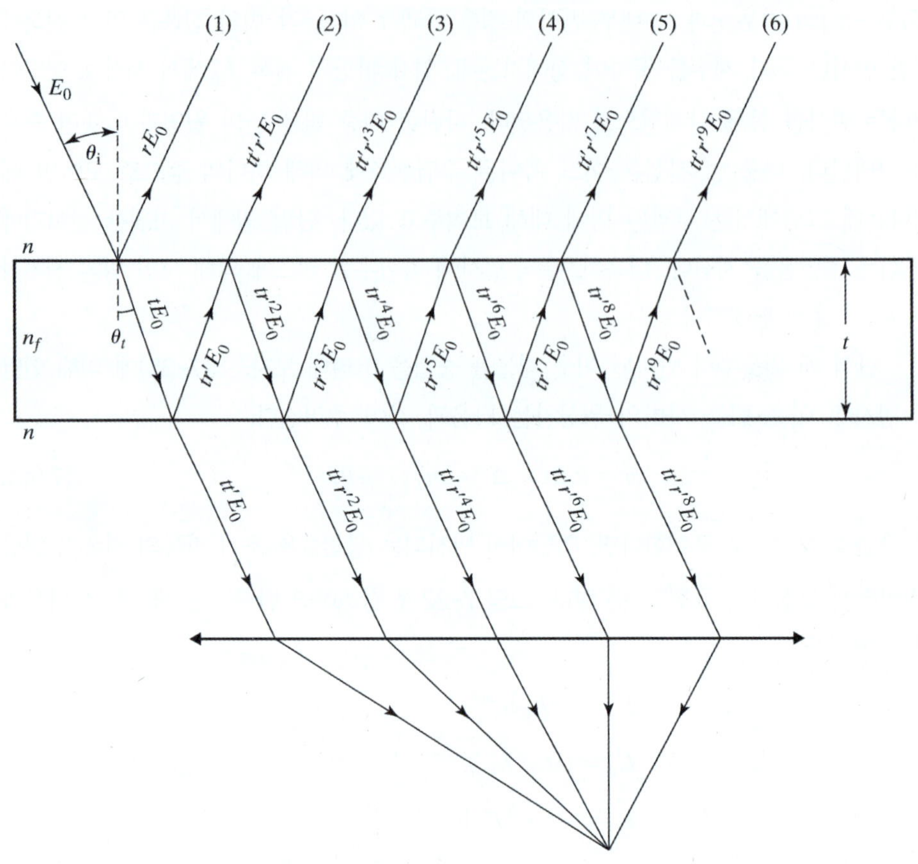

그림 7-22 평행판에서 다중 반사와 투과된 빔.

이다. $|x| < 1$이므로, 이 무한급수의 값은 $S = 1/(1-x)$이다. 따라서

$$E_R = E_0 e^{i\omega t}\left(r + \frac{tt'r'e^{-i\delta}}{1 - r'^2 e^{-i\delta}}\right)$$

식(7-42)와 (7-43)의 스톡스 관계식을 사용하면,

$$E_R = E_0 e^{i\omega t}\left[r - \frac{(1-r^2)re^{-i\delta}}{1 - r^2 e^{-i\delta}}\right]$$

이고, 이를 정리하면

$$E_R = E_0 e^{i\omega t}\left[\frac{r(1-e^{-i\delta})}{1 - r^2 e^{-i\delta}}\right]$$

가 된다. 결과 빔의 복사조도 I_R은 진폭 E_R의 제곱에 비례하는데, 이것은 복소수 진폭이므로 $|E_R|^2 = E_R E_R^*$로 계산된다. 따라서

$$|E_R|^2 = E_0^2 r^2 \left[\frac{e^{i\omega t}(1-e^{-i\delta})}{1 - r^2 e^{-i\delta}}\right]\left[\frac{e^{-i\omega t}(1-e^{i\delta})}{1 - r^2 e^{i\delta}}\right]$$

이다. 여기에서 꺽쇠 괄호 항들의 곱을 처리하고

$$2\cos\delta \equiv (e^{i\delta} + e^{-i\delta})$$

를 사용하면, 그 결과는 다음과 같다.

$$|E_R|^2 = E_0^2(2r^2)\cdot\left(\frac{1-\cos\delta}{1+r^4-2r^2\cos\delta}\right) \tag{7-46}$$

혹은 복사조도 항으로 표시하면

$$I_R = \left[\frac{2r^2(1-\cos\delta)}{1+r^4-2r^2\cos\delta}\right]I_i \tag{7-47}$$

이고, 여기서 I_i는 입사 빔의 복사조도를 나타내며 다음과 같은 비례관계를 이용하였다.

$$\frac{I_R}{I_t} = \frac{|E_R|^2}{|E_0|^2} \tag{7-48}$$

투과된 빔에 대해서도 같은 방법으로 계산하면 아래의 복사조도를 얻을 수 있다.

$$I_T = \left[\frac{(1-r^2)^2}{1+r^4-2r^2\cos\delta}\right]I_i \tag{7-49}$$

식(7-49)는 보다 직접적인 방식으로 식(7-47)과 관련된 관계식 $I_R + I_T = I_i$를 따르는데, 이것은 흡수가 없는 박막에서 에너지 보존법칙이다.

식(7-47)에 의해 반사 복사조도가 최소치로 되기 위해서는 $\cos\delta = 1$ 혹은 아래의 조건이 필요하다.

$$\delta = 2\pi m \quad \text{그리고} \quad \Delta = 2n_f t\cos\theta_t = m\lambda \tag{7-50}$$

이 조건에서 투과는 최대가 되어야 한다. 예상대로 이 조건 하에서 식(7-49)는 $I_T = I_i$가 된다. 그림 7-22 혹은 반사 빔들을 더하는 식들로부터 반사가 최소인 경우, 두 번째 반사된 빔과 다른 모든 부분적 빔은 서로 위상이 일치하지만, 첫 번째 반사된 빔과는 위상이 정확히 어긋나있다는 것을 알 수 있다. 알짜 반사 복사조도가 사라지므로 첫 번째 빔과 다른 모든 빔의 합은 완벽히 상쇄된다. 만약 두 번째 빔의 진폭이 첫 번째 빔의 진폭 값에 가까우면 두 빔 근사가 잘 작용하고 있는 셈이다. 위 방정식들은 그들의 비율이 다음과 같다는 것을 보여준다.

$$\left|\frac{E_2}{E_1}\right| = \left|\frac{tt'r'E_0}{rE_0}\right| = 1 - r^2$$

이 값은 r^2이 작을 때 1에 가깝다. 굴절률 $n = 1.5$인 유리에 수직 입사하는 경우, $r^2 = 0.04$이다. 따라서 첫 번째 반사하는 두 개의 빔 사이에서 96%의 상쇄가 일어나고 두-빔 취급법은 잘 정당화된 셈이다.

또 다른 극대 값으로 반사 최대치가 일어나기 위해서는 $\cos\delta = -1$ 혹은 다음과 같은 조건이 필요하다.

$$\delta = \pi,\ 3\pi,\ \cdots = \left(m + \frac{1}{2}\right)2\pi$$

그리고

$$\Delta = 2n_f t \cos\theta_t = \left(m + \frac{1}{2}\right)\lambda \qquad (7\text{-}51)$$

이다. 이 경우, 식(7-47)과 식(7-49)는 다음 식들을 이끌어 낸다.

$$I_R = \left[\frac{4r^2}{(1+r^2)^2}\right] I_i \qquad (7\text{-}52)$$

$$I_T = \left[\frac{1-r^2}{(1+r^2)}\right]^2 I_i \qquad (7\text{-}53)$$

이 식을 통해 $I_R + I_T = I_i$라는 것을 쉽게 증명할 수 있다. 또한 식(7-49)의 우측항에 있는 분모는 $\cos\delta = -1$일 때 가장 작은 값을 가진다는 점에 주목해 보면 이것은 투과 최소를 위한 조건이 된다. 따라서 식(7-52)는 정말로 최대 반사 세기를 제공하는 것이다. 여기서 공부한 평행판은 패브리-페로 간섭계에 사용될 수 있다. 이 응용은 8장에서 보다 자세하게 다루어진다.

문제

7-1 서로 평행한 전기장을 가진 결맞은 빔이 다음과 같이 묘사될 때 (진폭의 단위는 kV/m),

$$E_1 = 3\cos\left(ks_1 - \omega t + \frac{\pi}{5}\right)$$

$$E_2 = 4\cos\left(ks_2 - \omega t + \frac{\pi}{6}\right)$$

두 개의 빔은 경로에 의한 위상차가 $\pi/3$인 한 점 P에서 간섭한다(첫 번째 빔이 좀 더 긴 경로를 가진다). 빛이 중첩되는 지점에서 (a) I_1과 I_2의 크기를 각각 계산하시오. (b) 두 빛의 간섭 때문에 생기는 I_{12}를 계산하시오. (c) 총 복사조도인 I_{net}을 구하시오. (d) 가시도를 계산하시오.

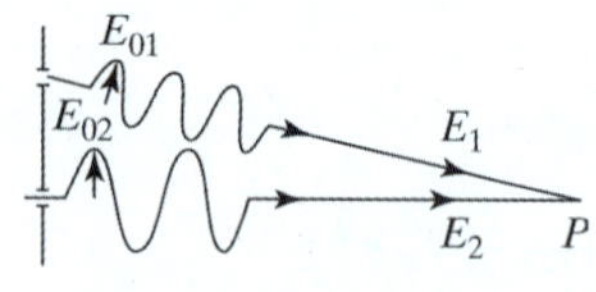

그림 7-23 문제 7-1.

7-2 진폭이 1.6 그리고 2.8인 두 개의 조화파가 스크린 위의 한 점 P에서 서로 간섭할 때, (a) 두 개의 전기장이 평행한 경우, (b) 두 개의 전기장이 수직인 경우에 각각 가시도가 얼마가 나오는가?

7-3 간섭무늬 패턴을 만드는 두 빔의 진폭비는 2/1이다. 이때 가시도는 얼마인가? 진폭의 비가 얼마일 때 가시도가 0.5가 나오는가?

7-4 **a.** 두 개의 빛을 간섭시킬 때, 만일 한 빔의 복사조도가 다른 빔의 N배인 경우에 가시도는

$$V = \frac{2\sqrt{N}}{N+1}$$

로 주어짐을 보이시오.

b. 가시도가 0.96, 0.9, 0.8, 0.5일 때 두 빔의 복사조도비를 구하시오.

7-5 수은 광원이 546.1 nm 파장대의 빛만 통과시키는 유리 필터 뒤에 위치하고 있다. 이 필터를 통과한 광원이 거울에서 1 mm 위에 수평으로 놓여진 좁은 슬릿을 통과해서 슬릿에서 1 m 떨어진 스크린에 도착할 때 어떻게 될 것인지 정성적, 정량적으로 설명하시오.

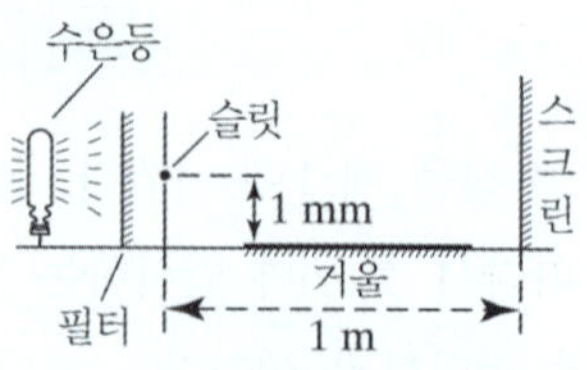

그림 7-24 문제 7-5.

7-6 두 개의 슬릿에 파장대가 다른 두 빛이 입사하고 있는데 그 중 하나의 파장은 436 nm이다. 스크린에 비춰진 빛을 봤을 때, 436 nm인 빛에 의해 생긴 무늬 중 4번째 어두운 지점은

파장을 알지 못하는 다른 빛에 의해서 생긴 3번째 밝은지점과 일치한다. 다른 빛의 파장은 얼마인가?

7-7 영의 실험에서 단색광이 서로 0.2 mm 떨어져 있는 이중슬릿을 통과해서 1.5 m 떨어져 있는 스크린으로 향한다. 중간의 최고점을 기준으로 양끝 5번째 최소점 간의 거리가 34.73 mm로 관측되었을 때 빛의 파장을 구하시오.

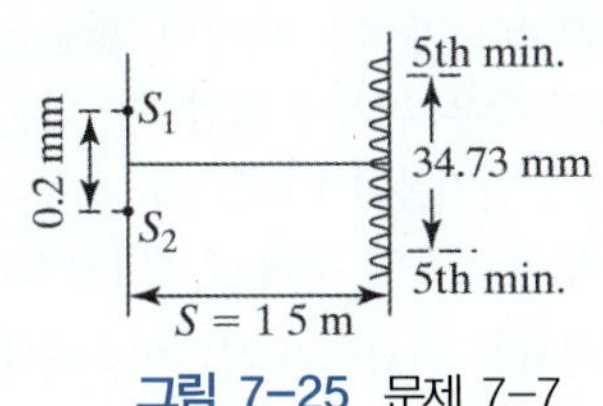

그림 7-25 문제 7-7.

7-8 영의 실험에 준단색광을 사용하면 어두운 부분 사이에 5.6 mm만큼 떨어진 간섭 무늬를 만든다. 슬릿과 스크린 사이의 거리가 7 m이고 두 개의 슬릿이 서로 1 mm만큼 떨어져 있다고 할 때, 배열이 어떻게 될 것인지 그려보아라. 왜 단일 슬릿이 필요한가? 빛의 파장은 얼마인가?

7-9 영의 간섭실험에서 슬릿 간격이 0.5 mm이고, 빛의 파장이 600 nm이다.

- **a.** 무늬 사이의 간격이 1 mm가 되길 원한다면 스크린과의 거리는 얼마가 적당한가?
- **b.** 만일 두께가 100 μm인 얇은 유리($n = 1.50$)를 두 개의 슬릿중 하나에 위치시키면 스크린 측면에 나타나는 간섭 무늬는 어떻게 되는가?
- **c.** 경로차가 얼마일 때 간섭 무늬가 한 피크의 최고점에서 (동일한 피크의) 최고치의 절반으로 이동하는가?

7-10 백색광(400~700 nm)이 1.25 mm 간격으로 있는 이중슬릿을 통과해서 1.5 m만큼 떨어진 스크린에 간섭 무늬를 만든다. 스크린에 있는 아주 작은 바늘구멍은 빛이 높은 분해능의 분광기에 들어가도록 해준다. 만일 바늘구멍이 가운데 밝은 무늬로부터 3 mm만큼 떨어져 있으면 바늘구멍을 통과한 빛의 스펙트럼에서 검은색 줄은 어디에 나타날 것이라고 볼 수 있는가?

7-11 나트륨 등(589.3 nm)에서 나온 빛이 얇은 슬릿을 통과해서 굴절률이 1.50인 유리로 만들어진 프레넬 겹프리즘에 입사한다. 슬릿과 겹프리즘 사이의 거리는 겹프리즘과 스크린 사이의 거리의 1/2배이다. 각각의 무늬가 0.03 cm만큼 떨어진 것으로 관측되었을 때, 프레넬 겹프리즘의 각도 α는 얼마인가?

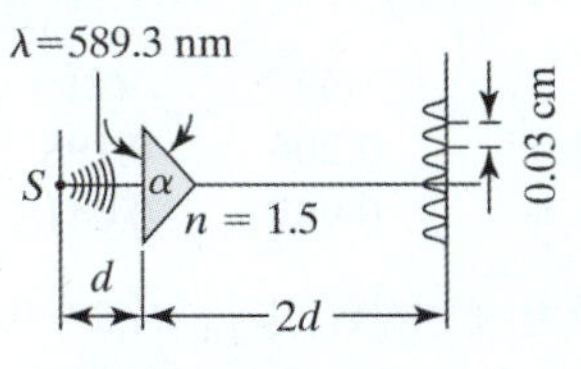

그림 7-26 문제 7-11.

7-12 인접한 두 반사면 사이의 작은 각 θ는 프레넬 거울 실험에서 간섭 줄무늬를 통해서 알아낼 수 있다. 광원 쪽 슬릿은 거울 간의 교점에 대해 평행하고 50 cm만큼 떨어져 있다. 스크린은 거울 간의 교점에서 1 m 떨어져 있고, 이때 거울 간의 교점에서 스크린까지의 거리를 이은 선분은 스크린 면에 수직이다. 나트륨 등(589.3 nm)을 광원 쪽 슬릿을 통해 비출 때, 줄무늬는 0.5 mm의 간격으로 스크린에 나타난다. 각 θ는 얼마인가?

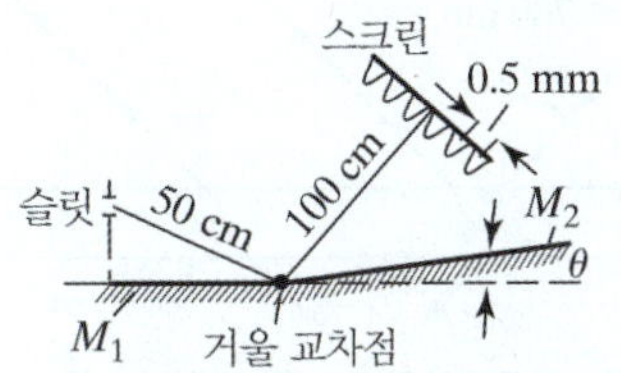

그림 7-27 문제 7-12.

7-13 매우 얇은 프리즘의 프리즘 각은 프레넬 겹프리즘을 통한 간섭 줄무늬를 관찰함으로써 측정할 수 있다. 프리즘에서 슬릿까지의 거리와 프리즘에서 관찰하는 눈까지의 거리의 비는 1:4이다. 녹색 수은등을 사용했을 때, 스크린 상에 0.5 cm의 거리에서 20개의 어두운 줄무늬가 나타난다. 만약 프리즘의 굴절률이 1.5라면, 프리즘 각을 구하시오.

7-14 연속적으로 파장이 변하는 빛이 유리판 윗면에 있는 얇은 기름막(굴절률 1.3)으로 수직으로 입사한다. 반사된 빛의 소멸은 가시광선 영역인 525 nm와 675 nm의 파장일 때 일어난다. 기름막의 두께를 구하고 간섭의 차수를 구하시오.

7-15 수직으로 입사할 때 580 nm의 파장에 대한 무반사 코팅으로 MgF_2 박막($n = 1.38$)을 유리판에 입혔다. 45°로 빛이 입사할 때, 최소로 반사되는 파장은 무엇인가?

7-16 단일층의 무반사 코팅을 굴절률이 1.78인 렌즈에 입힌다. 코팅 물질의 굴절률을 구하고 550 nm에서 반사율 0으로 하기 위해 필요한 코팅 물질의 두께를 구하시오.

7-17 빛의 에너지는 빛의 세기의 제곱에 비례함을 기억하시오.

- **a.** $\lambda = 500$ nm인 빛이 굴절률이 1.4인 물질에서 공기로 입사하여 반사되어 나올 때 빛의 입사 에너지에 대한 빛의 반사 에너지의 비를 구하시오.
- **b.** 이 물질을 굴절률 1.6인 유리 위에 입혔을 때, 소멸 간섭으로 반사 에너지를 줄이기 위해서는 이 박막의 두께를 어떻게 하여야 하는가?
- **c.** 박막에서의 실제 반사율은 얼마인가?

7-18 수직면에 붙어 있는 정사각형 틀에 만들어진 비누막에 632.8 nm의 레이저를 입사시켰을 때 국소 간섭줄무늬가 1 cm당 15개가 발견되었다. 어떻게 이 간섭무늬가 만들어졌는지를 설명해보시오.

7-19 백색의 빔(400 nm에서 700 nm의 연속적인 스펙트럼)이 0.001 cm의 공기막에 의해 분리되어 있는 두 개의 평행한 유리판에 45°의 각도로 입사한다. 반사된 빛은 프리즘 분광기로 들어간다. 전체 스펙트럼에서 얼마나 많은 어두운 "선"들이 나타날 것인가?

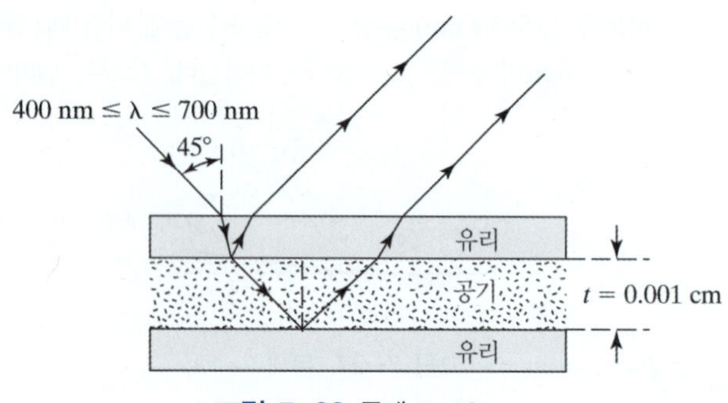

그림 7-28 문제 7-19.

7-20 두 개의 현미경 슬라이드가 서로 겹쳐져 있고 슬라이드의 한 쪽 끝에는 둘 사이에 얇은 금속 포일을 끼웠다. 589 nm의 나트륨 빛을 슬라이드 사이에 형성된 공기 막에 수직으로 입사시키면, 함석 포일의 가장자리에 접해있는 끝 부분으로부터 정확히 40개의 밝은 줄무늬를 관찰하게 된다. 포일의 두께를 결정하시오.

7-21 두 유리 평판이 한쪽 변은 접하고, 이로부터 20 cm 떨어진 곳에 지름이 0.05 mm인 철사줄로 분리되어 있다. 파장 546 nm의 초록색 수은등을 이용하여, 판 사이의 공기 막에 수직 방향으로 직접 빛을 비추면, 간섭 무늬가 나타난다. 어두운 무늬 사이의 간격을 계산하시오. 가장자리와 철사줄 사이에 얼마나 많은 어두운 무늬가 나타나는가?

7-22 점광원에 의해 빛이 비추어졌을 때, 굴절률이 n이고 일정한 두께 t를 가지는 박막으로부터 간섭을 만드는 점광원에 의한 허상의 광원 I_1과 I_2 사이의 간격은 $2t/n$임을 보이시오. 박막이 공기 중에 있고, 빛이 거의 수직 입사를 한다고 가정하시오.

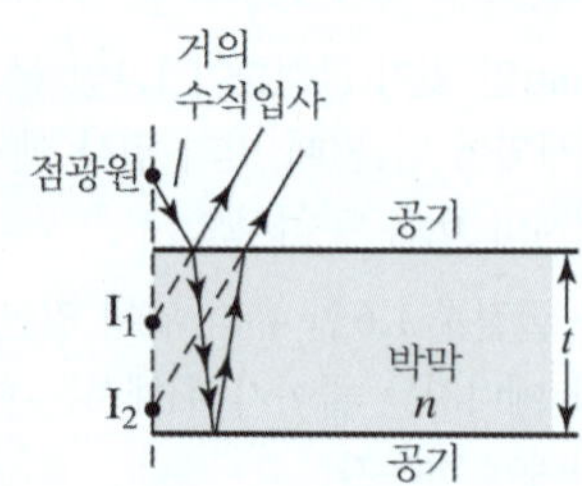

그림 7-29 문제 7-22.

7-23 구면 렌즈의 표면과 광학 평면 사이에 뉴턴 원무늬가 형성된다. 만일 초록색 빛의 10번째 밝은 원무늬의 지름이 7.89 mm이라면, 렌즈 표면의 곡률 반지름은 얼마인가?

7-24 뉴턴 원무늬는 렌즈와 광학적 평면 사이가 공기로 차있거나 액체로 채워진 경우 둘 다 관찰할 수 있다. 뉴턴 원무늬의 특정 번째 무늬의 반지름의 비가 액체의 굴절률의 제곱근과 거의 일치함을 보이시오.

7-25 뉴턴 원무늬 장치에 파장이 서로 다른 두 빛을 입사시켰을 때 그중 하나의 빛의 파장은 546 nm이고 이 빛에 의해서 생긴 11번째 밝은 무늬가 다른 파장의 빛에 의해서 생긴 10번째 밝은 무늬와 같은 위치에 있었다면 다른 파장은 얼마인가? 구면 렌즈의 반지름이 1 m일 때 이 무늬가 중첩되는 장소는 어디이며, 공기층의 두께는 얼마일까?

7-26 그림 7-20에서처럼 간섭현미경을 이용해서 관측하는 간섭 무늬는 1 mm 간격을 가지는 것으로 관측된다. 특정한 지점에서 간섭 무늬가 측면으로 3.4 mm만큼 이동하는 것을 관측하였다. 만일 광원이 546.1 nm의 녹색빛이라면 간섭 무늬 이동의 원인이 되는 박막의 두께는 얼마인가?

7-27 1-mW 헬륨-네온 레이저(632.8 nm)에서 나온 빛이 수평으로 놓여진 박막에 45°의 입사각으로 들어가고 있다. 레이저 빛의 직경이 1 mm라고 가정하고 박막의 굴절률이 1.414라고 하자. (a) 입사광의 E-벡터의 진폭을 구하시오. (b) 입사한 레이저의 굴절각을 구하시오. (c) 스톡스 관계식과 반사계수 $r=0.280$임을 이용해서 r', tt'을 구하시오. (d) 처음 3번 반사될 때까지 빔의 진폭을 각각 독립적으로 구해보고 처음 입사할 때와 비교해서 반사될 때마다 복사 에너지 밀도의 비율을 계산하시오. (e) 처음 두 투과광에 대해서 (d)에서 구한 것과 같은 정보를 구하시오. (f) 렌즈에 의해 한 지점으로 빛이 모일 경우 반사된 빛이 모두 상쇄되기 위해서는 박막의 두께가 얼마가 되어야 하는가?

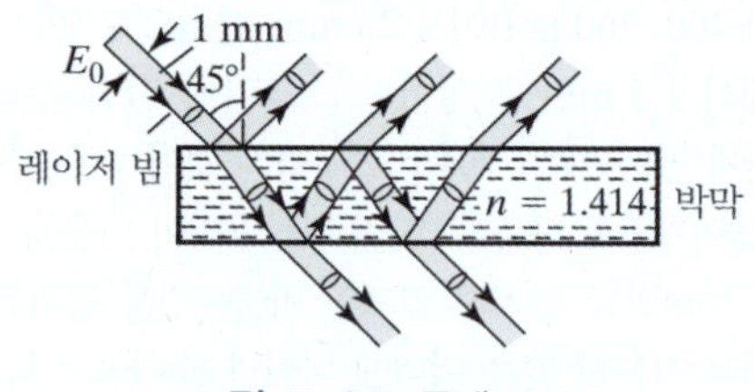

그림 7-30 문제 7-27.

7-28 **a.** 식(7-27)과 스톡스 관계식을 이용해서, 흡수가 없는 굴절률이 1.52인 평행한 유리판에 진폭이 1인 빔이 거의 수직 입사한다면 처음부터 3번째까지 반사된 빛과 처음부터 3번째까지 투과된 빛의 진폭이 다음과 같이 주어짐을 보이시오.

	(1)	(2)	(3)
반사	0.206	0.198	0.0084
투과	0.957	0.041	0.0017

b. 처음과 두 번째 반사된 빛의 가시도가 0.999인 반면 처음과 두 번째 투과된 빛의 가시도가 겨우 0.085임을 보이시오.

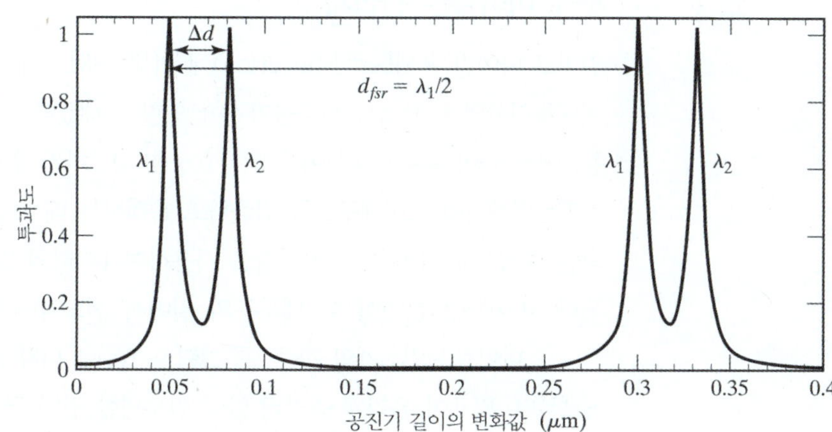

chapter 8 광간섭법

서론

다양한 방법들을 사용하여, 빛의 간섭과 광경로차에 의한 무늬 패턴들을 이용하기 위해 디자인된 장치를 **광간섭계**(optical interferometer)라 부른다. 이런 일반적인 설명은 간섭계들의 다양한 디자인과 사용 예를 반영한다. 그 응용들은 또한 음파와 라디오파로도 확장되나, 여기서는 가시광 영역의 광간섭계에 대해 주로 다룰 것이다. 이번 장에서는 주로 마이컬슨 간섭계와 패브리-페로 간섭계들을 토의하고 많은 응용 중에서 일부만을 제시할 것이다.

두 결맞은 빔 사이의 간섭을 얻기 위해, 간섭계는 초기 빔을 둘 또는 이상의 빔으로 나누고, 그 빔들은 다양한 광경로를 진행하고 다시 합쳐져서 간섭 패턴을 만들어낸다. 간섭계들을 폭넓게 분류하는 한 기준은 초기 빔이 분할되는 방식을 구별하는 것이다. **파면분할 간섭계**는 영의 이중슬릿의 경우에서처럼 결맞은 빔의 동일한 파면의 다른 위치 부분들을 사용한다. 이 방식의 변형으로는 로이드 거울 또는 프레넬 겹프리즘을 사용하는 방식도 있다. **진폭분할 간섭계**들은 대신에 초기 빔을 두 부분으로 나누는 방식의 **빔 가르개**(beam splitter)를 사용한다. 마이컬슨 간섭계는 이 종류이다. 흔히 빔분할은 부분반사하는 금속성 또는 유전체 막에 의해 행해진다. 그것은 또한 입방체를 형성하는 두 프리즘 간의 경계면에서의 누수 내부 전반사에 의해 생길 수도 있고, 또 복굴절 또는 회절에 의해서도 생길 수 있다. 간섭계들을 구별하는 다른 분류 방법으로서, 마이컬슨 간섭계처럼 두 빔 사이의 간섭을 이용하는 타입과 패브리-페로 간섭계처럼 다중빔으로 동작하는 타입으로 구별할 수 있다.

8-1 마이컬슨 간섭계

알버트 마이컬슨(Albert Michelson)에 의해 1881년에 최초로 소개된 마이컬슨 간섭계는 현대물리학의 발전에서 필수불가결한 역할을 해왔다. 이 단순하면서도 다재다능한 장치는, 예를 들어 특수상대성이론의 유효성을 검증하기 위한 실험적인 증거를 확보하고, 선 스펙트럼에서의 초미세구조를 검출하고 측정하는 데 사용되고, 달에 의한 지구의 조석 효과를 측정하고 그리고 빛의 파장을 사용하여 1미터의 길이 표준을 대체하는 데에도 사용된다. 마이컬슨 본인이 이 대부분의 일에서 선도적인 역할을 했다.

마이컬슨 간섭계의 개략도를 그림 8-1(a)에 나타내었다. 넓은 광원(extended source) S로부터, 빔 1이 유리에 증착된 얇고 반투명한 전면 금속성 막 또는 유전체 막을 이용하는 빔 가르개(BS)에 의해 분할된다. 따라서 이 간섭계는 진폭-분할 타입이다. 대략 같은 세기인 반사된 빔 2와 투과된 빔 3은 완전반사하는 거울들 $M2$와 $M1$으로 각각 진행하고, 거울에서 빔의 방향이 반대로 바뀐다. 이제 빔 가르개로 돌아와서, 빔 2는 투과하고 빔 3은 반투명한 막에 의해 반사되어 빔 4로 합쳐진 채 간섭계를 떠난다. 이 이중-빔 간섭계의 유용성은 $M1$과 $M2$에 도달하는 모든 광선이 수직 또는 거의 수직으로 입사한다는 점이다. 따라서 빔 4에서는 서로 다른 광경로를 거친 광선들이 합쳐져 서로 간섭을 일으키게 된다. 최소한 한 개의 거울에는 거울 $M1$의 면이 $M2$에 대해 수직하도록 기울기를 조절하는 나사를 갖추고 있다. 또한 한 거울은 궤도와 마이크로미터 나사를 이용하여 빔 방향으로 정밀하게 움직인다. 이런 방식으로, 빔 2와 3 간의 광경로차를 조금씩 변화시킬

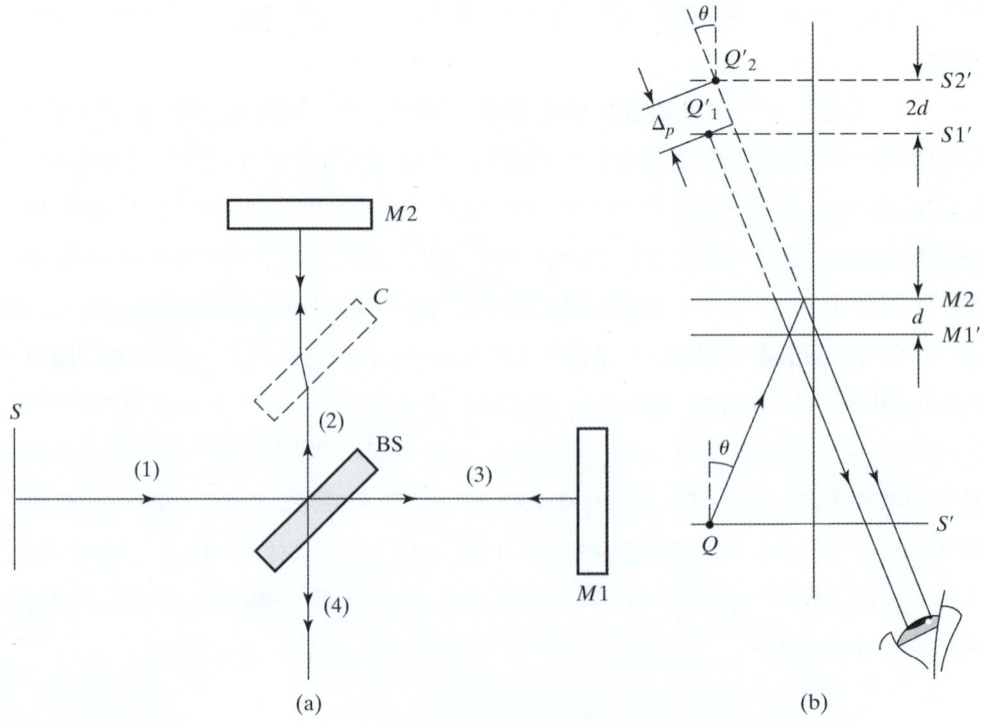

그림 8-1 (a) 마이컬슨 간섭계. (b) 마이컬슨 간섭계와 동등한 광학계.

수 있다. 빔 3은 빔 가르개를 세 번 통과하는 것에 주목하라. 반면에 빔 2는 한 번밖에 통과하지 않는다. 백색광이 사용되는 어떤 응용상황에서는 두 빔 간의 광경로 차이를 정확히 같게 하는 것이 필수적이다. 한 파장에서는 BS에서 $M2$까지의 거리를 적절히 늘려서 이것이 가능하게 할 수도 있겠지만, 파장이 바뀌면 유리의 분산 때문에 이 방법이 충분하지 않을 것이다. 모든 파장에서 동시에 보상해주기 위해서는, BS와 같은 물질과 같은 크기로 만든 보상자 판 C를 빔 2의 경로에 BS에 평행하게 넣는다. 그래도 광경로의 불균일성이 남는다면, 이것은 보상자를 회전시켜 보상자 유리의 두께를 변화시킴으로써 제거할 수 있다.

그림 8-1(a)의 실제 간섭계에는 서로 직각인 두 개의 광축이 있다. BS 거울에서의 반사를 거친 광원 S들과 거울 $M1$의 허상들을 이용하면, 동등하지만 더 단순한 단일 광축을 갖는 광학계가 그려진다. 이 광학계에서의 위치들은 가장 간단한 방법으로서, 그림 8-1(a)의 S, $M1$, 빔 1과 빔 3을 한 덩어리로 간주하여 이를 빔들과 BS 거울의 교차점을 중심으로 반시계 방향으로 90° 만큼 회전시켜 얻을 수 있다. 이렇게 얻은 형태는 그림 8-1(b)에 나타내었다. 광원 평면의 새 위치는 S', 거울 $M1$의 새 위치는 $M1'$이다. 광원 평면 S' 위의 한 점 Q에서 출발한 빛이 평행하게 놓인 거울 $M2$와 $M1'$에서 광경로차 d를 가지고 반사되는 것으로 볼 수 있다. 반사된 두 빔들은 목표 지점 Q의 두 허상들인 Q'_1과 Q'_2에서 오는 것으로 보인다. 거울들에 비친 광원 평면의 상 $S1'$과 $S2'$은 거울 간격의 두 배만큼 떨어져야 하므로, Q'_1과 Q'_2 사이의 거리는 $2d$이고, 간섭계의 두 빔 사이의 광경로차 Δ_p는

$$\Delta_p = 2d\cos\theta \tag{8-1}$$

이다. 여기에서 각도 θ는 광축에 대한 빔의 경사각이다. 수직 빔이면 $\theta = 0$, 즉 $\Delta_p = 2d$이다. 만약 한 거울이 다른 거울보다 BS에서 거리 d만큼 더 멀다면 빔은 거리 d를 반사 전후에 한 번씩 모두 두 번 추가로 진행하게 되는 것으로부터 위의 결과는 쉽게 예상할 수 있다. 게다가 간극 Δ_p가 이른바 광원의 **결맞음 길이** l_t를 넘지 않는 한, 만약 $\Delta = m\lambda$, 즉 두 빔들이 보강간섭하면, 거울 중 하나가 매 $\lambda/2$ 이동할 때마다 반복적으로 계속 보강간섭하게 된다. 결맞음 길이란 파동의 위상이 상관관계를 유지하는 파동조각의 길이이다. 특정 광원에서 방출되는 빛의 결맞음 길이는 광속 c와 그 광원의 주파수대역폭 $\Delta\nu$의 비와 같다는 점은 9장에서 보이게 된다. 7장에서 언급한 바와 같이 보통의 레이저 광원의 결맞음 길이는 수십 센티미터에서 수십 킬로미터에 이른다. 7장에서와 같이 이번 장 전체에서 걸쳐, 같은 광원에서 출발하여 간섭하는 빔들 사이의 모든 유효 경로길이 차는 광원의 결맞음 길이보다 매우 작다고 가정할 것이다.

이제 그림 8-1(b)의 광학계는 넓은 광원(extended source)에 의해 조명된 평평한 평행 공기막에 의한 간섭의 경우와 동등하다. 맨눈이나 무한대에 초점 맞춘 망원경을 이용하여 광선 4를 따라 빔 가르개를 들여다보면, 같은 경사의 허상 무늬들을 볼 수 있다.

간섭하는 두 빔의 세기가 같다고 가정하면, 광축에 대한 동심원 무늬 시스템의 복사조도는 다음과 같다.

$$I = 4I_0 \cos^2\left(\frac{\delta}{2}\right) \tag{8-2}$$

여기에서 위상차는 아래와 같다.

$$\delta = k\Delta = \left(\frac{2\pi}{\lambda}\right)\Delta \tag{8-3}$$

보통의 경우와 같이 알짜 광경로차는 $\Delta = \Delta_p + \Delta_r$ 이다. 빔 가르개의 양쪽 반대 면들에서의 반사 계수들이 $-1 = e^{i\pi}$ 만큼 다르기 때문에, 두 빔들 사이에 상대 위상변화 π가 생겨난다.[1] 그러면 어두운 무늬에 대해서는,

$$\Delta_p + \Delta_r = 2d\cos\theta + \frac{\lambda}{2} = \left(m + \frac{1}{2}\right)\lambda$$

이거나 또는 더 단순하게는 다음과 같다.

$$2d\cos\theta = m\lambda \quad m = 0,\ 1,\ 2,\ \cdots \text{어두운 무늬} \tag{8-4}$$

만약 d값이 무늬 시스템의 중심부를 형성하는 수직 광선에 대해 식(8-4)를 만족하는 값으로 주어진다면, 즉 중앙무늬는 어두운 무늬로서, 그 차수는

$$m_{\max} = \frac{2d}{\lambda} \tag{8-5}$$

이다. 여기에서 $m_{\max}$는 큰 정수이다. 이웃 어두운 무늬들의 차수는 $\cos\theta$값이 최대값 1에서 감소함에 따라 패턴의 중앙에서부터 바깥쪽으로 순서대로 감소한다. m차수의 무늬마다 각각 다른 정수 p를 다음과 같이 대응시키면 무늬의 정렬 순서를 편리하게 반대로 뒤집을 수 있다.

$$p = m_{\max} - m = \frac{2d}{\lambda} - m \tag{8-6}$$

식(8-6)을 사용하여 식(8-4)의 m을 바꾸면, 다음과 같다.

$$p\lambda = 2d(1 - \cos\theta) \quad p = 0,\ 1,\ 2,\ \cdots \text{어두운 무늬} \tag{8-7}$$

이렇게 하면 이제 중앙 무늬는 차수가 0이 되고, 이웃 무늬들은 중앙에서부터 바깥쪽으로 차수가 순서대로 증가한다. 그림 8-2는 $m_{\max} = 100$인 임의의 경우에 대한 차수 m과 p 사이의 관계를 보여준다. 식(8-4) 또는 (8-7)에 따르면, d가 변함에 따라, 무늬 패턴의 특정한 점($\theta =$ 상수)은 차례로 변하는 차수 m 또는 p에 대응하게 된다.

그 점이 어두운 무늬와 만날 때가 정수값에 해당한다. d가 변할 때 광경로차가

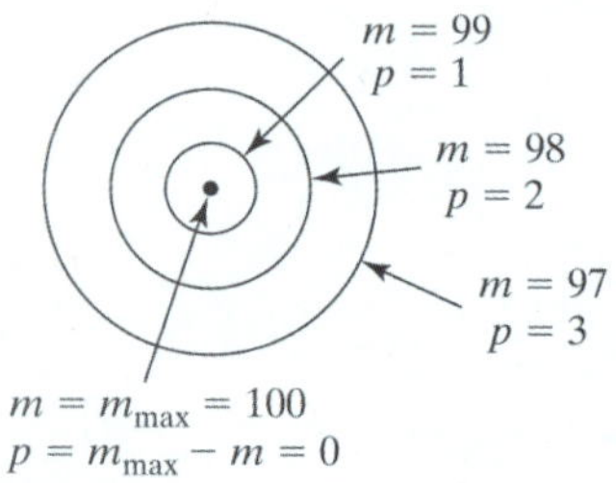

$m = 99$, $p = 1$
$m = 98$, $p = 2$
$m = 97$, $p = 3$
$m = m_{\max} = 100$
$p = m_{\max} - m = 0$

그림 8-2 무늬 정렬을 하는 다른 방법.

1 이 결론은 실제 빔 가르개의 투과계수들을 가정한다. 그 가정은 무늬 패턴에 대한 논의가 확실한 (그리고 일반적인) 상황에 대해 이루어질 수 있도록 해 준다. 측정이 무늬 패턴의 정확히 어디가 어둡고 어디가 밝은지에 대해서가 아니라 알짜 움직임에 의존하기 때문에, 예를 들어 식(8-8)과 같은 결과의 유효성에 영향을 주지 않는다.

감소하느냐 또는 증가하느냐에 따라, 패턴 무늬들이 사라질 때는 중앙을 향해 안쪽으로 이동하는 것으로 보이거나, 또는 패턴 무늬들이 생겨나는 것처럼 보일 때는 중앙에서 바깥쪽으로 이동하는 것으로 보이는 것을 의미한다. 따라서 한 거울이 경로차가 0인 점을 계속적으로 통과하여 움직일 때 무늬 패턴은 그 반대로 움직인다. 식(8-4)의 미분으로부터 다음의 관계를 구할 수 있다.

$$|\Delta\theta| = \frac{\lambda\Delta m}{2d\sin\theta}$$

거울의 간격 d가 작아질 때 주어진 작은 무늬간격 Δm에 대응하는 각도 간극 $\Delta\theta$는 증가한다. 이는 광경로차가 작을 때 무늬들이 더 넓게 분리되는 것을 의미한다. 실제로 만약 $d=\lambda/2$이면, 식(8-4)는 $m=\cos\theta$되고, 즉 전체 시야에 단 한 개의 무늬만이 포함되게 된다! 거울의 변위가 Δd일 때, 패턴의 중심점 또는 그 부근을 지나는 무늬들의 수 Δm은 식(8-4)에 따라

$$\Delta m = \frac{2\Delta d}{\lambda} \tag{8-8}$$

이고, 식(8-8)로부터 알게 된 Δd를 이용하여 λ를 측정하거나 또는 알려진 λ를 이용하여 마이크로미터의 이송 나사를 조정하는 실험 방법을 유추할 수 있다.

예제 8-1

마이컬슨 간섭계에서 단색광에 의해 무늬가 관측된다. 이동 거울이 0.073 mm 이동할 때, 300개의 무늬들이 이동하는 것이 관측된다. 빛의 파장은 얼마인가? 간섭계의 한 팔에 굴절률 1.51과 두께 0.005 mm인 유리 박편을 놓으면 무늬 시스템은 얼마나 이동하는가? (광선이 유리면에 수직이라고 가정한다.)

풀이

식(8-8)을 이용하면,

$$\lambda = \frac{2\Delta d}{\Delta m} = \frac{(2)(0.073)}{300} = 4.87\times10^{-4}\ \mathrm{mm} = 487\ \mathrm{nm}$$

유리를 넣으면 한 팔의 경로차가 $\Delta d = n_g t - n_{\mathrm{air}} t$ 만큼 늘어나는 셈이다. 따라서

$$\Delta m = \frac{2\Delta d}{\lambda} = \frac{2(n_g-1)t}{\lambda} = \frac{2(0.51)(0.005\times10^{-3})}{487\times10^{-9}} = 10.5\text{무늬}$$

8-2 마이컬슨 간섭계의 응용들

마이컬슨 간섭계는 이전 장의 기술과 본질적으로 같은 방식으로 박막의 측정에 쉽게 적용된다. 또한 기체의 굴절률을 측정하는 데에도 적용된다. 빔 3의 경로에 평면의 평행한 창

들이 달린 진공 셀을 끼우고(그림 8-1(a)), 굴절률을 알고 싶은 압력과 온도의 기체를 채운다. 기체를 서서히 셀에서 펌프해 내면서 기형성된 무늬 시스템의 변화를 관찰한다. 알짜 무늬 이동의 횟수 Δm은 기체압력이 감소하는 동안의 광경로 변화와 관련된다. 셀의 실제 길이가 정확히 L임을 안다면, 다음과 같은 광경로의 변화와

$$\Delta d = nL - L = L(n-1) \tag{8-9}$$

식(8-8)을 이용하면, 굴절률은 다음과 같이 결정된다.

$$n - 1 = \left(\frac{\lambda}{2L}\right)\Delta m \tag{8-10}$$

마이컬슨 간섭계의 또 다른 직접적인 응용으로, 인접한 "선"스펙트럼 성분 λ와 λ'의 파장 차이를 결정하는 것을 생각해보자. 각각의 파장은 식(8-4)에 따라 각각의 원형 무늬 시스템을 형성한다. 원형 시스템의 중심부분을 본다면 $\cos\theta \cong 1$일 것이다. 그러면 주어진 간섭계의 경로차 d에 대해 $m\lambda$의 곱은 변하지 않으므로, $m\lambda = m'\lambda'$이다. 무늬 시스템들이 일치할 때는 패턴은 선명하게 보이는 반면에, 한 시스템의 무늬들이 다른 시스템의 무늬들 사이의 중간에 놓일 때는 패턴의 밝기가 다소 균일하고 "색이 바랜듯이" 보인다. 거울을 일정한 거리 Δd만큼 이동시킬 때마다 무늬가 다시 일치되는데, 이 거리 Δd는 다음에 보이는 것과 같이 파장 차 $\Delta\lambda$와 관련된다. 무늬들이 "정확히" 일치하는 경우에, λ와 λ'에 대응하는 각각의 시스템의 차수는 다음과 같이 연관된다고 하자.

$$m = m' + N$$

여기에서 N은 정수이다. 만일 이때의 광경로차가 d_1이라면, 식(8-4)로부터 다음의 관계를 얻는다.

$$\frac{2d_1}{\lambda} = \frac{2d_1}{\lambda'} + N \tag{8-11}$$

광경로차가 d_2로 길어지면 다음 일치점이 생긴다고 하자. 그러면

$$m = m' + (N+1)$$

이다. 다시 쓰면,

$$\frac{2d_2}{\lambda} = \frac{2d_2}{\lambda'} + N + 1 \tag{8-12}$$

이 된다. 식(8-12)에서 식(8-11)을 뺀 후 거울 이동거리 $\Delta d = d_2 - d_1$를 사용해 정리하면,

$$\lambda' - \lambda = \frac{\lambda\lambda'}{2\Delta d} \tag{8-13}$$

임을 알게 된다. 이제 λ와 λ'가 매우 인접한 점을 고려하여, 그 구별이 안되는 두 파장성분 사이의 차이를 다음과 같이 근사할 수 있다.

$$\Delta\lambda = \frac{\lambda^2}{2\Delta d} \tag{8-14}$$

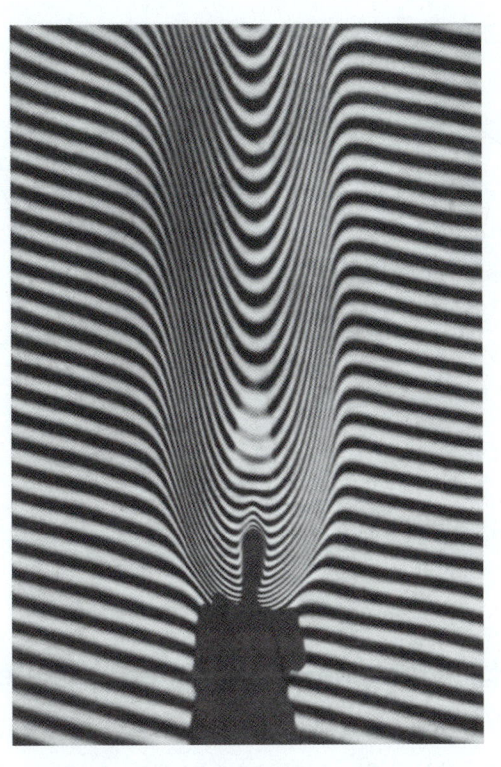

그림 8-3 촛불 불꽃 부근에서의 동일 두께 무늬들의 변형. (출처: M. Cagnet, M. Francon, and J. C. Thrierr, *Atlas of Optical Phenomenon*, Plate 12, Berlin: Springer-Verlag, 1962.)

이 방법은 흔히 광학 실험 수업에서 나트륨의 노란 선 스펙트럼에 존재하는 두 파장 성분의 파장 차이 6 Å을 측정하는 데 사용된다.

앞에서 기술한 마이컬슨 간섭계에서의 무늬에 대한 모든 논의는 동일한 경사각에서의 허상 무늬들을 이용한 것이었다. 우리는 거울 $M1$과 $M2$가 그림 8-1(a)에 나타낸 것처럼 정확히 수직, 또는 그림 8-1(b)의 동등한 광학계에서는 정확히 평행한 것을 가정했다. 만약 그림 8-1(b)의 $M1'$과 $M2$ 사이의 공기로 찬 공간이 쐐기모양이 되도록 정렬된다면, 동일 두께 무늬들은 거울들 쪽에 국한되어 보일 수 있다. 이 무늬들은 $M1'$과 $M2$의 교차점에 해당하는 직선에 평행한 직선으로 나타날 것이다. 만약 그 쐐기 모양이 큰 사이각을 가진다면, 무늬들은 쌍곡선 호(hyperbolic arc) 꼴로 굽어질 것이다. 또한 만약 광원이 작으면 간섭계에서 나오는 빛에, $M1'$과 $M2$에 비친 광원의 두 허상들에 의해 형성된 것처럼, 실상의 비국소화된 무늬들이 나타난다. 이런 무늬들은 강하고 결맞은 레이저 광원이 사용되는 경우 쉽게 나타난다. 이런 가능성들은 이미 앞 장에서 박막을 비추었을 때 형성되는 다양한 간섭 무늬들을 다루면서 논의되었다. 그림 8-3은 마이컬슨 간섭계의 한 팔에 촛불의 불꽃을 놓았을 때, 일정한 폭의 무늬들에 변형이 오는 것을 보여주는 사진이다. 온도의 변화는 공기 굴절률의 변화를 통해 광경로 길이의 변화를 유도한다.

8-3 마이컬슨 간섭계의 변형

비록 빔을 두 부분으로 나누어 다른 경로를 거친 후 다시 합치는 방법에는 여러 가지 방

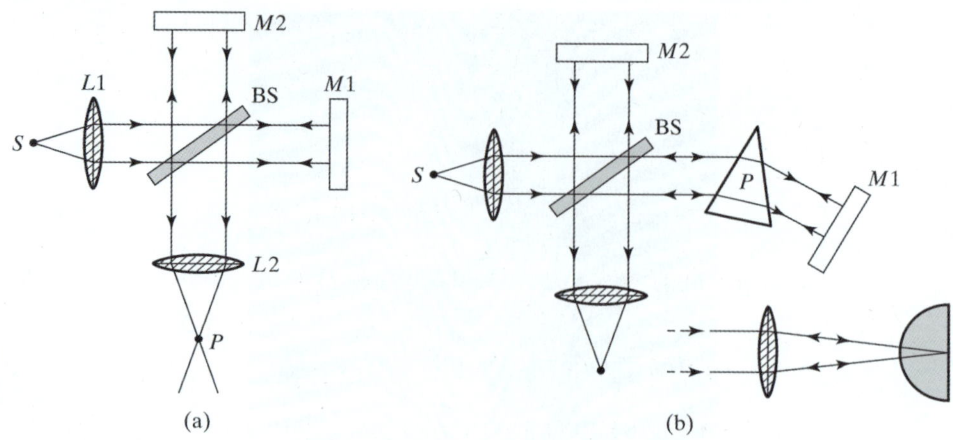

그림 8-4 (a) 트와이만-그린 간섭계. (b) 프리즘과 렌즈를 시험하는 데 사용되는 트와이만-그린 간섭계(삽화).

법이 있을 수 있지만, 마이컬슨 간섭계의 개작으로 볼 수 있는 두 가지 변형만을 간단히 살펴본다.

트와이만-그린 간섭계(Twyman-Green Interferometer)

그림 8-4(a)에 나타낸 것은 트와이만과 그린에 의해 약간 변형된 간섭계이다. 넓은 광원을 사용하는 대신에, 이 간섭계에는 점광원과 시준렌즈 $L1$을 함께 사용하여, 모든 빛살이 광축에 평행하게 간섭계에 들어가도록, 즉 $\cos\theta = 1$이 되도록 한다. 간섭계에서 나오는 평행광선들은 렌즈 $L2$에 의해 눈이 위치한 P점에 집광된다. 더 이상 동일한 경사각에서의 원형 무늬들은 보이지 않고, 대신에 동일 두께의 무늬들이 보인다. 이 무늬들은 광경로 길이에 변화를 주는 광학계의 결함까지도 드러낸다. 간섭계를 통틀어 평면 파면에 어떤 왜곡도 주어지지 않으면 P점 부근은 균일하게 조명된다. 간섭계가 고품질의 부품들로 되어있다면, 이 시스템은 다른 광학 부품(예를 들어, 그림 8-4(b)처럼 놓인 프리즘)의 광학적 품질을 시험하는 데 사용될 수 있다. 표면 결함이나 내부의 굴절률 편차가 있으면 무늬 패턴에 왜곡이 나타난다. 같은 방법으로 렌즈의 수차들을 시험할 수 있는데, 그림 8-4(b)의 삽화에 제시된 것처럼 평면 거울 $M1$을 (렌즈에 의해) 굴절된 광선을 원래 경로를 따라 반사시킬 수 있는 볼록 구면(거울)으로 바꾸기만 하면 된다.

마흐-젠더 간섭계(Mach-Zehnder Interferometer)

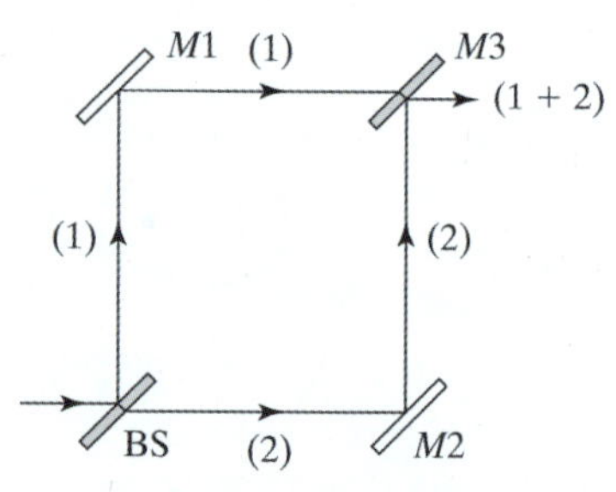

그림 8-5 마흐-젠더 간섭계.

더 과격한 변형으로서는 그림 8-5에 나타낸 마흐-젠더 간섭계가 있다. 대략 시준된 광선으로 이루어진 입사 빔은 빔 가르개(BS)에서 두 빔으로 나뉜다. 각각의 빔은 다시 거울 $M1$과 $M2$에서 완전히 반사되고, 그 빔들은 반투명 거울 $M3$에 의해 다시 일치된다. 직각의 시스템을 빙 둘러 빔 가르개의 유리를 지난 빔 1과 2의 경로길이는 아주 동일하다. 이 간섭계는 예를 들어 공기역학 연구에서 사용되어 왔는데, 풍동에 놓인 물체 주위의 공기 흐름의 기하학적 모양이 압력과 굴절률의 국소적 편차를 통해 드러난다. 창이 달린 시험 챔버(모형과 유선형의 공기흐름이 놓일)를 경로 1에 놓는다. 광경로를 동일하게 유

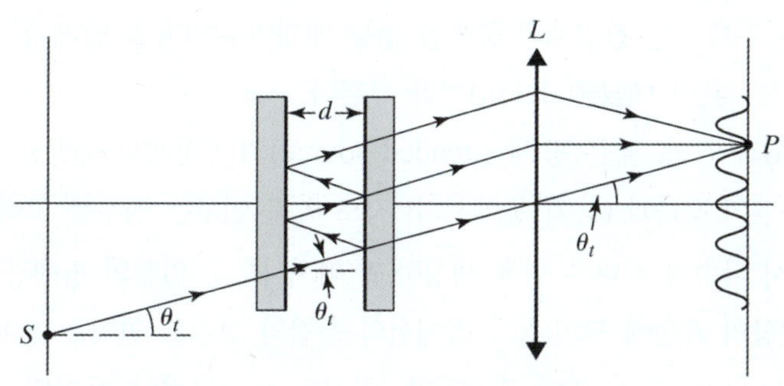

그림 8-6 패브리-페로 간섭계.

지하기 위해 똑같은 챔버를 경로 2에 놓는다. 공기흐름의 패턴은 무늬 패턴에 의해 드러난다. 그와 같은 응용을 위해서는 간섭계를 다소 큰 규모로 구성해야 한다. 마이컬슨 간섭계와 비교할 때 마흐-젠더 간섭계의 장점은 거울들을 적절히 조금만 회전시켜도 시험 물체에 (간섭)무늬가 나타나게 할 수 있는 점이고, 이 장점으로 인해 물체와 무늬를 동시에 관측하거나 사진에 담을 수 있다. 마이컬슨 간섭계에서는 무늬가 거울에만 국소화되어 나타나므로, (한쪽 팔에 놓인) 시험 물체와 동시에 명확히 초점을 맞추어 볼 수가 없다.

마이컬슨, 트와이만-그린 그리고 마흐-젠더 간섭계는 모두 두 빔을 간섭시키는 장치로서 진폭 분할 방식으로 동작한다. 이제 다중 빔 장치로서 중요한 패브리-페로 간섭계로 넘어가자.

8-4 패브리-페로 간섭계

패브리-페로 간섭계(Fabry-Perot Interferometer)는 7-9절에서 논의한 평면 평행판과 유사한 배치를 사용하여, 투과되는 빛의 다중빔 사이의 중첩의 결과로서 간섭 패턴을 생성한다. 이 장치는 아마도 모든 간섭계 중에서 가장 융통성 있는 장치로서, 예를 들어 정밀 파장 측정, 초미세 선스펙트럼 구조 분석, 기체의 굴절률 결정 그리고 (빛의) 파장을 사용하여 미터 표준을 보정하는 데에 사용되어 왔다. 비록 구조는 단순하지만 고해상도의 장치로서 다양한 응용에서 강력한 도구임이 증명되었다.

가능한 배치를 그림 8-6에 나타내었다. 두 개의 두꺼운 유리 또는 석영판이 평면 평행한 공기 "판"을 사이에 두고 둘러싼다. 공기 "판"은 빔이 다중으로 반사될 매질에 해당한다. 유리판들은 거울의 기능을 하며, 이와 같은 배치를 흔히 공진기라고 부른다. 따라서 유리판들의 중요한 쪽은 안쪽 표면들이다. 그 면들은 일반적으로 $\lambda/50$보다 좋은 편평도로 연마되고 은이나 알루미늄으로 된 고반사율층으로 도금된다. 은으로 된 막은 스펙트럼의 가시광 영역에서는 가장 유용하지만, 400 nm 부근에서 반사율이 급격하게 감소하므로, 400 nm 이하의 응용을 위해서는 알루미늄이 흔히 사용된다. 물론 그 막은 충분히 얇아서 부분 투과할 수 있어야 한다. 은 도금의 최적 두께는 50 nm 부근이다. 유리판의 바깥 면들은 일부러 안쪽 면에 대해 작은 각도를 이루도록 하여(각도로 수 분이면 충분하다), 유리 자체를 평행판으로 하여 생길 수 있는 가짜 무늬 패턴들을 없앤다. 공기

층의 간격 또는 두께 d는 간섭계의 중요한 성능 매개변수이다(곧 알게 될 것이다). 간격이 고정된 장치는 흔히 **에탈론**(etalon)이라 부른다.

그림 8-6과 같이, 넓은 광원(extended source)의 S점에서 출발한 단색광의 폭이 좁은 빔이 시스템의 광축과 (공기 중에서의) 각도 θ_t를 이루는 경우를 고려해 보자. 단일 빔은 간섭계에서 다수의 결맞은 빔을 생성하고, 빠져나오는 일련의 평행광들은 수렴렌즈 L의 초점 평면상의 P점에 모인다. P점에서의 중첩의 성질은 연이은 평행 빔들 사이의 경로차, $\Delta = 2n_f d\cos\theta_t$에 의해 결정된다. 공기의 $n_f = 1$을 이용하면, 밝은 (무늬의) 조건은 다음과 같다.

$$2d\cos\theta_t = m\lambda \tag{8-15}$$

동일한 광원 평면상의 다른 점에서 출발하여 광축에 대하여 같은 각 θ_t를 이루는 빔들은 동일한 경로차를 유지한 채 P점에 도달한다. d를 고정하면, 식(8-15)는 특정한 각도 θ_t에서만 만족되고, 무늬 시스템은 동일 경사 무늬들의 집광에 따른 흔히 보는 동심원 고리 모양을 이룬다. 그림 8-7(a)과 같이 광원과 간섭계 사이에 시준렌즈가 사용되면, 에탈론에 입사하는 모든 평행광의 집합들은 같은 광원 점으로부터 출발하여야 한다. 광원과 화면 점들 사이에 일대일 대응관계가 성립한다. 화면은 (눈의) 망막이나 사진 건판일 수 있다. 그림 8-7(b)는 작은 광원이 사용된 경우를 나타낸다. 이 경우에 시준광선은 고정각 θ_t($\theta_t = 0$인 경우를 나타냈음)를 이루며 (에탈론의) 판에 도달하고 광검출기에 집광된다. 간격 d를 변화시킴에 따라, 검출기는 간섭 패턴을 시간의 함수로 **간섭무늬그림**(interferogram)이라는 형태로 기록한다. 예를 들어 만약 광원이 두 개의 파장 성분으로 되어 있다면, 두 시스템의 출력은 사진 건판에 찍힌 두 세트의 원형 무늬 또는 그림 8-7(b)에

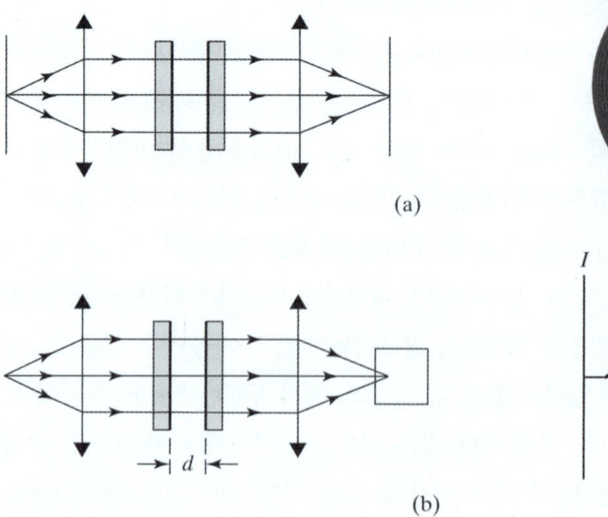

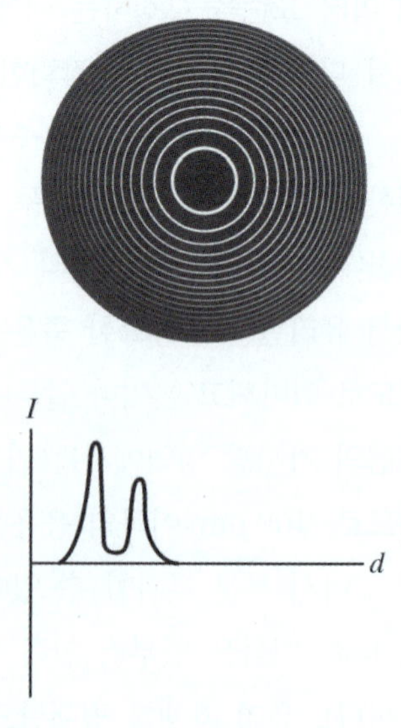

그림 8-7 (a) 넓은 광원(extended source)과 고정 판 간격을 사용한 패브리-페로 간섭계. 나타낸 것과 같은 원형 무늬 패턴을 스크린에서 사진찍을 수 있다. (사진출처: M. Cagnet, M. Francon, and J. C. Thrierr, *Atlas of Optical Phenomenon*, Plate 10, Berlin: Springer-Verlag, 1962.) (b) 점광원과 가변 판 간격을 사용한 패브리-페로 간섭계. 두 번째 렌즈의 초점에 놓인 검출기는 판 간격 d의 함수로서 세기를 기록한다. 레이저 광원이 사용된다면 렌즈들은 필요하지 않다.

예시한 것과 같은 판 간격 d에 대한 복사조도 I의 그래프처럼 나타난다. 여러 일반적인 응용에서 레이저를 광원으로 사용하므로, 그림 8-7(b)의 렌즈는 필요하지 않다. 그 경우에 대해 다음 절에서 논의할 것이다.

8-5 패브리-페로 투과: 에어리 함수

패브리-페로 간섭계를 투과한 복사조도는 7-9절에서 다룬 평행판 배치에 대한 분석방법을 사용하여 계산할 수 있다. 이 절에서는 레이저 공진기의 손실률을 결정하는 데 사용될 수 있는 다른 방법을 제시한다. 그림 8-8의 배치를 고려하자. 패브리-페로 공진기를 구성하는 두 개의 거울이 아주 동일하고, 거리 d만큼 떨어져 있고, 실제 (내부면에서의) 전기장 반사 및 투과 계수가 r과 t라고 가정할 것이다. 그리고 공진기 거울들과 만날 때 전기장이 전혀 흡수되지 않는다고 가정할 것이다. 그러면

$$r^2 + t^2 = 1 \quad \text{손실 없는 거울} \tag{8-16}$$

이다. 패브리-페로 간섭계와 관련되어 유용한 매개변수는 공진기 왕복 시간 τ이다. 공진기 왕복 시간은 빛이 공진기를 한번 돌아 나오는 데 필요한 시간이다. 따라서 다음과 같다.

$$\tau = 2d/v = 2nd/c$$

여기에서 $v = c/n$는 거울들 사이의 공간을 채운 매질 속에서의 광속이고, n은 그 매질의 굴절률 그리고 c는 진공에서의 광속이다.

패브리-페로 간섭계를 투과하는 전기장 E_T를 간섭계에 입사하는 전기장 E_I, 공진기 거울의 반사 계수 r 그리고 공진기의 길이 d의 함수로 나타내고자 한다. 이후의 분석에서, **전파 인자** $P_F(\Delta z,\ \Delta t)$의 개념을 사용할 것이다. 전파 인자는 위치 $z = z_0 + \Delta z$와 시간 $t = t_0 + \Delta t$에서 이동하는 단색 평면파의 전기장 $E(z,\ t)$와 위치 $z = z_0$와 시간 $t = t_0$에서의 전기장과의 비율로 정의한다. 즉

$$E(z_0 + \Delta z,\ t_0 + \Delta t) = P_F(\Delta z,\ \Delta t)E(z_0,\ t_0)$$

이다. 예를 들어 $+z$ 방향으로 진행하는 평면 단색 광파가 광학 매질에서 어떤 변화도 겪지 않는다면,

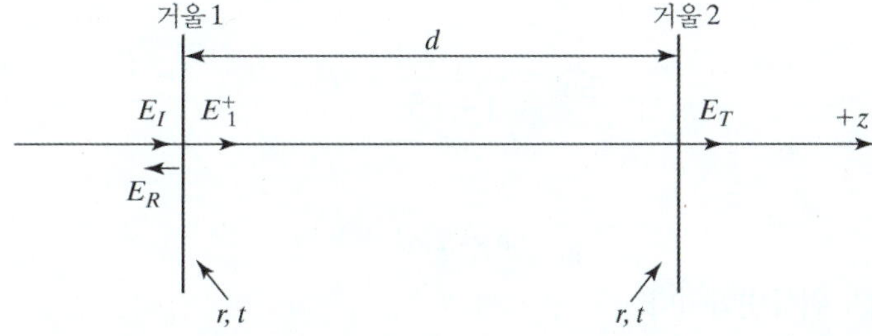

그림 8-8 반사 계수와 투과 계수가 r과 t인 두 개의 거울로 구성된 패브리-페로 간섭계의 개략도. 간섭계의 왼쪽에서 입사하는 전기장은 E_I, 반사된 전기장 E_R, 투과된 전기장 E_T 그리고 E_1^+은 거울 1에서 우측으로 진행하여 공진기 내부로 들어가는 전기장이다.

$$P_F(\Delta z,\ \Delta t) = \frac{E(z_0+\Delta z,\ t_0+\Delta t)}{E(z_0,\ t_0)} = \frac{E_0 e^{i[\omega(t_0+\Delta t)-k(z_0+\Delta z)]}}{E_0 e^{i(\omega t_0 - kz_0)}}$$
$$= e^{i(\omega\Delta t - k\Delta z)} \quad (8\text{-}17)$$

이다. 우리는 전파 인자를 정의할 때 거울에서의 반사 또는 투과에 의한 전기장 변화를 포함시키지 않기로 했었다. 그러나 (이제는) 거울들과 만나는 전기장에 나타나는 변화들을 추적할 때 이들 인자들을 명백하게 포함시킬 것이다.

패브리-페로 공진기를 통과하는 전기장을 결정하기 위해서, 그림 8-8에서 E_1^+ 으로 표시한 공진기 내에서 우측진행하는 전기장의 세기를 먼저 결정하는 것이 편리하다. 앞으로 패브리-페로 공진기에 왼쪽에서 입사하는 우측진행 ($+z$ 방향으로 진행하는) 전기장을 다음과 같이 쓴다.

$$E_I = E_{0I} e^{i\omega t} \quad (8\text{-}18)$$

그리고 공진기의 첫 번째 거울 위치에서 우측진행하는 전기장을 다음과 같이 쓴다.

$$E_1^+ = E_{01}^+(t) e^{i\omega t} \quad (8\text{-}19)$$

일반적으로 이 전기장 세기는 입사 전기장의 온 오프에 따라 공진기내부 전기장의 강화 또는 감쇠의 형태로 (시간에 따라) 변하는 점에 주목하라. 시간 $t+\tau$에 공진기내부의 우측진행 전기장 $E_1^+(t+\tau)$는 두 가지 성분의 합으로 구성된다. 하나는 그 시간에 거울 1을 투과하는 입사 전기장 $tE_I(t+\tau)$의 일부이다. 그리고 다른 하나는 공진기의 1회 왕복시간 τ 이전에 거울 1에 존재하던 공진기내부의 전체 우측진행 전기장 $r^2 P_F(\Delta z = 2d,\ \Delta t = \tau)E_1^+(t)$의 일부이다. 두 번째 성분은 각각의 거울에서 한 번 반사한 후 시간 $t+\tau$에 거울 1에 돌아옴으로써, 공진기의 거리 $2d$를 시간 τ만에 왕복 진행했다. 즉

$$E_1^+(t+\tau) = tE_I(t+\tau) + r^2 P_F(\Delta z = 2d,\ \Delta t = \tau)E_1^+(t) \quad (8\text{-}20)$$

이다. 식(8-20)에 식(8-17)에서 (8-19)까지 적용하면

$$E_{01}^+(t+\tau)e^{i\omega(t+\tau)} = tE_{0I}e^{i\omega(t+\tau)} + r^2 E_{01}^+(t)e^{i\omega t}e^{i(\omega\tau - 2kd)} \quad (8\text{-}21)$$

이다. 공진기 내로 전기장이 최초 입사한 후 약간의 시간이 지나면, 공진기 내부의 전기장은 일정한 정상상태의 값으로 안정될 것이다. 일단 그런 정상상태에 도달되면, $E_{01}^+(t+\tau) = E_{01}^+(t) \equiv E_{01}^+$. 공진기내부의 우측진행 전기장 세기 E_{01}^+는 정상상태에서 식(8-21)을 풀어 얻을 수 있다.

$$E_{01}^+ = \frac{t}{1 - r^2 e^{-i\delta}} E_{0I} \quad (8\text{-}22)$$

여기에서

$$\delta = 2kd$$

는 왕복에 따른 위상변화이다.

투과 전기장 E_T는 거울 1에서 우측진행하는 공진기 전기장 E_1^+를 거울 2를 투과할 때까지 전파시켜 구하면,

$$E_T(t+\tau/2) = E_{0T}e^{i\omega(t+\tau/2)} = tP_F(\Delta z = d,\ \Delta t = \tau/2)E_1^+(t)$$
$$= tE_{01}^+\, e^{i\omega t}\, e^{i(\omega\tau/2 - \delta/2)}$$

이고, 앞선 표현의 식(8-22)를 사용하고 약간의 단순화를 거치면 다음과 같다.

$$E_{0T} = \frac{t^2 e^{-i\delta/2}}{1 - r^2 e^{-i\delta}} E_{0I} \tag{8-23}$$

복사조도는 전기장 세기 진폭의 제곱에 비례한다, $I_T \propto E_{0T}E_{0T}^*$, 그러므로 패브리-페로 공진기의 투과도 T는

$$T \equiv \frac{I_T}{I_I} = \frac{E_{0T}E_{0T}^*}{E_{0I}E_{0I}^*} = \frac{t^4 e^{-i\delta/2}e^{i\delta/2}}{(1 - r^2 e^{-i\delta})(1 - r^2 e^{+i\delta})}$$
$$= \frac{t^4}{1 + r^4 - 2r^2\cos\delta} = \frac{(1-r^2)^2}{1 + r^4 - 2r^2\cos\delta}$$

이다. 여기에서 우리는 손실 없는 거울의 조건, $t^2 = 1 - r^2$과 오일러 관계식 하나를 사용했다. 이 관계식이 평행판의 투과도를 결정하는 식(7-49)와 일치하는 점에 주목하라. 식(8-16)과 삼각함수 항등식 $\cos\delta = 1 - 2\sin^2(\delta/2)$을 사용하고, 투과도를 에어리(Airy) 함수꼴이 되도록 단순화하면 다음과 같다.

$$T = \frac{1}{1 + [4r^2/(1-r^2)^2]\sin^2(\delta/2)} \tag{8-24}$$

예리도 계수(Coefficient of Finesse)

패브리는 식(8-24)에서 사각괄호 안에 들어 있는 거울의 반사계수 r만의 함수인 부분을 **예리도 계수**(coefficient of finesse) F라 이름 지었다.

$$F = \frac{4r^2}{(1-r^2)^2} \tag{8-25}$$

이제 식(8-24)는 더 간결하게 다음과 같이 표현할 수 있다.

$$T = \frac{1}{1 + F\sin^2(\delta/2)} \tag{8-26}$$

반사 계수 r이 0에서 1까지 변함에 따라, F는 0에서 무한대까지 변하기 때문에, 예리도 계수는 반사 계수 r에 대해 민감한 함수이다. 우리는 F가 또한 다음의 비율로 표현되는 **무늬 대조도**(fringe contrast)의 척도임을 보일 것이다.

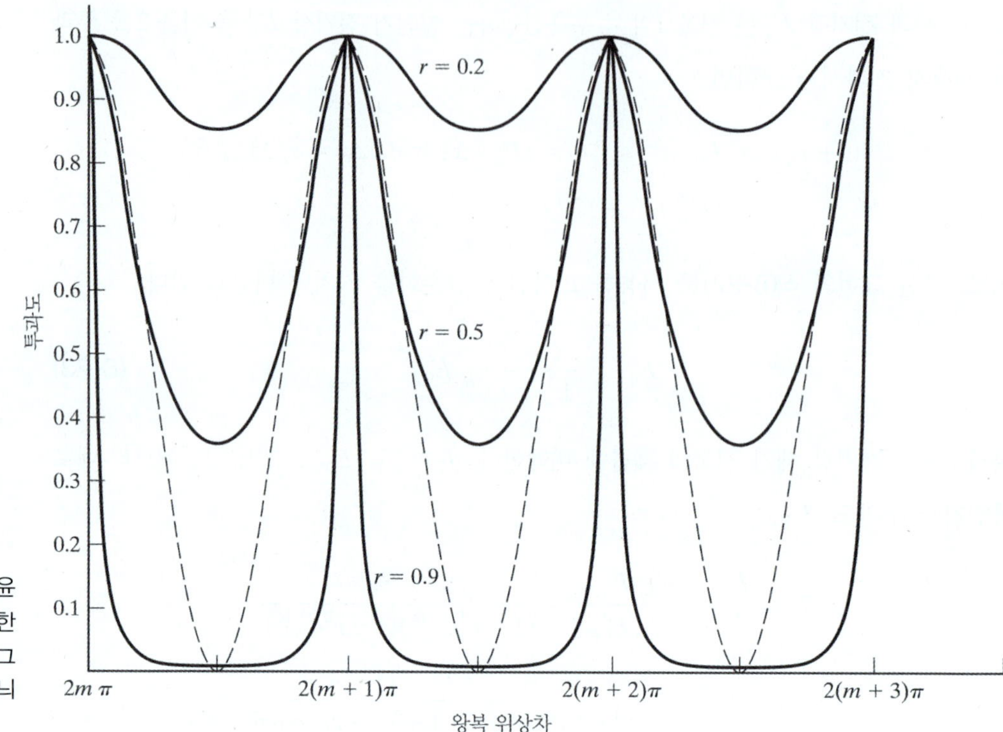

그림 8–9 패브리-페로 무늬 윤곽. 선택한 반사 계수 r값에 대한 투과도 T와 왕복 위상 차 δ의 그림. 파선은 마이컬슨 간섭계의 무늬를 비교로 나타낸 것이다.

$$\frac{(I_T)_{\max} - (I_T)_{\min}}{(I_T)_{\min}} = \frac{T_{\max} - T_{\min}}{T_{\min}} \tag{8-27}$$

식(8-26)의 에어리 공식으로부터, T는 $\sin(\delta/2) = 0$일 때 최대값 $T_{\max} = 1$을 갖고, $\sin(\delta/2) = \pm 1$일 때 최소값 $T_{\min} = 1/(1+F)$를 갖는다. 따라서

$$\frac{(I_T)_{\max} - (I_T)_{\min}}{(I_T)_{\min}} = \frac{1 - 1/(1+F)}{1/(1+F)} = F \tag{8-28}$$

이다. 이 **무늬 대조도**(fringe contrast)의 척도인 예리도 계수가 관련된 양으로서 7장 식(7-17)로 소개된 **가시도**(visibility)라는 값과 다른 점에 주목하라. 그 무늬의 윤곽은 일단 r의 값이 결정되면 그릴 수 있다. 그림 8-9는 몇 가지 r값에 대한 결과를 보여준다. 각각의 곡선마다 $\delta = m(2\pi)$에서 $T = T_{\max} = 1$이고, $\delta = (m+1/2)2\pi$에서 $T = T_{\min} = 1/(1+F)$임을 알 수 있다. 주목할 점은 r에 상관없이 $T_{\max} = 1$이고, $T_{\min}$은 절대로 0은 아니지만 r이 1에 근접할수록 0에 가까이 간다는 점이다. 흡수 손실이 존재하는 실제 거울의 경우에, 최대 투과도는 1보다 다소 적다. r값이 커지면 투과도는 위상차가 2π의 정수배에 근접할 때 뾰족한 봉우리를 이루고, 무늬들 사이의 대부분의 영역에서는 거의 0 부근에 머문다. 예를 들어 r이 달성 가능한 값 0.97까지 더 증가하면, F는 1078까지 증가하고, 무늬 폭은 $r = 0.9$ 경우의 반치폭의 3분의 1 이하가 된다. 이 뾰족한 무늬들은 위상(식(8-2))에 단순한 $\cos^2(\delta/2)$ 의존성을 가진 마이컬슨 간섭계의 넓은 무늬들과 대

조된다. 이 (마이컬슨 간섭계의) 무늬들은 최대값을 1로 규격화하여 그림 8-9에 파선으로 나타내었다.

예리도

예리도 계수 F는, 두 번째로 흔히 사용되며 단순히 **예리도**(finesse)라 불리는 성능계수(figure of merit) $\mathcal{F}$와 혼동되어서는 안 된다.

$$\mathcal{F} = \frac{\pi\sqrt{F}}{2} = \frac{\pi r}{1-r^2} \tag{8-29}$$

이제 우리는 예리도 $\mathcal{F}$가 투과도 봉우리 간의 간극과 봉우리의 반치폭(full-width at half-maximum, FWHM)에 대한 비율임을 보일 것이다. 식(8-26)과 (8-29)를 결합하면 투과도를 다음과 같이 쓸 수 있다.

$$T = \frac{1}{1+(4\mathcal{F}^2/\pi^2)\sin^2(\delta/2)} \tag{8-30}$$

인접한 투과도 봉우리들 사이의 위상간극은 때로 공진기의 **자유분광구간**(free spectral range, FSR), δ_{fsr}이라 불린다. 따라서

$$\delta_{fsr} = \delta_{m+1} - \delta_m = (m+1)2\pi - m2\pi = 2\pi$$

이다. 투과도 봉우리들의 반치폭의 절반(half-width at half-maximum, HWHM) $\delta_{1/2}$ (그림 8-10을 보라)은 식(8-30)에 $T=1/2$을 대입하여 구할 수 있다.

$$\sin^2(\delta/2) = \frac{\pi^2}{4\mathcal{F}^2} \tag{8-31}$$

여기에서

$$\delta = 2m\pi + \delta_{1/2}$$

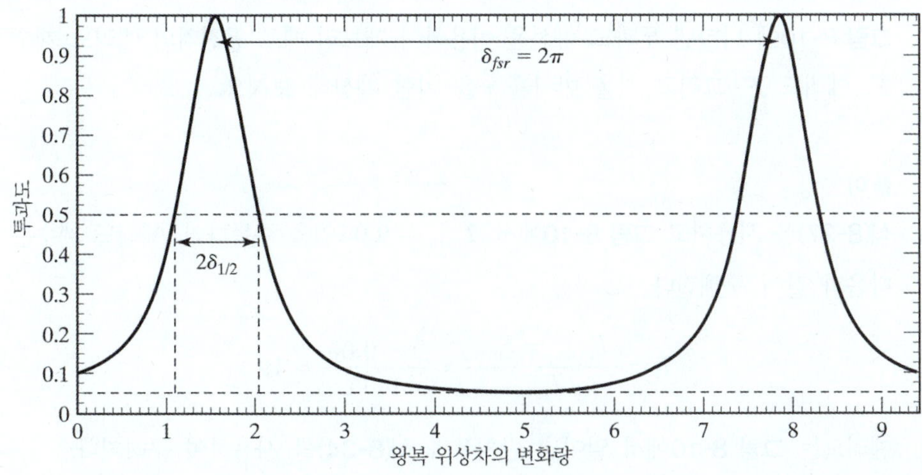

그림 8-10 왕복 위상이동 δ의 함수로서의 투과도 T. 이 그림을 생성하는 데 사용된 매개변수들은 예제 8-2에서 논의하였다.

이다. 최대값의 절반인 점들에서 삼각함수 항등식들과 작은 각 근사를 이용하면 다음을 보일 수 있다.

$$\sin^2(\delta/2) = \sin^2(m\pi + \delta_{1/2}/2 = \sin^2\left(\frac{\delta_{1/2}}{2}\right) \approx \left(\frac{\delta_{1/2}}{2}\right)^2 \quad (8\text{-}32)$$

식(8-31)과 (8-32)를 결합하여 다음을 얻는다.

$$\delta_{1/2} = \pi / \mathcal{F} \quad (8\text{-}33)$$

높은 반사율의 거울로 된 공진기들은 낮은 반사율로 된 것보다 큰 예리도 값과 좁은 투과도 봉우리들을 가진다. 제시한 바와 같이, 공진기의 예리도는 공진기의 자유분광구간과 공진기 투과도 봉우리들의 반치폭의 비율이다.

$$\frac{\delta_{fsr}}{\mathrm{FWHM}} = \frac{2\pi}{2\delta_{1/2}} = \mathcal{F} \quad (8\text{-}34)$$

투과도는 왕복 위상이동 δ 또는 δ를 결정하는 임의의 인자들 — 거울 간격(공진기 길이) d, 입력 전자기장의 주파수 ν(그리고 파장 λ), 또는 거울들 사이 공간의 매질의 굴절률 n와 같은 — 의 함수로 볼 수 있다. 각각의 동작모드마다, 일반적으로 위의 값들 중 하나를 변화시키고 나머지 값들은 일정하게 유지한다. 비록 자유분광구간과 투과도 봉우리들의 반치폭의 값들은 선택된 독립변수에 의존하지만, 이들 값들의 비율(즉, 예리도)과 (패브리-페로 공진기에서 유용한) 성능계수는 오직 거울의 반사율에만 의존한다. 여기서는 자유분광구간이라는 용어를 인접한 투과도 봉우리들 사이의 간극을 정의하는 데 사용할 것이다. 이는 독립변수의 선택과는 무관한 것이지만, 개별 동작모드들에서의 자유분광구간이라는 용어들을 기호학적으로 구별하는 데 주의를 기울일 필요가 있다. 예를 들어 가변-길이 패브리-페로 간섭계의 자유분광구간을 나타내는 데는 기호 d_{fsr}을 사용하고 가변 입력주파수 패브리-페로 간섭계의 자유분광구간은 기호 ν_{fsr}로 쓸 것이다.

예제 8-2

그림 8-10에 나타낸 투과도 곡선을 이용하여 패브리-페로 공진기의 예리도 계수 F, 예리도 $\mathcal{F}$ 그리고 거울 반사율 r을 어림 계산해 보시오.

풀이

식(8-27)을 사용하고 그림 8-10에서 $T_{\min} = 0.05$임을 주목하면, 예리도 계수는 다음과 같이 구해진다.

$$F = \frac{T_{\max} - T_{\min}}{T_{\min}} \approx \frac{1-0.05}{0.05} = 19$$

예리도는 그림 8-10에서 알아낸 반치폭과 식(8-34)를 사용하여 구하거나,

$$\mathcal{F} = \frac{\delta_{fsr}}{\text{FWHM}} \approx \frac{2\pi}{2.03 - 1.11} = 6.8$$

또는 식(8-29)를 사용하여 구할 수 있다.

$$\mathcal{F} = \frac{\pi\sqrt{F}}{2} \approx \frac{\pi\sqrt{19}}{2} = 6.8$$

거울 반사 계수는 식(8-29)로부터 얻을 수 있다.

$$\mathcal{F} = \frac{\pi r}{(1 - r^2)} = 6.8$$

재정렬하면 다음과 같다.

$$6.8r^2 + \pi r - 6.8 = 0$$

이 이차방정식의 양의 해를 취하면,

$$r \approx 0.80$$

8-6 주사형 패브리-페로 간섭계

이전에 언급한 바와 같이 패브리-페로 공진기는 흔히 주사형(scanning) 간섭계로 사용된다. 즉 패브리-페로를 통과한 복사조도는 공진기 길이의 함수로 측정된다. 단색광의 입사에 따른 기록의 예를 그림 8-11(a)에 나타내었다. 공진기의 길이를 조심스러운 방식으로 변화시키는 방법은 여러 가지가 있다. 예를 들어 만약 공기 간극으로 분리된 두 거울을 이용하여 패브리-페로 간섭계를 구성한다면, 그림 8-11(b)처럼 거울 간극을 압전 간격장치를 사용하여 조절할 수 있다. 다음 조건이 만족될 때마다 투과도는 최대값을 갖는다.

$$\delta = 2kd = 2\frac{2\pi}{\lambda}d = 2m\pi \quad m = 0,\ \pm 1,\ \pm 2,\ \cdots$$

재정리하면 최대값의 조건은 다음과 같이 바뀐다.

$$d_m = m\lambda/2 \tag{8-35}$$

따라서 이 동작 모드에서 자유분광구간은 다음과 같다.

$$d_{fsr} = d_{m+1} - d_m = \lambda/2 \tag{8-36}$$

따라서 한 투과도 봉우리에서 다음 봉우리로 옮기기 위해 필요한 공진기 길이 변화값은 광원 파장의 척도이다. 그러나 실제로 길이 변화를 요구되는 정확도로 측정할 수 없기 때문에, 위의 관계식만으로 광원의 파장이 실험적으로 결정되지 않는다. 대신에 식(8-36)은 공진기의 길이 변화를 조정하는 데, 예를 들어 패브리-페로 공진기에 인접한 두 파장 성분이 입력될 때 그 파장 차이를 결정하기 위해 사용될 수 있다.

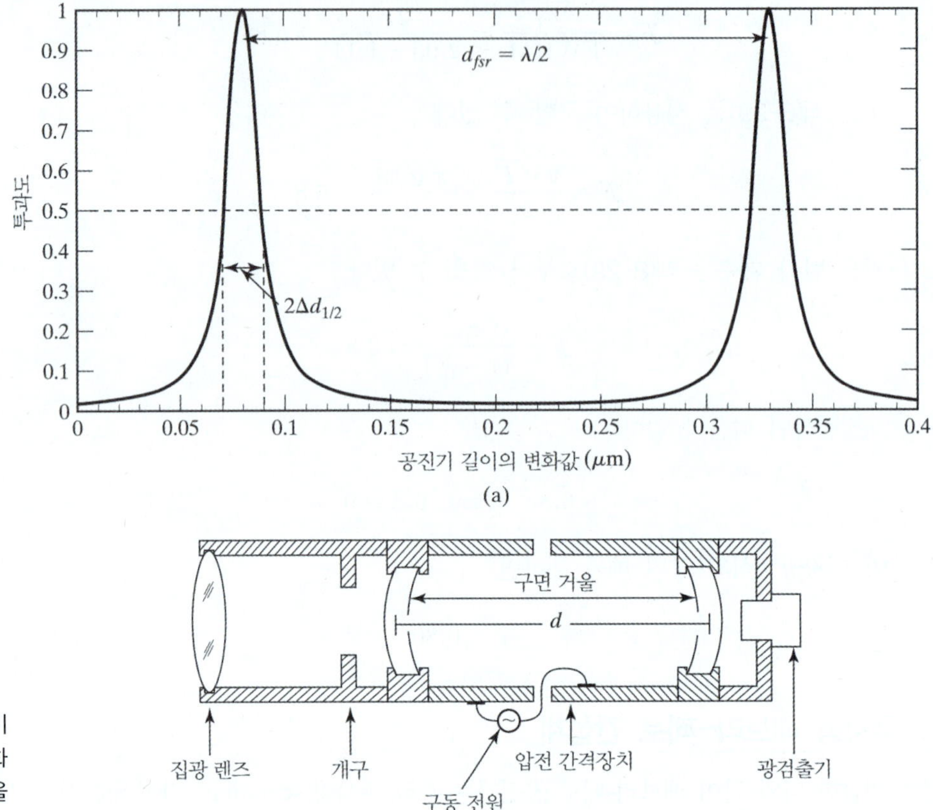

그림 8-11 (a) 단색광의 입력 전자기장에 대한 함수 공진기 길이의 변화 Δd의 함수로 본 투과도 T. (b) 거울 간극 d를 조절하는 데 사용되는 압전 간격장치.

두 인접한 파장 λ_1과 λ_2를 가진 빛을 명목상의 길이 $d = 5\,\text{cm}$의 패브리-페로 공진기에 동시에 입력하였을 때의 기록 예를 그림 8-12에 나타내었다.

예를 들어 만약 λ_1과 λ_2가 **명목상의 파장**, $\lambda = 500\,\text{nm}$에 아주 가깝다면, 이 기록으로부터 두 파장간의 차이를 정확하게 결정할 수 있다. 만약 그림 8-12의 인접한 봉우리들이 같은 모드수 m을 갖는다고 알려졌다면, 파장들은 다음의 관계를 만족할 것이다.

$$\lambda_1 = 2d_1/m$$
$$\lambda_2 = 2d_2/m$$

이제 그 파장 차이는 다음과 같다.

$$\lambda_2 - \lambda_1 = \Delta\lambda = \frac{2}{m}(d_2 - d_1) = \frac{2}{(2d_1/\lambda_1)}\Delta d$$

따라서

$$\frac{\Delta\lambda}{\lambda_1} = \frac{\Delta d}{d_1} \tag{8-37}$$

공진기의 절대 길이를 높은 정확도로 알 수는 없으므로, 이 표현식에서 공진기의 명목상

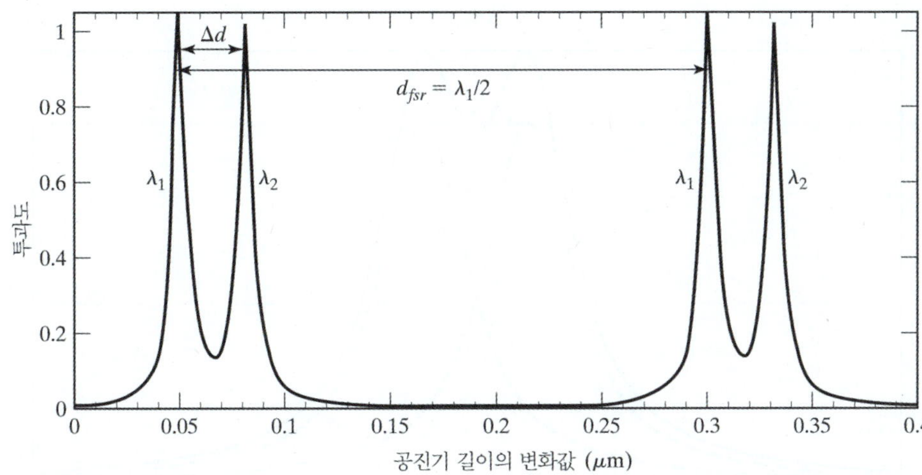

그림 8-12 입력 전자기장의 인접한 두 파장성분을 결정하기 위해 사용되는 패브리-페로 주사 그림. 주사 그림은 명목상의 파장 500 nm와 명목상의 거울 간격 5 cm에 대한 것이다.

의 길이 $d \approx d_1$를 사용할 수 있다. 유사하게 일반적으로 식(8-37)에 나타나는 파장을 명목상의 값 λ로 대체한다. 그림 8-12에 나타난 상황에서,

$$\Delta d \approx d_{fsr}/8 = \frac{\lambda}{16} = \frac{500 \times 10^{-9}\,\mathrm{m}}{16} = 3.125 \times 10^{-8}\,\mathrm{m}$$

이다. 그러므로 $d = 5\,\mathrm{cm}$에 대해서,

$$\frac{\Delta\lambda}{\lambda} = \frac{\Delta d}{d} \approx \left(\frac{3.125 \times 10^{-8}\,\mathrm{m}}{0.05\,\mathrm{m}}\right) = 6.25 \cdot 10^{-7}$$

이다. 즉, 이 패브리-페로 간섭계는 파장의 미세한 차이를 백만분의 일 미만으로 쉽게 구별할 수 있다.

분해능(Resolving Power)

이 방식으로 결정될 수 있는 최소 파장 차, $\Delta\lambda_{\min}$는 두 개의 파장 성분들과 각각 관련된 투과도 봉우리들의 폭에 의해 일부 제한된다. (두 개의 파장 성분에 의한 투과도 봉우리들의 중심값들과 연관된) 공진기 길이값들 사이의 **분해가능한** 차이의 최소값 $\Delta d_{\min}$이 이 봉우리들의 반치폭과 같아질 때를 흔히 해상도의 기준으로 사용한다. 이 방식에서 두 봉우리들이 교차하는 점은 각각의 봉우리의 최대 복사조도의 절반보다 클 수 없다. 이 **해상도 기준**(resolution criterion), $\Delta d \geq 2\Delta d_{1/2} \equiv \Delta d_{\min}$을 그림 8-13에 나타내었다.

이제 우리는 분해가능한 파장 차의 최소값 $\Delta\lambda_{\min}$이 공진기 예리도 $\mathcal{F}$를 사용하여 간결하게 표현될 수 있음을 보일 것이다. 식(8-29)에 나타난 것처럼, 패브리-페로 공진기의 예리도는 오직 공진기 거울들의 반사 계수 r에만 의존한다. 이미 언급한 바와 같이 예리도는 인접한 투과도 봉우리들 사이 간극(즉, 공진기 자유분광구간)과 투과도 봉우리 반치폭과의 비율이기 때문에 유용한 성능계수이다. 이전에 식(8-34)와 같이 왕복 위상이동 δ를 독립변수로 사용하여 이 비율을 정했다. $\delta = 2kd$임을 이용하고 공진기 길이

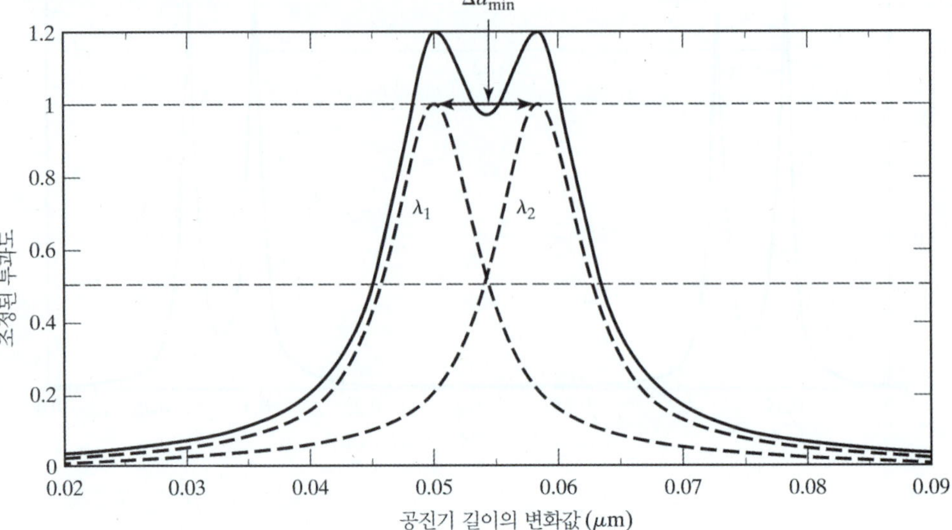

그림 8-13 비슷한 세기의 두 파장 성분들에 대한 (조정된) 패브리-페로 투과도의 스캔. 점선들은 두 파장 성분들의 투과도를 개별적으로 본 것이고, 실선은 두 성분 모두가 입력 전기장에 존재할 때의 조정된 투과도이다. 봉우리들이 각각의 점선의 반치폭만큼 분리되어 있으므로 겨우 이들 파장 성분들을 구별할 수 있음에 주의하라.

d를 독립변수로 사용하여, 예리도는 다음과 같이 표시된다.

$$\mathcal{F} = \frac{\delta_{fsr}}{2\delta_{1/2}} = \frac{kd_{fsr}}{2k\Delta d_{1/2}} = \frac{d_{fsr}}{2\Delta d_{1/2}}$$

따라서

$$2\Delta d_{1/2} = \frac{\delta_{fsr}}{\mathcal{F}} = \frac{\lambda}{2\mathcal{F}}$$

식(8-37)의 관계를 이용하고 그림 8-13에 제시된 해상도 기준 $\Delta d_{\min} = 2\Delta d_{1/2}$을 적용하면,

$$\frac{\Delta\lambda_{\min}}{\lambda} = \frac{\Delta d_{\min}}{d} = \frac{2\Delta d_{1/2}}{d} = \frac{\lambda}{2d\mathcal{F}} \tag{8-38}$$

이고, 패브리-페로 간섭계의 분해능 $\mathcal{R}$은 이 비율의 역수이다.

$$\mathcal{R} \equiv \frac{\lambda}{\Delta\lambda_{\min}} = \frac{2d\mathcal{F}}{\lambda} = m\mathcal{F} \tag{8-39}$$

여기에서, $m = 2d/\lambda$는 모드수이고 명목상의 파장 λ 및 명목상의 공진기 길이 d와 관련된다.

당연히 분해능이 클수록 좋다. 주사형 패브리-페로 간섭계에서 큰 분해능 값은 모드수가 크고 예리도 값이 클 때(반사 계수들이 1에 가까울 때 생김) 얻을 수 있음을 보았다. 식(8-35)에 따르면 모드수 m을 최대로 만들기 위해서는 가능한 한 가장 큰 판 간극 d를 필요로 하는 점을 주목하라.

예제 8-3

패브리-페로 간섭계에서 거울간의 간격이 1-cm이고 반사 계수 $r = 0.95$이다. 500 nm 부근의 어떤 한 파장에 대해, 모드수, 예리도, 최소 분해가능 파장 간격, 그리고 분해능을 결정하시오.

풀이

식(8-35), (8-29), (8-38)과 (8-39)를 이용하면 다음과 같다.

$$m = \frac{2d}{\lambda} = \frac{2(1 \times 10^{-2})}{500 \times 10^{-9}} = 40,000$$

$$\mathcal{F} = \frac{\pi r}{1 - r^2} = \frac{\pi(0.95)}{1 - 0.95^2} = 31$$

$$(\Delta\lambda)_{\min} = \frac{\lambda}{m\mathcal{F}} = \frac{500\,\text{nm}}{(40,000)(31)} = 4 \times 10^{-4}\,\text{nm}$$

$$\mathcal{R} = \frac{\lambda}{(\Delta\lambda)_{\min}} = \frac{500}{4 \times 10^{-4}} = 1.2 \times 10^{6}$$

좋은 패브리-페로 간섭계는 백만 또는 그 이상의 분해능을 가질 수 있다. 이것은 프리즘이나 (회절)격자 장치의 성능보다 한두 차수 높은 성능을 의미한다. 그림 8-14는 수은의 녹색 선에서 얻은 세밀한 구조를 나타내는 고리 패턴의 사진으로서, 그림 8-7(a)의 방식으로 작동한 패브리-페로 장치의 고해상도 성능을 보여준다.

우리는 패브리-페로 간섭계를 사용하여 분해가능한 최소 파장 간극을 결정했다. 마찬가지로 최대 파장 간극 $\Delta\lambda_{\max}$도 또한 존재하며, 이 또한 명확하게 결정할 수 있다. 만약 파장 간극이 너무 크다면, 모드수 $m+1$인 (파장) λ_1의 투과도 봉우리는 모드수 m인 λ_2의 투과도 봉우리와 겹쳐질 수 있다. 공진기 길이의 차이가 같은 모드수 m을

그림 8-14 수은의 녹색선으로 얻은 패브리-페로 고리들: 미세 구조를 나타냄. (원전: "Atlas of Optical Phenomena", 1962, Michael Cagnet, Maurice Franco and Jean Claude Thrierr; Plate 10(top). Copyright ⓒ Springer-Verlag GmbH & Co KG. Springer Science and Business Media사의 허가에 의해 동의를 얻어 재판하였음.)

가진 두 개의 파장 성분들의 투과도 봉우리들에서 온다면,

$$\Delta d = m\lambda_2/2 - m\lambda_1/2 = m\Delta\lambda/2$$

파장 성분 λ_1의 인접한 투과도 봉우리들에서 유래된 공진기 길이의 차이는 가변-길이 패브리-페로 간섭계의 자유분광구간이다.

$$d_{fsr} = (m+1)\lambda_1/2 - m\lambda_1/2 = \lambda_1/2$$

만약 $\Delta d = d_{fsr}$ 라면 모드수 $m+1$인 λ_1의 투과도 봉우리는 모드수 m인 λ_2의 투과도 봉우리와 겹쳐질 것이다. 즉 다음의 조건에서 겹쳐진다.

$$m\Delta\lambda/2 = \lambda_1/2$$

따라서 명확하게 결정할 수 있는 최대 파장 간극은,

$$\Delta\lambda_{\max} = \lambda_1 m \approx \lambda/m$$

여기에서 λ는 인접한 두 파장 성분 λ_1과 λ_2로 구성된 입사광의 명목상의 파장이다. λ/m보다 큰 파장간극도 패브리-페로 공진기를 이용하여 측정할 수 있다. 그러기 위해서는 인접한 투과 봉우리들의 모드수 차이를 명확히 결정할 수 있도록 파장간극에 대한 추가적인 정보가 있어야 하겠다.

흥미롭게도 이 최대 파장 차와 분해가능 최소 파장 차의 비율은 예리도에 의해 주어진다.

$$\frac{\Delta\lambda_{\max}}{\Delta\lambda_{\min}} = \frac{\lambda/m}{\lambda/(m\mathcal{F})} = \mathcal{F}$$

이 비율이 예리도라는 사실은 놀라운 것은 아니다. 고정-길이 패브리-페로 간섭계를 가변-파장-입력 전자기장의 함수로 된 장치라고 생각해 보면, 간섭계의 투과도는 $\Delta\lambda_{\min} = \lambda/m\mathcal{F}$와 같은 반치폭 그리고 $\Delta\lambda_{\max} = \lambda/m$과 같은 봉우리 간극(즉, 자유분광구간)을 가진 투과도 봉우리들로 이루어져 있다. 따라서 $\Delta\lambda_{\max}$는 패브리-페로 간섭계의 (파장) 자유분광구간 λ_{fsr}으로 볼 수 있다(문제 8-23 참조).

주사형 패브리-페로 간섭계에는 평면 거울 대신에 구면 거울이 흔히 사용된다. 구면-거울 패브리-페로 공진기는 평면-거울 공진기보다 제작과 정렬이 쉽고 집광력이 좋다. 그러나 구면-거울 공진기는 또한 (이미 고려한) 평면-거울 공진기보다 더 복잡한 투과도 스펙트럼을 가진다. 평면 거울로 된 공진기와 마찬가지로, 구면-거울 공진기도 공진기 자유분광구간만큼 분리되는 모드(이른바, 종-모드)들을 가진다. 그러나 추가적으로 거울의 곡률반지름과 공진기 길이의 관계에 의한 모드(소위, 횡-모드)들도 존재한다. 공진기의 횡-모드의 본질은 27장에서 보다 자세히 논의된다. 구면-거울 패브리-페로 공진기의 더 복잡한 모드 구조는 패브리-페로 간섭계를 조정/정렬하는 데 유용한 추가적인 표지(인식점)들을 제공하기도 한다.

8-7 가변 입력주파수 패브리-페로 간섭계

앞 절에서 논의한 주사형 패브리-페로 공진기에서, 공진기의 투과도는 공진기의 변화하는 길이의 함수이다. 패브리-페로 간섭계의 두 번째 변형은 고정된 길이의 공진기를 사용하고 가변-주파수의 입력 전기장을 사용하는 것이다. 이 동작 모드에서는 투과도 봉우리들과 관련된 주파수들이 표지가 된다. 이는 입력 레이저 전자기장의 변화하는 주파수를 관찰하고 조정하는 데 사용될 수 있다. 가변 입력주파수 패브리-페로 간섭계를 통한 투과도 T의 자유분광구간과 반치폭은 앞 절에서 논의한 주사형 패브리-페로 간섭계에서와 유사한 방식으로 유도할 수 있다. 그러기 위해서는 맨 먼저 왕복 위상이동 d를 입력 전자기장의 주파수 ν와 관련지어야 한다. 기본 관계식 $k = 2\pi/\lambda = 2\pi\nu/c$을 이용하면, 주파수 ν를 가진 입력 전자기장의 왕복 위상이동 δ는 다음과 같이 기술된다.

$$\delta = 2kd = 4\pi(\nu/c)d$$

따라서 가변 입력 주파수의 함수로 투과도를 기록하면, 입력 전자기장의 주파수가 다음의 공진 조건에서 결정되는 값을 가질 때 투과도에 극대점이 생긴다.

$$\delta_m = 4\pi(\nu_m/c)d = 2m\pi \quad m = 0, \pm 1, \pm 2, \cdots$$

즉, 이 패브리-페로 공진기의 공진주파수는

$$\nu_m = mc/2d \tag{8-40}$$

이다. 여기에서 공진기 거울 사이의 공간 물질의 굴절률 $n = 1$을 가정한다. 이 동작 모드에서는 간섭계의 자유분광구간은

$$\nu_{fsr} = \nu_{m+1} - \nu_m = c/2d \tag{8-41}$$

이다. 사실상 자유분광구간이라는 용어는 가장 흔하게 이 경우에 적용된다. 즉 투과도가 입력 주파수의 함수일 때이다. 투과도 곡선의 반치폭 $2\Delta\nu_{1/2}$은 $\mathcal{F}$의 기본 표현과 왕복 위상이동 δ와 주파수 ν 사이의 관계로부터 구해진다. 즉,

$$\mathcal{F} = \frac{\delta_{fsr}}{2\delta_{1/2}} = \frac{4\pi(\nu_{fsr}/c)d}{2[4\pi(\Delta\nu_{1/2}/c)d]} = \frac{\nu_{fsr}}{2\Delta\nu_{1/2}}$$

이다. 따라서

$$2\Delta\nu_{1/2} = \frac{\nu_{fsr}}{\mathcal{F}}$$

이다. 식(8-41)과 식(8-29)에 주어진 예리도 $\mathcal{F}$의 표현을 사용하면,

$$2\Delta\nu_{1/2} = \frac{c}{2d}\frac{1-r^2}{\pi r} \tag{8-42}$$

이다. 패브리-페로 간섭계를 통과한 투과도를 그림 8-15에 입력광의 주파수의 함수로 나

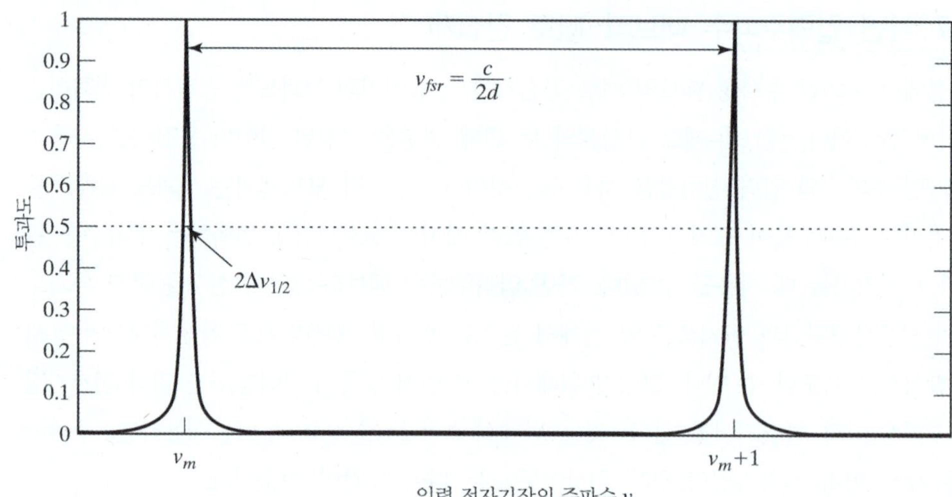

그림 8-15 고정 길이 d의 패브리-페로 간섭계를 통과한 투과도 T. 입력 전자기장의 가변 주파수 n의 함수로 표시하였다.

타내었다. 이 방식으로 사용되는 패브리-페로 공진기는 흔히 Q 지수(quality factor)로 특징지어 지는데, 이 값은 명목상의 공진 주파수와 투과도 봉우리들의 반치폭과의 비율로서 정의된다.

$$Q = \frac{\nu}{2\Delta\nu_{1/2}} = \mathcal{F}\frac{\nu}{\nu_{fsr}} \tag{8-43}$$

언급한 바와 같이, 패브리-페로 간섭계의 투과도를 사용하여 레이저의 주파수 변화를 조정하는 데 사용할 수 있다(입력 레이저 전자기장의 주파수를 일부러 변화시키는 방식으로). 예를 들어 레이저 공진기의 유효 길이를 변화시키면 레이저 주파수가 변화된다. 그런 조정 절차는, 예를 들면 흡수 분광법에서 유용하다. 이러한 가변 입력주파수 패브리-페로 간섭계의 응용은 문제 8-22에서 탐구해 본다. 대신에 다음 절의 마지막에 논의하는 고정-길이 패브리-페로 공진기의 입력되는 레이저 전자기장의 주파수 변화에 의해 유도되는 투과도의 변화는 레이저 광원의 주파수를 안정화시키기 위한 피드백 신호로서 사용될 수 있다.

예제 8-4에서 우리는 가변 입력주파수 패브리-페로 간섭계의 다양한 성능계수들 사이의 관계들을 탐구할 것이다.

예제 8-4

가변 입력주파수 패브리-페로 간섭계를 통과한 투과도를 생각해 보자. 패브리-페로 공진기의 길이 $d = 5\,\text{cm}$이고 예리도 $\mathcal{F} = 30$이라고 하자. 레이저 명목상의 주파수를 $\nu = 5 \times 10^{14}\,\text{Hz}$로 잡자.

a. 이 패브리-페로 공진기의 자유분광구간 ν_{fsr}을 구하시오.

b. 투과도 봉우리들의 FWHM $2\Delta\nu_{1/2}$을 구하시오.

c. 이 패브리-페로 공진기의 Q 지수를 구하시오.

d. 이 패브리-페로 공진기로 쉽게 측정할 수 있는 가장 작은 주파수 변화 값을 추정하시오.

풀이

a. 식(8-41)을 이용하여, $\nu_{fsr} = \dfrac{c}{2d} = \dfrac{3 \times 10^8 \,\mathrm{m/s}}{2(0.05\,\mathrm{m})} = 3\,\mathrm{GHz}$를 구한다.

b. 예리도의 표현인 $\mathcal{F} = \dfrac{\nu_{fsr}}{2\Delta\nu_{1/2}}$을 이용하여, 다음을 얻는다.

$2\Delta\nu_{1/2} = \nu_{fsr}/\mathcal{F} = (3\,\mathrm{GHz})/30 = 100\,\mathrm{MHz}$

c. 식(8-43)을 이용하여, $Q = \dfrac{\nu}{2\Delta\nu_{1/2}} = \dfrac{5 \times 10^{14}\,\mathrm{Hz}}{10^8\,\mathrm{Hz}} = 5 \times 10^6$이다.

d. 최초에 주파수를 최대 투과도가 나오도록 조정하였다면, 주파수 변화 $\Delta\nu = \Delta\nu_{1/2} = 50\,\mathrm{MHz}$에 의해 투과도가 절반으로 줄어들게 될 것이다. 따라서 이 패브리-페로 간섭계는 주파수 변화 $50\,\mathrm{MHz}$를 쉽게 측정할 수 있을 것이다.

8-8 레이저와 패브리-페로 공진기

레이저 공진기들은 흔히 두 개의 고 반사율의 구면 거울들로 구성되고, 따라서 구면-거울로 된 패브리-페로 공진기들과 같은 기본 구조를 갖는다. 고정-길이 패브리-페로 공진기가 최대 투과도를 갖는 주파수들은 또한 동일한 공진기 내의 레이저 매질에서 생성되는 빛이 낮은 손실을 경험하는 주파수들이다. 게다가 다음에 보이겠지만, 광 공진기에 저장된 빛 에너지가 공진기 거울들에서의 투과 및 흡수에 의해, 시간에 따라 감소하는 비율이 패브리-페로 간섭계에서 사용된 동일한 공진기의 투과도 봉우리들의 FWHM $2\Delta\nu_{1/2}$과 직접 연결된다. 흔히 **공진기 감쇠율**이라 불리우며 기호 Γ로 표시되는 이 공진기의 손실률은 정상상태의 레이저 동작을 유지하기 위하여 이득 매질에 의해 상쇄되어야 한다. 8-5절에서 소개된 수식은 광 공진기에 저장된 빛 에너지가 시간에 따라 감소하는 비율을 결정하는 데 사용될 수 있다. 특히 식(8-21)은 공진기 손실률을 위한 표현을 전개하는 데 적용되어 사용될 수 있다. 패브리-페로 공진기에 입사하는 전자기장이 시간 t_0에 제거된다고 하자. 나아가 공진기 내의 전자기장이 공진기와 공진한다고 하면 $\delta = 2m\pi$이다. 그러면 $t > t_0$의 시간에서 식(8-21)은 다음과 같이 단순화된다.

$$E_{01}^{+}(t+\tau) = r^2 E_{01}^{+}(t) \tag{8-44}$$

만약 1회 왕복 시간 τ 동안의 복소 전기장 세기 E_{01}^{+}의 변화가 세기 자체보다 작다면, 테일러 급수 근사를 사용하면

$$E_{01}^{+}(t+\tau) \approx E_{01}^{+}(t) + \tau \frac{d}{dt} E_{01}^{+}(t)$$

이다. 이것을 식(8-44)에 적용하고 항들을 재배열하면 다음을 얻는다.

$$\frac{d}{dt}E_{01}^{+}(t) = -\frac{1}{\tau}(1-r^2)E_{01}^{+}(t)$$

다음에 주어진 이 미분방정식의 해를 위의 미분방정식에 직접 대입해 봄으로써 증명할 수 있다.

$$E_{01}^{+}(t) = E_{01}^{+}(t_0)e^{-(1/\tau)(1-r^2)(t-t_0)}$$

공진기 내의 우측-진행 복사조도 I^{+}는 우측-진행 파동의 복소 전기장 세기의 제곱에 비례한다. 따라서

$$I^{+}(t) = I^{+}(t_0)e^{-(2/\tau)(1-r^2)(t-t_0)} \equiv I^{+}(t_0)e^{-\Gamma(t-t_0)}$$

이다. 즉 공진기 복사조도는 다음의 비율로 감쇠한다.

$$\Gamma = \frac{2}{\tau}(1-r^2) \tag{8-45}$$

이 결과는 무손실 거울들에 대해, 각각의 왕복 시간 τ 동안에 대한 부분 복사조도 손실 $\Gamma\tau$가 대략 $2(1-r^2) = 2t^2$임을 나타낸다. 공진기 감쇠율 Γ의 역수는 때때로 공진기의 **광자 수명** τ_p로 불린다. 즉, 공진기의 광자 수명은 공진기에 저장된 에너지가 이득이나 (추가) 입력없이 초기값의 $1/e$로 감소하는 시간 간격 $(t-t_0)$이다. 만약 공진기 내의 빛이 패브리-페로 공진기에서처럼 입력에 의해 유지되거나 또는 레이저의 경우와 같이 펌핑된 이득 매질에 의해 유지된다면, τ_p는 주어진 크기의 광 전기장이 공진기 내에 머무르는 대략의 시간이다. 공진기를 탈출하기 전에 광 전자기장이 왕복하는 대략 횟수를 N_{rt}라 하면,

$$N_{rt} \approx \frac{\tau_p}{\tau} = \frac{1}{2(1-r^2)} \tag{8-46}$$

이다. 고반사율의 거울들(r이 1에 근접하는)에 대해, 공진기 감쇠율과 투과도 봉우리들의 FWHM $2\Delta\nu_{1/2}$가 다음과 같이 단순하게 연결됨을 기억해 두면 좋다(식(8-42)와 (8-45) 참조).

$$\Gamma = \frac{2}{\tau}(1-r^2) = 2\pi r\left(\frac{c}{2d}\frac{1-r^2}{\pi r}\right) = 2\pi r(2\Delta\nu_{1/2}) \cong 2\pi(2\Delta\nu_{1/2})$$

이로부터 공진기 Q 지수의 두 번째 정의를 공진기의 동작 주파수 $\omega = 2\pi\nu$의 공진기 감쇠율과의 비율로 정할 수 있다.

$$Q \approx \frac{2\pi\nu}{\Gamma} = \frac{\omega}{\Gamma}$$

패브리-페로 공진기와 레이저 공진기 사이의 형식적인 유사성뿐만 아니라, 패브리-페로 간섭계들은 광학계들에서 진단 또는 조절 요소로서 다양한 역할을 수행할 수 있다. 예를 들어 외부 주사형 패브리-페로 간섭계를 사용하면 다중모드 레이저의 출력에서의

모드 구조를 조사할 수 있다. 패브리-페로의 조절 요소로서의 두 가지 흔한 용도는 레이저를 단일모드로 동작하도록 제한하는 용도와 레이저 주파수 안정화 시스템에서의 부품로서의 용도이다. 이것들은 다음에 논의한다.

에탈론을 이용한 모드 억제

언급한 대로 많은 레이저 시스템들은 소위 다중 모드로 동작한다. 즉 레이저의 정상상태 출력에는 공진기의 서로 다른 여러 공진주파수를 가진 전기장 성분들이 포함된다. 어떤 응용들에서는 레이저가 오직 하나의 (공진기의)공진주파수로만 출력을 내는 것이 바람직하다. 그런 단일-모드 레이저에서는 결맞음 길이가 다중 모드 레이저보다 길다. 길이 d의 패브리-페로 에탈론을 길이 $l > d$인 레이저 공진기에 넣어서 단일 레이저 모드 이외의 모든 다른 모드들을 억제하도록 할 수 있다.

그림 8-16(a)에 나타낸 것과 같은 레이저 시스템에서, 레이저 이득 매질에 의한 증폭요건과 레이저 공진기와 에탈론 양쪽에 의해 주어지는 손실 조건들을 동시에 만족하는 경우에만 레이저 출력에 특정 주파수의 공진기 모드가 나타난다. 레이저 공진기보다 훨씬 짧은 에탈론의 자유분광구간 값 $\nu_{fsr} = c/2d$는 레이저 공진기의 값 $c/2l$보다 훨씬 크다. 에탈론의 길이를 선택할 때는 오직 한 개의 단일 에탈론 모드만이 어떤 한 개의 공진기 모드—공진기 모드 레이저 동작 주파수 범위(이득 대역폭) 이내에 존재하는—와 겹쳐질 수 있도록 선택할 수 있다. 게다가 만약 에탈론 모드의 폭이 공진기의 자유분광구간보다 작다면, 레이저 출력단에는 오직 한 개의 공진기 모드만이 존재하게 될 것이다. 모드 억제를 위해 에탈론을 사용하는 전형적인 레이저 시스템에서의 모드 간격을 그림 8-16(b)에 나타내었다. 이득 대역폭 안에서 에탈론 모드의 위치를 일치시키기 위해서는, 예를 들어 에탈론 간격을 압전 간격장치로 조절하거나 에탈론을 기울임으로써 유효 에탈론 간격 d를 변화시키면 된다. 에탈론을 사용하여 레이저를 단일 모드로 동작하도록 제한하는 것을 예제 8-5에서 살펴보자.

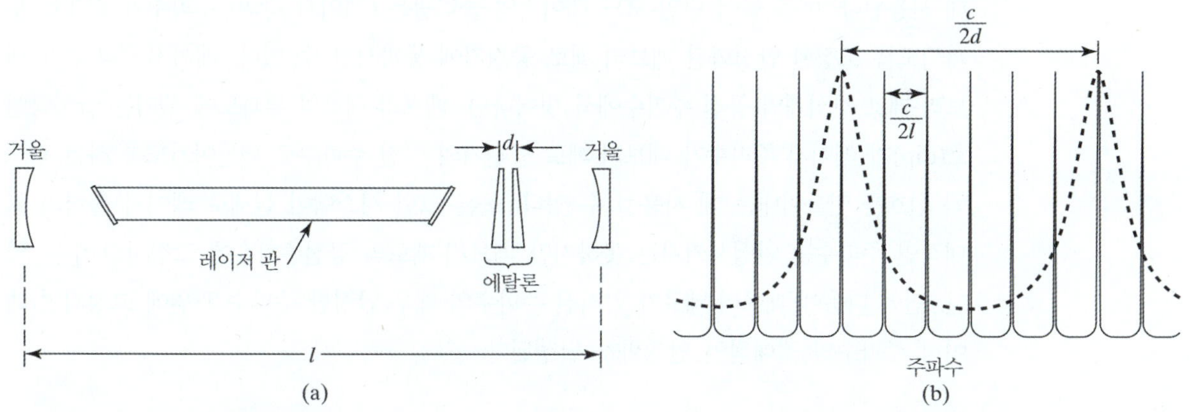

그림 8-16 (a) 단일-모드 동작을 위해 내부 공진기 에탈론을 가진 레이저. (b) 길이 l인 레이저 공진기(실선)와 길이 d인 에탈론(파선)의 투과도.

예제 8-5

어떤 아르곤-이온 레이저가 6 GHz 대역의 주파수 범위에서 레이저 정상상태 발진을 유지할 수 있다. 즉 아르곤-이온 레이저의 이득 대역폭은 대략 6 GHz이다. 만약 레이저 공진기의 길이가 $l = 1\,\mathrm{m}$라면, 레이저 출력에 존재할 수 있는 종 공진기 모드들의 수를 예측해보시오. 또한 이 레이저를 단일모드 동작으로 제한할 수 있는 에탈론의 최소 길이 d를 구하시오.

풀이

종 공진기 모드들은 레이저 공진기의 자유분광구간에 의해 분리되어 있다.

$$\nu_{fsr}^{\text{laser}} = \frac{c}{2l} = \frac{3 \cdot 10^8\,\mathrm{m/s}}{2(1\,\mathrm{m})} = 0.15\,\mathrm{GHz}$$

따라서 레이저 발진하는 모드들의 수는 다음과 같이 주어질 것이다.

$$\#\ \text{of lasing modes} \approx \frac{6\,\mathrm{GHz}}{0.15\,\mathrm{GHz}} = 40$$

단일모드로 동작시키기 위해서는 에탈론의 자유분광구간이 이득 대역폭보다 커야만 한다. 이 조건으로부터 필요한 에탈론 길이 d를 결정할 수 있다.

$$\nu_{fsr}^{\text{etalon}} = \frac{c}{2d} = 6\,\mathrm{GHz}$$

$$d < \frac{c}{2(6 \cdot 10^9\,\mathrm{Hz})} = \frac{3 \cdot 10^8\,\mathrm{m/s}}{1.2 \cdot 10^{10}\,\mathrm{Hz}} = 2.5\,\mathrm{cm}$$

레이저 주파수 안정화

패브리-페로 공진기는 피드백 고리안에 포함되어 최신식의 주파수 및 길이 안정화를 얻는데 사용된다. 예를 들어 단일-모드 레이저의 출력광은 (레이저 광의) 주파수가 최대로 투과되도록 조정된 안정화된 패브리-페로 공진기에 통과시킬 수 있다. 레이저 주파수가 패브리-페로 간섭계의 공진 주파수에서 벗어나면, 패브리-페로의 투과도에 생기는 급하락신호(dip)가 레이저 주파수가 패브리-페로 공진기의 공진 주파수로 되돌아가도록 하는 피드백 신호를 만들어내는 데 사용될 수 있다. 물론 그런 시스템이 실제로 레이저 출력의 절대적인 주파수를 안정시키지는 못하지만 패브리-페로의 공진주파수에 고정시킬 수는 있다. 만약 다음에 패브리-페로가 알려진 주파수의 매우 안정한 주파수 광원에 고정되면 레이저 주파수의 절대적인 안정화가 달성된다.

8-9 패브리-페로 성능계수

위에 살펴본 바와 같이, 패브리-페로 간섭계는 다양한 동작 모드들을 가진 융통성 있는 장치이다. 패브리-페로 공진기의 몇몇 성능계수들간의 관계를 **표 8-1**에 나열하였다. **표 8-2**에는 거울의 반사계수에 따라 이 성능계수들 중 대표적인 값들을 다른 값들과 함께 표시하였다. **표 8-2**의 FSR과 FWHM은 두 줄로 표시되어 있는데, 한 값은 거울 간격 d의 변화에 따라 투과도가 변화하는 경우에 대한 것이고, 다른 값은 입력 주파수 ν의 변화에 따른 투과도의 변화에 해당한다.

표 8-1 패브리-페로 성능계수

여기에서 r은 최종 거울의 반사 계수, T는 패브리-페로 투과도, R은 거울 간격 d가 변화할 때 명목상의 파장 λ인 입력전자기장에 대한 패브리-페로의 분해능, $2\Delta\nu_{1/2}$는 입력 주파수가 주파수 ν 부근에서 변화될 때 투과도 봉우리의 FWHM, Γ는 패브리-페로 공진기 내의 빛의 감쇠율, τ_p는 공진기의 광자 수명 그리고 FSR은 자유분광구간을 나타낸다.

예리도 계수	$F = \dfrac{4r^2}{(1-r^2)^2}$	$T = \dfrac{1}{1+F\sin^2(\delta/2)}$	$F = \dfrac{T_{\max}-T_{\min}}{T_{\min}}$
예리도	$\mathcal{F} = \dfrac{\pi\sqrt{F}}{2} = \dfrac{\pi r}{1-r^2}$	$\mathcal{F} = \dfrac{\text{FSR}}{\text{FWHM}}$	$\mathcal{R} = \dfrac{\lambda}{\Delta\lambda_{\min}} = \dfrac{2d\mathcal{F}}{\lambda}$
Q 지수	$Q = \dfrac{\nu}{\nu_{fsr}}\mathcal{F}$	$Q = \dfrac{\nu}{2\Delta\nu_{1/2}}$	$Q \approx \dfrac{\omega}{\Gamma} = \omega\tau_p$

표 8-2 명목상의 간격 $d = 5\,\text{cm}$, 명목상의 입력 파장 $\lambda = 500\,\text{nm}$와 명목상의 주파수 $\nu = 6\cdot 10^{14}\,\text{Hz}$인 공진기의 패브리-페로 매개변수들. 광자 수명과 FWHM은 반사 계수가 너무 적은 경우에는 해당 없음.

거울 반사 계수	r	0.2	0.5	0.8	0.9	0.97	0.99
예리도 계수, F	$\dfrac{4r^2}{(1-r^2)^2}$	0.174	1.78	19.8	89.8	1080	9900
예리도, $\mathcal{F}$	$\dfrac{\pi r}{1-r^2}$	0.655	2.09	6.98	14.9	51.6	156
Q 지수	$\dfrac{\nu}{(c/2d)}\mathcal{F}$	$1.31\cdot 10^5$	$4.19\cdot 10^5$	$1.40\cdot 10^6$	$2.98\cdot 10^6$	$1.03\cdot 10^7$	$3.13\cdot 10^7$
광자 수명, τ_p(s)	$\dfrac{d}{c(1-r^2)}$	NA	NA	$4.63\cdot 10^{-10}$	$8.77\cdot 10^{-10}$	$2.82\cdot 10^{-9}$	$8.38\cdot 10^{-9}$
분해능, $\mathcal{R}$	$\dfrac{2d\mathcal{F}}{\lambda}$	$1.31\cdot 10^5$	$4.19\cdot 10^5$	$1.40\cdot 10^6$	$2.98\cdot 10^6$	$1.03\cdot 10^7$	$3.13\cdot 10^7$
$\Delta\lambda_{\min}$(nm)	$\dfrac{\lambda^2}{2d\mathcal{F}}$	$3.82\cdot 10^{-3}$	$1.19\cdot 10^{-3}$	$3.58\cdot 10^{-4}$	$3.58\cdot 10^{-4}$	$4.85\cdot 10^{-5}$	$1.60\cdot 10^{-5}$
FSR (가변 간격) (nm)	$\lambda/2$	250	250	250	250	250	250
FWHM (가변 간격) (nm)	$\dfrac{\lambda}{2\mathcal{F}}$	NA	NA	35.8	16.8	4.85	1.6
FSR (가변 주파수) (GHz)	$\dfrac{c}{2d}$	3	3	3	3	3	3
FWHM (가변 주파수) (GHz)	$\dfrac{c}{2d\mathcal{F}}$	NA	NA	0.43	0.202	0.0582	0.0192

8-10 중력파 검출기들

이 장은 중력파 검출을 위한 간섭계의 설명으로 마치고자 한다. 이 책을 쓰고 있는 시점에, 레이저 간섭계 중력 관측소(Laser Interferometer Gravitational Observatory, LIGO) 프로젝트들의 구성요소로서, 중력파를 검출하고 연구하기 위해 고안된 간섭계들이 미국 내의 서로 다른 두 장소에서 건설되고 있다. 유사한 간섭계들이 유럽과 일본에 있는 과학자와 공학자들에 의해 개발되고 있다. 전하의 가속에 의해 전자기파가 발생되는 것과 유사한 방식으로 질량의 가속으로부터 중력파동이 발생된다. 중력파동은 지나치는 물체에 시간에 따라 변하는 힘을 작용한다. 중력이 너무나 미약하기 때문에, 블랙홀간의 충돌이나 초신성의 폭발과 같은 가장 극적인 천문학적 사건에서 발생하는 중력파조차도 지구에는 극히 작은 효과만을 준다. 지금까지 중력파는 직접 검출된 적이 없으나, 현재 건설중인 간섭계들는 충분히 민감하여 앞서 나열한 극적인 천문학적 사건들뿐만 아니라 서로 공전하는 쌍성(binary stars)에서 발생하는 중력파를 검출하기에 충분할 것으로 예상된다. 적외선, 자외선 그리고 X-선 "망원경들"의 개발이 천문학적 사건들에 대한 지식의 창고를 극적으로 증가시킨 것과 똑같은 방식으로, 중력파 검출은 우주에 대한 새 창을 열어줄 것이다. 멀리 떨어진 장소에 놓인 간섭계들에서 얻은 정보는 국소적인 주위환경 및 장치에서 오는 잡음에 의한 신호로부터 중력파에 의한 신호를 구별할 수 있게 해 줄 것이다.

건설되고 있는 LIGO 장치들의 개략도와 설치 장소 중 하나의 항공사진을 그림 8-17에 나타내었다. 원하는 감도를 달성하기 위하여, LIGO 간섭계는 마이컬슨과 패브리-페로 간섭계들을 동시에 포함하는 모습 — 마이컬슨 간섭계의 각각의 두 팔에 패브리-페로 공진기 한 개씩을 가지는 모습으로 — 을 하고 있다. 매단 거울들 사이의 거리는 통과하는 중력파에 맞추어 변화될 수 있다. 중력파는 횡 사중극(transverse quadrupole) 복사의 형태로 예측되므로, 간섭계의 평면에 수직인 방향으로 전파하는 파동은 간섭계의 두 팔에 반대 부호의 길이 변화를 유도할 것이다. 즉, 만약 중력파의 통과에 의해 한 팔의 길이가 감소하면, 다른 팔의 길이는 늘어날 것이다. 또한 다른 방향으로 전파하는 중력파동은 두 팔에 서로 다른 길이 변화를 일으킬 것이다. 간섭계의 팔길이에 작용하는 중력에 의한 응력 h는 다음의 형태를 가진다.

$$h = \frac{\Delta L}{L} \tag{8-47}$$

여기에서 L은 간섭계의 한 팔의 명목상의 길이이고 ΔL은 중력파의 통과에 의해 발생하는 팔길이의 차이이다.

마이컬슨 간섭계에서, 간섭계의 팔들의 미분 길이 변화 ΔL은 간섭계 팔들에서 출발하여 검출기에 도달하는 두 빔들 사이에 위상차의 변화를 일으킨다. 따라서 특정한 중력에 의한 응력 h를 주는 천문학적 사건에 의한 위상 변동의 크기는 긴 팔들을 가진 간섭계를 사용함으로써 증가시킬 수 있다. 천문학적 광원들에서 오는 중력 복사를 검출하

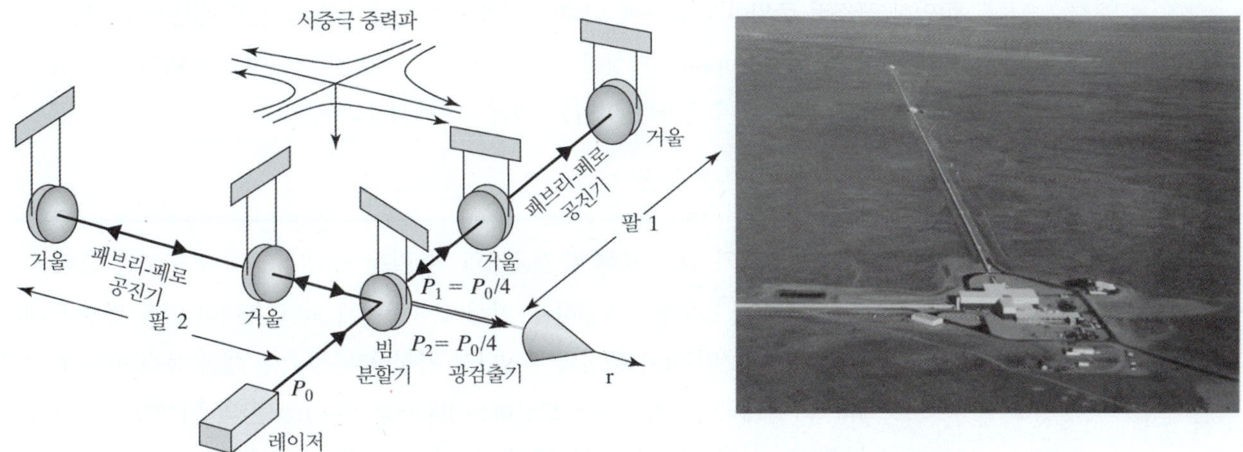

그림 8-17 (a) LIGO 간섭계의 개략도. 줄로 매달아 근사적으로 자유 질량체인 받침대에 거울들이 부착되어 있다. (b) 워싱턴의 핸포드에 건설중인 중력파검출기의 항공사진. LIGO 실험실의 허락에 의한 전재임.

기 위해서는 10^{-21}(대략 검출시간 1 ms) 미만의 응력에 대한 민감도가 필요한 것으로 예측된다. 얼핏 보면 이 감도는 달성할 수 없을 것처럼 보인다. 그 이유는 팔 길이 L이 10 km에 이르는 장치에서 원자핵의 크기(~10^{-15} m)보다 작은 길이 변화 ΔL를 측정할 수 있어야 한다는 점을 의미하기 때문이다. 그러나 본보기로 만든 팔 길이 40 m의 장치가 대략 450 Hz의 신호에서 2×10^{-19}의 응력에 대응하는 잡음 수준에서 동작된 바 있다.[2]

그림 8-17(a)에 예시한 장치에서 두 패브리-페로 간섭계들의 끝 거울들과 빔 가르개는 자유로이 매달린 질량체에 실려 있다. 한 동작 모드에서는 신호가 없는 상황에서 검출기에 상쇄 간섭이 나타나도록 간섭계의 팔 길이를 조정한다. 그러면 빛의 검출은 간섭계의 팔에 미분 길이 변화가 검출되는 것에 해당한다. LIGO 장치들 중 하나에는 4 km 길이의 간섭계 팔이 사용된다. 패브리-페로 공진기들은 레이저에서 온 빛이 검출기로 나가기 전에 공진기 길이를 여러 번 왕복하도록 함으로써 팔의 길이를 늘리는 효과를 낸다. 간섭계 팔에 패브리-페로 공진기를 사용함으로써 장치의 감도를 대략적으로 패브리-페로 공진기 내에서의 광자 수명 동안 왕복하는 횟수와 같은 비율로 증가시킬 수 있다. LIGO 장치의 거울 반사율에서 이 향상 인자는 대략 50이므로, 간섭계 팔의 유효길이는 대략 200 km가 된다. 현재 건설 중인 세대의 LIGO 간섭계들은 민감도가 10^{-21} 이하의 중력에 의한 응력에 해당할 것으로 예상되고, 다음 세대의 장치들은 10^{-22} 이하의 응력 민감도를 가질 것으로 예상된다. 이 예상치들은 모두 100~1000 Hz 범위의 주파수의 신호들에 대한 것이다. 이렇게 조그마한 중력에 의한 응력을 검출하기 위해서는 지진활동과 다양한 다른 원인에 의한 주위환경 신호들의 크기를 줄이거나 제거(필터)해야 한다. 필터링 과정은 멀리 떨어진 지점들에 놓인 간섭계들을 사용함으로써 많이 쉬워지는데, 이는

2 A. Abramovici et al., *Phys. Lett. A*, Vol. 218, 1996, 157-163.

동일한 국소적 주위환경 잡음에 의해 영향받을 가능성이 거의 없기 때문이다. 게다가 중력파의 사중극(quadrupole) 특성이 독특한 특징을 나타낸다. 주어진 중력에 의한 응력과 관련된 신호 크기를 추정하는 방법을 예제 8-6에서 보여준다.

예제 8-6

그림 8-17(a)와 같은 중력파 검출기의 한 팔에 중력파가 중력에 의한 응력 h를 10^{-21}만큼 일으킨다고 가정하자. 간섭계는 중력에 의한 응력이 없을 경우에 대해 영점(검출신호 없음)이 조정되어 있다고 가정하자. 중력에 의한 응력 때문에 간섭계의 두 팔에 놓인 검출기에 도달하는 빛(파장 488 nm인)의 위상차를 계산하고, 이 결과를 사용하여 레이저의 출력 P_0가 10 W일 때 검출되는 출력을 예측하시오. 명목상의 팔 길이 $L = 4\,\text{km}$를 가정하고, 빛이 간섭계의 각각의 팔에서 평균 50회 왕복한다고 가정하시오.

풀이

광검출기에서의 전체 복사조도 I_{det}는 이중광 간섭 표현(식(7-14))을 통해 다음과 같이 간섭계의 각각의 팔에서 탈출하는 빔의 복사조도 I_1 및 I_2와 관련된다.

$$I_{\text{det}} = I_1 + I_2 + 2\sqrt{I_1 I_2}\cos\delta$$

여기에서 δ는 간섭계 팔을 통과한 후 검출기에 도달하는 두 빔들 사이의 위상차이다. 복사조도가 단위 면적당의 일률이기 때문에, 그 간섭 관계식은 검출되는 출력 P_{det}와 두 간섭계 팔을 탈출하는 빔의 출력들, P_1과 P_2를 사용하여 고쳐쓸 수 있다. 즉

$$P_{\text{det}} = P_1 + P_2 + 2\sqrt{P_1 P_2}\cos\delta$$

이다. 검출기를 향하는 빔들이 각각의 간섭계 팔에 들어가고 나올 때 50-50 빔 가르개와 마주치기 때문에

$$P_1 = P_2 = P_0/4$$

이다. 그리고

$$P_{\text{det}} = \frac{P_0}{4} + \frac{P_0}{4} + 2\frac{P_0}{4}\cos\delta = \frac{P_0}{2}(1+\cos\delta)$$

이다. $\cos\delta$ 함수가 -1과 1 사이에서 변하기 때문에, 검출된 출력은 영과 최대 레이저 출력 P_0 사이에서 변하는 점에 주목하라. 검출된 출력은 중력파에 의한 응력이 없을 때 영이어야 하므로, 위상이동값은 다음과 같이 편리하게 쓰여질 수 있다.

$$\delta = \pi + \delta_g$$

여기에서 δ_g는 중력파에 의해 유도된 위상이동값이다. 두 빔 사이의 위상차에 대하여 이 형태를 이용하고, 또한 일반적인 삼각함수 항등식들을 이용하면 검출되는 출력은 다음과 같이 쓰여질 수 있다.

$$P_{\text{det}} = \frac{P_0}{2}(1+\cos\delta) = \frac{P_0}{2}(1+\cos(\pi+\delta_g)) = \frac{P_0}{2}(1-\cos(\delta_g))$$
$$= P_0 \sin^2(\delta_g/2)$$

작은 인수값에 대해 사인 함수는 그 인수값으로 근사될 수 있으므로,

$$P_{\text{det}} \approx P_0(\delta_g/2)^2$$

이다. 중력파에 의해 유도된 위상차 $\delta_g = k\Delta s$이다. 여기에서 Δs는 간섭계의 두 팔을 통과하는 빔들이 이동한 경로 길이의 차이다. 이 경로차 Δs는

$$\Delta s \approx 2 \cdot 50\Delta L = 100hL$$

이다. 여기에서 $\Delta L = hL$은 중력파에 의해 유도된 간섭계 팔(명목상의 길이 L인)들의 길이 차이다. 50배라는 숫자는 각각의 간섭계 팔에 놓인 패브리-페로 공진기 내를 빛이 대략 50회 왕복하는 것을 표시하고, 2배라는 숫자는 패브리-페로 공진기를 1회 왕복할 때 팔 길이의 두 배 길이를 진행하는 사실을 설명한다. 따라서 중력에 의한 응력에 의해 유도된 위상이동 δ_g는,

$$\delta_g \approx k\Delta s = \frac{2\pi}{\lambda}(100hL) = \frac{2\pi}{4.88 \cdot 10^{-7}\,\text{m}}(100)(10^{-21})(4000\,\text{m})$$
$$= 5.1510^{-9}\,\text{rad}$$

이다. 검출되는 출력에 대한 최종표현에 이것을 적용하면,

$$P_{\text{det}} \approx P_0(\delta_g/2)^2 = (10\,\text{W})\left(\frac{5.15 \cdot 10^{-9}}{2}\right)^2 = 6.63 \cdot 10^{-17}\,\text{W}$$

이다. 이 출력값은 대략 160 광자/s에 해당하고, 비록 작기는 하지만 쉽게 검출될 수 있다. 그러나 아주 낮은 수준의 주위환경 잡음 처리법을 적용한다고 해도 이와 같거나 또는 더 큰 수준의 (잡음)출력 신호로 이어질 수 있다. 이미 언급한 대로 중력파를 신뢰성 있게 검출하기 위해서는 간섭계를 주위환경 잡음으로부터 고립시키고 잔류하는 주위환경 잡음 신호들로부터 중력 신호를 분리해내는 것이 필요하다.

문 제

8-1 마이컬슨 간섭계의 거울 한 개가 0.0114 cm만큼 움직였을 때, 523개의 (간섭)무늬가 관측 망원경의 십자선을 통과하는 것이 관측되었다. 그 빛의 파장을 계산하시오.

8-2 파장 546.1-nm의 수은광에 의해 조명되는 마이컬슨 간섭계를 들여다보니, 일련의 직선 무늬들을 보이고, 그 수를 세어보니 센치미터당 12개였다. 이 사건을 설명하시오.

8-3 굴절률 1.434인 형석(fluorite)의 얇은 판을 마이컬슨 간섭계의 한 광축에 수직하게 끼워 넣었다. 589 nm의 파장을 사용하여, 무늬 패턴이 35무늬만큼 이동하는 것이 관측되었다. 그 판의 두께는 얼마인가?

8-4 마이컬슨 간섭계를 들여다보니, 어두운 중심 원판이 동심원 모양의 밝고 어두운 고리들로 둘러싸여 있는 것이 보였다. 그 장치의 한 팔이 다른 팔보다 2 cm만큼 길고, 빛의 파장이 500 nm이다. (a) 중심 원판의 차수와 (b) 중심으로부터 여섯 번째의 어두운 고리의 차수를 결정하시오.

8-5 마이컬슨 간섭계를 사용하여 기체의 굴절률을 측정할 수 있다. 간섭계의 한 팔에 길이 L인 공기를 뺀 유리 셀을 놓고 여기에 기체를 흘렸다. 파장은 λ이다.

a. 셀의 압력이 진공에서 대기압으로 변화함에 따라 N개의 무늬가 관측되었다면, 굴절률 n을 N, λ 그리고 L로 표시하면 어떻게 되는가?

b. 기체가 이산화탄소($n=1.00045$)이고, 셀 길이가 10-cm에, 589 nm의 나트륨 등을 사용한다면, 몇 개의 무늬를 관측하겠는가?

8-6 파장 632.8 nm의 적색광을 사용하는 마이컬슨 간섭계가 20 μm의 경로차로 조정되었다. (a) 관측되는 최초의 (가장 작은 지름) 고리와 (b) 열 번째 고리의 각(angular) 반지름을 결정하시오.

8-7 마이컬슨 간섭계에서 거울 하나를 연마된 면으로 대체하여, 그 연마면을 검사한다. 파장 632.8 nm인 헬륨-네온 광원을 사용하여 면의 등고선을 특징짓는 무늬 패턴을 관측한다. 면 전체에 걸친 무늬 왜곡이 어떤 점에서도 무늬 간극의 4분의 1 이내로 관측되었다. 면의 연마 결함의 최대 깊이는 얼마인가?

8-8 패브리-페로 간섭계의 (반사)판들의 반사 계수가 $r=0.99$이다. 수소 스펙트럼 중 H-알파 이중선(doublet)의 두 성분—656.3 nm에서 간격이 13.60 pm인—을 분간할 수 있는 (a) 최소 분해능과 (b) 판 간격을 계산하시오.

8-9 632.8 nm에서 동작하는 헬륨-네온 레이저의 모드 구조를 분간하는 데 패브리-페로 간섭계가 사용된다. 모드들 사이의 주파수 간격은 150 MHz이다. (반사)판들은 공기 간극으로 서로 분리되어 있고, 각각의 반사도(r^2)는 0.999이다.

a. 이 장치의 예리도 계수는 얼마인가?

b. 필요한 분해능은 얼마인가?

c. 필요한 판 간격은 얼마인가?

d. 이 조건들 하에서 장치의 자유분광구간은 얼마인가?

e. 이 조건들 하에서 최소 구별가능한 파장 구간은 얼마인가?

8-10 고굴절률($n=4.5$)의 두께 2 cm인 투명한 물질로 된 평판 한 개로 패브리-페로 에탈론을 만든다. 평판의 코팅되지 않은 면은 반사도(r^2)가 0.90이다. 이 에탈론이 파장 546 nm 부근에서 사용된다면, (a) 간섭 패턴에서 최고 차수의 무늬와 (b) T_{max}/T_{min}의 비율 그리고 (c) 분해능을 결정하시오.

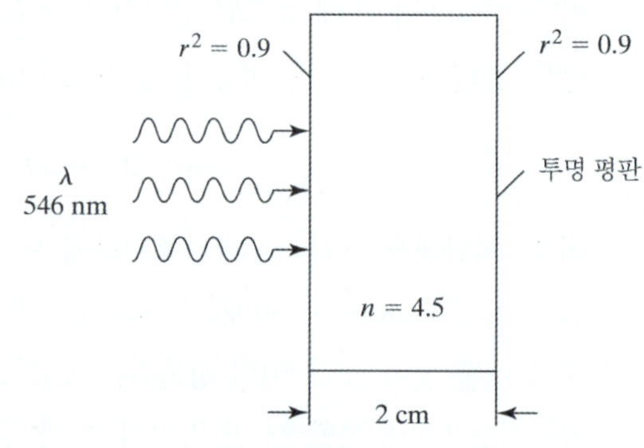

그림 8-18 문제 8-10.

8-11 어떤 이중선이 파장 490 nm에서 0.0055 nm의 파장 간격을 가진다. 가변-길이 패브리-페로 간섭계를 사용하여 그 이중선을 조사한다. 한 파장의 m 차수와 다른 파장의 $(m+1)$ 차수가 겹쳐질 때, 간격의 값이 얼마이겠는가?

8-12 그림 8-19와 같이 구성된 패브리-페로 간섭계에 백색광을 통과시킨다. 이때 검출기는 분광기이다. 일련의 밝은 띠들이 나타난다. 분광기 슬릿에 수은광을 동시에 입사시켰더니, 수은의 보라색 선(435.8 nm)과 녹색 선(546.1 nm) 사이에 놓이는 밝은 띠의 수가 150개이다. 에탈론의 두께는 얼마인가?

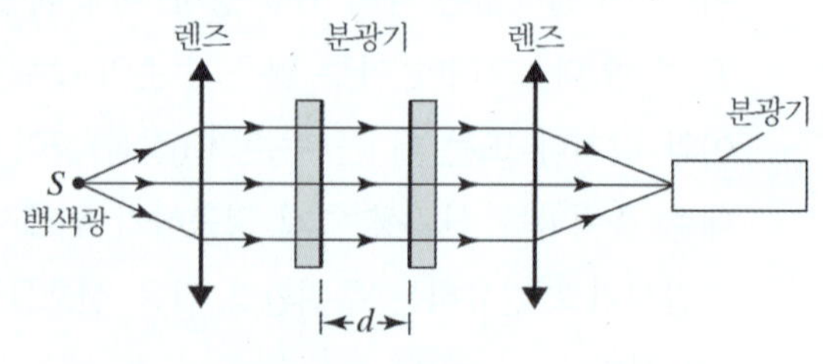

그림 8-19 문제 8-12.

8-13 패브리-페로 간섭계의 예리도를 계산할 때의 논의를 마이컬슨 간섭계에 적용해 보자. 마이컬슨 무늬들의 복사조도를 위상의 함수로 보고, (a) 무늬 간극, (b) 최대값의 절반에서의 무늬 폭, (c) 이들의 비율인 예리도를 계산하시오.

8-14 마흐-젠더 간섭계(그림 8-5)에서, 빔 가르개와 거울 $M3$ 각각은 입사광을 80% 투과시키고 20% 반사시킨다고 가정하자. 나오는 두 광선(표시된)들의 간섭을 관측할 때의 가시도(식 (7-17))를, 처음 경우에 대해 90° 방향으로 놓은(표시 안 됨) $M3$에서 나오는 두 광선들에 의한 가시도와 비교하시오. 두 번째 경우, $M3$에서 광선 (1)은 반사되고 광선 (2)는 투과된다.

8-15 그림 8-8에 표시된 패브리-페로 공진기를 생각하자.

a. 8-5절에서 사용된 패브리-페로 투과도를 유도하는 방법을 사용하여, 패브리-페로 공진기의 반사도 $R = I_R/I_I$를 구하시오. (**주의**: 공진기 거울에서, 만약 안쪽 면의 반사계수가 r이라면, 바깥쪽 면의 반사 계수는 $-r$이고, 투과 계수 t는 실수이다.)

b. (a)의 결과와 식(8-24)(또는 동등한 형태)를 사용하여, 패브리-페로 공진기에서 반사되고 투과된 복사조도의 합이 패브리-페로에 입사한 전기장의 복사조도와 같음을 보이시오. 즉 $I_R + I_T = I_I$임을 보이시오.

8-16 패브리-페로 에탈론에서 각각의 거울의 반사도 r^2이 0.6이다. 에탈론의 극대점에서의 투과도와 극대점들 사이 한 중간에서의 투과도의 비율을 결정하시오.

8-17 (내부) 반사 계수가 r_1과 $r_2 \neq r_1$인 거울들이 사용된 패브리-페로 공진기의 투과도 $T = I_T/I_I$와 반사도 $R = I_R/I_I$를 구하시오. 거울 간극을 d로 잡고 문제 8-15 (a)의 주의를 참고하시오.

8-18 그림 8-15와 같은 가변 입력주파수 패브리-페로 공진기의 투과도를 생각해보자. 사용된 패브리-페로 공진기의 길이는 10 cm이고 입력 레이저의 명목상의 주파수는 4.53×10^{14} Hz라고 가정하자. 다음을 구하시오.

a. 공진기의 예리도 $\mathcal{F}$

b. 투과도의 자유분광구간 ν_{fsr}

c. 투과도 봉우리 반치폭(FWHM), $2\Delta\nu_{1/2}$

d. 공진기의 Q 지수

e. 공진기의 광자 수명 τ_p

8-19 공진기의 예리도 $\mathcal{F}$가 15인 주사형 패브리-페로 간섭계에 파장 632.8 nm의 단색광의 입력되고 있다. 공진기 길이 d가 5 cm에서 5.000001 cm의 범위일 때, 투과도 T를 공진기 길이 d의 함수로 그리시오.

8-20 거울의 반사 계수가 0.999일 때, 표 8-2의 첫 번째 열의 값들을 계산하시오.

8-21 서로 다른 두 파장 성분 λ_1과 λ_2를 가진 광원을 생각해 보자. 이 광원이 명목상의 길이 $d = 5\,\text{cm}$인 주사형 패브리-페로 간섭계에 입사한다고 하자. 패브리-페로를 통한(조정된) 투과도가 공진기 길이의 함수로 그림 8-20(a)와 8-20(b)에 나타낸 것과 같다고 하자. 그림 8-20(a)의 첫 번째 두 봉우리 쌍의 겹치는 봉우리 구조를 자세히 조사하기 위해, 그림 8-20(b)에 더 작은 길이 범위에서 확대하였다.

a. 광원의 명목상의 파장은 얼마인가?

b. 겹치는 투과도 봉우리들이 동일한 모드 수, $m_2 = m_1 = m$인 것으로 추정하고, 두 파장 성분의 파장 차 $\lambda_2 - \lambda_1$를 계산하시오.

c. 겹치는 투과도 봉우리들 봉우리들의 모드 수가 1만큼 차이난다면, 즉 $m_2 = m_1 + 1$인 것으로 추정하고, 두 파장 성분의 파장 차 $\lambda_2 - \lambda_1$를 계산하시오.

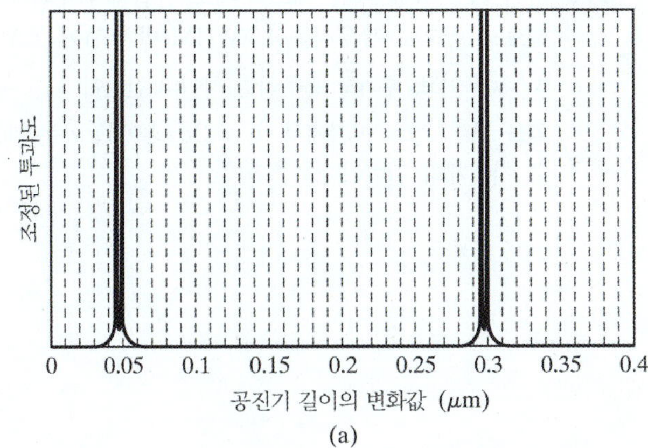

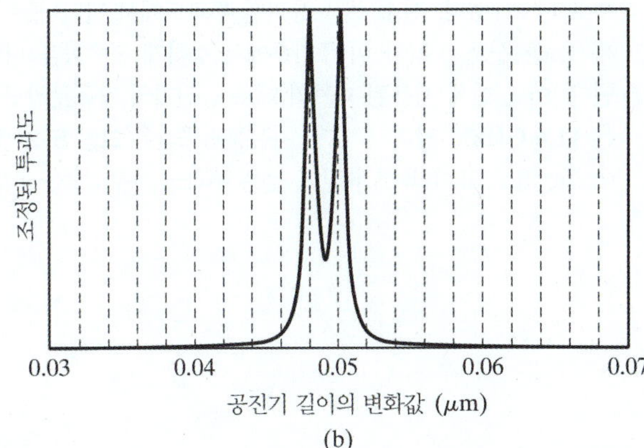

그림 8–20 문제 8–21.

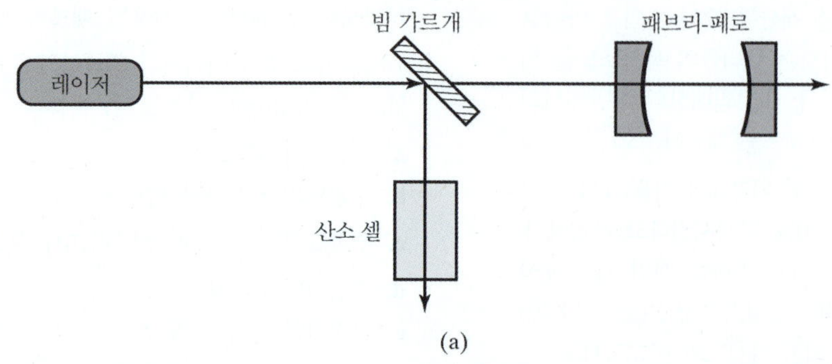

(a)

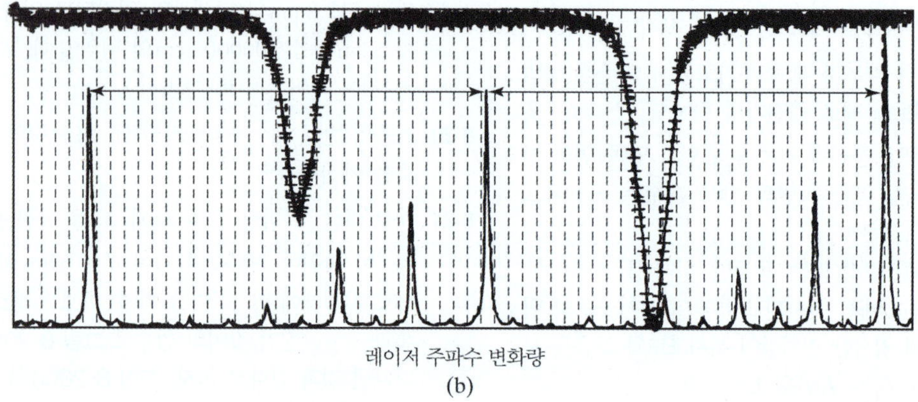

(b)

그림 8-21 문제 8-22. (a) 실험장치. (b) 투과도 곡선들을 겹쳐 그림. (R. J. Brecha, Physics Department, University of Dayton의 허락을 얻어 게재함.)

8-22 이 문제에서는 실험적인 흡수 분광 결과를 검토해 보자. 가변-주파수 반도체 레이저의 출력광이 빔 가르개에서 그림 8-21(a)과 같이 분할되어, 일부는 고정 길이의 패브리-페로 공진기에 입사하고, 일부는 대기압의 산소를 담은 시료 셀을 통과한다. 패브리-페로 공진기를 통과한 조정된 투과도(실선)와 산소 셀을 통과한 조정된 투과도 (+ 기호로 표시한 곡선)를 겹쳐서 그림 8-21(b)에 레이저 주파수 변화에 대한 함수로 나타내었다. 산소 셀을 통과한 투과도에서 나타나는 골짜기들은 산소 분자가 이 주파수에서 강하게 흡수함을 나타낸다. 이 실험에 사용된 패브리-페로 공진기의 자유분광구간은 11.6 GHz로 알려져 있다. 자유분광구간은 그림 8-21(b)에 화살표로 표시한 것과 같이 높은 투과도 봉우리들 사이의 거리로 잡을 수 있다. (구면-거울로 된 패브리-페로 공진기가 실험에 사용되었고, 따라서 투과도에는 종모드와 횡모드에 대응하는 봉우리들이 모두 포함된다.)

a. 그림 8-21(b)에 나타난 두 개의 흡수 골짜기들의 주파수 차이를 계산하시오.

b. 각각의 흡수 골짜기의 "반치폭"을 계산하시오.

8-23 가변 파장 λ에 대한 패브리-페로 간섭계의 투과도를 생각해보자. 투과도 봉우리들의 FWHM(반치폭)이 $2\Delta\lambda_{1/2} = \lambda/m\mathcal{F}$이고, 투과도 봉우리들 사이의 간격이 $\lambda_{fsr} = \lambda/m$임을 보이시오. (여기에서 $m = 2d/\lambda$이고, d는 패브리-페로 간섭계의 길이이다.)

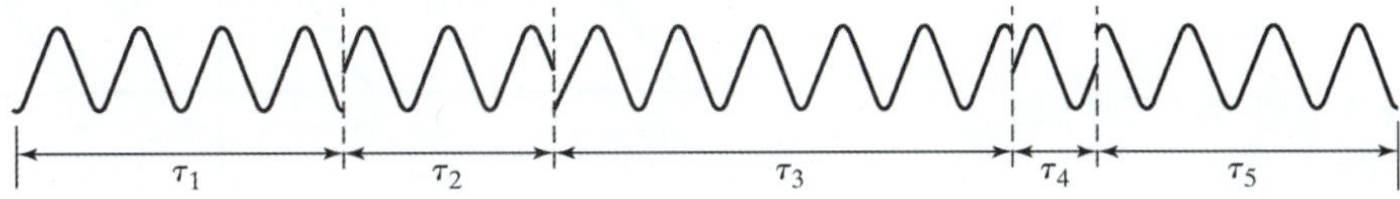

chapter 9 결맞음

서론

결맞음(coherence)이란 단색의 광선들 사이의 위상관계를 표현하는 데 사용되는 용어이다. 무작위적인 위상 관계를 가진 빔을 일반적으로 결맞지 않은 빔이라 하고, 일정한 위상관계를 가진 빔을 결맞은 빔이라 한다. 간섭 메커니즘과 관련하여 7장에서 논의한 바와 같이 관측가능한 무늬 패턴을 만들어 내기 위해서는 간섭하는 빔들 사이에 결맞음이 필요하다. 또한 5장에서 간섭하는 빔들의 결맞음과 알짜 복사조도의 관계를 논의했다. 거기에서 결맞은 빔들의 위상이 일치하는 중첩인 경우 각각의 진폭이 더해지지만, 결맞지 않은 빔들의 중첩에서는 각각의 복사조도가 더해진다는 결론을 얻었다. 이 장에서 결맞음의 성질을 더 자세히 살펴봄으로써, 광원의 스펙트럼 순도와 관련되는 **종 결맞음**과 광원의 크기와 관련되는 **횡/공간 결맞음**을 구별할 것이다. 우리는 또한 대부분의 실험적인 간섭측정에서 나타나는 **부분 결맞음**(partial coherence)을 정량적으로 측정하는 법을 기술하게 된다. 여기에서 필요하게 될 푸리에 분석에 대한 간단한 설명으로 이 장을 시작해 보도록 하자.

9-1 푸리에 분석

5장에서 본 바와 같이 같은 주파수의 조화파들이 서로 더해지면 비록 세기와 위상이 다르다 해도 그 결과는 다시 주어진 주파수의 조화파 하나로 기술될 수 있다. 만약 중첩되는 파동들의 주파수도 다르다면, 그 결과는 주기적이지만 비조화파동이 되므로, 그림 9-1처럼 임의의 모양을 가정할 수 있다. 이 방식으로 무한히 다양한 모양이 합성될 수 있다. 주어진

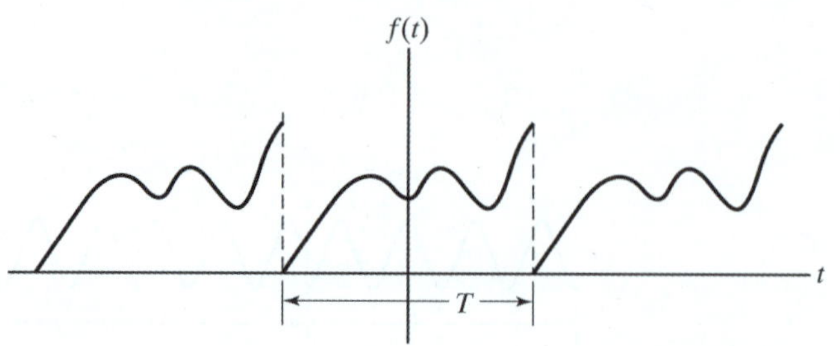

그림 9-1 시간 주기 T를 갖는 비조화 함수.

파형을 그 조화(파) 성분으로 분해하는 역과정을 **푸리에 분석**(Fourier analysis)이라 한다.

파형을 조화파의 급수로 분해할 수 있음은 다음의 **디리클렛 정리**(theorem of Dirichlet)에 의해 보장된다.

> 만약 $f(t)$가 주기 T를 가지고, 그 주기 내에서 유한한 개수의 극대점/극소점/불연속점을 가진 유계인 함수라면, 그 푸리에 급수는,
>
> $$f(t) = \frac{a_0}{2} + \sum_{m=1}^{\infty} a_m \cos m\omega t + \sum_{m=1}^{\infty} b_m \sin m\omega t \tag{9-1}$$
>
> 이다. $f(t)$가 연속인 모든 점에서 선 $f(t)$에 수렴하고, $f(t)$가 불연속인 점에서는 좌극한과 우극한의 평균값에 수렴한다.

식(9-1)에서, m은 정수값을 갖고 $\omega = 2\pi\nu = 2\pi/T$이다. 여기에서 T는 임의의 함수 $f(t)$의 주기이다. 사인항과 코사인항은 각각 진폭 b_m과 a_m을 갖고 주파수 $m\omega$인 조화파동으로 해석된다. 계수의 크기 또는 세기는 각각의 조화파가 최종 비조화파형에 기여하는 정도를 결정한다. 식(9-1)에 dt를 곱하고 주기 T에 대해 적분하면, 사인과 코사인 적분은 사라지고, 그 결과는

$$a_0 = \frac{2}{T}\int_{t_0}^{t_0+T} f(t)dt \tag{9-2}$$

이다. 만약 식(9-1)에 $\cos n\omega t\, dt$를 곱하고 (n은 임의의 정수임) 한 주기 동안 적분하면, 우변에 유일하게 남는 것은 계수 a_n을 포함하는 항이다. 따라서

$$a_n = \frac{2}{T}\int_{t_0}^{t_0+T} f(t)\cos n\omega t\, dt \tag{9-3}$$

유사하게, 식(9-1)에 $\sin n\omega t\, dt$를 곱해 적분하면

$$b_n = \frac{2}{T}\int_{t_0}^{t_0+T} f(t)\sin n\omega t\, dt \tag{9-4}$$

이다. 따라서 일단 $f(t)$가 정해지면, 각각의 계수 a_0, a_n과 b_n을 계산함으로써 분석을 마치게 된다.

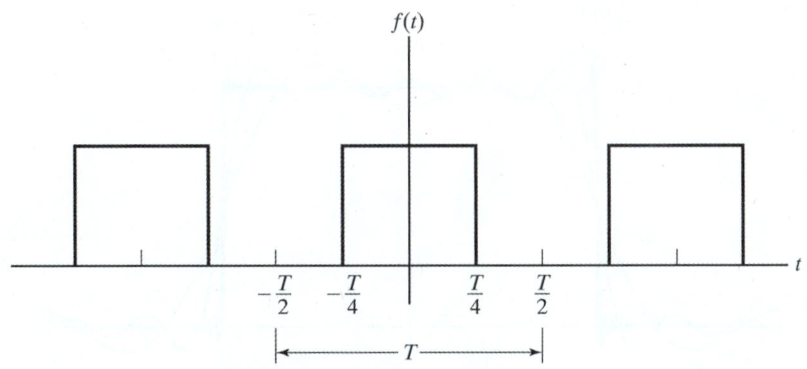

그림 9-2 사각파.

예제로서, 그림 9-2에 나타난 사각파의 푸리에 분석을 생각해보자. 그 사각파는 한 주기에 대해 원점 대칭으로 다음과 같이 표현된다.

$$f(t) = \begin{cases} 0, & -T/2 < t < -T/4 \\ 1, & -T/4 < t < T/4 \\ 0, & T/4 < t < -T/2 \end{cases}$$

그 함수가 t에 대해 우함수이므로 계수 b_m들은 없어지고, 오직 코사인 항들(마찬가지로 t에 대해 우함수인)만 남는다. 식(9-2)와 (9-3)으로부터 다음을 얻는다.

$$a_0 = 1$$

$$a_n = \left(\frac{2}{n\pi}\right)\sin\left(\frac{n\pi}{2}\right)$$

따라서, 이 급수는 더 많은 항들이 합에 사용될수록 그림 9-2의 사각파에 수렴한다. 이 푸리에 급수를 쓰면

$$f(t) = \frac{1}{2} + \sum_{m=1}^{\infty}\left[\left(\frac{2}{m\pi}\right)\sin\left(\frac{m\pi}{2}\right)\right]\cos m\omega t$$

이다. 처음 몇 항을 명확히 써보면,

$$f(t) = \frac{1}{2} + \frac{2}{\pi}\left(\cos\omega t - \frac{1}{3}\cos 3\omega t + \frac{1}{5}\cos 5\omega t + \cdots\right)$$

이다. 각각의 연속하는 항들의 세기가 감소하므로 그 기여도 감소함에 주목하라. 따라서, 유한한 개수의 항들을 사용해도 그 함수를 상당히 잘 표현할 수 있다. 급수가 더 빨리 수렴할수록 적절한 근사를 위해 더 적은 수의 항이 필요하게 된다. 또한 어떤 진폭은 음수값을 가지므로 수렴되기 위해서 어떤 조화파는 빼주어야 한다는 것을 의미한다. 그림 9-3에 사각 펄스를 유한한 개수의 항을 사용한 푸리에 급수로 근사해 보았다. 합에 사용되는 항의 개수가 늘어남에 따라 근사가 점진적으로 정확해짐에 주목하라. 매우 합리적이게도 주어진 함수 $f(t)$의 미세한 특징들, 예를 들어 사각파의 모서리 등을 표현하기 위해

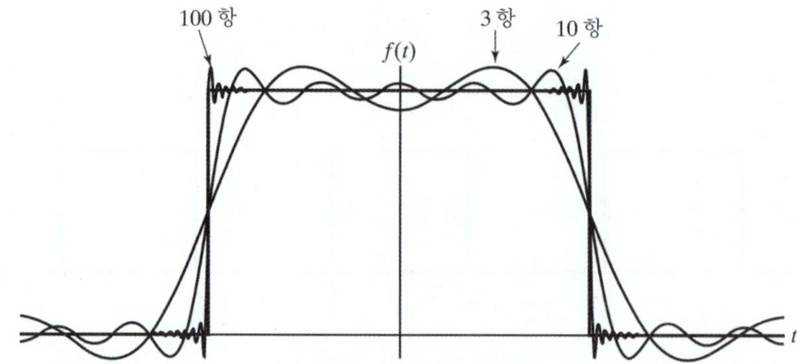

그림 9-3 사각파의 푸리에 급수 근사. 최초의 3, 10 그리고 100항까지의 합을 이용한 근사를 나타냈다.

서는 짧은 파장, 즉 높은 주파수 성분이 필요하다. 따라서 만일 사각파의 폭이 없어질 만큼 줄어든다면 각각의 사각형은 뾰족한 스파이크가 될 것이고, 그 함수를 적절히 합성해 내기 위해서는 높은 주파수 성분의 기여가 더 많이 필요하게 되는 것을 예측할 수 있다.

식(9-1)과 같이 사인과 코사인 항으로 된 푸리에 급수의 일반형은 오일러 공식을 이용하면 복소수 표현을 사용하여 지수함수들로 나타낼 수 있다. 그 결과는

$$f(t) = \sum_{n=-\infty}^{+\infty} c_n e^{-in\omega t} \tag{9-5}$$

이다. 여기에서 이제 계수는 다음과 같이 주어진다.

$$c_n = \frac{1}{T}\int_{t_0}^{t_0+T} f(t)e^{in\omega t}dt \tag{9-6}$$

비주기함수를 표현하고자 하는 경우에는 (수학적으로는 주기함수이되 주기 T가 무한대에 접근하는 것), 푸리에 급수를 일반화하여 **푸리에 적분**(Fourier integral)으로 바꾼다. 예를 들어 단일 펄스가 비주기함수이더라도, $t = -\infty$에서 $t = +\infty$까지의 구간을 주기로 하는 주기함수로 해석할 수 있다. 이제 그 이산 푸리에 급수는 적분으로 다음과 같이 주어진다.

$$f(t) = \int_{-\infty}^{+\infty} g(\omega)e^{-i\omega t}d\omega \tag{9-7}$$

여기에서 계수는

$$g(\omega) = \frac{1}{2\pi}\int_{-\infty}^{+\infty} f(t)e^{i\omega t}dt \tag{9-8}$$

이다. 식(9-7)의 푸리에 적분과 식(9-8)의 계수 표현은 상당한 정도의 수학적 대칭성을 가지고 있고, 이들을 합하여 **푸리에-변환 쌍**(Fourier-transform pair)이라 한다. 푸리에 급수에서의 이산적인 주파수의 스펙트럼 식(9-6) 대신에 연속 스펙트럼을 얻게 된다. 그림 9-4에서 예를 들어 볼 수 있는 바와 같이 식(9-6)으로부터 계산되는 이산적인 계수들은 식(9-8)로부터의 연속분포로 근사될 수 있다.

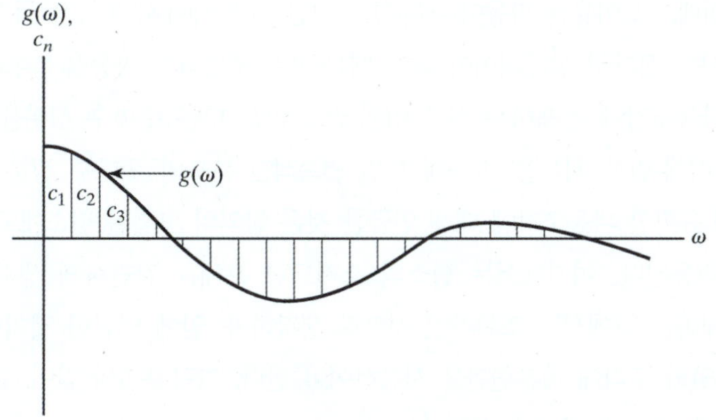

그림 9-4 주기 함수의 푸리에 계수들은 주파수 ω_n에서 세기 c_n을 가진 이산조화파 성분을 나타낸다. 한편, 비주기함수의 푸리에 변환은 연속 주파수 스펙트럼 $g(\omega)$을 필요로 한다.

만약 함수가 공간 위치 x의 함수이고 주기가 L이라면 식(9-1)에서 (9-8)까지는 T를 L로, 그리고 시간 주파수 $\omega = 2\pi/T$를 **공간 주파수** $k = 2\pi/L$로 대체하면 된다는 점을 지적해 두겠다. 예를 들어 식(9-7)과 (9-8)의 푸리에 변환은 다음과 같이 바뀐다.

$$f(x) = \int_{-\infty}^{+\infty} g(k)e^{-ikx}dk \tag{9-9}$$

$$g(k) = \frac{1}{2\pi}\int_{-\infty}^{+\infty} f(x)e^{ikx}dx \tag{9-10}$$

9-2 유한 조화파동 조각의 푸리에 분석

무한대로 긴 사인파의 스펙트럼 분해는 극히 단순하다. 그것은 푸리에 급수의 한 항에 불과하고, 그 항은 파동의 실제 주파수에 대응한다. 이 경우에 다른 모든 계수들은 없어진다. 그러나 시작과 끝이 없는 사인파는 수학적인 이상일 뿐이다. 실제로 파동은 유한 횟수로 명멸한다. 그림 9-5에 나타낸 것과 같은 유한한 길이의 조화파동 조각이 실제적이다. 푸리에 분석을 위해서는 이 파동 조각은 비주기함수로 간주되어야 한다. 의심할 여지 없이, 그것은 시작과 끝이 없는 단일 사인파로는 표현될 수 없다. 그 반대로 여러 조화파들을 합쳐야 그 파동 조각을 만들 수 있을 것이고, 그것도 다수의 정확히 선택된 파동들을

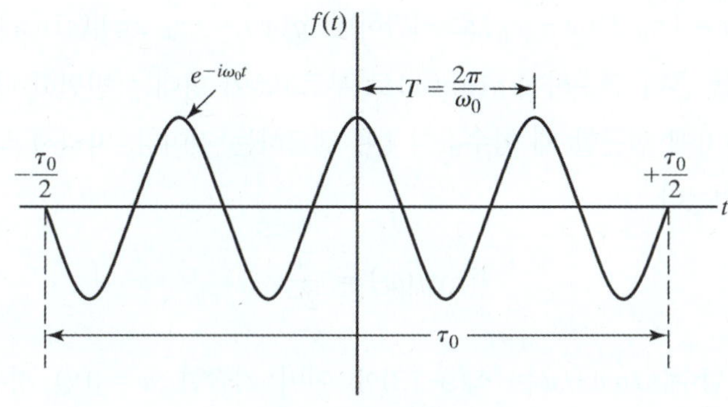

그림 9-5 주기 $2\pi/\omega_0$인 유한 조화파동 조각. 펄스의 공간 폭은 $\ell_0 = c\tau_0$이다. $f(t)$의 실수부를 그렸다.

모아야 할 것인데, 그 이유는 파동이 존재하는 시간 간격 내에서 파동을 똑같이 재현하고, 그 간격 외에서는 정확히 상쇄되어야 하기 때문이다. 분명하게 파동을 "켜고" "끄는" 것이 일시적인 파동조각에 존재하는 성분 이외에도, 많은 다른 주파수 성분을 추가하게 된다. 사실상 푸리에-변환 적분을 적용해 보면 **연속적인** 분포의 주파수 성분을 얻게 된다. 또한 여기에서 유한한 파동조각에 대해 언급한 것은 임의의 고립된 펄스에도 모양에 상관없이 똑같이 적용된다. 여기에서는 펄스의 스펙트럼 분해는 간단하게 생각하도록 하자. 즉 파동이 존재하는 점에서는 조화파인 것으로 생각하자. 앞에 언급한 것처럼, 이 문제는 식(9-7)과 (9-8)의 푸리에 적분변환을 사용하여야 한다. 그림 9-5와 같이, 파동이 시간축의 원점에 대해 대칭이 되도록 잡았다.

그 파동 조각이 수명 τ_0와 주파수 ω_0를 갖는다고 하자. 그러면 다음과 같이 표현된다.

$$f(t)=\begin{cases} e^{i\omega_0 t}, & -\dfrac{\tau_0}{2}<t<\dfrac{\tau_0}{2} \\ 0, & \text{그 외 다른 곳} \end{cases} \tag{9-11}$$

식(9-11)과 같이 함수 $f(t)$가 주어지면, 주파수 스펙트럼 $g(\omega)$는 식(9-8)로부터 계산된다.

$$g(\omega)=\frac{1}{2\pi}\int_{-\infty}^{+\infty} f(t)e^{i\omega t}dt=\frac{1}{2\pi}\int_{-\tau_0/2}^{+\tau_0/2} e^{i(\omega-\omega_0)t}dt$$

적분하면, 다음을 얻는다.

$$g(\omega)=\left[\frac{e^{i(\omega-\omega_0)t}}{2\pi i(\omega-\omega_0)}\right]_{-\tau_0/2}^{+\tau_0/2}$$

$$g(\omega)=\frac{1}{\pi(\omega-\omega_0)}\left[\frac{e^{i(\omega-\omega_0)\tau_0/2}-e^{-i(\omega-\omega_0)\tau_0/2}}{2i}\right]$$

또는 다음의 관계식을 이용하면,

$$e^{ix}-e^{-ix}\equiv 2i\,\sin x$$

$$g(\omega)=\frac{\sin[(\tau_0/2(\omega-\omega_0)]}{\pi(\omega-\omega_0)}=\frac{\tau_0}{2\pi}\left\{\frac{\sin[(\tau_0/2)(\omega-\omega_0)]}{[(\tau_0/2)(\omega-\omega_0)]}\right\} \tag{9-12}$$

이다. 여기에서 $u=(\tau_0/2)(\omega-\omega_0)$로 치환하면, $g(\omega)=(\tau_0/2\pi)[(\sin u)/u]$를 얻는다. 함수 $(\sin u)/u$를 흔히 단순하게 $\mathrm{sinc}(u)$로 부르고, 이 형태는 빈번히 나타난다. 그 함수의 성질은 u가 0에 접근할 때 함수값이 1에 접근하는 것이다. 따라서 식(9-12)로부터, 다음의 결론을 얻는다.

$$\lim_{\omega\to\omega_0} g(\omega)=\frac{\tau_0}{2\pi} \tag{9-13}$$

더군다나 sinc 함수$(\sin u)/u$는 식(9-13)에 이미 기술한 $u=0$인 경우를 제외하고,

$\sin u = 0$일 때마다 0이 된다. 다른 모든 경우에 $u = n\pi$일 때 $\sin u = 0$이다. 여기에서 $n = \pm 1,\ \pm 2,\ \cdots$이고, 따라서

$$\omega = \omega_0 \pm \frac{2n\pi}{\tau_0} \text{일 때,} \quad g(\omega) = 0 \tag{9-14}$$

이다. 이제 ω_0로부터 ω가 증가(또는 감소)할수록 $g(\omega)$는 주기적으로 0을 지난다. 동시에 u의 크기가 증가하고 또는 식(9-12)의 분모가 증가하여 그 결과 세기가 점진적으로 줄어든다(그렇지 않았다면, 세기는 조화 진동했을 것이다). 이 결과들을 모두 그림 9-6에 나타냈다. 여기에서 주파수 스펙트럼의 원점은 대칭이 되는 점 $\omega = \omega_0$을 기준으로 하였다. 세기 $g(\omega)$를 제곱하면 그 결과 곡선은 그림 9-6에 실선으로 표시한 **일률 스펙트럼**이다. 비록 ω_0에서 멀리 떨어진 주파수 성분도 일률 스펙트럼에 기여하지만 파동조각의 에너지의 큰 부분은 의심할 나위 없이 폭 $4\pi/\tau_0$인 중심의 극대부분에 의해 표현된다. 그림 9-5의 파동조각이 짧아질수록 수명 τ_0가 더 작아지고, 그림 9-6의 중심 극대부분이 더 넓어진다. 이것은 조화파들이 실제 파동조각이 더 넓은 주파수 간격을 가지도록 중요한 기여를 하는 것을 의미한다.

중심 극대부의 반폭, 즉 $2\pi/\tau_0$을 필요한 주요 주파수 성분의 폭으로 잡도록 하자. 이 기준은 최소한의 τ_0에 대한 (중요한) 역비례 관계를 유지하고 있다. 따라서 주파수 ω_0과 수명 τ_0을 가진 조화파동 조각의 (ω_0를 중심으로 하는) 주파수 대역 $\Delta\omega$를 표현하면,

$$\Delta\omega = \frac{2\pi}{\tau_0} \quad \text{또는} \quad \Delta\nu = \frac{1}{\tau_0} \tag{9-15}$$

식(9-15)는 만약 $\tau_0 \to \infty$ 일 때(무한한 길이의 파동조각에 대응하는), $\Delta\omega \to 0$이고 파동조각을 표현하는 데 단일 주파수 ω_0 또는 단일 파장 λ_0이면 충분하다는 것을 보여준다. 이 이상적인 경우에, 이전에 고려했던 완벽하게 단색광인 빔이 된다. 다른 한편으로는 $\tau_0 \to 0$일 때(조화파의 "스파이크"를 근사하는) $\Delta\omega \to \infty$이다. 따라서 펄스가 더 뾰족하고 좁을수록 그 펄스를 기술하는 데 더 많은 수의 주파수 성분들이 필요하게 되며, 따라서 조화파 꾸러미의 주파수 **대역폭**이 더 넓어야 한다.

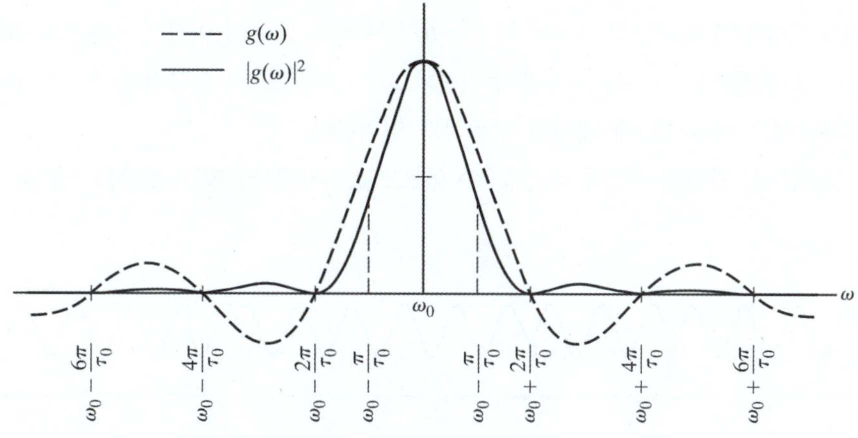

그림 9-6 그림 9-5의 유한한 조화 파동 조각의 푸리에 변환. 파선은 주파수 스펙트럼의 세기를 나타내고, 실선은 그 제곱인 일률 스펙트럼을 나타낸다. 곡선들은 같은 최대값을 갖도록 정규화하였다.

9-3 시간 결맞음과 선폭

의심할 여지 없이, 완벽하게 단색광인 광원은 없다. 우리가 "단색광"이라고 부르는 광원은 그림 9-7에 예시한 것처럼, 일련의 유한한 길이의 조화파동 조각들로 표현되는 빛을 낸다. 각각의 조각은 다른 조각과 불연속적인 위상변화로 구별된다. 이러한 위상변화들은 광원 내의 들뜨게 된 원자들이 다음과 같이 불규칙한 과정을 거쳐서 일어난다. 원자들은 에너지 준위 사이에서 전이할 때 무작위로 짧은 파동조각을 복사한다. 광원의 특징은 평균 파동조각 수명 τ_0, 즉 **결맞음 시간**으로 정의할 수 있다. 따라서 식(9-15)의 물리적 의미는 다음과 같이 요약된다. 특정 스펙트럼 선의 주파수 폭 $\Delta\nu$은 광원의 결맞음 시간에 역비례한다. 결맞음 시간이 길수록 광원은 더 단색광에 가깝다. 파동조각의 **결맞음 길이** l_t는 결맞은 펄스의 길이, 즉

$$l_t = c\tau_0 \tag{9-16}$$

이다. 식(9-15)와 (9-16)을 결합하여, 결맞음 길이는

$$l_t = \frac{c}{\Delta\nu}$$

이다. 주파수 밴드 $\Delta\nu$는 관계식 $\nu = c/\lambda$을 미분함으로써 **선폭** $\Delta\lambda$와 관련지을 수 있다. 즉 $\Delta\nu = |-(c/\lambda^2)\Delta\lambda|$ 여기에서 $\Delta\nu$와 $\Delta\lambda$를 모두 양수로 잡는 것이 관례이다. 이제 결맞음 길이를 선폭 $\Delta\lambda$을 사용하여 표현하면 다음과 같다.

$$l_t \cong \frac{\lambda^2}{\Delta\lambda} \tag{9-17}$$

따라서 선폭 $\Delta\lambda$는

$$\Delta\lambda \cong \frac{\lambda^2}{l_t} \tag{9-18}$$

이다. 여담을 간단히 하자면, 식(9-18)은 흥미롭게도 양자역학의 불확정성 원리와 형식적인 유사성이 있다. 예를 들어 양자역학에서는 파의 펄스가 전자의 위치를 표현한다. 만약 결맞음 길이 l_t를 입자가 발견되는 간격 Δx로 해석된다고 하고—즉 위치의 불확정성—그리고 운동량의 불확정성 Δp는 식 $p = h/\lambda$에서 드 브로이 파장의 미분으로 표현될 수 있다. 그 결과로서 $\Delta x \Delta p = h$가 얻어진다. 하이젠베르크의 불확정성 관계와 관련되는 이 부등식은 식(9-15)에 내재된 부등식과 일치한다.

스펙트럼 광원의 선폭을 측정할 수 있으므로, 이로부터 평균 결맞음 시간과 결맞

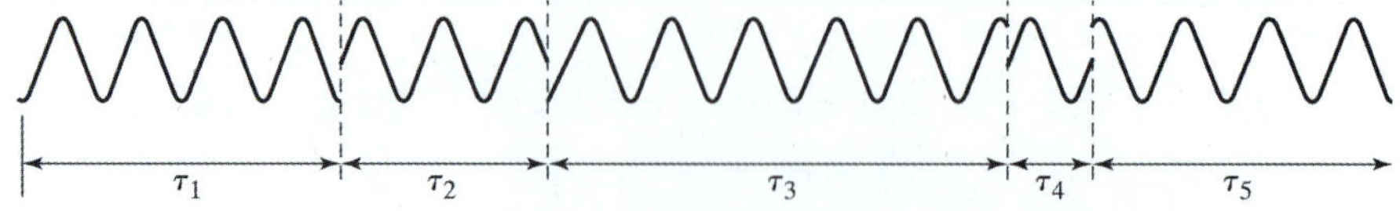

그림 9-7 변하는 유한한 길이나 수명 τ들을 갖는 일련의 조화파동 조각들. 그 파동 조각은 평균 수명, 즉 결맞음 시간 τ_0를 갖는다.

음 길이도 추정할 수 있다. 예를 들어 백색광은 300 nm 정도(대략 400에서 700 nm의 범위)의 "선폭" $\Delta\lambda$을 갖는다. 550 nm의 평균파장을 이용하면 식(9-17)로부터,

$$l_t = \frac{(550)^2}{300}\,\text{nm} \cong 1000\,\text{nm} \cong 2\lambda_{\text{av}}$$

을 얻는다. 실로 매우 작은 결맞음 길이이다. 백만분의 일 미터 또는 백색광의 두 "파장"에 불과하다. 간섭하는 빔들의 경로 길이 차가 광원의 결맞음 길이보다 길어서는 안 되므로, 백색광에 의한 간섭 무늬는 얻기 어려운 것을 이해할 수 있다. 나트륨 또는 수은의 기체-방전등들은 훨씬 더 단색광에 가깝고 더 결맞다. 예를 들어 수은의 녹색 선(546 nm)은 선폭이 대략 0.025 nm이고, 결맞음 길이는 1.2 cm로 계산된다. 가장 단색광에 가까운 기체-방전 광원은 크립톤86 동위원소의 기체인데, 606 nm에 오렌지색 방사선을 내며, 그 선폭은 겨우 0.00047 nm에 불과하다. 이 광원의 결맞음 길이는 식(9-17)에 의해 78 cm나 된다! 레이저 광원은 이 기체-방전 광원의 결맞음 길이를 한참 능가한다. 예를 들어 상업적으로 사용되는 CO_2 레이저의 단시간 안정성을 고려하면, 10.6 μm의 방사 파장에서, 1×10^{-5} nm 정도의 선폭을 얻을 수 있다. 이 값들로부터 결맞음 길이를 계산하면 11 km 정도 된다! 세심하게 통제된 조건 하에서, 헬륨-네온 레이저는 이 숫자보다 한 차수 더 큰 결맞음 길이를 줄 수 있다. 다소 실망스럽게도, 학부 실험실에서 사용되는 일반적인 헬륨-네온 레이저의 결맞음 길이는 제멋대로인 온도 변동과 거울의 진동 때문에 그 공진기 길이보다 그리 길지 않을 것이다. 이 가짜 효과들이 공진기 길이에 변화를 주어 다중 모드 진동을 일으키며, 레이저의 결맞음 길이에 해롭게 영향을 미친다. 그러므로 이들 레이저를 홀로그램 실험 등에 사용하기 위해서는 광경로 길이를 균등하게 유지하는 데 특별한 주의가 필요하다.

9-4 부분 결맞음

이전에 지적한 바와 같이 두 파동의 위상차가 일정하면 서로 결맞은 파동이다. 실제로 이 조건은 근사적으로만 만족되므로, **부분 결맞음**에 대해 논의할 것이다. 이 개념을 정확하게 정의하기 위하여 다음을 보자. 그림 9-8처럼 단일 광원 S에서 출발한 두 빔이 서로 다른 경로를 거쳐 P에서 간섭이 일어나는 일반적인 상황을 생각하자. 이와 같은 상황은 7장에서 자세히 논의했지만, 거기에서는 완전히 결맞은 경우와 전혀 결맞지 않은 경우의 극단적인 경우에 대해서만 고려했다. 여기에서 그 논의를 부분적으로 결맞은 전자기장의 경우로 확장하려고 한다. 현재의 논의에서 점 P에서 중첩되는 전기장 $\vec{\mathbf{E}}_{1P}$와 $\vec{\mathbf{E}}_{2P}$를 광원 점 S에서의 전기장 $\vec{\mathbf{E}}_S$를 이용하여 기술하기로 하자. 나아가서 전기장 $\vec{\mathbf{E}}_{1P}$와 $\vec{\mathbf{E}}_{2P}$가 $\vec{\mathbf{E}}_S$와 같은 편광을 유지한다고 하자. 그러면 전기장들을 **스칼라 함수**로 표시할 수 있다.

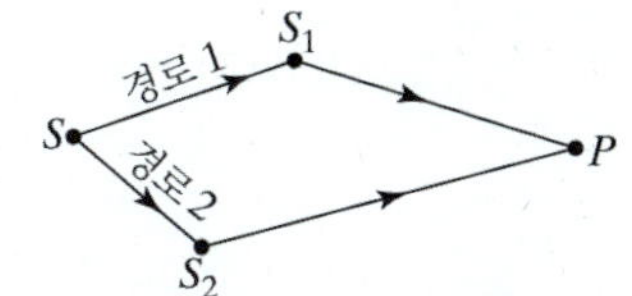

그림 9-8 S에서 출발하여 서로 다른 경로를 진행한 파동들에 의한 P점에서의 간섭. 반사, 굴절 그리고 회절을 포함하는 다양한 방법에 의해 파동들은 S_1과 S_2에서 방향이 바뀐다.

편의상 점 S에서의 광원 전기장을 다음과 같이 쓰면,

$$E_s(t) = \frac{1}{2}(E(t) + E^*(t)) = \mathrm{Re}(E(t)) \tag{9-19}$$

이다. 여기에서

$$E(t) = E_0 e^{-i\omega t} e^{i\phi(t)} \tag{9-20}$$

이다. 여기에서 $\phi(t)$는 광원 전기장이 단색성에서 벗어나는 것을 묘사한다. 마찬가지 방법으로 P점에서 중첩되는 두 전기장은

$$E_{1P}(t) = \frac{1}{2}(E_1(t) + E_1^*(t)) = \mathrm{Re}(E_1(t)) \tag{9-21}$$

$$E_{2P}(t) = \frac{1}{2}(E_2(t) + E_2^*(t)) = \mathrm{Re}(E_2(t)) \tag{9-22}$$

이다. 이제 중첩되는 복소 전기장 $E_1(t)$과 $E_2(t)$는 광원의 복소 전기장 $E(t)$와 다음과 같이 관계된다.

$$\begin{aligned} E_1(t) &= \beta_1 E(t - T_1) = \beta_1 E_0 e^{-i\omega(t-T_1)} e^{i\phi(t-T_1)} \\ E_2(t) &= \beta_2 E(t - T_2) = \beta_2 E_0 e^{-i\omega(t-T_2)} e^{i\phi(t-T_2)} \end{aligned} \tag{9-23}$$

여기에서 β_1과 β_2는 S에서 P점 사이에서 광원 전기장을 분할하고 반사와 투과를 통해 전파하는 과정에서 발생하는 비례인자들이다. 그리고 T_1은 경로 1을 따라 광원 전기장이 전파하는 비행 시간이고, T_2는 경로 2의 비행 시간이다. 앞의 수식에서 사용된 전기장의 형태는 점 P에서의 복사조도의 표준 표현이 광원의 결맞음 성질을 이용하여 표현되도록 선택한 것이다. 중요한 점은 중첩되는 전기장이 서로 다른 시간에 광원에서 측정된 값들에 비례한다는 점이다. 나아가서 P에서의 복사조도를 다음과 같이 쓸 수 있다.

$$\begin{aligned} I_P &= \varepsilon_0 c \langle (E_{1P} + E_{2P})^2 \rangle = \varepsilon_0 c \{ \langle E_{1P}^2 \rangle + \langle E_{2P}^2 \rangle + 2 \langle E_{1P} E_{2P} \rangle \} \\ &= I_{1P} + I_{2P} + \frac{\varepsilon_0 c}{2} \langle E_1 E_2 + E_1^* E_2^* + E_1 E_2^* + E_1^* E_2 \rangle \end{aligned} \tag{9-24}$$

여기에서 예전과 같이 괄호들은 시간 평균을 의미한다. 마지막 등식을 세우면서 복사조도의 근본적인 정의를 $I_{1P} = \varepsilon_0 c \langle E_{1P}^2 \rangle$와 $I_{2P} = \varepsilon_0 c \langle E_{2P}^2 \rangle$의 형태를 사용했다. 그리고 식(9-21)과 식(9-22)를 사용하여 식(9-24)의 마지막 항을 구했다. 이 마지막 항은 간섭 항이다. 그 이유는 그 값이 P에서의 복사조도가 중첩되는 전기장들의 복사조도의 합보다 큰지, 작은지, 또는 같은지를 결정하기 때문이다.

$$\langle E_1 E_2 \rangle = 0,$$
$$\langle E_1^* E_2^* \rangle = 0$$

이며, 이는 식(9-23)에서 볼 수 있는 것처럼 2ω로 진동하는 사인과 코사인 인자들의 시간 평균을 포함하기 때문이다. 따라서 식(9-24)는 다음과 같이 적을 수 있다.

$$I_P = I_{1P} + I_{2P} + \frac{\varepsilon_0 c}{2} \langle E_1 E_2^* + E_1^* E_2 \rangle = I_{1P} + I_{2P} + \frac{\varepsilon_0 c}{2} 2\mathrm{Re}(\langle E_1 E_2^* \rangle)$$

식(9-23)의 중간 식을 마지막 항에 적용하면,

$$I_P = I_{1P} + I_{2P} + \varepsilon_0 c\beta_1\beta_2 \mathrm{Re}\langle E(t-T_1)E^*(t-T_2)\rangle$$

이다. 여기에서 간단하게 하기 위해, β_1과 β_2를 실수로 잡았다. 시간 원점을 T_1만큼 이동하고 두 경로 간 비행 시간의 차를 $\tau = T_1 - T_2$로 놓으면, 점 P에서의 복사조도는 다음과 같이 쓸 수 있다.

$$I = I_{1P} + I_{2P} + \varepsilon_0 c\beta_1\beta_2 \mathrm{Re}\langle E(t)E^*(t+(T_1 - T_2))\rangle$$
$$= I_{1P} + I_{2P} + \varepsilon_0 c\beta_1\beta_2 \mathrm{Re}\langle E(t)E^*(t+\tau)\rangle$$

남아있는 시간 평균은 **상관함수**(correlation function)의 형태를 가지고 있다. 따라서 다음과 같이 정의하자.

$$\Gamma(\tau) \equiv \langle E(t)E^*(t+\tau)\rangle \tag{9-25}$$

간섭항의 크기를 결정하는 이 상관함수는 서로 다른 두 시간에서의 **광원 전기장** 값들 사이에 존재하는 상관 정도에 의존한다. 우리는 이제 목적 하나를 달성한 셈이다. 점 P에서의 복사조도는 광원 전기장과 관련된 상관함수 $\Gamma(\tau)$에 의존한다. 또한 다음과 같이 **정규화된 상관함수**를 정의하면 편리하다.

$$\gamma(\tau) \equiv \frac{\varepsilon_0 c\beta_1\beta_2}{2}\frac{\Gamma(\tau)}{\sqrt{I_{1P}I_{2P}}} = \frac{\varepsilon c\beta_1\beta_2}{2}\frac{\langle E(t)E^*(t+\tau)\rangle}{\sqrt{I_{1P}I_{2P}}} \tag{9-26}$$

따라서, P에서의 복사조도는 다음과 같이 표현된다.

$$I_P = I_{1P} + I_{2P} + 2\sqrt{I_{1P}I_{2P}}\,\mathrm{Re}[\gamma(\tau)] \tag{9-27}$$

이제 간섭항의 핵심인 함수 $\gamma(\tau)$는 τ의 함수이고, 따라서 P의 위치의 함수이다. 광원의 평균 결맞음 시간 τ_0과 상대적으로 비교한, 경로들 간의 시간차가 결맞음을 달성하는 데 중요한 것을 알게 되었다. 우리는 $\tau > \tau_0$이면 두 빔들 사이의 결맞음이 상당 부분 손실될 것을 예상할 수 있다. τ_0가 평균값이 아닌 일정한 결맞음 시간을 나타낸다는 가정하에, $\gamma(\tau)$의 τ_0에 대한 의존성을 유도해 보자. 그림 9-9(a)의 맨 윗부분에 표시한 파동조각들처럼 일정한 시간 간격 τ_0마다 위상에 불연속점이 생기는 경우를 가정하였다. 때때로 **결맞음도**(degree of coherence)라고 불리는, 정규화된 상관함수 $\gamma(\tau)$는 I_{1P}와 I_{2P}를 광원 전기장의 세기를 사용하여 표시함으로써 단순화될 수 있다. 가장 간단한 방법으로서 E_{1P}과 E_{2P}의 진폭은 식(9-23)을 사용하여 $\beta_1 E_0$과 $\beta_2 E_0$로 각각 표시된다. 따라서 식(7-10)과 (7-11)을 사용하면,

$$I_{1P} = \frac{\varepsilon_0 c}{2}(\beta_1 E_0)^2$$
$$I_{2P} = \frac{\varepsilon_0 c}{2}(\beta_2 E_0)^2$$

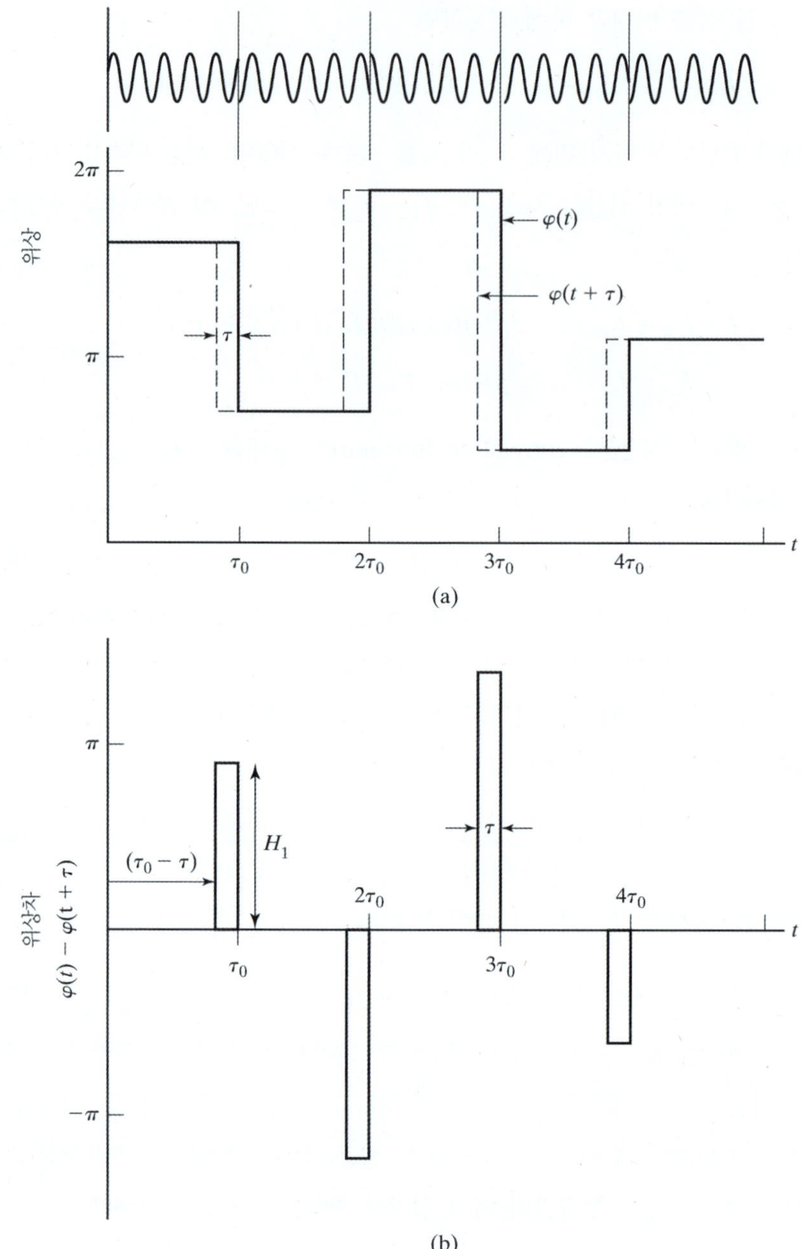

그림 9-9 (a) 매 τ_0마다 발생하는 무작위 위상 변동 $\varphi(t)$(실선)과 시간 τ 전에 발생하는 위상 요동 $\varphi(t+\tau)$. (b) (a)에서의 두 파동의 위상차.

이다. 이 관계식들과 식(9-20)을 식(9-26)에 적용하면,

$$\gamma(\tau)=\frac{\varepsilon_0 c}{2}\beta_1\beta_2\frac{\langle E_0 e^{-i\omega t}e^{i\phi(t)}E_0 e^{i\omega(t+\tau)}e^{-i\phi(t+\tau)}\rangle}{\sqrt{(\varepsilon_0 c/2)^2(\beta_1\beta_2 E_0^2)}}$$

이다. 단순화하면 다음과 같은 중요한 결과를 얻는다.

$$\gamma(\tau)=e^{i\omega\tau}\langle e^{i[\varphi(t)-\varphi(t+\tau)]}\rangle$$

이 식에서 시간평균 부분은 다음과 같이 계산된다.

$$\langle e^{i[\varphi(t)-\varphi(t+\tau)]}\rangle = \frac{1}{T}\int_0^T e^{i[\varphi(t)-\varphi(t+\tau)]}dt \tag{9-28}$$

여기에서 T는 충분히 긴 시간이다. 지수에 해당하는 함수 $\varphi(t)-\varphi(t+\tau)$를 그림 9-9(b)에 표시하였고, 이 함수는 일련의 등간격으로 나열된 사각 펄스들로 나타나며, 각각은 -2π에서 $+2\pi$ 사이의 무작위 크기를 갖는다. 최초의 결맞음 시간 간격 τ_0를 살펴보면, 이 구간에서 펄스 함수는 다음과 같이 표현된다.

$$\varphi(t)-\varphi(t+\tau) = \begin{cases} 0, & 0 < t < (\tau_0 - \tau) \\ H_1, & (\tau_0-\tau) < t < \tau_0 \end{cases}$$

연속으로 이어지는 구간들에서, 그 함수 표현은 H_1 값 외에는 유사하다. 이제 N(큰 수) 만큼의 구간에 대해 정규화된 결맞음 함수 γ를 쓰면,

$$\gamma = e^{i\omega\tau}\frac{1}{N\tau_0}\left[\underbrace{\int_0^{\tau_0-\tau} e^{i(0)}dt + \int_{\tau_0-\tau}^{\tau_0} e^{iH_1}dt}_{\text{구간 } N=1} + \begin{matrix}(N-1)\text{개의 연속 구간에} \\ \text{대한 유사한 항들}\end{matrix}\right]$$

이다. N개의 항들에 대해 적분하면,

$$\gamma = \left(\frac{e^{i\omega\tau}}{N\tau_0}\right)[(\tau_0-\tau+\tau e^{iH_1}) + (\tau_0-\tau+\tau e^{iH_2}) + \cdots]$$

이다. 각각의 구간에서 대해, 첫 번째 항과 나머지 항들의 합을 결합하면,

$$\gamma = \left(\frac{e^{i\omega\tau}}{N\tau_0}\right)\left[N(\tau_0-\tau) + \tau\sum_{j=1}^{N} e^{iH_j}\right]$$

이다. H_j 값의 무작위적인 특징 때문에 위의 유한합 항(두 번째 항)은 충분히 큰 N에 대해 평균하면 영이 된다. 따라서, 파동의 위상들이 일치하는 시간—즉 $\varphi(t)=\varphi(t+\tau)$—에서만 적분에 기여하게 되므로 다음과 같이 된다.

$$\gamma(\tau) = \left(1-\frac{\tau}{\tau_0}\right)e^{i\omega\tau} \tag{9-29}$$

식(9-27)에서 필요한 γ의 실수부는 다음과 같이 주어진다.

$$\mathrm{Re}[\gamma(\tau)] = \left(1-\frac{\tau}{\tau_0}\right)\cos\omega\tau \tag{9-30}$$

이 값은 $\tau=0$(동일한 경로 길이)일 때 최대값으로서 1을 갖고, $\tau=\tau_0$(경로차가 결맞음 길이와 같음)일 때 0이 되며, τ가 τ_0과 0 사이일 때는 0과 1 사이의 값이다. 식(9-30)의

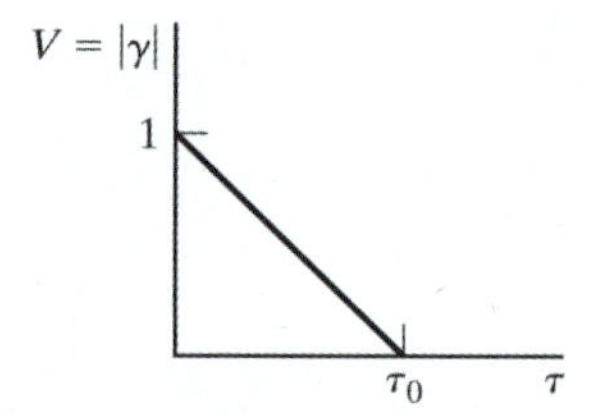

그림 9-10 결맞음 시간 τ_0를 가진 두 파동의 도착 시간 차의 함수로 그린 무늬 가시도 또는 결맞음도.

코사인 항의 진폭은 결맞음도 γ의 크기이다. 즉,

$$|\gamma(\tau)| = 1 - \frac{\tau}{\tau_0} \tag{9-31}$$

이다. 이 값이 식(9-27)의 간섭항의 변화폭을 결정하고, 따라서 τ의 값에 따라 (간섭)무늬의 명암대조 또는 가시도를 결정한다. 이 세기 $|\gamma(\tau)|$를 그림 9-10에 나타냈다. 마지막 세 식을 결합하면,

$$\gamma(\tau) = |\gamma| e^{i\omega\tau} \tag{9-32}$$

$$\mathrm{Re}\,\gamma(\tau) = |\gamma| \cos\omega\tau \tag{9-33}$$

이다. 7장에서 소개된 가시도에 대한 경험적 표현을 상기하면,

$$V = \frac{I_{\max} + I_{\min}}{I_{\max} + I_{\min}} \tag{9-34}$$

이다. 이제 다음의 특수한 경우들에 대해 기술하면

1. 전혀 결맞지 않음: $\tau \to \tau_0$ 그리고 $|\gamma| = 0$

$$I_p = I_1 + I_2$$
$$I_p = 2I_0, \quad \text{두 빔이 같을 때}$$
$$V = \frac{2I_0 - 2I_0}{4I_0} = 0$$

2. 완전 결맞음: $\tau = 0$ 그리고 $|\gamma| = 1$

$$I_p = I_1 + I_2 + 2\sqrt{I_1 I_2}\cos\omega\tau$$
$$I_{\max} = I_1 + I_2 + 2\sqrt{I_1 I_2} = 4I_0, \quad \text{두 빔이 같을 때}$$
$$I_{\min} = I_1 + I_2 - 2\sqrt{I_1 I_2} = 0, \quad \text{두 빔이 같을 때}$$
$$V = \frac{4I_0}{4I_0} = 1$$

3. 부분 결맞음: $0 < \tau < \tau_0$ 그리고 $1 > |\gamma| > 0$

$$I_p = I_1 + I_2 + 2\sqrt{I_1 I_2}\,\mathrm{Re}(\gamma)$$
$$I_p = 2I_0[1 + \mathrm{Re}(\gamma)], \quad \text{두 빔이 같을 때}$$
$$I_{\max} = 2I_0(1 + |\gamma|) \text{와 } I_{\min} = 2I_0(1 - |\gamma|)$$
$$V = \frac{4I_0|\gamma|}{4I_0} = |\gamma|$$

따라서 동일한 광선에 대해서는 무늬 가시도 V가 상관함수의 크기 $|\gamma|$와 같으며, 각각은 결맞음도의 척도가 될 수 있다.

예제 9-1

간섭 실험에서 광선을 동일한 두 부분으로 분할하였다. 그 두 부분은 서로 다른 경로를 진행한 후 다시 중첩되었다. 빛의 파장은 541 nm이고 선폭은 1 Å 그리고 경로차는 1.50 mm이다. 간섭무늬의 가시도를 결정하시오. 경로차가 두 배가 되면 가시도는 어떻게 바뀌는가?

풀이

가시도는 다음과 같다.

$$V = 1 - \frac{\tau}{\tau_0} = 1 - \frac{\Delta}{\ell_t}$$

여기에서 시간지연과 결맞음 시간의 비율은 경로차와 결맞음 길이의 비로 대체되었다. 이 경우, $\ell_t = \lambda^2/\Delta\lambda = (5410\ \text{Å})^2/(1\ \text{Å}) = 2.93\,\text{mm}$이다. 따라서

$$V = 1 - \frac{1.5}{2.93} = 0.49$$

경로차가 두 배가 되면, $\Delta > \ell_t$이고 $\tau > \tau_0$이므로, 빔들은 결맞지 않게 되고 $V =$ 0이 된다.

9-5 공간 결맞음

시간 결맞음에 대해 이야기할 때, 우리는 광원에서 전파(직선)경로를 따라 방사되는 전자기장의 시간적으로 다른 (두) 점들 사이의 위상 상관관계를 고려했었다. 이러한 이유로 시간 결맞음은 흔히 **종 결맞음**(longitudinal coherence)이라 부른다. 진폭-분할(간섭계)장치 — 예를 들어 마이컬슨 간섭계 같은 — 에서 간섭 무늬의 명암대조를 조사하면 결맞음도를 얻을 수 있다. 이미 살펴본 바와 같이 시간 결맞음은 조화파 성분들의 평균 길이의 척도이며 광원의 복사 성질에 의존한다. 이와 대비하여 이제 방사되는 전자기장에서 공간적으로 구별되는 점들 사이의 위상 상관관계에 주목하고자 하며, 이를 **공간 결맞음**(spatial coherence) 또는 **횡 결맞음**(lateral coherence)이라 한다. 이 유형의 결맞음은 이중슬릿과 같은 파면-분할 장치를 사용할 때 중요하다. 이중슬릿 실험에서 간섭패턴의 품질은 두 슬릿 위치에 놓이는 파동장의 서로 다른 부분 사이의 결맞음도에 의존한다.

한 광원에서 방사되는 파동장의 결맞음에 대해 더 잘 이해하기 위하여, 그림 9-11에 묘사된 상황을 고려하자. 광원 S에서 출발한 광은 이중슬릿을 통과하고, 또한 가까이에 위치한 마이컬슨 간섭계에서도 포착된다. 광원 S가 진정한 점 광원이기만 하다면, 슬릿의 A와 B에서의 파면점들 사이의 공간 결맞음은 보장될 것이다. 그 경우 S에서 퍼지는 모든 광선은 주어진 어떤 파면에서도 동일한 위상을 갖는 구면파 하나의 집합으로 볼 수 있다. 점 P_1 근처에 화면을 놓을 때 명확히 구별가능한 무늬들이 형성되겠는가? 물론 대답은 S에서 유래하여 서로 다른 경로 SAP_1와 SBP_1를 따라 진행하는 빛이 공간적으로뿐만

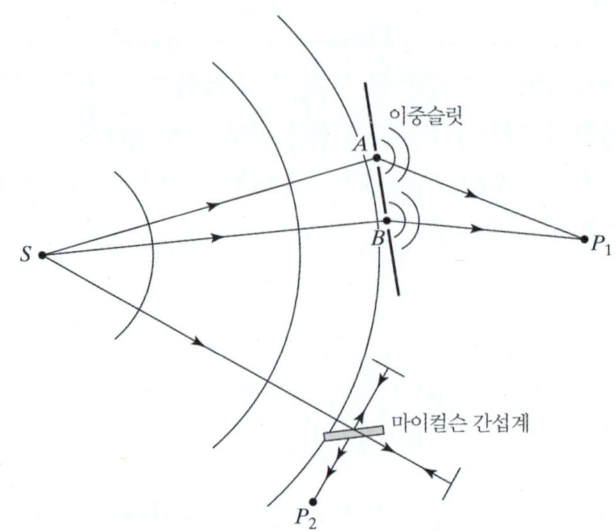

그림 9-11 광원 S에서 방사된 빛의 파면 분할과 세기 분할. 공간과 시간 결맞음에 대한 실질적인 요구조건을 보여줌.

아니라 **시간적으로도**(temporally) 결맞느냐 여부에 의존한다. 시간 결맞음의 문제는, 경로차 $\Delta = SAP_1 - SBP_1$와 광원의 결맞음 길이 사이의 비교를 필요로 한다. 이것은 광원으로부터 전파된 두 파면들 사이에 동일한 경로차를 주기만 하면, 어느 방사상의 방향으로 결맞음을 비교해도 동등하다. 이는 마이컬슨 간섭계에서 측정되는 시간 결맞음의 성질이다. 만약 경로차 Δ가 결맞음 길이보다 매우 짧다면($\Delta \ll l_t$), P_1에 명확한 간섭무늬들이 형성될 것이다. 반면에, 경로차가 결맞음 길이와 비슷하거나 더 길다면($\Delta \geq l_t$), 간섭무늬들은 약하게 보이거나 아예 사라질 것이다. 물론 실제의 S는 항상 (공간적으로) 넓은 광원(extended source)이기 때문에, 광원의 여러 점들에서 출발하여 A와 B점에 광선이 도달할 수 있다. 보통의 (레이저가 아닌) 광원에서는, 광원의 서로 다른 점들 — 간격이 파장보다 훨씬 긴 — 에서 방사되는 빛은 위상적으로 상관되어 있지 않아서 결맞음이 없다. 따라서 슬릿 A와 B에서의 빛의 공간 결맞음은 광원 S가 얼마나 점광원에 가까운가 — 크기가 작든지 또는 실제 결맞음 성질이 좋든지 — 에 달려 있다.

그림 9-12와 같이 두 광원 점 S_1과 S_2가 거리 s만큼 떨어져 있고 이 광원들로부터의 파장 λ인 빛을 거리 r만큼 떨어진 점에서 관측한다면 l_s만큼의 범위에 공간 결맞음이 높은 영역이 있을 것이고 그것은 다음과 같다.

$$l_s < \frac{\lambda}{\theta} \tag{9-35}$$

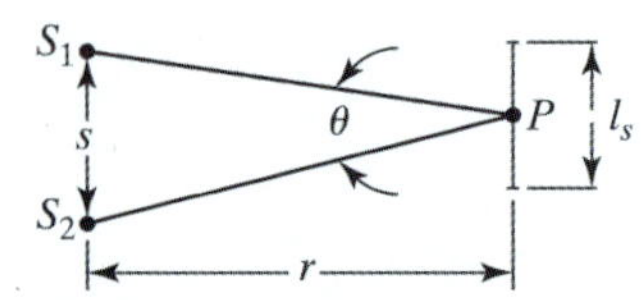

그림 9-12 두 개의 독립적인 점광원에 의한 결맞음의 횡 범위 l_s.

여기에서 θ는 관측 점 P에 대하여 점광원들이 펼쳐진 각이다. 이 결과를 당분간 받아들이고 시간 또는 종 결맞음 길이와 결합하면 실제 광원에서 방사되는 전자기장의 어느 점에서도 일정한 공간 범위 내에서는 빛이 결맞는 부분이 존재한다는 결론을 얻는다. 이 범위는 광원에 상대적으로 l_s의 횡 크기와 l_t의 종 크기를 갖는다. 따라서 대략 P점을 둘러싼 부피 대략 $l_s^2 l_t$를 차지한다. 간섭계에서 관측가능한 간섭무늬를 생성하기 위해서는 이 부피에서 빛을 받아들여야 한다.

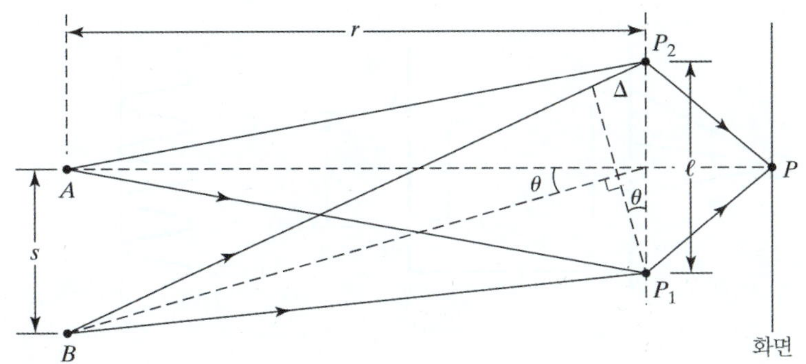

그림 9-13 각각의 두 점광원 A와 B를 떠난 빛이 점 P_1과 P_2를 원거리장으로 도달하고, 화면에서 간섭하도록 한다. 실질적으로, $s \ll \ell$이고 각도 θ는 근사적으로 같다.

9-6 공간 결맞음 폭

이제 준-단색광인 넓은 광원(extended source)에서 방사된, 광원의 끝에 놓인 서로 결맞지 않은 방사점 A와 B에서 출발한, 전자기장의 P_1과 P_2점의 공간 결맞음을 고려해 보자(그림 9-13). P_1과 P_2를 두 슬릿으로 생각할 수 있는데, 여기에서 진행한 빛이 화면에서 간섭무늬를 보여준다. 각각의 점광원은 독자적으로 화면에 이중슬릿 간섭무늬들을 생성한다. 그러나 두 광원이 동시에 작용하면 이 무늬 시스템은 겹쳐진다. 그 무늬 시스템들이 각자의 극대점들과 극소점들끼리 겹치는 경우에는 무늬 패턴이 매우 잘 보이게 되어, 두 결맞지 않은 광원에서 출발한 빛은 매우 결맞은 것으로 간주된다! 그러나 무늬 시스템들이 상대적으로 이동하여 한쪽의 극대점이 다른 쪽의 극소점에 겹치게 되면 합성된 패턴은 보이지 않게 되고, 그 빛은 결맞지 않은 것으로 간주된다. 광원 B가 광원 A의 위치에 있다고, 또는 그림 9-13의 거리 s가 영이라고 가정하자. 그러면 화면에서의 무늬 시스템들은 겹치게 되어 단일 점광원에 의한 무늬가 된다. P점이 두 슬릿의 직각 2등분선 위에 놓이면, 간섭 패턴의 극대점은 P점에 나타난다. 이 조건에서,

$$BP_2 - BP_1 = AP_2 - AP_1 = 0$$

이다. 광원 B가 A보다 아래로 이동하면 무늬 시스템들은 서로 떨어지고 특정한 거리 s에서,

$$BP_2 - BP_1 = \Delta = \frac{\lambda}{2}$$

이다. 이때 광원 B에 의한 P점에서의 무늬 시스템의 극대점이 극소점으로 바뀌고, 합성 무늬 패턴은 사라지게 된다.

만약 각 θ가 슬릿의 평면에서 잰 광원의 각 간극을 나타낸다면 그림으로부터 $\Delta \cong \ell\theta$이다. 여기서 ℓ은 슬릿 사이의 거리이고 $\theta \cong s/r$이다. r은 광원까지의 거리이다. 이로부터 다음을 얻는다.

$$\Delta = \frac{\lambda}{2} = \frac{s\ell}{r} \quad 즉, \quad s = \frac{r\lambda}{2\ell} \tag{9-36}$$

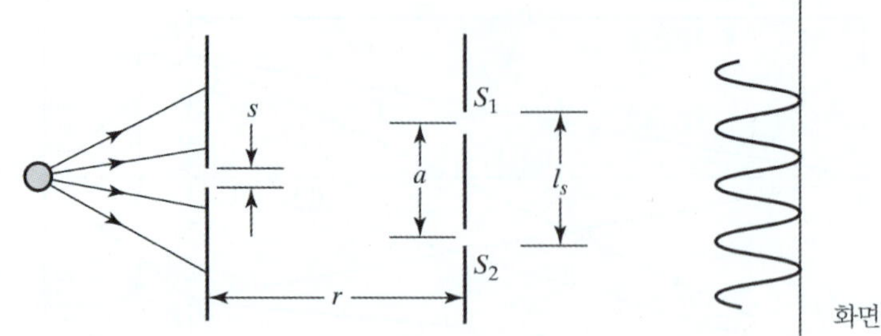

그림 9-14 영의 이중슬릿 장치. 단일-슬릿 광원에 의한 횡 결맞음 폭 l_s 이내로 슬릿 S_1과 S_2가 놓여야만 한다.

AB의 거리를 연속적인 점광원들로 바꾸어 생각하면, 광원의 공간 폭 AB가 식(9-36)에서의 s값의 두 배에 이를 때까지는 각각의 무늬 시스템들은 완전한 상쇄를 이루지는 못한다. 만약 극대/극소점들이 $s < r\lambda/\ell$만큼 떨어져 있다면, 무늬는 잘 나타날 것이다. 이 결과를 주어진 광원 s에 대한 최대 슬릿 간극 ℓ을 표현하는 것으로 간주하면, 우리는 다음과 같이 **공간 결맞음 폭** ℓ_s를 얻는다.

$$\ell_s < \frac{r\lambda}{s} \cong \frac{\lambda}{\theta} \tag{9-37}$$

ℓ_s를 이 값보다 작게 한정하면, 무늬의 명암대조는 그에 따라 개선될 것이다.

이 논의에 따라 광원 B를 더 멀리 이동시키면 무늬 시스템이 다시 일치하게 되므로, P_1과 P_2 사이의 결맞음도 $|\gamma|$는 주기적인 함수가 된다. 보다 완벽한 수학적인 논의로서, 넓은 광원(extended source)은 두 개의 점광원보다는 성분 방사 면적들의 연속적인 집합으로 표현된다. 식(9-37)에 주어진 결맞음 폭의 바깥에서의 결과를 보면 무늬 가시도가 진동하기는 하지만 무시할 만큼 작다. **판 시테르트-제르니케 정리**(Van Cittert-Zernike theorem)[1]라고 알려진 일반 정리에 따르면, P_1과 P_2점 사이의 공간 간극 ℓ에 대해 결맞음도를 그린 그림은 넓은 광원과 같은 크기와 모양을 가진 구경에 의한 회절무늬의 그림과 같다. 사각형과 원형 광원에 대한 그런 패턴은 11장에서 논의한다.

식(9-37)의 중요성은 영의 이중슬릿 실험의 경우에 명백하다. 그림 9-14와 같이 넓은 광원에 단일 슬릿을 사용하여 이중슬릿에 도달하는 빛을 상당히 결맞게 만든다. 이제 식(9-37)을 사용하여 결맞음과 화면에서의 무늬 생성을 보장하기 위해서 얼마나 작은 단일 슬릿이 필요한가를 결정해 보자. 일차슬릿의 폭 s에 의해 규정된 횡 결맞음 폭 l_s 이내로 S_1과 S_2의 두 슬릿이 놓여야만 한다.

예제 9-2

광원에서 슬릿까지의 거리를 20 cm, 슬릿 간극을 0.1 mm 그리고 파장을 546 nm라 하자. 일차 또는 단일 슬릿의 최대폭을 결정하시오.

1 Born, M. and E. Wolf. *Principles of Optics*, 5th ed., (New York: Pergamon Press, 1975.)

풀이

식(9-37)을 이용하면,

$$s < \frac{r\lambda}{l_s} = \frac{(0.2)(546\times10^{-9})}{1\times10^{-4}} = 1.1\,\text{mm}$$

이다.

이제 예제에서의 광원 슬릿의 폭이 정확히 1.1 mm이고 슬릿 S_1과 S_2의 간격이 조절가능하다고 가정하자. 슬릿들이 아주 가까이 있으면($a \ll l_s$), 결맞음이 높은 영역에 놓이게 되어 간섭 패턴의 무늬들이 선명하게 나타난다. 슬릿들이 서로 멀어짐에 따라, 결맞음도 $|\gamma|$가 감소하여 무늬의 명암 대조가 나빠지기 시작한다. 슬릿 간극 a가 0.1 mm에 도달하면 $|\gamma| = 0$이 되고, 무늬가 사라진다. 틀림없이 이 슬릿 간극을 실험적으로 결정함으로써 넓은 광원의 크기 s를 유추해낼 수 있을 것이다. 이 방법은 별들의 각 지름을 측정하기 위해 마이컬슨이 사용한 방법이다. 별들은 너무 멀리에 있어서 결상 방법으로는 그 지름을 알아낼 수가 없다. 만약 별을 결맞지 않은 넓은 광원으로 간주하여 별의 지름 s에 걸쳐 퍼진 연속적인 점들의 집합체에서 빛이 복사되는 것으로 보면(그림 9-15(b)를 보라), 식(9-37)의 공간 결맞음 폭 l_s는,

$$l_s < \frac{1.22\lambda}{\theta} \tag{9-38}$$

이다. 여기에서 1.22라는 숫자는 광원의 원형 모양에서 나오는데, 원형구경에 의한 프라운호퍼 회절(11장)과 같다. 별의 각 지름 θ가 매우 작으므로 l_s는 매우 클 것이다. 따라서

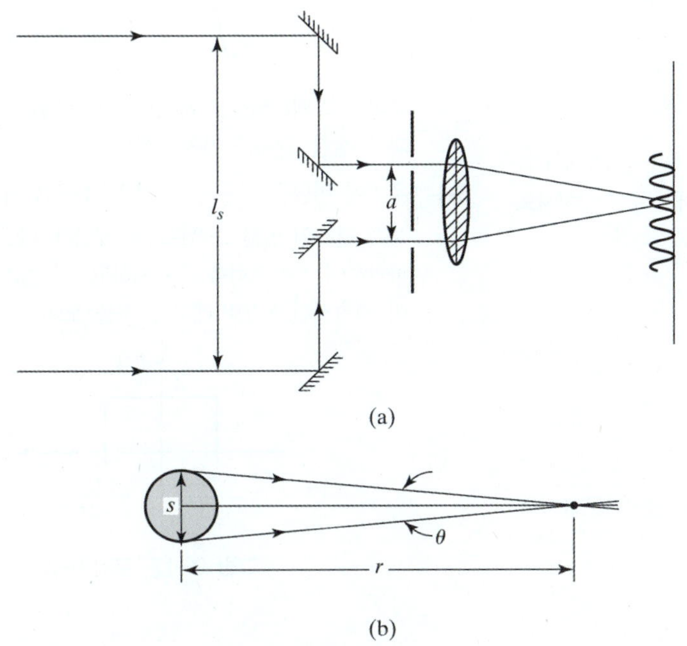

그림 9-15 (a) 마이컬슨 별 간섭계: (b) 별의 직경을 구하는 데 사용된다.

그림 9-15(a)와 같이 이동 슬릿들을 장치하되, 거울들이 넓게 떨어진 빛의 방사 파면 부분들을 이중슬릿-망원경 장치로 향하도록 하였다. 간섭 무늬들의 간격은 이중슬릿 간극 a에 의존한다. 하지만 가시도는 간극 l_s에 의존한다. l_s가 증가함에 따라, 무늬들은 식(9-38)이 만족되는 때에 사라진다.

예제 9-3

마이컬슨이 오리온 별자리의 베텔주스별에 이 방법을 적용했을 때, 그는 무늬의 최초의 극소점이 $l_s = 308\,\text{cm}$ 에서 나타남을 발견했다. 평균 파장 $570\,\text{nm}$를 사용할 때, 그 별의 각 지름은 얼마인가?

풀이

식(9-38)을 등식으로 적용하면,

$$\theta = \frac{1.22\lambda}{l_s} = \frac{1.22(570\times10^{-9})}{3.08} = 2.26\times10^{-7}\,\text{rad}$$

오리온자리가 대략 1×10^{15}마일 떨어진 것으로 알려져 있으므로, 별의 지름은 $s = r\theta = 2.26\times10^{8}$마일, 즉 대략 태양 지름의 260배이다.

문제

9-1 다음과 같이 공간 주기 L을 갖는 함수의 푸리에 급수를 구하시오.

$$f(x) = \begin{cases} -1, & \dfrac{-L}{2} < x < 0 \\ +1, & 0 < x < \dfrac{+L}{2} \end{cases}$$

9-2 반파 정류기는 주어진 사인파형 — $E = E_0 \cos\omega t$ —에서 음수인 반 주기를 제거한다. 결과 파동의 푸리에 급수를 구하시오.

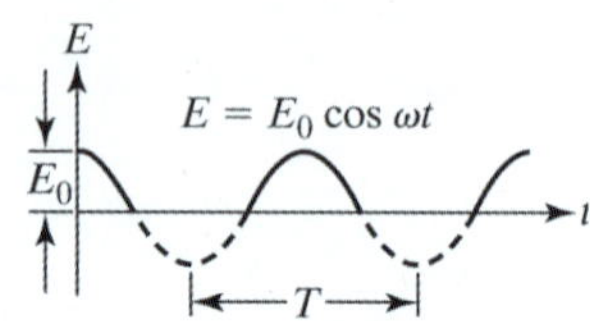

그림 9-16 문제 9-2.

9-3 다음과 같이 주어진 가우스 함수의 푸리에 변환을 구하시오.

$$f(t) = he^{-t^2/2\sigma^2}$$

여기에서 h는 높이를, σ는 "폭"을 나타낸다. (힌트: 제곱을 어떻게 하는지 기억나는가? 또한 다음의 정적분이 계산에 필요할 것이다.)

$$\int_{-\infty}^{+\infty} e^{-x^2} dx = \sqrt{\pi}$$

주파수 스펙트럼으로 해석되는 이 변환이 본래의 "펄스" 폭과 적절한 관계를 가지는가?

9-4 푸리에 변환을 사용하여, 진폭 A이고 지속시간 τ_0인 단일 사각 펄스의 일률 스펙트럼을 계산하시오. 영을 지나는 점을 파악하여 스펙트럼을 스케치하고, 이 펄스의 주파수 대역폭이 지속시간에 반비례하는 것을 보이시오.

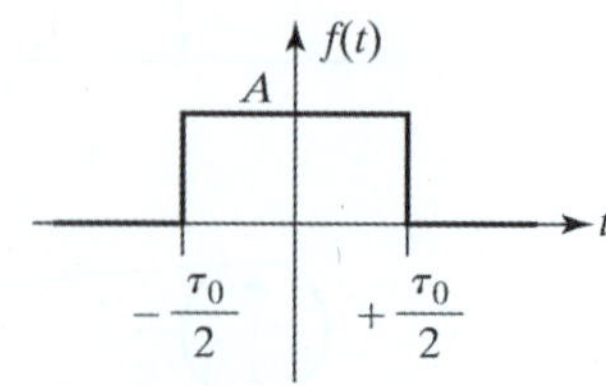

그림 9-17 문제 9-4.

9-5 파장 590 nm 부근을 중심으로 한 노란색 빛을 통과시키기 위해 두 개의 광 필터들이 사용된다. 한 필터는 100 nm의 "넓은" 투과 폭을 가졌고, 다른 하나는 10 nm의 "좁은" 통과 대역을 가진다. 간섭 실험에 사용하기에 어느 필터가 더 나을까? 각각을 통과한 빛의 결맞음 길이를 비교하시오.

9-6 연속적인 헬륨-네온 레이저 빔(632.8 nm)을 회전하는 개구를 사용하여 1-ms의 펄스들로 "잘라냈다(chopped)." 결과의 선폭 $\Delta\lambda$, 대역폭 $\Delta\nu$ 그리고 결맞음 길이를 계산하시오.

9-7 지구에서 본 태양의 각 지름은 대략 0.5도이다. 면 전체에 걸쳐서 어떤 밝기의 변화도 없는 경우의, "좋은" 결맞음에 대해 공간 결맞음 길이를 결정하시오. 다소 임의적이기는 하지만 "좋은" 결맞음이 유지되는 면적을 결맞은 최대 면적의 10%에 해당한다고 가정하면 어떻게 되는가.

9-8 마이컬슨은 카드뮴의 적색선(643.8 nm)이 구할 수 있는 가장 이상적인 단색광의 하나임을 발견하였다. 이것을 사용하면 마이컬슨 간섭계와 같은 빔-분할 간섭실험에서 (간섭)무늬를 경로차 30 cm까지 분간할 수 있다. (a) 이 선의 파장 퍼짐과 (b) 광원의 결맞음 시간을 계산하시오.

9-9 좁은 대역-통과 필터가 범위의 파장을 통과시킨다. 만약 이 필터를 백색광인 광원 앞에 놓으면 통과하는 빛의 결맞음 길이는 얼마인가?

9-10 프리즘의 한 굴절면에 입사하게 하고, 다른 면에서 나오는 빛을 렌즈를 사용하여 화면에 집광하였다. 화면에서의 선분산이 20 Å/mm라고 가정하자. 화면에 좁은 "출구 슬릿"을 놓으면, 거의 단색광의 광선을 주는 일종의 단색 분광기가 된다. 이 장치를 스케치 하시오. 0.02 cm의 출구 슬릿에 대하여, 평균 파장 500 Å의 빛의 결맞음 시간과 결맞음 길이는 각각 얼마인가?

9-11 나트륨등(5890 Å) 앞에 지름 0.5 mm의 바늘구멍을 놓아 영의 간섭실험의 광원으로 사용한다. 바늘구멍과 슬릿의 거리는 1 m이다. 간섭무늬들이 겨우 보일만한 최대 슬릿 간격은 얼마인가?

9-12 결맞음 길이가 10 km인 레이저 광의 선폭을 옹스트롬(Å)과 헤르츠(Hz)로 나타내시오. 평균 파장은 6328 Å이다.

9-13 **a.** 텅스텐등으로부터 준-단색광의 빛을 얻기 위해 단색분광기가 사용된다. 이 장치의 선분산은 20 Å/mm이고 200 μn의 출구 슬릿이 사용된다. 단색분광기에서 나오는 빛의 평균 파장이 500 nm일 때, 그 빛의 결맞음 시간과 결맞음 길이는 얼마인가?

b. 이 빛이 간섭 실험에 사용되어 무늬를 형성한다. 빛은 먼저 세기-분할되어 동등한 두 부분으로 나뉘고, (나중에) 다시 합쳐진다. 두 경로 사이의 광경로차가 0.400 mm라 가정하고, 정규화된 상관함수의 크기와 합성된 무늬들의 가시도를 계산하시오.

c. 그 무늬들에 의해 생성된 최대 복사조도가 임의의 단위에서 100이라 할 때, 그 단위에서 최대 복사조도와 배경 복사조도의 차이는 얼마인가?

9-14 태양으로부터 받은 빛의 결맞은 부분을 원기둥 모양으로 보고 그 길이와 바닥 면적을 결정하시오. 이를 위해, "좋은" 공간 결맞음은 식(9-38)에 의해 결정되는 최대값의 25%의 길이 이내에서 얻어진다고 가정하자. 태양은 지구의 표면에서 각 0.5°로 펼쳐져 있다. 가시광 스펙트럼의 평균값은 550 nm로 잡을 수 있다. 또한 그 결맞음 부피를 원기둥의 길이 방향과 지름 방향으로의 파장의 갯수로 나타내시오.

9-15 **a.** 무늬 가시도가 다음과 같이 표현될 수 있음을 보이시오.

$$V = \frac{2\sqrt{I_1 I_2}\,|\gamma(\tau)|}{(I_1 + I_2)}$$

b. 어떤 간섭하는 광선들의 무늬 가시도가 동일-세기의 빔들의 경우에 비해 10%로 줄어든다. 이 간섭광선들의 복사조도 비율은 얼마인가?

9-16 m 번째 차수의 이중슬릿 (간섭)무늬의 가시도가 다음과 같음을 보이시오.

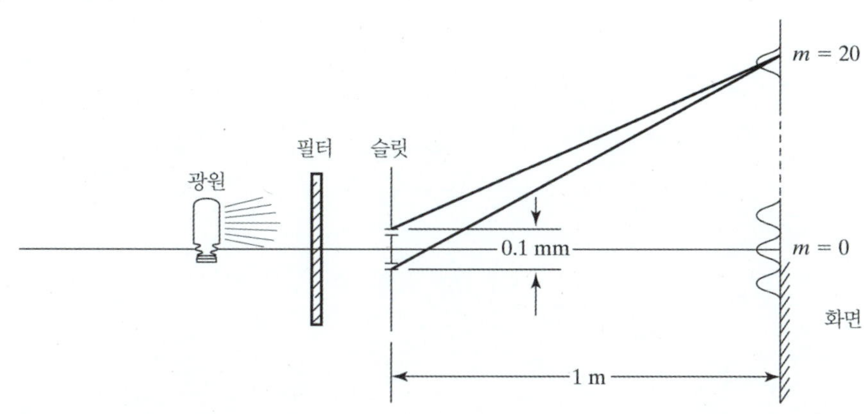

그림 9–18 문제 9–17.

$$V = 1 - \left(m \frac{\Delta\lambda}{\lambda} \right)$$

여기에서 λ는 그 빛의 평균 파장이고 $\Delta\lambda$는 선폭이다.

9-17 수은등을 필터링하여 선폭 0.05 nm인 파장 546.1 nm의 녹색광을 만든다. 이 빛이 간격 0.1 mm 이중슬릿을 비춘다. 1 m 떨어진 화면 위에 놓인 무늬의 가시도를 차수 $m = 20$인 무늬 부근에서 결정하시오(문제 9-16을 보시오). 만약 그 방전등을 백색 광원으로 대체하고 546 nm에서 대역폭 10 nm인 필터를 사용한다면, 가시도는 어떻게 바뀌겠는가?

9-18 파장 643.847 nm이고 선폭 0.0013 nm인 카드뮴 적색광을 사용하여 마이컬슨 간섭계에서 (간섭)무늬를 형성하였다. 양 팔 사이의 경로차가 영인 곳에서 거울 하나를 1 cm만큼 움직이면, 무늬의 가시도는 얼마인가? 그 움직인 거리가 5 cm로 바뀌면 가시도는 얼마로 바뀌는가? 가시도가 영이 되는 거리는 얼마인가?

9-19 **a.** 광원이 선폭 0.025 nm인 파장 546.1 nm의 수은의 녹색선일 때에 대하여 문제 9-18을 반복하시오.

b. 무늬 가시도를 0.85 이상으로 유지하는 범위에서, 거울은 영 경로차로부터 최대 얼마나 움직일 수 있는가?

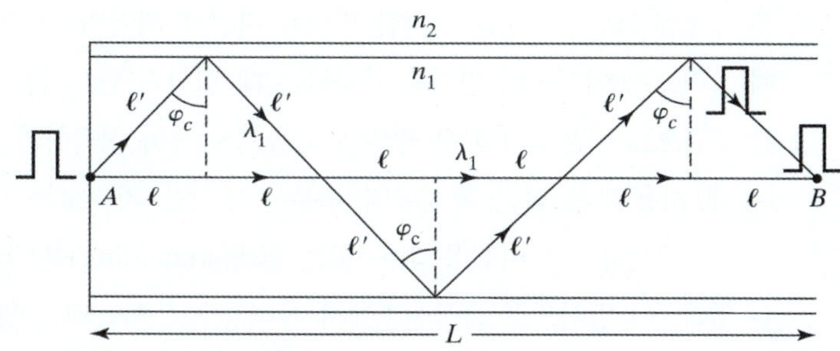

chapter 10 광섬유 광학

서론

투명한 도관을 통해 빛을 통하게 하는 것은 최근에 인기를 얻고 있다. 특히 통신과 레이저 의술에서의 응용에서 인기가 있다. 유리 광섬유와 같이 투명하고 단단한 원기둥이 주변 매질보다 큰 굴절률을 가지기만 하면, 한 끝에서 출발시킨 빛의 대부분이 여러 번의 내부 전반사를 통해 반대쪽 끝으로 빠져나온다. 광섬유 광학을 포괄적으로 취급하기 위해서는 맥스웰의 방정식을 유전체 매질에서 풀 때 사용하는 파동 접근법을 광섬유 벽에서의 경계조건에 대해 적용하여야 한다. 비록 어떤 상황에서는 위상이나 간섭과 같은 파동적 특성에 의지하겠지만, 이 장에서는 대부분 더 단순하고 직관적인 접근법, 즉 전파하는 파면을 광선으로 묘사하는 방법을 채용할 것이다.

10-1 응용들

광섬유를 가장 간단하게 사용하는 방법은 한 개 또는 다발의 형태로 **광 파이프**(light pipes)로 사용하는 것이다. 예를 들어 구부릴 수 있는 광섬유 다발을 사용하여 진공 시스템 외부에서 내부로 빛을 전달하여 더 쉽게 측정할 수 있게 하는 데 사용된다.[1] 그 다발은 둘 또는 그 이상의 구간으로 나뉘어 빔 가르개로서 역할을 하기도 한다. 그러한 상을 맺지 않는 응용들에서는 광섬유들이 피복 내에서 무작위로 분포하여도 된다. 그러나 상을 맺어야 하는 경우에는 입력 부분에서의 광섬유 끝이 출력 부분에서의 끝과 대응되어야

1 흥미롭게도, 사람 눈의 간상세포와 원추세포들은 광섬유에서처럼 길이 방향으로 빛을 전달하는 광 파이프의 기능을 하는 것으로 알려졌다.

한다. 좌표를 유지하기 위해서, 광섬유의 양 끝 부분은 함께 접착해 둔다. 광섬유 내시경은 대물렌즈와 접안경을 장치한 광섬유 다발로 되어 있다. 이것은 내과의사들이 심장, 위, 폐 그리고 십이지장의 영역을 검사하는 데 일상적으로 사용된다. 이때 광섬유의 일부분은 광 도관으로 사용되어 외부 광원의 빛을 수송하여 접근하기 어려운 내부의 면적을 조명하는 데 사용된다. 다른 광섬유의 부분은 영상을 가져오는 데 사용된다.

광섬유들은 바깥쪽 피복 또는 **클래딩**(cladding)을 녹임으로써 단단하게 접착시킬 수 있다. 이 방식으로 음극선관에서 유리창으로 사용되는 광섬유-광학 면판(faceplate)이 만들어진다. 게다가 그런 용융-광섬유 다발은 가열하고 늘려서 점점 가늘어지게 만들면, 입력과 출력 면의 상대 면적에 따라 상의 크기를 확대 또는 축소하는 데 사용된다. 예상할 수 있다시피 영상용 광섬유의 분해능은 광섬유의 정렬의 정확도와 개별 광섬유의 지름 d에 의존한다. 광섬유의 분해능(RP, resolving power)을 보수적으로 산정하면,[2]

$$\mathrm{RP(lines/mm)} = \frac{500}{d(\mu\mathrm{m})} \tag{10-1}$$

이다. 따라서 예를 들어 5-μm 광섬유는 대략 100 lines/mm의 높은 해상도를 줄 수 있다.

광섬유 광학의 가장 널리 퍼진 응용은 다음 절의 주제인 통신 영역이다.

10-2 통신 시스템 개관

광섬유 광학의 어떤 응용도 음성, 화상 통신 및 데이터 전송보다 더 큰 추진력과 빠른 발전을 보인 것이 없었다. 기존의 두 줄 전선, 동축케이블 또는 마이크로파 도파로 시스템과 비교하여 광섬유 광학 도관(또는 **도파로**(waveguide))의 장점은 인상적이다. 마이크로파와 라디오파를 광파로 대체하는 것이 특히 매력적인데, 그 이유는 반송파(carrier wave)의 정보-수송 용량이 가능한 주파수 대역의 폭에 직접적으로 비례하여 증가하기 때문이다. 따라서 구리 동축케이블 또는 꼬은-쌍 전송선을 광섬유-광학 케이블로 대체함으로써 저 손실의 공간을 적게 차지하는 가벼운 케이블로 훨씬 더 많은 통신 용량을 제공할 수 있다. 게다가 금속성 전도 방식과는 대조적으로, 빛을 이용한 통신은 전기적 절연의 기회를 제공하여 전자기적 간섭이 없고 신호 누설로부터 자유롭다. 후자는 정보의 보안이 절대로 필요한—기밀의 자료를 취급하는 컴퓨터 네트워크와 같은—곳에서 특히 중요하다.

통신 소스로부터 출력에 이르기까지의 광섬유-광학 통신 시스템에서 핵심적인 부품들과 절차들의 개요를 그림 10-1에 나타내었다. 광섬유-광학 케이블의 입력단에서, 전달될 정보는 어떤 종류의 변환기를 통해 전기적 신호에서 광학 신호로 전환된다. 광섬유를 통과한 후, 광신호는 전기 신호로 다시 변환된다. 광섬유는 **광도파로**(optical waveguide)로서 기능하여 가능한 한 최소한의 왜곡과 일률의 손실로 수 미터에서 수천 킬로미터에

2 Walter P. Siegmund, "Fiber Optics," in *Handbook of Optics*, edited by Walter G. Driscoll and William Vaughan (New York: McGraw-Hill Book Company, 1978).

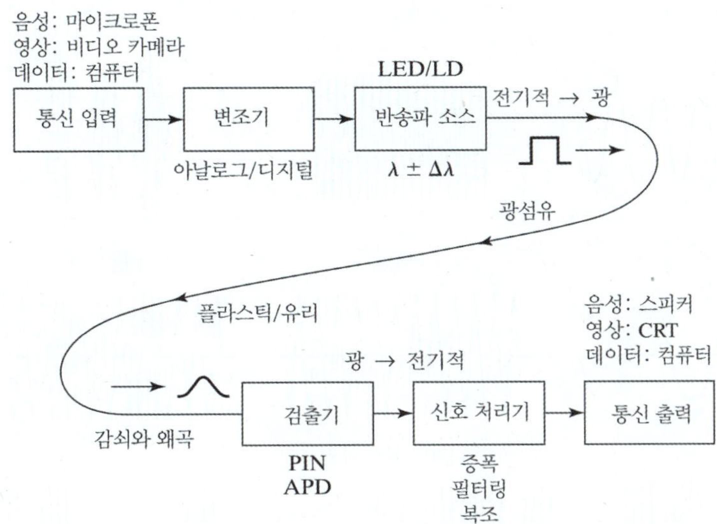

그림 10-1 광섬유 광학 통신 시스템의 개요.

걸친 거리에 정보를 수송한다.

통신 소스는 송화기로부터의 아날로그 전기 신호를 주는 음성이거나 비디오 카메라로부터의 아날로그 신호를 주는 영상이다. 또는 일련의 펄스의 형태를 갖는 디지털화된 정보일 수 있다. 아날로그와 디지털 형식은 서로 교환할 수 있으므로, 신호의 원래 성질에 상관없이 광섬유를 통과하는 데 어떤 형식을 선택하든지 모두 가능하다.

변조기(modulator)의 목적은 원할 때 이 변환을 수행하는 것이고, 또 이 신호를 **반송파 소스**(carrier source)에 의해 생성된 반송파동에 실어주는 것이다. 반송파는 신호 정보를 다양한 방식으로 변조하여 수용할 수 있는데, 흔히 진폭변조(AM), 주파수 변조(FM) 또는 디지털 변조를 거친다[3](그림 10-2 참조). 광섬유-광학 시스템에서 반송파 광원은 일반적으로 발광 다이오드(LED) 또는 반도체 레이저(LD)이다. 그림 10-1에서는 반송파 광원이 광섬유로 출력되는 것이 하나의 사각 펄스로 표현되었다. 이 펄스가 광섬유를 통해 전파될 때, 다음에 논의하게 될 몇몇 메커니즘에 의해 **감쇠**(attenuation) (크기의 손실)와 **왜곡**(distortion) (모양의 변화)을 겪는다. 일반적으로 광섬유는 지름 50 μm의 유리나 플라스틱의 섬유이다. 만약 광섬유가 아주 길면 광섬유를 따라 여러 위치에서 신호를 증폭해야 할 필요가 있다. 그러나 높은 비트 전송률의 신호가 구리선으로 된 전송선에서 매 300 m마다 증폭되어야 하는 반면에, 광섬유에서 전송될 때는 매 100 km 또는 그 이상에서만 증폭하면 된다. 광섬유의 먼 끝에서 광신호는 검출기와 결합하여 광학적 신호가 전기적 신호로 다시 변환된다. 이 일은 반도체 장치(가장 흔하게 *PIN* **다이오드**, **아발란치 다이오드**(avalanche diode) 또는 **광증배관**(17장 참조))를 사용하여 수행된다. 물론 검출기의 반응은 수신되는 신호의 광학 주파수에 잘 맞아야 한다. 이제 검출기 출력은 신호 처리기에 의해 취급된다. 이것의 기능은 필터링과 증폭 그리고 아마도 디지털-아날

3 빛을 변조하는 방법에 대해서는 24장에서 논의한다.

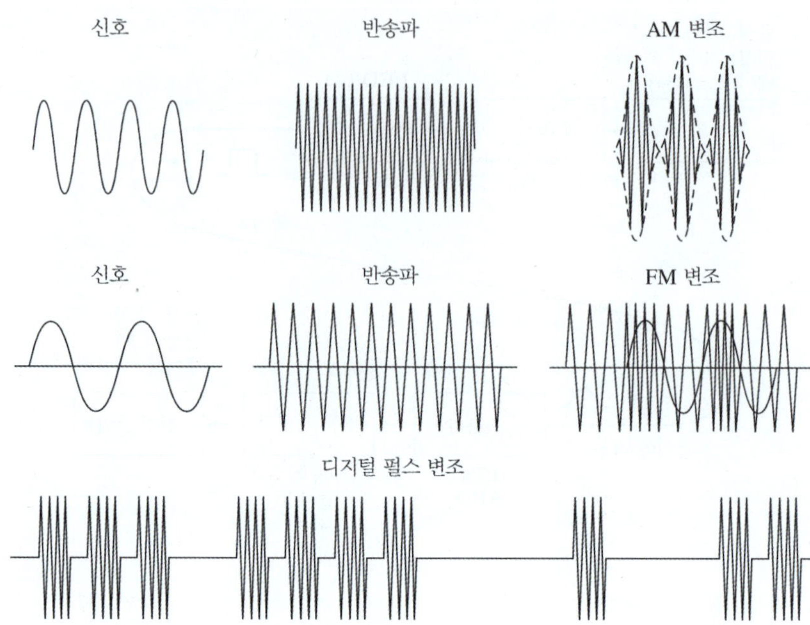

그림 10-2 반송파가 신호를 수송하기 위해 변경되는 세 가지 형식의 변조. 맨 위: 진폭 변조, 가운데: 주파수 변조, 맨 밑: 신호가 존재하거나("on") 없는("off") 형태의 디지털 변조.

로그 변환을 거쳐, 반송파로부터 원래의 전기 신호를 회복해 내는 것이다. 이제 그 통신 출력은 확성기(음성), 음극선관(영상) 또는 컴퓨터 입력(디지털 정보)에 의해 전달된다.

10-3 대역폭과 데이터 전송률

통신할 신호가 복잡할수록 그것을 표현하기 위해서는 더 넓은 범위의 주파수가 필요하다. 전화 수화기보다 스테레오 시스템의 출력이 본래의 신호에 더 충실한데 그 이유는 재생 절차에서 더 많은 주파수 범위가 사용되기 때문이다. 전화기에서 한 채널을 변조하는 데 필요한 주파수 범위는 4 kHz에 불과하지만, FM 라디오 방송국의 대역폭은 200 kHz이다. 상업 TV 방송국에서는 음성과 영상신호를 모두 통신해야 하는데, 이를 위해 6 MHz의 대역폭을 사용한다. 반송파 주파수 대 신호 대역폭의 비율(반송파에 실어 보낼 수 있는 개별 채널의 개수에 해당함)을 계산해 보면 빛을 사용하는 경우의 엄청난 정보-전달 능력을 알 수 있다. TV 방송국에서 사용하는 300-MHz 반송파의 경우, 이 비율은 300 MHz/6 MHz, 즉 50이다. 한편 광섬유를 사용하는 경우 1-μm 파장(3×10^8 MHz)의 반송파가 같은 정보를 전달하고 그 비율은 (3×10^8 MHz)/6 MHz, 즉 50,000,000이다! 현재 광섬유는 이론적으로 광학신호로서 가능한 전체 대역폭의 작은 일부분만을 사용하고 있다. 그럼에도 불구하고, 최신식의 광섬유-광학 시스템은 구리선으로 된 전송선보다 훨씬 더 많은 정보를 매우 적은 손실로 운반할 수 있다.

개별 펄스들이 연속적으로 더 빠르게 송신될 수 있다면 광섬유를 사용하여 더 많은 정보를 보낼 수 있다. 이것은 디지털 정보의 경우에서 주파수가 높을수록 비트 전송률도 높다는 것을 의미한다. 아날로그 신호의 세기를 표현하는 데 8비트(on 또는 off 펄스)

가 필요한 것을 가정한다. **표본 정리**(sampling theorem)[4]에 따르면, 아날로그 신호를 충실하게 표현하기 위해서는 최고 주파수 성분보다 최소 두 배만큼의 속도로 샘플링해야만 한다. 6 MHz 대역폭을 가진 TV 채널의 경우, 이는 2×6 MHz 즉 초당 12×10^6 샘플을 수행해야 한다. 각각의 샘플이 8비트로 표현되므로, 필요한 데이터 전송률(date rate)은 96 Mbps(megabits per second)이다. 다음의 논의에서 보게 되겠지만 데이터 전송률은 변조기의 성능에 의해서 그리고 이웃 펄스를 개별적으로 확인하는 것을 방해하는 광섬유의 왜곡에 의해서 제한된다. **파장분할 다중화**(Wavelength-division multiplexing, WDM)는 서로 다른 파장 채널로 운반되는 40개 또는 그 이상의 신호들을 결합하는 방법으로서, 신호들을 동일한 광섬유를 사용하여 함께 전송할 수 있게 한다. (높은 밀도의) WDM을 사용하는 광섬유 시스템을 통한 최대 송신 비트 전송률은 초당 1테라비트(10^{12} bits/s)를 능가한다.

10-4 전파 광학

이제 빛이 광섬유를 통해 전파되는 방법을 고려해 보자. 여기에서는 주로 기하광학의 관점에서 전파 성공 조건을 전개해 본다. 또한 광섬유의 중심축을 가로지르는 자오 광선(meridional rays)[5]만을 고려할 것이다.

그림 10-3(a)에 보인 광섬유의 직선 일부분을 생각하자. 광섬유 자체의 굴절률은 n_1이고 둘러싼 매질(**클래딩**이라 부르는)은 굴절률 n_2 그리고 양 끝 면은 굴절률 n_0인 매질과 닿아 있다. 광섬유의 왼쪽 면에서 A 광선이 들어와 굴절되어 투과한다. 그리고 C점의 광섬유 면에서 부분적으로 광섬유 밖으로 굴절되고 부분적으로 내부로 반사된다. 세기가 줄어든 내부의 광선은 계속하여 D, 다음에 E 등으로 진행한다. 다중 반사 후에 광선은 에너지의 대부분을 잃어버릴 것이다. 표면에서 A 광선은 내부 전반사의 조건을 만족하지 않았다. 즉 이것은 C, D, E, ...에서 광섬유 면에 부딪힐 때 입사각 φ가 임계각 φ_c보다 작다. 즉

$$\varphi < \varphi_c = \sin^{-1}(n_2/n_1) \tag{10-2}$$

이다. 다른 한편으로 B 광선은 축에 대해 θ_m보다 작은 각으로 입사하여 F점에서 광섬유 면과 평행한 방향으로 굴절된다. 그림 10-3(b)처럼 각 $\theta < \theta_m$로 입사한 다른 광선들은 광섬유 면에서 내부 전반사를 겪는다. 그런 광선들은 광섬유를 따라 전파될 때 연속적으로 반사를 하지만 원기둥 밖으로의 굴절에 의한 에너지 손실은 없다. 그러나 광섬유 물질의 투명한 정도에 따라 흡수에 의한 약간의 감쇠가 일어난다.

따라서 B 광선은 광섬유 내에서 내부 전반사 조건을 만족하는 빛들이 이루는 원

---

4 표본 정리는 21장에서도 푸리에 변환 분광법과 관련하여 논의된다.

5 다른 광선, 즉 사교 광선(skew rays)들은 광섬유의 중심축을 포함하는 평면상에 있지 않다. 이들 광선들은 광섬유를 따라 부분적으로 나선 경로를 따른다.

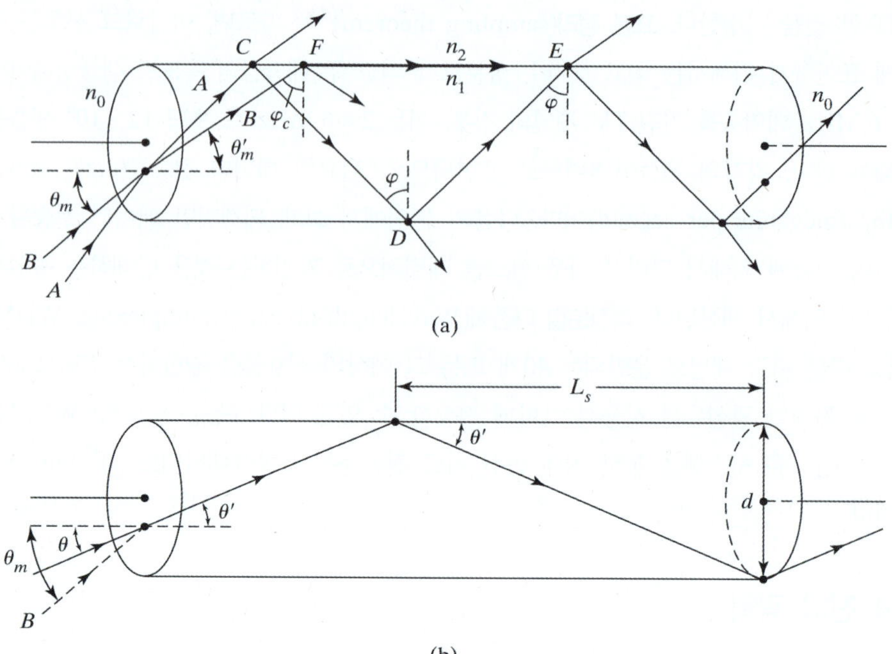

그림 10-3 (a) 광섬유를 통한 빛의 전파. B 광선은 광섬유 벽에서 내부 전반사를 만족하는 광선들의 최대 입력 원뿔을 정의한다. (b) 광섬유를 통한 전형적인 빛의 전파.

뿔의 경사면을 정의하는 극한 광선이 된다. 이 원뿔의 반각의 최대값 θ_m은 명백하게 반사의 임계각 φ_c와 관련된다. **그림 10-3**(a)에 보인 광섬유의 입력 면에서

$$n_0 \sin\theta_m = n_1 \sin\theta_m' \tag{10-3}$$

이다. 그리고 F와 같은 점에서

$$\sin\varphi_c = \frac{n_2}{n_1}$$

이다. $\theta_m' = 90° - \varphi_c$이라는 기하학적인 사실과 삼각함수의 항등식, $\sin^2\varphi_c + \cos^2\varphi_c = 1$을 사용하여 이 관계들을 결합하면 다음의 **수치 구경**(numerical aperture)을 얻는다.

$$\text{N. A.} \equiv n_0 \sin\theta_m = n_1 \cos\varphi_c = \sqrt{n_1^2 - n_2^2} \tag{10-4}$$

만약 $n_0 = 1$이면 수치 구경은 단순히 광섬유를 통해 일련의 내부 전반사를 통해 전파되는 가장 큰 자오 광선(즉, 광섬유 축과 같은 평면에 있는 광선)의 원뿔의 반각에 대한 사인함수가 된다. 의심할 여지 없이 수치 구경은 $n_0 > 1$이 아닌 한 1보다 클 수 없다. 예를 들어 0.6의 수치 구경은 74°의 수용 원뿔에 해당한다. 광섬유의 집광능력은 그 수치 구경과 함께 증가한다.

또한 **그림 10-3**(b)에서 광섬유에서 전파하는 광선의 두 번의 연속 반사 사이의 **도약 거리**(skip distance) L_s는 다음과 같다.

$$L_s = d \cot\theta' \tag{10-5}$$

여기에서 d는 광섬유의 지름이다. 스넬의 법칙을 사용하여 θ'를 입력 각도 θ와 연결시키면 다음과 같다.

$$L_s = d\sqrt{\left(\frac{n_1}{n_0 \sin\theta}\right)^2 - 1} \tag{10-6}$$

예를 들어 $n_0 = 1$, $n_1 = 1.60$, $\theta = 30°$ 그리고 $d = 50\,\mu\text{m}$인 경우, 식(10-6)에 따라 $L_s = 152\,\mu\text{m}$이다. 따라서 1 m의 광섬유에서 대략 $1/L_s$, 즉 6580번 반사한다! 표 10-1은 가능한 다양한 코어와 클래딩을 보여준다. 각각에 대해 임계각, 수치 구경, 도약 거리 등이 계산되었다. 많은 반사가 일어나기 때문에 광섬유의 전체 길이에 걸쳐서 내부 전반사의 조건은 정확히 만족되어야 한다. 면의 흠집이나 요철, 먼지, 습기 또는 기름기 등이 광 에너지를 급속하게 감쇠시키는 손실의 원인이 된다. 만약 각각의 반사 때마다 0.1%의 작은 빛을 잃는다고 해도 1 m의 거리를 지나면 이 감쇠는 에너지를 대략 720분의 1로 감소시킨다. 따라서 광섬유의 광학적 품질을 보호하기 위해서는 플라스틱이나 유리로 **클래딩**이라 불리우는 층을 반드시 입혀야 한다. 클래딩 물질은 대단히 투명할 필요까지는 없지만, 예를 들어 (열)팽창계수가 광섬유 코어와 비슷해야만 한다. 클래딩의 굴절률 n_2 —여기에서 $n_2 < n_1$ —는 광섬유의 임계각과 수치 구경에 영향을 미친다.

표 10-1 몇몇 광섬유들의 특성

코어/클래딩	n_0	n_1	n_2	φ_c	θ_{max}	N.A.	$1/L_s$
유리/공기	1	1.50	1.0	41.8°	90.0°	1	8944
플라스틱/플라스틱	1	1.49	1.39	68.9°	32.5°	0.54	3866
유리/플라스틱	1	1.46	1.40	73.5°	24.5°	0.41	2962
유리/유리	1	1.48	1.46	80.6°	14.0°	0.24	1657

주의: 도약 거리의 역수($1/L_s$ 또는 미터당 도약수)는 지름 100 μm인 광섬유에 대해 그리고 $\theta = \theta_{\text{max}}$에서 계산되었다.

광섬유 코어를 둘러싼 클래딩은 또 다른 중요한 기능이 있는데, 그것은 소위 **누수 내부 전반사**(frustrated total internal reflection)의 발생을 막는 것이다. 내부 전반사를 파의 요동과 매질을 이루는 전자의 진동과의 상호작용으로 볼 때, 일부의 파동이 경계를 넘어 짧은 거리만큼 투과를 할 것이 명백하다. 비록 파동의 진폭은 경계를 넘으면서 급격하게 줄어들지만, 이 영역에 두 번째 매질이 있으면 이것이 파동과 결합하여 에너지를 가져가 버리기 때문에, 처음 매질로 돌아오지는 못한다. 따라서 만약 광섬유들이 다발로 밀집하여 뭉쳐진 경우에는, 광섬유 사이에서 약간의 누설이 있을 수 있고, 이 현상을 통신 응용에서는 **교차 혼선**(cross talk)이라 부른다. 충분한 두께 또는 더 경사지게 클래딩을 두면 이 누설이 방지되고 누수 내부 전반사를 거부할 수 있다.[6]

6 이 주제는 23-5절에서 정량적으로 다룬다.

광섬유 코어는 조성이 균일해야 할 것이므로, 하나의 굴절률 n_1으로 표시된다. 빛은 다중 내부 전반사를 통해 그 내부로 전파된다. 그런 광섬유는 코어와 클래딩 사이에 굴절률이 불연속적으로 변하므로 **계단형-굴절률 분포**(step-index) **광섬유**라 한다. 이것은 이산적인 몇 개의 모드들(또는 광선 방향들)을 전파시키므로, **다중 모드**(multimode) 광섬유라 한다. 광섬유가 충분히 얇아서 오직 한 모드(축방향 광선)만 이 조건을 만족시키는 경우, 그 광섬유를 **단일 모드**(single-mode)라 한다. 가능한 모드들을 제한하는 것은 다음에 설명할 것이다. 또 다른 유형의 광섬유로는 **언덕형 굴절률 분포**(graded-index) **광섬유**가 있다. 이것은 코어의 축에서 반지름의 함수로 연속적으로 굴절률이 감소하도록 한 것이다. 이 모든 종류들은 다음 절에서 논의된다.

10-5 허용 모드들

수용 원뿔 내에서 광섬유에 입사하는 모든 광선이 다 광섬유를 통해 성공적으로 전파되는 것은 아니다. 오직 특정한 광선 방향들 또는 **모드**들만이 허용된다. 왜 그런가 보기 위해 그림 10-4와 같이 더 단순한 경우로서, 대칭적인 **평면형**(planar) 또는 **평판형**(slab) **도파로**를 생각해 보자. 도파로의 코어는 굴절률 n_1인 사각형(원기둥 대신에) 모양이고 위/아래로 대칭적으로 굴절률 n_2인 클래딩으로 싸여 있다. 그림의 광선은 코어-클래딩의 경계인 A와 B에서 두 번의 내부 전반사를 하는 것으로 나타내었다. 그 광선이 도파로 내에서 위/아래로 움직이는 평면파들을 표현하는 것을 상기하면, 그 파동들이 서로 겹치고 간섭하는 것은 명백하다. **공진 조건**(resonance condition)을 만족하는 파동들만이 계속 유지된다. A와 C점은 그러한 파동들의 공통의 파면상에 놓임에 주목하라. A와 C점 사이에서 발생하는 알짜 위상 변화가 2π의 배수라면 간섭하는 파면들은 보강 간섭을 하게 되고, 따라서 그 방향의 광선은 허용된다. 그 알짜 위상 변화에는 두 가지 원인이 있는데, 광경로차 Δ와 점 A와 B에서의 두 번의 내부 전반사에 의한 위상 변화 $2\phi_r$이다. 따라서 스스로 계속 유지되는 파동은 다음 조건을 만족해야 한다.

$$\frac{\Delta}{\lambda}2\pi + 2\phi_r = 2m\pi$$

여기에서 m은 정수이다. 그림 10-4의 파선과 같이 기하학적으로 확장하면 삼각형 ACA'를 발견하게 되고, 다음이 명백해진다.

$$\Delta = AB + BC = A'B + BC = 2n_1 d\cos\varphi \tag{10-7}$$

따라서 가능한 모드들은 다음과 같이 주어진다.

$$m = \frac{2n_1 d\cos\varphi}{\lambda} + \frac{\phi_r}{\pi}$$

이제 $\phi_r \le \pi$이므로, 두 번째 항은 기껏해야 1이고 첫 번째 항에 비해 보통 무시할 만큼

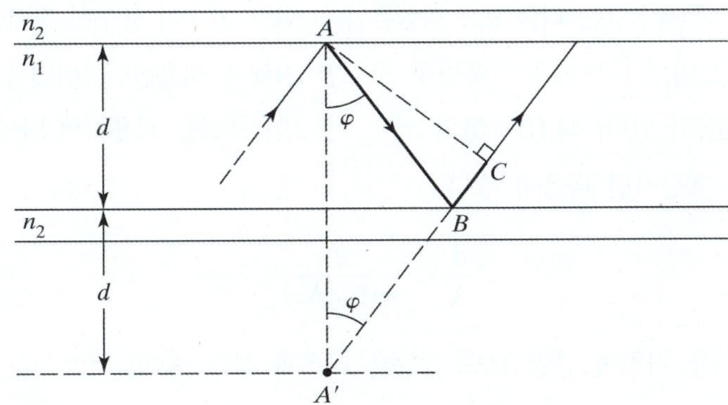

그림 10-4 평판형 도파로의 단면. 성공적으로 전파하는 광선 또는 가능한 모드 중 하나를 보여준다. 이 모양이 보강 간섭 조건을 결정하는 데 사용되었다.

작다. 따라서 도파로 내에서 성공적으로 전파하는 모드들 각각은 정수인 모드수 m을 가지며, 다음과 같이 방향 φ_m과 관련된다.

$$m \cong \frac{2n_1 d \cos\varphi_m}{\lambda} \tag{10-8}$$

우리의 현재 목적을 위해, 허용 모드들의 정확한 숫자는 모드 차수 m에 대한 광섬유 특성의 정성적인 의존성보다는 중요하지 않다. 낮은 (m이 작은) 차수 모드들은 $\varphi \cong 90°$에 대응한다. 즉 광선 방향이 거의 축방향이다. 그리고 높은 차수 모드들(m이 큰)은 φ가 φ_c 가까이로 전파하는 광선에 대응하고, 즉 광선 각도가 급한 것이다. 전파하는 모드들의 총 수 m_{tot}는 $\cos\varphi_m$가 최대값을 가질 때의 m값이다. 이 조건은 $\varphi_m = \varphi_c$, 즉 임계각일 때 만족된다. 식(10-4)에서 $n_1 \cos\varphi_c = \sqrt{n_1^2 - n_2^2} = \text{N. A.}$이므로 다음과 같이 쓸 수 있다.

$$m_{\text{tot}} \cong \frac{2d}{\lambda}\text{N. A.} + 1 = \frac{2d}{\lambda}\sqrt{n_1^2 - n_2^2} + 1 \tag{10-9}$$

$\varphi = 90°$로 "직진하는" 모드($m = 0$)를 포함하기 위해 모드의 총수를 1만큼 늘렸다. 마지막으로, 전파하는 평면파에 두 개의 독립적인 편광이 가능하므로, 모드 총수는 식(10-9)에 주어진 값의 두 배이다.

이러한 평판형 도파로에 대한 분석은 모드 제한의 물리적 이유를 설명하는 데 유용했다. 원기둥 형태의 광섬유에서의 가능한 모드에 대한 분석도 동일한 물리적 원리에 기반하지만, 더 복잡하고 여기에서는 전개하지 않는다. 이 경우의 최대 모드수 m은 다음에 주어진 $m_{\max}$보다 작거나 같은 가장 큰 정수로 주어지는 것을 보일 수 있다.[7]

$$m_{\max} = \frac{1}{2}\left(\frac{\pi d}{\lambda}\text{N. A.}\right)^2 \tag{10-10}$$

평판형 도파로에서와 같이 가능한 모드수는 d/λ의 비율과 함께 증가하는 것에 주목하라.

7 Amnon Yariv, *Optical Electronics*, 3rd ed. (New York: Holt, Rinehart and Winston, 1985). Peter K. Cheo, *Fiber Optics Devices and Systems* (Englewood Cliffs, N.J.: Prentice-Hall, 1985), Ch. 4.

따라서 지름이 큰 광섬유는 **다중 모드 광섬유**이다. 만약 d/λ이 충분히 작아서 $m_{\max} < 2$로 만들 수 있으면, 그 광섬유는 축방향 모드만 진행을 허용한다. 이것을 **단 모드**(또는 **단일 모드**) **광섬유**라 한다. 식(10-10)의 $m_{\max} < 2$인 조건을 적용하여 단일 모드 성능에 필요한 지름을 계산하면 다음과 같다.

$$\frac{d}{\lambda} < \frac{2}{\pi(\mathrm{N.\,A.})}$$

더 자세한 분석을 거치면 단일 모드 성능은 다음과 같을 때에도 얻어짐을 알 수 있다.

$$\frac{d}{\lambda} < \frac{2.4}{\pi(\mathrm{N.\,A.})} \qquad (10\text{-}11)$$

예제 10-1

코어 굴절률 1.465, 클래딩 굴절률 1.460인 광섬유가 $\lambda = 1.25\,\mu\mathrm{m}$에서 사용된다고 하자. 단일 모드 성능을 위한 지름을 결정하고, $d = 50\,\mu\mathrm{m}$일 때 전파하는 모드의 수를 계산하시오.

풀이

N. A. 값은 $\sqrt{(1.465^2 - 1.46^2)} = 0.121$이고, 단일 모드 성능을 위해 필요한 지름은 식(10-11)을 사용하면 다음과 같다.

$$d < \frac{2.4}{\pi(0.121)}(1.25\,\mu\mathrm{m}) \quad \text{또는} \quad d < 7.9\,\mu\mathrm{m}$$

다른 한편으로 $d = 50\,\mu\mathrm{m}$이면, 광섬유는 다음과 같이 다중 모드이다.

$$m_{\max} = \frac{1}{2}\left[\pi\frac{50}{1.25}(0.121)\right]^2 = 115$$

식(10-10)에 따르면, 이 값이 전파하는 모드의 수이다.

10-6 감쇠

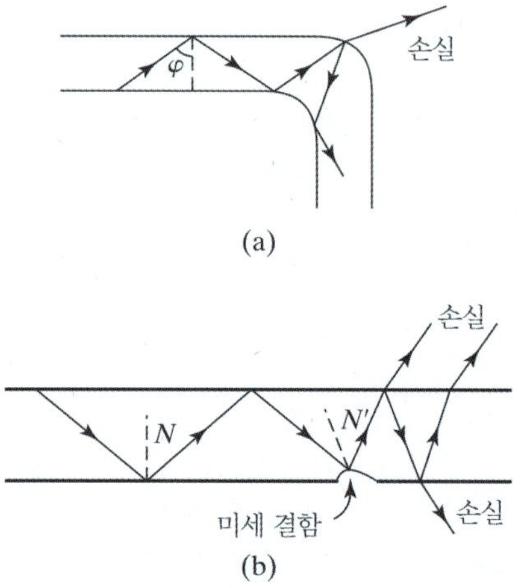

그림 10-5 (a) 급격한 구부림과 (b) 광섬유 면에서의 미세 결함에 의한 광섬유의 방사에 의한 손실. 손실은 내부 전반사 조건이 어긋나는 경우에 발생한다. 또한 (b)에서 결함에 의해 모드 결합이 발생함에 주목하라. 이 경우에는 낮은 모드에서 높은 모드로의 변환이 일어남.

광섬유를 통해 전파하는 빛의 복사조도는 **외적**(extrinsic) 또는 **내적**(intrinsic)인 손실 메커니즘들에 의해 항상 감쇠된다. 외적인 손실들 중에는 불균질성과 기하학적 효과들이 있다. 불균질성은 빛의 파장보다 훨씬 큰 크기로 나타날 수 있는데, 예를 들어 광섬유 물질을 응고시키기 전에 충분히 혼합을 시키지 않거나, 코어와 클래딩 사이의 경계가 불완전한 경우 등이다. 기하학적 성질의 외적 손실에는 광섬유를 미세하게 또는 급격하게 구부리는 것을 포함하는데, 이들 모두는 내부 전반사 조건이 만족되지 못하게 하여(그림 10-5 참조) 방사에 의한 손실을 일으킨다. 다른 외적 손실들은 빛이 광섬유로 출입할 때 결합

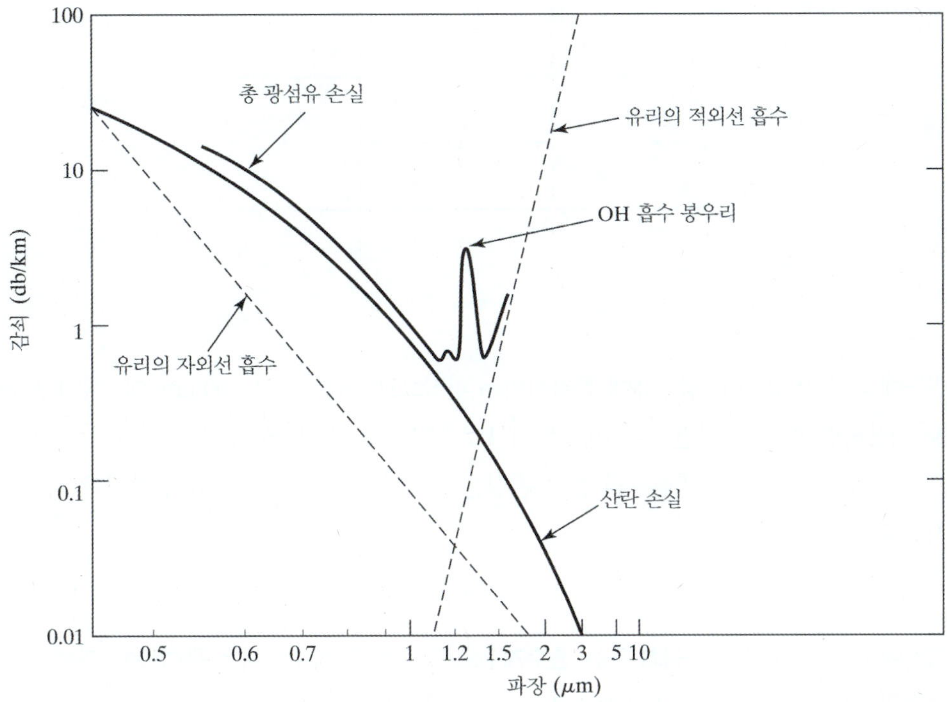

그림 10-6 게르마늄 주입된 실리카 유리 광섬유의 알짜 감쇠에 기여하는 것들. (From H. Osanai, T. Shioda, T. Moriyama, S.Araki, M. Horiguchi, T. Izawa, and H. Takara, "Effects of Dopants on Transmission Loss of Low-OH-Content Optical Fibers," *Electronics Letters*, Vol. 12, No. 21 (October 14, 1976): 550. 허락을 받고 수정함.)

부에서 생긴다. 광섬유 입력단에서 손실은 수치 구경의 제한과 **프레넬 손실**(Fresnel loss)이라 부르는 피할 수 없는 경계면 반사 때문에 생긴다. 또한 광원의 방사 패턴과 크기가 광섬유 끝과 잘 맞지 않는 경우에도 입력 효율이 줄어든다. 물론 그런 손실들은 광섬유에서 나온 빛이 검출기로 향하는 출력단에서도 발생한다. 긴 배선에서는 커넥터, 커플러 또는 접착부분이 필요하게 되므로, 여전히 다른 손실들이 중요해진다. 손실은 커플된 광섬유 끝에서 코어 지름이나 횡방향 또는 각도의 정렬이 잘 안 맞는 것 등을 포함한다. 간격과 수치구경이 일치하지 않을 수도 있고, 이 경우는 적절히 수정하지 않으면 큰 손실로 이어질 수 있다.

내적인 손실은 코어 물질과 잔여 불순물에 의한 흡수와 광 파장보다 작은 크기의 미세 불균일성에 의한 **레일리 산란**(Rayleigh scattering)에 의해 발생한다. 코어 물질(유리 광섬유의 경우 무수규산(silica, 실리카))은 그 전자/분자 전이 밴드(**그림 10-6** 참조) 영역에서 흡수를 일으킨다. 자외선에서의 강한 흡수는 전자/분자 밴드 때문이고, 적외선에서의 흡수는 분자 진동 밴드 때문이다. 파장이 가시광선 영역으로 접근하면 UV와 IR 흡수 모두 감소한다. **그림 10-6**은 1.3 μm 부근에서 흡수가 최소가 되는 것을 보여준다. 잔여 불순물, 예를 들어 전이 금속 이온들(Fe, Cu, Co, Ni, Mn, Cr, V) 특히 수산기(OH) 이온도 흡수에 기여하고, 후자는 0.95, 1.23 그리고 1.73 μm에서 상당한 흡수를 일으킨다. $1/\lambda^4$ 의존성[8]을 가진 레일리 산란은 코어 물질의 밀도나 굴절률의 국소적인

8 레일리 산란은 15-3절에서 자세히 논의된다.

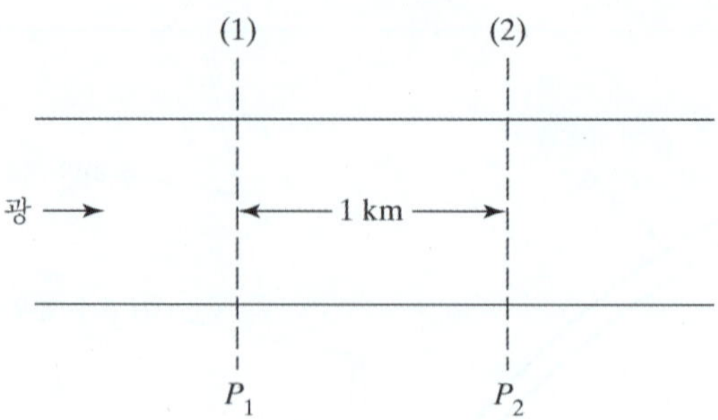

그림 10-7 유리 광섬유의 흡수 계수를 정의하기 위한 개략도.

변동에 의해 발생한다. 광섬유에 통과시키는 파장으로, 예를 들어 800 nm 대신에 1.3 μm를 사용하면 레일리 산란 손실이 7분의 1로 주는 것을 의미한다.

길이 L에 걸친 광섬유의 흡수 손실은 빛의 복사조도 I에 대한 일반적인 지수 법칙으로 묘사된다.

$$I = I_0 e^{-\alpha L} \tag{10-12}$$

여기에서 α는 광섬유의 **감쇠** 또는 **흡수계수**로서, 파장의 함수이다.[9] 광섬유에 대해, 흡수계수의 식을 킬로미터당 데시벨(db/km)로 정의하면 다음과 같다.

$$\alpha_{\text{db}} \equiv (10\,\text{db/km})\log_{10}\left(\frac{P_1}{P_2}\right) \tag{10-13}$$

여기에서 P_1과 P_2는 그림 10-7처럼 1 km 떨어진 두 광섬유 단면에서 빛의 일률 수준이

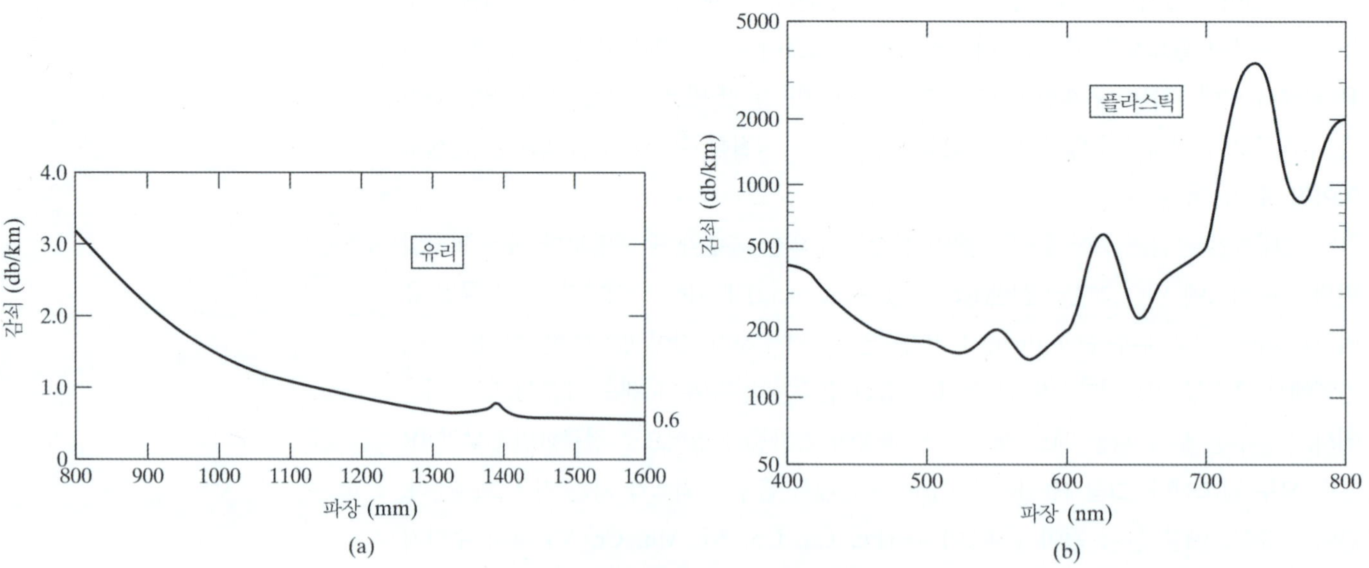

그림 10-8 (a) 전부 유리로 된 다중모드 광섬유의 감쇠 스펙트럼(Corning Glass Works의 허락을 얻었음.) (b) 전부 플라스틱인 광섬유 케이블의 감쇠스펙트럼(Mitsubishi Rayon America, Inc.의 허락을 얻었음.)

9 광섬유 벽을 작은 입사각으로 때리는 광선이 동일한 축 길이 L의 흡수 매질을 통하여 더 먼 거리를 진행하기 때문에, α는 또한 입사각의 함수이다.

다. 예를 들어 특정한 광섬유가 $\alpha_{\mathrm{db}} = 5\,\mathrm{db/km}$의 손실을 겪는다면, 이것은 1 km 길이의 광섬유 끝에 도달하는 에너지는 출발 시의 겨우 32%에 불과하다는 것을 의미한다(α_{db}가 음의 값이면 감쇠 대신 증폭을 나타낸다). 용융 실리카의 흡수를 줄이기 위해 극적인 진전이 있어 왔고, 오늘날에는 0.2 db/km(1.55 μm에서 동작 시)의 광섬유를 쉽게 구할 수 있다. 플라스틱 광섬유들은 값이 비싸지 않은 대신에 유리 광섬유처럼 투명하지는 않다. 전반적인 감쇠 값은 유리보다 적어도 한 차수 이상 크다. 따라서 장거리의 응용들에서는 유리 광섬유가 선호된다. 그림 10-8은 실리카와 플라스틱 광섬유들의 흡수 스펙트럼을 보여준다.

10-7 왜곡

광섬유를 통해 투과되는 빛은 위에 언급한 메커니즘에 의한 일률 손실뿐만 아니라, 펄스 퍼짐을 통한 정보 손실을 겪는다. 정보를 운반하기 위해 입력광이 변조될 때, 신호 파형은 논의하게 될 여러 메커니즘들에 의해 왜곡된다. 왜곡의 주된 원인은 중요도 순으로 나열하면, **모드 왜곡**(modal distortion), **물질 분산**(material dispersion) 그리고 **도파로 분산**(waveguide dispersion) 등이다.

모드 왜곡

그림 10-9는 개략적으로 어떤 사각파(디지털 신호)가 광섬유 속으로 입력되는 상황을 나타낸다. 일반적으로 반대편에서의 출력 펄스는 감쇠와 왜곡을 모두 겪는다. 모드 왜곡은 전파하는 광선(광섬유 모드들)이 서로 다른 거리를 진행하여 출력단에 도달하기 때문에 발생한다. 결과적으로 이 광선들은 서로 다른 시간에 도착하고, 나타낸 것처럼 사각파의 폭을 넓힌다. 축방향의 광선이 A에서 B로의 가장 짧은 거리 L를 진행하는 반면에, 가장 긴 거리 L'는 임계각 φ_c로 반복적으로 반사하며 전파하는 가장 기울기가 큰 광선이 차지한다. 거리 L과 L'는 그림 10-9에서 기하학적으로 예상되는 것처럼 서로 다음과 같이 관련되어 있다.

$$\sin\varphi_c = \frac{n_2}{n_1} = \frac{\ell}{\ell'} = \frac{L}{L'}$$

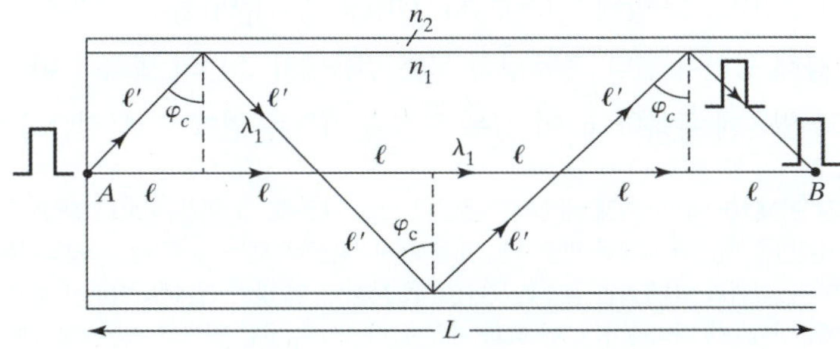

그림 10-9 모드 왜곡을 상징적으로 표현함. 점 A에서 출발한 사각파의 입력펄스의 부분들은 택한 경로에 따라 광섬유 끝 B점에 서로 다른 시간에 도달한다. 표시한 것은 극단 경로들이다. 축 광선과 임계각으로 진행하는 광선. 축 경로를 따른 펄스 부분이 B점에 도달할 때 다른 극단 경로를 거친 펄스 부분의 위치를 그림으로 표시하였다.

따라서 두 점 A와 B 사이의 극단적으로 다른 두 경로를 거치는 두 광선의 비행시간의 차이는 다음의 시간간격 $\delta\tau$로 주어진다.

$$\delta\tau = \tau_{\max} - \tau_{\min} = \frac{L'}{v} - \frac{L}{v} = \frac{L}{v}\left(\frac{n_1}{n_2} - 1\right)$$

여기에서 y는 광섬유 코어의 광속도이다. $v = c/n_1$이므로, 이 결과는 단위 길이당 시간 펄스의 퍼짐으로 다음과 같이 편리하게 표현될 수 있다.

$$\text{모드 왜곡(계단형 굴절률 분포 광섬유):}\quad \delta\left(\frac{\tau}{L}\right) = \frac{n_1}{c}\left(\frac{n_1 - n_2}{n_2}\right) \tag{10-14}$$

예제 10-2

광섬유의 코어의 굴절률이 1.46이고 클래딩의 굴절률이 1.45라 가정하자. 이 광섬유의 모드 왜곡을 결정하시오.

풀이

식(10-14)를 이용하면,

$$\delta\left(\frac{\tau}{L}\right) = \frac{1.46}{3 \times 10^8\,\mathrm{m/s}}\left(\frac{1.46 - 1.45}{1.45}\right) = 3.4 \times 10^{-11}\,\mathrm{s/m}$$
$$= 34\,\mathrm{ns/km}$$

광섬유 속에서 매 km당 펄스는 34 ns씩 넓어진다.[10]

명백하게 이 퍼짐 효과는 개별 펄스들의 가능한 주파수를 제한한다. 전파하는 모드들의 수를 줄임으로써 모드 왜곡을 약화시킬 수 있다. 결과적으로 최선의 해답은 단 한 개의 전파 모드를 갖는 단일 모드 광섬유를 사용하는 것이다. 차선의 해답은 다음에 기술하는 **언덕형 굴절률 분포**(GRIN) 광섬유를 사용하는 것이다.

언덕형 굴절률 분포(GRIN) 광섬유

GRIN(graded index) 광섬유는 코어 축에서 반지름의 함수로 굴절률이 점진적으로 감소하도록 만들어진다. 그림 10-10에 비교를 위해 GRIN 광섬유와 보통의 **계단형–굴절률 분포** 광섬유의 종단면도를 함께 나타내었다. GRIN 광섬유의 경우 그림과 같이 연속적인 굴절 과정을 통해 광선이 휜다. 경로상의 모든 점들에서 스넬의 법칙이 미시적인 스케일에서 만족되고 있음에 주목하라. 이 경우 광선을 가두는 일이 내부 전반사 대신에 연속

10 실제 값은 식(10-14)에 의해 예측되는 것보다 다소 나은데, 그 이유는 모드 결합 또는 혼합(광선은 진행중에 산란 메커니즘 때문에 모드를 바꾸기도 함. 그래서 평균적으로는, 높고 낮은 모드로부터 중간의 모드로 일률이 이동함)과 선택적 감쇠(높은 모드는 긴 경로를 택하여 더 많이 감쇠됨. 따라서 전체적인 펄스 퍼짐에 덜 기여함) 때문이다. 긴 거리에서는, 이 효과 때문에 다음의 수정된 형태의 의존성을 갖는다. $\delta\tau \propto \sqrt{L}$.

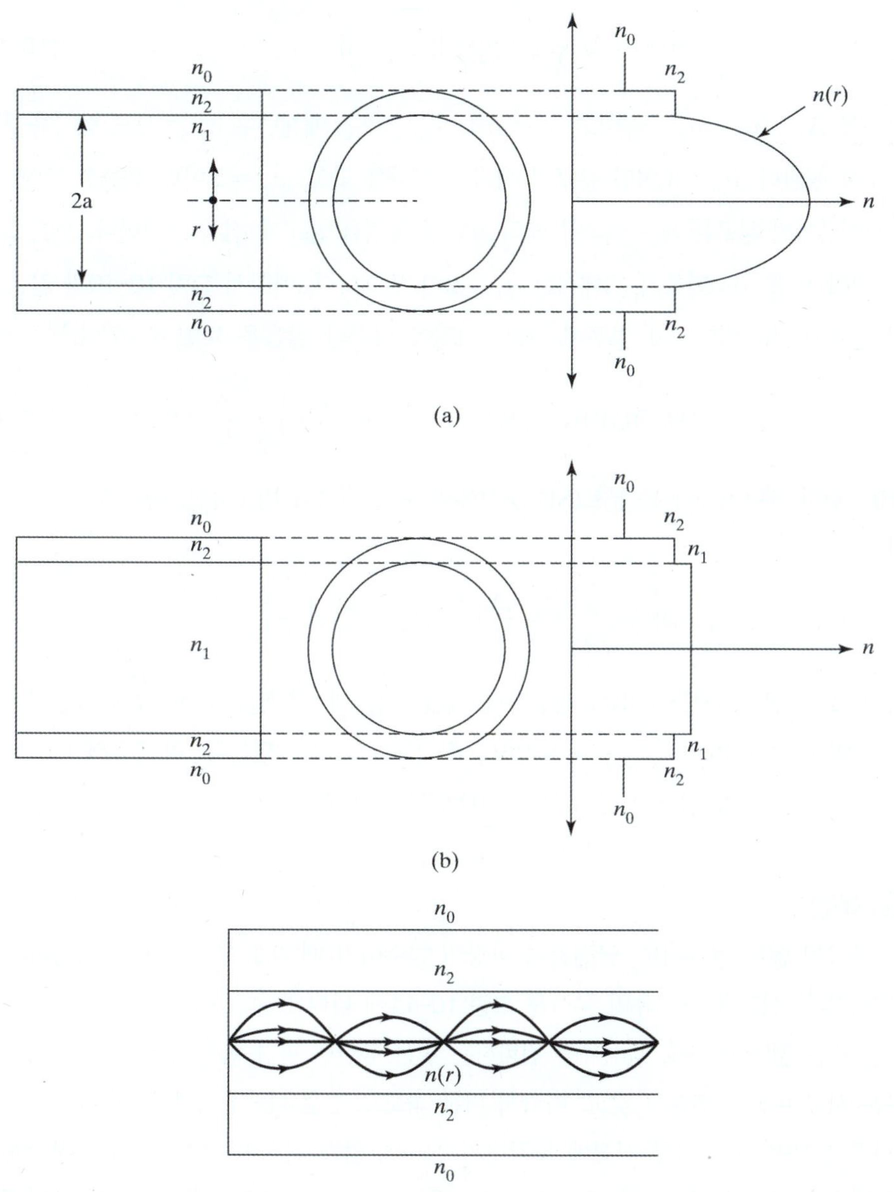

그림 10-10 (a) 언덕형 굴절률 분포(GRIN) 광섬유의 종단면도: 코어 내에서 굴절률의 포물선 형태의 굴절률 변화를 보여줌. (b) 계단형 굴절률 분포 광섬유의 종단면도: 코어의 굴절률은 일정하고 클래딩의 굴절률보다 조금 더 큼. (c) GRIN 광섬유 내의 광선의 경로들: 연속 굴절에 의한 자체-가둠 효과를 보여줌.

굴절 과정에 의해 이루어진다. 굴절만으로는 축에 대해 급격한 각을 이루는 광선까지 가둘 수는 없으므로 GRIN 광섬유도 수용 원뿔을 가진다. 굴절률 분포를 알맞게 조정하면 광선들은 **그림 10-10**(c)의 형태로 등시(isochronous) 고리를 만들며, 이것이 언덕형 굴절률 분포 광섬유가 모드 분산을 줄이는 것과 관련된 특징이다. 보통의 광섬유들과 같이 GRIN 광섬유도 보호를 위해 클래딩을 한다.

광섬유의 반지름에 따라 굴절률에 일반적으로 다음과 같이 변화를 준다.[11]

---

11 D. Gloge, and E. A. J. Marcatili, "Multimode Theory of Graded-Core Fibers," *Bell Syst. Tech. J.*, Vol. 52 (Nov.1973), 1563.

$$n(r) = n_1\sqrt{1-2\left(\frac{r}{a}\right)^{\alpha_p}\Delta}\,, \quad 0 \le r \le a \tag{10-15}$$

여기에서 $\Delta \cong (n_1 - n_2)/n_1$이고 $n_1 = [n(r)]_{\max}$이다. 매개변수 α_p는 모드 왜곡을 최소화하도록 정한다. $\alpha_p = 1$이면 분포가 삼각형 모양을 갖고, $\alpha_p = 2$이면 포물선 모양, α_p가 그 이상이면 분포는 $\alpha_p \to \infty$일 때의 계단형 굴절률 분포에 점차 접근한다. 모든 모드들에 대해 $\delta\tau$를 최소화하기 위해서는 $\alpha_p = 2$가 필요하다. 따라서 그림 10-10과 같은 포물선 분포가 최적이다. 이 경우에, 펄스 퍼짐이 다음과 같음을 보일 수 있다.[12]

$$\text{모드 왜곡(GRIN 광섬유, } \alpha_p = 2\text{):} \quad \delta\left(\frac{\tau}{L}\right) = \frac{n_1}{2c}\Delta^2 \tag{10-16}$$

식(10-14)의 계단형-굴절률 분포(SI) 광섬유의 모드 왜곡과 비교하면, 다음과 같이 쓸 수 있다.

$$\delta\left(\frac{\tau}{L}\right)_{GRIN} = \frac{\Delta}{2}\left(\frac{n_1}{c}\Delta\right) = \frac{\Delta}{2}\delta\left(\frac{\tau}{L}\right)_{SI}$$

따라서 $\Delta/2$라는 인자는 GRIN 광섬유에 의한 성능 개선을 말해준다. 앞에 사용했던 예제와 같이 $n_1 = 1.46$이고 $n_2 = 1.45$이면, $\Delta/2 = 1/292$를 얻는다. 이 경우에 GRIN 광섬유가 모드 왜곡의 펄스-퍼짐 효과를 292분의 1로 줄였다.

물질 분산

모드 왜곡이 없는 경우에도, 굴절률이 파장의 함수이기 때문에 약간의 펄스 퍼짐이 여전히 발생한다. 실리카 광섬유의 분산을 그림 10-11에 나타내었다. 어떤 광원도 정확히 단색광일 수는 없기 때문에, 광섬유를 전파하는 빛은 유한한 파장 폭을 갖는다. 각각의 파장 성분은 서로 다른 굴절률을 갖고, 따라서 다른 속도로 광섬유를 진행한다. 이 경우에 각각의 파장 성분이 약간 다른 시간에 도착하기 때문에 펄스 퍼짐이 생긴다. 더 단색광에 가까운 광원은 물질 분산에 의한 왜곡이 적다. 하나의 펄스로 검출되기 위해서는 출력 펄스의 퍼지는 정도가 이웃 펄스들과 많이 겹칠 정도가 되면 안 된다. 다시 이 요구조건은 입력 펄스들의 주파수나 전송되는 정보의 비트 전송률에 제한을 준다.

그림 10-12는 광섬유를 통과하는 두 개의 사각 펄스들(처음에 동시에 입사한)이 파장 λ_1과 λ_2에서 진행하는 것을 통해 물질 분산을 보여준다. 만약 대응하는 굴절률이 각각 n_1과 n_2라면, 그림은 $n_1 > n_2$임을 의미한다. 이 두 파장들은 그림에 나타낸 것처럼, 광원의 연속 스펙트럼의 폭 $\Delta\lambda$ ─흔히 광원의 스펙트럼 출력이 최대값의 절반이 되는 점으로 잡은─을 나타낸다.

광섬유가 분산을 갖기 때문에, 펄스의 전파속도를 표시하기 위해 군속도 v_g(5-6

12 Stewart E. Miller, Enrique A. J. Marcatili, and Li Tingye, "Research toward Optical-Fiber Transmission Systems," *Proc. IEEE*, Vol. 61, No. 12 (Dec. 1973): 1703.

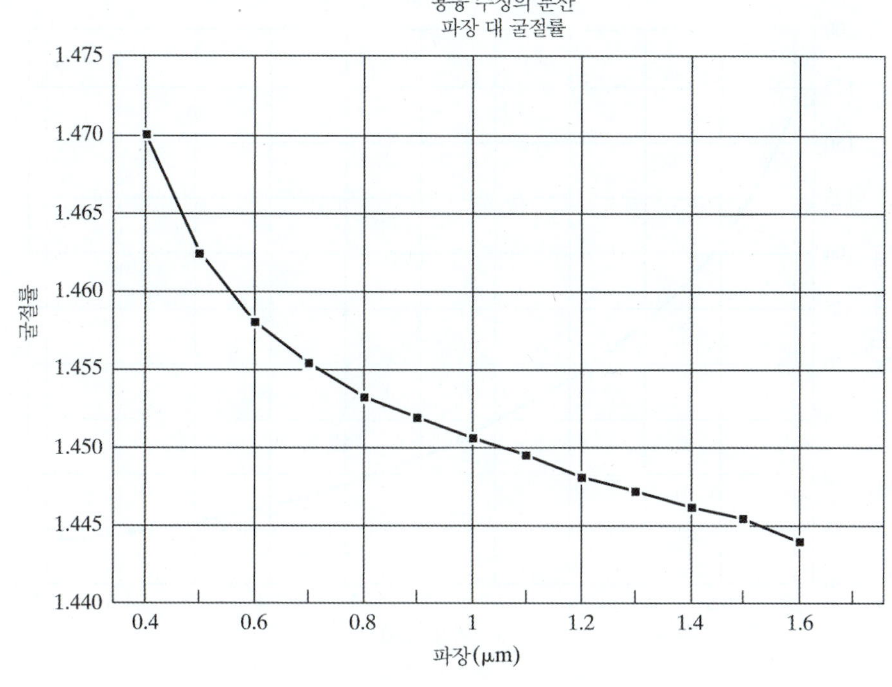

그림 10-11 용융 수정의 분산.

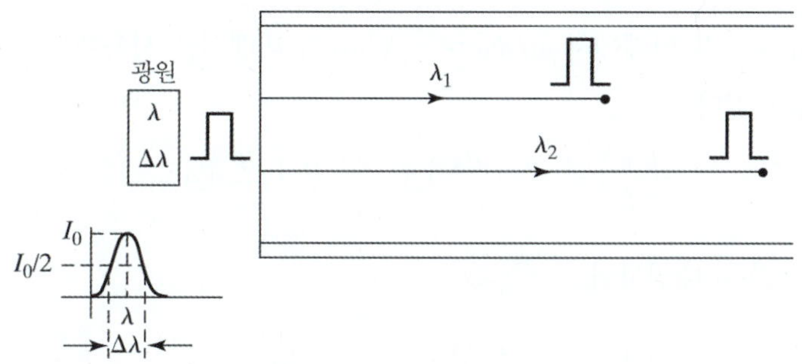

그림 10-12 물질 분산의 기호적 표현. 입력된 사각파가 광섬유의 끝에 도달할 때 파장에 따라 다른 시간에 도달한다. 광원의 스펙트럼 출력은 중심 파장 λ와 스펙트럼 폭 $\Delta\lambda$로 표현된다.

절)를 사용한다. 광섬유를 따라 각주파수 ω의 신호가 거리 L을 진행하는 데 다음과 같이 시간 τ가 소요된다.

$$\tau(\omega) = \frac{L}{v_g(\omega)}, \text{ 여기에서 } v_g(\omega) = \frac{d\omega}{dk} \text{이다.}$$

신호 대역폭이 $\Delta\omega$라면, 단위 거리당 도착 시간의 퍼짐은 다음과 같이 표현된다.

$$\delta\left(\frac{\tau}{L}\right) = \frac{d}{d\omega}\left(\frac{1}{v_g}\right)\Delta\omega = \frac{d^2k}{d\omega^2}\Delta\omega$$

이제 일차 미분 $dk/d\omega$는 $k = 2\pi/\lambda = n\omega/c$ — 여기에서 n은 ω의 함수 — 로부터 계산할 수 있다. 그러면,

$$\frac{dk}{d\omega} = \frac{1}{c}\left(n + \omega\frac{dn}{d\omega}\right) = \frac{1}{c}\left(n - \lambda\frac{dn}{d\lambda}\right) \tag{10-17}$$

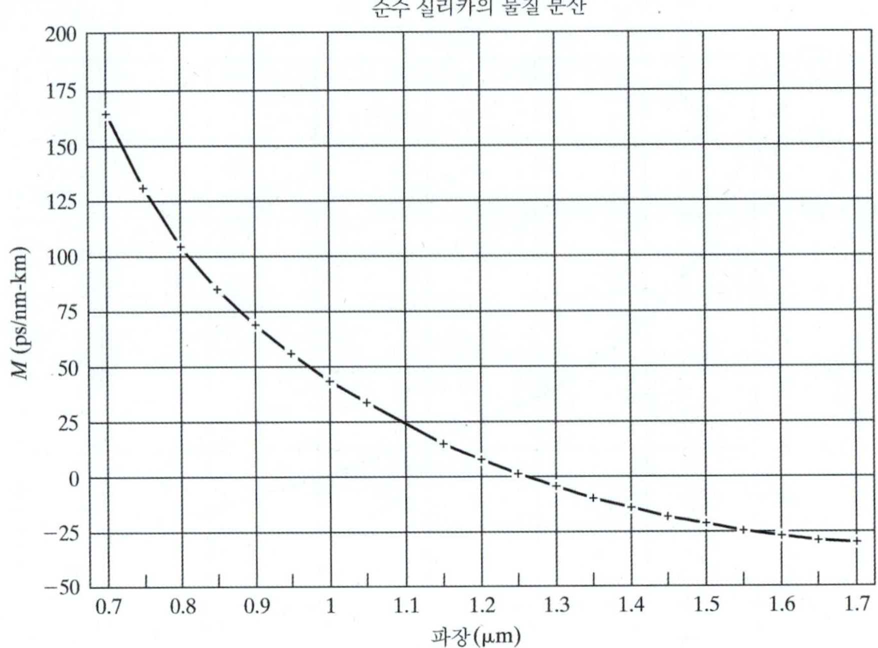

그림 10-13 순수 실리카에서의 물질 분산. M값은 단위 스펙트럼 폭(nm)당 그리고 단위 광섬유 길이(km)당의 펄스 퍼짐(ps)을 나타낸다. 이 값을 파장에 대해 그렸다. 펄스 퍼짐은 1.27 μm에서 영이 되고 파장이 더 증가하면 음수가 된다.

이다. 여기에서 마지막 단계에서 $\omega/d\omega = -\lambda/d\lambda$의 비례식을 사용했다. 이차 미분으로 진행하면 다음과 같다.

$$\delta\left(\frac{\tau}{L}\right) = \frac{d}{d\omega}\left(\frac{dk}{d\omega}\right)\Delta\omega = \frac{d}{d\lambda}\left(\frac{dk}{d\omega}\right)\Delta\lambda$$

그리고 식(10-17)을 대입하면,

$$\delta\left(\frac{\tau}{L}\right) = \frac{d}{d\lambda}\left[\frac{1}{c}\left(n - \lambda\frac{dn}{d\lambda}\right)\right]\Delta\lambda = \frac{1}{c}\left(\frac{dn}{d\lambda} - \frac{dn}{d\lambda} - \lambda\frac{d^2n}{d\lambda^2}\right)\Delta\lambda$$

또는 단순히,

$$\text{물질 분산: } \delta\left(\frac{\tau}{L}\right) = -\frac{\lambda}{c}\frac{d^2n}{d\lambda^2}\Delta\lambda = -M\Delta\lambda \tag{10-18}$$

이다. 여기에서 M은 분산의 이차 미분을 포함하는 앞에 붙은 계수 $(\lambda/c)(d^2n/d\lambda^2)$로서 코어 재료의 물성이다. 식(10-18)로부터, M이 광섬유의 단위 길이당 그리고 단위 스펙트럼 폭당의 펄스 퍼짐 시간이라는 중요한 의미를 가짐을 알 수 있다. 그림 10-13에 순수 실리카에 대한 M 값(ps/nm-km의 단위)을 표시했다.

예제 10-3

그림 10-13을 이용하여, LED와 LD 광원에 대한 순수 실리카의 물질 분산에 의한 펄스 퍼짐을 계산하시오. 광원의 파장은 0.82 μm로 보고, LED의 스펙트럼 폭은 20 nm 그리고 더 단색광에 가까운 LD는 1 nm로 가정하시오.

풀이

0.82 μm에서 그림 10-13에 따르면 100 ps/nm-km 부근의 값이 나온다. 계산하면,

$$\text{LED:}\ \ \delta(\tau/L) = (100\ \text{ps/nm-km})(20\ \text{nm}) = 2\ \text{ns/km}$$

$$\text{LD:}\ \ \delta(\tau/L) = (100\ \text{ps/nm-km})(1\ \text{nm}) = 0.1\ \text{ns/km}$$

0.82 μm에서 LD는 LED보다 20배 더 나은데, 이것은 우수한 단색성의 직접적인 결과이다.

또한 물질 분산에 의한 펄스 퍼짐은 모드 왜곡에 의한 것보다 훨씬 작음에 주목하라. 따라서 물질 분산은 단일 모드나 GRIN 광섬유에 상관없이 모드 왜곡이 대폭 줄어들었을 때에만 의미있게 된다. 결과적으로 모드 왜곡이 존재하면, LED에 대한 LD의 우수한 단색성의 장점은 사라진다. 광섬유 길이가 충분히 짧은 응용들에서는 플라스틱 광섬유와 LED 광원도 성능과 가격 사이에서 최선의 타협안이 될 수 있다. 마지막으로 그림 10-13에 의하면 M이 실제로 1.27 μm 부근에서 영을 지나는 것을 볼 수 있으므로, 이 스펙트럼 영역에서 동작하는 광원을 찾으면 물질 분산도 또한 감소시킬 수 있다.

이전 수치적 예제를 확장하여 펄스 퍼짐에 의한 대역폭 제한을 결정해 보자. 펄스 왜곡은 통과 주파수와 정보 전달률을 제한한다. 이를 대략 추산해보자. 이웃하는 펄스를 성공적으로 구별하기 위한 합리적인 기준으로서, 펄스 간의 간격 $\delta\tau$는 주기 T의 절반보다 작으면 안 된다.

$$\delta\tau > \frac{T}{2}\ \text{또는}\ \delta\tau > \frac{1}{2\nu}$$

여기에서 ν는 주파수이다. 이에 따라 최대 주파수는 다음과 같다.[13]

$$\nu_{\max} = \frac{0.5}{\delta\tau}\ \text{또는}\ \nu_{\max}L = \frac{0.5}{\delta(\tau/L)} \qquad (10\text{-}19)$$

이전 수치적 예제의 경우, 근사적인 대역폭을 계산하면 다음과 같다.

$$\text{LED:}\ \ \nu_{\max}L = \frac{0.5}{2.0\,\text{ns/km}} = 0.25\ \text{GHz-km}$$

$$\text{LD:}\ \ \nu_{\max}L = \frac{0.5}{0.1\,\text{ns/km}} = 5.0\ \text{GHz-km}$$

도파로 분산

마지막으로 다룰 펄스 퍼짐 효과는 도파로 매개변수에 의존하는 기하학적 효과인 **도파로 분산**이다. 모드 왜곡이나 물질 분산과 비교하여 도파로 분산은 작은 효과이고, 다른 펄스

13 이 값은 대략 소위 3-db 대역폭—왜곡에 의해 신호의 일률이 절반으로 줄어드는 변조 주파수—에 해당한다.

퍼짐 효과가 본질적으로 제거된 다음에야 중요해진다. 그러나 그것의 존재는 다음에 알게 되는 것처럼 알짜 광섬유 분산이 영인 파장을 결정하는 데 중요하다.

이전에 논의한 바와 같이 굴절률이 파장에 따라 변하면 물질 분산이 생긴다. 유도되는 파에 대한 **유효 굴절률** n_{eff}는 $n_{\text{eff}} = c/v_g$로 정의되고, v_g는 군속도이다. 도파로 분산은 지름이 고정된 광섬유에서 물질 분산이 없는 상태에서도 λ에 대한 n_{eff}의 변화를 준다. $n_{\text{eff}} = n_1 \sin\varphi$ 임을 보일 수 있다.[14] φ가 90°와 φ_c 사이에서 변화하고 $\sin\varphi_c = n_2/n_1$이므로, n_{eff}는 $n_1(\varphi = 90°$일 때)과 $n_2(\varphi = \varphi_c$일 때) 사이에서 변화한다. 따라서 축 광선의 n_{eff}는 코어 굴절률에만 의존하고, 임계각의 광선에서는 클래딩의 굴절률에만 의존한다. 실제로 $n_1 - n_2$가 매우 작으므로 n_{eff}의 변화도 매우 작다. 그림 10-14에서는 도파로 분산을 광선 표현으로 나타내었다. 주어진 모드에 대해 광선과 광섬유의 축의 사이 각도가 λ에 따라 바뀐다. 따라서 서로 다른 두 광선의 경로와 시간도 λ에 따라 변하므로 펄스 퍼짐을 준다.

λ에 따른 n_{eff}의 변화는 물질 분산을 활성화시키고, 이는 정량적인 계산에서는 식(10-18)에서 단순히 n을 n_{eff}로 치환하는 것으로 다루어질 수 있다.

$$\text{물질 분산:} \quad \delta\left(\frac{\tau}{L}\right) = -\frac{\lambda}{c}\frac{d^2 n}{d\lambda^2}\Delta\lambda \equiv -M\Delta\lambda$$
$$\text{도파로 분산:} \quad \delta\left(\frac{\tau}{L}\right) = -\frac{\lambda}{c}\frac{d^2 n_{\text{eff}}}{d\lambda^2}\Delta\lambda \equiv -M'\Delta\lambda \qquad (10\text{-}20)$$

M와 M'의 값을 비교함으로써, 물질 분산과 도파로 분산의 상대적인 기여도를 감지해낼 수 있다. 그림 10-13에서 M은 0.7에서 1.7 μm의 스펙트럼 범위에 대해 대략 165에서 −30 ps/nm-km 사이의 값을 가진다. 용융 수정의 M' 값은 같은 범위에서 겨우 1에서 4.5 ps/nm-km 정도이다.[15] 예를 들어 $M = 100$ ps/nm-km와 0.82 μm의 LED 광원을 사용하여 물질 분산에 대해 계산하면, 시간적인 펄스 퍼짐은 2000 ps/km이다. 동일한 파장에 대해 $M' = 2$ ps/nm-km는 기껏해야 2/100배의 펄스 퍼짐, 즉, 겨우 40 ps/km이다.

그림 10-13은 1.27 μm 부근에서 물질 분산을 나타내는 M이 영이 되고 더 긴 파장에서는 음수임을 보여준다. 다른 한편으로는, 도파로 분산은 항상 양수이다. 따라서 이 둘을 조합하면 일반적인 광섬유의 경우 알짜 분산이 영이 되는 파장은 장파장으로 옮겨가서 대략 1.31 μm가 된다. 따라서 정확히 이 파장 또는 그 부근에서 동작하는 광원은 펄스 퍼짐을 감소시키고 투과율을 높이는 데 이상적이다. 이전에 감쇠에 대해 논의하면서, 실리카 광섬유의 최소 흡수가 1.55 μm 부근에서 일어나는 점을 지적했다. 최소 흡수와 최소 분산이 일어나는 파장이 가까우므로, 두 조건을 만족시키기 위해서 분산 곡선을 장파장으로 이동시켜 1.31 μm 대신에 1.55 μm에서 영을 지나도록 하면 좋겠다는 시도

14 Joseph C. Palais, *Fiber Optic Communications* (Englewood Cliffs, N.J.: Prentice-Hall, 1988).

15 Joseph C. Palais, *Fiber Optic Communications* (Englewood Cliffs, N.J.: Prentice-Hall, 1988).

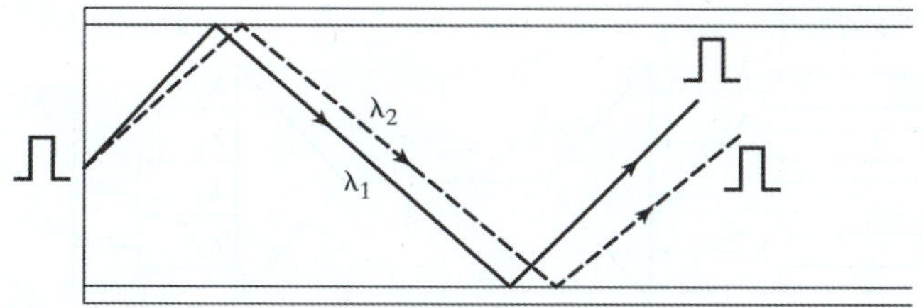

그림 10-14 도파로 분산의 기호적 표현. 분산이 없는 매질에서도 파장에 따라 광섬유에 입력된 사각파가 다른 시간에 도달한다. 어떤 모드에 대해서도, 전파되는 각도는 파장의 함수이다.

들이 있었다. 분산곡선을 변경하는 방법으로서, 다중의 클래딩 층을 이용하기, 코어/클래딩 굴절률 차를 조절하기 그리고 GRIN 광섬유의 형태 매개변수 α_p의 변경 등이 있다.

정리하자면, 광섬유에서의 펄스 퍼짐을 줄일 수 있는 세 가지의 주된 방법들을 논의해왔다. (1) 모드 왜곡을 없애기 위해 단일 모드 광섬유를 사용하기, (2) 물질 분산을 줄이기 위해 작은 파장선폭 $\Delta\lambda$를 갖는 광원 사용하기, 그리고 (3) 감쇠와 분산이 가장 작은 파장영역에서 동작하는 광원을 사용하기 등이다. 의심할 여지 없이, 특정한 응용에 최선인 시스템을 선택하는 데 가장 중요한 역할을 하는 것은 요구되는 광섬유의 길이와 구성 성분의 가격이다.

10-8 높은 비트 전송률과 광섬유 통신

앞 절에서 우리는 높은 비트전송률로 광섬유를 통과하는 데에 약간의 제한이 있음을 논의했다. 높은 전송률로 먼 거리에 정보를 전달하기 위해서는, 감쇠와 왜곡을 최소로 하는 광원 파장과 단일 모드 광섬유의 결합이 필요하다고 이미 결론을 내렸다. 오늘날 사용되는 대부분의 광섬유 광통신 시스템들은 광신호의 감쇠를 최소화하기 위해 1550 nm 부근의 빛을 내는 반도체 광원을 사용한다. 이 절에서는 높은 비트전송률의 광섬유 통신 시스템에 사용되는 몇몇 구성요소들을 논의할 것이다.

파장분할 다중화

광섬유 케이블의 정보 운송 능력은 **시간분할 다중화**(time-division multiplexing, TDM)와 **파장분할 다중화**(wavelength-division multiplexing, WDM)의 결합에 의해 크게 증가해왔다. 시간분할 다중화는 정보를 기호화하는 방법의 하나로서, 일련의 정보 비트들을 시간을 쪼개어 그 용량을 다 채울 수 있도록 하는 것이다. 예를 들어 보통의 전화기를 통한 대화에는 많은 시간 공백이 있으므로 이 동안에는 아무 정보도 전달되지 않는다. 이 시간 동안 다른 대화의 일부분을 전송한다면 시스템의 운송 능력은 증대된다. 파장분할 다중화를 통해 더 극적인 운송능력의 증대를 얻을 수 있는데, 이것은 동일한 광섬유 내에서 서로 다른 파장 채널들을 사용하여 동시에 정보를 운송하는 것이다. WDM을 사용하는 광통신 시스템의 개략도를 그림 10-15에 나타내었다. 그림에 나타낸 것처럼, 서로 다른 송신기에서 나온 서로 다른 파장의 반송파 신호들을 **다중화기**(multiplexer)로 하나로 묶어 한 개의

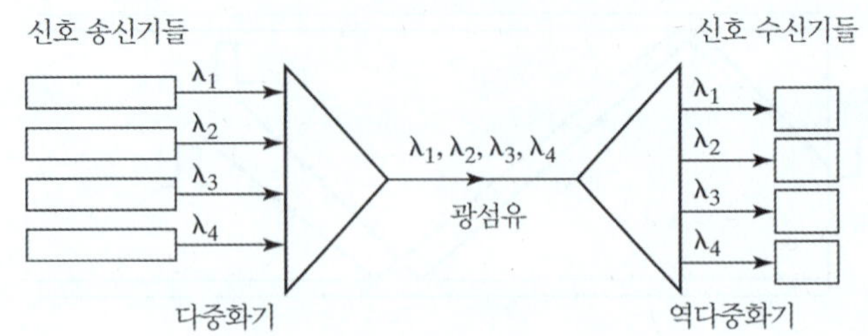

그림 10-15 파장분할 다중화를 이용한 광통신 시스템.

광섬유로 보낸다. 이 신호들은 이제 **역다중화기**(demultiplexer)로 서로 다른 파장으로 분리되어 개별 수화기로 보낸다. 그림 10-15에서는 네 개의 서로 다른 파장 채널을 나타내었다. 오늘날에는 40개의 서로 다른 파장 채널을 운송하는 광섬유들도 흔하고, TDM과 WDM을 결합하면 10^{12} bits/s 이상의 운송 능력을 가진 광섬유 시스템이 얻어진다.

많은 수의 파장 채널을 이용하는 시스템을 때때로 **고밀도 파장분할 다중화**(dense wavelength-division multiplexing, DWDM) 시스템이라고 부른다. 표준적인 DWDM 시스템은 1550 nm부근에서 40개의 파장 채널을 사용할 수 있다. "인접한" 채널들 사이의 파장 차이는 일반적으로 0.8 nm이다. 그러한 시스템은 몇몇 엄격한 디자인 요건을 만족해야만 한다. 먼저 서로 다른 파장 채널에 사용될 각각의 파장에서의 안정된 파장 출력을 가진 광원이 있어야 한다. 6장 끝부분에 제시한 레이저 시스템들의 요약표에 나타낸 것처럼, 인듐-갈륨-비소-인(InGaAsP) 반도체 레이저는 1550 nm 근방의 빛을 내도록 만들수 있다. 이들 레이저를 조정하여 40개의 채널 각각에 대응하는 특정한 안정된 파장을 출력하도록 하는 여러 가지 공학적인 도전과 성공이 있었다.[16] 장거리 광섬유에 DWDM의 사용을 가능케 한두 번째 주요 돌파구는 **에르븀-첨가 광섬유 증폭기**(erbium-doped fiber amplifiers, EDFA)의 발견 및 개발에 있었다. 에르븀 원자들은 실리카 광섬유의 구간마다 "첨가"될 수 있다. 에르븀-첨가 광섬유 구간이 광펌핑되면 그것은 1550 nm 부근의 빛에 대한 증폭기의 역할을 하여 감쇠된 신호 세기를 회복하는 데 사용될 수 있다. EDFA의 이득 대역폭은 대략 35 nm로서, 0.8 nm 간격으로 분리된 35/0.8 = 45개의 파장 채널을 증폭하는 데 충분하다. 펌핑된 에르븀-첨가 광섬유로 된 짧은 구간은 장거리 광섬유 통신 시스템에서 멀리 떨어진(100 km) 구간에 설치될 수 있다. 24장에서 또 다른 유용한 광섬유-증폭기 설계—유도 라만 산란에 기반한—를 간단히 논의할 것이다. DWDM 설계에서의 세 번째 도전은 파장채널을 0.8 nm로—장거리에 걸쳐 채널들 사이의 교차혼선을 막기에 충분한 격리가 가능하도록—분리시키기 위해 분산을 제한하는 것이었다. 마지막으로 DWDM을 사용하기 위해서는, 서로 다른 파장 채널들을 구분하고 결합시킬 수 있는 효율적인 다중화기와 역다중화기가 필요하다. 다양한 다중화 기법이 존재하고, 여기에서 우리는 마흐-젠더 간섭계에 기반한 방법을 논의할 것이다.

---

16 예를 들어 Milorad Cvijetic, *Optical Transmission Systems Engineering* (Norwood, MA: Artech House, Inc., 2004, Ch. 2) 참조.

마흐-젠더 광섬유 간섭계

8-3절에서 마흐-젠더 간섭계가 소개되었다. 여기에서는 마흐-젠더 광섬유 간섭계가 몇 개의 서로 다른 파장 채널들을 포함하는 광신호를 역다중화(그리고 다중화)하는 데 사용될 수 있음을 보일 것이다. 그 전에 현재의 논의와 관련 있는 특성에 중점을 두어, 표준적인 (거울과 빔 가르개로 된) 마흐-젠더 간섭계를 검토해 보기로 하자. 그러한 표준 간섭계는 그림 10-16(a)에 묘사하였다. 간섭계는 두 개의 50-50 빔 가르개들, BS1과 BS2, 그리고 두 거울들, M1과 M2로 되어 있다. BS1의 입력 1 "통로"를 통해 간섭계로 들어오는 빛을 생각해 보자. 이 빛은 BS2를 마주치기 전까지 서로 다른 경로 — 경로 1과 경로 2로 표시된 — 를 진행하는 두 광선으로 나뉜다. 마흐-젠더 간섭계의 동작을 이해하기 위해서는, 실수의 투과 계수들을 갖는 빔 가르개는 그 양면의 반사계수들이 $-1 = e^{i\pi}$만큼 다른 성질을 가지는 것에 주목할 필요가 있다. 즉 빔 가르개 양면으로부터의 반사에 의한 위상 이동이 π만큼 다르다. 그림 10-16(a)에서, BS2의 아랫면으로부터의 반사는 $r_2 = 1/\sqrt{2}$ 그리고 BS2의 윗면으로부터의 반사는 $r_2{}' = -1/\sqrt{2} = e^{i\pi}/\sqrt{2}$ 이다. 빔 가르개의 윗면에서의 반사에 의한 추가의 위상 이동 π는 출력 통로 1에서 보강간섭이 일어날 때, 출력 통로 2에서는 소멸간섭이 발생함을 말해준다. 간섭계를 나가는 총 에너지가 간섭계에 들어가는 것과 같아야 하기 때문에 이 경향성이 필요하다. 사실상 마흐-젠더 간섭계에서 에너지 보존을 요구하는 것은 실수의 투과계수들을 갖는 빔 가르개들이 양면에서 반사계수가 -1만큼 다름을 증명하는 한 방법이다(문제 10-26 참조).

그림 10-16(b)에 보인 마흐-젠더 광섬유 간섭계는 그림 10-16(a)의 표준 간섭계와 같은 원리들로 동작한다. 광섬유 간섭계의 입력 1로 들어간 빛은 네 개의 통로를 가진 광섬유 커플러 FC1에서 분할된다. 이제 광선들의 분할된 부분들은 서로 다른 경로를 거쳐 이동한 후, 두 번째 광섬유 커플러 FC2에 의해 다시 합쳐지고 서로 다른 두 출력 통로로 향한다. 광섬유 커플러 FC1과 FC2는 빔 가르개의 역할들을 한다. 만약 그림 10-16(b)의 경로 1과 2에서 온 빛이 출력 1에서 합쳐지며 보강간섭한다면, 출력 2에서 합쳐질 때는 소멸간섭할 것이다. 경로 길이의 차는 광섬유 간섭계의 한 "팔" 내에서 지연선(delay line)(또는 다양한 위상이동 메커니즘들)에 의해 조절될 수 있다. 그림 10-16(b)는 역다중화기

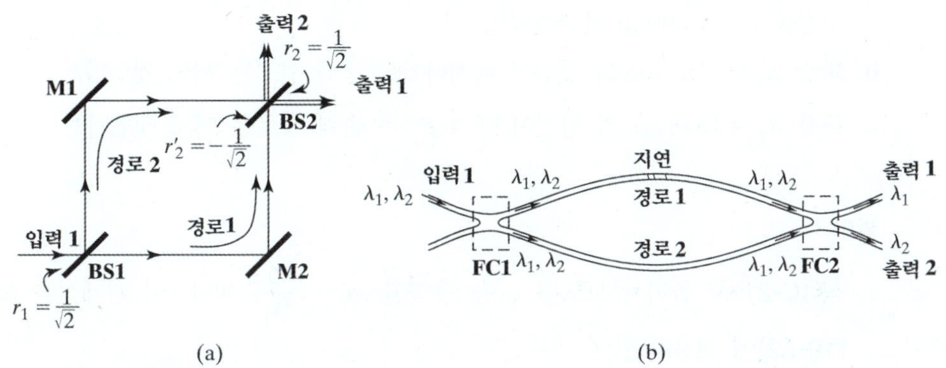

그림 10-16 마흐-젠더 간섭계와 광섬유 광섬유 마흐-젠더 간섭계. (a) 두 거울 M1과 M2 그리고 두 개의 50-50 빔 가르개들을 가진 표준 마흐-젠더 간섭계. 빔 가르개 면의 반사 계수들을 표시하였다. (b) 파장 역다중화기로 사용되는 광섬유 마흐-젠더 간섭계. 네 개의 통로를 가진 광섬유 커플러 FC1과 FC2가 빔 가르개의 역할을 한다.

의 역할을 하는 마흐-젠더 광섬유 간섭계를 보여준다. 서로 다른 두 개의 (진공에서의) 파장 성분 λ_1과 λ_2로 이루어진 빛이 입력 1 통로를 통해 간섭계에 입사한다. 역다중화기로 동작하기 위해서는, 파장 λ_1의 빛이 출력 1에서 보강간섭하고 파장 λ_2의 빛이 출력 2에서 보강간섭하도록 마흐-젠더 광섬유 간섭계의 팔들의 경로 길이 차를 선택해야 한다. 경로 1의 빛은 출력 1로 반사될 때 위상이동을 겪지 않는 반면에, 경로 2의 빛은 출력 2로 반사될 때 π 만큼의 위상이동을 겪는다고 가정하자. 추가로 광섬유의 굴절률은 n이어서, 광섬유에서의 두 성분 파장이 각각 λ_1/n과 λ_2/n라고 하자. 그런 경우에 경로 1과 경로 2의 경로 길이 차 ΔL이 다음과 같이 주어진다면, 진공에서 파장 λ_1인 빛은 출력 1쪽에서 보강간섭할 것이다.

$$\Delta L = m\lambda_1/n \quad m = 0,\ \pm 1,\ \pm 2,\ \cdots \tag{10-21}$$

이 조건 하에서 파장 λ_1인 빛은 출력 2쪽에 나타나지 않을 것이다. 만약 경로 길이 차 ΔL이 광섬유 내에서 이 성분의 반파장의 홀수배만큼 차이 나면, 출력 2 쪽으로는 반사에 의한 추가적인 π 만큼의 위상 변화가 있기 때문에, 진공에서 파장 λ_2인 빛은 출력 2쪽에서 보강간섭할 것이다. 즉 진공에서 파장 λ_2인 빛이 출력 2에서 보강간섭하기 위해서는,

$$\Delta L = (m + 1/2)\lambda_2/n \quad m = 0,\ \pm 1,\ \pm 2,\ \cdots \tag{10-22}$$

효율적인 역다중화를 위해서는 식(10-21)과 (10-22)가 모두 만족되어야 한다. 이 역다중화 관계식들을 예제 10-4와 문제 10-28에서 살펴보자.

예제 10-4

방금 묘사된 그리고 그림 10-16(b)에 예시된 종류의 마흐-젠더 간섭계를 생각해 보자. 그 간섭계가 진공중의 파장 $\lambda_2 = 1550\,\text{nm}$와 $\lambda_1 = 1551\,\text{nm}$인 두 광신호를 역다중화하도록 설계되었다고 가정하자. 이들 두 파장 성분들을 포함하는 어떤 신호가 간섭계의 입력 1을 통해 들어올 때, λ_2 광 성분은 출력 2를 통해 간섭계를 빠져나가고 λ_1 광 성분은 출력 1을 통해 간섭계에서 나간다고 가정하자.

a. 이 작업을 수행하기 위해 필요한 경로 길이 차 ΔL을 계산하시오. 광섬유의 굴절률 $n = 1.500$을 가정하시오.
b. 파장 $\lambda_3 = 1549\,\text{nm}$의 광선이 빠져나가는 출력 통로는 어느 것인가?
c. 파장 $\lambda_4 = 1548\,\text{nm}$의 광선이 빠져나가는 출력 통로는 어느 것인가?

풀이

a. 식(10-21)을 풀어서 모드수 m을 구하면 $m = \dfrac{n\Delta L}{\lambda_1}$이다. 이 관계식을 식(10-22)에 적용하면

$$\Delta L = \left(\frac{n\Delta L}{\lambda_1} + \frac{1}{2}\right)\frac{\lambda_2}{n}$$

이다. 이 표현을 ΔL에 대해 풀면,

$$\Delta L = \frac{1}{2n}\left(\frac{1}{\lambda_2} - \frac{1}{\lambda_1}\right)^{-1} = \frac{1}{2(1.500)}\left(\frac{1}{1550\,\text{nm}} - \frac{1}{1551\,\text{nm}}\right)^{-1}$$
$$= 801350\,\text{nm} = 8.0135\times10^{-4}\,\text{m}$$

이다. 더 이상의 분석 없이 이 답을 받아들이고 싶을 수도 있다. 그러나 사실상 이 답과 관련된 모드수 m이 정수인지를 확인해야만 한다. 이 경우와 같이 운이 좋은 경우에는 m이 정수이고, 식(10-21)에 의해

$$m = \frac{n\Delta L}{\lambda_1} = \frac{1.500(801350\,\text{nm})}{1551\,\text{nm}} = 775.0$$

이다. 일반적으로는 여기에 제시한 ΔL을 구하는 과정은 식(10-21)과 (10-22)가 어떤 m값에서 동시에 만족되는 것을 보장할 뿐이지, 그 값이 꼭 정수일 필요는 없다. 이와 같이 곤란한 경우는 문제 10-28에서 탐구한다.

b. 파장 $\lambda_3 = 1549\,\text{nm}$인 빛은 출력 1에 대해 보강간섭 조건(식(10-21))을 만족한다. 그 이유는 다음과 같이

$$m = \frac{\Delta L}{(\lambda_3/n)} = \frac{801350\,\text{nm}}{(1549\,\text{nm})/(1.500)} = 776.0$$

이 정수이기 때문이다. 따라서 $\lambda_1 = 1551\,\text{nm}$에서와 같이 이 파장은 주로 출력 1을 통해 나오게 될 것이다.

c. 파장 $\lambda_4 = 1548\,\text{nm}$인 빛은 출력 2에 대해 보강 간섭 조건(식(10-22))을 거의 만족한다. 그 이유는

$$m = \frac{\Delta L}{(\lambda_4/n)} = \frac{801350\,\text{nm}}{(1548\,\text{nm})/(1.500)} = 776.502 \approx 776.5$$

이 거의 정수 $+1/2$이기 때문이다. 따라서 $\lambda_2 = 1552\,\text{nm}$에서와 같이, 이 파장은 출력 2를 통해 주로 나오게 될 것이다.

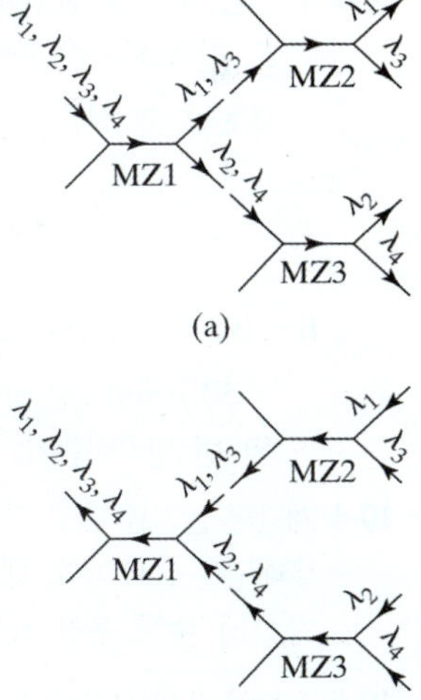

그림 10-17 배열된 마흐-젠더 광섬유 간섭계들. (a) 신호를 네 파장 채널로 역다중화하는 데 그리고 (b) 네 파장 채널을 다중화하는 데 사용됨. 배열은 세 개의 마흐-젠더 간섭계들, MZ1, MZ2 그리고 MZ3로 구성되어 있다.

예제 10-4의 결과는 많은 수의 등간격으로 떨어진 파장들로 된 채널들이 마흐-젠더 간섭계들로 된 하나의 시스템을 통해 역다중화될 수 있음을 시사한다. 그림 10-17(a)는 세 개의 마흐-젠더 광섬유 간섭계들(MZ1, MZ2 그리고 MZ3)이 결합되어 네 개의 서로 다른 파장 채널들을 포함하는 신호를 역다중화하는 것을 보여준다. 더 많은 마흐-젠더 간섭계들을 연쇄 회로에 추가할수록 시스템이 더 큰 수의 파장 채널들을 포함하는 신

호를 역다중화할 수 있을 것이다. 그림 10-17(b)에 표시한 시스템은 그림 10-17(a)에서 모든 광선의 방향을 간단히 반대로 놓은 것으로서, 배열된 마흐-젠더 간섭계들이 다중화의 기능도 또한 할 수 있음을 명백히 보여준다.

이번 절에서 높은 비트전송률의 광통신 시스템을 개발할 때 직면하게 되는 많은 여러 광 공학적 도전들 중의 일부만을 논의했다. 다음 장들에서 광통신 시스템들과 광섬유-통신 부품들의 광스위치와 광변조기로의 활용에 대해 추가로 논의하게 될 것이다. 광섬유는 더 넓은 범위의 광학 시스템들에서 점점 더 중요한 역할을 하고 있다.

문 제

10-1 전화기에서 단일 채널의 대역폭은 4 kHz이다. 전송률이 44.7 Mbps인 특정 전화기 시스템을 생각해 보자. 실제 시스템에서 몇몇 채널들은 동기화와 같은 관리 역할에 할애되는데, 위의 시스템에는 26개의 채널들이 그와 같은 역할에 할애되고 있다. 그러면 이 시스템이 수용할 수 있는 최대 독립 전화 채널의 수는 얼마인가?

10-2 다음의 경우들에 대하여, 파장 1.55 μm의 단일 광학 빔을 통해 송신할 수 있는 TV 방송 채널의 최대 숫자를 결정하시오.

a. 신호의 전체 대역폭($\Delta\nu = \nu$)이 사용될 경우.

b. 4×10^{12} Hz의 대역폭이 사용될 경우. (이는 전형적인 DWDM 시스템에 해당한다.)

10-3 **a.** 그림 10-3을 참고하여, 광섬유 축에 대해 급한 경사각으로 진행하는 광선에 대한 도약 거리 L_s가 다음과 같이 표현될 수 있음을 보이시오.

$$L_s = \frac{n_2 d}{\sqrt{n_1^2 - n_2^2}}$$

b. 그와 같은 광선이 $n_1 = 1.460$, $n_2 = 1.457$ 그리고 $d = 50\ \mu$m인 계단형-굴절률 분포 광섬유 속에서 미터당 몇 번 반사하는가?

10-4 계단형-굴절률 분포 광섬유의 굴절률이 코어는 1.52 그리고 클래딩은 1.41이다. 내부 전반사되는 빛에 대하여 (a) 임계각, (b) 수치 구경, (c) 최대 입사각 θ_m을 결정하시오.

10-5 지름이 0.0025인치인 계단형-굴절률 분포 광섬유의 코어 굴절률은 1.53이고 클래딩의 굴절률은 1.39이다. 다음을 계산하시오. (a) 이 광섬유의 수치구경, (b) 수용 각(또는 최대 입력 원뿔 각), (c) 최대 입력 각의 빛에 대해 3피트 길이의 광섬유에서 반사하는 횟수, 그리고 그 각도가 절반으로 줄었을 때에 대해서도 계산하시오.

10-6 **a.** 한 번의 도약 거리 사이에, 광선이 진행하는 실제 거리 x_s는 다음과 같이 주어짐을 보이시오.

$$x_s = \frac{n_1 d}{\sin\theta}$$

여기에서 θ는 입력각도이고 광섬유는 공기 중에서 사용된다.

b. 총 길이 L인 광섬유를 진행하는, 입력 각 θ의 광선이 진행한 실제 전체 거리 x_t가 다음과 같음을 보이시오.

$$x_t = \frac{n_1 L}{(n_1^2 - \sin^2\theta)^{1/2}}$$

c. 지름 50 μm, 코어 굴절률 1.50인, 10 m 길이의 광섬유에 대하여, 광선 입력 각 $\theta = 10°$일 때, x_s, L_s 그리고 x_t를 결정하시오.

10-7 (파장이) 850 nm일 때, $n_1 = 1.461$ 그리고 $n_2 = 1.456$인 계단형-굴절률 분포 광섬유에서는 얼마나 많은 수의 모드들이 전파될 수 있는가? 코어 반지름은 20 μm이다.

10-8 1.25 μm 파장에서 오직 한 개의 모드만을 허용하는 유리 광섬유의 최대 코어 반지름을 결정하시오. 여기에서 $n_1 = 1.460$이고 $n_2 = 1.457$이다.

10-9 AlGaAs로 된 평판형 도파로를 생각하자. 여기에서 $n_1 = 3.60$이고 $n_2 = 3.55$이다. 이 도파로 내에서 얼마나 많은 수의 독립적인 모드들이 전파할 수 있는가? $d = 5\lambda$와 $d = 50\lambda$에 대하여 각각 계산하시오(그림 10-4를 보시오).

10-10 일률 5 μW인 신호가 100 m 길이의 광섬유 내에 입사되었다. 광섬유 내부를 빠져나올 때의 일률은 겨우 1 μW에 불과하다. 광섬유의 흡수계수를 db/km로 나타내면?

10-11 3 km 길이의 광섬유 케이블은 1 km 길이 세 개를 겹쳐 이어 만들어진다. 각각 길이는 5-db의 손실을 갖고 겹쳐 이을 때마다 1-db의 손실이 있다. 입력 일률이 4 mW라면, 출력 일률은 얼마인가?

10-12 1 km 길이의 RG-19/U 동축 케이블의 감쇠는 50 MHz에서 대략 12 db이다. 케이블에 입력되는 일률은 10 mW이고 수신기의 감도가 1 μW라고 가정하자. 이 조건들 하에서 동축 케이블은 얼마나 길어도 될까? 손실률이 4 db/km인 광섬유로 대체한다면, 전송 선로는 얼마나 길어도 될까?

10-13 Ge-주입된 실리카 광섬유는, 파장 0.90 μm의 빛을 사용할 때, 오직 레일리 산란만에 의한 감쇠 손실이 1.2 db/km이다. 1.55 μm에서의 감쇠 손실을 결정하시오.

10-14 **a.** 감쇠율 db/km가 다음과 같이 주어짐을 보이시오.

$$\alpha_{\mathrm{db}} = (10\,\mathrm{db/km})\log_{10}(1-f)$$

여기에서 f는 1 km 길이의 광섬유에 대한 입력에서 출력까지의 총 일률 손실 비율이다.

b. 총 일률 손실 비율이 각각 25%, 75%, 90% 그리고 99%인 광섬유들에 대하여 감쇠율(db/km 단위)을 결정하시오.

10-15 코어 굴절률 1.46 그리고 클래딩 굴절률 1.45인 길이 1 km의 계단형-굴절률 분포 광섬유 내에서 가장 긴 궤적과 가장 짧은 궤적에 대하여, 각각 그 (a) 길이와 (b) 통과 시간을 구하시오(그림 10-9를 보시오).

10-16 축방향 광선과 최대 입력각 35°로 입사한 광선이 1 km 길이의 광섬유를 통과하는 시간의 차이를 계산함으로써, 광섬유 내의 모드 왜곡을 계산할 수 있다. 용융 실리카 코어의 굴절률은 1.446으로 가정한다. 이와 같은 모드 왜곡에 의해 출력부에서 펄스들이 겹치지 않도록 하는 입력 펄스들의 최대 주파수는 얼마인가?

10-17 1 km 길이의 광섬유에 입사한 축방향 광선과 15° 각도로 입사한 광선 사이의 지연 시간을 계산하시오. 코어 굴절률은 1.48이다.

10-18 1 km 길이의 계단형-굴절률 분포 광섬유를 통과하는 제일 빠른 모드와 제일 느린 모드 사이의 군 지연(group delay) 시간을 계산하시오. 여기에서 $n_1 = 1.46$, 상대 굴절률 차 $\Delta = (n_1 - n_2)/n_2 = 0.003$이고 파장 0.9 μm인 광원이 사용된다.

10-19 반지름 50 μm, $n_1 = 1.5$이고 $\Delta = 0.01$인 GRIN 광섬유의 굴절률 종단면도를 그리시오. 매개변수 $\alpha_p = 2$와 10에 대하여 각각 그리시오.

10-20 1 km 길이의 $\alpha_p = 2$인 GRIN 광섬유에서의 모드 분산에 의한 시간 지연을 계산하시오. 최대 코어 굴절률은 1.46이고 클래딩 굴절률은 1.44이다. 이 광섬유가 $n_1 = 1.46$이고 $n_2 = 1.44$인 계단형-굴절률 분포 광섬유에 비하여, 몇 배로 개선되는가?

10-21 식(10-19)를 이용하면 광섬유의 **평형 길이**(각주 10을 보시오)보다 작은 거리에 대한 대역폭을 계산할 수 있다. 평형 길이를 1 km로 가정하고, 이 광섬유 길이에 대하여 펄스 퍼짐이 20 ns/km로 주어지는 계단형-굴절률 분포 다중 모드 광섬유의 3-db 대역폭을 결정하시오.

10-22 1 km 길이의 용융 실리카 광섬유 내에서의 물질 분산을 결정하시오. 다음의 광원에 대해 계산하시오. (a) 중심파장 820 nm에 선폭 40 nm인 LED 그리고 (b) 중심파장 820 nm에 선폭 4 nm인 LD.

10-23 모드 왜곡과 물질 분산 모두에 의한 총지연 시간 $\delta\tau$는 다음과 같이 주어진다.

$$(\delta\tau)^2 = (\delta\tau_{\mathrm{mod}})^2 + (\delta\tau_{\mathrm{mat}})^2$$

1 km 광섬유 내에서의 총지연 시간을 결정하시오. 여기에서 $n_1 = 1.46$, $\Delta = 1\%$, $\lambda = 820$ nm 그리고 $\Delta\lambda = 40$ nm이다.

10-24 실리카 광섬유의 도파로 분산은 선폭 2 nm인 다양한 파장의 반도체 레이저 광원들을 사용하여 측정된다. 그 결과는 다음과 같다.

$\lambda(\mu\mathrm{m})$	$\delta(\tau/L)$(ps/km)
0.70	1.88
0.90	5.02
1.10	7.08
1.40	8.40
1.70	8.80

a. 도파로 매개변수 M'를 0.70에서 1.70 μm 범위의 λ에 대해 그리시오.

b. 선폭 1 nm인 $\lambda = 1.27$과 1.55 μm인 광원들에 대하여 도파로 분산을 ps/km 단위로 결정하시오.

10-25 계단형-굴절률 분포 광섬유에서의 펄스 퍼짐에는 주로 세가지 이유들—모드 왜곡, 물질 분산 그리고 도파로 분산—이 있다. 이들에 의한 실리카 광섬유의 펄스 퍼짐을 비교하시오. $\lambda = 1$ μm에서 코어 굴절률은 1.470이고 클래딩 굴절률은 1.455이다. 선폭 25 nm인 LED 광원을 가정하시오. 매개변수 M과 M'는 각각 43 ps/nm-km와 3 ps/nm-km이다.

a. 1 km 길이의 광섬유에 대해 $\delta\tau$를 계산하되, 각각을 별도로 계산하시오.

b. 다음의 식을 사용하여 길이 1 km인 광섬유의 총 퍼짐 $\delta\tau$을 계산하시오.

$$(\delta\tau)^2 = (\delta\tau_{\mathrm{mod}})^2 + (\delta\tau_{\mathrm{mat}})^2 + (\delta\tau_{\mathrm{wg}})^2$$

10-26 그림 10-16(a)에 묘사된 마흐-젠더 간섭계를 생각해 보자. 빔 가르개의 투과계수를 실수로 잡자. 간섭계의 각각의 출력구들에서 나오는 빛의 복사조도를 구하고, 그 합이 입력

복사조도와 같음을 보이시오.

10-27 **a.** 두 개의 파장 채널들—1550 nm 부근에서 파장차는 0.8 nm인—사이의 주파수 차를 구하시오.

b. 채널 간격이 0.8 nm일 때, 1550 nm 부근에서 40개의 파장 채널을 활용하는 DWDM 시스템의 주파수 대역폭 $\Delta\nu$를 구하시오.

10-28 그림 10-16(b)에 묘사된 마흐-젠더 광섬유 역다중화기를 생각해 보자. $n=1.5000$을 가정하자.

a. 파장 성분들 $\lambda_1 = 1550.8$ nm와 $\lambda_2 = 1550.0$ nm를 포함하는 신호를 효율적으로 역다중화하기 위해 필요한 광섬유 간섭계 두 팔 사이의 경로 길이 차 ΔL를 구하시오. λ_1 성분은 출력 1 통로로 나간다고 가정하시오. (해답이 정수 m에 대해 식(10-21)과 (10-22)를 모두 만족하도록 주의를 기울이시오.)

b. 경로 길이 차가 (a) 부분에서 찾은 것과 같다면, 파장 $\lambda_3 = 1551.6$ nm의 빛은 어느 출력 통로를 통해 간섭계에서 빠져나갈 것인가?

c. 경로 길이 차가 (a) 부분에서 찾은 것과 같고, 입력 신호가 1550.4 nm의 한 파장으로 되어 있을 때, 두 출력 통로를 통해 나가는 복사조도의 비율을 구하시오.

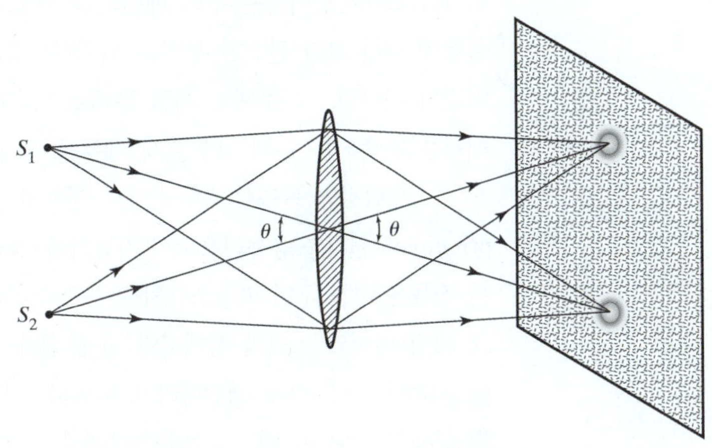

chapter 11 프라운호퍼 회절

서론

빛의 파동성은 앞선 장들에서 “간섭 효과들”로 분류된 몇 개의 현상들을 설명하기 위해 필요했다. 각각의 경우에 하나의 광원에서 출발하여 진폭분할 또는 파면분할의 방법으로 갈라져 나온 둘 또는 그 이상의 개개의 결맞은 빔들을 다시 결합시켜 간섭하도록 하였다. 근본적으로 빛의 회절에서도 동일한 효과가 관련된다. 간단히 설명하자면, 회절은 빛의 파면이 장애물에 의해 기하광학에서와 다르게 엇나가는 것이다. 예를 들어 둥근 구멍이 난 불투명 화면이 그런 장애물이 될 수 있다. 그 구멍을 지나서 놓인 화면을 보면, 빛의 원이 복잡한 모서리 효과들을 보여준다. 이런 종류의 장애물은 둥근 렌즈를 통과하는 파면의 일부분만을 사용하는 여러 광학 장치들에서 흔하게 사용된다. 그러나 그 자신의 그림자 속에서 자세한 구조를 나타내는 그 어떤 장애물도 기하광학의 기초에서는 예상할 수 없는 것이다.

회절 효과들은 빛의 파동 성질의 결과이다. 장애물이 불투명하지 않고, 투과된 빛의 파면의 세기나 위상에 국소적인 변화만을 준다고 해도 그런 효과들을 볼 수 있다. 예를 들어 레이저 광을 투과시킬 때 유리 렌즈 속의 작은 기포들이나 결함들에 의해 원치 않는 회절 무늬들이 만들어질 수 있다. 광학적 상(image)의 모서리들이 회절에 의해 흐려지기 때문에, 그 현상은 장치 해상도에 근본적인 제한을 준다. 비록 광학적 상들의 선명도(sharpness)는 상을 맺는 부품들 자체보다 광학 수차들에 의해 보다 심하게 나빠지는 경우가 더 흔하지만 말이다. **회절-한계**(diffraction-limited) 광학계는 실제로 좋은 광학계이다.

이전에 공부한 이중슬릿은 두 개의 개구들 외에는 모든 곳에서 빛을 막음으로써, 파면에 장애물을 형성한 것이다. 두 개구들을 점광원으로 또는 긴 슬릿의 폭을 점으로 취급함으로써 얻어지는 무늬 패턴의 복사조도를 계산할 수 있었던 것을 생각해내자. 이 실험에 대한 보다 완전한 분석을 위해서는 유한한 크기의 슬릿에 대한 고려가 필요하다. 이것이 된다면, 그 문제는 회절 문제로 다루어진다. 그 결과들로서, 이전에 결정된 간섭 패턴은 관측되는 무늬들의 실제 세부를 설명하는 방식으로 변경된다.

실험적인 관측사실과 적당히 일치하는 설명은 **호이겐스-프레넬**(Huygens-Fresnel principle) 원리를 응용함으로써 가능하다. 호이겐스에 따르면, 주어진 빛의 파면 상의 모든 점들은 이차 구면 파동조각의 광원으로 간주될 수 있다. 프레넬은 이 가정에 추가하여, 그 파면 너머의 임의의 점에서의 실제 전자기장은 이 파동조각들의 중첩 — 세기와 위상을 고려한 — 에 의해 생긴다라고 하였다. 따라서 화면 상의 어떤 점에서의 이중슬릿의 회절무늬를 계산할 때, 각각의 슬릿에서 출발하는 파면의 모든 점은 파동 조각들 — 중첩하여 합성 전자기장을 만들어내는 — 의 광원으로 간주된다. 이제 이 절차에서는 양쪽 슬릿들을 간섭 계산에서와 같이 두 개의 고립된 점광원으로 보는 대신에 연속적인 광원들의 집합으로 고려한다. 회절이 흔히 간섭과 구별되는 것은 바로 이 기본 가정이다. 회절현상들에서는 간섭하는 빔들이 광원들의 연속적인 분포에서 출발하지만, 간섭현상들에서는 간섭하는 빔들이 유한한 수의 광원들에서 출발한다. 그러나 이것이 근본적인 **물리적** 구별은 아니다.

회절 효과들에 대한 더 나간 분류는 합성 전자기장을 계산할 때 가능한 수학적인 근사들에 의해 이루어진다. 빛의 광원과 관측 화면 모두가 **실제적으로** 회절 개구로부터 충분히 멀다면, 개구와 관측 화면에 도달하는 파면들은 평면파로 간주될 수 있고, 이번 장에서 다루게 되는 이 종류를 **프라운호퍼**(Fraunhofer) 또는 **원거리장 회절**(far-field diffraction)이라 부른다. 위의 경우가 아니라면 파면의 곡률을 고려해야만 하고, 이를 13장의 주제인 **프레넬**(Fresnel) 또는 **근접장 회절**(near-field diffraction)이라 부른다. 원거리장 근사에서는 관측 화면이 개구로부터 멀어짐에 따라 회절무늬의 크기는 거리에 비례해서 커지지만, 회절무늬의 **모양**은 변하지 않는다. 근접장 근사에서는 그 상황이 더 복잡해진다. 회절무늬의 모양과 크기는 개구와 화면 사이의 거리에 의존한다. 화면이 개구에서 멀리 이동함에 따라, 개구의 상은 기하광학, 근접장 회절 그리고 원거리장 회절에 의해 예측되는 형태를 차례로 통과한다.

먼저 회절무늬들을 계산하기 위해 호이겐스-프레넬 원리 자체가 하나의 근사라는 점을 말해두어야겠다. 불투명한 화면을 빛이 투과하지 못할 때, 이는 입사 광과 화면 내에서 발생하는 전자 진동간의 상호작용이 화면 너머로 영(0)의 알짜 전자기장을 만들어냄을 의미한다. 이 균형은 화면 내에 있는 개구의 모서리 — 진동의 분포가 단절되는 — 에서는 유지되지 않는다. 호이겐스-프레넬 원리는 개구의 모서리에 있는 화면 물질에서의 전자 진동이 주는 회절 전자기장에 대한 기여를 포함하지 않는다. 그러나 그러한 모서리 효과는 관측점이 개구 자체에 매우 근접해 있을 때에만 중요하다.

11-1 단일슬릿으로부터의 회절

먼저 단일슬릿(폭보다 길이가 훨씬 큰 사각 개구)으로부터의 프라운호퍼 회절무늬를 계산해 보자. 프라운호퍼 회절을 위해서는 슬릿에 도달하는 빛의 파면들은 본질적으로 평면이어야 한다. 실제로 이 조건은 광원을 볼록 렌즈의 초점 평면에 놓음으로써 또는 광원으로서 작은 발산 각의 레이저 빔을 간단히 사용함으로써 쉽게 달성된다. 유사하게 관측화면은 그림 11-1에 나타난 것처럼 슬릿의 출구 쪽에 렌즈를 사용함으로써 사실상 무한대의 거리에 놓인 것으로 간주할 수 있다. 그러면 화면상의 P와 같은 임의의 점에 도달하는 빛은 슬릿(파선)에 놓인 파면의 서로 다른 부분에서 출발한 평행한 광선들에 의한 것이다. 호이겐스-프레넬 원리에 따라 (파동이) 슬릿의 평면에 도달할 때, 파면상의 각각의 점에서 출발한 구면파 조각들을 생각할 수 있고, P에서의 합성 전자기장은 중첩의 원리에 따라 파동들을 합하여 계산할 수 있다. 그림 11-1에 보인 바와 같이 파동들은 P점에 도착할 때 위상이 동일하게 도착하는 것이 아니다. 예를 들어 슬릿의 중심에서 출발한 광선은 광경로 길이가 광축 위의 수직으로 s만큼 떨어진 점에서 출발한 광선보다 Δ만큼 짧다.

슬릿의 열린 개구에 놓인 파면의 평면부분은 호이겐스의 파동조각 광원들의 연속적인 집합이 된다. 각각의 길이 ds인 구간을 광원으로 보고, 전체 슬릿 폭 b에 대해 적분하여, 그런 광원들 모두에 의한 결과를 계산한다. 각각의 구간은 P점에 구면파 조각을 보내는데, 그 크기는 무한소의 길이 ds에 정비례한다. 따라서

$$dE_p = \left(\frac{E_L ds}{r}\right)e^{i(kr - \omega t)} \tag{11-1}$$

이다. 여기에서 r은 ds의 구간에서 점 P까지의 광경로 길이이다. 진폭$(E_L ds/r)$은 $1/r$ 의존성을 갖는데 그 이유는 구면파동의 복사조도가 거리에 따라 역제곱법칙을 따라 감소

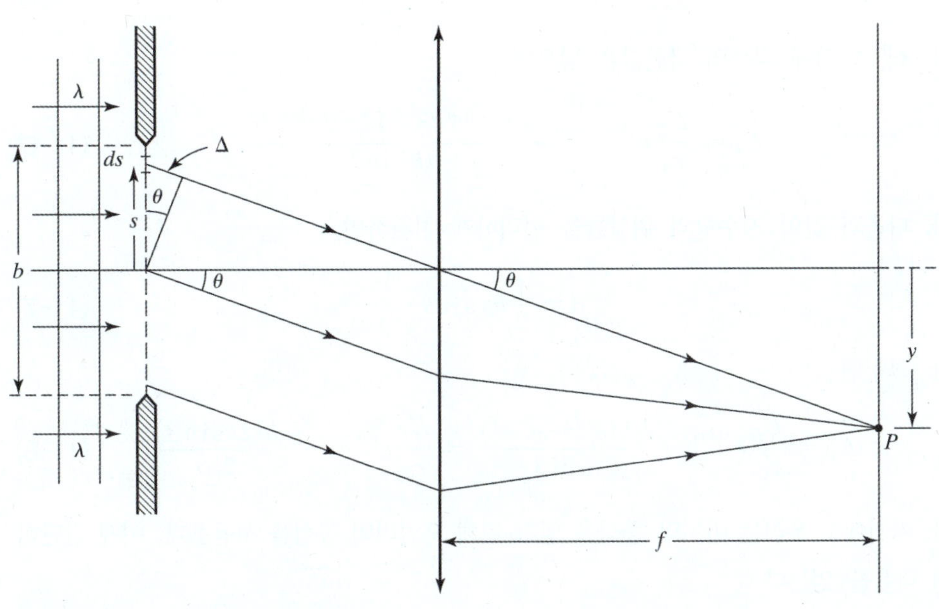

그림 11-1 단일슬릿에 의한 프라운호퍼 회절에 의해 나타나는 화면의 복사조도를 결정하기 위한 작도.

하기 때문이다. 즉 구면파의 경우 복사조도(전기장 진폭의 제곱에 비례하는)가 $1/r^2$에 비례하므로, 구면파의 전기장 진폭은 $1/r$(4-6절을 보시오)에 비례한다. 비례상수 E_L—여기에서 상수로 잡는—은 각각의 슬릿 구간 ds에서 오는 전기장 기여분의 크기를 결정한다. 슬릿의 중심($s=0$에 놓인)으로부터의 파동에 대해서 $r=r_0$로 잡자. 이제 높이 s에서 출발한 다른 모든 파동에 대해 위상 차를 고려하면, P점에서의 미소 전기장은

$$dE_p = \left(\frac{E_L ds}{r_0+\Delta}\right)e^{i[k(r_0+\Delta)-\omega t]} = \left(\frac{E_L ds}{r_0+\Delta}\right)e^{i(kr_0-\omega t)}e^{ik\Delta} \tag{11-2}$$

이다. $r_0+\Delta$라는 값이 진폭 인자와 위상 인자에 모두 나타남에 주목하자. 경로차 Δ는 r_0에 비해 아주 작으므로 (낮은 차수의 근사에서는) 진폭 인자에서 무시할 수 있다. 그러나 이 경로차 Δ는 위상 인자에서는 무시할 수 없다. 왜 그런지를 이해하기 위해서, $k\Delta=(2\pi/\lambda)\Delta$임을 생각하자. 따라서 Δ가 한 파장만큼 변할 때, 위상 $k\Delta$는 2π 폭의 한 주기에 걸쳐 변한다. 그림 11-1은 $\Delta = s\sin\theta$임을 보여준다. 이와 같이 변경하면, 식(11-2)는 다음과 같이 고쳐쓸 수 있다.

$$dE_P = \left(\frac{E_L ds}{r_0}\right)e^{i(kr_0-\omega t)}e^{iks\sin\theta} \tag{11-3}$$

점 P의 총 전기장은 슬릿의 폭에 대해 적분함으로써 알아낼 수 있다. 즉

$$E_P = \int_{\text{slit}} dE_p = \frac{E_L}{r_0}e^{i(kr_0-\omega t)}\int_{-b/2}^{b/2} e^{iks\sin\theta}ds \tag{11-4}$$

이다. 적분하면 다음과 같다.

$$E_P = \frac{E_L}{r_0}e^{i(kr_0-\omega t)}\left(\frac{e^{iks\sin\theta}}{ik\sin\theta}\right)_{-b/2}^{b/2} \tag{11-5}$$

이다. 식(11-5)에 적분의 극한값을 넣으면,

$$E_P = \frac{E_L}{r_0}e^{i(kr_0-\omega t)}\frac{e^{(ikb\sin\theta)/2}-e^{-(ikb\sin\theta)/2}}{ik\sin\theta} \tag{11-6}$$

이다. 다음과 같이 지수항의 위상들을 편리하게 치환하면,

$$\beta \equiv \frac{1}{2}kb\sin\theta \tag{11-7}$$

이다. 그러면

$$E_P = \frac{E_L}{r_0}e^{i(kr_0-\omega t)}\frac{b(e^{i\beta}-e^{-i\beta})}{2i\beta} = \frac{E_L}{r_0}e^{i(kr_0-\omega t)}\frac{b(2i\sin\beta)}{2i\beta} \tag{11-8}$$

이다. 여기에서 우리는 마지막 등식을 얻기 위해 오일러의 공식을 사용했다. 이제 간단히 하면 다음을 얻는다.

$$E_P = \frac{E_L b}{r_0}\frac{\sin\beta}{\beta}e^{i(kr_0 - \omega t)} \tag{11-9}$$

따라서, 식(11-9)에 주어진 P점의 합성 전기장의 진폭은 sinc 함수인 $(\sin\beta)/\beta$ 꼴을 포함한다. 여기에서 β는 θ에 따라, 즉 화면 위의 점 P의 위치에 따라 변한다. 물리적 중요성을 부여하기 위해 β를 **위상차**로 해석함으로써 이것에 물리적 중요성을 부여할 수 있다. 일반적으로 위상차는 $k\Delta$로 주어지므로, 식(11-7)은 β와 관련된 경로차, 즉 그림 11-1에 보인 $\Delta = (b/2)\sin\theta$을 나타낸다. 따라서 $|\beta|$는 중심에서 출발한 파동과 슬릿의 양 끝점 — $|s| = b/2$ — 에서 출발한 파동 사이의, 점 P에서의 위상차의 크기를 나타낸다. 식(11-9)로 이어진 분석에서, 우리는 각각의 슬릿 간격 ds와 관련된 전기장 세기 E_L를 일정한 것으로 가정하였다. 21장에서 슬릿 전체에서 전기장의 세기가 균일하지 않고, 따라서 프라운호퍼 회절무늬가 개구 내의 여러 점들에서의 전기장의 세기를 묘사하는 함수의 푸리에 변환임을 알게 된다.

P점에서의 복사조도 I는 그 곳에서의 합성 전기장 세기의 제곱에 비례한다. 식(11-9)에 주어진 전기장의 진폭은 다음과 같다.

$$E_0 = \frac{E_L b}{r_0}\frac{\sin\beta}{\beta}$$

따라서 4장의 파동 방정식에서의 식(4-42)를 이용하면, 복사조도 I가 다음과 같다.

$$I = \left(\frac{\varepsilon_0 c}{2}\right)E_0^2 = \frac{\varepsilon_0 c}{2}\left(\frac{E_L b}{r_0}\right)^2\frac{\sin^2\beta}{\beta^2}$$

또는

$$I = I_0\left(\frac{\sin^2\beta}{\beta^2}\right) \equiv I_0\,\mathrm{sinc}^2(\beta) \tag{11-10}$$

여기에서 I_0는 모든 상수 인자들을 포함한다. 이제 식(11-9)과 (11-10)을 통해 화면의 대칭축에서 y만큼의 수직방향 변위에 대한 복사조도의 변화를 그릴 수 있다. sinc 함수는 변수가 0에 접근할 때 1로 수렴하는 성질을 가진다.

$$\lim_{\beta\to 0}\mathrm{sinc}(\beta) = \lim_{\beta\to 0}\left(\frac{\sin\beta}{\beta}\right) = 1 \tag{11-11}$$

이 경우 이외에는, $\sin\beta = 0$일 때 $\mathrm{sinc}(\beta)$ 함수가 영이 된다. 즉 다음의 경우들이다.

$$\beta = \frac{1}{2}(kb\sin\theta) = m\pi \quad m = \pm 1,\ \pm 2,\ \cdots$$

식(11-11)에 나타난 바와 같이 $m = 0$인 경우는 위의 조건에 포함되지 않는다. 그림 11-2에 복사조도를 β에 대해 그렸다. $k = 2\pi/\lambda$로 놓으면, sinc 함수가 영(0)이 되는 조건은 (복사조도도 또한 그러하다) 다음과 같다.

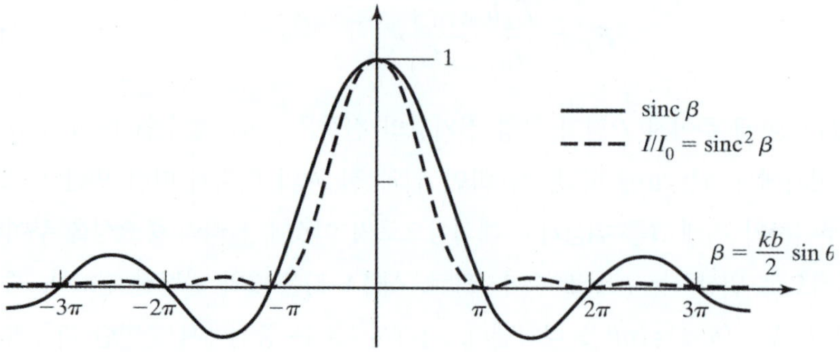

그림 11-2 Sinc 함수(실선)를 β의 함수로 그린 것. 단일슬릿 프라운호퍼 회절의 정규화 복사조도 함수 I/I_0(파선)는 $\mathrm{sinc}(\beta)$의 제곱이다.

$$m\lambda = b\sin\theta \quad m = \pm 1,\ \pm 2,\ \cdots \tag{11-12}$$

그림 11-1을 참고하면, 화면의 중심에서 거리 y만큼 떨어진 화면 위의 한 점 P까지의 각 θ는 대략 $y \cong f\sin\theta$로 주어진다. 여기에는 작은 각 근사($\sin\theta \cong \tan\theta$)가 사용되었다. 따라서 식(11-11)과 (11-12)와 같이, 화면 상에서 복사조도는 $\theta = 0\,(y=0)$일 때 최대값을 가지고, 다음의 y_m값들에서 영으로 떨어진다.

$$y_m \cong \frac{m\lambda f}{b} \tag{11-13}$$

복사조도 패턴은 $y=0$에 대하여 대칭을 이룬다.

단일슬릿 회절무늬의 이차 극대점들은 영점들 사이의 한 중간에 놓이지는 않는다. 이 조건은 β가 커지면 거의 만족되기는 한다. 극대점들은 다음에 주어진 sinc 함수의 극대점 조건으로부터 구할 수 있다.

$$\frac{d}{d\beta}\left(\frac{\sin\beta}{\beta}\right) = \frac{\beta\cos\beta - \sin\beta}{\beta^2} = 0$$

또는 $\beta = \tan\beta$일 때이다. 그림 11-3에 나타낸 것과 같이, 탄젠트 값과 같은 각도는 직선 $y=\beta$와 곡선 $y=\tan\beta$의 교차점들에서 구할 수 있다. $\beta=0$을 제외하면 그 교차점들은 $1.43\pi(1.5\pi$ 대신에), $2.46\pi(2.5\pi$ 대신에), $3.47\pi(3.5\pi$ 대신에) 등이다. 그림은 명백하게 β가 증가함에 따라 교차점들이 수직선들 —(극대점들 사이의) 중간을 나타내는— 에 더 가까이 접근함을 보여준다. 따라서 그림 11-2의 복사조도 그림에서, 이차 극대점들은 중간 점들에서 중앙 봉우리쪽으로 약간 어긋나 있다. 회절무늬의 대부분의 에너지는 양옆에 인접한 극대들보다 훨씬 큰 중앙의 극대 곡선 아래에 모인다.

예제 11-1

이차 극대점들의 복사조도에 대한 중앙 극대 봉우리의 복사조도의 비율은 얼마인가?

풀이

그 비율은 다음과 같이 계산된다.

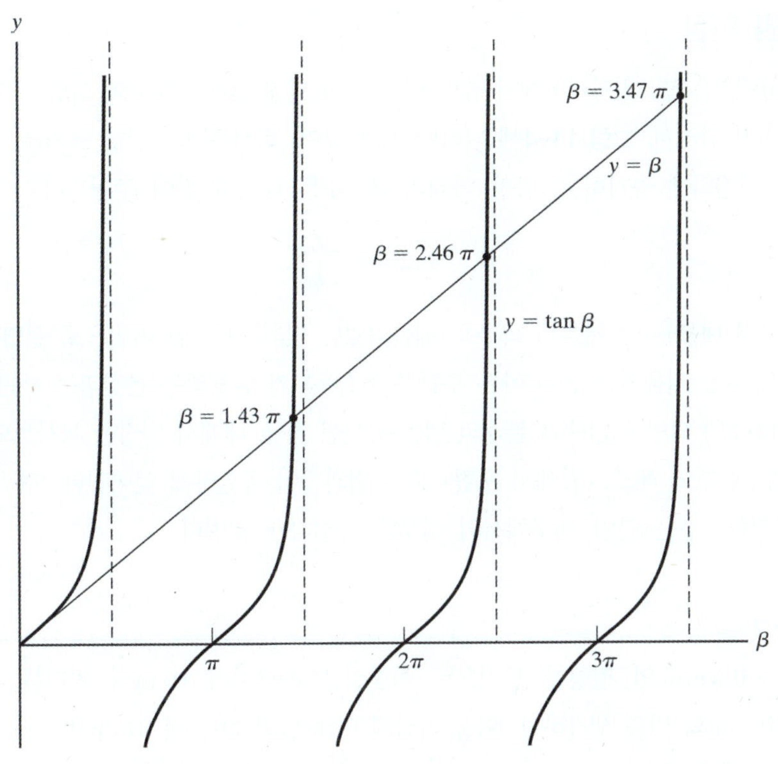

그림 11-3 직선 $y=\beta$와 곡선 $y=\tan\beta$의 교차점들은 sinc 함수가 최대값을 갖는 각 β들을 결정한다.

$$\frac{I_{\beta=0}}{I_{\beta=1.43\pi}} = \frac{(\sin^2\beta/\beta^2)_{\beta=0}}{(\sin^2\beta/\beta^2)_{\beta=1.43\pi}} = \frac{1}{(\sin^2\beta/\beta^2)_{\beta=1.43\pi}}$$

$$= \left(\frac{\beta^2}{\sin^2\beta}\right)_{1.43\pi} = \frac{20.18}{0.952} = 21.2$$

따라서 가장 가까운 이차 봉우리의 최대 복사조도는 중앙 봉우리의 복사조도의 4.7%에 불과하다.

중앙 극대 곡선은 본질적으로 먼 화면에 놓인 슬릿의 상을 나타낸다. 그 상의 모서리들은 예리하게 뚝 떨어지지 않고, 그 상을 둘러싼 그림자 속으로 점차 사라지는 일련의 극대점들과 극소점들을 보여준다. 이 효과들은 회절에 의해 상이 흐려지는 전형적인 모습이고, 회절을 고려해야 하는 다른 경우들에서도 다시 나타나게 될 것이다. 중앙 극대의 각도 폭은 양쪽의 첫 번째 극소점들 사이의 각 $\Delta\theta$로 정의된다. 식(11-12)에 $m=\pm 1$을 넣고 $\sin\theta$를 θ로 근사하면, 다음을 얻는다.

$$\Delta\theta = \frac{2\lambda}{b} \tag{11-14}$$

식(11-14)로부터, 슬릿 폭이 좁아질수록 중앙 극대는 넓어지는 것을 알 수 있다. 슬릿은 그 길이가 폭보다 매우 크므로, 슬릿의 길이 방향으로의 파면의 점들에 의한 회절무늬는 매우 작은 각도 폭을 갖게 되므로 화면상에 두드러지게 나타나지 않는다. 물론 식(11-14)에 나타낸 것처럼 회절무늬의 크기는 파장에도 또한 의존한다.

11-2 빔 퍼짐

식(11-14)에 따르면, 원거리장에서 중앙 극대의 각 퍼짐 $\Delta\theta$는 개구와 화면 사이의 거리에 무관하다. 따라서, 그림 11-4에 나타난 것과 같이, 회절무늬의 선형 크기는 거리 L에 비례하여 일정하게 증가하고, 중앙 극대의 폭 W는 다음과 같이 주어진다.

$$W = L\Delta\theta = \frac{2L\lambda}{b} \tag{11-15}$$

식(11-15)의 내용을 맨 처음에 폭 b로 제한되었던 빛의 선형 빔 퍼짐으로 설명할 수 있다. 사실상 빔을 처음에는 좁게 하는 수단은 회절무늬가 발생하는 본질과는 무관하다. 만약 그림 11-4의 슬릿을 없애고 본래의 빔을 유한한 폭 b 내에서 일정한 복사조도를 가진 것으로 가정한다고 해도, (앞에서 구한) 모든 결과들이 동일하게 얻어진다. 시준한 후에, 빛의 "평행한" 빔은 단일 개구에서의 경우와 동일하게 퍼진다.

예제 11-2

$b = 0.5\,\mathrm{mm}$의 평행한 광선으로 실험실을 가로질러 10 m의 거리를 전파하는 546-nm의 빛을 생각하자. 회절 퍼짐에 의해 빔의 최종 폭 W가 얼마가 되는가를 추산해 보시오.

풀이

식(11-15)를 사용하면,

$$W = \frac{2L\lambda}{b} = \frac{2(10\,\mathrm{m})(546\times10^{-9}\,\mathrm{m})}{0.5\times10^{-3}\,\mathrm{m}} = 0.0218\,\mathrm{m} = 21.8\,\mathrm{mm}$$

고도로 시준된 레이저 빔이라 할지라도 전파될 때 회절에 의해 빔 퍼짐이 있다. 이것은 빛의 근본적인 파동성에 의한 결과로서, 유한한 횡단면 폭을 가진 빔은 진행할 때 퍼질 수밖에 없다.

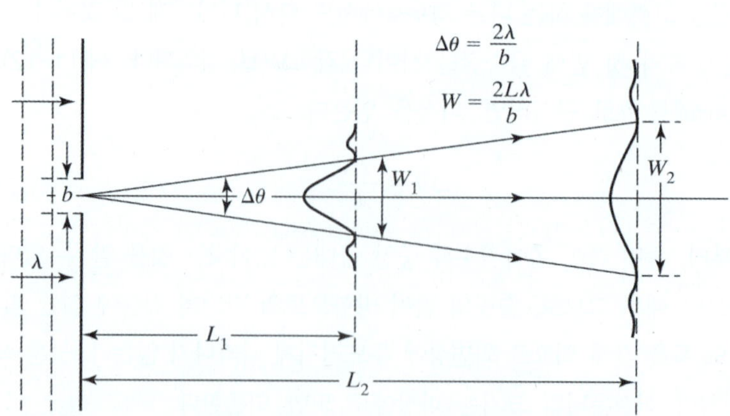

그림 11-4 단일슬릿의 원거리장 회절무늬에서 중앙 극대의 퍼짐.

식(11-14)로 표현되는 빔 퍼짐은 그 길이보다 매우 작은 폭을 가진 사각 개구에 대해 유효하다. 다음 절에서 보게 될 내용으로서, 원형 개구로부터의 회절에 의한 퍼짐은 식(11-14)와 유사한 형태를 따르지만, (구체적으로는) 슬릿의 폭 b 대신에 원형 개구의 지름 D로 바뀌고, 파장 λ 대신에 (원형에 의한) 인자를 곱한 1.22λ로 바뀐다. 더군다나 이 과정에서 균일한 복사조도를 가진 평면 파면을 가정했음을 기억해야 한다.[1] 식(11-15)로 표현되는 퍼짐은 프라운호퍼, 즉 원거리장 — L이 상당히 큰 경우 — 회절에 기초하여 추론되었다. 예를 들어 L을 충분히 작게 잡으면 그 식은 b보다 작은 빔 폭을 예측하게 되는데, 이는 가정에도 위배된다. 분명하게 L은 어떤 최소값 — $L_{\min}$ — 보다 커야만 한다. 이것으로부터 빔 폭 $W = b$에 대한 식을 얻게 된다.

$$L_{\min} = \frac{b^2}{2\lambda}$$

즉 다음의 경우에, **원거리장** 영역에 있다고 볼 수 있다.

$$L \gg \frac{b^2}{\lambda}$$

이를 일반화하여 다음의 형태가 흔히 **원거리장 회절**의 기준으로 사용된다.[2]

$$L \gg \frac{\text{개구 면적}}{\lambda} \tag{11-16}$$

11-3 사각 개구와 원형 개구

그림 11-5(a)에 예시된 것처럼, 길이 a보다 훨씬 작은 폭 b를 가진 슬릿으로부터의 회절을 묘사해왔다. 슬릿의 양쪽(길이와 폭) 치수가 서로 비슷하게 작다면, 각각은 그림 11-5(b)와 같이 상당한 정도의 퍼짐을 주게 된다. 치수 a의 개구에 대해 복사조도를 식(11-10)과 유사하게 써 보면,

$$I = I_0\left(\frac{\sin\alpha}{\alpha}\right)^2, \quad \text{여기에서} \quad \alpha \equiv \left(\frac{k}{2}\right)a\sin\theta \tag{11-17}$$

이다. 이차원 패턴은 다음과 같은 점 x, y에서 복사조도가 영이 된다.

$$y_m = \frac{m\lambda f}{b} \quad \text{또는} \quad x_n = \frac{n\lambda f}{a}$$

---

1 레이저 빔은 흔히 그 지름 전체에서 일정한 복사조도를 내지 못한다. 그 기본 모드에서 복사조도는 횡단면에서 가우스 함수꼴을 갖는다. 그래도 그 퍼짐 공식은 본질적으로 식(11-14)와 같고, b를 광선의 지름으로 바꾸고, 상수 인자 2를 $4/\pi \cong 1.27$로 바꾸면 된다. 레이저 빔 퍼짐은 6장에서 언급되었고, 27장에서 자세히 다루어진다. 발산 각에 대한 공식을 비교할 때는 그림 11-4에 예시된 **전체 각도 퍼짐**과 그림 6-19의 **절반-각도 퍼짐**을 구별하여 다루어야 한다.

2 고에너지 레이저 분야의 많은 종사자들은 원거리장 기준으로 다음의 식을 사용한다: $L > 100(\text{개구면적})/\lambda$.

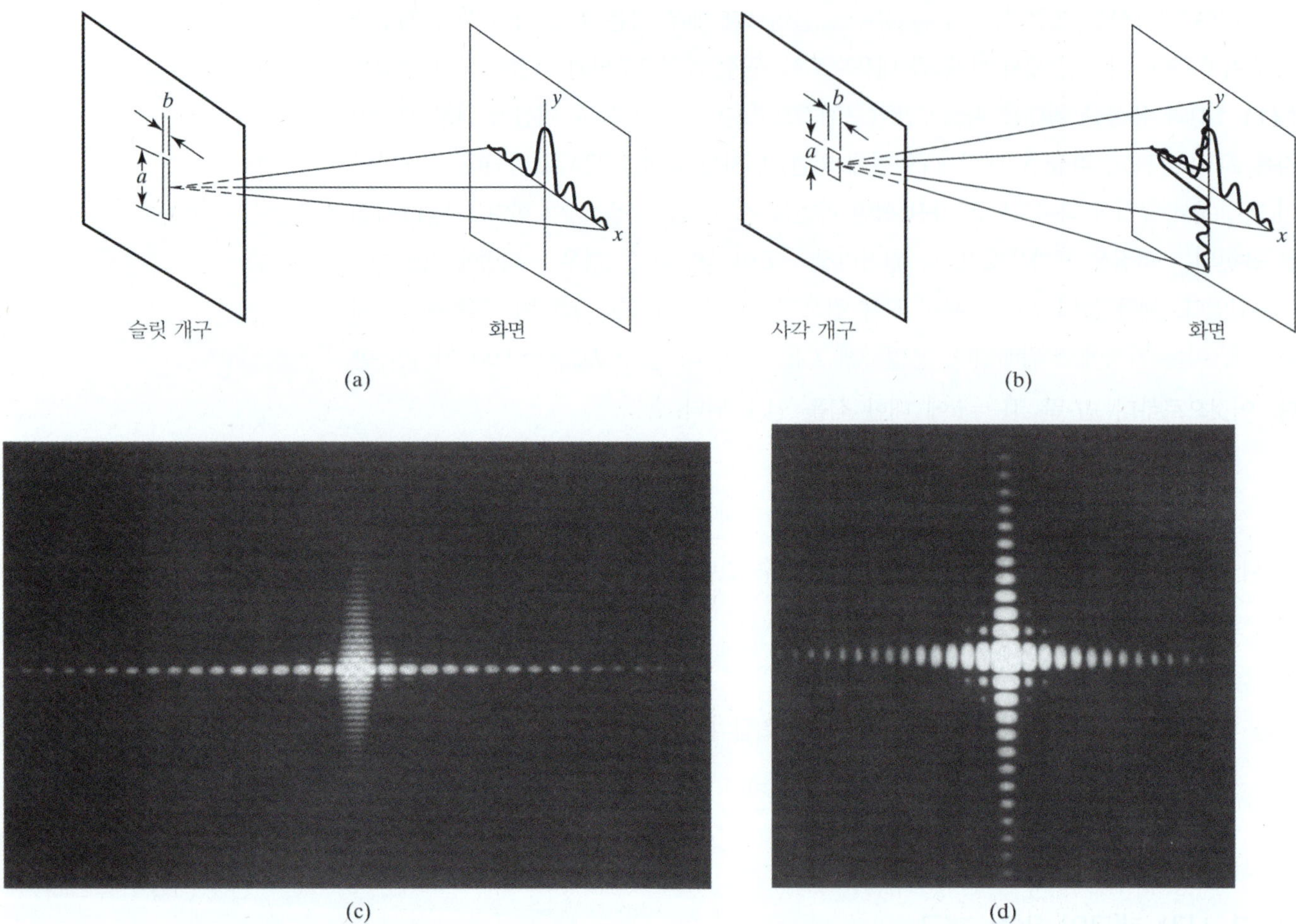

그림 11-5 (a) 단일슬릿 회절. 길고 가는 슬릿의 작은 쪽, 치수가 b인, 즉 화면상의 x-방향쪽으로만 상당한 정도의 빛의 퍼짐이 있다. (b) 사각 개구 회절. 사각 개구의 양쪽 치수가 모두 작고, 이 때 화면상에서 이차원 회절무늬를 분간할 수 있다. (c) 그림 11-5(a)에 표현된 $b < a$인 직사각형 개구의 회절 이미지 사진. (d) 그림 11-5(b)에 표현된 $b = a$인 정사각형 개구의 회절 이미지 사진. (두 사진 모두는 다음에서 인용함. M. Cagnet, M. Francon, and J. C. Thrierr, *Atlas of Optical Phenomenon*, Plate 17, Berlin: Springer-Verlag, 1962.)

여기에서 m과 n 모두는 영이 아닌 정수값들을 나타낸다. 화면에서의 복사조도는 각각의 방향으로의 복사조도 함수의 곱으로 밝혀지게 된다. 즉,

$$I = I_0(\text{sinc}^2\beta)(\text{sinc}^2\alpha) \tag{11-18}$$

이 결과를 계산할 때, 슬릿의 한 방향으로의 단일 적분이 개구의 양 방향에 걸친 이중 적분으로 바뀐다. 직사각형 개구와 정사각형 개구에 의한 단일 개구 회절무늬의 사진은 각각 **그림 11-5**(c)와 (d)에 표시하였다.

개구가 원형일 때, 개구의 수직과 수평의 치수들이 비슷하기 때문에, 적분은 개구의 전체 면적에 대해 수행된다. **그림 11-1**과 같이 단일슬릿 회절에 의한 점 P에서의 합성 전기장을 나타내는 **식(11-4)**는 원형 개구에 의한 회절을 기술하도록 변경될 수 있다. 수정에서 필요한 것은 적분해야 할 **전기장 진폭** $E_L ds/r_0$를 $E_A dA/r_0$으로 바꾸고, 슬릿

폭에 대한 적분을 개구 면적에 대한 적분으로 변환하는 것이다. 여기에서 E_A는 상수 계수(단위 길이당 전기장의 "단위"를 가짐)로서 개구에서의 전기장의 세기를 결정하고, dA는 개구의 미소 면적이다. 이제 원형 개구를 통한 회절에 P점(그림 11-1에서와 같은)에서의 전기장은 다음과 같이 쓸 수 있다.

$$E_p = \frac{E_A}{r_0} e^{i(kr_0 - \omega t)} \iint_{\text{Area}} e^{isk\sin\theta} dA$$

그림 11-6 원형 개구의 적분에 사용된 형태.

그림 11-6에 보인 것처럼 면적 $dA = xds$인 직사각형 띠를 적분의 미소 면적으로 잡는다. 원의 공식으로부터, 높이 s에서의 길이 x를 다음과 같이 계산한다.

$$x = 2\sqrt{R^2 - s^2}$$

여기에서 R은 개구의 반지름이다. 이제 앞의 적분을 다시 쓰면, 다음과 같다.

$$E_P = \frac{2E_A}{r_0} e^{i(kr_0 - \omega t)} \int_{-R}^{R} e^{isk\sin\theta} \sqrt{R^2 - s^2}\, ds$$

여기에서 $v = s/R$과 $\gamma = kR\sin\theta$로 치환하면, 표준적인 정적분 형태가 된다.

$$E_P = \frac{2E_A R^2}{r_0} e^{i(kr_0 - \omega t)} \int_{-1}^{+1} e^{i\gamma v} \sqrt{1 - v^2}\, dv$$

이 적분은 다음의 값을 갖는다.

$$\int_{-1}^{+1} e^{i\gamma v} \sqrt{1 - v^2}\, dv = \frac{\pi J_1(\gamma)}{\gamma}$$

여기에서 $J_1(\gamma)$은 일차 **제1종 베셀 함수**로서, 다음의 무한 급수로 표현할 수 있다.

$$J_1(\gamma) = \frac{\gamma}{2} - \frac{(r/2)^3}{1^2 \cdot 2} + \frac{(\gamma/2)^5}{1^2 \cdot 2^2 \cdot 3} - \cdots$$

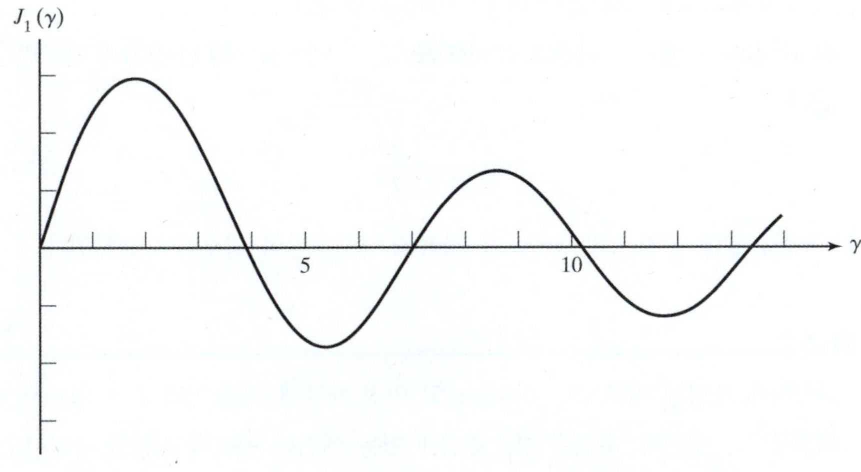

그림 11-7 베셀 함수 $J_1(\gamma)$의 그림. 베셀 함수의 처음 몇 개의 근은 다음과 같다. $\gamma = 0$, $\gamma = 3.832$, $\gamma = 7.016$, $\gamma = 10.173$ 그리고 $\gamma = 13.324$.

이 급수 전개에서 증명될 수 있다시피, $J_1(\gamma)/\gamma$의 비율은 $\gamma \to 0$일 때 1/2에 수렴한다. 따라서 단일슬릿에서의 사인 함수 대신에, 원형 개구는 베셀함수 J_1을 필요로 하게 되고, 이 또한 **그림 11-7**에 표시한 것처럼 사인 함수와 다소 비슷하게 진동한다. 한 가지 중요한 차이는 베셀함수에서는 그 인수가 영에서 멀어질수록 진동의 진폭이 줄어든다는 점이다.

이제 지름 D인 원형 개구의 복사조도는 다음과 같이 쓸 수 있다.

$$I = I_0\left(\frac{2J_1(\gamma)}{\gamma}\right)^2, \text{ 여기서 } \gamma \equiv \frac{1}{2}kD\sin\theta \tag{11-19}$$

여기에서 I_0는 $\gamma \to 0$ 또는 $\theta = 0$일 때의 복사조도이다. 이 식들을 식(11-17)과 비교하면 베셀함수가 얼마나 비슷한 역할을 하는지 알 수 있다. $(\sin x)/x$와 마찬가지로, 함수 $J_1(x)/x$는 x가 영으로 접근할 때 최대값이 된다. 따라서 복사조도는 패턴의 중심부 $(\theta = 0)$에서 최대가 된다(사실상, $J_1(x)/x$는 x가 영에 접근할 때 1/2이 된다. 따라서 복사조도는 γ가 영으로 갈 때 I_0이 된다). **그림 11-8**(a)와 (b)에 나타낸 것처럼, 그 패턴은 원형 개구의 중심을 지나는 광축에 대해 대칭적이고, $\gamma = 3.832$에서 최초의 근을 갖는다. 따라서 다음의 경우에 복사조도가 최초로 영으로 떨어진다.

$$\gamma = \left(\frac{k}{2}\right)D\sin\theta = 3.832 \text{ 또는 } D\sin\theta = 1.22\lambda \text{일 때} \tag{11-20}$$

식(11-19)의 복사조도 패턴은 **그림 11-8**(a)에 나타내었다. 정규화된 복사조도 $I/I_0 = (2J_1(\gamma)/\gamma)^2$의 처음 몇 개의 근들과 극대점들을 **그림 11-8**(b)에 나열하였다. 그 패턴은 슬릿에 의한 **그림 11-2**에서와 유사하나, 원형 개구의 패턴은 광축에 대해 회전 대칭성을 가진다는 점만 다르다. 사진을 **그림 11-8**(c)에 나타내었다. 원형 개구의 회절된 "상"에 해당하는 중앙 극대 (밝은 무늬) 봉우리는 원형이고, 이것을 **에어리 원판**(Airy disk)이라 부른다. 식(11-20)는 좁은 직사각형 슬릿에서의 $m\lambda = b\sin\theta$와 유사하다. 그 (직사각형) 슬릿 패턴에서 최초의 극소점에 해당하는 $m = 1$이었으나, 원형 개구의 경우에는 1.22라는 숫자로 바뀐다. 유사한 방식으로, 다음 극소점들은 **그림 11-8**(b)의 표에 나타난 것처럼 베셀 함수의 다른 해들로부터 (순서대로) 결정된다.

원거리장에서 에어리 원판의 각 **반지름**(즉, 각 반폭)은 식(11-20)에 따르면 거의 다음과 같다.

$$\Delta\theta_{1/2} = \frac{1.22\lambda}{D} \tag{11-21}$$

예제 11-3에서 원형 구경으로부터의 빔 퍼짐을 단일슬릿의 경우와 비교하였다.

예제 11-3

균일하게 조명된 지름 $D = 0.5\,\text{mm}$의 원형 개구에 의해 거리 $L = 10\,\text{m}$의 벽에 회절무늬가 생긴다. 회절무늬의 중심에 있는 에어리 원판의 지름을 구하시오. 조

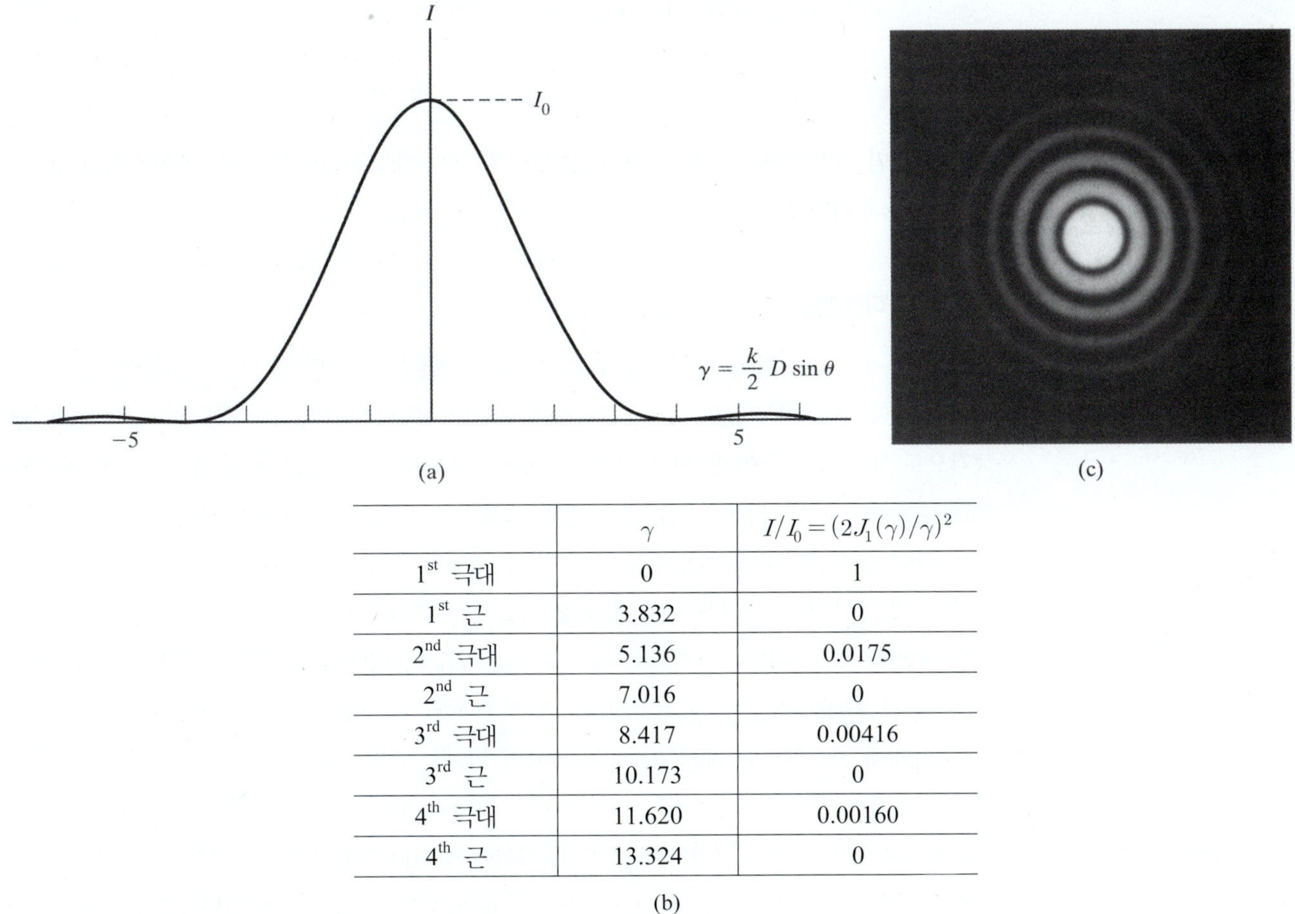

	γ	$I/I_0 = (2J_1(\gamma)/\gamma)^2$
1st 극대	0	1
1st 근	3.832	0
2nd 극대	5.136	0.0175
2nd 근	7.016	0
3rd 극대	8.417	0.00416
3rd 근	10.173	0
4th 극대	11.620	0.00160
4th 근	13.324	0

(b)

그림 11-8 원형 개구 회절무늬. (a) 원형 개구에 의한 회절무늬의 복사조도 $I = I_0(2J_1(\gamma)/\gamma)^2$. 중심 극대 봉우리로 단연 최대량의 빛 에너지가 회절된다. (b) 정규화된 복사조도 $I = I_0(2J_1(\gamma)/\gamma)^2$의 처음 몇 개의 근들과 극대점들. (c) 원형 개구의 회절 상. 중심에 있는 빛의 원은 영 차수의 회절에 해당하고 에어리 원판으로 알려져 있다. (출처: M. Cagnet, M. Francon, and J. C. Thrierr, *Atlas of Optical Phenomenon*, Plate 16, Berlin: Springer-Verlag, 1962.)

명광의 파장을 $\lambda = 546\,\text{nm}$로 가정하시오. 빔퍼짐을 예제 11-2의 폭 $b = 0.5\,\text{mm}$인 슬릿의 경우와 비교하시오.

풀이

에어리 원판의 각 반지름을 식(11-21)을 이용하여 구하면,

$$\Delta\theta_{1/2} = \frac{1.22\lambda}{D} = \frac{1.22(546\times 10^{-9}\,\text{m})}{5\times 10^{-4}\,\text{m}} = 1.33\times 10^{-3}\,\text{rad}$$

이제 에어리 원판의 반지름 r_d를 그림 11-4의 단일슬릿 회절에서 사용된 것과 유사한 방법으로 구하면,

$$r_d = L\,\Delta\theta_{1/2} = (10\,\text{m})(1.33\times 10^{-3}) = 0.013\,\text{m} = 13\,\text{mm}$$

이다. 따라서 에어리 원판의 지름 D_d는 다음과 같다.

$$D_d = 2r_d = 26\ \mathrm{mm}$$

빔 퍼짐이 예제 11-2의 단일슬릿의 경우(W가 22 mm 부근)와 비슷한데, 값은 조금 더 크다.

11-4 해상도

그림 11-1에서와 같이 단일슬릿의 프라운호퍼 회절무늬를 만들 때, 슬릿과 렌즈 사이의 거리가 패턴의 세부모양에 결정적인 것은 아니다. 렌즈는 단지 작은 거리에서 더 큰 입체각으로 빛을 받아들이게 해 줄 뿐이다. 만약 그 거리를 영으로 줄일 수 있다면, 개구와 렌즈는 하나로 합쳐진다. 이는 망원경의 대물렌즈의 경우와 같다. 따라서 둥근 대물렌즈를 가진 망원경에 의해 형성되는 상은 원형 개구에 대한 식(11-19)로 기술되는 회절효과를 겪게 된다. 이제 멀리 있는 점 모양의 물체 — 예를 들어 별 — 의 상 선명도는 회절에 의해 제한된다. 상은 본질적으로 에어리 원판 모양의 영역을 차지한다. 일차 상을 관측하고 더 큰 확대배율을 주는 접안렌즈는 단지 (대물) 렌즈에 의해 형성된 회절무늬의 세부를 확대해 볼 뿐이다. **해상도**(resolution)의 한계는 이미 일차 상에서 정해진다. 회절이 만들어내는 피할 수 없는 상 흐림 때문에 장치의 해상도가 제한된다. 여기서 해상도란 서로 다른 (현미경에서처럼 물리적으로 가까이 있거나 또는 망원경에서처럼 작은 각도로 분리되어 있는) 물체 점들을 개별적인 상으로 구별하는 능력을 말한다. 그림 11-9(a)는 단일 렌즈에 의해 형성된 두 개의 점 모양 물체들 S_1과 S_2의 회절을 보여준다. 점 모양 물체들과 각각의 에어리 원판들의 중심은 둘 다 각 θ만큼 떨어져 있다. 만약 그 각이 충분히 크다면, 그림 11-9(b)의 사진에 나타난 것처럼 두 개의 구별된 상이 명확하게 나타날 것이다. 이제 두 물체 S_1과 S_2가 가까이 다가가는 경우를 생각해 보자. 이들의 상 패턴들이 상당히 겹치기 시작하면, 그 패턴들을 개별적으로 구별하기가 — 즉 패턴들이 개별적인 물체의 점들에 해당하는지를 판별하기가 — 더 힘들어진다. 해상도 한계에 놓인 두 상의 사진은 그림 11-9(c)에 나타내었다.

그림 11-10과 같이, 겨우 구별가능한 상들에 대한 **레일리 기준**(Rayleigh's criterion) — 다소 임의적이나 유용한 기준 — 은 상 패턴의 중심들 사이의 각도 간격이 에어리 원판의 각 반지름보다 작으면 안된다는 것이다. 이 조건 하에서, 한 패턴의 최대값은 다른 패턴의 첫 번째 최소값 위에 바로 놓이게 된다. 따라서 그 **해상도 한계**에 대해 식(11-21)을 적용하면,

$$(\Delta\theta)_{\min} = \frac{1.22\lambda}{D} \tag{11-22}$$

이다. 여기에서 D는 이제 렌즈의 지름이다. 이 결과로부터 렌즈 지름을 키우고 파장을

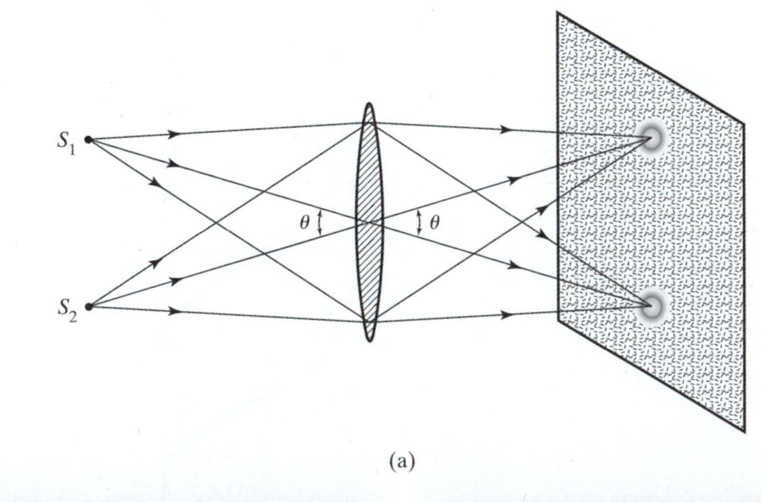

(a)

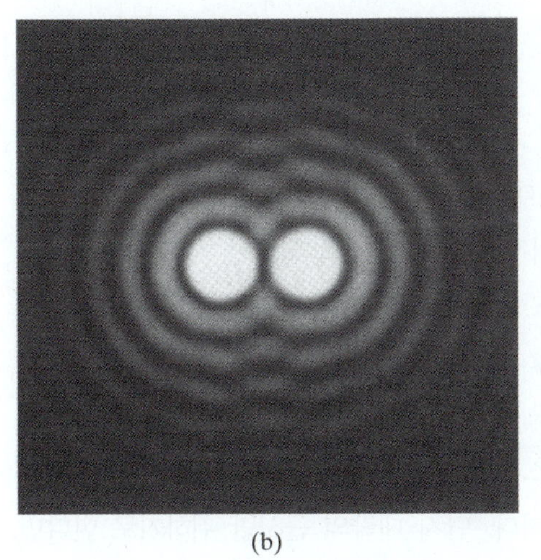

(b)

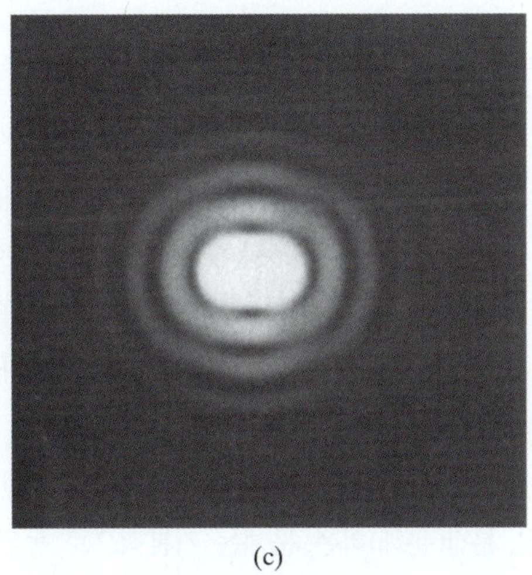

(c)

그림 11-9 (a) 렌즈에 의해 형성된 두 개의 점 모양 물체들의 회절-한계 상들. 에어리 원판들이 충분히 떨어져 있으면, 그 상들은 충분히 분해된다. (b) 결맞지 않은 두 개의 점 광원들의 구별된 상들. 이 회절 무늬에서, 두 상들은 충분히 분해되었다. (c) 해상도 한계에 놓인 한 쌍의 결맞지 않은 광원들의 상. (다음의 허락을 얻어 재현함. "Atlas of Optical Phenomena", 1962, Michael Cagnet, Maurice Franco and Jean Claude Thrierr; Plate 12. Copyright © Springer-Verlag GmbH & Co KG, Springer Science와 Business Media의 허가.)

줄이면 더 작은 각도 간격을 가진 두 물체 점들을 구별할 수 있다는 것을 알 수 있다.

다음 예제로부터 시작하여 식(11-22)에 대한 몇 가지 응용들을 살펴보자.

예제 11-4

쌍안경에서 렌즈 하나의 지름이 35 mm라고 가정하자. 그 쌍안경에서 각각의 렌즈에 의해 이론적으로 분해 가능한 두 별들은 얼마나 떨어져 있겠는가?

풀이

식(11-22)에 따르면

$$(\Delta\theta)_{\min} = \frac{1.22(550\times10^{-9})}{35\times10^{-3}} = 1.92\times10^{-5}\,\text{rad}$$

이다. 즉 가시광의 평균 파장을 사용하면 대략 4″의 각도이다. 이 별들이 은하계의 중심 부근(대략 30,000광년 거리 d)에 있다면, 그들의 실제 간극은 대략

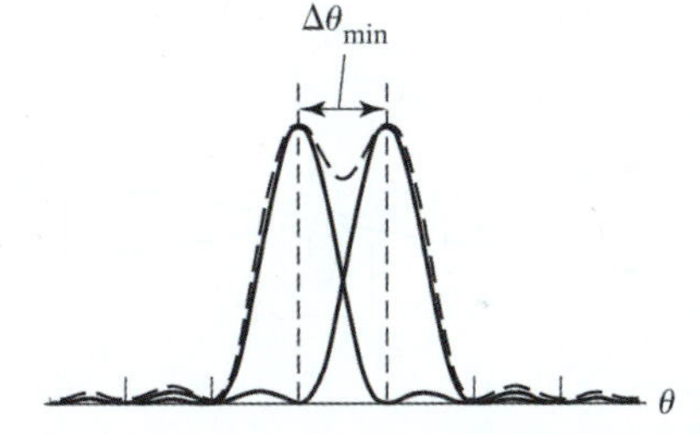

그림 11-10 겨우 구별 가능한 회절무늬들에 대한 레일리 기준. 파선은 관측되는 패턴으로서, 독립적인 회절 봉우리들의 합에 해당한다.

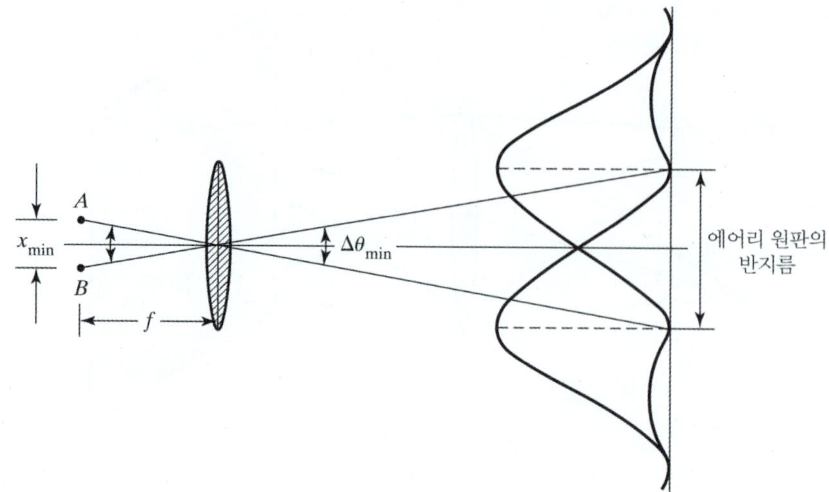

그림 11-11 현미경의 최소 각 해상도.

$$s = d\Delta\theta_{\min} = (30{,}000)(1.92\times 10^{-5}) = 0.58\,\text{광년}$$

이다. 이 거리를 더 잘 이해하기 위해 태양계의 끝에 있는 명왕성을 생각해 보면, 이것은 겨우 5.5**광시**(light-hours) 떨어져 있다. 만약 그 별들이 장파장의 라디오파(렌즈들이 접시 안테나로 대체됨)를 이용해 관측되고 있다면 그 해상도는 식 (11-22)에 의해 훨씬 작아질 것이다.

그림 11-11에 나타난 것처럼 만약 렌즈가 현미경의 대물렌즈라 해도 가까운 물체들을 분간(분해)하는 문제는 기본적으로 동일하다. 단지 대략의 근사만 취하기로 한다면, 가까운 물체 점들 A와 B에서 출발하여 렌즈에 도달하는 파면은 원거리장 회절 식들에서 요구되는 평면이 아니라는 사실을 무시할 수 있을 것이다. 이제 지름 D인 렌즈의 초점 평면 부근에 놓인 두 개의 겨우 분간할 수 있는 물체들 사이의 최소 간격 $x_{\min}$은 다음과 같이 주어진다.

$$x_{\min} = f\Delta\theta_{\min} = f\left(\frac{1.22\lambda}{D}\right)$$

D/f의 비율은 **수치 구경**이고, 좋은 유침(oil-immersion) 대물렌즈의 경우 흔히 1.2 정도의 값을 갖는다. 따라서,

$$x_{\min} \cong \lambda$$

현미경의 해상도는 사용한 빛의 파장과 대략 같다. 이 사실로부터 자외선, X-선 그리고 전자 현미경의 장점을 설명할 수 있다. 이미 기술한 회절-한계 해상도를 뛰어넘을 수 있게 해주는 **근접장 현미경**(near-field microscopy)에 사용되는 몇 가지 방법들은 28장에서 논의할 것이다.

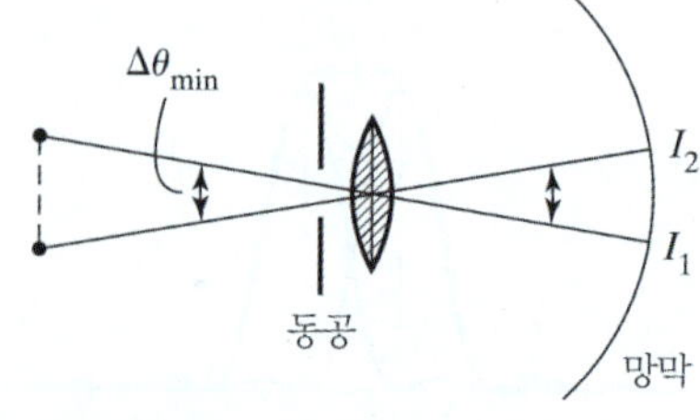

그림 11-12 눈의 회절: 동공을 해상도를 제한한 개구로 보고, 편침각 $\Delta\theta_{\min}$로 떨어진 물체들을 분해하는 것으로 본다.

또한 회절에 의한 해상도의 한계는 사람의 눈에도 영향을 미친다. 눈은 그림 11-12와 같이 원형 개구(눈동자의 동공), 렌즈, 그리고 화면(망막)으로 근사될 수 있다.

(어두워지면) 야간 시력을 위해 눈의 동공은 직경 8 mm 정도로 크게 열려 (어둠에) 적응하는데, 이는 주간 시력보다 높은 해상도를 준다. 공교롭게도 이 상황의 장점을 이용하기에는 빛이 충분하지 않다! 밝은 날에는 동공 지름이 2 mm 정도가 된다. 이 조건들에서 식(11-22)를 사용하면, 550 nm를 평균 파장으로 할 때 $(\Delta\theta)_{\min} = 33.6 \times 10^{-5}\,\mathrm{rad}$가 된다. 실험적으로 2 m 정도의 거리에 있는 1 mm의 간격을 겨우 구별할 수 있으면 $(\Delta\theta)_{\min} = 50 \times 10^{-5}\,\mathrm{rad}$이고, 이는 이론적인 한계의 1.5배 정도이다. 각자 자신의 해상도(**시력**, visual acuity)를 다음과 같이 1 mm 떨어진 두 선을 그어 놓고 두 선이 더 이상 구별되지 않을 때까지 거리를 늘려 감으로써 간단히 시험해 볼 수 있다. 흥미롭게도 2 mm 지름의 동공에 대해 결정한 이론적인 해상도는 스넬렌(Snellen)에 의해 정상 시력(19장을 보시오)의 기준으로 사용되는 1′의 각도$(29 \times 10^{-5}\,\mathrm{rad})$와 일치한다.

11-5 이중슬릿 회절

두 개의 좁은 슬릿 이외의 모든 영역이 가려진 경우에 대한 평면 파면의 회절무늬는 단일슬릿에서와 같은 방법으로 계산할 수 있다. 수식은 식(11-4)의 단일슬릿의 경우와 달라진다. 여기에서 두 슬릿의 개구부를 포함하는 적분의 구간은 그림 11-13에 나타낸 것과 같다.

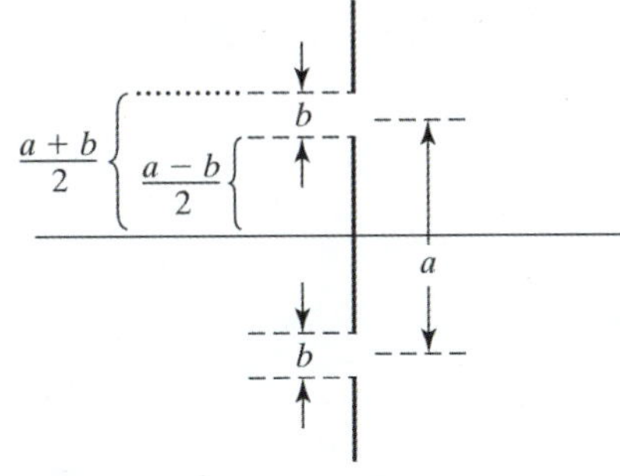

그림 11-13 이중슬릿의 회절계산을 위한 슬릿의 폭과 간격.

두 슬릿을 모두 포함하면 다음과 같이 된다.

$$E_P = \frac{E_L}{r_0} e^{i(kr_0 - \omega t)} \int_{-(1/2)(a+b)}^{-(1/2)(a-b)} e^{isk\sin\theta} ds + \frac{E_L}{r_0} e^{i(kr_0 - \omega t)} \int_{(1/2)(a-b)}^{(1/2)(a+b)} e^{isk\sin\theta} ds \tag{11-23}$$

이를 적분하고 구간값을 치환하면 다음과 같다.

$$E_P = \frac{E_L}{r_0} e^{i(kr_0 - \omega t)} \frac{1}{ik\sin\theta} [e^{(1/2)ik(-a+b)\sin s\theta} - e^{(1/2)ik(-a-b)\sin\theta} + e^{(1/2)ik(a+b)\sin\theta} - e^{(1/2)ik(a-b)\sin\theta}]$$

식(11-7)에서의 치환을 다시 이용하여 슬릿 폭 b와 관련되는

$$\beta \equiv \frac{1}{2} kb \sin\theta \tag{11-24}$$

와 유사하게 슬릿 간극 a와 관련된 것으로서,

$$\alpha \equiv \frac{1}{2} ka \sin\theta \tag{11-25}$$

를 이용하여 더 식을 정리하면 다음과 같다.

$$E_P = \frac{E_L}{r_0} e^{i(kr_0 - \omega t)} \frac{b}{2i\beta} [e^{i\alpha}(e^{i\beta} - e^{-i\beta}) + e^{-i\alpha}(e^{i\beta} - e^{-i\beta})]$$

오일러 공식을 이용하면 다음과 같이 된다.

$$E_P = \frac{E_L}{r_0} e^{i(kr_0 - \omega t)} \frac{b}{2i\beta}(2i\,\sin\beta)(2\,\cos\alpha)$$

최종적으로 위 식은 다음과 같다.

$$E_P = \frac{E_L}{r_0} e^{i(kr_0 - \omega t)} \frac{2b\,\sin\beta}{\beta} \cos\alpha \qquad (11\text{-}26)$$

이 전기장의 진폭은

$$E_0 = \frac{E_L}{r_0} \frac{2b\,\sin\beta}{\beta} \cos\alpha$$

이다. 따라서 이중슬릿 회절무늬 내의 점 P에서의 복사조도는,

$$I = \left(\frac{\varepsilon_0 c}{2}\right) E_0^2 = \left(\frac{\varepsilon_0 c}{2}\right)\left(\frac{2E_L b}{r_0}\right)^2 \left(\frac{\sin\beta}{\beta}\right)^2 \cos^2\alpha$$

즉

$$I = 4I_0 \left(\frac{\sin\beta}{\beta}\right)^2 \cos^2\alpha \qquad (11\text{-}27)$$

여기에서

$$I_0 = \left(\frac{\varepsilon_0 c}{2}\right)\left(\frac{E_L b}{r_0}\right)^2$$

는 단일슬릿에 대해 식(11-10)에서 정의한 것과 같다. 식(11-27)의 최대값이 $4I_0$이기 때문에, 이중슬릿은 패턴 중심에서 최대 복사조도가 단일슬릿의 네 배이다. 이것이 위상과 진폭이 같은 두 빔이 합쳐질 때 나타나야만 하는 결과이다.

식(11-27)을 자세히 들여다보면, 복사조도가 이중슬릿 간섭과 단일슬릿 회절의 복사조도들을 곱한 것에 불과함을 알 수 있다. 인자 $[(\sin\beta)/\beta]^2$는 단일슬릿 회절에 대한 식(11-10)에서와 같다. 그리고 $\cos^2\alpha$ 인자는, 식(11-25)에서와 같이 α를 고쳐쓰면 다음과 같이,

$$\cos^2\alpha = \cos^2\left[\frac{ka(\sin\theta)}{2}\right] = \cos^2\left[\frac{\pi a(\sin\theta)}{\lambda}\right]$$

영의 이중슬릿에 대한 식(7-21)의 인자와 동일하다. 식(11-27)의 sinc 함수와 코사인 인자를 그림 11-14(a)에서 $a = 6b$ 또는 $\alpha = 6\beta$인 경우에 대해 표시하였다. $a > b$이기 때문에, $\cos^2\alpha$ 인자는 $(\sin^2\beta)/\beta^2$ 인자보다 더 빠르게 변한다. 사인과 코사인 인자들의 곱은, 그림 11-14(b)에 보인 것과 같이, 간섭무늬 패턴이 단일슬릿 회절의 포락선(envelope)에 의해 변조된 것으로 간주될 수 있다. 회절 포락선은 그림과 같이 $\beta = m\pi$, 여기에서 $m = \pm 1, \pm 2, \cdots,$ 일 때 극소값을 갖는다. 공간 각 θ에 대해 쓰면, 이 조건은

$$\text{회절 극소점: } m\lambda = b\,\sin\theta \qquad (11\text{-}28)$$

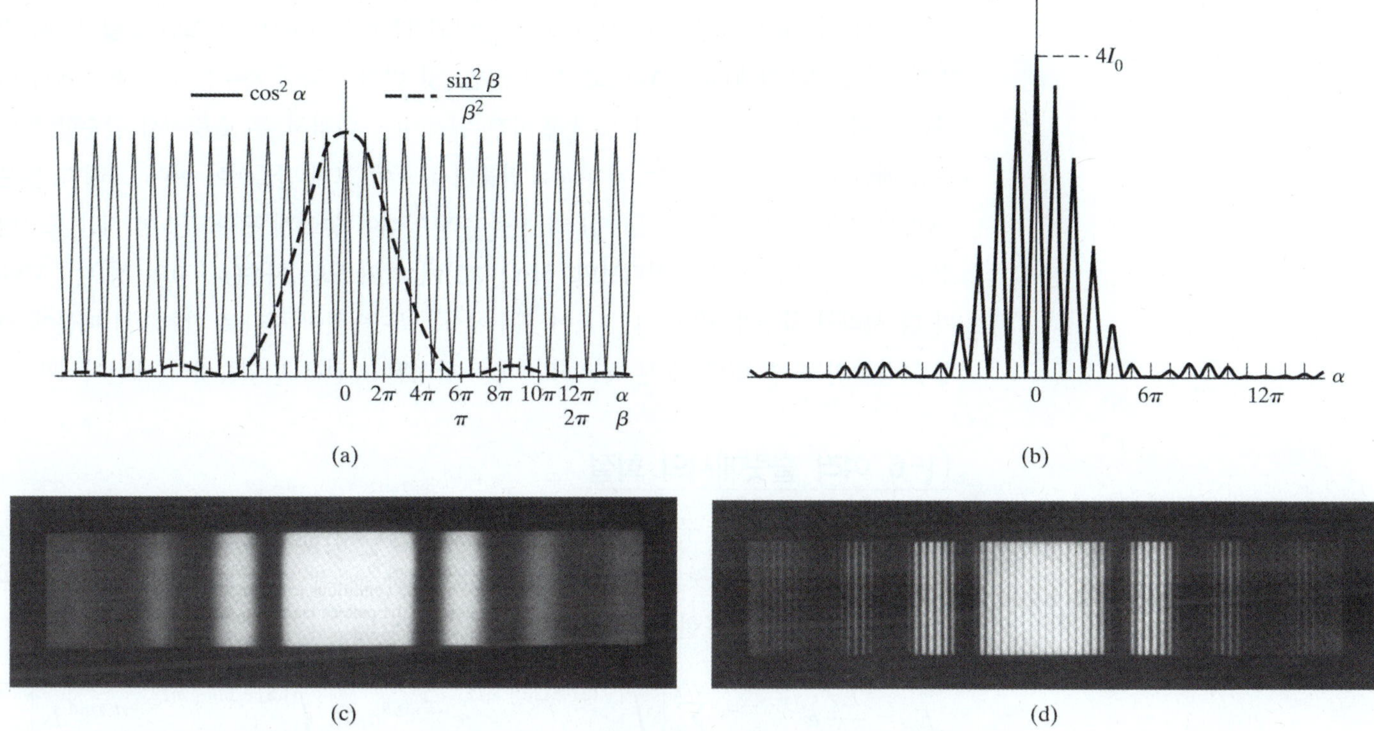

그림 11-14 (a) 슬릿 간격이 슬릿 폭의 여섯 배($a = 6b$)일 때의 이중슬릿 프라운호퍼 회절에서 간섭(실선)과 회절(파선) 함수. (b) (a)와 같은 이중슬릿의 복사조도. 곡선은 간섭과 회절 인자의 곱을 나타낸다. (c) 단일 슬릿에 의한 회절무늬. (d) 이중슬릿 개구에 의한 회절무늬. (c)와 같이 각각의 슬릿의 폭이 b이지만, a/b는 정해지지 않았음. (모든 사진은 다음으로부터, M. Cagnet, M. Francon, and J. C. Thrierr, *Atlas of Optical Phenomenon*, Plate 18, Berlin: Springer-Verlag, 1962.)

로서 식(11-12)에서와 같다. 이들 극소점들이 간섭무늬 극대점들과 일치하게 되면, 그 무늬들이 패턴에서 사라진다. 간섭 극대점들은 $\alpha = p\pi (p = 0,\ \pm 1,\ \pm 2,\ \cdots)$에서 나타나고 또는 다음의 조건과 같다.

$$\text{간섭 극대점들: } p\lambda = a\sin\theta \tag{11-29}$$

식(11-28)과 (11-29)로 표현되는 조건들이 패턴 내의 동일한 점(동일한 θ)에서 만족될 때, 이 식들을 서로 나누어 주면, 다음과 같이 사라진 차수들에 대한 조건을 얻는다.

$$\text{사라진 차수의 조건: } a = \left(\frac{p}{m}\right)b \tag{11-30}$$

또는

$$\alpha = \left(\frac{p}{m}\right)\beta$$

따라서, 슬릿 간격이 슬릿 폭의 정수배이면 위의 사라진 차수의 조건이 정확히 만족된다. 예를 들어 $a = 2b$이면, $p = 2m = \pm 2,\ \pm 4,\ \pm 6,\ \cdots$의 값들이 간섭의 사라진 차수가 된다. 그림 11-14(a)와 (b)에 나타낸 $a = 6b$인 경우, 사라진 차수는 $p = \pm 6,\ \pm 12$ 등이다. 그림 11-14(c)와 (d)는 단일슬릿 패턴의 사진과 동일한 슬릿 폭을 가진 이중슬릿 패턴의 사진이다. (이 경우 a/b의 비율은 얼마인가? 비율이 $a/b=9$이면 그림의 패턴과 맞겠는가?) 분명하게, $a=Nb$이고 N이 크면, 첫 번째 사라진 차수는 $p=\pm N$에서 나타나고 이는 패턴의 중심에서 멀리 떨어진 위치이다. 따라서 두 슬릿에서 단순한 영의 간섭 패턴을 만들기 위해서는, $a \gg b$로 만들어서 N이 크게 만들어야 한다. 그러면, 많은 수의 무늬들이 회절 포락선의 중심 극대 봉우리 아래에 놓이게 된다. 간단하지만 중요한 경우로서 $a=b$인 경우를 살펴보면, 식(11-30)에 의해 모든 차수($p=0$인 경우는 제외)가 다 사라진 차수가 된다. 그러나 이 치수에서는 두 슬릿이 하나로 합쳐지기 때문에 간섭무늬를 만들 수 없다. 물론 $a=b$일 때는 합성된 패턴은 단일슬릿의 패턴이 된다.

11-6 여러 슬릿에서의 회절

다중슬릿 회절(격자)의 구경의 경우 식(11-23)의 적분은 그림 11-13과 함께 N개의 슬릿들에 대해 적분하는 것으로 확장된다. 각각의 슬릿을 j라는 색인으로 구별하면 다음과 같은 합성된 진폭의 표현을 얻는다.

$$E_P = \frac{E_L}{r_0} e^{i(kr_0 - \omega t)} \sum_{j=1}^{N/2} \left\{ \int_{[-(2j-1)a-b]/2}^{[-(2j-1)a+b]/2} e^{isk\sin\theta} ds + \int_{[(2j-1)a-b]/2}^{[(2j-1)a+b]/2} e^{isk\sin\theta} ds \right\} \tag{11-31}$$

j가 증가함에 따라, 원점 아래(첫 번째 적분)와 위(두 번째 적분)에 대칭적으로 놓인 영역들이 적분에 추가된다. 예를 들어 $j=1$일 때, 식(11-31)은 이중슬릿의 경우인 식(11-23)과 같아진다. $j=2$일 때는 그 다음 두 슬릿들—모서리가 원점 아래 $(-3a-b)/2$와 $(-3a+b)/2$ 그리고 원점 위 $(3a-b)/2$와 $(3a+b)/2$에 위치한—이 포함된다.[3] $j=N/2$이 되면 모든 슬릿이 다 포함된다.

먼저 중괄호에 포함된 적분에 집중해보자. 이것을 임시적으로 K라고 부르자. 적분하고 구간을 치환하고 나면, 다음을 얻는다.

$$K = \frac{1}{ik\sin\theta}\{e^{-ik\sin\theta[(2j-1)a-b]/2} - e^{-ik\sin\theta[(2j-1)a+b]/2}\} + \frac{1}{ik\sin\theta}\{e^{ik\sin\theta[(2j-1)a+b]/2} - e^{ik\sin\theta[(2j-1)a-b]/2}\}$$

다시 α와 β에 대해 식(11-24)와 (11-25)를 이용하면,

$$K = \frac{b}{2i\beta}[e^{-i(2j-1)\alpha}(e^{i\beta} - e^{-i\beta}) + e^{i(2j-1)\alpha}(e^{i\beta} - e^{-i\beta})]$$

---

3 이 표현은 짝수인 N에 적합한 것이다. 큰 N에 대해서는, N의 홀짝 여부가 중요하지 않다. 그러나 작은 N의 경우에는, 홀수인 N의 경우 원점을 중앙 슬릿의 중심으로 잡아서 해결할 수 있다. 이 방법은 연습문제로 남겨둔다.

이다. 오일러의 공식을 이용하면 다음과 같이 고쳐쓸 수 있다.

$$K = \frac{b}{2i\beta}(2i\,\sin\beta)\{2\,\cos[(2j-1)\alpha]\}$$

즉

$$K = 2b\frac{\sin\beta}{\beta}\mathrm{Re}[e^{i(2j-1)\alpha}]$$

이다. 여기에서 우리는 코사인을 표현하는 데 해당 지수함수의 실수부를 사용했다. 이제 식(11-31)로 돌아가 보면, 다음으로 합 S가 필요하다.

$$S = 2b\frac{\sin\beta}{\beta}\,\mathrm{Re}\sum_{j=1}^{N/2} e^{i(2j-1)\alpha}$$

위의 합을 전개하면 다음을 얻는다.

$$S = 2b\frac{\sin\beta}{\beta}\,\mathrm{Re}[e^{i\alpha} + e^{i3\alpha} + e^{i5\alpha} + \cdots + e^{i(N-1)\alpha}]$$

괄호 안의 급수는 기하 급수로서, 다음과 같이 초항 a와 공비 r로 그 합을 알아낼 수 있다.

$$a\left(\frac{r^n - 1}{r - 1}\right) = e^{i\alpha}\left[\frac{(e^{2i\alpha})^{N/2} - 1}{e^{2i\alpha} - 1}\right] = \frac{e^{iN\alpha} - 1}{e^{i\alpha} - e^{-i\alpha}}$$

오일러의 공식을 이용하여, 이것을 다음의 형태로 고칠 수 있다.

$$\frac{(\cos N\alpha - 1) + i\,\sin N\alpha}{2i\,\sin\alpha} = \frac{i(\cos N\alpha - 1) - \sin N\alpha}{-2\,\sin\alpha}$$

여기에서 실수부는 $(\sin N\alpha)/(2\,\sin\alpha)$이다. 그러므로

$$S = b\frac{\sin\beta}{\beta}\frac{\sin N\alpha}{\sin\alpha}$$

그리고

$$E_P = \frac{E_L}{r_0}e^{i(kr_0 - \omega t)}\left\{\frac{b\,\sin\beta}{\beta}\frac{\sin N\alpha}{\sin\alpha}\right\}$$

이다. 앞에서와 같이 복사조도는 전기장 세기의 제곱에 비례한다.

$$I = I_0\underbrace{\left(\frac{\sin\beta}{\beta}\right)^2}_{\text{회절}}\underbrace{\left(\frac{\sin N\alpha}{\sin\alpha}\right)^2}_{\text{간섭}} \qquad (11\text{-}32)$$

여기에서 I_0는 모든 상수들을 포함하고 첫 번째 괄호는 회절인자이며 두 번째 괄호는 간섭인자를 나타낸다.

비록 짝수 N개의 슬릿에 대해 유도하기 했지만, 식(11-32)로 표현되는 결과는

홀수의 N에 대해서도 마찬가지로 유효하다(문제 11-21 참조). $N=1$과 $N=2$일 때, 식(11-32)는 이전에 단일슬릿과 이중슬릿 회절에 대해 얻은 결과로 각각 단순화된다. 이제 우리는 합성되는 복사조도의 회절 포락선을 나타내는 β의 인자들에 대해 잘 알게 되었다. 이제 슬릿들 사이의 간섭을 기술하는 것으로 보이는 $(\sin N\alpha/\sin\alpha)^2$ 인자를 살펴보자. $\alpha=0$ 또는 π의 배수인 경우, 그 표현은 부정형(不定形)이 된다. 이 경우에 그 인자가 최대값을 가지는 것을 실제로 보일 수 있다. 임의의 $m=0,\ \pm1,\ \pm2,\ \cdots$에 대하여 로피탈(L'Hôpital) 규칙을 적용하면 다음과 같이 된다.

$$\lim_{\alpha\to m\pi}\frac{\sin N\alpha}{\sin\alpha}=\lim_{\alpha\to m\pi}\frac{N\cos N\alpha}{\cos\alpha}=\pm N$$

따라서, 식(11-32)의 간섭인자는 일련의 뾰족한 복사조도 봉우리들(**주 극대점들**)을 기술한다. 가장 높은 봉우리의 최대값에서의 복사조도는 N^2에 비례하고 주 극대점들의 중심은 $\alpha=0,\ \pm\pi,\ \pm2\pi,\ \pm3\pi$ 등의 위치에 놓인다. $N=8$인 경우, 그림 11-15(a)와 같이 그런 봉우리 네 개가 $\alpha=0,\ \pi,\ 2\pi$ 그리고 3π에 위치한다. 인접한 봉우리들 사이에 $N-2=6$개의 **이차** 봉우리들이 나타난다. 식(11-32)의 회절 인자는 그림 11-15(a)에 점선으로 표시하였고, 복사조도 회절인자와 간섭인자들의 곱에 비례하는 총 복사조도는 그림 11-15(b)에 나타내었다. 그림 11-15(b)의 합성 복사조도를 보면 (이를) 제한하는 회절 포락선의 존재를 반영하고 있음에 주목하라.

이제 **이차** 봉우리들의 형성과정에 대해 더 명확히 이해해보도록 하자. 간섭인자 $(\sin(N\alpha)/\sin\alpha)^2$는 분자에 있는 $(\sin(N\alpha))$ 함수가 영이 될 때 영이 된다. 그러나 분모에 있는 함수 $(\sin\alpha)$는 그렇지 않다. 동일하게 분자는 $\alpha=p\pi/N$인 조건에서 영이 된다. 여기에서 p는 정수 값들을 갖는다. 8-슬릿의 경우($N=8$) 그리고 p가 0에서 $N=8$ 사이의 값일 때, 그 분자는 다음과 같은 일련의 값들 — $\alpha=0,\ \pi/8,\ 2\pi/8,\ 3\pi/8,\ 4\pi/8,\ 5\pi/8,\ 6\pi/8,\ 7\pi/8,\ 8\pi/8$ — 에서 영이 된다. $p=0$일 때 $\alpha=0$이고, $p=N=8$일 때 $\alpha=\pi$임에 주목하라. 이 값들 — $\alpha=0$과 $\alpha=\pi$ — 은 그림 11-15의 처음 두 개의 주 극대점들에 해당한다. $N=8$일 때, 간섭인자의 분자에 있는 함수 $\sin(N\alpha)$는 위의 값들 중 일곱 개의 중간 값들($\alpha=\pi/8$에서 $\alpha=7\pi/8$까지)에 대해 각각 영이 된다. 그러나 분모에 있는 함수 $\sin\alpha$는 이들 일곱 중간 값들에 대해 영이 되지 않는다. 따라서 이 경우에서는, $N-1=7$개의 근들이 존재하고, 결과적으로 주 극대점들 사이에 $N-2=6$개의 이차 극대점들이 놓인다. 임의의 N의 경우에는, $N-1$개의 근과 주 극대점들 사이에 $N-2$개의 이차 봉우리들이 있을 것이다. 우리는 p가 0에서 N 범위일 때의 경향을 자세히 살펴보았다. 이 패턴은 단순히 반복되므로, p가 N에서 $2N$ 사이 또는 그 이상에 대해서도, 주 극대와 이차 봉우리들 모두를 설명할 수 있다. 식(11-32)와 그림 11-15에 묘사된 상황은 구체적으로는 다음의 식과 조건들로 기술된다.

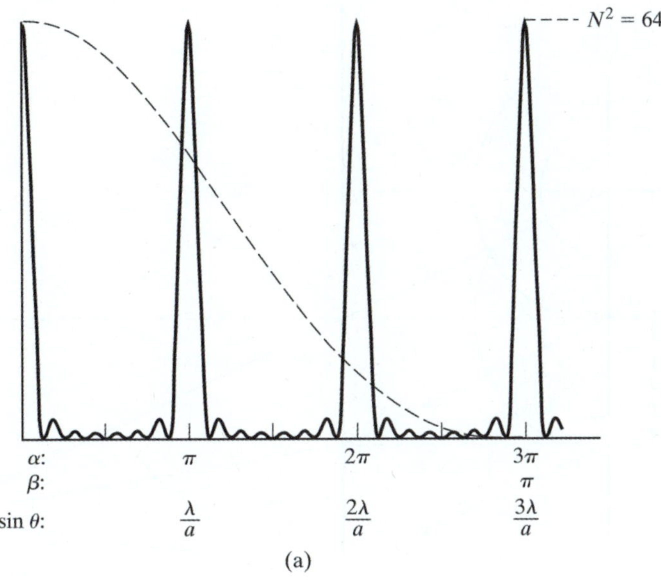

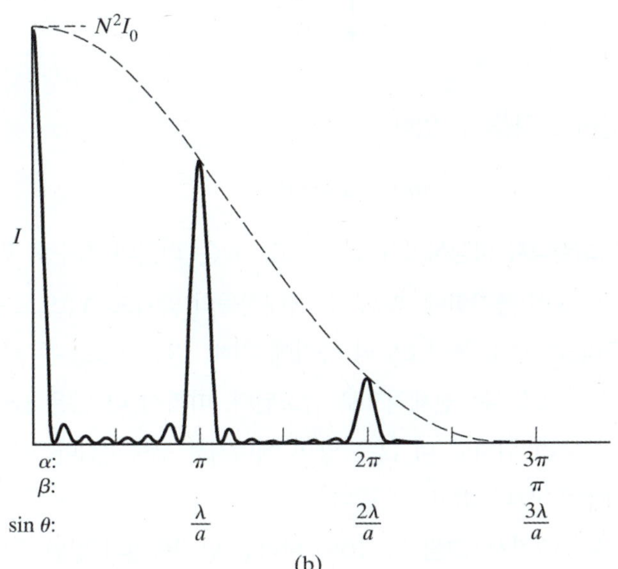

그림 11-15 (a) $N=8$이고 $a=3b$인 경우에 대한 다중슬릿 프라운호퍼 회절: 간섭인자 $\sin^2(N\alpha)/\sin^2(\alpha)$(실선)와 회절인자 $\sin^2\beta/\beta^2$(파선). 간섭인자 봉우리 수는 $N^2=8^2=64$이다. 회절인자는 $\beta=0$에서 최대값 1을 갖는다. (b) (a)의 다중슬릿에 대한 복사조도 함수.

$$I = I_0\frac{\sin^2\beta}{\beta^2}\frac{\sin^2(N\alpha)}{\sin^2\alpha}$$

중심 주 극대($\alpha=0$에 있는) 봉우리에서의 복사조도는 $I=N^2I_0$이다. 다음에 나타나는 주 극대점들은 회절포락선($\sin^2\beta/\beta^2$(파선))에 의해 제한되기 때문에 밝기가 약하다.

$$\alpha = \frac{p\pi}{N}\text{에 대해, } p=0,\ \pm1,\ \pm2,\ \cdots\pm N\cdots\pm2N\cdots$$
$$p=0,\ \pm N,\ \pm2N,\ \cdots\text{에서 주 극대점들 발생} \qquad (11\text{-}33)$$
$$P=\text{모든 다른 정수 값들에서 이차 극소점 발생}$$

실용적인 장치로서 다중 슬릿 회절을 이용하는 것은 **회절격자**(diffraction grating)이다. N이 큰 경우에, 주 극대점들은 밝고 뚜렷하고 공간적으로 잘 분리되어 있다. 식(11-33)에 따르면 $p/N=m=0,\ \pm1,\ \pm2,\ \cdots$에서 주 극대점들이 나타난다. 따라서 주 극대점들의 조건은 단순히 다음과 같다.

$$\alpha = m\pi \quad m=0,\ \pm1,\ \pm2\ \cdots$$

식(11-25)로부터 $\alpha=(1/2)ka\sin\theta=\pi a\sin\theta/\lambda$임을 생각해 내면, 주극대점이 존재하

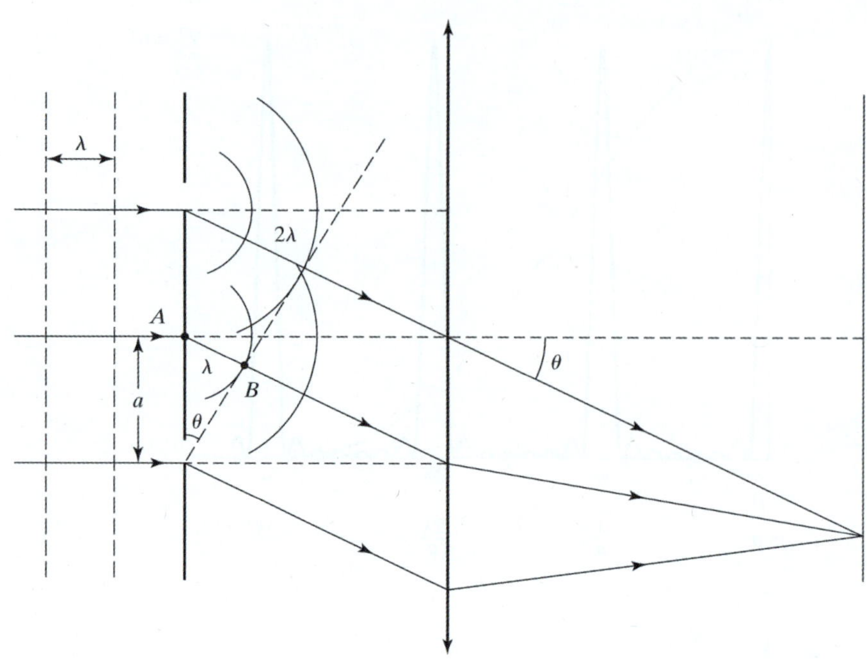

그림 11-16 시준된 단색광원에 의해 조명된 전형적인 격자 슬릿. 일차 회절 극대점이 형성되는 모습.

는 조건은 다음과 같이 고쳐쓸 수 있다.

$$m\lambda = a\sin\theta \tag{11-34}$$

식(11-34)는 때때로 **회절격자 방정식**이라 불리우고, m은 회절의 차수로 간주된다.

이제 슬릿의 수 N이 증가함에 따라, 주 극대점들의 밝기도 N^2으로 증가한다. 이러한 주 극대점 봉우리들에서의 복사조도의 증가에 의해, 필연적으로 주 극대점 사이에 놓인 (이차) 봉우리의 복사조도는 전체적으로 감소된다. 따라서 더 많은 슬릿을 가진 격자가 주 극대점들의 봉우리 위치로 더 많은 양의 에너지를 집중시킨다. 더 많은 슬릿을 가진 격자의 주 극대점들이 더 밝고 더 좁다.

식(11-34)로 되돌아가서, 그림 11-16에 나타난 단색광원의 평면 파면에 의해 조명된 전형적인 격자로 된 슬릿의 경우를 자세히 검토해 봄으로써, 통찰력을 얻어 보자. 각각의 슬릿에서 나온 파동 조각들은, 서로 경로차 $AB(=a\sin\theta)$를 가지며 이 값이 파장의 정수배, 즉 m배라면 동일한 위상으로 광축에 대해 θ의 각도 편차를 가지고 (화면에) 도달한다. $AB = m\lambda$일 때, 격자 식(11-34)가 바로 얻어진다. 모든 파동이 같은 위상으로 도착할 때, 모두 동일한 "방향"으로 놓인 N개의 위상자(phasor)들을 더하여 합성 위상자 그림을 얻게 되고, 이때 합성된 결과가 최대가 된다(2차원 위상자 공간을 생각해 보시오). 그런 점(또는 조건)들에서 그림 11-15의 주 극대점들이 생성된다. 이차 극대점의 생성은 인접한 슬릿들 사이의 위상차가 균일한 경우에서 기인하는데, (위상자들을 더할 때) 위상 그림이 차례로 말려 올라가게 되므로 (주 극대점보다) 작은 합성 위상자를 갖게 되기 때문이다. 각각의 극소점에서는 서로 완전히 상쇄되도록 하기 위해, 위상자 그림이 닫힌 경로의 그림을 나타낸다. 인접한 슬릿들에서 출발하여 θ 방향으로 향하는 파동

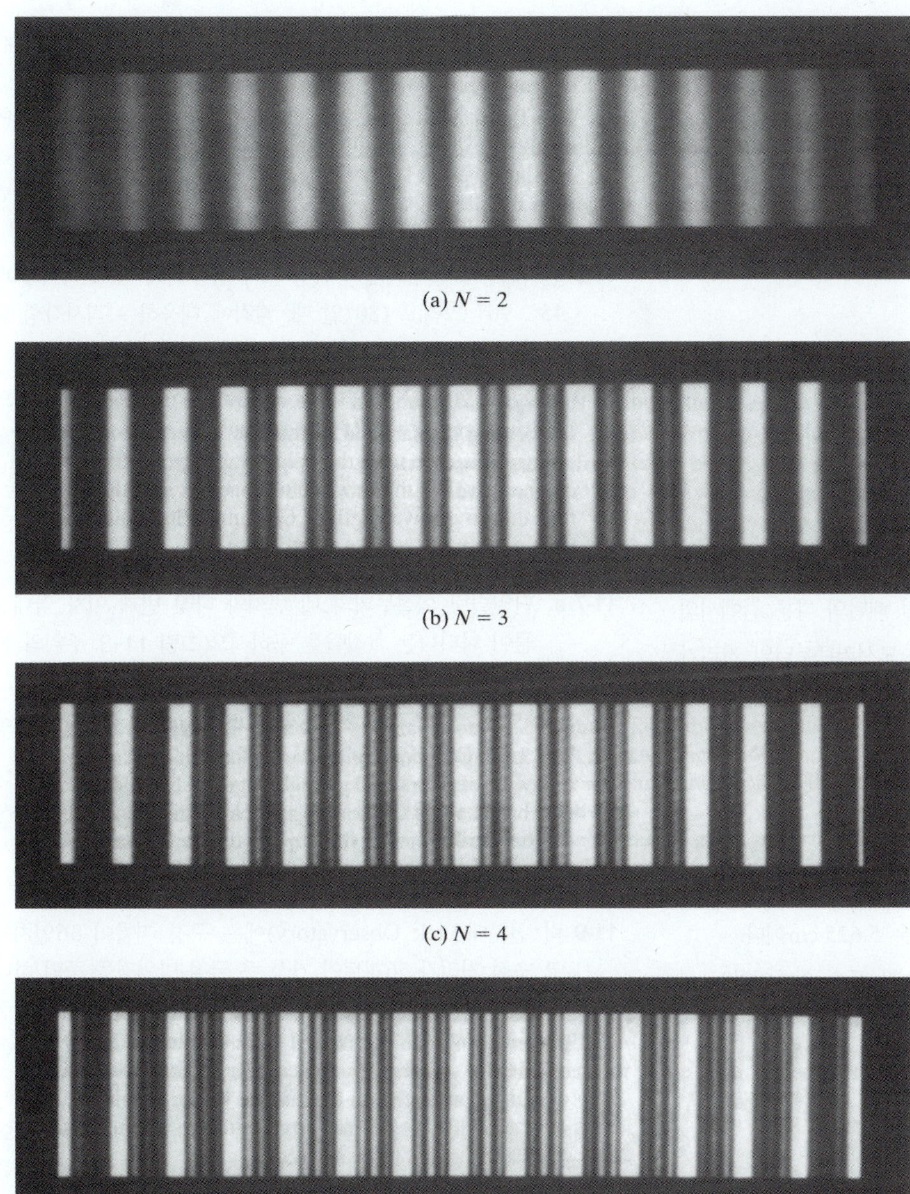

그림 11-17 2, 3, 4 그리고 5개의 슬릿에 의해 생성된 회절 무늬(순서대로). (출처: M. Cagnet, M. Francon, and J. C. Thrierr, *Atlas of Optical Phenomenon*, Plate 19, Berlin: Springer-Verlag, 1962.)

들 사이의 위상차는 그림 11-15(a)에서, 그 각 α가 인접한 슬릿들 사이의 위상차의 절반임을 상기하면 알아낼 수 있다. 따라서 중앙으로부터 첫 번째($\alpha = \pi$) 주 극대는 인접하는 파동들 사이의 위상차가 정확히 2π일 때 나타난다.

2, 3, 4 그리고 5개의 슬릿에 의해 생성된 회절 무늬 사진들은 그림 11-17에 나타내었다. 네 개의 사진들을 자세히 보면 슬릿 수가 증가함에 따라, 주 극대(봉우리)들이 좁아지고 이차 극대(봉우리)들이 나타나기 시작한다. 예를 들어 $N = 5$인 경우, 주 극대(봉우리)들 사이에서 $N - 2 = 3$개의 이차 극대(봉우리)들이 나타남을 알 수 있다. 회절 격자(N이 아주 큰 경우)에 대해서는 다음 장에서 더 자세히 논의하도록 하자.

문 제

11-1 546.1 nm인 수은의 녹색광 시준 광선이 0.015 cm 폭의 슬릿에 수직으로 입사한다. 초점 거리 60 cm인 렌즈를 슬릿 뒤에 놓았다. 렌즈의 초점 평면에 놓인 화면에 회절무늬가 형성된다. (a) 중앙 극대점과 첫 번째 극소점 그리고 (b) 첫 번째와 두 번째 극소점 사이의 거리를 각각 결정하시오.

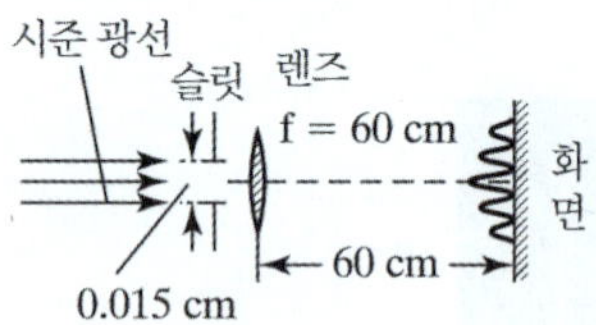

그림 11–18 문제 11-1.

11-2 단일슬릿 프라운호퍼 회절에서 중앙 극대 봉우리의 중심에서의 복사조도를 I_0이라 하고, 회절 패턴의 다른 점에서의 복사조도를 I라 하자. 슬릿의 한쪽 모서리로부터의 거리가 다른 모서리로부터의 거리보다 파장의 3/4배만큼 멀리 있는 화면상의 한 점에서 비율 I/I_0를 구하시오.

11-3 사각형 슬릿의 폭은 슬릿으로부터 2 m 거리에서 그 회절무늬를 이용하여 실험실에서 측정될 수 있다. 레이저 빛(632.8 nm)의 평행한 광선을 사용하여 수직으로 조명하고, 주 극대의 양쪽 세 번째 극소점들 사이의 거리를 측정한다. 여러 번 시도하여 평균하면 그 값은 5.625 cm이다.

a. 프라운호퍼 회절을 가정하면, 슬릿 폭은 얼마인가?

b. 이 경우에 원거리장 회절의 가정이 성립하는가? 비율 L/L_{min}은 얼마인가?

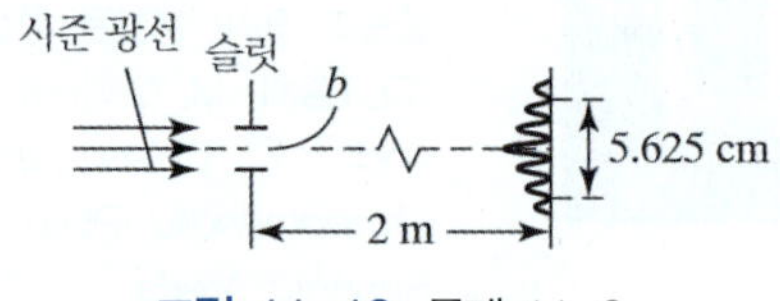

그림 11–19 문제 11-3.

11-4 흡수 필터들을 사용한 불연속 스펙트럼 광원으로 조명하여 단일슬릿의 원거리장 회절무늬를 관측할 때, 한 파장 성분의 다섯 번째 극소점이 파장 620 nm에 의한 패턴의 네 번째 극소점과 정확히 겹쳐진다. 처음의 파장은 얼마인가?

11-5 원거리장 회절무늬에서 중앙 극대 봉우리의 각도 폭이 30°, 45°, 90° 그리고 180°일 때, 각각에 대응하는 직사각형 슬릿의 폭을 계산하시오. 파장은 550 nm로 가정한다.

11-6 폭 2.125 μm인 단일슬릿에 550-nm의 시준 광선을 수직으로 조명했을 때, 그 원거리장 회절무늬를 생각해 보자. (a) 중앙 봉우리의 각 반지름과 (b) 광축에 대해 각도 $\theta = 5°$, 10°, 15° 그리고 22.5°를 이루는 점들에서 비율 I/I_0를 구하시오.

11-7 **a.** 단일슬릿 회절무늬의 네 번째와 다섯 번째 이차 극대점들이 나타나는 β값들을 구하시오(그림 11-3 주위의 논의를 보시오).

b. (a)의 극대점들의 복사조도를 단일슬릿 회절무늬의 중앙 극대에서의 복사조도로 나눈 비율을 구하시오.

11-8 원형 회절무늬의 처음 두 개의 이차 극대점들의 상대 복사조도를 단일슬릿 회절무늬에서 대응하는 점들의 상대 복사조도와 비교하시오.

11-9 릭 천문대(Lick Observatory)에는 구경 지름이 36인치이고 초점 거리가 56피트인 가장 큰 굴절 망원경들 중의 하나가 있다. 대물렌즈의 초점평면에 별에 의해 형성되는 회절무늬 속에서, 에어리 원판을 둘러싼 첫 번째와 두 번째 밝은 고리의 반지름들을 결정하시오. 그림 11-8(b)를 보시오.

11-10 망원경 대물렌즈의 지름이 12 cm이고 초점 거리가 150 cm이다. 멀리 있는 별로부터 평균 파장 550 nm인 빛이 거의 시준 광선으로서 망원경에 들어온다. 렌즈의 초점 평면에 별의 상이 형성될 때, 중심 (에어리)원판의 반지름을 계산하시오.

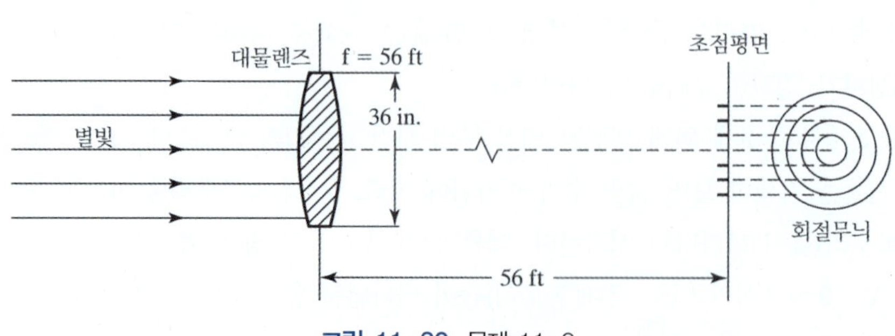

그림 11–20 문제 11-9.

11-11 CO_2 기체 레이저가 파장 10.6 μm, 출력 2 kW 그리고 지름 1 mm로 회절-한계의 광선을 방출한다고 가정하자. 그 레이저 광선이 모드 다중화에 의해, 단면 전체에서 본질적으로 균일한 복사조도를 갖는다고 가정하자. 지구 대기에 의한 어떤 산란도 무시할 때, 그 장치로부터 거리 376,000 km 떨어진 달 표면에 생성되는 점은 대략 얼마나 크겠는가? 달 표면에서의 복사조도는 얼마일까?

11-12 2-mm-지름의 레이저 빔(632.8 nm)이 회절한계에 있고 그 단면 전체에서 일정한 복사조도를 갖는다고 가정하자. 회절만으로 빔 퍼짐을 설명한다면, 빔의 지름이 두 배가 될 때까지 얼마나 멀리 진행해야 하는가?

11-13 자동차의 두 개의 전조등이 서로 45인치 떨어져 있다. 야간 시력이 되었을 때 동공의 지름이 5 mm인 사람이 그 전조등들을 겨우 구별할 수 있을 정도가 되려면 얼마나 멀리 있어야 하는가? 평균 파장을 550 nm로 가정한다.

11-14 정상적인 눈의 동공 지름은 주위 조명의 변화에 따라, 2~7 mm 사이에서 변한다.

a. 위의 눈으로 1 mm 떨어진 물체들의 간극을 확인할 수 있는 거리의 범위는 얼마인가?

b. 1 mm 간격으로 선들을 긋고 그 간극을 확인할 수 있는 거리의 범위를 직접 (본인의 눈으로) 실험해 보시오. 이 실험결과로부터 본인의 동공의 지름 범위를 추산해 보시오.

11-15 546.1 nm의 수은 녹색광을 사용하여 이중슬릿 회절무늬를 형성한다. 각각의 슬릿의 폭은 0.100 mm이다. 회절무늬의 패턴을 살펴보니, 간섭의 4차 극대점들이 패턴에서 사라졌다.

a. 슬릿 간격은 얼마인가?

b. 처음 세 차수의 간섭 무늬들의 복사조도를 0차 극대점에 대해 상대적으로 나타내면?

11-16 **a.** 프라운호퍼 이중슬릿 패턴에서 중심 회절 봉우리 내에 보이는 밝은 무늬들의 수가 $2(a/b)-1$임을 보이시오. 여기에서 a/b는 슬릿 간격의 슬릿 폭에 대한 비율이다.

b. 슬릿 폭이 0.30 mm일 때, 13개의 밝은 무늬들이 중심 회절 봉우리 내에서 보였다면, 슬릿 간격은 얼마인가?

11-17 **a.** 이중슬릿 프라운호퍼 회절무늬에서, 중앙 회절 봉우리의 폭과 중앙 간섭 무늬 폭의 비율이 $2(a/b)$임을 보이시오. 여기에서 a/b는 슬릿 간격의 슬릿 폭에 대한 비율이다. 이 결과가 파장에 무관함에 주목하시오.

b. 특히 $a=10b$일 때, (회절) 봉우리 대 (간섭)무늬 폭의 비율을 구하시오.

11-18 적분을 사용하여, 세 개의 슬릿 개구에 의해 생성되는 회절무늬의 복사조도를 계산하시오. 여기에서 슬릿 간격 a는 슬릿 폭 b의 세 배이다. I를 $\sin\theta$에 대해 세밀하게 스케치하고 패턴의 성질을 설명하시오. 또한 구한 결과가 식(11-32)로 주어진 N 슬릿에 대한 일반적인 결과와 일치하는지 보이시오.

11-19 일곱 개의 등간격으로 떨어진 슬릿들에 의한 복사조도 패턴을 대략적으로 스케치하시오. 여기에서 간격 대 폭의 비율은 4이다. x-축상에 α와 β에 대응하는 값들을 표시하시오.

11-20 10개의 슬릿 개구(슬릿 간격이 슬릿 폭(1×10^{-4} cm)의 다섯 배인)를 사용하여 435.8 nm의 광원으로 프라운호퍼 회절무늬를 생성한다. 1, 2, 3, 4 그리고 5차에 해당하는 주 간섭 극대점들의 복사조도를, 0차 중앙 무늬의 복사조도에 대하여 상대적으로 구하시오.

11-21 N이 홀수인 경우에도 배열된 슬릿 중의 중앙 슬릿의 중앙점을 좌표의 원점으로 잡으면 식(11-32)에 도달할 수 있음을 보이시오.

11-22 x-축을 따라 0.100 mm 그리고 y-축을 따라 0.200 mm 크기인 사각개구를 파장 546 nm인 결맞은 광원으로 조명하였다. 초점 거리가 1-m인 렌즈를 사용하여 개구에 의한 회절무늬를 렌즈의 초점 평면에 사영한다. 그림 11-21을 보시오.

a. 패턴 중앙 부근의 화면상의 복사조도를 x, y(mm 단위로), 그리고 패턴 중앙에서의 복사조도 I_0의 함수로 나타내면?

b. x와 y 방향을 따라 첫 번째 극소점들은 패턴 중앙에서 얼마나 떨어져 있는가?

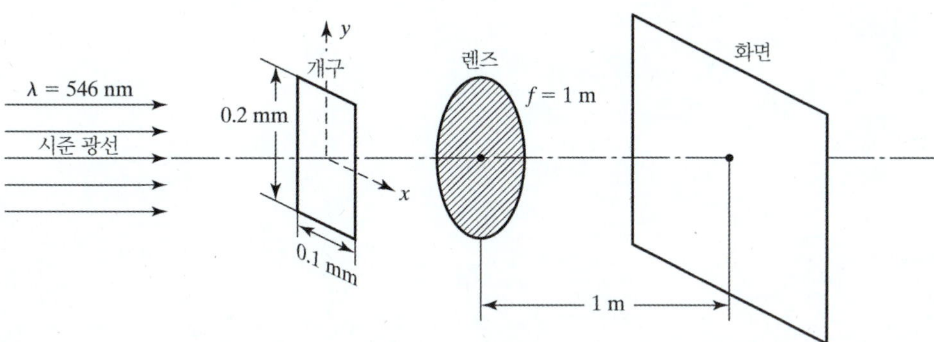

그림 11-21 문제 11-22.

c. x와 y 방향을 따라 패턴 중앙에서 1 mm 떨어진 점에서의 복사조도는 I_0의 몇 배인가?

d. $(x=2,\ y=3)$ mm인 점에서의 복사조도는 얼마인가?

11-23 슬릿 폭이 각각 (a) λ, (b) 5λ, (c) 10λ일 때, 회절 광의 각도 반폭(중앙 극대에서 첫 번째 극소까지)은 얼마인가?

11-24 베셀 함수 $J_1(x)$의 성질은 큰 x에 대해서 다음과 같은 닫힌 형식이 존재한다는 것이다.

$$J_1(x) = \frac{\sin x - \cos x}{\sqrt{\pi x}}$$

원형 개구의 광축에서 멀리 떨어진 회절 극소점들의 각도 간격을 구하시오.

11-25 단일슬릿 회절무늬에서 이차 극대점들은 극소점들 사이의 한 중앙에 정확히 놓이지는 않지만, 상당히 근접하다는 것을 보였다. 다음에서는 이들이 정확히 중간에 놓였다고 가정하자.

a. m번째 이차 봉우리의 복사조도가 대략 다음과 같이 주어짐을 보이시오.

$$I_m \cong I_0 \frac{1}{\left[\left(m+\frac{1}{2}\right)\pi\right]^2}$$

b. 처음 세 개의 이차 극대점들에 대해 이 근사가 주는 퍼센트 오차를 계산하시오.

11-26 세 개의 안테나들이 파장 1 km를 사용하여 같은 위상으로 방송하고 있다. 안테나들은 거리 2/3 km만큼 서로 떨어져 있고 각각의 안테나는 동일하게 모두 수평방향으로 전파를 방사한다. 간섭에 의하여, 방송 "광선"은 간섭 극소점에 의해 제한된다. 얼마나 많은 잘 정의된 광선들이 방송되며, 그들의 각도 반폭은 얼마인가?

11-27 시준 광선이 세 개의 아주 좁고 동일한 슬릿들에 수직으로 입사한다. 화면상에 사영된 패턴의 중앙에서의 복사조도는 $I_{\max}$이다.

a. 화면상의 어떤 점 P에서의 복사조도 I_p가 영이라면, 이웃 슬릿들에서 출발하여 P점에 도착하는 빛 사이의 위상차는 얼마인가?

b. 이웃 슬릿들에서 출발하여 P점에 도착하는 빛 사이의 위상차가 π라면, 비율 $I_p/I_{\max}$을 결정하시오.

c. 첫 번째 주 극대에서의 $I_p/I_{\max}$는 얼마인가?

d. 전체 화면에서의 평균 복사조도가 $I_{a\nu}$라면, 중앙 극대에서의 비율 $I_p/I_{a\nu}$는 얼마인가?

11-28 네 개의 슬릿으로 된 개구에 대해, 주 극대점들과 복사조도가 영인 점들을 나타내는 위상자 그림을 그리시오.

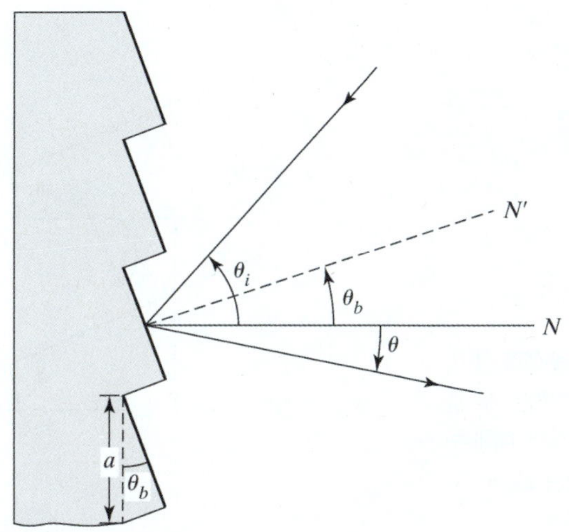

chapter 12 회절격자

서론

이 장에서는 지난 장의 논의를 연장하여 많은 수의 슬릿이나 구경으로 인한 회절을 체계적으로 다룬다. 먼저 회절격자에 임의의 각으로 입사하는 빔을 다루기 위해 회절격자 방정식을 일반화한다. 그리고 **분광구간**, **분산**, **분해능**, 격자의 **블레이징**(blazing) 등의 논의에서 실질적인 성능 변수들을 도입한다. 이 장은 간섭격자와 여러 종류의 전통적인 분광사진기를 간단히 소개하는 것으로 맺는다.

12-1 회절격자 방정식

회절 패턴이 입사 빛의 파장에 민감하게 의존하는 특성을 이용하여 설계된 주기적인 다중 슬릿 장치를 **회절격자**라고 한다. 11장에서 유도한 회절격자 방정식은 그림 12-1과 같이 입사 평면파면이 격자의 평면과 각 θ_i를 가지는 경우에 대해 일반화될 수 있다. 이 경우 이웃하는 슬릿에서 나오는 파동의 경로차는 다음과 같다.

$$\Delta = \Delta_1 + \Delta_2 = a\sin\theta_i + a\sin\theta_m \quad (12\text{-}1)$$

위의 광경로차에서 두 사인 항은 회절광의 방향 θ_m에 따라 서로 보강될 수도 있고 상쇄될 수도 있다. 식(12-1)이 모든 각에 대해 성립하게 하려면 각에 대해 부호 규정을 도입할 필요가 있다. 그림 12-1과 같이 입사 광선과 회절 광선이 격자의 법선을 중심으로 같은 쪽에 있을 때는 θ_m을 양으로 규정한다. 반면에 회절 광선이 입사 광선과 다른 쪽에 있으면 θ_m은 음이다.

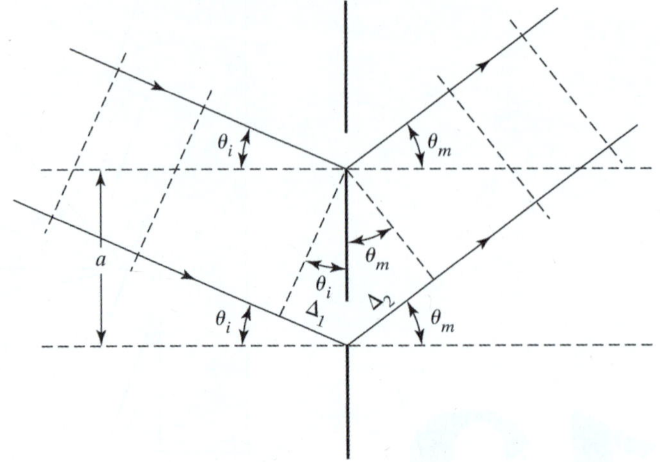

그림 12-1 격자에 대한 수선과 각 θ_i를 이루는 빛이 비추는 이웃하는 두 슬릿. 각 θ_m방향으로 회절된 빛에 대해 두 슬릿을 거치는 빛의 경로차는 $\Delta_1 + \Delta_2$이다.

θ_m이 음인 경우 이웃하는 슬릿에서 나오는 파동의 광경로차는 (합이 아니라) 차 $\Delta_1 - \Delta_2$가 되는데, 이는 그림 12-1을 조금 고쳐서 생각해 보면 명백하다. 어느 경우나 $\Delta = m\lambda$일 때 모든 파동은 위상이 맞으며 회절격자 방정식은 다음과 같이 된다.

$$a(\sin\theta_i + \sin\theta_m) = m\lambda, \quad m = 0,\ \pm 1,\ \pm 2,\ \cdots \tag{12-2}$$

회절각들을 서로 구분할 필요가 없을 때는 θ_m에서 아래첨자를 종종 생략한다. m값 각각에서 단색광의 세기는 격자의 회절 특성에 따라 결정된다. 식(12-2)에 의해 모든 λ에 대해 영차 간섭($m = 0$)은 $\theta_m = -\theta_i$, 즉 입사광의 방향에서 일어난다. 따라서 회절 패턴의 중심, 즉 0차 봉우리에는 모든 파장의 빛이 나타난다. 음으로나 양으로 0이 아닌 차수는 0차광 주위로 스펙트럼 **선들**을 형성한다. θ_i로 주어진 고정된 입사광 방향에 대해 각각의 주요 최대의 방향 θ_m은 파장에 따라 변한다. 따라서 $m \neq 0$인 차수에 대해서 회절격자는 입사광에 포함된 다른 파장 성분을 분리하는데, 이 특성이 파장 측정과 분광 해석에 이용된다. 분산 소자로서 회절격자는 여러 면에서 프리즘보다 뛰어나다. 그림 12-2(a)는 단색광의 회절이 분광 차수를 형성하는 것을 보여준다. 그림 12-2(b)는 특정 회절격자에 대해 가시광의 연속 스펙트럼이 퍼지는 것을 나타낸다. 이 경우 2차와 3차광이 일부 겹치는 것에 유의하자. 겹치는 영역에 나타나는 스펙트럼 선들의 파장을 정하기 전에 그 선의 실제 차수를 먼저 확인해야 맞는 m값을 식(12-2)에 사용할 수 있다. 격자는 프리즘과 달리 파장이 길수록 빛이 더 큰 각으로 꺾이게 한다. 따라서 스펙트럼이 간단하지 않을 때 겹치는 곳의 문제를 종종 실험에서는 입사광에서 파장이 짧은 쪽을 제거하는 필터를 사용하여 해결한다. 이와 같이 입사광의 분광 영역은 겹침을 없애고 각 선이 올바르게 인지되도록 하는 필터에 의해 제한된다. 어떤 경우에는 회절 격자 이전에 분산이 더 작은 기기를 사용하여 격자가 수용할 수 있는 영역을 제한하는 것이 나을 수도 있다.

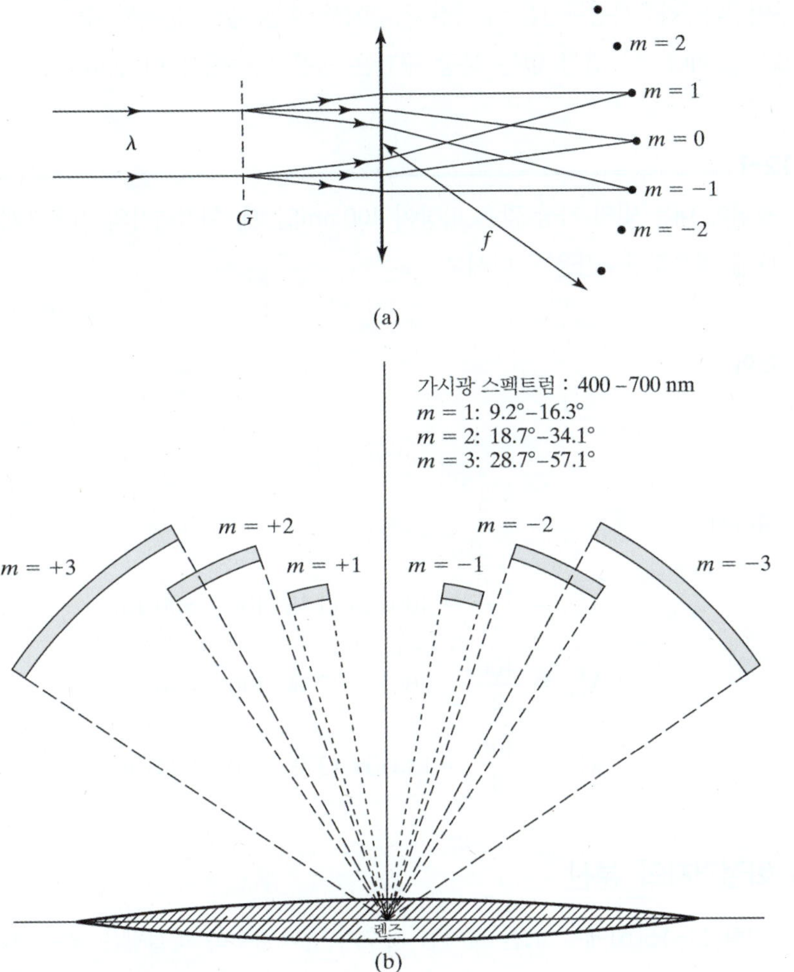

그림 12-2 (a) 회절격자 G에 수직 입사한 단색광에 대해 주요 최대 차수의 형성. 회절격자는 분광경(spectroscope)의 프리즘을 대체할 수 있다. 집광된 상은 시준 슬릿(이 그림에는 없음)의 모양을 가진다. (b) 400 선/mm의 회절격자에서 가시광 스펙트럼의 1, 2, 3차광의 각 퍼짐. 뚜렷하게 구분하기 위해 차수들을 렌즈로부터 서로 다른 거리에 보였다. 각 차수에서 스펙트럼의 빨간색 끝부분이 가장 크게 꺾인다. 수직입사를 가정하였다.

12-2 회절격자의 자유분광구간

회절격자의 특정 차수에서 겹치지 않는 파장 구간을 **자유분광구간**(free spectral range) λ_{fsr}이라고 한다. 겹침은 실제로 격자에 입사되고 분광되는 빛에 대해 $a\sin\theta$를 같은 값으로 유지하는 $m\lambda$의 가능한 조합이 둘 이상 있기 때문에 일어난다. 따라서 1차광의 λ에 해당하는 위치에서 2차광의 $\lambda/2$, 3차광의 $\lambda/3$ 등을 발견할 수 있다. 차수 m의 자유분광구간은 다음과 같은 논거로 정할 수 있다. 만일 λ_1이 입사광에서 검출 가능한 가장 짧은 파장이라면 겹치지 않는 m차의 가장 긴 파장 λ_2가 다음 차수 $m+1$의 스펙트럼 시작 부분과 다시 만난다. 즉

$$m\lambda_2 = (m+1)\lambda_1$$

이다. 따라서 차수 m의 자유분광구간은

$$\lambda_{fsr} = \lambda_2 - \lambda_1 = \frac{\lambda_1}{m} \qquad (12\text{-}3)$$

으로 주어진다. 자유분광구간은 주어진 차수에서 혼동 없이 분해될 수 있는 최대 파장 간격 $\Delta\lambda_{\max}$ 이다. 이 겹침 없는 분광 구간은 높은 차수에서 더 좁다.

예제 12-1

광원이 내는 빛의 가장 짧은 파장이 400 nm일 때, 회절격자의 처음 3개의 차수에 대해 자유분광구간을 구하시오.

풀이

$$\lambda_{fsr}^{m} = \frac{\lambda_1}{m}$$

따라서

$$\lambda_{fsr}^{1} = \frac{400}{1} = 400\,\text{nm}\ (1\text{차},\ 400-800\,\text{nm})$$

$$\lambda_{fsr}^{2} = \frac{400}{2} = 200\,\text{nm}\ (2\text{차},\ 400-600\,\text{nm})$$

$$\lambda_{fsr}^{3} = \frac{400}{3} = 133\,\text{nm}\ (3\text{차},\ 400-533\,\text{nm})$$

12-3 회절격자의 분산

앞 장의 그림 11-15(b)에서 보인 것처럼 차수가 높아질수록 회절광은 포락선(envelope) 바깥쪽으로 밀려가 약해진다. 반면에 그림 12-2(b)는 차수가 증가할수록 그 차수 안에서 파장 간격은 확실히 커진다는 것을 보여준다. 이 특성은 아래 식으로 정의된 **각분산** $\mathfrak{D}$로 정확히 기술된다.

$$\mathfrak{D} \equiv \frac{d\theta_m}{d\lambda} \tag{12-4}$$

각분산은 단위 파장 구간에 대한 각 간격을 의미한다. λ에 따른 θ_m의 변화는 회절격자 방정식(12-2)로 결정되므로 아래와 같은 결론에 도달한다.

$$\mathfrak{D} = \frac{m}{a\cos\theta_m} \tag{12-5}$$

그림 12-2(a)에서와 같이 스펙트럼을 기록하기 위해 렌즈의 초평면에 사진건판을 사용한다면, y가 건판을 따라 측정한 거리일 때 **선형분산** $dy/d\lambda$로 파장의 퍼짐을 기술하는 것이 편리하다. $dy = f\,d\theta$이므로 선형분산은 다음 식으로 주어진다.

$$\text{선형분산} \equiv \frac{dy}{d\lambda} = f\frac{d\theta_m}{d\lambda} = f\,\mathfrak{D} \tag{12-6}$$

선형분산의 역수를 **평판인자**(plate factor)라 한다.

예제 12-2

파장 500 nm의 빛이 5000 선/cm인 격자에 수직입사한다. 초점거리 0.5 m인 렌즈를 사용했을 때 1차광에서 각분산과 선형분산을 구하시오.

풀이

격자상수, 즉 고랑(groove) 간격 a는

$$a=\frac{1}{5000\,\mathrm{cm}^{-1}}=2\times10^{-4}\,\mathrm{cm}$$

0차광에서는 확실히 분산이 없다. 1차광에 대해서는 식(12-5)에서 회절각 θ_1을 알아야 한다. 이 각은 회절격자 방정식(12-2), $a\sin\theta=m\lambda$에서 다음과 같이 구할 수 있다.

$$\sin\theta_1=\frac{(1)\lambda}{a}=\frac{500\times10^{-7}}{2\times10^{-4}}=0.25$$

따라서 $\theta_1=14.5°$, $\cos\theta_1=0.968$이다.

500 nm 근처 파장 영역에서 각분산은 다음과 같이 계산된다.

$$\mathfrak{D}=\frac{m}{a\cos\theta_m}=\frac{1}{(2\times10^{-4}\,\mathrm{cm})(0.968)}=5165\,\mathrm{rad/cm}$$

즉

$$\mathfrak{D}=5.165\times10^{-4}\frac{\mathrm{rad}}{\mathrm{nm}}\times\frac{180°}{\pi\,\mathrm{rad}}=0.0296\,°/\mathrm{nm}$$

이다. 따라서 선형분산은

$$f\mathfrak{D}=(500\,\mathrm{mm})(5.165\times10^{-4}\,\mathrm{rad/nm})=0.258\,\mathrm{mm/nm}$$

로 구해지고, 평판인자는 $1/0.258=3.88\,\mathrm{nm/mm}$이다. 이것은 사진건판 위 1 mm에 약 4 nm의 파장 영역이 형성된다는 뜻이다.

수직입사에서는 회절격자 방정식을 각분산 관계식과 합쳐서 다음 식을 얻을 수 있다.

$$\mathfrak{D}=\frac{m}{a\cos\theta_m}=\left(\frac{a\sin\theta_m}{\lambda}\right)\left(\frac{1}{a\cos\theta_m}\right)$$

$$\mathfrak{D}=\frac{\tan\theta_m}{\lambda}\tag{12-7}$$

따라서 분산 $\mathfrak{D}$는 주어진 회절각 θ_m에서 격자상수 a에 의존하지 않으며, θ_m이 커짐에 따라 급격히 증가한다. $\mathfrak{D}$가 주어진 회절각에서 격자상수에 무관하므로, 식(12-5)에서 명확히 알 수 있는 것과 같이 격자상수를 증가시키는 효과는 회절 차수 m을 증가시키는 것과 같다.

12-4 회절격자의 분해능

분산, 즉 파장의 퍼짐을 증가시키는 것만으로 이웃하는 파장을 명확히 구분할 수 있는 것은 아니다. 회절 봉우리 자체가 충분히 뾰족해야 한다. 이 특성은 기록된 스펙트럼의 **해상도**(resolution)로 표현된다. 해상도란 특정 차수에서 좁은 간격으로 분포된 파장들에 대해 구분되는 봉우리를 만드는 능력을 뜻한다. 8장 패브리-페로 간섭계의 논의에서 **분해능**(resolving power) $\mathfrak{R}$은 일반적으로

$$\mathfrak{R} \equiv \frac{\lambda}{(\Delta\lambda)_{\min}} \tag{12-8}$$

으로 정의됨을 기억하자. 여기서는 $(\Delta\lambda)_{\min}$은 레일리 기준으로 겨우 분해가능한 두 스펙트럼 성분의 최소 파장 간격이다(그림 11-10). 파장이 $\lambda+d\lambda$인 빛이 수직입사할 때 m차광에 대해 회절격자 방정식(12-2)은 아래와 같이 쓸 수 있다.

$$a\sin\theta_m = m(\lambda + d\lambda) \tag{12-9}$$

레일리 기준을 만족시키려면 이 봉우리는 같은 차수 안에서 이웃하는 파장의 봉우리의 첫째 최소와 같은 θ에서 일치해야 한다. 즉 그림 11-15(a)와 식(11-33)에서 유도할 수 있는 것처럼 아래와 같이 된다.

$$a\sin\theta_m = \left(m + \frac{1}{N}\right)\lambda \tag{12-10}$$

식(12-9)와 (12-10)의 우변은 같으므로 $\lambda/d\lambda = mN$을 얻는다. 여기서 $d\lambda$는 분해가능한 최소 파장 차이므로 식(12-8)에 의해 격자의 분해능은 아래 식과 같다.

$$\mathfrak{R} = mN \tag{12-11}$$

N개의 고랑을 가진 격자에 대해 분해능은 단순히 회절 차수에 비례한다. 주어진 차수 안에서 분해능은 빛을 받는 전체 격자 고랑의 수에 비례하여 증가한다. 주어진 격자 폭 W 안에서 N을 증가시키려면 고랑들은 이에 비례해서 빽빽해져야 한다(즉, 격자상수가 감소해야 한다). 분해능을 최대로 활용하려면 격자 전체 면을 비추어야 한다. 앞의 예제에서 나온 5000 선/cm의 격자의 폭이 8 cm라면, $N=40{,}000$이고 1차광의 분해능은 40,000이다. 이는 식(12-8)에 의해, 파장이 500 nm인 영역에서 0.0125 nm만큼 가까운 스펙트럼 성분이 분해될 수 있다는 뜻이다. 2차광에서는 구분할 수 있는 파장 차이가 그

절반인 0.0063 nm로 개선되고, 차수가 높아질수록 분해능은 커진다. 회절격자가 가질 수 있는 최고 분해능은 10^5에서 10^6 정도인데, 8장에서 논의된 패브리-페로 간섭계의 분해능보다 10에서 100배 정도 작은 값이다(이론적인 해상도를 기술할 때 레일리 기준은 다소 임의적이며, 스펙트럼 선폭도 실제 해상도에 포함되어야 함을 기억하자). 10,000 선/cm이고 폭 20 cm인 격자는 5차광에서 1백만의 분해능을 제공한다.

수직입사인 경우 회절격자 방정식은 위와 같은 조건 하에서 최대 파장($\theta = 90°$에서!)을 200 nm로 제한한다. 그러나 식(12-2)에서 알 수 있는 것처럼 빛이 수직입사하지 않으면 최대 회절 파장은 더 커질 수 있다. 즉 입사각이 90°에 근접하면 거의 두 배, 즉 400 nm가 된다. 격자를 높은 차수로 쓰는 것은 중심의 강한 회절 봉우리를 **원하는 차수로 돌려놓는** 방법이 없다면 회절 포락선의 제약으로 인해 회절광의 세기가 약해지는 제약점이 있다. 이것은 **블레이징**(blazing)이란 방법으로 해결할 수 있다(12-6절). 분산과 마찬가지로 분해능도 주어진 회절각에서는 격자상수 a에 의존하지 않는다. 폭 W인 격자에 대해 $N = W/a$로 쓰고 수직입사의 회절격자 방정식을 사용하면 식(12-11)은

$$\Re = mN = \left(\frac{a\sin\theta_m}{\lambda}\right)\frac{W}{a}$$

즉

$$\Re = \frac{W\sin\theta_m}{\lambda} \tag{12-12}$$

가 된다. 이 식에 의하면 회절각 θ_m에서 분해능은 고랑의 수보다는 격자의 폭에 의존한다. 그러나 고정된 $(\sin\theta_m)/\lambda$ 값에 대해 격자 방정식은 m/a비 또한 고정된 값으로 만든다. 따라서 고랑 수가 적은 (격자상수가 큰) 격자를 쓰려면 높은 차수 m을 사용해야 하는데, 이는 차수 간의 겹침에 따르는 복잡한 문제를 일으킨다. 이런 고차광 문제는 경우에 따라 회절에 수직 방향으로 스펙트럼을 한 번 더 분산시키는 기기를 사용하여 해소될 수 있다. 이 장 후반에서 이런 기기를 소개할 것이다.

표 12-1 패브리-페로 간섭계와 회절격자의 성능계수

	패브리-페로 간섭계	회절격자
분해능, $\Re$	$m\mathfrak{F}$	mN
분해 가능한 최소 파장 간격, $\Delta\lambda_{\min} = \lambda/\Re$	$\dfrac{\lambda}{m\mathfrak{F}}$	$\dfrac{\lambda}{mN}$
자유분광구간, λ_{fsr}	$\dfrac{\lambda_1}{m}$	$\dfrac{\lambda_1}{m}$
변수들의 의미	m: 패브리-페로 길이 안에 있는 반파장의 수 $\mathfrak{F}$: 공진기 예리도	m: 회절 차수 N: 격자의 고랑 수

8-6절에서 스캔식 패브리-페로 간섭계의 성능 특성을 알아보았다. 격자와 같이 이 기기의 세 가지 유용한 성능계수는 분해능 $\mathfrak{R}$, 최소 파장 간격 $\Delta\lambda_{\min} = \lambda/\mathfrak{R}$ 그리고 혼동 없이 분해할 수 있는 최대 파장 구간 $\Delta\lambda_{\max}$이다. 12-2절과 8-6절에서 논의된 것처럼 분해할 수 있는 최대 파장 구간이 자유분광구간이다. 즉 $\Delta\lambda_{\max} = \lambda_{fsr}$. 이 성능 계수들을 표 12-1에 정리하였다. 이 두 종류의 분광기는 비슷한 형태의 성능계수를 가짐을 유의하자. 회절격자에서 N은 패브리-페로 간섭계에서 예리도 $\mathfrak{F}$와 같은 역할을 한다. 패브리-페로 간섭계의 차수 m은 패브리-페로 길이를 맞추는 반파장의 수이며 대개 10^5에서 10^6 영역에 있다. 회절격자의 차수 m은 물론 이보다 훨씬 작다. 두 기기 모두 자유분광구간은 λ_1/m이므로 회절격자가 패브리-페로 간섭계보다 훨씬 넓은 자유분광구간을 갖는다(여기서 λ_1은 자유분광구간의 "짧은" 파장 쪽 끝 값이다). 패브리-페로 간섭계에서의 높은 차수는 자유분광구간을 좁게 만든다는 점에서 약점이기는 하지만, 표 12-1에서 볼 수 있는 것과 같이 높은 분해능과 더 작은 최소 분광 가능 파장 간격을 제공한다는 점에서 장점이 된다. 이미 언급한 것과 같이 좋은 패브리-페로 간섭계는 대개 10^6에서 10^7 영역의 분해능을 가지는 반면, 좋은 회절격자의 분해능은 이보다 10배 정도 낮은 10^5에서 10^6 정도이다.

12-5 회절격자의 종류

이제까지는 회절격자가 불투명한 스크린 위에 촘촘히 뚫린 슬릿으로 간주하였다. 사실 프라운호퍼가 처음 사용한 격자는 두 평행한 나사에 감은 가는 철사줄, 혹은 검게 그을린 유리 위에 그은 평행선들이었다. 그 이후 스트롱(Strong)은 유리 위에 코팅된 금속막 위에 금을 그어 만들었다. 요즘 전형적인 회절격자 원판은 열팽창이 적은 유리 기판이나 혹은 그 위에 진공증착된 알루미늄이나 금 박막에 다이아몬드 침으로 고랑들을 새겨 만든다. 먼저 기판 자체를 $\lambda/10$보다 더 정밀하게 연마해야 한다. 10인치 폭 안에 1 mm당 3600개 이상의 고랑을 일정한 깊이, 모양, 간격으로 새겨 넣을 수 있는 기계의 개발은 그 자체가 대단한 기술적 성취였다. 제작 정밀도를 개선하기 위해 간섭계나 전자 서보제어 기법이 사용되었고, 폭이 46 cm 이상 되는 고품질 격자 원판 제작이 가능하게 되었다.

격자는 **투과격자** 혹은 **반사격자**로 설계할 수 있다. 투과격자에서는 빛이 산란 중심 역할을 하는 선들을 그은 유리 기판의 깨끗한 부분을 투과한다. 혹은 빛이 줄 그은 전 영역을 투과하나 고랑의 광학 두께의 변화에 의해 주기적으로 위상이 지연된다. 첫째 경우는 불투명한 스크린에 슬릿을 뚫은 것과 같은 역할을 하는 **투과진폭격자**이다. 두 번째 경우는 **투과위상격자**라고 한다. 반사격자에서 고랑 면은 고반사 면으로 만드는데, 입사광의 주기적인 반사는 투과격자에서 주기적인 투과와 같은 역할을 한다. 연구용 고품질 격자는 대개 반사형이다. 그림 12-3은 평면형 반사격자의 단면도를 보여준다.

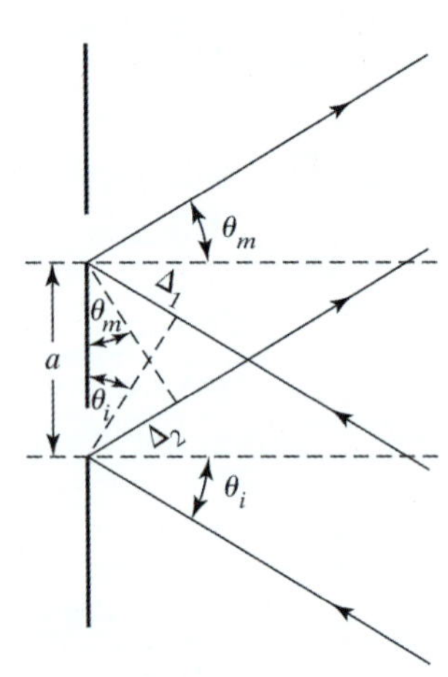

그림 12-3 격자의 수선에 대해 각 θ_i로 입사하는 빛이 비추는 이웃하는 반사격자 고랑들. 각 θ_m방향으로 회절된 빛에 대해 두 파동의 경로 차는 $\Delta_1 - \Delta_2$이다.

이웃하는 고랑에서 반사되는 두 광선 사이의 경로 차는

$$\Delta = \Delta_1 - \Delta_2 = a\sin\theta_i - a\sin\theta_m$$

와 같다. 여기서 두 광선은 각 θ_m으로 회절하여 같은 방향으로 진행한다고 가정한다. $\Delta = m\lambda$일 때 주요 최대가 되어, 반사격자의 방정식은 투과격자의 경우와 같다. 즉

$$m\lambda = a(\sin\theta_i + \sin\theta_m)$$

이다. 투과격자에서와 동일한 부호 약속이 여기서도 각 θ_m과 θ_i에 적용된다. 그림 12-3에서처럼 θ_m이 수직선을 중심으로 θ_i에 대해 반대편에 있을 때는 음의 각으로 간주한다. 0차광은 $m=0$일 때, 즉 $\theta_m = -\theta_i$일 때 나타난다. 이것은 격자가 모든 파장에 대해 거울로 작용하는 거울반사의 방향이다.

반사격자의 금속 코팅은 가능한 반사율이 높아야 한다. 110~160 nm의 자외선 영역에서는 반사율을 높이기 위해 알루미늄 위에 불화마그네슘이나 불화리튬 코팅을 한다. 파장 100 nm 이하에서는 금과 백금이 주로 사용된다. 적외선 영역에서는 은과 금 코팅이 모두 쓰인다. 평면 격자에 의해 회절된 빛은 렌즈나 오목거울로 집광해야 한다. 진공 자외선(약 1~200 nm)에서처럼 집광용 소자에 의한 흡수가 문제가 될 때는 **오목격자**를 써서 집광과 회절을 동시에 할 수 있다. 오목격자는 오목거울의 반사면에 고랑을 새겨 넣은 것이다.

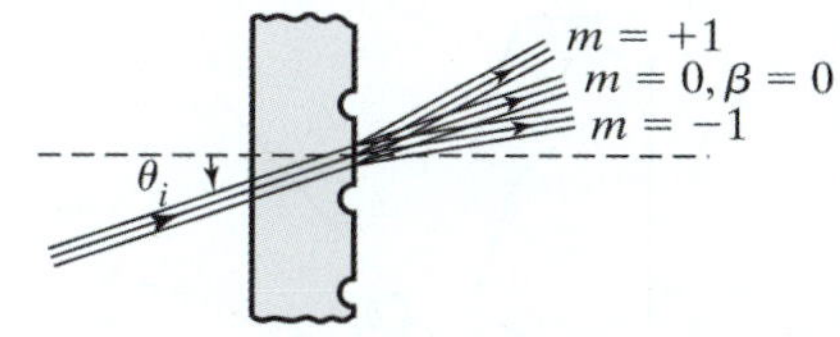

(a) 블레이즈 되지 않은 격자

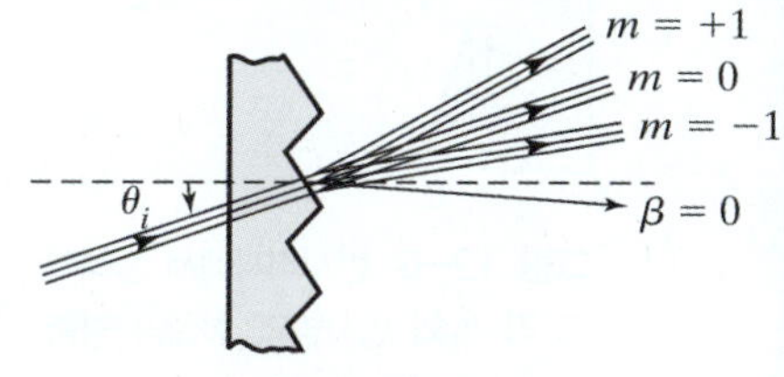

(b) 블레이즈 된 격자

그림 12-4 블레이즈되지 않은 투과격자 (a)에서는 $\beta=0$에 위치한 회절 포락선의 최대는 $m=0$의 0차 간섭과 일치한다. 블레이즈된 투과격자 (b)에서 이들은 분리된다.

12-6 블레이즈된 회절격자

주어진 파장 영역과 차수에서 격자의 **절대 회절효율**은 회절된 빛 에너지와 같은 파장 영역에서 입사된 빛 에너지의 비다. 예를 들어 격자 선의 수를 증가시키면 출력 에너지의 **총량**은 늘어난다. 그러나 분산이 없는 0차광은 회절효율을 줄이고 빛 에너지를 낭비할 뿐이다. 0차광은 단일 슬릿 회절 포락선의 최대와 일치하므로 가장 강한 봉우리다. 개개의 고랑의 모양을 조작하여 회절 포락선을 0차가 아닌 다른 차수로 이동시키는 기법을 격자의 **블레이징**(blazing)이라고 한다.

블레이징 효과를 이해하기 위해 투과격자의 경우 그림 12-4, 반사격자의 경우 그림 12-5를 보자. 회절은 많은 고랑의 효과가 모인 것이지만, 단순화하기 위해 빛이 단일 고랑으로부터 투과되거나 반사된 것으로 보였다. 두 그림에서 (a)는 블레이즈되지 않은 경우이고, (b)는 고랑의 모양을 개선하여 회절 포락선의 최대($\beta=0$)를 0차광($m=0$)으로부터 이동시킨 결과이다. 11장에서 회절 포락선의 최대는 $\beta=0$, 즉 중심과 임의의 고랑의 가장자리에서 나오는 광선들의 원거리장 경로 차가 0인 곳에 나타난다는 것을 배웠다. 이 광선들 사이의 0 경로차는 기하광학의 조건을 암시한다. 즉 그림 12-4(a)의 투과광에 대해 회절 봉우리가 입사 빔의 방향에 나타나며, 그림 12-5(a)의 반사광에 대해서는 거울반사된 빔 방향에 나타난다. 그림 12-4(b)와 같이 프리즘 모양의 고랑을 만들거나, 그림 12-5(b)와 같이 경사진 거울면을 만들어주면 0 경로차는 각각 새로운 $\beta=0$의 경우에 해당되는 굴절 빔이나 반사 빔의 방향으로 이동된다. 회절 포락선은 이와 같이 고랑 하나하나의 모양에 따라 이동하는 반면, 간섭의 최대 봉우리들은 회절격자 방정식에 의해

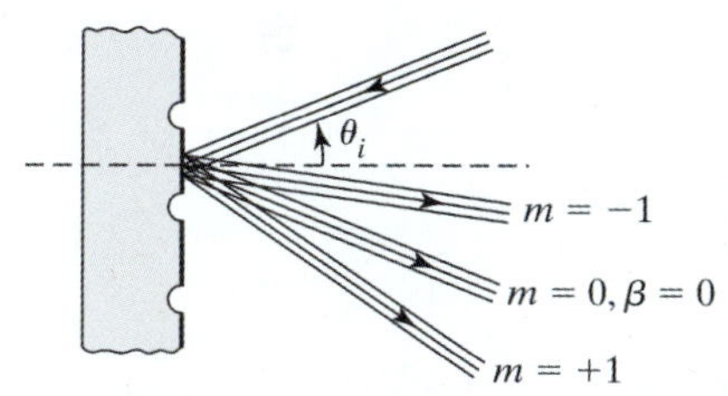

(a) 블레이즈 되지 않은 격자

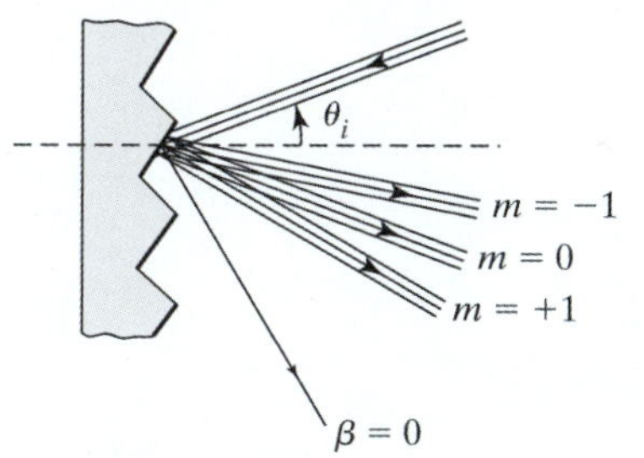

(b) 블레이즈 된 격자

그림 12-5 블레이즈되지 않은 반사격자 (a)에서는 $\beta=0$에 위치한 회절 포락선의 최대는 $m=0$의 0차 간섭과 일치한다. 블레이즈된 반사격자 (b)에서 이들은 분리된다.

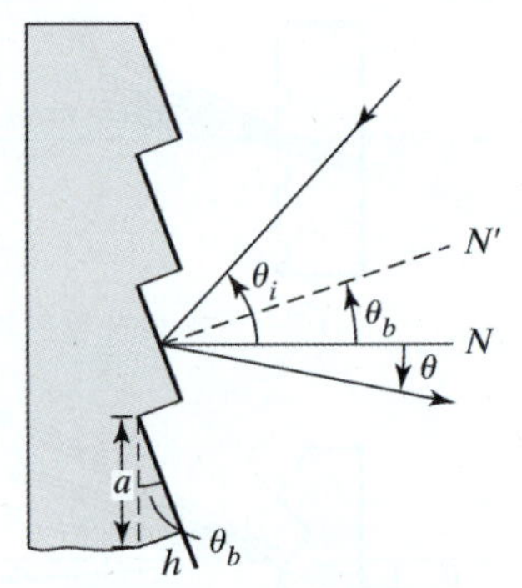

그림 12-6 반사격자에서 블레이즈 각 θ_b와 입사빔과 회절빔 방향 사이의 관계.

각이 고정되어 있다. 그림 12-4와 12-5의 (a)에서 (b)로 가는 과정에서 격자 면이나 간격에 변화는 없으므로 이 각들은 변함이 없다. 그 결과 회절은 0차가 아닌 주 봉우리에서 최대가 되고, 격자는 가장 유용한 곳으로 빛의 에너지를 보낸다.

이제 격자의 적절한 **블레이즈 각**(blaze angle)을 결정해보자. 그림 12-6의 반사격자에 빔이 각 θ_i로 입사하고 임의의 각 θ로 회절된다. 두 각 모두 격자 면의 법선 N을 기준으로 잰 것이다. 고랑 면의 법선 N'은 N과 각 θ_b를 이룬다. θ_b는 격자의 블레이즈 각이다.

이제 **회절빔**이 고랑 면으로부터의 거울반사 조건과 m차광의 주요 최대를 동시에 만족시키도록, 즉 $\theta = \theta_m$이 되도록 요구한다. 첫째 조건은 N'을 기준으로 입사각과 반사각이 같으면 만족된다. $\theta_i - \theta_b = \theta_m + \theta_b$, 즉

$$\theta_b = \frac{\theta_i - \theta_m}{2} \tag{12-13}$$

두 번째 조건은 각 θ_m이 다음의 회절격자 방정식을 만족하도록 요구한다.

$$m\lambda = a(\sin\theta_i + \sin\theta_m) \tag{12-14}$$

식(12-13)은 블레이즈 각이 입사각 θ_i에 의존함을 보여준다. 따라서 다른 블레이즈 각을 갖는 다양한 기하학적 배치가 가능하다. 일반적인 경우 블레이즈 각의 공식은 식(12-13)과 (12-14)를 결합하여 구해진다. 부호 약속을 고려하면 격자 방정식은 다음과 같이 된다.

$$m\lambda = a[\sin\theta_i + \sin(2\theta_b - \theta_i)]$$

식(12-15)의 특수한 두 경우를 고려해 보자. **리트로 마운트**(Littrow mount)에서는 입사광이 (거의) 고랑의 법선 N'을 따라 들어온다. 그러면 그림 12-6과 식(12-13)에서 $\theta_b = \theta_i$ 그리고 $\theta_m = -\theta_i$가 성립한다. 이때 식(12-15)는 다음 결과를 준다.

$$\text{리트로:}\ m\lambda = 2a\sin\theta_b \ \ \text{즉}\ \ \theta_b = \sin^{-1}\left(\frac{m\lambda}{2a}\right) \tag{12-16}$$

고랑의 높이 $h = a\sin\theta_b$이므로(그림 12-6), 리트로 마운트에서 파장 λ와 차수 m에 대해 제대로 블레이즈된 격자의 고랑 계단의 높이 h는 반파장의 m(정수)배가 되어야 한다. 보통 판매되는 격자들은 블레이즈 각과 이에 해당하는 1차광의 리트로 파장을 명시한다. 또 다른 경우는 빛이 격자의 법선 N을 따라 입사할 때이다. 이때는 $\theta_i = 0$이고, $\theta_b = -\theta_m/2$가 된다. 그러면 식(12-15)에 의해 수직입사에 대해 다음의 블레이즈 각을 얻는다.

$$\text{수직입사:}\ \theta_b = \frac{1}{2}\sin^{-1}\left(\frac{m\lambda}{a}\right) \tag{12-17}$$

예제 12-3

a. 1차광에서 파장 600 nm에 대해 1200 선/mm인 격자의 적절한 블레이즈 각을 구하시오.

b. **에셜**(echelle) **격자**는 넓은 피치로 제작된 격자인데 주로 높은 차수에서 고해상도를 얻는 목적으로 설계되었다. 79 선/mm로 406 mm×610 mm 넓이에 블레이즈 각 63°26′을 가지도록 제작된 에셜 격자를 차수 $m=30$에서 사용한다. 이것을 리트로 마운트에서 사용할 때 해상도를 결정하시오.

풀이

a. 리트로 마운트에서는 식(12-16)을 써서 블레이즈 각은 아래와 같다.

$$\theta_b = \sin^{-1}\left[\frac{(1)(600\times 10^{-6})}{2(1/1200)}\right] = 21.1° = 21°06'$$

반면에, 입사광이 격자에 수직으로 입사하게 사용한다면 식(12-17)에 의해

$$\theta_b = \frac{1}{2}\sin^{-1}\left[\frac{(1)(600\times 10^{-6})}{(1/1200)}\right] = 23.03° = 23°02'$$

b. 리트로 마운트에서 격자는 파장

$$\lambda = \frac{2a\sin\theta_b}{m} = \frac{2(1/79)\sin(63.43)}{30}\,\text{mm} = 755\,\text{nm}$$

의 빛을 입사 방향으로 되돌려 보낸다. 격자 위 전체 선의 수는 $N=(79)(610)=48{,}190$이므로 분해능은 블레이즈 파장 755 nm에서 $\mathfrak{R}=mN=(30)(48{,}190)=1{,}445{,}700$이다. 따라서 이 영역에서 분광 가능한 최소 파장 간격은 $\Delta\lambda_{\min}=\lambda/\mathfrak{R}=0.0005$ nm이다. 실제 해상도는 격자의 불완전성으로 인해 이론값보다는 다소 작을 것이다. 고분해능은 자유분광구간을 줄인 대가로 얻어진다. 이 경우에는 자유분광구간이 $\lambda/m=755/30=25$ nm에 불과하다.

12-7 회절격자의 복제

격자는 제작의 어려움과 비싼 가격 때문에 원판 자체를 분광기기에 바로 쓰기는 어렵다. 격자를 비교적 값싸게 **복제**하는 기술이 개발되기 전까지는 소수의 과학자들만이 좋은 격자를 소유할 수 있었다. 격자를 복제하기 위해서는 먼저 원판(master)을 접착력이 약한 물질로 코팅한다. 이는 나중에 원판으로부터 떼어내기 위함이다. 그 위에 알루미늄을 코팅하고, 레진(resin)을 뿌린 다음, 차세대의 원판이 될 기판을 그 위에 붙인다. 레진이 굳은 다음 복제 격자를 원판으로부터 분리시킨다. 제1세대 복제품은 하위 원판(submaster)

으로서 실제로 복제품을 대량 생산하는 데 사용된다. 하위 원판으로 찍어 낸 얇은 복제품은 유리나 용융 실리카 판에 붙이고, 알루미늄을 코팅하여 반사격자를 만든다. 보통의 격자들은 이런 방법으로 제작되고 판매된다. 원판에 뒤지지 않거나 보다 더 나은 성능과 긴 수명을 가진 복제 격자를 살 수 있다. 깊은 고랑을 가진 복제품들은 원판보다 효율이 더 좋을 수 있는데, 그 이유는 복제 과정이 바닥에서 윗면까지 고랑 표면의 매끈한 부분들을 전사시켜 기능을 향상시키기 때문이다.

12-8 간섭격자

강하고 결맞음성이 높은 빛을 내는 광원의 출현은 종래의 기계적으로 선을 그어 만드는 것과는 다른 방법으로 격자를 만들 수 있게 하였다. 1927년 마이켈슨은 그림 12-7(a)에 보인 광학계에서 곧은 간섭무늬 사진을 만드는 가능성을 제안하였다. 두 결맞는 단색 빔이 시준렌즈 C와 평면 거울 M 사이의 영역에서 간섭하여 정상파를 만든다. 각을 가지고 사진건판을 넣어 그 결과 생긴 간섭무늬를 노광하고 현상하면 직선 모양의 무늬를 얻는다.

이런 광학적인 방법으로 만들어진 **간섭격자**는 **홀로그램 회절격자**라고도 한다. 균일한 간격을 가진 평행한 고랑들을 무한히 먼 점광원에 의해 만들어진 홀로그램으로 간주할 수 있기 때문이다. 그림 12-7(b)에 보인 것과 같은 간섭 광학계는 본질적으로 홀로그램을 만드는 광학계이다. 간섭하는 파면은 부식액(etchant)에 대한 용해도가 노광량에 비례하는 포토레지스트 박막에 기록된다. 포토레지스트를 유리 기판 위에 균일하게 바르고 빠르게 돌려 두께 1 μm 이하의 박막으로 만든다. 노광된 포토레지스트를 부식시켰을 때 간섭무늬는 깊이가 고랑을 가로질러 사인 제곱의 모양으로 서서히 변하는 투과격자 고랑의 형태로 보전된다. 여기에 보통 진공 증착으로 고반사 금속 코팅이 추가된다. 그림 12-7(c)에서 보인 것과 같이 무늬 간격은 $d = \lambda/(2\sin\theta)$의 관계식에 따라 빛의 파장과 간섭하는 두 빔 사이의 각 2θ에 의해 결정된다.

기계식 제작의 비싸고 힘든 과정에 대한 장점 외에도 간섭격자가 뛰어난 점은 **고스트 상**(ghosts)과 **잡음**(grass)을 생성하는 주기적이거나 무작위의 오차가 없다는 것이다. 따라서 간섭격자는 탁월한 분광 순도와 높은 신호대잡음(signal-to-noise)을 제공한다. 반면에 고랑의 모양을 제대로 제어할 수 없어서 블레이징과 높은 회절 효율을 달성하기 어렵다. 보통 간섭격자의 고랑 모양은 블레이즈된 격자의 톱니 모양보다는 대칭적인 사인 제곱 형태를 갖는다. 수직입사에 대해서는 대칭적인 고랑 모양은 빛을 양과 음의 차수로 똑같이 분배한다. 그러나 비스듬히 빛을 입사한다면 오직 하나의(0차가 아닌) 차수로 빛을 보내는 것이 가능하고, 이 경우 빛의 분배는 고랑의 모양에 크게 의존하지 않음이 증명되었다. 그러면 회절 효율은 블레이즈된 격자와 대등하게 될 수 있다. 그럼에도 불구하고 고랑의 모양을 보통 블레이즈된 격자와 비슷하게 만들기 위해 여러 가지 노력을 하고 있다. 예를 들어 두 파장의 광원을 써서 포토레지스트를 비추는 방법(두 파장의 푸리에 합성파는 톱니파 모양에 가깝다), 간섭으로 만든 대칭적인 고랑의 모양을 아르곤 이온으

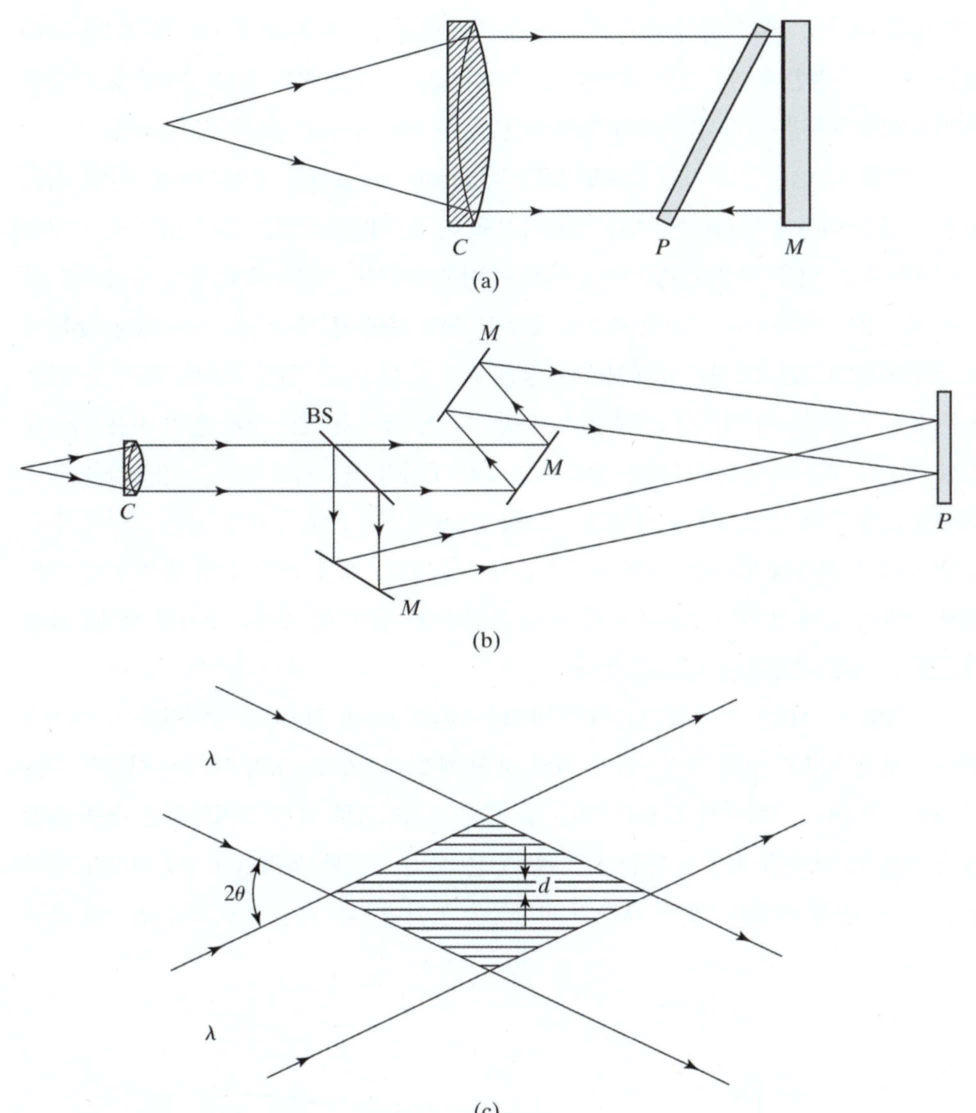

그림 12-7 (a) 간섭무늬를 만드는 마이켈슨의 광학계. C: 시준렌즈, M: 거울, P: 사진건판. (b) 간섭무늬를 만드는 홀로그램 광학계. C: 시준렌즈, BS: 빔 가르개, M: 거울, P: 사진건판. (c) 시준된 결맞는 두 빔이 2θ로 교차하는 중첩 영역에서 간섭무늬의 생성.

로 식각하여 변형시키는 방법 등이 있다. 간섭격자는 에셜 격자와 같이 간격이 큰 격자의 제작에는 실용적이지 않다.

12-9 회절격자 기기

격자를 분광 분산 소자로 사용하는 기기들은 특정 응용을 위해 선정된 격자 종류에 적합하게 설계된다. **분광경**(spectroscope)은 스펙트럼을 무한대에 초점을 맞춘 망원경을 통해 육안으로 보는 것인데, 여기에 사용되는 프리즘을 비싸지 않은 투과격자로 대체할 수 있다. 격자에 입사하는 빛은 입구 슬릿과 시준렌즈에 의해 평행광으로 만들어진다. 그러나 연구용 기기는 반사격자를 활용한다. 이런 종류로 **분광사진기**(spectrograph)와 **분광계**(spectrometer)가 있는데, 전자는 스펙트럼의 일부분을 사진건판 혹은 광다이오드 배열에

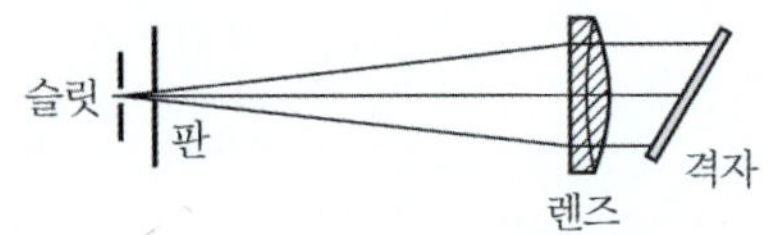

그림 12-8 리트로 마운트로 설치된 평면 격자. 사진건판과 입구 슬릿은 도면에 수직으로 분리되어 있다.

기록하고, 후자는 스펙트럼의 좁은 부분을 출구 슬릿을 통과하게 하여 광증배관이나 다른 광검출기로 측정한다. 이 경우 격자를 돌리면서 넓은 스펙트럼을 훑을 수 있다. 다양한 설계가 가능하지만 여기서는 보다 일반적인 것 중 몇 가지만 간략히 살펴보자.

그림 12-8은 기본적인 **리트로 마운트**(Littrow mount)를 보여주는데, 단일 집광 소자가 평면 격자에 입사하는 빛을 집광하기도 하고, 역방향으로는 슬릿 근처에 위치한 사진건판 위로 빛을 집광하기도 한다. 리트로 마운트에서는 빛이 고랑 면에 수직으로 입사한다는 것을 기억하자. 이러한 리트로 조건은 **에셜 분광사진기**(echelle spectrograph)에도 사용되는데(그림 12-9), 블레이즈된 평면 격자에 대한 큰 입사각에서 얻을 수 있는 높은 분산과 해상도의 장점을 살려 설계된 것이다. 앞에서 논의된 것과 같이 사용 가능한 회절 차수가 크고 자유분광구간은 좁으므로, 2차 오목격자를 써서 겹치는 차수들을 에셜 격자 분산에 수직 방향으로 분산시킨다. 그림 12-9에서는 슬릿 근처에 있는 고랑이 수평 방향인 에셜 격자에 입사할 빛을 오목거울이 시준한다. 에셜 격자에 의해 회절된 빛은 다시 고랑이 수직 방향인 오목격자에 의해 분산된다. 두 번째 격자는 2차원 스펙트럼을 사진건판 위에 집광하는 역할도 한다.

그림 12-10은 격자 분광기에서 **체르니-터너**(Czerny-Turner) 광학계를 보여준다. 입구 슬릿에서 나온 빛은 평면거울에 의해 첫 번째 오목거울로 가고, 여기서 시준된 빛은 격자에 입사한다. 격자에서 회절된 빛은 두 번째 오목거울로 가서 스펙트럼은 출구 슬릿에 집광된다. 격자를 돌리면 분산된 스펙트럼은 슬릿 주위를 움직인다. 이 기기가 특히 불연속적인 분광 광원으로부터 개개의 파장들을 뽑아내거나 좁은 스펙트럼 영역을 출구

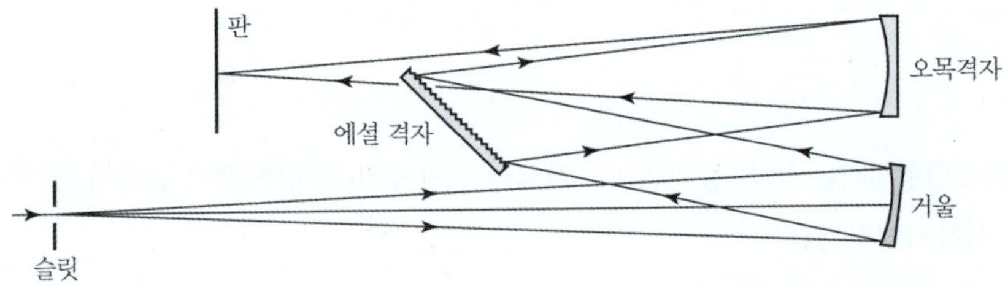

그림 12-9 에셜 분광사진기의 측면도. 에셜 격자는 슬릿-거울 경로를 바로 지나 위치하나, 수평 방향으로 치우쳐 있다.

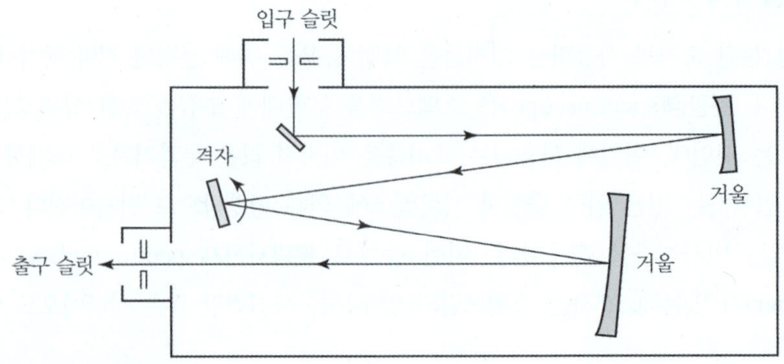

그림 12-10 체르니-터너 분광기

슬릿으로 통과시키는 목적으로 사용될 때, 이것을 **단색화장치**(monochromator)라고 한다.

어떤 기기에서는 두 번째 오목거울이나 렌즈를 쓰지 않고 오목격자를 써서 빛의 분산과 집광을 동시에 한다. 오목격자에 새겨진 고랑들은 오목면 자체가 아니라 오목면의 평면 투영에 대해 균일한 간격을 가진다. 이렇게 하면 구면수차와 코마가 배제된다. 오목격자 분광기는 연질 X-선(1~25 nm)과, 자외선에서 가시광 영역의 파장에까지 사용된다. 그림 12-11의 **파센-룽게**(Paschen-Runge) 설계는 **로랜드**(Rowland) 원을 활용한다. 이것은 대형 오목격자에 사용되는데, 슬릿, 격자 그리고 사진건판 고정장치가 모두 로랜드 원이라고 하는 원주 위에 배치된다. 만일 오목격자 면의 중심이 격자의 곡률 반지름과 같은 지름을 가진 로랜드 원에 접한다면, 원 위에 어떤 위치에 슬릿을 두더라도 같은 원 위에 잘 집광된 스펙트럼 선을 얻을 수 있다. 만일 광원과 슬릿, 격자 그리고 사진건판 고정장치가 암실 안에서 로랜드 원과 격자 방정식에 의해 결정되는 위치에 배치된다면, 파센-룽게 분광사진기의 기본 요건을 갖추었다. 격자의 전형적인 곡률 반지름은 약 6 m이므로, 이 기기는 상당히 큰 공간을 점유한다. 첫 3개의 회절 차수가 대개 이용된다. 전형적인 입사각은 30°와 45° 사이에서 변하고, 회절각은 슬릿과 격자 법선의 반대편에서 25°로부터 같은 편의 85°까지 변한다. 따라서 로랜드 원의 상당 부분을 스펙트럼의 다양한 부분을 기록하는 데 쓸 수 있다. 그림 12-11에는 1200 선/mm의 격자와 $\theta_i = 38°$에 대해 로랜드 원주에서 1차광 스펙트럼 분산(200~1200 nm)을 보여준다. 이런 식으로 형성된 스펙트럼은 상당히 심한 비점수차를 겪을 수 있다.

그림 12-11 오목격자에 대한 파센-룽게 마운트. 회절된 슬릿의 상은 로랜드 원에 형성된다. 1200 선/mm의 격자와 $\theta_i = 38°$에 대해 200~1200 nm의 파장에 대한 1차광 스펙트럼은 각 −22°와 56° 사이에 떨어진다.

워즈워스(Wadsworth) 분광사진기는 오목거울, 오목격자 그리고 사진건판 고정장치를 사용한다(그림 12-12). 건판은 격자의 법선 방향에 설치된다. 오목거울은 입사광을 시준하여 격자에 입사한다. 이 배치에는 비점수차와 구면수차가 없으며 로랜드 원이 필요 없다. 스펙트럼은 격자의 법선에 대해 양쪽으로 10° 정도의 작은 각 범위에서 관측된다. 스펙트럼의 다른 영역들을 기록하기 위해 격자를 돌려 높은 차수를 사용하기도 한다. 이런 형태의 격자 분광기는 파센-룽게 설계에 비해 간결한 구조를 가진다.

회절격자가 다른 파장의 빛을 다른 방향으로 보낼 수 있는 능력은 다른 여러 곳에도 응용된다. 예를 들면 리트로 격자는 레이저 공진기에서 여러 레이저 선들 중 오직 하나만 적은 손실을 겪게 하는 파장 선택성 거울에 응용될 수 있다. 회절격자는 광섬유 통

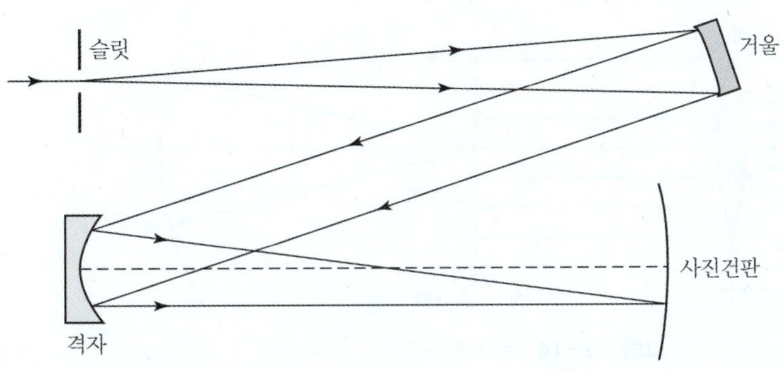

그림 12-12 오목격자를 사용한 워즈워스 마운트.

신에서 파장분할 다중화(multiplexing)와 복조화(demultiplexing) 시스템에도 응용되는데, 광섬유에 넣기 전에 다른 파장의 광 신호들을 결합시키고, 광섬유에서 나왔을 때 이들을 분리하는 데 격자가 사용된다.

문제

12-1 빛이 5000 선/cm의 격자에 의해 회절될 때 2차광에서 파장 400 nm와 600 nm 사이의 각은 얼마인가?

12-2 **a.** 폭 6 cm, 3500 선/cm인 투과격자의 3차광 스펙트럼이 초점거리 150 cm인 렌즈에 의해 스크린 위에 집광된다. 650 nm 근처 빨간색 파장 영역에서 분산을 설명하시오. (°/nm와 nm/mm 두 가지로)

b. 이 조건 하에서 격자의 분해능을 구하시오.

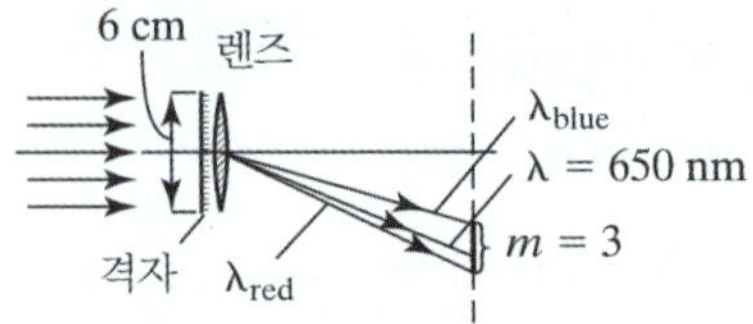

그림 12-13 문제 12-2.

12-3 **a.** 격자 상수가 10^{-3} cm이고 24개의 고랑을 가진 격자에 파장 600 nm의 빛을 비추어 관찰한 2차광 회절 패턴에서 주요 최대와 바로 이웃하는 최소 사이의 각을 구하시오.

b. 위의 최소와 2차 최대가 겹치는 600 nm보다 조금 긴(혹은 짧은) 파장은 얼마인가?

c. 위 (a)와 (b)의 결과로부터 2차광의 분해능을 계산하시오. 이 결과를 이론적인 식(12-11)로 구한 분해능과 비교하시오.

12-4 나트륨 이중선(589.592 nm와 588.995 nm)을 1차광과 2차광에서 분광하는 투과격자에는 각각 얼마나 많은 선을 그어야 하는가?

12-5 **a.** 1차광을 사용하는 격자 분광사진기에 대해, 만약 빛을 입구 슬릿으로 가져오는 데 크라운 유리 광학계가 쓰인다면, 2차광 선들을 포함할 수 있는 스펙트럼의 첫 번째 파장은 얼마인가? 광학계가 수정으로 만들어졌다면 어떻게 되나? 크라운 유리와 수정의 흡수 차단 파장은 각각 350 nm와 189 nm이다.

b. 위의 각 경우 1200 선/mm의 격자에 대해 겹침이 나타나기 시작하는 회절각은 얼마인가?

c. 각 경우에 1차광과 2차광에 대한 자유분광구간은?

12-6 투과격자가 16,000 선/in를 가지고, 폭은 2.5 in이다. 약 550 nm의 녹색에서 사용한다면 3차광에서 분해능은 얼마인가? 2차광에서 분광 가능한 최소 파장 차이를 계산하시오.

12-7 나트륨 이중 D선들은 파장 5893 Å에서 6 Å의 간격을 두고 있다. 격자는 400 고랑을 가진 것만 쓸 수 있다. (a) 이 D선들을 분광할 수 있는 최소 차수는? (b) 격자의 폭은 얼마가 되어야 하나?

12-8 슬릿의 수 (1) $N=2$, (2) $N=10$, (3) $N=15{,}000$인 다중 슬릿 구경을 초점거리 2 m인 렌즈 바로 앞에 놓는다. 각 경우 슬릿 사이의 간격은 0.005 mm이며, 슬릿 폭은 0.001 mm이다. 입사광의 파장은 546 nm이다. 각 경우에 대해 다음을 구하시오. (a) 스크린 위에서 0차광과 1차광 사이의 간격, (b) 중심 회절 포락선 아래에 들어오는 봉우리(주요 최대)의 수, (c) 스크린 위에서 중심 간섭무늬의 폭.

12-9 350 nm 근처 영역에서 파장 간격 0.02 Å을 2차광으로 분광하기 위해 반사격자가 필요하다. 격자는 입구 슬릿을 통해

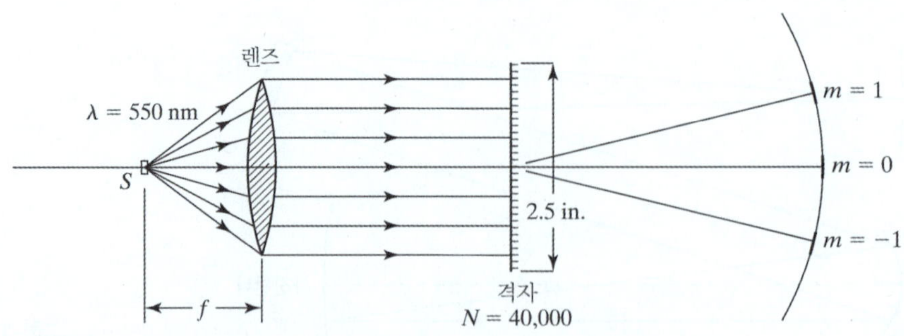

그림 12-14 문제 12-6.

들어오는 빛이 수직으로 입사하도록 장치한다. 격자의 폭이 10 cm로 만들어졌다면 다음을 결정하시오. (a) 요구되는 최소 선밀도(선/cm 값), 이 영역에서 최적 블레이즈 각, (c) 세기가 최대로 되는 회절 각(블레이즈 각과 회절 각을 그려 보이시오). (d) 분산(nm/°).

12-10 가시광 스펙트럼(400~700 nm)의 어디에서나 적어도 1 Å의 1차광 해상도를 제공하는 투과격자를 생각하자. 격자 폭은 2 cm이다.

a. 요구되는 최소 고랑의 수를 결정하시오.

b. 회절 패턴을 초점거리 50 cm인 렌즈로 집광한다면 파장 500 nm 근방에서 1 Å의 간격은 얼마의 거리로 분리되나?

12-11 반지름 2 m인 오목거울 위에 1000 선/mm로 격자가 만들어져 있다. 빛이 격자의 법선에 대해 30°의 각으로 입사한다. 1차광에 대해 다음을 결정하시오. (a) 가시광 파장 영역(400 ~700 nm)의 격자의 법선에 대한 각 퍼짐, (b) 격자 폭이 10 cm일 때 이론적인 분해능, (c) 550 nm 근방에서 평판인자, (d) 격자를 파셴-룽게 마운트에 쓸 때 로랜드 원의 반지름.

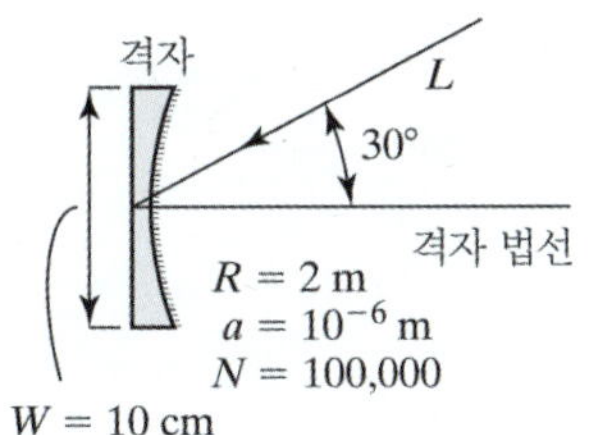

그림 12-15 문제 12-11.

12-12 반지름 2 m인 오목격자가 1차광에서 평판인자 2 nm/mm를 가지려면 cm당 얼마나 많은 고랑이 요구되는가?

12-13 300 선/mm인 평면 반사격자가 10°로 블레이즈되어 있다.

a. 고랑 면에 수직으로 빛을 입사할 때, 최대 에너지는 1차광의 어떤 파장으로 향하나?

b. 격자가 곡률 반지름 3.4 m인 거울을 가진 체르니-터너 마운트에 쓰일 때, 1차광에서 평판인자는?

12-14 폭 15 cm인 반사격자가 자외선 파장 200 nm에서 블레이즈되었다. 1차광에서 이론적인 분해능이 300,000이 되어야 한다면, (a) 리트로 마운트와 (b) 수직입사에 대해 적절한 블레이즈 각을 결정하시오.

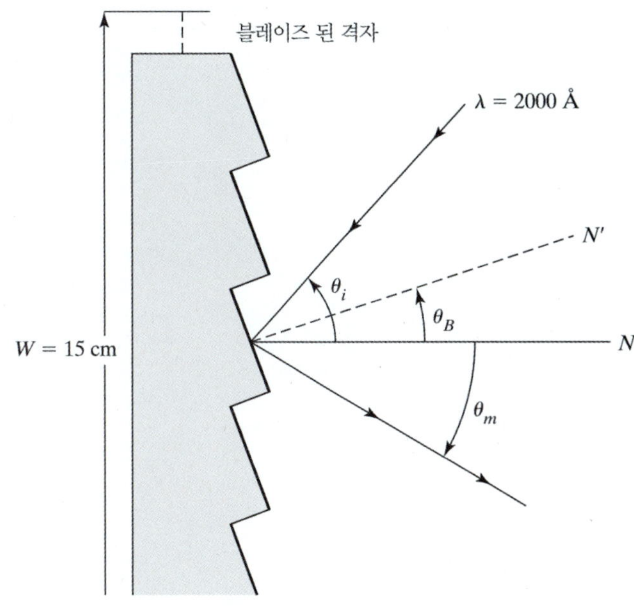

그림 12-16 문제 12-14.

12-15 그림 12-7(c)의 홀로그램 격자에서 두 빔 사이의 각이 2θ일 때, 무늬의 간격 $d=\lambda/(2\sin\theta)$임을 보이시오. 파장 488 nm의 아르곤 이온 레이저를 사용하고, 두 빔 사이의 각이 120°라면, 무늬에 수직 방향으로 놓인 사진건판 감광유제($n=1$) 평면에는 몇 선/mm의 격자가 만들어지나? 감광유제의 굴절률이 1보다 크다면 무늬 간격 d에 어떤 영향을 주나?

12-16 수소와 중소수 혼합 기체의 전기방전에서 나타나는 이중선을 1차광에서 분광하는 격자가 필요하다. 이중선은 6563 Å을 중심으로 1.8 Å 떨어져 있다. 리트로 마운트에서 사용하기 위해 6300 Å에 표준 블레이즈된 격자가 흔히 사용된다. 이 격자에 대해 다음을 구하시오. (a) 요구되는 고랑 전체의 수, (b) 블레이즈 각 22°12′인 격자에 필요한 고랑 밀도(선/mm), (c) 격자의 최소 폭.

12-17 폭 12 cm, 블레이즈 각 63°, 8 선/mm의 에셜 격자가 있다. 리트로 마운트에서 다음을 결정하시오. (a) 가시광 스펙트럼(400~700 nm)이 나타나는 차수 영역, (b) 고랑 전체의 수, (c) 분해능과 550 nm에서 분광 가능한 최소 파장 간격, (d) 550 nm에서 분산, (e) 가장 짧은 파장을 350 nm라 가정하면 자유분광구간.

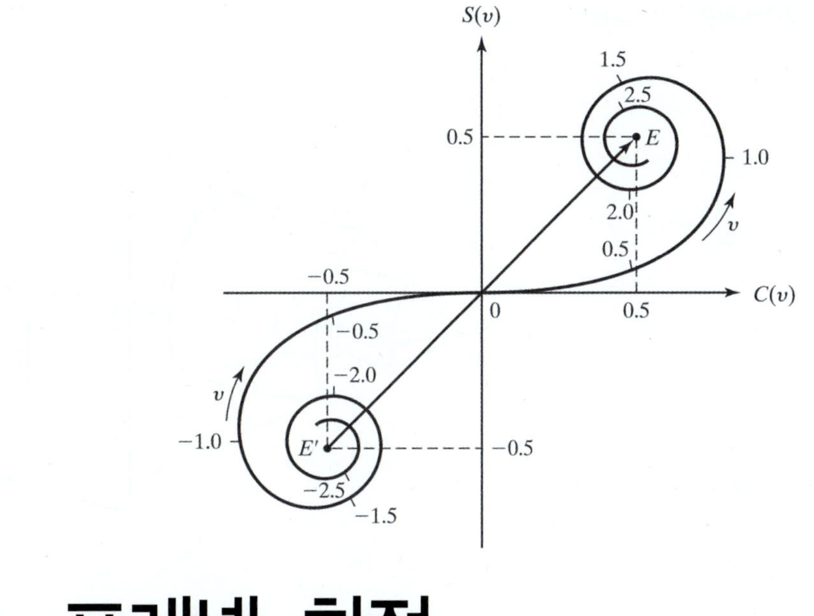

chapter 13 프레넬 회절

서론

지난 두 장에서는 회절하는 구경 이내에서 파면을 큰 오차 없이 평면이라고 볼 수 있는 프라운호퍼(Fraunhofer) 회절을 다루었다. 이 장에서는 이와 같은 근사가 유효하지 않은 영역, 즉 광원이나 관측 스크린이 (혹은 둘 다가) 구경에 가까이 있어서 파면의 곡률을 고려해야 하는 경우를 다룬다. 따라서 프레넬(Fresnel) 회절, 즉 가까운 곳의 회절 패턴을 관찰하기 위해서는 시준렌즈가 필요하지 않다. 이와 같은 실험하는 입장에서 보면 이 경우가 더 단순하다. 그러나 수학적인 처리가 더 복잡하여 거의 항상 근사 기법을 써야 한다.

프레넬 회절 패턴은 기하광학과 프라운호퍼 회절 패턴 두 극단 사이의 연속성을 채우는 형태가 된다. 빛 파동을 직진하는 광선으로 취급하는 기하광학에서는 구경의 날카로운 상이 예상된다. 실제로 이런 상은 관측 스크린이 구경에 상당히 가까울 때 형성된다. 스크린이 매우 멀거나 렌즈를 사용하는 프라운호퍼 회절의 경우 회절 패턴은 구경과 다른 모양을 가진 상이 된다. 예를 들어 이중 슬릿의 프라운호퍼 회절을 상기하자. 그 중간인 프레넬 회절의 경우 회절 패턴은 본질적으로는 구경의 상이지만 가장자리에 무늬가 발생한다.

13-1 프레넬-키르히호프 회절 적분

전형적인 배치를 그림 13-1에 보였다. 점광원에서 구면파가 나와 구경을 만난다. 구경이 광원으로부터 멀지 않으므로 구경에서도 파면은 여전히 구면이다. 그러면 구경의 출구 쪽에서 나타나는 회절은 프레넬 유형이다. 점광원 S로부터 구경에 있는 파면 위의 대표적인 점 O까지의 거리는 r'이고, 점 O에서 관측면의 대표적인 점 P까지의 거리는 r이다.

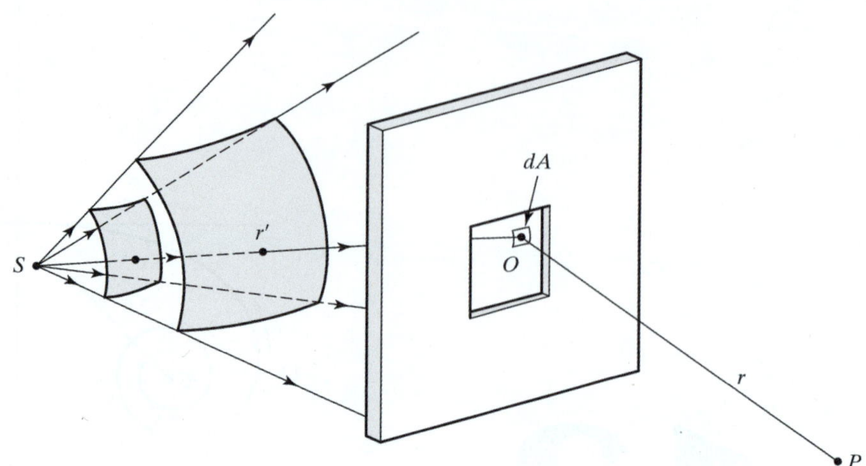

그림 13-1 전형적인 프레넬 회절 변수를 정의하는 도해.

이 경우는 프라운호퍼 회절에 비해 여러 면에서 특별한 기법이 필요하다. 파면이 평면이 아니므로 거리가 계산에 들어간다. 또한 거리 r과 r'은 프라운호퍼 회절에서처럼 구경의 크기에 비해 그렇게 크지 않다. 그 결과 다른 구경 점 O와 관측점 P에 따른 r과 r'의 변화를 고려해야 한다. 마지막으로 여러 구경 점 O에서 주어진 관측점 P를 향하는 방향이 더 이상 근사적으로 동일하지 않기 때문에, 구경에서 생성되는 호이겐스 잔파(Huygens wavelet)들의 방향에 의존하는 진폭을 고려해야 한다. 이것은 곧 논의할 **경사인자**(obliguity factor)에 의해 수정된다.

구경 점 O에서 전기장은 아래와 같이 통상적인 구면파 형태를 가진다.

$$E_O = \frac{E_S}{r'} e^{i(kr' - \omega t)} \tag{13-1}$$

여기서 $\frac{E_S}{r'} e^{ikr'}$은 점 O에서 전기장의 복소 진폭을 나타낸다. 프라운호퍼 회절에서와 마찬가지로 **호이겐스-프레넬 원리**를 적용하면, 구경에서 파면 위 넓이 요소 dA를 갖는 무한소 영역으로부터 호이겐스 가지파동들이 나오는데, 점 P에서 이 모든 잔파들의 중첩에 의한 전기장의 진폭을 구하고자 한다. 이와 같은 하나의 넓이 요소에서 나온 파동이 점 P에 더해주는 기여는 다음의 구면파로 나타낼 수 있다.

$$dE_P = \left(\frac{dE_O}{r}\right) e^{i(kr - \omega t)} \tag{13-2}$$

여기서 진폭 dE_O/r은 넓이 요소에 비례하므로

$$\frac{dE_O}{r} = \frac{E_A}{r} dA \tag{13-3}$$

과 같이 쓸 수 있다. 여기서 E_A는 점 O를 둘러싸는 무한소 영역으로부터 나오는 호이겐스 잔파의 단위 넓이당 진폭을 의미한다. 이와 같이 E_A는 실제 점광원 S로부터 나오는 전기장의 복소 진폭에 비례한다. 따라서 아래와 같이 쓸 수 있다.

$$E_A = \alpha\left(\frac{E_S}{r'}\right)e^{ikr'} \tag{13-4}$$

여기서 α는 거리 역수의 단위를 가지는 비례상수이다. 식(13-1)에서 (13-3)까지를 결합하여 다음 식을 얻는다.

$$dE_P = \alpha\left(\frac{E_S}{rr'}\right)e^{ik(r+r')}e^{-i\omega t}dA \tag{13-5}$$

따라서 전체 구경으로부터 나온 2차 가지파동들이 점 P에 만드는 전기장은 아래와 같이 식(13-5)의 표면 적분이다.

$$E_P = \alpha E_S e^{-i\omega t}\iint_{\text{Aperture}}\left(\frac{1}{rr'}\right)e^{ik(r+r')}dA \tag{13-6}$$

식(13-6)은 두 측면에서 불완전하다. 첫째, 이 식은 방향에 따라 회절된 파를 감쇠시켜 주는 경사인자를 포함하지 않고 있다. 당분간 이 경사인자를 $F(\theta)$라고 하자. $F(\theta)$는 구경 점 O에서 입사광과 회절광 사이 각 θ의 함수이다. 둘째, 원래 입사파에 대한 회절파의 위상 이동이 $\pi/2$라는 흥미로운 요건을 고려하지 않고 있다. 이 두 점에 대해서 다음에 논의한다. 수정된 공식이 프레넬에 의해 유도되었으며, 키르히호프(Kirchhoff)가 이론적인 바탕을 더욱 엄밀하게 다졌다. 키르히호프는 그린(Green)의 적분 정리로부터의 논거에 의해 프레넬의 임시변통 가정들이 자연스럽게 성립한다는 것을 보였다. 여기서 그린 함수들은 전자기파동 방정식의 스칼라 함수 풀이이다.[1] 수정된 적분은 아래의 **프레넬-키르히호프 회절 공식**(Fresnel-Kirchhoff diffraction formula)이다.

$$E_P = \frac{-ikE_S}{2\pi}e^{-i\omega t}\iint F(\theta)\frac{e^{ik(r+r')}}{rr'}dA \tag{13-7}$$

위 식에서 인자 $-i = e^{-i\pi/2}$는 입사파에 대한 회절파의 위상 이동을 나타내며, 경사인자

$$F(\theta) = \frac{1+\cos\theta}{2}$$

는 진폭 E_S를 제한한다. 식(13-7)의 결과는 광원과 스크린의 거리가 구경의 치수에 비해 커야 하며 구경의 치수는 파장에 비해 커야 한다는 근사를 아직 포함하고 있다. 이 식은 구경을 포함하는 폐곡면에서 적분하게 되어있지만 실제로는 구경 안에서의 적분만 기여하는 것으로 가정한다. 이 결과를 얻기 위해 키르히호프는 경계조건으로 구경의 불투명한 부분 바로 뒤에서는 파동함수와 그 기울기가 0이고, 열린 곳에서는 구경이 없을 때와 같은 값을 갖는다고 가정하였다. 이러한 가정을 써서 식(13-7)을 유도할 수 있었지만, 이

1 이것을 유도하는 것은 이 교과서에서 정한 수학 수준을 넘어서므로, 다음 책들을 참고하시오. Max Born and Emil Wolf, *Principles of Optics*, 5th ed. (New York: Pergamon Press, 1975, Ch. 8), Robert Guenther, *Modern Optics* (New York: John Wiley and Sons, 1990, Ch. 9).

가정이 완전히 정당화될 수는 없다. 더욱이 여기서 설명한 이론에서는 전기장 $\vec{\mathbf{E}}$의 파동 함수가 스칼라 함수이다(파동 함수의 절대치 제곱을 취하여 복사조도를 얻는다). 구경 근처에서는 편광 효과를 포함한 전자기장의 벡터 성질을 고려하는 보다 엄밀한 방법을 써야 된다. 그럼에도 불구하고 키르히호프 이론은 대개의 실제 회절 상황에서 충분히 정확한 결과를 준다.

프라운호퍼 회절로 가는 극한에서는 (1) 회절광의 퍼짐이 적음으로 인해 구경 전체에서 경사인자가 대략 일정하고, (2) 분모에 들어가는 거리 r과 r'의 변화가 지수 함수의 변화에 비해 작다고 가정함으로써 식(13-7)은 다음과 같이 간단히 된다.

$$E_P = C_0 e^{-i\omega t} \iint e^{ik(r+r')} dA$$

모든 상수들을 적분 밖으로 꺼내어 하나의 상수 C_0속에 포함시켰다. 이 식은 호이겐스-프레넬 원리의 서술이며, 11장에서 프라운호퍼 회절 패턴을 계산하는 데 사용한 적분에 해당한다.

프라운호퍼 근사의 가정이 성립하지 않는 상황에서는 식(13-7)을 써야 한다. 일반적으로 주어진 구경에 대해 이 적분을 계산하기는 쉽지 않다. 프레넬은 이것을 단순화하거나 아예 피하는 만족할 만한 방법을 제안하였다. 앞으로 이 방법을 간단한 경우에 대해 적용해 보자.

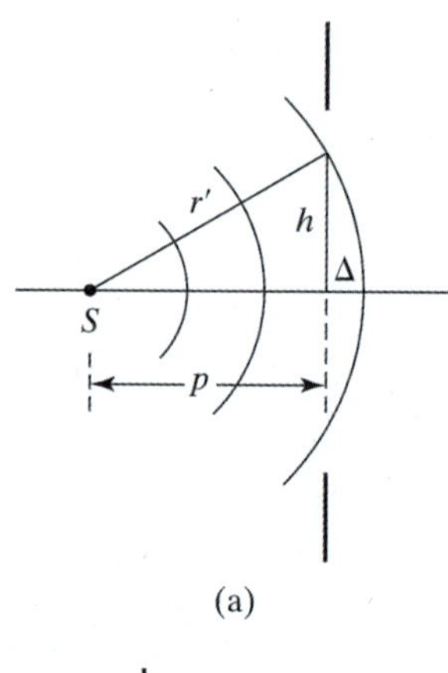

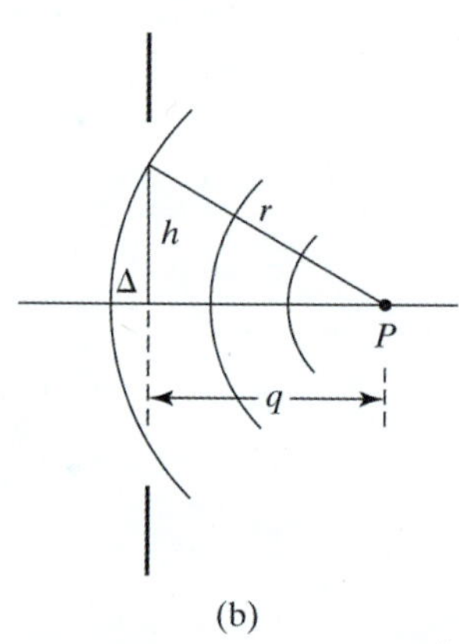

그림 13-2 그림 13-1의 단면도. Δ가 작으면 (a) 입사파와 (b) 회절 파면의 곡률도 작다.

13-2 프레넬 회절의 기준

이러한 경우를 다루기 전에 간단한 프라운호퍼 방법보다 프레넬 기법을 언제 써야 하는지 실용적인 기준을 수립하고자 한다. 그림 13-2처럼 S와 P가 둘 다 구경을 통과하는 중심선 상에 위치한 간단한 경우를 고려하는 것으로 충분할 것이다. 파면이 평면일 때는 Δ로 표시한 치수가 0이 됨을 유의하자. 그러나 Δ가 빛의 파장보다 작을 때는 프라운호퍼 회절법으로 충분하다. 그림 12-2(a)로부터 Δ를 아래와 같이 표현할 수 있다.

$$\Delta = r' - \sqrt{r'^2 - h^2} \tag{13-8}$$

이것은 다시 다음과 같이 근사될 수 있다.

$$\Delta = r' - r'\left(1 - \frac{h^2}{r'^2}\right)^{1/2} \cong r' - r'\left(1 - \frac{h^2}{2r'^2}\right)$$

두 번째 단계에서는 이항전개 $(1-x)^{1/2} = 1 - x/2 + \cdots$의 처음 두 항만을 취하는 근사를 사용하였다. $p \cong r'$이므로 파면의 곡률이 심각해지는 조건은

$$\Delta \cong \frac{h^2}{2r'} \cong \frac{h^2}{2p} > \lambda \qquad (13\text{-}9)$$

와 같고, 그림 13-2(b)에서 회절된 파동에 대해서도 비슷한 식을 얻는다.

$$\Delta \cong \frac{h^2}{2q} > \lambda \qquad (13\text{-}10)$$

식(13-9)와 (13-10)을 합하면 프레넬(가까운 장) 영역은 아래와 같이 표현할 수 있다.

$$\text{가까운 장: } \frac{1}{2}\left(\frac{1}{p} + \frac{1}{q}\right)h^2 > \lambda \qquad (13\text{-}11)$$

물론 이 조건은 그림 13-2에 나타내지는 않았지만 구경의(h에 수직인) 다른 차원에도 적용된다. h를 구경의 최대 크기 혹은 원형 구경의 반지름으로 생각하면 식(13-9)와 (13-10)은 어림하여 아래의 조건으로도 표시할 수 있다.

$$\text{가까운 장: } d < \frac{A}{\lambda} \qquad (13\text{-}12)$$

여기서 d는 p나 q를 나타내며, A는 구경의 넓이다. 이 조건은 식(11-16), 즉 원거리장 회절 조건과도 잘 맞는다.

13-3 경사인자

프레넬은 경사인자가 파면 위의 점들에서 나오는 2차 잔파에 미치는 효과를 도입했다. 호이겐스에 의하면 2차 잔파의 점광원은 방향에 관계없이 같은 효율로 방사한다. 그렇다면 이 점광원은 원래 파의 진행 방향과 그 역방향으로 동일하게 전파하는 파면을 만들어야 하지만, 실제로는 역방향의 파동은 존재하지 않는다. 그림 13-3에서 점 O가 임의의 관측점 P에 도달하는 2차 가지파동의 파원이라면, 수정된 진폭 a는 각 θ의 함수로 다음과 같이 주어진다.

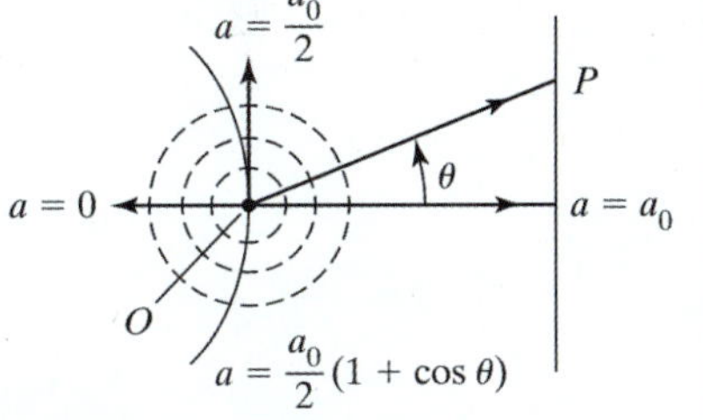

그림 13-3 경사인자 설명도.

$$a = \left(\frac{a_0}{2}\right)(1 + \cos\theta) \qquad (13\text{-}13)$$

여기서 a_0는 정방향($\theta = 0$)으로의 진폭이다. 역방향으로는 확실히 $a = 0$이다. 이 관계식은 이후 키르히호프의 회절 식(13-7)로 정당화된다.

13-4 원형 구경의 프레넬 회절

그림 13-1의 구경이 원형이라고 가정하자. 프레넬은 식(13-7)의 적분을 하지 않고도 이 특수한 경우를 분석할 수 있는 영리한 기법을 고안하였다. 즉 구경을 광축을 중심으로 원형 대칭성을 가진 구역으로 나누어, 이들이 회절광의 진폭에 기여하는 양을 합하는 방

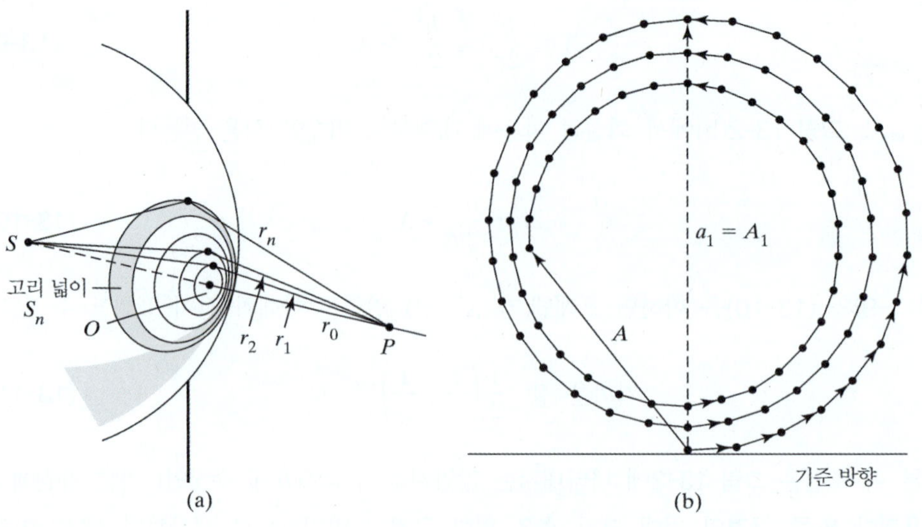

그림 13-4 (a) 구경의 구면파 파면 위에 그린 프레넬의 원형 반주기 고리들. (b) 원형 프레넬 고리에 대한 위상자 그림. (c) 각 반주기 고리는 다시 15개의 잔고리로 나누어진다. 개개의 위상자는 잔고리의 위상을 나타내며, 경사인자의 효과를 감안하기 위해 5%씩 점점 작아진다. 진폭 a_1은 첫 번째 반주기 고리 안의 잔고리 위상자의 기여를 나타내며, 전체 진폭 A는 그림에 보인 5개 반주기 고리 모두에 의한 것이다.

법이다. 그림 13-4(a)는 S에서 구면파가 나오는 것을 보여준다. 구역은 그림과 같이 파면 위에서 원형 고리영역(zone)들로 정의되는데, 관측점 P에서 보아 각 구역 고리까지의 거리는 바로 안쪽의 고리보다 평균적으로 $\lambda/2$ 더 멀다. 즉 그림에서 $r_1 = r_0 + \lambda/2$, $r_2 = r_0 + \lambda$, $\cdots$, $r_n = r_0 + n\lambda/2$, $\cdots$, $r_N = r_0 + N\lambda/2$. 이는 바로 이웃하는 고리의 기여가 정확히 반대의 위상을 가짐을 의미한다. 물론 이들 반주기 고리, 즉 프레넬 고리의 한쪽 끝에서 다른 쪽 끝으로 갈 때 위상은 π만큼 변한다. 프레넬 고리 각각은 더 작은 영역인 잔고리(subzone)로 나눌 수 있다. 이 잔고리들의 기여를 전부 합하면 고리 시작점과 끝점 사이의 중간인 유효 위상을 갖고, 이 유효 위상은 이웃하는 고리와 π 차이가 남을 보일 수 있다. 이것은 각 고리가 15개의 잔고리로 나누어진 위상자 그림 13-4(b)에서도 명확하다. 각각의 작은 위상자는 하나의 잔고리로부터의 진폭 기여를 나타낸다. 잔고리의 위상자가 처음 위상자의 반대 방향이 되는 곳에서 첫 번째 반주기 고리가 완성된다. 수직 파선으로 표시한 진폭 $a_1 = A_1$은 첫 번째 반주기 고리에 있는 잔고리들의 합을 나타낸다. 총합 위상자 a_1은 최초 위상자의 기준 방향과 $90°$의 각을 이루며, 따라서 a_1의 위상은 첫 번째 잔고리 위상자에 대해 $\pi/2$ 위상을 가진다. 잔고리의 수가 많아지면 위상자 그림은 원에 접근하며, a_1의 크기는 이 원의 지름이다. 그림 13-4(b)에서는 각 위상자를 바로 이전의 위상자보다 약간 짧게 하여 경사인자를 고려하였다. 따라서 원은 닫히지 않고 안쪽으로 나선을 이룬다.

n개의 반주기 고리에 의해 P에 만들어진 파동의 진폭 A_n은

$$A_n = a_1 + a_2 e^{i\pi} + a_3 e^{i2\pi} + a_4 e^{i3\pi} + \cdots a_n e^{i(n-1)\pi}$$

즉

$$A_n = a_1 - a_2 + a_3 - a_4 + \cdots a_n \tag{13-14}$$

로 표현된다. n이 커짐에 따라 고리 진폭의 크기 a_n의 변화는 다음과 같이 분석할 수

있다. (1) 바깥쪽으로 갈수록 고리의 넓이가 조금씩 증가하기 때문에 진폭은 조금씩 커진다. (2) P로부터의 거리에 대한 역제곱 법칙으로 진폭은 점차 줄어든다. 그리고 (3) 경사인자로 인해 점차 줄어든다. 이 중 (1)에 대해 n-번째 프레넬 고리의 넓이 S_n은 다음과 같이 계산된다.

$$S_n = \frac{\pi r'_0 r_0^2}{r_0 + r'_0}\left[\frac{\lambda}{r_0} + (2n-1)\left(\frac{\lambda}{2r_0}\right)^2\right] \tag{13-15}$$

(λ/r_0)는 대부분의 경우 매우 작다. 따라서 두 번째 항을 무시하면 식(13-15)는 고리의 넓이가 n에 무관하게 다음과 같이 일정함을 보여준다.

$$S_n \cong \left[\frac{\pi r'_0}{(r_0 + r'_0)}\right] r_0 \lambda \tag{13-16}$$

식(13-15)에서 둘째 항이 매우 작지만 이것이 존재하기 때문에 n에 따라 고리의 넓이가 점차 증가하고, 따라서 식(13-14)에서 각 항의 절대치는 조금씩 커져간다. 그러나 이 증가분은 (2)의 역제곱 법칙에 의한 감소에 의해 상쇄됨을 보일 수 있다. 따라서 (3)의 경사인자에 의한 지속적인 감소만 고려하면 된다.

식(13-14)의 진폭 항 a_n을 더하는 위상자 그림을 그림 13-5(a)에 나타내었다. 그리고 누적 위상자 A_n을 그림 13-5(b)에 나타내었다. 그림 13-5(a)의 각 위상자는 바로 이전의 위상자와 비교해 180° 위상 차이를 가지며, 경사인자로 인해 조금 짧다. 그림 13-5(b)의 누적 위상자는 위상자 a_1의 시작점에서 시작하여 기여하는 프레넬 고리 수 n에 대한 위상자 a_n의 끝점에서 끝난다. 작은 n에 대해서는 새 프레넬 고리가 하나씩 더해짐에 따라 누적 위상자의 변화가 크다는 것을 유의하라. 그림은 큰 N에 대해서 최종

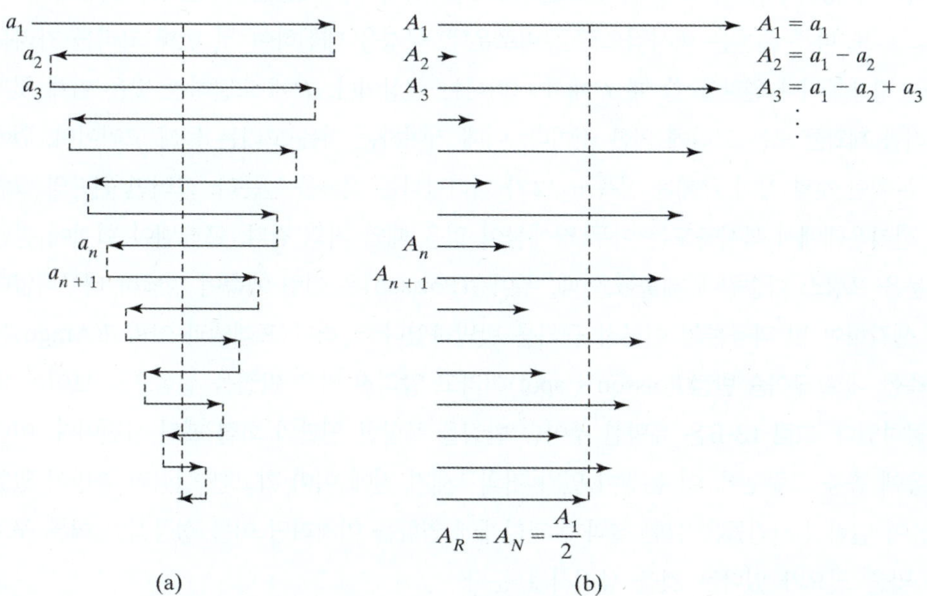

그림 13-5 프레넬 반주기 고리에 대한 위상자 그림. 개개의 위상자를 (a)에 보였고, 각 단계의 누적 위상자를 (b)에 보였다.

진폭 A_R은 첫 번째 고리의 기여의 절반 값인 $a_1/2$에 접근함을 보인다. 최종 진폭 A_R은 극한 값 $a_1/2$보다 큰 값과 작은 값 사이를 진동하는데, 이것은 기여하는 고리의 수 N이 짝수인지 홀수인지에 따라 결정된다.

그림 13-5를 자세히 보면 N이 짝수일 때 최종 진폭 A_R은 어림해서 다음 식으로 표현할 수 있다.

$$A_N \cong \frac{a_1}{2} - \frac{a_N}{2}, \ N \text{ 짝수} \tag{13-17}$$

그리고 N이 홀수일 때는

$$A_N \cong \frac{a_1}{2} + \frac{a_N}{2}, \ N \text{ 홀수} \tag{13-18}$$

그림 13-5나 식(13-17)과 (13-18)을 써서 다음 결론을 얻는다.

1. N이 작으면, 홀수 N에 대해 최종 진폭은 거의 a_1, 즉 첫 고리 하나만의 진폭이다. 짝수 N에 대해서 최종 진폭은 0에 가깝다.
2. N이 크면, 즉 구경이 무한한 경우, a_N은 0에 접근한다. 이때는 N의 홀짝에 관계없이 최종 진폭은 첫 고리의 진폭의 절반, 즉 $a_1/2$이다.

위 결론으로부터 흥미로운 결과를 예측할 수 있는데, 이들을 실험으로 확인할 수 있다. 예를 들어, 원형 구멍이 첫째 프레넬 고리와 일치할 때 P에서 진폭을 측정한다고 가정하자. 이제 구경을 더 크게 열어 둘째 고리까지 포함하게 만들어 빛을 더하면 P에서는 진폭이 0이 된다! 이번에는 구경을 완전히 열어 무장애(방해받지 않는) 파면의 모든 고리들이 기여하게 만들어 보자. 그러면 P에서 진폭은 $a_1/2$, 즉 첫째 고리만 가진 조그마한 구경의 절반이다. 복사조도는 진폭의 절대치 제곱에 비례하므로 무장애 복사조도는 첫째 고리만 가진 구경의 1/4에 불과하다. 이 같은 결과들은 놀라운데, 일상 경험에서 잘 나타나지 않기 때문이다. 그러나 그림 13-5를 이해하면 이들은 자연스런 현상이다.

또 다른 결론은 역사적으로 흥미로운데, 구경을 대신하여 첫 번째 고리를 가리는 둥근 장애물이나 원판을 쓸 때 P에서 나타나는 현상이다. P에 도달하는 빛은 이제 첫째 고리를 **제외한** 모든 고리에 의한 것이다. 이때 기여하는 처음 고리는 둘째 고리이며, 위에서 논했던 것과 같이 P에는 진폭 $a_2/2$가 나타난다는 결론을 얻는다. 그러면 원판의 그림자 한가운데에서 복사조도는 아무 장애물이 없을 때와 거의 같다. 프레넬이 회절에 관한 논문을 프랑스 학술원에 제출했을 때, 푸아송(Poisson)은 이런 예측이 명백히 터무니없다고 생각하여 빛 파동론의 이론적 근거를 반박하였다. 그러나 프레넬과 아라고(Arago)는 예측한 대로 **푸아송 반점**(Poisson's spot)이라고 알려진 밝은 반점을 실험으로 보이는 데 성공하였다. 그림 13-6은 유명한 푸아송 반점을 포함한 원판의 회절 패턴 사진이다. 이런 경우에 종종 그렇듯이, 이 논쟁이 있기 거의 1세기 전에 이미 확고한 실험적 증빙이 있었다. 이 일련의 사건들은 실험 결과가 과학계에 영향을 미치려면 이를 성공적인 이론 구조에 맞출 필요가 있다는 것을 상기시켜 준다.

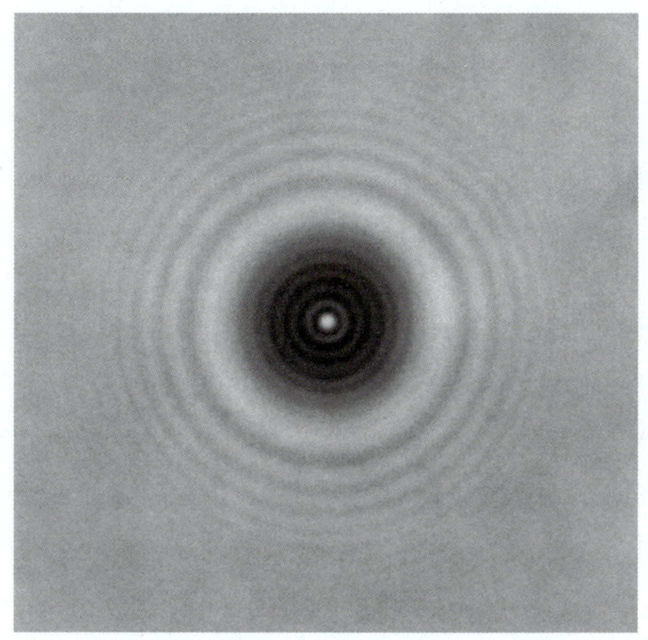

그림 13-6 둥근 원판 장애물에 의한 회절 패턴. 중심에 푸아송 반점이 보인다. (출처: M. Cagnet, M. Francon, and J. C. Thrierr, *Atlas of Optical Phenomenon*, Plate 33, Berlin: Springer-Verlag, 1962.)

13-5 회절광의 위상 이동

그림 13-5의 위상자 a_1은 수평 방향으로 상당히 임의로 그려졌고, 다른 위상자들은 여기에 연관되어 있다. 그러나 이미 보았듯이 첫 번째 프레넬 고리에 의한 위상자 a_1은 축을 따라 P에 도달하는 빛의 위상에 대해 $\pi/2$의 유효 위상을 가진다. 따라서 직진하는 빛은 a_1과 $\pi/2$의 각을 가진 수직 방향의 위상자로 표현할 수 있다. N개 고리의 최종 위상자도 a_1 방향이다. 이 관측으로부터 프레넬 고리 그림으로부터 유도한 P에서 빛의 위상은 축을 따라 직접 P에 도달하는 빛의 위상에 대해 $\pi/2$의 위상을 가진다는 결론을 얻는다. 이 모순을 해결하고 회절을 겪지 않은 파동의 위상과 맞는 결과를 얻기 위해 프레넬은 회절을 일으키는 2차 가지파동들은 입사 파면에 대해 $\pi/2$의 위상을 **얻는** 것으로 가정할 수밖에 없었다. 이 목적으로 식(13-7)에 도입된 인자 i는 키르히호프의 유도에서 자연스럽게 나타난다.

13-6 프레넬 고리판

식(13-14)의 합에서 음 혹은 양의 항 한쪽을 없애버리면 최종 진폭, 즉 복사조도가 상당히 커질 수 있다. 실제로 이것은 파면에서 프레넬 고리를 하나 걸러 막는다는 것을 의미한다. 그림 13-7은 16개의 프레넬 고리에서 하나 걸러 검게 칠한 그림이다. 만일 이런 그림을 사진 찍어 축소한 투명 슬라이드를 만들면, 이것이 **프레넬 고리판**(Fresnel zone plate)이다. 이 고리판에 입사하는 빛이 **평면 파면**으로 구성되어 있다고 생각하자. 그러면 고정된 관측점 P에 대해 반주기 고리를 형성하기 위한 고리 반지름을 계산할 수 있다. 그림 13-8로부

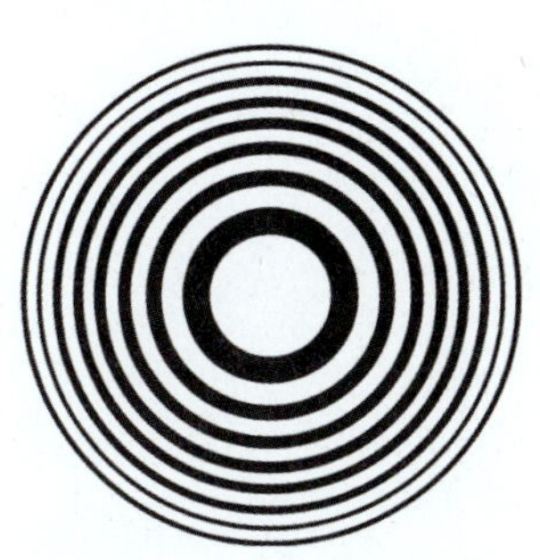

그림 13-7 프레넬 고리판.

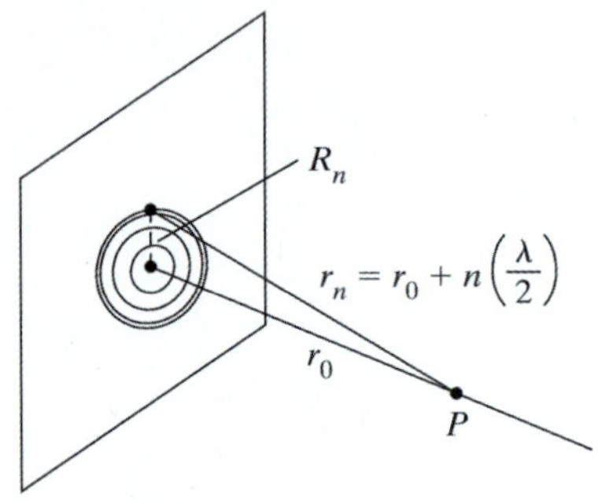

그림 13-8 프레넬 고리판의 반지름을 계산하는 그림.

터 n-번째 고리의 반지름 R_n은

$$R_n^2 = \left(r_0 + \frac{n\lambda}{2}\right)^2 - r_0^2 \tag{13-19}$$

을 만족해야 한다. 이 식은 다시

$$R_n^2 = r_0^2\left[n\left(\frac{\lambda}{r_0}\right) + \frac{n^2}{4}\left(\frac{\lambda}{r_0}\right)^2\right]$$

로 쓸 수 있다.

$n\lambda/r_0 \ll 1$인 경우만 다루면, 둘째 항은 첫째 항에 비해 무시할 수 있다. 예를 들어 $n = 10{,}000$, $\lambda = 600\,\text{nm}$, $r_0 = 30\,\text{cm}$로 잡으면, $n\lambda/r_0 = 0.02$, $\frac{n^2}{4}\left(\frac{\lambda}{r_0}\right)^2 = 0.0001$을 얻어 둘째 항을 무시한 것이 정당화된다. 따라서 고리판의 반지름들은 아래와 같이 어림할 수 있다.

$$R_n = \sqrt{nr_0\lambda} \tag{13-20}$$

그림 13-7에서 연속된 고리의 반지름은 명백히 $\sqrt{n}$에 비례해서 증가한다. 첫 번째($n = 1$) 고리의 반지름은 축상의 점 P까지의 거리 r_0를 결정한다. 첫 번째 고리의 반지름을 R_1이라 하면 다음 고리들의 반지름은 $1.41R_1$, $1.73R_1$, $2R_1$ 등이다.

예제 13-1

파장 632.8 nm의 빛을 고리판에 비출 때 중심 축에서 30 cm 떨어진 점을 기준으로 하는 첫 번째 고리의 반지름을 구하시오. 이보다 100배 큰 반지름을 가진 구경 안에는 몇 개의 반주기 고리들이 있나?

풀이

식(13-20)을 써서

$$R_1 = \sqrt{(1)(30)(632.8\times 10^{-7})} = 0.0436\,\text{cm}$$

$R_n \propto \sqrt{n}$이므로 R_n이 10^2배 증가할 때 n은 10^4배 증가한다. 따라서 $R_n = 4.36$ cm는 $n = 10{,}000$개의 프레넬 고리를 포함한다.

그림 13-7의 16개의 고리 중에 1, 3, 5, … 번째의 8개의 고리가 빛을 투과한다면 식(13-14)는 다음과 같이 된다.

$$A_{16} = a_1 + a_3 + a_5 + a_7 + a_9 + a_{11} + a_{13} + a_{15}$$

구경이 작을 때는 경사인자가 중요하지 않으므로 $A_{16} = 8(a)_1$으로 어림 계산할 수 있다. 비교해 보면, P에서 진폭은 무장애 파면의 진폭 $(a_1/2)$의 16배이다. 따라서 복사조도는 이 16개의 고리만 포함하는 구경으로도 256배가 된다. 앞의 예제에서와 같이 P가 30 cm 거리에 있다면, 파장 632.8 nm에 대해 이 구경의 반지름은 식(13-20)에 의해 1.74 mm 밖에 되지 않는다. 이러한 축 위의 점에 빛을 모으는 효과는 고리판이 P를 초점으로 하는 렌즈 역할을 한다는 것을 보여준다. 식(13-20)으로부터 거리 r_0가 첫 번째 초점 f_1임을 알 수 있다. 즉

$$f_1 = \frac{R_1^2}{\lambda}, \quad n = 1 \tag{13-21}$$

그러나 초점은 하나가 아니다. 관측점 P가 축을 따라 고리판에 접근하면 **같은** 고리 반지름 R_1은 더 많은 반주기 고리들을 포함하게 된다. 식(13-20)에서 R_n이 고정되면 r_0가 감소함에 따라 n은 증가한다. 따라서 P가 판에 접근하면서, 같은 고리 반지름 R_1에 대해 $r_0 = f_1/2$일 때 $n = 2$이다. 이 점에서 원래의 각각의 고리는 이제 두 개의 반주기 고리를 포함한다. 이렇게 원래 고리 안에 들어가는 두 반주기 고리들은 초점 $r_0 = f_1/2$에서 서로 반대(π)의 위상으로 빛에 기여한다. 따라서 이들은 상쇄하여 초점 $r_0 = f_1/2$에서는 집광이 되지 않는다. 이와 같이 관측점 P가 고리판 쪽으로 계속 다가가면, **같은** 고리 반지름 R_1에 대해 $r_0 = f_1/3$과 $n = 3$인 점에 도달한다. 이때는 3개의 반주기 고리가 원래 각각의 고리 안에 포함된다. 이 경우 두 고리는 서로 반대의 위상을 가져 상쇄하고, 하나만이 남아 초점 $r_0 = f_1/3$에 빛으로 기여한다. 이제 그림 13-7에 보인 교대로 투명하거나 불투명한 고리판에 대해 고려하자. 각 고리는 다시 3개의 반주기 고리로 잘게 나누어져 있으므로 $r_0 = f_1/3$인 관측점 P에서 진폭 A에 다음과 같이 더해진다.

$$A = \overset{\text{첫째 고리}}{\underbrace{a_1 - a_2 + a_3}_{a_1}} - \overset{\text{둘째 고리(막힘)}}{\underbrace{a_4 + a_5 - a_6}_{\text{제거됨}}} + \overset{\text{셋째 고리}}{\underbrace{a_7 - a_8 + a_9}_{a_7}} - \cdots \tag{13-22}$$

이 진폭을 $r_0 = f_1$에서의 진폭과 비교해 보면, $r_0 = f_1$에서는 첫째 고리(a_1, a_2, a_3로 구성) 전체가 기여하는 반면, $r_0 = f_1/3$에서는 이 셋 중 하나만 기여한다. 따라서 $r_0 = f_1/3$에서 진폭은 $r_0 = f_1$에서의 1/3로 줄어들고, 복사조도는 1/9이다. 물론 $f_1/5$에 있는 관측점에 대해서도 같이 논할 수 있다. 이때 원래의 고리 반지름 R_1은 5개의 반주기 고리를 포함하고, 복사조도는 1/25로 떨어진다. 일반적으로 축을 따라 최대 세기 점들은 다음과 같이 주어진다.

$$f_n = \frac{R_1^2}{n\lambda}, \quad n \text{ 홀수} \tag{13-23}$$

예제 13-2

예제 13-1의 고리판에 대해 초점거리들을 구하시오.

풀이

식(13-23)과 (13-20)을 사용하면,

$$f_n = \frac{R_1^2}{n\lambda} = \frac{r_0\lambda}{n\lambda} = \frac{r_0}{n}$$

이다. 따라서 $f_1 = 30/1 = 30\,\text{cm}$, $f_3 = 30/3 = 10\,\text{cm}$, $f_5 = 30/5 = 6\,\text{cm}$등이다.

13-7 직사각형 대칭성을 가진 구경에 의한 프레넬 회절

곧은 모서리, 직사각형 구경 그리고 철사줄에 의한 회절은 모두 프레넬-키르히호프 회절 식(13-7)을 어림셈하여 편리하게 다룰 수 있다. 여기서는 그림 13-1과 13-2의 광원 S가 슬릿을 나타낸다고 하자. 그러면 S에서 나오는 파면들은 원통형이다. 원통파는 수학적으로 구면파와 같은 형태로 표현될 수 있다. 구면파와 다른 점은 진폭이 $1/\sqrt{r}$로 감소하고, 따라서 복사조도가 $1/r$로 감소한다는 것이다.

이 경우들에 대해 프레넬의 정량적인 방법을 알아보기 전에, 다시 프레넬 반주기 고리 개념을 써서 정성적으로 결과를 예측해 보자. 이 경우는 고리 대신 그림 13-9와 같이 파면을 따라 좁고 긴 직사각형 띠로 나눈다. 이제 전체 위상자의 합은 **코누**(Cornu) **와선**이라고 부르는 곡선의 끝점들로 표현된다는 것을 보이고자 한다.

전과 같이 이웃하는 띠로부터 오는 빛의 평균 위상은 반주기, 즉 π만큼 앞선다. 그림 13-9(b)에서 긴 직사각형 띠들을 축 SP 아래와 위로 보였다. 원형 프레넬 고리와는 달리 직사각형 띠의 넓이는 n이 증가함에 따라 대폭 줄어든다. 따라서 다음 띠의 위상자 진폭 기여는 눈에 띄게 작아진다. 그림 13-10은 축 위쪽으로 배열된 프레넬 띠들이 주는 복소 진폭의 위상자 그림을 대략 나타낸다. 첫 번째 띠를 세분하여 같은 위상차를 가지는 더 작은 구역(잔띠)들로 나누면, 그림에서 보인 것과 같이 잔띠들의 위상자를 b_1, b_2, ⋯ 등으로 표시할 수 있다. 첫 반주기 띠에 대해 마지막 잔띠의 위상자는 첫 잔띠를 기준으

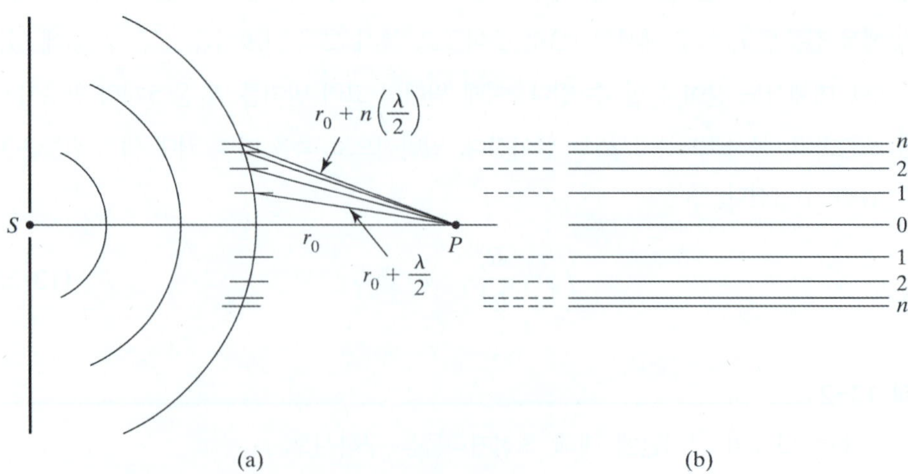

그림 13-9 원통형 파면 위의 프레넬 반주기 띠. (a) 측면도와 (b) 정면도.

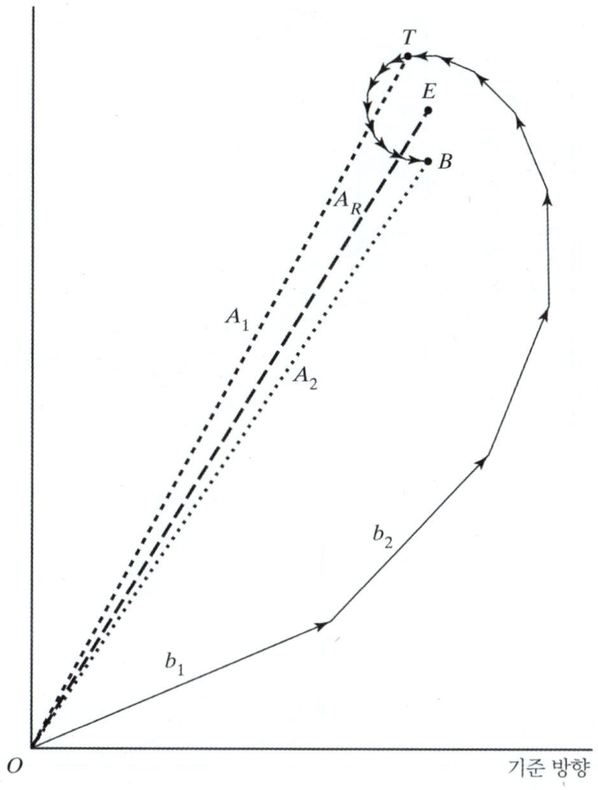

그림 13-10 처음 두 프레넬 반주기 띠에 대한 위상자 그림. 각 띠는 같은 위상 증가를 갖는 잔띠들로 세분되었다.

로 위상 π를 가지고, T에서 끝난다. 이들을 합한 결과는 위상자 A_1이다. 그림 13-4(b)에서와 같이 원형 고리에서는 결과 위상자가 해당 점 T에서 위상각 $\pi/2$를 가지며, 수직 축 위에 떨어진다. 그러나 직사각형 띠에 대해서는 잔띠 위상자의 크기가 상당히 줄어들기 때문에 (b_1, b_2, $\cdots$) 기준 방향에 대한 A_1의 위상은 $\pi/2$보다 작다. 두 번째 반주기 띠로 들어가서 잔띠들의 위상자를 따라가면, 위상 변화 π가 추가되며, 위상자는 B에서 끝난다. 두 반주기 띠에 의한 총 위상자는 A_2이다. 이 과정을 계속하면 위상자들이 매끈한 곡선을 이루어 와선의 눈 E로 소용돌이치며 접근한다. 그러면 OE로 표시되는 위상자 A_R은 그림 13-9(a)에서 축 SP 위쪽 절반을 통과하는 파면에 의한 기여를 나타낸다. 마찬가지로 축 아래쪽의 기여는 제3사분면에 쌍둥이 와선을 만든다. 코누 와선의 모든 점들의 좌표를 안다면, 이런 도해를 사용하고 상대적인 복사조도를 비교하여 임의의 수의 띠에 의한 진폭 기여를 산정할 수 있다. 이러한 정량적인 계산을 하는 방법을 다음에 소개한다.

13-8 코누 와선

식(13-7)에서 경사인자와 분모의 곱 rr'의 변화를 무시하면, 프레넬-키르히호프 적분은 다음과 같이 어림될 수 있다.

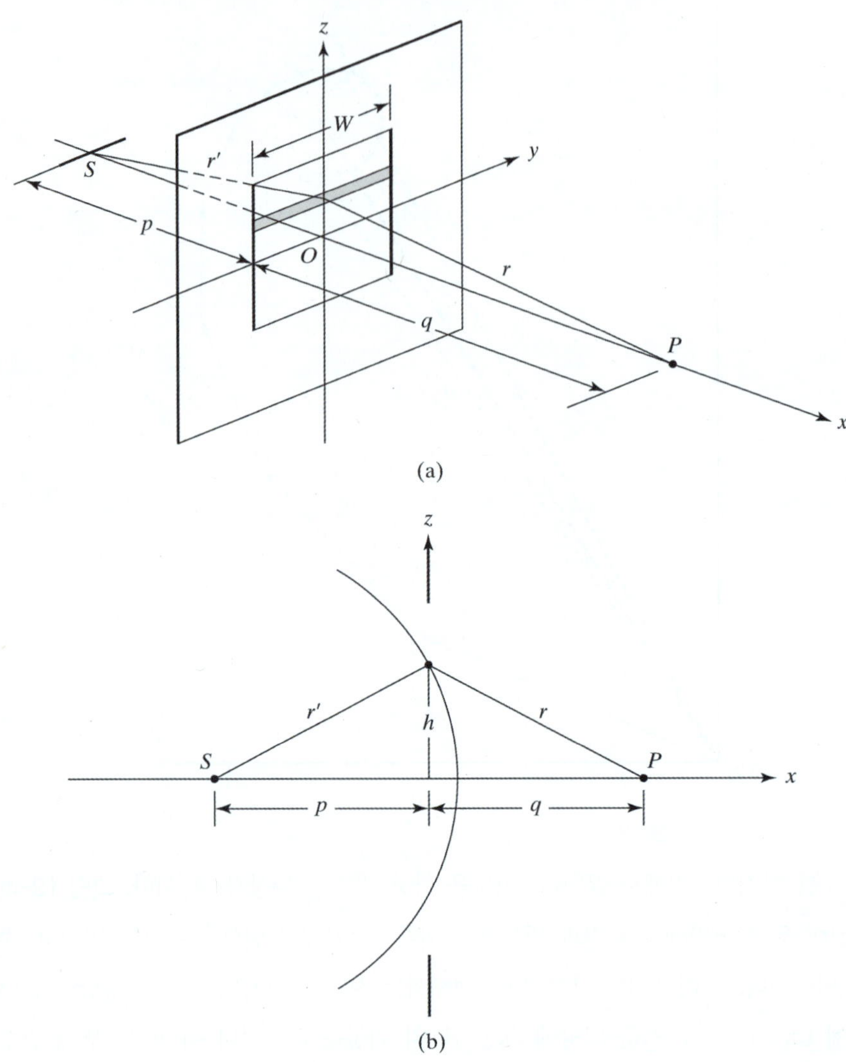

그림 13-11 (a) 슬릿 S에서 나온 원통파가 직사각형 구경에 의해 회절된다. (b) (a)의 측면도.

$$E_P = C_1 e^{-i\omega t} \iint_{A_P} e^{ik(r+r')} dA \tag{13-24}$$

여기서 모든 상수를 C_1에 포함시켰다. 구경을 포함한 폐곡면 전체에 대한 적분은 구경 내부를 제외하고는 0이라고 가정한다. 따라서 적분은 그림 13-11(a)의 yz-평면에 있는 구경에서만 하면 된다. 원통파의 곡률을 나타내는 측면도를 그림 13-11(b)에 보였다. 이 그림에서 거리 $r+r'$은 다음과 같이 구할 수 있다. $h \ll p$, q인 경우 이항전개 어림셈으로 다음 식을 얻는다.

$$r' = (p^2 + h^2)^{1/2} = p\left(1 + \frac{h^2}{p^2}\right)^{1/2} \cong p\left(1 + \frac{h^2}{2p^2}\right)$$

따라서

$$r' \cong p + \frac{1}{2}\left(\frac{h^2}{p}\right)$$

이고, 비슷한 방법으로

$$r \cong q + \frac{1}{2}\left(\frac{h^2}{q}\right)$$

이다. 위 식들로부터

$$r + r' \cong (p+q) + \left(\frac{1}{p} + \frac{1}{q}\right)\frac{h^2}{2}$$

를 얻는다. 다음 식과 같이 정의하자.

$$D \equiv p + q \text{와 } \frac{1}{L} \equiv \frac{1}{p} + \frac{1}{q} \tag{13-25}$$

그러면 다음과 같이 간단히 쓸 수 있다.

$$r + r' \cong D + \frac{h^2}{2L} \tag{13-26}$$

그러면 식(13-24)는

$$E_P = C_1 e^{-i\omega t} \iint e^{ik(D + h^2/2L)} dA$$

이 된다. 넓이 요소 dA를 그림 13-11(a)의 빗금친 조각으로 잡으면, $dA = Wdz$, $h = z$ 그리고

$$E_P = C_1 W e^{i(kD - \omega t)} \int_{z_1}^{z_2} e^{ikz^2/2L} dz \tag{13-27}$$

과 같다. 지수는 $kz^2/2L = \pi z^2/L\lambda$와 같다. 변수치환을

$$z = v\sqrt{\frac{\lambda L}{2}} \quad \text{또는} \quad v = z\sqrt{\frac{2}{L\lambda}} \tag{13-28}$$

과 같이 하면 E_p는

$$E_P = W\sqrt{\frac{L\lambda}{2}}\, C_1 e^{i(kD - \omega t)} \int_{v_1}^{v_2} e^{i\pi v^2/2} dv \equiv \mathcal{A}_P e^{i(kD - \omega t)} \int_{v_1}^{v_2} e^{i\pi v^2/2} dv$$

여기서 $\mathcal{A}_P$는 전기장 진폭의 단위를 가진 복소 척도 인자이다. 오일러 정리를 쓰면

$$E_P = \mathcal{A}_p e^{i(kD - \omega t)} \left\{ \int_{v_1}^{v_2} \cos\left(\frac{\pi v^2}{2}\right) dv + i \int_{v_1}^{v_2} \sin\left(\frac{\pi v^2}{2}\right) dv \right\} \tag{13-29}$$

를 얻는다. 이 형태의 두 적분

$$C(v) \equiv \int_0^v \cos\left(\frac{\pi v^2}{2}\right) dv \tag{13-30}$$

$$S(v) \equiv \int_0^v \sin\left(\frac{\pi v^2}{2}\right) dv \tag{13-31}$$

을 **프레넬 적분**(Fresnel integrals)이라 한다. 식(13-29)는 프레넬 적분을 써서

$$E_P = \mathcal{A}_p e^{i(kD - \omega t)} (C(v_2) - C(v_1)) + i(S(v_2) - S(v_1)) \tag{13-32}$$

로 쓸 수 있다. $I_p = \frac{1}{2}\varepsilon_0 c |E_P|^2$이므로 P에서 복사조도는

$$\begin{aligned} I_P &= \frac{1}{2}\varepsilon_0 c |\mathcal{A}_p|^2 \{(C(v_2) - C(v_1))^2 \\ &+ (S(v_2) - S(v_1))^2\} \equiv I_0 \{(C(v_2) - C(v_1))^2 \\ &+ (S(v_2) - S(v_1))^2\} \end{aligned} \tag{13-33}$$

으로 주어진다. 여기서 $I_0 = (1/2)\varepsilon_0 c |\mathcal{A}_p|^2$로 정의된 복사조도 척도 인자를 사용하였다. 나중에 $2I_0$는 **무장애 파면**(unobstructed wavefront)에 의해 P에 나타난 복사조도, 즉 무한대 크기의 구경에 의한 "회절" 세기이다. $C(v)$와 $S(v)$는 둘 다 기함수이다. 즉

$$C(-v) = -C(v)$$
$$S(-v) = -S(v)$$

표 13-1은 여러 가지 v값에 대한 프레넬 정적분 값들을 보여준다. 앞으로 다룰 여러 응용에서 볼 수 있듯이 프레넬 적분에서 v는 회절 구경의 수직 치수에 의해 결정된다. 프레넬 적분값들을 복소 평면 위에 실수축과 허수축 좌표로써 나타내었을 때, 그 결과 그래프를 **코누 와선**(Cornu spiral) (그림 13-12)이라 한다. $C(v)$와 $S(v)$는 직교좌표계의 좌표이므로 식(13-33)에 따라 와선 위 임의의 두 점 사이를 잇는 선분 길이의 제곱은 점 P에서 복사조도이다. 예를 들어 그림 13-12에 보인 두 점 F와 G를 고려하자. 이 두 점을 연결하는 **위상자**(phasor) $\overrightarrow{FG}$는

$$\overrightarrow{FG} = (C(v_G) - C(v_F)) + i(S(v_G) - S(v_F))$$

이다.

그림 13-11의 점 P에서 전기장 진폭은

$$E_p = \mathcal{A}_p e^{i(kD - \omega t)} \overrightarrow{FG} \tag{13-34}$$

와 같이 쓸 수 있다(식(13-32) 참조). 그리고 점 P에서 복사조도는 다음과 같이 표현된다(식(13-33) 참조).

$$I_P = I_0 (\overline{FG})^2 \tag{13-35}$$

여기서 $\overline{FG}$는 위상자 $\overrightarrow{FG}$의 길이를 나타내는 기호이다.

표 13-1 프레넬 적분값

v	$C(v)$	$S(v)$	v	$C(v)$	$S(v)$
0.00	0.0000	0.0000	4.50	0.5261	0.4342
0.10	0.1000	0.0005	4.60	0.5673	0.5162
0.20	0.1999	0.0042	4.70	0.4914	0.5672
0.30	0.2994	0.0141	4.80	0.4338	0.4968
0.40	0.3975	0.0334	4.90	0.5002	0.4350
0.50	0.4923	0.0647	5.00	0.5637	0.4992
0.60	0.5811	0.1105	5.05	0.5450	0.5442
0.70	0.6597	0.1721	5.10	0.4998	0.5624
0.80	0.7230	0.2493	5.15	0.4553	0.5427
0.90	0.7648	0.3398	5.20	0.4389	0.4969
1.00	0.7799	0.4383	5.25	0.4610	0.4536
1.10	0.7638	0.5365	5.30	0.5078	0.4405
1.20	0.7154	0.6234	5.35	0.5490	0.4662
1.30	0.6386	0.6863	5.40	0.5573	0.5140
1.40	0.5431	0.7135	5.45	0.5269	0.5519
1.50	0.4453	0.6975	5.50	0.4784	0.5537
1.60	0.3655	0.6389	5.55	0.4456	0.5181
1.70	0.3238	0.5492	5.60	0.4517	0.4700
1.80	0.3336	0.4508	5.65	0.4926	0.4441
1.90	0.3944	0.3734	5.70	0.5385	0.4595
2.00	0.4882	0.3434	5.75	0.5551	0.5049
2.10	0.5815	0.3743	5.80	0.5298	0.5461
2.20	0.6363	0.4557	5.85	0.4819	0.5513
2.30	0.6266	0.5531	5.90	0.4486	0.5163
2.40	0.5550	0.6197	5.95	0.4566	0.4688
2.50	0.4574	0.6192	6.00	0.4995	0.4470
2.60	0.3890	0.5500	6.05	0.5424	0.4689
2.70	0.3925	0.4529	6.10	0.5495	0.5165
2.80	0.4675	0.3915	6.15	0.5146	0.5496
2.90	0.5624	0.4101	6.20	0.4676	0.5398
3.00	0.6058	0.4963	6.25	0.4493	0.4954
3.10	0.5616	0.5818	6.30	0.4760	0.4555
3.20	0.4664	0.5933	6.35	0.5240	0.4560
3.30	0.4058	0.5192	6.40	0.5496	0.4965
3.40	0.4385	0.4296	6.45	0.5292	0.5398
3.50	0.5326	0.4152	6.50	0.4816	0.5454
3.60	0.5880	0.4923	6.55	0.4520	0.5078
3.70	0.5420	0.5750	6.60	0.4690	0.4631
3.80	0.4481	0.5656	6.65	0.5161	0.4549
3.90	0.4223	0.4752	6.70	0.5467	0.4915
4.00	0.4984	0.4204	6.75	0.5302	0.5362
4.10	0.5738	0.4758	6.80	0.4831	0.5436
4.20	0.5418	0.5633	6.85	0.4539	0.5060
4.30	0.4494	0.5540	6.90	0.4732	0.4624
4.40	0.4383	0.4622	6.95	0.5207	0.4591

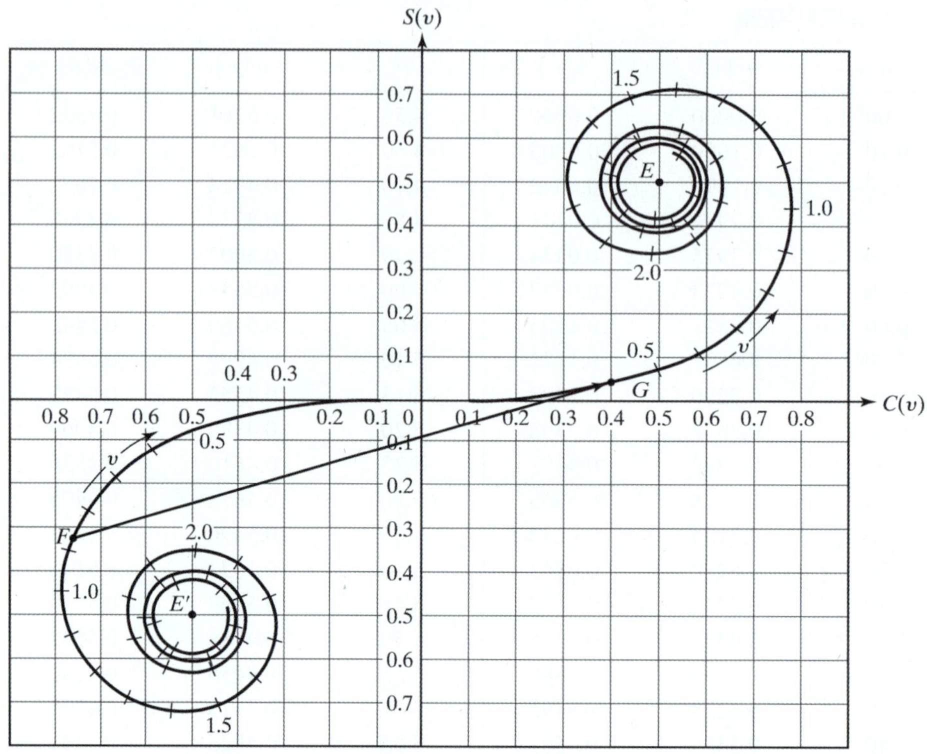

그림 13-12 프레넬 회절 패턴의 복사조도를 예측하는 데 사용한 코누 와선

원점 $v=0$는 $z=0$에 해당하며, 이는 그림 13-11(a)의 구경을 가로지르는 y-축이다. 와선의 윗부분($v>0,\ z>0$)은 y-축 위쪽 구경의 기여이며, 아래쪽($v<0,\ z<0$)의 쌍둥이 와선은 y-축 아래쪽에 의한 것이다. 와선의 극한 점, 즉 "눈"인 E와 E'은 $z=\pm\infty$에 있는 선형(긴 직사각형) 띠에 의한 것이다. 더욱이 변수 v는 코누 와선을 따라 측정한 길이를 나타낸다. xy-평면에 있는 곡선을 따라 길이 증가분 dl은 일반적으로

$$dl^2 = dx^2 + dy^2$$

로 주어진다. 여기서 x와 y 성분은 각각 프레넬 적분 $C(v)$와 $S(v)$이다. 따라서 식 (13-30)과 (13-31)을 써서

$$dl^2 = (dC(v))^2 + (dS(v))^2 = \left[\cos^2\left(\frac{\pi v^2}{2}\right) + \sin^2\left(\frac{\pi v^2}{2}\right)\right] dv^2$$

을 얻는다. 괄호 안의 식은 1이므로 간단히

$$dl = dv \tag{13-36}$$

가 된다. 변수 v는 코누 와선을 따라 측정한 길이이다.

13-9 코누 와선의 응용

코누 와선을 이용하면 프레넬-키르히호프 적분의 어림셈이 가능하다. 몇 가지 특별한 경우를 다음에 살펴보자.

무장애 파면

다양한 구경에 의한 프레넬 회절 패턴에서 복사조도는 종종 무장애 파면에 의한 복사조도 I_u와 비교된다. 무장애 파면은 수직(z) 방향으로 무한대로 열린 구경을 통과한 빛으로 생각할 수 있다. 이 경우 점 P에서 총 복사조도 I_u는 **그림 13-13**에 보인 것처럼 E'에서 E까지 그린 위상자 길이의 제곱에 비례한다. 이 극한 점들의 좌표는 $(C(v_2),\ S(v_2)) = (0.5,\ 0.5)$와 $(C(v_1),\ S(v_1)) = (-0.5,\ -0.5)$이다. 이 값들은 정적분

$$C(\infty) = \int_0^{\infty} \cos\left(\frac{\pi v^2}{2}\right) dv = 0.5$$

$$S(\infty) = \int_0^{\infty} \sin\left(\frac{\pi v^2}{2}\right) dv = 0.5$$

과, $C(v)$와 $S(v)$가 기함수임을 이용하여 구할 수 있다.

따라서 식(13-33)을 써서

$$I_u = I_0(\overline{E'E})^2 = I_0\{(C(\infty) - C(-\infty))^2 + (S(\infty) - S(-\infty))^2\}$$
$$= I_0(1^2 + 1^2) = 2I_0 \tag{13-37}$$

을 얻는다. 다른 구경에 의한 복사조도들은 이 무장애 파면의 값 $I_u = 2I_0$와 비교하면 편리하다.

곧은 모서리

그림 13-14는 모서리에 의한 프레넬 회절을 설명한다. 여기서 프레넬 띠는 **그림 13-7**의 원형 고리가 아니라 **그림 13-9**의 길고 폭이 좁은 직사각형 영역이다. 물론 **그림 13-14**(a)에 묘사한 모서리에 대해서는 모서리 위쪽의 띠들만 주어진 관측점에 진폭으로 기여한다.

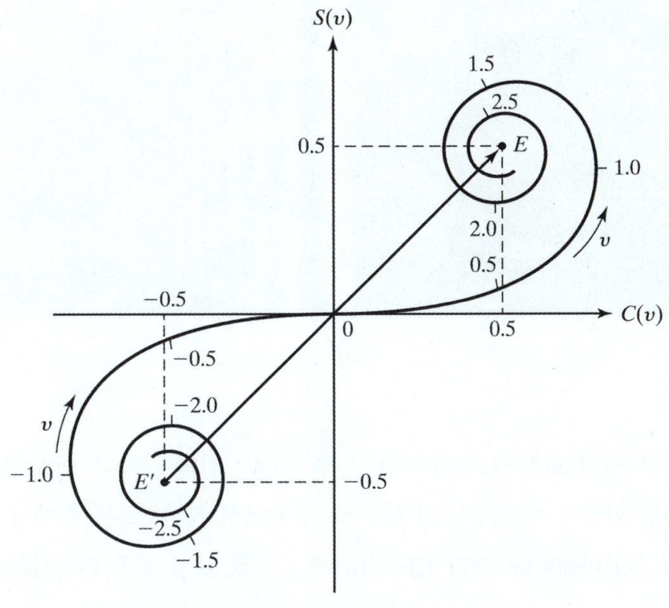

그림 13-13 코누 와선에서 무장애 파면을 나타내는 위상자 $\overrightarrow{E'E}$의 길이는 $\sqrt{2}$ 이다.

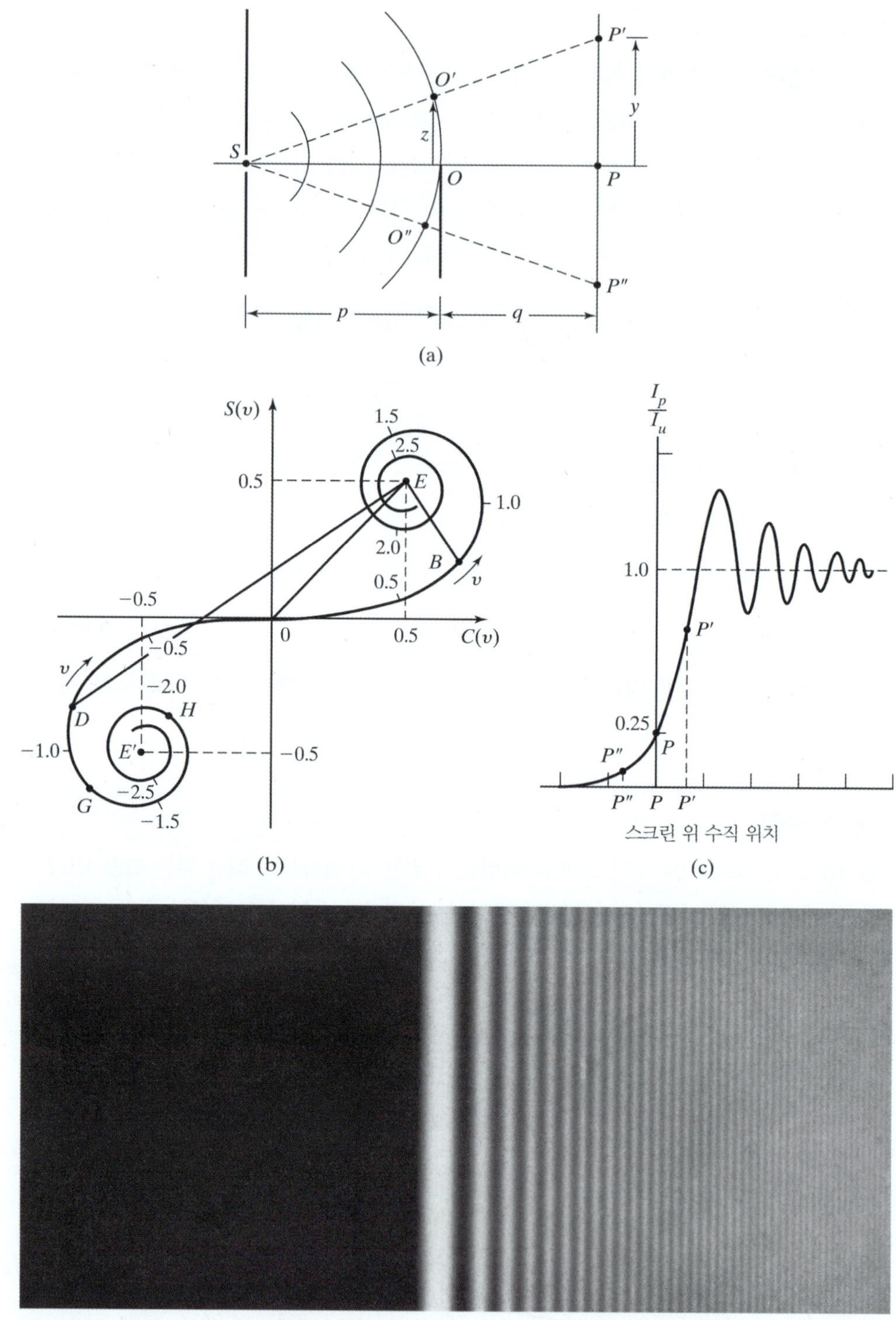

그림 13-14 (a) 곧은 모서리에 의한 회절. (b) 분석에 코누 와선을 사용. (c) 모서리의 프레넬 회절의 복사조도 패턴. (d) 회절 무늬 사진 (출처: M. Cagnet, M. Francon, and J. C. Thrierr, *Atlas of Optical Phenomenon*, Plate 32, Berlin: Springer-Verlag, 1962.)

기하학적인 그림자의 모서리($z = v = 0$)인 축 SOP 위의 관측점 P에서는 위쪽 절반 영역의 띠와 코누 와선이 적용된다. 이 경우에 점 P에서 복사조도는 O에서 E로 가는 위상자 길이의 제곱에 비례한다. 그림 13-14(b)에 OE로 보인 최종 위상자의 길이는 $1/\sqrt{2}$

이며, 결과적으로 복사조도는

$$I_P = I_0(\overline{OE})^2 = \frac{1}{2}I_0 = \frac{1}{4}I_u \qquad (13\text{-}38)$$

이다.

그림 13-14(c)의 그래프에서는 점 P에서뿐만 아니라 스크린 상에서 그 위나 아래로 수직 변위 y에서의 복사조도를 보였다. 아래쪽 점 P''에 대해서는 이 점으로부터 구경의 파면으로 그린 새로운 축 $SO''P''$을 기준으로 띠들을 고려해야 한다. 점 O가 점 P에 대해 파면의 중심을 표시하는 것과 같이, P''에 대해서는 점 O''가 파면의 중심을 표시한다. 따라서 축 $SO''P''$ 위쪽의 새로운 "파면의 위쪽 절반"에서는 O''와 O 사이에 걸쳐 있는 띠들은 장애물에 가려져서 스크린 위의 점 P''에서의 진폭에 기여하지 않는다. 물론 파면의 아래쪽 절반은 이전과 같이 차단된다. 따라서 축 $SO''P''$에 대해 기여하는 띠들은 유한한 양의 z 값에서 시작하여 ∞까지 계속된다. 이들은 코누 와선에서 진폭 BE로 표시된다. 따라서 점 P''에서 복사조도는 다음과 같이 주어진다.

$$I_{P''} = I_0(\overline{BE})^2 < I_P$$

앞의 관계식에서 지적했듯이 $\overline{BE} < \overline{OE}$이므로 P''에서 복사조도는 P에서보다 작다. 관측점이 P로부터 스크린 상의 아래쪽으로 옮겨가면, 이에 해당하는 위상자의 한쪽 끝점은 E에 고정되지만 다른 쪽 끝점 B는 코누 와선을 따라 O로부터 멀어져 간다. 따라서 그림 13-14(c)에 보인 것처럼 진폭(복사조도)은 단조 감소해야 함을 알 수 있다. 명백히 그림자의 모서리는 날카롭지 않다. 반면에 P 위쪽의 점 P'에 대해서는 축 $SO'P'$을 기준으로 위쪽 띠들 모두와(O' 위쪽 파면), 아래쪽 띠들 일부(O와 O' 사이)가 기여한다. 따라서 이 경우 z는 특정 음의 값으로부터 ∞까지 변한다. 그러면 P'에서 해당 진폭은 $\overline{DE}(>\overline{OE})$에 비례하고, 따라서 $I_{p'} > I_p$이다. P'가 스크린 위쪽으로 이동하면 그림 13-14(b)에 보인 것과 같이 D가 와선을 따라 아래쪽으로 움직인다. 이 경우에는 D가 와선을 따라 들어감에 따라 P'에서의 복사조도는 그림 13-14(c)에 보인 것처럼 여러 최대와 최소 사이를 진동한다.

예제 13-3

곧은 모서리에 대해 그림자 모서리 위쪽의 첫 번째 최대에서 복사조도를 계산하시오.

풀이

그림 13-14(b)를 보자. 첫 번째 최대 점에서 진폭에 비례하는 위상자의 꼬리는 극단(위상자를 가장 길게 만드는) 점 G에 있다. 그래프에서 읽으면 이 점은 $v \cong -1.2$에 해당한다. 그러면 표 13-1과 $C(v)$와 $S(v)$가 기함수란 사실로부터

$$C(-1.2) = -0.7154 \text{와 } S(-1.2) = -0.6234$$

를 읽는다. 이제 최대 진폭에 해당하는 위상자의 끝은 양의 와선에서 좌표가 $C(\infty)$

$=S(\infty)=0.5$인 점 E에 있다. 이런 점에서 첫 번째 최대 복사조도는 식(13-33)에 의해

$$I_{1\text{st max}}=I_0\{[0.5-(-0.7154)]^2+[0.5-(-0.6234)]^2\}=2.74I_0=1.37I_u$$

로 주어진다. 이것은 무장애 파면에 의한 복사조도 I_u의 1.37배이다.

그림 13-14(b)에서 길이 $\overline{HE}$는 스크린 위의 첫 번째 최소의 복사조도에 비례한다. 예제 13-3에서 한 것과 비슷한 계산을 하면 이 경우 $I_{1\text{st min}}=0.78I_u$란 것을 알 수 있다. 그림 13-14(a)에서 y 값이 매우 큰 관측점 P'에 대해 복사조도는 I_u에 접근한다. 그림 13-14(d)는 이러한 회절 패턴의 사진이다. 그림 13-14(a)로부터 스크린에서 높이 y인 점을 파면의 해당 높이 z에

$$y=\left(\frac{p+q}{p}\right)z$$

과 같이 관련지을 수 있다. z 값은 코누 와선에서 길이를 결정하며, 이것으로부터 스크린 위의 복사조도를 정량적으로 계산할 수 있다.

단일슬릿

그림 13-15(a)에서와 같이 폭 w인 단일슬릿의 회절을 생각해 보자. 이 경우에는 SOP 축 상에 있는 점 P에 대해 기여하는 띠들은 $z=-w/2$ 부터 $z=w/2$ 사이의 영역에 있다. 따라서 단일슬릿 $\Delta z=w$에 대해, 식(13-28)에 의해 다음 관계가 성립한다.

$$\Delta v=\Delta z\sqrt{\frac{2}{L\lambda}}=w\sqrt{\frac{2}{L\lambda}} \tag{13-39}$$

일단 식(13-25)로 L을 계산한 다음, 기여하는 코누 와선에서 호의 길이 구간 Δv가 결

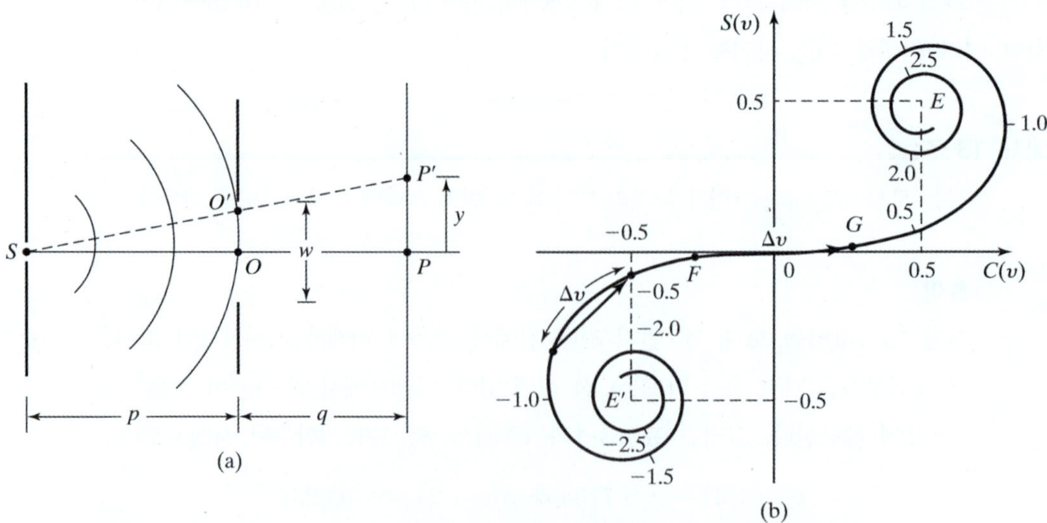

그림 13-15 (a) 단일슬릿에 의한 프레넬 회절. (b) 코누 와선 위의 진폭 표시.

정된다. p, q, λ의 여러 조합을 하나의 코누 와선에 표현할 수 있는데, 이때 v는 단위가 없는 보편적인 변수 역할을 한다. 예를 들어 $p=q=20\,\text{cm}$이고, $\lambda=500\,\text{nm}$이면, 슬릿 폭 0.01 cm에 대해 $\Delta v=0.632$이다. 그림 13-15(a)의 관측점 P에서 복사조도를 계산하기 위해, 그림 13-15(b)에서와 같이 코누 와선의 원점을 중심으로 대칭적으로 놓인 길이 $\Delta v=0.632$는 현 FG의 양 끝점을 결정한다. P 위쪽의 관측점 P'에 대해서는 기여하는 띠들을 두 부분으로 나눌 수 있는데, 축 $SO'P'$ 위쪽($z>0$, $v>0$)보다 아래쪽($z<0$, $v<0$)에 있는 띠가 더 많다. 따라서 와선 길이 구간 Δv의 중심에 대한 z와 v 값은 점점 더 음으로 된다(점 P에 대한 중심 값들은 $z=0$과 $v=0$임을 유의할 것). 결과적으로 P'가 P 위쪽으로 더 옮겨가면 그림 13-15에 보인 것처럼 Δv는 코누 와선을 따라 눈 쪽으로 미끄러져 들어간다. 와선 길이를 따라 길이 Δv는 고정되어 있지만 와선을 따라 다른 부분에 위치함으로써 현의 길이가 변하고, 복사조도도 따라서 변한다. 관측점이 축의 아래쪽에 있으면 Δv가 위쪽 와선에 위치한다. 이 방법으로 전체 회절 패턴을 계산할 수 있다. 단일 슬릿의 회절 패턴은 중심에 대해 대칭적이고, 복사조도는 진동하기는 하지만 결코 0이 되지 않는다는 것을 알 수 있다.

예제 13-4

빛의 파장이 500 nm이고, 그림 13-15(a)의 슬릿의 폭은 1 mm이다. 빛은 슬릿에서 $p=20\,\text{cm}$ 떨어진 파원 슬릿 S로부터 나온다. 회절 패턴은 슬릿으로부터 $q=$ 30 cm 되는 곳에서 관측한다. 축 SOP 위쪽으로 높이 1 mm 곳에서 복사조도를 계산하시오.

풀이

식(13-25)를 사용하면, $L=pq/(p+q)=12\,\text{cm}$. 여기서 그림 13-15(a)의 P'와 같은 점에서 복사조도를 구한다. 기여하는 띠들은 그림 13-15(b)의 현 FG에 포함된 것들과 같으나, 여기서는 호 FG의 길이가 약간 아래쪽 끝으로 이동된 경우이다. P를 기준으로 한 것보다 P'을 기준으로 한 경우 아래쪽 절반으로부터는 더 적은 수의 띠들이 기여한다. 스크린에서 점 P'은 $y=1\,\text{mm}$에 있다. 이에 해당하는 파면 위의 점 z는

$$z=\left(\frac{p}{p+q}\right)y=\frac{20}{50}(1)=0.4\,\text{mm}$$

따라서 그림 13-15(a)의 점선과 슬릿에서의 파면과의 교점은 슬릿 중심으로부터 위쪽으로 0.4 mm, 즉 슬릿의 위쪽 모서리로부터 0.1 mm 아래에 있다. P'에서 “보는” 기여하는 띠들은 파면의 위쪽 절반에서 $z=+0.1\,\text{mm}$와 $z=0$ 사이와, 아래쪽 절반에서 $z=0$과 $z=-0.9\,\text{mm}$ 사이의 띠들이다. 따라서 기여하는 띠들은 축 $SO'P'$를 기준으로 $z_1=-0.9\,\text{mm}$와 $z_2=0.1\,\text{mm}$ 사이의 것들이다.

여기에 해당하는 코누 와선 위의 끝점들은 v_1과 v_2이다. 예를 들어

$$v_1 = \sqrt{\frac{2}{L\lambda}}\, z_1 = \sqrt{\frac{2}{(0.12)(500\times 10^{-9})}}\,(-0.9\times 10^{-3}) = -5.19615$$

이며, 같은 방법으로 $v_2 = 0.57735$을 얻는다. 코누 와선 위에서 v_1과 v_2 사이 현의 길이의 제곱은 점 P'에서 복사조도에 비례한다. 이 값들의 좌표는 표 13-1에서 보간법을 써서 아래와 같이 구할 수 있다.

v_1에 대해: $C(-5.196152) = -0.44016$, $S(-5.196152) = -0.50043$

v_2에 대해: $C(0.577352) = 0.56099$, $S(0.57735) = 0.10013$

따라서 점 P'에서 복사조도는 식(13-33)으로부터

$$\begin{aligned} I_{P'} &= I_0\{[0.56099-(-0.44016)]^2+[0.10013-(-0.50043)]^2\} \\ &= 1.36 I_0 = 0.68 I_u \end{aligned}$$

축 위쪽으로 1 mm에 있는 스크린 점에서 복사조도는 무장애 파면에 의한 복사조도의 0.68배이다.

철사줄

이제 그림 13-15(a)의 좁은 슬릿을 철사줄과 같이 길고 가는 장애물(그림 13-16)로 바꿔 보자. 만약 슬릿과 철사줄의 폭이 같으면, 파면을 차단하는 띠들과 투과하는 띠들이 정확히 반대로 된다. 그림 13-16(b)의 와선 구간 Δv에 의해 표시된 부분만 제외하고 코누 와선의 모든 부분이 점 P에서의 복사조도를 계산하는 데 쓰인다. 이 상황에서는 두 "벡터" $\overrightarrow{E'F}$와 $\overrightarrow{GE}$가 점 P에서 복사조도를 구하는 데 기여한다. 사실 점 P에서 복사조도는 위상자 합 $\overrightarrow{E'F}+\overrightarrow{GE}$의 길이의 제곱에 비례한다. 이 결과는 무장애 파면에 관련된 벡터 $\overrightarrow{E'E}$에서 철사줄에 의해 막힌 띠들에 관련된 벡터 $\overrightarrow{FG}$를 빼는 벡터 그림을 그려보면 확인할 수 있다. 즉

$$\overrightarrow{E'F}+\overrightarrow{GE} = \overrightarrow{E'E}-\overrightarrow{FG} \tag{13-40}$$

따라서 점 P에서 복사조도는

$$I_P = I_0\left[\overline{\overrightarrow{E'F}+\overrightarrow{GE}}\right]^2$$

다른 관측점 P'에 대해서는 막히는 와선 구간 Δv는 앞의 슬릿에서 기여하는 구간처럼 와선을 따라 미끄러지면서 이동한다. 그림 13-17은 철사줄에 의한 회절 패턴의 사진이다. 이보다 더 복잡한 프레넬 회절 패턴의 예를 그림 13-18에 보였다.

13-10 바비네 원리

그림 13-15와 13-16에서 보인 구경들처럼 투과하는 부분과 막힌 부분이 정확히 역전된 경우 이들을 **상보구경**이라 한다. 이 두 구경들을 A와 B라 하면, A에 의한 회절광의 진

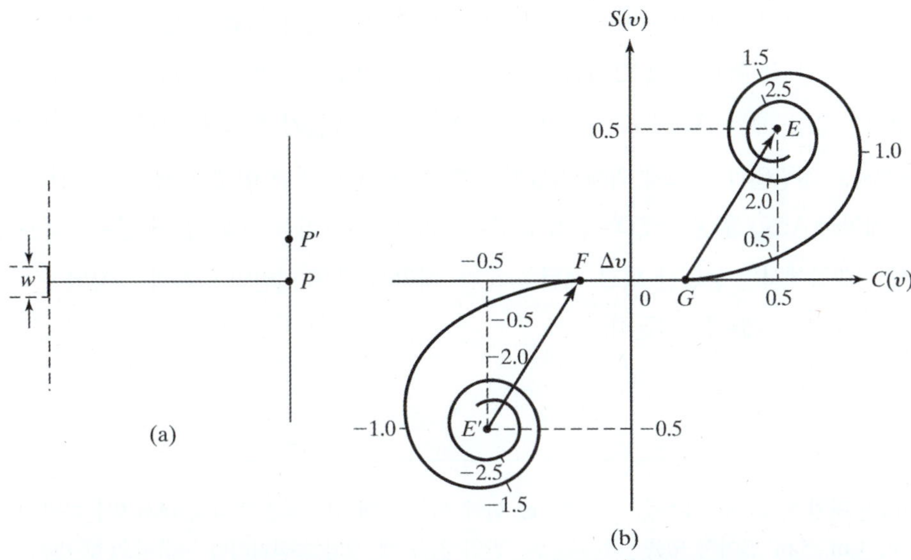

그림 13-16 폭 w인 철사줄에 의한 프레넬 회절 배치도(a)와 코누 와선 위의 표시(b).

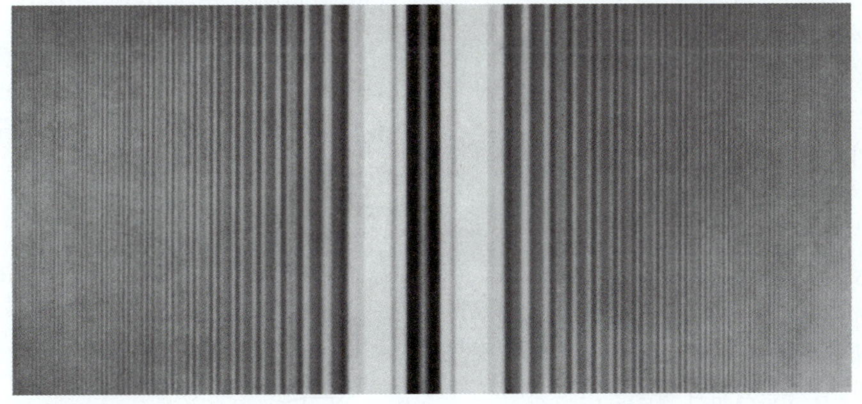

그림 13-17 가는 철사줄의 프레넬 회절 (출처: M. Cagnet, M. Francon, and J. C. Thrierr, *Atlas of Optical Phenomenon*, Plate 32, Berlin: Springer-Verlag, 1962.)

폭과, A의 자리에 대신 B를 놓고 측정한 회절 진폭을 스크린 위 임의의 점에서 합하면 원래의 무장애 진폭과 같아야 한다. 이것이 **바비네**(Babinet) 원리의 내용이며, 아래 식으로 표현된다.

$$E_A + E_B = E_u \tag{13-41}$$

여기서 A와 B는 임의의 두 상보구경들을 의미한다. 이 결과는 그림 13-15와 13-16의 슬릿과 철사줄의 코누 와선 결과를 분석하여 보일 수 있다. 철사줄을 구경 A라 하고, 슬릿을 구경 B라 하자. 식(13-40)을 재배열하면 식(13-41) 모양으로 다음과 같이 쓸 수 있다.

$$\overrightarrow{E'F} + \overrightarrow{FG} + \overrightarrow{GE} = \overrightarrow{E'E}$$

여기서 $\overrightarrow{E'F} + \overrightarrow{GE}$는 철사줄 때문에 스크린 위 점 P에 발생하는 전기장 진폭 E_A에 비례하고, $\overrightarrow{FG}$는 슬릿 때문에 스크린 위 점 P에 발생하는 전기장 진폭 E_B에 비례하며, $\overrightarrow{E'E}$는 무장애 진폭 E_u를 나타낸다. 따라서 철사줄-슬릿의 상보성 짝은 바비네 원리를 만족시킨다.

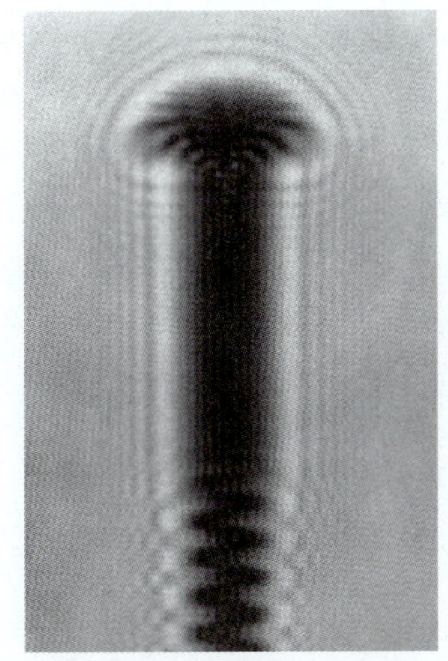

그림 13-18 나사못의 프레넬 그림자 (출처: M. Cagnet, M. Francon, and J. C. Thrierr, *Atlas of Optical Phenomenon*, Plate 36, Berlin: Springer-Verlag, 1962.)

$E_u = 0$인 곳에 바비네 원리를 적용하면 특별한 의미가 있는 결과를 얻을 수 있다. $E_u = 0$인 점에서는, 식(13-41)에 의해 $E_A = -E_B$이고, 따라서 $I_A = I_B$이다. 실제로 구경이 없을 때는 프레넬 회절이 $E_u = 0$인 진폭을 만들지 못한다. 그러나 프라운호퍼 회절에서는 점광원과 렌즈에 의해 만들어진 회절 패턴에서처럼 이것이 가능하다. 이 경우 작은 에어리(Airy) 원판 바깥쪽 영역에서는 거의 $E_u = 0$이다. 이와 같이 상보구경은 중심 상 바깥쪽에서는 동일한 회절 패턴을 준다. 따라서 같은 패턴의 양각과 음각의 슬라이드는 같은 회절 패턴을 만든다.

문제

13-1 지름 1 mm인 구멍을 파장 546 nm인 평면파 빛으로 비추었다. 관측면이 구경으로부터 50 cm, 1 m, 5 m 떨어져 있을 때, 통상적인 기준에 의하면 프레넬 혹은 프라운호퍼 회절 중 어떤 회절 분석 기법을 써야 하나?

13-2 불투명한 스크린 위에 뚫린 지름 3 mm인 둥근 구멍에 파장 550 nm인 평면파를 수직으로 비춘다. 작은 광검출기를 축을 따라 이동시키면서 회절 빔의 세기를 측정한다. 광검출기가 멀리서부터 스크린으로 접근할 때 처음 세 개의 최대와 최소 위치를 구하시오.

13-3 멀리 떨어진 거리에서 나트륨 등(589.3 nm)이 둥근 구멍을 비춘다. 구멍의 지름을 증가시키면 구멍에서 1.5 m 떨어진 축 위의 점에서는 복사조도가 최대와 최소 사이를 진동한다. (a) 처음 두 최대와 (b) 처음 두 최소를 주는 구멍의 지름은 각각 얼마인가?

13-4 단색광(600 nm) 평면파가 구경에 입사한다. 광검출기가 구경으로부터 20 cm 떨어진 축 위에 있다.

a. 광검출기를 기준으로 첫 번째 프레넬 반주기 고리의 반지름 R_1은 얼마인가?

b. 구경이 축 위에 중심을 둔 반지름 1 cm인 둥근 구멍이라면, 이 구경은 몇 개의 반주기 고리를 포함하고 있나?

c. 만약 이 구경의 고리들을 하나 건너서 막는다면 이 고리판의 처음 세 개의 초점거리를 구하시오(첫 번째 반주기 고리의 반지름은 (a)에서 구한 R_1).

13-5 식(13-20)에 주어진 고리판의 반지름들은 구경에 평면파가 입사하는 경우에 대해 유도되었다. 만일 평면파 대신에 구경으로부터 거리 p인 축 위에 있는 점광원에서 나온 구면파가 입사한다면 다음과 같이 식이 고쳐짐을 보이시오.

$$R_n = \sqrt{nL\lambda}$$

단, q는 구경으로부터 축상의 관측점까지 거리이고, L은 $1/L = 1/p + 1/q$로 정의된다.

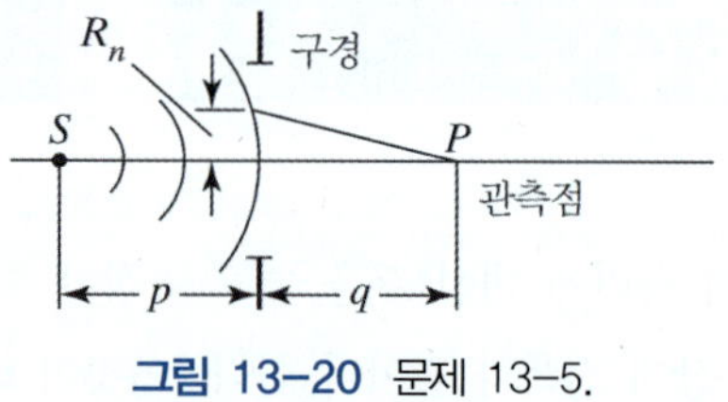

그림 13-20 문제 13-5.

13-6 광원이 구경으로부터 10 cm 떨어진 곳에 있는 점광원일 때, 문제 13-5의 결과를 고려하여 문제 13-4(a)와 (b)를 다시 푸시오.

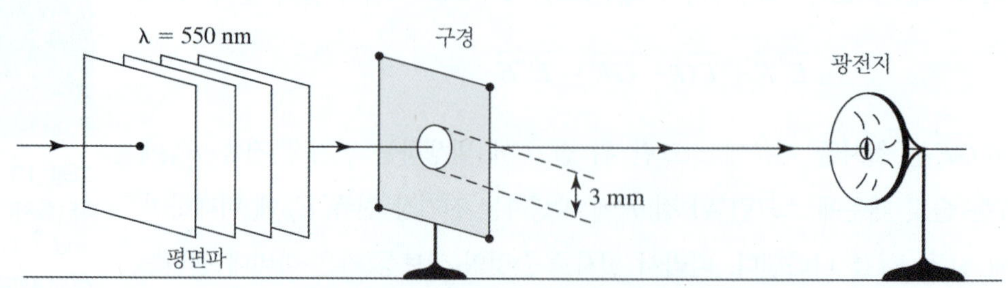

그림 13-19 문제 13-2.

13-7 단색광 (500 nm) 점광원이 구경 평면으로부터 50 cm 떨어져 있다. 관측점은 구경의 반대쪽으로 50 cm 떨어져 있다.

a. 구경은 안쪽 반지름 0.500 mm에서 바깥쪽 반지름 0.935 mm 사이에서만 투과하는 고리 모양이다. 관측점에서 측정한 회절광의 복사조도는 무장애 파면에 비해 얼마나 큰가? (문제 13-5의 결과를 이용할 것)

b. 구경의 바깥쪽 반지름이 1.00 mm일 때 a의 질문에 답하시오.

c. 각각의 경우 고리 모양의 구경 안에는 몇 개의 반주기 고리가 있나?

13-8 광원의 파장이 500 nm이고, 광원과 검출기가 둘 다 구경으로부터 50 cm 떨어져 있는 경우, 25번째 프레넬 반주기 고리의 넓이는 첫 번째 반주기 고리의 넓이와 몇 % 다른가?

13-9 파장 632.8 nm인 He-Ne 레이저에 대해 초점거리가 2 m인 고리판을 만들고자 한다. 20개의 고리에 대해 하나 건너 까맣게 칠한 원 그림을 만들고, 이것을 축소 복사하여 슬라이드로 만든다.

a. 원 그림에서 첫 번째 고리의 반지름이 11.25 cm이면 축소 배율은 얼마로 해야 하나?

b. 원 그림에서 마지막 고리의 반지름은 얼마인가?

13-10 어떤 고리판에서 중심의 반주기 고리가 막혀 있다. 이 고리판으로 파장 550 nm의 평면파를 25 cm 거리에 집광시키려면 처음 3개의 투과하는 고리판의 지름은 얼마인가?

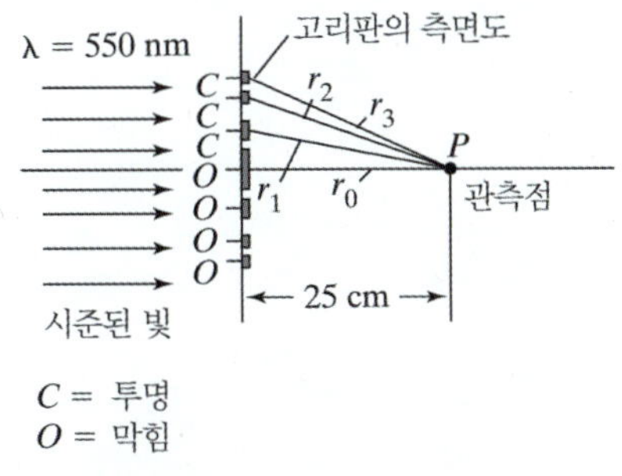

그림 13-21 문제 13-10.

13-11 평면파 입사광에 대해 파면으로부터 x만큼 떨어진 관측점을 기준으로 프레넬 반주기 고리의 넓이는 $\pi\lambda x$로 거의 일정함을 보이시오. $\lambda/x \ll 1$을 가정할 것.

13-12 파장 485 nm의 빛이 스크린에 수직입사한다. 2 m 떨어진 관측점을 기준으로 4개의 프레넬 고리를 구성하려면 스크린 위 원형 구멍은 얼마나 커야 하나? 이 경우 관측점에서 복사조도는 얼마인가?

13-13 폭이 0.5 mm인 단일 슬릿에 파장 540 nm의 시준된 빛을 비춘다. 축상의 어떤 점에서 $\Delta v = 2.5$가 되나?

13-14 광학대 한쪽 끝에 있는 광원 슬릿에서 수은등의 단색광 (435.8 nm)이 퍼져 나와서 거리 30 cm 떨어진 폭 0.5 mm의 두 번째 슬릿을 비춘다. 회절광은 광학대를 따라 15 cm 더 지나서 설치된 스크린 위에서 관측된다. 스크린 위 (a) 축과 (b) 구경 슬릿의 기하학적인 그림자의 모서리에서 각각 복사조도를 구하시오(무장애 복사조도 I_u를 기준으로).

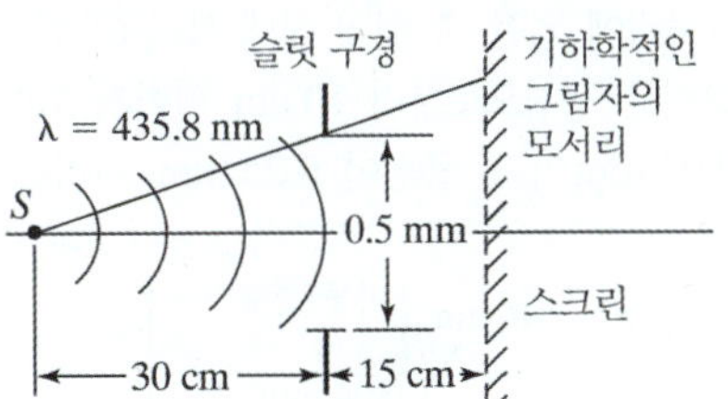

그림 13-22 문제 13-14.

13-15 나트륨 등으로 비춘 슬릿은 광원 역할을 하는데, 곧은 모서리로부터 60 cm 떨어져 있고, 회절 패턴은 광검출기를 사용하여 모서리로부터 120 cm 떨어진 곳에서 관측한다. 기하학적인 그림자 경계 (a) 2 mm 안쪽과 (b) 1 mm 바깥쪽에서 각각 복사조도를 구하시오.

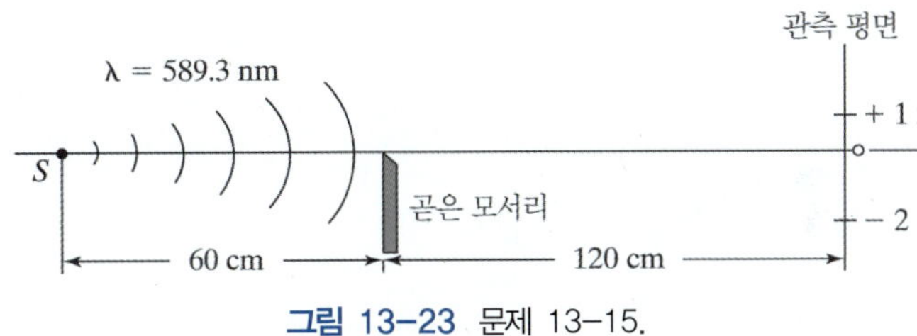

그림 13-23 문제 13-15.

13-16 수은등으로부터 나오는 녹색 빛(546.1 nm)이 슬릿으로부터 나와 30 cm 떨어져 놓여있는 1.5 mm 두께의 막대를 비춘다. 이 막대로부터 60 cm 떨어진 평면에서 회절 패턴을 관측한다. (a) 막대의 기하학적인 그림자 중앙에서, (b) 그림자의 모서리에서 각각 복사조도를 구하시오.

13-17 곧은 모서리의 프레넬 회절 패턴에 대해, 코누 와선과 프레넬 적분 값(**표 13-1**)을 이용하여 두 번째 최대와 최소의 복사조도를 구하시오.

13-18 광원으로부터 2 m 떨어진 폭 0.37 mm의 철사줄의 프레넬 회절을 철사줄로부터 3 m 떨어진 스크린에서 관측한다. 파장 630 nm의 빛이 사용된다면 코누 와선을 이용하여 스크린에서 축 위의 복사조도를 계산하시오. 무장애 복사조도를 기준으로 몇 배인가?

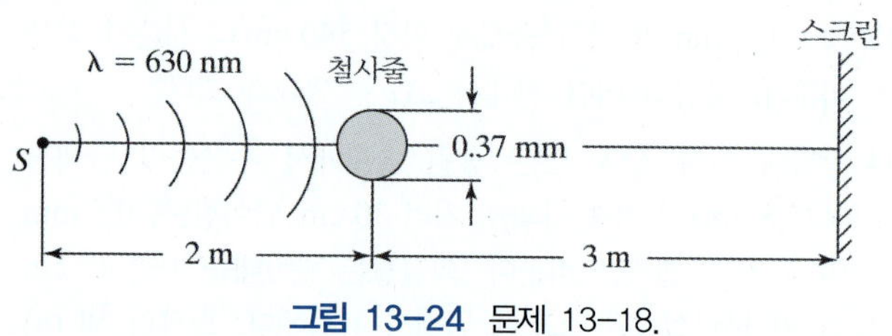

그림 13-24 문제 13-18.

13-19 단색(546 nm) 점광원으로부터 10 cm 떨어진 곳에 있는 이중슬릿 구경에 의한 축 위의 상대 복사조도를 구하시오. 관측 스크린은 구경으로부터 10 cm 떨어져 있다. 두 슬릿은 폭이 0.04 mm이고, 중심이 0.25 mm 거리를 두고 있다.

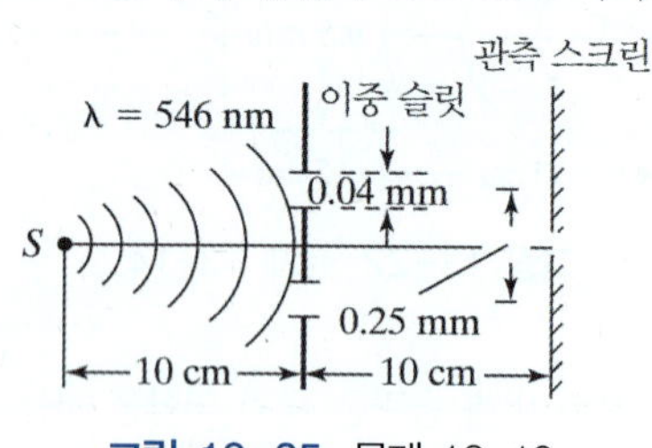

그림 13-25 문제 13-19.

13-20 단색(435.8 nm) 광원으로부터 25 cm 떨어진 단일 슬릿의 회절을 관측한다. 슬릿의 폭은 0.75 mm이다. 광검출기는 슬릿으로부터 25 cm 거리에 축 위에 설치되었다.

a. 이 경우 원거리(프라운호퍼) 회절이 유효하지 않음을 확인하시오.

b. 그럼에도 불구하고 단일 슬릿 프라운호퍼 회절이 예측하는 첫 번째 영점의 위치를 계산하시오.

c. 그 다음 프레넬 회절과 코누 와선을 써서 같은 점에서 복사조도를 구하시오. 결과를 무장애 복사조도로 표시하시오.

13-21 유리판 위에 균일한 크기의 불투명 입자들을 뿌린다. 멀리 떨어진 광원을 이 유리판을 통해 보면 약 2°의 각 폭으로 퍼지는 후광이 관찰된다. 입자의 크기를 어림셈으로 구하시오. (힌트: 바비네 원리를 이용하시오.)

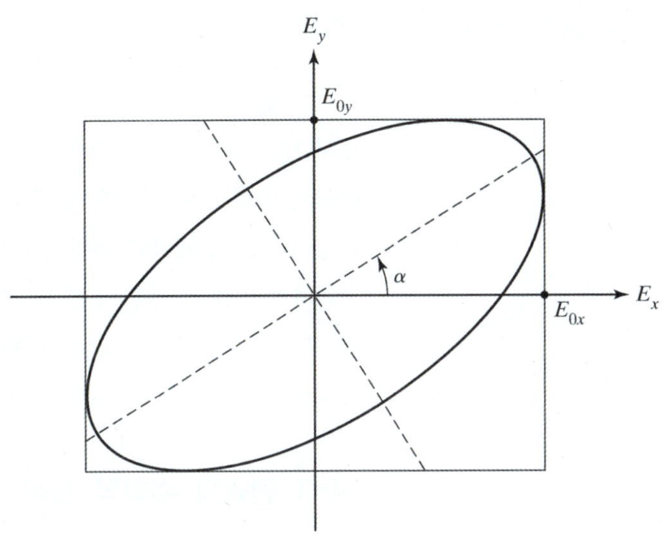

chapter 14 편광의 행렬 기법

서론

전자기파의 편광은 4장에서 배웠다. 4장에서는 **전기장 벡터 $\vec{E}$의 방향**을 전자기파의 **편광**이라고 하였다. 이 단원과 다음 단원에서는 편광된 빛의 특성과 편광을 어떻게 만드는가에 대해 논의를 확장한다. 4장에서 강조했듯이 단색 전자기 평면파에 관련된 전기장은 그 파동에 의해 운반되는 에너지의 전파 방향에 수직이다. 자기장 벡터에 대해서도 같이 말할 수 있는데, $\vec{E} \times \vec{B}$가 어느 곳에서나 파동의 방향이 되도록 자기장 벡터는 전기장 벡터의 방향에 수직을 유지한다. 일반적으로 에너지 전파 방향에 대해 수직한 주어진 평면 위에서 전기장 벡터의 끝점이 시간에 따라 타원을 그리면 단색 평면파는 **타원 편광**되어 있다. 타원 편광의 특별한 경우 중 하나는 전기장 벡터가 항상 주어진 방향으로만 진동하는 **선편광**이고, 다른 하나는 전기장 벡터의 끝점이 시간에 따라 원을 그리는 **원편광**이다. 그림 4-12는 이 특별한 두 경우를 보여주고 있는데, 다시 한번 자세히 볼 가치가 있다. 단색 평면파는 레이저 광원이나 멀리 떨어진 단일 쌍극자 진동자에 의해 만들어진 전자기파의 이상적인 모형이다. 어떤 전자기파도 다양한 주파수, 진폭, 위상, 편광을 가진 단색 평면파들의 중첩으로 간주할 수 있다. 전구의 달궈진 필라멘트 등에서 나오는 "보통" 빛은 수많은 독립적인 원자 광원으로부터 나오는데, 이러한 복사는 동기화되지 않는다. 그 결과 나오는 전기장 벡터는 진폭, 주파수, 편광, 위상이 서로 다른 많은 성분들로 이루어진다. 독립적인 진동자에 의해 만들어진 개별적인 장의 편광이 임의의 방향으로 분포되어 있다면, 이 장은 **임의편광**, 간단히 **비편광**되어 있다고 한다. 만일 전자기장이 여러 다른 편광을 가진 장으로 구성되지만, 그중 하나(혹은 몇 개)가 지배적일 때 그 장은 **부분 편광**되어 있다고 한다.

빛을 편광시키는 가능성은 근본적으로 빛의 가로(횡)방향 특성에 달려 있다. 만약 빛이 세로(종)파라면 편광 만드는 것을 이런 식으로 기술하는 것은 아예 불가능할 것이다. 따라서 빛의 편광 현상은 빛의 가로방향 특성의 실증이다. 이 단원에서는 존스(R. Clark Jones)에 의해 개발된 편광의 행렬 기법을 소개한다.[1] 먼저 여러 편광 모드에 있는 빛을 표현하기 위해 두 성분의 행렬, 즉 존스 벡터를 도입한다. 다음으로 편광을 만드는 물리적인 요소들을 알아보고, 존스 벡터에 수학적 연산자로 작용하는 해당 행렬들을 결정한다. 15장에서는 편광을 만드는 원인이 되는 물리적인 과정에 대해 좀 더 자세히 알아본다.

14-1 편광의 수학적 표현: 존스 벡터

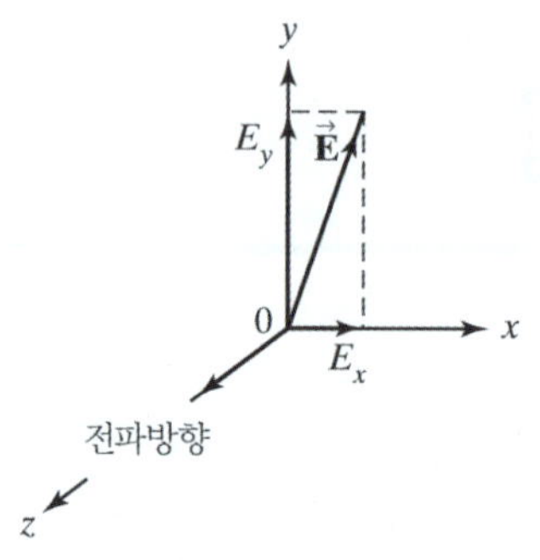

그림 14-1 $+z$ 방향으로 진행하는 광파의 순간적인 $\vec{E}$ 벡터 표현

그림 14-1에 보인 좌표계의 z-방향으로 전파하는 전자기파를 생각해 보자. 정해진 시간에 이 파동의 전기장을 그림에 표시한 것처럼 $\vec{E}$라고 하자. 그러면 이 좌표계에서 단위벡터 $\hat{\mathbf{x}}$와 $\hat{\mathbf{y}}$으로 전기장을 표현하면,

$$\vec{E} = E_x\hat{\mathbf{x}} + E_y\hat{\mathbf{y}} \tag{14-1}$$

$+z$ 방향으로 진행하는 이 파동의 **복소장** 성분들을 각각 진폭 E_{0x}와 E_{0y}, 위상 φ_x와 φ_y를 써서 다음과 같이 쓴다.

$$\widetilde{E}_x = E_{0x}e^{i(kz-\omega t+\varphi_x)} \tag{14-2}$$

$$\widetilde{E}_y = E_{0y}e^{i(kz-\omega t+\varphi_y)} \tag{14-3}$$

여기서 $E_x = \mathrm{Re}(\widetilde{E}_x)$, $E_y = \mathrm{Re}(\widetilde{E}_y)$이다. 식(14-2)와 (14-3)을 식(14-1)에 사용하면 복소장

$$\widetilde{\mathbf{E}} = E_{0x}e^{i(kz-\omega t+\varphi_x)}\hat{\mathbf{x}} + E_{0y}e^{i(kz-\omega t+\varphi_y)}\hat{\mathbf{y}}$$

을 얻는다. 이것은 다시

$$\widetilde{\mathbf{E}} = [E_{0x}e^{i\varphi_x}\hat{\mathbf{x}} + E_{0y}e^{i\varphi_y}\hat{\mathbf{y}}]e^{i(kz-\omega t)} = \widetilde{\mathbf{E}}_0 e^{i(kz-\omega t)} \tag{14-4}$$

로 쓸 수 있다. 이 식의 괄호 안에 x-성분과 y-성분으로 구분된 양은 편광된 파동의 복소 진폭 벡터 $\vec{E}_0$로 인식된다. 빛의 편광 상태는 이 두 성분의 상대적인 진폭과 위상으로 완벽히 결정되므로, 두 성분을 가진 행렬, 즉 아래의 **존스 벡터**(Jones vector)로 표현된 복소 진폭만 다루면 된다.

$$\vec{E}_0 = \begin{bmatrix} \widetilde{E}_{0x} \\ \widetilde{E}_{0y} \end{bmatrix} = \begin{bmatrix} E_{0x}e^{i\varphi_x} \\ E_{0y}e^{i\varphi_y} \end{bmatrix} \tag{14-5}$$

선편광(linear polarization), **원편광**(circular polarization) 그리고 **타원 편광**

---

1 R. Clark Jones, "A New Calculus for the Treatment of Optical Systems," *Journal of the Optical Society of America*, Vol. 31 1941; 488.

(elliptical polarization)을 각각 기술하는 존스 벡터의 형태를 결정해 보자. 그림 14-2(a)에서 수직으로 편광된 빛이 $+z$ 방향(페이지 면을 뚫고 나오는 방향)으로 진행한다. 수직 편광이란 전기장의 진동이 y-축 방향이란 의미이다. $\vec{\mathbf{E}}$의 크기는 파동의 진행에 따라 사인 함수로 변하므로 전기장 벡터는 $A\hat{\mathbf{y}}$와 $-A\hat{\mathbf{y}}$ 사이에서 변한다. 이것을 그림 14-2(a)에 양방향 화살표로 표시하였다. 시간이 지남에 따라 전기장 벡터의 끝점은 양방향 화살표 범위 안의 직선을 그린다. 그림 14-2(a)에 표시한 장은 $E_{0x}=0$, $E_{0y}=A$인 경우에 해당한다. E_x 성분이 없으면 위상 φ_y는 편의상 0으로 둘 수 있다. 그러면 식(14-5)에 의해 해당 존스 벡터는

$$\tilde{\mathbf{E}}_0=\begin{bmatrix}E_{0x}e^{i\varphi_x}\\E_{0y}e^{i\varphi_y}\end{bmatrix}=\begin{bmatrix}0\\A\end{bmatrix}=A\begin{bmatrix}0\\1\end{bmatrix}\quad y\text{-방향 선편광}$$

더욱이 편광 모드만 관심의 대상이라면 진폭 A를 1로 둘 수 있고, 수직 선편광의 존스 벡터는 단순히 $\begin{bmatrix}0\\1\end{bmatrix}$이 된다. 이 간단한 형태는 벡터의 **정규화된** 형태이다. 일반적으로 벡터 $\begin{bmatrix}a\\b\end{bmatrix}$는 다음 조건 하에서 정규화된다.

$$|a|^2+|b|^2=1$$

같은 방법으로, 그림 14-2(b)는 수평편광된 빛을 나타내며, $E_{0y}=0$, $\varphi_x=0$, $E_{0x}=A$로 두어,

$$\tilde{\mathbf{E}}_0=\begin{bmatrix}E_{0x}e^{i\varphi_x}\\E_{0y}e^{i\varphi_y}\end{bmatrix}=\begin{bmatrix}A\\0\end{bmatrix}=A\begin{bmatrix}1\\0\end{bmatrix}\quad x\text{-방향 선편광}$$

반면에 그림 14-2(c)는 전기장이 x-축과 각 α를 이루는 직선을 따라 진동하는 선편광을 나타낸 것이다. 여기서는 $\vec{\mathbf{E}}$의 x-성분과 y-성분 둘 다 나타난다. 명백히 이는 선편광의 일반적인 경우이며, $\alpha=90°$일 때는 수직편광 모드, $\alpha=0°$일 때는 수평편광 모드가 된다. 그림 14-3(a)에서 보인 것과 같은 진동을 만들기 위해서는 두 수직한 진동 $\tilde{E}_{0x}$와 $\tilde{E}_{0y}$의 위상이 맞아야 한다는 것에 유의하자. 즉 이 둘은 동시에 원점을 지나고, 각각의 양의 방향을 따라 같이 커져서 최댓값에 동시에 도달하며, 같이 이 주기를 반복한다. 그림 14-3(a)가 이 순서를 잘 보여준다. 이 경우는 단지 **상대** 위상이 0이 되는 것을 요구하므로, $\varphi_x=\varphi_y=0$으로 둔다. 따라서 총 진폭이 A이면 각 성분의 진폭은 $E_{0x}=A\cos\alpha$, $E_{0y}=A\sin\alpha$이다. 존스 벡터는

$$\tilde{\mathbf{E}}_0=\begin{bmatrix}E_{0x}e^{i\varphi_x}\\E_{0y}e^{i\varphi_y}\end{bmatrix}=\begin{bmatrix}A\cos\alpha\\A\sin\alpha\end{bmatrix}=A\begin{bmatrix}\cos\alpha\\\sin\alpha\end{bmatrix}\quad \text{각 }\alpha\text{의 선편광} \tag{14-6}$$

$\cos^2\alpha+\sin^2\alpha=1$이므로, 정규화된 형태는 $A=1$로 두면 된다. 이 일반적인 형태는 앞서 $\alpha=0°$와 $\alpha=90°$인 경우에 유도했던 존스 벡터를 포함한다. 예를 들어 $\alpha=60°$인 방향에 대해 복소 진폭 벡터는

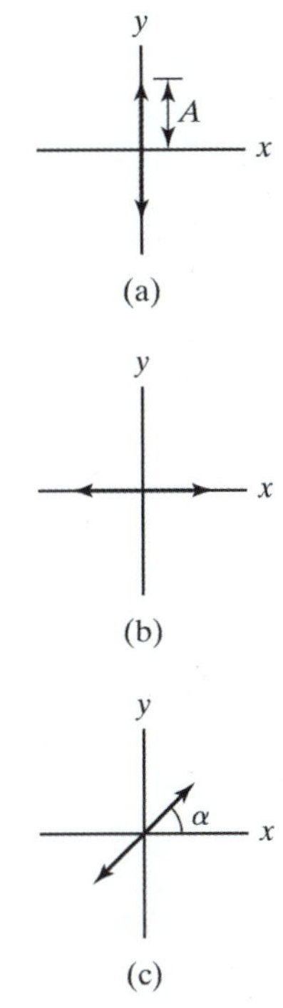

그림 14-2 여러 방향으로 선편광된 빛의 $\vec{\mathbf{E}}$-벡터 표현. 각 경우 빛은 양의 z 방향으로 전파한다.

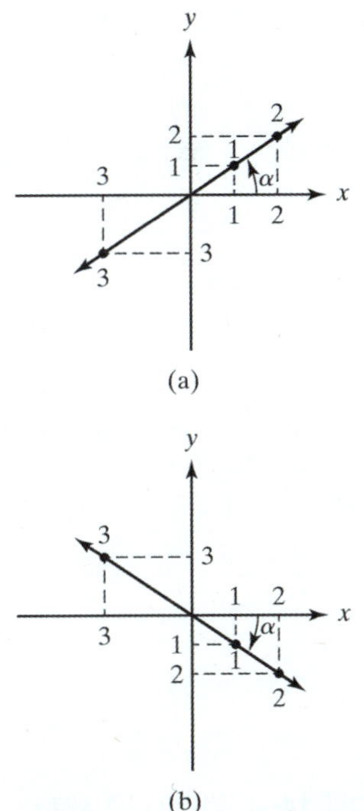

그림 14-3 (a) x와 y-성분의 위상이 맞게 선편광된 전기장 벡터는 제 1, 3 사분면에 걸쳐 진동한다. (b) x와 y-성분의 위상이 π만큼 어긋나게 선편광된 전기장 벡터는 제 2, 4 사분면에 걸쳐 진동한다.

$$\widetilde{\mathbf{E}_0} = \begin{bmatrix} \cos(60°) \\ \\ \sin(60°) \end{bmatrix} = \begin{bmatrix} \dfrac{1}{2} \\ \dfrac{\sqrt{3}}{2} \end{bmatrix} = \frac{1}{2}\begin{bmatrix} 1 \\ \\ \sqrt{3} \end{bmatrix}$$

로 표현된다. 반면에 실수 a와 b에 대해 벡터 $\widetilde{\mathbf{E}_0} = \begin{bmatrix} a \\ b \end{bmatrix}$가 주어지면, 선편광된 빛의 진동 방향의 경사각은 아래와 같이 주어진다.

$$\alpha = \tan^{-1}\left(\frac{b}{a}\right) = \tan^{-1}\left(\frac{E_{0y}}{E_{0x}}\right) \tag{14-7}$$

좀 더 일반화시켜, **그림 14-3**(b)와 같이 α가 음의 각이라고 가정하자. 사인 함수는 기함수이므로, 이 경우 E_{0y}는 음수이며, E_{0x}는 양수로 남는다. E_{0y}의 부호가 음이므로 이 두 성분의 진동의 위상은 π만큼 차이가 나며, 선편광된 빛의 $\vec{\mathbf{E}}$-벡터는 제 2, 4 사분면에 있다. **그림 14-3**(b)를 다시 보면, 이것은 x-진동이 원점으로부터 양의 방향으로 증가할 때, y-진동은 음의 방향으로 증가해야 함을 의미한다. 그 결과 진동은 음의 기울기를 가진 직선을 따라 일어난다. 요약하면, 0이 아닌 실수 a와 b에 대해 존스 벡터 $\begin{bmatrix} a \\ b \end{bmatrix}$는 경사각 $\alpha = \tan^{-1}(b/a)$으로 선편광된 빛을 나타낸다.

두 수직성분에 의한 결과 진동을 결정하는 것은 사실 적절한 **리사주 도형**(Lissajous figures)을 결정하는 것과 같다. 두 진동 사이의 위상차가 0이나 π가 아니라면, 결과 $\vec{\mathbf{E}}$-벡터는 직선이 아니라 **타원**을 그린다. 물론 직선은 원처럼 타원의 특별한 경우로 생각할 수 있다. **그림 14-4**에는 일반적인 경우 $E_{0y} \neq E_{0x}$에 대해 연속된 리사주 도형을 상대 위상 $\Delta\varphi = \varphi_y - \varphi_x$의 함수로 요약하였다. 이 그림에서 $\Delta\varphi = \pi/4$인 경우와 $\Delta\varphi = 7\pi/4$인 경우 타원 위에서 $\vec{\mathbf{E}}$-벡터의 끝점이 도는 방향이 반대임에 유의하자. $E_{0y} = E_{0x}$이면,

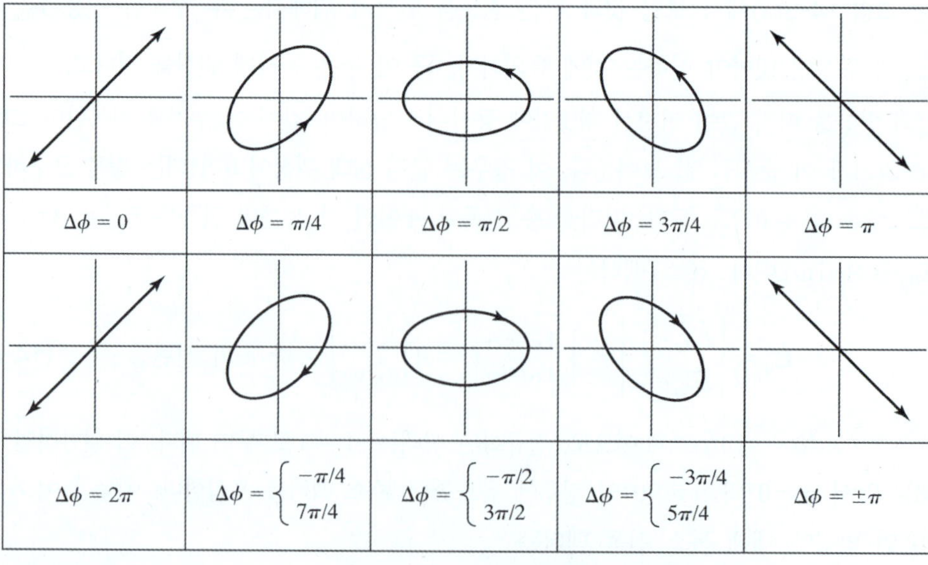

그림 14-4 진폭이 다른 서로 수직한 진동의 상대 위상의 함수로 나타낸 리사주 도형. π보다 더 앞서는 각은 π보다 더 작은 위상지연으로 나타낼 수 있다. 모든 그림에서 위상지연을 $\Delta\varphi = \varphi_y - \varphi_x$로 썼다.

$\Delta\varphi = \pi/2$와 $\Delta\varphi = 3\pi/2$에 해당하는 타원은 원이 된다.

이제 $E_{0x} = E_{0y} = A$이고, E_{0x}가 E_{0y}를 $\pi/2$만큼 앞선다고 가정하자. 그러면 E_x가 최대$(+A)$에 도달할 때 E_y는 0이다. 1/4 주기 후에는 E_x가 0이고, $E_y = +A$가 된다. 그림 14-5는 결과 진동이 만들어지는 과정을 몇몇 시간에서 보인 것이다. x-진동이 y-진동을 앞서는 이런 경우에는 $\varphi_y > \varphi_x$로 만들 필요가 있다. 이것은 모순처럼 보이지만 처음에 위상을 어떻게 선택했나에 기인한다. 즉 식(14-2)와 (14-3)의 지수 안에서 시간 의존 항이 음의 부호를 가지도록 정의되었기 때문이다. 이것을 보이기 위해 $\varphi_x = 0$과 $\varphi_y = \varepsilon(\varphi_y > \varphi_x)$로 정의하고 $z = 0$에서 파동을 관측해 보자. 그러면 식(14-2)와 (14-3)은

$$\widetilde{E}_x = E_{0x}e^{-i\omega t}$$
$$\widetilde{E}_y = E_{0y}e^{-i(\omega t - \varepsilon)}$$

과 같이 된다. ε 앞 음의 부호는 x-진동에 대한 y-진동의 위상지연 ε을 의미한다. 이 식들로 그림 14-5를 설명하기 위해 이 복소 전기장 성분들의 실수부를 택해 $E_{0x} = E_{0y} = A$, $\varepsilon = \pi/2$라 두면, 아래와 같이 된다.

$$E_x = A\cos\omega t$$
$$E_y = A\cos\left(\omega t - \frac{\pi}{2}\right) = A\sin\omega t$$

$\omega = 2\pi\nu = 2\pi/T$임을 기억하면, 그림 14-5의 각 경우는 쉽게 설명된다. 또한

$$E^2 = E_x^2 + E_y^2 = A^2(\cos^2\omega t + \sin^2\omega t) = A^2$$

이므로, 결과 벡터의 끝점은 반지름이 A인 원을 그린다.

이제 E_x가 E_y를 $\pi/2$만큼 앞서는 경우에 대해 존스 벡터를 유도해 보자. 즉 $E_{0x} = E_{0y} = A$, $\varphi_x = 0$, $\varphi_y = \pi/2$일 때,

$$\widetilde{\mathbf{E}}_0 = \begin{bmatrix} E_{0x}e^{i\varphi_x} \\ E_{0y}e^{i\varphi_y} \end{bmatrix} = \begin{bmatrix} A \\ Ae^{i\pi/2} \end{bmatrix} = A\begin{bmatrix} 1 \\ i \end{bmatrix} \qquad (14\text{-}8)$$

을 얻는다. 이 벡터의 정규화된 형태를 얻으려면, $1^2 + |i|^2 = 1 + 1 = 2$이므로, 각 성분을 $\sqrt{2}$로 나누면 된다. 따라서 존스 벡터 $\frac{1}{\sqrt{2}}\begin{bmatrix} 1 \\ i \end{bmatrix}$는 원편광을 나타내는데, 빛의 광원 쪽으로 바라볼 때 $\vec{\mathrm{E}}$는 **반시계방향**으로 돈다. 이것을 **좌원편광**(left-circularly polarized, LCP)된 빛이라고 한다. 따라서

$$\widetilde{\mathbf{E}}_0 = \frac{1}{\sqrt{2}}\begin{bmatrix} 1 \\ i \end{bmatrix} \quad \text{LCP}$$

같은 방법으로 E_y가 E_x를 $\pi/2$만큼 앞서는 경우에 결과는 **우원편광**(right-circularly polarized, RCP)된 빛이다. $\pi/2$를 $-\pi/2$로 바꾸면 식(14-8)의 정규화된 존스 벡터는 다음과 같다.

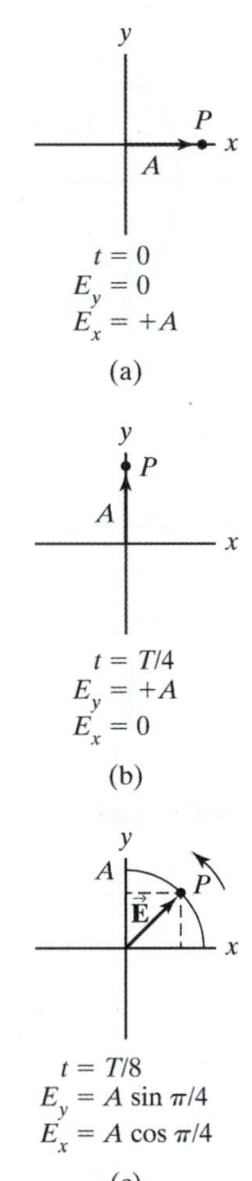

그림 14-5 두 수직 진동 성분의 크기가 같고 위상차가 $\pi/2$일 때 결과 $\vec{\mathrm{E}}$-진동. 점 P는 결과 진폭 벡터의 끝점을 나타낸다. (c)는 $\vec{\mathrm{E}}$가 그리는 원 궤적을 보여준다. $\vec{\mathrm{E}}$-벡터는 반시계방향으로 돈다.

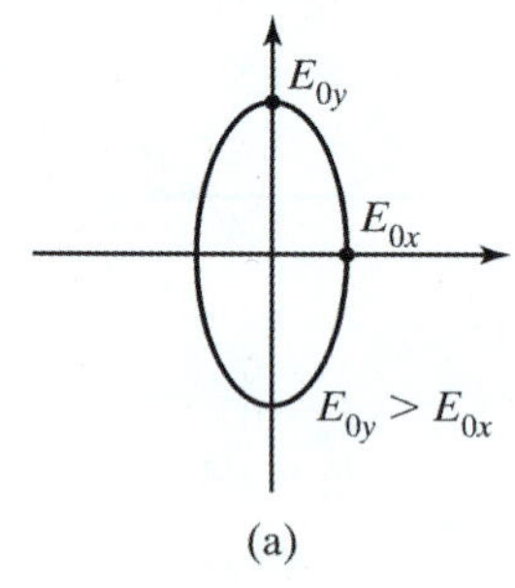

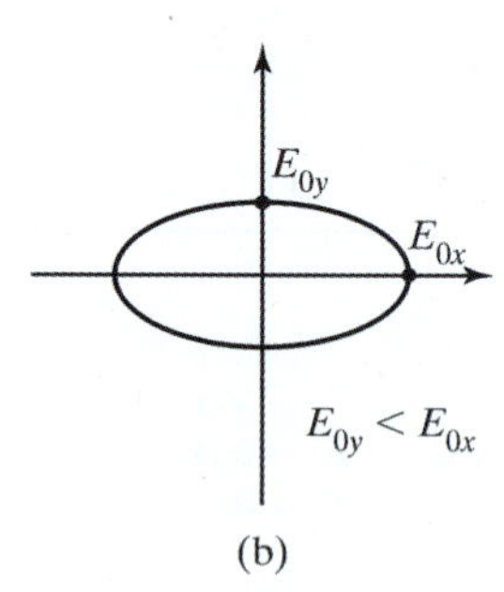

그림 14-6 $\Delta\varphi = \pi/2$인 경우의 타원 편광.

$$\tilde{\mathbf{E}}_0 = \frac{1}{\sqrt{2}}\begin{bmatrix} 1 \\ -i \end{bmatrix} \quad \text{RCP}$$

원편광 존스 벡터의 한 성분은 순허수이고, 두 성분의 크기는 같다. 존스 벡터 특유의 수학적 형태만으로는 실제 편광의 특성이 잘 드러나지 않는다. 예를 들어 존스 벡터 $\begin{bmatrix} 2i \\ 2 \end{bmatrix}$는

$$\begin{bmatrix} 2i \\ 2 \end{bmatrix} = 2\begin{bmatrix} i \\ 1 \end{bmatrix} = 2i\begin{bmatrix} 1 \\ -i \end{bmatrix}$$

이므로 우원편광을 나타낸다. 존스 벡터의 앞에 붙는 인자는 진폭과 복사조도에 영향을 주지만 편광 모드에는 관계없다. 2나 $2i$와 같은 인자들은 에너지 관련 정보가 필요하지 않다면 무시할 수 있다.

다음으로 진동 수직 성분 $\tilde{E}_{0x}$와 $\tilde{E}_{0y}$ 사이의 위상차는 $\pi/2$이지만 $E_{0y} \neq E_{0x}$인 경우를 생각해 보자. $E_{0x} = A$, $E_{0y} = B$, A와 B는 양수라고 하자. 이 경우에 대해 식 (14-8)은 다음과 같이 수정된다.

$$\tilde{\mathbf{E}}_0 = \begin{bmatrix} A \\ iB \end{bmatrix} \text{ 반시계방향 회전,} \quad \tilde{\mathbf{E}}_0 = \begin{bmatrix} A \\ -iB \end{bmatrix} \text{ 시계방향 회전}$$

이 타원 편광 예들은 $\Delta\varphi = \pi/2$와 $\Delta\varphi = 3\pi/2$인 경우에 대해 그림 14-4에 묘사되어 있다. $\pi/2$의 지연은 $3\pi/2$만큼 위상이 앞서는 것과 동일함에 유의하자. E_{0x}와 E_{0y}의 상대적인 크기에 따라 그림 14-6과 같이 타원의 장축이 x-축 혹은 y-축 방향으로 향한다. 또한 E_y가 E_x보다 앞서면 $\vec{\mathbf{E}}$는 타원을 시계방향으로 회전하고, E_x가 E_y보다 앞서면 $\vec{\mathbf{E}}$는 타원을 반시계방향으로 회전한다. 이러한 관찰을 바탕으로 두 성분의 크기가 다르고 하나가 순허수이면 x, y-방향으로 장축을 가진 타원 편광이라고 결론내릴 수 있다. 이 존스 벡터를 정규화하려면 $1/\sqrt{A^2+B^2}$을 곱해주어야 한다.

그림 14-4에서 보인 것처럼 당연히 x, y-축에 대해 기울어진 주축을 가진 타원 편광을 만들 수도 있다. 이 상황은 $\tilde{E}_{0x}$와 $\tilde{E}_{0y}$ 사이의 위상차가 $\Delta\varphi = 0$, $\pm\pi$, $m\pi$(선편광)나 $\Delta\varphi = \pm\pi/2$, $\pm 3\pi/2$, $(m+\frac{1}{2})\pi$(원편광 혹은 장축이 x, y-방향인 타원 편광)가 아닐 경우에 일어난다. 여기서 $m = 0, \pm 1, \pm 2, \cdots$이다. 예를 들어 E_x가 E_y보다 양의 각 ε만큼 앞서는 경우, 즉 $\varphi_y - \varphi_x = \varepsilon$인 경우를 생각해보자. $\varphi_x = 0$, $\varphi_y = \varepsilon$, $E_{0x} = A$, $E_{0y} = b\,(A > 0,\ b > 0)$로 두면, 존스 벡터는

$$\tilde{\mathbf{E}}_0 = \begin{bmatrix} E_{0x}e^{i\varphi_x} \\ E_{0y}e^{i\varphi_y} \end{bmatrix} = \begin{bmatrix} A \\ be^{i\varepsilon} \end{bmatrix}$$

로 쓸 수 있다. 오일러 정리를 쓰면,

$$be^{i\varepsilon} = b(\cos\varepsilon + i\sin\varepsilon) = B + iC$$

이고, 이 일반적인 경우의 존스 벡터는 아래와 같다.

$$\widetilde{\mathbf{E}}_0 = \begin{bmatrix} A \\ B+iC \end{bmatrix} \quad \text{반시계방향 회전, 일반적인 타원 편광} \tag{14-9}$$

이 형태를 반시계방향 회전이라고 인지하는 것은 A와 C가 같은 부호를 가지기 때문이다. 존스 벡터에 상수를 곱하는 것으로 편광의 특성을 바꿀 수 없으므로, A를 양으로 정하자. 이 약속을 따르면 $\widetilde{E}_{0y}$의 허수부 C가 양수이면 존스 벡터는 반시계방향 회전을 나타낸다. 이제 식(14-9)의 존스 벡터의 두 성분 중 하나는 실수부와 허수부가 동시에 양수인 복소수임을 유의하자. 정규화된 형태를 구하려면 $\sqrt{A^2+B^2+C^2}$ 으로 나누어 주어야 한다. 식(14-9)의 존스 벡터는 전기장 벡터의 끝이 **반시계방향**으로 회전하면서 장축이 x, y-좌표축에 대해 기울어진 타원을 그리는 편광을 표현한다. 해석기하학의 도움으로 이 존스 벡터는 그림 14-7에 보인 것처럼 장축이 x-축에 대해 경사각 α로 기울어진 타원을 나타냄을 보일 수 있다. 이 경사각은

$$\tan 2\alpha = \frac{2E_{0x}E_{0y}\cos\varepsilon}{E_{0x}^2 - E_{0y}^2} \tag{14-10}$$

로 결정된다. 이 타원은 변의 길이가 E_{0x}와 E_{0y}인 직사각형에 내접한다. 진폭 성분과 위상차를 변수 A, B, C로 표시하면, 다음과 같은 결과를 얻는다.

$$E_{0x} = A, \quad E_{0y} = \sqrt{B^2+C^2}, \quad \varepsilon = \tan^{-1}\left(\frac{C}{B}\right) \tag{14-11}$$

그림 14-7 x-축에 대해 각 α 방향을 향하는 타원 편광.

예제 14-1

아래와 같이 주어진 존스 벡터를 분석하여 이것이 타원 편광을 나타낸다는 것을 보이시오.

$$\begin{bmatrix} 3 \\ 2+i \end{bmatrix}$$

풀이

$\widetilde{E}_{0x}$와 $\widetilde{E}_{0y}$ 사이의 상대 위상은 $\varphi_y - \varphi_x = \varepsilon = \tan^{-1}(1/2) = 0.148\pi$이다. $E_{0x} = 3$, $E_{0y} = \sqrt{2^2+1^2} = \sqrt{5}$ 이므로, 장축의 경사각은

$$\alpha = \frac{1}{2}\tan^{-1}\left(\frac{(2)(3)(\sqrt{5})\cos(0.148\pi)}{9-5}\right) = 35.8°$$

이다.

이런 결과로부터 그림 14-7과 같은 그림을 그릴 수 있다. 더욱이 일반적인 타원의 방정식으로부터 다음 식을 얻는다.

$$\left(\frac{E_x}{E_{0x}}\right)^2+\left(\frac{E_y}{E_{0y}}\right)^2-2\left(\frac{E_x}{E_{0x}}\right)\left(\frac{E_y}{E_{0y}}\right)\cos\varepsilon=\sin^2\varepsilon \qquad (14\text{-}12)$$

위 예제의 타원 방정식은 다음과 같다.

$$\frac{E_x^2}{9}+\frac{E_y^2}{5}-0.267E_xE_y=0.2$$

표 14-1 존스 벡터 요약 $\widetilde{E}_0=\begin{bmatrix}E_{0x}e^{i\varphi_x}\\ E_{0y}e^{i\varphi_y}\end{bmatrix}$

I. **선편광** ($\Delta\varphi = m\pi$)

일반적: $\widetilde{\mathbf{E}}_0=\begin{bmatrix}\cos\alpha\\ \sin\alpha\end{bmatrix}$

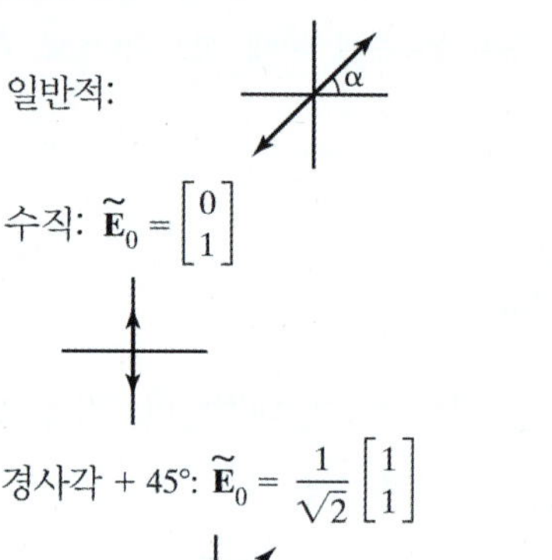

수직: $\widetilde{\mathbf{E}}_0=\begin{bmatrix}0\\ 1\end{bmatrix}$

수평: $\widetilde{\mathbf{E}}_0=\begin{bmatrix}1\\ 0\end{bmatrix}$

경사각 + 45°: $\widetilde{\mathbf{E}}_0=\frac{1}{\sqrt{2}}\begin{bmatrix}1\\ 1\end{bmatrix}$

경사각 −45°: $\widetilde{\mathbf{E}}_0=\frac{1}{\sqrt{2}}\begin{bmatrix}1\\ -1\end{bmatrix}$

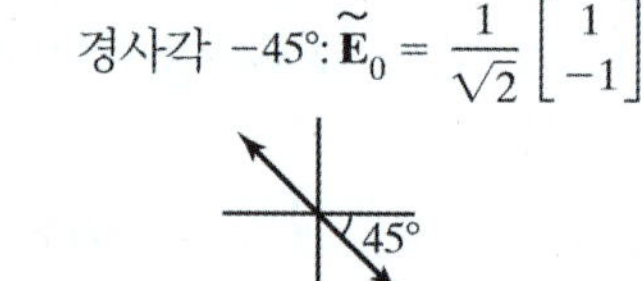

II. **원편광** $\left(\Delta\phi=\frac{\pi}{2}\right)$

좌원편광: $\widetilde{\mathbf{E}}_0=\frac{1}{\sqrt{2}}\begin{bmatrix}1\\ i\end{bmatrix}$

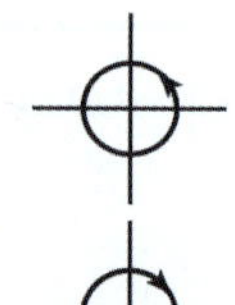

우원편광: $\widetilde{\mathbf{E}}_0=\frac{1}{\sqrt{2}}\begin{bmatrix}1\\ -i\end{bmatrix}$

III. **타원 편광**

좌선: $\widetilde{\mathbf{E}}_0=\frac{1}{\sqrt{A^2+B^2}}\begin{bmatrix}A\\ iB\end{bmatrix}$ $A>0, B>0$

A < B A > B

($\Delta\phi=(m+1/2)\pi$)

우선: $\widetilde{\mathbf{E}}_0=\frac{1}{\sqrt{A^2+B^2}}\begin{bmatrix}A\\ -iB\end{bmatrix}$ $A>0, B>0$

A < B A > B

좌선: $\widetilde{\mathbf{E}}_0=\frac{1}{\sqrt{A^2+B^2+C^2}}\begin{bmatrix}A\\ B+iC\end{bmatrix}$ $A>0, C>0$

$\left(\Delta\phi\neq\begin{cases}m\pi\\ (m+1/2)\pi\end{cases}\right)$

우선: $\widetilde{\mathbf{E}}_0=\frac{1}{\sqrt{A^2+B^2+C^2}}\begin{bmatrix}A\\ B-iC\end{bmatrix}$ $A>0, C>0$

반면에 E_x가 E_y보다 뒤쳐지면 위상각은 음이 되고, 존스 벡터는 다음과 같다.($A>0$, $C>0$)

$$\tilde{\mathrm{E}}_0=\begin{bmatrix}A\\B-iC\end{bmatrix}\text{ (시계방향 회전, 일반적인 타원 편광)}$$

이 형태는 식(14-9)의 반시계방향으로 회전하는 형태와 함께, 선편광과 원편광을 특수한 경우로 포함하는 가장 일반적인 형태의 존스 벡터이다.

표 14-1은 가장 흔히 사용되는 존스 벡터를 정규화된 형태로 요약한 것이다. 그러나 이 표에서 보인 형태들이 유일하지는 않다. 첫째, 어떤 존스 벡터에나 상수를 곱하면 편광 모드에 영향을 주지 않고 진폭을 바꿀 수 있다. 표의 벡터들은 모두 정규화하기 위해 필요한 인자가 곱해져 있다. 예를 들어 벡터 $\begin{bmatrix}2\\2\end{bmatrix}=2\begin{bmatrix}1\\1\end{bmatrix}$이며, x-축과 45° 각을 이루고, 진폭이 $2\sqrt{2}$인 선편광을 나타낸다. 둘째, 표 14-1의 벡터들은 각각 $e^{i\varphi}$ 형태를 곱하여 각 성분의 위상을 φ만큼 진전시키는 효과를 줄 수 있다(즉 $\varphi_x\to\varphi_x+\varphi$, $\varphi_y\to\varphi_y+\varphi$). 그러나 이 과정에서 위상차는 변하지 않으므로 새로운 벡터는 같은 편광 모드를 나타낸다. 표의 벡터들은 다소 임의로 $\varphi_x=0$으로 선택하여 정해진 것을 기억하자. 예를 들어 좌원편광 벡터에 $e^{i\pi/2}=i$를 곱하면,

$$i\begin{bmatrix}1\\i\end{bmatrix}=\begin{bmatrix}i\\-1\end{bmatrix}$$

가 되는데, 이것은 좌원편광의 다른 형태일 뿐이다. 우변은 명백히 인자 i를 뽑아내어 표 14-1의 형태로 환원시킬 수 있다. 존스 벡터의 유용성은 편광 소자를 나타내는 존스 행렬이 도입된 후에야 보일 수 있다. 그러나 지금도 두 개 이상의 편광 모드의 중첩을 존스 벡터들을 더함으로써 계산이 편리해짐을 보일 수 있다. 예를 들어 좌원편광과 우원편광을 더하면

$$\begin{bmatrix}1\\i\end{bmatrix}+\begin{bmatrix}1\\-i\end{bmatrix}=\begin{bmatrix}1+1\\i-i\end{bmatrix}=\begin{bmatrix}2\\0\end{bmatrix}$$

와 같이 진폭이 두 배인 선편광이 된다. 즉 선편광은 같은 양의 좌원편광과 우원편광으로 이루어져 있다고 볼 수 있다. 또 하나 예로, 위상이 맞는 수직선편광과 수평선편광의 중첩을 생각해 보자. 존스 벡터를 더하면,

$$\begin{bmatrix}0\\1\end{bmatrix}+\begin{bmatrix}1\\0\end{bmatrix}=\begin{bmatrix}1\\1\end{bmatrix}$$

이 되어, 45° 기울어진 선편광이 된다. 비편광된 빛을 종종 두 수직 성분의 합으로 나타내기는 하지만, 선편광의 두 수직 성분을 더한 것이 비편광된 빛이 **아니란** 것에 유의하자. 비편광되거나 부분편광된 빛을 나타내는 존스 벡터는 없다.[2]

---

2 부분편광은 1×4 **스톡스**(Stokes) **벡터**나 4×4 **뮐러**(Mueller) **행렬**로 취급한다. 참고문헌: M. J. Walker, "Matrix Calculus and the Stokes Parameters of Polarized Radiation," *American Journal of Physics*, Vol. 22, 1954: 170 그리고 W. A. Shurcliff, *Polarized Light: Production and Use* (Cambridge, Mass.: Harvard University Press, 1962).

14-2 편광기의 수학적 표현: 존스 행렬

여러 가지 장치가 빛을 투과하면서 편광 상태를 바꿀 수 있는 광학 소자로 쓰일 수 있다. 이들의 작동에 기본이 되는 물리적인 메커니즘은 다음 단원에서 논의될 것이다. 이 편광기들은 일반적으로 2×2 존스 행렬로 기술된다.

$$\mathbf{M} = \begin{bmatrix} a & b \\ c & d \end{bmatrix}$$

여기서 a, b, c, d는 편광기가 투과하는 빛의 편광 상태를 바꾸는 방법을 결정한다. 여기서는 이러한 소자의 효과에 따라 편광기들을 세 가지로 분류한다.

선편광기

선편광기는 한 쪽 방향의 전기장 진동을 선택적으로 모두 혹은 대부분 제거하고, 반면에 이에 수직한 방향의 진동은 투과시킨다. 대부분의 경우 이러한 선택은 100% 효율적이지는 않으므로, 투과된 빛은 부분편광된다. 그림 14-8은 이 과정을 도식적으로 보여준다.

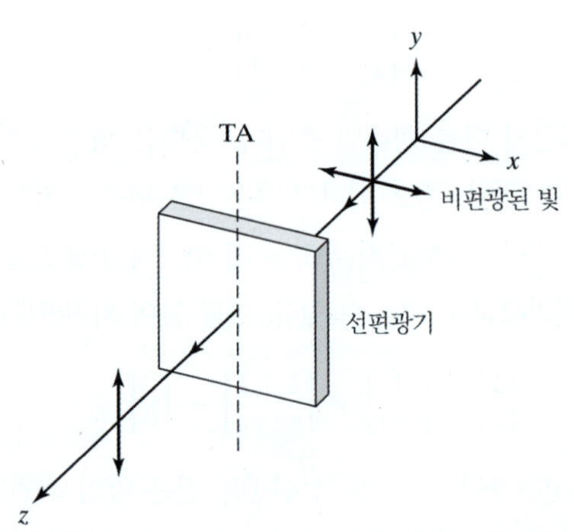

그림 14-8 선편광기의 작용.

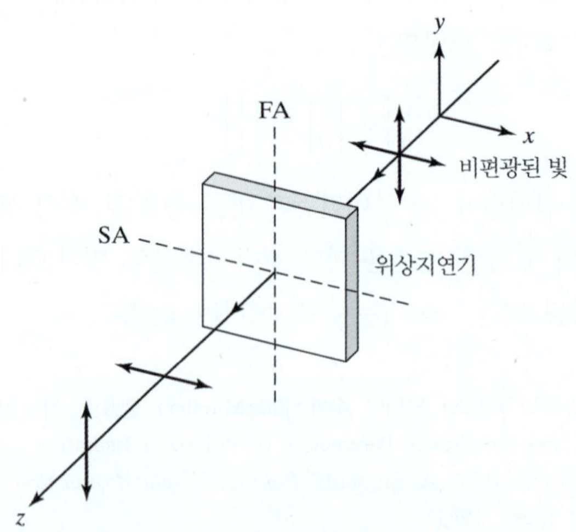

그림 14-9 위상지연기의 작용.

$+z$ 방향으로 진행하는 비편광된 빛은 선편광기를 통과하는데, 이때 투과축(TA: transmission axis)은 수직방향이다. 임의의 진동 방향은 두 수직(x와 y) 진동으로 분리될 수 있으므로, 비편광된 빛은 이 두 방향의 수직 진동으로 표현된다. 투과된 빛에는 TA 방향 성분만 남으므로 수직(y) 방향 선편광이다. 원래 빛의 수평 전기장 성분은 흡수에 의해 제거되었다. 그림에서 이 과정은 100% 효율적인 것으로 가정되었다.

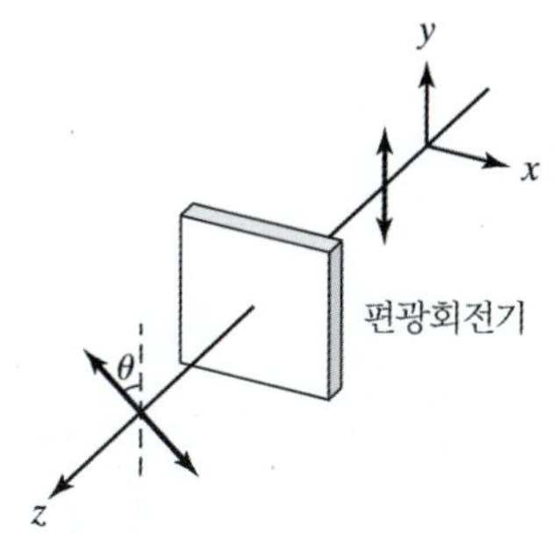

그림 14-10 편광회전기의 작용.

위상지연기

위상지연기는 어떤 전기장 진동 성분도 모두 투과하지만, 이들 사이에 위상차를 준다. 이 **지연판**을 두 수직 성분이 서로 다른 속력으로 지나가면, 판을 통과하여 나올 때는 이들 사이에 위상차 $\Delta\varphi$가 누적된다. 그림 14-9는 판 안에서 수직성분이 수평성분보다 더 빠르게 진행하는 경우에 대해 지연판이 비편광된 빛에 미치는 효과를 상징적으로 보여준다. 두 성분이 축을 따라 모든 점에서 동시에 존재하지만, 두 성분이 축 위에서 분리됨을 예측할 수 있다. 그림에 빠른 축(fast axis, FA)과 느린 축(slow axis, SA)을 보였다. 누적 위상차 $\Delta\varphi=\pi/2$일 때 이 지연판을 $I/4$ **파장판**이라 하고, $\Delta\varphi=\pi$일 때는 **반파장판**이라 한다.

편광회전기

편광회전기는 입사한 빛의 선편광을 특정 각만큼 돌려서 내보낸다. 그림 14-10은 수직선편광이 편광회전기에 입사하는 그림이다. 이 경우 편광회전기는 선편광된 빛의 진동 방향을 각 θ만큼 반시계방향으로 회전시켜 투과하였다.

이제 위 세 종류의 편광 장치에 해당하는 행렬들을 구해보자. 광학 소자가 실제 빛의 편광 모드를 바꾸는 것처럼, 존스 벡터에 연산자로 작용하는 행렬도 수학적으로 같은 결과를 주도록 할 것이다. 이들 행렬을 구성하는 데 실용적인 관점으로 접근하고자 한다. 예를 들어 그림 14-8과 같이 수직방향 투과축을 갖는 선편광기를 생각하자. 2×2 행렬이 수직편광된 빛에 연산자로 작용하는 편광기를 나타내고, 결정해야 할 행렬 성분들을 a, b, c, d라 하자. 편광기 작용의 결과로 투과되어 나오는 빛은 역시 수직편광이어야 한다. 기호로 쓰면

$$\begin{bmatrix} a & b \\ c & d \end{bmatrix}\begin{bmatrix} 0 \\ 1 \end{bmatrix}=\begin{bmatrix} 0 \\ 1 \end{bmatrix}$$

좌변의 곱을 풀면 이 행렬 방정식은 다음의 일반 대수식이 된다.

$$a\times0+b\times1=0$$
$$c\times0+d\times1=1$$

이로부터 $b=0$, $d=1$이란 결론을 얻는다. a와 c를 결정하려면 같은 선편광기가 수평편광에 작용하도록 한다. 이 경우에는 빛이 투과되지 않아야 하므로,

$$\begin{bmatrix} a & b \\ c & d \end{bmatrix}\begin{bmatrix} 1 \\ 0 \end{bmatrix} = \begin{bmatrix} 0 \\ 0 \end{bmatrix}$$

이며, 이로부터 아래의 관계식을 얻는다.

$$a \times 1 + b \times 0 = 0$$

$$c \times 1 + d \times 0 = 0$$

즉 $a = 0$, $c = 0$이다. 여기서 더 이상 증명하지 않고 이 경우의 존스 행렬은

$$\mathbf{M} = \begin{bmatrix} 0 & 0 \\ 0 & 1 \end{bmatrix} \quad \text{선편광, TA는 수직} \tag{14-13}$$

이라고 결론짓는다. 같은 방법으로 수평 TA를 가진 선편광기에 대한 행렬도 구할 수 있으며, 표 14-2에 수록되어 있다. 다음으로 TA가 x-축에 대해 45° 기울어진 선편광기에 대해 생각해보자. 가장 간단한 방법은 TA와 같은 방향과 수직방향으로 선편광된 두 빛에 대해 행렬을 적용해 보는 것이다. TA와 같은 방향으로 편광된 빛의 존스 벡터는 $\begin{bmatrix} 1 \\ 1 \end{bmatrix}$이고, 수직방향 편광 벡터는 $\begin{bmatrix} 1 \\ -1 \end{bmatrix}$이다. 따라서 이전과 비슷한 방법으로

$$\begin{bmatrix} a & b \\ c & d \end{bmatrix}\begin{bmatrix} 1 \\ 1 \end{bmatrix} = \begin{bmatrix} 1 \\ 1 \end{bmatrix}, \quad \begin{bmatrix} a & b \\ c & d \end{bmatrix}\begin{bmatrix} 1 \\ -1 \end{bmatrix} = \begin{bmatrix} 0 \\ 0 \end{bmatrix}$$

이며, 이것을 풀면

$$a + b = 1$$

$$c + d = 1$$

$$a - b = 0$$

$$c - d = 0$$

이로부터 $a = b = c = d = 1/2$을 얻는다. 따라서 구하는 행렬은

$$\mathbf{M} = \frac{1}{2}\begin{bmatrix} 1 & 1 \\ 1 & 1 \end{bmatrix} \quad \text{선편광, 45° 기울어진 TA} \tag{14-14}$$

같은 방법으로 일반적인 각 θ로 기울어진 TA를 가진 선편광기의 행렬도 결정할 수 있다. 이것은 연습문제로 남겨둔다(문제 14-1). 그 결과는 아래와 같다.

$$\mathbf{M} = \begin{bmatrix} \cos^2\theta & \sin\theta\cos\theta \\ \sin\theta\cos\theta & \sin^2\theta \end{bmatrix} \quad \text{선편광, 각 } \theta \text{ 기울어진 TA} \tag{14-15}$$

이 결과는 식(14-3)과 (14-14)를 각각 $\theta = 90°$와 $\theta = 45°$에 대한 특수한 경우로 포함한다.

한편, 위상지연기를 나타내는 행렬은 벡터 성분을 다음과 같이 변환시켜야 한다.

$$E_{0x}e^{i\varphi_x} \rightarrow E_{0x}e^{i(\varphi_x + \varepsilon_x)}$$

$$E_{0y}e^{i\varphi_y} \rightarrow E_{0y}e^{i(\varphi_y + \varepsilon_y)}$$

표 14-2 존스 행렬 요약

I. 선편광기					
TA 수평	$\begin{bmatrix}1 & 0\\0 & 0\end{bmatrix}$	TA 수직	$\begin{bmatrix}0 & 0\\0 & 1\end{bmatrix}$	TA가 수평에 대해 45°	$\frac{1}{2}\begin{bmatrix}1 & 1\\1 & 1\end{bmatrix}$
II. 위상지연기					
		일반적	$\begin{bmatrix}e^{i\varepsilon_x} & 0\\0 & e^{i\varepsilon_y}\end{bmatrix}$		
QWP, SA 수직	$e^{-i\pi/4}\begin{bmatrix}1 & 0\\0 & i\end{bmatrix}$			QWP, SA 수평	$e^{i\pi/4}\begin{bmatrix}1 & 0\\0 & -i\end{bmatrix}$
HWP, SA 수직	$e^{-i\pi/2}\begin{bmatrix}1 & 0\\0 & -1\end{bmatrix}$			HWP, SA 수평	$e^{i\pi/2}\begin{bmatrix}1 & 0\\0 & -1\end{bmatrix}$
II. 편광회전기					
편광회전기	$(\theta \to \theta + \beta)$		$\begin{bmatrix}\cos\beta & -\sin\beta\\\sin\beta & \cos\beta\end{bmatrix}$		

여기서 ε_x와 ε_y는 각각 입사광의 x, y-성분에 대해 더해지는 위상이다. 물론 ε_x와 ε_y는 음수일 수도 있다. 이 변환은 다음의 행렬 곱셈으로 수행됨을 알 수 있다.

$$\begin{bmatrix}e^{i\varepsilon_x} & 0\\0 & e^{i\varepsilon_y}\end{bmatrix}\begin{bmatrix}E_{0x}e^{i\varphi_x}\\E_{0y}e^{i\varphi_y}\end{bmatrix}=\begin{bmatrix}E_{0x}e^{i(\varphi_x+\varepsilon_x)}\\E_{0y}e^{i(\varphi_y+\varepsilon_y)}\end{bmatrix}$$

따라서 위상지연기를 나타내는 행렬의 일반적인 형태는 다음과 같다.

$$\mathbf{M}=\begin{bmatrix}e^{i\varepsilon_x} & 0\\0 & e^{i\varepsilon_y}\end{bmatrix} \quad \text{위상지연기} \tag{14-16}$$

위상지연기의 한 특수한 경우로 $|\varepsilon_x-\varepsilon_y|=\pi/2$인 1/4 파장판(quarter-wave plate, QWP)에 대해 생각해보자. 이것은 다시 $\varepsilon_y-\varepsilon_x=\pi/2$(수직방향 SA)와 $\varepsilon_x-\varepsilon_y=\pi/2$(수평방향 SA)인 두 경우로 나누어진다. 전자의 경우, $\varepsilon_x=-\pi/4$, $\varepsilon_y=+\pi/4$로 두자. 물론 다른 조합도 무수히 가능하므로 존스 행렬도 존스 벡터와 마찬가지로 유일하지 않다. 그러므로 위와 같이 선택함으로써 행렬은 일반적으로 사용되는 대칭적인 형태를 가진다. 즉

$$\mathbf{M}=\begin{bmatrix}e^{-i\pi/4} & 0\\0 & e^{i\pi/4}\end{bmatrix}=e^{-i\pi/4}\begin{bmatrix}1 & 0\\0 & i\end{bmatrix} \quad \text{QWP, 수직 SA} \tag{14-17}$$

위 행렬을 얻는 과정에서 관계식 $e^{i\pi/4}=e^{-i\pi/4}e^{i\pi/2}$와 $i=e^{i\pi/2}$를 사용했다. 마찬가지로 $\varepsilon_x>\varepsilon_y$일 때는

$$\mathbf{M}=e^{i\pi/4}\begin{bmatrix}1 & 0\\0 & -i\end{bmatrix} \quad \text{QWP, 수평 SA} \tag{14-18}$$

을 얻는다. $|\varepsilon_x-\varepsilon_y|=\pi$인 반파장판(half-wave plate, HWP)을 나타내는 해당 행렬들은 아래와 같이 주어진다.

$$\mathbf{M} = \begin{bmatrix} e^{-i\pi/2} & 0 \\ 0 & e^{i\pi/2} \end{bmatrix} = e^{-i\pi/2}\begin{bmatrix} 1 & 0 \\ 0 & -1 \end{bmatrix} \quad \text{HWP, 수직 SA} \tag{14-19}$$

$$\mathbf{M} = \begin{bmatrix} e^{i\pi/2} & 0 \\ 0 & e^{-i\pi/2} \end{bmatrix} = e^{i\pi/2}\begin{bmatrix} 1 & 0 \\ 0 & -1 \end{bmatrix} \quad \text{HWP, 수직 SA} \tag{14-20}$$

이 두 행렬의 성분들은 모두 같다. 그 이유는 위상이 π만큼 앞서는 것은 물리적으로 π만큼 지연되는 것과 같기 때문이다. 유일하게 다른 점은 앞에 붙은 인자인데, 이는 존스 벡터의 모든 성분의 위상을 동일하게 바꾸므로 결과의 해석에는 영향을 주지 않는다.

편광 방향을 각 β만큼 회전시키는 편광회전기는 각 θ로 선편광된 $\vec{\mathbf{E}}$-벡터(성분 $\cos\theta$와 $\sin\theta$)를 각 $(\theta+\beta)$의 선편광으로 바꾸어준다. 즉

$$\begin{bmatrix} a & b \\ c & d \end{bmatrix}\begin{bmatrix} \cos\theta \\ \sin\theta \end{bmatrix} = \begin{bmatrix} \cos(\theta+\beta) \\ \sin(\theta+\beta) \end{bmatrix}$$

따라서 행렬 성분들은 다음 식을 만족시켜야 한다.

$$a\cos\theta + b\sin\theta = \cos(\theta+\beta)$$
$$c\cos\theta + d\sin\theta = \sin(\theta+\beta)$$

다음과 같이 각의 합에 대한 사인, 코사인 공식

$$\cos(\theta+\beta) = \cos\theta\cos\beta - \sin\theta\sin\beta$$
$$\sin(\theta+\beta) = \sin\theta\sin\beta + \cos\theta\cos\beta$$

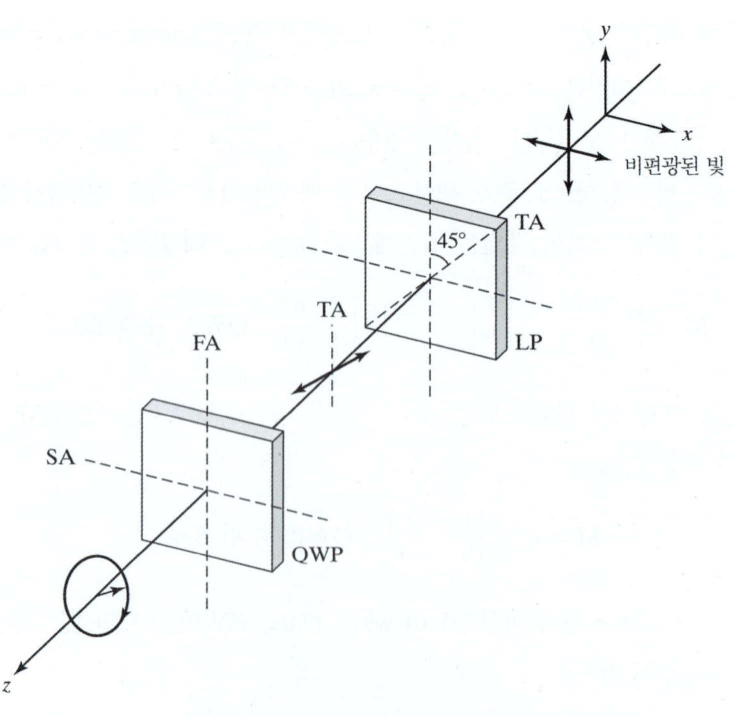

그림 14-11 우원편광 만들기.

을 이용하면,

$$a = \cos\beta \qquad b = -\sin\beta$$
$$c = \sin\beta \qquad d = \cos\beta$$

과 같은 결과를 얻는다. 따라서 편광회전기 행렬은

$$\mathbf{M} = \begin{bmatrix} \cos\beta & -\sin\beta \\ \sin\beta & \cos\beta \end{bmatrix} \text{ 각 } +\beta\text{만큼 편광회전} \qquad (14\text{-}21)$$

이 단원에서 유도한 존스 행렬들을 표 14-2에 요약하였다.

중요한 예로, 선편광기와 QWP를 결합하여 원편광을 만드는 것을 생각해보자. 그림 14-11에서와 같이 선편광기(LP)가 45° 방향으로 진동하는 빛을 만들고, 이 빛은 수평방향 SA를 가진 QWP를 통과한다. 이 배열에서 QWP에 들어간 빛은 빠른 축과 느린 축 성분으로 똑같이 나누어진다. QWP를 나올 때는 위상차 $\pi/2$가 누적되어 원편광이 만들어진다. 존스 행렬로 계산하면, 이 과정은 다음과 같이 선편광에 QWP 행렬을 연산하는 것이다.

$$e^{i\pi/4}\begin{bmatrix} 1 & 0 \\ 0 & -i \end{bmatrix}\frac{1}{\sqrt{2}}\begin{bmatrix} 1 \\ 1 \end{bmatrix} = e^{i\pi/4}\left(\frac{1}{\sqrt{2}}\right)\begin{bmatrix} 1 \\ -i \end{bmatrix}$$

이 결과는 우원편광이다(표 14-1 참조). 만약 QWP의 빠른 축과 느린 축이 바뀌면 같은 방법으로 결과는 좌원편광이 된다는 것을 보일 수 있다.

예제 14-2

좌원편광된 빛이 1/8 파장판을 통과하면 어떻게 되나?

풀이

먼저 1/8 파장판, 즉 $2\pi/8 = \pi/4$의 상대 위상을 주는 위상지연기를 표현하는 행렬을 구한다. $\varepsilon_x = 0$으로 두면,

$$\mathbf{M} = \begin{bmatrix} e^{i\varepsilon_x} & 0 \\ 0 & e^{i\varepsilon_y} \end{bmatrix} = \begin{bmatrix} 1 & 0 \\ 0 & e^{i\pi/4} \end{bmatrix}$$

이 행렬이 좌원편광 존스 벡터에 연산자로 작용한다.

$$\begin{bmatrix} 1 & 0 \\ 0 & e^{i\pi/4} \end{bmatrix}\begin{bmatrix} 1 \\ i \end{bmatrix} = \begin{bmatrix} 1 \\ ie^{i\pi/4} \end{bmatrix} = \begin{bmatrix} 1 \\ e^{i3\pi/4} \end{bmatrix}$$

결과로 얻은 존스 벡터는 타원 편광을 나타내며, 두 성분은 $3\pi/4$만큼 위상 차이가 난다. 오일러 방정식을 써서 $e^{i3\pi/4}$를 전개하면

$$e^{i3\pi/4} = -\frac{1}{\sqrt{2}} + i\left(\frac{1}{\sqrt{2}}\right)$$

을 얻고, 이것은 아래와 같이 타원 편광의 표준 형태로 쓸 수 있다.

$$\begin{bmatrix}\widetilde{E}_{0x}\\ \widetilde{E}_{0y}\end{bmatrix} = \begin{bmatrix}A\\ B+iC\end{bmatrix}, \quad \left(A=1,\ B=-\frac{1}{\sqrt{2}},\ C=\frac{1}{\sqrt{2}}\right)$$

A와 C가 같은 부호를 가지므로 이 출력 타원 편광의 전기장 벡터는 반시계방향으로 회전한다. 이 존스 벡터를 일반적인 형태인 식(14-5)와 비교하면, 두 성분의 진폭의 크기는 $E_{0x} = A = 1$, $E_{0y} = \sqrt{B^2 + C^2} = 1$, 또한 식(14-10)을 써서 각 $\alpha = -45°$로 결정된다.

물론 존스 행렬 기법은 빛이 여러 편광 소자를 지나는 경우에도 사용될 수 있다. 이 경우에는 각 소자의 존스 행렬을 곱하여 만든 **편광계 행렬**이 전체 계의 편광 작용을 나타낸다. 만일 존스 벡터 $\mathbf{V}$로 표시되는 빛이 행렬 $\mathbf{M}_1$, $\mathbf{M}_2$, $\mathbf{M}_3$, $\cdots$, $\mathbf{M}_m$으로 표시되는 편광 기기들을 차례로 통과하면, 이 과정은 $(\mathbf{M}_m \cdots \mathbf{M}_3\mathbf{M}_2\mathbf{M}_1)\mathbf{V} = \mathbf{M}_s\mathbf{V}$로 쓸 수 있다. 따라서 편광계 행렬은 $\mathbf{M}_s = \mathbf{M}_m \cdots \mathbf{M}_3\mathbf{M}_2\mathbf{M}_1$로 계산된다.

문 제

14-1 투과축(TA)이 수평축에 대해 임의의 각 θ로 기울어져 있는 선편광기를 나타내는 존스 행렬 식(14-15)를 유도하시오.

14-2 다음 각 경우에 대해 정규화된 존스 벡터를 쓰고, 편광 상태를 상세히 기술하시오.

a. $\vec{\mathbf{E}} = E_0 \cos(kz - \omega t)\hat{\mathbf{x}} - E_0 \cos(kz - \omega t)\hat{\mathbf{y}}$

b. $\vec{\mathbf{E}} = E_0 \sin 2\pi\left(\frac{z}{\lambda} - vt\right)\hat{\mathbf{x}} + E_0 \sin 2\pi\left(\frac{z}{\lambda} - vt\right)\hat{\mathbf{y}}$

c. $\vec{\mathbf{E}} = E_0 \sin(kz - \omega t)\hat{\mathbf{x}} + E_0 \sin\left(kz - \omega t - \frac{\pi}{4}\right)\hat{\mathbf{y}}$

d. $\vec{\mathbf{E}} = E_0 \cos(kz - \omega t)\hat{\mathbf{x}} + E_0 \cos\left(kz - \omega t + \frac{\pi}{2}\right)\hat{\mathbf{y}}$

14-3 다음 각 파동의 진폭, 전파 방향, 편광 상태를 가능한 상세히 기술하시오.

a. $\vec{\mathbf{E}} = 2E_0\hat{\mathbf{x}}e^{i(kz - \omega t)}$

b. $\vec{\mathbf{E}} = E_0(3\hat{\mathbf{x}} + 4\hat{\mathbf{y}})e^{i(kz - \omega t)}$

c. $\vec{\mathbf{E}} = 5E_0(\hat{\mathbf{x}} - i\hat{\mathbf{y}})e^{i(kz + \omega t)}$

14-4 아래의 두 선편광에 대해 다음의 두 방법으로 편광 방향 사이의 각을 구하시오.

$\vec{\mathbf{E}}_1 = E_{01}(\hat{\mathbf{x}} - \hat{\mathbf{y}})\cos(kz - \omega t)$,

$\vec{\mathbf{E}}_2 = E_{02}(\sqrt{3}\,\hat{\mathbf{x}} + \hat{\mathbf{y}})\cos(kz - \omega t)$

(a) 존스 벡터를 쓰고 각각의 진동 방향을 구하여, (b) 두 진폭 벡터 사이의 내적을 구하여.

14-5 원래 수직으로 선편광된 빛이 차례로 (a) 느린 축이 45°인 반파장판, (b) 투과축이 45°인 선편광기, (c) 느린 축이 수평으로 정렬된 1/4 파장판을 통과한다. 행렬 기법을 써서 최종 투과된 빛의 존스 벡터를 구하고 편광 상태를 분석하시오. (힌트: 입사광에 대한 HWP만의 효과를 먼저 구해 볼 것.)

14-6 다음 전기장의 파동을 지수함수 형태로 쓰시오.

a. x-방향으로 진행하는 선편광된 파동. 전기장은 y-축에 대해 30°의 각을 가진다.

b. y-방향으로 진행하는 오른쪽으로 도는 타원 편광된 파동. 타원의 장축은 z-방향이며 장축의 길이는 단축의 2배이다.

c. x, y-평면에서 x-축에 대해 45° 방향으로 진행하는 선편광된 파동. 편광 방향은 z 방향이다.

14-7 식(14-9)의 일반적인 존스 벡터가 다음 편광 상태를 나타낸다면, 각 경우 성분 A, B, C에 대한 조건을 정하시오. (a)

선편광, (b) 장축이 좌표축 중 하나와 평행한 타원 편광, (c) 원편광. 각 경우 A, B, C의 의미로부터 수직 성분 진동들 사이에 가능한 위상차 값을 구하시오.

14-8 타원의 방정식(14-12)에서 상수 A, B, C와 변수 E_x를 입력으로 주면 E_y 값을 계산하는 컴퓨터 프로그램을 만드시오. 예제 14-1에 주어진 $\widetilde{\mathbf{E}}_0 = \begin{bmatrix} 3 \\ 2+i \end{bmatrix}$에 대해 타원을 그리시오.

14-9 다음 존스 벡터에 대해 편광 상태를 기술하시오.

a. $\begin{bmatrix} 3i \\ i \end{bmatrix}$ **b.** $\begin{bmatrix} i \\ 1 \end{bmatrix}$

c. $\begin{bmatrix} 4i \\ 5 \end{bmatrix}$ **d.** $\begin{bmatrix} 5 \\ 0 \end{bmatrix}$

e. $\begin{bmatrix} 2 \\ 2i \end{bmatrix}$ **f.** $\begin{bmatrix} 2 \\ 3 \end{bmatrix}$

g. $\begin{bmatrix} 2 \\ 6+8i \end{bmatrix}$

14-10 x-방향에 대해 +30° 각으로 선편광된 빛이 SA가 수평방향인 QWP를 통과하면, 어떤 편광 상태가 되나?

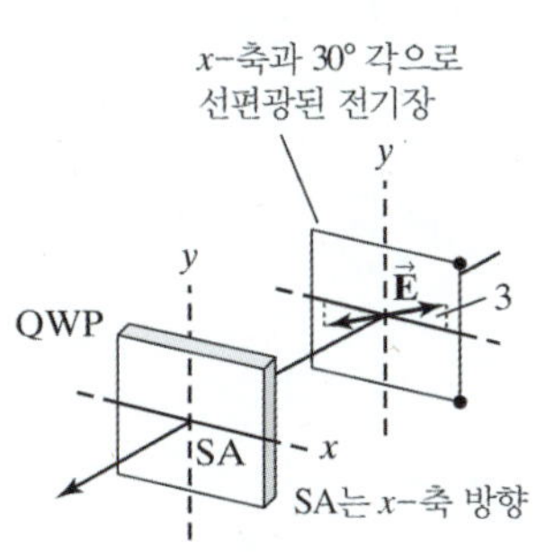

그림 14-12 문제 14-10.

14-11 존스 행렬 기법을 사용하여 HWP는 각 α 방향으로 선편광된 빛을 각 2α만큼 회전시키는 역할을 한다는 것을 보이시오. 따라서 HWP는 레이저를 돌리지 않고 레이저 빔의 편광 방향만 돌리는 "레이저 선 회전기"로 응용된다.

14-12 "광차폐기"는 QWP의 중요한 응용 중 하나이다. 예를 들어 광학계에 입사된 레이저 빔이 매끈한 면으로부터 반사되어 레이저로 되돌아오는 것을 막기 위해 QWP가 사용된다. 먼저 빔은 선편광기와 QWP를 통과한다. QWP의 느린(빠른) 축은 선편광기의 투과축과 45° 각을 이루고 있다. 투과된 빛이 평면 거울로부터 반사되어 되돌아온다면 어떤 일이 일어나는가?

14-13 선편광기에 의해 수평편광된 빛이 TA가 45° 기울어진 또 다른 선편광기를 통과하고, 그 다음 SA가 수평방향인 QWP를 통과한다. 존스 행렬 기법을 써서 최종 존스 벡터를 구하고, 편광 상태를 기술하시오.

14-14 빛이 다음을 순서대로 통과한다. (1) 수직으로부터 시계방향으로 45° 방향인 TA를 갖는 선편광기, (2) SA가 수직방향인 QWP, (3) TA가 수평방향인 선편광기, (4) FA가 수평방향인 HWP, (5) TA가 수직방향인 선편광기. 이들을 통과한 빛의 편광 상태는?

14-15 비편광된 빛이 TA가 수직방향으로부터 60° 방향인 선편광기, 그 다음 SA가 수직방향인 QWP 그리고 마지막으로 TA가 수직방향인 선편광기를 통과한다. 존스 행렬을 써서 (a) QWP를 통과한 후, (b) 마지막 선편광기를 통과한 후 각각 편광 상태를 기술하시오.

14-16 원편광된 빛이 (a) QWP; (b) 1/8 파장판을 각각 통과한 후 편광상태는? 행렬 기법을 사용하시오.

14-17 행렬 $\begin{bmatrix} 1 & i \\ -i & 1 \end{bmatrix}$는 어떤 편광의 빛을 입사하더라도 우원편광을 만드는 우원편광기를 나타냄을 보이시오. 좌원편광기를 나타내는 행렬은 무엇인가?

14-18 타원 편광은 원편광과 선편광의 결합으로 볼 수 있음을 보이시오.

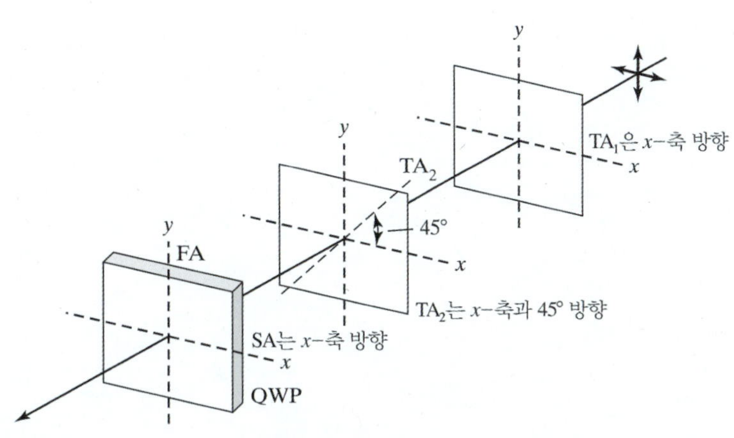

그림 14-13 문제 14-13.

14-19 타원 편광에 대해 식(14-12)의 타원 방정식을 유도하시오. (힌트: 일반적인 타원 편광에 대해 시간과 공간 의존항을 소거하여 E_x와 E_y 방정식을 결합하시오.)

14-20 **a.** 아래 존스 벡터가 의미하는 편광 상태를 기술하고, 표 14-1의 정규화된 표준 형태로 나타내시오.

$$\begin{bmatrix} 2 \\ 3e^{i\pi/3} \end{bmatrix}$$

b. 이 빛이 선편광을 +30° 회전시키는 소자를 통과하면 어떤 편광이 되는가?

14-21 다음의 조건이 성립할 때 식(14-12)가 나타내는 편광 상태를 기술하시오.

(a) $\varepsilon = \pi/2$, (b) $E_{0x} = E_{0y} = E_0$, (c), (a)와 (b) 둘 다 성립할 때, (d) $\varepsilon = 0$일 때.

14-22 QWP가 두 수직한 선편광기 사이에 놓여있다. 첫 번째 선편광기의 TA와 QWP의 빠른 축 사이의 각은 θ이다. 두 번째 선편광기를 투과한 빛의 복사조도를 θ의 함수로 구하시오.

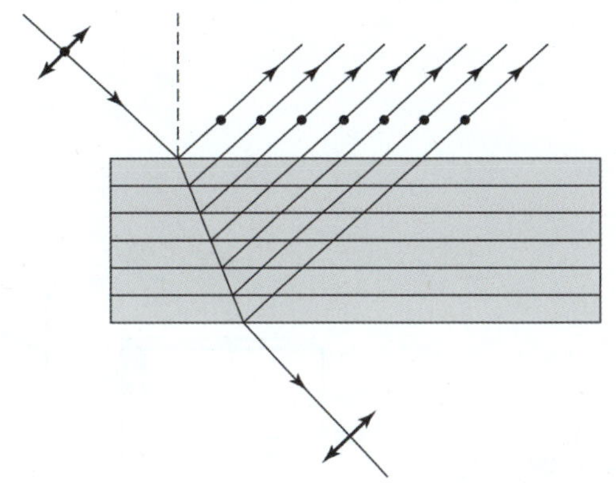

chapter 15 편광의 생성

서론

파동의 전파 방향에 대해 수직(횡)방향으로 비대칭적인 광학적 특성을 갖는 물질과 빛이 어떤 형태로든지 상호작용하면 빛을 편광시킬 수 있다. 만약 빛이 횡파가 아니고 종파의 성질을 갖는다면, 전파 방향을 따라 일어나는 물질의 횡방향 비대칭성이 진동하는 $\vec{E}$-벡터의 방향을 바꾸지 못할 것이고, 여기서 설명할 물리적인 메커니즘들은 빛에 편광 효과를 주지 못할 것이다. 따라서 빛이 편광될 수 있다는 실험적인 관측은 빛이 횡파의 성질을 가진다는 뚜렷한 증빙이 된다. 이 장에서는 편광을 생성하는 중요한 과정인 (1) 이색성(dichroism), (2) 반사, (3) 산란, (4) 복굴절(birefringence) 등에 대해 논한다. 광활성(optical activity)은 편광을 수정하는 메커니즘으로 소개한다. 마지막으로 유용한 응용으로 **광탄성**(photoelasticity)을 간략히 설명한다.

15-1 이색성: 선택적 흡수에 의한 편광

이색성 편광기는 이색성 물질 고유의 방향에 따라 진동하는 전기장을 선택적으로 흡수한다. 이 편광기는 흡수를 하는 방향에 수직한 횡방향으로 진동하는 전기장 진동의 빛은 잘 통과시킨다. 전기장 진동이 잘 통과하는 방향을 편광기의 **투과축**(transmission axis, TA)이라 한다. 이상적인 편광기를 통과한 빛은 TA 방향으로 선편광된다. 이 빛은 그림 15-1과 같이 두 번째 이색성 편광기를 써서 편광 상태를 쉽게 검사할 수 있다. 이 두 번째 편광기는 **검광기**(analyzer) 역할을 한다. 검광기의 TA가 편광기의 TA에 대해 90° 각을 이루면 아무런 빛도 통과하지 않는다. 이 위치에서 검광기를 돌리면 투과하는 빛이

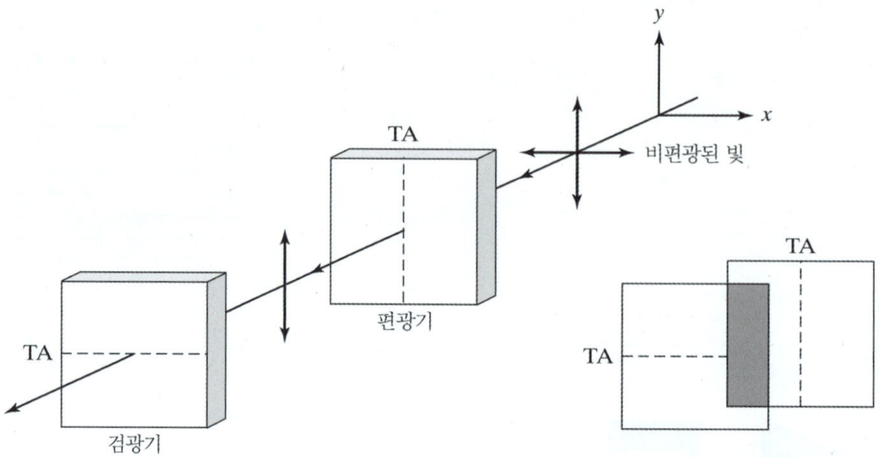

그림 15-1 두 이색성 편광기를 수직방향으로 놓은 편광기-검광기 쌍. 빛은 검광기를 투과하지 못한다.

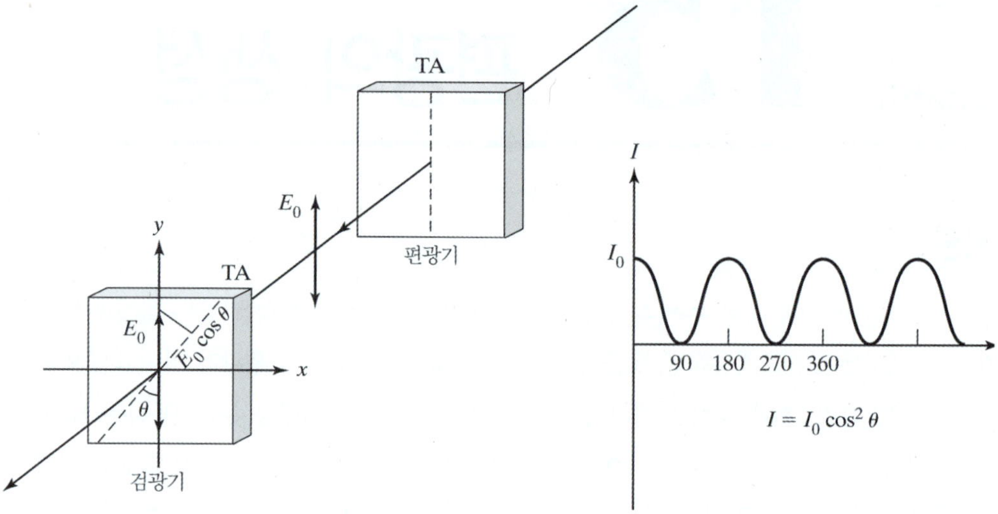

그림 15-2 말뤼스 법칙 도해.

증가하고, 두 TA가 같은 방향으로 정렬될 때 최대에 도달한다. 투과광의 최대 복사조도를 I_0라 하면, 두 TA 사이 임의의 각 θ에 대해 복사조도는 아래의 **말뤼스 법칙**(Malus' law)을 따른다.

$$I = I_0 \cos^2\theta \tag{15-1}$$

말뤼스 법칙은 그림 15-2에 잘 설명되어 있다. 검광기로부터 나오는 빛의 진폭은 $E_0 \cos\theta$이다. 복사조도 I(단위 W/m^2)는 진폭의 제곱에 비례하므로 위 식이 설명된다.

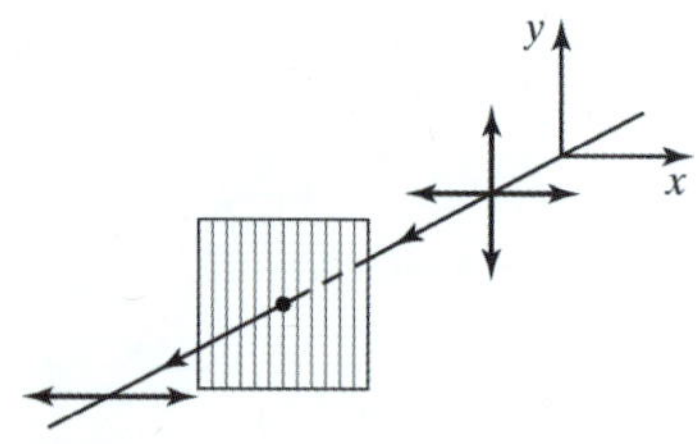

그림 15-3 마이크로파에 대한 수직 철사줄 격자의 작용. $\lambda \gg$ 격자 간격일 때 빛 전기장의 수직 성분이 흡수된다.

이색성 물질이 특정 방향으로 진동하는 전기장 성분을 강하게 흡수하고, 그 수직 방향의 성분을 투과하는 기능은 그림 15-3에 묘사된 것과 같이 마이크로파 실험으로 이해할 수 있다. 마이크로파의 파장은 대략 1 mm에서 1 m 사이에 있다. 간격이 파장보다 훨씬 작은 수직 철사줄 격자(wire grid)에 수직 선편광된 마이크로파가 입사하면, 거의 투과하지 않는다. 반면에 철사줄에 수평 선편광, 즉 수평방향으로 편광된 마이크로파가 입사하면 효율적인 투과가 일어난다. 이 현상은 이색성 편광기로 작동하는 금속선과 전자기파의 상호작용으로 설명된다. 금속선 안에서는 움직일 수 있는 자유전자가 입사광 전기장의 진동에 의해 강제된 진동 운동을 한다. 이렇게 진동하는 전자는 각각 전자의 진동 방향을 제외하고 모든 방향으로 전자기 에너지를 복사하는 쌍극자 파원이 된다. 이 전자 진동자들의 복사와 입사 전자기파의 전기장 진동과의 중첩은 정(진행)방향으로는 상쇄된다. 진동하는 전자에서 생성되는 전자기파는 입사파와 180° 위상차를 가짐을 보일 수 있다.[1] 따라서 정방향으로는 파동이 전파할 수 없다. 더욱이 자유전자의 진동이 온전히 자유롭지는 않다. 예를 들어 결정격자 결합과의 상호작용으로 인한 유효 마찰은 에너지 손실을 유발하고, 이것은 입사파를 감쇠시킨다. 그러나 정방향 파동이 사라지는 주된 요인은 입사파와 생성된 파동 사이의 상쇄간섭이다. 수평 선편광이 수직 철사줄 격자에 입사해도 같은 일이 일어나나, 전자가 철사줄을 가로질러 진동하는 일은 없다. 그 결과 전자가 생성하는 전자기파는 적을 것이고, 효율적인 소멸간섭은 일어나지 않는다. 철사줄 격자를 90° 회전시키면, 반대로 수직편광이 투과되고 수평편광이 상쇄된다. 이색성 흡수체가 빛을 편광시키는 것과 철사줄 격자가 마이크로파를 편광시키는 것은 같은 원리에 바탕을 둔다.

빛 파장에 대해서는 편광기의 구조가 철사줄 격자와 유사하지만 훨씬 더 작아져야 한다. 빛에 대해 가장 흔한 이색성 흡수체는 1938년 랜드(Edwin H. Land)가 발명한 폴라로이드(Polaroid) H-판이다. 투명한 폴리비닐 알코올 판을 데우고 한 방향으로 당겨서 늘이면, 이 플라스틱을 구성하는 긴 탄화수소 분자들이 당긴 방향으로 정렬하는 경향이 있다. 이렇게 당긴 물질에 요오드 원자를 침투시키면, 선형 분자와 결합하여 "전도" 전자를 공급하므로 철사줄 격자와 비슷한 역할을 한다. 일부 자연에서 얻는 물질도 전기석(tourmaline) 광물과 같이 어느 정도의 이색성을 가지는 것이 있다. 원칙적인 요구 조건은 입사 전자기파에 대해 특정 방향으로 (그 수직 방향에 비해) 전자가 훨씬 더 자유롭게 응답해야 한다는 것이다. 폴라로이드나 전기석과 같이 비금속 물질에서는 쌍극자 진동자로서의 전자가 자유롭지는 않다. 따라서 전자가 생성하는 파동은 입사파에 대해 위상이 반대는 아니며, 정방향으로 완전한 상쇄가 일어나지 않는다. 그러나 입사파의 에너지는 파동이 흡수체를 진행함에 따라 점점 소실되므로, 이색성 흡수체의 효율은 두께의 함수이다. 흡수는 통상적인 감쇠 식을 따른다. 즉

$$I = I_0 e^{-\alpha x}$$

이다. 여기서 I_0는 입사 복사조도이고, I는 흡수체 깊이 x에서 복사조도이다. 상수 α는 물질 고유의 흡수능(absorptivity), 즉 **흡수계수**(absorption coefficient)이다. 좋은 실제 이색성 흡수체에서는 α는 대체로 파장에 의존하지 않는다. 이는 이러한 흡수체가 모든 광 파장에 대해 투명한 동시에 편광기 역할을 한다는 뜻이다. 폴라로이드 H-판은 가시광 스펙트럼의 청색 쪽에서 효율이 떨어지므로 이런 이상적인 기능을 기대할 수는 없다. 결

1 이 설명에 대한 이론적인 기초는 금속의 자유전자에 적용하여 25-1절의 끝 부분에 나와 있다.

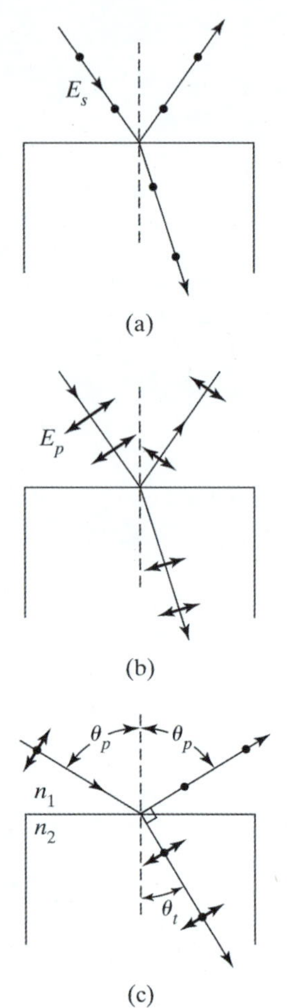

그림 15-4 유전체 표면에서 빛의 거울반사. (a) TE 모드, (b) TM 모드, (c) 브루스터각에서의 편광.

과적으로 폴라로이드 *H*-판을 다른 평판형 편광기와 교차하게 결합해서 검광기로 쓴다면, 거의 빛이 투과하지 않는 상황에서 옅은 청색을 내보낸다.

15-2 유전체 표면의 반사에 의한 편광

유전체 표면에서 거울반사된 빛은 적어도 부분편광이 된다. 이것은 반사된 빛을 편광 필터를 통해 바라보면서 편광 필터를 돌려보면 알 수 있다. 반사된 빛이 더 많이 나가는 전기장 진동 방향이 편광기의 TA와 수직일 때 거울반사된 빛은 어둡게 보인다. 이것은 정확히 편광 선글라스의 작동 원리이다. 수평면에서 눈으로 반사된 빛의 전기장 진동 방향은 수평방향으로 더 많이 편광된다. 편광 선글라스는 TA를 수직방향으로 두어 반사광의 부분편광된 "눈부심"을 줄일 뿐만 아니라, 비편광된 빛의 절반을 막는다. 이 현상을 이해하기 위해 그림 15-4를 보자. 폭이 좁은 빛살이 매끈하고 평평한 유전체 표면에 임의의 각으로 입사한다. 비편광된 입사 빔은 서로 수직한 두 전기장 성분으로 나타낸다. 그림 15-4(a)에서 점으로 표시한 것은 입사면에 수직한 전기장 진동이다. 그림 15-4(b)에서 양쪽 화살표로 그린 다른 성분은 입사면(책 지면) 위에 있다(입사 광선과 반사면의 법선이 입사면을 정의한다는 것을 기억할 것). 비편광된 입사광의 두 성분을 일반적으로 E_s(입사면에 수직 성분)와 E_p(입사면에 있는 성분)라 한다. 또는 E_s 모드를 TE(transverse electric) 모드, E_p 모드를 TM(transverse magnetic) 모드라 부른다. TE는 전기장이 가로방향(입사면에 수직방향), TM은 자기장이 가로방향이란 뜻이다.

먼저 그림 15-4(a)의 E_s, 즉 TE 성분을 고려하자. E_s는 유전체 표면에 있는 전자들에 작용하여 같은 방향의 진동을 유발한다. 이 모든 쌍극자 진동자에서 생성된 복사는 반사와 굴절 뚜렷한 두 방향의 빔으로 나누어진다. 이 두 빔은 각각 그림 15-4(a)에 점으로 표시한 것처럼 입사면에 수직으로 선편광되어 있다. 반사 및 굴절 광선은 모두 복사가 가장 큰 쌍극자 축에 수직한 방향을 향한다.

다음으로 그림 15-4(b)의 E_p, 즉 TM 성분의 작용을 고려해보자. 스넬(Snell) 법칙으로 계산되는 굴절광의 방향으로부터, 등방성 유전체 안에서 전기장과 쌍극자의 진동 방향은 양쪽 화살표로 표시된 것처럼 광선의 방향에 수직임을 알 수 있다. 쌍극자 진동이 반사광 방향의 성분을 포함하고 있음에 유의하자. 쌍극자 진동자는 쌍극자 축과 작은 각을 이루는 방향으로는 약하게 복사한다는 것을 상기하면($I \propto \sin^2\theta$), 원래 빛 E_p 성분의(E_s 성분에 비해) 일부만이 반사광에 기여함을 알 수 있다. TE와 TM 모드 둘 다 고려하면, 반사광은 E_s 모드가 더 큰 부분편광이 된다. 비편광된 입사광의 에너지는 E_s와 E_p에서 같으므로 굴절광은 E_p 성분이 조금 더 많은 부분편광이 된다.

이 분석에 의하면 쌍극자 축이 반사광선과 같은 방향일 때는 반사광에서 E_p 성분이 **전혀 없어진다**는 것을 예측할 수 있다. 따라서 이 경우 반사광은 E_s 방향으로 선편광된다. 만일 쌍극자가 반사광선 방향으로 복사한다면 전자기파는 횡파가 아니라 종파일 것이다! 이 특별한 방향의 반사는 그림 15-4(c)와 같이 반사광선과 굴절광선이 서로 **수직**할 때 일어난다. 반사광을 E_s 성분의 선편광으로 만드는 입사각 θ_p를 **편광각**(polarizing angle) 또는 **브루스터**(Brewster)**각**이라고 한다. 스넬 법칙

$$n_1 \sin\theta_p = n_2 \sin\theta_t$$

와 $\theta_t = 90 - \theta_p$를 사용하면, 다음과 같은 브루스터 법칙을 얻는다.

$$\theta_p = \tan^{-1}\left(\frac{n_2}{n_1}\right) \tag{15-2}$$

편광각은 외부반사($n_2 > n_1$)와 내부반사($n_2 < n_1$) 두 경우 다 존재하며, 이들은 명백히 서로 다르다. 여기서 n_1은 입사광을 포함하는 매질의 굴절률이다. 예를 들어 빛이 공기에서 유리로 들어가는 외부반사에 대해 $n_1 = 1$, $n_2 = 1.5$이므로 $\theta_p = 56.3°$로 계산된다. 빛이 반대방향으로 진행하는 내부반사에 대해서는 $n_1 = 1.5$, $n_2 = 1$, 따라서 $\theta_p = 33.7°$이다. 기하학과 브루스터각의 정의에 의해 정해지는 이 각들은 정확히 상보적이다.

편광각에서 유전체 표면의 반사가 선편광된 빛을 생성하는 데 사용될 수 있지만 이 방법은 다른 방법들에 비해 비효율적이다. 공기-유리 경계면 반사의 예에서는 입사광 E_s 성분의 15%만이 반사된다(이 계산은 23장 **프레넬 방정식**(Fresnel equations)에서 배운다). 이러한 결점은 그림 15-5의 **판묶음**(pile-of-plates) 편광기에서와 같이 반사광을 단계별로 강화시킴으로써 어느 정도 해소할 수 있다. 여러 유전체 층이 브루스터각에서 반사를 반복함으로써 반사광의 E_s 성분의 복사조도를 증강할 뿐만 아니라, 투과광의 편광 순도도 높인다. 충분히 많은 수의 편광판들을 붙이면 투과광은 선편광에 접근한다. 판묶음 편광기는 이색성 편광기나 방해석(calcite) 프리즘이 효능을 잃는 적외선이나 자외선 스펙트럼 영역에서 특히 도움이 된다. 이와 비슷하게 사용 파장 영역에서 흡수가 거의 없는 다층 박막 코팅은 편광 선택성이 있는 반사기나 투과기로 사용될 수 있다. 반사에 의한 편광의 또 다른 응용은 **브루스터 창**(Brewster window)이다. 그림 15-6과 같은 창

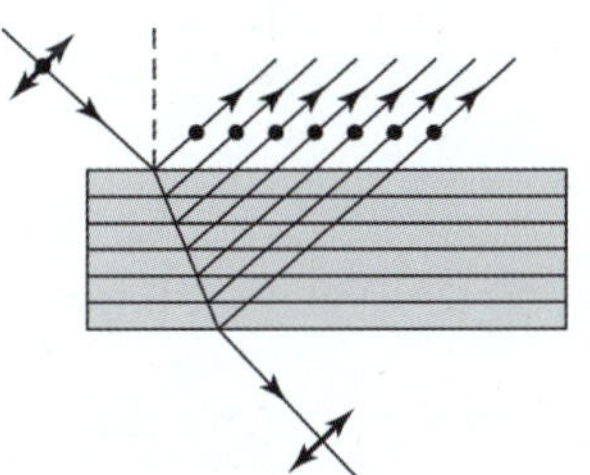

그림 15-5 편광판을 쌓은 판묶음 편광기.

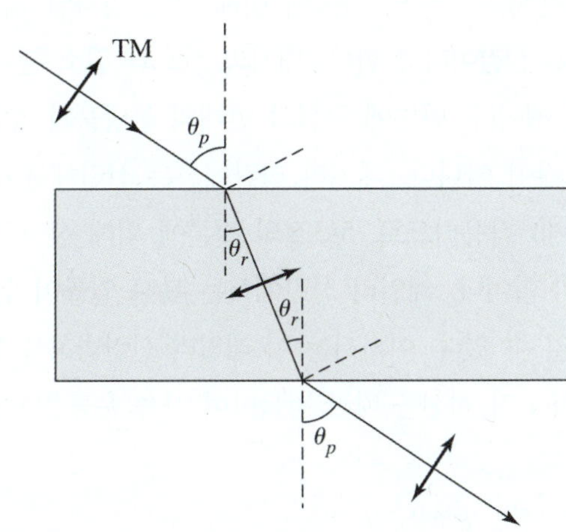

그림 15-6 브루스터 창. TM 모드에 대해 브루스터 법칙이 양쪽 표면에서 모두 성립한다.

은 판묶음 편광기의 단일 편광판과 같은 역할을 한다. 브루스터각으로 입사된 TM 선편광된 빛은 첫 번째 경계면에서 모두 투과된다. 두 번째 경계면에서 입사각 θ_r 도 내부반사에 대해 브루스터 법칙을 만족시키므로 빛은 또다시 모두 투과된다. 따라서 이 유리판은 TM 편광된 빛에 대해 완벽한 창으로 작용한다.

기체 레이저 매질을 넣는 기체 플라즈마 방전관은 종종 양 끝에 브루스터 창을 붙인다. 공진기 안에서 빛은 방전관 밖에 설치된 공진기 거울들에서 반사되어 이 창들을 통과하면서 반복적으로 왕복한다. 한 번 지나갈 때마다 TM 모드는 온전히 통과하는 반면 TE 모드는 부분적으로 반사된다. 즉 공진기 한 번 왕복에 대해 TE 모드는 TM 모드보다 더 많은 손실을 겪는다. 더 큰 손실 때문에 대개 TE 모드는 레이저 발진을 못하므로, 레이저 출력은 TM 모드만 나오게 된다.

15-3 산란에 의한 편광

산란에서 나타나는 빛의 편광을 논하기 전에, 산란에 대해 일반적으로 살펴보고, 그 자체로 흥미롭고 익숙한 산란 현상에 대해 알아보자. **산란**(scattering)이란 산란 매질이 입사파동으로부터 에너지를 제거하여 그 일부를 여러 방향으로 재방출하는 것을 의미한다. 기본 단위 진동자, 즉 산란 요소를 핵에 속박된 전자의 전하(**쌍극자 진동자**)로 볼 수 있다. 입사광의 진동하는 전기장은 전자를 같은 진동수로 강제 진동시킨다. 이 외력에 대한 전자의 응답은 구동력의 진동수 ω와 진동자의 (자연) 공명진동수 ω_0 사이의 관계에 의존한다. 많은 물질에서 전자 진동자에 의한 공명진동수는 자외선에, 분자 진동에 의한 공명진동수는 적외선에 있다. 따라서 이들은 가시광에서 투명하다. 원자의 질량은 전자 질량보다 훨씬 크므로 유도된 분자 진동의 진폭은 전자 진동에 비해 훨씬 작다. 따라서 여기서 분자 진동은 무시하기로 한다. 계산에 의하면[2] 유도된 쌍극자 진동은 빛의 주파수 ω에 거의 무관한 진폭을 갖는다. 조화진동에서 가속 운동을 하는 전자로 이루어진 쌍극자 진동자들은 미세한 복사체, 즉 쌍극자 축 방향 이외의 모든 방향으로 에너지를 **산란**(재복사)하는 안테나들이다.

이런 산란은 산란체들이 빛의 파장에 비해 작은 입자일 때 가장 효율적인데, 이 경우를 **레일리**(Rayleigh) **산란**이라고 한다. 대기의 산소와 질소 분자들에 의한 햇빛의 산란이 레일리 산란의 한 예이다. 반면에 구름과 안개의 물방울과 같은 빽빽한 산란체로부터의 산란은 레일리 산란이 아니다. 레일리 산란에서는 산란체들이 서로 멀리 떨어져서 독립적으로 (결맞지 않게) 작용하므로, 5-3절의 결론에 의해 산란의 전체 복사조도는 산란체 개개의 복사조도의 합이다. 레일리 산란에서는 복사 일률이 입사파 주파수의 4제곱에 비례한다는 것을 보일 수 있다. 여기서는 이 레일리 산란법칙을 유도하지 않고, 다음의 설명으로 대신한다. 전하 e가 직선을 따라 왕복하며 가속 운동을 하는 쌍극자가 복사하는

---

2 정량적인 설명은 25-1절을 참조할 것.

전기장은 가속도에 비례한다. 변위 $\vec{\mathbf{r}} = \vec{\mathbf{r}}_0 \cos(\omega t)$의 가속도 $d^2\vec{\mathbf{r}}/dt^2 = -\omega^2\vec{\mathbf{r}}$는 진동수의 제곱에 비례한다. 복사 일률 P는 전기장의 제곱에 비례하므로, P는 진동수의 4제곱에 비례한다. 이것이 다음 식으로 표현되는 레일리 산란법칙이다.[3]

$$P = \frac{e^2\omega^4 r_0^2}{12\pi\varepsilon_0 c^3}$$

따라서 진동하는 쌍극자는 가시광의 긴 파장 영역보다 짧은 파장(높은 주파수) 영역에 더 많은 에너지를 복사한다. 파장 400 nm의 보라색 빛의 산란 일률은 파장 700 nm의 빨간색 빛에 비해 약 10배나 된다. 레일리 산란은 왜 맑은 하늘이 파란색으로 보이는지를 설명한다. 태양으로부터 오는 높은 진동수의 파란색 빛은 대기에서 낮은 진동수의 빨간색보다 더 많이 산란되어 지면에 도달한다. 반면에 일출이나 일몰 때 태양을 바로 바라보면 햇빛은 대기 중에 먼 거리를 지나오면서 파란색이 더 많이 산란되어 손실되므로, 태양은 붉거나 노란색으로 보인다.

구름, 안개, 설탕 가루 등과 같이 더 큰 입자에 의한 산란[4]은 레일리 산란과는 달리 흰색 빛으로 보인다. 여기서 "더 큰 입자"란 빛의 파장을 기준으로 크기를 비교한 것이다. 이 경우 산란체들은 어느 정도 질서있게 배열되어, 입사광의 파장보다 더 가까이 있는 진동자들은 결맞는 산란체들이 된다. 많은 진동자들이 협동적으로 복사한 효과로, 정(굴절)방향과 역(반사)방향을 제외한 모든 방향의 복사가 상쇄되는 경향이 있다. 즉 더 큰 입자에 의한 산란은 통상적인 반사와 굴절법칙으로 이해될 수 있다. 그러나 원자가 완벽하게 배열된 결정 구조를 가지지는 못하므로 다른 방향으로도 다소 산란이 있다. 이제 결맞는 산란 복사의 총 전기장 진폭은 개개 진폭의 합으로 이루어지므로, N개의 진동자에 대해 복사(산란) 일률은 N^2에 비례한다. 이런 산란은 레일리 산란에 비해 **진동자 한 개당** 산란 효율은 매우 낮으나, 진동자의 밀도가 커지면 산란은 상당히 커진다. 반사 복사(산란)를 일으키는 결맞는 진동자의 수 N은 λ^2에 비례한다는 것을 보일 수 있다. 따라서 반사 복사 일률은 λ^4에 비례하므로, 고립된 레일리 산란체의 $1/\lambda^4$ 의존성을 상쇄한다. 그 결과 산란 복사는 본질적으로 파장에 의존하지 않으며, 이것이 안개와 구름이 흰색으로 보이는 이유이다.

그러나 이 장에서 특히 흥미로운 산란의 특성은 산란된 빛이 편광될 수 있다는 사실이다. 하나의 예로, 병에 담은 물에 우유 몇 방울을 떨어뜨려 보자. 우유 분자들은 재빨리 물 전체로 확산되어, 물을 통과하는 빛에 대해 효율적인 산란체 역할을 한다. 순수

---

3 Richard P. Feynman, Robert B. Leighton, and Matthew Sands, *The Feynman Lectures on Physics*, vol. 1 (Reading, Mass.:Addison-Wesley Publishing Company, 1963), Ch. 32, 33.

4 큰 산란체를 포함한 보다 일반적인 산란 이론을 **미(Mie) 산란**이라고 한다. 미 산란은 산란체의 크기, 모양, 굴절률, 흡수율 등을 고려하며, 레일리 산란을 특수한 경우로 포함한다. 참고문헌: Jurgen R. Meyer-Arendt, *Introduction to Classical and Modern Optics*, 3rd ed. (Englewood Cliffs, N.J.: Prentice-Hall, 1989), Ch. 4.2.

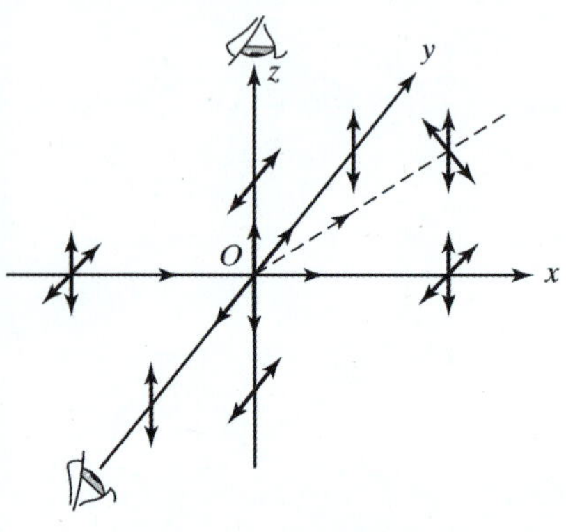

그림 15-7 산란에 의한 편광. 왼쪽으로부터 온 비편광된 빛이 원점 O에 있는 입자에 의해 산란된다.

한 물에서는 빛이 옆으로 산란되지 않고 정방향으로만 진행한다. 우유 분자로부터 여러 방향으로 산란된 빛을 편광기를 통해 보면 그림 15-7에 보인 것처럼 편광되어있다는 것을 알 수 있다. x-축을 따라 왼쪽으로부터 입사한 비편광된 빛은 y-축과 z-축 방향으로 진동하는 전기장만 가지고 있다. 이 전기장 성분들은 산란체인 전자 진동자들을 y-축과 z-축 방향으로 진동하게 만든다. 그 결과 전자 진동자들은 모든 방향으로 빛을 방출한다. 이 산란광은 강제된 진동 방향으로 진동하는 전기장 성분, 즉 y와 z-방향 성분만 포함한다. 산란광을 y-축 방향으로 바라보면 빛은 y-방향의 전기장 진동은 없고, z-방향의 전기장만 포함할 것이다. 전자기파는 횡파이므로 종파를 의미하는 y-방향의 전기장 진동은 불가능하다. 같은 방법으로, z-축 위의 한 점에서 바라보면 빛은 z-방향의 전기장 진동은 없고, 빛은 y-방향으로 편광되어 있다. 축에서 벗어난 지점에서 보면 빛은 부분편광되어 있다. 정방향으로 산란된 빛은 입사광과 같은 편광을 가진다. 같은 방법으로, 태양이 바로 머리 위에 있지 않을 때 햇빛은 대기 중에서 비스듬히 지나가고, 산란되어 지면에 도달하는 빛은 부분편광되어 있다. 편광기를 돌리면서 맑은 하늘을 보면 이 현상을 볼 수 있다. 그러나 두 가지 이유로 편광은 완벽하지 않다. 지면에 도달하는 빛은 한 번이 아니라 여러 번 산란된 빛이며, 공기 분자의 모든 전자 진동자가 입사광의 전기장과 정확히 같은 방향으로 진동하지는 않기 때문이다.

산란에 의한 편광은 보통 약하고 불완전하므로 산란은 편광을 인위적으로 생성하는 실용적인 방법은 아니다. 그러나 비선형광학 분야에서는 **유도 라만 산란**(stimulated Raman scattering), **유도 레일리 산란**, **유도 브릴루앙**(Brillouin) **산란** 등의 제어된 산란 연구가 활발하다. 이들 경우에는 산란된 빛이 매질의 공명진동수에 의해 수정된다. 비선형 상호작용은 24장에 소개된다.

15-4 복굴절: 두 굴절률에 의한 편광

복굴절 물질(birefringent materials)은 한 물질에 굴절률이 두 개가 있음으로 인해 굴절광이 두 개로 보이는 이중 굴절 현상을 일으키므로 이런 이름을 가진다. 물질의 전자에 영향을 주는 속박력의 비등방성은 가해지는 전자기파에 응답하여, 유도되는 진동의 진폭에 비등방성을 일으키고, 이어서 흡수의 비등방성을 유발한다는 것을 이미 보았다. 이런 물질은 이색성을 보인다. 그러나 이 현상이 일어나려면 가해지는 전자기파의 진동수가 물질의 흡수 대역 안에 있어야 한다. 그림 15-8을 보면, 분산 곡선의 기울기 $dn/d\omega$는 특정 주파수 영역에서 음, 즉 "비정상(anomalous)"이다. 이 구간은 주어진 물질에서 **흡수 대역**이다. 대개 이러한 흡수 대역은 가시광을 넘어 자외선 영역에 있어서, 물질은 가시광에 대해 투명하다. 이 경우 전자 속박력에 비등방성이 있더라도 흡수에 거의 영향이 없고, 물질은 이색성을 보이지 않는다. 그럼에도 불구하고 x와 y-방향으로 비등방성 속박력이 있으면 z-방향으로 진행하는 빛에 대해, E_x-진동에 적용되는 굴절률 n_x와 E_y-진동에 적용되는 굴절률 n_y를 나타내는 (그림 15-8과 같이) 두 개의 다른 분산 곡선이 존재한다. 이 두

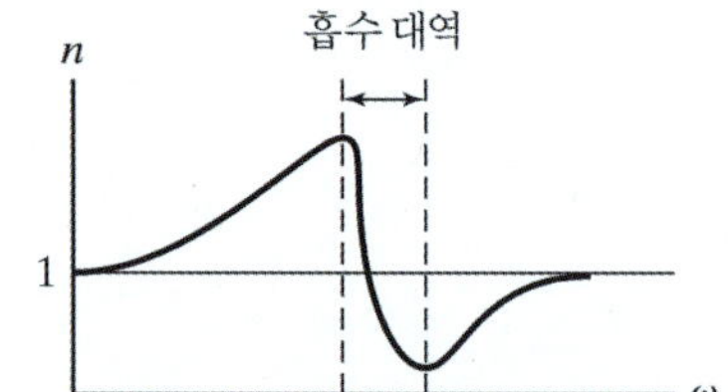

그림 15-8 흡수 대역 근처에서 주파수의 함수로 그린 굴절률 응답. $dn/d\omega < 0$인 대역을 비정상분산 영역이라 한다.

방향을 따라 다른 속박력은 전자기파와 다른 상호작용을 유발하며, 이로 인해 결정 매질을 전파하는 속도가 v_x와 v_y로 달라지므로, 주어진 빛 주파수 ω에 대해 두 굴절률 n_x와 n_y가 있다고 예측할 수 있다. 그 결과 이러한 결정은 이색성을 보이지는 않지만 뚜렷한 복굴절 특성을 가진다. 여기서 중요한 물리적 특성은 주어진 빛 주파수에 대한 굴절률 n과 흡수계수에 비례하는 소광계수 k이다. 이들은 다음 식과 같이 **복소 굴절률** $\tilde{n}$을 이룬다.

$$\tilde{n} = n + ik$$

요약하면 이상적인 이색성 물질에 대해서는 $n_x = n_y$, $k_x \neq k_y$인 반면에 이상적인 복굴절 물질에 대해서는 $n_x \neq n_y$, $k_x = k_y$이다. 두 조건 모두 비등방성 결정 구조를 요구한다. 이 두 조건은 종종 서로 독립적이 아니다. 예를 들어 방해석은 가시광 영역에서는 복굴절 특성을 가지지만, 일부 적외선 영역에서는 뚜렷한 이색성을 보인다. 가시광 영역에서 복굴절을 보이는 다른 일반적인 물질로는 수정, 얼음, 운모, 셀로판 등이 있다.

굴절률, 즉 매질 안에서의 빛의 속력과 결정 대칭성의 상관관계는 방해석의 경우를 보면 이해가 쉬울 것이다. 방해석의 기본 단위는 $CaCO_3$인데, 사면체 모양의 결정구조를 이룬다(그림 15-9(a)). 같은 방향으로 배열된 기본 단위들이 모여 격자 구조를 이루어 결정을 형성한다. 탄소(C)와 산소(O) 원자들은 이 사면체 단위의 기초가 되는데, 그림처럼 탄소가 산소 원자들이 만드는 정삼각형의 중심에 자리한다. 칼슘(Ca) 원자는 이 탄소 원자의 약간 위 사면체의 꼭지점에 위치한다. 그림에는 비편광된 빛이 서로 다른 두 방향으로 결정을 통해 진행하는 것을 보여준다. 먼저 빛이 아래로부터 와서 탄소와 칼슘 원자를 잇는 직선 방향으로 지나가는 경우를 생각해 보자. 이 빛의 전기장 성분들을 둘 다 $E_\perp$로 표시하였다. 이 결정은 C와 Ca를 잇는 방향에 대해 대칭성을 가지므로, 두 전기장 진동은 결정을 지나가면서 전자들과 **같은 방법**으로 상호작용한다. 이러한 결정의 대칭 방향을 결

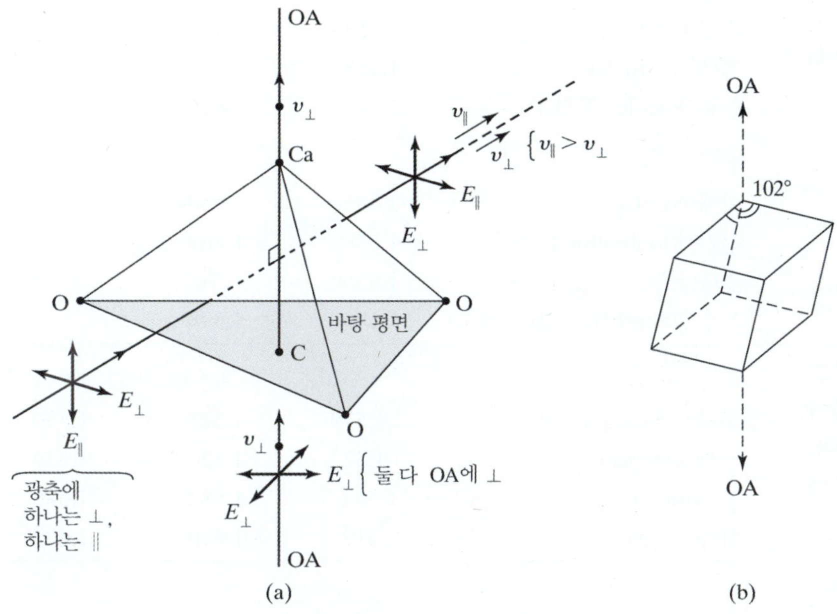

그림 15-9 (a) 방해석을 통과하는 빛의 진행. 세 산소(O) 원자들이 정사면체의 바탕 평면을 이룬다. 광축(OA)은 C와 Ca를 잇는 직선에 평행하다. (b) 방해석 능면체. 광축은 세 면이 모두 102°를 이루며 만나는 둔각 꼭지점을 대칭적으로 통과한다.

정의 **광축**(optic axis, OA)이라고 한다. 아래로부터 곧바로 위로 들어오는 빛에 대해서는 두 $\vec{\mathbf{E}}$-성분이 모두 광축에 수직하며, 이 빛은 비등방성을 보지 못한다. 다음으로 왼쪽에서부터 들어오는 빛에 대해 생각해 보자. 이 경우에 $E_{\parallel}$와 $E_{\perp}$로 표시한 두 대표적인 $\vec{\mathbf{E}}$-진동은 산소 바탕 평면에 있는 전자들에 다른 영향을 준다. 결정의 광축과 평행한 $E_{\parallel}$ 성분은 바닥 평면의 전자들을 이 평면에 수직한 방향으로 진동시키는 반면, 수직 성분인 $E_{\perp}$ 성분은 전자들을 이 평면 안에서 진동하게 한다. 전자들은 화학결합으로 인해 평면 안에 속박되려는 경향이 있으므로 평면 안의 진동은 평면에 수직한 진동에 비해 속박력이 작아서 더 쉽게 일어난다. 전기장 진동은 전기장이 광축에 수직한 산소 평면에서 전자와 더 강하게 상호작용하므로 이 편광의 속력 $v_{\perp}$는 $v_{\parallel}$보다 더 작다(아무런 상호작용이 없다면 $v = c$일 것이다). $n = c/v$, $v_{\perp} < v_{\parallel}$이므로, $n_{\perp} > n_{\parallel}$이다. 방해석의 경우 측정된 값들은 $\lambda = 589.3\,\text{nm}$에서 $n_{\perp} = 1.658$, $n_{\parallel} = 1.486$이다. **표 15-1**에서 보듯이 다른 물질에서 이 부등식은 바뀔 수 있다. 삼방정계(방해석처럼), 정방정계, 혹은 육방정계를 이루는 물질에서는 원자들이 대칭적으로 배열되는 유일한 방향이 존재한다. 예를 들어 **그림 15-9**의 방해석 결정구조는 광축 주위로 3중 회전대칭성을 보인다. 이런 구조는 단 하나의 광축을 가지며, **단축**(uniaxial) **복굴절**이라고 한다. 이를 더 세분하면 $n_{\parallel} - n_{\perp} > 0$인 결정을

표 15-1 나트륨의 파장 589.3 nm에서 측정된 여러 물질의 굴절률

등방성	염화나트륨(소금)		1.544	
(입방정계)	다이아몬드		2.417	
	형석(fluorite)		1.392	
단축결정	양의 단축	$n_{\parallel}$	$n_{\perp}$	
(삼방정계,	얼음	1.313	1.309	
사방정계,	수정 (SiO_2)	1.5534	1.5443	
육방정계)	지르콘($ZrSiO_4$)	1.968	1.923	
	금홍석(rutile; TiO_2)	2.903	2.616	
	음의 단축			
	방해석($CaCO_3$)	1.4864	1.6584	
	전기석(tourmaline)	1.638	1.669	
	질화나트륨	1.3369	1.5854	
	녹주석(beryl;$Be_3(a)l_2(SiO_3)_6$)	1.590	1.598	
쌍축결정		n_1	n_2	n_3
(삼사정계,	석고($CaSO_4(2H_2O)$)	1.520	1.523	1.530
단사정계,	장석(feldspar)	1.522	1.526	1.530
사방정계)	운모(mica)	1.552	1.582	1.588
	황옥(topaz)	1.619	1.620	1.627

양의 단축, 그 반대의 경우를 **음의 단축** 결정이라 한다. 삼사정계, 단사정계, 사방정계 등의 결정계는 이와 같은 대칭축, 즉 광축이 둘 있으며, 이들을 **쌍축**(biaxial) **결정**이라고 한다[5]. 단사정계 구조를 갖는 운모가 좋은 예이다. 이런 물질들은 세 개의 서로 다른 굴절률을 갖는다. 물론 광학적으로 등방성을 가지고, 굴절률이 하나인 소금(NaCl), 다이아몬드(C)와 같은 입방 결정계도 있다. 유리나 유체도 역시 거시적 규모의 결정구조가 없으므로 광학적으로 등방성이다. 자연에서 나오는 방해석 결정은 사면체 격자 구조 단위를 이룬 결과 능면체(rhombohedron)로 쪼개진다. 이 능면체(그림 15-9(a))는 세 표면 모두가 둔각(102°)으로 만나는 꼭지점을 두 개만 가진다. 방해석의 광축은 대각방향의 두 꼭지점을 바로 통과하는데, 세 면과 같은 각을 이룬다.

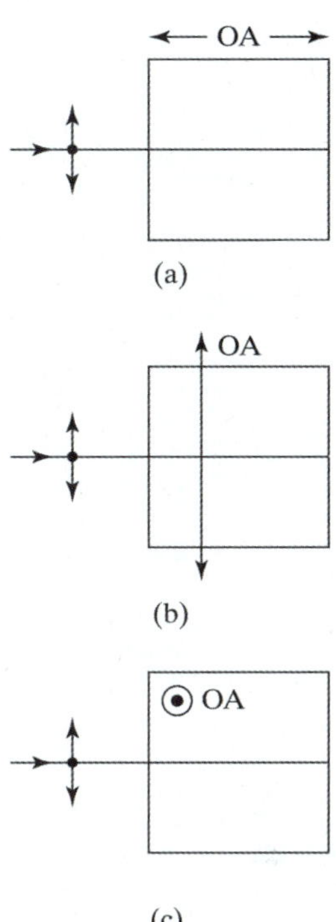

그림 15-10 복굴절 매질의 광축과 입사 방향. (a) 빛이 광축을 따라 진행. (b), (c) 빛이 광축에 수직 방향으로 진행.

복굴절 결정은 자르고 연마하여, 입사광에 대해 원하는 방향의 광축을 가지는 편광 소자로 만들 수 있다. 그림 15-10에 보인 경우를 생각해 보자. (a)에서는 왼쪽에서 입사하는 비편광된 빛의 대표적인 편광성분(점과 양쪽 화살표로 표시)이 둘 다 결정의 광축(OA)에 수직이다. 두 성분 모두 굴절률 $n_\perp$으로 결정을 같은 속력으로 통과한다. 그러나 (b)와 (c)에서는 광축(OA)이 한 성분에는 평행하고, 다른 성분에는 수직이다. 이 경우에는 두 성분이 다른 굴절률과 속력으로 결정을 통과한다. 빛이 결정을 나올 때, 누적된 상대 위상차는 두 성분의 광경로 사이의 차이로 기술된다. 결정의 두께가 d이면 광경로차는

$$\Delta = |n_\perp - n_\parallel| d$$

이며, 이에 따른 위상차는

$$\Delta\varphi = 2\pi\left(\frac{\Delta}{\lambda_0}\right) = \left(\frac{2\pi}{\lambda_0}\right)|n_\perp - n_\parallel| d \qquad (15\text{-}3)$$

이다. 여기서 λ_0는 진공에서의 빛 파장이다. 결정 평판의 두께가 $\Delta\varphi = \pi/2$가 되도록 하면, 이것은 $1/4$ **파장판**(quarter-wave plate, QWP)이고, $\Delta\varphi = \pi$이면 **반파장판**(half-wave plate, HWP)이다. 이들은 **0차**(혹은 가끔 **1차**) 판이라고 한다. 0차 판들은 극단적으로 얇으므로 고차의 파장판을 만드는 것이 더 실용적이다. m-차 QWP의 조건은 $\Delta\varphi = (2\pi)m + \pi/2$이다. 혹은 두꺼운 두 판을 결합하여 한 쪽이 다른 쪽에서 유발된 위상지연을 보상하여, 원하는 위상지연을 얻는 복합 소자를 형성한다. 이와 같이 **위상지연기**(phase retarder) 역할을 하는 광학 소자를 만들 수 있다. 운모와 수정은 강도를 높이기 위해 유리층 사이에 얇은 판으로 끼워 넣어 위상지연기로 흔히 사용된다. 총 위상지연은 두께 d에 비례하므로 두께를 연속적으로 조절 가능한 소자는 위상지연도 연속적으로 바꿀 수 있다.

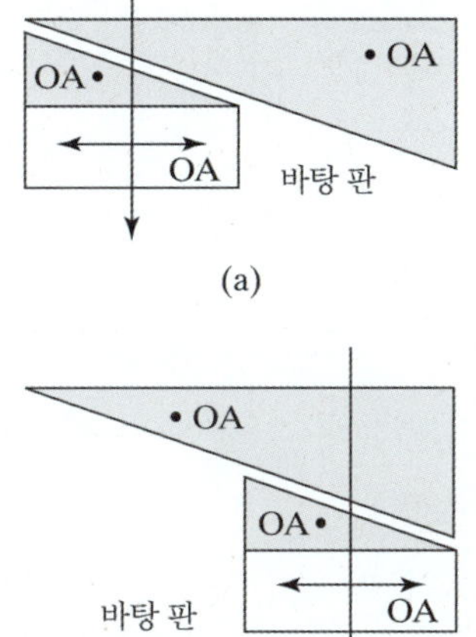

그림 15-11 솔레이-바비네 보상자. 광축이 표시되었고, 수직 화살표는 보상자를 통과하는 빛의 방향이다. (a) 0의 위상지연. (b) 최대 위상지연.

이런 편리한 도구를 **보상자**(compensator)라고 한다. 그림 15-11은 **솔레이-바비네** (Soleil-Babinet) **보상자**가 작동하는 원리를 보여준다. 수정 결정이 고정된 바탕 판을 구

5 결정계에 대한 참고문헌: Charles Kittel, *Introduction to Solid State Physics* (New York: John Wiley & Sons, 1986).

성하는 데 사용된다. 쐐기 모양의 수정은 수정 평판과 광학적으로 접촉하고 있다. 그 위에는 또 다른 수정 쐐기가 기울어진 표면을 따라 이동이 가능하다. 이 조합에서 광축의 방향에 유의하자. (a)에서는 위쪽 쐐기가 적당한 위치에 와서, 빛이 광축이 서로 수직한 영역을 같은 두께만큼 통과하도록 하였다. 따라서 한쪽에서 유발된 위상지연은 광축이 수직인 다른 영역을 지나면서 상쇄되어, 총 위상지연은 0이 된다. 위쪽 쐐기를 왼쪽으로 미끄러뜨리면 처음 OA 방향의 두께가 증가하므로, 위상지연은 연속적으로 증가하여 (b)의 위치에서는 최대(대략 2 파장, 즉 4π)가 된다. 마이크로미터 나사를 사용하면 위상지연을 매우 정밀하게 조정할 수 있다.

광섬유의 복굴절

10장에서는 단일 모드 광섬유의 장점에 대해 논하였다. "단일 모드" 광섬유는 실제로 서로 수직한 두 선편광 모드를 가진다. 이런 단일 모드 광섬유가 완벽하게 균일하다면 **두** 편광 모드는 같은 속력으로 광섬유를 따라 진행할 것이다. 그러나 광섬유의 불완전성과 길이에 따라 주어지는 비등방성 변형력으로 인해 실제 광섬유는 작은 양이지만 복굴절을 가진다. 따라서 빛의 두 수직 선편광 성분은 서로 다른 속력으로 광섬유를 진행한다. 산란이나 다른 상호작용이 이 수직 편광 모드들의 결합을 유발한다. 그 결과 광섬유의 한쪽 끝에서 주입된 선편광은 빛이 광섬유를 따라 진행함에 따라 두 수직한 선편광의 합으로 변화한다. 이 수직 편광 성분들은 서로 다른 속력으로 진행하고, 이에 따라 이 성분들 사이의 위상차가 점점 바뀌어, 빛의 편광 상태는 선편광, 타원편광, 원편광으로 변한다. 통상적인 광섬유에서는 복굴절의 양이 광섬유의 길이에 따라 무작위로 변하므로, 입사된 선편광은 즉시 무작위 편광 상태가 되며, 이것은 입사광의 편광 상태를 조절하여 교정할 수 없다. 이것은 **편광 모드 분산**이란 현상으로 나타나며, 고속 통신용 광섬유의 최대 비트 전송율(bit rate)에 한계를 준다.

광섬유에 큰 결정적인 비등방성을 고의로 줌으로써 수직 편광 모드 사이의 결합을 줄일 수 있다. 광섬유의 코어를 타원형으로 만들거나, 혹은 광섬유에 비등방성 변형력을 주어 광섬유에 의도적으로 무작위 비등방성을 줄 수 있다. 이런 광섬유의 대칭축 방향으로 선편광된 빛은 편광 상태를 유지하면서 먼 거리를 전파할 수 있다. 이런 광섬유를 **편광 유지 광섬유**(polarization-maintaining fiber)라고 한다. 더욱이 여러 가지 메커니즘을 통해 한 수직 편광성분에 대해 비등방성의 손실을 주고, 다른 성분은 먼 거리를 작은 손실로 전파하게 할 수도 있다. 이런 광섬유에 비편광된 빛을 입력하면, 출력 빛은 저손실 방향으로 선편광되며, 광섬유는 선편광기로 작용한다.

위의 논의는 빛이 광섬유를 전파할 때 편광의 중요한 역할에 대해 간략히 소개한 것이다.[6] 여기서는 복굴절 광섬유가 1/4 및 반파장"판"과 위상보상자로 응용될 수 있다는

6 상세 내용 참고문헌: J.-P. Goure and I. Verrier, *Optical Fibre Devices* (Bristol and Philadelphia: Institute of Physics Publishing, 2002).

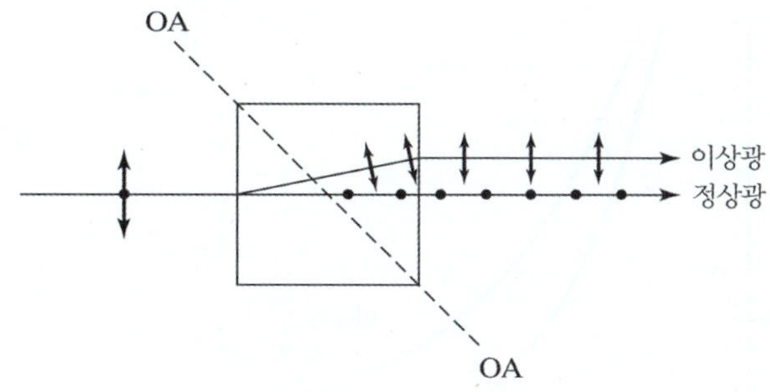

그림 15-12 이중 굴절

것을 지적하며 간단히 마무리 한다. 이 도구들은 수동 혹은 능동적으로 제어가 가능하다.

15-5 이중 굴절

그림 15-10(b)와 (c)의 경우, 결정을 지나가는 빛은 광축에 수평과 수직 성분 사이에 위상차를 만들 수 있으나, 빛의 경로는 단일 빔으로 나타난다. 만일 그림 15-12와 같이 빔이 광축과 임의의 각을 이루고 진행한다면, 빛은 이중 굴절[7]을 겪는데, 그 결과 **정상**(ordinary)광선과 **이상**(extraordinary)광선이라 부르는 두 굴절 빔이 나타난다. 이상광은 결정 표면에서 굴절될 때 통상적인 스넬 법칙을 따르지 않는 것처럼 보이기 때문에 이렇게 명명되었다. 따라서 방해석 결정을 통해 종이 위에 찍힌 점이나 점광원을 보면, 두 개의 상이 보인다. 입사광 방향을 축으로 결정을 회전시키면 정상광 상은 고정되고, 이상광의 상은 그 주위를 회전하는 것으로 보인다. 더욱이 그림에서 보인 것처럼 두 빔은 서로 수직 방향의 선편광이다. 정상광은 광축에 수직방향으로 편광되어 있으며, 굴절률 $n_o = n_\perp = c/v_\perp$ 으로 진행한다. 이상광은 정상광의 편광에 수직한 방향으로 편광되어 나온다. 결정 내부에서 이상광은 광축에 나란한 편광 성분과 수직한 편광 성분을 둘 다 포함하고 있다. 수직 성분은 정상광처럼 $v_\perp = c/n_\perp$ 의 속력으로 전파한다. 그러나 광축에 나란한 성분은 굴절률 $n_e = n_\parallel = c/v_\parallel$ 을 가지고 전파한다. 이 두 성분의 작용을 합한 결과 그림 15-12에서 보인 것처럼 이상광이 이상한 방향으로 꺽이는 것이다.

이 상황은 그림 15-13(a)를 보면 더 잘 이해할 수 있다. 그림에서는 이상광이 결정 표면을 P에서 접촉할 때 생성되는 호이겐스 잔파를 보여준다. 여기서 입사 전기장 진동을 광축(OA)에 평행한 성분(aa)과 수직한 성분(bb)로 분리해서 보였다. 평행한 성분은 aa에 수직한 $\vec{v}_\parallel$방향을 따라 전파하고, 수직한 성분은 bb에 수직한 $\vec{v}_\perp$ 방향으로 전파한다. 두 성분이 해당 굴절률 $n_\parallel$ 와 $n_\perp$ 에 의해 결정된 속력으로 진행하므로, 두 속력은 서로 다르다. 예를 들어 방해석에서는 $n_\perp > n_\parallel$ 이므로 $v_\perp < v_\parallel$ 이다. 이상광에 대한 호이겐스 잔파의 파면은 등방성 매질처럼 구면이 아니고, 그림에서 보인 것처럼 타원체의

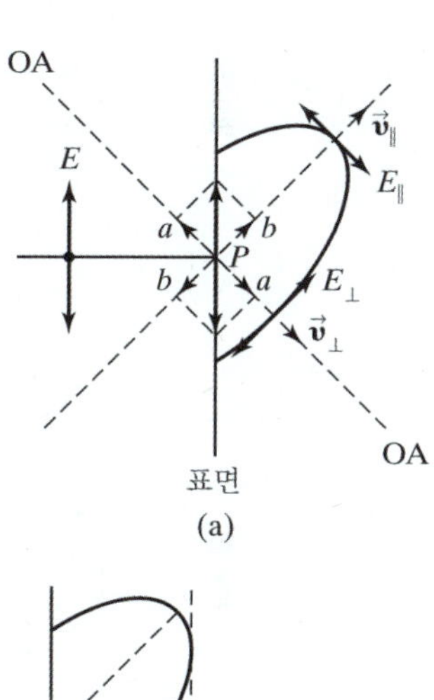

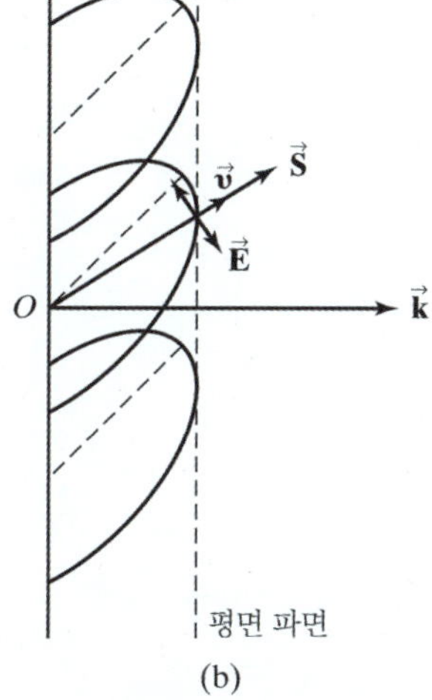

그림 15-13 (a) 이상광에 의한 타원체 호이겐스 잔파의 생성. 이 경우는 방해석과 같이 음의 단축결정을 나타낸다. (b) 복굴절 물질에서 이상광에 대한 광선 방향 $\vec{s}$와 파벡터 $\vec{k}$의 불일치.

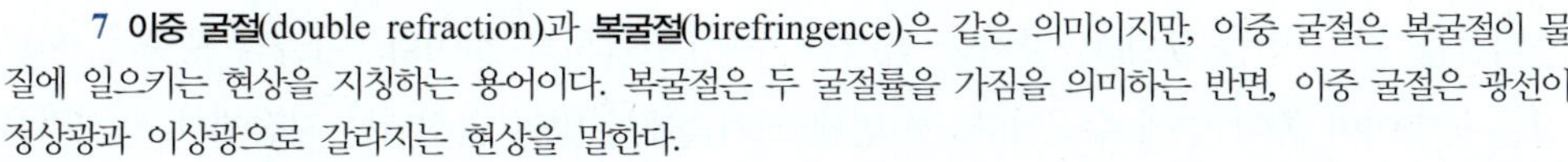
7 **이중 굴절**(double refraction)과 **복굴절**(birefringence)은 같은 의미이지만, 이중 굴절은 복굴절이 물질에 일으키는 현상을 지칭하는 용어이다. 복굴절은 두 굴절률을 가짐을 의미하는 반면, 이중 굴절은 광선이 정상광과 이상광으로 갈라지는 현상을 말한다.

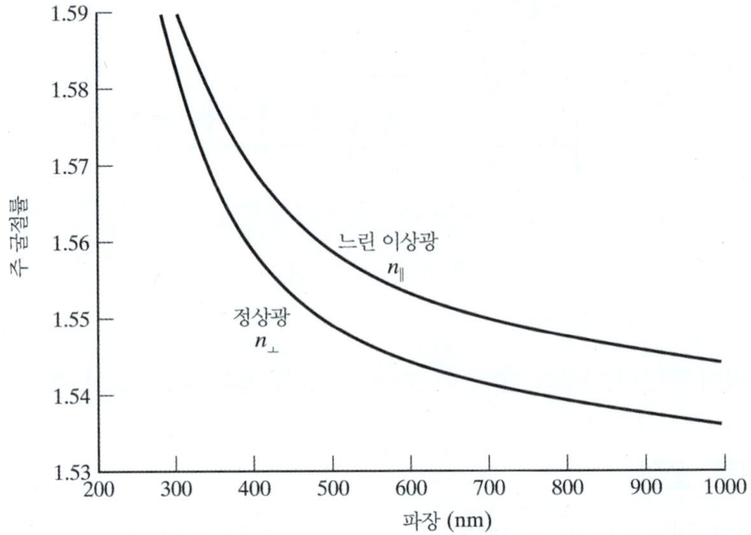

그림 15-14 18°C에서 파장에 대한 수정 결정의 굴절률. 주어진 파장에서 정상광의 굴절률은 고정된 반면, 이상광의 굴절률은 두 곡선 사이 어떤 값이라도 가질 수 있다(출처: Melles Griot, *Optics Guide* 3, 1985).

표면이다. 장축은 $v_{\parallel}$ 에 평행하고, 단축은 $v_{\perp}$ 에 평행하다. 그림 15-13(b)는 이와 같은 호이겐스 타원체 잔파 여러 개와 이들에 접하는 평면 파면을 보여준다. 새로운 동일 위상면을 이루는 이 평면 파면은 파동의 전파 방향에 수직이다. 타원체 잔파의 $\vec{\mathbf{E}}$의 방향은 $E_{\parallel}$ 와 $E_{\perp}$ 방향의 중간이다. 비등방성 매질 안에서 이상광의 경우 $\vec{\mathbf{E}}$는 $\vec{\mathbf{k}}$에 수직이 아니다. 빛 에너지는 포인팅(Poynting) 벡터 $\vec{\mathbf{S}} = \varepsilon_0 c^2 \vec{\mathbf{E}} \times \vec{\mathbf{B}}$ 방향으로 전파되고, 광선의 방향은 에너지 흐름 방향이므로, $\vec{v}_{\parallel}$와 $\vec{\mathbf{E}}_{\perp}$ 의 중간의 속도 $\vec{v}$를 가진 이상광선은 그림 15-12의 비정상적인 굴절을 보인다. 이상광선은 파면에 수직이 아니다. 대신 $\vec{\mathbf{S}}$에 평행한 광선 방향은 잔파의 원점 O에서 잔파 타원체면과 평면 파면의 접점을 잇는 방향이다. 반면에 정상광의 전기장 성분은 광축에 수직이므로 모든 것이 정상이다. 즉 광선은 스넬 법칙을 만족시키며, 호이겐스 잔파는 구면파이다. $\vec{\mathbf{k}} \perp \vec{\mathbf{E}}$, $\vec{\mathbf{k}} \parallel \vec{\mathbf{S}}$이며, 광선은 파면에 수직이다.

그림 15-13(a)와 위 논의로부터 이상광의 속도 $\vec{v}$의 중간 값은 $v_{\parallel}$ 와 $v_{\perp}$ 의 상대적인 기여에 의존한다는 것을 알 수 있다. 따라서 이상광의 속도는 입사광의 결정 광축에 대한 방향에 따라 결정된다. 이상광의 속도와 굴절률은 방향에 대한 연속 함수이다. 반면에 정상광의 굴절률은 방향에 관계없이 상수이다. 그림 15-14에는 수정 결정의 굴절률을 파장의 함수로 나타내었다. 임의의 파장에서 정상광의 굴절률은 아래쪽 곡선에 의해 주어진 상수 값을 가지는 반면, 이상광의 굴절률은 입사광선의 결정 광축에 대한 방향에 의존하므로 위쪽 곡선과 아래쪽 곡선의 중간 어디에선가 결정된다. 만약 서로 수직하게 편광된 두 광선을 물리적으로 분리할 수 있다면, 이중 굴절은 선편광된 빛을 만드는 데 사용될 수 있다. 이런 기능을 가진 여러 광학소자들이 있다. 가장 많이 사용되는 것 중 하나는 그림 15-15에 보인 **글란**(Glan)**–공기 프리즘**이다. 그림과 같이 꼭지각이 θ인 두 방해석 프리즘을 긴 표면을 맞대고 공기층 간격을 두어 결합시킨 것이다. 이들의 광축은 서로 같은 방향이며 종이 면에 수직이다. 첫 번째 프리즘에서 빛이 굴절되는 지점에서, 입사각은

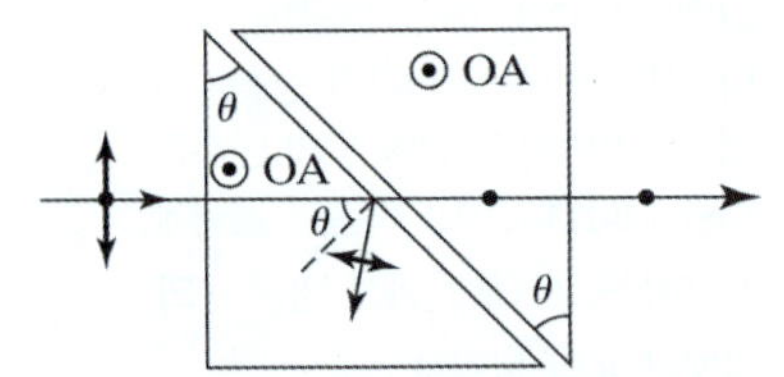

그림 15-15 글란–공기 프리즘.

꼭지각 θ와 같다. 프리즘으로부터 공기로 빛이 입사할 때 전반사가 일어나는 임계각은 $\sin\theta_c = 1/n$으로 주어지므로, 임계각은 광축에 대한 전기장 진동 방향에 의존한다. $\vec{\mathrm{E}} \parallel \mathrm{OA}$인 경우 $n_{\parallel} = 1.4864$, $\theta_c = 42.3°$이며, $\vec{\mathrm{E}} \perp \mathrm{OA}$이면 $n_{\perp} = 1.6584$, $\theta_c = 37.1°$이다. 따라서 이 두 각 사이의 꼭지각을 가진 프리즘을 사용하면, 수직 성분은 전반사되는 반면, 평행 성분은 투과한다. 두 번째 프리즘의 역할은 투과하여 굴절된 광선을 원래 방향으로 되돌리는 것이다. 이 두 프리즘의 결합은 선편광기를 구성한다. 프리즘 사이의 간격을 글리세린 등의 투명 물질로 채우면 꼭지각은 수정되어야 한다. 양의 단축결정(수정)으로 만든 편광 프리즘의 몇 가지 다른 설계를 그림 15-16에 보였다. 글란-공기 프리즘과 다른 점은, 이 경우들에서는 정상광과 이상광의 분리에 전반사를 사용하지 않는다는 것이다. 각 경우, 두 프리즘의 광축은 서로 수직이며, 따라서 첫 번째 프리즘에서 $E_{\perp}$ 성분이 두 번째 프리즘에서는 $E_{\parallel}$ 성분으로 될 수 있다(물론 굴절률도 같이 변함). 두 성분의 다른 두 상대 굴절률은 다른 굴절각을 주어 편광을 분리시킨다. 복굴절 물질은 이 장 앞에서 고려한 QWP와 같은 위상지연기뿐만 아니라 선편광기를 만드는 데도 쓰인다는 것을 배웠다.

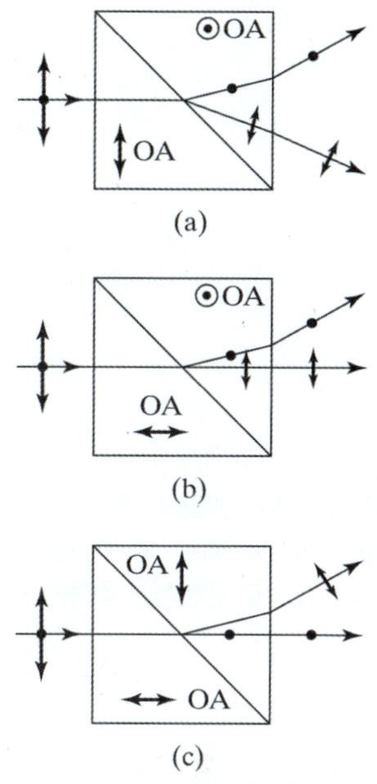

그림 15-16 편광 프리즘. (a) 월러스톤(Wollaston) 프리즘. (b) 로숑(Rochon) 프리즘. (c) 세르나몽(Sernamont) 프리즘.

15-6 광활성

어떤 물질들은 **광활성**(optical activity)이란 특성을 가진다. 선편광된 빛이 광활성을 가진 물질에 입사되면 편광 방향이 원래 방향으로부터 돌아간 선편광이 나온다. 광원 방향으로 쳐다보면, 어떤 물질은 시계방향 회전을(**우선성**), 어떤 물질은 반시계방향 회전(**좌선성**)을 유발한다. 광활성 물질로는 고체도 있고(예를 들어 수정과 설탕), 액체도 있다(송진, 설탕물 등). 수정 결정과 같이 어떤 물질은 우선성과 좌선성을 모두 보이므로, 서로 거울상을 가지는 두 형태의 결정 구조(**거울상 이성질체**, enantiomorph)가 있음을 의미한다. 광활성 물질은 빛의 편광 상태를 바꾸며, 수학적으로 표 14-2의 존스 회전 행렬로 나타낼 수 있다. 선편광의 진동방향을 회전시키는 행렬은 14-2절과 15-4절에서 논의한 반파장판 위상지연기와 같은 결과를 주지만, 서로 구별된다는 것에 유의하자.

광활성은 소광이 되도록 두 선편광기를 그림 15-17처럼 투과축(TA)이 수직되게 배치하여 쉽게 측정할 수 있다. 광활성을 가진 물질을 이 편광기와 검광기 사이에 넣으면 광활성에 의해 편광 방향이 돌아가므로 더 이상 소광 상태가 되지 않는다. 검광기를 회전시켜 다시 소광이 일어나도록 하여 광활성에 의한 회전각 β를 측정할 수 있다. 이 회전각은 빛의 파장과 매질의 두께에 의존한다. 1 mm 두께의 고체 광활성 매질이 일으키는 회전각을 **회전능**(specific rotation)이라고 한다. 표 15-2에는 여러 파장에서 수정의 회전능 ρ를 도(°)/mm로 나타내었다. 그러나 광활성 액체가 일으키는 회전각은 고체에 비해 훨씬 작다. 용액의 경우 회전능은 광활성 용질 1 g이 녹아 있는 1 cm^{3}의 용액 10 cm가 일으키는 회전각으로 정의된다. 즉 용액에 대해서 ρ의 단위는 도(°)/dm · cm^3/g이다. 그러면 1 cm^{3}당 d그램의 광활성 용질이 녹아 있는 용액 안의 경로 L만큼 빛이 지나갔을 때 편광

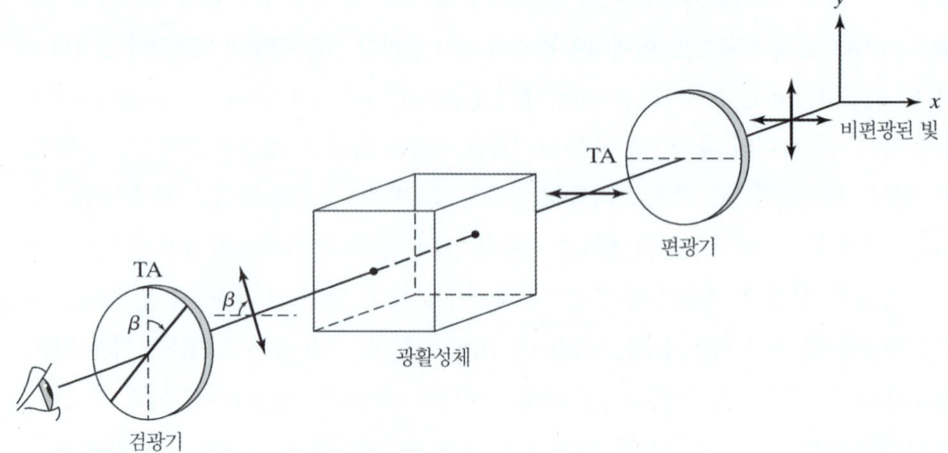

그림 15-17 광활성 측정 장치. 광활성 물질을 넣고, 다시 소광을 만드는 각 β로 광활성을 측정한다.

회전각은 아래 식과 같이 주어진다.

$$\beta = \rho L d \tag{15-4}$$

여기서 L은 cm, 농도 d는 g/cm^3 단위를 가진다. 예를 들어 1 dm의 송진은 나트륨 등에서 나온 빛의 편광을 $-37°$ 회전시킨다. 음의 부호는 송진이 좌선성의 광활성을 가짐을 의미한다. 종종 편광 회전을 측정하여 식(15-4)에 의해 설탕물의 농도를 결정하는 데 응용한다.[8] 회전능이 파장에 의존하므로 백색광을 그림 15-17과 같은 장치에 통과시키면, 각각의 파장은 다른 각으로 회전한다. 이러한 색 분리를 **선광분산**(rotatory dispersion)이라 한다.

여기서는 광활성에 대한 물리적인 설명 없이, 광활성 물질의 회전능을 특정한 물리량에 연관시킬 수 있게 하는 프레넬의 현상론적인 설명을 따라가 보자. 이 설명은 첫째, 지난 장에서 언급했던 선편광은 같은 양의 좌원편광과 우원편광으로 이루어진다는 가정에 근거한다. 둘째, 좌원편광과 우원편광 성분이 광활성 물질을 각각 다른 속력 $v_{\mathfrak{L}}$과 $v_{\mathfrak{R}}$로 진행한다고 가정한다. $v = c/n$이므로 두 굴절률 $n_{\mathfrak{L}}$과 $n_{\mathfrak{R}}$을 정의할 수 있다.

먼저 $v_{\mathfrak{L}} = v_{\mathfrak{R}}$, 즉 $n_{\mathfrak{L}} = n_{\mathfrak{R}}$이고, 따라서 $k_{\mathfrak{L}} = k_{\mathfrak{R}}$로 광활성이 없는 매질에 대해

표 15-2 수정의 회전능

λ(nm)	ρ(°/mm)
226.503	201.9
404.656	48.945
435.834	41.548
546.072	25.535
589.290	21.724
670.786	16.535

8 광학 실험실에서 광활성을 보여주는 데 평범한 옥수수 시럽을 사용한다.

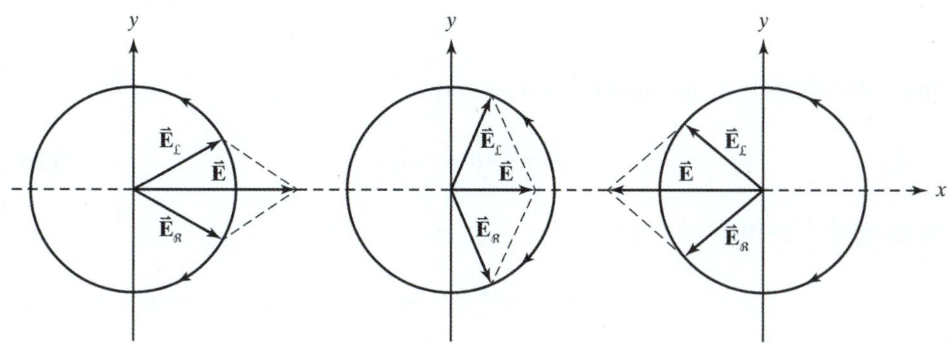

그림 15-18 여러 순간에 좌원편광과 우원편광의 중첩. 빛이 지면을 뚫고 나오는 것으로 가정한다.

생각해 보자. 여기서 $\vec{\mathbf{k}}$는 파벡터이며, 위상속력에 $k=\omega/v$로 연관된다. 입사광이 그림 15-17과 같이 x-방향의 선편광이라면, 이는 좌원편광과 우원편광으로 분해될 수 있다. 그림 15-18에서는 진동의 다른 시간에서 벡터 합성을 보임으로써 이것을 잘 보여준다. $E_{\mathfrak{L}}$과 $E_{\mathfrak{R}}$이 같은 속력으로 반시계방향과 시계방향으로 각각 회전함에 따라 벡터 합 $\vec{\mathbf{E}}$는 x-방향으로 진동한다.

다음으로 $n_{\mathfrak{L}} \neq n_{\mathfrak{R}}$을 가정하고 결과를 예측해 보자. 이제 $\mathfrak{L}$과 $\mathfrak{R}$-성분, $\vec{\mathbf{E}}_{\mathfrak{L}}$과 $\vec{\mathbf{E}}_{\mathfrak{R}}$의 위상은 서로 다르다. 일반적으로 이들(복소) 전기장은 다음과 같이 표시된다.

$$\mathbf{E}_{\mathfrak{L}}=\widetilde{\mathbf{E}}_{0\mathfrak{L}}e^{i(k_{\mathfrak{L}}z-\omega t)} \tag{15-5}$$

$$\widetilde{\mathbf{E}}_{\mathfrak{R}}=\widetilde{\mathbf{E}}_{0\mathfrak{R}}e^{i(k_{\mathfrak{R}}z-\omega t)} \tag{15-6}$$

여기서 $k_{\mathfrak{L}}=(\omega/c)n_{\mathfrak{L}}$, $k_{\mathfrak{R}}=(\omega/c)n_{\mathfrak{R}}$이다. 물론 실수 전기장은 $\vec{\mathbf{E}}_{\mathfrak{L}}=\mathrm{Re}(\widetilde{\mathbf{E}}_{\mathfrak{L}})$과 $\vec{\mathbf{E}}_{\mathfrak{R}}=\mathrm{Re}(\widetilde{\mathbf{E}}_{\mathfrak{R}})$로 주어진다. 복소 벡터 진폭은 좌원편광과 우원편광에 대한 존스 벡터(표 14-1을 참조)를 써서

$$\widetilde{\mathbf{E}}_{0\mathfrak{L}}=\left(\frac{E_0}{2}\right)\begin{bmatrix}1\\i\end{bmatrix} \quad 그리고 \quad \widetilde{\mathbf{E}}_{0\mathfrak{R}}=\left(\frac{E_0}{2}\right)\begin{bmatrix}1\\-i\end{bmatrix} \tag{15-7}$$

과 같이 주어진다. 두 성분의 위상은

$$\theta_{\mathfrak{L}}=k_{\mathfrak{L}}z-\omega t$$

$$\theta_{\mathfrak{R}}=k_{\mathfrak{R}}z-\omega t \tag{15-8}$$

로 주어진다. $k_{\mathfrak{L}}>k_{\mathfrak{R}}$($n_{\mathfrak{L}}>n_{\mathfrak{R}}$, $v_{\mathfrak{L}}>v_{\mathfrak{R}}$)인 광활성 매질을 가정하자. 그러면 빛이 매질 안에서 거리 z를 지난 후에는 모든 t에 대해 $\theta_{\mathfrak{L}}>\theta_{\mathfrak{R}}$이다. 이 상황을 그림 15-19(a)에 임의의 순간 그래프로 보였다. $\vec{\mathbf{E}}_{\mathfrak{L}}$과 $\vec{\mathbf{E}}_{\mathfrak{R}}$의 벡터 합은 여전히 선편광이나, x-축에 대해 양의 각 β로 기울어졌다. 따라서 $n_{\mathfrak{L}}>n_{\mathfrak{R}}$인 물질은 좌선성이다. 그림 15-19(b)에는 반대의 경우를 보였는데, β는 음의 각이고, 광활성은 우선성이다. 각 β를 결정하는 최종 $\vec{\mathbf{E}}$는 항상 마름모의 대각선이므로

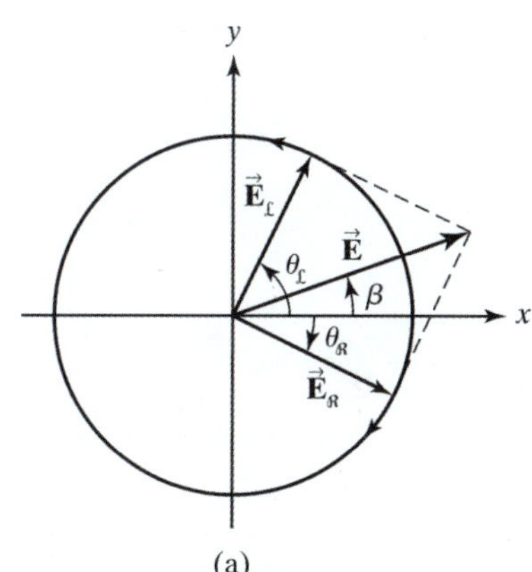

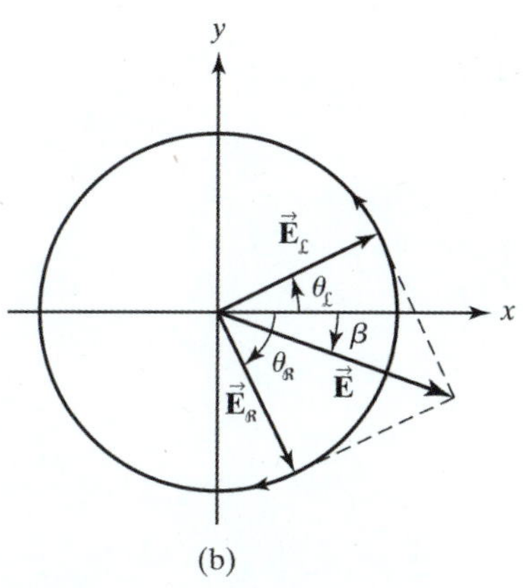

그림 15-19 광활성 매질 안에서 다른 속력을 가진 좌원편광과 우원편광에 의해 생성된 편광 회전. (a) 좌선성: $n_{\mathfrak{L}}>n_{\mathfrak{R}}$. (b) 우선성: $n_{\mathfrak{R}}>n_{\mathfrak{L}}$.

$$\theta_{\mathfrak{L}} - \beta = \theta_{\mathfrak{R}} + \beta$$

이다. 따라서 β의 크기는 아래와 같이 결정된다.

$$\beta = \frac{1}{2}(\theta_{\mathfrak{L}} - \theta_{\mathfrak{R}}) \qquad (15\text{-}9)$$

식(15-8)과 (15-9)를 사용하면

$$\beta = \frac{1}{2}(k_{\mathfrak{L}} - k_{\mathfrak{R}})z$$

를 얻고, 여기에 $k_{\mathfrak{L}} = k_0 n_{\mathfrak{L}}$, $k_{\mathfrak{R}} = k_0 n_{\mathfrak{R}}$, $k_0 = 2\pi/\lambda_0$(λ_0는 진공 중의 파장)을 써서 아래의 최종 식을 얻는다.

$$\beta = \frac{\pi z}{\lambda_0}(n_{\mathfrak{L}} - n_{\mathfrak{R}}) \qquad (15\text{-}10)$$

광활성 매질의 두께 z에 비례하는 각으로 선편광이 회전하며, 이는 실험으로 증명된다. 결과 선편광을 만드는 $\mathfrak{L}$과 $\mathfrak{R}$ 모드의 역할은 다음과 같이 설명할 수 있다. 입사한 빛은 즉시 $\mathfrak{L}$과 $\mathfrak{R}$ 모드로 분해되어, $z=0$, $t=0$에서 다같이 $\theta_{\mathfrak{L}} = \theta_{\mathfrak{R}} = 0$으로 시작한다. 만약 $v_{\mathcal{L}} < v_{\mathfrak{R}}$이면, 경로 상의 어떤 지점에 $\mathfrak{L}$ 모드보다 $\mathfrak{R}$ 모드가 먼저 도달한다. $\mathfrak{L}$ 모드가 도착할 때까지 $\mathfrak{R}$ 모드만의 선편광에 따라 이 점에서 $\vec{E}$가 회전한다. 그러나 $\mathfrak{L}$ 모드가 도착하자마자 두 모드는 중첩되어 각 β로 전기장 진동 방향을 고정시킨다. 이 순간 두 모드 사이의 상대 위상은 식(15-9)에 표현된 것과 같이 각 β를 결정한다. 두 모드의 진동수가 동일하므로, 여기부터는 각 β가 일정한 값으로 지속된다.

여기서 강조할 것은 광활성에 수반된 굴절률들은 일반적인 복굴절이 아니라 **원편광 복굴절**을 나타낸다는 것이다. 수정의 예에서 본 것처럼(표 15-3) $n_{\mathfrak{L}}$과 $n_{\mathfrak{R}}$의 차이는 $n_{\parallel}$과 $n_{\perp}$의 차이보다 훨씬 작다.

예제 15-1

파장 396.8 nm에서 1 mm 두께의 수정판이 만드는 회전능을 구하시오.

표 15-3 수정의 굴절률

λ(nm)	$n_{\parallel}$	$n_{\perp}$	$n_{\mathfrak{R}}$	$n_{\mathfrak{L}}$
396.8	1.56771	1.55815	1.55810	1.55821
762.0	1.54811	1.53917	1.53914	1.53920

풀이

표 15-3으로부터, 파장 396.8 nm에서

$$n_{\mathfrak{L}} - n_{\mathfrak{R}} = 1.55821 - 1.55810 = 0.00011$$

식(15-10)을 써서

$$\beta = \frac{\pi(10^{-3})}{396.8 \times 10^{-9}}(0.00011) = 0.8709\,\text{rad} = 49.9°$$

이 값은 **표 15-2**에서 비슷한 파장인 404.7 nm에서의 회전각과 상당히 비슷하다.

위 설명에서는 왜 $\mathfrak{L}$과 $\mathfrak{R}$ 원편광 모드의 속력이 달라야 하는지 전혀 설명하지 않았다. 여기서는 광활성 물질들은 분자나 결정 구조가 왼손이나 오른손 나사 형태로 나선 모양이라는 것을 지적하는 것으로 만족하고자 한다. 선편광된 빛이 이러한 분자가 모인 매질을 통과할 때는 전자들을 나선 방향으로뿐만 아니라 나선을 따라 도는 방향으로도 진동하게 한다. 그러면 $\mathfrak{L}$ 원편광이 왼손 나사에 미치는 영향은 오른손 나사에 미치는 영향과는 다를 것이고, 그 결과 매질을 통과하는 전파 속력이 다를 것이다. 액체에서처럼 개개의 나선 모양의 분자는 무작위 방향으로 분포하며 선편광된 빛을 만날지라도, 모든 (혹은 대부분의) 분자들이 같은 나선 방향을 가지는 한 상쇄되지 않는 누적 효과가 있을 것이다.

15-7 광탄성

다음과 같은 실험을 생각해 보자. 편광기-검광기 배열 뒤에 백색광을 둔다. 두 편광기의 투과축이 서로 수직이면 아무런 빛도 빠져 나오지 못한다. 그러나 복굴절 물질을 이들 사이에 넣으면 일반적으로 빛이 통과하여 아름다운 색이 보인다. 이런 신기한 현상을 이해하기 위해 **그림 15-20**과 같이 편광기와 검광기의 투과축이 x-축에 대해 각각 45°와 $-45°$를 이루면서, 서로 수직으로 교차하는 경우를 생각해 보자. 그 사이에 집어넣는 복굴절 물질이 그림과 같이 빠른 축(FA)이 수직(y) 방향인 반파장판이라고 가정하자. 이 반파장판은 입사된 선편광의 편광 방향을 90° 회전시키는 역할을 한다. 투과광의 편광 방향은 x-축에 대해 $-45°$가 된다. 이 과정은 입사광을 FA(빠른 축)와 SA(느린 축)를 따라 크기가 같고 위상차를 가지는 두 성분으로 분해함으로써 해석된다. 앞에서와 같이 HWP는 선편광을 2α로 회전시키는데, 이 경우 $2\alpha = 90°$이다. 아래와 같이 존스 행렬

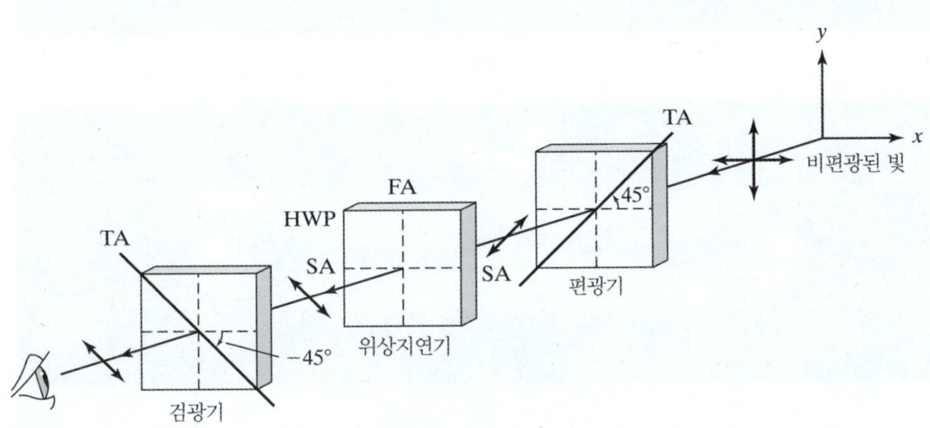

그림 15-20 반파장판 역할을 하는 복굴절 물질을 두 교차된 편광기 사이에 넣었을 때 빛의 투과.

계산법을 써도 같은 결과를 얻는다.

$$\begin{bmatrix} 1 & 0 \\ 0 & -1 \end{bmatrix}\begin{bmatrix} 1 \\ 1 \end{bmatrix} = \begin{bmatrix} 1 \\ -1 \end{bmatrix}$$

HWP FA 수직   458 선편광   −45° 선편광

이제 HWP에서 나온 빛의 편광 방향은 검광기의 TA와 일치하여 모두 투과된다. 만약 HWP를 위상지연이 π가 아닌 위상지연기로 바꿔 넣으면, 이것은 빛을 타원편광으로 만들 것이며, 검광기는 이 중 일부만 통과시킬 것이다. 만일 위상지연기가 2π 혹은 그 정수배의 위상차를 준다면 이것은 전파장판(full-wave plate)이 되며, 입사광의 편광 상태는 바뀌지 않는다.

이제 위상지연판이 주는 위상차 $\Delta\varphi$가 파장에 의존한다는 것을 기억하자. 즉

$$\Delta\varphi = 2\pi(n_{\perp} - n_{\parallel})d/\lambda_0 \tag{15-11}$$

여기서 d는 판의 두께이다. $(n_{\perp} - n_{\parallel})$의 작은 변화를 무시하면, 지연판의 두께가 정해졌을 때 이 식의 우변은 넓은 스펙트럼 영역에서 일정하다. 따라서 위상지연은 파장에 거의 반비례한다. 만약 지연판이 빨간색에서 HWP 역할을 한다면, 그림 15-20의 배열에서 빨간색 빛은 모두 투과되는 반면, 이보다 짧은 파장의 가시광은 일부만 투과될 것이다. 그 결과 투과된 빛은 붉은 색상을 띠게 된다. 이제 검광기의 투과축을 90° 회전시키면 막혔던 모든 성분들이 투과된다. 검광기 회전 전과 후에 투과한 빛을 합하면 입사광, 즉 백색광이 되어야 하므로, 각 경우의 빛은 서로 보색이다.

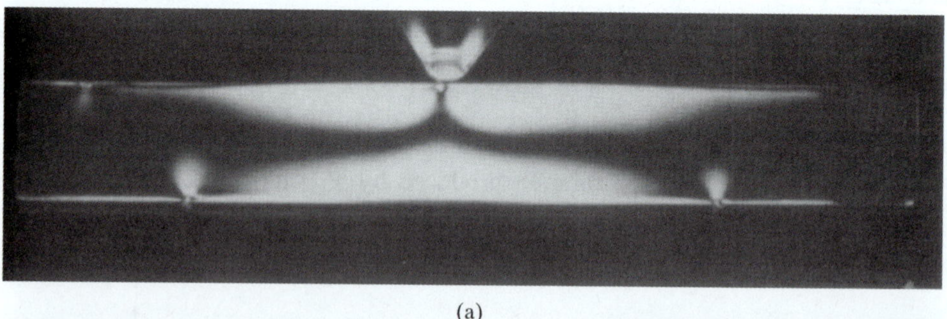

(a)

(b)

그림 15-21 두 받침대 위에 놓은 기둥의 광탄성 변형력 패턴. (a) 가운데를 살짝 눌렀을 때, (b) 세게 눌렀을 때. (출처: M. Cagnet, M. Francon, and J. C. Thrierr, *Atlas of Optical Phenomenon*, Plate 40, Berlin: Springer-Verlag, 1962.)

수정이나 방해석 조각과 운모판으로 편광에 의한 색을 만들 수 있다. 그러나 그림 15-21과 같이 통상적인 많은 물질들도 정상적인 조건 아래서나 변형력(stress)을 받을 때 복굴절 현상을 보인다. 구겨진 셀로판 종이를 교차된 편광기 사이에 넣으면 놀라운 색 변화를 보인다. 이는 빛이 한 지점에서 둘 이상의 경로를 통과하여, $\Delta\varphi$가 두께 d의 변화에 기인하여 각 점에 따라 변하기 때문이다. 현미경 슬라이드 유리에 셀로판 테이프를 감아서 겹친 부분을 보아도 비슷한 효과를 관찰할 수 있다. 마지막으로 $(n_\perp - n_\parallel)$의 국소적인 변화에 기인하여 $\Delta\varphi$가 각 점에서 변할 수 있다. 투명 삼각자나 안전유리 등 성형틀로 찍어낸 플라스틱 제품은 변형에 관련된 국소적인 복굴절로 인해 종종 $\Delta\varphi$ 변화를 보인다. 교차된 편광기 사이에 플라스틱 보안경을 넣으면 큰 변형이 있는 부분은 굴절률 차이가 심하므로 더 진한 색을 보인다. 플라스틱이나 유리와 같이 정상적으로는 등방성을 가지는 물체에 기계적인 변형력을 주어 복굴절을 유도하는 방법은 **광탄성**(photoelasticity)이란 변형력 분석법의 기초가 된다. 이런 물질 안에서는 장력과 압축력 두 경우 모두 광축이 변형력 방향으로 향한다는 것이 밝혀졌다. 복굴절의 정도는 변형에 비례하므로, 기계부품의 시제품을 플라스틱으로 만들어 변형력 분석법을 적용할 수 있다. 변형력을 받는 시료를 편광기 사이에 두면 최대 변형 부분이 검광기를 통과한 빛에 의해 관찰된다. 변형력의 세기를 바꾸면서 이러한 편광 패턴을 관측한 사진을 그림 15-21에 보였다.

다음 장들에서는 편광 특성을 사용하는 여러 응용에 대해 논할 것이다. 특히 17장에서는 **액정 디스플레이**, 24장에서는 **패러데이 편광회전기**에 대해 논할 것이다.

문제

15-1 애초에 비편광된 빛이 세 선편광기를 차례로 통과한다. 이들의 투과축은 수평방향에 대해 각각 0°, 30°, 60°를 이룬다. 최종 빛의 복사조도는 처음 비편광된 빛의 몇 %인가?

15-2 다이아몬드-공기 경계면에서 반사된 빛이 완전히 선편광되는 입사각은 얼마인가? 내부 반사와 외부 반사를 모두 고려하시오. 다이아몬드의 굴절률은 2.42이다.

15-3 폴라로이드 편광판은 완벽한 편광기가 아니다. 따라서 투과축에 평행한 $\vec{E}$-진동 성분을 모두 투과시키지 않고, 또 수직한 $\vec{E}$-진동 성분을 모두 흡수하지도 못한다. 평행 성분의 에너지 투과율은 α, 수직성분의 투과율은 β이다.

a. 투과축 사이의 각이 θ인 위와 같은 두 편광기에 대해 복사조도를 계산하여 말뤼스 법칙을 확장하시오. 처음 비편광된 빛의 복사조도는 I_0이다. 말뤼스 법칙은 이상적인 경우에 유효함을 보이시오.

b. $\alpha = 0.95$, $\beta = 0.05$인 폴라로이드 편광판에 대해, 투과된 빛의 복사조도를 이상적인 편광기의 경우와 비교하시오. 비편광된 빛이 광축이 서로 0°, 30°, 45°, 90°의 각으로 교차하는 두 편광판을 통과한다.

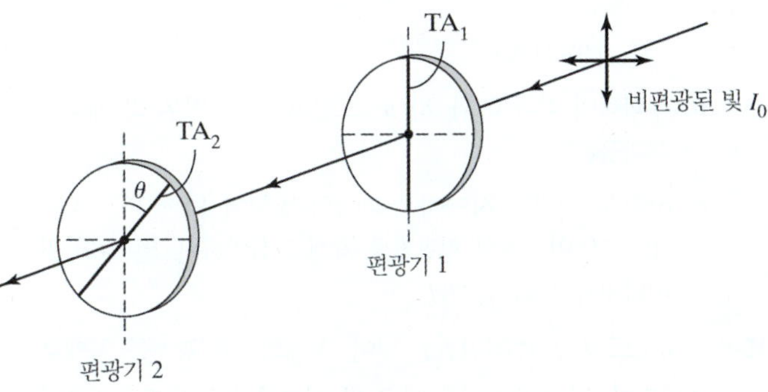

그림 15-22 문제 15-3.

15-4 파장 632.8 nm의 레이저 빛에 사용할 운모 반파장판의 두께는 얼마인가? 이 파장에서 운모의 굴절률은 1.599와 1.594이다.

15-5 그림 15-23에 표시한 각 광축 방향에 대해, 비편광된 빛이 복굴절 물질에 입사할 때 어떤 일이 일어나는지 기술하시오. 광선은 둘로 분리되는가? 위상지연이 있나? 투과한 빛의 편광 상태는?

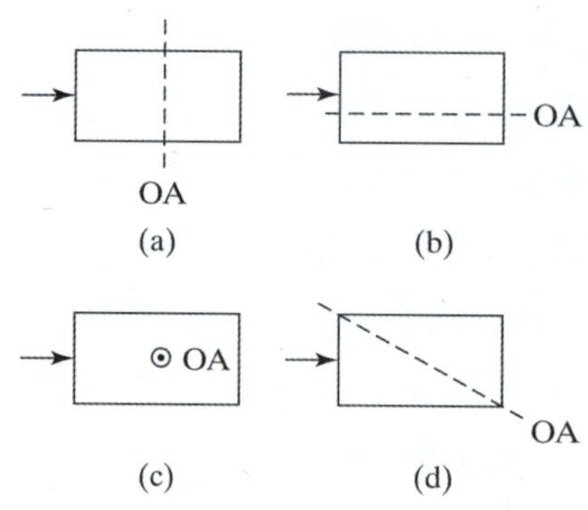

그림 15-23 문제 15-5. (a)-(d)

e. 1/4 파장판을 만들 수 있는 것은 (a)-(d) 중 어떤 것(들)인가?

15-6 그림 15-11과 같은 솔레이-바비네 보상자는 수정으로 만들어졌으며, 녹색 파장(546.1 nm)에 대해 두 파장의 위상지연을 최대로 줄 수 있다. 이 파장에서 수정의 굴절률은 $n_{\parallel} = 1.555$, $n_{\perp} = 1.546$이다.

a. 최대 위상지연 위치에서 평판의 두께와 쐐기의 두께를 비교하시오.

b. 출력광이 원편광일 때, 이들의 두께 비는 어떻게 되나?

15-7 비편광된 빛의 50%를 투과시키는 완벽한 이색성 편광기들이 있다. 첫 번째 편광기에 입사되는 빛의 복사조도를 I_0라 하자.

a. 두 편광기 투과축 사이의 각이 θ이면, 투과된 빛의 복사조도는

$$I = \left(\frac{I_0}{2}\right)\cos^2\theta$$

임을 보이시오.

b. 투과축이 각각 0°와 90°로 고정되면, 각 경우 빛 에너지 투과율은?

c. b의 두 편광기 사이에 투과축의 방향이 15°, 30°, 45°, 60°, 75°인 5개의 편광기를 차례로 삽입하면, 몇 %의 빛 에너지가 투과하는가?

15-8 복사조도 I_0인 수직편광된 빛이 N개의 선편광기를 차례로 지나간다. 각 선편광기는 바로 앞 선편광기에 비해 투과축이 작은 각 θ만큼 어긋나 있다. 어긋난 각의 누적이 90°가 될 때(즉, 수직편광이 수평편광으로 될 때), 말뤼스 법칙을 써서 최종 투과광의 복사조도가 $I_N = 0.9I_0$가 되는 N 값을 구하시오.

15-9 진공 중 파장 589.3 nm인 빛에 대해 1/4 파장판으로 작용하는 수정의 최소 두께는 얼마인가?

15-10 방해석으로 쐐기 각 45°로 만든 월러스톤 프리즘의 빔 분리각을 구하시오. 광원은 나트륨 등으로 가정하시오.

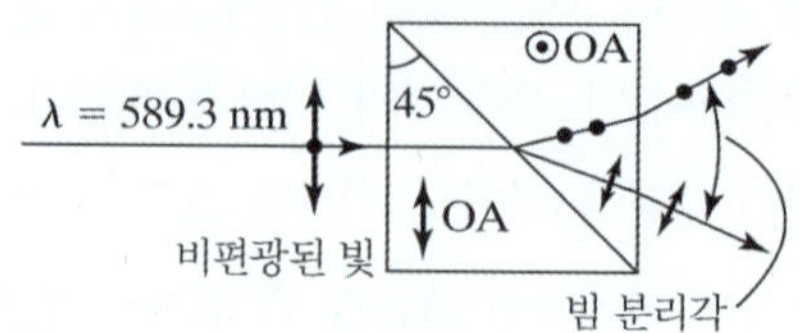

그림 15-24 문제 15-10.

15-11 선편광을 0.003 cm 두께의 결정을 투과시켜 원편광으로 바꾼다. 파장 600 nm에 대해 이것이 최소 두께라면, 정상광과 이상광 사이의 굴절률 차이는 얼마인가? 결정의 광축(OA)을 포함하여 그림을 그리고 일어나는 현상을 설명하시오.

15-12 빛이 수면에서 반사하여 완전히 선편광이 된다.

a. 입사각은 얼마인가?

b. 물속으로 굴절되어 들어간 빛을 다시 굴절률 1.50인 유리블록으로 반사시켰더니 역시 완전한 선편광이 되었다. 수면과 유리면 사이의 각은 얼마인가?

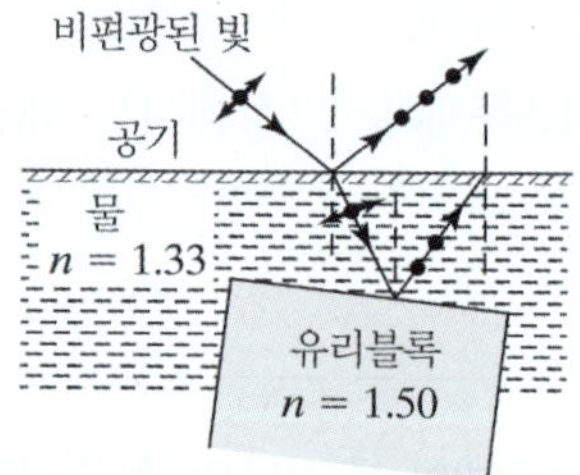

그림 15-25 문제 15-12.

15-13 아래 각 경우에 대해, 원래 빛의 편광 상태를 설명하시오. 편광기는 100%의 효율을 갖는다.

a. 빛의 경로를 축으로 편광기를 회전시켜도 투과광에 세기의 변화가 없다. 회전하는 편광기 직전에 QWP를 두면, 세기는 변하나 어떤 편광기 각에 대해서도 세기가 0이 되지는 않는다.

b. 빛의 경로를 축으로 편광기를 회전시키면 투과광의 세기가 변하지만 세기가 0이 되지는 않는다. 이제 편광기를 최대 투과각에 고정시키고, 그 앞에 QWP를 두되, OA가 편광기의 TA와 평행하게 한다. 편광기를 회전시키면 투과광의 세기가 0이 되도록 하는 각이 있다.

15-14 굴절률 1.62인 기름 속에 담긴 광원에서 역시 기름 속에 담긴 다이아몬드($n=2.42$)로 빛이 입사한다. (a) 최대 편광이 일어나는 입사각과, (b) 다이아몬드 안으로 들어가는 굴절각을 구하시오.

15-15 광활성 매질의 편광 회전은 대략 파장의 제곱에 반비례한다.

a. 포도당의 회전능은 20.5°이다. 길이 12 cm인 튜브 속의 포도당 용액이 선편광을 1.23° 회전시키는 것으로 측정되었다. 용액의 농도는 얼마인가?

b. 두께 1 mm인 수정판을 투과한 빨간색 빛의 편광은 15° 회전하였다. 보라색 빛의 회전은 얼마 정도일까?

15-16 파장 396.8 nm의 빛에 대해 수정의 좌원편광과 우원편광 굴절률은 각각 $n_{\mathfrak{L}}=1.55821$, $n_{\mathfrak{R}}=1.55810$이다.

a. 10°의 편광 회전을 주는 수정의 최소 두께는 얼마인가?

b. 이 파장에서 수정의 회전능은 얼마인가?

15-17 **a.** 광축이 표면에 평행하도록 방해석을 얇은 판으로 잘랐다. 나트륨 빛 589 nm에 대해 1/4 파장판을 만드는 최소 두께는 얼마인가?

b. 두 교차된 편광기 사이에 45° 방향으로 두께 0.0182 mm의 지르콘 판을 넣으면, 어떤 색이 투과되는가?

15-18 **a.** 두 매질 사이의 내부 반사와 외부 반사에 대한 두 편광각은 상보적임을 보이시오(두 각 사이에 스넬 법칙이 성립함을 증명).

b. 양면이 평행한 평판에 TM 모드의 빛이 브루스터 각으로 입사하면, 빛이 반대 면으로 나올 때도 브루스터 각으로 나옴을 보이시오(**브루스터 창**).

15-19 파장 546 nm의 빛에 대해 수정의 느린 축과 빠른 축 굴절률은 각각 1.5553, 1.5462이다.

a. 수정 속에서 빛이 한 파장만큼 진행할 때, 정상광을 기준으로 이상광은 얼마나 지연되나? 파장의 단위로 답하시오.

b. 0차 QWP의 두께는 얼마인가?

c. 두께 0.735 mm인 수정이 QWP 역할을 한다면, 이것은 몇 차 QWP인가?

d. 두 수정판을 각각이 서로 반대되는 위상지연을 하도록 붙였다. 두 판의 광축의 방향을 그려보시오. 이 조합이 0차 QWP 역할을 하도록 하려면 두께의 차이는 얼마인가?

15-20 플라스틱 삼각자를 교차된 편광기-검광기 사이에 넣어 보면 파장 500 nm의 단색광에 대해 밝고 어두운 곳이 교차하는 무늬가 관찰된다. HWP 지연 조건이 연속적으로 만족되려면 밝은 띠 사이에서 $(n_{\perp}-n_{\parallel})$는 얼마나 변하나? 삼각자의 두께는 1/16인치이다.

15-21 광축이 표면에 평행하도록 녹주석 결정을 평판으로 잘랐다. 선편광된 빛이 광축과 편광 방향이 45°를 이루도록 이 평판에 입사한다. 투과광을 (a) 선편광, (b) 원편광으로 만드는 평판의 최소 두께를 구하시오.

15-22 파장 546 nm의 빛이 두께 1.15 mm인 좌선성의 수정판을 통과하여 얻은 회전을 상쇄하기 위한 반파장판의 각은 얼마인가?

15-23 23장에서는 **프레넬 방정식**을 유도하여, TE 편광 모드에 대한 유전체의 경계면의 반사계수 r은 식(23-27)로 주어짐을 보인다. 따라서 반사율 $R=r^2$은 다음 형태를 갖는다.

$$R=\left(\frac{\cos\theta-\sqrt{n^2-\sin^2\theta}}{\cos\theta+\sqrt{n^2-\sin^2\theta}}\right)^2$$

여기서 θ는 입사각이고, $n=n_2/n_1$은 상대굴절률이다.

a. 빛이 공기로부터 유리($n=1.5$)로 편광각으로 입사할 때 TE 모드의 반사율 R을 구하시오.

b. (a)에서 계산된 반사율은 빛이 유리로부터 공기로 나갈 때 수반되는 내부 반사에도 역시 성립한다. 이것을 전제로 이러한 유리판 10장을 통과한 빛의 투과율을 구하시오. 유리판들은 흡수하지 않고, 다중 반사는 없다고 가정하시오.

c. 투과된 빛의 **편광도**를 구하시오. 편광도의 정의는 다음과 같다.

$$P=\frac{I_{TM}-I_{TE}}{I_{TM}+I_{TE}}$$

여기서 I는 각 편광 모드의 복사조도를 의미한다.

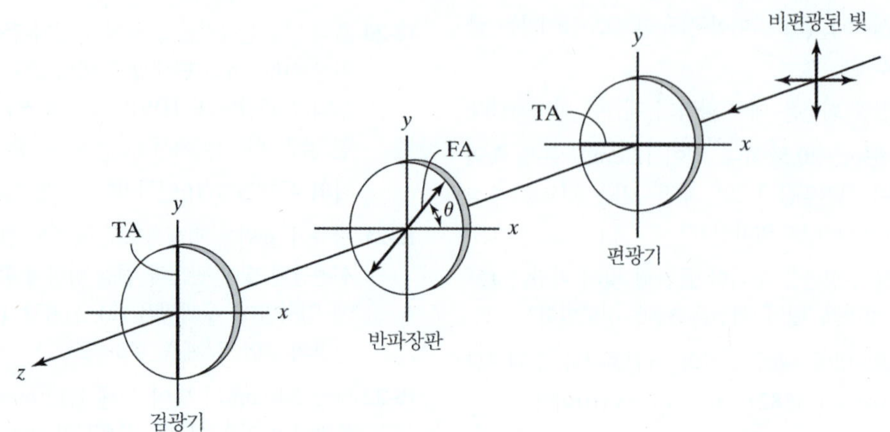

그림 15–26 문제 15–24.

15-24 반파장판을 교차된 편광기-검광기 사이에 넣었다. 편광기의 TA와 HWP의 FA 사이의 각은 θ이다. 검광기를 통과한 빛의 세기를 θ의 함수로 계산하시오.

15-25 **a.** 파장 762 nm에서 두께 3 mm의 수정판이 광활성에 의해 선편광을 회전시키는 각을 구하시오.

b. 같은 빛에 대해 수정 반파장판이 광활성으로 일으키는 회전은 얼마인가?

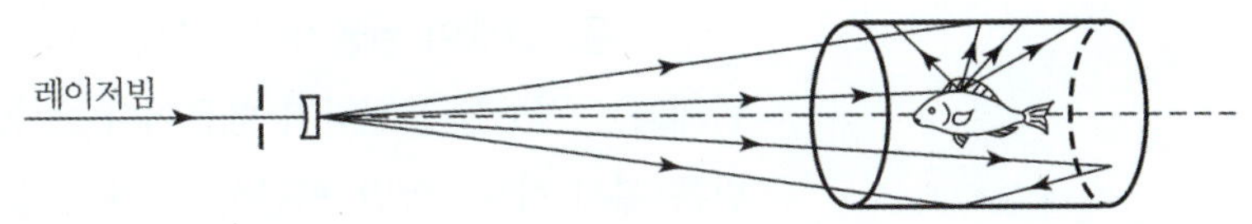

chapter 16 레이저빔 홀로그래피

서론

홀로그래피(holography)는 레이저 때문에 꽃핀 많은 분야 중 하나이다. 레이저가 발명되기 전인 1948년에 가보르(Dennis Gabor)가 홀로그래피 기법을 최초로 발명하였으나, 레이저가 그 성공을 확실하게 하였다. 1962년 미시건 대학의 리쓰(Emmett Leith)와 우파트닉스(Juris Upatnieks)는 최초로 레이저를 홀로그래피에 적용했으며, 이 장에서 설명할 중요한 축이탈(off-axis) 조명법을 도입하였다.

홀로그램이 가져다준 3차원 사진술의 대단한 진전은 과학계는 물론 사회에서도 큰 관심을 끌어, 오늘날 급팽창하는 홀로그래피의 응용은 미술과 광고에까지 확장되었다.

16-1 통상적인 사진과 홀로그램 사진

통상적인 사진은 3차원 물체를 2차원으로 투영한 것인데, 렌즈의 심도 이내에 들어오는 물체의 모든 부분을 2차원 상으로 맺은 것이다. 그 결과 사진은 사람이 실물을 볼 때 인식하는 깊이감과 양안 시차가 없다. 이와는 대조적으로 홀로그램은 이 깊이 정보를 보전하는 기록 방식이다. 홀로그램은 물체의 시각적인 정보를 모두 실어 나르는 얽히고설킨 빛 파면을 효율적으로 "얼어붙게" 하고 보전하는 데 성공하였다. 홀로그램을 본다는 것은 이 파면이 복원, 즉 풀려난다는 뜻이다. 보는 사람은 물체가 원래 위치에 있었다면 보았을 3차원 상을 홀로그램이 주는 "창문"을 통해 보는 것이다. 복원된 파면은 깊이감과 양안 시차를 주어, 물체의 모서리를 둘러보고 그 뒤에 무엇이 있는지 볼 수 있게 한다. 이 복원된 파면은 원래의 파면과 꼭 같이 렌즈를 써서 조정할 수 있다. 따라서 "홀로그램

(hologram)"은 그 어원인 "온전한 메시지(whole message)"란 뜻을 포함한다.

홀로그램이 실물처럼 보이는 것은 빛의 진폭이나 복사조도에 더해, 파면의 위상에 관계되는 정보를 보전하기 때문이다. 보통 사진 필름이나 광증배관과 같은 기록 장치는 받은 복사 에너지에만 민감하다. 예를 들어 현상된 사진 필름에서는 감광유제 속의 은 화합물을 금속으로 바꿔주는 광화학 반응으로 인해, 각 점에서 필름의 **광학밀도**(optical density)는 그 점에서 받은 빛 에너지의 함수이다. 에너지만 기록되면 다른 방향과 거리로부터 오는 파동들의 위상 관계는 소실되며, 물체의 생생한 시각적인 입체감도 같이 사라진다. 이러한 위상 관계도 기록하려면 위상 정보를 진폭 정보로 바꿔줄 필요가 있는데, **빛의 간섭**이 그 역할을 한다. 두 파동이 간섭하여 **진폭**이 크게 되려면 두 파동의 위상이 맞아야 한다. 두 파동의 위상이 정반대이면 진폭은 최소가 된다. 물체로부터 오는 빛의 파면을 이와 결맞는 기준 파면과 간섭시키면, 그 결과로 나타나는 간섭 패턴은 기준파와 원래 파면의 각 부분의 위상 관계에 관한 정보를 포함한다. 가끔 이 상황은 기준파를 물체로부터 온 **신호파**에 의해 **변조되는 반송파**(carrier wave)로 간주하여 기술된다. 이와 같이 홀로그래피와 라디오파 통신 기술 사이에 광범위한 비교가 가능하다.

통상적인 사진기에서는 물체의 상을 사진 필름에 맺는 데 렌즈를 사용한다. 물체의 단일 점에서 나온 모든 빛은 렌즈에 의해 상의 단일 공액점에 모인다. 여기서는 물체와 상 점 사이에 1:1 관계가 존재한다. 이와는 대조적으로, 앞으로 볼 것처럼 홀로그램은 렌즈나 다른 집광 장치 없이 만들어진다. 홀로그램은 물체의 상이 아니라 미세한 무늬들의 복잡한 간섭 패턴이다. 홀로그램 위의 한점은 물체의 모든 점으로부터 빛을 받는다. 즉 모든 물체 점이 홀로그램 전체를 비춘다. 복원이 되기 전에는 물체의 점과 파면의 점 사이에 1:1 관계는 없다. 홀로그램은 전체적인 신호파를 기록한 것이다.

16-2 점광원의 홀로그램

홀로그램을 만들고 원래 상을 홀로그램을 써서 복원하는 실제 과정을 알아보기 위해, 가장 간단한 예로 점광원의 홀로그램을 설명하는 것으로 시작한다. 그림 16-1(a)에 보인 것과 같이 기준광의 파면으로 결맞는 단색광의 평면파면이 사진건판을 비춘다. 이에 더해 물체 점 O에서 산란된 구면파가 사진건판에 도달한다. 사진건판을 현상하고 나면 X를 중심으로 동심원 간섭무늬가 나타난다.

예를 들어 광경로차 $OP - OX$가 파장의 정수 배라면, 점 P는 이 조건을 만족시키는 여러 개의 고리 중 하나에 있고, **기준빔**(reference beam)의 파면은 산란된 **물체빔**(subject beam)의 파면과 같은 위상으로 P에 도달한다. 이것을 현상한 사진건판을 **가보르 고리판**(Gabor zone plate), 혹은 고리 렌즈(zone lens)라 한다. 가보르 고리판에는 동심원 투과 고리들이 있는데, 투과도는 반지름 r의 함수이다. 격자의 투과도가 반지름을 따라 $\cos^2(ar^2)$으로 변하기 때문에 가보르 고리판을 원형 "사인함수" 격자라고 부른

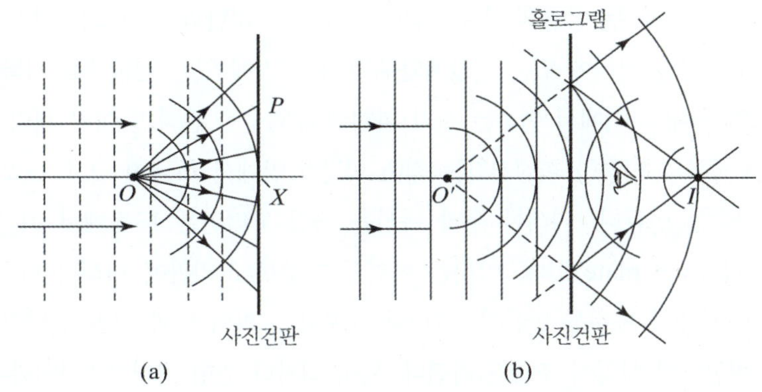

그림 16-1 점광원 O의 홀로그램을 (a) 기록하는 방법. (b) 파면을 복원하는 방법. 두 개의 상이 재생된다.

다.[1] 여기서 a는 m^{-2}의 단위를 가진 상수이다. 이 사인함수 건판이 바로 점 O의 홀로그램이다. 홀로그램 그 자체는 물체와 전혀 닮지 않은 고리 모양의 간섭무늬이다. 그러나 물체 없이 그림 16-1(b)와 같이 홀로그램에 기준광을 비추면 물체의 상을 복원할 수 있다. O에서 나온 빛이 기준광과 간섭해서 고리 무늬를 만든 것과 똑같이, 기준광이 고리 무늬에서 점 O'로부터 나오는 방향으로 회절이 증강되어 퍼져나간다. 따라서 복원할 때 홀로그램을 바라보면 점 O'는 원래 점 O의 **허상**이 된다. 이렇게 회절이 증강되는 조건은 홀로그램 평면에 대한 점 O'의 출구 쪽 대칭점 I에서도 똑같이 만족되어야 한다. 분명히 점 I와 O'는 고리에 대해 똑같은 거리 조건을 만족시킨다. 따라서 기준광의 회절은 점 I로 모이기도 하는데, 이것은 물체점 O의 **실상**이며, 따라서 스크린 위에 상을 받을 수 있다. 홀로그램을 만들 때 물체점을 더욱 멀리 가져가면 고리들의 반지름은 더 작아진다. 무한대 거리에 있는 축을 벗어난 점에 대해서 고리는 평행한 직선 무늬(띠)가 된다. 이런 홀로그램은 **격자 홀로그램**(grating hologram)이며, 다른 방향에서 오는 두 평면파면이 사진건판에 만나서 만들어진다. 격자 홀로그램은 12장에서 간단히 취급했는데, 두 파면 사이의 각이 클수록 간섭무늬는 더 촘촘해진다.

위에서 논한 원이나 직선 모양의 무늬는 두 점광원을 잇는 축에 각각 수직이거나 평행한 평면에서 관찰한 두 점광원 간섭무늬의 특수한 경우로 해석할 수 있다(그림 7-6 참조.) 물체점 O를 넓은 물체나 3차원 물체로 바꾸면, 물체의 각 점은 사진건판 위에 그 자체의 가보르 고리(띠)무늬를 만든다. 그러면 홀로그램은 물체로부터 오는 파면의 모든 정보가 암호화된 고리(띠)들의 합성사진이 된다. 복원할 때 각 고리 세트는 그 자신만의 실상과 허상을 만들고, 원래 물체의 상이 재생된다. 보통은 홀로그램을 들여다보면 허상이 보인다. 그림 16-1(b)는 이런 방법으로 허상을 볼 때, 실상을 형성하는 원치 않는 빛도 같이 보인다는 것을 보여준다. 리쓰와 우파트닉스는 거울로 기준광을 다른 각으로 보내어 복원되는 실상과 허상 파면을 분리하는 비축 기법(off-axis technique)을 도입했다.

---

1 더 정확하게는 투과도 $T = A + B\cos^2(ar^2)$로 표시된다. A, B, a는 상수이다(문제 16-1 참조).

위에서 소개한 두 종류의 홀로그램은 가보르 고리판과 홀로그램 격자인데, 각각 건판으로부터 유한한 거리에 있는 점물체와 무한대 거리에 있는 점물체를 기록한 것이다. 이들이 최소와 최대 사이에서 변하는 사각 파형의 투과율을 준다면 여러 개의 회절 상이 생긴다. 이런 종류의 익숙한 회절격자는 최대 회절각 안에서 $m=0,\ \pm1,\ \pm2,\ \cdots$ 등의 여러 회절 차수를 만든다. 이러한 투과 특성을 가진 고리판은 13장에서 취급한 **프레넬 고리판**(Fresnel zone plate)인데, 이것은 여기서 가보르 고리판에 대해 논한 것을 넘어, 축을 따라 여러 개의 초점을 만든다. 그러나 격자나 고리의 투과 모양이 날카롭지 않고 연속적으로 변한다면 상황이 조금 달라진다. 특히 격자나 원형 고리가 "사인함수" 모양이면, 즉 세기 투과도가 $\cos^2(bx)$ (격자) 혹은 $\cos^2(ar^2)$ (원형 고리) 분포를 가지면 복원할 때 0차광에 더해 1차광의 상만 나타난다(b는 m^{-1} 단위를 갖는 상수이다). 원형 고리에 대해서는 두 1차광 상이 방금 설명했던 실상과 허상이다.

그림 16-1(a)에서 보인 것처럼 홀로그램을 기록할 때, 건판에서 사인함수 모양의 복사조도는 신호(물체)광과 기준광의 진폭이 같으면 상쇄간섭 점에서 0으로 떨어진다. 그러나 감광유제는 0에서부터 최댓값까지 변하는 복사조도에 선형적으로 응답하지 못하여 현상된 건판은 왜곡된 사인함수 모양의 투과도를 보이며, 높은 차수 회절을 피할 수 없다. 해결 방법은 기준광을 신호광보다 세게 주어, 감광유제에 가해지는 복사조도를 선형 응답 특성 영역으로 가져가는 것이다. 즉

$$T = T_0 + T_m \cos^2(ar^2)$$

모양으로 변형된 투과함수를 사용하여 고차 회절상들을 제거할 수 있다. 그러나 $\cos^2(ar^2)$ 모양의 투과도와 0이 아닌 일정한 투과도 T_0를 더하기 때문에 무늬 대조도가 다소 줄어든다.

방금 지적했듯이, 참조광의 진폭을 물체광의 평균 진폭보다 약간 더 크게 해서 기준광이 신호광에 의해 변조된다. 신호광이 0일 때도 기준광의 세기는 감광유제를 선형적으로 변화시키는 영역 안에 있다. 신호광 세기의 변화가 간섭무늬의 **대조도**(contrast) 변화를 일으키는 반면, 신호광의 **위상(방향)** 변화는 무늬 간격을 변화시킨다. 따라서 물체광의 진폭과 위상의 변화는 홀로그램 전면에 무늬의 대조도와 간격의 국소적인 변화로 기록된다. 이러한 정보를 충실히 기록하기 위해서는 고해상도 사진건판이 사용된다.[2]

16-3 넓은 물체의 홀로그램

그림 16-2(a)에는 3차원 물체로부터 난반사된 빛과 함께, 축이탈 기준광을 만드는 여러 방법 중 하나를 보였다. 바늘구멍과 렌즈의 조합으로 레이저로부터 나오는 빔을 확대시킨

---

2 산호세 대학의 Ramnendra Bahuguna 박사는 홀로그램을 현상하는 전형적이고 간단한 방법을 제안하였다. 코닥 D-19 현상액에서 1분간 린스, 물에서 1분간 린스, 20초간 표백. (중크롬산 칼륨 4 g, 진한 황산 4 mL, 물 1 L); 30초간 코닥 포토플로(foto flo) 희석액에 담금, 15~20분간 종이 수건 위에 수직으로 걸어 말림.

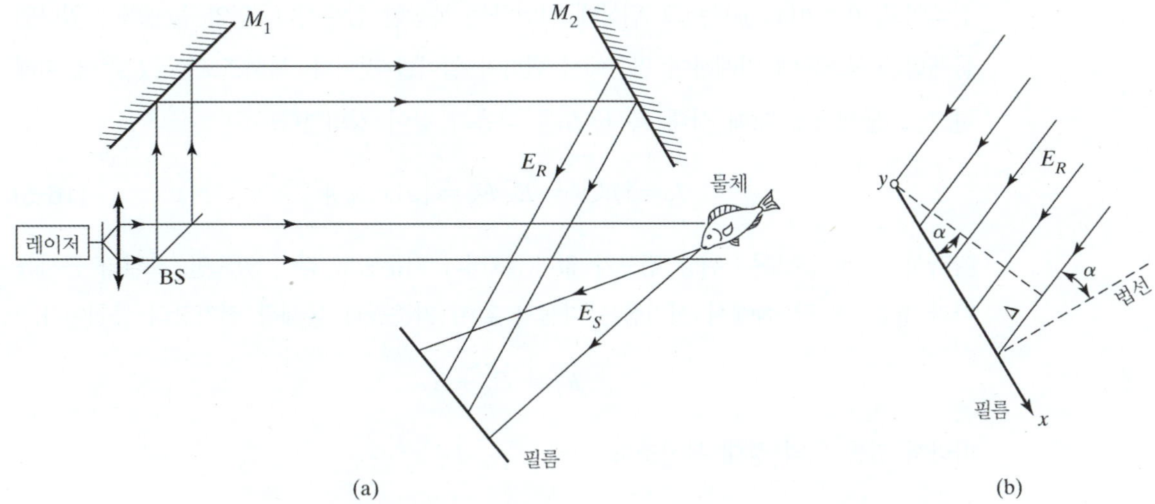

그림 16-2 (a) 축이탈 홀로그램 광학계. (b) (a)의 기준빔에 대한 사진필름의 방향.

다. 확대된 빔은 빔 가르개 BS로 나누어 결맞는 두 빔을 만든다. 그중 **기준빔** E_R은 두 거울 M_1, M_2를 써서 사진건판(필름)으로 보낸다. 다른 빔 ES는 물체에서 난반사하고, 이 중 일부인 **물체빔**이 사진필름으로 가서 기준빔과 간섭하여 홀로그램을 생성한다.

이제 이전까지의 정성적인 설명을 다소 정량적으로 해보자. 필름 평면에서 기준빔을 다음의 복소 전기장으로 표현하자.

$$E_R = re^{i(\omega t + \varphi)} \tag{16-1}$$

기준빔의 진폭 $r = r(x,\ y)$은 평면 파면 전체에서 일정하다고 가정한다. 그림 16-2(b)에 묘사한 것과 같이 필름 면과 기준빔의 평면 파면 사이의 각은 위상각을 결정한다. 빔의 위쪽 모서리가 $x = 0$에서 필름에 닿으면, φ는 다음과 같이 필름면 위의 거리 x에 비례하는 함수이다.

$$\varphi = \left(\frac{2\pi}{\lambda}\right)\Delta = \left(\frac{2\pi}{\lambda}\right)x\ \sin\alpha \tag{16-2}$$

이 위상각은 기준빔에 대한 필름 평면의 기울어짐에만 연관되고, 식(16-1)의 지수 인자로 나타난다. 즉

$$E_R = re^{i\omega t}e^{i\varphi} \tag{16-3}$$

만약 기준빔이 없다면 물체빔만이 필름을 비춘다.

$$E_S = se^{i(\omega t + \theta)} \tag{16-4}$$

여기서 $s(x,\ y)$는 물체의 모든 점에서 난반사되어 필름 위 임의의 점에 도달한 반사파의

진폭이고, $\theta = \theta(x,\ y)$는 그 위상에 기인하는 복잡한 함수이다. 만약 물체빔만 있다면 물체빔 복사조도에 비례하여 필름에서 변화가 일어날 것이다. 복사조도는 $|E_S|^2$에 비례하므로, 물체광에 대해 상대 복사조도를 다음과 같이 정의한다.

$$I_S = |E_S|^2 = E_S^* E_S = [s(x,\ y)]^2 \tag{16-5}$$

따라서 이 복사조도는 위상 정보가 없다. 그러나 기준빔도 같이 있으면, 스칼라 근사를 따라 필름 위 각 점에서 전기장은 다음과 같이 기준광과 물체광 전기장의 중첩이다.

$$E_F = E_R + E_S$$

따라서 필름 위의 상대 복사조도

$$I_F = |E_F|^2 = (E_R + E_S)(E_R^* + E_S^*)$$

는 다음과 같이 전개된다.

$$\begin{aligned} I_F &= E_R E_R^* + E_S E_S^* + E_S E_R^* + E_R E_S^* \\ I_F &= r^2 + s^2 + E_S E_R^* + E_R E_S^* \end{aligned} \tag{16-6}$$

이 중 마지막 두 항이 중요한 함수 $\theta(x,\ y)$를 포함한다. 이것을 써 보면 다음과 같다.

$$\begin{aligned} I_F &= r^2 + s^2 + rse^{i(\omega t + \theta)} e^{-i(\omega t + \varphi)} + rse^{i(\omega t + \varphi)} e^{-i(\omega t + \theta)} \\ I_F &= r^2 + s^2 + rse^{i(\theta - \varphi)} + rse^{-i(\theta - \varphi)} \end{aligned} \tag{16-7}$$

홀로그램을 기록하는 상대 복사조도 I_F는 좌표 x와 y의 함수이며 필름 평면 위에서 각 점에 따라 변한다. 필름을 현상하면 각 점의 투과도는 I_F에 의해 결정된다.

물체의 상을 복원하려면 홀로그램을 기록할 때와 똑같이 기준광을 비춘다(그림 16-2(b)). 물론 물체는 이제 없다. 그러면 기록된 투과함수로 인해 홀로그램은 기준광의 진폭과 위상을 모두 변조한다. 앞에서와 같이

$$E_R = re^{i(\omega t - \varphi)} \tag{16-8}$$

결과적으로 홀로그램에서 나오는 빔은 상수를 제외하고는 식(16-7)과 (16-8)을 곱한, 다음과 같은 전기장으로 표현된다.

$$E_H \propto I_F E_R = (r^2 + s^2) E_R + r^2 se^{i(\omega t + \theta)} + r^2 e^{i(2\varphi)} se^{i(\omega t - \theta)} \tag{16-9}$$

위 식의 세 항은 홀로그램으로부터 복원된 세 개의 빔으로 해석할 수 있다. 각 빔을 그림 16-3에 보였다. 첫 항

$$E_{H1} = (r^2 + s^2) E_R = (r^2 + s^2) re^{i(\omega t + \varphi)} \tag{16-10}$$

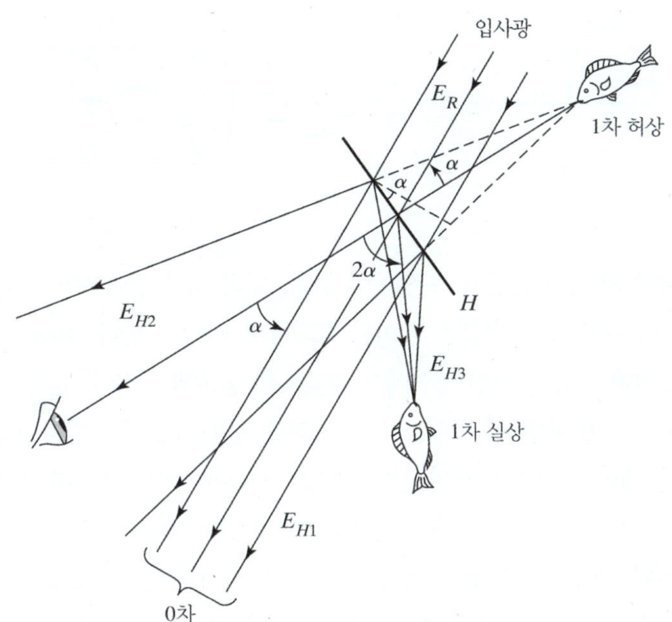

그림 16-3 그림 16-2(a)에서 만든 홀로그램의 복원.

은 위상이 아니라 진폭이 변조된 기준광을 나타낸다. 따라서 이것은 입사빔처럼 보이며, 원래 방향에서 벗어나지 않고 홀로그램을 통과한다. 홀로그램 격자와 비슷하게 이것은 0차광에 해당한다. 둘째 항

$$E_{H2} = r^2 s e^{i(\omega t + \theta)} \tag{16-11}$$

은 물체광을 나타내며, 인자 r^2에 의해 진폭 변조되었다. 따라서 이 빔은 기준빔에 대해 같은 각 α를 이루는 물체로부터 **복원된 파면**을 나타낸다. 이 빔은 근본적으로 물체광이라서 물체로부터 나오는 것처럼 보인다. 따라서 이 빔은 마치 홀로그램 뒤의 **허상**에서 나오는 것처럼, 홀로그램으로부터 발산되어 나온다. 이 허상이 흔히 보는 홀로그램 상이다.

셋째 항

$$E_{H3} = r^2 e^{i(2\varphi)} s e^{i(\omega t - \theta)} \tag{16-12}$$

는 진폭과 위상 둘 다 변조된 물체빔을 나타낸다. 이 빔은 식(16-4)의 물체빔을 복원하지만, $e^{i\theta}$가 $e^{-i\theta}$로 바뀌는 **위상반전**(phase reversal)이 있다. 따라서 E_S에서 위상 뒤처짐은 홀로그램에서는 위상이 앞서는 것으로 나타난다. 즉 상은 안과 바깥이 뒤집어진 꼴이 된다. 이 위상반전 때문에 허상을 만드는 E_{H2}와 같이 원래의 퍼지는 광선들은 홀로그램을 보는 쪽에 집속되어 **실상**을 맺는다. 인자 $e^{i(2\varphi)}$는 식(16-3)의 위상항과 비교했을 때 필름의 법선에 대해 상이 2α 방향으로 향함을 뜻한다. 그림 16-2(a)에 묘사한 비축 광학계는 $+1$차광, -1차광, 0차광이 모두 분리되는 홀로그램을 만든다는 것에 주목하자. 이 경우 1차광 허상은 다른 차수와 혼동되지 않게 관찰된다.

넓은 물체를 기록한 홀로그램도 점물체의 홀로그램과 근본적으로 같은 특성을 보인다. 홀로그래피를 사용한 사진술은 두 단계 과정으로 이루어진다. 홀로그램을 만들 때

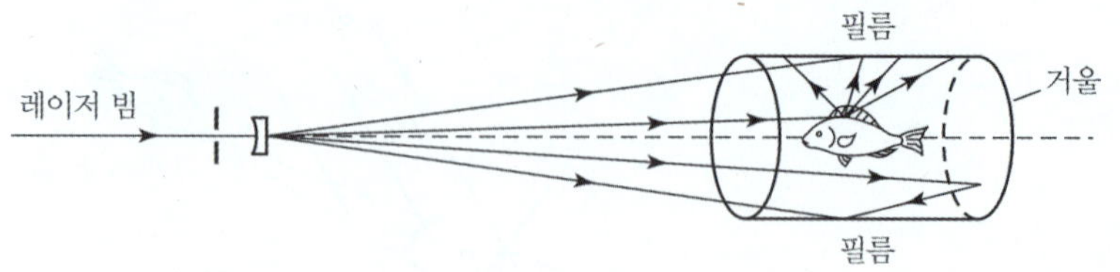

그림 16-4 물체를 둘러싸는 원통형 필름은 360° 홀로그램을 기록한다.

는 렌즈가 쓰이지 않고, 기준광이 꼭 있어야 한다. 빛의 시간 결맞음이 충분히 좋아서 두 빔 사이의 광경로차가 빛의 결맞음 길이를 초과하지 않아야 한다. 또한 공간 결맞음도 물체광이 물체 전체를 덮는 파면 영역에서 결맞도록 충분해야 한다. 물론 홀로그램 기록용 광학계는 노광 시간 동안 빛 파장보다 훨씬 작은 진동도 없어야 한다. 이 조건은 고출력의 매우 짧은 레이저 펄스를 쓰면 쉽게 해결이 되는데, 이는 레이저 펄스가 지속되는 짧은 시간 동안은 모든 진동이 정지한 것으로 볼 수 있기 때문이다. 물체의 모든 면에서 볼 수 있는 3차원 시야는 그림 16-4와 같이 물체 둘레에 원통형으로 씌운 홀로그램으로 만들 수 있다. 빛은 필름을 바로 비추거나 뒤에 달린 거울에서 반사되어 비추고, 또 물체에서 난반사되어 비춘다. 이렇게 만든 360° 홀로그램을 기록할 때와 같은 조명을 주면서 보면, 물고기를 모든 방향에서 볼 수 있다.

16-4 홀로그램의 특성

앞서 설명한 것과 같이 홀로그램 전체 면에서 물체의 각 점으로부터 오는 빛을 받기 때문에, 홀로그램의 어떤 작은 부분이라도 물체 전체의 정보를 가지고 있다. 만약 홀로그램을 작은 조각들로 자른다면, 각각의 조각은 전체 물체의 상을 복원할 수 있다. 다만 구경이 작아져서 상의 분해능이 떨어질 뿐이다. 이것은 창문 앞에 있는 작은 구멍을 들여다보는 상황과 비슷하다. 구멍을 창문 다른 부분으로 옮김에 따라 바라보는 각이 조금 변하긴 하지만 전체 경치가 보인다. 각 경우 상은 온전하고, 깊이와 양안 시차를 둘 다 준다. 홀로그램의 또 하나 재미있는 특성은 밀착 인화로 복제할 수 있다는 것이다. 밀착 인화로 광학 밀도가 높은 부분과 투명한 부분이 뒤바뀌지만, 사용상 홀로그램의 특성은 변하지 않는다. 이렇게 만든 홀로그램의 "음화(negative)"에서는 무늬 대조비나 간격이 바뀌지 않으므로 저장한 정보의 변화도 없다. 또한 기준광에 대해 필름의 각을 다르게 하거나, 다른 파장으로 찍어 여러 다른 홀로그램을 한 필름에 동시에 기록할 수 있다. 이런 홀로그램을 복원하면 각각의 물체 상이 원래 기록한 파장과 각도를 맞추는 조건하에서 상호 간섭 없이 나타난다.

16-5 백색광(무지개) 홀로그램

그림 16-3의 홀로그램에 기록 시 사용한 색과 다른 색의 기준광을 비추면서 보면, 물고기의 상이 다른 각도에 보인다. 홀로그램은 홀로그램 격자와 같이 분산 소자로 작용한다.

만약 기준광이 백색광이라면, 빛의 다른 스펙트럼 영역에 따른 연속적으로 이동된 상들이 서로 겹쳐서 색깔이 번져 보일 것이다. 그러나 물체를 바라보는 시야각을 수평 슬릿을 지나가게 하는 것으로 제한하는 홀로그램을 만들면, 이러한 색 번짐을 줄일 수 있다. 이런 홀로그램은 백색광으로 복원하여도 선명한 상을 재생한다. 이 경우 허상은 특정 색을 띤다. 이 색은 눈을 수직 방향으로 옮기면서 보는 방향에 따라 정해진다. 수직 방향으로의 양안 시차는 없어지고, 상의 색은 눈을 이동함에 따라 빨강에서 보라까지 무지개 색을 차례로 보인다. 그래서 **무지개 홀로그램**(rainbow hologram)이란 이름이 붙었다.

엠보싱 홀로그램

가끔 "엠보싱 홀로그램(embossed hologram)"으로 불리는 무지개 홀로그램은 신용카드나 비슷한 **보안** 목적으로 많이 사용된다. 원판 홀로그램은 **포토레지스트**(photoresist)라고 하는 감광성 물질에 기록된다. 이 홀로그램은 현상 후 표면에 간섭무늬에 해당하는 고랑들을 형성한다. 그 위에 얇은 니켈 층을 증착한 다음 벗겨낸다. 이것을 **심**(shim)이라고 하는데, 단단한 니켈판에 원판 홀로그램의 고랑들을 복제한 것이다. 이 심을 롤러에 감아 고온, 고압으로 플라스틱 위에 누르면(**엠보싱**) 신용카드에 붙이는 홀로그램 복제품이 만들어진다. 이 방법은 값싸고 간단하게 홀로그램을 복제하여, 대량생산을 가능케 한다. 엠보싱 홀로그램은 신용카드 외에도 위조방지에 응용할 수 있다. 엠보싱 과정은 많은 수의 홀로그램을 값싸게 만들 수 있게 하기 때문에 제품의 포장에 붙여서 진품을 보증하는 데 사용된다. 위조방지용 홀로그램은 향수, 자동차 부품, 컴퓨터 소프트웨어 등 가치가 높은 물품에 사용되었다.

부피 홀로그램

필름 감광유제가 무늬 간격에 비해 두꺼우면 홀로그램은 3차원, 즉 **부피 홀로그램**(volume hologram)으로 간주된다. 이 경우 간섭무늬는 감광유제 속에 간섭 면들을 만들고, 이들은 X-선에 대해 원자들이 이루는 결정 평면처럼 빛에 대해서 3차원 격자 역할을 한다. 2차원 홀로그램과는 달리 부피 홀로그램은 백색광으로 비추었을 때 원래 색을 가진 상을 재생한다. 이것을 설명하기 위해 그림 16-5와 같이 물체광과 기준광이 가장 큰 각인 180°로 만나서 두꺼운 감광유제 속에 간섭무늬 면들을 만든다고 생각하자. 예를 들어 두 단색광 E_R과 E_S가 단순히 왜곡되지 않은 평면 파면을 가진다면, 정상파가 형성되어 그림과 같이 빔 방향에 수직이고 간격이 $\lambda/2$인 배와 마디 면들을 만들 것이다.

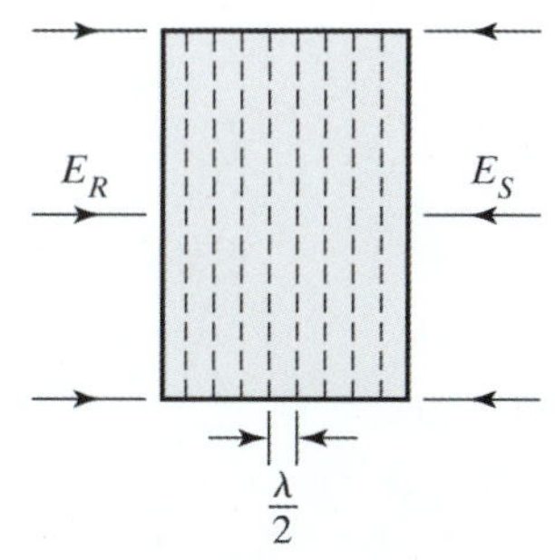

그림 16-5 반대 방향으로 진행하는 두 평면파에 의해 만들어지는 부피 홀로그램에서 정상파 무늬 평면들.

필름을 현상한 후 최대 복사조도를 받은 배 면들에는 은 입자들이 다량 만들어지므로, 이들은 부분 반사면 역할을 한다. 물론 감광유제는 이런 상세 구조를 기록할 만한 해상도가 있어야 한다. 원래 기준광 방향으로 백색광을 비추면 현상된 홀로그램은 각각의 은층에서 빛을 부분적으로 반사하지만, 기록 시 사용했던 파장의 빛만 다층 반사에 의해 증강된다. 이 과정의 물리적 개념은 당연히 결정면에 의한 X-선 회절과 같고, 다음의 브

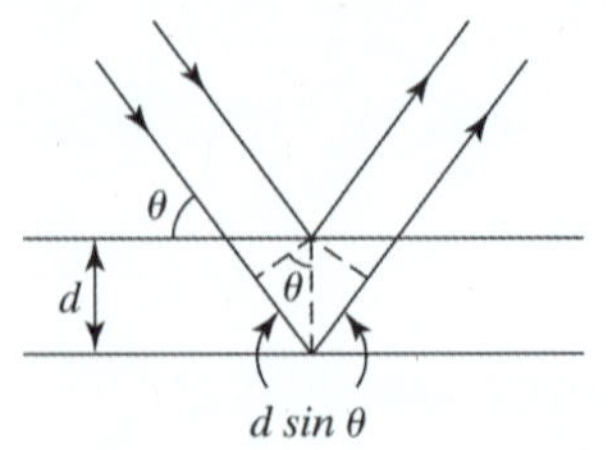

그림 16-6 간격 d인 평면들에서 반사된 파동들의 보강간섭은 브래그 방정식 $m\lambda = 2d\sin\theta$을 따른다.

래그(Bragg) 방정식을 따른다.

$$m\lambda = 2d\sin\theta$$

이 상황을 그림 16-6에 묘사하였다. 여기서 λ와 θ는 감광유제 안에서의 파장과 각이다.

따라서 홀로그램을 주어진 각 θ로 비추면 국소적으로 위의 브래그 조건을 만족시키는 파장만이 증강되어 밝은 반사빔으로 나타난다. 여기서 d는 반사면들 사이의 간격이다. 감광유제가 두꺼울수록, 반사면의 수가 많을수록 홀로그램이 선별하는 파장 조건은 까다로워진다. 만약 부피 홀로그램을 삼원색에서 각각 노광하여 만들었다면, 백색광을 쪼여 천연색 3차원 상을 복원할 수 있다.

예제 16-1과 그림 16-7은 아르곤 이온 레이저 빔의 간섭으로 만든 홀로그램 격자에서 간섭무늬 형성 과정을 보여준다.

예제 16-1

그림 16-7과 같이 홀로그램 격자를 만들 때, 무늬 간격 $d = \lambda(2\sin\theta)$가 됨을 보여라. 여기서 2θ는 필름 속에서 두 빔의 교차 각, $\lambda = \lambda_0/n$은 필름 속 파장이

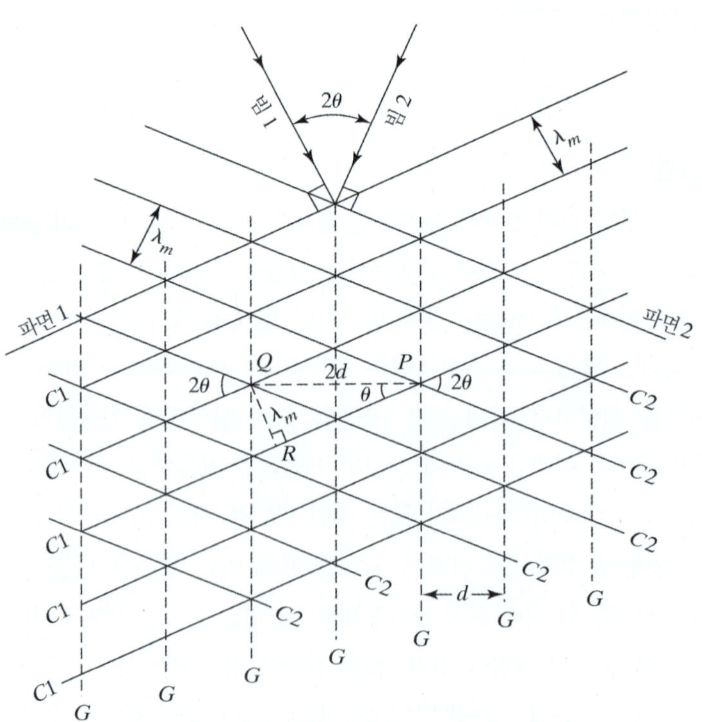

그림 16-7 예제 16-1. 홀로그램 격자에서 보강간섭 무늬의 형성.

고, λ_0는 진공에서 빛의 파장이다. 두 빔은 필름 표면에서 대칭적으로 입사한다고 가정한다. 이들이 파장 488 nm의 아르곤 이온 레이저 빔이고, 교차 각이 120°라면, 간섭무늬 면과 직각을 이루는 사진건판 면 위에서 cm당 몇 개의 고랑이 만들어지나? 감광유제의 굴절률은 1.6이라고 가정하시오.

풀이

그림 16-7에서는 감광유제 속에서 빔 1과 빔 2의 파면, 즉 진폭 최고점들을 각각 $C1$과 $C2$로 표시하였다. 두 빔 사이의 각 2θ와 감광유제 속에 형성된 보강간섭무늬(수직 파선)를 G로 표시하였다. 직각삼각형 QPR로부터 다음 관계식을 쉽게 얻는다.

$$\sin\theta = \frac{\lambda}{2d}$$

즉

$$d = \frac{\lambda}{2\sin\theta}$$

임을 증명하였다. 끝으로 단위 길이당 고랑 수는 다음과 같이 계산된다.

$$\frac{1}{d} = \frac{2\sin\theta}{\lambda} = \frac{2\sin\theta}{\lambda_0/n} = \frac{2\sin(120°/2)}{(488\times10^{-7}\,\text{cm})/1.6} = 56{,}790\,\text{개/cm}$$

16-6 홀로그래피의 다른 응용

홀로그래피의 재미있는 응용이 많으나 여기서는 몇 개만 살펴보기로 한다. 홀로그램 그 자체가 빛 간섭의 산물이므로, 빛의 파장과 간섭을 이용하여 매우 작은 광경로 길이를 정밀 측정하는 **간섭법**(interferometry)에 응용된다.

비파괴 검사

그림 16-3의 물고기 홀로그램과 진짜 물고기를 원래 기록할 때의 위치에 정확히 갖다놓고, 같은 기준광을 비추면서 본다고 가정하자. 이 상태에서 홀로그램을 들여다보면 허상이 실물에 겹쳐서 보일 것이다. 둘 다 같은 결맞는 빛으로 비추어 본 것이다. 홀로그램을 기록한 이후 아무런 위치 변화가 없었다면 두 상은 정확히 겹쳐 하나로 보일 것이다(마치 홀로그램과 물체 둘 중 하나만 있는 것처럼). 그러나 물고기 모형에 열팽창 등에 의한 약간의 변형이 일어났다고 가정하자. 그러면 실물의 상과 홀로그램 상은 약간 다르고, 두 상을 이루는 빛들이 간섭하여, 뉴턴 원무늬와 같이 특정 장소에서 변화의 정도를 측정하는 간섭무늬를 만든다. 따라서 현재의 물체를 앞선 시간에 있었던 그 자신과 **실시간**으로 비교할 수 있다. **비파괴 검사**의 한 종류인 이 방법은 압력이 가해짐에 따라 물체(예를 들어, 자동차 타이어)가 받는 변형력을 분석하는 데 종종 응용된다. 뜨거운 필라멘트 주변의

대류, 발사되는 총알 주변의 압축 파동, 파리의 날개 진동 등을 홀로그램으로 기록함으로써 이 기법의 감도를 극적으로 증명해 보였다.

시간 평균 홀로그램 간섭법

이 간섭법은 홀로그램을 노광하는 동안 물체가 계속 움직이는 경우, 특히 진동하는 표면을 연구하는 데 응용된다. 진동 주기보다 긴 시간 노광을 주어 단일 홀로그램을 만든다. 그 결과 홀로그램은 진동하는 표면의 운동을 본뜨기한 많은 상을 효율적으로 포함한다. 간섭무늬의 패턴은 표면상 위치의 함수로 상대적인 진동 진폭에 대한 정보를 제공한다. 이렇게 하여 난반사하는 표면의 진동 진폭을 높은 정밀도로 측정할 수 있는데, 복잡한 구조의 진동 모드를 결정하는 데 쓸 수 있다.

현미경법

홀로그래피의 또 다른 응용은 **현미경법**(microscopy)이다. 세포나 미세한 입자를 통상적인 현미경으로 볼 때 심도는 작아질 수밖에 없다. 시료의 정지 상태를 찍는 사진은 초점이 맞는 상으로 시료에서 매우 제한된 심도를 잡는다. 홀로그램은 이런 제한을 극복할 수 있다. 홀로그램은 한 사진에 살아있는 시료의 깊이 전체에 대해 연속적으로 초점을 맞추어 찍은 보통 사진들을 모두 넣을 수 있다. 따라서 한 개의 간단한 간섭 홀로그램은 통상적인 간섭계로 얻은 많은 개개의 측정과 대등하다. 홀로그램은 이미 기록되어 있는 시야 아무 깊이에나 초점을 맞추어 원하는 상을 언제라도 꺼내어 볼 수 있다. 현미경으로 홀로그램을 만들 때 시료에 레이저 빛을 쪼이고, 일부 레이저 빛을 갈라서 현미경 밖 사진건판으로 보낸다. 사진건판에서는 이 기준빔과 물체에서 반사되고 현미경 광학계를 통과한 물체빔을 간섭시켜 홀로그램을 기록한다. 더욱이 복원에 사용되는 기준광 파장 λ_r이 기록에 사용된 파장 λ_s보다 크면, 다음과 같은 배율을 얻을 수 있다는 것이 알려져 있다.

$$M = \left(\frac{q}{p}\right)\left(\frac{\lambda_r}{\lambda_s}\right) \tag{16-13}$$

여기서 p는 (필름으로부터) 물체 거리, q는 (홀로그램으로부터) 상 거리이다. 기준광과 복원광 파면이 둘 다 평면파일 때 물체와 상 거리는 같다. 식(16-13)으로부터 홀로그램을 X-선으로 기록하고 가시광으로 복원한다면, 분해능을 떨어뜨리지 않고 10^6의 배율을 얻을 수 있다는 것을 알 수 있다. 이것은 X-선 레이저 개발의 한 동기가 되었다. X-선 홀로그램은 바이러스나 DNA 분자 등의 미세 물체의 3차원 상을 놀랍도록 상세히 재생한다. 홀로그램을 기록한 빛의 파장과는 다른 파장의 빛으로 홀로그램을 볼 수 있는 능력은 또 다른 가능성을 제시한다. 예를 들어 초음파 홀로그램이 의료용 X-선을 대신할 수 있으며, 레이더 홀로그램을 가시광으로 읽을 수도 있다. 사실 가보르는 전자현미경의 해상도를 개선하는 방법으로 전자 물질파 홀로그램을 빛의 파장으로 복원하는 것을 최초로 제안하였다.

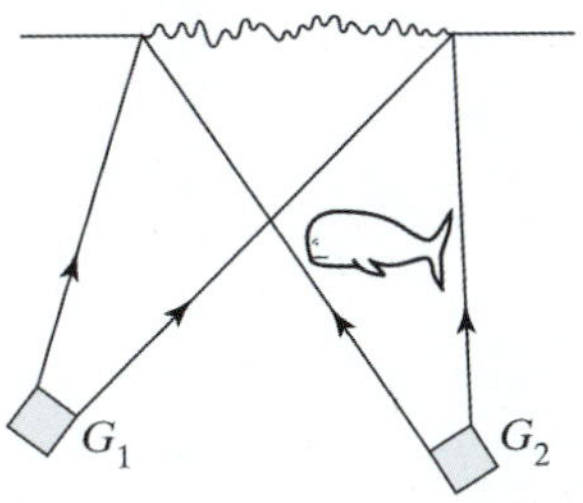

초음파 홀로그램

초음파 홀로그램(ultrasonic holograms)이란 용어는 홀로그램을 만드는 것이 꼭 전자기파일 필요는 없다는 사실을 포함하고 있다. 사실 홀로그래피의 원리는 횡파나 종파 여부에 의존하지 않는다. 초음파는 빛이 투과하지 못하는 물체를 뚫고 들어갈 수 있기 때문에 초음파 홀로그램은 유용할 수 있다. 대상으로는 인체로부터 고대 무덤까지 다양하다. 내부 구조와 공동은 초음파 홀로그램의 3차원 상으로 나타난다. 그림 16-8은 수면 아래의 물체를 검출하는 초음파 홀로그램의 또 다른 응용을 보여준다. G_1과 G_2는 결맞는 초음파를 내보내는 위상결합 초음파 발진기이다. G_2로부터 나온 초음파 파면은 물속 물체에 의해 왜곡되어 G_1으로부터 온 기준파와 간섭한다. 간섭 결과 나타난 수면의 변형이 초음파 홀로그램이다. 이 부분을 단색광으로 비추어 수면에서 회절된 빛을 사진 찍고, 이것으로부터 물속 물체의 허상을 이끌어낼 수 있다. 군사적 응용으로 초음파 홀로그램을 잠수함에 적용할 수 있다.

그림 16-8 두 결맞는 초음파로 인한 물 표면의 변형.

홀로그램 데이터 저장

홀로그램에 데이터를 저장하는 것은 잠재성이 대단히 큰 응용이다. 홀로그램 기법으로 데이터를 빛 파장 정도의 크기로 줄여서 저장할 수 있으므로, 부피 홀로그램은 방대한 양의 정보를 저장할 수 있다. 홀로그램을 기울이면서 독립적인 홀로그램을 찍을 수도 있다. 이 응용에서는 두꺼운 사진 감광유제 대신에 주로 색중심을 가진 브롬화칼륨(KBr)이나 니오븀산리튬($LiNbO_3$) 등의 빛에 민감한 결정들을 사용한다. 정보가 매우 작은 크기로 저장되고, 결정을 조금씩 회전시키면서 페이지를 넘기는 것처럼 계속 저장을 할 수 있어서, 이론적으로는 각설탕 크기의 결정에 미국 국회도서관이 소장한 모든 정보가 다 들어갈 수 있다고 한다! 물론 정보는 디지털 방식으로 저장될 수 있어서 컴퓨터에서 해독된다. 따라서 홀로그램은 컴퓨터 저장 장치로 응용 가능하다. 광섬유를 통한 컴퓨터 정보 전송과 함께, 정보를 취급하고, 저장하고, 읽어내는 것이 모두 빛을 사용하여 가능하다. 홀로그램 데이터 저장의 매력적인 측면은 신뢰성에 있다. 모든 데이터 단위가 홀로그램식으로, 즉 홀로그램 전반에 저장되므로, 홀로그램 일부분에 손상이 생기면 복원된 상의 신호대 잡음비에는 영향을 주지만 데이터의 신뢰성에 영향을 주지는 않는다. 각 정보 비트가 정해진 저장 좌표에 들어가는 다른 디지털 메모리 소자들과는 달리 홀로그램은 일부가 손상되어도 정보의 손실이 없다.

그 역의 개념으로 컴퓨터를 홀로그래피에 사용할 수 있다. 즉 컴퓨터를 이용해서 3차원 물체를 충실히 나타내는 **합성 홀로그램**(synthetic holograms)을 만든다. 이를 위해 먼저 물체 각 점의 좌표와 세기를 주어 물체를 수학적으로 정의한다. 컴퓨터가 이렇게 계산된 물체광과 기준광을 중첩시켜 복소 진폭을 계산하고, 홀로그램을 그려 내보내면 이것이 적당한 무늬 간격을 갖도록 축소 사진을 찍는다. 예를 들어 이상적인 비구면 파면을 홀로그램 합성으로 생성할 수 있고, 이것을 모형으로 두 표면 사이의 간섭을 이용하여 원하는 보정에 적합한 거울면을 설계할 수 있다.

홀로카메라(holocamera)

홀로카메라라고 하는 장치는 홀로그램을 기록하는 데 사진필름 대신 열소성 플라스틱(thermoplastic)을 사용한다. 홀로그램 현상은 액체를 사용하는 화학적 처리 과정이 아닌 **전기적, 열적** 방법으로 한다. 따라서 몇 초 안에 현상이 이루어지며, 현상하기 위해 홀로그램을 기록한 위치에서 이동시킬 필요가 없다. 이 과정을 사용하면 홀로그램을 재빨리 현상하고 복원해서 볼 수 있으므로 홀로카메라는 빠른 검사와 분석이 필요한 산업 현장에 사용될 수 있다. 사용하고 난 홀로그램은 열을 가하여 쉽게 지울 수 있고, 열소성 플라스틱은 수백 번 재사용이 가능하다.

패턴 인식

홀로그램이 매우 도움이 되는 또 다른 분야는 **패턴 인식**(pattern recognition)이다. 그 과정을 다음에 간단히 설명한다. 예를 들어 특정 글자나 단어가 들어있는 문장을 스캔한다. 문장으로부터의 빛을 적절한 광학계에서, 찾고자 하는 글자나 단어를 기록한 홀로그램에 통과시킨다. 문장이 이 글자를 포함하고 있으면 문장에서 이 글자의 위치에 밝은 점이 표시된다. 홀로그램은 이 경우 정합필터(matched filter)로 작용하는데, 기록된 공간 스펙트럼과 같은 것만 통과시켜 인식하는 것이다. 이 기법은 예를 들어 마이크로 필름을 홀로그램 방식으로 읽는 데 응용할 수 있다. 군사적 응용으로는 항공사진으로부터 구성된 특정 물체, 즉 목표물 홀로그램을 기억 은행으로 쓰는 방법이 있다. 이런 무기체계에서는 패턴 인식으로 특정 목표물을 선정한다. 로봇이 같은 방법으로 물체를 식별하고 접근하는 무인 무기체계도 제안되었다. 패턴 인식은 21장에서 더 상세히 논한다.

홀로그램 광학소자

곡률 반지름이 서로 다른 두 구면파를 간섭시켜 만든 홀로그램은 렌즈 역할을 할 수 있다. 이 경우 홀로그램은 사인함수 꼴의 고리판이되며, 13장에서 본 것과 같이 이것은 볼록렌즈의 기능을 가진다. 렌즈 외에도 프리즘, 거울, 격자 등의 기능을 가진 홀로그램 광학소자(HOE; holographic optical elements)를 만들 수 있다. HOE는 보통 렌즈 등의 통상적인 광학소자에 비해 가벼우므로 여러 가지 응용에서 장점을 가진다. 한 예로 **라이다**(lidar; light detection and ranging)에서는 대기의 바람, 연무, 구름, 온도, 습도 등의 분포를 추적하기 위해 회전하는 HOE를 써서 레이저 빔을 대기에 주사한다. HOE는 수차 보정, 슈퍼마켓 스캐너, 조종사를 위한 **전방주시 디스플레이**(head-up display) 등에도 응용된다. 전방주시 디스플레이는 계기판이 공간에 떠 있는 것처럼 투영되어, 조종사가 계기판을 보려고 시선을 돌릴 필요 없이 전방을 계속 주시할 수 있게 한다. 또한 분광기에서는 통상적인 값비싼 격자 대신 값싼 고해상도 홀로그램 격자가 많이 사용되고 있다.

문 제

16-1 식(7-14)를 써서 세기가 다른 두 빔의 중첩하여, 가보르 고리판(점광원의 홀로그램)의 복사조도 분포가 근사적으로 다음과 같음을 보이시오.

$$I = A + B\cos^2(ar^2)$$
$$A = I_1 + I_2 - 2\sqrt{I_1 I_2}\,,\ B = 4\sqrt{I_1 I_2}\,,\ a = \pi/(2s\lambda)$$

여기서 I_1과 I_2는 각각 기준빔과 신호빔의 복사조도이며, s는 필름으로부터 물체점까지의 거리, λ는 빛의 파장이다. 두 빔 사이의 경로차는 s보다 훨씬 작다고 가정하여 근사하시오. 따라서 홀로그램의 중심 근처 고리들만 고려 대상이다.

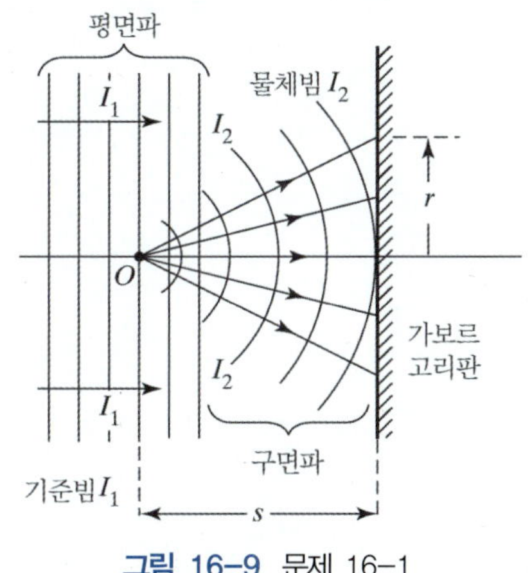

그림 16-9 문제 16-1.

16-2 **a.** 홀로그램 일부에서 국소적으로 기준빔과 물체빔의 복사조도 비가 N이면 간섭무늬의 가시도는 $2\sqrt{N}/(N+1)$임을 보이시오.

b. 기준빔의 복사조도가 물체빔의 세 배인 영역에서 무늬 가시도는 얼마인가?

16-3 두께 1 mm의 컴팩트 디스크 음반(CD)은 대개 디지털 형태의 정보 1 Gb를 저장할 수 있다. 모든 데이터는 CD에서 1 μm두께의 층에 저장된다. 만일 홀로그램 방식으로 CD 두께 1 mm를 모두 활용할 수 있다면, 위와 같은 정보 저장 밀도로 얼마나 많은 데이터를 CD 한 장에 저장할 수 있나?

16-4 홀로그램을 기록할 때 기준빔과 신호빔 사이의 각은 20°이다. 파장 633 nm의 He-Ne 레이저를 사용한다면 무늬 간격은 얼마인가? 감광유제의 굴절률은 1로 가정하시오(예제 16-1 참조).

16-5 움직이는 물체의 홀로그램을 파장 633 nm인 1 ns 레이저 펄스로 기록한다. 노광하는 동안 물체가 $\lambda/10$ 이하로 움직이도록 요구한다면, 허용되는 물체의 속력은 얼마인가?

16-6 홀로그램을 기록할 때, 빔 가르개가 기준빔의 진폭이 필름 위에서 신호빔의 8배가 되도록 레이저 빔을 둘로 나눈다. 필름 위에서 두 빔 복사조도의 최대 비는 얼마인가?

16-7 1 bit의 정보가 저장되는 홀로그램의 한계 부피가 λ^3이라고 가정하자. 파장이 492 nm, 굴절률이 1.30일 때, 홀로그램 부피 1 mm^{3}의 정보 저장 용량을 구하시오.

16-8 그림 16-5와 같이 서로 반대 방향으로 진행하는 결맞는 두 레이저 빔(파장 500 nm)으로 부피 홀로그램을 기록한다. 필름의 굴절률은 1.6이다.

a. 현상 후 감광유제 안에서 만들어진 은 평면들의 간격을 구하시오.

b. 빛을 홀로그램에 수직으로 입사시킬 때, 반사광에서는 어떤 파장이 증강되나?

c. 공기로부터 홀로그램으로 입사각 30°로 빛이 입사할 경우 (b)를 반복하시오.

16-9 파장 633 nm의 평면파면을 가진 두 빔이 120° 각을 이루면서 굴절률 1.6인 두꺼운 사진건판에서 간섭을 일으킨다.

a. 감광유제 내부에서 보강간섭 평면의 방향을 보이도록 광학계 배열을 스케치하시오.

b. 현상 후 위 평면들 사이의 간격은?

c. 파장 450 nm 빛은 어떤 입사각에서 반사가 증강되나?

16-10 파장 430 nm인 빛으로 그림 16-5와 같이 백색광 홀로그램의 파란색 성분을 만들었다. 현상 후 감광유제가 15% 수축하였다면, 이 파란색 홀로그램을 복원할 때 어떤 파장의 반사광이 증강되나? 이 수축 현상은 백색광으로 홀로그램을 볼 때 어떤 영향을 주나?

16-11 홀로그램을 만들 때는 파장 337 nm의 자외선 레이저를 사용하였고, 복원할 때는 파장 633 nm의 빨간색 레이저를 사용하였다.

a. 기록에 사용한 기준광과 복원에 사용한 빔이 둘 다 시준되었다면, 홀로그램 상은 원래 물체에 비해 몇 배나 커졌나?

b. 홀로그램 기록에 파장 1 Å인 X-선을 썼다면 배율은 얼마나 되나?

16-12 **a.** 그림 16-10에서 보인 것과 같이 점물체의 홀로그램을 복원한 파면은 실상과 허상을 둘 다 만든다는 것을 다음과 같이 증명하시오. 먼저 필름 위에서 평면파와 구면파의 중첩에 의한 복사조도 분포를 구한다. 그 다음, 평면파 기준빔으로 현상된 필름을 비출 때 투과한 진폭을 구한다. 이 투과된 진폭에서 각 항을 16-3절에서처럼 해석한다.

b. 축으로부터 거리가 y인 점에서 점물체로부터 발산하는 물체광의 위상 뒤쳐짐은 축 위의 점에 대해 $\pi y^2/\lambda d$임을 보이시오. d는 점물체로부터 필름까지의 거리이고, $y \ll d$를 가정하시오. 그리고 위상각의 반전이 수렴하는 구면파를 만들고, 이것이 실상을 맺음을 보이시오.

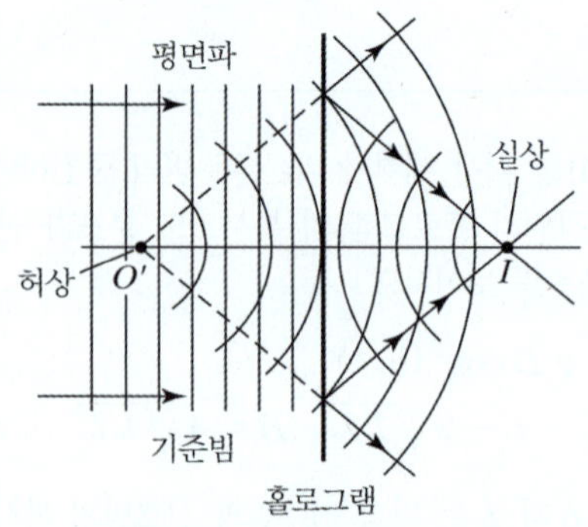

그림 16–10 문제 16–12.

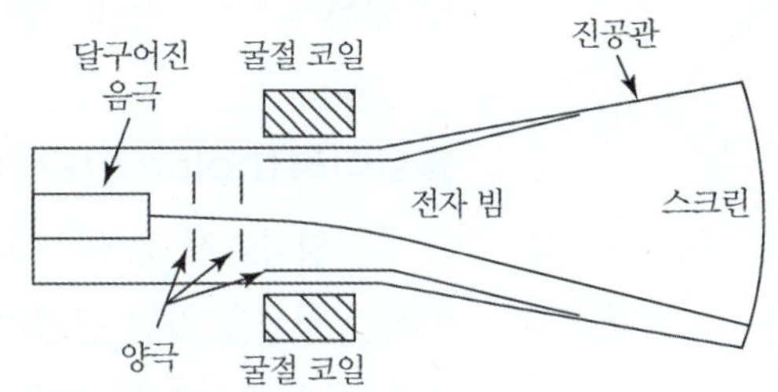

chapter 17 광검출기와 디스플레이

서론

이 장에서는 자주 쓰는 광검출기와 디스플레이에 대해 정성적으로 설명한다. 광검출기는 입사하는 복사 에너지에 대해 측정 가능한 물리적인 응답을 일으키는 소자이다. 가장 익숙한 검출기는 물론 눈이다. 눈이 정성적이고 주관적인 응답을 주는 반면, 이 장에서 논하는 검출기는 정량적이고 객관적인 응답을 준다. 인간의 시각에서 눈의 독보적인 역할을 감안하여, 눈은 19장에서 따로 취급한다. 광검출기는 대개 **열**검출기와 **양자**검출기로 분류할 수 있다. 이 장에서는 빛 복사를 재는 열검출기와 양자검출기를 기술하는 것으로 시작해서, 양자검출기에 관련된 몇몇 중요한 성능계수를 소개한다. 그리고는 세 가지 중요한 광학 디스플레이—CRT, LCD 그리고 플라즈마 디스플레이에 대해 개략적으로 살펴봄으로써 장을 맺는다.

17-1 열검출기

입사 복사에 대한 검출기의 측정 가능한 응답이 주로 온도의 상승일 때, 이것을 **열검출기**라 한다. 열검출기의 감지기관은 전형적으로 모든 파장의 빛을 효율적으로 흡수하는 검게 칠한 표면이다. 이 절에서는 열검출기의 여러 기본적인 유형에 대해 기술한다.

열전쌍(thermocouple)과 열전기더미(thermopile)

열전쌍은 서로 다른 종류의 금속이나 반도체의 접합에서 온도 증가가 전위차를 생성하는 소자이다(그림 17-1(a)). 이러한 접합 여러 개를 직렬로 연결하여 효과를 증강시킨 소자

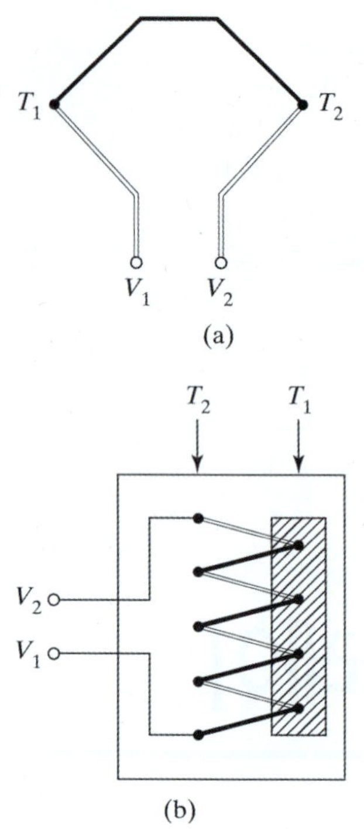

그림 17-1 (a) 다른 금속들(어둡고 밝은 선)로 만들어진 열전쌍. 접점 T_1과 T_2에서 온도 차이는 전극 V_1과 V_2 사이에 기전력을 발생시킨다. (b) 열전쌍을 직렬로 연결시켜 만든 열전기더미. 복사는 검은 흡수체에 열적으로 접촉된 접점 T_1에서 흡수된다. 접점 T_2는 열적으로 격리된다.

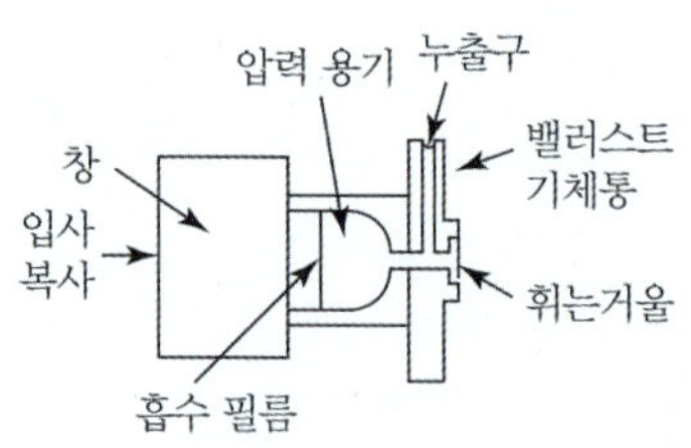

그림 17-2 골레이 압력 적외선 검출기. (출처: Oriel 사의 카탈로그)

를 **열전기더미**라 한다(그림 17-1(b)).

볼로미터(bolometer)와 써미스터(thermistor)

열검출기 중에는 온도가 올라가면 저항이 변하는 물질을 사용하는 소자도 있다. 이러한 성질을 가진 물질이 금속일 때는 볼로미터, 더 흔하게 반도체일 때는 써미스터라 한다. 통상적으로 두 개의 검게 칠한 물질을 브리지 회로의 인접한 팔들에 사용하는데, 이 중 하나에 입사광을 비춘다. 저항의 변화로 인해 회로에서 균형이 깨지면 브리지 회로에서 전류의 변화가 나타난다.

초전검출기(pyroelectric detector)

복사를 검출하기 위해 **초전**(pyroelectric) 효과를 사용할 수 있다. 탄탈륨산리튬($LiTaO_3$)이나 황산트리글리신(triglycine sulfate, TGS) 등의 강유전성 물질은 **초전** 효과를 일으키는데, 이것은 반대쪽 단면 사이에 온도에 의존하는 전하 분리가 일어나는 현상을 말한다. 이 전하 분리는 이들 물질의 특성인 거시적인 자발(영구) 분극의 온도 의존성에 기인한다. 초전 물질은 전하가 온도의 함수인 축전기처럼 기능한다. 입사 복사는 초전 물질의 온도를 높이고, 따라서 표면의 전하량을 변화시킨다. 초전검출기는 보통 생체의 움직임을 검출하는 데 사용한다.

압력 혹은 골레이(Golay) 소자

골레이 소자는 봉합된 기체에 입사한 복사에 의해 일어난 기체의 열팽창을 측정한다. 그 구조를 그림 17-2에 간단히 보였다. 복사는 검게 칠한 얇은 막에 흡수되어, 그 열이 밀폐된 용기 안의 기체에 전달된다. 이 열은 기체의 압력을 증가시키고, 압력 변화는 보통 그림 17-2에 보인 것처럼 소자에 부착한 거울의 왜곡에 의해 검출된다.

열검출기는 일반적으로 입사 복사의 변화에 느리게 응답한다. 펄스와 같이 빨리 변하는 입력 광신호를 검출해야 한다면 열검출기보다는 다음에 논할 응답이 빠른 양자검출기를 사용하는 것이 바람직하다. 응답 속도는 입력이 변한 후 출력이 다시 평형을 되찾는 데 걸리는 시간의 척도인 **시간상수**로 표현된다. 다음 절에 논하는 많은 양자검출기는 빨리 변하는 빛 신호 검출에 더 적합하다.

17-2 양자검출기

양자검출기는 입사광의 에너지보다 광자 입사율에 응답한다. 검출기 물질 속에서는 광자가 전자와 직접 상호작용한다. 이 절에서는 양자검출기 종류인 광방출(photoemissive) 검출기, 광전도(photoconductive) 검출기 그리고 광다이오드(photodiode)를 소개한다.

광방출 검출기

빛이 비친 표면으로부터 나온 전자를 측정하는 소자를 **광방출 검출기**라고 한다. 알칼리 금속과 같이 빛에 민감한 표면을 가진 물질은 입사 광자를 흡수하여 전자의 에너지로 바꾸는데, 이것이 금속의 **일함수**를 극복할 만큼 충분하면 전자가 표면을 뚫고 나올 수 있다. 이렇게 광방출된 전자를 진공관의 양극에서 모아 외부 회로로 전류를 흐르게 하는 검출기를 **이극 광전관**(diode phototube)이라고 한다. 광신호를 2차 전자 방출을 이용하여 내부에서 증폭시키면 **광증배관**(photomultiplier)이 된다(그림 17-3). 이 경우 1차 광전자가 가속되어 금속에 연이어 충돌을 일으키고, 충돌할 때마다 2차 전자가 방출되어 전류를 증배하는 현상이 일어나는데, 1차 광전자 하나가 전자 눈사태를 일으킨 것처럼 출력 전극에서 많은 전자를 뽑아낼 수 있다.

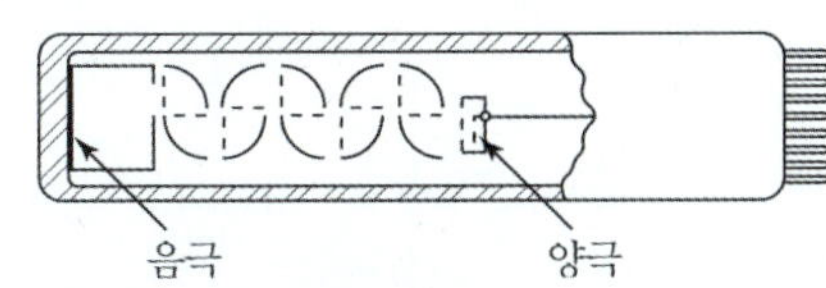

그림 17-3 광증배관의 구조. 음극에서 광방출된 전자들은 지그재그 경로를 따라 가속하여 곡면 다이노드(dynode) 표면을 쳐서 이차 전자를 추가로 방출시킨다. 증배된 전류는 양극에서 모은다.

또 다른 증폭 방법으로 **기체를 채운 광전관**에서는 기체의 이온화에 의해 추가 전자를 생성할 수 있다. 에너지가 큰 광자($\lambda < 550$ nm)에 대해 광방출 검출기는 광자 하나하나를 셀 수 있을 정도로 감도가 충분하다. 이런 종류의 검출기는 주로 가시광과 자외선 영역에서 뛰어난 감도를 갖는다.

광전도 검출기

파장이 1 μm를 넘는 적외선에 대해서는 적합한 **광방출 검출기**가 없고, 광전도 검출기를 사용한다. 이런 광검출기에서는 광자들이 박막이나 두께가 있는 물질에 흡수되어 전자-양공(hole) 쌍의 형태로 추가 자유 전하를 생산한다. 음(전자)과 양(양공) 전하 둘 다 전기전도에 기여한다. 빛을 비추지 않고 바이어스 전압을 걸어 주면 물질 본래의 큰 저항으로 인해 작은 "암전류"가 흐른다. 빛을 비추면 여분의 자유 전하 운반자들이 생성되어 물질의 저항을 낮추는 효과를 일으키므로 더 큰 광전류가 흐른다. 황화카드뮴(CdS)이나 셀렌화카드뮴(CdSe) 등의 화합물 반도체가 가시광과 근적외선 영역에서 종종 사용되며, 더 긴 파장의 적외선 영역에서는 황화납(PbS) (0.8~3 μm), 셀렌화납(PbSe) (1~5 μm) 등이 많이 사용된다.

접합 광다이오드

광검출기로 가장 흔히 쓰는 종류 중 하나는 **반도체 광다이오드**이다. 가장 간단한 광다이오드의 핵심 성분은 p-n 접합이다. 이것은 흔히 규소(Si)를 도핑(doping)하여 p-형(양의 전하 운반자, 즉 양공이 많은)과 n-형(음의 전하 운반자, 즉 전자가 많은)을 만든 다음 붙인 것이다. 도핑이란 전도 전자가 과잉되게(n-형) 혹은 부족하게(p-형) 만들기 위해 반도체에 소량의 불순물을 첨가하는 것이다. n-형과 p-형 물질을 접촉시키면, 접합 양쪽의 과잉 전자와 양공으로 인해 전자는 n-형에서 p-형 물질로, 양공은 p-형에서 n-형 물질로 확산이 일어난다. 이렇게 하여 접합에는 전하 운반자들의 무한 확산을 막는 전위차가 형성된다. 이 상황에서 접합의 n-형 측은 p-형 측보다 더 높은 전기 퍼텐셜을 가진다. 따라

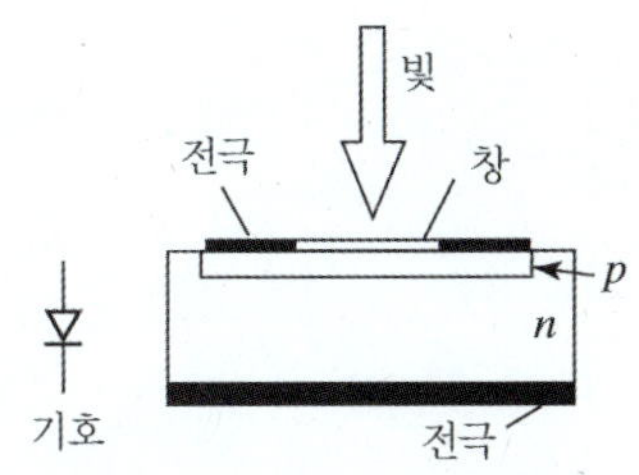

그림 17-4 접합 광다이오드. 다이오드 기호는 다이오드의 방향을 나타낸다. 다이오드 기호 안의 화살표는 p측에서 n측을 가리킨다.

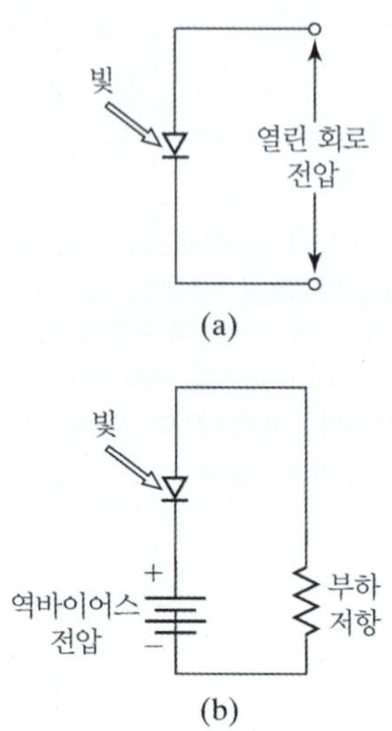

그림 17-5 접합 광다이오드의 작동 모드 두 가지. (a) 광기전력 모드. 광다이오드에 들어오는 빛 출력이 변함에 따라 열린 회로 전압이 변한다. (b) 광전도 모드(역바이어스). 광다이오드에 들어오는 빛 출력이 변함에 따라 부하 저항에 흐르는 전류가 변한다.

서 접합 영역에는 n-형으로부터 p-형으로 향하는 전기장이 형성된다. 광다이오드에는 그림 17-4와 같이 이런 p-n 접합이 전극 사이에 끼워져 있다. 전자기파 복사는 창을 통해 p-형 측으로부터 들어온다.

반도체의 **띠간격**(band-gap) **에너지**를 초과하는 에너지를 가진 광자가 접합 근처에서 흡수되면 전자-양공 쌍이 만들어지고, 접합 영역에서 형성된 전기장은 이들을 분리시켜 전위차의 변화, 즉 **광기전력 효과**를 일으킨다. 그림 17-5(a)에 묘사한 광기전력 작동 모드에서는 들어오는 광량의 변화가 p-n 접합을 양단의 열린 회로 전압의 변화로 이어진다. 태양전지와 사진 노광계는 광기전력 모드에서 작동하는 광다이오드의 잘 알려진 두 가지 응용이다. 그러나 광다이오드는 더 일반적으로 **역바이어스**(reverse bias), 즉 **광전도 모드**로 사용된다. 그림 17-5(b)에 묘사한 이 모드에서는 접합의 n-형 측은 외부 전원의 양극에 연결되고, p-형 측은 음극에 연결된다. 이 역바이어스는 접합 영역의 전기장을 증가시켜, 광자의 흡수로 생성된 전자와 양공이 접합 영역을 빨리 벗어나게 해준다. 따라서 강한 역바이어스는 광다이오드의 응답시간을 줄일 수 있다. 광전도(역바이어스) 모드에서 부하 저항에 유도된 전류는 들어오는 복사조도에 비례한다. 광기전력(순방향 바이어스) 모드에서 열린 회로 전압은 입사 복사조도에 보다 복잡한 로그함수 의존성을 보인다.

규소(Si)를 기반으로 한 광다이오드는 파장 190~1100 nm 범위의 빛에 민감하고, 인듐갈륨비소(InGaAs) p-n 접합 광다이오드는 800~1800 nm 범위의 빛을 검출하는 데 사용된다. 광전도 소자의 변형인 **아발란치**(avalanche)**형 다이오드**는 증폭이 소자 내부에서 일어나, 파장 1.5 μm까지 매우 민감한 검출기가 된다. 파장 1~8 μm 영역에서는 PbS, PbSe, PbTe 등의 화합물 반도체가 큰 광기전력 효과를 가지므로 열전쌍이나 볼로미터에 비해 더 민감한 검출기 재료가 된다. 긴 파장의 빛을 검출하는 다른 검출기와 마찬가지로 광다이오드도 민감도를 증강시키기 위해 차갑게 한다. 가시광과 근적외선 영역에서 사용되는 많은 광다이오드가 p-i-n 접합 구조를 가진다. 이것은 **고유**(intrinsic, 도핑되지 않은) 물질 층을 p-형과 n-형 물질 사이에 만든 것이다. 고유 층 영역에서는 전기장이 크므로 이 영역에서 빛 흡수에 의해 전하 운반자들은 재빨리 도핑이 많이 된 영역으로 쓸려나간다. 전하 운반자들이 고유 층에서 빨리 빠져나가므로 검출기의 응답시간이 짧아진다. p-i-n 접합 구조를 가진 광다이오드는 응답시간이 100 ps 정도이며, 약 10 GHz로 변하는 신호를 검출할 수 있다.

17-3 상 검출

빛에 민감한 표면에 상을 기록하고 검출할 수 있다. 최근까지 사진필름이나 건판이 가장 일반적인 상 기록 매체였다. 그러나 요즘은 광다이오드의 2차원 배열로 입사되는 빛을 검출하는 **전하결합소자**(charge-coupled device, CCD)가 상 검출에 더 많이 쓰이고 있다.

이 두 상 검출계를 아래에 논한다.[1]

그림 17-6 배선 연결된 패키지 위의 CCD 패널. (사진 제공: NASA)

사진필름

최근 디지털 카메라가 널리 퍼지기 전까지 사진필름은 가장 일반적인 상 검출과 기록 매질이었다. 사진 감광유제는 X-선에서 파장 1.2 μm의 근적외선까지 넓은 스펙트럼 영역에서 감도를 갖는다. 실제 감광성 물질은 할로겐화은(silver halide) 결정이나 알갱이의 유제(emulsion)이다. 입사 광자는 할로겐 이온의 원자가(바깥) 전자에 에너지를 주고, 이것은 은 이온과 결합하여 중성의 은 원자를 만든다. 현상하기 전에도 감광유제는 잠복된 상을 갖고 있는데, 이는 받은 빛 에너지에 의해 환원된 은 원자의 분포이다. 이 잠복 상은 현상제의 작용에 의해 "증폭"된다. 잠복 상을 촉매로 하여 현상 작용은 더 많은 자유 전자가 환원 과정에 참여하게 한다. 은 원자의 밀도와 이에 따른 필름의 불투명도는 복사조도와 노광시간 둘 다에 의존하므로, 사진필름은 빛 신호를 적분하여 측정한다. 따라서 약한 빛도 긴 시간 노광을 하면 누적 효과에 의해 검출할 수 있다.

CCD 검출기

광다이오드의 2차원 배열, 즉 패널은 상을 기록하는 데 사용될 수 있다. 각각의 광다이오드, 즉 MOS(금속-산화물-반도체, metal-oxide-semiconductor) 소자는 입사 복사에 응답하여 출력에 한 **픽셀**(pixel, 영상 포획 최소 크기)의 신호를 준다. 극단적으로 단순화하면 각각의 광다이오드는 전위차 공급과 신호 추출을 위한 별도의 배선을 가질 수 있다. 상대적으로 픽셀 수가 적은 검출기에는 실제로 이런 배선을 사용한다. 그러나 많은 픽셀 수가 요구되는 응용에서는 이런 배선 수가 많은 설계는 비현실적이다. 이 경우에는 전하결합소자(CCD)를 사용하면 배선 수를 많이 줄일 수 있다. 배선 연결된 패키지 위의 전형적인 CCD 패널은 그림 17-6과 같다. CCD에 빛을 비추면 규소 칩 위에 제작된 불연속적인 소자 각각은 걸어준 게이트 전압에 의해 생성된 퍼텐셜 우물 속에 광유도된 전하를 저장한다. 넓이 1 cm^{2}인 CCD 패널은 500,000개 이상의 광다이오드를 포함할 수 있다. 각 픽셀에 저장된 전하는 그 부분의 복사조도를 측정하며, 전자적으로 스캔해 내어 상은 전기 신호로 기록된다. 스캔과 상을 읽어내는 것은 소자의 각 픽셀 열을 따라 전하를 전달함으로써 이루어진다. 주어진 열의 각 픽셀 근처에 누적된 광유도 전하에 해당하는 전자 펄스는 열의 끝에 차례로 도달한다. 펄스순서는 특정 열의 각 픽셀에서 측정된 복사조도의 기록이 된다. 보통 각 픽셀의 복사조도 기록은 디지털 형태로 저장된다. CCD 배열의 각 열이 이런 방식으로 스캔되고, 디지털 기록이 소자의 기억 장치에 저장된다. 디지털 카메라는 이렇게 작동된다.

---

1 상 검출은 빠르게 발전하는 분야이다. 상보적인 금속-산화물-반도체(complementary metal-oxide-semiconductor; CMOS) 검출기와 전하주입 소자(charge-injection device; CID)는 디지털 결상 기술에서 점점 더 중요한 역할을 한다. 최신 상 검출 기술을 이해하려면 신간 광전자 업계 저널들 참조.

CCD를 구성하는 광검출기는 80% 이상의 **양자효율**을 갖는다. CCD의 광다이오드에 입사되는 광자의 80% 이상이 신호 전자로 변환된다는 뜻이다. 반면에 사진필름의 양자효율은 2% 정도에 불과하다. 당연히 천문학자들은 일찍이 CCD의 높은 양자효율을 활용하여 먼 천체의 상을 맺고 기록하였다. 앞에서 언급했듯이 디지털 카메라는 상을 기록하는 데 사진필름 대신 CCD 배열(혹은 관련 기술)을 사용한다. CCD 배열 각 열의 끝에서 전자 펄스 순서를 **반복해서** 읽음으로써, 복사조도를 그 열에서 위치와 시간의 함수로 이끌어낼 수 있다. 그리하여 CCD는 디지털 카메라로 사용되는데, 보통 초당 30회 상을 갱신할 수 있다(초당 30프레임). 오늘날 사용되는 CCD 카메라는 보통 1024×768 픽셀에서 3032×2008픽셀 범위의 해상도를 갖는다. 이보다 높은 해상도의 전문가용 카메라도 있다. 천연색 사진을 찍기 위해서는 CCD와 함께 **베이어 마스크**(Bayer mask)를 쓴다. 베이어 마스크는 색 필터의 배열인데, 각각의 작은 필터는 CCD의 픽셀 하나씩을 덮는다. 베이어 마스크 모자이크를 이루는 작은 마스크들은 각각 다시 빨간색 하나, 파란색 하나, 녹색 둘로 총 4개의 색 필터로 이루어져 있다. 녹색 필터가 둘인 이유는 인간의 눈이 빨간색이나 파란색에 비해 녹색에 훨씬 더 민감하기 때문이다. 녹색 스펙트럼에서 정보를 2배로 주어 눈이 "진짜" 색으로 감지하는 상을 만든다. CCD 배열 위에 베이어 마스크를 설치함으로써 복사조도와 색 정보를 둘 다 기록할 수 있다. 4개의 픽셀이 색 정보를 기록하므로 복사조도는 색보다 더 높은 해상도로 기록된다. 색 해상도를 더 높이려면 카메라 안에 CCD 세 개를 쓰면 된다. 프리즘 등을 써서 상을 빨간색, 파란색, 녹색 성분으로 분리하고, 이들을 각각 CCD에 따로 저장한다. 각각의 CCD로부터의 디지털 정보를 합치면 천연색 상이 재생된다.

17-4 광검출기: 잡음과 민감도

특정 광검출기를 쓸 수 있는 스펙트럼 영역 외에도 검출기의 감도, 더 정확하게는 **감응도**(responsivity) R을 아는 것이 중요하다. 감응도는 다음과 같이 출력 대 입력의 비로 정의된다.

$$R = \frac{\text{출 력}}{\text{입 력}} \tag{17-1}$$

입력은 보통 복사조도이며, 출력은 거의 항상 전류나 전압이다. 감응도가 검출기들의 유용한 성능 항목이 되려면 기기의 사용 영역 전반에서 이것이 일정해야 한다. 즉 검출기와 관련 증폭기, 회로를 결합한 측정기가 입력에 비례하는 출력을 내는 선형 응답을 주어야 한다. 그러나 일반적으로 감응도는 파장에 따라 다르다. 검출기를 사면 파장에 대한 감응도 곡선이 따라온다. 감응도가 파장의 함수일 때, 그 검출기는 **선택적**이라고 한다. 그림 17-7에는 CdS 광전도 소자의 상대 감응도를 나타내었다. 비선택적인 검출기는 입사광의 파장이 아니라 복사조도에만 의존한다. 검게 칠한 표면을 사용하는 열검출기는 비선택적

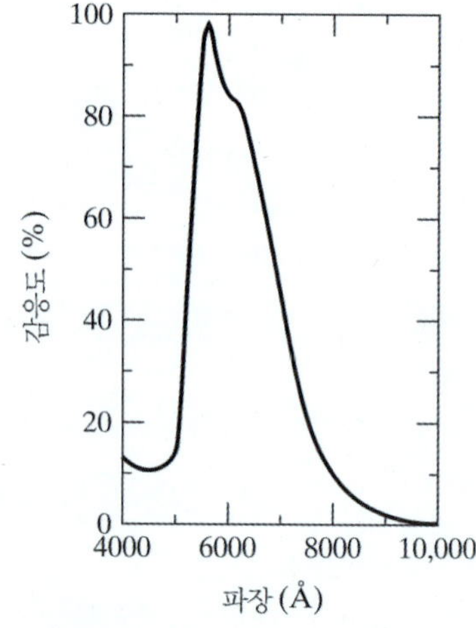

그림 17-7 CdS 광전도 소자의 파장에 대한 상대 감응도. 파장 5500 Å에서의 최대 응답은 인간 눈의 감도와 거의 비슷하다.

일 수 있다. 그러나 입구 창의 파장 선택성 때문에 이런 검출기들도 선택적일 수 있다.

검출기의 **검출능**(detectivity) D는 **잡음등가입력**(noise equivalent power, NEP)이라고 불리는 검출 가능한 최소 일률의 역수로 정의된다. 즉

$$D = \frac{1}{NEP} \tag{17-2}$$

검출 가능한 최소 일률은 검출기의 작동에 고유한 **잡음**(noise)에 의해 제한된다.[2] 잡음은 입력에 관련이 없는 신호나 출력 부분이다. 양자검출기의 잡음에는 다양한 원인이 존재한다. **산탄잡음**(shot noise) 혹은 **양자잡음**은 입사 전기장 속의 광자를 검출기에서 전자로 변환시키는 과정의 통계적인 특성 때문에 일어난다. 또 다른 종류의 잡음인 **존슨 잡음**(Johnson noise)은 전류 운반자의 열적 요동에 의해 일어나는데, 모든 광검출기에 공통적이다. 이 외에 광전도체에서는 전류 운반자들의 통계적인 요동에 의해 **생성 잡음**(generation noise)과 **재결합**(recombination) **잡음**이 일어난다. 신호를 단순히 증폭하는 것은 신호와 잡음을 구분하지 않고 키우기 때문에 신호대잡음비(signal to noise ratio)의 변화가 없어, 전혀 도움이 되지 않는다. 이 상황은 광학에서 상을 확대해도 물체의 상세한 부분을 보지 못하는 것과 같다. 검출 과정에서 잡음의 원천적인 한계는 양자(산탄)잡음에 의해 결정된다. 그러나 실제로는 종종 다른 기술적인 잡음 원인들이 잡음등가출력을 결정한다(문제 17-4와 17-5 참조).

17-5 광학 디스플레이

이 절에서는 컴퓨터와 TV 화면에 광학적 상을 디스플레이하는 세 가지 기술을 간단히 소개한다.

음극선관(cathode-ray tube, CRT) 디스플레이

음극선관(CRT) 디스플레이는 최근까지도 모든 TV, 컴퓨터 디스플레이, 비디오 모니터 등에 사용되었다. 이 도구의 개략적인 구조는 그림 17-8과 같다. CRT 디스플레이에서는

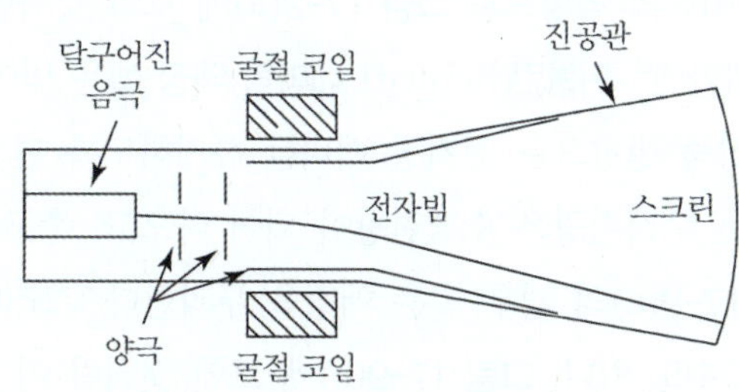

그림 17-8 CRT 디스플레이. 달구어진 음극에서 방출되는 전자빔을 전기장이나 자기장으로 방향을 조정하여 형광물질을 바른 표면 위의 한 점을 전자가 치면 빛이 나온다. 전자빔은 초당 30회 화면 전체를 주사한다.

2 다음 책 참조. Christopher C. Davis, *Lasers and Electro-Optics* (Cambridge, UK: Cambridge University Press, 1996), Ch.22.

전자총으로부터 진공관 속으로 방출되는 전자빔("음극선")을 전기장이나 자기장으로 방향을 조정하여 형광 표면을 치게 하면 전자를 맞은 표면 부분이 빛을 방출한다.

현대 비디오 모니터에서는 음극선관의 전체 형광판은 정해진 **래스터**(raster) 패턴으로 반복 주사된다. 주사하는 전자빔의 세기를 변조함으로써 상을 만든다. 천연색 CRT 디스플레이는 보통 화면 위에 세 가지 다른 형광물질을 서로 가까이 쌓은 띠나 송이를 반복적인 패턴으로 배열하여 구현한다. 이 송이가 전자빔을 맞으면 한 형광물질은 파란색, 하나는 빨간색, 나머지 하나는 녹색 빛을 낸다. 세 전자빔이 쓰이는데, 각 전자빔은 형광물질 한 종류의 "점"에만 도달한다. 여기서 격자나 마스크를 써서 전자빔이 다른 형광물질을 치지 않도록 막는다. 이렇게 하여 빨간색, 녹색, 파란색 삼원색을 적절한 세기로 배합하여 원하는 색을 표시한다. 최근에는 CRT 디스플레이처럼 덩치가 크지 않고 전력도 덜 소비하는 디스플레이를 만들기 위해 여러 가지 기술이 개발되었다. 이 중 두 가지 기술을 다음에 소개한다. 그러나 새 기술로 개발된 디스플레이보다 최고급 CRT 모니터의 상이 더 낫다고 생각하는 사람들이 아직도 많다.

액정 디스플레이(liquid-crystal displays, LCD)

액체에서 원자나 분자들은 완전히 무질서하게 배열되는 반면, (고체) 결정에서는 주기적이고 규칙적으로 배열된다. **액정**(liquid crystal)은 이름처럼 결정과 액체의 중간 특성을 가진 물질이다. 액정에는 다양한 종류가 있지만 여기서는 **네마틱**(nematic) 액정만 논한다. 네마틱 액정은 막대 모양의 분자들로 이루어지는데 분자들의 위치는 무작위하게 배치되지만, 분자 사이의 상호작용으로 인해 공통된 방향을 가지는 것이 특징이다. 분자가 공통 방향으로 배향되므로 액정은 빛의 편광 상태에 따라 다른 상호작용을 보인다. **액정 디스플레이**(LCD)는 이런 특성을 이용한다.

그림 17-9는 이런 LCD를 만드는 방법 중 하나를 보여준다. 그림 17-9(a)와 같이 네마틱 액정 셀을 직교하는 두 편광기 사이에 끼운다. 네마틱 액정 셀은 두 유리판과 그 사이를 채운 액정으로 구성된다. 유리판의 안쪽 표면은 유리판에 근접한 편광기의 투과축 방향으로 나노미터 폭의 홈(scratch)을 내어 둔다. 유리판과 접촉하는 액정 분자들은 홈을 따라 배향하는 경향이 있다. 두 마주보는 유리판에는 서로 수직 방향으로 자국이 나있으므로 액정의 분자들은 이들의 영향으로 그림 17-9(a)에 보인 것처럼 배향이 서서히 틀어진다. 상세한 분석에 의하면[3] **뒤틀린**(twisted) **네마틱 액정 셀**은 빛이 액정을 통과해 지나갈 때 액정 분자들의 장축 방향으로 전기장 벡터를 유지하도록 편광 방향을 회전시킨다. 따라서 액정에 들어가는 수직편광은 수평편광이 되어 나오고, 출구 쪽의 두 번째 편광판을 통과된다. 즉 그림 17-9(a)의 경우 빛은 액정을 투과한다. 그러나 전위차를 가해주면 빛이 투과하지 않게 할 수도 있다. 그림 17-9(b)에 보인 것처럼 이 전위차에 의해 분자들

---

3 B. E. A. Saleh, and M. C. Teich, *Fundamentals of Photonics* (New York: John Wiley & Sons, Inc., 1991), Ch. 6.

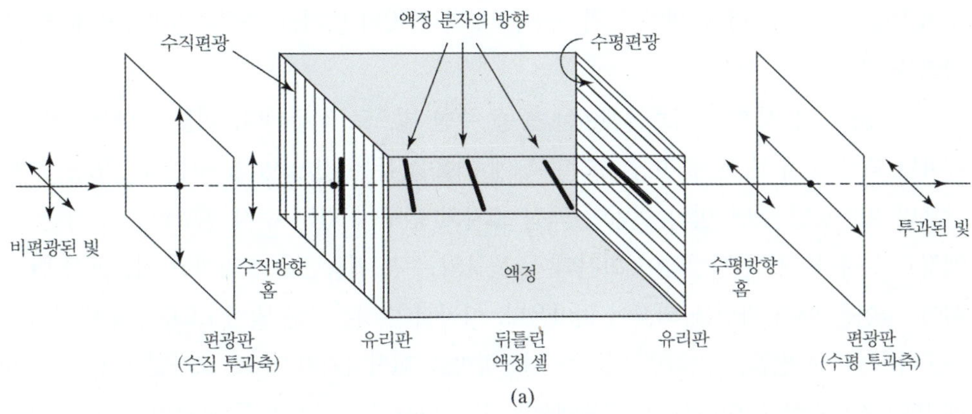

(a)

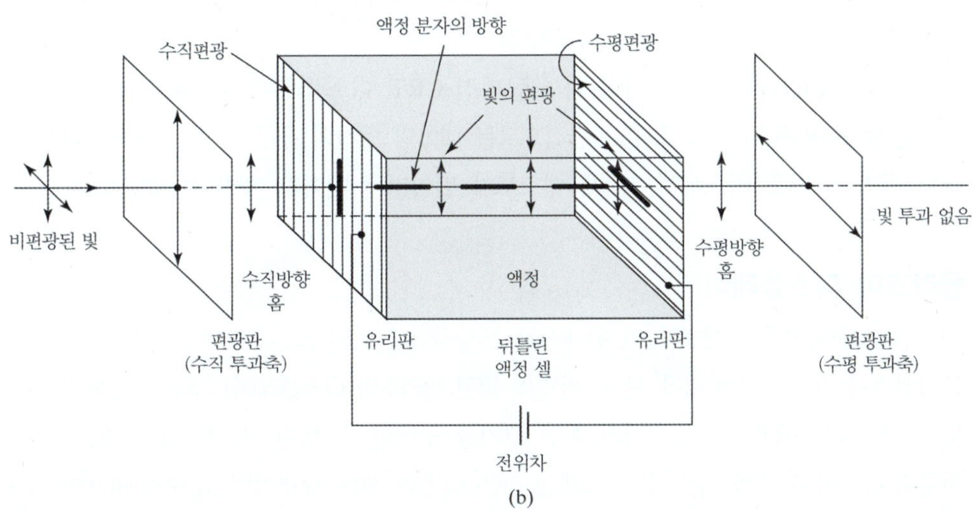

(b)

그림 17-9 액정 디스플레이(LCD)의 작동. (a) 전위차가 걸리지 않으면 액정 분자들은 뒤틀린 네마틱 액정 셀을 통과하며 배향을 바꾼다. 빛의 편광 방향은 액정 분자의 장축을 따라 회전한다. 따라서 수직편광이 뒤틀린 네마틱 셀을 들어가면 수평편광이 되어 나온다. 이때는 LCD가 빛을 투과한다. (b) 충분히 큰 전위차를 액정 방에 가하면 분자들은 (유리면에 근접한 분자를 제외하고) 전기장 방향을 따라 배향한다. 이 경우 빛은 편광 방향을 바꾸지 않으므로, 수직편광된 빛이 입사하면 두 번째 편광자(수평 투과축)에 의해 막혀서 투과하지 못한다.

은 유리판 사이 전기장 방향에 나란히 정렬한다. 이 경우 액정은 빛의 편광 방향을 바꾸지 않고, 수직편광은 액정을 통과한 후 수평 투과축을 가진 편광판에 의해 가로막힌다. 따라서 전위차를 가해줌에 따라 액정 소자를 밝거나 어둡게 보일 수 있다.

수동행렬(passive matrix) LCD에서는 개개의 LCD 픽셀을 가로질러 전위차를 주기 위해 전선 격자가 사용된다. **능동행렬**(active matrix) LCD에서는 박막 트랜지스터(thin-film transistor, TFT)가 같은 역할을 한다. 회색조 상은 픽셀에 주는 전위차를 변화시켜 빛이 완벽히 투과하지도 막히지도 않게 하거나, 픽셀에 거는 전위차를 펄스 형태로 주고 펄스의 길이를 조절하여, 인지되는 밝기를 조절하여 구현한다. 천연색 디스플레이는 세 개의 "하위 픽셀" 그룹으로 배열된 홍, 청, 녹 삼원색 필터를 포함한 마스크를 두어 만들 수 있다. 다른 색의 하위 픽셀을 투과한 빛의 밝기를 조정하면 "자연색"의 전 영역을 구현할 수 있다.

계산기나 시계의 디스플레이는 종종 주변 빛으로 작동된다. 이들 중에는 뒤틀린 네마틱 액정 방의 두 번째 편광 유리판 뒤에 거울을 두는 것이 있다. 픽셀에 전압을 걸지 않으면 비편광된 주변 빛의 절반이 액정 소자의 입구에 있는 수직 편광판을 통과한 후 액정을 지나가면서 편광방향이 회전되어, 출구의 수평 편광판을 통과하고 거울에서 반사되어, 들어올 때의 과정을 되짚어 돌아온다. 따라서 수직편광된 빛이 LCD에서 반사되어 나온다. 픽셀에 전압을 가하면 액정은 편광방향을 회전시키지 않고, 교차된 편광자에 의해 빛이 가로막힌다. 따라서 이 픽셀에서는 빛이 반사되지 않아 어둡게 보인다. 이런 것들 외에도 액정과 편광판을 다양하게 배치하여 디스플레이, 광변조기, 광스위치 등의 소자로 사용된다.

평판 LCD는 같은 크기의 화면을 가진 CRT 디스플레이보다 훨씬 부피가 작고 전력을 덜 소비한다. LCD의 주요 단점으로는 네마틱 액정의 응답 시간이 CRT보다 느리다는 것과, 화면을 비스듬히 볼 때 대조도가 떨어지는 시야각 제한 문제가 있다.

플라즈마 디스플레이

CRT 디스플레이를 크게 만들기 위해서는 전자빔이 화면의 모든 부분에 도달해야 하므로 음극선관이 따라서 길어져야 한다. 반면에 **평판 플라즈마 디스플레이**는 5 cm 정도의 두께로도 가장 큰 CRT 디스플레이의 화면 크기를 구현할 수 있다. 플라즈마 디스플레이는 전극과 유리판 사이에 끼운 수십만 개의 작은 네온과 제논 기체 방으로 구성된다(이 기체들이 형광을 낸다). 천연색 플라즈마 디스플레이는 기체 방들을 세 개의 하위 픽셀로 그룹을 만들고, 이들에 각각 홍, 청, 녹 삼원색의 형광물질을 입혀서 만든다. 각각의 하위 픽셀에 전압을 가하면 방 안의 기체가 이온화되어(**플라즈마** 형성) 자외선을 내는데, 이것이 형광 코팅을 치면 삼원색 중 원하는 색의 빛이 나온다. 플라즈마 디스플레이의 가장 큰 장점은 얇게 만들 수 있고, 원천적으로 밝으며, 시야각이 넓다는 것이다.

문제

17-1 반도체 게르마늄의 띠간격은 0.67 eV이다. 게르마늄 광전도체에 흡수될 수 있는 가장 긴 파장은 얼마인가?

17-2 광다이오드에 입사되는 0.9 μm 파장의 광자 10개마다 전자 한 개가 방출된다.

a. 이 검출기의 양자효율은?

b. 이 검출기의 감응도는 이 파장에서 몇 A/W인가?

17-3 InGaAs p-i-n 광다이오드의 감응도는 파장 1.5 μm에서 0.8 A/W이다. 이 파장의 빛이 복사조도 0.1 μW로 이 검출기에 입사된다면 광전류는 얼마나 생성될까?

17-4 양자 요동으로 인해 광자 수 n인 레이저(전자기)장은 원천적인 불확도(uncertainty) Δn을 가지고 있다. 어떤 이상적인 레이저 장에 대해서도 이 원천적인 불확도는 다음과 같이 주어진다.

$$\Delta n = \sqrt{\bar{n}}$$

여기서 $\bar{n}$는 장의 평균 광자수이다. 평균 신호 광자수 $\bar{n}$이 광자 수의 불확도 $\sqrt{n}$ 을 초과하지 않으면 신호를 재는 것은 무의미하다. 따라서 신호를 잴 수 있는 조건은

$$\bar{n} > \sqrt{\bar{n}} \text{ 즉 } \bar{n} > 1$$

으로 주어진다. 따라서 이상적인 레이저 장에서 원천적인 양자잡음으로부터 뽑아낼 수 있는 최소 광신호는 검출기의 표본추출 시간(sampling time)당 평균 광자 한 개이다. 파장 1.5 μm인 이상적인 레이저 장을 표본추출 시간이 1 μs인 검출기로 측정할 때, 위의 관계를 써서 측정 가능한 최소 신호 일률(W)을 구하시오.

17-5 파장 1.5 μm의 빛을 InGaAs p-i-n 광다이오드로 표본추출 시간 1 μs로 측정할 때 잡음등가입력 NEP는 약 4×10^{-11} W이다.

a. 이 검출기의 NEP와 같은 일률을 가진 빛이 입사할 때, 표본추출 시간 동안 검출기에 도달한 광자의 수를 계산하시오.

b. 이 검출기의 NEP는 입사 레이저 장에서 오는 원천적인 양자요동의 결과인가? (문제 17-4 참조)

17-6 교차된 편광판 사이에 넣은 뒤틀린 네마틱 액정은 어떻게 전압-제어 복사조도 변조기로 사용될 수 있는지 설명하시오.

17-7 평행한 홈을 가진 두 유리판 사이에 넣은 네마틱 액정이 어떻게 전압-제어 위상 변조기로 사용될 수 있는지 연구하고, 설명하시오.

17-8 얇은 렌즈를 써서 렌즈로부터 1 m 떨어진 물체의 상을 반대쪽으로 10 cm 떨어진 CCD 배열 위에 맺는다. 물체 위에서 1 mm 간격을 가진 구조를 구분할 수 있으려면 CCD 픽셀들 사이의 간격은 얼마가 되어야 하는가? 크기가 2 cm×2 cm인 CCD 배열을 사용한다면 이 넓이 위에 있는 총 픽셀 수는 몇 개인가?

17-9 포화 광전류 10 μA, 감응도 100 mA/W인 광검출기가 있다. 이 광검출기의 포화 입력광 일률(W)은 얼마인가?

17-10 계산기 디스플레이 앞에서 폴라로이드 편광판(편광 선글라스도 좋음)을 회전시키면서 관찰하고, 관찰한 현상에 대해 자세히 설명하시오.

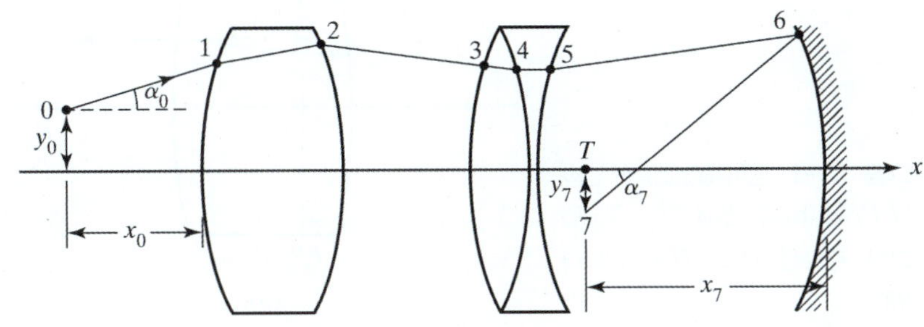

chapter 18 근축 광학의 행렬 해법

서론

이 장에서는 연속적으로 여러 번 굴절 그리고/또는 반사하는 복잡한 광학계(optical system)의 분석법을 취급한다. **두꺼운 렌즈**(thick lens)의 **특이점**(cardinal points)을 기술하는 것으로 시작하여 연속으로 배열된 광학 소자들을 2×2 행렬의 곱으로 분석하는 방법을 공부할 것이다. 광학계에 나타나는 기본적인 굴절 또는 반사는 2×2 행렬로 표현된다. 이와 같은 방법으로 전체 광학계를 나타내는 **시스템 행렬**(system matrix)이 두꺼운 렌즈의 특성을 결정짓는 특이점들과 관계된다는 것을 알 수 있다. 이 장의 끝부분에서는 광학계를 통과하는 빛의 광선을 추적할 수 있는 컴퓨터 광선 추적 방법을 간단하게 설명하였다.

18-1 두꺼운 렌즈

두꺼운 렌즈(thick lens)를 생각해보자. 두께를 가진 렌즈는 이 두께를 무시하여도 심각한 오류는 없지만 이 두께를 무시할 수도 없다. **얇은 렌즈**로 취급할 것인지 아니면 **두꺼운 렌즈**(thick lens)로 다룰 것인지는 요구되는 정확도에 따라 달라진다. 두꺼운 렌즈는 2장 기하광학에서 설명한 방법으로 다룰 수 있다. 두 개의 구형 굴절면으로 된 유리매질이 있다. 첫 번째 면에서 굴절에 의한 물체의 상은 두 번째 면에서 굴절하게 된다. 두 번째 면으로부터 이 물체까지의 거리는 렌즈의 두께를 고려하여 계산된다. 두 번째 면에 의해 만들어지는 상은 결국 두꺼운 렌즈의 합성작용에 의해 만들어지는 최종적인 상이 된다.

임의의 물체의 상을 도식적으로 나타내는 방법은 두꺼운 렌즈에서도 적용할 수 있는데, 이는 얇은 렌즈에서 적용되는 광선 법칙과 비슷하다. 렌즈의 **특이점**(cardinal

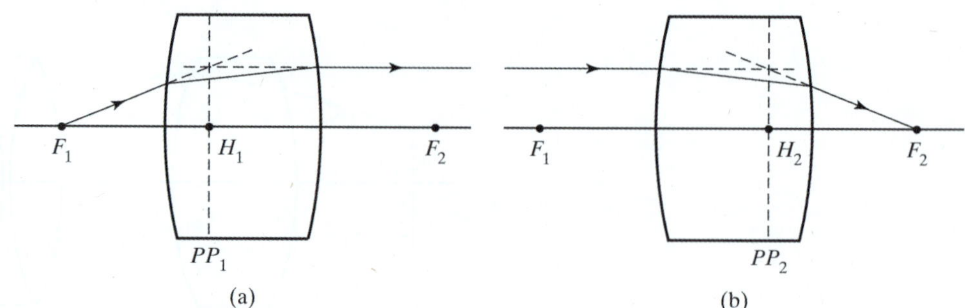

그림 18-1 광학계의 (a) 첫 번째(PP_1)와 (b) 두 번째(PP_2) 주요면 그림. 주요점 H_1과 H_2도 나타나 있다.

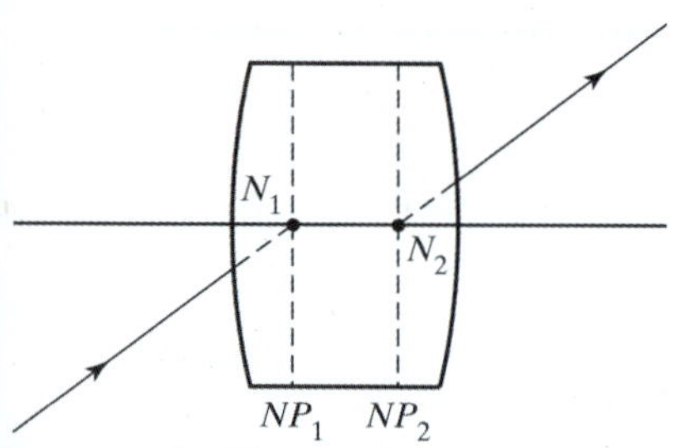

그림 18-2 광학계의 마디점(N_1과 N_2)과 마디면(NP_1과 NP_2).

points)이라고 하는 이 방법은 보다 복잡한 광학계에 적용할 수 있기 때문에 유용하다. 그러므로 지금은 두꺼운 렌즈 하나만을 다루지만, 이에 대한 모든 설명은 두꺼운 렌즈로 구성되어 있는 계로서 여러 개의 임의의 광학계에 적용이 가능하다.

두꺼운 렌즈의 광축에는 상이 맺히는 특성을 알 수 있는 여섯 개의 특이점들이 있다. 각 특이점에서 광축에 수직인 면[1]을 **특이면**(cardinal planes)이라 부른다. 여섯 개의 특이점들은(그림 18-1과 18-2에서 보이는) 첫 번째와 두 번째 **계의 초점**(system focal points) F_1과 F_2, 첫 번째와 두 번째의 **주요점**(principal points) H_1과 H_2, **마디점**(nodal points) N_1과 N_2로 이루어져 있다.

첫 번째 초점인 F_1에서 나온 광선은 렌즈를 통과한 후 광축(그림 18-1(a))에 평행하게 나오고, 광축에 평행한 광선은 렌즈에서 굴절되어 두 번째 초점인 F_2를 지난다(그림 18-1(b)). 입사광과 굴절광의 연장선은 각각 **주요면**(principal planes) 상에서 만난다. 각각의 주요면은 광축상의 주요점인 H_1과 H_2에서 교차한다. 만약 얇은 렌즈의 경우라면 이 두 주요면은 겹쳐진다. 일반적으로 주요면은 광학계와 일치하지 않으며 심지어는 광학계 바깥에 위치하기도 한다. 일단 주요면의 위치가 정해지고 나면 정확한 광선의 경로를 그릴 수 있다. 초점에 의해 좌우되는 광선들은 그림 18-1처럼 주요면과의 교차점에서 진행방향이 바뀐다. 얇은 렌즈에서 광선경로로 그리는 세 번째 광선은 렌즈의 중심을 통과하는데, 광축에서 벗어나지 않아 무시할 수 있다. 두꺼운 렌즈나 혹은 어떠한 광학계의 마디점은 이 광선이 그림 18-2와 같이 수정된다. 첫 번째 마디점 N_1을 향하는 모든 광선은 광학계를 지나면서 입사광선과 평행하게 되는데, 경로가 이동해 있어서 마치 광축 상의 두 번째 마디점 N_2에서 나오는 것처럼 보인다.

여섯 개의 모든 특이점들의 위치를 그림 18-3에 표시하였다. 거리는 **부호규약**(sign convention)에 따라, 왼쪽을 향하면 음수이고 오른쪽을 향하면 양수로 정해진다. 두꺼운 렌즈의 경우, 거리 r과 s는 꼭지점 V_1과 V_2에 대한 두 주요점의 상대적인 위치를 결정하고, f_1과 f_2는 주요점 H_1과 H_2에 대한 두 초점의 상대적인 위치를 결정한다. 이렇게 정해진 초점들은 렌즈의 꼭지점으로부터 측정되는 것이 아니다.

두꺼운 렌즈의 기본적인 공식들을 증명하지 않고 정리해 놓았다. 유도과정은 간단

1 이 '면'들은 실제로는 살짝 휘어져 있는데, 근축 근사에서의 면으로 생각할 수 있다.

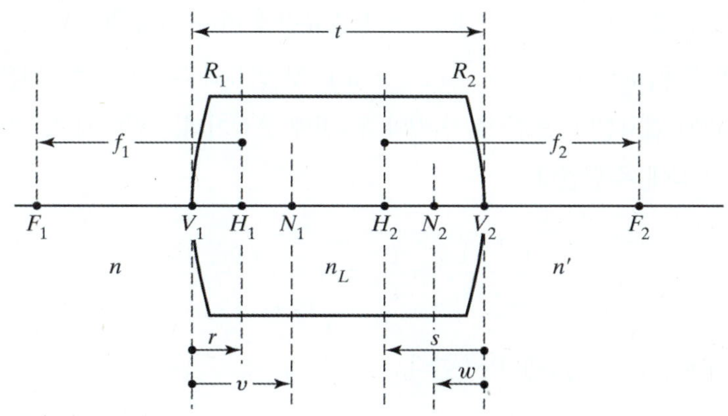

그림 18-3 두꺼운 렌즈에서 특이점들과 그 위치를 기호로 나타낸 것. 축상의 점들은 초점(F), 꼭지점(V), 주요점(H) 그리고 마디점(N)을 포함한다. 이들 각각에 대응하는 평면들의 직선거리는 그림에 정의되어 있다.

한 대수학과 기하학만을 사용하지만 복잡하다. 그러므로 본 장에서는 뒷부분에서 행렬을 이용한 접근방법을 다룰 것이다. 이 방법은 다음 공식들을 증명하기에 더욱 간단할 뿐만 아니라 연습문제와도 연관되어 있다.

그림 18-3에서 정의한 문자들을 활용하여 초점 거리 f_1에 대한 식을 나타내면 다음과 같다.

$$\frac{1}{f_1}=\frac{n_L-n'}{nR_2}-\frac{n_L-n}{nR_1}-\frac{(n_L-n)(n_L-n')}{nn_L}\frac{t}{R_1R_2} \tag{18-1}$$

초점 거리 f_2는 f_1을 이용해서 편리하게 나타낼 수 있다.

$$f_2=-\frac{n'}{n}f_1 \tag{18-2}$$

여기서 n, n' 그리고 n_L은 그림 18-3에서 구분된 세 영역에서의 굴절률이다.

렌즈가 같은 굴절률을 갖는 매질 속에 있다면 두 초점거리는 같으므로 $n=n'$이 된다. 주요면은 다음과 같이 위치한다.

$$r=\frac{n_L-n'}{n_LR_2}f_1t, \quad s=-\frac{n_L-n}{n_LR_1}f_2t \tag{18-3}$$

마디점의 위치는 아래와 같이 주어진다.

$$v=\left(1-\frac{n'}{n}+\frac{n_L-n'}{n_LR_2}t\right)f_1, \quad w=\left(1-\frac{n}{n'}-\frac{n_L-n}{n_LR_1}t\right)f_2 \tag{18-4}$$

상과 물체의 거리와 측면배율은 다음과 같은 관계가 있다.

$$-\frac{f_1}{s_o}+\frac{f_2}{s_i}=1, \quad m=-\frac{ns_i}{n's_o} \tag{18-5}$$

초점거리뿐만 아니라 거리 s_o와 s_i의 길이는 같은 주요면에 대해 상대적으로 측정된다.

s_o와 s_i의 부호는 2장에서 소개된 일반적인 부호규정에 따라 결정된다. 렌즈가 공기 중에 있는 일반적인 경우($n = n' = 1$, $r = v$, $s = w$), 첫 번째와 두 번째 주요점은 각각 대응하는 마디점 위에 겹쳐진다. 또한 첫 번째와 두 번째 초점거리는 같아지고, 결국 일반적인 얇은 렌즈의 공식에 수렴한다.

$$\frac{1}{s_o} + \frac{1}{s_i} = \frac{1}{f}, \quad m = -\frac{s_i}{s_o} \tag{18-6}$$

이렇게 되면 $f = f_2 = -f_1$을 만족한다.

예제 18-1

두께가 4 cm, 굴절률이 1.52이고 곡률반지름이 25 cm인 양면 볼록(biconvex)렌즈가 물($n = -1.33$)이 채워진 긴 원통용기의 끝을 막고 있을 때, 양쪽에 대한 초점거리와 주요점을 구하시오.

풀이

두꺼운 렌즈 공식을 써서 차례로 정리하면

$$\frac{1}{f_1} = \frac{1.52-1.33}{1(-25)} - \frac{1.52-1}{1(+25)} - \frac{(1.52-1)(1.52-1.33)}{1(1.52)} \frac{4}{(+25)(-25)}$$

이다. 즉 $f_1 = -35.74\,\text{cm}$ 이므로 f_1은 첫 번째 주요면으로부터 왼쪽에 있다. 그러면

$$f_2 = -\left(\frac{1.33}{1}\right)(-35.74) = 47.53\,\text{cm}$$

이므로 f_2는 두 번째 주요면의 오른쪽에 있고,

$$r = \frac{1.52-1.33}{(1.52)(-25)}(-35.74)(4) = 0.715\,\text{cm}$$

$$s = -\frac{1.52-1}{(1.52)(+25)}(47.53)(4) = -2.60\,\text{cm}$$

가 된다. 그러므로 주요점 H_1은 렌즈의 왼쪽 정점으로부터 **오른쪽**으로 0.715 cm 떨어진 곳에 위치하고, H_2는 오른쪽 정점(V_2)으로부터 **왼쪽**으로 2.60 cm 떨어진 곳에 있다.

18-2 행렬 해법

여러 개로 구성된 광학계를 다룰 때(예를 들어, 사진기 렌즈를 구성하는 넷 혹은 다섯

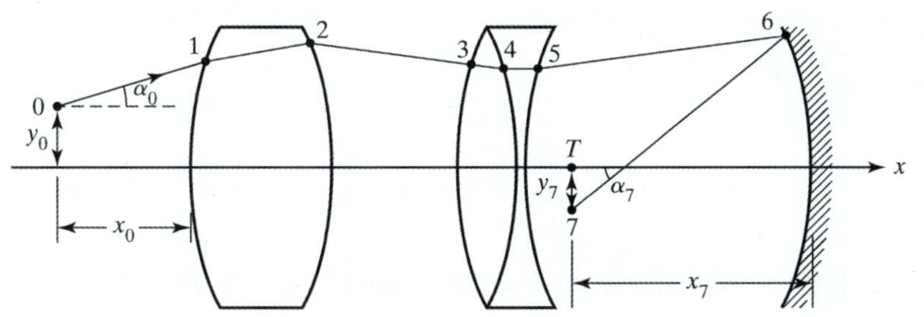

그림 18-4 광학계를 통과하는 광선의 추적 과정. 광선의 진행은 높이와 방향으로 기술할 수 있다.

개의 렌즈들) 이를 분석을 하기 위해서는 체계적인 접근방법이 필요하다. 분석의 범위를 **근축광선**(paraxial rays)만으로 한정한다면, 행렬 해법으로 체계적인 접근이 가능하다. 지금부터 행렬을 도입하여 상의 형성과정을 나타내어 본다. 광학계를 통과하는 광선은 여러 번 반사와 굴절이 일어나는 높이와 각도의 변화를 행렬로 나타낼 수 있다. 근축근사를 하는 경우 광선의 높이와 방향의 변화는 선형방정식으로 표현되므로 행렬을 이용하는 방식이 가능하다. 독립적인 굴절, 반사 그리고 이동을 나타내는 행렬들을 결합함으로써 광학계는 하나의 행렬로 표현할 수 있고, 이로부터 복합적인 광학계의 특성들을 알 수 있다. 이 방법은 임의의 복잡한 광학계를 통과하는 광선의 경로를 추적하는 컴퓨터 계산 기법으로 한다.

그림 18-4는 하나의 광선이 임의의 광학계를 통과하면서 진행하는 경로를 보여준다. 광선의 시작점은 첫 번째 굴절면으로부터 x_0 거리만큼 떨어져 있고, 광축으로부터 높이 y_0, 기울기 α_0이다. 점 1~5를 통과하는 동안, 광선은 각 점에서 매번 **굴절**되고 점 6에서 **반사**되는데, 그때마다 광선의 각도가 바뀐다. 광선의 높이 역시 점 사이를 이동하는 동안 매번 변한다. 이 과정은 그림의 광학계에 있는 모든 점에서의 광선의 높이와 경사각을 계산할 수 있다. 예를 들어 점 T는 거울로부터 거리 x_7을 가지는 것을 알아낼 수 있다. 다시 말해서 점 0에서 초기조건 $(y_0,\ \alpha_0)$가 주어질 때, 결과적으로 점 7에서의 광선의 위치 $(y_7,\ \alpha_7)$을 구한다.

18-3 전달 행렬

그림 18-5처럼 균일한 매질을 진행하는 광선을 고려해 보자. 광축 방향으로 진행한 거리를 L, 그때의 위치 점 1에서의 광선의 높이와 방향은 좌표에서 주어진 것처럼 각각 y_1과 α_1이다. 이 값들은 다음과 같이 나타낸다.

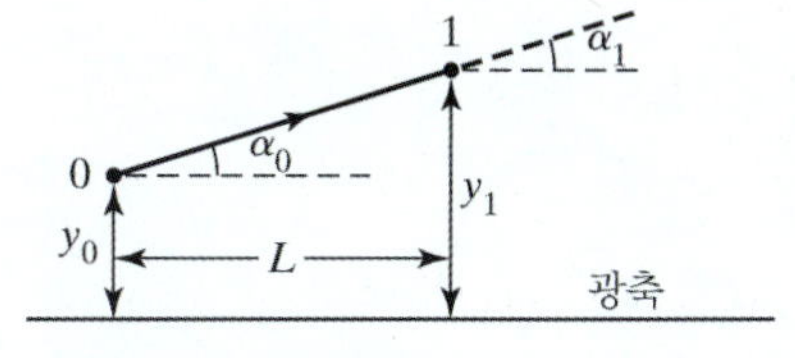

그림 18-5 광선의 전이.

$$\alpha_1 = \alpha_0, \quad y_1 = y_0 + L\tan\alpha_0$$

위 방정식들을 정돈해서 다시 쓰면,

$$\begin{aligned} y_1 &= (1)y_0 + (L)\alpha_0 \\ \alpha_1 &= (0)y_0 + (1)\alpha_0 \end{aligned} \qquad (18\text{-}7)$$

이고, $\tan\alpha_0 \cong \alpha_0$로 근축 근사가 이용되었다. 행렬 표기법으로 위 두 방정식들을 쓰면 다음과 같다.

$$\begin{bmatrix} y_1 \\ \alpha_1 \end{bmatrix} = \begin{bmatrix} 1 & L \\ 0 & 1 \end{bmatrix} \begin{bmatrix} y_0 \\ \alpha_0 \end{bmatrix} \tag{18-8}$$

위의 2×2 **광선–전이 행렬**(2×2 ray-transfer matrix)은 광선이 진행하는 효과를 나타내는 것이다. 입력 데이터 (y_0, α_0)는 광선-이동 행렬을 통해 결과 데이터 (y_1, α_1)으로 바뀐다.

18-4 굴절 행렬

그림 18-6과 같이 굴절률이 n과 n'으로 주어진 두 매질의 구형 경계면에서의 굴절현상을 고려해보자. 광선이 굴절하기 전의 좌표 (y, a)와 굴절한 뒤 생기는 좌표 (y', α')를 연관시켜야 한다. 굴절현상은 한 점을 기준으로 기술되므로 높이의 변화는 없다. 즉 $y = y'$이다.

그림 18-6에 나와 있는 경로 분석과 작은 각 근사를 쓰면 각도 α'은 다음과 같다.

$$\alpha' = \theta' - \phi = \theta' - \frac{y}{R}, \quad \alpha = \theta - \phi = \theta - \frac{y}{R}$$

근축에서의 스넬의 공식과 결합하면

$$n\theta = n'\theta'$$

이므로

$$\alpha' = \left(\frac{n}{n'}\right)\theta - \frac{y}{R} = \left(\frac{n}{n'}\right)\left(\alpha + \frac{y}{R}\right) - \frac{y}{R}$$

혹은

$$\alpha' = \left(\frac{1}{R}\right)\left(\frac{n}{n'} - 1\right)y + \left(\frac{n}{n'}\right)\alpha$$

로 구할 수 있다. 정리해서 적절한 선형방정식을 구하면

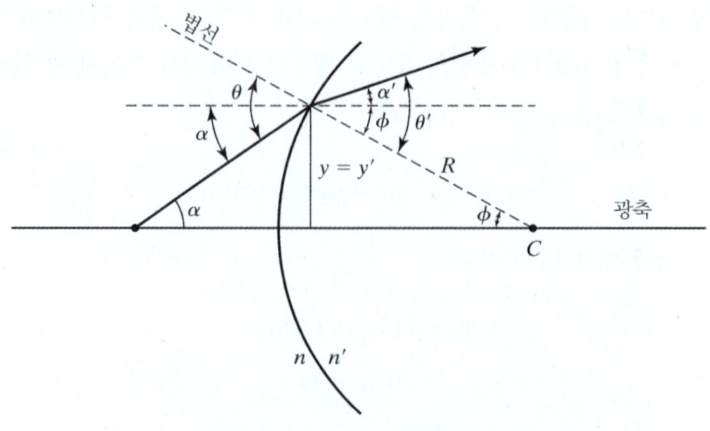

그림 18–6 구면에서의 광선의 굴절.

$$y' = (1)y + (0)\alpha$$

$$\alpha' = \left[\left(\frac{1}{R}\right)\left(\frac{n}{n'} - 1\right)\right]y + \left(\frac{n}{n'}\right)\alpha \tag{18-9}$$

이고, 이를 행렬식으로 나타내면 다음과 같다.

$$\begin{bmatrix} y' \\ \alpha' \end{bmatrix} = \begin{bmatrix} 1 & 0 \\ \dfrac{1}{R}\left(\dfrac{n}{n'} - 1\right) & \dfrac{n}{n'} \end{bmatrix} \begin{bmatrix} y \\ \alpha \end{bmatrix} \tag{18-10}$$

이 과정에서 2장에서 소개된 부호규정을 R값에 적용하였다. 표면이 오목하다면 R은 음수이다. 그리고 $R \to \infty$ 로 놓으면 평면경계면에서의 굴절 행렬을 구할 수 있다.

18-5 반사 행렬

그림 18-7에서처럼 구면에서의 반사현상을 고려하자. 앞서 다뤄진 것과 같이 오목거울의 R은 음수이다. 광선의 방향을 나타내는 각도에 대해서도 부호규약을 적용할 필요가 있다. 반사 전과 후에 위로 향하는 모든 광선의 각도는 양수이고 아래로 향하는 모든 광선은 음의 각을 가진다. 각도의 부호규약은 그림 18-7에서와 같이 정리된다.

각도 α와 α'은 모두 양수인데, 그림 18-7에서 보여지는 기하학을 통해 작은 각 근사를 하였다.

$$\alpha = \theta + \phi = \theta + \frac{y}{-R}, \quad \alpha' = \theta' - \phi = \theta' - \frac{y}{-R}$$

위 관계식을 반사법칙인 $\theta = \theta'$과 함께 고려하면

$$\alpha' = \theta' + \frac{y}{R} = \theta + \frac{y}{R} = \alpha + \frac{2y}{R}$$

이고, 이로써 광선 추적에 필요한 두 개의 선형방정식이 다음과 같이 주어진다.

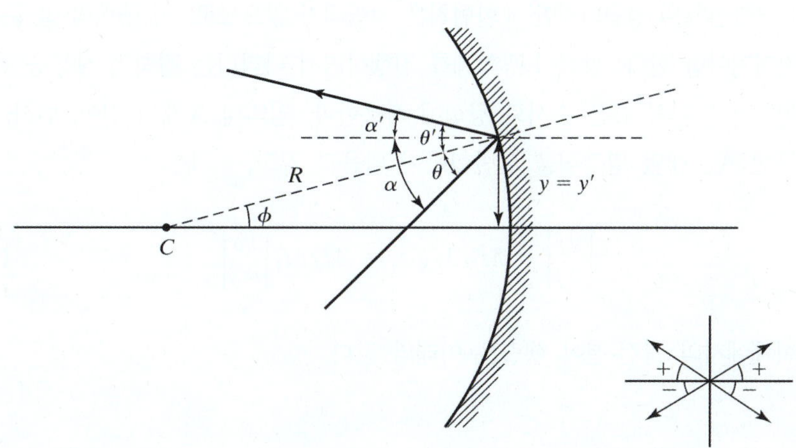

그림 18-7 구면에서의 광선의 반사. 아래 삽입된 좌표는 광선의 각도에 대한 부호규약을 보여준다.

$$y' = (1)y + (0)\alpha$$
$$\alpha' = \left(\frac{2}{R}\right)y + (1)\alpha \tag{18-11}$$

행렬 형태로는 아래와 같다.

$$\begin{bmatrix} y' \\ \alpha' \end{bmatrix} = \begin{bmatrix} 1 & 0 \\ \dfrac{2}{R} & 1 \end{bmatrix} \begin{bmatrix} y \\ \alpha \end{bmatrix} \tag{18-12}$$

18-6 두꺼운 렌즈와 얇은 렌즈의 행렬

이제부터는 두꺼운 렌즈에서 나타나는 광선의 경로를 행렬로 나타내보자. 일반적인 경우를 위해 렌즈의 양쪽 면이 굴절률이 n, n'로 다른 매질의 경계면인 경우를 고려한다(그림 18-8). 렌즈를 통과하면서 광선은 두 번의 굴절과 한 번의 전이를 겪게 되는데, 이 과정들은 이미 행렬로 구한 것이다. 그림 18-8을 나타내기 위해 기호를 써서 다음과 같이 쓸 수 있다. 간편하게 하기 위해 양의 곡률반지름을 가지는 렌즈를 고려한다.

$$\begin{bmatrix} y_1 \\ \alpha_1 \end{bmatrix} = M_1 \begin{bmatrix} y_0 \\ \alpha_0 \end{bmatrix}; \text{ 첫 번째 굴절 행렬}$$

$$\begin{bmatrix} y_2 \\ \alpha_2 \end{bmatrix} = M_2 \begin{bmatrix} y_1 \\ \alpha_1 \end{bmatrix}; \text{ 전이 행렬}$$

$$\begin{bmatrix} y_3 \\ \alpha_3 \end{bmatrix} = M_3 \begin{bmatrix} y_2 \\ \alpha_2 \end{bmatrix}; \text{ 두 번째 굴절 행렬}$$

위 행렬식들을 연결하여 나타내면 다음과 같다.

$$\begin{bmatrix} y_3 \\ \alpha_3 \end{bmatrix} = M_3 M_2 M_1 \begin{bmatrix} y_0 \\ \alpha_0 \end{bmatrix}$$

위 식에서 보는 바와 같이 두꺼운 렌즈는 $M = M_3 M_2 M_1$으로 표현할 수 있다. 행렬의 곱셈에서 결합법칙은 성립되지만 교환법칙은 성립되지 않으므로, 이 행렬의 곱 순서는 정확하게 지켜져야만 한다. 광선이 광학계를 진행하면서 나타나는 광학적 작용을 나타내는 각각의 행렬들은 이와 같은 순서로 광선에 작용한다. 임의의 N개의 전이, 반사, 그리고 굴절을 표현하는 행렬 방정식을 일반화하여 다음과 같고,

$$\begin{bmatrix} y_f \\ \alpha_f \end{bmatrix} = M_N M_{N-1} \cdots M_2 M_1 \begin{bmatrix} y_0 \\ \alpha_0 \end{bmatrix} \tag{18-13}$$

전체 광학계에서의 광선-전이 행렬은 아래와 같다.

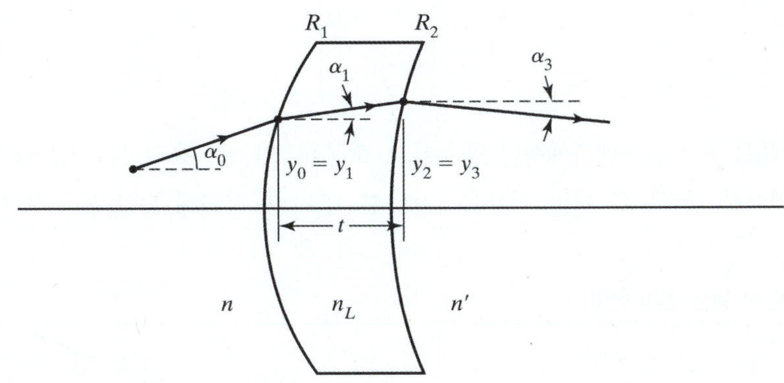

그림 18-8 두꺼운 렌즈를 통과해 지나가는 광선

$$M = M_N M_{N-1} \cdots M_2 M_1 \tag{18-14}$$

앞에서 얻어진 결과를 이용하여 그림 18-8의 두꺼운 렌즈에 적용해 보자. 두꺼운 렌즈의 굴절률은 n_L, 근축광선이 지나는 렌즈의 두께는 t이다. 얇은 렌즈는 $t \to 0$으로 근사할 수 있다. 굴절 행렬은 $\mathfrak{R}$, 전이 행렬은 $\mathfrak{T}$로 나타내면, 식(18-14)에 의해 두꺼운 렌즈의 행렬식은 다음과 같다.

$$M = \mathfrak{R}_2 \mathfrak{T} \mathfrak{R}_1$$

또는

$$M = \begin{bmatrix} 1 & 0 \\ \dfrac{n_L - n'}{n' R_2} & \dfrac{n_L}{n'} \end{bmatrix} \begin{bmatrix} 1 & t \\ 0 & 1 \end{bmatrix} \begin{bmatrix} 1 & 0 \\ \dfrac{n - n_L}{n_L R_1} & \dfrac{n}{n_L} \end{bmatrix} \tag{18-15}$$

t가 무시할 정도로 작고($t = 0$) 렌즈의 양쪽 면이 같은 매질로($n = n'$) 둘러싸여 있는 상황에서는

$$M = \begin{bmatrix} 1 & 0 \\ \dfrac{n_L - n}{n R_2} & \dfrac{n_L}{n} \end{bmatrix} \begin{bmatrix} 1 & 0 \\ 0 & 1 \end{bmatrix} \begin{bmatrix} 1 & 0 \\ \dfrac{n - n_L}{n_L R_1} & \dfrac{n}{n_L} \end{bmatrix} \tag{18-16}$$

이고, 식(18-16)을 간단히 하면

$$M = \begin{bmatrix} 1 & 0 \\ \dfrac{n_L - n}{n}\left(\dfrac{1}{R_2} - \dfrac{1}{R_1}\right) & 1 \end{bmatrix} \tag{18-17}$$

이다. 2행 1열의 행렬 성분은 렌즈제작자공식을 적용하여 렌즈의 초점거리 항으로 나타낼 수 있다.

$$\frac{1}{f} = \frac{n_L - n}{n}\left(\frac{1}{R_1} - \frac{1}{R_2}\right)$$

그러므로 얇은 렌즈 광선-전이 행렬은 간단하게

$$M=\begin{bmatrix} 1 & 0 \\ -\frac{1}{f} & 1 \end{bmatrix} \tag{18-18}$$

이다. 관례대로 f는 볼록렌즈에서는 양수이고, 오목렌즈에서는 음수값을 취한다. 이 행렬과 앞서 얻어진 행렬들은 빠른 인용을 위해 표 18-1에 정리해 놓았다.

표 18-1 간단한 광선-전이 행렬

전이행렬:

$$M=\begin{bmatrix} 1 & L \\ 0 & 1 \end{bmatrix}=\mathfrak{T}$$

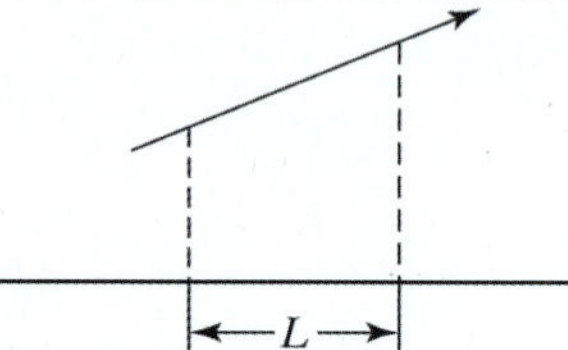

구면 굴절 행렬:

$$M=\begin{bmatrix} 1 & 0 \\ \frac{n-n'}{Rn'} & \frac{n}{n'} \end{bmatrix}=\mathfrak{R}$$

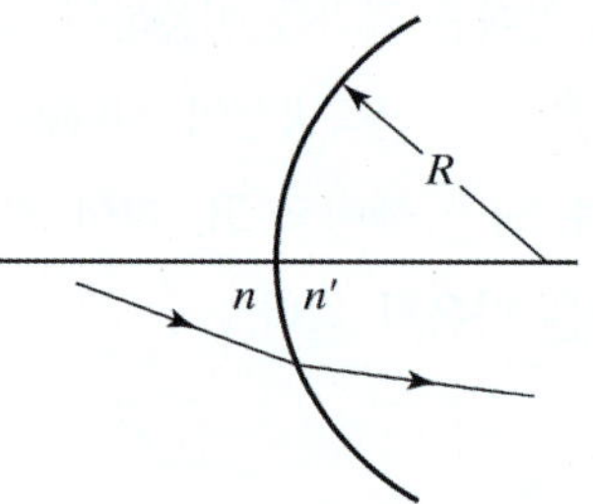

$(+R)$: 볼록
$(-R)$: 오목

평면 굴절 행렬:

$$M=\begin{bmatrix} 1 & 0 \\ 0 & \frac{n}{n'} \end{bmatrix}$$

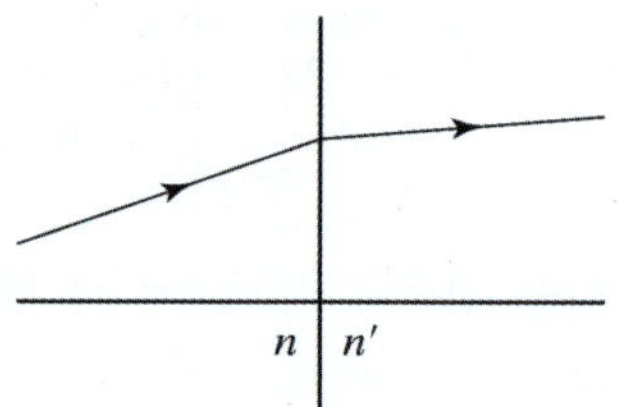

얇은 렌즈 행렬:

$$M=\begin{bmatrix} 1 & 0 \\ -\frac{1}{f} & 1 \end{bmatrix}$$

$$\frac{1}{f}=\frac{n'-n}{n}\left(\frac{1}{R_1}-\frac{1}{R_2}\right)$$

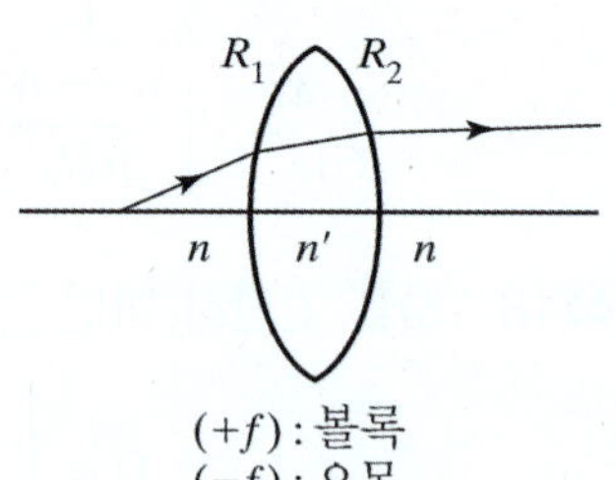

$(+f)$: 볼록
$(-f)$: 오목

구면 거울 행렬

$$M=\begin{bmatrix} 1 & 0 \\ \frac{2}{R} & 1 \end{bmatrix}$$

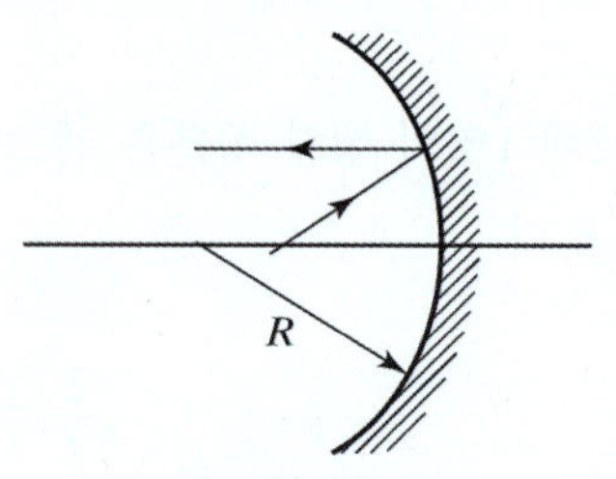

$(+R)$: 볼록
$(-R)$: 오목

18-7 전달행렬계

식(18-14)에 따라 각각의 행렬들을 적절한 순서로 결합하여 2×2 행렬로 광학계를 표현할 수 있다.

예제 18-2

그림 18-8에서 나타나는 두꺼운 렌즈의 조건이 $R_1 = 45$ cm, $R_2 = 30$ cm, $t = 5$ cm, $n_L = 1.60$ 그리고 $n = n' = 1$로 주어질 때, 이 렌즈의 행렬계를 구하시오. 행렬곱을 하기 전에는 식(18-15)로 나타내시오.

풀이

$$M = \begin{bmatrix} 1 & 0 \\ \dfrac{1}{50} & 1.6 \end{bmatrix} \begin{bmatrix} 1 & 5 \\ 0 & 1 \end{bmatrix} \begin{bmatrix} 1 & 0 \\ -\dfrac{1}{120} & \dfrac{1}{1.6} \end{bmatrix} \quad \text{또는} \quad M = \begin{bmatrix} \dfrac{23}{24} & \dfrac{25}{8} \\ \dfrac{7}{1200} & \dfrac{17}{16} \end{bmatrix}$$

위의 합성 광선-전이 행렬의 성분들은 다음과 같은 형태로 표현된다.

$$M = \begin{bmatrix} A & B \\ C & D \end{bmatrix}$$

앞으로 보게 될 광학계와 관련되는 성질들은 이와 같이 기술된다. 이 행렬의 성분들은 광선이 들어오고 나가는 위치에 의존한다는 것에 유의해야 한다. 앞서 계산된 두꺼운 렌즈의 경우 **입사면**은 렌즈의 왼쪽 표면에, **출력면**은 렌즈의 오른쪽 표면에 위치한다. 만약 이 면들이 각각 렌즈로부터 어느 정도 이동한다면, 이동한 거리를 반영하여 초기와 마지막의 전이 행렬을 포함해야 할 것이다. 이에 따라 행렬 성분들이 변하게 되고 행렬계는 이로 인해 확장된 "계"를 나타낸다. 어떤 상황에서도 행렬계의 행렬식은 매우 유용한 결과를 보여준다.

$$\text{Det } M = AD - BC = \frac{n_0}{n_f} \tag{18-19}$$

여기서 n_0와 n_f는 각각 계의 처음과 마지막 매질의 굴절 계수이다. 이 식은 먼저 표 18-1의 모든 광선-전이 행렬의 행렬식이 n/n' 혹은 1의 값을 가지고, 다음으로 행렬들을 곱한 결과의 행렬식과 각 행렬의 행렬식끼리의 곱이 같다는 정리를 활용하여 증명할 수 있다.[2] 이를 식으로 나타내면, $M = M_1 M_2 M_3 \cdots M_N$이고,

$$\text{Det}(M) = (\text{Det } M_1)(\text{Det } M_2)(\text{Det } M_3) \cdots (\text{Det } M_N) \tag{18-20}$$

---

2 이 정리는 두 행렬의 곱을 쉽게 증명할 수 있고, 임의의 수의 행렬곱의 유도를 일반화할 수 있다. 정식적인 증명은 E. T. Browne의 *Introduction to the Theory of Determinants and Matrices* (Chapel Hill: University of North Carolina, 1958)와 같은 교과서에서도 찾을 수 있다.

이다. 위 곱의 정렬에서 광선-전이 행렬들의 행렬식들을 이용하여 중간에 있는 모든 굴절 계수들을 없애고 식(18-19)처럼 n_0/n_f 항만 남긴다. 두꺼운 렌즈의 예에서처럼 n_0와 n_f 모두 공기로 생각하는 경우가 가장 많으며 그때의 전달행렬계의 행렬식은 $\mathrm{Det}(M)=1$ 이다. 식(18-19)에서 나타나는 조건은 행렬계를 만드는 계산에서의 정확성을 확인하는 데 유용하다.

18-8 계 행렬 성분들의 의의

각각의 행렬성분들이 0이 되는 경우를 살펴보자. 식(18-13)으로부터 아래와 같이 기호로 나타내면

$$\begin{bmatrix} y_{\mathrm{f}} \\ \alpha_{\mathrm{f}} \end{bmatrix} = \begin{bmatrix} A & B \\ C & D \end{bmatrix} \begin{bmatrix} y_0 \\ \alpha_0 \end{bmatrix} \tag{18-21}$$

이고, 이는 다음의 대수적인 관계식들과 같다.

$$\begin{aligned} y_{\mathrm{f}} &= Ay_0 + B\alpha_0 \\ \alpha_{\mathrm{f}} &= Cy_0 + D\alpha_0 \end{aligned} \tag{18-22}$$

(1) $D=0$. 이 조건에서는 $\alpha_{\mathrm{f}} = Cy_0$ 이므로 α_0와 무관하다. y_0가 고정되어 있기 때문에 입사면의 한 점에서 나오는 모든 광선이 입사각에 관계없이 출력면에서 모두 같은 각 α_{f}를 가지게 된다. 그림 18-9(a)에서처럼 결과적으로 입사면은 광학계의 첫 번째 초점 평면과 일치한다.

(2) $A=0$. 이 경우는 앞에 보인 상황과 매우 비슷하다. 여기서 $y_{\mathrm{f}} = B\alpha_0$의 식은 y_{f}가 y_0와 관계가 없음을 나타내기 때문에 높이에 관계없이 입사면에서 같은 각도로 떠나는 모든 광선들은 출력면에서 같은 높이 y_{f}에 도달한다. 그러므로 그림 18-9(b)에서처럼 출력면은 두 번째 초점 평면으로 표현되는 함수이다.

(3) $B=0$. α_0와는 무관하게 $y_{\mathrm{f}} = Ay_0$ 이다. 그러므로 입사면에서 높이 y_0로부터 생기는 모든 광선들은 출력면상의 높이 y_{f}인 지점으로 들어온다. 그림 18-9(c)와 같이 이 점들은 물체와 상의 위치와 연관이 있으며, 입사면과 출력면은 광학 계의 공액면(conjugate plane)과 일치한다. 또한 $A = y_{\mathrm{f}}/y_0$ 이므로 행렬의 성분 A는 선형적인 배율을 나타낸다.

(4) $C=0$. 이 경우는 $\alpha_{\mathrm{f}} = D\alpha_0$로 y_0에 무관하다. 이 경우는 3번 경우에서 광선의 높이들을 바꿔 같은 방향으로 향하게 한 것과 유사하다. 한 방향으로 정렬된 모든 입사 광선들은 다른 방향을 가리키는 평행한 출력광선들을 만든다. 또한 $D = \alpha_{\mathrm{f}}/\alpha_0$는 각 배율에 해당한다. $C=0$인 계는 "망원경 시스템(telescopic system)"이라고 불리는데 망원경이 광선들을 서로 평행하게 물체에 입사시키고 출력 광선들 또한 서로 평행하게 접안렌즈로 들어오기 때문이다.

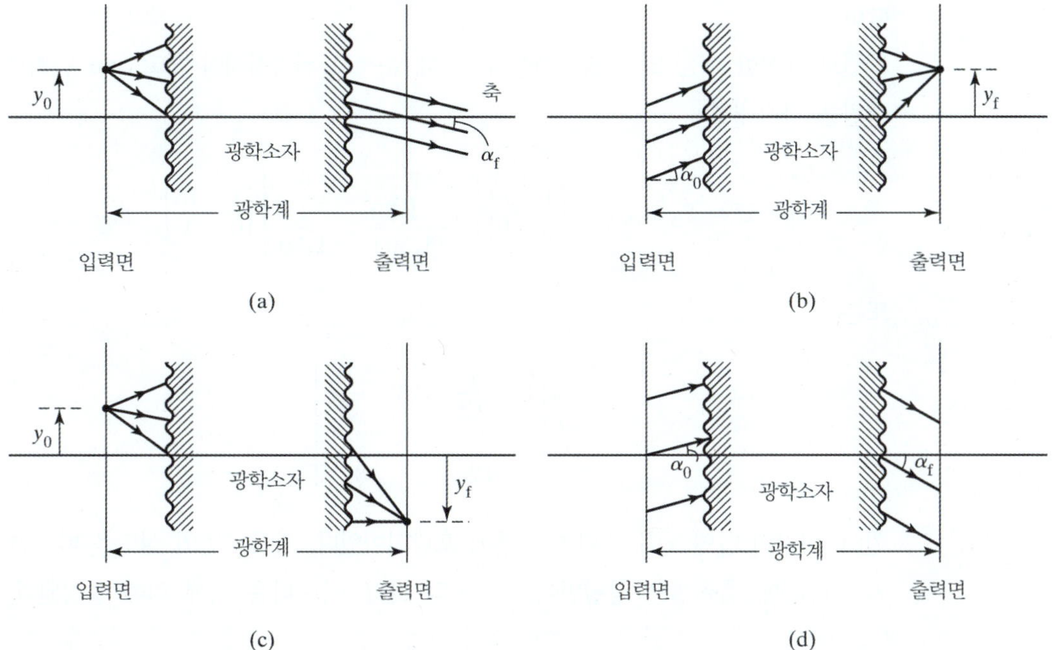

그림 18-9 특정한 행렬계 성분들이 사라지는 중요한 경우들에 대한 상황의 도식. (a) $D=0$인 경우, 입사면은 첫 번째 초점면과 일치한다. (b) $A=0$인 경우, 출력면이 두 번째 초점면과 일치한다. (c) $B=0$인 경우, 출력면은 입사면에 대해 공액 상평면(image plane conjugate)이고, A는 선형 배율이다. (d) $C=0$인 경우, 입사면 위치에서 서로 평행한 광선 다발은 출력면 위치에서도 서로 평행하고, D는 각배율을 나타낸다.

예제 18-3

위 항목 중 3번의 경우를 살펴보자. 그림 18-10에서 보여주는 것과 같이, 반지름이 4 cm이고 구면으로 끝 처리가 된 플라스틱 막대가 있고, 이 왼쪽 끝으로부터 16 cm 떨어진 축 상에 작은 물체가 놓여있다. 플라스틱의 굴절률은 1.50이고 물체는 공기 중에 있다. 구면으로부터 거리 x만큼 떨어진 기준 출력면(output reference plane)에 물체의 상이 생긴다고 하자. 이 상의 거리 x와 횡배율(lateral magnification) m을 구하자. 물체와 상이 있는 면을 연결하는 행렬계는 세 개 행렬의 곱으로 이루어지는데, (1) 공기 중의 물체로부터 막대 속으로의 이동 $\mathfrak{T}_1$, (2) 구면에서의 굴절 $\mathfrak{R}$ 그리고 (3) 플라스틱 매질 속에서 상으로의 이동 $\mathfrak{T}_2$을 나타내는 것들이다.

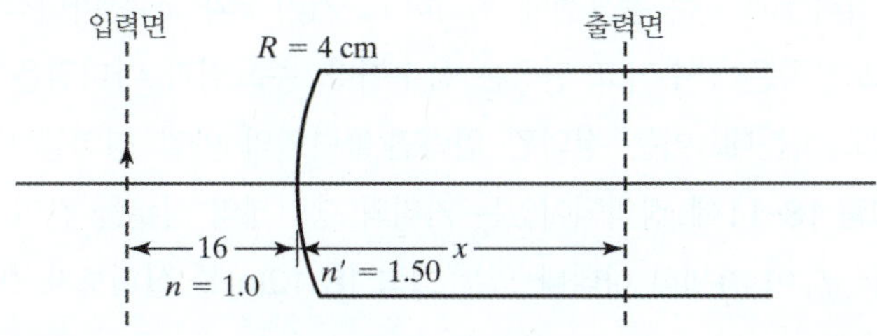

그림 18-10 광선-전달 행렬 방법을 이용한 예제 조건의 도식적인 정의.

풀이

행렬로 표현할 때는 일어나는 현상과 "반대"순서로 위치시켜야 하고, cm 단위로 행렬을 나타내면,

$$M = \mathfrak{T}_2 \mathfrak{R} \mathfrak{T}_1 = \begin{bmatrix} 1 & x \\ 0 & 1 \end{bmatrix} \begin{bmatrix} 1 & 0 \\ \dfrac{1-1.50}{4(1.50)} & \dfrac{1}{1.50} \end{bmatrix} \begin{bmatrix} 1 & 16 \\ 0 & 1 \end{bmatrix}$$

또는

$$M = \begin{bmatrix} 1 - \dfrac{x}{12} & 16 - \dfrac{2x}{3} \\ -\dfrac{1}{12} & -\dfrac{2}{3} \end{bmatrix}$$

인데, 미지의 양인 x가 행렬의 성분에 포함되어있다. 항목 3번의 설명을 따르면, $B=0$일 때, 출력면은 상평면이므로 상의 거리 x는 다음 식에 의해 결정된다.

$$16 - \frac{2x}{3} = 0 \ \text{ 또는 } \ x = 24\,\text{cm}$$

또한 횡배율 m은 성분 A의 값에 의해 주어지게 된다.

$$m = A = 1 - \frac{x}{12} = -1$$

상이 맺히는 위치는 막대 내부 24 cm 지점이고 도립상이며, 횡 방향으로는 물체와 같은 크기를 가진다. 이 설명은 상의 위치와 크기를 행렬계로 어떻게 찾는지 보여주기는 하지만, 이런 일들은 주로 앞서 유도된 가우스의 상 공식(Gaussian image formulas)을 이용해서 더욱 빠르게 할 수 있다.

18-9 광학계에서의 특이점 위치

광학계가 가지는 특성들을 전달행렬계의 성분들로부터 유추할 수 있으므로, 행렬 성분 A, B, C, D와 특이점들 사이에 관계를 알 수 있다. 그림 18-3에서 입력/출력 면과 광학계를 결정짓는 여섯 개의 특이점들의 상대적인 거리를 정의하고, 이를 일반화시켜 그림 18-11로 나타내었다. 초점 F_1과 F_2는 주요점 H_1과 H_2로부터 f_1과 f_2만큼 떨어진 곳에 위치하고, 기준 입사면과 출력면으로부터 각각 p, q만큼 떨어져 있다. 또한 입력/출력면으로부터 거리 r과 s는 주요점에 위치하고, 거리 v와 w는 마디점에 있다. 이들 기준면으로부터 오른쪽은 양수이고 왼쪽은 음수이다. 주요점과 마디점은 때때로 광학계의 바깥에 생기기도 하는데, 이는 정의된 입력면/출력면의 바깥 영역을 말한다.

이제 그림 18-11에 정의되어있는 거리와 행렬계의 성분들 간의 관계를 유도하자. 우선 거리 p, r, f_1이 자세히 나타나 있는 그림 18-12(a)를 살펴보자. 이 점들은 첫 번째

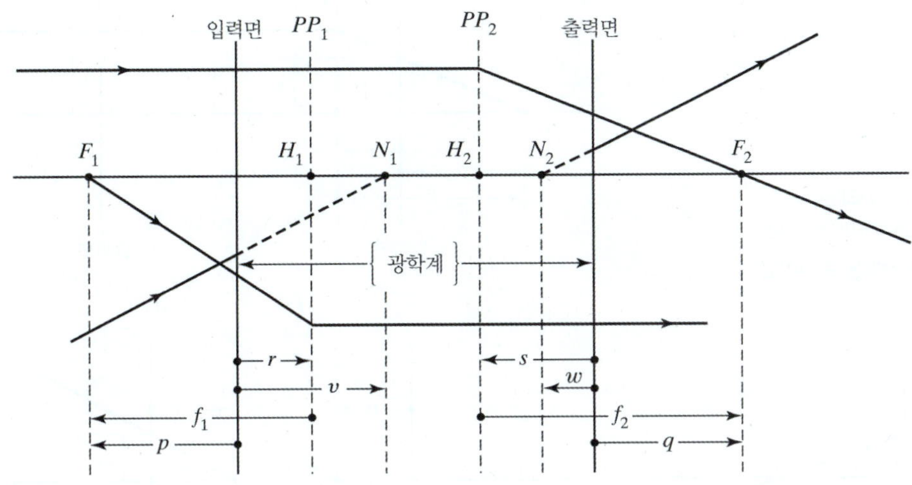

그림 18-11 광학계의 여섯 특이점들이 지정된 위치. 마디점과 주요면에 연관되는 광선들 또한 나타내었다.

초점과 첫 번째 주요면의 위치에 의해 결정된다. 주어진 광선의 입력좌표는 $(y_0,\ \alpha_0)$이고 출력좌표는 $(y_{\rm f},\ 0)$이다. 이 광선의 광선 방정식인 식(18-22)를 이용하면

$$y_{\rm f} = Ay_0 + B\alpha_0$$

그리고

$$0 = Cy_0 + D\alpha_0 \text{ 또는 } y_0 = -\left(\frac{D}{C}\right)\alpha_0 \tag{18-23}$$

이 된다. 작은 각에 대해서는 그림 18-12(a)에 의해

$$\alpha_0 = \frac{y_0}{-p}$$

이고, 여기서 음의 부호는 F_1이 출력면으로부터 왼쪽으로 p만큼 떨어져 있음을 나타낸다. 식(18-23)에 적용하면

$$p = \frac{-y_0}{\alpha_0} = \frac{D}{C} \tag{18-24}$$

이고, $\alpha_0 = y_{\rm f}/(-f_1)$이므로 아래와 같이 정리된다.

$$f_1 = \frac{-y_{\rm f}}{\alpha_0} = \frac{-(Ay_0 + B\alpha_0)}{\alpha_0} = \frac{AD}{C} - B$$

$$f_1 = \frac{AD - BC}{C} = \frac{\mathrm{Det}(M)}{C} = \left(\frac{n_0}{n_{\rm f}}\right)\frac{1}{C} \tag{18-25}$$

마지막으로 식(18-24)와 (18-25)를 이용하면, 양의 거리 r은 p와 f_1으로 나타낼 수 있다.

$$r = p - f_1 = \frac{D}{C} - \frac{n_0}{n_{\rm f}}\frac{1}{C} = \frac{1}{C}\left(D - \frac{n_0}{n_{\rm f}}\right) \tag{18-26}$$

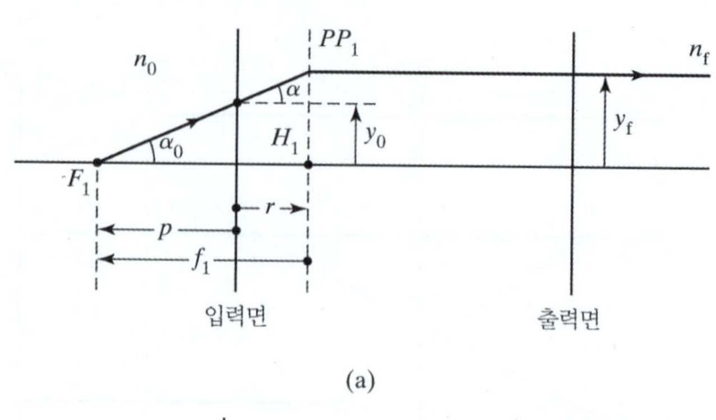

(a)

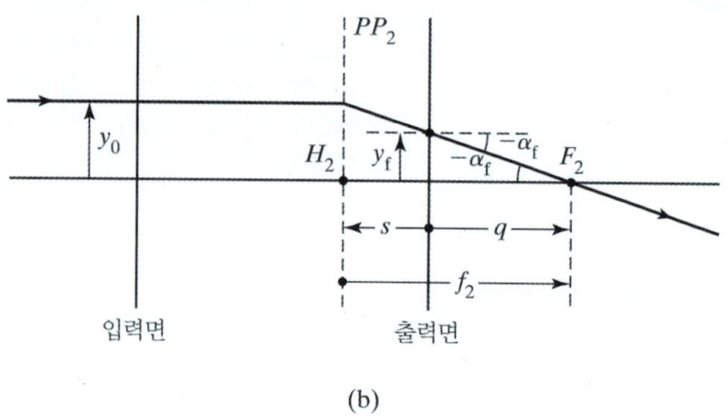

(b)

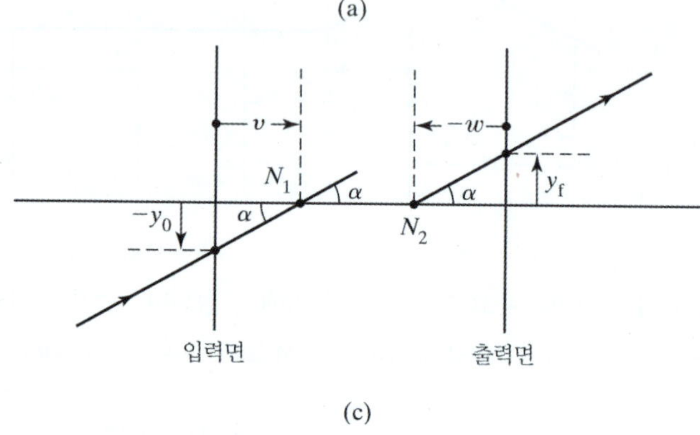

(c)

그림 18-12 (a) 행렬 성분들과 관련되는 거리 p, r 그리고 f_1을 이용한 구성. (b) 행렬 성분들과 관련되는 거리 q, s 그리고 f_2를 이용한 구성. (c) 행렬 성분들과 관련되는 거리 v, w를 이용한 구성.

그림 18-12(b)를 이용하여 출력 거리 q, f_2 그리고 s와의 관계도 밝혀낼 수 있다. 이 결과로부터 유도된 p, f_1, r는 표 18-2에 정리되어 있다. 그림 18-12(c)에서 마디면의 거리인 v와 w를 알 수 있다. 예를 들어 작은 각 α의 경우

$$\alpha = -\frac{y_0}{v} \tag{18-27}$$

인데, 음의 부호는 광선이 축 아래에서 입력 평면과 만난다는 것을 의미한다. 입력 광선과 출력 광선은 축으로부터 같은 각을 가진다. 식(18-22)로부터 $\alpha_0 = \alpha_f = \alpha$이면

$$\alpha = Cy_0 + D\alpha \quad \text{또는} \quad \frac{y_0}{\alpha} = \frac{1-D}{C} \tag{18-28}$$

을 구할 수 있다. 식(18-27)과 (18-28)을 연립하면

$$v = \frac{D-1}{C} \tag{18-29}$$

이고, 이와 유사하게

$$w = \frac{(n_0/n_f) - A}{C} \tag{18-30}$$

을 $\mathrm{Det}(M) = AD - BC = n_0/n_f$인 사실을 다시 한번 사용하여 보일 수 있다. 이 결과들 역시 표 18-2에 포함되어있다. 표에 나와있는 관계는 다음과 같이 유용하게 일반화시

표 18-2 행렬 성분에서 특이점의 위치

$p=\dfrac{D}{C}$	F_1	입력 (1)과 출력(2) 기준면에 대한 상태 위치
$q=-\dfrac{A}{C}$	F_2	
$r=\dfrac{D-n_0/n_f}{C}$	H_1	
$s=\dfrac{1-A}{C}$	H_2	
$v=\dfrac{D-1}{C}$	N_1	
$w=\dfrac{n_0/n_f-A}{C}$	N_2	
$f_1=p-r=\dfrac{n_0/n_f}{C}$	F_1	주요면에 대한 상대 위치
$f_s=q-s=-\dfrac{1}{C}$	F_2	

킬 수 있다.

1. 초기매질과 최종매질이 같은 굴절률을 가지면, 주요점과 마디점은 일치한다. 즉 $r=v$와 $s=w$이다.
2. 초기매질과 최종매질이 같은 굴절률을 가지면, 광학계의 첫 번째와 두 번째 초점 거리의 절대값은 같다.
3. 주요점끼리의 거리 차는 마디점끼리의 거리 차와 같다. 즉 $r-s=v-w$이다.

18-10 행렬계와 특이점을 이용한 예

그림 18-13과 같이 공기 중에서 두 얇은 렌즈가 L만큼 서로 떨어져서 있는 광학계를 생각해보자. 렌즈가 가지는 초점 길이는 각각 f_A, f_B이고 두 값 모두 음수 또는 양수를 가질 수 있다.

입사와 출력 기준면들이 렌즈 내에 위치하게 되면, 행렬계는 두 얇은 렌즈의 행렬 $\mathfrak{L}_A$와 $\mathfrak{L}_B$를 포함하며 두 렌즈 사이의 거리 L에 의한 전달행렬 T를 포함한다. 행렬계는 $M=\mathfrak{L}_B\mathfrak{T}\mathfrak{L}_A$이고

$$M=\begin{bmatrix}1 & 0\\ -\dfrac{1}{f_B} & 1\end{bmatrix}\begin{bmatrix}1 & L\\ 0 & 1\end{bmatrix}\begin{bmatrix}1 & 0\\ -\dfrac{1}{f_A} & 1\end{bmatrix}$$

$$M=\begin{bmatrix}1-\dfrac{L}{f_A} & L\\ \dfrac{1}{f_B}\left(\dfrac{L}{f_A}-1\right)-\dfrac{1}{f_A} & 1-\dfrac{L}{f_B}\end{bmatrix} \tag{18-31}$$

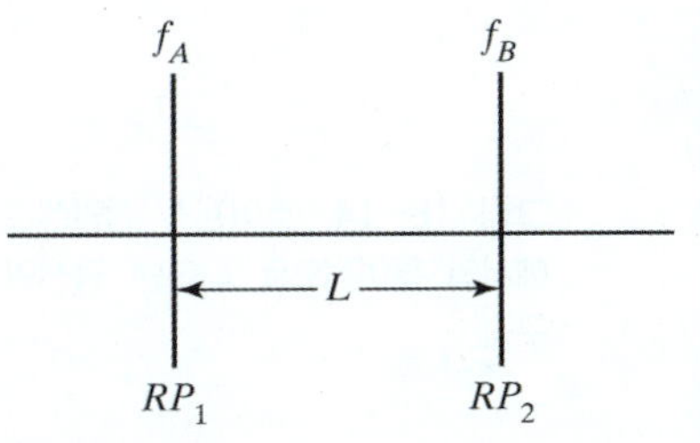

그림 18-13 공기 중에서 거리 L만큼 떨어져있는 두 얇은 렌즈로 이루어진 광학계.

로 나타난다. 표 18-2를 이용하면 이 계의 첫 번째와 두 번째 초점 거리는 $f_1 = 1/C$, $f_2 = -1/C$가 된다. 두 렌즈 계의 **등가초점거리**(equivalent focal length)를 $f_{eq} = f_2 = -1/C$로 잡는다. 그러면

$$\frac{1}{f_{eq}} = \frac{1}{f_A} + \frac{1}{f_B} - \frac{L}{f_A f_B} \tag{18-32}$$

이다. 또한 첫 번째 주요점과 마디점은 첫 번째 렌즈로부터의 거리 $r = v = (D-1)/C$에서 일치하고, 두 번째 주요점과 마디점은 두 번째 렌즈로부터의 거리 $s = w = (1-A)/C$에서 일치한다.

$$r = v = \left(\frac{f_{eq}}{f_B}\right)L, \quad s = w = -\left(\frac{f_{eq}}{f_A}\right)L \tag{18-33}$$

예제 18-4

위 결과를 호이겐스 접안렌즈(Huygens eyepiece)를 사용하는 경우에 적용해 보자. 호이겐스 접안렌즈는 두 개의 얇은 볼록렌즈가 각 렌즈의 초점 거리의 평균값에 해당하는 거리 L만큼 떨어져있다. $f_A = 3.125$ cm, $f_B = 2.083$ cm라고 가정하면, $L = 2.604$로 정해지고, 식(18-32)에 의해 $f_{eq} = 2.5$ cm이다. 그러므로 $25/f$인 접안렌즈의 배율이 10배가 된다. 식(18-33)으로부터 $r = +3.125$ cm, $s = -2.083$ cm가 구해진다. 특이점들과 임의의 광선을 포함하는 광학계를 서로 비율을 고려하여 그림 18-14에 나타내었다. 수렴하는 입사광선 1, 2 그리고 3은 두 렌즈 사이에 맺히는 상의 위치를 결정하는데, 이 상은 이 광학계가 가지는 허물체 VO이다. 눈으로 접안렌즈를 들여다볼 때 우리의 눈에 보이는 것처럼, 확대된 허상(그림에 나타나있지 않음)은 발산하는 광선에 의해 형성된다. 접안렌즈에 대한 것은 3장에서도 언급하였다.

풀이

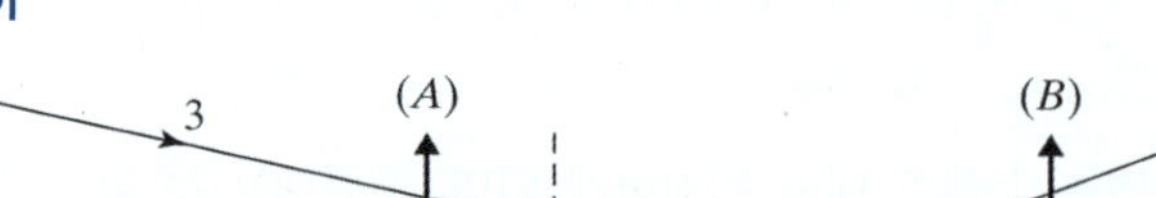

그림 18-14 호이겐스 접안렌즈에서의 특이점으로 나타낸 광선의 구성.

예제 18-5

마지막 계산결과와 같이 그림 18-15의 반구형 유리 렌즈에 대해 특이점들을 찾고

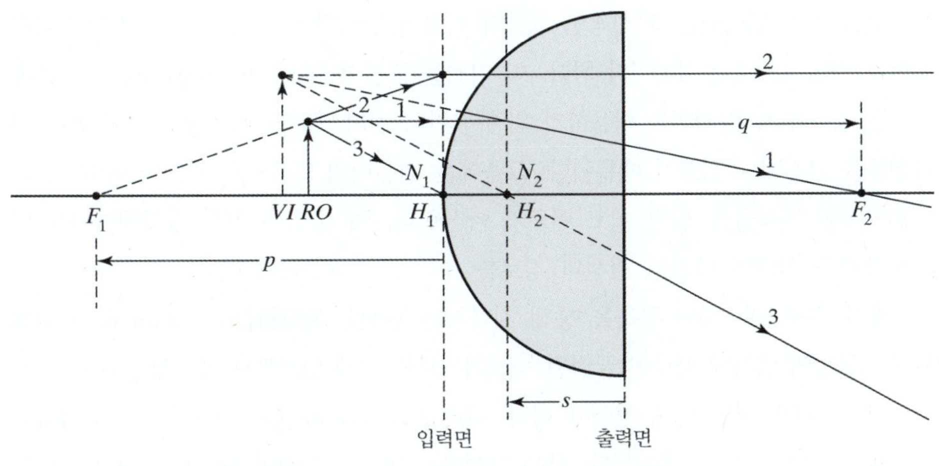

그림 18-15 반 구면 렌즈에서의 특이점들이 이용한 광선의 구성.

광로도(ray diagram)를 그려보자. 곡률반지름은 $R_1=3$ cm이고 $R_2\to\infty$, 공기 중에 있는 렌즈의 굴절률은 1.50이다.

$$M=\Re_2\mathfrak{T}\Re_1=\begin{bmatrix}1 & 0\\0 & 1.5\end{bmatrix}\begin{bmatrix}1 & 3\\0 & 1\end{bmatrix}\begin{bmatrix}1 & 0\\ \dfrac{-0.5}{1.5(3)} & \dfrac{1}{1.5}\end{bmatrix}$$

풀이

렌즈의 두 표면에서의 입사와 출력 기준면들에 대한 행렬계는 다음과 같이 쓸 수 있다.

$$M=\begin{bmatrix}\dfrac{2}{3} & 2\\ -\dfrac{1}{6} & 1\end{bmatrix},\ \mathrm{Det}(M)=1$$

표 18-2에 주어진 관계식에서 $p=-6$ cm, $q=4$ cm, $r=0$, $s=-2$ cm, $f_1=-6$ cm 그리고 $f_2=6$ cm를 얻는다. 주요점과 마디점들은 서로 일치한다. 특이점들은 대략 비율을 맞춰 그림 18-15에 나타내었다. 주요면과 마디점을 이용한 광로도는 임의의 실제 물체에 대해 그렸다. 이 경우 진행하는 광선들은 물체 RO 근처에서 약간 확대된 정립허상인 VI를 만든다.

18-11 광선 추적

근축광선으로 가정은 광학계를 통과해 진행하는 광선을 기술하는 데 있어서 매우 편리하다. 그 이유는 삼각비로 표현된 항이 식에서 제거되기 때문이다. 실제로 임의의 광학계에서 상을 만드는 광선은 대부분 광축 가까이에 있는 광선들이다. 하지만 상의 질이 향상되려면, 항상 존재하는 수차를 줄이는 방법을 찾아야 한다. 수차는 근축광선으로 가정하면서 나타나는 광선의 경로이탈 때문에 대부분 생기게 된다. 광학계를 통과하는 광선들의 실제 경로를 알기 위해서는, 기하적인 요소와 더불어 반사와 굴절 법칙을 적용하여 각각의 광선을 개별적으로 추적하여야 한다. 이 기법을 **광선 추적**(ray tracing)이라 부르는데, 그 이유는 예전에는 이 기법을 사용하기 위해서 자와 컴퍼스를 가지고 광선이 진행해나가는 과정들을 그려서 추적했기 때문이다. 요즘에는 컴퓨터의 도움으로 광선의 높이 및 각도의 점차적인 변화들을 훨씬 쉽고 빠르게 계산한다. 이 방법은 실제 광학계나 모니터 상의 광학계를 진행해 나가는 광선의 경로를 추적하는 데 사용한다.[3]

광선 추적법은 계의 광축을 통해 지나가는 광선인 **자오광선**(meridional rays)에 한정한다. 굴절의 법칙에 따르면 굴절된 광선이 입사면상에 있으므로 자오광선은 전 궤적에 걸쳐 같은 자오 평면 안에 있어야 한다. 그러므로 자오광선을 이차원[4]으로 취급하면 기하학적인 관계들이 많이 줄어든다. 상을 형성하는 데 기여하지만 광축을 통과하지 않는 광선들을 **사교광선**(skew rays)이라 부르며 이들의 계산에는 삼차원적인 기하학이 필요하다. 광선 추적 프로그램이 일단 한 번 만들어지면 더 복잡한 상황은 컴퓨터 계산에 있어서 문제가 되지 않는다. 구면 수차, 비점 수차(astigmatism) 그리고 코마(coma)와 같은 여러 가지 수차의 분석에는 선택한 비근축광선(nonparaxial rays)과 사교광선의 진행에 대한 정보가 필요하다. 네다섯 개로 구성된 사진용 렌즈처럼 복잡한 렌즈 계의 설계는 과학과 기술의 발전 덕분에 성공적으로 이루어진다. 위치, 초점길이, 표면의 곡률 그리고 각 요소들의 굴절률에 의한 광선 경로를 조금씩 바꿔가면서 렌즈 계의 설계를 점차적으로 최적화시킨다.

적절한 자오광선 추적 방정식이 어떻게 만들어지는지 그리고 그것들이 광학계를 구성하는 여러 개의 구면 반사면을 통과하는 광선을 따라가며 순차적으로 어떻게 반복적인 적용이 가능한지를 알아보자. 이 기술을 잘 이해하면 컴퓨터 프로그램으로 반복되는 과정을 잘 다룰 수 있게 된다.

그림 18-16은 광선 추적 분석에 있어서 하나의 대표적인 예이다. 부호규약에 따라 이 그림으로부터 만들어지는 방정식들은 어느 광선에나 그리고 어느 구면 반사면에도 적용할 수 있다. 선택된 광선은 점 A에서 발생하며 광축과 이루는 각은 α이다. 광선은 광축 상의 점 O를 지나고 점 P에서 굴절면과 교차한다. 점 P에서 굴절되어 굴절률이 n'인 매질로 들어가는 광선은 광축 상의 I지점을 가로지른다. 입사각과 굴절각인 θ와 θ'은 스넬의 법칙을 따른다. O와 I는 표면의 꼭지점 V로부터 거리 s와 s'에 대응하는 점이다. 표면의 반지름 R은 곡면의 중심을 가로지르며 C에서 만나는 곳에 표시되어 있다. 다른 점들과 선들 역시 필요한 기하학적 관계를 조사하기 위해 추가되었다.

부호규약은 이 장에 앞서 쓰여왔던 것과 같다. 꼭지점 V로부터 왼쪽에 있는 거리는 음수이고 오른쪽은 양수이다. 왼쪽에서 오른쪽으로 향하는 광선을 다룰 때, 각도는 그

3 인터넷 검색으로 무료로 제공되는 높은 수준의 광선추적 프로그램을 찾을 수 있다.

4 이차원이란 광선 그림을 그려왔던 페이지들을 의미한다. 별다른 언급이 없었다면 모든 그림에서 자오광선을 사용한 것이다.

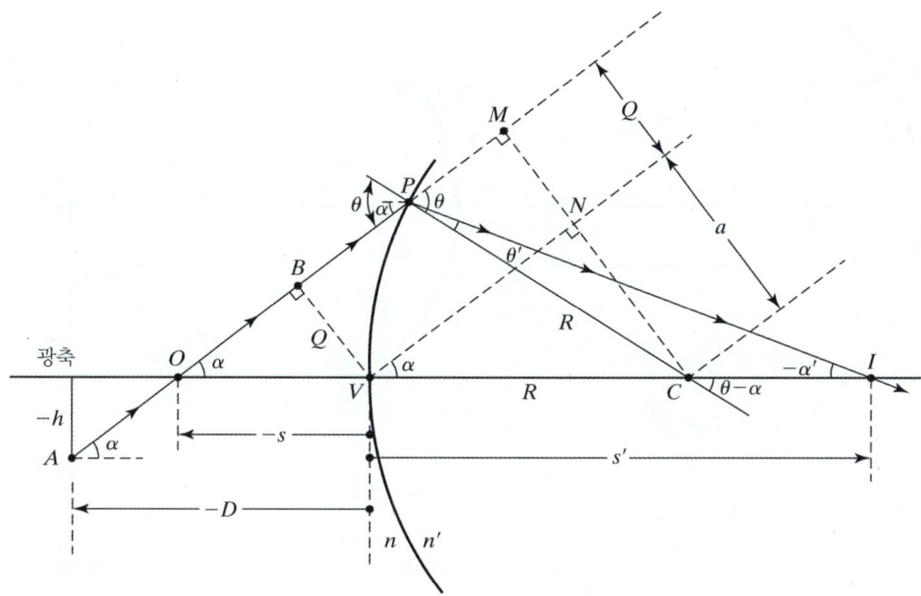

그림 18-16 한 광선에 대한 구면에서의 굴절. 이 그림은 각 지점에 해당하는 문자를 정의하고 자오광선의 광선-추적 방정식을 도출하는 기하학적인 관계를 보여준다.

기울기와 같은 부호를 갖게 된다. 축 위로 측정하는 거리는 양수이고 아래는 음수이다. 이 계산에서 부호규약을 따라야 하는 또 다른 중요한 값은 변수 Q이다. 그림에서 보이는 것처럼 꼭지점으로부터 광선까지의 수직거리 VB의 값이다.

광선을 나타내는 입력 변수들은 높이 h, 각 α, 거리 D이다. 그림 18-16은 "물체의 거리" s를 나타내는데, 다음 식에 의해 D와 연관되어 있다.

$$s = D - \frac{h}{\tan\alpha} \tag{18-34}$$

또한 삼각형 ΔOBV에서는

$$\sin\alpha = \frac{Q}{-s} \tag{18-35}$$

이고, ΔPMC에서는

$$\sin\theta = \frac{a+Q}{R}$$

이며, ΔVNC에서는

$$\sin\alpha = \frac{a}{R}$$

이다. 마지막 두 식으로부터 길이 a를 제거해서 다음 식을 얻는다.

$$\sin\theta = \frac{Q}{R} + \sin\alpha \tag{18-36}$$

점 P에서 스넬의 법칙을 적용하면,

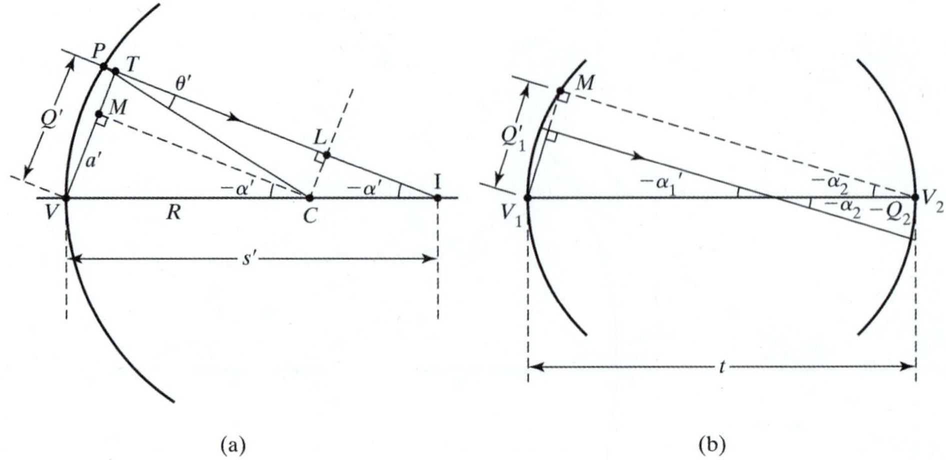

그림 18-17 (a) 굴절된 광선의 변수들과 거리 Q' 간의 기하학적 관계 (b) 첫 번째 굴절 이후에 다음 굴절을 겪기 전, Q와 α 사이에 생기는 전달과정의 기하학적 관계.

$$n\sin\theta = n'\sin\theta' \tag{18-37}$$

ΔCPI에서,

$$\theta - \alpha = \theta' - \alpha' \tag{18-38}$$

이다.

굴절된 광선의 변수 Q는 그림 18-17(a)에서 Q'으로 그려진다. 위와 유사한 관계를 ΔCMV에서

$$\sin(-\alpha') = \frac{a'}{R}$$

이고, ΔPLC에서는

$$\sin\theta' = \frac{Q' - a'}{R}$$

이다. 이전 과정처럼 위의 두 식에서 a'을 제거하면, 다음과 같다.

$$Q' = R(\sin\theta' - \sin\alpha') \tag{18-39}$$

그리고 ΔITV에서는

$$\sin(-\alpha') = \frac{Q'}{s'} \quad \text{또는} \quad s' = \frac{-Q'}{\sin\alpha'} \tag{18-40}$$

이다. 첫 번째 굴절에 해당하는 식은 표 18-3의 첫 번째 열의 일반적인 예 부분에서 찾을 수 있다.

이 계산들은 광학계에서 다음 굴절에 필요한 α, Q 그리고 s(이제는 '값'을 의미함)의 새로운 값을 얻을 수 있다. 첫 번째 굴절면으로부터 t만큼 떨어진 면의 기하학적인

표 18-3 자오광선 추적 방정식(입력변수: n, n', R, α, h, D)

일반적인 경우	광선과 광축이 나란한 경우: $\alpha=0$	평면: $R \Rightarrow \infty$
$s=D-\dfrac{h}{\tan\alpha}$	–	$s=D-\dfrac{h}{\tan\alpha}$
$Q=-s\sin\alpha$	$Q=h$	$Q=-s\sin\alpha$
$\theta=\sin^{-1}\left(\dfrac{Q}{R}+\sin\alpha\right)$	$\theta=\sin^{-1}\left(\dfrac{Q}{R}+\sin\alpha\right)$	–
$\theta'=\sin^{-1}\left(\dfrac{n\sin\theta}{n'}\right)$	$\theta'=\sin^{-1}\left(\dfrac{n\sin\theta}{n'}\right)$	–
$\alpha'=\theta'-\theta+\alpha$	$\alpha'=\theta'-\theta+\alpha$	$\alpha'=\sin^{-1}\dfrac{n}{n'\sin\alpha}$
$Q'=R(\sin\theta'-\sin\alpha')$	$Q'=R(\sin\theta'-\sin\alpha')$	$Q'=Q\dfrac{\cos\alpha'}{\cos\alpha}$
$s'=\dfrac{-Q'}{\sin\alpha'}$	$s'=\dfrac{-Q'}{\sin\alpha'}$	$s'=\dfrac{-Q'}{\sin\alpha'}$
전이: 입력: t		
$Q=Q'+t\sin\alpha'$		
$\alpha=\alpha'$		
$n=n'$		
입력: 새로운 n', R		
반복: θ를 계산하기 위해		

형태는 ΔV_2MV_1 상에서 이루어지는데, 이러한 관계는 그림 18-17(b)에 따라 다음과 같다.

$$\sin(-\alpha_2)=\frac{V_1M}{t}=\frac{Q_1'-Q_2}{t}$$

$$Q_2=Q_1'+t\sin\alpha_2 \tag{18-41}$$

표 18-3은 또한 이 방정식들을 (1) 입사광선이 축에 평행하게 들어올 때와 (2) 표면이 무한대의 곡률반지름을 가지는 편평한 면일 때와 같은 아래 두 가지 경우에 대해 어떻게 적용할 수 있는지를 보여준다.

예제 18-6

사진기에 포함된 렌즈 세 개를 통과하는 두 개의 광선을 추적해보자. 이 광선들은 렌즈에 평행하게 입사하고, 광축으로부터 각각 1 mm와 5 mm 높이의 물체로부터 나온다. 렌즈의 특성은 다음과 같다(모든 차원은 mm 단위이다).

$R_1=-120.8$

$R_2=-34.6 \qquad t_1=6 \qquad n_1=1.521$

$R_3=-96.2 \qquad t_2=2 \qquad n_2=1.581$

$R_4=-51.2 \qquad t_3=3 \qquad n_3=1.514$

풀이

두 광선 모두 축에 평행하므로, 표 18-3의 두 번째 열을 써서 광선의 경로에 대해 계산한다. 이 결과들을 다음 표로 만들 수 있다.

입력	결과: $h=1$인 광선	결과: $h=5$인 광선
첫째 면:		
$n=1$, $n'=1.521$	$Q=1$	$Q=5$
$\alpha=0$	$\alpha'=0.1625°$	$\alpha'=0.8128°$
$h=1$ 또는 5	$s'=-352.66$	$s'=-352.53$
$R=-120.8$	$Q'=1.0000$	$Q'=5.0010$
둘째 면:		
$t=6$	$Q=1.0170$	$Q=5.0861$
$n=1.581$	$\alpha'=0.2202°$	$\alpha'=1.1041°$
$R=-34.6$	$s'=-264.59$	$s'=-264.03$
	$Q'=1.0170$	$Q'=5.0876$
셋째 면:		
$t=2$	$Q=1.0247$	$Q=5.1261$
$n=1.514$	$\alpha'=0.2030°$	$\alpha'=1.0178°$
$R=-96.2$	$s'=-289.26$	$s'=-288.58$
	$Q'=1.0247$	$Q'=5.1260$
마지막 면:		
$t=3$	$Q=1.0353$	$Q=5.1793$
$n=1$	$\alpha'=-0.2883°$	$\alpha'=-1.4520°$
$R=-51.2$	$s'=205.72$	$s'=203.91$
	$Q'=1.0353$	$Q'=5.1672$

그러므로 이 두 광선은 마지막 면을 지난 광축 상의 거리 205.7 mm와 203.9 mm에서 만나며, 공통 초점이 1.8 mm만큼 빗나간다.

문제

18-1 두께 5 cm, 굴절률 1.60인 양면이 볼록한 렌즈의 반지름이 40 cm이다. 이 렌즈의 한 면은 물속에, 다른 한 면은 공기 중에 있다면, 물속에 있는 물체에 대한 유효초점거리(effective focal length)를 구하고 초점과 주요점들을 구하시오.

18-2 굴절률 $n=1.53$인 유리매질로 만들어진 양면이 오목한 렌즈가 각각 5 D(diopter: 디옵터; 렌즈의 굴절률 단위)와 8 D인 표면을 가지고 있다. 이 렌즈는 공기 중에 있고 축방향의 두께가 3 cm이다.

a. 초점 평면과 주요면의 위치를 구하시오.

b. 렌즈의 첫 번째 오목한 면에서 30 cm 앞에 위치한 물체의 위치를 렌즈의 중심을 기준으로 나타내어라.

c. 얇은 렌즈 근사를 통해 근축 상의 거리를 계산하시오. 오차의 백분율(percent)은 얼마인가?

18-3 곡률반지름이 20 cm, 10 cm인 양면이 볼록한 렌즈의 굴절률은 1.50이고 중심두께는 5 cm이다. 첫 번째 꼭지점으로부터 8 cm 떨어진 곳에 위치한 1인치 크기의 물체의 상에 대해 기술하시오.

18-4 굴절률이 1.61이고 구면의 반지름이 10 cm, 중심의 두께가 2 cm로 양면 등가 볼록렌즈가 공기와 물($n=1.33$) 사이에 위치해 있다. 5 cm 높이의 물체가 렌즈의 표면으로부터 60 cm 앞에 놓여 있다. 렌즈의 특이점들을 찾고, 결상된 상의 위치와 크기를 구하시오.

18-5 반지름 10 cm의 속이 빈 유리 구의 내부가 물로 채워져 있다. 근축 광선의 얇은 유리구의 벽에 대한 굴절은 무시한다.

a. 특이점들을 구하고 비율에 맞게 그려라.

b. 20 cm 떨어진 곳에 위치한 작은 물체에 대한 위치와 배율을 구하시오.

c. 적절한 광선을 a에 그려서 위의 수학적인 결과를 증명하시오.

18-6 빛이 유리로 된 반구의 편평한 면으로 입사한다. 구면의 반지름은 5 cm이고, 굴절률은 1.5이다.

a. 반구를 나타내는 행렬계를 써서 광축에 수직하게 입사하는 1 cm 높이 빛이 출력될 때의 높이와 각도를 구하시오.

b. 반구를 넘어서는 거리 x로 계를 확장하고 새로운 행렬계를 x에 관하여 나타내어라.

c. 새로운 행렬계를 이용하여 광축을 가로질러 넘어가는 광선이 어디에 있는지를 결정하시오.

18-7 그림 18-12(b)와 18-12(c)를 이용하여 표 18-2에 주어진 q, f_2, s, w를 증명하시오.

18-8 임의의 렌즈가 다음과 같은 특성을 가진다.

$R_1 = 1.5\text{ cm} = R_2$, d(두께)$=2.0\text{ cm}$,

$n_1 = 1.00$, $n_2 = 1.60$, $n_3 = 1.30$.

행렬 해법을 통해 주요점들을 찾아라. 대략적인 비율을 맞춰서 그림을 그리고 임의의 물체에 대한 광로도를 나타내어라.

18-9 초점 거리가 10 cm인 얇은 볼록렌즈가 초점거리가 같은 얇은 오목렌즈와 5 cm 떨어져 있다. 이 조합의 등가 초점 거리를 찾고 행렬을 이용하여 초점들과 주요면의 위치를 구하시오. 대략적으로 광학계를 그려서 구해낸 답을 표시하고, 이것들을 이용하여 계 앞에 놓인 임의의 물체에 의해 만들어지는 상을 구하시오.

18-10 축 방향으로 3 cm의 두께를 갖는 유리렌즈가 양쪽으로 볼록한 표면을 갖는다. 한쪽의 반지름은 5 cm이고, 다른 한쪽은 2 cm이다. 첫 번째 값을 갖는 표면이 렌즈의 왼쪽에 위치하고 공기와 맞닿아있다. 나머지 한쪽은 굴절률이 1.4인 물과 맞닿아있다. 유리의 굴절률은 1.50이다. 행렬을 이용하여 이 계의 초점, 주요면 그리고 초점거리를 모두 찾아라.

18-11 **a.** 얇은 렌즈의 초점거리가 10 cm이고, 입사면이 렌즈로부터 30 cm 앞, 출력면이 렌즈로부터 15 cm 뒤로 주어지는 간단한 행렬계를 구하시오.

b. 구해진 행렬의 성분들이 얇은 렌즈에서 기대되는 것처럼 여섯 개의 특이점들을 예측할 수 있음을 보여라.

c. 이 경우 왜 $B=0$인가? A가 포함하고 있는 특별한 의미는 무엇인가?

18-12 집시의 유리공은 굴절률이 1.50, 지름이 8인치이다.

a. 행렬 방법을 이용하여 주요점들의 위치를 구하시오.

b. 이 유리공에 의해 햇빛이 모아지는 곳은 어느 지점인가?

18-13 두꺼운 렌즈의 양쪽 표면은 입사광에 대해 오목한 면이고 5 cm의 반지름을 갖는다. 이 렌즈는 두께 1 cm, 굴절률이 1.50이다. (a) 공기 중에서 사용된 렌즈에 대한 행렬계를 찾고 (b) 이들의 특이점을 찾아라. 몇 가지 물체에 대해 광선 그림을 그려라.

18-14 색지움 접합렌즈(achromatic doublet)가 굴절률 1.52, 두께 1 cm인 볼록의 크라운 유리(crown glass)와 굴절률 1.62, 두께 0.5 cm인 오목의 플린트 유리(flint glass)로 구성되어 있다. 모든 표면은 곡률반지름 20 cm를 갖는다. 이 접합렌즈가 공기 중에서 사용된다면, (a) 입사면과 출력면이 렌즈의 표면에 잇닿아 있을 때의 행렬계 성분들, (b) 특이점들, (c) 렌즈 제작자의 공식을 써서, 이 조합의 초점거리와 접해 있는 두 렌즈의 등가 초점 거리를 구하시오. 얇은 렌즈로 근사했을 때의 f의 계산과 위 계산결과를 비교하시오.

18-15 렌즈의 왼쪽은 물체의 영역으로, 렌즈의 오른쪽은 상의 영역으로 그림 18-15의 광학계를 확장하자. 새로운 입사면을 물체의 영역 내의 거리 s에 그리고 새로운 출력면을 상의 영역내의 거리 s'으로 위치시킨다.

a. 확장된 계의 행렬계를 새로 구하시오.

b. 이 렌즈의 물체와 상까지의 일반적인 거리를 결정하는 성분 B를 구하시오. 그리고 횡배율과의 일반적인 관계를 구하시오.

c. (b)의 결과로부터, 렌즈의 왼쪽으로 20 cm 거리에 위치한 물체의 상의 거리와 횡배율을 구하시오.

d. 행렬 성분 A와 D를 0으로 둠으로써 얻을 수 있는 계에 대한 정보는 무엇인가?(그림 18-9를 보아라.)

18-16 쿡 카메라 삼중렌즈(Cooke triplet camera lens; 그림 3-23(a)를 보아라)의 행렬계를 찾아라. 왼쪽에서 입사되는 빛은 여섯 개의 구면과 만나는데 각각의 곡률반지름은 r_1부터 r_6으로 주어진다. 세 렌즈의 두께는 각각 t_1부터 t_3이고, 굴절률은 n_1부터 n_3이다. 렌즈 표면 사이의 경계의 첫 번째와 두 번째 공기층은 길이 d_1과 d_2이다. 이 광학계를 그리고 특이점들을 표시하시오. 근축광선들의 초점에 맞추려면 마지막 표면에서 얼마나 먼 곳에 필름을 놓아야 하는가?

Data:		
$r_1 = 19.4$ mm	$t_1 = 4.29$ mm	$n_1 = 1.6110$
$r_2 = -128.3$ mm	$t_2 = 0.93$ mm	$n_2 = 1.5744$
$r_3 = -57.8$ mm	$t_3 = 3.03$ mm	$n_3 = 1.6110$
$r_4 = 18.9$ mm		
$r_5 = 311.3$ mm	$d_1 = 1.63$ mm	
$r_6 = -66.4$ mm	$d_2 = 12.90$ mm	

18-17 $n = n'$과 $t = 0$이라는 특별한 조건을 가정하지 않고서 식 18-15에서처럼 두꺼운 렌즈의 행렬 곱을 구하시오. 그리고 두꺼운 렌즈의 일반적인 행렬 성분 A, B, C, D를 찾아라.

18-18 일반적인 두꺼운 렌즈(연습문제 18-17)의 행렬 성분들에 관해 특이점의 위치(표 18-2)를 이용하여, f_1과 f_2가 식(18-1)과 (18-2)로 주어짐을 보여라.

18-19 일반적인 두꺼운 렌즈(연습문제 18-17)의 행렬 성분들에 관해 특이점의 위치(표 18-2)를 이용하여, 거리 r, s, v와 w가 식(18-3)과 (18-4)로 주어짐을 보여라.

18-20 몇 개의 구면 반사면을 통과하는 광선을 추적하기 위해 식(18-34)를 식(18-41)에 포함시키는 컴퓨터 프로그램을 만들어라. 프로그램은 아주 먼 거리에 있는 물체로부터 광선이 나오는 특별한 경우와 평면에서의 반사도 고려해야 한다.

18-21 그림 18-15의 반구 렌즈를 통과하는 두 광선을 추적하시오. 이 광선들은 광축에서 위로 2 cm, 첫 번째 면으로부터의 축상거리 10 cm에 있는 물체에서 같이 나온다. 하나의 광선은 축에 평행하고, 다른 하나는 축과 $-20°$의 각을 이룬다.

18-22 접합렌즈로부터 거리 100 mm 떨어져있고, 축에서부터 7 mm 위에서 나오는 광선을 추적하시오. 이 광선은 수평선으로부터 상대적인 각 $+5°$를 이루고 있다. 이 접합렌즈는 렌즈의 반지름은 50 mm, 굴절률은 1.50 그리고 중심 두께는 20 mm로 등가 볼록렌즈로 이루어져 있다. 뒤이어 반지름이 -50 mm와 -87이고 굴절률이 1.8, 중심두께가 5 mm인 메니스커스(meniscus) 렌즈들이 위치한다. 최종적인 s, α 그리고 Q의 값을 구하시오.

18-23 아주 먼 거리에서 프로터 사진기 렌즈(protor photographic lens)를 통과하는 두 광선을 추적하시오. 하나는 1 mm의 높이를, 나머지 하나는 5 mm의 높이를 갖는다. 광선이 광축을 통과하는 위치와 그때의 각도를 구하시오. 이 계에 속하는 네 성분의 렌즈의 특성은 다음과 같고 렌즈 사이를 채우는 세 부분 공기의 영역은 각각 3 mm이다. 아래 값들의 길이단위는 mm이다.

$R_1 = 17.5$	$t_1 = 2.9$	$n_1 = 1.6489$
$R_2 = 5.8$	$t_2 = 1.3$	$n_2 = 1.6031$
$R_3 = 18.6$	$t_3 = 3.0$	$n_3 = 1$
$R_4 = -12.8$	$t_4 = 1.1$	$n_4 = 1.5154$
$R_5 = 18.6$	$t_5 = 1.8$	$n_5 = 1.6112$
$R_6 = -14.3$		

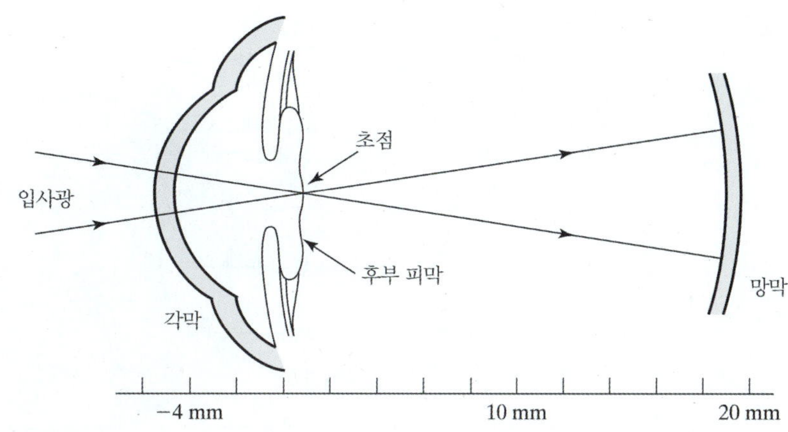

chapter 19 안광학

서론

이 장에서는 안광학에 대한 내용을 다룬다. 첫째로는 눈의 구조와 기능에 대해 논의할 것이고, 이어서 결함이 있는 안구에 생기는 **굴절이상**(errors of refraction)과 일반적으로 이를 교정하는 광학에 대해 설명한다. 마지막으로는 시력을 보정하기 위해 현재 시행되고 있는 여러 종류의 수술 과정에 대해 설명한다.

뇌와 연결되어 있는 눈은 정말 뛰어난 생물광학적 계로 이루어져 있다. 이 계가 가지는 독특한 특성들을 간단하게 살펴보자. 인간의 눈은 1피트의 거리에서부터 매우 먼 곳에 있는 물체까지도 상을 맺는다. 하늘과 같은 큰 장면에서부터 머리핀과 같이 작은 물체까지 넓은 영역에 정확히 초점을 잡는다. 어두운 밤에 멀리 떨어져 겨우 보이는 희미한 촛불의 깜빡임부터 망막에 손상을 줄 정도로 밝은 햇빛에 이르기까지 대단히 넓은 영역의 빛의 세기에 스스로 적응한다. 짙은 보라색부터 짙은 빨간색까지 오묘한 색들을 구분해 낸다. 눈은 삼차원 공간에서 정확한 물체의 위치를 인식할 수 있는 중요한 신체의 공간 감각 기관(spatial sense organ)이다.

19-1 눈의 생물학적 구조

해부학적으로 안구는 대략 22 mm의 지름을 가지는 거의 완전한 구의 형태이고, 골벽(bony walls)으로 감싸진 두개골 속의 눈확(orbit) 안쪽으로 지방 세포에 파묻혀 있다. 광학적으로 안구는 볼록렌즈계로 그릴 수 있는데, 일반적인 카메라가 하는 것과 거의 똑같이 입사광을 굴절시켜 실상을 맺는다.

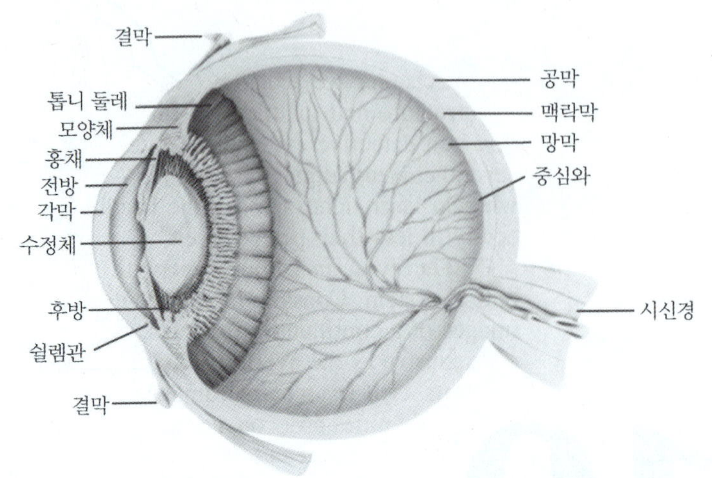

그림 19-1 안구의 종단면(사진 제공: Burroughs Wellcome Co).

눈의 각 부분

기본적인 눈의 각 부분들이 그림 19-1에 나타나 있다. 일반적으로 상이 형성되는 과정에서 광선들과 눈의 중요한 부분을 지나는 과정을 광축을 따라 조사해보자. 빛은 혈관이 전혀 없는 투명한 조직의 신경 세포에 싸여있는 **각막**(cornea)을 통해 눈으로 처음 들어온다. 각막은 대략 12 mm 지름과 그 중심에서 0.6 mm 두께를 가지고 있고 가장자리로 가면서 다소 두께가 두꺼워지며, 1.376의 굴절률을 갖는다. 굴절률이 갑자기 1.0에서 1.38로 바뀌는, 공기-각막 경계면에서 빛은 눈으로 들어가자마자 큰 각도로 휘어진다. 눈의 전체 굴절력(refractive power)에서 실제로는 73% 정도가 각막의 표면에서 이루어진다. 곧이어 각막의 뒤는 **전방**(anterior chamber)이라는 부분이 차지하는데, 각막에 영양분을 제공하는 유동체인 **수양액**(aqueous humor)으로 채워진 작은 공간이다. 이 액체의 굴절률은 1.336으로 거의 물(1.333)과 같은 값을 갖는다. 각막과 수양액의 굴절률이 거의 같기 때문에, 빛이 각막을 통해 전방으로 들어오는 동안 광선은 굴절되지 않는다. 수양액은 홍채(iris)에 위치하고 있고, 홍채 조리개(diaphragm)는 우리의 눈 색깔을 결정짓고 들어오는 빛의 양을 조절한다. 홍채에 있는 색소의 양과 위치로 눈의 색깔을 파랑, 초록, 회색, 혹은 갈색으로 결정된다. 조절이 가능한 구멍 혹은 빛이 통과해 지나가는 홍채의 열린 부분은 **동공**(pupil)이라 불린다. 홍채는 두 개가 한 세트인 연약한 근육으로 조절하는데, 이 근육은 빛의 자극에 반응하여 동공의 사이즈를 변화시키며 밝은 날에 2 mm의 최소값부터 아주 어두울 때 최대 8 mm까지 되도록 조절된다. 밝은 빛으로 눈의 내부를 조사하는 동안에 의사들은 종종 **아트로핀**(atropine)과 같은 약을 써서 동공이 확장된 상태를 유지하게 한다.

동공을 통과한 빛은 크기와 모양 모두 작은 리마콩 같은 투명한 구조의 **수정체**(crystalline lens)에 도달한다. 수정체는 빛이 초점을 맺는 마지막 단계에서 빛의 미세조정을 담당하는데, 수정체의 모양을 적절하게 바꿔서 외부의 장면을 선명한 이미지로 망막에 맺히게 한다. 수정체의 모양은 **모양체근**(ciliary muscle)으로 조절하는데, 이는 섬유

(**모양소대**: zonules)에 의해 수정체의 주변부분에 연결되어 있다. 이 근육이 이완되면, 수정체는 가장 편평한 모양이 되며 모양소대에 의해 수정체의 주변부분에 연결되어 있다. 이 근육이 이완되면 수정체는 가장 편평한 모양으로 되며, 입사된 빛은 작게 굴절된다. 이때 눈은 멀리 있는 물체의 뚜렷한 상을 망막에 맺는다. 근육이 수축하면 수정체의 모양은 곡률이 증가하고 빛을 많이 굴절시킨다. 이 "수축된" 상황에서 눈은 가까이에 있는 물체의 상을 망막에 뚜렷하게 맺게 할 수 있다. 이 렌즈(수정체)는 양파 같은 층 구조의 조직으로 되어있는데, 탄성이 있는 세포막에 의해 그 모양을 유지한다. 다소 복잡한 층의 구조로 이루어진 섬유 조직으로 인하여 수정체의 굴절률은 균일하지 않다. 이 렌즈의 중심 혹은 중심부(축상의) 근처에서 굴절률이 대략 1.41, 가장자리 근처에서는 1.38 근처까지 줄어든다.

수정체에서 마지막 굴절 후, 빛은 물과 비슷한 굴절률(1.336)을 가지는 **유리액**(vitreous humor)으로 들어간다. 본질적으로 구조가 없는 유리액은 세포의 잔해로 구성된 작은 입자들을 포함하고 있는데, 이들을 **유리체 떠돌이** 혹은 **유리체 부유물**(floaters)이라 한다. 하얀 천장을 눈을 가늘게 뜨고 볼 때 살짝 보이는 이들 입자가 시야 안에서 떠다니는 것에서 이러한 이름이 지어졌다.

유리액을 지난 이후에 빛은 **망막**(retina)에 도착한다. 망막은 말 그대로 "망"을 의미한다. 망막은 빛 에너지를 전기화학적 에너지로 전환시키는 눈의 망에 해당하는 "스크린"이다. 망막은 신경이 관련된 복잡한 구조로 본질적으로 뇌에서 뻗어 나온 것이다. 망막을 구성하는 네 개의 주된 막 중에서 (실제로는 전자현미경으로 관찰 가능한 10개의 막이 있다) 표면에서 아래로 두 번째 막에는 빛에 민감한 **원통세포**(rods)와 **원추세포**(cones)인 광수용체가 있다. 연속된 **신경세포**(neurons: 이극신경세포, bipolar cell)층을 통과하면서 광수용체에서의 화학적인 변화에 의해 유도된 전기적 신호는 눈의 뒤쪽에서 나와서 **축색돌기**(axons)로 들어간다. 축색돌기는 시신경 섬유이다. 두 종류의 광수용체인 원통세포와 원추세포는 모양, 개수, 위치 그리고 기능면에서 서로 다르다. 원통세포와 원추세포의 공통점은 디스크가 쌓여있는 모양으로 구성되어 있다는 점이고, 길다란 원통세포의 디스크가 짧은 원추세포의 디스크보다 더 얇다. 원통세포는 망막의 주변부로 가면서 더욱 조밀하게 있다. 이것들은 어두운 빛에 극도로 민감하지만 색을 구별해 내지는 못한다. 원추세포 다발은 망막의 중심 주변에 모여 있는데, 3 mm 지름의 이러한 영역을 **황반**(macula)이라 부른다. 원통세포의 반응과는 대조적으로 원추세포는 밝은 빛과 색에 모두 **민감**하지만 어두운 빛에는 잘 반응하지 않는다. 인간의 망막에는 대략 700만 개의 원추세포와 75~150만 개의 원통세포가 있다. 이 광수용체들은 대략 100만 개의 시신경 섬유에 연결되어 있어서 시신경의 끝에 집중된 수용신호를 가져다 준다. 이 시신경들은 상상할 수 없을 정도로 빨리 영상을 처리함과 동시에 시각적인 정보를 망막에서 뇌로 전달하는 주요 간선의 역할을 한다.

눈은 시축을 따라 진행하는 빛을 감지하는 부분 외에도 다른 역할을 하는 부분들을 가지고 있다. 그림 19-1에서 알 수 있는 것처럼 안구는 **공막**(sclera)이라는 질긴 흰색 겉꺼풀로 싸여있는데, 이것이 눈의 형태를 유지할 수 있게 해준다. 공막 바로 안쪽에는 눈 뒤쪽으로 눈의 5분의 4가 되는 영역을 뒤덮고 있는 **맥락막**(choroid)이 있는데, 이것은 눈에 있는 대부분의 혈관을 포함하고 있어 눈에 영양분을 공급해주어 결국 망막을 도와주는 역할을 한다. 시신경 위의 상당부분을 차지하는 황반의 중심부에는 시력이 가장 좋은 부분인 **중심와**(fovea centralis)가 있다. 예리하고 섬세한 정보가 필요할 때 — 예를 들어 움직이는 작은 바늘 — 눈이 연속적으로 움직이면서 조사하려는 영역에서 나오는 빛이 200 μm 지름의 원통세포가 없는 영역인 중심와로 정확하게 들어온다. 이것과는 대조적으로 시신경이 나가는 지점에 매우 작으면서 완전히 비감광성 부분인 또 다른 영역이 있는데, 어떤 수용체도 전혀 없는 이곳을 **맹점**(blind spot)이라고 부른다.

19-2 측광학

1장에서 복사측정학(radiometry)과 관련된 용어와 정의들을 소개하였다. 복사학은 복사에너지(radiant energy)의 전 영역을 측정하는 분야이다. 한편 **측광학**(photometry)이란 오직 전자기적 스펙트럼의 **가시영역**(visible portion)에만 적용하는 분야이다. 복사측정학은 순수하게 물리적인 측정만을 포함하는 반면에, 측광학은 다양한 파장의 복사된 에너지에 대해 반응하는 인간의 눈을 고려하여 측정하는 것이다. 인간의 눈은 스펙트럼에 대한 반응이 "균일"하지 않다. 즉 전체 파장에 대해 같은 감도를 가지고 반응하지 않는다. 같은 복사 세기를 갖는 파란색, 노란색, 빨간색의 세 빛을 시각적으로 측정한다면, 노란색의 빛이 다른 색의 빛들보다 훨씬 밝게 보인다. 측광학에서 나오는 광도값은 일반적인 눈에 나타나는 가시광선의 특성을 고려하여 측정을 한다는 것이다. 모든 인간의 눈이 다 같지는 않기 때문에 국제조명위원회(International Commission on Illumination, CIE)에서는 반응에 대한 표준값을 정해주었고 이를 그림 19-2에 나타내었다. 빛의 밝기에 대한 눈의 상대적인 반응과 민감도는 파장에 따라 다르고, 최대 민감도는 550 nm 근처의 "노랑" 파장에서 나타난다. 실제 이 그래프는 눈의 **주간시**(photopic vision)에 해당하는 시감효율곡선(luminous efficiency curve)으로 낮 동안의 시력에 해당하는 것이다. 더 낮은 수준의 빛의 세기에 대해서는 **야간시**(scotopic vision)에 해당하는데, 이 곡선은 초록색 영역으로 약간 이동하고, 510 nm에서 최대값을 보인다. 인간의 색 감지능력은 빛의 세기에 따라 달라지고, 약한 빛의 세기에서는 거의 작동하지 않는다는 점은 굉장히 흥미로운 사실이다. 이 현상을 증명할 수 있는 한 가지 방법이 있다. 보이는 그대로의 별들의 색깔과 적당히 노출시간을 준 컬러필름에 찍힌 별들의 색을 비교하는 것이다. 한편 매우 강한 빛은 CIE 곡선의 한계를 넘어서게 보일 것이다. 루비 레이저에서 발진하는 694.3 nm 파장의 강한 레이저 광선의 반사는 매우 쉽게 볼 수 있다. 심지어는 반도체 레이저에서 발진하는 900 nm 근처의 적외선 영역도 간혹 볼 수 있는데, 색은 짙은 빨간색이다.

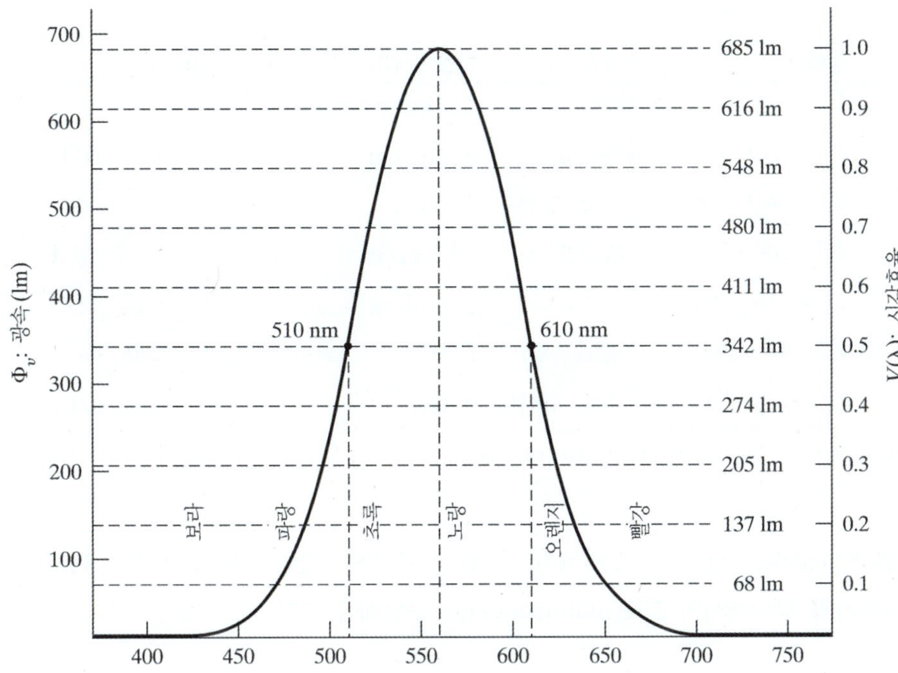

그림 19-2 CIE 시감효율. 특정한 파장에서 복사 일률이 1 W에 해당하는 빛 선속은 685 lm과 같은 파장에서의 시감효율의 곱으로 주어진다. 복사 일률에 대해 매 와트당 $\Phi_v(\lambda)=685\,V(\lambda)$임.

1장에서 소개된 복사도의 값들과 단위 그리고 그에 대응하는 광도의 값들과 단위를 표 19-1에 정리해놓았다. 복사도의 값들은 그림 19-2의 시감효율곡선에 의해 광도의 값들에 관련되는데 다음과 같은 방법을 따른다. 시감효율이 최대인 555 nm에서 1 W의 복사선속(radiant flux)에 대응하는 **광속**(luminous flux)은 685 lm로 정의한다. 예를 들어 시감효율이 0.5 또는 50% 영역의 $\lambda=610$ nm에서 1 W의 복사 선속은 0.5×685, 즉 342 lm의 광속을 만들어낸다고 할 수 있다.

측광학의 광도 단위들은 복사학의 복사도 단위들과 유사하다. 표 19-1에 이를 비교 정리한 값들을 나타내었다. 일반적으로 파장의 길이가 λ인 단색광의 복사에 관해서는 다음의 식에 따라 광도 단위와 복사도 단위가 연결된다.

$$\text{광도 단위} = K(\lambda)\times\text{복사도 단위} \tag{19-1}$$

여기서 $K(\lambda)$는 **시감효능**(luminous efficacy)이다. **시감효율**(luminous efficiency)인 $V(\lambda)$와 시감효능 사이의 관계는 다음과 같다.

$$K(\lambda)=685\,V(\lambda) \tag{19-2}$$

광도의 용어들은 luminous 단어를 수반하고 대응하는 단위는 문자 v(visual)를 아래첨자로 표시한다. 그렇지 않다면 복사도 기호들과 같아진다(복사도의 값들에 가끔씩 문자 e가 아래첨자로 쓰이기도 한다. 또한 이 책 전체를 통틀어 복사조도를 나타낼 때 E_e보다 기호 I를 훨씬 많이 쓴다). 광량(luminous energy)에 해당하는 SI 단위는 **탈봇**(talbot), 조도(luminous incidene)의 단위는 **룩스**(lux, lx) 그리고 광도(luminous intensity)의 단위

그림 19-1 복사도와 광도의 용어

항목	기호(단위)	정의식	항목	기호(단위)	정의식
복사에너지	Q_e (J = W·s)	–	광량	Q_v (lm·s)(탈봇)	–
복사에너지 밀도	w_e (J/m^3)	$w_e = dQ_e/dV$	광량밀도	w_v (lm/m^3)	$w_v = dQ_v/dV$
복사선속	Φ_e (W)	$\Phi_e = dQ_e/dt$	광속, 광선속	Φ_v (lm)	$\Phi_v = dQ_v/dt$
복사발산도	M_e (W/m^2)	$M_e = d\Phi_e/dA$	광속발산도	M_v (lm/m^2)	$M_v = d\Phi_v/dA$
복사조도	E_e (W/m^2)	$E_e = d\Phi_e/dA$	조도	E_v (lm/m^2) 또는 (lx)	$E_v = d\Phi_v/dA$
복사도	I_e (W/sr)	$I_e = d\Phi_e/d\omega$	광도(촉광)	I_v (lm/sr) 또는 (cd)	$I_v = d\Phi_v/d\omega$
복사휘도	L_e (W/sr·m^2)	$L_e = dI_e/dA\cos\theta$	휘도, 광휘도	L_v (cd/m^2)	$L_v = dI_v/dA\cos\theta$

약자: J; joule, W; watt, m; meter, lm; lumen, lx; lux, sr; steradian, cd; candela.

는 **칸델라**(candela, cd)임을 상기하자. 또한 연속적인 값인 복사도에서의 **복사조도**(irradiance)와 광도에서의 **조도**(illuminance)를 구별해야 한다.

예제 19-1

100 W의 분광복사선속(spectral radiant flux)의 빛을 내는 전구가 표면으로부터 2 m 떨어진 곳에 위치해 있다. 표면은 전구와 표면을 잇는 선에 수직이다. 표면에서의 복사조도를 구하시오. 만약 100 W의 출력이 $\lambda = 650$ nm의 붉은색 전구에서 나온다면, 이때 표면에서의 조도를 계산하시오.

풀이

복사조도 식에 따라 $E_e = P/A = 100\,\mathrm{W}/4\pi(2\,\mathrm{m})^2 \cong 2\,\mathrm{W/m^2}$이고, CIE 곡선으로부터 $V(650\ \mathrm{nm}) = 0.1$이므로

$$\text{조도 식}\quad E_v = K(\lambda) \times \text{복사조도} = 685\,V(\lambda) \times E_e$$

$$E_v = 685 \times 0.1 \times 2 = 137\ \mathrm{lm/m^2}\ \text{또는 lux}$$

이다. 그러므로 표면에서 측정하는 **복사계**(radiometer)는 $2\,\mathrm{W/m^2}$로 측정하는 반면에, 같은 위치에서 측정하는 **광도계**(photometer)는 137 lx로 보정된 값으로 결과가 나타난다.

복사 영역이 넓은 파장을 포함한다면, 복사도와 광도에서의 값들은 파장에 대한 함수가 될 것이다. 이러한 관계는 **분광**(spectral)이라는 단어로 표현하며, 아래첨자 λ를 첨가하거나 괄호 속에 써서 표시한다. 예를 들어 **스펙트럼 복사선속**(spectral radiant flux)은 $\Phi_{e\lambda}(\lambda)$로 표시한다. 그러므로 전체 스펙트럼 복사선속은 다음과 같이 조사영역의 모든 파장에 대해 적분한 값으로 주어진다.

$$\Phi_e = \int_{\lambda_1}^{\lambda_2} \Phi_{e\lambda}(\lambda) d\lambda$$

19-3 눈의 광학적 표현

지금까지 살펴본 바에 의하면, 정상적인 눈인 정시안은 각막에서부터 망막까지의 거리가 22 mm 정도인 회전타원체이다. 집광 굴절능(focusing power)을 제공하는 광학면은 세 가지로, 공기-각막 접촉면, 수양액-수정체 접촉면 그리고 수정체-유리액 접촉면이다. 전반적으로 눈은 얇은 볼록렌즈로 나타낼 수 있으며 근육이 이완된 상황(원거리 시)에서는 17 mm, 수축된 상황에서는(근거리 시) 14 mm의 초점거리를 갖는다. 눈의 굴절능을 좀 더 정확히 표현하고자 **모형안**(schematic eyes)이 제안되었다. 근사적이기는 하지만 모형안은 실제(복잡하기는 하지만) 생물학적 눈의 특징들을 잘 나타내고 있다.

살아있는 생물학적인 눈을 매우 정확하게 나타낸 모형안(H. V. Helmholtz와 L. Laurance 이후)이 그림 19-3이다. 눈 전체 영역의 특이점들(18장에서 논의되었음)과 반사면(refracting surfaces)의 상대적인 위치를 그림에 나타내었다. 이 모형안은 이완된 상황에 해당한다. 완전히 수축된 눈은 수정체의 앞쪽 표면이 얇아져서 수정체의 곡률반지름이 $R=10$ mm에서 $R=6$ mm로 작아진다. 그림 19-3과 표 19-2에 중요한 광학표면, 이들의 광축상에서 각막 정점으로부터의 거리, 여러 곡률반지름, 굴절률 그리고 각막과 수정체와 관련된 광학면에서의 굴절능을 정리해 놓았다. 모형안의 여러 부분에 대한 표면의 곡률반지름 및 각 굴절률 값들은 생물학적인 눈에 해당하는 각 부분들과는 값이 다를

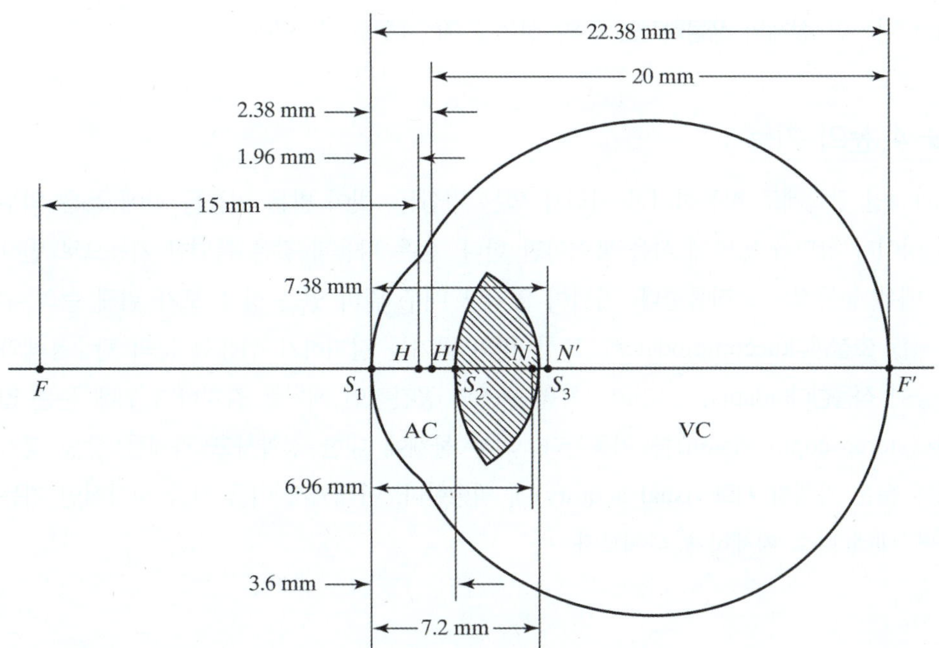

그림 19-3 로렌스(L. Laurance)에 의해 수정된 헬름홀츠(H. V. Helmholtz)의 모형안 1. 각 기호들의 정의는 표 19-2에 정리되어있다. 눈의 전체 특이점 위치를 표시하였는데, 이들의 의미는 18장에서 모두 논의한 것이다. (매튜 알펜(Mathew Alpern)의 허락을 받고 그의 책에서 채택함 "The Eyes and Vision", Section 12 in *Handbook of Optics*, New York: McGraw-Hill, 1978.)

그림 19-2 모형안 상수

면 또는 요소	정의된 기호	각막 정점으로부터 거리(mm)	곡률 반지름 (mm)	굴절률 (mm)	굴절능 (디옵터)
각막	S_1	—	+8[a]	—	+41.6
수정체	L	—	—	1.45	+30.5
앞면	S_2	+3.6	+10[b]	—	+12.3
뒷면	S_3	+7.2	−6	—	+20.5
전체 눈	—	—	—	—	+66.6
앞초점면	F	−13.04	—	—	—
뒷초점면	F'	+22.38	—	—	—
앞주요면	H	+1.96	—	—	—
뒷주요면	H'	+2.38	—	—	—
앞마디면	N	+6.96	—	—	—
뒷마디면	N'	+7.38	—	—	—
전방	AC	—	—	1.333	—
유리체방	VC	—	—	1.333	—
동공 입구	E_nP	+3.04	—	—	—
동공 출구	E_xP	+3.72	—	—	—

a 각막은 무한히 얇다고 가정한다.

b 주어진 값은 이완된 눈에 해당한다. 최대로 수축해서 조절한 경우, 앞면에서의 곡률반지름은 +6 mm로 바뀐다.

출처: 매튜 알펜(Mathew Alpern)의 허락을 받고 그의 책에서 채택함, "The Eyes and Vision", Table 1, Section 12, in *Handbook of Optics*, (New York: McGraw-Hill Book Company, 1978)

수도 있음을 각별히 유의한다. 그렇더라도 **모형**안을 기술하는 전체적인 광학 값들을 종합해서 다루면 실제의 **생물학적인** 눈의 성능을 잘 표현할 수 있다.

19-4 눈의 기능

효과적인 광학계로 작동하려면 거리가 멀든 가깝든, 빛이 밝든 어둡든 간에 눈은 외부의 상이나 장면을 망막에 상을 맺어야만 한다. 눈은 다음과 같은 특별한 기능으로 인하여 매우 능동적으로 작동한다. 가까이 있거나 매우 멀리 있는 상을 보기 위해 눈의 수정체를 **조절한다**(accommodates). 또한 빛의 밝기를 감지하기 위해서 눈의 광수용체와 동공이 **적응한다**(adapts). 그리고 3차원 구조의 공간적인 배치를 감지하기 위해 눈은 **입체시**(stereoscopin vision)를 이용한다. 외부 물체에 대한 정확하고 자세한 상을 맺기 위해 눈은 자체의 **시력**(visual acquity)에 의존한다. 아래에서 이들 각각 시각적인 기능들에 대해 다소 자세하게 다뤄보자.

조절작용

물체나 경치가 떨어진 거리에 따라 수정체가 적절하게 조절작용을 통하여(수축 혹은 이완) 정확한 초점으로 조절하여 상을 망막에 맺게 한다. 멀리 있는 물체를 볼 경우, 수정체에 붙어 있는 모양체 근육이 이완하여 수정체의 곡률반지름이 늘어나 결과적으로 초점거리도 늘어나면서 수정체는 원래의 형태보다 편평한 모양이 된다. 물체가 가깝게 움직이고 있으면, 모양체 근육은 긴장 혹은 수축하여, 수정체를 축소시키면서 불룩하게 튀어나오게 하여 결과적으로 곡률반지름과 초점거리가 짧아지게 만든다. 곡률반지름과 초점거리가 작을수록 굴절률 혹은 수정체가 빛을 휘게 하는 능력은 커지고 가까운 곳의 물체가 정확하게 좁은 초점 안에 들어오게 하는 조건을 만든다. 보통의 눈(수정체의 탄성과 모양을 조절하는 능력이 떨어지는 보통의 노화 과정을 겪기 전)에서는 조절과정이 아주 먼 지점(무한대)에서부터 한 발짝 정도 떨어진 근거리 물체까지 정확한 상을 망막에 만든다. 이 **근거리**(조절작용의 최접근 위치)는 나이가 들어감에 따라 눈으로부터 훨씬 멀리 이동하는데, 십대 때는 7~10 cm인 것이 증가하여 중년에는 20~40 cm가 되고 더 나이가 들었을 때는 200 cm 정도까지 늘어난다. 평균적인 사람의 경우 **노안**(presbyopia, 조절작용 기능 상실)은 40대 초반에 찾아오는데, 이때부터 25 cm 정도 떨어진 위치의 물체를 편하게 보기 위해 안경이 필요하게 된다.

적응

매우 어두운[1] 빛부터 매우 밝은 빛까지 빛의 세기가 10^5배 정도나 차이가 나는 신호에 반응하는 눈의 능력을 **적응**이라 한다. 눈으로 들어오는 빛의 양(선속 혹은 광자 개수)은 조절 가능한 구경인 동공과 함께 홍채에서 가장 먼저 조절된다. 조절 가능한 동공의 지름(8 mm부터 작게는 2 mm까지)만으로는 눈에서 처리되는 방대한 범위의 빛의 세기를 전부 조절하지 못한다. 매우 뛰어난 눈의 적응능력이란 눈의 망막에 있는 특정한 감광성을 가진 원통세포와 원추세포에 의한 것이다. 주요 성분은 원통세포와 원추세포 모두를 포함하며 **시각 색소**(visual pigment)라 불리는 색소 세포인 것처럼 보인다. 원통세포는 낮은 수준의 빛 신호(**야간시**)에 의해 자극을 받는데, **시홍**(visual purple)이라 불리는 한 종류의 색소 세포만을 포함한다. 높은 세기의 빛의 신호와 여러 색이 섞인 빛(**주간시**)에 모두 민감한 원추세포들은 각각이 세 종류의 시각 색소 중 하나씩을 포함하고 있다. 수많은 얇은 원통세포들은 하나의 신경 섬유를 작동시킬 수 있도록 신경 섬유에 복합적으로 연결되어 있다. 원통세포들보다는 많지 않으며 폭이 넓은 원추세포는 황반 영역에 있는데, 원통세포와는 대조적으로 개별적으로 신경 섬유들과 연결되어 있어서 각각이 개별적으로 신경을 활성화시킨다.

신경 섬유들의 활성화(시각 과정 자체에서 가장 중요한 부분)는 원통세포와 원추세포를 포함하는 시각 색소에 나타나는 화학적 변화에 의한 것이다. 빛이 두 종류의 광수

---

1 광자의 개수가 100개 이하인 신호가 인간의 시각 반응을 작동시킬 수 있다.

용체로 들어오면, 시각 색소가 일종의 표백과정을 겪으면서 어두운 상태에서 좀 더 선명한 상태로 바뀐다. 원통세포나 원추세포에 있는 시각 색소의 상태변화는 전기적 출력신호나 신경 섬유 자극으로 변환된다. 이런 전기적 자극은 광 신경계를 통해 뇌까지 전달되는데, 이를테면 유도된 신호의 빛의 세기가 뇌에 기록된다. 시홍색소가 원통세포에서 완전히 포화 활성화되면, 광수용체 세포들은 그 이상의 빛의 신호에 무감각해져 버리고 원통세포에서는 이들이 다시 반응하기 위해 색소 재생이 일어나야만 한다. 원통세포 속 한 종류의 시각 색소는 원추세포 속 세 종류의 어느 시각 색소보다 훨씬 민감하다. 따라서 약한 빛에도 원통세포는 원추세포에 비해 더 완전히 포화 활성화된다. 적응 과정에서 낮은 수준의 빛 혹은 야간시로부터 높은 수준의 빛 혹은 주간시로의 변화는 원통세포 색소가 더 빨리 포화되고 이어 원통세포 수용체가 무감각해지는 결과로 나타난다. 다음으로 밝은 빛은 덜 민감한 원추세포에 의해 효율적으로 처리된다. 역으로 (원추세포에 의해 다뤄진) 매우 밝은 빛에서 매우 어두운 빛으로 적응하는 것은 원통세포 색소의 재생과 "야간시"로의 복구로 이루어진다. 적응 과정 전체에서 야간 반응은 상현달이 뜬 밝기로부터 달이 없는 맑은 밤하늘의 별빛 정도의 범위에서 작동한다. 주간 반응(원통세포가 완벽하게 표백되고 불활성인 경우)은 대략 해질녘 빛의 밝기에서부터 매우 밝은 햇빛의 범위 사이에서 작동한다. 상현달과 해질녘의 빛의 수준 사이에서는 원통세포와 원추세포 모두 빛을 받아들이고 신경 자극을 전달한다.

입체시

삼차원 공간상에서 물체의 위치나 깊이를 판단하는 능력을 입체시라고 부른다. 인간의 경우에 두 눈으로부터 나온 광 신경은 뇌 근처의 **시신경 교차**(optic chiasma) 지점에서 만난다. 시신경 교차 지점에서부터 각 눈의 오른쪽 반에서 나오는 신경 섬유들은 뇌의 오른쪽 반으로 뻗어 있다. 각 눈의 왼쪽 반에서 나오는 신경 섬유들은 뇌의 왼쪽 반 부분에 닿는다. 그러므로 반쪽의 뇌들이 각각 양 눈으로부터 상을 받지만, 뇌는 하나의 상을 형성하게 된다. 뇌에서 두 개의 개별적인 상들이 하나의 상으로 합쳐지는 것을 **양안시**(binocular vision)라 한다. 실제로는 왼쪽 눈과 오른쪽 눈으로 들어오는 상들이 약간의 차이가 있는데, 이 차이가 사람 눈의 입체시를 만드는 것이다. 단안시(monocular vision)는 깊이에 대한 어떤 인식조차 없기 때문에 입체로 볼 수 없다는 것을 상기해야 할 것이다. 단안시에 더해서 시차(parallax), 투영법(shadowing) 그리고 친근한 물체의 특정한 원근법 같은 시각적 도움으로부터 입체감을 알 수 있다.

복시(double vision) 없이 제대로 된 양안시를 경험하려면, 물체의 상이 각각 대응하는 망막의 위치에 맺혀야만 한다. 이는 당연히 눈이 물체나 경치에 초점을 맞추려고 따라갈 때 일어나는 일이고, 각 눈의 중심와 위에 상이 맺힌다. 가장 독립적인 것은 오른쪽 눈이나 왼쪽 눈만을 쓰는 것인데, 한 눈이 다른 눈보다 우세한 경우이다. 어느 쪽 눈이 주시(dominant eye)인지를 알고자 한다면, 다음의 간단한 테스트를 해 보아라. 연필을 눈과 같은 높이에 한 발짝 정도 떨어진 거리에서 잡고 있어라. 두 눈을 모두 뜬 채로 연필을 방 곳곳의 그림, 문 혹은 창문의 세로 모서리에 맞게 맞춰 보아라. 연필을 고정시켜쥔 채로 한쪽 눈을 따로따로 감아보자. 어떤 눈이든지 떴을 때 연필이 비교대상 물체의 모서리와 나란하게 보이는 눈이 당신의 주시이다. 뇌는 주시에서 생긴 장면의 정보를 저장하고, 다른 눈의 정보는 무시한다.

시력

공간에서 물체 방향의 실제 차이를 인식하고, 자세하고 선명하게 보는 능력은 **시력**과 관계가 있다. 이 능력은 매우 가까이 있는 두 물체 혹은 점의 분해각이나 눈의 분해능에 직접적으로 의존한다. 엄밀히 따지자면 시력은 최소 분해각의 역수로 정의된다.

분해능의 평가와 시력의 측정은 조작하는 방법이 서로 다르다. 두 점의 구분은 **최소 분리 해상도**(minimum separable resolution)라 부른다. 흰 바탕 위의 검은 막대에 대응되는 최소 분해가능 각을 **최소가시역**(minimum visible)이라 하고, (시력검사표상의) 활자체를 읽을 수 있는 최소각을 **최소가독역**(minimum legible)이라 한다. 대부분의 사람들이 시력검사를 할 때 시력검사표를 읽으므로, 시력에 대한 논의를 최소가독역과 연관된 분해능에 한정한다.

시력검사표는 본래 네덜란드 안과의사인 헤르만 스넬렌(Herman Snellen)에 의한 것이다. 스넬렌에 따르면, 시력검사표의 글자들은 전체적으로 글자의 블록이 세로 혹은 가로의 크기가 검사자의 거리에서 호도(angle of arc) 5′에 모두 들어오도록 설계되었다. 줄로 구성된 글자 T의 세로선 혹은 H의 가로선과 같은 것들은 모두 검사자의 거리에서 호도 1′에 모두 들어오는 두께로 만들어졌다. 스넬렌이 선택한 이 두 각은 눈의 최소 분리 해상도에 대한 최적의 정보를 제공하였다. 스넬렌에게 있어서 정상적인 눈이란 20 ft의 거리에서 호도 5′내에 있는 호도 1′ 두께의 문자를 구별할 수 있는 눈이다(그림 19-4를 보자). 이 경우 눈은 “정상”이라 간주되고, 시력은 “20/20 시력(완벽한 시력)”이라 불린다.

시력을 측정하기 위해서 시력검사표를 크기가 다른 스넬렌 문자로 구성한다. 예를 들어 매우 큰 문자는 300 ft의 거리에서 호도 5′와 1′내에 들어온다. 다른 문자들은 적절한 크기로 구성되는데, 호도 5′와 1′가 200 ft, 100 ft, 80 ft … 15 ft 혹은 심지어 10 ft 내에 들어오는 문자들이 있다. 20 ft 거리에서 피검사자가 문자를 읽어내면, 그의 시력은 **스넬렌 분수**(Snellen fraction)로 측정된다. 스넬렌 분수의 분자는 고정된 검사 거리를 나타내고, 분모는 호도 5′호에 대응하는 최소 크기의 문자를 읽을 수 있는 거리를 나타낸다. 예를 들어 300 ft의 거리에서 호도 5′에 대응하는 큰 블록체 E를 20 ft의 거리에서 겨우 읽어낸다면, 시력은 20/300이라고 한다. 스넬렌 분수가 20/300이면 피검사자가 시력이 나쁘다는 것을 의미하며, 정상의 눈이 300 ft의 거리에서 보는 것을 피검사자는 20 ft의 거리에서 본다는 것이다.

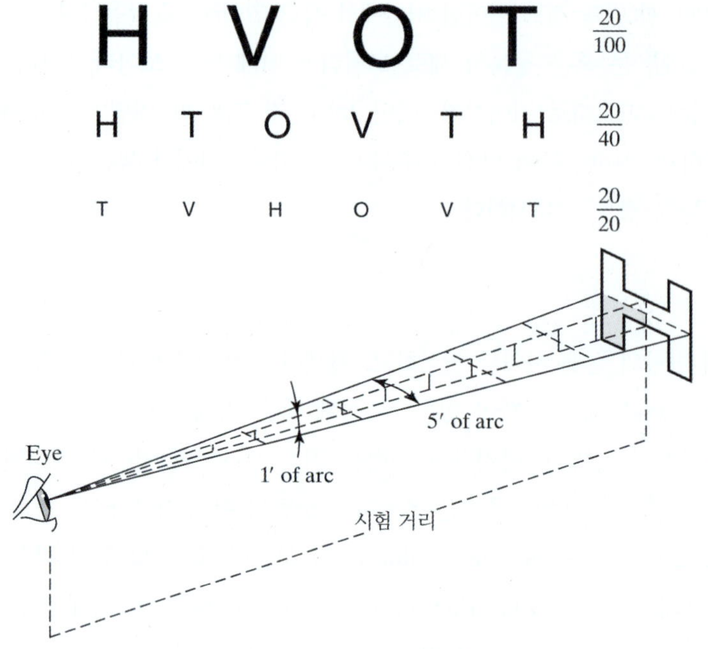

그림 19-4 시력을 측정하기 위한 스넬렌 시력검사표의 H의 구조. 그림의 맨 윗부분은 검사표의 (축소된) 한 부분을 나타내는데 H뿐만 아니라 다른 여러 종류의 문자도 포함한다.

19-5 렌즈를 이용한 시력교정

눈의 굴절이상을 초래하는 네 가지 결함들은 **근시**(myopia, nearsightedness), **원시**(hyperopia, farsightedness), **노안**(presbyopia) 그리고 **난시**(astigmatism)이다. 첫 번째 둘은 대부분의 추적이 가능한데, 축상으로 너무 길거나 너무 짧아 비정상적인 모양의 안구에 기인한다. 이 두 경우는 실제 안구의 길이가 정상적인 눈의 길이와 다른 편차로 인해 생기며, 멀리 떨어져 있거나 가까이 있는 물체의 상을 선명하게 망막에 맺게 하는 각막과 수정체 조합의 결상력을 떨어뜨린다. 이전에 언급한 것처럼 노안은 조절능력의 감소와 관련이 있는데, 노화된 눈의 수정체가 모양을 원활하게 조절하지 못해 초점 거리가 원하는 대로 바뀌지 않기 때문이다. 마지막 결함인 난시는 각막 표면의 곡률이 같지 않거나 대칭이 아니여서 발생하는 결함이다. 예를 들어 난시의 경우 많은 바퀴살이 달린 바퀴의 전체 바퀴살을 동시에 초점을 맞추는 것이 불가능한 상태가 된다. 굴절이상이 한 개의 결함으로 일어나든지 여러 결함으로 (자주 그러는 것처럼) 일어나든지, 이 굴절이상은 일반적으로 적절히 제작된 외부 광학기기(안경이나 콘택트렌즈)를 써서 수정이 가능하다.

시력에 문제가 있어 정상으로부터 벗어나 있음을 판단하기 위해서 그림 19-5의 왼쪽 열에 그려진 **정상적인** 눈을 참고한다. 그림의 정상적인 눈은 무한대의 눈의 원점(far point, F.P.)과 보통 젊은 사람의 경우 25 cm의 거리에 있는 눈의 근점(near point, N.P.) 사이의 어느 위치에 있는 물체라도 조절작용을 통해 뚜렷한 상을 맺는다. 정상적인 눈이 먼 거리에 있는 물체(즉, "무한대"에 있는 물체)를 볼 때, 평행광이 이완된 눈으로 들어가서 망막에 뚜렷한 상을 맺는다(그림 19-5(a)). 정상적인 눈이 가까운 지점의 물체를 볼 때는 발산하는 빛이 수축상태의 눈(최대한으로 조절하는)에 들어와서 또 다시 망막에 뚜렷한 상을 맺는다(그림 19-5(b)).

눈의 앞(혹은 눈 바로 위)에 교정렌즈를 착용한다면, 이 눈은 더 이상 실제 물체를 직접적으로 보는 것이 아니다. 그보다 눈은 교정렌즈에 의해 만들어진 **허상**을 보는 것이다. 그러므로 좋은 교정렌즈는 교정을 하지 않은 상태에서 선명하게 보이는 위치에서 눈으로부터 25 cm 거리에서부터 무한대까지 어디든 물체의 허상을 만든다.

근시

정상적인 눈과 비교를 해보면, 근시(myopia)안은 보통 축상의 거리(각막부터 망막까지)가 일반적으로 정상으로 간주되는 22 mm보다 더 길게 나타난다. 그림 19-5(c)에 도식적으로 그려진 것처럼 교정되지 않은 근시안은 멀리 떨어진 거리의 물체의 상을 망막 앞에서 결상시켜서 망막에는 흐릿한 상을 만든다. 물체가 무한대로부터 **가까이** 접근해서 근시원점(myopic far point, M.F.P.)에 도달할 때까지 조절작용을 하지 않는 근시안은 망막에 뚜렷한 상을 만들지 못한다. 근시원점은 근시안이 뚜렷한 시야를 가지게 되는 가장 먼 지점이다(그림 19-5(d)). 이 원점으로부터 가까운 영역에서는 적절한 조절작용으로 근

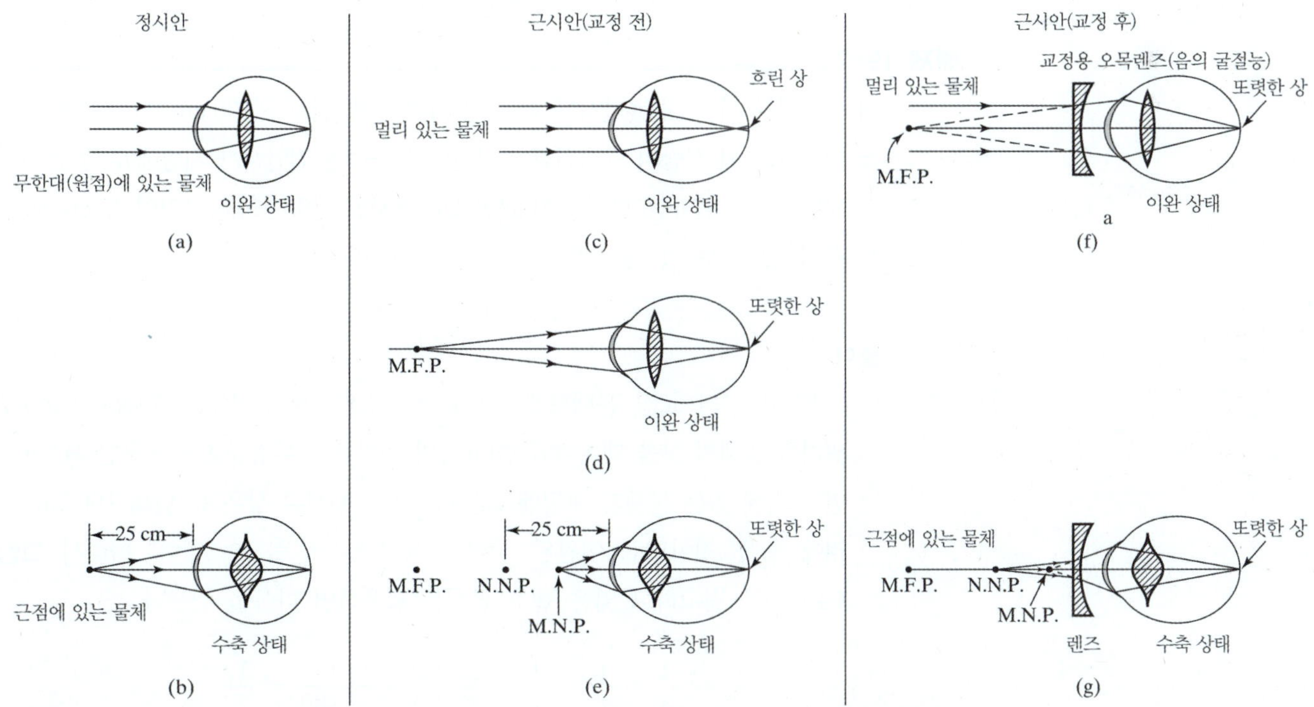

그림 19-5 정상적인 시력과 광학적으로 교정한 근시의 비교. 눈의 수정체로부터 굴절은 나타내지 않았음을 유의하자. 약어들은 다음과 같이 쓰인다. M.F.P.: myopic far point(근시원점), N.N.P: normal near point (정상근점), M.N.P.: myopic near point(근시근점).

시안은 물체를 상당히 명확하게 볼 수 있는데, 심지어는 정상근점(normal near point, N.N.P.)보다 더 가까운 영역까지도 상이 잘 맺힌다(그림 19-5(e) 참조). 물체가 눈에 근접할수록 각배율이 증가하므로, 근시안은 눈 가까이 있는 물체에 대해서는 "우월한" 시력을 가지게 된다(그러므로 시계공에게는 적어도 일하는 시간만큼은 근시안이 유리할 수 있다!). 요약하자면 근시안을 가진 사람은 시력의 범위가 단축되고 줄어들어 정상시력을 가진 사람보다 원점도 멀지 않고 근점도 더 가깝다. 근점에 더욱 인접할수록 유리해지는 반면, 멀리 떨어지지 않은 원점은 분명한 약점이고 교정을 필요로 한다.

근시는 일상적으로 **음수** 도수의 안경(발산렌즈, diverging lens) 혹은 콘택트렌즈로 근시원점과 근점 모두 뒤로 이동시켜 정상적인 지점에 오도록 교정한다. 그림 19-5(f)는 원거리 시력 조절을 나타낸다. 눈의 광학에 의해 멀리 떨어진 물체가 눈의 근시원점(M.F.P.)에 위치한 것처럼 뚜렷하게 보임을 상기하자. 이와 유사하게 그림 19-5(g)는 근거리 시력 조절을 나타낸다. 시력 교정 후, 정상근점(N.N.P.)에 위치한 물체에서 나오는 빛은 근시근점(M.N.P.)에 근접한 곳에서 나오는 것처럼 보이게 되고 근시인 눈은 뚜렷하게 보인다. 그림 19-5(f)와 19-5(g)에 나오는 자세한 해석은 음수(오목) 교정렌즈가 무한대의 거리부터 정상근점, N.N.P. 내의 어느 곳에 위치한 물체라도 뚜렷하게 보이게 해 준다는 것을 보여준다.

근시를 교정하기 위한 오목렌즈의 도수에 대해 살펴보기 위하여 예제 19-2를 생각해본다.

예제 19-2

어느 근시를 가진 사람(난시가 없는 사람)의 눈의 원점은 100 cm이고, 근점은 15 cm이다. (a) 이 사람의 근시원점이 무한대로 가려면 검안사가 처방해야 할 콘택트렌즈의 도수는 얼마인가? (b) 이 교정으로 근시인 사람이 정상근점인 25 cm에 있는 책을 읽을 수 있겠는가?

풀이

a. 초점거리 f의 교정 콘택트렌즈는 $s' = -100$ cm 위치에 무한대($s = \infty$)에 위치한 물체의 상을 맺어야만 한다(상의 위치에도 부정규호를 적용한다). 아주 먼 거리에 있는 물체가 교정렌즈를 이용해서 형성된 상은 눈 앞의 100 cm 거리에 있을 것이므로 이완된 상태의 육안으로도 볼 수 있다. 따라서 그림 19-5(f)를 참고하고 얇은 렌즈 공식을 활용하면 다음을 얻는다.

$$\frac{1}{s} + \frac{1}{s'} = \frac{1}{f} \quad 혹은 \quad \frac{1}{\infty} + \frac{1}{-100} = \frac{1}{f}$$

이 식으로 $f = -100$ cm를 얻는다. 따라서 교정 콘택트렌즈는 초점 거리가 -100

cm여야만 한다. 검안사는 $P=1/f=1/-1.00\text{ m}=-1.00$ 디옵틱 일률의 콘택트렌즈를 처방해야 한다.

b. 그림 19-5(g)를 참고하고 조건 $f=-100$ cm, $s=25$ cm를 얇은 렌즈 공식을 적용하면, 허상 평면의 거리 s'은 다음 식으로 찾을 수 있다.

$$\frac{1}{s}+\frac{1}{s'}=\frac{1}{f} \quad \text{혹은} \quad \frac{1}{25}+\frac{1}{s'}=\frac{1}{-100}$$

식의 해는 $s'=-20$ cm이다. 그러므로 $s=25$ cm에 복제된 허상은 콘택트렌즈에 의해 눈의 20 cm 앞에서 생긴다. 이 근시안을 가진 사람은 눈 앞의 15 cm까지 가깝게 가져오는 물체는 선명하게 볼 수 있으므로, 수정체에 의해 생긴 20 cm 위치의 허상은 어려움 없이 볼 수 있다. 실제로 $(1/s)+(1/s')=1/f$를 써서, $s'=-15$ cm(사람의 근시근점)와 $f=-100$ cm를 넣어 s에 대해 풀면, 물체가 눈으로부터의 거리 17.6 cm까지 가까워져야 하고 여전히 잘 보인다는 것을 알 수 있다.

원시

원시(farsighted or hyperopia)의 안구는 대개 정상적인 안구보다 길이가 짧다. 정상보다 긴 근시 안구는 “광학계”에서 지나친 수렴을 해서 심하게 굴절한 것을 교정하기 위해 오목렌즈가 필요한 반면, 정상보다 짧은 원시안은 수렴을 거의 하지 않으므로 이 눈의 굴절을 보완하기 위해 볼록렌즈를 사용한다. 그림 19-5와 유사한 방법으로 그려진 그림 19-6은 원시안와 관련된 결함들과 교정에 대해 나타내고 있다. 그림 19-6(a)는 먼 거리의 물체로부터 나오는 빛이 이완된 안구에 입사해서 망막 뒷편에 초점을 맺어 시야가 뿌옇게 된다는 것을 보여준다. 망막 뒤에 위치한 초점은 원시원점으로 간주된다. 그림 19-6(b)는 근시 안구가 물체를 정확하게 식별하기 위해서는 조절을 해야 함을 보여준다. 그림 19-6(c)에서는 뚜렷한 시야를 위해서 원시근점이 정상근점보다 훨씬 멀어야 함을 보여준다. 결과적으로 원시근점보다 더 가까운 지점에 위치한 물체는 최대로 조절을 해도 초점이 맞지 않을 것이다. 알맞은 볼록 안경 렌즈를 놓아서 두 끝점이 교정되는 것이 그림 19-6(d)와 19-6(e)에 표시되어 있다. 교정된 안구는 이제 조절 작용 없이 멀리 있는 물체를 볼 수 있고, 정상근점에서는 최대의 조절 작용과 함께 물체를 선명하게 볼 수 있다.

검안사가 원시를 교정하는 안경의 도수를 계산하는 방법을 살펴보자. 다음 예제를 살펴본다.

예제 19-3

어느 원시를 가진 사람이 근점이 150 cm에 있다고 진단받았다. 교정렌즈의 도수가 3.5디옵터로 눈으로부터 1.5 cm 거리에 있을 때, 이 사람은 아주 멀리 있는 물체를 이완된 안구상태로 선명하게 볼 수 있다고 한다. 교정된 이후의 이 사람의 근점은 얼마인가?

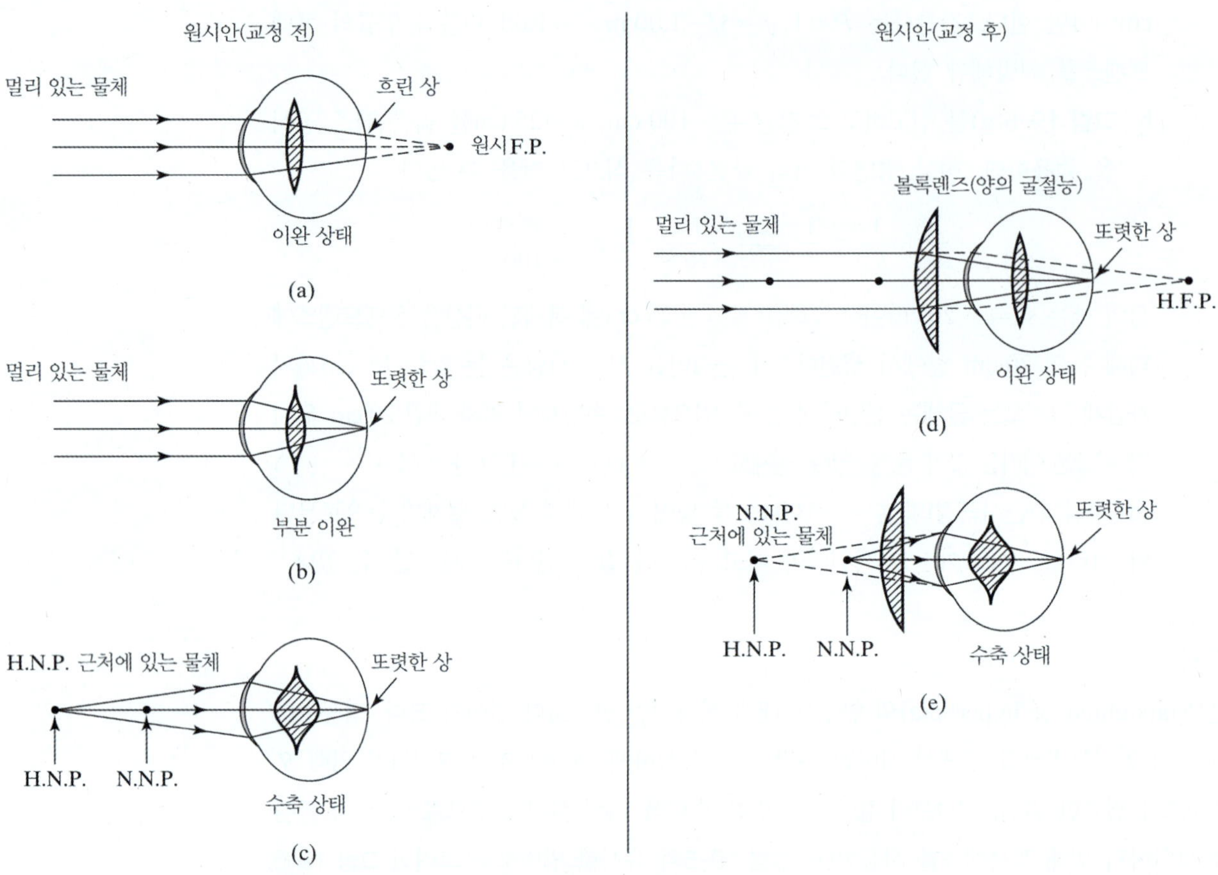

그림 19-6 교정된 원시. 약어들은 다음과 같이 쓰인다. H.N.P.: hyperopic near point(원시근점), N.N.P.: normal near point(정상근점), H.F.P.: hyperopic far point(원시원점).

풀이

교정 전 근점에서 허상이 형성되게 하는 거리로부터 렌즈로 교정된 근점은 멀리 떨어진 물체의 위치에 있어야 한다. 그림 19-6(e)를 참고하여 얇은 렌즈 식에 $f=$ (1/3.5디옵터)$=0.286$ m$=28.6$ cm와 $s'=-148.5$ cm를 적용하면, 교정된 시력의 근점에 대응하는 물체의 거리를 구할 수 있다.

$$\frac{1}{s}+\frac{1}{s'}=\frac{1}{f} \quad \text{혹은} \quad \frac{1}{s}+\frac{1}{-148.5}=\frac{1}{28.6}$$

이다. 이 식에서 $s=24.0$ cm를 구할 수 있다. 이 물체의 거리는 눈으로부터 총 거리 25.5 cm에 대응한다. 그러므로 교정렌즈를 쓰면 이 사람은 이완된 안구상태로 먼 거리의 물체를 볼 수 있고 최대한의 조절작용을 한 안구로는 눈 앞 25.5 cm의 물체까지 볼 수 있다.

노안

앞에서 언급한 것과 같이, 인간의 눈은 나이가 들면서 조절능력을 상실한다. 그 결과로 눈의 근점은 나이가 들수록 멀어지는 경향을 가진다. 노안(presbyopia)을 교정하는 방법은 원시를 교정하는 것과 유사한데, 가까운 물체의 상을 뚜렷하게 망막에 맺게 하기 위해 볼록렌즈가 필요하다. 예제 19-4에서처럼 하나의 도수를 가지는(**독서용 안경**으로 쓰이는) 교정렌즈는 조절능력을 잃어가는 사람에게 먼 거리와 가까운 거리의 물체를 동시에 뚜렷한 상으로 볼 수 있게 할 수 없다. 그보다는 눈으로부터 매우 먼 거리에서부터 25 cm 정도 거리까지에 있는 물체를 깨끗하게 보기 위해 노안에게는 다중 도수의 교정렌즈가 필요하다. 안경테의 윗부분 반쪽과 아랫부분 반쪽에 서로 다른 도수의 렌즈가 들어가 있는 **이중초점렌즈**(bifocal)는 노안에게 가까운 거리나 먼 거리의 물체 모두 깨끗하게 볼 수 있도록 해 준다. 이중초점렌즈를 쓴 사람은 윗부분 반쪽의 렌즈를 통해 멀리 있는 물체를 보고 아랫부분 반쪽의 렌즈를 통해서는 책을 읽을 수 있다. 렌즈의 아래부터 위까지 점차적으로 도수가 증가해나가는 **다초점**(mutifocal) 렌즈도 현재 사용되고 있다. 이런 다초점렌즈의 경우에 거리의 전 영역에 걸쳐서 노안의 시력을 교정할 수 있다. 예제 19-4에서 노안에 있어서 독서용 안경의 효과를 알아보자.

예제 19-4

노안이 진행된 어떤 눈은 눈에서 150 cm 떨어진 거리에서부터 매우 먼 거리에 있는 물체까지 망막에 깨끗한 상을 맺을 수 있다고 한다. (a) 40 cm 떨어져 있는 컴퓨터 화면이 망막에 깨끗하게 맺히려면 눈으로부터 2 cm 앞에 놓일 안경의 도수는 얼마가 되어야 할까? (b) (a)의 교정렌즈를 끼면 눈의 원점을 얼마가 되는가?

풀이

눈의 근점을 150 cm에서 40 cm로 교정하기 위해, 교정렌즈는 눈으로부터 150 cm에 있는 물체에 대해 40 cm 위치에 반드시 허상을 만들어야만 한다. 이런 노안의 경우는 교정 후에 교정렌즈에 의해 형성된 허상을 뚜렷하게 볼 수 있다. 얇은 렌즈의 부호규정을 고려하고 렌즈가 눈으로부터 2 cm의 거리에 놓여있다는 조건을 이용하면 물체가 $s = 38$ cm에 있을 때 교정렌즈로부터 상의 거리 $s' = -148$ cm가 되어야 한다는 것을 알 수 있다. 이 얇은 렌즈 식을 안경 렌즈의 교정 도수를 정하는 데 이용할 수 있다.

$$\frac{1}{s} + \frac{1}{s'} = \frac{1}{f} \quad \text{혹은} \quad \frac{1}{38} + \frac{1}{-148} = \frac{1}{f}$$

이며, 이로부터 $f = 51$ cm임을 알 수 있다. 이 렌즈의 도수는 $P = 1/f = 1/0.51\,\mathrm{m} = 1.96$ 디옵터이다.

교정렌즈가 **없다고** 가정한다면 이완된 눈은 먼 거리의 물체에 대해 망막에 뚜렷한 상을 맺고 교정된 눈의 원점은 안경에 의해 먼 곳에 상을 맺는 물체의 위치에 있을 것이다. 얇은 렌즈 식에 $s' = -\infty$를 대입하면,

$$\frac{1}{s}+\frac{1}{s'}=\frac{1}{f} \quad \text{혹은} \quad \frac{1}{s}+\frac{1}{-\infty}=\frac{1}{51}$$

이다. 그러므로 $s=51$ cm이다. 교정된 시력의 원점은 눈으로부터 53 cm의 거리에 있다. 교정렌즈를 통해 눈으로부터 40에서 53 cm 사이의 거리에 있는 모든 장면들을 선명하게 볼 수 있게 된다.

난시

난시(astigmatism)가 있는 눈은 굴절을 일으키는 면들의 곡률반지름이 고르지 않은 것 때문에 생기는 것인데, 대부분의 난시는 각막에서 일어난다. 일반적으로 말하자면 (광축을 포함하는) 두 자오면에 있는 각막 표면의 곡률반지름들이 서로 같지 않다. 이런 비대칭으로 인해 굴절력이 달라지고 각막으로부터 서로 다른 위치에 상을 맺게 되어 뿌옇게 보이는 것이다. 두 자오면이 서로 수직하다면 하나는 수평방향이고 다른 하나는 수직방향인데, 이 결함을 **정난시**(regular astigmatism)라 부르고 이 결함은 안경으로 적절하게 교정 가능하다. 두 자오면이 서로 수직하지 않은 경우 나타나는 결함을 **부정난시**(irregular astigmatism)라 부르며 이것은 다소 드문 경우로서 쉽게 교정할 수 없다. 정난시는 렌즈의 뒷부분을 원통의 표면으로 깎은 안경을 통해 교정할 수 있다. 예를 들어 다음을 가정해 보자. 각막의 수직 자오선의 굴절력이 수평 자오선의 굴절력보다 1디옵터 크다. 이 상황은 각막의 표면이 수직 자오선을 따라 더 급경사를 가지고 있다는 것을 의미하고, 이로 인해 세로축 중심의 물체의 모습들이 가로축 중심의 모습들보다 더욱 각막에 가까운 곳에서 초점을 맺는다. 이제 원통형 표면이 세로 자오선 방향으로 음수 1디옵터의 도수를 가지고 있다고 생각해보자. 원통은 대칭축을 따라서는 곡률이 없으므로, 이 면에는 수평 자오선에 대한 도수는 없다. 만약 이런 표면으로 안경 렌즈를 설계한다면 이 렌즈는 각막에 의해 생긴 왜곡을 정확하게 없애고 두 자오선에 대해 같은 도수를 갖게 될 것이다. 결과적으로 물체의 수직한 부분과 수평한 부분의 상이 각막으로부터 같은 거리에 맺히게 되고 난시에 의해 시야가 흐려졌던 현상이 사라지게 된다.

전형적으로 뿌옇게 보이는 것은 근시와 원시가 함께 있는 난시의 결과이다. 예를 들어 근시성 난시의 경우 시력이 두 요소에 의해 저하된다. 근시 자체는 멀리 있는 물체에 대해 잘 보지 못하고, 난시는 이 문제에 곁들어서 한 자오선에 대해 상을 더욱 흐리게 만든다. 두 결함 모두를 교정하기 위해서는 구-원통형의 렌즈가 필요한데, 구면은 근시를 교정하고 원통형 면은 난시를 교정한다.

검안사가 근시성 난시 혹은 원시성 난시를 교정하기 위해 알맞은 안경을 처방할 때, 일반적으로 세 숫자를 써서 상태를 나타낸다. 근시성 난시의 경우 세 숫자를 처방전 형태로 나타내면

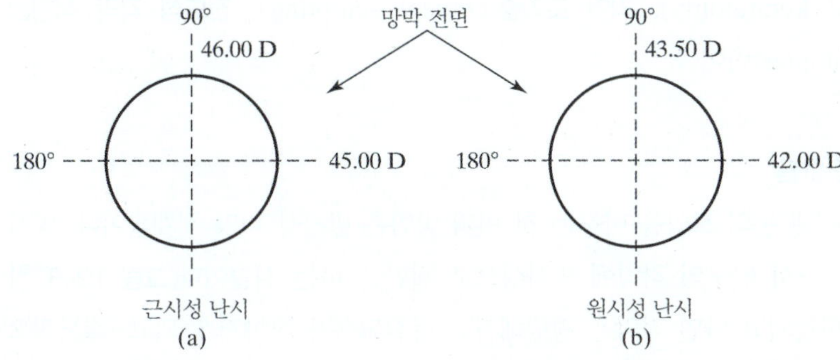

그림 19-7 교정 처방값이 표시된 근시성 난시와 원시성 난시. (a) 180° 자오선에 −2.00 D 근시의 굴절. 안경 처방은 R_x: −2.00 −1.00×180. (b) 180° 자오선에 +2.00 D 원시의 굴절. 안경 처방은 R_x: +2.00 −1.50×180.

$$R_x:\ -2.00\ \ -1.00\times 180$$

과 같은 형태이고, 원시성 난시는 다음과 같이 쓴다.

$$R_x:\ +2.00\ \ -1.50\times 180$$

처방전의 첫 번째 숫자는 **구도수**(sphere power)라 하는데, 전체 근시나 원시를 교정하는 렌즈 구면의 디옵터로 나타낸 도수이다. 두 번째 숫자는 **원통도수**(cylinder power)라 하고, 렌즈의 뒷면에 난시를 교정하기 위해 더해진 원통형 표면의 도수를 나타낸다. 세 번째 숫자는 **원통 축의 위치**인데, 원통의 축이 세로인지 가로인지, 혹은 그 사이인지를 결정한다. 시력측정 표기법에서 수평축은 180°, 간단하게 "×180" 그리고 수직축은 "×90"으로 나타낸다.

그림 19-7은 방금 인용된 근시성 난시와 원시성 난시의 처방전과 관련하여 광학적 조건을 나타낸다. 그림 19-7(a)의 경우는 근시성 난시로서 각막 표면이 세로 자오선 방향(power=45.00 D)이 가로 자오선 방향(power=46.00 D)보다 완만한 경사를 가진다. 근시 교정은 자오선에서의 최소 굴절 도수로 측정하는데, 이 사례의 경우 수평 자오선을 따라 −2.00 D임을 알 수 있다. 난시 교정은 수평의 원통 축(×180)이므로 −1.00 D로 결정된다. 안경 렌즈의 후면에 알맞게 처리된 원통 표면과 함께 −1.00 D 교정값은 수직 자오선의 굴절 도수를 46.00 D에서 45.00 D로 줄이게 되고, 그로 인해 두 자오선에서의 굴절 도수가 같아지고 각막에 의한 난시를 무시할 수 있게 된다.

그림 19-7(b)는 원시성 난시에 대한 조건과 처방된 값을 비교하여 보여준다. 원시를 교정하기 위해 구면 교정 도수는 +2.00 D가 필요하고, 서로 수직한 두 자오선에서의 굴절 도수를 같게 하기 위해서는 원통 교정 도수는 세로 자오선(×180) 방향으로 −1.50 D가 필요하다.

19-6 수술을 통한 시력교정

앞선 절에서는 콘택트렌즈와 안경으로 근시와 원시를 교정하는 방법에 대해 논의하였다. 이 방법들을 대체하여, 직접 각막의 모양을 변화시키는 수술을 통해 눈 자체의 굴절 도수를 바꿀 수 있다. 이번 절에서는 세 가지 수술방법에 대해 논의할 것이다. 즉 이는 **방사상**

각막 절개술(radial keratotomy), **각막 조각술**(corneal sculpting), **전도성 각막 성형술**(conductive keratoplasty)이다.

방사상 각막 절개술

근시를 교정하기 위해 눈의 모양을 바꾸는 첫 번째 방법은 방사상 각막 절개술이다. 방사상 각막 절개술은 근시 안구의 각막에 방사상으로 절단을 하는 시술이다(그림 19-8 참조). 절개부위가 회복되고 나면 각막은 평평해지고 굴절도수가 작아지게 되고, 결론적으로 정상 혹은 정상에 가까운 시력을 되찾을 수 있다. 이러한 수술의 근본적인 조치는 숙련된 안과의사가 수술용 칼을 사용하여 시행하게 되는데 1972년에 소련에서 가장 먼저 시작되었다. 전해지는 이야기에 의하면 심한 근시를 가진 소련의 청년인 보리스 페트로브(Boris Petrov)가 모스크바의 한 학교운동장에서 벌어진 싸움에 연루되었다고 한다. 싸움에서 대개 그렇듯이 그가 쓴 안경 렌즈 위로 강한 주먹이 날라왔고, 렌즈는 산산이 부서졌다. 기이한 사고들이 언제나 그렇듯이 몇몇 렌즈의 파편들이 이 청년의 각막에 박혀 일정한 방사상 무늬를 만들어내는 수술을 하게 되었는데, 그 깊이는 절단면을 만들어내기에는 충분히 깊지만 각막을 뚫고 지나가지는 않는 정도였다. 이 젊은이의 눈을 치료하던 소련의 안과의사인 표도르프(Svyatoslav N. Fyodorov)는 절단부위가 얇음에도 불구하고 시력을 회복할 것이라고는 기대하지 않았다. 하지만 놀랍게도 각막의 표면이 스스로 자신의 상처를 회복함에 따라 각막의 모양이 평평하게 자리 잡히고 근시가 사라져버렸다. 이 청년은 이전의 어느 때보다 더 잘 보이게 되었다. 그가 목격한 것이 얼마나 중요한 것인지를 깨달은 표도르프는 싸움으로 인해 너무나 우연히 만들어진 이 상황들을 잘 통제된 상황에서 재현했다. 오늘날 근시에 대한 해결책으로서 방사상 각막 절개술은 다음 절

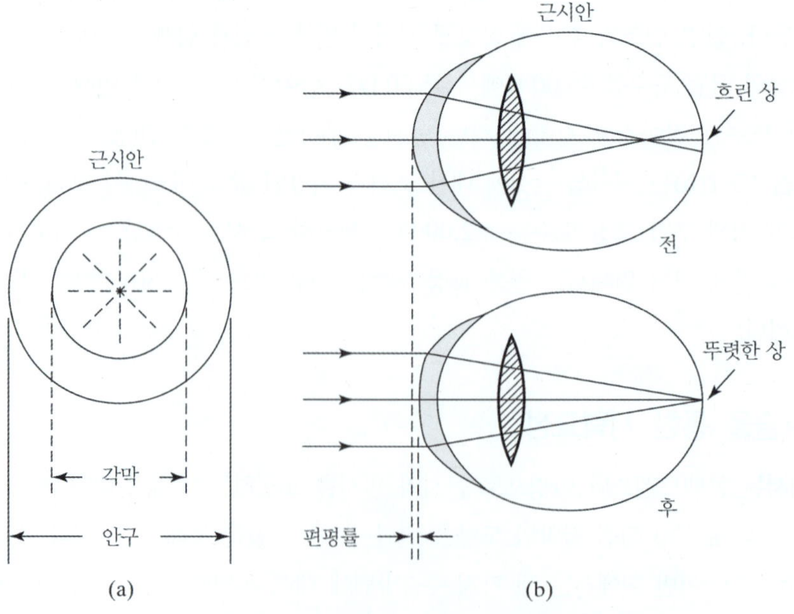

그림 19-8 방사상 각막 절개술로 각막의 모양을 바꾼 근시의 교정. (a) 반지름 절단면의 정면. (b) 절단 전후의 측면.

에 소개될 더욱 정확한 두 종류의 각막 조각술로 대부분 대체되었다.

각막 조각술

레이저 각막 조각술은 1980년대 초에 도입된 의료 방법으로, 레이저 에너지 광선을 이용하여 각막 표면의 모양을 바꿔준다. 전형적으로 컴퓨터로 제어하는 (파장 193 nm의) 아르곤-불소 엑시머 레이저(argon-fluoride excimer laser)가 원하는 위치의 아주 극소량의 세포를 제거해 내기 위해 UV 빛을 각막에 비춘다. 이러한 각막 표면 성형은 근시, 원시, 난시 그리고 이들의 조합을 가진 결함을 교정하는 데 사용된다.

각막 조각술로 현재 사용되는 두 가지의 시술방법은 **PRK**(photorefractive keratectomy)와 **LASIK**(laser in-situ keratomileusis)이다. 각각의 시술은 각막의 가장 위 530 μm 두께의 층을 변형시키는 것인데, 이 층 아래의 각막의 구조적 모양은 잘 보존한다. 두 시술에서 먼저 광학 지형학을 통해 각막이 있는 영역에 대해 조사하는데, 이는 눈의 굴절 시력 교정을 위해 모양을 결정하는 데 필요한 과정이다. 이로부터 얻은 광학적 지형을 바탕으로 컴퓨터를 이용하여 엑시머 레이저를 조절하여 각막 상 위치 선정, 에너지 출력, 광선의 반지름 그리고 펄스의 길이를 세심하게 조절한다. PRK 시술방법에서는 레이저가 각막의 상피(가장 바깥층 면)를 제거하여 그 아래층 면의 모양을 필요한 만큼 **바꾼다**. LASIK에서는 초정밀 각막 절삭기(microkeratome)로 먼저 160~180 μm 두께의 각막 피부절편을 만든다. 모서리 부분이 경첩처럼 되어 여닫을 수 있게 절단된 각막 피부절편은 그 아래의 각막층을 드러내기 위해 마치 책 장처럼 열 수 있도록 한다. 각막 피부절편을 열어둔 상태에서 엑시머 레이저를 이용하여 그 아래층 각막 모양을 고친 뒤 열어둔 각막 피부절편을 다시 덮는다. 그래서 LASIK 수술에서는 PRK 시술과는 달리 각막의 상피를 제거하지 않는다. 최근 발전된 방법에서는 레이저를 아주 정밀하게 조절하여 각막의 피부를 절단하므로 컴퓨터로 통제하는 레이저가 광학-조각 시술의 전체 과정을 책임진다.

근시를 교정하기 위해서 각막을 효과적으로 평평하게 만들기 위해 각막 중심의 조직을 제거하므로 눈의 굴절 시력이 바뀌게 되는데, 안구가 이완되어 매우 멀리에 있는 물체의 상이 각막에 맺힐 수 있도록 만들어 준다. 원시의 경우에는 각막 가장자리의 조직을 제거하여 각막의 곡률을 더 크게 만들어서 눈의 굴절 시력을 더 크게 만든다. 난시는 비선형적으로 조직을 제거함으로써 교정하는데, 이로 인해 눈의 모든 자오선 방향에서 같은 굴절률을 갖도록 만든다.

전도성 각막 성형술

지금은 **전도성 각막 성형술**(conductive keratoplasty, CK)로 알려진 방법으로 약간의 근시(+2.5디옵터 정도까지)가 있는 40대 이상의 환자들을 대상으로 하는 수술법이다. 이 수술법은 레이저를 사용하지 않고 라디오 파동으로부터 생기는 약간의 열을 이용하여 각막 중심의 주변부를 따라 작은 점들(손상)을 만들어 낸다(**그림 19-9**). 이처럼 신중하게 계산

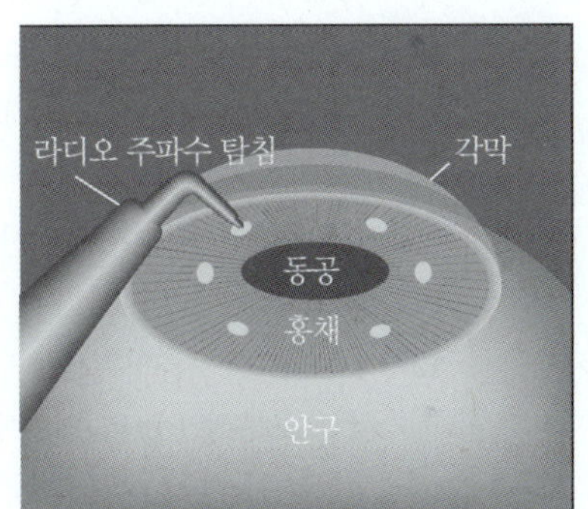

그림 19-9 전도성 각막 성형술에서 라디오 주파수 탐침을 이용하여 각막 손상 만들기.

하여 결정한 손상 부위들은 마치 조이고 압박하는 벨트의 역할을 하여 각막을 불룩하게 만든다. 그 결과 각막의 중심이 가파르게 되어 눈의 굴절 도수가 높아지게 된다. 몇몇 노안성 환자의 경우에 전도성 각막 성형술로 치료될 수 있는데 두 눈 중에 한 눈은 근거리 시력(near vision)을 위해서 전도성 각막 성형술로 눈의 굴절 도수를 교정하고, 다른 눈은 그대로 두면 중간-원거리 시력(distance vision)인 환자를 치료할 수 있다.

문 제

19-1 **a.** 50-mW의 헬륨-카드뮴 레이저의 파장이 441.6 nm이다. 4-mW 헬륨-네온 레이저는 632.8 nm의 파장을 갖는다. 그림 19-2를 이용하여, 흰 종이에 두 레이저를 나란히 함께 비추어 광선의 반지름이 같을 때, 서로의 상대적인 밝기를 비교하시오. 주간시로 간주한다.

b. 488 nm에서 발진하는 아르곤 레이저가 (a)의 조건 하에서 0.5-mW, 543.5 nm인 헬륨-네온 녹색 레이저와 밝기가 같으려면 세기가 얼마여야 하는가?

19-2 방바닥의 한 점 P로부터 수직하게 3 m 높이에 위치한 램프가 P 지점에 100 lm/m^2 세기의 조도를 만들어 낸다.

a. 램프의 광도는 얼마인가?

b. 점 P로부터 1 m의 거리에 있는 방바닥의 다른 지점에 생기는 조도는 얼마인가?

19-3 밤이 되면 도로의 가로등이 켜져서 길을 밝혀준다. 30 ft 높이에서 같은 등이 달린 동일한 두 개의 가로등이 서로 40 ft 떨어져 있다. 전등이 모든 방향으로 같은 양의 빛을 발산하고 있다고 가정하여, 한 램프의 바로 아래와 두 가로등의 중심 위치의 도로의 표면 지점의 조도를 비교하시오.

19-4 100 cd의 작은 물체가 40-cm 지름, 50-cm 초점거리를 갖는 구면 거울의 초점에 위치해 있다. 전체 반사율이 80%라고 가정할 때, 거울에서 반사되어 평행하게 나오는 광선의 평균 조도는 얼마가 되는가?

19-5 **a.** 태양이 지구의 표면으로부터 0.5°의 각도에 있을 때, 수직 입사하는 조도가 10^5 lx 정도이다. 태양의 조도를 구하시오.

b. 반구의 하늘이 균일한 조도 L을 가질 때, 수평면에서의 조도를 구하시오.

19-6 20 cm 반지름의 균일한 조도 10^5 cd/m^2 원판이 원판의 중심으로부터 1 m의 거리에 있는 1 m^{2}의 작은 표면을 비추고 있다. 이 작은 표면은 특정한 방향을 가지고 있어서 면의 수직성분이 두 면을 잇는 축에 대해 45° 기울어져 있다. 이 축은 원형 면에 수직이다. 작은 표면을 지나는 빛의 선속(광선속)은 얼마인가?

19-7 표 19-2에서 조절작용을 하지 않은 상태의 눈의 경우 각막의 곡률반지름이 8 mm임을 도식에 의해 나타낸다. 각막을 얇은 표면(자체의 굴절률을 무시할 수 있는)으로 다루고, 한쪽 끝은 공기와 다른 쪽 끝은 안구의 수양액에 맞닿아 있다고 할 때, 각막 표면에서의 굴절 도수(2-10절 참조)를 구하시오.

19-8 조절작용을 하지 않은 상태인 눈의 수정체를 독립적으로 존재하는 개체로 여기자. 곡률반지름과 유효 굴절률은 표 19-2의 도식적으로 나타낸 눈으로부터 얻을 수 있다.

a. 수정체를 공기 중에 있는 얇은 렌즈라고 가정하고, 초점 거리와 굴절 도수를 구하시오.

b. 유효 굴절률이 1.33인 액체로 둘러싸인 실제 상황의 수정체에 대해 초점 거리와 굴절 도수를 구하시오. 역시 얇은 렌즈로 가정한다.

c. 수정체를 두께 3.6 mm인 두꺼운 렌즈로 가정하여, 다시 초점 거리와 굴절 도수를 구하시오(18장의 행렬 해법이 이 문제에 잘 적용된다).

19-9 표 19-2와 그림 19-3로부터 조절작용을 하지 않은 상태의 도식적인 눈의 각 부분들의 굴절률과 떨어진 거리를 참고하여 (a) 물체가 무한대의 거리에 있을 때와 (b) 눈으로부터 25 cm 거리에 있을 때 각막 뒤로 초점이 맺히는 거리는 얼마인지 구하시오. 세 단계의 계산을 통해 구면에 의해 만들어지는 상을 구하는 데에 가우스 공식을 이용하시오. (b)의 경우, 최대로 조절작용을 한 눈이 다음과 같은 방식으로 달라짐을 가정하시오. 수정체의 가장 앞면이 더 가파른 곡률을 가지고 있는데, 곡률반지름이 +6 mm이고, 뒷면은 −6 mm이다. 그 결과, 수정체의 두께는 축을 따라서 4.0 mm까지 증가하고, 각막으로부터 수정체 앞면까지의 거리는 짧아져서 3.2 mm가 된다.

19-10 18장의 행렬 해법 방법을 적용하여 표 19-2와 그림 19-3의 조절작용을 하지 않은 상태 안구에 대한 시스템 행렬을 구하시오.

a. 시스템 행렬의 네 성분을 구하시오. 처음으로 각막에서 굴절되는 것부터 수정체의 두 번째 면에 의한 굴절까지 고려한다.

b. 행렬 성분들로부터, 첫 번째, 두 번째 초점과 각막 표면에 대응하는 첫 번째와 두 번째 주점을 구하시오. 그림 19-3에서 주어지는 거리와 비교해 보아라.

19-11 5 ft의 거리에서 검사할 수 있는 스넬렌 검안표를 만들어 달라는 요청을 받았다. 이 표는 20/300(5/75와 같음), 20/100, 20/60, 20/20의 시력을 검사할 수 있는 열로 된 문자를 포함한다. 각 열에 대해 블록체(block letter)의 크기와 세부 특징(inch 단위로 나타낸 선의 두께)들을 구하시오.

19-12 어느 원시가 없는 노안의 근점은 125 cm이고, 원점은 무한대라고 한다. 눈에서 1.5 cm 떨어진 위치에 안경을 써서, 이 사람은 정상 근점(25 cm) 위치의 물체를 깨끗하게 보고자 한다.

a. 교정렌즈의 도수는 얼마여야 하는가?

b. (a)에서 구한 렌즈를 쓰면, 교정된 눈의 원점은 얼마인가?

19-13 어떤 사람의 한쪽 눈은 원점이 50 cm이고 근점이 15 cm다.

a. 이 눈의 원점을 교정하기 위해 필요한 콘택트렌즈의 도수는 얼마인가?

b. 위 콘택트렌즈를 쓰면, 이 눈의 근점은 얼마가 되는가?

c. 눈으로부터 2 cm 떨어진 곳에 안경을 쓴다고 할 때, (a)와 (b)의 과정을 반복하시오.

19-14 다음 각각의 안경 처방전을 살펴보고, 각각에 포함된 굴절 오류를 기술하시오.

a. −1.50, −1.50, axis 180

b. −2.00

c. +2.00

d. +2.00, −1.50, axis 180

19-15 양쪽 눈 모두 근시인 한 여자가 있다. 이 여자의 왼쪽 눈은 −5디옵터 도수의 콘택트렌즈로 교정하였고, 오른쪽 눈은 −7디옵터 도수의 콘택트렌즈로 교정하였다. 각각 눈의 **교정된** 근점은 15 cm, 교정된 원점은 무한대이다.

a. 교정 전 각 눈의 근점과 원점을 구하시오.

b. 이 여자가 양쪽 렌즈를 반대로 바꿔 꼈다면, 각 눈의 근점과 원점은 얼마가 되겠는가?

19-16 근점이 13 cm, 원점이 15 cm인 근시와 노안을 동시에 가진 눈을 고려하자. 이 눈이 매우 멀리 있는 물체와 글을 읽기 편한 위치에서도 동시에 깨끗하게 보이게 하기 위해, 이중 초점렌즈를 설계하시오.

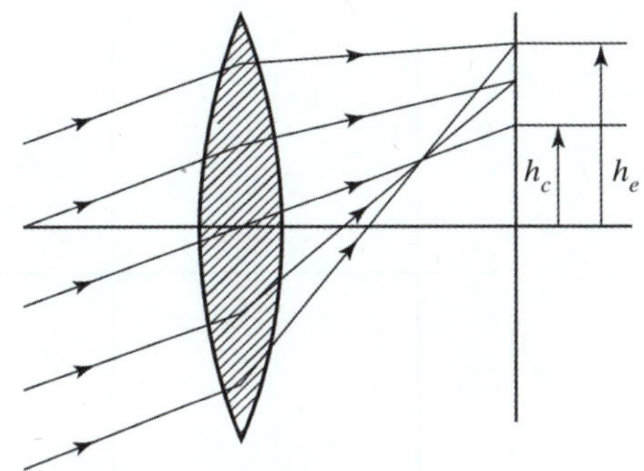

chapter 20 수차 이론

서론

앞서 전개한 구면에서의 반사와 굴절에 의한 상의 형성에 관한 근축 광학식들은 근사적으로 옳다. 이 식들을 유도하는 과정에서 근축 광선을 가정하였는데, 이는 광선이 광축에 가까이 위치하며 광축으로부터의 각도가 작다는 것을 의미한다. 수학적으로는 사인과 코사인 함수의 급수전개로 주어지며

$$\sin x = x - \frac{x^3}{3!} + \frac{x^5}{5!} - \cdots$$

$$\cos x = 1 - \frac{x^2}{2!} + \frac{x^4}{4!} - \cdots$$

이다. 두 식은 모두 첫 번째 항까지만으로 근사한다. 첫째 항 근사가 맞는 경우에 가우스 광학(Gauss optics)이 정확한 상을 형성한다. 하지만 삼각함수의 고차항들을 포함하여 결상하면, 이로 인하여 생긴 상은 "완벽한" 가우스 상으로부터 점차적으로 크게 벗어나게 된다. 이렇게 벗어난 값을 "수차(aberrations)"라고 부른다. 다음으로 $\sin x$의 근사에 x^3을 수반하는 항이 포함되면, **3차 수차 이론**(third-order aberration theory)이 된다. 수차는 독일의 수학자 루드비히 폰 자이델(Ludwig von Seidel)이 연구하고 분류하였으므로 이를 3차 수차 혹은 **자이델 수차**(Seidel aberrations)라고 부른다. 단색광에 대해서는 다섯 개의 자이델 수차가 있다. **구면수차**(spherical aberration), **코마**(coma), **비점수차**(astigmatism), **만곡수차**(curvature of field) 그리고 **왜곡수차**(distortion)이다. 부가적인 수차인 **색수차**(chromatic aberration)는 광학계에서 상을 맺을 때 상점의 위치가 파

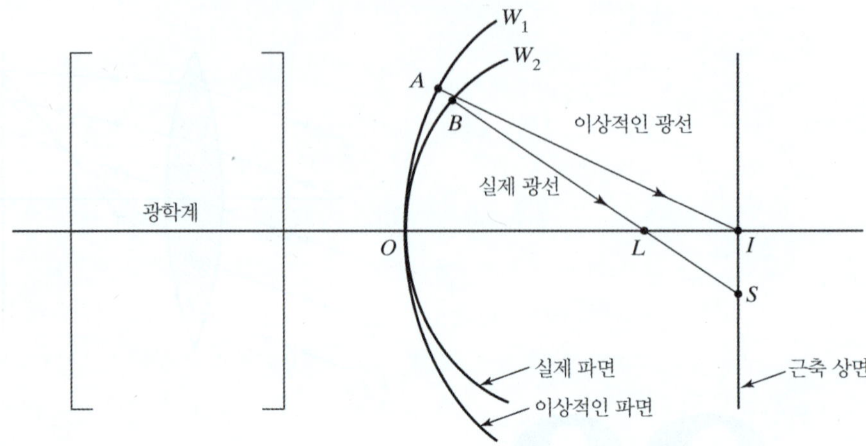

그림 20-1 광선수차와 파면수차.

장에 의존하는 특성으로부터 생겨난다. 수차 이론의 모든 세부사항들을 이 장에서 취급할 수 없다. 여기서는 3차항의 다양한 수차들이 어떻게 나오는지에 대한 정량적인 기술과 이 수차들을 제거하기 위한 전형적인 방법에 대해서 간단히 기술한다.

20-1 광선수차와 파면수차

광축으로부터 약간 벗어난 근축에 형성된 상은 여러 방법으로 정량적인 해석을 할 수 있다. 그림 20-1은 두 파면이 광학계로부터 나오는 것을 나타내고 있다. 파면 W_1은 구형 파면으로 위치 I에 상을 만들어 내는 가우스, 혹은 근축 근사를 나타낸다. 파면 W_2는 실제 파면의 한 예로 광학계의 정확한 해를 나타내는 모양의 비구면 형태이다. 이 모양은 반사와 굴절의 법칙에 의해서 광학계를 통과하는 광선을 정확하게 추적함으로써 알 수 있다. 서로 가까이 있는 지점 A와 B로부터 나온 광선들은 이들 각각의 파면에 수직하고, 근축 상 평면에서 다른 지점을 지나게 된다. 광축을 따라 생겨나는 이 "빗나감"은 거리 LI로 나타나는데, **종수차**(longitudinal aberration)라고 부르며, 상 평면에서 IS만큼 빗나간 것은 **횡수차**(transverse aberration), 혹은 **가로수차**(lateral aberration)라고 부른다. 이것들이 **광선수차**(ray aberrations)이다. 이 수차는 광축으로부터 떨어진 여러 위치에서 이상적 파면(ideal wavefront)으로부터 변형되어 파형이 벗어난 정도로 나타난다. 그림 20-1의 A와 B 위치에서 파면 수차는 거리 AB로 주어진다. 광축상의 점 O에서 접촉하는 두 파면으로부터 나오는 광선들은 상의 위치 I에 함께 도달함을 상기하자. 실제 파면상의 O와 B 지점 사이에서 나오는 광선들은 상 평면의 I 지점 주변으로 들어가는데, 이때 수차의 결과로 상이 흐려진다. 그러므로 최대 광선 수차는 흐려진 상의 크기로 나타낸다. 광학계 설계의 궁극적인 목표는 회절 때문에 불가피하게 흐려지는 정도로 광선 수차를 줄이는 것이다.

파면수차 AB에 대응하는 횡광선수차는 AB에서 광축에 수직으로 측정한 거리의 차이를 알면 계산해 낼 수 있다. 그림 20-2에 나타낸 것처럼, 높이 y에 해당하는 파면의

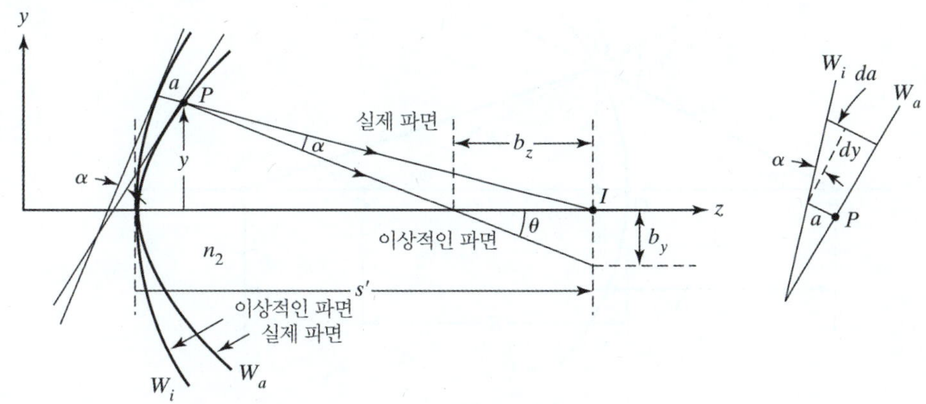

그림 20-2 광선수차 b_y, b_z와 파면수차 a의 관계를 알아보기 위한 구도. 왼쪽 그림은 파면수차 변화량 da와 변화량 dy와의 관계를 나타낸다.

점 P에서 나오는 이상적인 광선과 실제 광선 사이의 각 α는 점 P에서의 접선과 이상적인 파면의 접선이 만드는 각도와 같다. 광학계에 의해 이미 형성된 이 파면들은 굴절률 n_2를 갖는 상 공간에 존재한다. **그림 20-2**의 오른쪽 상세한 작도에서처럼 증가한 파면수차 da는 상 공간상에서 광경로 길이로 나타내면 다음과 같다.

$$da = n_2(\alpha dy) \tag{20-1}$$

도함수 da/dy는 파면상의 점 P의 곡률을 나타낸다. 그러므로 P 근처로부터 나오는 광선의 측면 광선수차 b_y는 다음과 같이 근사할 수 있다.

$$b_y = \alpha s' = \frac{s'da}{n_2dy} \tag{20-2}$$

여기서 s'은 파면으로부터 근축상까지의 거리이고 α는 식(20-1)로부터 얻은 값이다. 이와 유사하게 횡방향에 따라 지면에 있는 y, z-축에 수직한 방향에서는

$$b_x = \frac{s'da}{n_2dx} \tag{20-3}$$

이고, 종광선수차 b_z는 횡광선수차 b_y와 다음과 같이 연결된다.

$$b_z = \frac{b_y}{\tan\theta} = \frac{s'b_y}{y} \tag{20-4}$$

20-2 구면 경계면에서 굴절의 3차항 처리

이제부터 단일 구면에서의 굴절현상에 대한 문제를 풀어보자. 여기서는 근사했던 것을 개선시켜 "3차"항 효과를 포함시키도록 한다. **그림 20-3**과 같이 축상의 물점 P로부터 나오는 임의의 광선 PQ가 중심이 C인 구면에서 굴절된다. 구면을 기준으로 물질의 굴절률이 n_1과 n_2로 나뉜다. 굴절된 광선은 축상의 위치 I에 도달한다. 페르마 원리(Fermat's

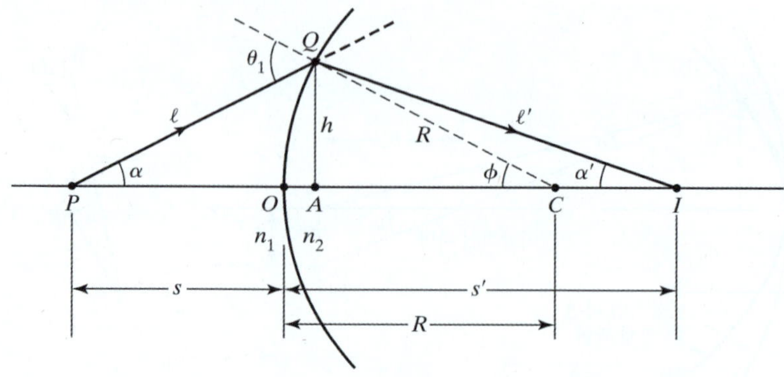

그림 20-3 구면에서의 광선의 굴절.

principle)에 따르면 첫 번째 근사에 의해 광선의 광경로 길이 PQI와 POI가 같아진다. 첫 번째 근사를 하지 않으면 광선의 경로 PQI가 구면상의 점 Q의 위치에 의존하기 때문에 수차가 생긴다. 따라서 점 Q에서 수차는 다음과 같이 정의된다.

$$a(Q) = (PQI - POI)_{opd} \tag{20-5}$$

여기서 opd는 광경로차(optical-path difference)를 나타낸다. 더 정확하게 나타내면

$$a(Q) = (n_1\ell + n_2\ell') - (n_1 s + n_2 s') \tag{20-6}$$

이다. 삼각형 PQC와 CQI에 코사인 법칙을 적용하면, 길이 l과 l'은 그림 20-3에서 정의된 정량적인 항들로 다음과 같이 정확하게 표현할 수 있다.

$$\ell^2 = R^2 + (s+R)^2 - 2R(s+R)\cos\phi \tag{20-7}$$

$$\ell'^2 = R^2 + (s'-R)^2 + 2R(s'-R)\cos\phi \tag{20-8}$$

이제

$$\cos\phi = (1-\sin^2\phi)^{1/2} = [1-(h/R)^2]^{1/2} \tag{20-9}$$

이 되고, 여기에서 $\sin\phi = h/R$을 이용하였다. 이항전개에 의해 h의 4차 제곱까지 근사한다.

$$\cos\phi \cong 1 - \frac{h^2}{2R^2} - \frac{h^4}{8R^4} \tag{20-10}$$

식(20-10)을 식(20-7)과 (20-8)에 적용해서 항들을 재정렬하면 다음과 같다.

$$\ell = s\left(1 + \left[\frac{h^2(R+s)}{Rs^2} + \frac{h^4(R+s)}{4R^3s^2}\right]\right)^{1/2} \tag{20-11}$$

$$\ell' = s'\left(1 + \left[\frac{h^2(R-s')}{Rs'^2} + \frac{h^4(R-s')}{4R^3s'^2}\right]\right)^{1/2} \tag{20-12}$$

다음으로 식(20-11)에서 대괄호(square brackets)에 들어있는 값을 x로 나타내고, 식(20-12) 역시 대괄호 안의 값을 x으로 나타내면, 바깥 괄호의 제곱근 표현을 근사하여 다음과 같이 다시 이항전개를 할 수 있다.

$$(1+x)^{1/2} \cong 1+\frac{x}{2}-\frac{x^2}{8} \tag{20-13}$$

그러므로

$$\ell \cong s\left(1+\frac{x}{2}-\frac{x^2}{8}\right) \tag{20-14}$$

$$\ell' \cong s'\left(1+\frac{x'}{2}-\frac{x'^2}{8}\right) \tag{20-15}$$

이다. h^4보다 더 높은 차수의 항을 모두 버리면 식(20-11)과 식(20-12)는 각각 다음과 같이 된다.

$$\ell = s\left[1+\frac{h^2(R+s)}{2Rs^2}+\frac{h^4(R+s)}{8R^3s^2}-\frac{h^4(R+s)^2}{8R^2s^4}\right] \tag{20-16}$$

$$\ell' = s'\left[1+\frac{h^2(R-s')}{2Rs'^2}+\frac{h^4(R-s')}{8R^3s'^2}-\frac{h^4(R-s')^2}{8R^2s'^4}\right] \tag{20-17}$$

축상의 물체의 위치에 대한 수차 $a(Q)$를 찾기 위해, ℓ과 ℓ'으로 표현된 위 식들을 식(20-6)에 적용할 수 있다. 결과적으로 h^2과 h^4에 비례하는 항들이 나타난다. h^2 항은 다음에 비례한다.

$$\left(\frac{n_1}{s}+\frac{n_2}{s'}\right)-\left(\frac{n_2-n_1}{R}\right)$$

위 식이 0이 되면 구면에 의한 결상을 다루는 가우스 공식이 다시 만들어진다. 그러므로 이 식에 비례하는 항들은 페르마 원리에 의해 사라진다. 위 식이 0이 되는 조건이 됨과 동시에 $a(Q)$에는 결국 h^4 항으로 표현된 3차 수차만이 남게 된다.

$$a(Q) = -\frac{h^4}{8}\left[\frac{n_1}{s}\left(\frac{1}{s}+\frac{1}{R}\right)^2+\frac{n_2}{s'}\left(\frac{1}{s'}-\frac{1}{R}\right)^2\right],\ \text{축상의 물체의 위치} \tag{20-18}$$

h가 충분히 작아지면 광선들은 본질적으로 근축광선이 되고 이 항으로 나타내는 수차는 무시할 수 있게 된다. 어떤 경우에 대괄호 속이 h에 독립된 양이라면 3차 이론은 파면 수차 $a(Q)$가 광축으로부터 측정한 구경 h의 4제곱 항에 비례함을 예측할 수 있다.

$$a(Q) = ch^4,\ \text{축상의 물체의 위치} \tag{20-19}$$

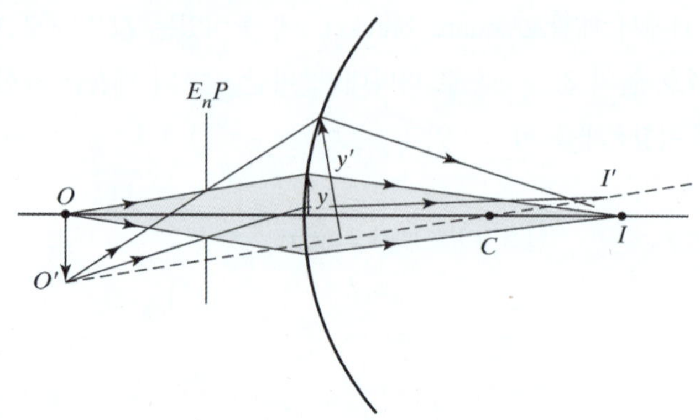

그림 20-4 광선속이 지나는 구경이 E_nP로 정의된 광학계에서 물체로부터 나오는 축상의 선속과 비스듬한 선속의 비교.

여기서 c는 비례상수를 나타낸다. 이 식은 축상에서 물체의 위치를 계산한 중요한 결과이다. 이 식을 **비축** 결상을 포함하는 수차의 계산을 일반화하는 데 이용할 것이다. 이와 같은 방법으로 다른 자이델 수차 역시 예측할 수 있다.

이상적인 광선과 실제 광선 사이의 광경로차를 계산하기 위해서 앞서 계산한 수차 $a(Q)$는 반드시 그림 20-1의 파면 수차 AB에 대응해야 한다. 이상적인 구형 파면으로부터 실제적인 차이 AB는 명확하게 광선이 파면과 만나는 광축으로부터의 거리에 대한 함수이며, 이를 **구면수차**라고 부른다.

구면수차를 자세히 다루기에 앞서서, 다른 3차 수차들이 어떻게 생겨나는지를 보이고자 한다. 이를 위해 축에서 벗어난 물체의 위치의 경우에 대해 다룰 필요가 있다. 그림 20-4는 입사동(entrance pupil, 3장 참고) 역할을 하는 구경 E_nP에 의해 결정되는 두 개의 광속선(pencil)을 보여준다. 축 상에 있는 물체의 위치 O로부터 나오는 축상 광선속(어두운 부분)이 근축 상 지점 I 근처에서 상을 형성시킨다. 앞서 논의한 대로 이 상은 구면 수차에 의해 영향을 받게 될 것이고, 이때 광속선의 벗어난 정도인 변위 y에 의해 수차의 정도가 결정된다. 이 광속선은 축 OCI에 대해 대칭이고, C는 굴절면 곡률의 중심이다. 비스듬한 광선속들은 축에서 벗어난 지점 O'으로부터 나오는 것을 볼 수 있다. 이 광선속은 축 OI에 대해 대칭이 아니라는 것은 명백하다. 구경 E_nP의 한계가 없는 경우에 이 대칭축은 $O'CI'$이 될 수 있다. 식(20-19)에 의해 비스듬한 광선속의 변위 y'을 측정하여 이 축을 결정하고, 비축 수차의 정도를 결정할 수 있다. 대칭축으로부터의 변위는 광선속이 비스듬한 경우에 훨씬 크다는 것을 유의하자. 그러므로 축에서 벗어난 물체의 지점들로부터 생기는 비스듬한 광선속들은 이에 대응하는 축상의 점들보다 훨씬 더 수차에 대해 민감하다. y'의 크기를 결정하는 데 있어서는 구경의 위치가 매우 중요하지만 구경이 곡률의 중심 C에 위치할 때는 수차에 전혀 영향을 주지 않는다.

그림 20-5에 보여지는 것처럼 물체의 위치 P로부터 광축에서 멀리 떨어져서 나오는 광선속들을 고려해보자. 파면상의 위치 Q에서의 수차 함수 $a'(Q)$는 다음과 같이 표현할 수 있다.

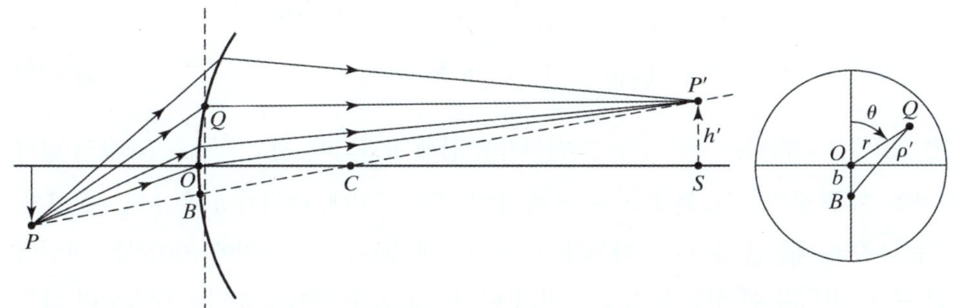

그림 20-5 축에서 벗어난 지점 P에서의 결상. 파면상의 임의의 점 Q에서의 수차는 대칭적인 축 PBP' 혹은 광축 OCS와 연관지을 수 있다. 상세 설명은 파면의 일부를 정면에서 보여주고 있다.

$$a'(Q) = (PQP' - PBP')_{opd} = c(BQ)^4 = cp'^4 \tag{20-20}$$

식(20-20)에서 광선의 높이 PQP'을 축 PBP'와 연관시키고, 점 B, O, Q가 점 O에서 근사한 파면의 수직면에 있다고 생각하자. 이 근사가 3차 수차 이론의 결과에 영향을 끼치지 않는다는 것을 보일 수 있다. 또한 식(20-19)를 이용하여 ρ'과 함께 거리 BQ를 구한다. 이와 관련된 점들을 포함하면서 거리 ρ', b 그리고 r을 정의하는 면의 한 부분을 그림 20-5에서 볼 수 있다. 이와 비슷한 방법으로 파면의 위치 O에 대해 써 보면 다음과 같다.

$$a'(O) = (POP' - PBP')_{opd} = c(BO)^4 = cb^4 \tag{20-21}$$

만약 점 Q가 광축 OC과 관련이 있다면, 비축 수차의 함수 $a(Q)$는 앞서 보인 바와 같이 Q와 O의 축상의 수차 사이의 차이로 표현될 수 있다.

$$a(Q) = a'(Q) - a'(O) = c\rho'^4 - cb^4 = c(\rho'^4 - b^4) \tag{20-22}$$

그림 20-5의 기하학적인 상세설명에서 삼각형 BOQ에 코사인 법칙을 적용하면

$$\rho'^2 = r^2 + b^2 + 2rb\cos\theta$$

을 얻을 수 있고, 식(20-22)에 이 표현을 적용시키면

$$a(Q) = c(r^4 + 4r^2b^2\cos^2\theta + 2r^2b^2 + 4r^3b\cos\theta + 4rb^3\cos\theta) \tag{20-23}$$

이 된다. 그림 20-5의 서로 비슷한 삼각형 OBC와 SCP'으로부터 거리 $OB = b$가 광축 위에 있는 근축상 P'의 높이 h'에 비례하는 것을 볼 수 있다. 이는 다음과 같이 표현된다.

$$b = kh' \tag{20-24}$$

여기서 k는 적절한 비례 상수이다. 식(20-23)의 b가 kh'으로 교체되면, 다음과 같이 비축 수차를 각 항별 계수로 표현한 식을 얻는다.

$$a(Q) = {}_0C_{40}r^4 + {}_1C_{31}h'r^3\cos\theta + {}_2C_{22}h'^2r^2\cos^2\theta$$
$$+ {}_2C_{20}h'^2r^2 + {}_3C_{11}h'^3r\cos\theta \qquad (20\text{-}25)$$

식(20-25)에서 나타나는 계수 C는 아래첨자와 함께 표현되며, 각각 h', r, $\cos\theta$의 항의 차수이다. 예를 들어 ${}_1C_{31}$는 $h'r^3\cos\theta$에 대한 계수 C인데, 여기서 h'은 1차, r은 3차, $\cos\theta$는 1차의 제곱을 갖는다. 각각의 항들은 상에 생기는 총 수차에 기여하는 파면의 수차들을 나타낸다. 이 항들은 다섯 가지의 단색수차 혹은 자이델 수차로 구성되며 다음과 같다.

r^4	구면수차
$h'^3\cos\theta$	코마
$h'^2r^2\cos 2\theta$	비점수차
h'^2r^2	만곡수차
$h'^3r\cos\theta$	왜곡수차

각각의 수차는 각각이 가지고 있는 h'(축의 결상으로부터의 거리), r(굴절면의 구경) 그리고 θ(광축에 대한 대칭)에 의해 결정된다. 구면수차에 해당하는 첫 번째 항은 축의 결상을 도출해 내는 식(20-19)와 일치한다는 것이 중요하다(식(20-19)에서의 h는 구경을 나타낸다).

이제부터 간단하게 이들의 시각적인 효과에 대해 각각의 수차별로 기술하고, 이 효과들을 줄이기 위한 몇 가지 방법들에 대해 알아본다.

20-3 구면수차

구면수차는 식(20-25)의 첫 번째 항 ${}_0C_{40}r^4$로 인해 생기는 결과이다. 이는 3차 파면 수차 $a(Q)$에서 h'에 의존하지 않는 유일한 항이다. 그러므로 구면수차는 그림 20-6(a)에서 나타나 있는 것처럼 축상 물체의 위치와 상의 위치로 인해 생긴다. 광축으로부터 먼 거리의 렌즈부분에 의해 굴절되는 광선들로 인해 근축의 상 위치 I는 축의 상 위치 E와 뚜렷하게 구분된다. 렌즈의 끝 부분에서 나오는 광선들로 인해, 축상에서 빗나간 거리 EI는 주로 **종구면수차**(longitudinal spherical aberration)이고, 반면에 근축의 상 평면에 있는 거리 IG는 **횡구면수차**(transverse spherical aberration)이다. 이 수치들은 또한 물체의 거리에 의존한다. 볼록렌즈(수렴 렌즈)의 경우에서처럼, E가 I의 왼쪽에 있을 때 구면수차는 양수이다. 오목렌즈(발산 렌즈)의 경우, E는 I의 오른쪽에 위치하므로 구면수차는 음수가 된다. E와 I 사이의 임의의 점 M의 위치에서 실제로 "최적"의 초점이 생긴다. 이로 인해 생기는 퍼진 상을 묘사하여 "최소 착란원(circle of least confusion)"이라고 부른다. 횡수차 b_y와 종수차 b_z에 식(20-2)와 (20-4)를 적용하면, yz-평면에 대응하는 구면수차가 식(20-25)에 의해 다음과 같이 표현된다.

$$b_y = \frac{s'}{n_2}\frac{da}{dy} = \frac{s'}{n_2}\frac{da}{dr} = \frac{4_0C_{40}s'}{n_2}r^3$$

$$b_z = \frac{s'b_y}{y} = \frac{s'b_y}{r} = \frac{4_0C_{40}s'^2}{n_2}r^2$$

예제 20-1

광축에 평행한 빛이 반지름 4 cm인 볼록한 구면의 유리 막대의 끝에 입사된다. 유리 막대의 굴절률은 1.60이다. 구경의 높이 $h = 1$ cm인 경우에 대해 종광선수차와 횡광선수차를 구하시오.

풀이

물체의 거리 s가 매우 큰 값으로 주어지면, 식(20-18)은 다음 식과 같이 정리된다.

$$a = -\frac{h^4}{8}\left[\frac{n_2}{s'}\left(\frac{1}{s'} - \frac{1}{R}\right)^2\right]$$

b_y를 계산한 뒤 b_z를 계산하기 위해서는 da/dh가 필요하다.

$$\frac{da}{dh} = -\frac{h^3}{2}\left[\frac{n_2}{s'}\left(\frac{1}{s'} - \frac{1}{R}\right)^2\right]$$

상의 거리 s'와 표면의 초점 거리는 근축 식에 의해 다음과 같다.

$$\frac{1}{\infty} + \frac{1.6}{s'} = \frac{0.6}{4} \quad \text{또는} \quad s' = 10.667\,\text{cm}$$

그러면 da/dh와 구면수차는

$$\frac{da}{dh} = -\frac{1}{2}\left[\frac{1.6}{10.67}\left(\frac{1}{10.67} - \frac{1}{4}\right)^2\right] = -0.001831$$

$$b_y = \frac{s'}{n_2}\frac{da}{dy} = \frac{s'}{n_2}\frac{da}{dh} = \frac{10.667}{1.6}(-0.001831) = -0.0122\,\text{cm}$$

$$b_z = \frac{s'}{r}b_y = \frac{s'}{h}b_y = \frac{10.667}{1}(-0.0122) = -0.130\,\text{cm}$$

이다.

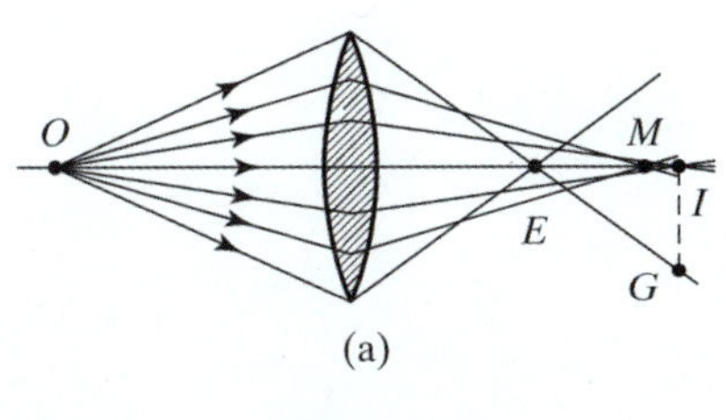

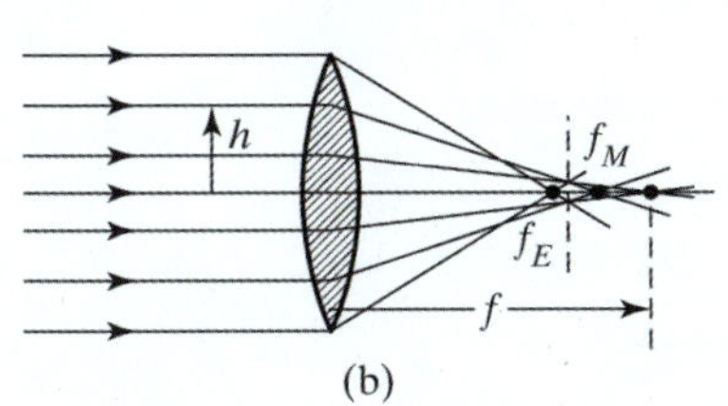

그림 20-6 렌즈의 구경에 따라 (a) 상의 거리가 다르고 (b) 초점 거리가 달라서 생기는 렌즈의 구면수차.

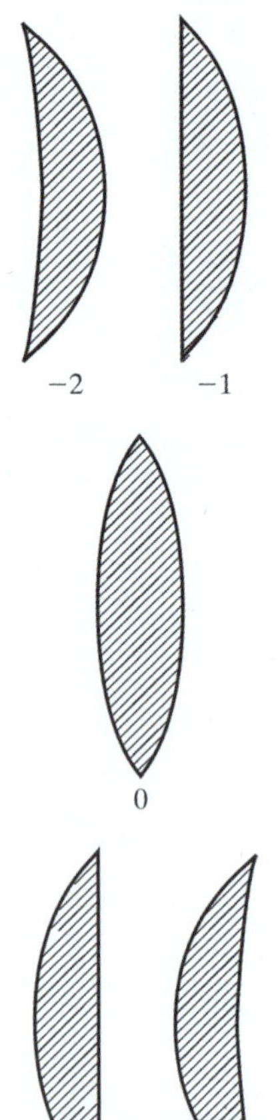

그림 20−7 초점거리가 고정되어 있는 한 렌즈에 대한 여러 모양의 "휘어짐". 아래에 쓰여진 코딩턴 모양 인자는 이들을 분류하는데 이용된다.

그림 20-6(b)는 물체가 무한대의 거리에 있을 때의 구면수차를 보여주고 있다. 원형의 렌즈상의 여러 부분들이 축에 대해 서로 초점거리가 달라지고, 그로 인해 f는 구경 h의 함수가 된다. 렌즈의 초점거리는 $h \to 0$일 때 근축광선이 광축과 만나는 지점이다. 이 초점거리는 렌즈 제작자의 공식에 의해

$$\frac{1}{f} = (n-1)\left(\frac{1}{r_1} - \frac{1}{r_2}\right) \tag{20-26}$$

이 되고, n은 공기 중에 있는 얇은 렌즈의 굴절률이고 r_1과 r_2는 이 렌즈의 두 곡률반지름에 해당한다. 식(20-26)에서 주어진 f는 서로 다른 r_1과 r_2의 조합결과로 나타난다. 초점거리를 바꾸지 않고 곡률반지름을 변화시키게 되면 렌즈의 구면수차에 큰 영향을 미치게 된다. 그림 20-7은 초점거리는 같지만 곡률반지름이 바뀌면서 "휘어진" 혹은 모양이 변화된 렌즈를 나타낸다. 이 휘어진 정도의 측정치를 **코딩턴 모양인자**(Coddington shape factor)인 σ라 하며,

$$\sigma = \frac{r_2 + r_1}{r_2 - r_1} \tag{20-27}$$

으로 정의한다. 여기에서 r_1과 r_2는 일반적인 부호 규정을 따른다. 예를 들어 $n = 1.50$이고 $f = 10$ cm인 얇은 렌즈는 $\sigma = 0(r_1 = 10,\ r_2 = -10$ cm)으로 동일한 양볼록렌즈이다. 평-볼록렌즈(한 면은 평평하고 다른 한 면은 볼록한 렌즈)의 경우 $\sigma = +1(r_1 = 5$ cm)이며, 메니스커스 렌즈는 $\sigma = +2(r_1 = 3.33,\ r_2 = 10$ cm)이다. −값을 가지는 거울 대칭형과 함께 이들의 형태를 그림 20-7에 나타내었다.

구면 반사면에 대한 구면수차는 식(20-18)로 주어진다. 얇은 렌즈는 각각이 총 구면수차에 기여하는 두 개의 반사면으로 이루어져 있다. 초점거리가 f이고 굴절률이 n인 얇은 렌즈의 총 종구면수차인 $s'_h - s'_p$는 s'_h가 높이 h로부터 나오는 광선에 의한 상의 거리이고, s'_p가 근축 상의 거리이며, 그리고

$$p = \frac{s' - s}{s' + s}$$

로 주어질 때, 아래 식[1]과 같이 정리된다.

$$\frac{1}{s'_h} - \frac{1}{s'_p} = \frac{h^2}{8f^3}\frac{1}{n(n-1)}\left[\frac{n+2}{n-1}\sigma^2 + 4(n+1)p\sigma + (3n+2)(n-1)p^2 + \frac{n^3}{n-1}\right] \tag{20-28}$$

1 Francis A. Jenkins and Harney E. White의 *Fundamentals of Optics*, 4th de.(New York: McGraw-Hill Inc. 1976), Ch. 9을 보시오.

앞에서(문제 20-11) 알 수 있듯이 구면이 휘어질 때 최소(0은 아님) 구면수차의 결과는 다음과 같이 주어진다.

$$\sigma = -\frac{2(n^2-1)}{n+2}p \tag{20-29}$$

굴절률 $n=1.50$인 렌즈로부터 물체가 무한대에 있는 경우 $\sigma \cong 0.7$임을 알아두자. 이 값은 평-볼록렌즈의 값 $\sigma = +1$에 가깝다. 따라서 광학계를 구성할 때 구면 수차를 줄이기 위해 평-볼록렌즈(평행한 입사광이 볼록한 면으로 들어오게)를 종종 사용한다. 일반적으로 구면수차의 최소값은 프리즘의 최소 편향(minimum deviation in a prism)과 관련되고 동시에 두 면 각각에 대한 동일한 굴절의 조건과 관련이 있다. 여러 개의 렌즈가 조합을 이루면 구면수차를 없앨 확률이 높아지는데, 이는 볼록렌즈와 오목렌즈가 서로 반대 부호를 가지는 구면수차를 주기 때문이다. 이 기술은 접합된 "이중"렌즈에 주로 적용된다.

20-4 코마

${}_1C_{31}h'r^3$으로 표현되는 **코마**(coma)는 축에서 떨어진 수차($h' \neq 0$)로서, 광축에 대해 대칭적이지 않고($\cos\theta \neq$ 상수) 렌즈 구경 값의 세제곱으로 증가한다. 코마 때문에 축에서 떨어진 물체의 위치는 흐린 모양으로 상을 맺게 되는데, 그 모양이 머리와 꼬리가 있는 혜성(comet)과 닮았기 때문에 "코마"라고 한다.

그림 20-8은 코마 상이 형성되는 것을 보여준다. 그림 20-8(a)는 축으로부터 멀리 떨어진 물체로부터 나오고 있는 네 개의 평행광선들(1, 2, 3, 4)이 볼록렌즈에 의해 굴절되는 것을 나타낸다. 이 모든 광선들이 광축이 중심인 렌즈의 얇은 고리 영역을 지난다. 이 부분을 **영역**(zone)이라고 부른다. 그러므로 이 렌즈는 중심부터 바깥 모서리까지 확장되어 있는 연속된 동심원의 영역들로 생각할 수 있다. 여러 개 중 하나의 영역($ABCD$)을 그림에 나타내었다. 멀리 있는 물체의 위치로부터 나오는 모든 광선들이 이 영역을 지나면서 그림에 있는 코마원(comatic circle)을 형성한다. 광선 1과 광선 2는 세로 평면에 있고 이 영역의 점 A와 B를 지나고, 광선 3과 광선 4는 가로 평면에 있으며 영역의 점 C와 D를 지난다. 코마원의 윗부분은 광선 1과 광선 2에 의해서 아랫부분은 광선 3과 광선 4에 의해 형성된다. 이와 같이 렌즈의 각각의 영역은 이에 대응하는 코마원을 만들어내고, 영역의 반지름이 커질수록 코마원의 반지름도 커진다.

그림 20-8(b)에서 수직의 광선 다발(1, 2, 3, 4, 5)이 렌즈의 중심과 바깥부분의 두 영역을 지난다. 중심 광선은 상평면의 O 지점에 도달한다. 광선 2와 광선 3은 이들 영역의 점 A에서 코마원의 윗부분을 형성하고, 그와 동시에 광선 4와 광선 5는 이들 영역의 점 B에서 코마원의 아랫부분을 형성한다. 가장 아래에 있는 점 O는 광축에서 높이 h_c에 나타내고 점 B에 있는 가장 바깥쪽의 코마원의 거리는 h_e로 나타낸다. 이 그림들과 여러 개의 다른 코마원들을 그림 20-8(c)에서 볼 수 있다. 렌즈의 영역들이 연속적이

기 때문에, 이와 연관되어 생기는 코마원들도 연속적이게 된다. 그러므로 코마원들 안쪽의 자세한 모습들은 보이지 않고 오직 혜성과 비슷한 코마 형상이 보일 뿐이다. 그림 20-8(b)는 각 영역이 서로 다른 배율을 만들어 내서 결과적으로 중심 광선에 의한 h_c는 가장 바깥쪽의 광선에 의한 h_e와 같지 않다는 것을 나타낸다. 구면수차와 마찬가지로, 코마는 양수($h_e > h_c$)와 음수($h_e < h_c$)로 나타낼 수 있다. $(R_e + 2R_e)$는 가장 큰 코마원의 반지름 R_e의 세배이다.

일반적인 근축 근사 없이 광축 근처의 작은 물체에 대해서 구면 경계면에서 굴절되는 어떤 광선이라도 다음과 같은 **아베 사인 조건**(Abbe sine condition)을 만족해야만 한다는 것을 볼 수 있다.

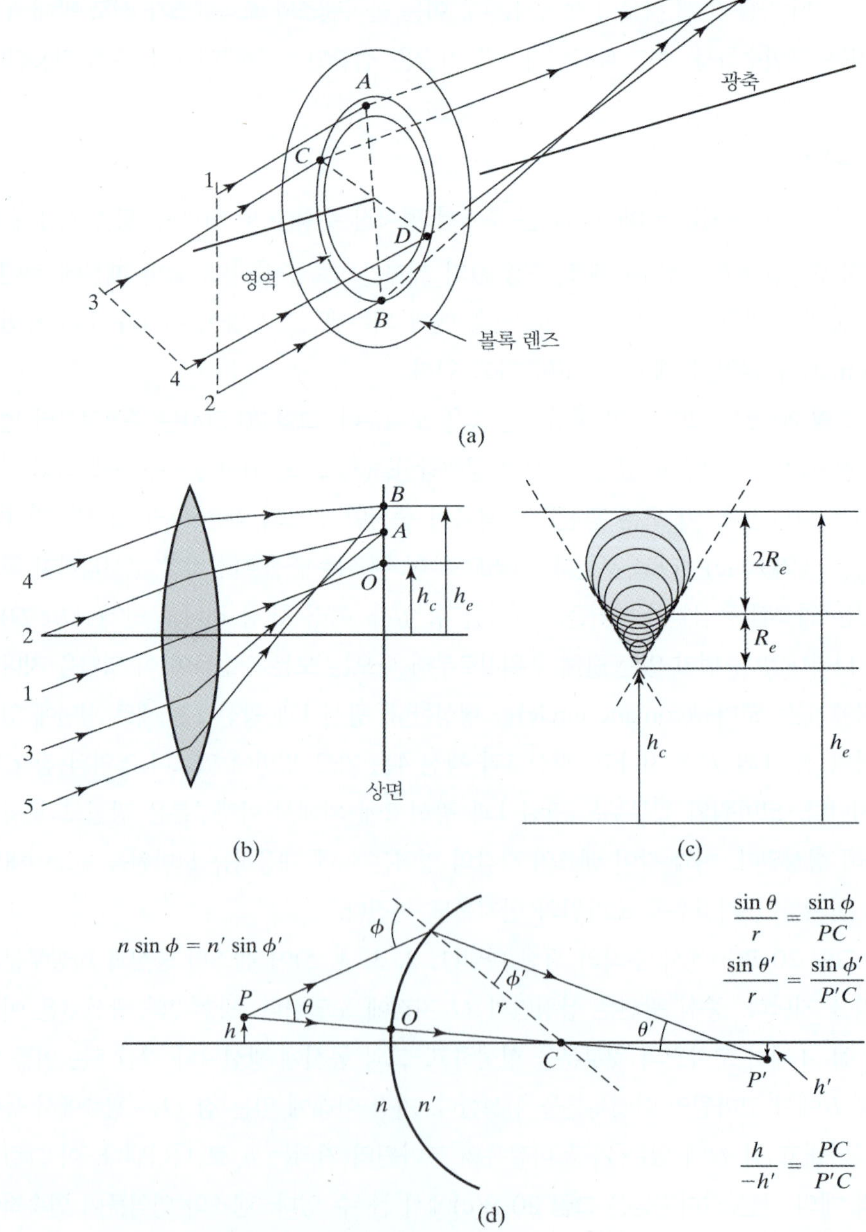

그림 20-8 (a)와 (b) 평행 광선의 다발에 의해 만들어지는 코마. 같은 고리 영역을 지나는 모든 방위각의 광선들로 인해 생기는 상은 코마원 위에 위치된다. (c) 연속된 코마원들로 인한 코마상의 형성. 코마상의 모양을 다음과 같이 최대 확장선은 렌즈의 가장자리 영역으로부터 생기는 코마원 반지름의 세 배이다. 점선 사이의 각도는 60°이다. (d) 축 근처의 위치 P로부터 나오는 비근축광선들은 상 P'을 형성하는데, 아베 사인 조건을 따른다. 이 조건은 스넬의 법칙과 그림에서 주어진 기하학적인 관계로부터 나온다.

$$nh\sin\theta + n'h'\sin\theta' = 0 \qquad (20\text{-}30)$$

여기서 h와 h'은 각각 물체와 상의 크기이고, 각도 θ와 θ'은 각각 굴절률이 n과 n'인 광학 물질에서 광선의 경사각이다. 이 값들을 그림 20-8(d)에 나타내었다. 식(20-30)을 다시 정리하여 횡배율로 나타낼 때는 다음과 같은 조건을 쓸 수 있다.

$$m = \frac{h'}{h} = -\frac{n\sin\theta}{n'\sin\theta'}$$

코마를 방지하기 위해서는, 렌즈의 모든 영역들로부터 굴절된 횡배율이 같아야만 한다. 그러므로 모든 θ값에 대해

$$\frac{\sin\theta}{\sin\theta'} = \text{상수}$$

일 때 코마가 생기지 않는다.

렌즈의 구면수차를 줄이는 데 유용했던 방법이 코마를 줄이는 데에도 유용하다. 최소구면수차의 결과를 가져오는 식(20-27)의 코딩턴 모양 인자는 코마가 사라지게 하는 것과 밀접하게 관계가 있으며, 따라서 적절한 곡률을 가진 렌즈에 의해 두 수차를 상당히 줄일 수 있을 것이다. 렌즈의 다음을 만족할 때 코마가 없어짐을 보일 수 있다.

$$\sigma = \left(\frac{2n^2 - n - 1}{n+1}\right)\left(\frac{s - s'}{s + s'}\right) \qquad (20\text{-}31)$$

앞서 다뤄진 렌즈의 예제에서 $n = 1.50$이고 물체가 무한대에 위치해 있을 때, 식(20-31)은 최소구면 수차를 만들어 냈던 $\sigma = 0.7$과 많이 유사한 $\sigma = 0.8$이 된다. 구면수차와 코마 둘 모두가 생기지 않는 렌즈나 광학계를 **무수차**(aplanatic) 광학계라 부른다.

20-5 비점수차와 만곡수차

무수차 광학계에서 파면수차의 두 항의 조합 $h'^2 r^2({}_2C_{22}\cos 2\theta + {}_2C_{20})$은 또 다른 수차와 관련이 있다. 첫 번째 항은 **비점수차**를 만들고, 광축에 대해 대칭적인 두 번째 항은 **만곡수차**(curvature of field)이다. 두 수차 모두 물체가 축으로부터 떨어진 거리와 굴절면의 구경에 따라 증가한다.

그림 20-9(a)와 (b)는 렌즈의 tt' 영역을 지나는 접선방향의 광선속과 ss' 영역을 지나는 연직의 광선속이 축에서 떨어진 점 P에 만드는 비점수차 상들을 보여준다. 이들 수직한 광선속은 렌즈로부터 서로 다른 거리에 초점을 맺으므로 두 개의 상은 각각 접선방향에 대해 T, 연직방향에 대해 S로 보이는 선의 형태로 나타난다. 초점 선 T는 연직면 위에 그리고 초점 선 S는 접선면 위에 놓이게 된다. 주 광선에 수직하게 주어지는 면이 S에서 T로 옮겨지면, 그 사이에 있는 상은 타원 모양이 될 것이다. 대략 S와 T의

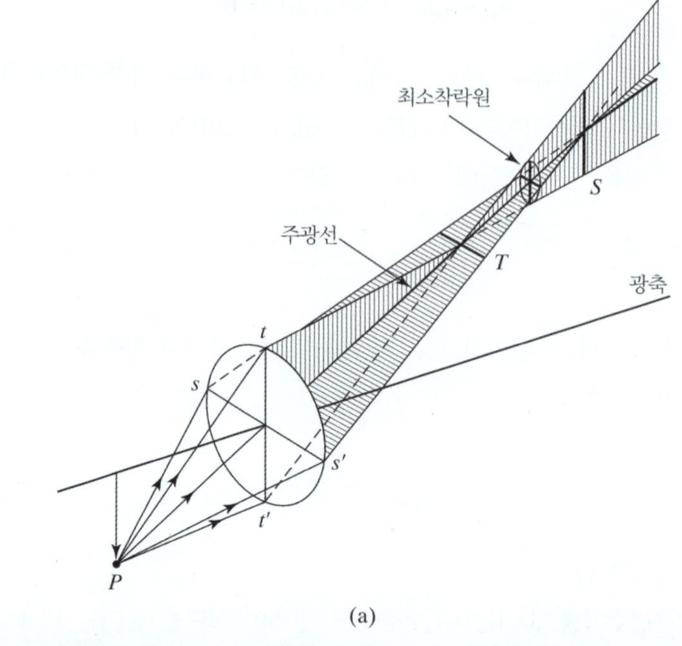

(a)

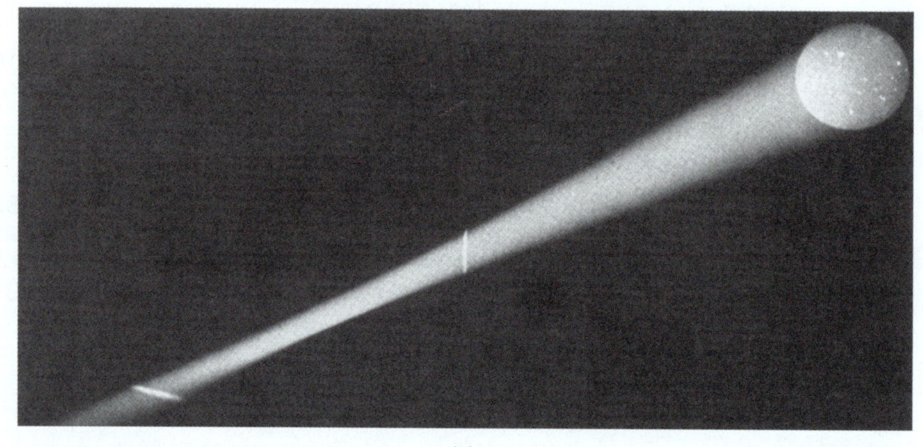
(b)

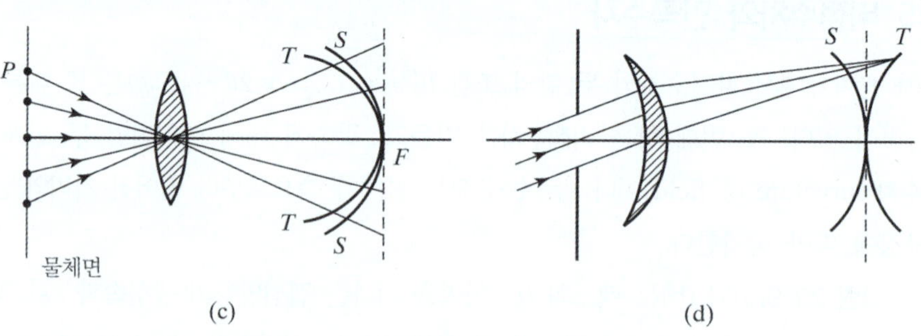

(c) (d)

그림 20-9 (a) 렌즈를 통과하는 접선(tt') 광선속과 연직(ss') 광선속으로 인해 생기는 광축에서 떨어진 점 P의 비점 수차형 상 T와 S. (b) **그림 20-9**(a)에 그려진 렌즈에 의해 만들어지는 비점수차 상의 사진. 구분되는 T와 S의 선 상은 형광 막에 의해 드러남(M. Cagnet, M. Francon, and J. C. Thrierr, *Atlas of Optical Phenomenon*, Plate 4, Berlin: Spinger Verlag, 1962). (c) 렌즈에 의한 비점수차 면들. (d) 렌즈의 영역을 인공적으로 평평해지도록 조리개를 사용함. 렌즈의 영역 S와 T면을 합친 면을 점선으로 나타내었다.

중간지점에서는, 초점이 원형이 되어 **최소착란원**(the circle of least confusion)이 될 것이다. **그림 20-9**(c)에서처럼 다양한 물체의 점 P로 인해 생기는 선형 상 S와 T의 위치는 포물면을 형성한다. 주어진 물체의 위치로부터 나오는 주 광선을 따라 생기는 두 면의 차이가 이 물체의 위치에 대한 비점수차의 크기를 나타내며, 대략 광축으로부터의 거리

제곱에 비례한다. 그림처럼 T면이 S면의 왼쪽에 위치하게 되면 비점수차의 차이는 양수가 되고, 반대의 경우 음수가 된다.

P와 같은 점들이 광축에 수직한 물체면의 원의 형태를 따라 놓이면, 이에 대응하여 T면에 생기는 선형 상들은 초점이 잘 맞는 원형 상이 된다. 하지만 S면에서는 어느 곳에 서든지 초점 선이 생기므로 원형 상이 뚜렷하지 않을 것이다. 반면에 물체 원의 사선으로 놓여진 물체의 점에 대해선, 오직 S면에서만 뚜렷한 사선의 상이 만들어진다. 여기서 사선의 상들이 초점이 잘 맞는 물체의 상과 겹쳐진다. 그러므로 물체면이 원형과 사선형의 요소들을 모두 포함한다면, 초점이 잘 맞는 상의 거리는 각 요소들에 따라 달라질 것이다.

그림 20-9(c)에서 보면 비점수차를 없애기 위해서는 접선면과 연직면이 동시에 만들어져야만 한다. 이들 면의 곡률이 렌즈의 모양이 변형됨에 따라서 바뀐다면 면들이 동시에 있을 수 있고, 이런 면을 **페쯔발면**(Petzval surface)이라 한다. 무수차 광학계의 이러한 초점면에서 점 형태의 상이 만들어진다. 이 평면이 굽어있다면 비점수차는 제거되었겠지만 이에 관련된 **만곡수차**(curvature of field)라 불리는 수차는 남아있다. 이 모든 조건 하에서 뚜렷한 상을 기록하기 위해서는 필름면이 페쯔발면과 일치해야 한다. 페쯔발면은 T와 S면이 일치하지 않는 어떤 광학계에서라도 정의될 수 있다.

T와 S면과는 달리 페쯔발면은 렌즈의 굽어짐이나 변위에는 영향을 받지 않고, 광학계에 포함된 여러 렌즈들의 굴절률과 초점 거리에만 의존한다. 3차 수차 이론에서 페쯔발면은 S면보다 T면에 대해 세 배 먼 곳에 자리하며 언제나 T면과 반대인 S면 근처에 있다. 예를 들어 (각각의 굴절률이 n_1, n_2이고 초점거리가 f_1과 f_2인) 두 개의 얇은 렌즈가 평평한 페쯔발면을 가지면서 만곡수차가 없으려면 다음과 같은 조건을 만족해야 한다.

$$n_1 f_1 + n_2 f_2 = 0$$

일반적으로 공기 중 다수의 렌즈에 의한 페쯔발면은 다음을 만족한다.

$$\sum \frac{1}{n_i f_i} = \frac{1}{R_p} \tag{20-32}$$

여기서 R_p는 페쯔발면의 곡률반지름이다. 이 조건으로 인해 하나의 렌즈로 평평한 영역을 만들 수는 없지만, 인공적으로는 그림 20-9(d)처럼 구경조리개를 사용함으로써 이 조건을 만들어 낼 수 있다. 이런 배열에서는 조리개로 인한 사선의 주광선이 렌즈의 중심을 통과하지 않는다. 그러면 비점수차 면 S와 T는 서로 반대로 휘어진 형태로 나타나고, 최소착란면은 그림과 같이 평평한 형태가 된다. 이와 같이 비용이 적게 들면서 인공적으로 영역을 평평하게 만드는 방법은 간단한 상자 사진기를 사용하는 것이다. 다른 필요한 조건들 때문에 페쯔발 조건을 만족시킬 수 없는 좀 더 어려운 상황에서는 저배율 렌즈(low-power lens)를 상 평면 가까이에 두고 사용하기도 한다. 이 렌즈는 영역의 곡률을 반대로 작용하도록 도와주는데, 상의 상태가 심각하게 훼손되지는 않게 한다. 최종적으로 수차 이론에 의해 T와 S면이 다시 만들어지고 광축으로부터 떨어진 거리에서 서로 교차

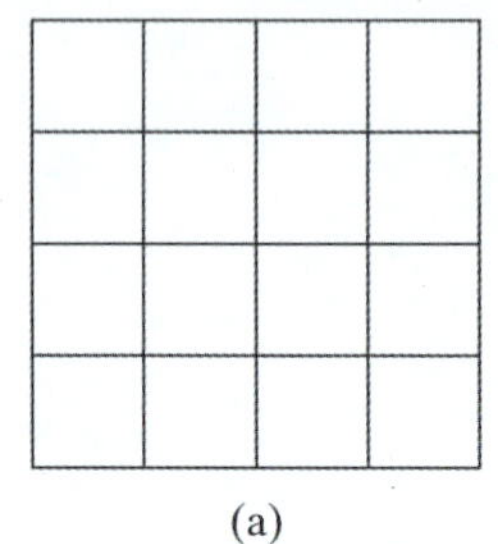

(a)

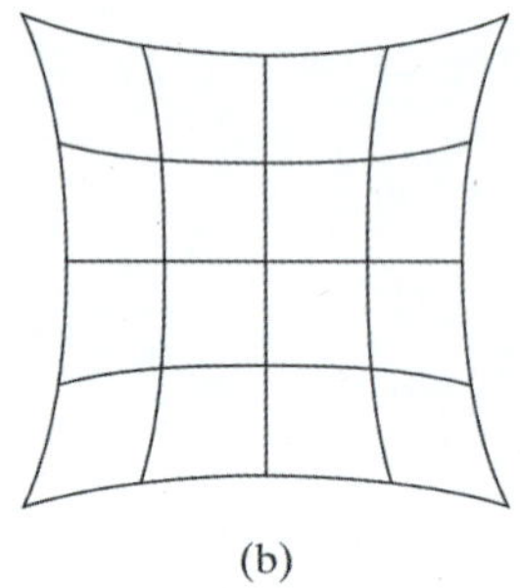

(b)

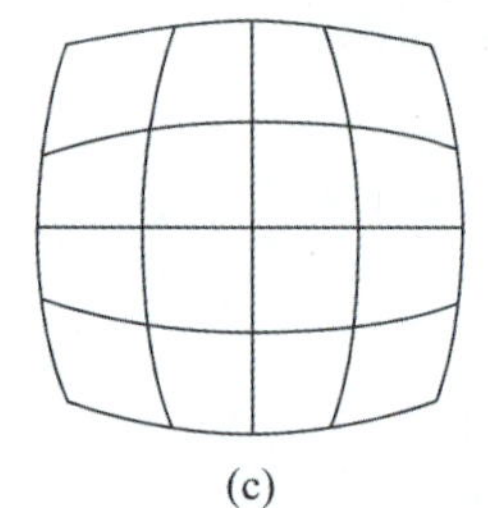

(c)

그림 20-10 서로 다른 배율로 인해 직각 격자무늬(a)가 이 바늘쌈 왜곡수차(b)와 통모양 왜곡수차(c)로 나타나는 상의 형태.

한다. 결과적으로 초점 평면이 수정되어 비점수차가 평균 이하로 줄어들게 된다. **비점수차 보정**(anastigmat) 카메라의 대물렌즈는 이러한 이점을 가질 수 있도록 설계되었다.

20-6 왜곡수차

다섯 개의 자이델 수차 중 마지막으로 아직 남아있는 것이 **왜곡수차**(distortion)이며 $3C_{11}h'^3r\cos\theta$항으로 나타난다. 물체의 점들이 상으로 맺힐 때 점의 형태가 된다고 하더라도, 광축에 대해 서로 다른 거리에 있는 물체의 점들의 종 배율이 다르므로 그 차이가 왜곡수차로 나타난다. 축으로부터의 거리에 따라 배율이 증가한다면, 그림 20-10(a)에서 물체에 해당하는 직각 격자무늬의 상이 그림 20-10(b)와 같이 맺힐 것이다. 이것을 **바늘쌈 왜곡수차**(pincushion distortion)라 부른다. 이와는 반대로, 축으로부터의 거리에 따라 배율이 감소한다면 그림 20-10(c)처럼 물체에 대한 상은 **통모양 왜곡수차**(barrel distortion)로 나타난다. 두 경우 모두 상의 형태는 뚜렷하지만 왜곡되어 있다. 조리개나 조리개 역할을 하는 다른 요소들에 의한 광선 다발의 한계가 이런 왜곡수차를 더욱 심하게 만든다. 이런 효과를 보려면, 그림 20-11(a)를 보아라. 광축에서 벗어난 상의 이미지가 하나의 렌즈에 의해 형성되는 과정을 여기서 볼 수 있다. (하나는 **굵고**, 하나는 **가는**) 두 개의 광선다발이 그려져 있다. 각각의 광선다발은 구경 조리개의 위치에 의해 제한되는데, (1) 렌즈로부터 어느 정도의 거리에 있거나 (2) 렌즈 바로 근처에 있는 두 경우가 있다. 구경이 렌즈로 접근해 감에 따라 렌즈로부터의 평균 거리가 가까워진다. 그래서 그림 20-11(a)에서 보는 것처럼 구경 위치 (1)에 대해 굵은 광선다발의 평균 거리 PM은 아래의 광선다발의 평균 거리 PN보다 더 크다. 유사하게 상의 거리 MP'은 NP'보다 더 작다. 따라서 비 MP'/PM(위쪽 광선다발에 대한 배율)이 NP'/PN(아래쪽 광선다발에 대한 배율)보다 작아진다. 그러므로 횡배율은 구경의 위치 (2)에서보다 구경의 위치 (1)에서 더 작은 값을 갖는다. 구경의 위치에 따라 횡배율이 감소하는 것은 물체의 위치가 축으로부터 멀어짐에 따라 더욱 뚜렷하게 나타나는데, 이로 인해 통모양 왜곡수차가 생긴다. 같은 그림에서 구경 조리개의 위치가 렌즈를 기준으로 상면 쪽에 있을 때 나타나는 효과는 물체와 상의 역할을 반대로 고려함으로써 볼 수 있다. 그러면 물체에 대한 상의 유효비율이 작아져서, 바늘쌈 왜곡수차 생긴 상이 나타난다. 구경 조리개가 렌즈의 위치에 놓인다면 이런 왜곡수차는 생기지 않는다. 또한 대칭을 이루는 두 이중렌즈의 중심에 조리개가 있다면, 두 효과가 합쳐져서 왜곡수차가 없어지며 하나의 배율을 갖게 된다. 조리개 위치에 대한 왜곡수차 효과를 그림 20-11(b), (c), (d)의 사진에서 볼 수 있다.

20-7 색수차

마지막으로 다룰 수차는 단색광에 의한 수차에 해당하는 자이델 수차가 아니다. 일차 근사

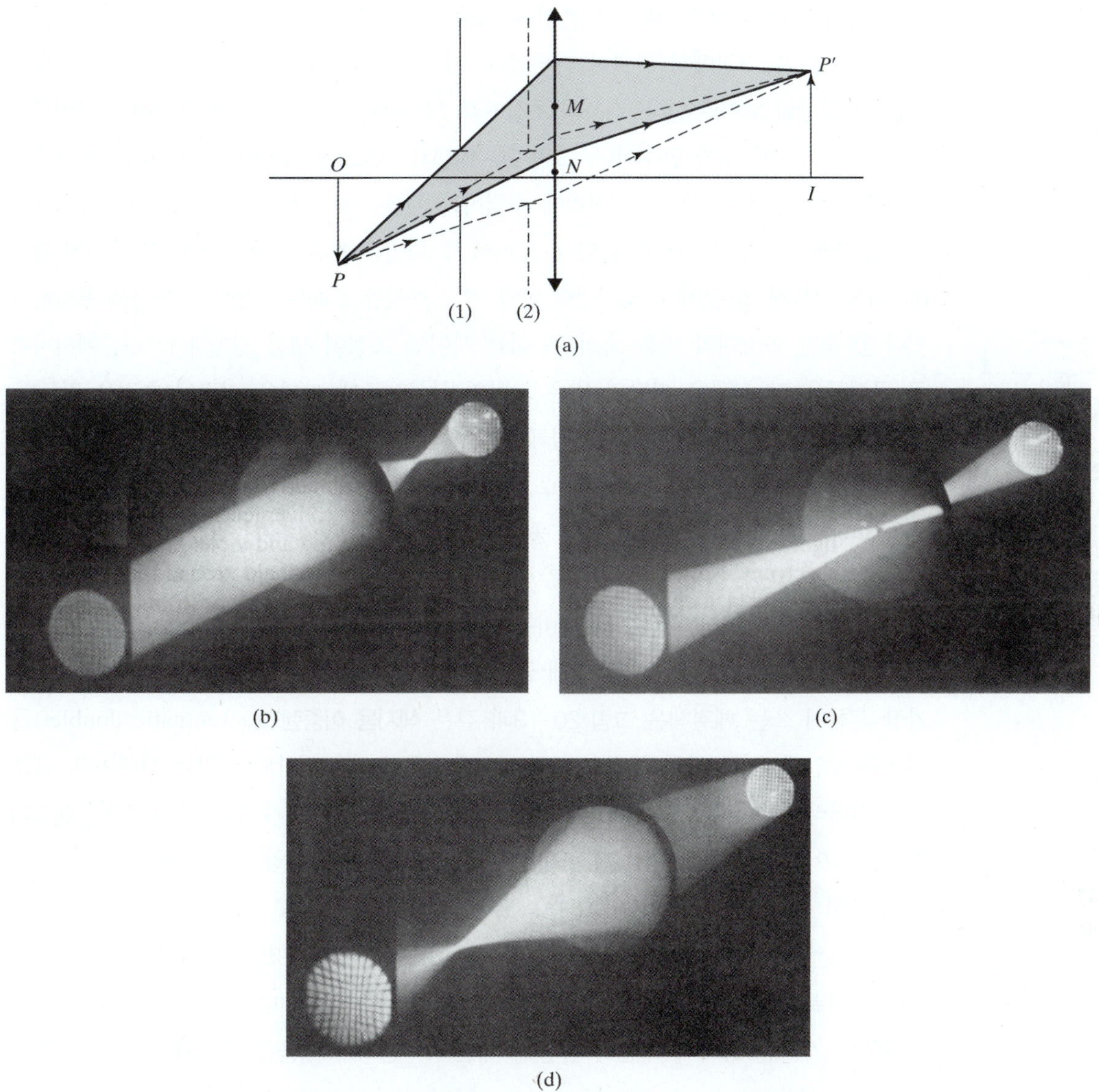

그림 20-11 (a) 렌즈에 의한 상의 왜곡수차에 대한 구경 위치에 따른 효과. 위치 (1)에 있는 구경은 위치 (2)에 있는 것보다 통모양 왜곡수차를 더 만들어낸다. 물체와 상의 위치가 바뀐다면, 같은 시스템으로 바늘쌈 왜곡수차를 볼 수 있다. (b) 볼록렌즈에 의한 직각격자의 상. 조리개가 물체와 렌즈 사이에 있으면, 통모양 왜곡수차가 상에 나타난다. (c) 볼록렌즈에 의한 직각격자의 상. 조리개가 렌즈의 위치에 있으면 상은 왜곡수차가 생기지 않는다. (d) 볼록렌즈에 의한 직각격자의 상. 조리개가 렌즈와 상 사이에 있을 때, 바늘쌈 왜곡수차가 상에 나타난다(**그림 20-11**(b), (c), (d)는 'M. Cagnet, M. Francon, and J. C. Thrierr, *Atlas of Optical Phenomenon*, Plate 4, Berlin: Spinger Verlag, 1962'에서 발췌).

(가우스 혹은 근축 근사)나 앞의 절들에서 간단하게 언급한 3차 이론에서는 중요한 요소인 파장의 굴절률에 따른 차이, 혹은 분산 현상에 대해 다루지 않았다. 근축 광학계라 하더라도 분산으로 인해 각기 다른 색의 빛들로 만들어지는 상이 같은 위치에 생기지 않으므로, 부가적인 **색수차**(chromatic aberration)가 나타난다. 식(20-25)의 단색성 삼차 수차

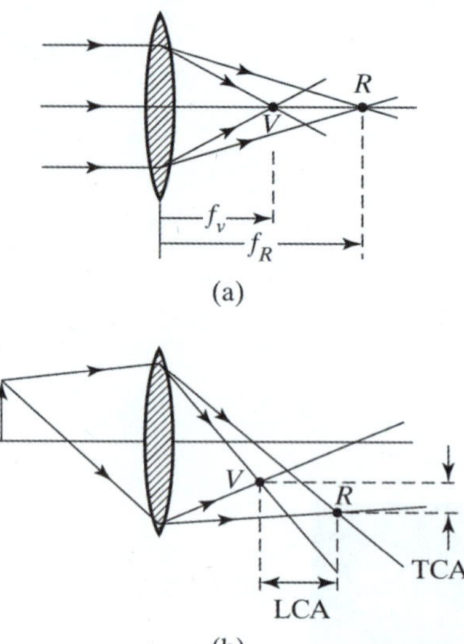

그림 20-12 빨간색 파장(R)과 보라색 파장(V)에 대한 (a) 얇은 렌즈에 의한 색수차(과장된)와 (b) 종색수차와 횡색수차의 차이.

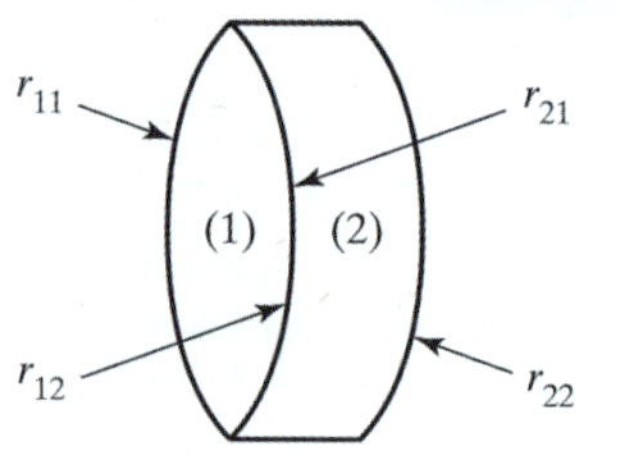

그림 20-13 양면이 볼록한 크라운 유리 (1)에 접합된 음수의 플린트 유리 (2)의 렌즈들로 구성된 색지움 이중렌즈. 네 개의 곡률반지름이 표시되어 있다.

항들의 계수들이 가지는 파장 의존성을 고려하면 색수차의 효과를 이끌어낼 수 있다.

색수차는 3장에서 간단히 다루었다. 이 장에서는 그 내용을 다시 되짚고 내용을 조금 더 확장해 보기로 한다. 렌즈의 초점거리 f는 유리의 굴절률 n에 의존하는 값이므로 f도 또한 파장에 대한 함수이다. 그림 20-12(a)는 렌즈에 평행하게 입사하는 빨간색과 보라색의 빛이 서로 다른 초점거리에 수렴하는 것을 보여준다. 빨간색과 보라색은 각각 가시광 스펙트럼의 양 끝부분에 있다. 보라색 빛 다발은 빨간색 빛의 초점 R 주변에 광륜(halo)을 만들게 될 것이다. 입사광이 만약 전체 가시광 스펙트럼 영역의 파장을 포함하고 있다면, 중간 파장대의 빛은 축의 두 점들 사이에 초점이 생길 것이다. 프리즘에서처럼 큰 굴절률을 갖는 짧은 파장의 빛은 그림의 볼록렌즈에 가까운 지점에 초점을 갖는다. 그림 20-12(b)는 축에서 떨어진 물체 지점에 대한 색수차를 설명하고 있고, **종색수차**(longitudinal chromatic aberration, LCA)와 **횡색수차**(lateral or transvers chromatic aberration, TCA)를 보여준다. 만약 종색수차가 없다면, 횡색수차는 각기 다른 색에 대해 횡색수차의 크기가 차이 나는 것으로 이해할 수 있다. 볼록렌즈의 종색수차는 가장 넓은 구경을 지나는 광선의 구면수차와 비슷하다.

색수차는 굴절률이 서로 반대 굴절능을 갖는 광학부품들을 합쳐서 없앨 수 있다. 가장 흔하게 쓰는 해결책은 그림 20-13과 같은 **색지움 이중렌즈**(achromatic doublet)를 이용한 것인데, 서로 다른 물질의 볼록렌즈와 오목렌즈가 접합되어 있는 형태이다. 렌즈의 초점거리와 배율이 달라서 이들 표면을 지나면서 양수 혹은 음수를 가지는 이중렌즈의 알짜 배율이 생긴다. 그 결과 알짜 초점거리를 갖지만 가시광 영역의 분산을 상당히 없애는 렌즈의 결합계를 구성할 수 있다.

이제부터 이 구조의 상세한 수치들을 생각해 보자. 일반적인 색지움 이중렌즈의 형태는 그림 20-13이다. **프라운호퍼 파장**(Fraunhofer wavelength)인 $\lambda_D = 587.6$ nm로 표현하는 가시광 영역의 노란색 중앙에 대한 두 렌즈의 배율은 다음과 같다.

$$P_{1D} = \frac{1}{f_{1D}} = (n_{1D} - 1)\left(\frac{1}{r_{11}} - \frac{1}{r_{12}}\right) = (n_{1D} - 1)K_1 \tag{20-33}$$

$$P_{2D} = \frac{1}{f_{2D}} = (n_{2D} - 1)\left(\frac{1}{r_{21}} - \frac{1}{r_{22}}\right) = (n_{2D} - 1)K_2 \tag{20-34}$$

여기에서 각각의 곡률반지름은 그림 20-13에서 볼 수 있다. 여기서 n_D는 프라운호퍼 선 D에 대한 각 유리의 굴절률을 나타내고, 상수 K_1과 K_2는 두 렌즈의 각 곡률에 대한 차를 나타내는 것이다. 18장에서 얇은 이중렌즈의 초점거리 f는 둘 사이의 거리 L과 함께 다음을 만족하여야 함을 보였다.

$$\frac{1}{f} = \frac{1}{f_1} + \frac{1}{f_2} - \frac{L}{f_1 f_2} \tag{20-35}$$

여기서 f_1과 f_2 이중렌즈에 있는 두 렌즈 각각의 초점거리이다. 결과적으로 이중렌즈의 배율 $P=1/f$는

$$P = P_1 + P_2 - LP_1P_2 \tag{20-36}$$

이 된다. 서로 접합된 얇은 이중렌즈의 경우 $L=0$이고, 이 경우 또한 2장에서 언급했듯이 렌즈의 배율이 단순히 더해진 형태가 된다.

$$P = P_1 + P_2 \tag{20-37}$$

접합된 얇은 이중렌즈의 경우, 식(20-33)과 식(20-34)를 결합하여 다음을 얻을 수 있다.

$$P = (n_1 - 1)K_1 + (n_2 - 1)K_2 \tag{20-38}$$

배율이 파장에 대해 독립적이거나 $(\partial P/\partial\lambda)_D = 0$인 경우, 파장 λ_D에서는 색수차가 없다. 이를 식(20-38)에 적용하면 이 조건은

$$\frac{\partial P}{\partial\lambda} = K_1\frac{\partial n_1}{\partial\lambda} + K_2\frac{\partial n_2}{\partial\lambda} = 0 \tag{20-39}$$

이다. λ_D 근처에 있는 λ에 따른 n의 변화율은 빨간색과 파란색에 대한 프라운호퍼 파장을 써서 각각 $\lambda_C = 656.3$ nm, $\lambda_F = 486.1$ nm로 근사하여 나타낼 수 있다.

$$\frac{\partial n}{\partial\lambda} \cong \frac{n_F - n_C}{\lambda_F - \lambda_C} \tag{20-40}$$

유리에 대한 분산 상수는 식(20-39)의 항들로 표현되어 다음과 같이 유도된다.

$$K_1\frac{\partial n_{1D}}{\partial\lambda} = K_1\left(\frac{n_{1F} - n_{1C}}{\lambda_F - \lambda_C}\right)\left(\frac{n_{1D} - 1}{n_{1D} - 1}\right) = \frac{P_{1D}}{(\lambda_F - \lambda_C)V_1} \tag{20-41}$$

$$K_2\frac{\partial n_{2D}}{\partial\lambda} = K_2\left(\frac{n_{2F} - n_{2C}}{\lambda_F - \lambda_C}\right)\left(\frac{n_{2D} - 1}{n_{2D} - 1}\right) = \frac{P_{2D}}{(\lambda_F - \lambda_C)V_2} \tag{20-42}$$

여기서 식(20-33)과 식(20-34)를 아베수 V와 함께 썼는데, 이 V는 **분산능**(dispersive power)(식(3-18) 참조) D의 역수를 정의해서 나타내었다.

$$V \equiv \frac{1}{\Delta} = \frac{n_D - 1}{n_F - n_C} \tag{20-43}$$

식(20-41)과 식(20-42)를 서로 빼서 식(20-39)로 만들어보면, 색수차가 없는 조건을 다음으로 쓸 수 있다.

$$V_2P_{1D} + V_1P_{2D} = 0 \tag{20-44}$$

식(20-37)과 식(20-44)를 합치면, 각 성분들의 배율은 접합으로 인해 요구되는 P_D가 곱

표 20-1 광학 유리 표본

종류	명세 코드	V	n_C	n_D	n_F
	$\frac{n_D-1}{10V}$	$\frac{n_D-1}{n_F-n_C}$	656.3 nm	587.6 nm	486.1 nm
Borosilicate crown	517/645	64.55	1.51461	1.51707	1.52262
Borosilicate crown	520/636	63.59	1.51764	1.52015	1.52582
Light barium crown	573/574	57.43	1.56956	1.57259	1.57953
Dense barium crown	638/555	55.49	1.63461	1.63810	1.64611
Dense flint	617/366	36.60	1.61218	1.61715	1.62904
Flint	620/380	37.97	1.61564	1.62045	1.63198
Dense flint	689/312	31.15	1.68250	1.68893	1.70462
Dense flint	805/255	25.46	1.79608	1.80518	1.82771
Fused silica	458/678	67.83	1.45637	1.45846	1.46313

해진 항으로 표현될 수 있다.

$$P_{1D} = P_D \frac{-V_1}{V_2 - V_1}, \quad P_{2D} = P_D \frac{V_2}{V_2 - V_1} \tag{20-45}$$

식(20-33)과 식(20-34)에서 K로 표현된 곡률 인수들은 아래 식을 써서 계산할 수 있다.

$$K_1 = \frac{P_{1D}}{n_{1D} - 1}, \quad K_2 = \frac{P_{2D}}{n_{2D} - 1} \tag{20-46}$$

최종적으로 K_1과 K_2의 값으로부터 네 개 렌즈 표면의 곡률반지름들을 구할 수 있다. 식의 구조를 간단하게 만들기 위해서 크라운 유리 (1)을 등-양볼록렌즈로 고려할 수 있다. 또한 접촉면에서 두 렌즈의 곡률이 서로 같아야 한다. 그러므로 곡률반지름들은 다음 조건을 만족한다.

$$r_{12} = -r_{11}, \quad r_{21} = r_{12}, \quad r_{22} = \frac{r_{12}}{1 - K_2 r_{12}} \tag{20-47}$$

색지움 이중렌즈의 설계에 있어서 사용되는 각 유리의 굴절률은 표 20-1과 같은 제조사의 설명서로부터 알 수 있다. 또한 색지움을 만들어내기 위한 전체의 초점거리를 적용한다. 곡률반지름의 계산을 위해서 식(20-43), 식(20-45), 식(20-46), 식(20-47)을 차례로 이용한다. 예를 들어 520/636 크라운 유리와 617/366 플린트 유리로 초점거리가 15 cm인 색지움 렌즈를 만든다면, 이 식들은 곡률반지름을 다음과 같다.

$$r_{11} = 6.6218\,\text{cm}$$

$$r_{12} = -6.6218\,\text{cm}$$

$$r_{21} = -6.6218\,\text{cm}$$

$$r_{22} = -223.29\,\text{cm}$$

이 값들을 식(20-33)과 식(20-34)에 적용하여 각각의 프라운호퍼 파장값에 따른 초점거리를 계산할 수 있다. 이 경우를 다음 표로 정리할 수 있다.

	f_1	f_2	f
λ_D	6.3653 cm	−11.0575 cm	15.0000 cm
λ_C	6.3961 cm	−11.147 cm	15.007 cm
λ_F	6.2966 cm	−10.8485 cm	15.007 cn

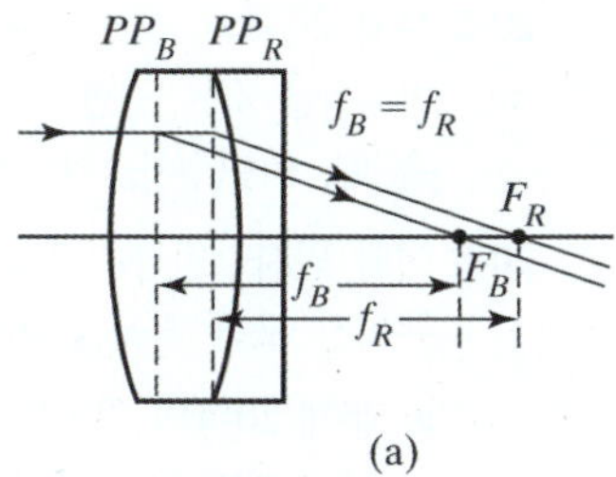

(a)

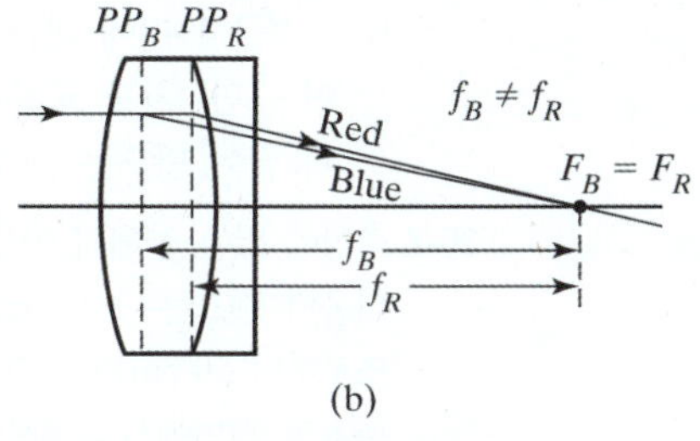

(b)

그림 20-14 빨간색과 파란색 빛에 대해 나뉘어진 두 번째 주평면을 가지는 이중렌즈. (a) 초점거리가 같으면 종색수차가 잔여로 남는다. (b) 같은 초점에서 맺히면 횡색수차가 잔여로 남는다.

얇은 렌즈의 경우에 색지움을 한다는 것은 초점거리를 거의 같도록 하며 종수차와 횡수차를 없애는 것이다. 두꺼운 렌즈나 여러 렌즈의 조합으로 이루어진 광학계의 경우, 하나의 얇은 렌즈에서처럼 서로 다른 파장을 가진 두 번째 주평면들이 일치하지 않는다. 이런 경우에, 두 파장에 대해 각각의 주평면으로부터 구한 동일한 초점거리는 축 상에서 동일 초점으로 맺히지 않고, 종수차도 없어지지 않는다(그림 20-14(a)). 빨간색과 파란색 빛의 초점거리가 다르다면 하나의 초점으로 맺히는데(그림 20-14(b)), f_B와 f_R의 차이가 종배율을 다르게 만들어서 종색수차는 남게 된다. 그러므로 종색수차를 없애기 위해서는 파장이 교정된 두 빛의 주평면이 일치시키는 것이다.

종색수차를 없앨 수 있는 또 다른 방법은 같은 재질의 두 렌즈($n_1 = n_2 = n$)가 서로 떨어져 있을 때($L \neq 0$)이다. $\partial P/\partial\lambda = 0$을 식(20-36)에 적용시키면 아래 식을 얻는다.

$$\frac{\partial P}{\partial \lambda} = \frac{\partial}{\partial \lambda}[(n-1)(K_1+K_2)-(n-1)^2K_1K_2L] = 0$$

이 미분을 하고 $\partial n/\partial\lambda$을 소거하면, 다음 식만이 남게 된다.

$$L = \frac{f_1+f_2}{2} \tag{20-48}$$

이 식은 3장에서 얻은 이중접안렌즈에 대한 결과와 같다. 그러므로 같은 재질로 만들어지고 두 초점거리의 평균값만큼 떨어져 있는 두 렌즈에서는 계산된 초점거리에 대응하는 두 파장에 대한 종색수차가 나타나지 않는다.

문제

20-1 식(20-18)에 도달하기 위해 "재정렬(rearranging)"을 수행하시오.

20-2 구면 굴절면에 대해 물체와 상의 거리(추가로 식(2-19)를 만족하는)가 또한 $1/s' = (1/s) + (1/R)$을 만족할 때, 다음을 보이시오.

a. $s' = -(n_1/n_2)$

b. 식(20-18)의 구면수차에 대한 $a(Q)$가 사라짐을 보이시오.

c. $a(Q)$가 $s' = R$일 때와 광선이 구면의 꼭짓점에서 만날 때에도 사라짐을 보이시오. 이러한 상의 지점을 무수차점(aplanatic pionts)이라고 부른다.

d. +8 cm 떨어진 각각 굴절률 1.36과 1.70인 두 재질의 구면에 대한 각각의 무수차를 구하시오.

20-3 평행하게 진행하는 빔이 굴절률이 1.50, 지름 50 mm, 반지름 40 mm인 평-볼록 렌즈의 평평한 면으로 입사된다. 구면파면수차와 종구면광선수차와 횡구면광선수차를 찾으시오.

20-4 오목한 구형 거울에 대해, 굴절면에서 계산된 3차 수차가 다음과 같음을 보이시오.

$$a = \frac{h^4}{4R}\left(\frac{1}{s} - \frac{1}{R}\right)^2$$

여기서 R은 곡률반지름의 배율이다.

20-5 문제 20-4의 결과를 이용하여, 2-m의 초점거리와 50-cm 반지름을 갖는 구면 거울이 멀리 있는 물체에 대해 상을 맺을 때, 파면수차, 횡수차 그리고 종수차를 구하시오.

20-6 어떤 반사망원경은 3-m의 초점 거리와 구경이 $f/3.75$로 주어진 구면 거울을 이용한다.

a. 문제 20-4의 결과를 이용하여, 망원경에 대해 구면파 수차의 배율을 결정하시오.

b. 굴절률 1.40에 대한 슈미트 형(Schmidt-type) 교정 판이 구면수차를 교정하기 위해 설치되었다면, 판의 중심과 끝이 만드는 두께의 차는 얼마가 되어야 하는가?

20-7 축상에 있는 물체의 상을 맺기 위해, 6.0 cm 지름의 $+4.0$-디옵터 렌즈는 $+1.0$ cm의 구면수차를 만든다. 물체가 렌즈로부터 50 cm의 거리에 있다면, (a) 횡구면수차와 (b) 근축초점 평면에서의 착란원의 지름은 얼마인지 구하시오.

20-8 $n=1.50$, $r_1=+10$ cm 그리고 $r_2=210$ cm인 얇은 렌즈가 축에 평행하고 $h=1$ cm인 zone을 지나는 광선에 의해 만들어지는 종구면광선 수차와 횡구면광선수차를 구하시오.

20-9 문제 20-8의 얇은 렌즈의 구면수차 식을 이용하여, 광선의 높이 h에 대한 함수로서 종구면광선수차를 나타내어라. 광선의 높이 $h=0$, 1, 2, 3, 4, 5에 대해서 종광선수차를 그래프로 그려라. 렌즈의 굴절률은 1.60이고 $r_1=36$ cm, $r_2=-18$ cm이다. 입사광의 광선은 광축에 평행하다.

20-10 굴절률 1.50, 반지름 15 cm인 얇은 등-양볼록렌즈가 렌즈 앞으로 25 cm의 거리에 놓여있는 물체와 반지름 $h=2$ cm zone을 지나는 광선들로 인해 상을 맺는다. 종구면광선수차와 횡구면광선수차를 구하시오(문제 20-8을 참고하시오).

20-11 $L=(1/s'h)-(1/s'p)$일 때, $dL/d\sigma=0$이라는 가정이 최소 구면수차의 조건을 만드는 것을 보여라.

$$\sigma=-\frac{2(n^2-1)p}{n+2}$$

20-12 굴절률이 1.50이고, 초점거리가 30 cm인 볼록렌즈가 "휘어서" 코딩턴 모양인자 0.700과 3.00인 렌즈를 만들어낸다. 만들어진 두 종류의 렌즈에 대해 대응하는 곡률반지름을 구하시오.

20-13 초점거리가 20 cm인 얇은 볼록렌즈가 30 cm 떨어진 상면에서 최소의 구면수차를 갖도록 설계되었다. 렌즈의 굴절률이 1.60이라면, 곡률반지름은 얼마가 되겠는가?

20-14 1-m 초점거리와 굴절률 1.60인 얇은 평-볼록렌즈를 사용하여 평행하게 진행하는 빛의 초점을 맺는 데에 있어서 구면수차를 줄일 수 있는 방향에 놓았다. 구면상의 바깥쪽으로 입사하는 빛으로 최소한의 구면수차값과 각 방향에 대한 코딩턴 모양 인자를 비교하여 알맞은 방향이 있다는 것을 증명하시오.

20-15 평행광선의 초점을 맞추는 데 최소한의 구면수차만을 허용하기 위해서는 볼록렌즈가 필요하다. 필요한 초점거리는 30 cm이다. 유리의 굴절률이 1.50이라면, (a) 이에 따라 요구되는 코딩턴 인자와 (b) 렌즈의 곡률반지름은 얼마인가? (c) 만약 렌즈가 초점을 맺는 대신 평행광선을 만드는 데 쓰인다면, 위의 두 답은 어떻게 바뀌는가?

20-16 렌즈가 코마를 줄이기 위해 설계된 경우에, 문제 20-15의 물음에 답하시오.

20-17 20-cm 초점거리의 볼록렌즈가 인버팅 렌즈로 사용된다. 인버팅 렌즈란 크기 변화 없이 상의 아래 위를 뒤집는 역할을 한다. 이러한 활용에 있어서 구면수차를 최소화시키는 곡률반지름은 얼마가 되는가? 렌즈의 굴절률은 1.50이다.

20-18 렌즈가 코마를 줄이기 위해 설계된 경우에, 문제 20-17의 물음에 답하시오.

20-19 만곡수차를 줄이기 위해 크라운 유리($n=1.5230$)로 만들어진 초점 20-cm의 렌즈가 있다. 이 목적을 위해 플린트 유리($n=1.7200$)로 된 렌즈가 두 번째로 추가된다. 추가된 렌즈의 초점거리는 얼마가 되어야 하는가? 굴절률들은 589.3 nm의 나트륨 빛에 대한 값들이다.

20-20 망원경의 이중대물렌즈는 볼록렌즈($n_1=1.5736$, $f_1=3.543$ cm)와 오목렌즈($n_1=1.6039$, $f_2=5.391$ cm)를 접합시켜서 만든다.

a. 페쯔발면을 결정하시오.

b. 네거티브 렌즈의 초점거리가 얼마일 때, 페쯔발면이 평평해지는가?

20-21 517/645 크라운 유리와 620/380 플린트 유리를 이용하여 전체 초점거리가 20 cm인 이중 색지움 렌즈를 설계하시오. 크라운 유리로 된 렌즈는 등-양볼록렌즈임을 가정하시오. 바깥 면들에 대한 곡률반지름을 구하고, 또한 이로 이해 생기는 프라운호퍼 선 D, C와 F에 대한 초점거리들도 구하시오.

20-22 638/555 크라운 유리와 805/255 플린트 유리를 이용하여 전체 초점거리가 5-cm인 이중 색지움 렌즈를 설계하시오. (a) 곡률반지름, (b) 프라운호퍼 선 D, C와 F에 대한 초점 거리들, (c) 배율과 각 성분들에 대한 분산능을 구하시오. (d) 식(20-44)를 만족하는가?

20-23 573/574 유리와 689/312 유리를 이용하여 초점거리가 210-cm인 이중 색지움 렌즈를 설계하시오. 크라운 유리로 된 렌즈는 등-양오목렌즈임을 가정하시오. (a) 렌즈 표면들의 곡률반지름들, (b) 개별 초점거리들과 프라운호퍼 D선, (c) 프라운호퍼 C, D, F선들에 대한 렌즈들의 전체 초점거리를 구하시오.

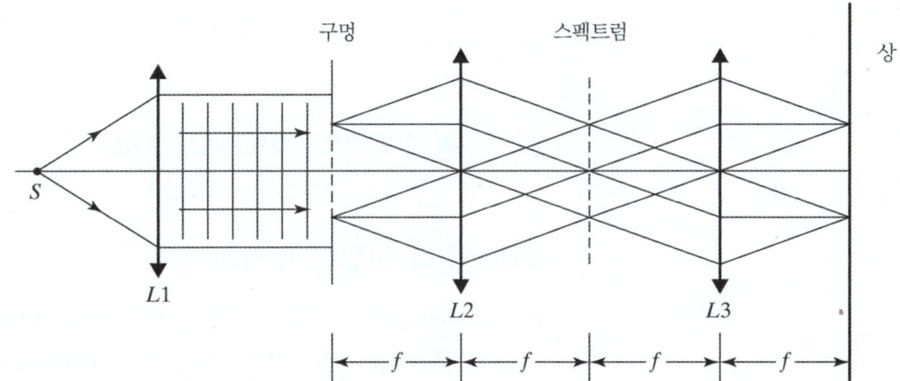

chapter 21 푸리에 광학

서론

이 장에서는 광학에서 중요하게 응용되는 푸리에 변환을 두 분야에서 다루고자 한다. 첫 번째는 **광학 데이터 이미징과 처리**(optical data imaging and processing)이고, 두 번째는 **푸리에 변환 분광학**(Fourier-transform spectroscopy)이다. 두 분야는 **푸리에 광학**으로 일반적으로 물리학의 분야에 포함된다. **푸리에 변환**, **콘벌루션**(convolution)과 **상관**(correlation)은 수학적 분석의 중심 개념이다.

간단한 렌즈를 사용하여 매우 높은 해상도와 빛의 속도로 복잡한 2차원 무늬를 하나의 2차원 무늬로 변환할 수 있는 푸리에 변환 컴퓨터를 구성하여 광학 데이타 처리를 한다. 렌즈에 의해 공간에 형성된 물체의 회절 무늬는 2차원 푸리에 변환 또는 **스펙트럼**이다. 이 무늬는 **공간 필터링**이라는 과정을 통해 두 번째 렌즈에 의해 만들어진 최종 상을 수정하기 위해서 마스크(mask)나 필터를 사용한다. 적절한 조작으로 상의 다양한 정보를 수정할 수 있기 때문에 이 기술은 **대비 향상**(contrast enhancement)및 **상복원** 등의 분야에서 이용된다. 상과 두 번째 개체를 직접 비교하면 둘은 **광학적 상관 관계**가 있을 수 있다. 이러한 상관 관계는 **무늬 인식** 등에 적용된다. 이러한 광학적인 방법으로 2차원 그림 또는 문자를 순차적으로 스캔하지 않고 한 번에 처리한다. 광학 데이터 처리는 광학, 정보 과학 그리고 홀로그래피 분야에서 다양하게 응용되었다. 또한 다른 분야와 마찬가지로 이 분야도 결맞는 광원인 레이저를 사용함으로써 빠르게 성장하였다.

푸리에 변환 분광법은 다색 복사광에 의한 복사조도 무늬의 공간적 또는 시간적 변화를 푸리에 변환으로 복사광의 스펙트럼으로 분해할 수 있다는 사실을 활용한 것이다. 이 기술로 간섭계의 다양한 응용이 가능하다. 푸리에 변환 분광법은 이 장의 두 번째 절의 주제이다.

21-1 광학 데이터 이미징과 처리

프라운호퍼 회절과 푸리에 변환

근사된 프라운호퍼 회절 무늬가 물체면(object plane)에서 $\vec{E}$-전기장 진폭 분포의 푸리에 변환(9-1절)이라는 것을 보이고자 한다. 9장에서 나왔던 1차원 푸리에 변환 쌍을 떠올리자.

$$f(x) = \frac{1}{2\pi}\int_{-\infty}^{+\infty} g(k)e^{-ikx}dk \tag{21-1}$$

$$g(k) = \int_{-\infty}^{+\infty} f(x)e^{ikx}dx \tag{21-2}$$

식(21-1)은 임의의 비주기적 함수인 $f(x)$는 식(21-2)에 의해 주어진 진폭 분포 $g(k)$인 평면파의 연속 분포를 더하여 합성할 수 있다는 것을 나타낸다. 함수 $f(x)$와 $g(k)$는 푸리에 변환 쌍이라고 한다. 기호로는 아래와 같이 표현된다.

$$g(x) = \mathfrak{F}\{f(x)\} \tag{21-3}$$

$$f(x) = \mathfrak{F}^{-1}\{g(x)\} \tag{21-4}$$

다음은 $\mathfrak{F}$와 $\mathfrak{F}^{-1}$는 각각 푸리에 변환 연산과 그것의 역을 나타낸다. 함수 $f(x)$의 변환에 대한 역변환은 다시 함수 $f(x)$로 전환된다. 그것은 식(21-3)과 (21-4)에 따라 아래와 같다.

$$\mathfrak{F}^{-1}\{\mathfrak{F}(f(x))\} = \mathfrak{F}^{-1}\{g(k)\} = f(x) \tag{21-5}$$

2차원에서 변환 쌍은 아래와 같은 형태를 가진다.

$$f(x, y) = \frac{1}{(2\pi)^2}\iint_{-\infty}^{+\infty} g(k_x, k_y)e^{-i(xk_x + yk_y)}dk_x dk_y \tag{21-6}$$

$$g(k_x, k_y) = \iint_{-\infty}^{+\infty} f(x, y)e^{i(xk_x + yk_y)}dxdy \tag{21-7}$$

두 변수의 비주기적 함수 $f(x, y)$는 각각 진폭 $g(k_x, k_y)$과 다음과 같은 일정한 위상을 가진 평면파의 분포로 합성될 수 있다.

$$xk_x + yk_y = \text{상수} \tag{21-8}$$

k_x, k_y 값은 함수 $f(x, y)$를 확장하는 데 필요한 공간 주파수 성분들이다. 연속적으로

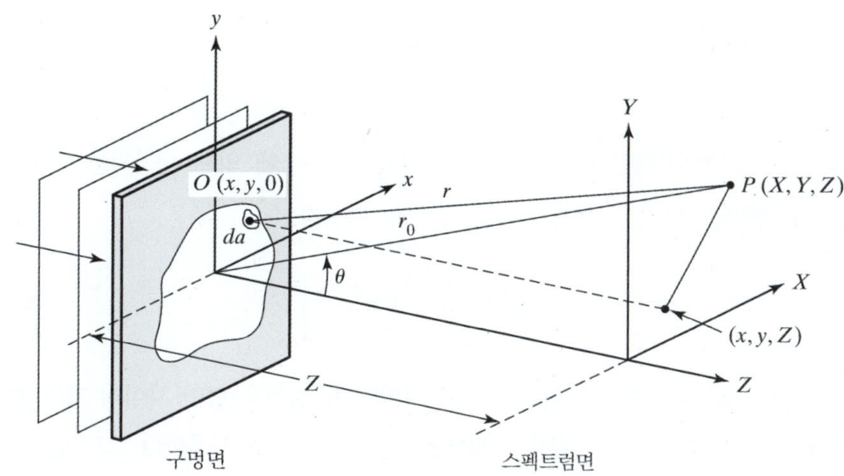

그림 21-1 xy-면에 있는 구멍으로 인한 스펙트럼 XY-면에서의 프라운호퍼 회절.

분포한 각각의 평면파는 식(21-8)에 의해 정의된 직선을 따라 xy-평면을 가로 지른다. k_x와 k_y가 변함에 따라 이 직선의 기울기가 변한다. 따라서 합성 함수는 방향이 변하는 평면파를 포함한다.

그림 21-1에서 보여지는 xy-면에 있는 임의의 구경(aperture)으로 인한 프라운호퍼 회절 무늬를 고려하자. 평면 단색파는 **구경이 있는 면**(xy)에서 회절한다. **스펙트럼면**(spectrum plane) XY 평면에서 축을 따라 거리 Z에서 회절 무늬를 관찰한다. 구멍에 있는 점 O를 둘러싼 면적 da에 의해서 임의의 점 P에 영향을 주는 dE_p는 아래와 같다.

$$dE_P = \left(\frac{E_A da}{r}\right)e^{i(\omega t - kr)} \tag{21-9}$$

여기서 r는 점 O에서 점 P까지의 거리이다. θ가 작아서 경사 인자를 무시할 때, 식(21-9)는 거리 r에서 진폭이 감소하는 구면파를 나타낸다. E_A의 크기는 점 O 근처에서 **광원 강도**(source strength) 또는 개구의 단위 면적당 진폭이다. 구멍이 균일하게 밝지 않거나, 균일하게 투과하지 않으면 $E_A = EA(x, y)$가 되고, **구경함수**(aperture function)라고 부른다. 식(21-9)에서 ω와 k는 입사파와 회절된 파의 성질에 관계된다. 스펙트럼면에 있는 점 P는 구경면의 xy-좌표계의 원점에서의 거리 r_0인 곳이다. 거리 r은 다음과 같이 거리 r_0로 바꿀 수 있다. 이는 그림 21-1에서 기하학적으로 보면 아래와 같이 표현된다.

$$r^2 = (X - x)^2 + (Y - y)^2 + (Z - 0)^2$$
$$r_0^2 = X^2 + Y^2 + Z^2$$
$$r^2 = r_0^2 - 2xX - 2yY + (x^2 + y^2) \tag{21-10}$$

스펙트럼면상의 X와 Y는 중요하지만, x와 y는 원거리장 회절의 경우에 r_0에 비해 일반적으로 무시할 수 있다. 따라서 x^2과 y^2항은 무시되고, 식(21-10)은 다음과 같이 다시 쓰여진다.

$$r = r_0\left[1 - 2\frac{(xX + yY)}{r_0^2}\right]^{1/2} \tag{21-11}$$

식(21-11)에서 이항 전개인 $(1+u)^{1/2} = 1 + \left(\frac{1}{2}\right)u + \cdots$에 의해 근사치를 얻을 수 있고, 처음 두 항만을 남겨서 아래와 같은 결과를 얻는다.

$$r = r_0\left[1 - \frac{(xX + yY)}{r_0^2}\right] \tag{21-12}$$

식(21-9)에서 거리 r은 진폭과 위상 모두에 나타난다. 진폭은 평면 사이의 거리 Z에 의해서 쉽게 근사할 수 있지만, 위상은 파생된 근사 표현만을 사용한다. 그러면

$$dE_P = \left(\frac{E_A dx\, dy}{Z}\right)e^{i\omega t}e^{-ik[r_0 - (xX + yY)/r_0]} \tag{21-13}$$

이 되며, 이를 구경의 면적에 대해서 적분하여, 아래와 같은 표현을 얻는다.

$$E_P = \left[\frac{e^{i(\omega t - kr_0)}}{Z}\right]\iint E_A(x,\ y)e^{ik(xX + yY)/r_0}dx\, dy \tag{21-14}$$

스펙트럼면에서 전기장의 상대적인 **진폭** 분포에 대해서 살펴보고자 한다면, 아래와 같이 진폭 함수를 정의하는 것이 편리하다.

$$A_P = ZE_P e^{i(\omega t - kr_0)} = \iint E_A(x,\ y)e^{ik(xX + yY)/r_0}dx\, dy \tag{21-15}$$

다음으로 스펙트럼면의 각 점 $(X,\ Y)$에 해당하는 **각공간주파수**를 알아보면,

$$k_X \equiv \frac{kX}{r_0} \text{와 } k_Y \equiv \frac{kY}{r_0} \tag{21-16}$$

이다. 식(21-15)는 아래와 같이 표현된다.

$$A_P(k_X,\ k_Y) = \iint E_A(x,\ y)e^{i(xk_X + yk_Y)}dx\, dy \tag{21-17}$$

이 형태에서 식(21-17)은 식(21-7)과 직접 비교할 수 있다. 여기에서 $A_P(k_X,\ k_Y)$와 $E_A(x,\ y)$는 푸리에 변환을 통해 관련된 것을 알 수 있다. 식(21-6)에서처럼 역변환은 아래와 같다.

$$E_A(x,\ y) = \frac{1}{(2\pi)^2}\iint A_P(k_X,\ k_Y)e^{-i(xk_X + yk_Y)}dk_X dk_Y \tag{21-18}$$

근사치 내에서 $A_P(k_X,\ k_Y)$에 의해서 표현된 프라운호퍼 회절 무늬는 $E_A(x,\ y)$로 표

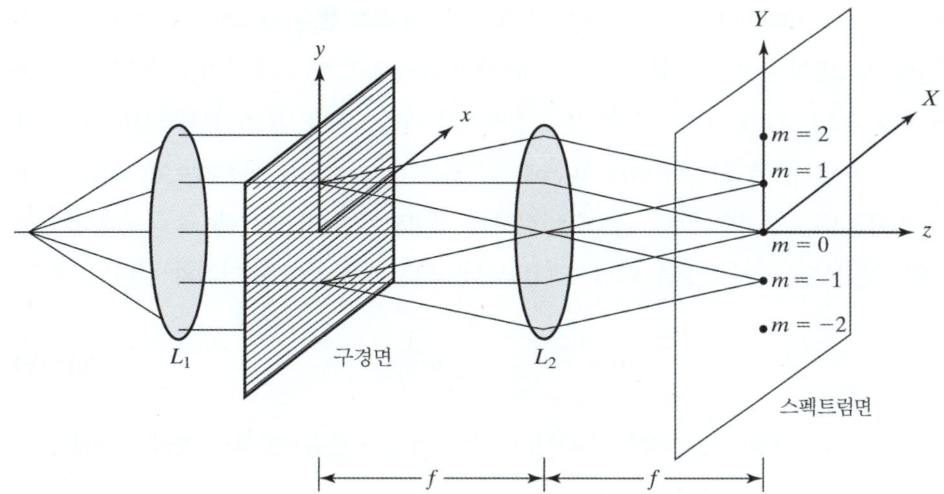

그림 21-2 론키 괘선격자의 프라운호퍼 회절.

현된 구경 함수의 2차원 푸리에 변환으로 표현된다. 여러 방향의 성분에 대한 평면파의 연속 분포로 인해 2차원 회절 무늬의 방향이 바뀌게 된다.

광 스펙트럼 분석

주어진 구멍의 프라운호퍼 회절 무늬는 그림 21-2에서처럼 볼록렌즈를 사용하여 쉽게 볼 수 있다. 단색(시간적 결맞음) 점광원(공간적 결맞음)은 렌즈 L_1에 의해 평행광이 되고, **입사면** 또는 **구경면**을 2차원 패턴으로 조명한다. 이것의 투과율은 구경을 통과하면서 다양하게 변하다. 렌즈 L_2는 스펙트럼면에 프라운호퍼 무늬를 만든다. 렌즈 수차는 무시하고, 구경의 경계부분에 의해 회절 무늬가 크게 바뀌지 않도록 하기 위해 구경의 크기가 충분히 크다고 가정한다. 구경 함수 $E_A(x,\ y)$는 사진 음화(photographic negative)로 만들 수 있다. 간단하게 불투명한 영역과 투명한 영역이 주기적으로 같은 폭을 가지고 나란한 직선들로 만들어진 **론키 괘선격자**(Ronchi ruling grating)에 의해서 생성되는 사각파와 같은 구경 함수를 생각하자.

푸리에 변환은 진폭(복사조도가 아니다) 변환이기 때문에, 투과된 빛의 진폭으로 그림 21-3의 사각파를 표현한다. 입사 진폭에 대한 투과 진폭의 비 E_t/E_0를 **투과도**(transmission)라고 하고, 복사조도의 비 I_t/I_0를 **투과율**(transmittance)이라고 한다. 투과율은 투과도의 제곱이다. 진폭을 포함하고 있는 구경 함수 $E_A(x,\ y)$는 **투과도 함수**

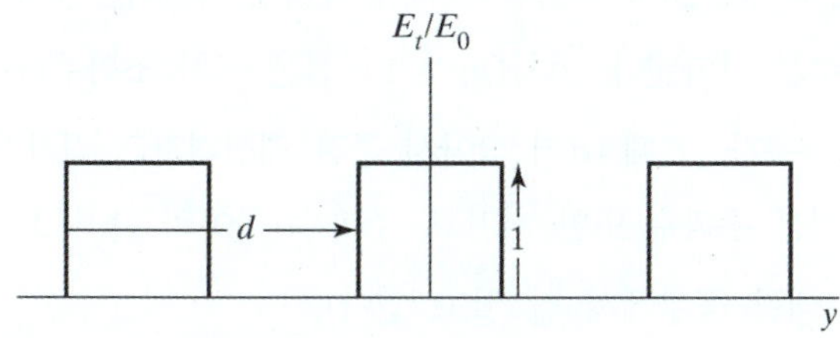

그림 21-3 투명과 불투명한 폭이 같은 론키 괘선격자에 의한 주기 d의 투과도 함수.

(transmittance function)라고 부른다. 렌즈 L_2는 **푸리에 변환 렌즈**로서의 기능을 한다. 첫 번째 초점면에는 투과도 함수 $E_A(x, y)$가 만들어지고, 이것의 푸리에 변환된 프라운호퍼 회절 무늬 $A_P(x, y)$는 두 번째 초점면에서 만들어진다. 론키 괘선격자는 굵은 격자의 역할을 한다. 즉 회절의 여러 차수에 해당하는 밝은 점들을 연속적으로 생성시킨다. 론키 괘선격자는 구경면에서 x-축에 나란하게 정렬되어 있기 때문에, 출력면에서 밝은 점들의 스펙트럼은 Y-방향을 따라서 나타난다. 회절격자 공식은 아래와 같다.

$$m\lambda = d\sin\theta = d\frac{Y_m}{f} \tag{21-19}$$

여기서 d는 괘선격자의 공간적인 주기이다. 밝은 점들은 광축으로부터 거리 Y_m에서 나타나고 아래와 같은 식으로 주어진다.

$$Y_m = m\left(\frac{\lambda f}{d}\right) \tag{21-20}$$

실제로 연속적인 밝은 점들은 그림 21-3의 구경 또는 투과도 함수의 푸리에 표현에서 나타나는 주파수의 스펙트럼이라는 것을 보일 것이다. 푸리에 적분에서 필요한 각공간주파수는 식(21-16)에서 이미 소개하였다. Y-방향의 k_Y는 아래와 같이 주어진다.

$$k_Y = \frac{kY}{f} \tag{21-21}$$

론키 괘선격자의 투과도 함수는 주기적인 사각함수이기 때문에, 주파수의 연속분포로 표현한 푸리에 적분보다는 주파수의 불연속한 집합으로 표현하는 푸리에 급수로 나타낸다. 푸리에 급수에서 아래와 같은 공간 주파수의 파수 또는 "규격화된" 파수를 소개하고자 한다.

$$\nu_Y \equiv \frac{1}{\lambda_Y} = \frac{k_Y}{2\pi} \tag{21-22}$$

그리고 나서 식(21-20)에서 Y와 식(21-21)에서 k_Y를 대입했을 때, 회절 무늬에서 표현된 공간주파수의 스펙트럼의 경우는 아래와 같이 주어진다.

$$\nu_Y = \frac{m}{d} \tag{21-23}$$

$m = 0$이 있는 중앙점은 규격화된 공간주파수는 $\nu_Y = 0$인데, 이는 전기에서의 주파수와 비교했을 때 DC**성분**에 해당한다. 중앙점의 위와 아래에 나타나는 1차($m = 1$) 점은 $\nu_{Y1} = 1/d$의 기본 주파수를 나타낸다. 고차($m > 1$) 점은 고차 조화주파수이며 $m\nu_{Y1}$로 주어진다. 사각파의 주파수가 클 때 (d가 작아서 공간 괘선격자의 격자간격이 좁을 때), 푸리에 스펙트럼에서 기본 주파수 또한 커지고, 주파수 사이의 간격 $Y_1 = \lambda f/d$은 증가한다(이미 회절격자에 대한 공부에서 잘 알고 있다).

사각함수의 푸리에 분석은 아래와 같이 푸리에 급수로 주어진다.

$$f(Y) = \frac{1}{2} + \frac{2}{\pi}\left(\cos kY - \frac{1}{3}\cos 3kY + \frac{1}{5}\cos 5kY + \cdots\right) \quad (21\text{-}24)$$

여기서 DC성분에 해당되는 1/2의 상수항($k=0$) 또는 회절 무늬의 중앙 점인 기본 (공간) 주파수, 즉 $k_1 = 2\pi/d$와 고차 **홀수** 조화 항인 $3k_1$, $5k_1$, $\cdots$이 나타난다. 식(21-23)에 의해 푸리에 급수 표현에서 모든 고차 조화항이 나타날 것이라고 생각하기 때문에 짝수 조화 항들이 없는 것이 처음에는 이상할 수 있을 것이다. 하지만 짝수 조화항은 회절 격자의 차수가 사라진 것이다. 론키 쾌선격자에서 슬릿의 간격이 슬릿의 폭의 2배가 될 때 차수가 사라진 것이라 예상된다. 푸리에 급수에서 계수의 제곱은 해당하는 회절 점의 복사조도에 비례한다.

예제 21-1

폭 0.1 mm의 슬릿들로 이루어진 론키 쾌선격자에 파장 488 nm의 빛을 비춘다. 그림 21-2에서 보여지는 것과 같이 초점거리 40 cm의 렌즈를 사용하였다.

a. 스펙트럼면의 스크린 상의 회절 무늬에서 중앙 DC 지점에서부터 $m=1$과 $m=3$ 지점의 거리를 찾아라.
b. $m=1$과 $m=3$ 지점에 해당되는 각공간주파수를 찾아라.

풀이

쾌선격자의 주기 d는 슬릿폭의 2배이다. 따라서 $d=0.2$ mm이다.

a. 식(21-20)에 의해 중앙 지점에서 거리는 아래와 같다.

$$Y_1 = (1)\frac{\lambda f}{d} = (1)\frac{(488\times10^{-9})(0.4)}{0.2\times10^{-3}}\ \mathrm{m} = 9.76\times10^{-4}\ \mathrm{m} = 0.976\ \mathrm{mm}$$

$$Y_3 = (3)\frac{\lambda f}{d} = (3)\frac{(488\times10^{-9})(0.4)}{0.2\times10^{-3}}\ \mathrm{m} = 2.93\times10^{-3}\ \mathrm{m} = 2.93\ \mathrm{mm}$$

b. 식(21-22)에 의해 $k_Y = 2\pi\nu_Y$인데, 식(21-23)을 사용하면 $k_Y = 2\pi(m/d)$이다. $m=1$인 경우에 각공간주파수는 $k_Y = 2\pi(1/d) = 2\pi/(0.2\,\mathrm{mm}) = 31.4/\mathrm{mm}$이다. $m=3$인 경우에 각공간주파수는 $k_Y = 2\pi(3/d) = 6\pi/(0.2\,\mathrm{mm}) = 94.2/\mathrm{mm}$이다.

투과도 함수가 사각파가 아닌 사인파라고 가정해보자. 투과 진폭이 사인형태로 바뀌어 론키 쾌선격자의 선들이 위치에 따라 점점 불투명하게 변하다가 다시 투명하게 변하

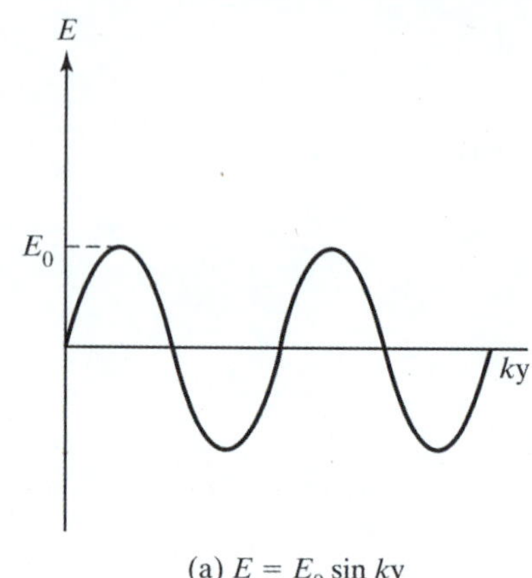

(a) $E = E_0 \sin ky$

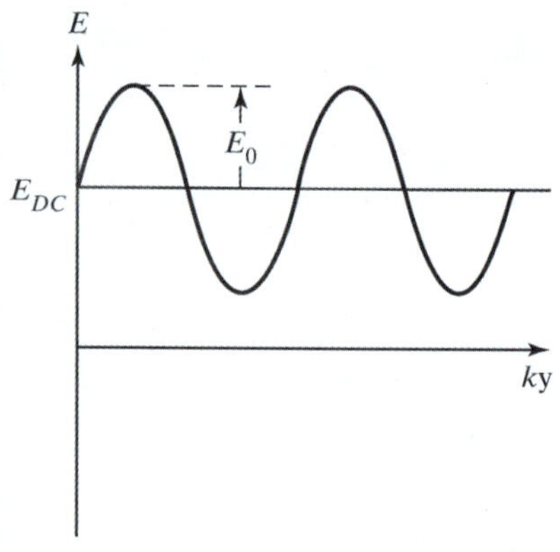

(b) $E = E_{DC} + E_0 \sin ky$

그림 21-4 음 변위를 포함한 사인파 진폭 또는 투과도 함수.

는 **사인파 회절격자**가 된다. 구경 함수의 종류를 나타내는 푸리에 급수에서 보다 높은 회절 스펙트럼의 차수는 나타나지 않는다. 사인파를 표현하기 위해서는 단지 한 주파수만 필요하다. 그렇다면 왜 스펙트럼은 중심 지점을 $m = 0$인 DC성분을 보여주는가? 진폭 구경 함수는 그림 21-4(a)의 순수한 사인파 같이 양(positive)이고 음(negative)인 두 부분으로 만들 수 없는 것이 분명하다. 완전히 불투명한 곳인 사진의 음(negative)부분은 진폭 $E = 0$가 되지만, 실제로 음의 값을 갖지는 않는다. 그래서 사인파 회절격자는 그림 21-4(b)와 같은 투과도 함수를 만들며, 사인파는 DC 바이어스를 조절하여 상쇄(offset)한다. 이것이 0차 회절 신호를 설명하는 그림에서 E_{DC}성분이 생기는 이유이다.

광필터링

변환 렌즈의 뒷 초점면이 구경 또는 투과도 함수의 푸리에 변환 결과가 있는 스펙트럼면이라는 것을 볼 수 있다. 차례로 이 스펙트럼면이 두 번째 렌즈 L_3(그림 21-5)에 대한 새로운 구경 함수로 주어지는 경우, 두 번째 렌즈 L_3의 뒷 초점면은 새로운 구경 함수의 푸리에 변환이 된다. 두 번째 푸리에 변환은 원래 구경 함수의 변환의 변환이며, 따라서 원래의 구경 함수가 된다. 즉 원래 구경의 이미지가 형성되는 것이다. 이러한 결과는 기하광학의 법칙을 따르고, 그림 21-5에 포함된 광선 도표에서 분명히 나타난다.

좌표$(X,\ Y)$에서 스펙트럼 면의 각 회절 점은 구경 함수에 존재하는 공간 주파수를 나타낸다. 각 회절 점은 상면에서 구경의 상을 나타내는 데 도움이 된다. 이러한 회절 점 중 하나 이상이 차단되어 상에 기여하는 부분이 줄어드는 경우에 상이 영향을 받을까? 푸리에 급수에서 높은 공간 주파수 성분이 차단될 때 상의 미세한 형태가 사라진다. DC 요소 또는 중심의 회절 빔을 제외하고 모든 점을 차단하는 경우 (중앙 점에 조리개의 중심을 놓음) 상면은 밝지만 상의 세부 정보가 표시되지 않는다. 조리개가 점차 넓어지면서 높은 공간 주파수는 들어오면 상은 점차 선명해진다. 조리개를 여는 것은 수학적으로 구경 함수를 표현하는 푸리에 급수의 높은 주파수 항을 포함시키는 것과 같은 효과를 준다.

광필터링은 이미지를 조작하기 위해서 의도적으로 회절 패턴에 존재하는 특정 부분

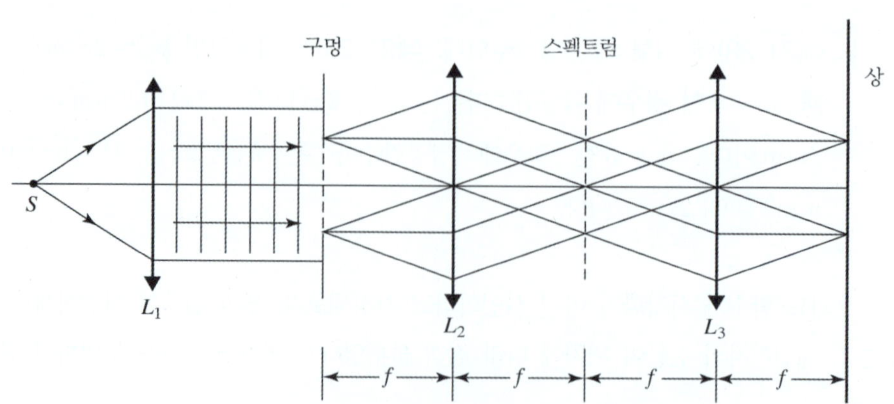

그림 21-5 광학 필터.

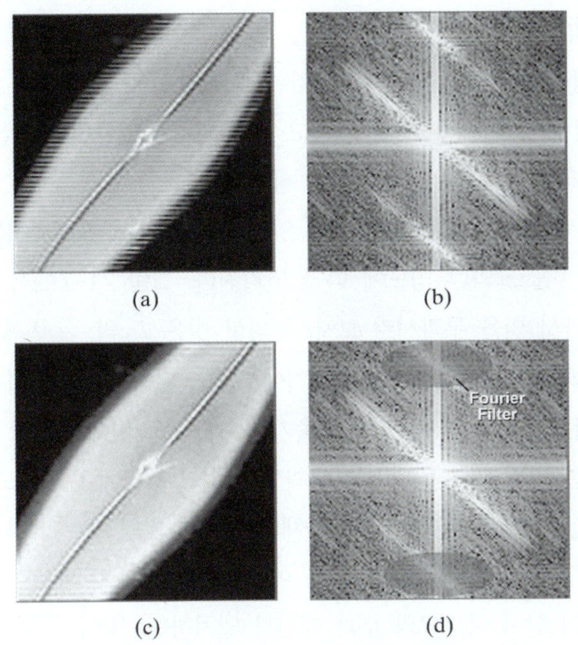

그림 21-6 (a) 톱니파 패턴이 겹쳐진 암시야 조명으로 보는 돌말 껍질의 비디오 영상. (b) 상의 푸리에 변환 출력 스펙트럼. (c) (d)에 표기한 공간 필터를 사용한 후에 돌말의 최종 상.

(어떤 공간 주파수)을 차단하는 과정이다. 예를 들어 구경 함수로 나란한 쾌선격자의 연속한 사인파 회절격자에 의해 생성되는 두 사인파의 중첩을 생각해보자. 회절 패턴은 현재 공간 주파수에 두 쌍의 점으로 구성되어 있다. 이 쌍들 중에서 하나가 차단된 경우, 그 주파수는 제거하거나 **필터링**된다. 상은 차폐되지 않은 다른 주파수의 사인파 패턴이 된다.

이 예제는 광필터링이 배경 잡음에서 원하는 주기 신호를 추출하거나 반대로 원하는 신호로부터 주기적인 잡음을 제거하는 방법을 보여준다. 또 다른 예로 구경 함수가 수평 래스터 라인(raster lines)이 표시되어 있는 텔레비전 사진을 생각해보자. 이 함수로 인해 회절 패턴은 매우 복잡할 수 있지만, 론키 쾌선격자와 같은 래스터 라인은 스펙트럼 면에서 수직 방향을 따라 연속한 회절 점을 생성한다. 직사각형 모양의 불투명 차단기는 이런 회절 점들을 막고, 이것을 이용하여 래스터 라인 주파수를 제거하며, 이 결과 최종 상은 래스터 라인이 제거된 TV 사진이 된다. 이와 같은 기술은 그림 21-6에서 보여지는 것과 같이 돌말 껍질에 대한 비디오 현미경의 상에서 톱니파 패턴을 제거하는 데 사용된다.

광필터링의 관점에서, 중앙 점 근처에 주파수 성분들을 제외한 모든 성분을 막는 조리개는 저주파투과 광필터로써 기능을 한다. 그리고 중앙 점 근처에 주파수 성분만을 막는 조리개는 고주파투과 광필터로써 기능을 한다. 또한 아주 낮은 주파수와 아주 높은 주파수를 제거할 수 있는 빈 고리는 대역투과 광필터로써 기능을 한다. 점의 경우는 사진의 선명도를 향상시키기 위해, 고주파투과 광필터링 또는 낮은 공간 주파수를 줄이는 것이다(9-1절에 사각형의 모서리와 같은 함수의 미세 형태를 보일 때 신경써야 하는 푸리에 급수의 고주파 성분의 중요성을 기억하라). 예를 들어 더 복잡한 필터링은 달 사진의 얼룩을 없애는 상 복원에도 사용되었다.

광 상관 관계

앞서 본 것처럼 구경면에서 일어나는 2차원 물체의 상은 광필터의 상 면에 형성된다(그림 21-5). 상 면의 어떤 위치에서는 투과하고 다른 위치에서는 빛을 막는 형태의 패턴을 가진 마스크를 삽입해보자. 구경면에 물체의 상이 부분적인 투과 마스크의 패턴과 겹쳐진다. 주어진 지점에서 마스크를 통과한 빛의 양이 상에서 사용할 수 있는 빛의 양이며, 이는 그 지점에서의 마스크의 투명도에 따라 달라진다. 그림 21-7에서 보여진 것처럼, 추가 렌즈 L_4를 놓아서 빛을 투과시켜 보자. 투과한 빛은 L_4의 두 번째 초점면(그림 21-7에 출력이라고 붙혀진 곳)에 놓인 광 검출기에서 측정된다. 이는 그림 21-5의 광필터에 **광 스펙트럼 분석기**를 추가한 것이다. 광 검출기가 놓인 출력면에서 그림 21-7의 상 면에 있는 마스크를 투과한 빛에 의해 나타나는 투과도 함수의 푸리에 변환 또는 스펙트럼을 측정하게 된다. 이러한 시스템으로 구경면에 물체의 상에서 빛의 패턴과 마스크의 패턴을 비교하거나 상관관계 찾는 실험을 할 수 있다. 예를 들어 두 가지 패턴이 동일한 경우, 그래서 구경면에 물체의 상이 마스크의 투과 패턴과 일치하면, 빛이 최대한 투과하는 최대 **상관 관계**가 일어난다. 하지만 한 패턴이 다른 것에 대해서 상대적으로 벗어나는 경우 더 이상 상의 밝은 점은 마스크의 투과 영역과 일치하지 않으며, 빛의 투과량과의 상관 관계가 감소한다. 구경면에서 물체가 문자 A의 사진 상과 이 상 면에서 마스크가 비슷한 모양의 패턴을 가지는 경우, 물체가 올바른 위치에 있을 때 높은 상관 관계가 생긴다. 반면에 문자 B의 패턴을 가진 마스크의 경우는 최대 투과량과 상관 관계가 급격히 줄어든다. 예를 들어 혈액 세포의 경우 또는 항공 사진, 의료 X-선 및 지문 파일의 특성 패턴을 검색하는 것과 같은 **패턴 인식**의 기술은 다양한 모양과 작은 입자를 인식하고 계산하는 데 응용된다.

이것을 수학적으로 정확하게 표현해보자. 단위 진폭의 빛을 구경면에서 물체에 균일하게 비출 때, 이것의 투과도 함수를 $E_1(x, y)$로 표현한다고 하자. 그림 21-7에서 상 면에 위치한 마스크에 의해서 진폭 변조되어 투과한 빛은 $E_1(-x, -y)$로 표현된다. 음의 좌표에 대한 변환은 물체에 대한 상대적인 실제 상의 반전을 말한다. 마스크의 투과를 표현한 함수가 $E_2(x, y)$이면, 마스크를 통해 투과된 빛은 곱 함수 $E_1(-x, -y)E_2(x, y)$

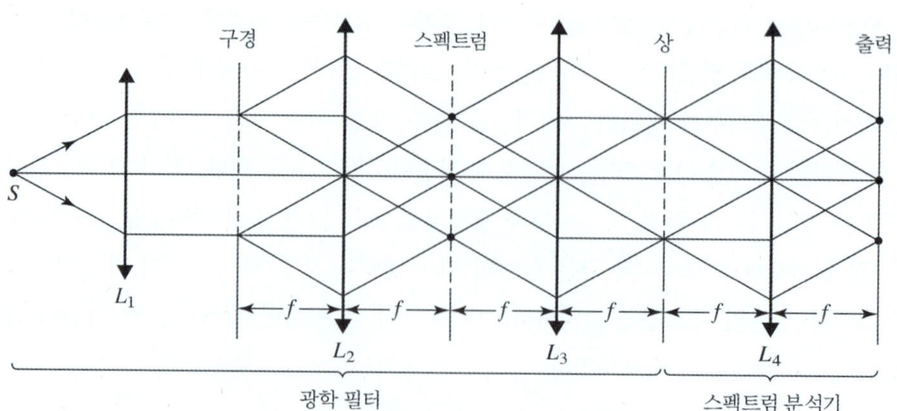

그림 21-7 광필터와 스펙트럼 분석기의 결합에 의한 광상관.

이다. 이 복합 투과도 함수의 푸리에 변환 또는 스펙트럼은 출력면에서 형성되고, 아래와 같은 회절 패턴이 된다.

$$\mathfrak{F}[E_1(-x,\ -y)E_2(x,\ y)] = \iint_{-\infty}^{\infty} E_1(-x,\ -y)E_2(x,\ y)e^{i(xk_x + yk_y)}dx\,dy \quad (21\text{-}25)$$

이 패턴에서 DC 성분 또는 중앙 점의 빛에 공간 주파수 k_x와 k_y를 0으로 놓으면, 아래와 같이 표현된다.

$$\mathfrak{F}[E_1(-x,\ -y)E_2(x,\ y)]_{DC} = \iint_{-\infty}^{\infty} E_1(-x,\ -y)E_2(x,\ y)dx\,dy \quad (21\text{-}26)$$

투과도 함수 $E_1(x,\ y)$와 $E_2(x,\ y)$ 모두는 z-축이나 광축을 따라 이동하여 다른 xy 좌표계에서 나타낼 수 있다. 구경면에 있는 물체가 성분 $(q_x,\ q_y)$에서 주어진 임의의 변환에 의해 이동하면, 그것의 투과도 함수는 xy-평면 내에서 원점이 이동하는 것으로 고려하여서 식(21-26)은 아래와 같이 보다 일반적으로 표현된다.

$$\mathfrak{F}[E_1(-x,\ -y)E_2(x,\ y)]_{DC} = \iint_{-\infty}^{\infty} E_1(q_x - x,\ q_y - y)E_2(x,\ y)dx\,dy \quad (21\text{-}27)$$

식(21-27)에서의 적분은 2차원 **콘벌루션 함수**(convolution function)의 예이다.

$$\rho_{12}(q_x,\ q_y) = \iint_{-\infty}^{\infty} f_1(q_x - x,\ q_y - y)f_2(x,\ y)dx\,dy \quad (21\text{-}28)$$

투과도 함수가 반전대칭을 가지고 있는 경우, 즉 아래와 같으면,

$$f_1(-x,\ -y) = f_1(x,\ y)$$

식(21-28)의 적분에 음수 부호는 양수 부호로 쓸 수 있고, 적분은 대신 아래와 같은 **상관함수**(correlation function)가 된다.

$$\Phi_{12}(q_x,\ q_y) = \mathfrak{F}[f_1(x,\ y)f_2(x,\ y)]_{DC}$$

$$\Phi_{12}(q_x,\ q_y) = \iint_{-\infty}^{\infty} f_1(x + q_x,\ y + q_y)f_2(x,\ y)dx\,dy \quad (21\text{-}29)$$

더욱이 f_1과 f_2는 단지 **동일한** 함수의 이동된 버전인 경우, 아래와 같이 **자체상관함수**(autocorrelation function)가 된다.

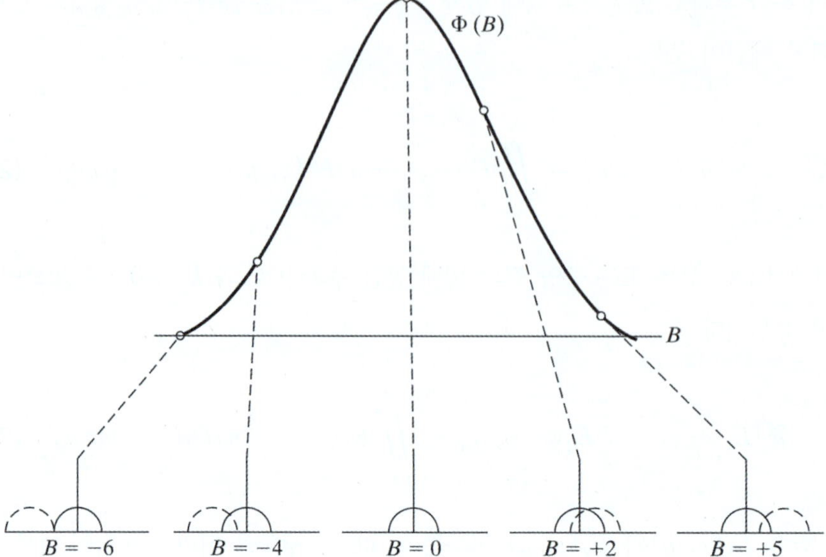

그림 21-8 변위 계수 B에 따른 지름 = 3인 반구의 1차원 자체상관관계 Φ(B). 상관관계 곡선 위에 몇 점들은 그것들을 생성시키는 특별한 이동에 해당된다. Φ(−6)=0이다.

$$\Phi_{11}(q_x,\ q_y) = \iint_{-\infty}^{\infty} f(x+q_x,\ y+q_y) f(x,\ y)\,dx\,dy \tag{21-30}$$

반전대칭을 가진 투과도 함수는 렌즈로 인해 실제 상 반전이 나타나지 않는다. 간단히 식(21-30)의 자체상관적분을 살펴보자. 적분은 두 함수의 곱이고, 적분은 두 함수 모두 0이 아닌 $(x,\ y)$점에서만 0이 되지 않는다. $(q_x,\ q_y)$를 고정하고 적분된 결과는 두 함수의 곱으로 나타나는 곡선 아래 면적과 같다. 상관관계라고 부르는 이 면적은 명백히 $(q_x,\ q_y)$의 선택에 의존한다. $(q_x,\ q_y)$가 충분히 커서 함수들의 중복이 없으면, 면적과의 상관관계는 0이다. q_x와 q_y가 모두 0일 때, 함수는 일치하고, 면적과의 상관관계를 가진 함수의 곱의 최대곡선을 가진다. 예를 들어 그림 21-8에서 원의 상단 절반과 점선 반원이 x-축을 따라 상대적으로 겹쳐진 정도가 달라질 때, 그것의 자체상관관계 $\Phi(B)$가 매개변수 B와 y-축의 변위에 따라 변하는 것을 볼 수 있다. 이러한 예는 1차원 상관관계를 보여주는 것이다.

식(21-29)로부터 상관관계는 DC성분에 의해서 주어진다. 따라서 그림 21-7의 광상관관계 시스템에서 출력면의 축 상에 놓여진 검출기로 상관관계를 측정할 수 있다. 더 정확하게는 검출기는 상관의 제곱에 비례하는 양을 측정한다. 구경면에서 물체가 x-축을 따라 이동함에 따라서 빛의 에너지는 직접적으로 변하고, 상관관계함수 $\Phi_{12}(q_x)$가 나타난다. 구경면에서 주어진 물체의 투과도 함수는 마스크 위에 수평 줄무늬(**채널**)와 기준함수를 분리함으로써 많은 다른 기준함수들과 동시에 상관관계를 가질 수 있다. 각 기준채널에 해당하는 DC스펙트럼 성분은 최종 변환렌즈인 원통형 렌즈를 사용하여 출력면에서 분리된다.

앞서 설명한 패턴 인식의 방법은 이해하기 가장 간단한 예이고, 이밖에도 다양한 여러가지 기술이 개발되어 있다. 여기서 공간필터로 홀로그램을 사용하는 다른 방식을 간단히 설명할 것이다. 이 기술은 1963년에 밴더 룩트(Vander Lugt)에 의해서 소개되었다. 먼저, 홀로그램은 "인식"할 특정 패턴으로 구성되어 있다. 함수 f를 진폭 분포라고 하자. 홀로그램 판은 푸리에 변환 면(스펙트럼 면)에 있다. 그 홀로그램을 **정합필터**(matched filter) 또는 **밴더 룩트 필터**라고 부른다. 이 홀로그램 필터는 물체면에서 진폭 분포(g_1, g_2, …)를 갖는 다양한 시험 패턴을 가지며 푸리에 변환 면에서 사용된다. 일반적으로 세 빔은 상면에 세 점으로 구별되어서 나타난다. 이들 중 하나는 광학 축에 있고, 광축에서 벗어난 다른 둘은 각각 f와 g패턴 함수의 콘벌루션과 상관관계를 나타낸다.[1] 시험 패턴 g가 원하는 패턴 f와 일치하면, 상관 이미지는 밝고 중앙 점이 강하게 나타나고, 이러한 방법으로 패턴 인식이 된다.

광상관관계 기술은 크기나 방향에 무관한 패턴의 인식을 할 수 있도록 개발되었다. 결맞지 않은 빛을 사용한 정합필터링 기술은 결맞는 광 시스템의 전형적인 신호 대 잡음 배경을 줄이기 위해 고안되었다.

다른 이미징 모델: 콘벌루션

앞의 절에서 (1) 공간 주파수의 스펙트럼을 생성하는 회절 또는 푸리에 분석의 결과와 (2) 상을 형성하기 위한 재조합 또는 푸리에 합성을 사용한 결상을 보여주었다. 상에 대한 또 다른 접근 방식으로 푸리에 변환을 논의하기 위해 사용한 수학적 형식과 용어의 일부를 소개한다.

2차원 구경(xy-평면)과 중계 광학계에 의해 형성된 상(XY-평면)을 생각해보자. 그림 21-1에서와 같이 두 세트의 축은 같은 방향을 가지고 있다고 가정한다. 완벽한 광학 시스템의 경우, 공액 물체 및 상 지점 간의 일대일 대응이 가능하다. 편의를 위해, 1의 횡배율을 가정한다. $I_0(X,\ Y) \equiv I_0(x,\ y)$로 상의 복사조를 가정하자. 실제로는 각 물체 지점에서 빛이 회절과 수차로 인해 공액 상점이 흩어져 있다. 이 모델에서 상은 "흐린" 상점들이 중복된 것으로 생각한다. **선형 시스템**에서 이러한 기본적인 복사조도 패턴은 단순한 것이다. $I_i(X,\ Y)$를 주어진 상면의 실제 복사조도라고 하자. $I_0(X,\ Y)$에서 $I_i(X,\ Y)$의 변환은 광학계의 특징이고, 이는 **점퍼짐 함수**(point spread function) $G(x,\ y,\ X,\ Y)$로 불리는 세 번째 함수에 의하여 영향을 받는다. 예를 들어 수차가 없는 시스템의 경우, G는 에어리 패턴을 설명하는 함수이다. 이제 점퍼짐 함수를 (물체 점 좌표의 독립) 공간 불변으로 가정한다면, 그것은 아래와 같이 공액점들의 상대변위에 따라 달라질 수 있다.

$$G(x,\ y,\ X,\ Y) = G(X-x,\ Y-y)$$

---

1 아래 참고 문헌을 보아라, E. G. Steward, *Fourier Optics: An Introduction*, 2d ed. (New York: Halsted Press, 1987). Chaps. 4, 5, and Joseph W. Goodman, *Introduction to Fourier Optics* (New York: McGraw-Hill Book Company, 1968).

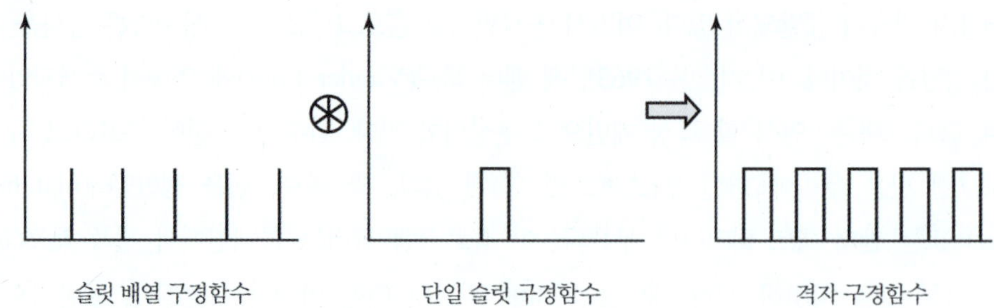

그림 21-9 회절격자에 대한 콘벌루션 이론의 상징적 표현.

물체면에서의 빛이 결맞지 않고, 또한 복사조도를 고려한다면[2], 모든 물체점들 $(x,\ y)$로 인해 상점$(X,\ Y)$의 복사조도는 아래와 같이 쓸 수 있다.

$$\underbrace{I_i(X,\ Y)}_{\text{상 복사조도}} = \iint \underbrace{I_0(x,\ y)}_{\text{물체 복사조도}}\, \underbrace{G(X-x,\ Y-y)}_{\text{점퍼짐 함수}}\, dx\, dy \tag{21-31}$$

식(21-31)의 적분은 함수 I_0와 G의 **콘벌루션**[3]이라 부르고, 아래와 같이 간단히 표현한다.

$$I_i = I_0 \otimes G \tag{21-32}$$

$\mathfrak{F}(I_0)$, $\mathfrak{F}(I_i)$, $\mathfrak{F}(G)$로 표현된 함수의 각각의 푸리에 변환을 계산한다고 가정하자. **콘벌루션 이론**은 두 함수의 콘벌루션의 푸리에 변환은 개별 변환의 곱과 같다는 것이다. 기호로는 아래와 같이 표현된다.

$$\mathfrak{F}(I_i) = \mathfrak{F}(I_0 \otimes G) = \mathfrak{F}(I_0) \times \mathfrak{F}(G) \tag{21-33}$$

식(21-32)과 (21-33)의 내용은 **실제 공간**에서 콘벌루션은 **푸리에 공간**에서 곱에 해당한다고 간결하게 요약할 수 있다. 등가와 푸리에 변환과 구경 함수의 공간 주파수 스펙트럼(또는 프라운호퍼 회절 함수)의 등가에 대한 결과들을 종합하여, 식(21-33)은 다음과 같이 해석될 수 있다. 상 복사조도의 공간 주파수 스펙트럼은 물체 복사조도의 공간 주파수 스펙트럼과 점퍼짐함수의 공간 주파수 스펙트럼의 곱과 같다. 식의 마지막 항 $\mathfrak{F}(G)$은 **광전달함수**(optical transfer function: OTF)라고 부른다. 왜냐하면 객체 스펙트럼을 이미지 스펙트럼으로 전달 또는 변화시키기 때문이다. 따라서 OTF는 광학계의 성능을 평가하는 데 이용된다.

콘벌루션 이론의 예로, 회절격자의 프라운호퍼 회절에 대한 식(11-32)에서 주어진 결과를 생각하자. 두 곱 함수에서 단일슬릿에 의한 회절과 다중슬릿(폭 무시한 경우)에서의 간섭을 따로 해석할 수 있다는 것이다. 이 함수들이 각각의 구경 함수의 푸리에

---

2 빛이 결맞다면 그 합은 복소 전기장 진폭의 벡터 합이다.

3 이 적분은 물리에서 다른 중요한 응용을 가진다. 다른 함수 전체에 의한 각 점에 한 함수를 곱하고 그리고 나서 그 결과들을 합한다. 따라서 이것을 **중첩**(*folding or superposition*)적분이라고 부른다.

변환이기 때문에, (1) 푸리에 공간에서 회절격자 패턴은 단일 구경 함수의 푸리에 변환과 회절격자를 정의하는 선 광원 배열의 곱으로 주어진다. 또는 (2) 실제 공간에서 격자 구경 함수는 단일 슬릿 구경 함수를 가진 슬릿 배열 구경 함수의 콘벌루션으로 말할 수 있다. (2)는 그림 21-9에 의해 알 수 있다. 실제로는 간단한 구멍 함수의 푸리에 변환을 알고 있다면, 콘벌루션 이론을 이용한 복잡한 구멍 함수에서 얻어진 프라운호퍼 패턴을 보다 쉽게 계산할 수 있다.

전달함수를 이용한 시스템 평가

단순히 해상도를 이용하여 광학계의 결상 성능의 특성을 평가하는 것이 이 광학계의 성능에 대한 적절한 평가는 아니다. 보다 적절한 성능 기준은 광전달함수(OTF)이다. 광학 계를 적절하게 평가하기 위해서, 높고 낮은 공간 주파수를 모두 가진 물체가 필요하다. 일반적으로 낮은 공간 주파수는 물체의 전체적인 것을 결상화하는 데 필요하고, 높은 공간 주파수는 세부적인 것을 재생하는데 필요하다.

광학계를 평가하기 위한 한 가지 기술로는 다른 공간 주파수 K에 사인파 가변 시험 패턴의 배열을 사용하는 것이다. 빛을 비췄을 때, 시험 패턴의 결맞지 않은 상이 나타난다. 광학계 배율을 1로 가정하자. 선형 광학계에 의해 만들어진 상은 그림 21-10(a)에서 보는 것처럼 같은 공간 주파수에서 사인파이지만 진폭 및 위상이 변한다. 복소수 형태로 썼을 때 OTF는 아래와 같이 표현된다.

$$\text{OTF} = (\text{MTF})e^{i(PTF)} \tag{21-34}$$

여기서 MTF는 OTF의 크기이고 PTF는 OTF의 위상이다. OTF는 주파수의 함수로 MTF는 **변조전달함수**(modulation transfer function)이고 PTF는 **위상전달함수**(phase transfer function)이다. 객체 O와 이미지 I에 해당하는 사인파는 그것의 **대비 변조**(contrast modulation) γ로 다음과 같이 표현된다.

$$\gamma_0 = \frac{O_{\max} - O_{\min}}{O_{\max} + O_{\min}} \quad \text{그리고} \quad \gamma_I = \frac{I_{\max} - I_{\min}}{I_{\max} + I_{\min}} \tag{21-35}$$

MTF와 OTF는 간단히 아래와 같이 주어진다.

$$\text{MTF} = \gamma_I / \gamma_0 \quad \text{그리고} \quad \text{PTF} = \Phi \tag{21-36}$$

여기서 Φ는 그림 21-10(a)에서 설명되었다. 다양한 공간 주파수에서 MTF는 그림 21-10(b)에서 보여진 곡선과 같고, 이것을 사용하면, 해상도만으로 평가하는 것보다 광학계 성능을 보다 완벽하게 평가할 수 있다. 세 광학계의 특징을 보여준다. 공간 주파수가 0으로 접근하면 MTF가 1로 접근하지만, MTF가 0이 되는 공간 주파수가 해상도 한계를 나타낸다.

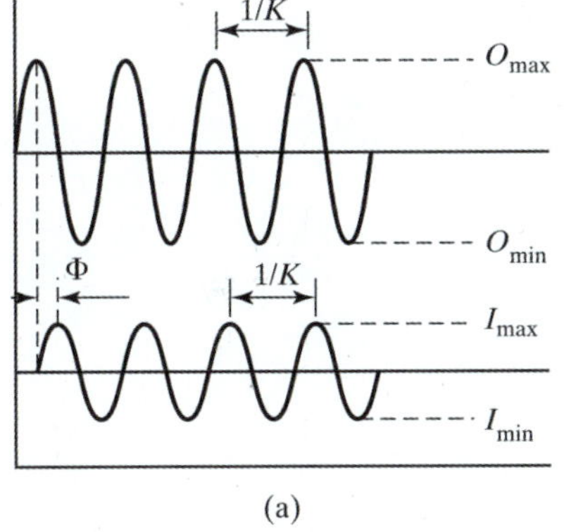

(a)

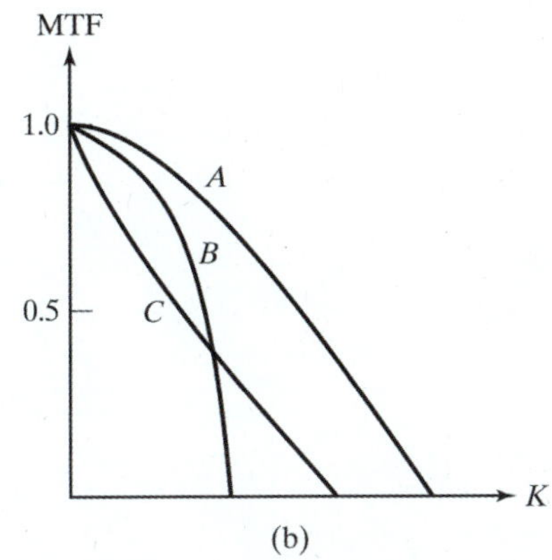

(b)

그림 21-10 (a) 공간 주파수 K를 가진 물체와 상의 복사조도 사인파. (b) 공간 주파수에 대한 세 광학계의 변조전달함수(MTF).

시스템 A는 최대 성능을 명확히 보여준다. 시스템 B는 시스템 C보다 작은 주파수 한계를 가지기 때문에 낮은 주파수에서는 좋은 성능을 가진다.

21-2 푸리에 변환 분광학

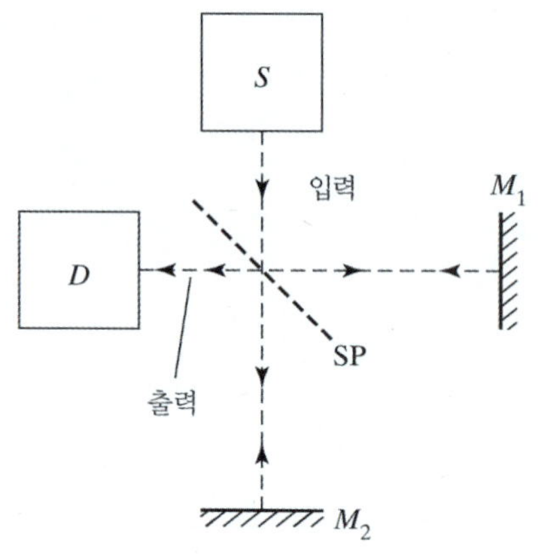

그림 21-11 푸리에 변환 분광기로 사용되는 마이컬슨 간섭계의 성분들.

푸리에 변환 분광학은 스펙트럼 분석하는 전통적인 방법에 대한 좋은 대안이다. 이 기술의 특별한 장점은 연구 및 산업의 광범위하게 응용되고 있다. 마이컬슨 간섭계과 같은 장비를 분광기로 사용했을 때, 장점은 큰 구경을 사용하여서 큰 입력신호가 생긴다는 점과 신호 출력에서 전체 스펙트럼을 볼 수 있다는 점이다. 큰 구경을 사용한다는 것은 **자키노 이득**(Jacquinot advantage)이며, 장비가 한번 스캔하는 동안 전체 스펙트럼 영역을 동시에 처리하는 것은 **펠겟(다중) 이득**(Fellget(multiplex) advantage)이라고 부른다. 따라서 푸리에 변환 분광기는 파장 간격과 복사조도를 모두 제한할 수 있는 좁은 슬릿을 사용하므로 프리즘과 회절격자 분광기와 같은 한계가 없다. 더욱이 이 기술은 높은 해상도를 얻을 수 있고, 원리적으로 입력 데이터의 샘플 폭과 파장 영역에 의해서 제안된다. 큰 구경과 마이컬슨 간섭계의 통합 처리는 푸리에 변환 분광계로써 유용하다. 마이컬슨 간섭계로 입사된 빛의 분광 분포 또는 **스펙트로그램**(spectrogram, 파수에 대한 복사조도)은 움직이는 거울에 따른 두 빔 간섭의 복사조도 분포 또는 **홀로그래피 간섭무늬**(경로차에 대한 복사조도)의 푸리에 변환으로 다루어진다. 그림 21-11은 마이컬슨 간섭계를 도식적으로 보여준다. 광원 S에서 나온 입사빔이 빔 가르개 SP에서 같은 진폭으로 분리되고 M_1과 M_2거울에 반사된 후에 다시 만난다. 간섭하는 빔은 검출기 D에서 모아진다. 광검출기로 도달하는 광원에서 특정한 파수 $k(=2\pi/\lambda)$ 성분을 갖고 E_1과 E_2 전기장은 아래와 같이 표현된다.

$$E_1 = E_0 \cos(kx_1 - \omega t) \tag{21-37}$$

과

$$E_2 = E_0 \cos(kx_2 - \omega t) \tag{21-38}$$

여기서 두 빔은 분리와 재결합 사이에 $x = x_2 - x_1$의 물리적 경로차를 가진다.

검출기에서 k성분의 시간 평균 복사조도는 아래와 같고,

$$I_k \propto \langle (E_1 + E_2)^2 \rangle$$

다음과 같이 주어진다(7장을 보아라).

$$I_k = 2I_0(1 - \cos kx) \tag{21-39}$$

I_0는 한 빔의 시간 평균 복사조도이다. 식(21-39)에 마이너스 부호는 빔 가르개의 반대쪽

에서 반사계수가 -1만큼 차이가 있기 때문이다. 광원에서 k값의 펼침이 있기 때문에 $I(k)$는 k에서 단위 k당 복사조도 $I(k)$로 해석될 수 있고, I_k는 아래와 같이 전 파장에 대해서 적분한 복사조도로 주어진다.

$$I = \int_0^\infty I(k)dk = \int_0^\infty 2I_0(k)dk - \int_0^\infty 2I_0(k)\cos(kx)dk \qquad (21\text{-}40)$$

이 결과에서 첫 번째 항은 두 간섭하지 않는 빔의 합에서 모든 파장 성분에 의한 일정한 적분 복사조도로 표현되는 바이어스 항이다. 두 번째 항은 두 빔 사이의 간섭으로 표현되고, 경로차 x에 따라서 상수 항에서 양 또는 음의 변하는 것으로 생각할 수 있다. 일정한 바이어스에 대한 복사조도의 요동은 아래와 같이 주어진 분광분포(홀로그래피 간섭무늬)로 이루어진다.

$$I(x) = \int_0^\infty I(k)\cos(kx)dk \qquad (21\text{-}41)$$

위의 식은 스펙트로그램의 (코사인) 푸리에 변환이다.

$$I(k) = \left(\frac{2}{\pi}\right)\int_0^\infty I(x)\cos(kx)dx \qquad (21\text{-}42)$$

그러므로 시스템의 광축 위의 점에서 경로차 x에 따른 홀로그래피 간섭무늬 출력 $I(x)$의 검출은 식(21-42)에서 보여준 푸리에 변환 적분에 의해 파수에 따른 분광 복사조도 분포 $I(k)$를 계산할 수 있다. 그림 21-12에서 다양한 분광 입력을 이용한 마이컬슨 간섭계에서 생성된 세 개의 홀로그래피 간섭무늬 실험 샘플을 보여준다. 이런 홀로그래피 간섭무늬는 푸리에 변환 계산을 위해서 주기적인 샘플로 근사할 수 있다. 함수 $I(x)$가 불연속한 샘플 점들일 때, 연속한 푸리에 변환은 이것을 합친 것이고, 이것을 **이산 푸리에 변환** (discrete Fourier transform)이라고 부른다. 유한한 총 샘플 폭에 걸쳐 유한한 샘플링 간격은 장비의 분해능과 변환 계산에 의해서 처리되는 최소 파장에 제한을 만든다. 유한한 폭 x_w에 의한 데이터의 제한이 스펙트럼 분포의 해상도를 제한하여서 최소 분해가능 파장 간격은 아래와 같이 주어진다.

$$\Delta\lambda = \frac{\lambda^2}{x_w} \qquad (21\text{-}43)$$

분해능은 아래와 같다.

$$\Re \equiv \frac{\lambda}{\Delta\lambda} = \frac{x_w}{\lambda} \qquad (21\text{-}44)$$

해상도는 큰 샘플 폭을 사용함으로써 개선된다는 것을 알고 있다. 예를 들어 1 cm의 총 경로차를 주는 0.5 cm의 거울의 움직임은 500 nm에서 20,000의 분해능과

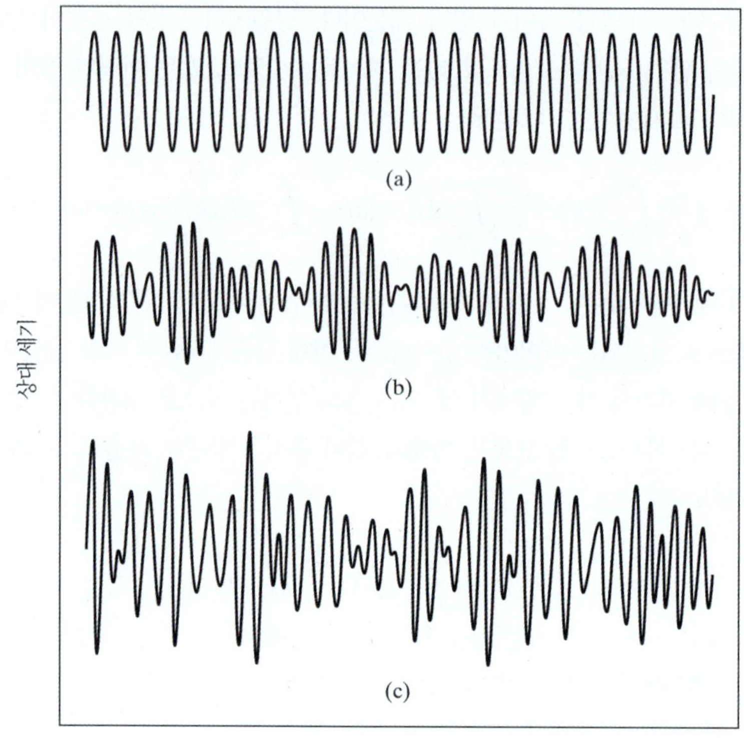

그림 21-12 다른 광원을 사용한 마이켈슨 간섭계에 의해서 생성된 홀로그래피 간섭. (a) He-Ne 레이저. (b) Hg광원, 자외선 필터. (c) Hg 광원, 필터없음.

0.025 nm의 해상도를 준다. 1 m 또는 그 이상의 상대 거울 변위를 가진 분광기는 10^5 또는 그 이상의 분해능을 가진다. 하지만 다른 중요한 한계를 고려해야만 한다. 실제 홀로그래피 간섭은 특정한 샘플링 간격(nm/reading)으로 근사하기 때문에, **위신호**(aliasing)라고 불리는 샘플링 이론에 따르면, 이 방법으로 처리할 수 있는 가장 작은 파장을 제한한다. 특별히 $\lambda_{\min}$보다 작은 입력 빛에서 파장은 변환된 스펙트럼에서 보다 긴 파장으로 표시한다. 이런 파장의 중복은 샘플링 이론의 **나이키스트 기준**(Nyquist criterion)을 관찰함으로써 피할 수 있다. 신호는 적어도 가장 높은 주파수 성분의 두 배에 해당하는 높은 속도로 샘플링해야 한다. 흥미로운 것은 이 기준이 현대 디지털 오디오 레코딩을 만드는데 사용된다는 것이다. 여기서 50 kHz의 오디오 신호 샘플링 속도는 20 kHz의 최대 오디오 주파수를 정확하게 재생할 수 있다. 실험 변수의 관점으로 표현하면, 그 기준은 위신호를 피하기 위해서 샘플링 간격은 광원의 가장 짧은 파장의 반보다 작아야 한다는 것과 같다는 것이다. 따라서 최소 파장은 아래와 같이 주어진다.

$$\lambda_{\min} = \frac{2x_w}{N-1} \tag{21-45}$$

여기서 $N-1$ 샘플링 간격으로 주어진 N은 샘플의 총 숫자이다. 좋은 해상도를 얻을 수 있는 큰 x_w는 N이 적절하게 크지 않으면, 분광계의 스펙트럼 범위를 제한하는 문제가 있을 수 있다. 하지만 데이터의 최대 수는 컴퓨터 데이터 저장 요구와 계산을 처리하는 데 걸리는 시간에 의해서 제한된다. 분광 분포 $I(k)$ 계산에서 컴퓨터에서 수행되는 연산의 수는 대략 N^2과 같다. 이러한 계산의 시리즈를 수행하기 위한 **쿨리–터키 알고리즘**(Cooley-Tukey algorithm)의 사용은 계산 수를 약 $N\log_2 N$ 만큼 줄이고, 그것은 **고속 푸리에 변환**으로 알려져 있다. 예를 들어 1000개의 데이터를 이용한 변환은 1,000,000번의 연산을 약 10,000번으로 줄여서 컴퓨터 시간과 비용의 상당한 절약한다. 논의된 예에서, 입력된 빛이 가시광과 근자외선 영역의 파장을 포함하면, N은 300 nm의 작은 파장의 정확한 분석하기 위해서는 약 67,000보다 작을 수 없다.

문제

21-1 **a.** 그림 21-2와 같이 폭 0.25 mm의 투과형 슬릿을 가진 론키 쾌선격자에 의해서 생성된 첫 번째 세 개의 밝은 점의 축으로부터 거리를 계산하시오. 632.8 nm의 레이저 복사조도와 50 cm 초점거리를 가진 렌즈를 가정한다.

b. 기본 주파수에 해당하는 파장은 얼마인가?

c. 론키 구경 함수의 푸리에 표현에서 요구하는 DC성분에서 떨어져 있는 세 개의 가장 낮은 각 공간 주파수를 결정하시오.

d. "기본" 복사조도에 대한 첫 번째 세 점들의 복사조도의 비는 얼마인가?

21-2 **a.** 구경면에 연속하여 놓여져 있는 두 투명한 물체의 두 투과도 함수를 합할 때, 합쳐진 투과도 함수는 개별 투과도 함수와 어떻게 관련이 있는가?

b. 수직하게 놓인 두 개의 론키 쾌선격자에 의해서 형성된 구경 함수를 생각하자. 스펙트럼 면에서 무엇이 보일까?

21-3 박막의 광학 밀도(optical density)는 불투명도의 상용로그로 정의한다. 반대로 불투명도는 투과율 T와 반대개념이다.

a. 따라서 광학 밀도가 $-\log_{10}T$와 같다는 것을 보이시오.

b. 몇 층의 박막의 총 광학 밀도가 각 개별 광학 밀도의 합과 같다는 것을 보이시오.

c. 각각 1.25의 불투명도를 가진 5층의 박막의 투과율은 얼마인가? 합쳐진 층들의 알짜 광학 밀도는 얼마인가?

21-4 회절격자의 사인파 투과도는 임의의 단위에서 $5\sin(ay)$로 변한다.

a. 회절격자의 투과도를 사인파에 유시하게 생성하기 위해서, 100%의 투과도를 가정했을 때, 투과도 함수에서 얼마의 바이어스가 요구되는가?

b. 바이어스가 있을 때와 없을 때 구멍 함수를 스케치하시오.

c. 회절격자에서 단위 복사조도 입사의 경우 검출기에서 복사조도 함수는?

21-5 콘벌루션 이론을 증명하시오. 즉
$h(x) = f(x) \otimes g(x)$이면,
$\mathfrak{F}[h(x)] = \mathfrak{F}[f(x)]\,\mathfrak{F}[g(x)]$라는 것을 증명하시오.

21-6 단위 높이와 6 단위 길이를 가진 두 동일한 사각 펄스의 1차원에서의 콘벌루션을 그리시오.

21-7 사인파 함수 $y = A\sin(\omega t + \alpha)$의 1차원 자기상관 함수 $\Phi_{11}(\tau)$를 결정하시오.

21-8 **a.** 마이컬슨 분광기의 출력이 광검출기로 들어간다. 입력은 546.1 nm 수은등의 녹색 빛이다. 거울이 5 mm/s의 속력으로 이동하면, 광전류의 변조 주파수는 얼마인가?

b. 입력이 5889.95 Å과 5895.92 Å인 나트륨의 노란색 빛이 사용되었을 때, 광전류의 맥놀이 주파수는 얼마인가? (힌트: 식(8-14)을 기억하시오.)

21-9 마이컬슨 분광기에 거울 이동이 5 cm이다. (a) 632.8 nm와 (b) 1 μm에서 최소 분해할 수 있는 파장은 얼마인가?

21-10 수은등에서 나온 빛이 학생 마이컬슨 분광기의 빔 가르개에 비춰졌다. 360 nm보다 짧은 파장은 그 빛에서 제거했다. 거울 이동 비율은 71.5 nm/s이다. 스펙트로그램 데이터의 샘플링 비율은 1.28 readings/s이다. 총 256개의 데이터 수가 푸리에 변환 분석을 위해서 컴퓨터에 입력된다. (a) 폭, (b) 400 nm에 최소 분해할 수 있는 파장 간격, (c) 위신호가 적용되지 않는 최소 파장, (d) 나이키스트 기준에 따라서 최소 샘플링 비율을 찾으시오.

21-11 적외선에서 동작하는 푸리에 변환 분광기에 의해 실행되는 총 경로차는 2.78 mm이다. 그 범위는 4400 cm^{-1}에서 400 cm^{-1}까지이다.

a. 파수에서 해상도는 얼마인가?

b. 이 범위 내에서 위신호를 피하면서 전 영역을 스캔하는 데 필요한 데이터 수는 얼마인가?

c. 30초에 완전히 한번 동작하면, 주사 비율은 얼마인가?

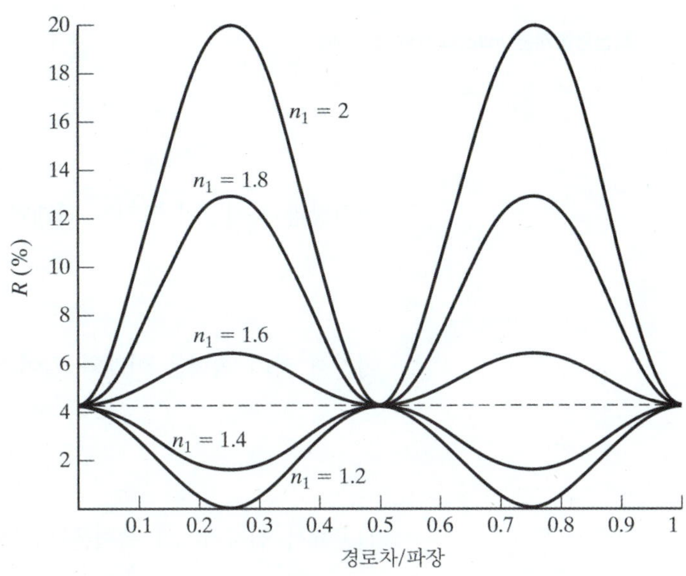

chapter 22 다층 박막 이론

서론

단층 유전체 박막에서 간섭에 대한 물리적 의미는 7장에서 다루었다. 얇은 박막은 다층 박막을 이용하여 유익하고 흥미로운 다양한 응용을 할 수 있다. 굴절률(물질의 선택)과 각 층의 두께 제어를 유지하면서 다층 박막을 증착시킬 수 있다. 그런 기술들은 어떤 진동수에 의존하는 반사율과 투과율 특성을 가진 간섭 코팅을 디자인하는 데 다양한 유연성을 제공해준다. 그런 코팅의 유용한 응용으로는 디스플레이 창과 광학 장비들의 렌즈에 사용되는 무반사 다층 막박, 근자외선에서 근적외선 파장까지 가능한 다목적의 넓고 좁은 대역통과필터, 영사기에서 사용되는 적외선을 반사하고 투과하는 열 반사경과 냉각 거울, 칼라 텔레비전 카메라에서 빨강, 초록, 파랑 채널로 빛을 나누기 위해서 프리즘 빔 가르개의 표면에 증착된 대역통과 필터로 구성된 이색성 거울, 그리고 패브리-페로 간섭계와 가스 레이저에 사용하는 고반사 유전체 거울이 있다.

컴퓨터 기술로 다중 박막의 분석에 관련된 보다 세부적인 계산들을 쉽게 한다. 그러나 임의의 특성을 가진 다중 박막 적층 설계는 엄청난 일이다. 이 장에서 박막을 표현하고 그 성능을 특징짓기 위한 **전이행렬**을 도입한다. 이러한 접근은 7장에서 얇은 박막에서 다중 반사를 다룰 때 사용된 것과는 차이가 있다. 여기에 합성 반사율 또는 투과율을 얻기 위해서 각 반사 또는 투과된 모든 광선들의 진폭을 합한다. 맥스웰 방정식에 의한 일반적인 경계 조건을 만족하는 전기장들을 합한 것처럼 모든 투과 또는 반사 광선을 고려하는 것이 매우 효과적이다.

4장에서 이미 보였던 전자기 이론에서 이에 필요한 관계식을 요약했다. 평면의 에너지, 즉 포인팅 벡터 방향으로 진행하는 전자기파는 다음과 같다.

$$\vec{S} = \varepsilon_0 c^2 \vec{E} \times \vec{B} \tag{22-1}$$

전기장과 자기장의 크기는 아래와 같이 관련이 있고

$$E = vB \tag{22-2}$$

여기서 파의 속력은 아래와 같이 굴절률 n과 관계된다.

$$n = \frac{c}{v} \tag{22-3}$$

진공에서 전자기파의 속력은 아래와 같은 값을 갖는 상수이다.

$$c = \frac{1}{\sqrt{\varepsilon_0 \mu_0}} \tag{22-4}$$

여기서 ε_0와 μ_0는 각각 진공에서의 유전율과 투자율이다. 식(22-2), 식(22-3), 식(22-4)를 조합했을 때, 자기장과 전기장의 크기는 아래와 같은 관계로 주어진다.

$$B = \frac{E}{v} = \left(\frac{n}{c}\right) E = n\sqrt{\varepsilon_0 \mu_0}\, E \tag{22-5}$$

22-1 전이행렬

그림 22-1에서는 정의된 값을 설명하고 있다. 입사광선은 입사면에 수직한 방향으로 전기장 $\vec{E}$를 가진다(그러나 수직입사에서 $E_\perp$와 $E_\parallel$는 특정한 입사면을 정할 수 없기 때

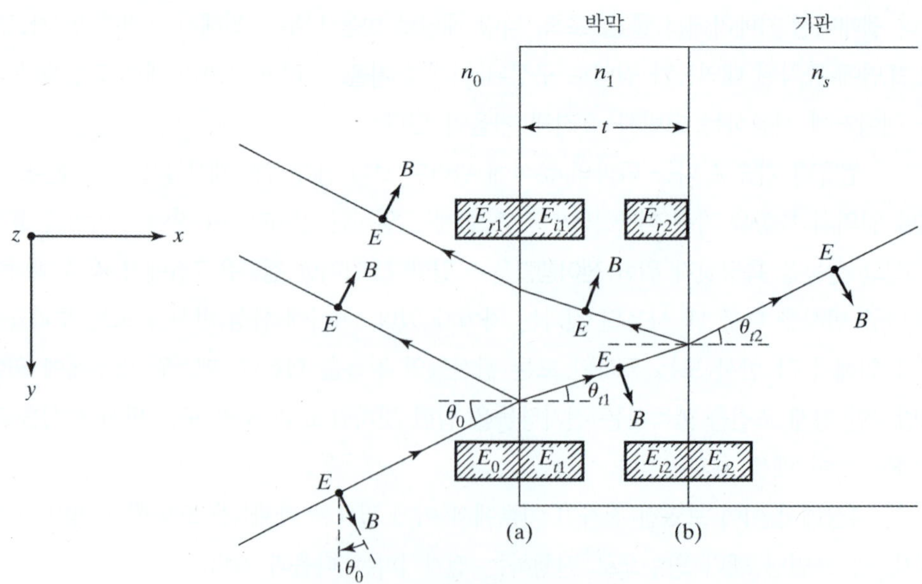

그림 22-1 단층에서 광선의 반사. 그림은 식(22-6) – 식(22-9)에서 사용하기 위해서 경계조건에 사용한 양으로 정의한다. 큰 점은 입사면에 수직한 방향을 나타내는 데 사용하였다.

문에 대등하다는 것을 명심하라). 광선은 굴절률 n_1 인 비자성 박막($\mu = \mu_0$)과 굴절률 n_0 인 외부 매질 사이의 경계면 (a)에서 외부반사가 일어난다. 투과된 광선의 일부분은 굴절률 n_s 인 기판과 박막이 분리되는 경계면 (b)에서 내부반사와 투과가 일어난다.

각 빔과 함께 $\vec{\mathrm{E}}$ -전기장은 종이에서 나오는 방향(z-방향)으로 표시하고 있고, $\vec{\mathrm{B}}$ -자기장은 식(22-1)과 일치하는 방향으로 표시된다. $\vec{\mathrm{B}}$ 의 y-성분은 반사될 때 반대가 된다. 그림에서 표시된 용어는 (a)와 (b)의 **경계에서** 전기장의 크기를 정의하기 위한 것이다. 예를 들어 E_{r1}은 박막에서 빠져 나오는 과정에서 경계면 (a)에 모든 다중 반사된 광선의 합을 나타내는 것이고, E_{i2}는 경계면 (b)에 모든 다중 입사된 광선의 합을 나타내는 것이며, 기판을 향하는 방향 등으로 경계에서 다중 광선을 설명한다.

박막은 균질하고 등방적이라고 가정하였다. 또한 다중 반사와 투과 사이에 경로차를 단색광의 결맞음 길이에 비해 짧게 유지하기 위해서, 광선박막의 두께는 빛의 파장 정도라고 가정한다. 이것은 광선들이 필수적으로 결맞다는 것을 보장하는 것이다. 마지막으로 최종 반사와 투과 광선에 기여한 많은 반사들에 의한 측면 변위와 비교하여 입사 광선의 폭이 크다고 가정한다.

경계면 (a)와 (b)에 입사한 평면파의 전기장과 자기장을 위한 맥스웰 방정식의 **경계 조건**을 간단히 정리하였다. 최종 전기장과 자기장 벡터 각각의 수평 성분은 경계면에서 연속이다. 그것은 양쪽에서 이것들의 크기가 같다는 것을 의미한다. 그림 22-1에서 $\vec{\mathrm{E}}$ 는 어디에서나 (a)와 (b)의 면에 수평하지만, $\vec{\mathrm{B}}$ 는 수평 성분(y-방향)과 수직 성분(x-방향)으로 구성되어 있다. 그래서 두 경계에서 전기장의 경계조건은 아래와 같다.

$$E_a = E_0 + E_{r1} = E_{t1} + E_{i1} \tag{22-6}$$

$$E_b = E_{i2} + E_{r2} = E_{t2} \tag{22-7}$$

자기장에 대해서는 아래와 같다.

$$B_a = B_0 \cos\theta_0 - B_{r1}\cos\theta_0 = B_{t1}\cos\theta_{t1} - B_{i1}\cos\theta_{t1} \tag{22-8}$$

$$B_b = B_{i2}\cos\theta_{t1} - B_{r2}\cos\theta_{t1} = B_{t2}\cos\theta_{t2} \tag{22-9}$$

식(22-5)의 도움으로 식(22-8)과 (22-9)를 전기장의 항으로 아래와 같이 다시 쓰면,

$$B_a = \gamma_0 (E_0 - E_{r1}) = \gamma_1 (E_{t1} - E_{i1}) \tag{22-10}$$

$$B_b = \gamma_1 (E_{i2} - E_{r2}) = \gamma_s E_{t2} \tag{22-11}$$

이다. 여기서 γ는 아래와 같다.

$$\gamma_0 \equiv n_0 \sqrt{\varepsilon_0 \mu_0}\cos\theta_0 \tag{22-12}$$

$$\gamma_1 \equiv n_1 \sqrt{\varepsilon_0 \mu_0}\cos\theta_{t1} \tag{22-13}$$

$$\gamma_s \equiv n_s \sqrt{\varepsilon_0 \mu_0} \cos\theta_{t2} \tag{22-14}$$

박막을 한번 통과하면서 발생된 위상차 δ 때문에 E_{i2}는 E_{i1}와 다르다. 7장에서(식(7-35) 참조) 얇은 박막을 **두 번** 통과하는데 광경로 Δ는 $\Delta = 2n_1 t \cos(\theta_{t1})$이라는 것을 유도하였다. 그래서 **한 번** 통과하는 광경로 Δ_1은 $\Delta_1 = \Delta/2 = n_1 t \cos(\theta_{t1})$이고, 박막을 한 번 통과하는 데 발생된 위상차 δ는

$$\delta = k_0 \Delta_1 = \left(\frac{2\pi}{\lambda_0}\right) n_1 t \cos\theta_{t1} \tag{22-15}$$

이다. 따라서

$$E_{i2} = E_{t1} e^{-i\delta} \tag{22-16}$$

와

$$E_{i1} = E_{r2} e^{-i\delta} \tag{22-17}$$

이 된다. 식(22-16)과 식(22-17)을 사용하여, (b)에서의 경계 조건에서 나타냈던 식(22-7)과 식(22-11)에서 E_{i2}와 E_{r2}를 아래와 같이 제거할 수 있다.

$$E_b = E_{t1} e^{-i\delta} + E_{i1} e^{i\delta} = E_{t2} \tag{22-18}$$

$$B_b = \gamma_1 (E_{t1} e^{-i\delta} - E_{i1} e^{i\delta}) = \gamma_s E_{t2} \tag{22-19}$$

이 두 식에서 좌변과 가운데를 이용하면, E_{t1}과 E_{i1}는 E_b와 B_b항으로 동시에 풀어질 수 있고, 아래와 같이 주어진다.

$$E_{t1} = \left(\frac{\gamma_1 E_b + B_b}{2\gamma_1}\right) e^{i\delta} \tag{22-20}$$

$$E_{t1} = \left(\frac{\gamma_1 E_b - B_b}{2\gamma_1}\right) e^{-i\delta} \tag{22-21}$$

마지막으로 (a)경계의 경우에 식(22-20)과 식(22-21)에서 식(22-6)과 식(22-10)을 빼면, 그 결과는 아래와 같이 표현된다.

$$E_a = E_b \cos\delta + B_b \left(\frac{i \sin\delta}{\gamma_1}\right) \tag{22-22}$$

$$B_a = E_b (i\gamma_1 \sin\delta) + B_b \cos\delta \tag{22-23}$$

여기서 아래의 오일러 방정식을 사용하였다.

$$2\cos\delta \equiv e^{i\delta} + e^{-i\delta} \text{와 } 2i\sin\delta \equiv e^{i\delta} - e^{-i\delta}$$

식(22-22)와 식(22-23)은 한 경계면에서 알짜 장들과 다른 경계면에서 알짜 장들 사이의 관계를 만든다. 그 식을 행렬형태로 쓰면 아래와 같다.

$$\begin{bmatrix} E_a \\ B_a \end{bmatrix} = \begin{bmatrix} \cos\delta & \dfrac{i\sin\delta}{\gamma_1} \\ i\gamma_1 \sin\delta & \cos\delta \end{bmatrix} \begin{bmatrix} E_b \\ B_b \end{bmatrix} \tag{22-24}$$

2×2행렬은 박막의 **전이행렬**(transfer matrix)이라고 부르고, 아래와 같이 표현된다.

$$M = \begin{bmatrix} m_{11} & m_{12} \\ m_{21} & m_{22} \end{bmatrix} \tag{22-25}$$

경계 (b)가 기판이 아니라 다른 박막과의 경계라면, 식(22-24)는 여전히 모호하다. 전기장 E_b와 자기장 B_b는 두 번째 전이행렬에 의한 두 번째 박막의 뒷쪽 경계에 있는 E_c와 B_c와 관계된다. 이를 일반화를 하면, 임의의 N층의 다층(multilayer)의 경우는 아래와 같이 쓸 수 있다.

$$\begin{bmatrix} E_a \\ B_a \end{bmatrix} = M_1 M_2 M_3 \cdots M_N \begin{bmatrix} E_n \\ B_N \end{bmatrix}$$

전체 다층 적층을 나타내는 전체 전이행렬 M_T는 각각 전이행렬들의 곱으로 표현된다.

$$M_T = M_1 M_2 M_3 \cdots M_N \tag{22-26}$$

처음 전이행렬이 나왔을 때 앞서 무시했던 항들을 사용하기 위해서 식(22-6), 식(22-7), 식(22-10), 식(22-11)로 돌아가자. 남아있는 항들은 아래와 같다.

$$E_a = E_0 + E_{r1} \tag{22-27}$$

$$E_b = E_{t2} \tag{22-28}$$

$$B_a = \gamma_0 (E_0 - E_{r1}) \tag{22-29}$$

$$B_b = \gamma_s E_{t2} \tag{22-30}$$

식(22-27)에서 식(22-30)까지에서 표현된 전기장과 자기장으로 식(22-24)를 표현하면 아래와 같은 형태로 주어진다.

$$\begin{bmatrix} E_0 + E_{r1} \\ \gamma_0 (E_0 - E_{r1}) \end{bmatrix} = \begin{bmatrix} \cos\delta & \dfrac{i\sin\delta}{\gamma_1} \\ i\gamma_1 \sin\delta & \cos\delta \end{bmatrix} \begin{bmatrix} E_{t2} \\ \gamma_s E_{t2} \end{bmatrix} = \begin{bmatrix} m_{11} & m_{12} \\ m_{21} & m_{22} \end{bmatrix} \begin{bmatrix} E_{t2} \\ \gamma_s E_{t2} \end{bmatrix} \tag{22-31}$$

여기서 식(22-25)의 마지막 등식에서 주어진 전이행렬의 일반적 형태를 사용하였다. 식

(22-31)의 마지막 등식에서 m_{11}, m_{12}, m_{21} 그리고 m_{22}는 전이행렬 요소이다.

식(22-31)은 아래 두 식과 대등하다.

$$E_0 + E_{r1} = m_{11}E_{t2} + m_{12}\gamma_s E_{t2}$$
$$\gamma_0(E_0 - E_{r1}) = m_{21}E_{t2} + m_{22}\gamma_s E_{t2}$$

이 두 식을 E_0로 나누고 다음과 같이 정의되는 반사계수 r과 투과계수 t를 사용하면,

$$r \equiv \frac{E_{r1}}{E_0} \quad \text{그리고} \quad t \equiv \frac{E_{t2}}{E_0} \tag{22-32}$$

다음 식을 얻는다.

$$1 + r = m_{11}t + m_{12}\gamma_s t \tag{22-33}$$
$$\gamma_0(1 - r) = m_{21}t + m_{22}\gamma_s t \tag{22-34}$$

식(22-33)과 식(22-34)를 풀어서 전이행렬 요소들로 된 반사계수와 투과계수를 아래와 같이 구할 수 있다.

$$t = \frac{2\gamma_0}{\gamma_0 m_{11} + \gamma_0\gamma_s m_{12} + m_{21} + \gamma_s m_{22}} \tag{22-35}$$

$$r = \frac{\gamma_0 m_{11} + \gamma_0\gamma_s m_{12} - m_{21} - \gamma_s m_{22}}{\gamma_0 m_{11} + \gamma_0\gamma_s m_{12} + m_{21} + \gamma_s m_{22}} \tag{22-36}$$

식(22-24)와 식(22-31)에서 정의한 전이행렬 요소를 사용하는 식(22-35)와 식(22-36)은 전이행렬로 표현된 단일 또는 다층 박막에서의 반사와 투과 특성들을 평가할 수 있다.

이 식들의 응용을 계속하기 전에 그림 22-1의 입사 전기장이 입사면에서 다른 편광을 가질 때, 앞의 이론은 수정된다. $\vec{\mathbf{E}}$ 의 방향이 $\vec{\mathbf{B}}$ 의 방향으로 바뀌면 $\vec{\mathbf{B}}$ 는 전자기장의 규칙에 따라서 회전된다. 그러면 식(22-13)에서 기술한 γ_1의 표현에서 코사인 계수는 분모가 아니라 분자에 나타난다. 이러한 입사파의 두 편광상태(성분)에 대해서 요약하면 아래와 같다.

$$\text{입사파의 } \vec{\mathbf{E}}_{\perp} \text{ 성분: } \gamma_1 = n_1\sqrt{\varepsilon_0\mu_0}\cos\theta_{t1}$$
$$\text{입사파의 } \vec{\mathbf{E}}_{\parallel} \text{ 성분: } \gamma_1 = n_1\frac{\sqrt{\varepsilon_0\mu_0}}{\cos\theta_{t1}} \tag{22-37}$$

$\vec{\mathbf{E}}_{\perp}$ 와 $\vec{\mathbf{E}}_{\parallel}$ 를 서로 구별할 수 없는 수직입사의 경우, $\cos\theta_{t1} = 1$이 되고 두 식은 같게 된다. 하지만 비스듬히 입사하는 경우, 각 편광에 경우에 대해서 따로 계산해야 한다. 편

광되지 않은 빛에 대해서는 두 편광상태의 평균이 될 수 있다. 예를 들어 반사율은 아래와 같이 된다.

$$R = \frac{1}{2}(R_{\parallel} + R_{\perp}) \tag{22-38}$$

22-2 수직 입사에서 반사율

이제 실제로 가장 많이 일어나는 수직 입사된 빛의 경우에 이론을 적용한다. 그 결과들은 거의 수직으로 입사되는 경우에도 잘 적용된다. 빔은 모든 경계면에서 수직으로 유지되어 입사각, 반사각 그리고 굴절각이 모두 영이다. 식(22-12)부터 식(22-14)에서 항에 있는 코사인 성분들은 모두 1이다. 식(22-24)에서 행렬 요소들은 아래와 같이 적절히 변형을 시킬 수 있고,

$$m_{11} = \cos\delta \quad m_{12} = \frac{i\sin\delta}{n_1\sqrt{\varepsilon_0\mu_0}}$$
$$m_{21} = in_1\sqrt{\varepsilon_0\mu_0}\sin\delta \quad m_{22} = \cos\delta \tag{22-39}$$

이를 식(22-36)에 대입한다. 상수 $\sqrt{\varepsilon_0\mu_0}$ 의 상쇄와 단순화 과정을 거친 후에 아래와 같은 식을 얻는다.

$$r = \frac{n_1(n_0 - n_s)\cos\delta + i(n_0n_s - n_1^2)\sin\delta}{n_1(n_0 + n_s)\cos\delta + i(n_0n_s + n_1^2)\sin\delta} \tag{22-40}$$

반사되는 복사조도를 결정하는 반사율 R은 아래와 같이 정의된다.

$$R = |r|^2 \tag{22-41}$$

R을 계산하기 위해서 먼저 반사계수 r은 복소수이고 아래와 같은 일반적인 형식을 가진다고 가정한다.

$$r = \frac{A+iB}{C+iD}$$

그래서 다음과 같이 표현된다.

$$|r|^2 = rr^* = \left(\frac{A+iB}{C+iD}\right)\left(\frac{A-iB}{C-iD}\right) = \frac{A^2+B^2}{C^2+D^2}$$

그 결과 반사율은 아래와 같다.

수직입사의 경우

$$R=\frac{n_1^2(n_0-n_s)^2\cos^2\delta+(n_0n_s-n_1^2)^2\sin^2\delta}{n_1^2(n_0+n_s)^2\cos^2\delta+(n_0n_s+n_1^2)^2\sin^2\delta} \tag{22-42}$$

예제 22-1

$ZrO_2(n=2.10)$의 400 Å 두께를 갖는 박막이 유리($n=1.50$) 위에 증착되어 있다. 파장 $\lambda_0=589.3$ nm의 나트륨 빛의 경우에 대한 수직 반사율을 결정하시오.

풀이

위상차는 아래와 같이 주어진다.

$$\delta=\frac{2\pi}{\lambda_0}(n_1t)=\frac{2\pi}{589.3}(2.1)(40)=0.8956\,\mathrm{rad}$$

그래서 $\cos\delta=0.6250$이고 $\sin\delta=0.7806$이다. 그 다음 이를 식(22-42)에 대입했을 때, 반사율은 아래와 같다.

$$R=\frac{2.1^2(1-1.5)^2(0.6250)^2+[(1)(1.5)-2.1^2]^2(0.7806)^2}{2.1^2(1+1.5)^2(0.6250)^2+[(1)(1.5)+2.1^2]^2(0.7806)^2}=0.174$$

즉 반사된 빔의 복사조도는 입사빔의 복사조도의 17.4%이다.

박막을 한 번 횡단하는 광경로차 $\Delta_1=n_1t$에 대한 반사율 그래프는 그림 22-2에서 보여주며, 여기서 가로축은 박막 내부에서 파장 $\lambda=\lambda_0/n_1$를 사용한 Δ_1/λ의 단위로 표현되어 있다. 각 곡선은 다른 굴절률을 가진 박막에 해당하는 것이며, 유리 기판 굴절률은 모두 $n_s=1.52$로 선택하였다. 박막의 굴절률 n_1에 따라 코팅되지 않은 거울의 경우와 비교해서 반사율이 증가하는지($n_1>n_s$) 줄어드는지($n_1<n_s$)가 분명하게 결정된다. 이 곡선들은 1/4 파장 두께 또는 그것의 홀수 배에서 최고로 증가하거나(고반사 코팅) 혹은 감쇠(무반사 코팅)시킴을 보여준다. R에서 최소점 또는 최고점은 박막의 두께 선택을 통해서 Δ_1을 변화시킴으로 여러 파장에서 일어나게 만들 수 있다. 1/2파장 두께 또는 1/4파장의 짝수 배의 경우에, 반사율은 단지 코팅되지 않은 유리와 같다. $n_1<n_s$인 무반사 단일 코팅은 어떤 파장에도 코팅되지 않은 유리 이상으로 반사하지 않는다. 박막의 두께에 비례하는 Δ_1에 대한 R에서의 주기적인 변화는 박막을 입히는 과정에서 박막의 두께를 검사하는 실질적인 방법으로 이용한다.

다음과 같은 1/4파장 박막 두께는

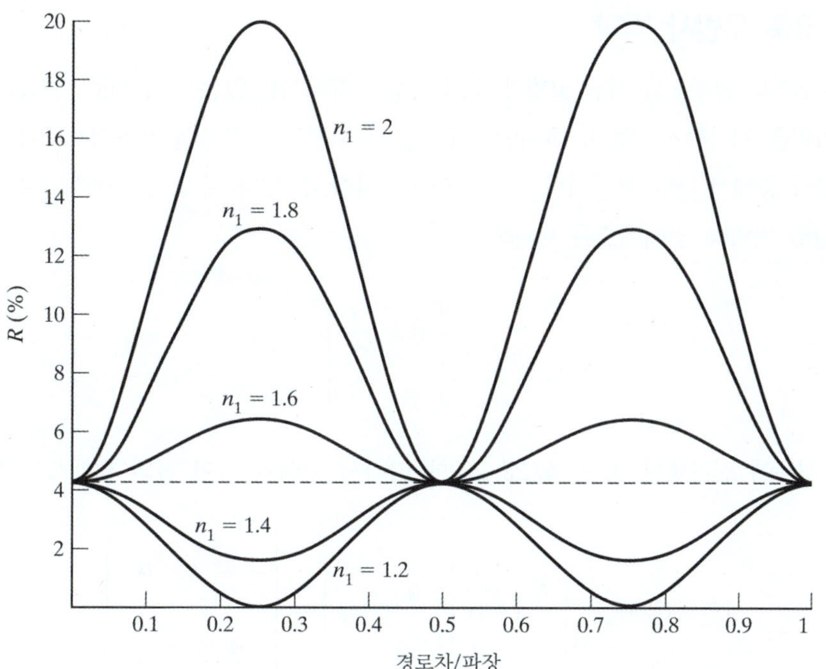

그림 22-2 규격화된 광경로차에 대한 굴절률 n_1의 단층 박막에서의 반사율. 점선은 코팅하지 않은 $n_s = 1.52$인 유리 기판을 나타낸 것이다.

$$t = \frac{\lambda}{4} = \frac{\lambda_0}{4n_1}$$

식(22-15)에서 $\delta = 2\pi n_1 t/\lambda_0 = \pi/2$가 되며, 이 결과 위상차에서 $\cos\delta = 0$이고 $\sin\delta = 1$이 되기 때문에 중요하다. 이 경우에 식(22-42)는 아래와 같은 값으로 줄어든다.

$$\text{수직입사이고 1/4파장 두께인 경우} \quad R = \left(\frac{n_0 n_s - n_1^2}{n_0 n_s + n_1^2}\right)^2 \tag{22-43}$$

식(22-43)에서 완전한 **무반사** 박막은 $\lambda/4$두께의 코팅과 굴절률 $n_1 = \sqrt{n_0 n_s}$로 만들 수 있다. 기반이 $n_s = 1.52$인 유리라면, 배경 굴절률을 $n_0 = 1$이라고 가정할 때, 무반사 코팅을 위한 이상적인 굴절률은 $n_1 = 1.23$이다. 코팅 가능한 물질들 사이에서 선택하면 $n_1 = 1.38$인 MgF_2 박막이 적절하다. 이 박막의 경우에, 식(22-43)에 의해서 가시광 영역에서 1.3%의 반사율이 예상된다. 여기서 코팅하지 않은 유리($n_1 = n_0$라면)는 약 4.3% 반사한다. 이런 차이는 어떤 광학 시스템에서 빛 에너지 손실을 엄청나게 줄여준다는 것을 나타내는 것이다. 예를 들어 그런 6개의 경계면(또는 연속적인 3개의 광학 소자)을 차례로 거친 후에, MgF_2 코팅이 된 경우에 입사광의 93%가 통과하지만 코팅이 되지 않은 유리의 경우는 77%만이 통과하게 된다.

22-3 2층 무반사 박막

원하는 임의의 굴절률을 가진 코팅 물질이 항상 존재하지는 않는다. 실제로 반사율이 0인 단층 박막은 제작할 수 없다. 하지만 1/4파장 두께 박막의 복층을 사용함으로써 가능한 코팅 물질 중에서 단일 파장에서 반사율 0에 도달할 수 있다. 수직 입사에서 1/4파장 두께의 단일 박막의 전이행렬은 아래와 같다.

$$M_1 = \begin{bmatrix} 0 & \dfrac{i}{\gamma_1} \\ i\gamma_1 & 0 \end{bmatrix}$$

2층의 경우에 전이행렬 M은 식(22-26)에 따라서 아래와 같이 곱의 형태로 표현된다.

$$M = M_1 M_2 = \begin{bmatrix} 0 & \dfrac{i}{\gamma_1} \\ i\gamma_1 & 0 \end{bmatrix} \begin{bmatrix} 0 & \dfrac{i}{\gamma_2} \\ i\gamma_2 & 0 \end{bmatrix} = \begin{bmatrix} -\dfrac{\gamma_2}{\gamma_1} & 0 \\ 0 & -\dfrac{\gamma_1}{\gamma_2} \end{bmatrix}$$

행렬 요소들은 $m_{11} = -\gamma_2/\gamma_1$, $m_{22} = -\gamma_1/\gamma_2$ 그리고 $m_{12} = m_{21} = 0$이다. 식(22-36)에서의 그런 값을 사용할 때, 그 결과는 아래와 같다.

$$r = \frac{\gamma_2^2\gamma_0 - \gamma_s\gamma_1^2}{\gamma_2^2\gamma_0 + \gamma_s\gamma_1^2} \tag{22-44}$$

식(22-12)에서 (22-14)의 굴절률을 사용하면 반사율은 아래와 같이 표현된다.

$$\text{수직입사 1/4파장 두께} \quad R = \left(\frac{n_0 n_2^2 - n_s n_1^2}{n_0 n_2^2 + n_s n_1^2}\right)^2 \tag{22-45}$$

$n_0 n_2^2 = n_s n_1^2$일 때 또는 아래와 같은 식으로 주어질 때, 무반사는 식(22-45)에 의해서 예상된다.

$$\frac{n_2}{n_1} = \sqrt{\frac{n_s}{n_0}} \tag{22-46}$$

공기($n_0 = 1$)에서 유리 기판($n_s = 1.52$)으로 입사하는 경우에 두 박막의 이상적인 굴절률 비율은 $n_2/n_1 = 1.23$이다. 이러한 조건은 코팅에 좋은 물질인 이산화지르코늄(ZrO_2, $n_2 = 2.1$)과 삼불화세륨(CeF_3, $n_1 = 1.65$)을 이용하면 된다. 이 두 물질의 굴절률 비율 1.27은 식(22-45)에 의해서 반사율이 0.1%로 만들어진다. 그러한 배치는 그림 22-3에서 볼 수 있고, 그림 22-4의 곡선 (a)에 그려져 있다. 일부 파장에서 반사율이 0인

표 22-1 몇 가지 코팅 물질의 굴절률

물질	가시광(~550 nm)	근적외선(~2 μm)
Cryolite	1.30–1.33	–
MgF_2	1.33	1.35
SiO_2	1.46	1.44
SiO	1.55–2.0	1.5–1.85
Al_2O_3	1.60	1.55
CeF_3	1.65	1.59
ThO_2	1.8	1.75
Nd_2O_3	2.0	1.95
ZrO_2	2.1	2.0
CeO_2	2.35	2.2
ZnS	2.35	2.2
TiO_2	2.4	–
Si	–	3.3
Ge	–	4.0

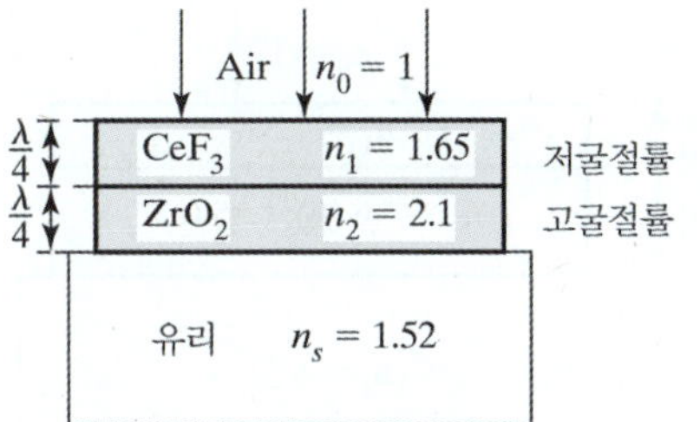

그림 22-3 $\lambda/4 - \lambda/4$ 두께 박막을 이용하여 무반사된 2층 박막.

것은 가시광선의 광범위한 영역에 걸쳐 반사율을 감소시키는 것에 도움이 되지 않을 수 있다. 곡선 (a)는 550 nm에서 최소가 되고 양쪽은 오히려 가파른 기울기를 가진다. 넓은 영역에서 낮은 반사율을 가지는 경우는 기판 굴절률이 인접한 박막의 굴절률보다 큰($n_s > n_2$) $\lambda/4 - \lambda/4$ 코팅의 경우이다. 그런 경우에 굴절률은 기판에서 공기로 계속해서 "줄어든다". 이 조건을 만족하는 굴절률 $n_s = 4$인 게르마늄(germanium) 경우처럼 n_s의 값이 큰 그런 경우, 적외선 영역에서 응용이 가능하다. 유용한 굴절률의 목록은 표 22-1

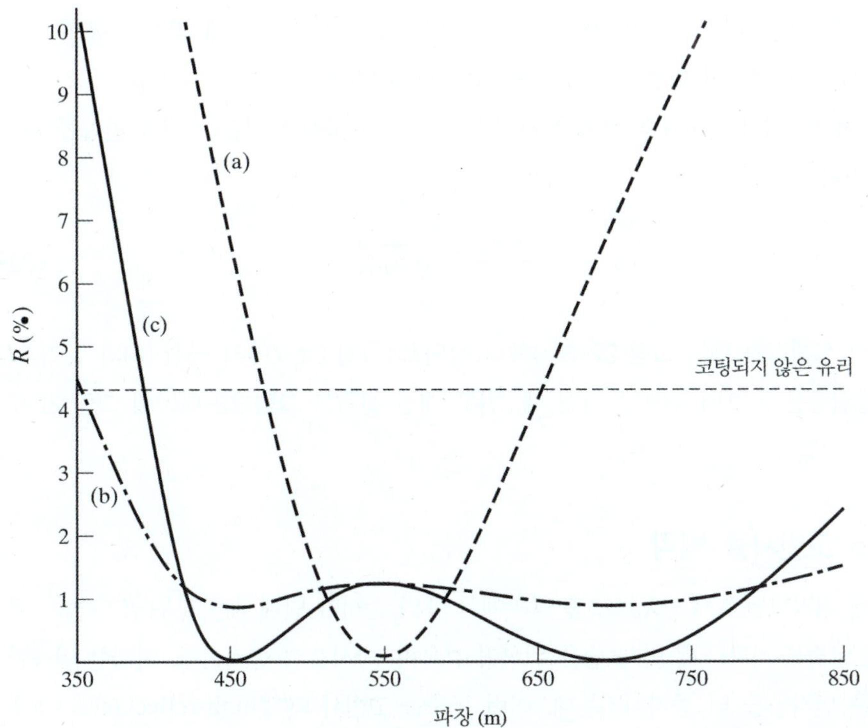

그림 22-4 파장에 따른 2층 박막으로부터 반사율. 모든 경우에 $n_0 = 1$이고 $n_s = 1.52$이다. 두께는 $\lambda = 550$ nm에서 결정된다. (a) $\lambda/4 - \lambda/4$: $n_1 = 1.65$, $n_2 = 2.1$. (b) $\lambda/4 - \lambda/2$: $n_1 = 1.38$, $n_2 = 1.6$. (c) $\lambda/4 - \lambda/2$: $n_1 = 1.38$, $n_2 = 1.85$.

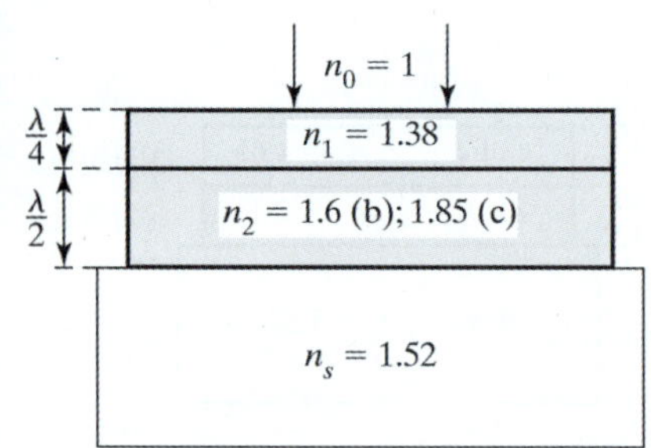

그림 22-5 $\lambda/4-\lambda/2$ 두께 박막을 이용한 무반사 2층 박막. 반사율 곡선은 그림 22-4에서 보여준다.

에 있다. 같은 $\lambda/4$ 코팅 조건을 풀면 넓은 영역에서의 낮은 반사율은 또한 가시광선 영역에 가능하다. 예를 들어 그림 22-4의 곡선 (b)와 (c)의 경우는 그 문제의 두 개의 답을 준다. 여기서 그림 22-5에서 설명하는 것처럼 내부 코팅이 $\lambda/2$의 두께를 가진다. $\lambda/4$와 $\lambda/2$의 두께가 결정된 550 nm의 파장에서, $\lambda/2$층은 반사율에 영향을 주지 않고 2층 박막은 $R=1.3\%$의 단일 $\lambda/4$층과 같이 동작한다. 그러나 주변 파장에서 $\lambda/2$층은 단일 $\lambda/4$층에 의한 반사율 이하의 R을 유지하는 데 도움이 된다. $n=1.85$의 경우에[곡선 (c)], $R=0$에 가까운 두 극소점이 나타난다. 550 nm에서 반사율이 곡선 (a)의 $\lambda/4-\lambda/4$ 코팅의 경우보다 큰 약 1.3%이지만, 약 420~800 nm의 파장에서의 광범위한 범위에 걸쳐서 이 값보다 적은 값으로 유지된다. $n_2=1.6$인 경우[곡선 (b)], 2층 박막의 분광 분포는 반사는 좀 있지만 가시광 스펙트럼 영역 전체에 평평하다. 층의 두께가 $\lambda/4$의 배수가 아닌 값을 허용하는 경우에 여전히 다른 2층 무반사 박막에 대한 다른 실용적인 답이 가능하다.

그림 22-4의 곡선들은 이 장에서 보여준 이론을 이용하여 계산한 것이다. 전체 전이행렬 요소는 각 층들의 전이행렬의 곱의 형태로 결정된다. 여기서 위상차 δ는 λ의 함수로 표현되고, 박막 두께는 단일 파장에서 $\lambda/4$ 또는 $\lambda/2$에 의해서 결정된다. 행렬 요소들은 반사 계수를 얻기 위해서 식(22-36)을 사용한다. 제곱을 했을 때, 파장에 따른 반사율이 결정된다. 계산이 지루하지만 프로그램 가능한 계산기 또는 컴퓨터를 이용하여 쉽게 할 수 있다.

22-4 3층 무반사 박막

앞서 설명한 방법은 3층 박막의 스펙트럼 반사율을 계산하는 데 역시 사용할 수 있다. 3층 또는 그 이상의 다층 코팅을 사용하여 낮은 반사율 영역을 평평하고 넓게 만들 수 있다. 세 층 각각이 $\lambda/4$의 두께를 가지면, 굴절률이 아래와 같은 조건을 만족할 때, 반사율이 0이다.

$$\frac{n_1 n_3}{n_2} = \sqrt{n_0 n_s} \tag{22-47}$$

하나의 실제적인 해는 그림 22-6(a)에 표시되고, 그림 22-7에서 곡선 (a)와 같이 그려진다. 중간층은 $\lambda/2$의 두께를 가질 때, 일부 개선 결과를 그림 22-6(b)와 그림 22-7에서 얻을 수 있다.

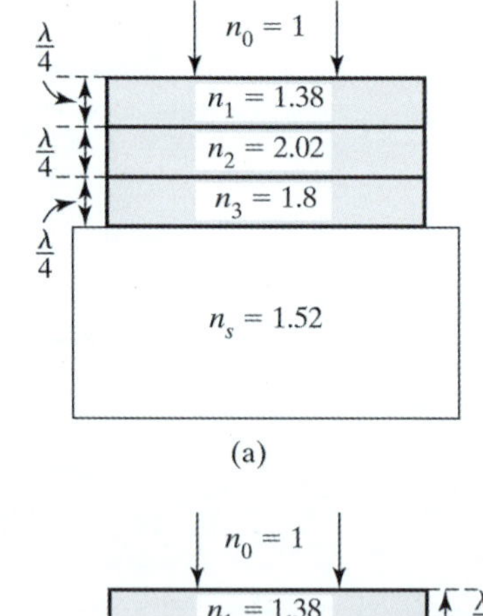

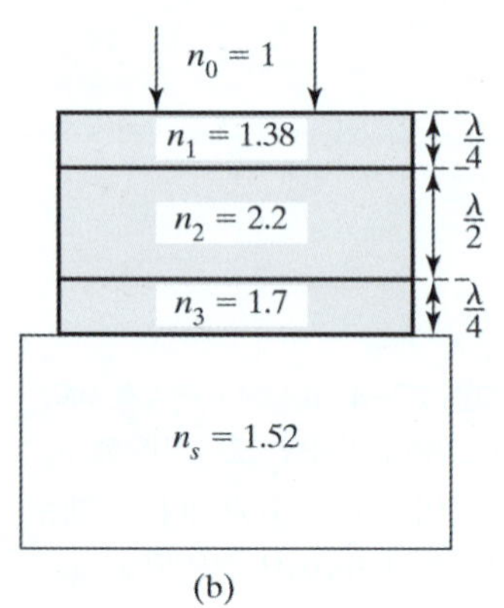

그림 22-6 무반사된 3층.
(a) $\lambda/4-\lambda/4-\lambda/4$층.
(b) $\lambda/4-\lambda/2-\lambda/4$층. 반사율 곡선은 그림 22-7에서 보여준다.

22-5 고반사율 박막

반사에 최적화된 $\lambda/4-\lambda/4$ 2층 박막에서 층의 순서가 반대되는 경우(공기-높은 굴절률-낮은 굴절률-기판), 세 반사 빔은 위상이 같으며, 반사율이 증가한다. 이러한 연속한 2층 박막은 반사율을 더 증가시키는데, 이런 구조를 **고반사 더미**(high-reflectance stack) 또

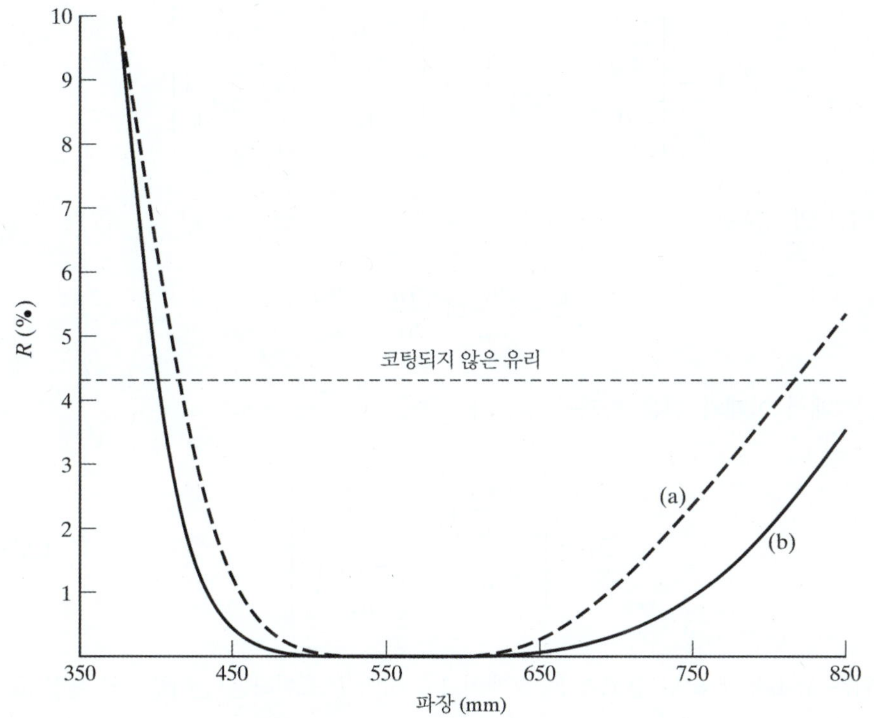

그림 22-7 파장에 따른 3층 박막에서의 반사율. 모든 경우에 $n_0 = 1$과 $n_s = 1.52$이다. (a) $\lambda/4-\lambda/4$: $n_1 = 1.38$, $n_2 = 2.02$, $n_3 = 1.8$. (b) $\lambda/4-\lambda/2-\lambda/4$: $n_1 = 1.38$, $n_2 = 2.2$, $n_3 = 1.7$.

는 **유전체 거울**(dielectric mirror)이라고 부른다.

이제 그림 22-8에서 도식적으로 보여준 구조의 반사율을 식으로 표현한다. 2층 무반사 박막의 경우에, 수직 입사에서 $\lambda/4$ 두께 코팅의 이중층을 위한 전이행렬은 아래와 같이 각각의 박막 행렬의 곱으로 나타내었다.

$$M_{HL} = M_H M_L$$

또는

$$M_{HL} = \begin{bmatrix} 0 & \dfrac{i}{\gamma_H} \\ ir_H & 0 \end{bmatrix} \begin{bmatrix} 0 & \dfrac{i}{\gamma_L} \\ i\gamma_L & 0 \end{bmatrix} = \begin{bmatrix} \dfrac{-\gamma_L}{\gamma_H} & 0 \\ 0 & \dfrac{-\gamma_H}{\gamma_L} \end{bmatrix} \tag{22-48}$$

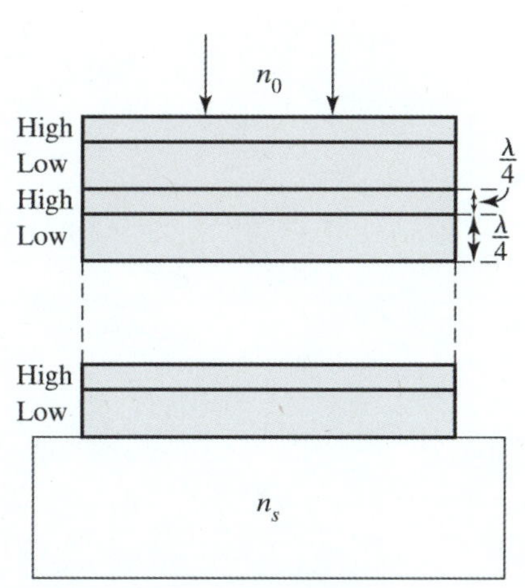

그림 22-8 높고 낮은 굴절이 교대로 반복된 이중층을 쌓은 고반사 더미. 반사곡선은 그림 22-9에 있다.

비슷한 N개의 2층 박막의 경우는 아래와 같다.

$$M = (M_{H1}M_{L1})(M_{H2}M_{L2})\cdots(M_{HN}M_{LN}) = (M_H M_L)^N = (M_{HL})^N \tag{22-49}$$

식(22-48)의 2층 박막 행렬식에 식(22-49)를 대입하면 아래와 같다.

$$M = \begin{bmatrix} \dfrac{-\gamma_L}{\gamma_H} & 0 \\ 0 & \dfrac{-\gamma_H}{\gamma_L} \end{bmatrix}^N = \begin{bmatrix} \left(\dfrac{-\gamma_L}{\gamma_H}\right)^N & 0 \\ 0 & \left(\dfrac{-\gamma_H}{\gamma_L}\right)^N \end{bmatrix}$$

수직 입사의 경우,

$$\frac{\gamma_L}{\gamma_H} = \frac{n_L}{n_H} \text{와 } \frac{\gamma_H}{\gamma_L} = \frac{n_H}{n_L}$$

이고, 그래서 아래와 같은 결과를 얻는다.

$$M = \begin{bmatrix} \left(\dfrac{-n_L}{n_H}\right)^N & 0 \\ 0 & \left(\dfrac{-n_H}{n_L}\right)^N \end{bmatrix} \tag{22-50}$$

연속되는 $\lambda/4$-두께 코팅 높고-낮은 N개의 2층 박막을 표현하는 전이행렬의 행렬 요소는 아래와 같다.

$$m_{11} = \left(\frac{-n_L}{n_H}\right)^N, \quad m_{22} = \left(\frac{-n_H}{n_L}\right)^N, \quad m_{12} = m_{21} = 0 \tag{22-51}$$

식(22-36)의 반사계수 표현식에서 행렬 요소를 사용하여 아래와 같은 결과를 얻는다.

$$r = \frac{n_0(-n_L/n_H)^N - n_s(-n_H/n_L)^N}{n_0(-n_L/n_H)^N + n_s(-n_H/n_L)^N} \tag{22-52}$$

식(22-52)의 분자와 분모는 $(-n_L/n_H)^N/n_s$만큼 곱한 후에 제곱했을 때, 다음과 같은 식을 얻는다.

$$R_{\max} = \left[\frac{(n_0/n_s)(n_L/n_H)^{2N} - 1}{(n_0/n_s)(n_L/n_H)^{2N} + 1}\right]^2 \tag{22-53}$$

예제 22-2

그림 22-8과 같은 고반사 더미는 유리 기판($n = 1.48$) 위에 SiO_2($n = 1.462$)와 ZrO_2($n = 2.35$) 박막이 6개의 2층 박막을 이루고 있는 경우이다. 수직 입사에서 550 nm의 빛의 반사율은 얼마인가?

표 22-2 높고-낮은 1/4파장 더미의 반사율

n_L/n_H대 $N=3$인 높고 낮은 굴절률 층에 대한 반사율		$n_L/n_H=0.587$인 MgF2와 ZnS로 구성된 2층 박막이 있을 때 N에 따른 반사율	
굴절률 n_L/n_H에 따른 반사율	R(%)	N	R(%)
1.0	4.26	1	39.71
0.91	21.01	2	73.08
0.83	40.82	3	89.77
0.77	57.77	4	96.35
0.71	70.44	5	98.72
0.67	79.35	6	99.56
0.625	85.48	7	99.85
0.59	89.67	8	99.95
0.56	92.55		
0.53	94.56		
0.50	95.97		

풀이

직접 식(22-53)에 대입하여, 아래와 같은 값을 얻는다.

$$R=\left[\frac{(1/1.48)(1.46/2.35)^{12}-1}{(1/1.48)(1.46/2.35)^{12}+1}\right]^2$$

또는 $R=99.1\%$.

식(22-53)에서는 N이 무한대가 되거나 (n_L/n_H)가 0이 될 때 반사율이 100%가 되는 것을 알 수 있다. 이러한 경향을 나타내는 일부 데이터는 표 22-2에서 나타난다. 반사율이 몇 층을 거치면서 빠르게 100%로 접근하는 것을 볼 수 있다. 가장 작은 비율이 가장 좋은 반사율을 가지기 때문에, 고반사 더미는 MgF_2($n_L=1.38$)와 ZnS($n_H=2.35$) 또는 MgF_2와 TiO_2($n_H=2.40$)를 교대로 쌓은 층으로 만들 수 있다.

식(22-53)에서 주어진 반사율은 층들이 $\lambda_0/4$의 광학적 두께를 가질 경우에 파장 λ_0에서 최대 반사율을 나타낸다. 다른 파장의 전이행렬은 파장에 의존하는 위상차를 포함하는 일반적인 형식으로 사용된다. $N=2$와 $N=6$인 2층 박막 더미에서 스펙트럼 반사율 곡선은 그림 22-9에서와 같이 계산된다. 곡선 (c)는 $N=2$의 경우에 추가된 높은 굴절률 층이 기판과 마지막 낮은 굴절률 층 사이에 삽입될 때 최대 반사율이 좋아지는 것을 보여준다. 이 곡선의 높은 반사율 영역의 폭은 사용된 이중층의 수에 대해서 거의 독립적이지만 비율 n_L/n_H이 감소할 때 증가한다. 그림 22-9는 유리 기판 위에 번갈아 MgF_2와 ZnS 층을 나타낸 것이고 이 비율은 0.587이다.

중앙 **고반사대**(stopband) ― 가장 높은 반사율 영역 ― 바깥쪽은 반사율이 최고와 최저 사이로 진동한다. 고반사대의 중앙은 다른 파장 λ에서 $\lambda/4$의 두께로 쌓인 층에 따라서 이동할 수 있다. 유전체 층을 통과하는 동안 흡수와 산란에 의해 손실되는 빛 에너

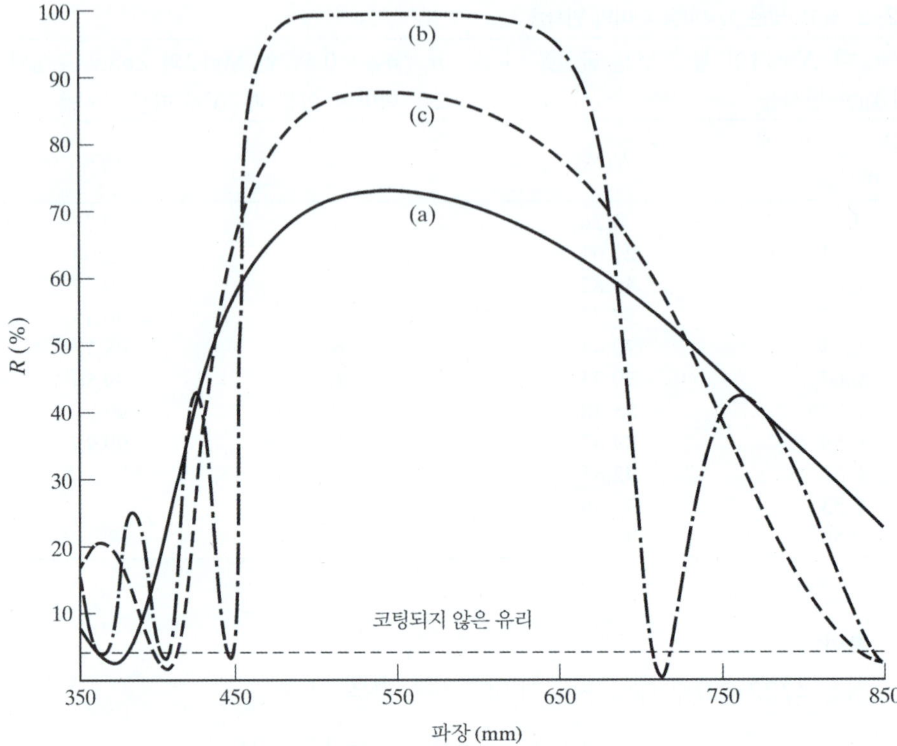

그림 22-9 (a) $N=2$ 그리고 (b) $N=6$ 2층 박막의 경우에 높고-낮은 굴절률 더미의 스펙트럼 반사율. 곡선 (c)는 기판에 인접한 추가된 높은 굴절률 층을 가진 $N=2$ 더미를 나타낸다.

지를 제외하면, 그 구조의 투과의 백분율은 $T(\%)=100-R(\%)$로 주어진다. 따라서 이러한 구조는 낮은 스펙트럼 반사율의 넓은 영역에서 높은 스펙트럼 투과율을 가진 **대역통과필터**(band-pass filter)로 설계될 수 있다. 패브리-페로 에탈론처럼 좁은 대역통과필터는 MgF_2 박막의 다층구조로 만들어진 두 유전체 거울을 공간에 분리하여 놓아서 제작할 수 있다. 보강간섭을 만족하는 좁은 파장 영역은 충분히 멀리 떨어져 만들어질 수 있고 그래서 그런 영역을 제외한 모든 영역이 기존의 흡수 색필터에 의해 쉽게 걸러진다. 그 결과는 15 Å의 대역통과 폭에서 40%의 투과율을 갖는 필터이다.

문 제

22-1 입사 $\vec{E}$-전기장이 입사면에 나란할 때, γ_1이 식(22-37)에서 주어진 형태를 가지는 것을 보이시오.

22-2 투명한 박막이 굴절률이 1.50인 유리 위에 증착되어 있다.

a. 500 nm의 수직 입사된 빛이 반사가 일어나지 않을 박막의 두께와 굴절률 값을 결정하시오.

b. 그 구조에서 입사된 빛의 파장이 550 nm일 때 반사율은 얼마인가?

22-3 기판 위에 증착한 단일 1/2파장 두께 층의 수직 반사율은 코팅되지 않은 기판의 반사율과 같다는 것을 식(22-42)로부터 보이시오.

$$R=\frac{(n_0-n_s)^2}{(n_0+n_s)^2}$$

22-4 $SiO_2(n=1.46)$의 단일 층이 유리 기판($n=1.52$) 위에 137 mm의 두께로 증착된다. (a) 800 nm, (b) 600 nm, (c) 400 nm의 파장의 빛에서 수직 반사율을 결정하시오. 그림 22-2와 비교하여 결과가 맞는다는 것을 확인하시오.

22-5 $ZnS(n=2.35)$ 596 Å 두께 층이 유리($n=1.52$) 위에 증착된다. 560 nm 빛의 수직 반사율을 계산하시오.

22-6 2 μm 파장에서 수직 반사율이 0이 되는 게르마늄($n=4.0$)

위에 증착한 단일 박막의 이론적 굴절률과 두께를 결정하시오. 실제 물질은 무엇을 사용할 수 있는가?

22-7 Al_2O_3($n=1.60$)와 빙정석($n=1.30$)의 1/4파장 2층 박막이 유리 기판($n=1.52$)에 교대로 증착된다.

a. 550 nm 빛의 경우에 층의 두께와 수직 반사율을 결정하시오.

b. 층이 반대하는 경우 반사율은 얼마인가?

22-8 ZnS($n=2.2$)와 MgF_2($n=1.35$)의 1/4파장의 얇은 박막이 2 mm에서 최소 반사율을 가지는 실리콘 기판($n=3.3$)에 교대로 증착된다.

a. 층의 실제 두께를 결정하시오.

b. 박막 굴절률의 비율은 이상적인 값과 얼마의 백분율 차를 가지는가?

c. 수직 반사율은 얼마인가?

22-9 적절한 전이행렬을 사용하여 그림 22-5와 같은 1/4파장-1/2파장 2층 박막이 1/4파장 층과 같은 반사율을 가짐을 보이시오.

22-10 수직 입사하는 조건에서 어떤 2층 박막의 반사율을 계산하는 컴퓨터 프로그램을 작성하시오. 입력 변수는 박막 층의 두께와 굴절률 그리고 기판의 굴절률이다. 그림 22-4에 대한 결과를 확인하시오.

22-11 1/4-1/4-1/4 파장 박막에 수직 입사를 사용할 때, 3층 박막의 영 반사율을 위해 식(22-47)에 의해 주어진 조건을 증명하시오. 3층 박막의 복합 전이행렬을 결정하고 식(22-36)에 반사 계수의 계산에 행렬 요소를 사용하여 증명하시오.

22-12 표 22-1에 주어진 자료를 사용하여 2 μm 빛이 수직 입사하는 경우에 거의 영의 반사율을 가지는 게르마늄 기판 위에 1/4파장 두께의 3층 박막을 디자인하시오.

22-13 굴절률 1.52인 기판 위에 $n_L=1.38$ $n_H=2.6$의 높고-낮은 굴절률 2층 박막의 고반사율 더미에서 가시광선 스펙트럼의 중심에서 최고 반사율을 결정하시오. 각 층의 두께는 평균 파장 550 nm 빛에 1/4파장과 일치하는 광학 두께와 같다. 그림 22-8에서처럼, 입사광은 고굴절률을 먼저 접한다. 수직으로 입사하고 이중층 더미의 수가 (a) 2, (b) 4, (c) 8인 경우에 대해서 구하시오.

22-14 높은-낮은 굴절률 층을 교대 쌓은 고반사율 더미는 근적외선인 2 μm에서 작동하도록 제작되어 있다. 4개의 2층 박막 더미는 각 층의 광학적 두께 0.5 μm인 게르마늄($n=4.0$)과 MgF_2($n=1.35$)으로 만들어져 있다. 기판의 굴절률 1.50과 수직 입사를 가정하시오. 2 μm에서 반사율은 얼마인가?

22-15 수직 입사할 때 1/4파장 층의 두 2층 박막의 고반사 더미에서 적어도 90% 반사율을 주는 데 필요한 낮은 굴절률에 대한 높은 굴절률의 이론적인 비율은 얼마인가? 기판의 굴절률은 1.52로 가정하시오.

22-16 N이 무한대로 가까워지거나 비율 n_L/n_H이 영으로 근접할 때, 식(22-53)에서 $R_{\max}$이 1로 근접하는 것을 보이시오.

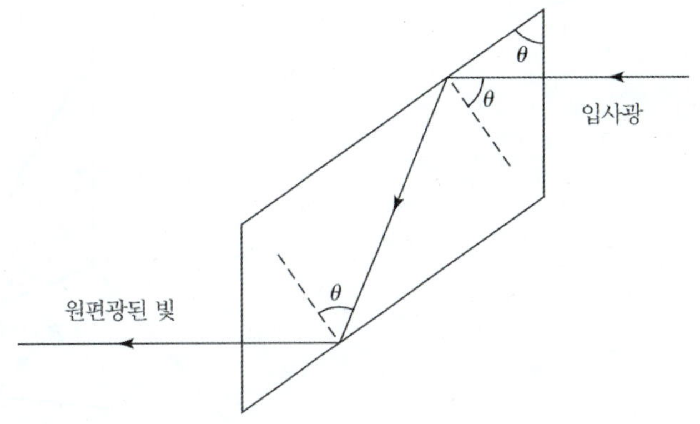

chapter 23 프레넬 식

서론

기하광학에서 반사와 굴절의 기본 공식은 호이겐스 또는 페르마의 원리를 바탕으로 유도되었다. 이 장에서는 빛을 전자기파로 취급하여 반사와 굴절의 법칙을 유도할 것이다. 또한 이 방법은 평면에서 입사된 에너지의 일부가 투과 또는 반사되는 현상을 설명하는 **프레넬 식**과 관계가 있다. 투과와 반사 정도는 표면에서 입사되는 각도와 굴절률의 변화뿐만 아니라 입사된 빛의 편광에 따라서 달라진다. 마지막으로 내부와 외부 반사의 중요한 차이를 명확히 할 것이다.

23-1 프레넬 식

평면 경계면 — xy 경계면 — 위의 점 P에 입사된 광선과 반사와 굴절된 광선을 보여주고 있는 그림 23-1을 생각해보자. 입사면은 xz-면에 있다. 입사광은 평면 조화파로 구성되어 있고, 아래와 같이 표현된다.

$$\vec{\mathrm{E}} = \vec{\mathrm{E}}_0 \mathrm{e}^{i(\vec{\mathrm{k}} \cdot \vec{\mathrm{r}} - \omega t)} \tag{23-1}$$

여기서 좌표 원점은 점 O이다.

입사파의 파동 벡터 $\vec{\mathrm{E}}$는 $+y$-방향이고, 그 파동은 선형 편광되어 있다. 대응되는 자기장 벡터 $\vec{\mathrm{B}}$의 방향은 $\vec{\mathrm{E}} \times \vec{\mathrm{B}}$의 방향이 파동의 전파 방향 $\vec{\mathrm{k}}$이고 이러한 관계에 의해서 $\vec{\mathrm{B}}$의 방향은 결정될 수 있다. $\vec{\mathrm{E}}$ 전기장이 입사면에 수직하고 $\vec{\mathrm{B}}$ 자기장이 입사면에 나란하게 놓여있는 이 편광 모드를 **횡전기모드**(TE 모드)라고 부른다. $\vec{\mathrm{B}}$가 입사면에 수직

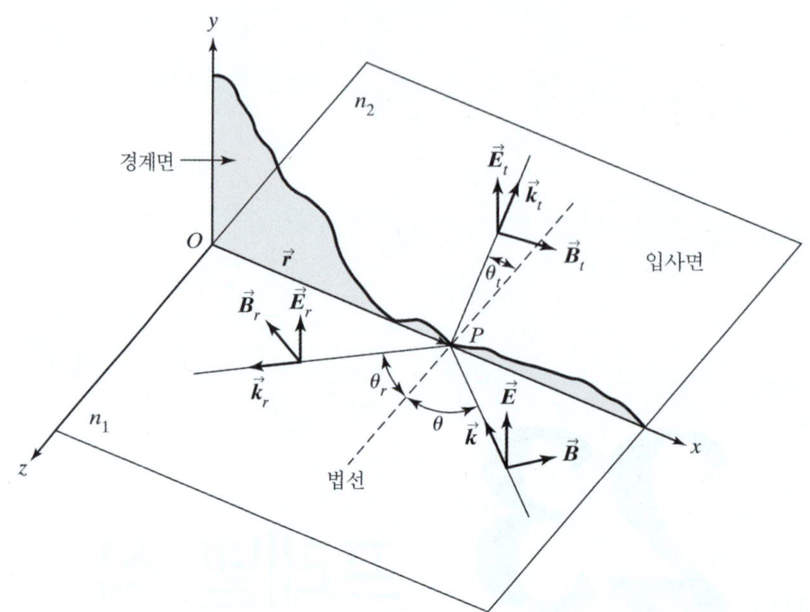

그림 23-1 전기장이 입사면에 수직한 TE모드일 때, xy-면에서 입사, 반사 그리고 투과 광선 모식도.

인 경우는 **횡자기모드**(TM 모드)라고 부른다. 임의의 편광 방향은 두 편광의 선형 결합으로 표현된다. 그림 23-1에서 반사와 투과 파동은 각각 식(23-1)의 입사파의 파동과 같은 형태로 아래와 같이 표현될 수 있다.

$$\vec{\mathbf{E}}_r = \vec{\mathbf{E}}_{0r} e^{i(\vec{\mathbf{k}}_r \cdot \vec{\mathbf{r}} - \omega_r t)} \tag{23-2}$$

$$\vec{\mathbf{E}}_t = \vec{\mathbf{E}}_{0t} e^{i(\vec{\mathbf{k}}_t \cdot \vec{\mathbf{r}} - \omega_t t)} \tag{23-3}$$

세 파동이 모두 동시에 존재하는 xy경계면에서 세 파동의 진폭(복사조도) 사이에는 분명한 관계가 있다. 그런 관계는 경계에서 위치 $\vec{\mathbf{r}}$이나 시간 t에 무관하기 때문에 아래와 같이 위치 $\vec{\mathbf{r}}$과 시간 t에 의존하는 세 파동의 위상은 각각 다음과 같다.

$$(\vec{\mathbf{k}} \cdot \vec{\mathbf{r}} - \omega t) = (\vec{\mathbf{k}}_r \cdot \vec{\mathbf{r}} - \omega_r t) = (\vec{\mathbf{k}}_t \cdot \vec{\mathbf{r}} - \omega_t t) \tag{23-4}$$

특히, $\vec{\mathbf{r}} = 0$인 그림 23-1의 경계점에서

$$-\omega t = -\omega_r t = -\omega_t t$$

$$\omega = \omega_r = \omega_t \tag{23-5}$$

와 같이 모든 진동수(주파수)는 같다. 반면에 **경계면**에서 $t = 0$일 때는 식(23-4)에 의해서 알 수 있다.

$$\vec{\mathbf{k}} \cdot \vec{\mathbf{r}} = \vec{\mathbf{k}}_r \cdot \vec{\mathbf{r}} = \vec{\mathbf{k}}_t \cdot \vec{\mathbf{r}} \tag{23-6}$$

식(23-6)의 관계에서 몇 가지 결론을 얻을 수 있다. 첫째, 두 항 사이의 차를 구하면 다음 관계식이 나온다.

$$(\vec{\mathbf{k}}-\vec{\mathbf{k}}_r)\cdot\vec{\mathbf{r}}=(\vec{\mathbf{k}}-\vec{\mathbf{k}}_t)\cdot\vec{\mathbf{r}}=(\vec{\mathbf{k}}_r-\vec{\mathbf{k}}_t)\cdot\vec{\mathbf{r}}=0 \tag{23-7}$$

식(23-7)은 $\vec{\mathbf{k}}_r$과 $\vec{\mathbf{k}}_t$ 벡터가 벡터 $\vec{\mathbf{k}}$와 $\vec{\mathbf{r}}$에 의해서 결정된 평면에 놓여있어야 하는 것을 의미한다. 그래서 세 진행 벡터는 xz-면의 동일 면상에 있고, 반사와 굴절 파동은 입사면에 놓여있다는 결론을 얻는다. 다음으로는 입사파와 반사파 사이의 관계를 나타낸 식(23-6)의 첫 번째 두 항을 생각하자. 그림 23-1에서 주어진 각도들의 항에서, 그 각도는 다음과 같이 주어진다.

$$kr\sin\theta=k_r r\sin\theta_r$$

두 파동은 같은 매질을 진행하기 때문에 파장이 같고 따라서 $k=k_r$이다. 그러므로 우리는 아래와 같은 반사법칙을 얻게 된다.

$$\text{반사법칙:}\ \ \theta=\theta_r \tag{23-8}$$

마지막으로 식(23-6)의 마지막 두 항은 아래와 같다.

$$k_r r\sin\theta_r=k_t r\sin\theta_t \tag{23-9}$$

$k_r=\omega/v_r=n_r\omega/c$ 그리고 $k_t=n_t\omega/c$라고 쓰면, 식(23-9)는 스넬의 굴절법칙이 된다.

$$\text{굴절법칙:}\ \ n_r\sin\theta_r=n_t\sin\theta_t \tag{23-10}$$

앞으로 계속해서 전기와 자기를 교재에서 다루고 맥스웰 방정식의 경계 조건을 사용하여 경계에서 상황을 더 다룰 것이며, 그것들을 증명 없이 사용할 것이다. 이 경계 조건들은 경계면에 나란한 전기장과 자기장의 두 성분이 서로 연속이라는 것을 필요로 한다.

TE파동의 경계 조건

앞서서 언급한 것처럼 TE파동은 입사면에 수직한 전기장을 가지고 있기 때문에 두 매질의 경계면과 나란하다. 그림 23-1에서 전기장의 방향을 선택한 관점에서 식(23-1)~(23-3)의 복소 전기장의 벡터 진폭은 다음과 같이 쓸 수 있다.

$$\vec{\mathbf{E}}_0=E\hat{\mathbf{y}}\quad \vec{\mathbf{E}}_{0r}=E_r\hat{\mathbf{y}}\quad \vec{\mathbf{E}}_{0t}=E_t\hat{\mathbf{y}} \tag{23-11}$$

여기서 E, E_r 그리고 E_t는 각각 입사, 반사, 투과파의 복소 전기장의 진폭이다. 경계에서 연속이 되는 경계면에 나란한 전기장 성분들은 아래와 같은 조건을 만족한다.

$$E+E_r=E_t \tag{23-12}$$

그림 23-1의 전기장과 연관된 자기장은 아래와 같은 형태를 가진다.

$$\begin{aligned}\vec{\mathbf{B}}&=(B\cos\theta\,\hat{\mathbf{x}}-B\sin\theta\,\hat{\mathbf{z}})e^{i(\vec{\mathbf{k}}\cdot\vec{\mathbf{r}}-\omega t)}\\ \vec{\mathbf{B}}_r&=(-B_r\cos\theta_r\,\hat{\mathbf{x}}-B_r\sin\theta_r\,\hat{\mathbf{z}})e^{i(\vec{\mathbf{k}}_r\cdot\vec{\mathbf{r}}-\omega t)}\\ \vec{\mathbf{B}}_t&=(B_t\cos\theta_t\,\hat{\mathbf{x}}-B_t\sin\theta_t\,\hat{\mathbf{z}})e^{i(\vec{\mathbf{k}}_t\cdot\vec{\mathbf{r}}-\omega t)}\end{aligned} \tag{23-13}$$

자기장의 수평성분들의 연속조건에 의해서 자기장의 진폭은 아래와 같은 관계로 주어진다.

$$B\cos\theta - B_r\cos\theta = B_t\cos\theta_t \tag{23-14}$$

여기서 식(23-8)을 사용하였다. 식(23-12)와 식(23-14)는 그림 23-1에서 선택한 $\vec{\mathbf{E}}$ 와 $\vec{\mathbf{B}}$ 벡터에 대해서 바르게 표현된 식이다. 그림 23-1과 다르게 선택을 한다면, 예를 들어 입사파의 $\vec{\mathbf{E}}$ 벡터가 반대로 진행하는 경우에 식(23-12)와 식(23-14)는 부호가 바뀐다. 하지만 원래 그림과 같은 관점에서 해석했을 때도 식들의 물리적인 의미는 같다.

TM파동의 경계 조건

TE모드에 관한 식(23-12)와 식(23-14)의 의미를 조사하기 전에, 그림 23-2에 그려진 TM모드를 확인하자. 이 그림에서 전기장과 자기장은 아래와 같이 표현될 수 있다.

$$\begin{aligned}
\vec{\mathbf{E}} &= (E\cos\theta\,\hat{\mathbf{x}} - E\sin\theta\,\hat{\mathbf{z}})e^{i(\vec{\mathbf{k}}\cdot\vec{\mathbf{r}}-\omega t)} \\
\vec{\mathbf{E}}_r &= (E_r\cos\theta_r\,\hat{\mathbf{x}} + E_r\sin\theta_r\,\hat{\mathbf{z}})e^{i(\vec{\mathbf{k}}_r\cdot\vec{\mathbf{r}}-\omega t)} \\
\vec{\mathbf{E}}_t &= (E_t\cos\theta_t\,\hat{\mathbf{x}} - E_t\sin\theta_t\,\hat{\mathbf{z}})e^{i(\vec{\mathbf{k}}_t\cdot\vec{\mathbf{r}}-\omega t)}
\end{aligned} \tag{23-15}$$

그리고

$$\begin{aligned}
\vec{\mathbf{B}} &= -B\hat{\mathbf{y}}\,e^{i(\vec{\mathbf{k}}\cdot\vec{\mathbf{r}}-\omega t)} \\
\vec{\mathbf{B}}_r &= B_r\,\hat{\mathbf{y}}\,e^{i(\vec{\mathbf{k}}\cdot\vec{\mathbf{r}}-\omega t)} \\
\vec{\mathbf{B}}_t &= -B_t\,\hat{\mathbf{y}}\,e^{i(\vec{\mathbf{k}}_t\cdot\vec{\mathbf{r}}-\omega t)}
\end{aligned} \tag{23-16}$$

이 경우에 경계에서 나란한 전기장과 자기장의 성분들의 연속 조건은 아래와 같이 주어진다.

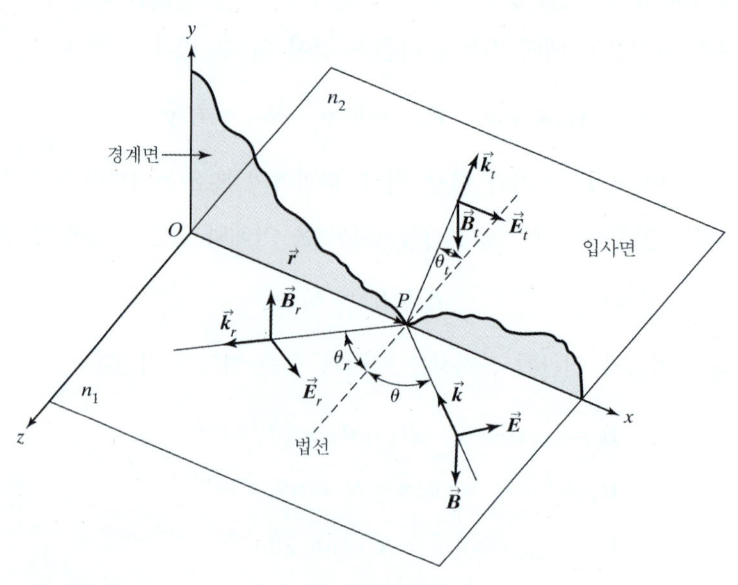

그림 23-2 자기장이 입사면에 수직한 TM모드일 때, xy-면에서 입사, 반사 그리고 투과 광선 모식도.

$$-B+B_r=-B_t \tag{23-17}$$

$$E\cos\theta+E_r\cos\theta=E_t\cos\theta_t \tag{23-18}$$

반사와 투과 계수

식(23-14)와 식(23-17)의 자기장의 진폭은 일반적인 관계로부터 전기장의 진폭과의 관계가 아래와 같이 표현될 수 있다.

$$E=vB=\left(\frac{c}{n}\right)B \tag{23-19}$$

입사와 굴절이 일어나는 곳에서 매질의 굴절률을 각각 n_1과 n_2라고 쓸 때, 식(23-12), 식(23-14), 식(23-17) 그리고 식(23-18)은 아래와 같이 다시 쓸 수 있다.

$$\text{TE}:\begin{cases} E+E_r=E_t & (23\text{-}20)\\ n_1E\cos\theta-n_1E_r\cos\theta=n_2E_t\cos\theta_t & (23\text{-}21)\end{cases}$$

$$\text{TM}:\begin{cases} -n_1E+n_1E_r=-n_2E_t & (23\text{-}22)\\ E\cos\theta+E_r\cos\theta=E_t\cos\theta_t & (23\text{-}23)\end{cases}$$

그 다음 쌍으로 되어 있는 위의 식에서 E_t를 제거하고, **반사계수** $r=E_r/E$를 풀면 아래와 같이 표현된다.

$$r_{TE}=\frac{E_r}{E}=\frac{\cos\theta-n\cos\theta_t}{\cos\theta+n\cos\theta_t} \tag{23-24}$$

$$r_{TM}=\frac{E_r}{E}=\frac{-n\cos\theta+\cos\theta_t}{n\cos\theta+\cos\theta_t} \tag{23-25}$$

여기서 **상대굴절률** $n\equiv n_2/n_1$을 사용하였다. 식에서 TE와 TM을 구별하기 위해서 아래 첨자를 사용하였다. 마지막으로 n과 θ_t는 스넬의 법칙($\sin\theta=n\sin\theta_t$)에서 θ와 관계되기 때문에 θ_t는 아래와 같이 제거될 수 있다.

$$n\cos\theta_t=n\sqrt{1-\sin^2\theta_t}=\sqrt{n^2-\sin^2\theta} \tag{23-26}$$

따라서 식(23-24)와 식(23-25)는 아래와 같이 다시 쓸 수 있다.

$$r_{TE}=\frac{E_r}{E}=\frac{\cos\theta-\sqrt{n^2-\sin^2\theta}}{\cos\theta+\sqrt{n^2-\sin^2\theta}} \tag{23-27}$$

$$r_{TM}=\frac{E_r}{E}=\frac{-n^2\cos\theta+\sqrt{n^2-\sin^2\theta}}{n^2\cos\theta+\sqrt{n^2-\sin^2\theta}} \tag{23-28}$$

식(23-20)에서 식(23-23)을 다시 표현하여, E_t 대신에 E_r을 제거하면, 비슷한 단계를 거쳐서 아래와 같은 **투과계수** $t = E_t / E$에 대한 식이 유도된다.

$$t_{TE} = \frac{E_t}{E} = \frac{2\cos\theta}{\cos\theta + \sqrt{n^2 - \sin^2\theta}} \tag{23-29}$$

$$t_{TM} = \frac{E_t}{E} = \frac{2n\cos\theta}{n^2\cos\theta + \sqrt{n^2 - \sin^2\theta}} \tag{23-30}$$

식(23-29)와 (23-30)은 식(23-20)과 (23-22)를 사용하여 아래와 같은 형태로 쉽게 얻을 수 있다.

$$t_{TE} = 1 + r_{TE}$$

$$nt_{TM} = 1 - r_{TM}$$

식(23-27)과 (23-28)은 위에서 표현된 형태로 대체될 수 있다. 식(23-27)에서 식(23-30)까지는 입사된 $\vec{\mathrm{E}}$-전기장의 진폭에 대한 반사와 투과된 $\vec{\mathrm{E}}$-전기장의 진폭의 비로 나타나는 반사계수와 투과계수로 주어진 **프레넬 식**이다. 수직입사의 경우에 반사 계수와 투과 계수는 TE, TM에 관계없이 같다. 수직입사의 경우에 두 모드[1]를 구별할 수 없기 때문이다. 실제로 측정된 반사와 투과계수는 평평하지 않은 면에서 산란된 손실에 따라 달라진다.

예제 23-1

굴절률이 1.60인 유리에 공기에서 30°각으로 입사된 두 TE와 TM모드의 반사계수와 투과계수를 계산하시오.

풀이

식(23-27)과 (23-28)을 사용하여

$$r_{TE} = \frac{\cos(30^\circ) - \sqrt{1.6^2 - \sin^2(30^\circ)}}{\cos(30^\circ) + \sqrt{1.6^2 - \sin^2(30^\circ)}} = -0.2740$$

$$r_{TM} = \frac{-1.6^2\cos(30^\circ) + \sqrt{1.6^2 - \sin^2(30^\circ)}}{1.6^2\cos(30^\circ) + \sqrt{1.6^2 - \sin^2(30^\circ)}} = -0.1866$$

식(23-30) 아래에 있는 관계식을 사용하여

---

1 그림 23-2에서 보는 것처럼 TM의 반사계수가 −1로 표현된 것과는 반대로 어떤 책에서는 TM의 경우에 반사된 전기장의 양의 방향이 반대로 표현된 것이 있다. −1의 추가 요소는 단순히 전기장의 방향을 반전시킨 것 때문에 나타난 것으로 두 규칙은 동일한 물리적 결과를 갖는다.

$$t_{TE} = 1 + r_{TE} = 1 - 0.2740 = 0.7260$$

$$t_{TM} = \frac{1 - r_{TM}}{n} = \frac{1 + 0.1866}{1.60} = 0.7416$$

23-2 외부 반사와 내부 반사

이 공식들을 해석할 때, 다른 두 물리적인 상황을 구별해야 한다.

$$\text{외부 반사: } n_1 < n_2 \text{ 또는 } n = \frac{n_2}{n_1} > 1$$

$$\text{내부 반사: } n_1 > n_2 \text{ 또는 } n = \frac{n_2}{n_1} < 1$$

그림 23-3은 $n = 1.50$의 매질에서 외부 반사의 경우에 식(23-27)에서 (23-30)까지를 표현한 것이다. 입사각 0°(수직입사)와 90° 둘 다에서 TE모드의 반사계수와 투과계수는 TM모드의 그것들과 크기가 각각 같다. TE와 TM모드의 r이 음수인 것은 반사할 때 전기장과 자기장의 위상 변화를 나타내는 것으로, 다음 절에서 논한다. 입사파에 대한 반사나 투과된 출력 P의 비율을 각각 **반사율**과 **투과율**로 부르고 전기장의 세기의 제곱의 비에 의해서 아래와 같이 결정된다.

$$\text{반사율} = R = \frac{P_r}{P_i} = r^2 = \left(\frac{E_r}{E}\right)^2 \tag{23-31}$$

$$\text{투과율} = T = \frac{P_t}{P_i} = n\left(\frac{\cos\theta_t}{\cos\theta}\right)t^2 \tag{23-32}$$

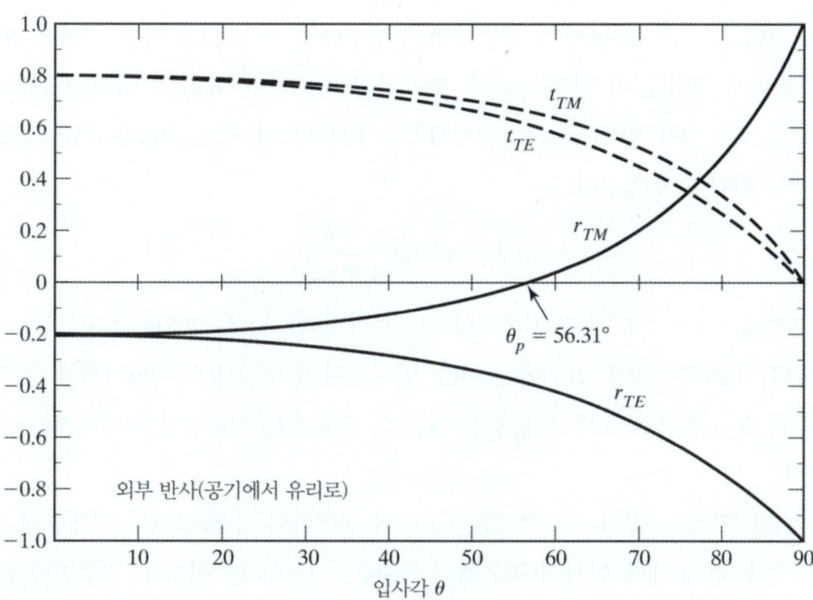

그림 23-3 $n = n_2/n_1 = 1.50$의 외부 반사의 경우에 반사계수와 투과계수.

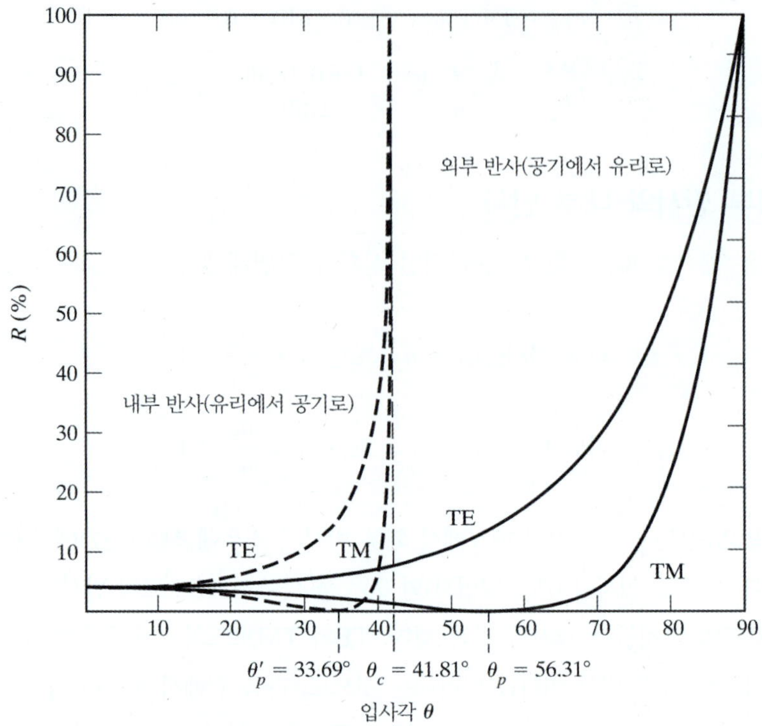

그림 23-4 $n_1 = 1$과 $n_2 = 1.50$인 때, 외부 반사와 내부 반사의 반사율.

이 표현은 이 장의 뒷부분에서 확인된다.

그림 23-4는 반사율을 입사각 θ에 따라서 그린 것이다. TM모드 경우를 보면, 외부 반사의 곡선은 입사각이 거의 60°일 때 반사하지 않는다. $R_{TM} = 0$이 되는 각도 θ_p는 **브루스터각**(Brewster's angle) 또는 **편광각**으로 알려져 있고, 그 각도는 아래와 같이 표현된다.

$$\theta_p = \tan^{-1}(n) = \tan^{-1}(n_2/n_1)$$

이 조건은 그림 23-3에서 r_{TM}과 식(23-28)의 분자항이 0으로 되는 것이다. 문제 23-1을 보아라. 그림 23-3과 23-4에서 $n = 1.50$의 경우에 $\theta_p = 56.31°$이다. 그러나 R_{TE}은 이러한 조건에서 영의 값이 되지 않는다. 따라서 반사된 빛은 $R_{TE} = 15\%$인 TE모드만 있고 선편광된다. 수직 입사($\theta = 0°$)에서 TE와 TM모드의 경우, 식(23-24)와 (23-25)는 아래 같이 간단히 주어진다.

$$R = r^2 = \left(\frac{1-n}{1+n}\right)^2 \tag{23-33}$$

식(23-33)에서 $n = 1.5$인 공기/유리의 경계면에서 반사율은 4%로 주어진다. 하지만 n은 파장의 함수라는 것을 염두에 두어라. 입사각이 수평입사($\theta = 90°$)까지 증가함에 따라 R_{TE}과 R_{TM}은 1에 도달한다. 물론 R_{TM}은 브루스터각을 넘어설 때까지는 작은 값을 유지한다.

그림 23-5는 빛이 유리가 있는 곳에서 진행하여 유리/공기의 경계면에 도달했을 때, $n = 1/1.50$에 내부 반사의 경우에 반사계수를 보여주는 것이다. 위상변화와 편광 또

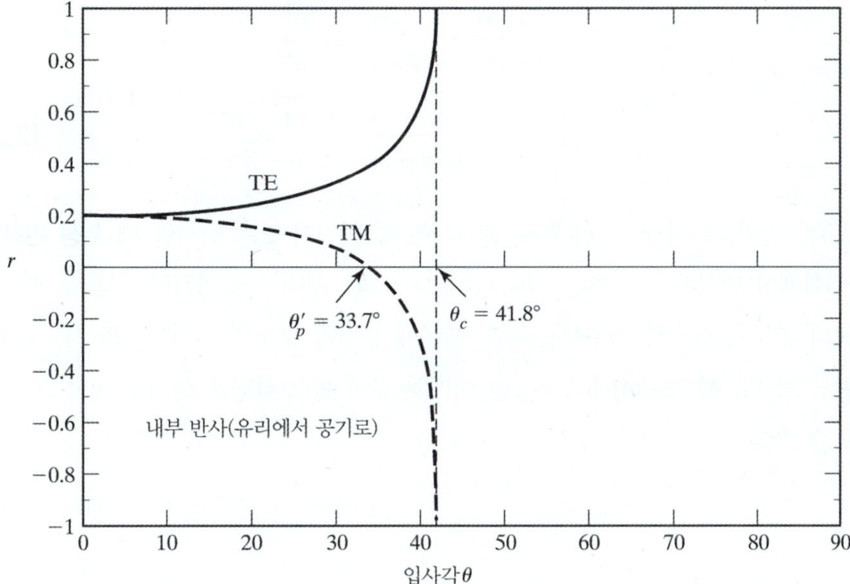

그림 23-5 $n = n_1/n_2 = 1/1.50$ 인 내부 반사의 경우에 반사계수.

는 브루스터각의 증거는 여기서도 알 수 있다. 내부 반사의 경우에 브루스터각은 θ_p'으로 표시하였다. 그림 23-4와 23-5를 살펴보면, 내부 반사의 경우에 입사각 θ가 90°에 도달하기 전에 $R_{TE} = r_{TE}^2$과 $R_{TM} = r_{TM}^2$은 1에 도달한다. 이러한 현상이 임계각 $\theta_c = \sin^{-1}(n) = \sin^{-1}(n_2/n_1)$에서 일어나는 **내부 전반사**(total internal reflection)이다. 그림 23-5에서 사용된 유리의 예를 보면, $\theta_p' = 33.7°$이고 $\theta_c = 41.8°$이다. $\sin\theta_c > n$일 때, 근 $\sqrt{n^2 - \sin^2\theta}$의 값이 음수이고 r_{TE}과 r_{TM}은 복소수이다. 하지만 이 영역($\theta > \theta_c$)에서 그 크기는 1이 되는 것을 쉽게 보일 수 있고, 이것이 전반사이다.

23-3 반사할 때 위상 변화

그림 23-3과 23-5에서 반사 계수의 음의 값은 어떤 상황에서 $E_r = -|r|E$로 나타낼 수 있다. 명백히, 전기장 벡터는 반사될 때 방향이 반대로 바뀐다. 다시 말하면 그런 경우에 반사된 E는 π-위상 변화가 있다. 수학적인 표현은 아래와 같다.

$$E_r = -|r|E = e^{i\pi}|r|E_0 e^{i(\vec{k}\cdot\vec{r} - \omega t)} = |r|E_0 e^{i(\vec{k}\cdot\vec{r} - \omega t + \pi)}$$

따라서 그림 23-3의 외부 반사의 경우에, E에서 π-위상 변화가 일어나는 것은 TE모드의 경우는 모든 입사각, 그리고 TM모드의 경우는 $\theta < \theta_p$인 경우이다. 그림 23-5와 같이 내부 반사가 일어날 때, π-위상 변화가 일어나는 것은 TM모드의 경우는 $\theta_p' < \theta < \theta_c$인 경우이다. 하지만 r이 복소수가 되는 $\theta > \theta_c$인 영역에서의 상황은 좀 더 조사할 필요가 있다. $\theta > \theta_c = \sin^{-1}(n)$인 때, 식(23-27)과 (23-28)에 근은 허수가 되고 그 식은 아래와 같은 형태로 쓸 수 있다.

$$r_{TE} = \frac{\cos\theta - i\sqrt{\sin^2\theta - n^2}}{\cos\theta + i\sqrt{\sin^2\theta - n^2}} \tag{23-34}$$

$$r_{TM} = \frac{-n^2\cos\theta + i\sqrt{\sin^2\theta - n^2}}{n^2\cos\theta + i\sqrt{\sin^2\theta - n^2}} \tag{23-35}$$

반사계수는 극좌표에서 $r = |r|e^{i\phi}$로 쓸 수 있고, 여기서 ϕ는 반사할 때 **위상 변화**이다. 식(23-34)에서 반사계수는 $r_{TE} = (a - ib)/(a + ib)$ 형태로 주어진다. 부호를 제외하고는 분모와 분자의 실수와 허수부는 같기 때문에 분자와 분모의 크기는 같아서 r_{TE}은 단위진폭을 갖는다. 식(23-34)에서 r_{TE}를 아래와 같이 복소 극좌표 형태로 써서 그 위상을 살펴볼 수 있다.

$$r_{TE} = \frac{e^{-i\alpha}}{e^{i\alpha}} = e^{-i(2\alpha)}$$

여기서 $\tan\alpha = \sqrt{\sin^2\theta - n^2}/\cos\theta$이다. 따라서 TE의 경우는 반사할 때 위상 변화가 $\phi_{TE} = -2\alpha$이다. 유사한 분석이 r_{TE}와 같이 r_{TM}에서도 사용될 수 있고(문제 23-6), r_{TE}와 같이 r_{TM}은 입사각이 임계각을 넘을 때 단위 진폭을 가지고, TM의 경우에 내부 전반사가 일어날 때 위상 변화 ϕ_{TM}이 일어나는 것을 알 수 있다. TE와 TM 두 경우에 **내부 전반사**가 일어날 때 위상 변화는 아래와 같이 주어진다.

$$\tan\left(\frac{\phi_{TE}}{2}\right) = -\frac{\sqrt{\sin^2\theta - n^2}}{\cos\theta} \tag{23-36}$$

$$\tan\left(\frac{\phi_{TM} - \pi}{2}\right) = -\frac{\sqrt{\sin^2\theta - n^2}}{n^2\cos\theta} \tag{23-37}$$

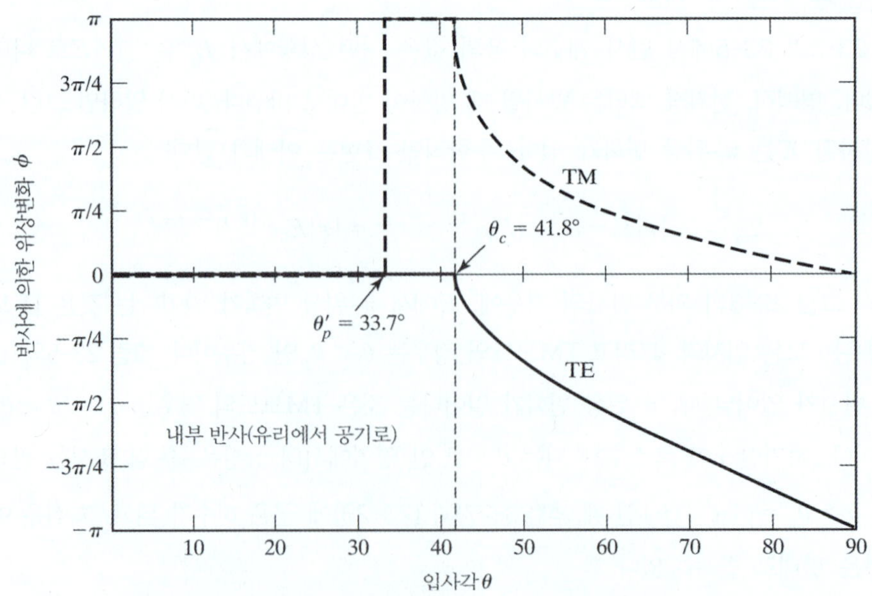

그림 23-6 $n = n_1/n_2 = 1/1.5$인 내부 반사의 경우에 전기장이 반사할 때 위상 변화

분명하게 내부 전반사의 경우에 반사할 때의 위상 변화는 입사각에 따라서 0이나 π가 아닌 다른 값을 가질 수 있다. 그림 23-6은 식(23-26)과 (23-27)로부터 얻어진 위상 변화 ϕ를 그린 것이다.

입사각이 거의 53°에서 상대 위상 변화 $\phi_{TE} - \phi_{TM}$은 약 $-3\pi/4$ 정도 일어난다. 두 번 연이은 내부 반사는 $\vec{E}$-전기장의 수직 성분 사이에 $2(-3\pi/4) = -3\pi/2$만큼의 상대 위상 변화를 주게 된다. 원편광된 빛은 위상 차이가 $\pm\pi/2$가 있는 세기가 같은 두 성분으로 구성되어 있다는 것을 기억하여라. 따라서 53°에서 두 번 내부 반사한 후에 같은 크기의 TE와 TM 성분을 가진 선편광된 입사광 빛은 원편광된 빛으로 변한다. 이 기술은 **프레넬 사방체**(Fresnel rhomb)에서 사용된다(그림 23-7). 내부 반사의 경우에 대한 결과를 요약하면 아래와 같다.

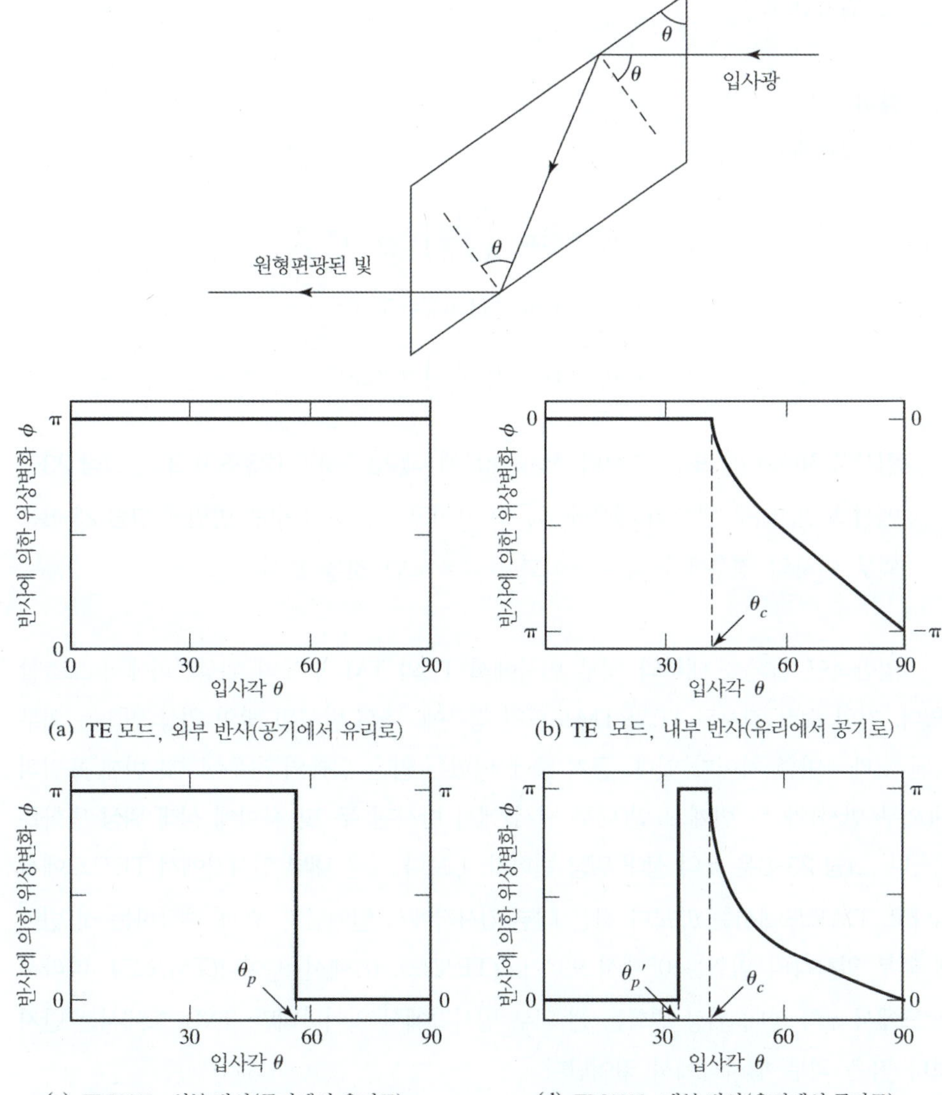

그림 23-7 프레넬 사방체. 입사면에 대해서 $45°$로 선편광된 입사광으로 두 번 내부 반사는 $\pi/2$의 상대 위상 차이 또는 원편광된 빛을 가질 수 있는 진폭이 같은 TE와 TM을 생성한다. $n = 1.50$인 경우에 그 각도는 $53°$가 되며, 이 소자는 넓은 파장 범위에서 효과적이다.

그림 23-8 입사각에 따른 입사와 반사 광선 사이의 위상 변화. 굴절률이 $n_1 = 1$이고 $n_2 = 1.50$인 경우에 불연속은 $41.8°$, $56.3°$ 그리고 $33.7°$에서 나타난다.

$$\phi_{TM}=\begin{cases} 0, & \theta<\theta_p' \\ \pi, & \theta_p'<\theta<\theta_c \\ -2\arctan\left(\dfrac{\sqrt{\sin^2\theta-n^2}}{n^2\cos\theta}\right)+\pi, & \theta>\theta_c \end{cases} \tag{23-38}$$

$$\phi_{TE}=\begin{cases} 0, & \theta<\theta_c \\ -2\arctan\left(\dfrac{\sqrt{\sin^2\theta-n^2}}{\cos\theta}\right), & \theta>\theta_c \end{cases} \tag{23-39}$$

그림 23-8은 TE과 TM모드 그리고 내부와 외부 반사의 경우에 위상 변화를 요약한 것이다.

예제 23-2

예제 23-1에서 논의한 상황에서 외부와 내부 반사된 TE와 TM 광선의 위상 변화는 얼마인가?

풀이

이 경계에서

$$\theta_c=\sin^{-1}\left(\frac{1}{1.6}\right)=38.7°$$

$$\theta_p=\tan^{-1}(1.6)=58.0°$$

$$\theta_p'=\tan^{-1}\left(\frac{1}{1.6}\right)=32.0°$$

입사각 30°는 θ_p' 또는 θ_c보다 작기 때문에 식(23-38)과 (23-39) 또는 그림 23-8에서 보면, 내부 반사의 경우에 $\phi_{TM}=0$이고 $\phi_{TE}=0$이다. 반면에 그림 23-8은 외부 반사의 경우에 $\phi_{TM}=\pi$이고 $\phi_{TE}=\pi$인 것을 보여준다.

일반적인 결론을 내부와 외부 반사에서 TE와 TM 모드의 위상변화에서 도출할 수 있다. 거의 수직 입사된 TE와 TM모드의 경우에, 내부 반사된 빛의 위상 변화는 외부 반사된 빛과 π만큼 차이가 있다. 공기 중에 떠있는 얇은 필름의 경우에, 첫 번째 표면의 반사(외부 반사)와 두 번째 표면(내부 반사)에서 반사된 두 빛 사이에 **상대 위상** 변화는 흥미롭다. 그림 23-8은 π의 **상대 위상** 변화가 θ_c보다 작은 **내부** 입사각에서 TE모드에서 일어나고, TM모드에서는 θ_p'보다 작은 **내부** 입사각에서 일어난다. 이에 해당하는 첫 번째 표면 외부 입사각의 범위는 0°에서 90°이고(TE모드), 0°에서 θ_p이다(TM모드). 따라서 TE모드에서 π의 상대 위상 변화는 **전** 외부 입사각에서 일어나지만, TM모드에서는 단지 θ_p보다 작은 외부 입사각에서 일어난다.

23-4 에너지 보존

주어진 경계에서 에너지가 보존되기 위해서는 경계에서 입사된 에너지가 경계면에서 반사된 에너지와 투과된 에너지의 합과 같고 아래와 같이 표현된다.

$$P_i = P_r + P_t \tag{23-40}$$

입사 출력에 대한 반사된 출력의 비로써 반사율 R을 표현하고, 입사 출력에 대한 투과된 출력의 비로써 투과율 T를 표시하면,

$$R = \frac{P_r}{P_i} \text{과} \quad T = \frac{P_t}{P_i} \tag{23-41}$$

식(23-40)은 아래와 같은 형태로 주어진다.

$$1 = R + T \tag{23-42}$$

복사조도 I는 출력 밀도(W/m^2)이고, 따라서 식(23-40)을 아래와 같이 쓸 수 있다.

$$I_i A_i = I_r A_r + I_t A_t \tag{23-43}$$

식(23-43)에서 나타낸 세 광선의 단면적은(그림 23-9 참조) 입사각, 반사각, 굴절각의 코사인에 의해서 경계면에서 광선들의 절단된 면적 A와 모두 관계된다. 그래서 식(23-43)을 아래와 같이 다시 쓸 수 있다.

$$I_i(A\cos\theta) = I_r(A\cos\theta_r) + I_t(A\cos\theta_t)$$

반사법칙에 의해서 $\theta = \theta_r$이다. 또한 복사조도와 전기장의 진폭과의 관계와

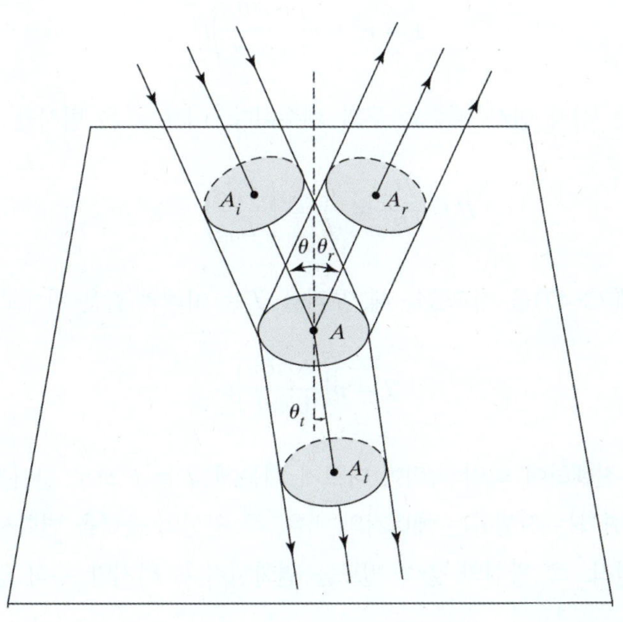

그림 23-9 입사광, 반사광 그리고 투과광의 단면적 비교.

$$I = \left(\frac{\varepsilon v}{2}\right)E_0^2$$

같은 매질에서 진행하기 때문에 $v_i = v_r$와 $\varepsilon_i = \varepsilon_r$이라는 사실을 이용하여, 아래와 같은 식에 도달할 수 있다.

$$E_0^2 = E_{0r}^2 + \left(\frac{v_t\varepsilon_t}{v_i\varepsilon_i}\right)\left(\frac{\cos\theta_t}{\cos\theta}\right)E_{0t}^2 \tag{23-44}$$

여기에서 $v_t\varepsilon_t/v_i\varepsilon_i$은 상대 굴절률 n을 표현하는 또 다른 방법이며, 이것은 다음과 같이 보일 수 있다.

$$\frac{v_t\varepsilon_t}{v_i\varepsilon_i} = \frac{v_t v_i^2\mu_i}{v_i v_t^2\mu_t} = \frac{v_i}{v_t} = n \tag{23-45}$$

이 결과에 도달할 때 비자성 물질의 경우에 아래와 같고

$$\mu_i = \mu_t = \mu_0$$

평면 전자기파의 속력의 관계

$$v^2 = \frac{1}{\mu\varepsilon}$$

를 사용하였다. 식(23-44)에 식(23-45)를 대입하여 아래와 같이 쓸 수 있다.

$$E_{0i}^2 = E_{0r}^2 + n\left(\frac{\cos\theta_t}{\cos\theta}\right)E_{0t}^2 \tag{23-46}$$

식(23-46)의 좌변으로 나누면, 아래와 같이 표현된다.

$$1 = r^2 + n\left(\frac{\cos\theta_t}{\cos\theta}\right)t^2 \tag{23-47}$$

여기서 r과 t는 각각 반사 계수와 투과 계수이다. 이제 r^2은 반사율 R이다.

$$R = \frac{P_r}{P_i} = \frac{I_r}{I_i} = \left(\frac{E_{0r}}{E_{0i}}\right)^2 = r^2$$

식(23-42)와 식(23-47)을 비교했을 때, 투과율 T는 아래와 같은 관계로 표현될 수 있다.

$$T = n\left(\frac{\cos\theta_t}{\cos\theta}\right)t^2 \tag{23-48}$$

새로운 물질로 진행하여 빛의 속력이 다르기 때문에 T는 t^2으로 간단히 표현되지 않는다. 빛의 속력 변화는 진행하는 에너지의 비율, 즉 광선의 출력을 변화시킨다. 진행 방향의 변화는 단면적, 즉 광선의 출력 밀도를 변화시킨다. 하지만 수직 입사의 경우는 식

(23-48)이 $T = nt^2$으로 줄어들고, 식(23-47)은 아래와 같이 표현된다.

$$\text{수직입사:}\quad 1 = r^2 + nt^2 \qquad (23\text{-}49)$$

이 장에서는 반사 계수와 투과 계수가 실수라는 가정을 하고 있으며, 모든 외부 반사와 임계각보다 작은 입사각을 가진 모든 내부 반사에 적용되는 것이다.

예제 23-3

굴절률이 1.60인 유리에 30°로 입사된 TE와 TM모드의 경우에 반사율 R과 투과율 T를 계산하시오.

풀이

이 상황에서 반사 계수와 투과 계수는 예제 23-1의 풀이에서 주어진다. 이것을 사용하여, 반사율과 투과율을 다음과 같이 쓸 수 있다.

$$R_{TE} = r_{TE}^2 = (-0.2740)^2 = 0.075 \quad \text{그리고} \quad T_{TE} = 1 - R_{TE} = 0.925$$

$$R_{TM} = r_{TM}^2 = (-0.1866)^2 = 0.035 \quad \text{그리고} \quad T_{TM} = 1 - R_{TM} = 0.965$$

23-5 에바네슨트파

광섬유(10장)를 통해서 **내부 전반사**(total internal reflection, TIR)된 빛의 진행에 대한 논의에서 반사된 파동이 충분히 가까이 있을 때 다른 매질로 에너지의 모드 결합되는 교차혼선이라는 현상을 언급하였다. 이러한 에너지 손실은 **누수 내부 전반사**(frustrated TIR)로 표현된다. 이 장에서 보여주는 이론은 이 현상을 정량적으로 설명한다.

굴절되어 투과된 전자기파는 다음과 같이 표현된다.

$$E_t = E_{0t}\, e^{i(\vec{\mathbf{k}}_t \cdot \vec{\mathbf{r}} - \omega t)}$$

여기서 그림 23-1 혹은 23-2에서 선택된 좌표를 기준으로 표현하면 아래와 같다.

$$\vec{\mathbf{k}}_t \cdot \vec{\mathbf{r}} = k_t(-\sin\theta_t\,\hat{\mathbf{x}} - \cos\theta_t\,\hat{\mathbf{z}}) \cdot (x\,\hat{\mathbf{x}} + z\,\hat{\mathbf{z}})$$

$$\vec{\mathbf{k}}_t \cdot \vec{\mathbf{r}} = k_t(-x\sin\theta_t - z\cos\theta_t)$$

$\cos\theta_t$는 다음과 같이 표현될 수 있다.

$$\cos\theta_t \equiv \sqrt{1 - \sin^2\theta_t} = \sqrt{1 - \frac{\sin^2\theta}{n^2}}$$

마지막 단계에서는 스넬의 법칙 $n\sin\theta_t = \sin\theta$을 사용하였다. 임계각에서 $\sin\theta = n$이고 $\cos\theta_t = \cos(90°) = 0$이다. $\sin\theta > n$의 각도에서 전반사가 일어날 때, $\cos\theta_t$는 순

허수가 되고 아래와 같이 쓸 수 있다.

$$\cos\theta_t = i\sqrt{\frac{\sin^2\theta}{n^2} - 1}$$

따라서 지수 부분은 아래와 같이 표현된다.

$$\vec{\mathbf{k}}_t \cdot \vec{\mathbf{r}} = -k_t x \frac{\sin\theta}{n} - ik_t z\sqrt{\frac{\sin^2\theta}{n^2} - 1} = -k_t x \frac{\sin\theta}{n} + ik_t|z|\sqrt{\frac{\sin^2\theta}{n^2} - 1}$$

그림 23-1의 상황에서 마지막 등식이 쓰여질 때 $z < 0$인 영역, 즉 $z = -|z|$ 영역에서 투과파가 존재한다. 양의 실수를 아래와 같이 정의하면

$$\alpha \equiv k_t\sqrt{\frac{\sin^2\theta}{n^2} - 1}$$

이고, 투과파는 아래와 같이 표현된다.

$$E_t = E_{0t}e^{i(\vec{\mathbf{k}}_t \cdot \vec{\mathbf{r}} - \omega t)} = E_{0t}e^{-i\omega t}e^{-ixk_t\sin\theta/n}e^{-\alpha|z|}$$

이 관계식에서 오른쪽 마지막 성분은 음의 z-방향을 따라서 굴절률이 작은 매질로 들어간 파의 진폭이 지수적으로 줄어드는 것을 표현하는 것이다. 파가 굴절률이 작은 매질로 아래의 값으로 침투할 때,

$$|z| = \frac{1}{\alpha} = \frac{\lambda}{2\pi\sqrt{\dfrac{\sin^2\theta}{n^2} - 1}} \tag{23-50}$$

진폭은 $1/e$로 줄어든다. 이 **에바네슨트파**(evanescent wave)의 에너지는 이차 매질로 침투되는 것이 없다면 원래 매질로 되돌아온다. 광섬유의 클레딩 두께가 얇은 부분으로 가까운 광섬유 경계에서 교차혼선이 있을 수 있다는 것을 이용하여, 두 개의 프리즘의 간격을 조절하여 하나의 프리즘에서 다른 프리즘으로 에바네슨트파의 양을 세밀하게 조절할 수 있는 가변 출력 결합 소자로 유용하게 사용된다. 다른 응용은 프리즘에서 발생된 에바네슨트파가 주어진 각도(모드)에서 도파로로 결합될 수 있게 하기 위해서 프리즘의 면을 광도파로 근처로 놓는 방법이 있다.

예제 23-4

유리($n = 1.50$)와 공기의 경계면에서 내부 전반사에 의해서 발생된 에바네슨트파의 침투 깊이를 계산하시오. 침투 깊이는 진폭이 원래 값의 $1/e$로 줄어드는 길이이다. 파장이 500 nm인 빛이 경계면에 60°로 입사되는 것을 가정하시오.

풀이

$\theta_c = \sin^{-1}(1/1.5) = 41.8°$이기 때문에, 내부 전반사는 60°에서 일어난다. 침투 깊이는 식(23-50)에 의해서 다음과 같이 주어진다.

$$|z| = \frac{0.500\,\mu\text{m}}{2\pi\sqrt{\dfrac{\sin^2 60}{(1/1.5)^2} - 1}} = 0.096\,\mu\text{m}$$

23-6 복소 굴절률

반사면이 금속일 때, 앞에서 유도했던 프레넬 공식에 중요한 수정이 필요하지만 계속 유효하다. 금속의 경우는 굴절률이 파의 흡수에 관계되는 허수가 포함된 복소수가 된다. 이 주제는 25장에서 보다 자세히 다루어질 것이고 여기서는 굴절률의 실수부와 허수부의 진동수 의존성을 다룬다.

반사면이 균질한 유전체 — 이 장에서 다루어진 경우 — 일 때, 물질의 **전도도** σ가 0이다. 전도도는 **옴의 법칙**에서 비례 상수이다.

$$\vec{\mathrm{j}} = \sigma \vec{\mathrm{E}}$$

여기서 $\vec{\mathrm{j}}$ 는 전기장 $\vec{\mathrm{E}}$ 에 의해서 생성된 **전류 밀도**($\mathrm{A/m^2}$)이다. 그런 경우에 전기장과 자기장은 4장에서 표현되었던 것과 같이 아래와 같은 미분 파동 방정식을 만족한다.

$$\nabla^2 E = \left(\frac{1}{c^2}\right)\frac{\partial^2 E}{\partial t^2} \qquad \text{(23-51)}$$

식(23-51)을 만족하는 조화파는 아래와 같이 쓸 수 있다.

$$E = E_0 e^{i(\vec{\mathrm{k}}\cdot\vec{\mathrm{r}} - \omega t)} \qquad \text{(23-52)}$$

물질이 금속이거나 어느 정도 전도성 물질이면, 전기와 자기의 기본적인 맥스웰 방정식은 수정이 필요하다. $\vec{\mathrm{E}}$ -전기장에 의해서 만족되는 미분 파동 방정식은 아래와 같다.

$$\nabla^2 E = \left(\frac{1}{c^2}\right)\frac{\partial^2 E}{\partial t^2} + \left(\frac{\sigma}{\varepsilon_0 c^2}\right)\frac{\partial E}{\partial t} \qquad \text{(23-53)}$$

식(23-51)과 비교했을 때, 식(23-53)에 의해서 주어진 새로운 파동 방정식은 E의 시간에 대한 일차 미분과 전도도가 포함된 항이 추가되었다. 결과적으로 식(23-52)의 형태의 조화파가 식(23-53)에 대입될 때, 전파 벡터 $\vec{\mathrm{k}}$ 는 아래와 같은 복소수를 가져야만 한다.

$$\tilde{k} = \frac{\omega}{c}\left[1 + i\left(\frac{\sigma}{\varepsilon_0 \omega}\right)\right]^{1/2} \qquad \text{(23-54)}$$

굴절률 n이 $n=(c/\omega)k$에 의해서 k와 관계가 있기 때문에, 굴절률은 복소수이다.

$$\tilde{n}=\left[1+i\left(\frac{\sigma}{\varepsilon_0\omega}\right)\right]^{1/2} \tag{23-55}$$

또한 일반적으로 복소 굴절률을 아래와 같이 쓸 수 있다.

$$\tilde{n}=n_R+in_I \tag{23-56}$$

여기서 $\mathrm{Re}(\tilde{n})=n_R$이고 $\mathrm{Im}(\tilde{n})=n_I$이다. 식(23-55)와 (23-56)을 합쳐서 실수부와 허수부를 동일한 것으로 놓으면, **광학 상수** n_R과 n_I는 아래 식으로 전도도와 관련지어 구할 수 있다.

$$n_R^2-n_I^2=1 \tag{23-57}$$

$$2n_Rn_I=\frac{\sigma}{\varepsilon_0\omega}$$

더군다나, 다음과 같은 k의 복소수 형태가

$$\tilde{k}=\left(\frac{\omega}{c}\right)\tilde{n}=\left(\frac{\omega}{c}\right)[n_R+in_I] \tag{23-58}$$

식(23-52), 조화파에 적용되면, 그 결과는 아래와 같이 쓸 수 있다.

$$E=E_0e^{-(\omega n_Is/c)}e^{i\omega(n_Rs/c-t)} \tag{23-59}$$

여기서 s는 전파 방향으로의 거리이다. 식(23-59)는 파동이 매질에서 c/n_R의 속력으로 진행하고 진폭은 $e^{-(\omega n_Is/c)}$로 지수적으로 줄어드는 결과를 준다. 그래서 $\mathrm{Re}(\tilde{n})=n_R$은 보통의 굴절률이고, $\mathrm{Im}(\tilde{n})=n_I$는 **소광계수**(extinction coefficient)라고 부르고, 전도성 매질에서 파동의 흡수정도를 결정하게 된다. 매질에 전도 전류 j를 발생시키는 에너지의 근원이 되는 이 흡수는 출력 밀도 I가 거리에 따라서 줄어드는 것처럼 아래와 같이 표현된다.

$$I=I_0e^{-\alpha s} \tag{23-60}$$

여기서 $I\propto|E|^2$이므로, 식(23-59)에서 결정된 출력 밀도와 비교하여

$$I=I_0e^{-2\omega n_Is/c} \tag{23-61}$$

이 된다. 따라서 **흡수계수**(absorption coefficient)는 **소광계수**와 아래와 같은 관계를 갖는다.

$$\alpha=\frac{2\omega n_I}{c}=\frac{4\pi n_I}{\lambda} \tag{23-62}$$

23-7 금속의 반사

프레넬 공식 식(23-27)과 (23-28)에서 n을 $\tilde{n}$로 대체했을 때, 금속의 경우에 아래와 같이 표현된다.

$$\text{TE}: \quad \frac{E_r}{E} = \frac{\cos\theta - \sqrt{\tilde{n}^2 - \sin^2\theta}}{\cos\theta + \sqrt{\tilde{n}^2 - \sin^2\theta}} \tag{23-63}$$

$$\text{TM}: \quad \frac{E_r}{E} = \frac{-\tilde{n}^2\cos\theta + \sqrt{\tilde{n}^2 - \sin^2\theta}}{\tilde{n}^2\cos\theta + \sqrt{\tilde{n}^2 - \sin^2\theta}} \tag{23-64}$$

식(23-63)과 (23-64)에 $\tilde{n}$을 $n_R + in_I$로 바꾸어 넣어 다음과 같이 표현하였다.

$$\text{TE}: \quad \frac{E_r}{E} = \frac{\cos\theta - \sqrt{(n_R^2 - n_I^2 - \sin^2\theta) + i(2n_R n_I)}}{\cos\theta + \sqrt{(n_R^2 - n_I^2 - \sin^2\theta) + i(2n_R n_I)}} \tag{23-65}$$

$$\text{TM}: \quad \frac{E_r}{E} = \frac{-[n_R^2 - n_I^2 + i(2n_R n_I)]\cos\theta + \sqrt{(n_R^2 - n_I^2 - \sin^2\theta) + i(2n_R n_I)}}{[n_R^2 - n_I^2 + i(2n_R n_I)]\cos\theta + \sqrt{n_R^2 - n_I^2 - \sin^2\theta) + i(2n_R n_I)}} \tag{23-66}$$

반사계수 $R = |E_r/E|^2$ 계산에서, 복소값 E_r/E는 $(a+ib)/(c+id)$의 형태로 복소수의 비로 나타난다. 따라서

$$R = (a^2 + b^2)/(c^2 + d^2)$$

이다. 이 과정에서 복소수의 제곱근을 하고, 이것을 극좌표 형태로 표현했다. 예를 들어

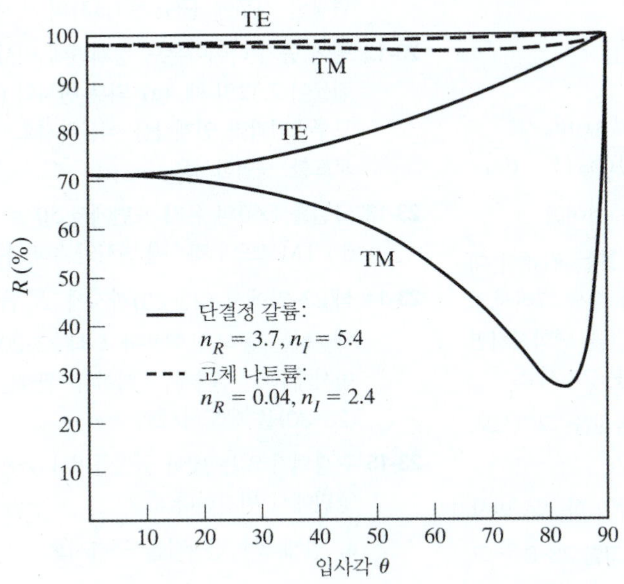

그림 23-10 프레넬 공식을 사용하여 계산한 금속 표면에서의 반사. n_R과 n_I의 값은 $\lambda = 589.3\,\text{nm}$의 나트륨 빛에서 주어진 것이다.

$z = A + iB$라면, 극좌표 형태에서 아래와 같이 표현되고

$$z = (A^2 + B^2)^{1/2} e^{i[\tan^{-1}(B/A)]}$$

제곱근은 아래와 같다.

$$z^{1/2} = (A^2 + B^2)^{1/4} e^{i[(1/2)\tan^{-1}(B/A)]} \tag{23-67}$$

식(23-67)에서 복소 표현은 오일러 공식을 사용하여 일반적인 복소수 형태 $C + iD$로 다시 표현될 수 있다. 이러한 수학적인 단계들은 컴퓨터나 프로그램이 되는 계산기로 쉽게 수행될 수 있다. 그림 23-10은 두 금속 면, 고체 나트륨 그리고 단결정 갈륨에서 계산된 결과를 보여주고 있다. 가시광 스펙트럼 영역에서의 높은 반사율은 589.3 nm의 파장에서 고체 나트륨이 가지는 금속면의 특성이다. 단결정 갈륨의 곡선은 TE와 TM 입사파에서 큰 차이를 보여준다.

문 제

23-1 **브루스터 각** $\theta_p = \tan^{-1}(n)$에서 TM모드의 반사계수가 소멸됨[식(23-28)]을 보이시오.

23-2 어떤 기름의 임계각이 33°33′라는 것을 알았다. 외부와 내부 반사의 경우에 브루스터 각은 얼마인가?

23-3 굴절률 $n = 1.84$인 중플린트 유리에서 외부 반사와 내부 반사의 경우에 임계각과 편광각을 결정하시오.

23-4 첫 번째 매질이 공기일 때, 임계각과(외부 반사) 브루스터각이 같아지는 굴절률은 얼마인가?

23-5 식(23-27)에서 (23-30)까지의 프레넬 식이 다음과 같이 표현될 수 있음을 보여라.

$$\text{TE:}\quad r = -\frac{\sin(\theta - \theta_t)}{\sin(\theta + \theta_t)} \qquad t = \frac{2\cos\theta \sin\theta_t}{\sin(\theta + \theta_t)}$$

$$\text{TM:}\quad r = -\frac{\tan(\theta - \theta_t)}{\tan(\theta + \theta_t)} \qquad t = \frac{2\cos\theta \sin\theta_t}{\sin(\theta + \theta_t)\cos(\theta - \theta_t)}$$

23-6 식(23-37)은 식(23-35)에서 얻어지는 것을 보여라.

23-7 식(23-27)에서 (23-30)과 컴퓨터 프로그램 또는 컴퓨터 대수 시스템을 이용하여 그림 23-3과 23-5를 다시 그리시오. 또한 다이아몬드($n = 2.42$)에서부터 n의 값을 변화시키면서 외부 반사와 내부 반사에 대한 그래프를 그리시오.

23-8 컴퓨터를 사용하여 그림 23-4의 반사율 곡선을 그리시오. 또한 같은 조건에서 투과율을 그리시오.

23-9 컴퓨터를 사용하여 $\theta > \theta_c$의 경우에 입사각의 함수로 반사파의 위상 변화를 그리시오. $n = 1/1.5$에서 그림 23-6을 그리고 $n = 1/1.3$과 $n = 1/2.42$의 경우에 대해서 비슷한 그림을 그리시오.

23-10 불화 마그네슘의 필름이 그것에 반사되는 빛의 파장에 1/4의 광학 두께로 유리 기판에 증착되었다. 필름과 기판의 굴절률이 각각 1.38과 1.52이다. 필름은 흡수가 일어나지 않는다고 가정하자. 단색광이 필름에 수직으로 입사하는 경우에 (a)공기-필름 경계면에서 반사율, (b) 필름-유리 기판에서 반사율, (c) 필름 없는 공기-유리 기반에서의 반사율, (d) 모두 합쳐진 알짜 반사율을 결정하시오. 식(22-43)을 참고하시오.

23-11 입사각이 0°, 10°, 45° 그리고 90°일 때, (a) TE와 (b) TM 편광된 경우에 물($n = 1.33$)의 반사율을 계산하시오.

23-12 빛이 공기-다이아몬드 경계면에 입사한다. 다이아몬드의 굴절률이 2.42일 때, (a) 외부 반사와 (b) 내부 반사의 경우에 브루스터각과 임계각을 계산하시오. 각 경우에 대해서 편광 모드를 구별하시오.

23-13 굴절률 1.60의 유리 표면에서 50°로 입사한 빛의 (a) TE와 (b) TM모드의 경우에 반사와 투과하는 백분위를 계산하시오.

23-14 식(23-2)에서 (23-23)까지에 E_r을 소거하고 반사계수에 해당하는 공식을 이용하고 식(23-20)과 (23-22)로 표현된 반사계수와 투과계수 사이의 관계를 합쳐서 식(23-29)와 (23-30)을 유도하시오.

23-15 편광되지 않는 빛이 굴절률이 1.458인 용융 실리카 유리의 평면에서 반사한다.

a. 임계각과 편광각을 구하시오.

b. 수직입사와 45°입사에서 TE모드 경우에 반사율과 투과율을 구하시오.

c. TM의 경우에 (b)를 반복하여 구하시오.

d. 입사각이 0°, 20°, 40°, 50°, 70° 그리고 90°에서 내부 반사의 경우에 TE와 TM모드 사이의 위상 차이를 계산하시오.

23-16 프레넬 사방체가 굴절률 1.65인 투명한 매질로 만들어져 있다.

a. 그림 23-7에서 꼭지각 θ는 얼마가 되어야 하는가?

b. 각도가 정확한 값에서 5% 위와 아래 값을 가질 때, 반사된 후 TE와 TM 사이의 위상 변화는 얼마인가?

23-17 $n_R = 2.485$이고 $n_I = 1.381$인 강철에서 나트륨 빛(589.3 nm)의 금속 반사의 경우에 반사율을 구하시오. 입사각이 0°, 30°, 50°, 70° 그리고 90°에서 (a) TE와 (b) TM모드의 경우에 반사율을 계산하시오.

23-18 입사각이 0°, 30° 그리고 60°에서 주석의 반사율을 구하시오. (a) TE와 (b) TM의 편광 모드에 대해서 반사율을 구하시오. 589.3 nm의 빛에 대해서 복소 굴절률의 실수와 허수값이 각각 1.5와 5.3이다.

23-19 a. 589.3 nm의 빛에 복소 굴절률의 허수값이 5.3인 경우에 주석의 흡수계수는 얼마인가?

b. 주석에 수직 입사된 나트륨 빛의 99%가 흡수되는 깊이는 얼마인가?

23-20 a. 식(23-47)에 의해서 표현된 것처럼 에너지 보존으로부터 외부 반사의 경우에 투과계수 t가 1보다 작아야만 한다. 그러나 내부 반사의 경우에 t'은 1보다 클 수 있다는 것을 보이시오.

b. 프레넬 식(23-29)와 (23-30)을 이용하여 입사각이 임계각에 접근함에 따라서 t'이 TE모드에서 2의 값으로 접근하고, TM모드에서는 $2/n$으로 접근함을 보여라.

c. 유리($n = 1.5$)와 공기 사이의 경계면의 경우에 투과계수 t'을 그리시오.

23-21 좁은 광선($\lambda = 546$ nm)이 $n = 1.60$인 유리로 만들어진 45°-90°-45° 프리즘의 빗면에서 내부 전반사에 의해서 90° 회전된다.

a. 이 표면에서 에바네슨트파의 진폭이 $1/e$로 줄어드는 침투 깊이는 얼마인가?

b. 표면에서 1 μm 떨어진 곳에서 에바네슨트파의 복사조도는 표면에 비해 얼마인가?

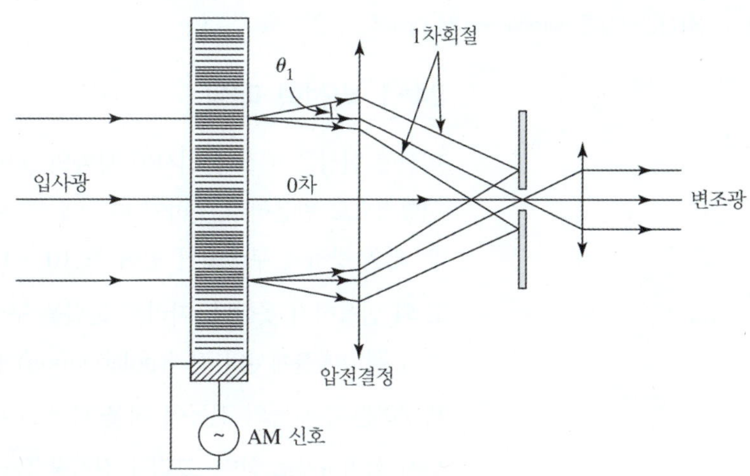

chapter 24 비선형 광학과 빛의 변조

서론

빛의 투과, 반사, 굴절, 중첩, 및 복굴절 등과 같이 본 교재에서 다루는 대부분의 광학 분야는 **선형 광학**(linear optics)이라 불리는 범주에 들어간다. 선형 광학이라 칭할 때에는 광학매질을 통하여 전파하는 빛의 교란이 선형 파동방정식에 의해 기술될 수 있는 경우를 가정한다. 이 가정의 결과에 의해 매질에서의 두 개의 조화파는 선형 중첩의 원리(principle of linear superposition)를 따르는데, 이는 입사광의 강도와 무관하게, 매질 자체나 파동들 간의 상호 간섭의 결과에 의한 왜곡이 없이 진행함을 의미한다. 이러한 거동을 기술하는 데에는 투명한 매질을 전파하는 빛의 파장과 속도만이 필요하다.

하지만 빛의 복사조도가 충분히 커지면 더 이상 선형 광학만으로 이 상황을 설명하기에는 적절하지 않다. 레이저의 등장으로 더 강력하고 결맞음성이 우수한 빛이 가능해짐에 따라 굴절율과 같은 매질의 광학적 특성들은 빛의 전기장의 함수로 표현됨을 알게 되었다. 이 경우 매질 내에서의 두 개나 그 이상의 광파들의 간섭은 더 이상 선형 중첩의 원리를 따르지 않는다. 광파들은 또 다른 광파들과 그리고 매질과 상호작용을 일으킨다. 이러한 **비선형**(nonlinear) 현상들은 기존의 선형 이론으로부터 전자기복사에 대한 광학물질들의 비선형 응답을 가능하게 하는 개념의 확장을 필요로 한다.

이 장에서는 비선형 광학(nonlinear optics) 분야를 좀 더 정확히 정의하고, 몇 가지 비선형 현상들에 대하여 분류 및 기술하며, 몇 가지 실제적인 응용에 대하여 논의하고자 한다.

24-1 비선형 매질

비선형 현상은 매질에 입사된 광파의 교번 전기장 $\vec{\mathrm{E}}$ 에 대하여 광학매질에서의 쌍극자가 선형적으로 반응하지 못하기 때문에 생기는 현상이다. 원자핵은 너무 무겁고 내부 전자들은 매우 강하게 구속되어 있어 약 10^{14}~10^{15} Hz의 높은 진동수를 가진 빛의 교번 전기장 $\vec{\mathrm{E}}$ 와 반응하지 못한다. 따라서 물질을 구성하는 원자의 외곽전자들이 광파의 전기장 $\vec{\mathrm{E}}$ 에 의한 광학매질에서의 편극(polarization)에 주로 기여하게 된다.[1] 전기장에 대한 반응으로 발생하는 전자들의 진동이 작을 때에는 편극은 전기장 $\vec{\mathrm{E}}$ 에 비례한다. 이는 25-1절에서 다시 설명하기로 한다. 그러나 전기장 $\vec{\mathrm{E}}$ 의 세기가 증가하면, 용수철 진자에서의 조화진동이 진동의 진폭이 증가함에 따라 비조화 특성이 증가하는 것처럼, 선형성이 깨지기 시작한다. 높은 복사조도에 의한 비선형 거동 이외에도 **비선형 분광학**(nonlinear spectroscopy)에서 널리 사용되는 **공진 향상**(resonance enhancement)이라 알려진 기술을 사용하여 공명주파수에 가까운 들뜬 광 주파수를 선택하는 방식이 있다.[2]

전기장 $\vec{\mathrm{E}}$ 에 의한 선형 매질의 편극 $\vec{\mathrm{P}}$ 는 다음과 같이 표현된다.

$$\vec{\mathrm{P}} = \varepsilon_0 \chi \vec{\mathrm{E}} \tag{24-1}$$

여기서 χ는 **감수율**(susceptibility)이고 ε_0는 진공유전율(vacuum permittivity)이다. 선형 매질과의 차이가 크지 않을 때에는 비선형 매질에서의 감수율을 다음의 멱급수로 변형하여 표현하는 것이 가능하다.

$$\chi = \chi_1 + \chi_2 E + \chi_3 E^2 + \cdots \tag{24-2}$$

식(24-1)에 대입하면 편극 세기는 다음과 같이 표현된다.

$$P = \varepsilon_0 (\chi_1 E + \chi_2 E^2 + \chi_3 E^3 + \cdots) \tag{24-3}$$

또는

$$P = \underbrace{P_1}_{\text{선형성분}} + \underbrace{(P_2 + P_3 + \cdots)}_{\text{비선형성분}}$$

여기서 χ의 첨자와 전기장 E의 차수는 일치하며 고차 항으로 갈수록 그 크기가 작아진다. 선형 및 비선형 감수율 계수들은 매질의 광학적 특성을 나타내며 P와 E의 관계식으로부터 광파의 전기장에 의한 광학매질의 응답특성을 완전히 알 수 있게 된다. 선형매질에서는 χ_1의 효과만 고려하면 되므로 매질의 **유전율**(permittivity)은 $\varepsilon = \varepsilon_0 \chi_1$ 그리고 $P_1 = \varepsilon E$로 기술할 수 있다. **선형** 비자성 물질에서의 빛의 전파속도는 $v = 1/\sqrt{\varepsilon \mu_0}$ 이

---

1 여기서는 14장과 15장의 파동의 편광이 아니라 전기적인 편극을 논한다.

2 P. N. Butcher, and D. Cotter, *The Elements of Nonlinear Optics*(New York: Cambridge University Press, 1990), Ch. 6.

다. 또한 이 매질의 굴절률은 $n = c/v = \sqrt{\varepsilon\mu_0} \,/\, \sqrt{\varepsilon_0\mu_0} = \sqrt{\varepsilon/\varepsilon_0}$ 이다.

식(24-3)의 첫째항 P_1은 매질의 편극이 전기장 $\vec{\mathrm{E}}$ 에 비례하는 선형 성분을 나타낸다. 전기장 $\vec{\mathrm{E}}$ 의 크기가 너무 크지 않다면 고차 E항들의 χ-계수들이 충분히 작아서 편극에 별로 기여하지 못한다. 따라서 결맞음성이 우수한 고출력의 광파의 경우에만 고차 항들이 의미를 갖는다. 레이저 광의 우수한 결맞음성은 파장의 크기와 비슷한 매우 작은 스폿에 빛을 집속할 수 있게 하여, 광학매질에서 원자핵과 전자를 결합시킬 수 있는 수준인 10^{10} V/m 이상의 전기장의 세기가 가능하게 한다.

1961년, 미시간 대학의 **피터 프랑켄**(Peter Franken)과 그의 연구팀은 최초의 비선형 광학 실험을 실시하였다.[3] 연구팀은 펄스로 구동되는 694.3 nm 루비레이저의 결맞는 광을 석영(quartz) 결정에 집속하여, 여기 광의 두 배의 진동수 또는 절반의 파장인 347.15 nm의 약한 자외선의 결맞는 광의 출력을 얻는 **제2조화파 발생**(second harmonic generation) 실험을 수행하였다. 이 비선형 현상은 뒤에서 다시 다루기로 하자. 전기광학 응용에서 사용되는 물질들은 보통 10^{-10}~10^{-13} m/V 범위의 2차 비선형 감수율 χ_2와 10^{-17}~10^{-22} $\mathrm{m^2/V^2}$ 범위의 3차 비선형 감수율 χ_3을 갖는다. 다음 예제에서는 선형 성분과 비교하여 비선형 성분에 의해 측정 가능한 편극의 변화를 가능하게 하는 복사조도와 전기장의 세기를 계산해보자.

예제 24-1

a. KDP(KH_2PO_4)의 편극에 선형 성분의 1%만큼 2차 비선형 성분이 기여한다고 할 때, 이 전기장의 진폭과 복사조도를 계산하시오. 단, KDP의 굴절률은 약 1.5이고 2차 비선형 감수율 χ_2는 약 10^{-12} m/V이다.

b. 에탄올과 베타-카로틴의 특정 혼합액의 편극에 선형 성분의 1%만큼 3차 비선형 성분이 기여한다고 할 때, 이 전기장의 진폭과 복사조도를 계산하시오. 단, 이 혼합액의 굴절률은 약 1.3이고 3차 비선형 감수율 χ_3는 약 10^{-20} $\mathrm{m^2/V^2}$이다.

풀이

a. KDP의 선형 감수율은 주어진 관계식으로부터 구할 수 있다.

$$n = \frac{c}{v} = \sqrt{\frac{\varepsilon}{\varepsilon_0}} = \sqrt{\frac{\varepsilon_0\chi_1}{\varepsilon_0}} = \sqrt{\chi_1}$$

따라서 $\chi_1 = n^2 = 1.5^2 = 2.25$이다. 편극의 χ_2항이 선형 항의 1%이므로 전기장의 진폭 E_0는 다음의 식을 만족해야 한다.

---

3 P. A. Franken, A. E. Hill, C.W. Peters, and G.Weireich. "Generation of Optical Harmonics," *Phys. Rev. Letters*, 7, 1961: 118.

$$\chi_2 E_0^2 = (0.01)\chi_1 E_0$$

또는

$$E_0 = \frac{(0.01)\chi_1}{\chi_2} = \frac{(0.01)(2.25)}{10^{-12}\,\mathrm{m/V}} = 2.25\times 10^{10}\,\mathrm{V/m}$$

이 전기장의 세기 E_0을 식(4-42)에 대입하면 복사조도를 구할 수 있다.

$$I = \frac{1}{2}\varepsilon_0 cnE_0^2 = \frac{1}{2}(8.85\times 10^{-12})(3\times 10^8)(1.5)$$
$$(2.25\times 10^{10})^2\,\mathrm{W/m^2} \approx 10^{18}\,\mathrm{W/m^2} = 10^{14}\,\mathrm{W/cm^2}$$

예를 들어 이 복사조도는 100 MW의 펄스 출력을 갖는 레이저 광을 반지름 약 5 μm의 스폿에 집속함으로써 얻을 수 있는 값이다. 물론 실질적으로 얻을 수는 있지만 매우 큰 복사조도이다.

b. (a)의 풀이과정을 따르면 베타-카로틴이 함유된 에탄올에서 $\chi_1 = n^2 = 1.3^2 = 1.69$이다. 편극의 χ_3항이 선형 항의 1%이므로 전기장의 진폭 E_0는 다음의 식을 만족해야 한다.

$$\chi_3 E_0^3 = (0.01)\chi_1 E_0$$

또는

$$E_0 = \sqrt{(0.01)\frac{\chi_1}{\chi_3}} = \sqrt{(0.01)\frac{1.69}{10^{-20}}}\,\mathrm{V/m} = 1.3\times 10^9\,\mathrm{V/m}$$

또한 이에 상응하는 복사조도는 다음과 같다.

$$I = \frac{1}{2}\varepsilon_0 cnE_0^2 = \frac{1}{2}(8.85\times 10^{-12})(3\times 10^8)(1.3)$$
$$(1.3\times 10^9)^2\,\mathrm{W/m^2} \approx 3\times 10^{15}\,\mathrm{W/m^2} = 3\times 10^{11}\,\mathrm{W/cm^2}$$

24-2 제2조화파 발생과 주파수혼합

여기에서는 비선형결정이 특정 주파수를 갖는 전자기파 또는 몇 개의 특정 주파수들을 갖는 전자기파들의 에너지를 이와 다른 주파수를 갖는 전자기파의 에너지로 변환시키는 방식에 대해 논의해 보자. 이 방식을 이용하면 효율적인 레이저 천이가 불가능했던 주파수 영역에서의 고출력의 결맞는 광을 만들어내는 것이 가능해진다.

제2조화파 발생

제2조화파 발생은 식(24-3)의 2차 항에 의해 일어난다.

$$P_2 = \varepsilon_0 \chi_2 E^2 \tag{24-4}$$

여기서 광학매질의 2차 편극 항 P_2는 전기장의 제곱에 비례한다. 그림 24-1은 편극을 전기장의 함수로 나타내고 있으며 선형 항목만 있는 경우와 2차 항의 영향을 받아 선형성에 편차가 발생하는 경우를 모두 보여준다.

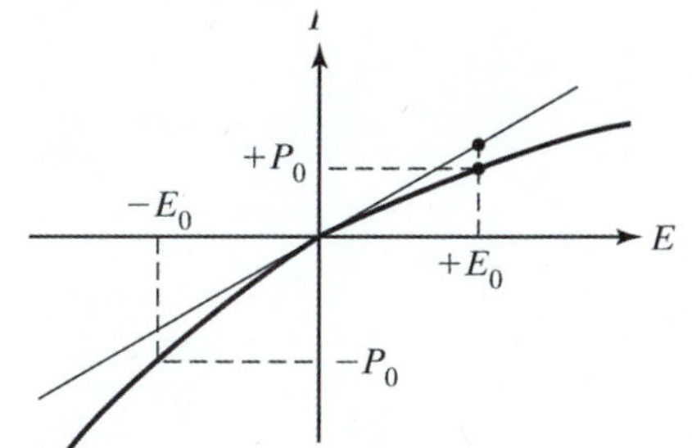

그림 24-1 인가된 전기장 E에 대한 편극 P의 전형적인 선형 및 비선형 응답. 비선형 응답(곡선)의 경우, 같은 크기의 양과 음의 전기장에 대하여 광학 매질의 응답이 대칭적이지 않다. 이 경우에, 음의 전기장 E_0는 같은 크기의 양의 전기장보다 더 큰 편극을 생성한다.

등방성이나 대칭의 중심을 갖는 광학물질의 경우에 2차 항은 편극에 전혀 영향을 주지 못한다. 대칭의 중심을 갖는 결정은 반전 중심(inversion center)을 가지므로, 반지름 축(radial coordinate)의 r이 $-r$로 바뀌어도 결정의 원자 배열이 변하지 않으므로 물리적인 영향에 대하여 똑같은 방식으로 반응한다. 이러한 결정에서는 인가한 전기장의 방향을 바꾸어도 단지 부호만 바뀔 뿐이지 편극과 같은 물리량의 절댓값은 변하지 않는다. 따라서 다음과 같이 쓸 수 있다.

$$P_2 = \varepsilon_0 \chi_2 (+E)^2 \quad \text{그리고} \quad -P_2 = \varepsilon_0 \chi_2 (-E)^2$$

이 경우 전기장이 제곱되므로, $P_2 = -P_2$로부터 $P_2 = 0$인 경우에만 성립한다. 프랑켄에 의해 사용된 석영 결정과 다른 많은 결정들은 반전대칭 특성을 가지지 않는다. 따라서 이러한 결정들에서는 제2조화파 발생뿐 아니라 다른 2차 비선형 효과들도 나타날 수 있다. 편극에서의 **제2조화파**(second harmonic)의 형태는 수학적으로 다음과 같이 표현된다. 인가한 전기장이나 그 중의 푸리에 성분 중의 하나가 다음의 형태를 갖는다고 가정하자.

$$E = E_0 \cos \omega t$$

이것을 식(24-4)에 대입하면 다음의 결과를 얻는다.

$$P_2 = \varepsilon_0 \chi_2 E_0^2 \cos^2 \omega t = \varepsilon_0 \chi_2 E_0^2 \left[\frac{1}{2} (1 + \cos 2\omega t) \right]$$

여기서 $\cos^2 \omega t$를 2배각공식을 이용하여 변환하였다. 정리하면 다음의 결과를 얻는다.

$$P_2 = \frac{1}{2} \varepsilon_0 \chi_2 E_0^2 + \frac{1}{2} \varepsilon_0 \chi_2 E_0^2 \cos 2\omega t \tag{24-5}$$

분명히, 2차 편극 항 P_2는 **광학정류**(optical rectification)를 나타내는 상수 또는 DC성분뿐 아니라 인가한 광학 장의 2배의 주파수를 갖는 항도 포함하고 있다. 광학정류 효과는 비선형 결정에서 장의 진행방향에 수직한 횡방향으로 시간에 무관한 편극 값을 주며 이는 DC 전압의 결과로 나타난다. 2ω로 진동하는 P_2의 성분은 매질에서 이와 동일한 진동수(주파수)를 갖는 쌍극자 진동에 상응한다. 이러한 쌍극자 진동은 2ω의 각주파수를 갖는 전자기파를 방출하며, 이는 기본 주파수 ω로 진동하는 더 강한 1차 전기장과 함께 나타난다. 제2조화파 발생의 대표적인 예로 비선형 결정에 1064 nm 파장의 Nd:YAG 레이저광을 통과시켜 532 nm 파장의 새로운 빛을 만들어내는 기술이 있다.

위상정합(phase matching)

주파수 ω인 기본모드의 전자기파 에너지를 2ω의 주파수를 갖는 제2조화파 전자기파의 에너지로 변환시키는 비선형 현상은 다른 에너지 변환 과정도 가능하게 한다. 다시 말해서 비선형 현상은 2ω의 제2조화파 전자기파를 ω를 갖는 기본모드의 전자기파로 변환할 수도 있다. 에너지 흐름의 방향은 제2조화파 장의 위상에 대한 상대적인 기본 전기장의 위상에 민감하게 의존한다. 기본 전기장은 비선형 편극을 유도하며 제2조화파 전기장은 비선형 편극을 구성하는 쌍극자 진동에 의해 흡수되거나 방출된다. 매질의 분산 때문에, 연속적으로 발생하는 2ω의 주파수를 갖는 빛은 ω의 주파수를 갖는 빛과는 다른 속도로 광학매질 내를 진행하게 된다. 따라서 두 개의 파동은 결정 내부를 진행하면서 주기적으로 위상일치(in phase)와 위상불일치(out of phase)를 반복한다. 제2조화파 전기장의 복사조도는 다음의 복사조도 요소에 비례함을 보일 수 있다.[4]

$$\mathrm{sinc}^2\left(\frac{\Delta kL}{2}\right)$$

여기서 L은 결정 내에서의 광파의 이동거리이고 k는 파동의 전파상수로 $n\omega/c$와 같으며 $\Delta k = k_{2\omega} - 2k_{\omega}$이다. $\Delta k = 0$일 때 장이 **위상정합**이 되어있다고 말하며, 이때 위에서 언급한 복사조도 요소가 최대가 된다. 그러나 매질에서는 분산이 존재하므로 Δk는 일반적으로 0이 아니고, 비선형 결정 내에서 진행하는 기본모드의 광파와 제2조화파와의 위상차에 의해 결과적으로 제2조화파 전기장의 복사조도가 줄어들게 된다. **결맞음 길이**(coherence length)[5] L_c는 $\Delta kL_c = \pi$의 관계식에 의해 정의되므로 다음과 같이 쓸 수 있다.

$$L_c = \pi/\Delta k$$

$L = L_c$일 때, sinc 함수의 제곱으로 표현되는 복사조도 요소는 최댓값의 약 0.4 수준으로 감소한다. 따라서 L_c는 위상부정합 Δk가 존재하는 파동에서 효율적인 제2조화파 발생을 위한 결정의 유효길이를 나타낸다. 결맞음 길이는 다음과 같이 표현할 수도 있다.

$$L_c = \frac{\pi}{\Delta k} = \frac{\pi}{\frac{2\omega}{c}\Delta n} = \frac{\pi}{\frac{4\pi}{\lambda_0}\Delta n} = \frac{\lambda_0}{4\Delta n} \tag{24-6}$$

여기서 다음의 식들을 이용하였다.

$$k = \frac{n\omega}{c} \quad \text{그리고} \quad \Delta k = \frac{n_{2\omega}(2\omega)}{c} - \frac{2n_{\omega}(\omega)}{c} = \frac{2\omega}{c}\Delta n$$

식(24-6)에서, λ_0는 기본모드의 진공 중에서의 파장이고 Δn은 제2조화파와 기본모드의 굴절률의 차이이다.

---

4 Ammon Yariv, *Optical Electronics*, 3d ed. (New York: Holt, Rinehart and Winston, 1985), Ch. 8.

5 이 **결맞음 길이**와 9장에서 언급한 같은 이름의 값과 혼동하지 마시오.

예제 24-2

파장이 $\lambda_0 = 0.8\,\mu\text{m}$ 인 기본모드의 광이 KDP 결정에 입사한다. 이때 이 결정의 제2조화파와 기본모드에 대한 굴절률은 각각 1.4802와 1.5019로 주어진다. 제2조화파 광파를 효과적으로 발생시키기 위한 결정의 최대 두께는 얼마인가?

풀이

문제의 조건을 식(24-6)에 대입하면 다음과 같다.

$$L_c = \frac{0.8\,\mu\text{m}}{(4)(1.5019 - 1.4802)} = 9.2\,\mu\text{m}$$

이 결과로부터 제2조화파 광파를 효과적으로 발생시키기 위한 결정의 최대 두께는, 이 경우 기본 파장의 약 10배로, 일반적으로 매우 얇음을 알 수 있다. 따라서 결맞음 길이와 동일한 두께를 갖는 결정들은 너무 얇아서 구하기도 어렵고 비실용적이다.

복굴절 위상정합

비선형 결정의 결맞음 길이가 극도로 짧아 비실용적인 것을 극복하기 위해 주로 사용되는 방식에는 비선형 결정들의 복굴절성(birefringence)을 이용하는 방식이 있다. 15-5절에서 기술한 바와 같이 이상(E) 광선의 굴절률과 전파속도는 결정 내의 입사방향에 따라 변한다. 만약 결정 내의 입사방향이 E-광선의 굴절률 $n_{2\omega}$와 정상(O) 광선의 굴절률 n_ω가 같아지도록 설정하면 기본모드와 제2조화파 파동 사이의 위상차가 일정하게 되어 결정의 두께가 cm나 그 이상으로 유지될 수 있다. 이 기술은 **굴절률 정합**(index matching) 또는 **복굴절 위상정합**(birefringent phase matching)이라 부른다. 그림 24-2(a)에서 보듯이 E-광선과 O-광선의 결정 방향에 따른 속도가 각각 소정의 타원체의 형태로 주어지며 두 타원체가 만나는 방향이 정합 방향을 의미함을 알 수 있다.

준위상정합(quasi-phase matching)

복굴절 위상정합 방식의 대안으로 소위, **준위상정합**(quasi-phase matching, QPM) 방식이 있다. 이 방식에서는 결맞음 길이 L_c의 간격으로 χ_2의 부호가 계속 바뀌는 비선형

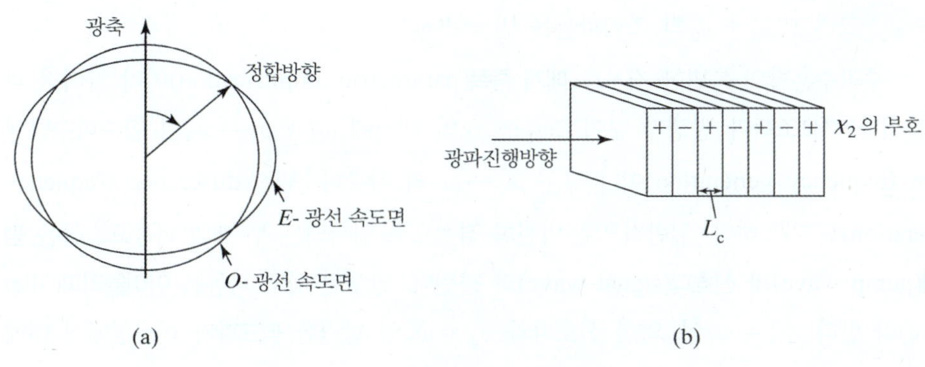

그림 24-2 위상정합 기술. (a) 복굴절 매질 내의 수직 편광된 광파 빔에 대한 속도 타원체. O-광선 타원체는 구면이고 두 광선이 같은 속도를 갖는 방향(광축과 대비하여 그려져 있음.)을 따라 E-광선 타원체와 교차한다. (b) QPM 결정.

결정의 주기적 구조를 이용하여 기본 모드와 제2조화파 전기장 사이의 위상 부정합 Δk를 보상하여 준다. 이러한 주기적 구조를 만들기 위해서는 비선형 결정을 폭이 L_c인 여러 개의 얇은 평판(slab)들로 잘라 적층하되, 한 평판 위에 다음 평판을 부착할 때에는 180°를 회전시키는 방식을 반복한다. 이렇게 하면, 0이 아닌 2차 감수율 χ_2를 갖는 물질들은 반전대칭성이 없으므로, 그림 24-2(b)에서 보듯이 제작된 소자는 L_c의 간격으로 χ_2의 부호가 계속 바뀌게 된다. 결정의 결맞음 길이는 에너지 흐름의 방향이 기본 전기장에서 제2조화파 전기장으로 바뀌는 데 필요한 길이이다. 따라서 에너지 흐름의 방향이 바뀌어 제2조화파 전기장의 감쇠가 일어나려고 할 때, χ_2의 부호가 바뀌게 된다. 이 변화로 인해 제2조화파 전기장과 쌍극자 사이에 적절한 위상 관계가 복구되어 제2조화파 전기장의 지속적인 증폭이 가능해진다. 하지만 예제 24-2에서 보듯이, 많은 결정들에서 위상 부정합과 관련한 결맞음 길이가 극도로 짧아 위의 방식으로 QPM결정을 제작하는 것은 그다지 실용적이지 못하다. 대신에 외부 장을 이용하여 비선형 강유전체 물질이나 비선형 폴리머의 주기적 **분극반전**(periodic poling)을 가능하게 할 수 있다. 이와 같은 영구적인 주기적 분극반전 구조는 QPM에 필요한 χ_2 부호의 주기적 교번을 제공해준다. 이러한 방식의 대표적인 소자 구조로는 주기적으로 분극반전된 니오븀산 리튬(periodically poled lithium niobate, 또는 PPLN)을 들 수 있다.

주파수혼합

서로 다른 주파수를 갖는 두 개나 그 이상의 입사광들이 비선형 유전물질 내에서 상호 간섭을 일으키면 **주파수혼합**이 일어날 수 있다. 예를 들어 주파수가 각각 ω_1과 ω_2인 두 개의 입사파가 간섭을 일으킨다면 다음과 같이 쓸 수 있다.

$$E = E_{01}\cos\omega_1 t + E_{02}\cos\omega_2 t$$

또는 지수함수의 형태로 다음과 같이 쓸 수도 있다.

$$E = \frac{1}{2}E_{01}(e^{i\omega_1 t} + e^{-i\omega_1 t}) + \frac{1}{2}E_{02}(e^{i\omega_2 t} + e^{-i\omega_2 t})$$

2차 비선형 편극 $P_2 = \varepsilon_0\chi_2 E^2$는 입사 장의 제곱에 비례하므로 분명히 $2\omega_1$, $2\omega_2$, $\omega_1 - \omega_2$ 그리고 $\omega_1 + \omega_2$의 조화파들을 만들어낸다.

주파수혼합의 특별한 경우로 **매개 증폭**(parametric amplification)이라 알려진 과정이 있다. 제2조화파 발생과 같이 $2\omega_1 \to \omega_3$의 대신에 $\omega_1 + \omega_2 \to \omega_3$의 합주파수발생(sum frequency generation)이나 $\omega_1 - \omega_2 \to \omega_3$의 차주파수발생(difference frequency generation)도 가능하다. 일반적으로 비선형 결정으로 입사되는 두 개의 파동요소들은 **펌프파**(pump wave)와 **신호파**(signal wave)라 불린다. 발생한 차의 파동은 **아이들러파**(idler wave)라 한다. $\omega_s = \omega_1$인, 약한 신호파와 $\omega_p = \omega_2$인 강력한 **펌프**파가 비선형매질 내에

표 24-1 선형 및 비선형 과정

선형 1차: $P_1 = \varepsilon_0 \chi_1 E$	비선형 2차: $P_2 = \varepsilon_0 \chi_2 E^2$	비선형 3차: $P_3 = \varepsilon_0 \chi_3 E^3$
고전 광학	반전대칭성이 없는 물질	반전대칭성을 가진 물질
중첩	제2조화파 발생	제3조화파 발생
반사	3파 혼합	4파 혼합
굴절	광학 정류	커 효과
복굴절	매개 증폭	라만 산란
흡수	포켈스 효과	브릴루앙 산란
		광 위상 공액

서 상호작용을 일으키는 상황을 가정해 보자. $\omega_3 = \omega_i = \omega_p - \omega_s$의 차 주파수 또는 아이들러 주파수가 발생할 수 있다. 이러한 아이들러 주파수는 다시 펌프 주파수와 맥놀이를 일으켜 신호 주파수 $\omega_s = \omega_p - \omega_i$를 강화시킨다. 따라서 이 과정을 통하여 펌프파의 출력을 받아 아이들러 파와 신호파가 모두 증폭된다. 가변형 패브리-페로 공진기(tuned Fabry-Perot cavity) 역할을 하는 비선형 결정 내에서 신호주파수와 아이들러 주파수가 공진기의 공명주파수와 같아지면 이 파라메트릭 공진기는 파장 가변 결맞음 광원이 된다. 공진기의 가변은 온도나 인가한 직류 전기장의 조절을 통하여 공진기 내의 굴절률을 변화시키는 방식으로 수행한다. 고출력 파장가변 광원을 만드는 이 중요한 방법은 28장에서 더 자세히 논의하기로 한다.

전기장의 제곱에 비례하는 편극 효과에 의한 비선형 효과에는 제2조화파 발생뿐 아니라 그 밖에 여러 가지 것들이 있으며, 매질에서의 편극에 작용하는 몇 가지 3차 비선형 효과, $P_3 = \varepsilon_0 \chi_3 E^3$와 더불어 표 24-1에 예시되어 있다. 예를 들어 3차 비선형 효과로 **제3조화파 발생**(third harmonic generation)이 일어날 수 있다. 표 24-1에 예시된 비선형 현상들 중 몇 가지는 본 장의 나머지 절들에서 기술할 것이다.

24-3 전기광학 효과

비선형 전기광학 효과는 매질에 직류 전기장이나 저주파수의 장을 인가한 경우에 발생한다. 이 절에서는 전기광학 효과 중, **포켈스 효과**(Pockels effect)와 **커 효과**(Kerr effect)의 두 가지 효과에 대해 논의하고, 이 효과들이 **광변조기**(light modulators)로 사용되는 원리를 알아보기로 하자. **광변조**에는 진폭변조(AM), 주파수변조(FM), 위상변조, 편광변조 또는 광파의 진행방향의 변조 등을 들 수 있다. 광변조의 목적 중의 하나는 10장에 나오는 광섬유 통신 시스템의 논의에서 설명한 바와 같이 광파에 정보를 실어 보내는 것이다. 물론 광 초퍼(optical chopper)나 광 셔터(optical shutter)를 이용하면 기계적인 광변조가 가능하다. 여기에서는 전기장의 인가를 통하여 매질의 굴절률을 변화시키는 변조 방식에 관하여 주로 논의해 보자. 본 장의 뒷부분에서는 자기-광학 소자와 광음향 소자에 관해서도 논의할 것이다.

비선형 거동을 기술하는 방정식은 인가한 전기장과 매질의 편극과의 관계식(24-3)에 의해 주어진다. 대부분의 유용한 전기광학 물질로 사용되는 결정매질을 다루는 데 있어 굴절률 n의 비선형성을 표현하는 데에는 감수율에 대한 식(24-2)와 유사한 다음의 식[6]을 사용하는 것이 관례이다.

$$\frac{1}{n^2} = \frac{1}{n_0^2} + rE + RE^2 \tag{24-7}$$

여기서 r과 R은 각각, 선형 및 2차 **전기광학 계수**(electro-optic coefficients)[7]이고 n에 영향을 주는 결정 응력과 같은 다른 효과들을 없다고 가정한다. 또한 장이 인가되지 않은 상태의 굴절률은 n_0이다. 일반적으로 굴절률은 결정축에 대한 빛의 편광과 진행 방향에 의존하여 변한다. $\vec{\mathrm{E}}$는 벡터장이기 때문에 r과 R은 결정의 대칭성을 반영하는 텐서로 표현된다. 대칭성의 정도에 따라 많은 텐서 요소들은 0이거나 다른 값들과 같아져 특별한 결정 물질을 표현하는 데 필요한 독립적인 요소들[8]의 수를 줄여준다.

포켈스 효과

포켈스 효과는 식(24-7)의 선형 항에 의해 주어지며, 여기서 E는 인가한 직류 전기장이다. 이 효과는 파동 중 하나는 입사광파이고 다른 하나는 주파수가 0인 장으로 구성된 2파 혼합(two-wave mixing)의 특별한 경우로 간주할 수 있다. 여기서는 직류 전기장 자체가 비선형 현상을 일으킬 만큼 충분히 크므로 빛의 전기장은 작아도 된다. 일반적으로 직류 전기장은 전자들을 재분포시켜서 등방성 물질에 복굴절성을 주거나, 이미 복굴절성을 갖는 물질들에는 새로운 광축을 생성시킨다. 식(24-3)에서 보듯이 포켈스 효과는 편극에 대한 2차 효과이기 때문에 반전대칭성을 갖는 등방성 물질에서는 발생하지 않는다. 포켈스 효과[9]를 나타내는 모든 결정 물질들은 또한 **압전**(piezoelectric) 물질이기도 하다. 여기서 압전 물질이란 기계적인 응력이 인가되면 복굴절성이 유도되는 물질을 의미한다. 이 효과는 레이저가 발명되기 훨씬 이전인 1893년에 발견되었기 때문에 레이저와 같은 강력한 광 장이 사용되기 전부터 잘 알려진 효과라 할 수 있다.

포켈스 셀(Pockels cell)의 일반적인 구성을 보면, 결정이 원래 가지고 있는 광축과 인가한 전기장이 평행하게 배열되어 있다. 그림 24-3에서 보듯이, 인가한 전기장에

---

6 Ivan P. Kaminov, *An Introduction to Electrooptic Devices* (New York: Academic Press, 1974), Ch. 3

7 편극에 대하여 식(24-3)에서 결정된 전기광학 과정의 "차수"와, $1/n^2$ 또는 Δn에 대하여 식(24-7)에서 결정된 "차수"를 구분하는 것은 중요하다. 예를 들어 포켈스 효과는 첫 번째 기준으로는 χ_2와 관련된 2차 효과이고, 두 번째 기준으로는 r과 관련된 1차 효과이다. 두 기준이 모두 사용된다.

8 선형 전기광학 텐서 p_{ij}는 $\Delta(1/n^2)_i = \sum_j p_{ij} E_j \,(i = 1,\ 2,\ 3,\ \cdots,\ 6$이고 $j = x,\ y,\ z)$의 관계식에 의해 정의된다. 예를 들어 삼사정계(triclinic) 대칭성을 가진 결정들에서는 18개의 가능한 모든 텐서 요소들이 필요하고 섬아연광(zinc blende, GaAs)에서는 오직 한 개만 필요하고 반전중심대칭(centro-symmetric) 결정에서는 모든 요소가 0이 된다. 예를 들어 Ammon Yariv, *Optical Electronics*, 3d ed. (New York: Holt, Rinehart and Winston, 1985), Ch. 9를 참조하시오.

9 단결정은 32개의 대칭 군으로 나뉘며, 그 중 20개는 포켈스 효과를 보인다.

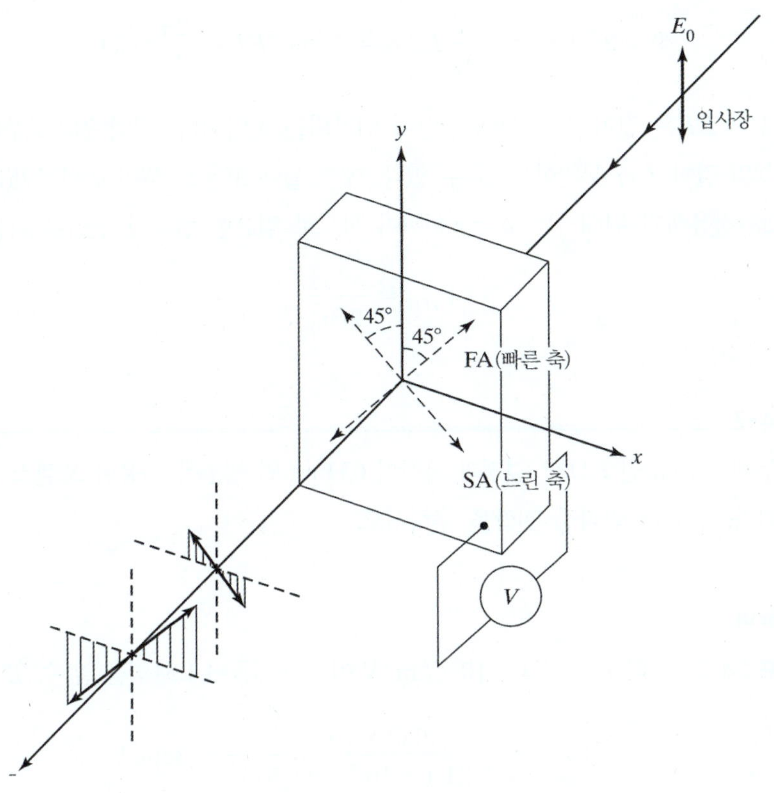

그림 24-3 포켈스 셀 구조. 인가 전압 V에 의한 지연 효과는 결정의 고속 축(fast axis, FA)과 저속 축(slow axis, SA)에 의해 전송되는 편광 요소의 축 상 분리에 의해 주어진다.

수직한 평면상에 고속 축(fast axis, FA)과 저속 축(slow axis, SA)이 유도된다.

만약 포켈스 셀 결정이 회전하여 FA와 SA가 x-축 및 y-축과 45°가 되면, 장 방향에 따라 배열된 결정에 수직으로 편광된 광파 $\vec{\mathrm{E}}_0$가 입사하는 경우에 FA와 SA방향으로 같은 진폭을 가지고 나뉘게 된다. 나누어진 광파들은 결정을 통하여 서로 다른 굴절률과 전파속도를 경험하게 된다. 따라서 14-2절에서와 같이 이 결정은 위상지연기(phase retarder)로 작용하며 출력파들 사이에 위상차가 발생한다. 길이 L인 결정을 통과하는 동안 하나의 파는 $\Delta\varphi$만큼 위상이 빠르고, 다른 하나의 파는 $\Delta\varphi$만큼 위상이 느려져, 출력파의 위상차는 $\Phi = 2\Delta\varphi$로 주어진다. 한편 $\Delta\varphi = (2\pi/\lambda_0)L\Delta n$으로 주어지는데, 여기서 λ_0는 진공 중에서의 빛의 파장이고 $L\Delta n$은 인가한 전기장에 의해 각 파동들 사이에 유도되는 광 경로차를 의미한다. 식(24-7)로부터 Δn을 구할 수 있다. 여기서 작은 변화를 가정하면 근사적으로 $d(1/n^2) = rE$로 쓸 수 있다. 포켈스 효과에서는 E^2항은 무시할 수 있으므로 다음과 같이 쓸 수 있다.

$$d\left(\frac{1}{n^2}\right) = -2\frac{dn}{n^3} \cong rE$$

$$|\Delta n| \cong \frac{r}{2}n_0^3 E$$

위의 결과를 위상 방정식에 대입하면 다음과 같다.

$$\Phi = 2(\Delta\varphi) = 2\frac{2\pi}{\lambda_0}L\Delta n = \frac{2\pi}{\lambda_0}rn_0^3EL = \frac{2\pi}{\lambda_0}rn_0^3V$$

여기서 $V = EL$은 길이 L인 셀의 양단에 인가되는 전압이다. 위의 결과로부터 위상차 Φ는 결정의 길이 L과 무관함을 알 수 있다. 예를 들어 포켈스 셀이 반파장판(half-wave plate)으로 작용하기 위해서는 $\Phi = \pi$이어야 하므로 필요한 반파장 전압은 다음과 같다.

$$V_{HW} = \frac{\lambda_0}{2rn_0^3} \tag{24-8}$$

예제 24-3

두께가 1 cm인 KD*P 결정과 파장이 633 nm인 광원을 사용한 포켈스 셀을 가정하자. 필요한 반파장 전압을 구하시오.

풀이

표 24-2로부터 $r = 24.1\times 10^{-12}\,\mathrm{m/V}$이고 굴절률이 1.51임을 알 수 있다. 따라서

$$V_{HW} = \frac{633\times 10^{-9}}{2(24.1\times 10^{-12})(1.51)^3} = 3800\,\mathrm{V}$$

따라서 3.8 kV의 전압을 인가하면 이 결정을 반파장판으로 만들 수 있다.

표 24-2 대표적인 물질들에서의 선형 전기광학 계수

물질(파장은 633 nm가 아니면 따로 표기)	선형전기광학 계수[a] r(pm/V)	굴절률 n_0
KH_2PO_4(KDP)	11	1.51
KD_2PO_4(KD*P)	24.1	1.51
$(NH_4)H_2PO_4$(ADP) $\lambda = 0.546\ \mu m$	8.56	1.48
$LiNbO_3$(니오븀산리튬)	30.9	2.29
$LiTaO_3$(탄탈룸산리튬)	30.5	2.18
GaAs(갈륨비소) $\lambda = 10.6\ \mu m$	1.51	3.3
Zns(황화 아연) $\lambda = 0.6\ \mu m$	2.1	3.36
석영	1.4	1.54

a 결정학적 대칭성에 의존하여, 물질들은 하나 이상의 전기광학 계수를 갖는다. 여기에는 포켈스 셀에 사용되는 하나의 값만 표시하였다. 이 값과 다른 값들은 다른 참고문헌[10]을 참조하시오.

15-7절에서 보듯이 반파장판의 경우, 선편광된 입사광은 본래 방향을 기준으로 선편광이 90° 회전하게 된다. 그림 24-4와 같이, 만약 TA가 x-축 방향에 나란한 선형 편광자에 빛이 입사하면 $V = 0$일 때에는 시스템의 투과율이 0이고 $V = V_{HW}$일 때에는

10 예를 들어 Amnon Yariv, *Optical Electronics*, 3d ed.(New York: Holt, Rinehart and Winston, 1985), Ch. 8을 참조하시오.

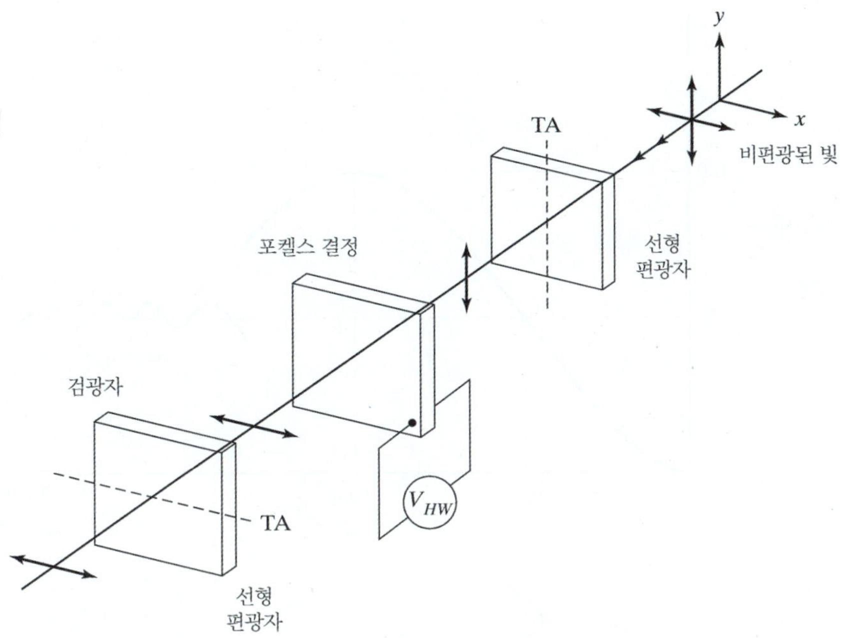

그림 24-4 수직 교차하는 편광자와 검광자를 포함하는 포켈스 셀 시스템에 반파전압을 인가했을 때의 효과. 포켈스 셀에 입사하는 수직 편광된 빛은 수평 편광된 빔으로 투과된다. 다른 인가전압에서는, 검광자로 입사하는 빔이 타원 편광되어 있으므로 부분적으로만 투과된다.

투과율이 최대가 된다. 따라서 V의 변화는 입사광의 편광상태를 바꿔주고, 검광자에 의해 투과된 광의 x-성분이 일반적으로 타원편광이 되게 만든다. 사실상 편광자-검광자 쌍은 위상변조를 통해 진폭변조 기능을 수행한다. 따라서 시스템의 투과율은 인가전압의 조절을 통해 변조됨을 알 수 있다. 이 소자는 **포켈스 전기광학 변조기**(Pockels electro-optic modulator)로 알려져 있으며, 여기서 신호전압 V의 변화는 소자의 광세기를 변화시킨다.

포켈스 셀은 전극의 제작을 단순화하기 위한 배열로 빛의 진행방향에 수직하게 장을 인가하는 형식으로도 구성할 수 있다. 이 구조에서 전극들은 보통 빛이 잘 투과할 수 있고 결정에 상당히 균일한 장을 인가할 수 있도록 가장자리 고리(endring) 형태로 만들어진다.

그림 24-5와 같이 빛의 투과율은 다음의 관계식[11]으로 주어진다.

$$I = I_{\max}\sin^2\left(\frac{\pi}{2}\frac{V}{V_{HW}}\right) \tag{24-9}$$

투과율 곡선의 영역 중, 더 선형적인 영역을 이용하기 위하여 편광자와 포켈스 결정의 사이에 종종 1/4-파장판(quarter-wave plate)을 삽입한다. 이렇게 하면, $V=0$일 때 50%의 투과율을 갖게 되어 그림에서 보듯이 동작점이 원점이 아니라 P점에 위치하게 된다. 변조전압의 변화를 너무 크게 하지만 않으면 시스템의 응답은 선형적으로 나타난다.

포켈스 셀의 유사한 다른 두 가지 응용 예가 그림 24-6과 24-7에 주어져 있다. 그림 24-6에서 포켈스 셀은 Q-스위치(Q-switch)로 사용되는데, 이는 레이저에 축적된 에너지를 순간적으로 덤핑(dumping)할 수 있도록 하는 장치이다. 포켈스 셀에 전압을 인

11 J.Wilson, and J. F.B. Hawkes, *Optoelectronics: An Introduction* (London: Prentice-Hall International, 1983).

100
투과율 (%)
50
P
투과 세기
V_{QW}
$\pi/2$
V_{HW}
π
인가 전압 V
위상차 Φ
변조 전압

그림 24-5 포켈스 셀 변조기의 투과율 곡선. 1/4파장판이 없을 때, 인가전압이 0이면 투과율도 0이다. 편광자와 변조기 사이에 1/4파장판을 사용하면 인가전압이 0일 때, 동작점 P에서 50%의 투과율을 얻는다. 이 조건에서 변조기는 입력신호에 대하여 좀 더 선형적으로 응답한다.

수평편광된 빔은 제거됨
$V = 0$
수평편광된 빔
고반사 거울
레이저 매질
포켈스 결정
글랜-레이저 프리즘

(a)

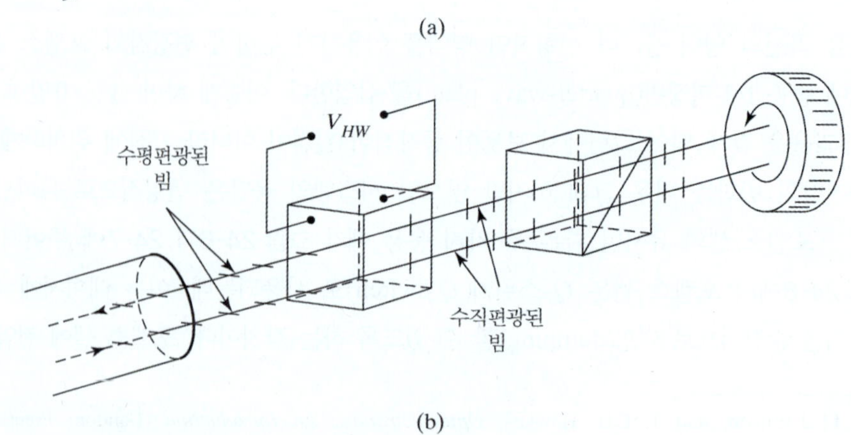

(b)

그림 24-6 포켈스 셀이 Q-스위치로 사용될 때의 빛의 제어 동작. (a) 0-셀 전압에서 낮은 투과를 일으키고, (b) 반파장 전압에서 높은 투과를 일으키는 그림이다. (b)에서 입사 빔과 반사 빔은 확실히 분리된다. 빔이 레이저 공진기로 반복적으로 재입사하게 되면 유도 방출이 시작되어 레이저 펄스를 생성한다.

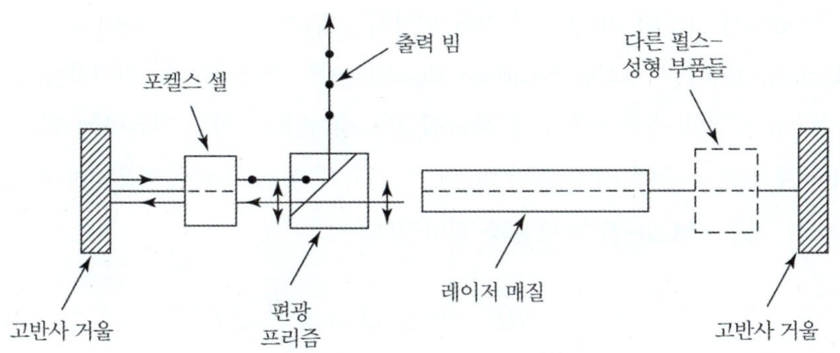

그림 24-7 포켈스 셀이 공진기 덤퍼로 사용될 때의 빛의 제어 동작. 포켈스 셀에 반파전압이 인가되면 선편광된 레이저 빔을 회전시켜서 편광 프리즘에 의해 덤핑이 일어난다.

가하지 않으면 레이저 공진기로 부터의 수평편광된 빛을 편광상태를 바꾸지 않고 온전히 투과시킨다. 글랜-레이저 프리즘(Glan-laser prism)은 수평편광된 빛은 제거하고 수직편광된 빛만 투과하도록 조절되어 있다. 반파장 전압을 인가하면 레이저 공진기로부터의 수평편광된 빛은 90° 회전하여 글랜-레이저 프리즘을 통과하여 고반사 거울을 통해 반사되어 공진기로 되돌아갈 수 있게 된다. 따라서 이 구조를 이용하면 레이저 공진기 내부에서 빛이 빠르게 왕복하고, 유도방출이 강화되어 큰 에너지를 갖는 레이저 펄스광의 생성이 가능해진다. 그림 24-7에서, 포켈스 셀은 공진기 덤핑(cavity dumping)을 가능하게 하는 데 사용된다. 반파장 전압이 인가되면 레이저 광의 편광상태가 90° 회전하게 되어 그림에서 보듯이 편광 프리즘의 도움을 받아 추출될 수 있게 된다.

커 효과

액체나 유리에서와 같이 광학매질이 등방성을 가지면 포켈스 효과는 사라지고, **커 효과**(Kerr effect)라 알려진 3차 전기광학 효과에 의해 매질의 편극이 변형된다(식(24-3)을 참조하시오). 모든 3차 효과와 마찬가지로 이 효과는 매질의 반전대칭성 여부와 상관없이 반드시 나타난다. 실제로 커 효과는 1875년에 전기광학 효과 중에서 가장 먼저 발견되었

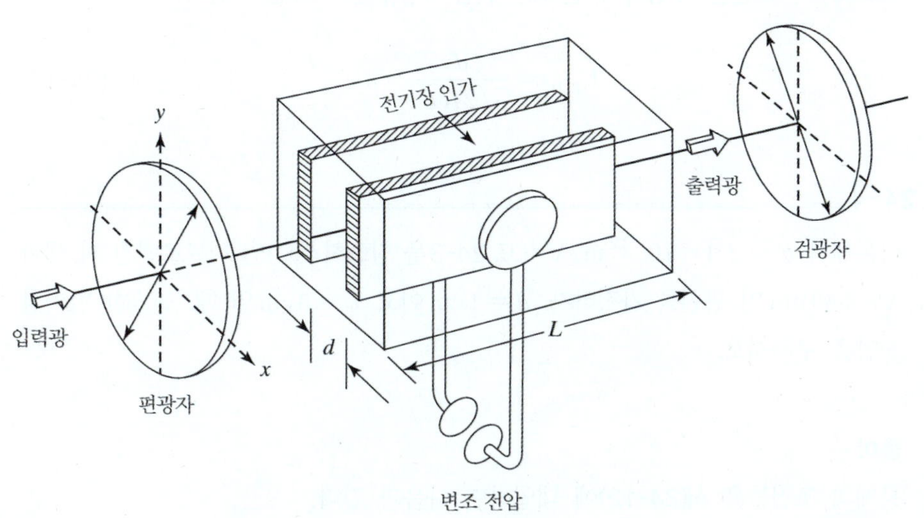

그림 24-8 커 셀. 인가한 전압은 빔의 방향에 수직한 전기장을 생성시킨다. 포켈스 셀과 마찬가지로, 변조 전압은 위상변조를 일으키고, 이는 편광자-검광자 쌍에 의해 진폭변조로 전환된다.

다. 그림 24-8에서 보듯이 커 셀은 전압이 인가되는 두 개의 전극 사이에 보통 니트로벤젠(nitrobenzene)이나 이황화탄소(carbon disulfide)를 집어넣는다. 전기장을 인가하면 인가한 방향에 평행한 광축 방향으로 복굴절성이 생겨난다. 셀을 경유하는 빛은 광축에 평행하거나 수직인 편광에 따라 각각 n_e와 n_o 두 개의 굴절률이 적용되며 위상지연이 일어난다. 이 경우, 식(24-7)은 다음과 같아진다.

$$\frac{1}{n^2} = \frac{1}{n_0^2} + RE^2 \text{ 또는 } |\Delta n| = \frac{R}{2} n_0^3 E^2 \tag{24-10}$$

실험적으로, n_e와 n_o의 차이는 다음의 관계식을 따른다.

$$\Delta n = KE^2 \lambda \tag{24-11}$$

여기서 K는 **커 상수**(Kerr constant)이다.

식(24-10)과 (24-11)을 연립하면 K와 R 사이의 관계식을 구할 수 있다.

$$K = \frac{Rn_0^3}{2\lambda}$$

포켈스 셀에서 설명한 바와 같이 정상광선과 이상광선 사이의 상대적인 위상지연은 다음과 같다.

$$\Phi = \frac{2\pi}{\lambda} L \Delta n$$

식(24-11)의 커 상수를 대입하면 다음과 같아진다.

$$\Phi = \frac{2\pi K V^2 L}{d^2}$$

여기서 $V = Ed$이고 d는 전극간의 거리이다. 반파장판의 기능을 수행하기 위해서는 $\Phi = \pi$이므로, 이 조건을 대입하여 필요한 전압 V_{HW}을 구하면 다음과 같다.

$$V_{HW} = \frac{d}{\sqrt{2KL}} \tag{24-12}$$

예제 24-4

상온에서 $K = 2.4 \times 10^{-12}\,\mathrm{m/V^2}$(표 24-3을 참조하시오)인 니트로벤젠 커 셀과 $\lambda = 589\,\mathrm{nm}$인 광원을 가정하자. $d = 1\,\mathrm{cm}$이고 $L = 3\,\mathrm{cm}$일 때, 필요한 반파장 전압을 구하시오.

풀이

문제의 조건들을 식(24-12)에 대입하면 다음과 같다.

$$V_{HW} = \frac{0.01}{\sqrt{(2)(2.4 \times 10^{-12})(0.03)}} = 26.4\,\mathrm{kV}$$

따라서 커 셀은 26.4 kV 근방의 전압에서 반파장판으로 작동한다. 이 값은 일반적인 포켈스 셀의 값보다 훨씬 크다.

표 24-3 몇 가지 물질들에서의 커 상수

물질($\lambda = 589\,\mathrm{nm}$, 상온)	$K(\mathrm{pm/V^2})$
질소(STP)	4×10^{-6}
유리(범용)	0.001
이황화탄소(CS_2)	0.036
물(H_2O)	0.052
니트로톨루엔($C_5H_7NO_2$)	1.4
니트로벤젠($C_6H_5NO_2$)	2.4

커 셀은 포켈스 셀과 같은 방식으로 변조기로 사용될 수 있다. 하지만 커 셀의 높은 구동전압과 니트로벤젠의 독성 및 폭발성 때문에 일반적으로 포켈스 셀이 더 선호된다. 그럼에도 불구하고 커 셀은 고속 셔터나 기계적인 광 초퍼의 대체수단으로 응용되고 있다. 커 셀은 10^{10} Hz 범위의 주파수에 대한 고속응답이 가능하며, 펄스 레이저의 Q-스위치로 종종 사용된다.

24-4 패러데이 효과

이제까지 논의된 전기광학 효과와는 대조적으로 **패러데이 효과**(Faraday effect)는 1차(다시 말해서, $\Delta n \propto B$) **자기광학**(magneto-optic) 효과이다.[12] 투명한 물질이 자기장 안에 놓여있고, 선편광된 빛이 자기장의 방향으로 진행하면 출력 광은 여전히 선편광되어 있으나 시편의 두께 d와 자기장의 세기 B에 비례하여 편광면이 β만큼 회전하게 되며, 그 조건은 다음의 실험적인 식으로 주어진다.

$$\beta = VBd \tag{24-13}$$

여기서 V는 물질의 **베데 상수**(Verdet constant)라 부르며 Gauss-cm(G-cm)당 분(각도)의 단위로 나타낸다. 베데 상수는 온도와 파장에 의존한다.

패러데이 회전의 흥미로운 점은 주어진 물질에 대한 자기장의 방향과 관련한 회전이라는 의미에서 빛의 진행방향과 무관하다. 광파가 물질의 앞쪽과 뒤쪽으로 반복적으로 진행하면 회전각도 β는 누적된 효과를 나타낸다. 이러한 거동은 15-6절에서 논의된

12 자기장과 관련한 커 효과($\Delta n \propto E^2$와 유사한 법칙에는 기체에서의 **보이트**(Voigt) 효과와 액체에서의 **커튼-머튼**(Cotton-Mouton) 효과가 있으며, 여기서는 빛의 진행방향에 수직하게 자기장이 인가된다. 두 효과는 매우 약한 효과들로 여기서는 더 이상 논의하지 않기로 한다.

광활성(optical activity) 현상과는 대조적이다.

편광된 빛의 광학적인 회전은 **원형 복굴절**로 이해될 수 있는데, 15-6절에서 보듯이 좌원 편광된 빛과 우원 편광된 빛에 서로 다른 굴절률이 존재한다는 점이다. 선편광된 빛은 좌원 편광된 빛과 우원 편광된 빛의 합성으로 표현됨을 상기하자. 두 성분들은 인가된 자기장에 의해 서로 다른 영향을 받아 두 성분에 적용되는 굴절률이 달라지기 때문에 서로 다른 속도로 매질 속에서 진행한다. 결과적으로 좌원 편광된 빛과 우원 편광된 빛은 역 위상이 되어 패러데이 회전자로부터 나오는 두 성분의 빛을 중첩하면 본래의 방향에 비해 편광면이 회전된 선편광의 빛이 출력된다.

고전적인 유도 방법[13]에 의하면 회전각 β는 다음과 같이 주어진다.

$$\beta = \left(\frac{e}{2m}\frac{\lambda}{c}\frac{dn}{d\lambda}\right)Bd \tag{24-14}$$

여기서 e와 m은 단위전하량과 질량, c는 자유공간에서의 빛의 속도, λ는 파장 그리고 $dn/d\lambda$는 **선광분산**(rotatory dispersion)이다. 식(24-13)과 비교를 통하여, 다음과 같이 주어지는 실험적인 베데 상수 V를 얻을 수 있다.

$$V = \frac{e}{2mc}\lambda\frac{dn}{d\lambda} \tag{24-15}$$

V값을 계산하여 min/G-cm의 표준 단위로 나타내면 식(24-15)는 다음과 같다.

$$V = 1.0083\lambda\frac{dn}{d\lambda}$$

베데 상수는 빛의 파장과 매질의 유도 선광분산에 비례한다. 589 nm 파장에서의 측정된 V값을 표 24-4에 정리해 놓았다.

표 24-4 몇 가지 물질들에서의 베데 상수

물질	V(min/G-cm) $\lambda = 589\,\text{nm}$
H_2O	0.0131
크라운 유리	0.0161
플린트 유리	0.0317
CS_2	0.0423
CCl_4	0.0160
NaCl	0.0359
KCl	0.02858
석영	0.0166
ZnS	0.225

13 Frank L. Pedrotti, and Peter Bandettini. "Faraday Rotation in the Undergraduate Advanced Laboratory," *Am. J. Phys.*, 58, June 1990: 542.

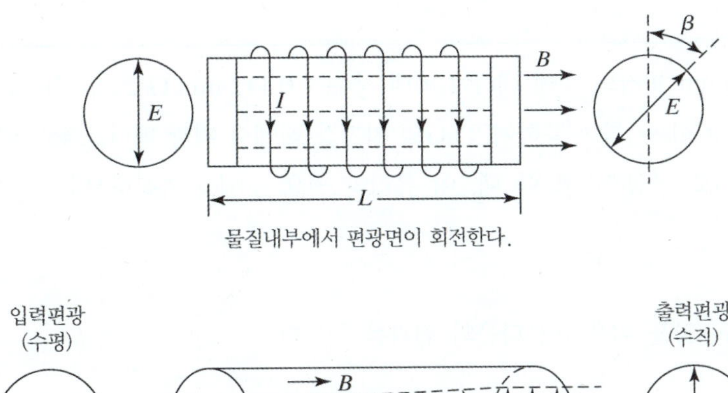

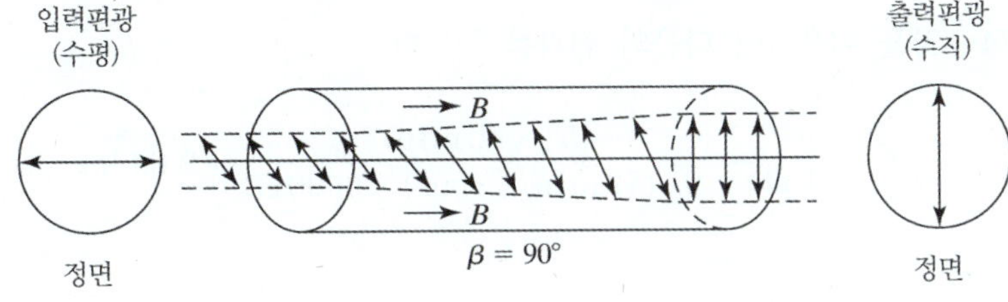

그림 24-9 패러데이 효과에 의한 편광면의 회전

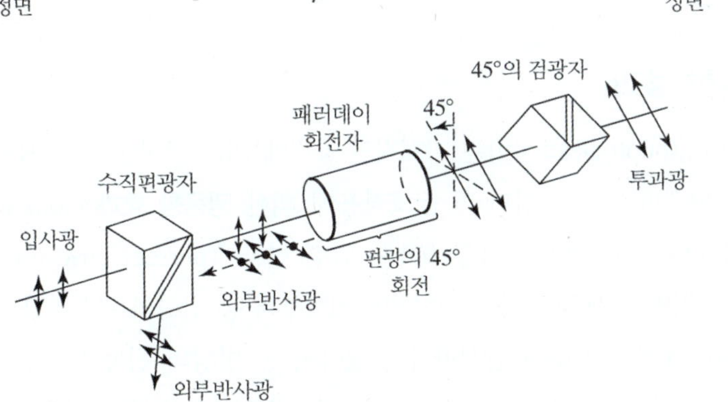

그림 24-10 편광자-검광자 쌍의 사이에 놓인 패러데이 회전자는 외부 반사광이 광학계로 되돌아오는 것을 방지하는 광차단을 수행한다.

패러데이 효과는 빛의 변조에 이용될 수 있다. 하지만 실제로 매우 높은 주파수로 자기장을 변조하는 것은 쉽지 않다. 그림 24-9는 대칭축이 자기장과 나란히 정렬된 결정이나 액체 셀을 이용한 패러데이 회전자를 개략적으로 보여준다. 이 그림은 감아놓은 도선에 흐르는 전류가 자기장 B를 생성함을 보여주는데, 전류가 장을 생성하는 것과 같은 방식으로 편광이 회전함을 나타내고 있다. 이 그림은 베데 상수가 양인 경우를 묘사한다. 그림 24-10은 **광차단기**(optical isolator)라 불리는 패러데이 회전자의 중요한 응용 예를 보여준다. 광차단기는 패러데이 회전자를 편광자-검광자 쌍의 사이에 배치한 구조이다. 그림에서 보듯이 수직 편광된 빛이 입사하면 패러데이 회전자에 의해 반시계 방향으로 45° 회전하며, 이 편광 각도의 빛은 검광자를 완전히 통과한다. 만약 도시되지 않은 광학요소가 광학 시스템의 후방에 있어서 여기에서 원하지 않는 반사가 일어나 반사광이 다시 되돌아오는 상황을 가정하자. 그러면 패러데이 회전자를 통과하면서 반사광의 편광 벡터는 같은 방식으로 45°를 더 회전하여 **수평편광**된 빛이 되며, 이 빛은 원래 빛의 편광 방향과 90°의 각도로 편광자와 만나게 된다. 이 편광상태의 빛은 편광자에 의해 완벽하게 차단되므로 외부로 나간 광신호가 다시 광학시스템으로 되돌아오는 것을 막아준다. 고출력 레이저 시스템에서는 이러한 빛의 귀환이 광학소자의 성능을 떨어뜨린다. 따라서 **광차단기**는 광학계로 되돌아오는 외부 반사광을 효과적으로 차단시키는 역할을 한다.

예제 24-5

543.5 nm 파장의 빛에 대하여 베데 상수가 0.112 min/G-cm인 SF58 플린트 유리(flint glass)를 이용하여 9 kG의 자기장 하에서 편광 벡터를 45° 회전시켜 광 차단기로 구성하려고 할 때, 이 유리의 필요 두께를 계산하시오.

풀이

식(24-13)을 이용하면 다음의 결과를 얻는다.

$$d = \frac{\beta}{VB} = \frac{45° \times 60\,\mathrm{min}/°}{(0.112\,\mathrm{min/G\text{-}cm}) \times 9000\,\mathrm{G}} = 2.68\,\mathrm{cm}$$

24-5 광음향 효과

15-7절의 광탄성(photoelasticity)은 기계적인 응력에 의해 굴절률이 변하는 원리이다. 이 현상은 빛과 탄성파(또는 음향파)의 상호작용에 의한 **광음향 효과**(acousto-optic effect 또는 AO)가 가능하게 한다. 광음향 효과는 압전 변환기(piezoelectric transducer)에 의해 결정에 주기적인 기계적 응력이 가해지면 이로부터 종 방향의 탄성파가 발생하는 효과이다. 그림 24-11에서 보듯이 탄성파가 발생하면 종 방향의 진동으로 인해 원자밀도의 밀(compression)과 소(rarefaction)가 주기적으로 반복되게 되며, 큰 값은 아니지만 정상값을 기준으로 굴절률의 주기적인 변화가 발생한다. 이 구조에 빛이 입사하면 더 큰 굴절률을 가진 영역에서 더 많이 산란한다. 이 산란을 **브릴루앙 산란**(Brillouin scattering)이라 부르며, 특별히 매질의 반전대칭 구조를 필요로 하지 않는 또 다른 3차 효과이다.

결정이 충분히 얇으면, 길이 방향으로의 굴절률의 변화가 빛의 속도에 변화를 주게 되므로 이 결정은 투과형 위상격자(transmission phase grating)로 작용한다(12-5절). 입사된 광의 일부는 $m\lambda = d\sin\theta_m$의 회절격자방정식에 따라 다양한 차수로 회절을 일으킨다. 이 경우에 회절격자상수 d는 탄성파 파장 λ_S로 간주해야 하고, θ_m은 m-차의 회절각이다. 이것이 소위 **라만-나스 영역**(Raman-Nath regime)[14]이다. 결정이 더 두꺼워지면 그림 24-11에서 보듯이 더 큰 굴절률을 가진 영역이 탄성파의 진행방향에 수직한 평면을 나타내게 된다. 이 경우에는 브래그 산란(Bragg scattering)에서 결정면으로부터 X선이 회절되는 것과 유사하게 광파가 회절되는 **브래그 영역**(Bragg regime)이 된다. 광파는 탄성파의 속도보다 약 10^5배 정도 더 빠르게 결정을 진행한다. 따라서 유도된 회절격자의 탄성파는 광파와 비교하면 기본적으로 정지되어 있다고 보아도 무방하다.

14 Robert Guenther, *Modern Optics* (New York: John Wiley and Sons, 1990), Ch. 14.

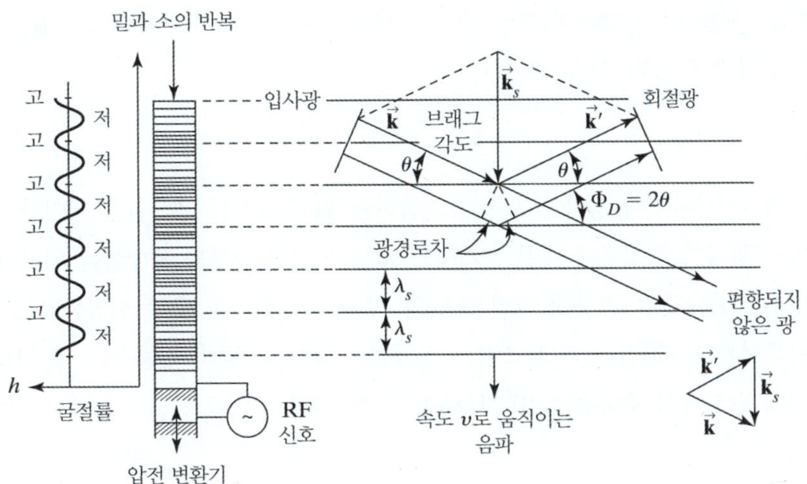

그림 24-11 조화 탄성파의 통과로 인한 매질의 굴절률 변화(좌)와 유도된 "평면"에 의한 입사광의 산란(우). 삽입된 그림은 탄성파가 특정한 방향을 가질 때, 운동량 보존에 의하여 요구되는 파동 벡터의 관계를 보여준다.

회절광은 어떤 방향에서도 나타나며 (1) 주어진 평면의 서로 다른 영역에서의 반사파면의 일부 또는 (2) 인접한 다른 평면들에서의 반사파면의 일부가 보강간섭을 일으키는 일반적인 조건을 따른다. 이 경우에 광 경로 차는 파장의 정수배이어야 한다. 첫 번째 조건은 그림 24-11에서 보듯이 산란각도가 입사각과 동일한 경우에 만족된다. 두 번째 조건은 **브래그 조건**(Bragg condition)이다. 입사파와 회절파의 광 경로 차는 그림에 나타난 두 개의 영역에 의해 주어진다. 기하학적으로 각각의 크기는 $\lambda_s \sin\theta$이므로 다음의 식을 얻을 수 있다.

$$m\lambda = 2\lambda_S \sin\theta = 2\lambda_S \sin\frac{\Phi_D}{2} \tag{24-16}$$

이 식은 1921년에 브릴루앙이 유도하였으며 X-선 회절의 브래그 방정식과 일치한다.[15] 식 (24-16)에서 각도와 빛의 파장은 매질 내에서 측정된다(그러나 문제 24-15를 참조하시오).

회절 극대점을 구하기 위한 브래그 조건은 1장의 파동의 입자성을 이용한 다른 방식으로도 구할 수 있다. 파수 벡터 $\vec{k}$를 갖는 입사광은 각각의 에너지가 $\hbar\omega$이고 운동량이 $\hbar\vec{k}$인 광자의 선속(flux)으로 간주할 수 있다. 여기서 ω는 각주파수 그리고 $\hbar$는 플랑크상수를 2π로 나눈 값이다. 같은 방식으로 파수 벡터 $\vec{k}_S$를 갖는 탄성파는 각각의 에너지가 $\hbar\omega_S$이고 운동량이 $\hbar\vec{k}_S$인 양자화된 입자들의 선속으로 간주할 수 있다. 광음향적인 상호작용은 이러한 입자들의 충돌이나 상호작용이며, 에너지와 운동량은 항상 보존된다. 그림 24-11에 파수 벡터 $\vec{k}$ 및 $\vec{k}_S$와 회절된 광파의 파수 벡터 $\vec{k}'$이 도시되어 있다. 그림에서 탄성파는 아랫방향으로 진행하고 있다. 따라서 광자와 포논(phonon)의 충돌에서의 운동량 보존으로부터 그림의 벡터 삼각형의 도시에 의하여 $\vec{k}' = \vec{k} - \vec{k}_S$가 된

15 브래그 조건에서 X-선 회절과 빛의 회절 사이의 중요한 차이는 개개의 평면보다 두꺼운 사인파 격자로부터 연속적인 방식으로 광 산란이 일어난다는 점이다. 그 결과, 광음향 효과에서 $m=1$의 1차 회절만이 일어난다. 이것과 관련하여, 16-2절과 21-1절을 참조하시오.

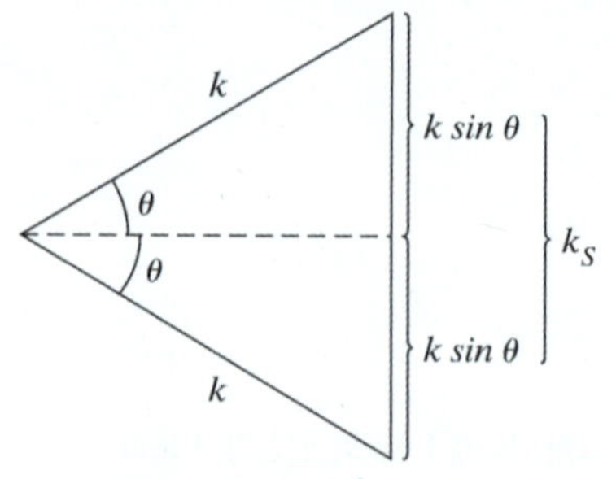

그림 24-12 $|\vec{\mathbf{k}}'| = |\vec{\mathbf{k}}| = k$ 근사에서의 파동 벡터 삼각형. 각도 θ는 브래그 각도이다. 각 변들 간의 기하학적인 관계식은 브래그 회절 조건과 같다.

다. 반면에, 탄성파의 방향이 바뀌면 벡터삼각형의 도시에 의하여 $\vec{\mathbf{k}}' = \vec{\mathbf{k}} + \vec{\mathbf{k}}_S$가 된다. 이를 일반화하면 다음의 식을 얻는다.

$$\vec{\mathbf{k}}' = \vec{\mathbf{k}} \pm \vec{\mathbf{k}}_S \tag{24-17}$$

여기서 양의 부호는 입사 광자가 포논과 결합하여 회절 광자를 생성함을 의미하고, 음의 부호는 입사 광자가 탄성파에 대한 추가적인 포논과 회절 광자를 생성함을 의미한다. 따라서 식(24-17)은 결정 격자에 의한 포논의 방출이나 흡수를 모두 설명하고 있다.

이제 식(24-17)이 브래그 조건과 일치함을 보이자. 빛의 진동수는 10^{14} Hz의 단위인 반면에 탄성파의 주파수는 10^{10} Hz보다 작은 값을 가지므로 ω와 ω'은 ω_S에 비해 훨씬 크다.

$$\omega' \cong \omega, \text{ 따라서 } \vec{\mathbf{k}}' \cong \vec{\mathbf{k}}$$

그림 24-12의 파수 벡터에 대한 벡터 삼각형은 $|\vec{\mathbf{k}}|_S = 2|\vec{\mathbf{k}}|\sin\theta$임을 보여준다. 이를 파장으로 바꾸어 표현하면 다음과 같다.

$$\lambda = 2\lambda_S \sin\theta \tag{24-18}$$

여기서 위의 식은 차수 $m = 1$인 브래그 방정식이다.

충돌하는 입자들 간의 에너지 보존법칙으로부터 다음의 식을 얻는다.

$$\hbar\omega' = \hbar\omega \pm \hbar\omega_S \text{ 또는 } \omega' = \omega \pm \omega_S \tag{24-19}$$

이 결과는 회절된 광자의 각진동수는 입사 광자와 비교하여 크지는 않지만 탄성파의 방향에 따라 ω_S만큼 커지거나 작아진다. 이 결과는 빛의 **도플러 효과**(Doppler effect)에 도달하는 또 다른 방법이 됨을 알 수 있다. 입사광이 다가오는 파동을 만나면 산란 진동수는 증가하고, 그림 24-11에서와 같이 멀어지는 파동을 만나면 산란 진동수는 감소한다.

예제 24-6

1차 회절각도의 크기에 대한 개념을 갖기 위하여, 파장이 550 nm인 입사광과 주파수 ν_S가 200 MHz이고 전파속도 v_S가 3000 m/s인 탄성파의 일반적인 경우를 가정하자.

풀이

탄성파의 파장은 다음과 같다.

$$\lambda_S = \frac{v_S}{\nu_S} = \frac{3\times10^3}{2\times10^8} = 1.5\times10^{-5}\,\mathrm{m}$$

식(24-16)을 이용하면 다음의 결과를 얻는다.

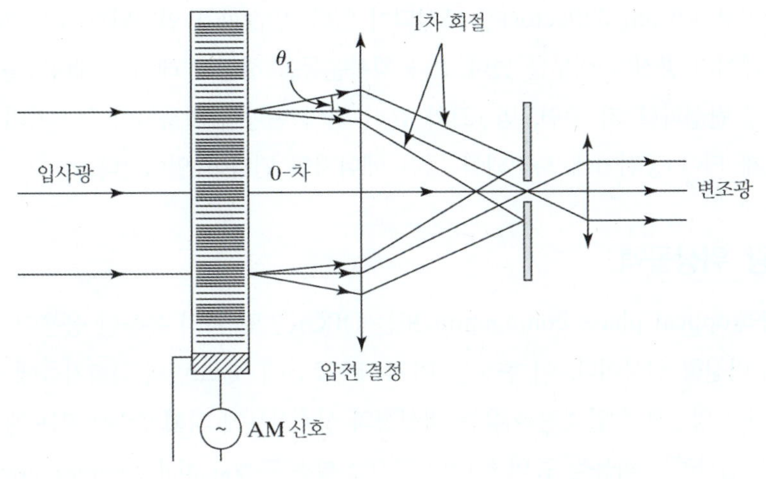

그림 24-13 라만-나스 영역에서의 광음향 격자에 의한 광 빔의 변조. 압전 결정을 구동시키는 변조 신호는 0차의 출력 빔으로 전이된다. 0차와 1차의 회절 빔만을 보여준다.

90° 프리즘
출력광
레이저 공진기
고반사 거울
프리즘
고반사 거울
(1)
AO 빔 편향기
(2)
고반사 거울

그림 24-14 광음향 빔 편향기를 사용한 레이저의 공진기 덤핑. 탄성파를 켜면 레이저 공진기 밖의 빔을 편향시켜 공진기 덤핑이 시작된다.

$$\sin\theta = \frac{\lambda}{2\lambda_S} = \frac{550\times10^{-9}}{(2)(1.5\times10^{-5})} = 0.0183$$

따라서 다음과 같다.

$$\theta = 1.05°$$

AO 효과는 진폭변조(AM), 주파수변조(FM) 또는 빛의 진행 방향의 변조에 이용될 수 있다. 그림 24-13은 라만-나스 영역에서 얇은 AO 물질을 사용하여 AM 변조를 수행하는 하나의 방법을 도시하고 있다. 0차 회절로부터 없어진 빛의 비율은 변조 RF 신호의 크기와 유도된 응력에 의존한다. 슬릿에는 오직 변조된 0차의 광만 통과할 수 있다. 다른 응용에서는 AO 효과에 의한 빔의 편향(deflection)을 이용한다. 그림 24-11에서 보았듯이, 진동수의 변화와 탄성파의 방향의 변화는 회절 광파의 방향의 변화를 가져옴은 확실하다. 출력 빔의 주파수가 민감하게 변하는 영역이 광 검출기 어레이에 의해 검출되면 AO소자는 분광분석기(spectrum analyzer)로 사용될 수 있다. 또한 회절광의 진동수는 탄성파의 진동수에 해당하는 양만큼 편이하기 때문에 이 빔은 주파수 변조될 수 있다. 이 경우에 장치의 구성은 회절광의 각도 분포를 최소화하는 것을 목적으로 한다. 그러나 분광 분석기로 사용되려면 회절광의 각도 분포를 최대로 만들어야 한다.

그림 24-14에서는 이 장치의 또 다른 응용으로 레이저 공진기의 덤핑을 시작하게

하는 빔 편향기(beam deflector)가 도시되어 있다. 탄성파가 인가되지 않을 때에는, (1)의 빔은 레이저 공진기 내부를 왔다 갔다 왕복운동을 하면서 레이저 에너지를 극대화한다. 여기에 탄성파를 켜 주면, 빔 (2)와 같이 빛의 편향이 발생하여 공진기의 바깥으로 빠져나오게 되어 공진기에 축적되어 있던 에너지의 덤핑이 일어난다.

24-6 광 위상공액

신호 빔 A_3 → 비선형 매질 ← A_1 펌프 빔; A_2 펌프 빔; A_4 PC 출력, $A_4 \propto A_1 A_2 A_3^*$

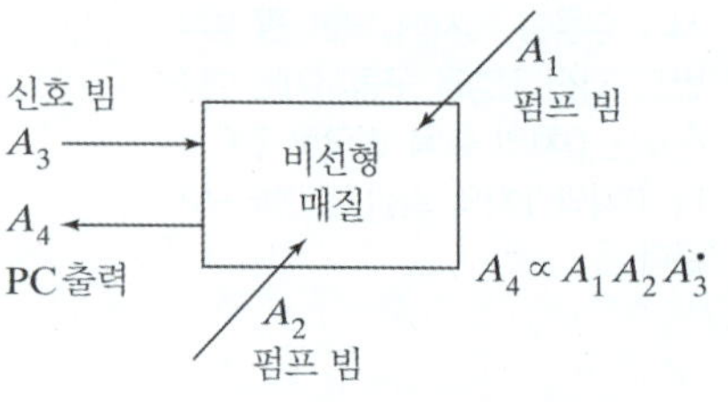

그림 24-15 4파 혼합에 의한 위상공액을 위한 일반적인 구조. 펌프빔 A_1과 A_2는 방향이 정반대이고 신호빔 A_3보다 훨씬 더 강하다. 신호빔의 위상공액 출력은 그림에 보이는 A_4빔이다.

광 위상공액(optical phase conjugation 또는 OPC)은 몇 가지 유용한 응용이 가능한 또 다른 3차 비선형 현상이다. 이 현상은 1971~1972년에 옛 소련의 과학자들에 의해 알려졌다. 이러한 명칭으로 알려진 이유는 비선형의 상호작용에 의해 만들어지는 광파가 비선형 매질에 입사하는 파동들 중의 하나의 **공간적 복소 공액**(spatial complex conjugate)이 되기 때문이다.

그림 24-15에 도시된 바와 같이, **축퇴된 4파 혼합**(degenerate four-wave mixing)이라 불리는 과정이 위상공액 빔을 만드는 데 사용될 수 있다. 이 과정에서, 복소진폭 A_1과 A_2를 가진 서로 반대방향으로 진행하는 높은 출력의 두 개의 **펌프빔**(pump beam)이 반전 대칭성을 갖는 비선형 매질 내에서 세 번째의 진폭이 A_3인 더 약한 **신호빔**(signal beam) 또는 **검출빔**(probe beam)과 상호작용을 일으킨다. 이러한 매질에서 식(24-3)의 비선형 편극에의 가장 낮은 차수의 기여성분은 매질에 인가되는 총 전기장의 세제곱에 비례한다. 두 개의 펌프빔과 신호빔이 같은 주파수를 가지면, 다시 말해서 축퇴된 경우에는, 같은 주파수의 네 번째 빔이 만들어진다. 그림 24-15의 A_4의 복소진폭을 갖는 네 번째 빔은 신호빔 A_3의 공간적인 복소공액이 된다.

이 상호작용의 상세한 분석[16]을 통해 다음과 같이 위상공액 출력광이 펌프빔들의 진폭과 신호빔의 진폭의 복소공액의 곱에 비례하는 진폭을 가짐을 알 수 있다.

$$A_4 \propto A_1 A_2 A_3^* \tag{24-20}$$

두 개의 펌프빔은 진행방향이 서로 반대이므로 식(24-20)의 우변의 복소 진폭들은 다음과 같이 나타낼 수 있다.

$$A_1 = |A_1| e^{i\vec{k}_1 \cdot \vec{r}}, \quad A_2 = |A_2| e^{-i\vec{k}_1 \cdot \vec{r}}, \quad A_3 = |A_3| e^{i\vec{k}_3 \cdot \vec{r}}$$

따라서

$$A_4 = |A_1||A_2||A_3| e^{-i\vec{k}_3 \cdot \vec{r}}$$

따라서 $\vec{k}_4 = -\vec{k}_3$이고, A_4는 A_3의 복소공액에 비례한다. 축퇴된 4파 혼합 과정을 구성하는 두 쌍의 반대방향으로 진행하는 파동들을 나타내는 $\vec{k}$-벡터들은 다음의 위상정합

16 Amnon Yariv, *Optical Electronics*, 3d ed. (New York: Holt, Rinehart and Winston, 1985), Ch. 16.

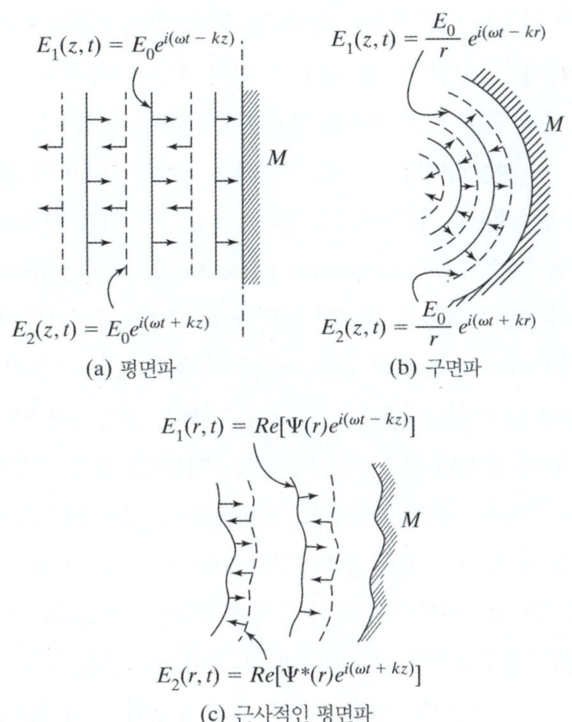

그림 24-16 보통 거울에 의해 만들어지는 입사 파면의 위상반전 복제의 세 가지 예. 각각의 경우에 파면에 해당하는 광선들은 어떤 영역이든 반사되는 거울표면에 대하여 수직이다. 위상공액 거울은 모든 경우에 다 적용되며, 입사 파면의 즉각적인 변화에 대해서도 반응한다.

(phase matching) 조건을 만족한다.

$$\vec{\mathbf{k}}_1 + \vec{\mathbf{k}}_2 + \vec{\mathbf{k}}_3 + \vec{\mathbf{k}}_4 = \vec{\mathbf{k}}_1 - \vec{\mathbf{k}}_1 + \vec{\mathbf{k}}_3 - \vec{\mathbf{k}}_3 = 0$$

위에서 위상공액 파(A_4)는 신호 파(A_3)와 진행 방향과 전체 위상 값이 정확히 반대임을 보였다. 따라서 위상공액 파는 정확히 본래 빔의 형태를 따르며 각 위치에서, 본래 파면과 일치하는 형태를 재생한다. 따라서 광 위상공액은 반사의 특별한 형태로, 위상공액 파를 만들어내는 비선형 매질을 **위상공액거울**(phase conjugate mirror, PCM)이라 부른다. 이 과정의 특이함을 이해하기 위해, **보통 거울**로부터 반사를 나타내는 그림 24-16을 고려하자. 그림 24-16(a)에서는 평면파가 이상적인 (무한)평면거울에서 반사된다. 반사파 역시 평면파이다. 수학적으로 입사광의 방향의 변화를 나타내기 위하여 kz 항의 부호는 음에서 양으로 바뀐다. 그러면, ωt 항의 부호를 제외하고는 반사파는 본래 파동의 복소공액이며 위에서 기술된 위상공액 파의 성질을 갖는다. 반사파는 입사 빔의 경로를 따르고, 이는 입사 빔의 위상 반전된 복제파이다. 그림 24-16(b)는 입사 구면파에 대하여 같은 과정을 보여 준다. 반사에 의한 위상반전 복제파를 만드는 데 필요한 것은 입사파의 파면과 정확히 일치하는 곡률을 가진 구면 오목거울이다. 그림 24-16(c)에서 보듯이, 임의의 입사 파면의 경우에는 진폭 $\Psi(r)$은 복소수이며 평면파와의 차이를 기술할 수 있는 진폭과 위상 요소를 포함한다. 이러한 파동을 회절이나 변조에 의해 왜곡 가능한 매질을 통과하면서 형태가 변화하는 평면파로 본다. 그것의 위상반전 복제파는 $\Psi(r)$과 ikz와 같은 파동방정식의 공간적인 부분의 복소공액을 취하는 것으로 표현된다.

보통 거울로 이러한 파동을 만들어내기 위해서는 거울 면이 반사가 일어나는 순간의 입사파의 파면과 정확하게 일치하도록 할 필요가 있다. PCM 특유의 성질은 PCM이 전체 파면을 수광할 수 있는 충분히 큰 구경을 가지는 한, 입사 파면의 모양과 **무관하게** 위상공액 복제파가 만들어진다는 점이다. 보통의 거울과는 달리, 입사파의 공간적 및 시간적 특징의 변화에 즉시 반응할 수 있으며, 그 결과, 위상공액 파가 연속적으로 만들어진다.

OPC의 응용은 수차보정(aberration correction), 지향(pointing) 및 추적(tracking)을 포함한다. 이러한 특성들은 위에서 설명한 바와 같이 PC파의 기본적인 성질을 따른다. 첫째, 간유리(frosted glass)와 같은 투과성이 있고 왜곡 가능한 매질이 PCM으로 가는 빛의 경로 상에 놓여있는 경우를 고려하자. 파동은 간유리에 의해 불균일한 방식으로 변형되지만 PCM에 반사된 후의 파동의 위상공액은 그 경로를 정확히 되풀이하며 역으로 변형하여 왜곡 가능한 매질로 되돌아오는 파동은 본래의 왜곡을 보정해준다. 이것은 심각한 수차가 있는 광학 시스템을 통과하면서 왜곡된 빔이 원래의 시스템으로 되돌려 보내는 기능을 하는 PCM으로부터의 반사에 의해 복구될 수 있다는 것을 의미한다. 이것은 또한 어떤 광 빔이 점광원에서 방출된다면 그 빔이 시스템을 통하여 되돌아올 때 발산과 회절효과가 반대로 일어나 PC 빔이 본래의 점에 수렴함을 의미한다. 게다가 점광원이 움직이면, 돌아오는 빔이 조절되어 광원의 위치를 지향하는, 소위 지향 및 추적 기능을 가진다.

24-7 광섬유에서의 광학적 비선형성

광섬유 내를 진행하는 광파의 비선형 상호작용의 몇 가지 특징을 알아보는 것을 마지막으로 이 장을 마무리하고자 한다. 우선 광섬유를 통하여 초고속의 정보를 성공적으로 전송하는 데 장애가 되는 몇 가지 비선형 효과들에 관하여 논의하고, 다음으로 비선형 광섬유 증폭기(nonlinear fiber amplifier)에 대해 기술하기로 한다.

유도 라만 산란

주파수가 ω인 빛이 분자로부터 산란되면, 산란광은 주파수가 ω인 강도가 큰 주성분과 더불어 주파수가 ω보다 약간 높거나 낮은 상대적으로 강도가 더 작은 성분들로 구성된다. 주파수가 ω인 산란광은 **탄성산란**(elastic scattering) 또는 **레일리 산란**(Rayleigh scattering)이다. 입사광과 다른 주파수에서 산란을 일으키는 비탄성 과정은 **자발 라만 산란**(spontaneous Raman scattering)으로 알려져 있다. 비탄성으로 산란된 빛 중에서 주파수가 ω보다 작은 것은 **스톡스 장**(Stokes field)이고, 주파수가 ω보다 큰 것은 반스톡스 장(anti-Stokes field)이다. 라만 과정에서 전자기장에 의해 잃거나 얻은 에너지는 분자의 에너지의 변화로 설명할 수 있다. 자발 라만 과정에 의해 산란된 광자들은 추가적인 라만 산란과정을 유도하는 씨앗 광자(seed photon)들이 될 수도 있다. 스톡스와 반스톡스 장의 뚜렷한 주파수는 분자 고유의 특성 값이므로, 예를 들어 특별한 연소과정에서의 기체들의 조성을 결정하는 것과 같은 물질의 검출에 사용될 수 있다. 고전적으로, 라만 산란은 식(24-3)의 3차 비선형 편극으로부터 기인하는 것으로 볼 수 있다. 광섬유에서 석영(silica) 분자의 비선형성은 주로 기본주파수보다 10^{12}~10^{13} Hz 정도 이동된 스톡스 장을 생성한다. 광섬유에 의해 전송되는 출력 중, 유도 라만 산란(stimulated Raman scattering)에 의해 감쇠되는 정도는 광섬유에 의해 전송되는 출력이 1 W에 이르는 큰 출력이 아니라면 별로 문제가 되지 않는다. 대부분의 광섬유 통신시스템에서 사용하는 광신호의 출력은 이보다는 훨씬 작으므로 라만 유도 감쇠의 영향은 크지 않다. 그러나 스톡스 주파수 이동 값이 파장분할다중화(wavelength division multiplexed, WDM) 시스템의 채널(channel) 간격과 비슷한 값을 가지면 누화(crosstalk)가 발생하여 각 채널에 의해 전송되는 신호의 전송품질에 나쁜 영향을 준다. 이 효과는 신호 출력이 단지 수 mW만 되어도 심각해지기 시작한다.

유도 브릴루앙 산란

24-5절에서 빛이 탄성파에 의해 산란되는 일반적인 브릴루앙 산란에 관하여 배웠다. **유도 브릴루앙 산란**(stimulated Brillouin scattering)은 입사광이 스스로가 매질에 생성한 탄성파에 의해 산란되는 비선형 상호작용이다. 산란광은 입사광의 주파수로부터 매질의 탄성파의 주파수만큼 차이가 나는 주파수를 갖는다. 광섬유에서 이러한 주파수 이동은 너무 작아서 WDM 시스템에서 다른 채널로 누화될 가능성은 거의 없다. 하지만 유도 브릴루앙 산란은 산란광이 후방으로 되돌아오기 때문에 전방으로 진행하는 광신호파와 혼합되어 신호감쇠를 야기한다. 유도 라만 산란과는 대조적으로 유도 브릴루앙 산란은 신호 출력이 단지 수 mW만 되어도 주어진 광섬유 채널의 신호에 심각한 감쇠와 왜곡을 가져올 수 있다.

자기위상변조와 상호위상변조

광섬유에서 정보전송을 위해서는 광섬유의 주어진 위치에서 시간에 따라 신호광파의 복사조도가 변해야 한다. 광섬유의 비선형성 때문에 이러한 복사조도의 변화는 주어진 위치에서 시간에 따른 굴절률의 변화를 야기한다. 이렇게 시간에 따라 변하는 굴절률은 역으로 신호의 위상이 시간에 따라 변하게 한다. 이 과정을 **자기위상변조**(self-phase modulation)라 부르며 **주파수 처핑**(frequency chirping)이라 부르는 현상을 야기한다. 일반적으로 이 현상은 통신시스템에서의 정보전달 펄스의 형태를 변화(왜곡)시킨다. 이 효과는 펄스 선폭이 좁아지거나 전송거리가 늘어날수록 더욱 심각해지므로 장거리 초고속 대용량 전송의 경우 더 중요해진다. 이와 비슷하게 WDM광통신시스템의 한 채널 주파수의 복사조도 변화가 다른 주파수를 갖는 채널들의 광신호들의 굴절률에 영향을 줄 수도 있는데, 이를 **상호위상변조**(cross-phase modulation)라 부른다.

광섬유에서의 라만 증폭

유도 라만 효과는 광섬유에서 신호의 증폭에 사용될 수도 있다. 그렇게 되면 신호 감쇠를 보상하고 가용한 신호를 전달할 수 있는 광섬유의 전송거리를 늘일 수 있게 된다. 이를 위해서는 광섬유 내로 펌프 레이저 장을 주입해야 한다. 주입된 펌프 장은 펌프 장보다 더 낮은 주파수의 스톡스 장을 유도한다. 사실 스톡스 장은 광섬유의 **라만 대역폭**(Raman bandwidth)이라 알려진 주파수 범위에서 발생한다. 만일 광섬유로 들어가는 입력신호의 장이 라만 대역폭의 첨두 값 근처의 주파수를 가지면 라만 과정을 강하게 유도하여 펌프 장의 에너지를 신호 장으로 전달하게 된다. 광섬유에서의 라만 증폭은 증폭과정에서 광섬유를 전혀 변경할 필요가 없다는 점에서 부분적으로 관심을 끄는 기술이다. 이와 경쟁하는 증폭 기술들은 신호를 광섬유에서 추출하여 증폭한 다음, 2차 광섬유에 다시 집어넣거나 광섬유의 일부를 어븀(Er)과 같은 증폭매질을 도핑한 특별한 광섬유를 필요로 한다. 라만 과정의 이득은 라만 레이저를 만들기에 충분하다. 라만 레이저에서는 라만 이득이 광섬유 루프에서의 손실을 보상해주고, 라만 이득대역의 첨두 값과 광섬유 링 모드주파수 사이의 중첩에 의해 자려진동(self-sustained oscillation)이 발생한다.

또한 광섬유에서의 비선형 효과들은 **광펄스압축**(optical pulse compression)과 광섬유 내에서 **솔리톤**(soliton)이라 부르는 파형이 변하지 않는 상태로 펄스가 진행하는 현상을 일으키기도 한다. 비선형 광학은 고출력/초단 펄스 전자기장의 가용성 때문에 급성장하는 분야이다. 이 장에서는 빛과 물질의 비선형 상호작용에 관한 매우 다양한 효과와 응용분야들 중에서 일부에 관해서만 논의하였다.

문 제

24-1 진폭 E_0, 주파수 ω인 평면파에 의해 기술되는 단일 빔의 편극과 관련한 3차 항들을 기술하시오. 편극파에서 어떤 주파수들이 나타나는가?

24-2 진폭이 각각 E_{01}과 E_{02}이고, 주파수가 각각 ω_1과 ω_2인 평면파들의 2파 상호작용에 의한 편극과 관련한 3차 항들을 기술하시오. 편극파에서 어떤 주파수들이 방출되는가?

24-3 진폭이 각각 E_{01}, E_{02} 및 E_{03}이고, 주파수가 각각 ω_1, ω_2 및 ω_3인 평면파들의 3파 상호작용에 의한 편극과 관련한 2차 항들을 기술하시오. 편극파에서 어떤 주파수들이 방출되는가?

24-4 식(24-7)의 결과로부터, 선형 전기광학효과는 반전대칭성이 없는 결정들에서만 유일하게 나타남을 보이시오.

24-5 **a.** KDP에 $\lambda_0 = 694$ nm의 루비레이저 펄스를 입사하는 경우에 제2조화파 발생의 결맞음 길이를 구하시오. 단 n(694 nm) = 1.505 및 n(347 nm) = 1.534의 굴절률을 적용하시오.

b. $\lambda_0 = 1.06$ μm에서의 티탄산바륨(barium titanate, $BaTiO_3$)의 결맞음 길이가 5.8 μm로 측정되었다고 한다. $\lambda = 0.53$ μm에서 굴절률이 얼마만큼 변할지를 구하시오.

24-6 ADP(ammonium dihydrogen phosphate, 제1인산암모늄)로 구성된 종 방향 포켈스 셀의 $\lambda = 546$ nm에서의 반파전압을 구하시오. 포켈스 셀의 길이는 얼마인가?

24-7 니오븀산 리튬(lithium niobate, $LiNbO_3$)으로 제작된 종 방향 포켈스 셀이 있다. 632.8 nm 파장의 He-Ne 레이저 광을 입사하고, 426 V의 전압을 인가할 때 생성되는 굴절률의 변화와 위상차를 구하시오. 단, 결정의 길이는 1 cm이다.

24-8 식(24-9)를 이용하여 포켈스 셀의 투과율을 $I = I_{\max}\sin^2(\Phi/2)$로도 쓸 수 있음을 보이시오.

a. 어떤 V와 $\Phi(>0)$값에서 투과율이 0이 되는가?

b. 포켈스 셀의 앞에 반파장판을 놓으면 $V = 0$일 때와 $V = V_{HW}$일 때의 복사조도는 각각 얼마인가?

24-9 어떤 종류의 매질에서 종 방향 포켈스와 커 효과가 모두 존재하는가? 이것들의 상대적인 강도에 대한 아이디어를 얻기 위하여, 적절하게 10 kV의 전압이 인가된 경우에 만들어지는 위상지연의 비를 계산해 보시오. 다음으로 $r=10$ pm/V, $K=1$ pm/V^2, $L=2$ cm, $d=1$ cm 그리고 $n_0=2$의 일반적인 값들을 갖는 가상의 매질을 가정하여 계산을 행하시오. $\lambda=550$ nm로 놓으시오.

24-10 30 kV의 인가전압에서 반파 위상지연을 만들어내는 데 필요한, 이황화탄소를 이용한 커 셀의 길이를 계산하시오. 셀의 전극들은 1.5 cm의 간격을 갖는다. 이 셀은 실용적인가?

24-11 식(24-19)는 빛에 대한 도플러 효과와 동일함을 보이시오. 움직이는 물체로부터 반사되는 빛의 도플러 주파수 이동 $\Delta\nu$는 움직이는 물체로부터 방출되는 빛의 주파수 이동의 두 배, 즉 $\Delta\nu=2\nu u_p/v$임을 이용하시오. 여기서 ν는 빛의 주파수, v는 매질에서의 빛의 속도 그리고 u_p는 물체의 속도에서 광파의 진행방향과 나란한 성분을 나타낸다. 그림 24-11의 구조와 브래그 조건을 이용하시오.

24-12 유리에서의 음파의 속도는 3 km/s이다. 폭이 1 cm인 음파에 대하여 광파가 가로지르는 동안 음파가 진행하는 거리를 계산하시오. 유리의 굴절률은 $n=1.50$으로 놓는다.

24-13 **a.** 그림 24-11에서 회절 빔의 방향 근방에서의 각도의 미소 변화 $\Delta\theta$는 근사적으로 $\Delta\theta=\Delta k_S/k$로 쓸 수 있음을 보이시오.

b. 이 결과는 다음과 같이 표현됨을 보이시오.

$$\Delta\theta=(\lambda/v_S)\Delta\nu_S$$

여기서 λ는 매질에서의 파장이다.

c. $\Delta\theta$가 빔 발산각보다 커지는 비율은 "분해가능한 점들의 수"라고 불리는 실용적인 수 N이다. 이 값은 빔 편향기에 의해 도달 가능한, 분해 가능한 점들의 수를 제공하므로 성능계수로 작용한다. 빔 발산각이 회절각 $\theta_D=\lambda/D$에 의해 표현된다면(여기서 D는 빔의 지름), N이 다음과 같음을 보이시오.

$$N=\frac{\Delta\theta}{\theta_D}=\tau\Delta\nu_S$$

여기서 τ는 음파가 광 빔 지름을 통과하는 데 걸리는 시간이다.

d. 수치 예제로, 용융석영(fused quartz)에서 80~120 MHz범위의 진동수를 갖는 음파의 변조를 고려하자. 여기서 $v_S=5.95\times10^5\,\mathrm{cm/s}$이다. 빔 지름이 1 cm일 때 N을 구하시오.

24-14 광음향 결정 내에서 He-Ne 레이저 빔을 1° 편향시키는 평면 탄성파의 탄성 주파수는 얼마인가? 결정에서의 음파의 속도는 2500 m/s이고 632.8 nm에서의 굴절률은 1.6이다.

24-15 브래그 방정식(24-18)에서, 광파의 파장과 회절 각도는 매질 내에서 측정된다. 만일 매질이 등방성을 갖고 측면들이 평면 탄성파의 방향과 나란하다면, 이 방정식은 매질 밖에서 측정된 파장과 회절 각도에 대해서도 유효함을 보이시오.

24-16 주파수가 50 MHz와 80 MHz인 평면 탄성파에 의해 브래그-산란된 He-Ne 레이저 빔의 편향각의 차이를 구하시오. 광음향 결정은 $n=1.76$이고 음속이 11 km/s인 사파이어이다.

24-17 그림 24-10에서와 같이 ZnS를 활성매질로 사용하는 광-아이솔레이터를 설계하시오. ZnS 결정에 60회/cm의 밀도로 직접 솔레노이드를 감아 자기장을 형성한다. $\lambda=589$ nm를 가정하자.

24-18 경면 연마되고, 평행한 면을 가지며, 길이가 2.73 cm인 SF57 유리 시편이 전자석의 테이퍼형 자극 사이에 놓여 있다. 자극의 중앙에 작은 구멍을 뚫어 인가한 자기장과 나란한 방향으로 선편광된 He-Ne 레이저 빔이 시편을 통하여 진행할 수 있게 하였다. 자기장의 세기는 5.098 kG로 정해져 있다.

a. 파장이 632.8 nm인 적색 He-Ne 레이저 광을 사용하였을 때, 측정된 회전각은 900분(각도)이다. 이 유리의 베데 상수를 구하시오.

b. 파장이 543.5 nm인 녹색 He-Ne레이저 광을 사용하였을 때, 측정된 회전각은 1330분(각도)이다. 이 유리의 베데 상수를 구하시오.

24-19 5 cm 길이의 액체 셀이 4 kG의 자기장 하에 놓여있다. 셀은 이황화탄소로 채워져 있고 선편광된 나트륨 빛이 셀을 통하여 자기장 방향으로 진행한다. 이 파장에서의 편광 회전각과 CS_2의 선광분산을 구하시오.

24-20 정상 거울에서의 반사 전과 후 그리고 PCM에서의 반사 전과 후의 비대칭 펄스의 모양을 그리시오. 후자의 경우에, 전체 펄스가 PC매질 안으로 들어가는 순간, 펌프빔이 시작되어 PCM이 켜진다고 가정하자. 이 효과를 이용하여 광섬유에서의 분산에 의한 신호퍼짐을 보상하는 방법을 설명하시오(필요하다면, Vladimir V. Shkunov, and Boris Ya. Zel'dovich, "Optical Phase Conjugation," *Scientific American*, Dec. 1985: 54.를 참고하시오).

24-21 렌즈를 사용하지 않고 정밀한 고집적도의 마스크의 이미지를 반도체 칩 위의 포토-레지스트(photo-resist) 층으로 투사하기 위한 PCM을 사용한 배열을 그리시오. 이 방법은 마스크를 칩 위에 접촉하지 않고도 포토-리소그래피(photo-lithography)를 수행할 수 있는 방법을 제공한다(필요하다면, Vladimir V. Shkunov, and Boris Ya. Zel'dovich, "Optical Phase Conjugation," *Scientific American*, Dec. 1985: 54.를 참고하시오).

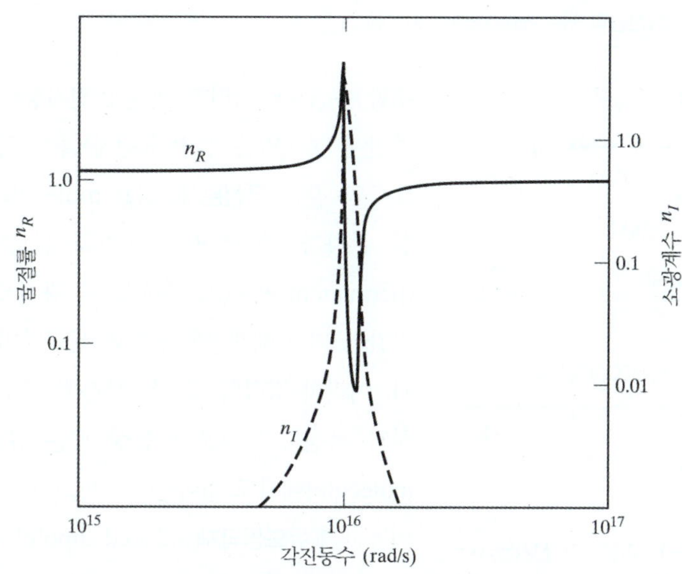

chapter 25 물질의 광학적 특성

서론

전자기파가 물질을 만나면 매질 내의 전하를 띤 입자들과 다양한 상호작용을 일으킨다. 파동의 전기장과 자기장에 의해 전하들에게 힘이 가해진다. 이러한 전자기장의 진동에 의해 전하들도 진동을 일으켜 새로운 전자기파를 발생시키게 된다. 따라서 어떤 특정한 위치에서의 순수한 장 성분을 결정하는 데 있어서 파원 파동의 장 성분과 전하진동자에 의해 방출되는 전자기파에 의한 장 성분을 모두 고려해야 한다. 일반적인 장의 경우, 고에너지 레이저로부터 얻을 수 있는 값보다 더 작아서, 순수한 장 성분은 구성 장 성분들의 선형 중첩으로 가정할 수 있다. 물질 내의 전하들에 의한 합성 장들의 미시적이고 복잡한 효과들은 물질의 **광학 상수**(optical constant)라 불리는 거시적인 물질 변수들에 의해 설명이 가능하다. 이 장에서는 특별히 등방성 전도 물질(금속)과 비전도 물질(부도체 또는 유전체)에서의 **굴절률**(refractive index)과 **흡수계수**(absorption coefficient)의 개념들을 소개하고자 한다. 이를 위해 맥스웰 방정식과 벡터 미적분학의 수학적인 개념들을 사용할 것이다.

25-1 유전체 매질의 편극

여기서는 등방성을 갖는 비전도 물질(**단순 유전체**)을 가정하자. **비전도**(nonconducting) 매질에서는 금속과는 달리 자유전자가 존재하지 않는다. 양전하들은 원자핵을 구성하고 음전하(전자)들은 원자핵에 의해 속박되어 있다. 매질이 **등방성**을 갖는다는 의미는 물리적인 특성들이 매질의 방향에 무관하게 일정하다는 의미이므로 물리상수들을 스칼라량으로 간

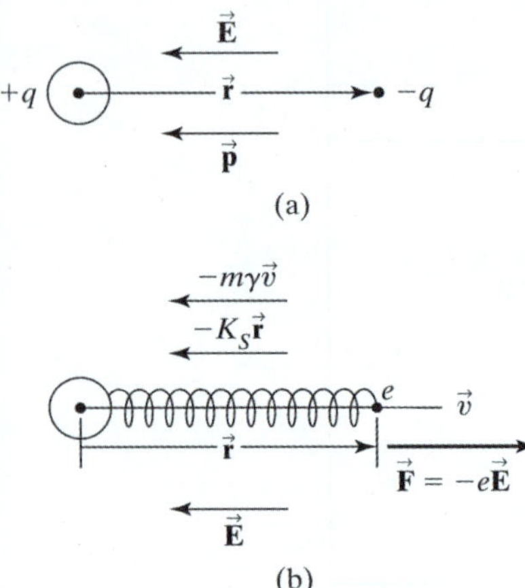

그림 25-1 기본적인 전기쌍극자. (a) 장 방향으로의 정렬. (b) 전기장이 특정한 방향으로 작용할 때 쌍극자에 작용하는 힘.

주할 수 있다. 이러한 매질에 전기장을 인가하면 전하의 변위가 발생하는데, 이는 원자핵 주변에 묶여있는 음전하(전자)들이 인가된 전기장의 반대방향으로 움직이기 때문이다. H_2O와 같은 **극성분자**(polar molecule)에 있어 이러한 전하의 변위가 일어나는데, 이는 물 분자가 양전하와 음전하의 분포의 유효 중심이 일치하지 않는 **영구 전기쌍극자**(permanent electric dipole)를 가지고 있기 때문이다. 이 경우에 장을 인가하면 분자가 약간의 회전 재배열을 일으켜 쌍극자의 양전하 쪽 끝이 평균적으로 전기장의 방향을 향한다. 이러한 정렬의 경향은 분자의 열운동에 의해 방해를 받는다. 전하분포의 변위는 양전하와 음전하의 분포가 통상 같은 유효 중심을 갖는 O_2와 같은 **비극성 분자**(nonpolar molecule)에서도 일어난다. 장을 인가하면 원자핵을 중심으로 한 전자구름의 위치가 약간 이동하여 **유도쌍극자**(induced dipole)를 생성한다. 어떤 경우이든, 각 원자나 분자에 의한 **쌍극자모멘트** $\vec{p}$ 는 그림 25-1(a)에 나타난 것처럼, 이동한 전하의 전하량 q와 쌍극자에서의 양전하의 유효중심에 대한 음전하의 유효중심의 위치벡터 $\vec{r}$ 의 곱으로 주어진다.

$$\vec{p} = -q\vec{r} \tag{25-1}$$

쌍극자모멘트의 방향은 음전하에서 양전하 쪽으로 향한다. 주어진 물질의 쌍극자모멘트의 크기는 인가된 전기장에 의해 전하가 얼마나 쉽게 변위를 일으키느냐에 의해 정해진다. 그러면 매질의 **편극**(polarization) $\vec{P}$ 는 단위 체적당 쌍극자모멘트의 총합이라 할 수 있다. 단위 체적당 쌍극자모멘트의 총합은 다음과 같이 주어진다.

$$\vec{P} = -Ne\vec{r} \tag{25-2}$$

여기서 N은 단위 체적당 쌍극자의 개수이고 e는 전자의 단위 전하량이다.

전자들은 원자핵으로부터의 구속력이 후크의 법칙(Hooke's law)으로 주어지는 탄성력인 것처럼 거동하는데, 이 복원력은 변위에 비례하며 방향은 반대이다. 더 무거운 원자핵은 정지한 것처럼 간주되는데 그 이유는 무거운 질량 때문에 스펙트럼 상의 광의 영역에 해당하는 전자기파 장의 빠른 변화를 제대로 따라가지 못하기 때문이다. 따라서 전자가 고정된 원자핵에 스프링의 탄성력과 같은 힘으로 묶여있는 것으로 보는 단순한 모델을 적용할 수 있다. 그러나 진동하는 전기장에 의해 강제 진동하는 전자는 입사광, 전자가 다시 방출하는 에너지 그리고 이웃한 원자들과의 상호작용에 의해 열에너지의 형태로 에너지의 일부를 방출하게 된다. 따라서 진동하는 전자의 모델은 마찰력이 속도에 비례하는 감쇠조화진동자(damped harmonic oscillator)로 간주할 수 있다. 뉴턴의 제2법칙에 의해 그림 25-1(b)의 모델의 전자에서 다음의 운동방정식을 얻을 수 있다.

$$-K_S\vec{r} - m\gamma\frac{d\vec{r}}{dt} - e\vec{E} = m\frac{d^2\vec{r}}{dt^2} \tag{25-3}$$

식(25-3)에서 K_s는 유효스프링의 힘 상수, m은 전자의 질량 그리고 γ는 시간의 역수의 단위를 갖는 마찰계수이다. 여기서 자기장에 의해 전자에 인가되는 $e\vec{v}\times\vec{B}$ 의 힘이 생략

되어 있음에 유의하시오. 실제로 이 힘의 크기는 전기장에 의한 힘 $e\vec{\mathbf{E}}$ 에 비해 무시할 수 있을 정도로 작다.

인가된 전기장 $\vec{\mathbf{E}}$ 가 정전기장일 때에는 쌍극자의 진동이 없으므로 전자의 속도와 가속도는 0이다. 이 특별한 경우에 식(25-3)은 다음과 같이 간단해진다.

$$-K_S\vec{\mathbf{r}} = e\vec{\mathbf{E}}$$

위의 식에서 식(25-2)를 이용하여 $\vec{\mathbf{r}}$ 을 소거하면 다음의 **정전편극**(static polarization)을 얻는다.

$$\vec{\mathbf{P}} = \frac{Ne^2\vec{\mathbf{E}}}{K_S} \tag{25-4}$$

이제 $\vec{\mathbf{E}}$ 가 $\vec{\mathbf{E}} = \vec{\mathbf{E}}_0 e^{-i\omega t}$ 의 시간의존성을 갖는 조화 장이고 전자의 진동도 $\vec{\mathbf{r}} = \vec{\mathbf{r}}_0 e^{-i\omega t}$ 의 유사한 응답특성을 갖는다고 가정하자. 여기서 전기장 $\vec{\mathbf{E}}$ 와 쌍극자 변위벡터 $\vec{\mathbf{r}}$ 이 복소 벡터로 표현됨에 유의하시오. 복소 벡터의 실수부를 취하면 실제 장과 변위벡터를 구할 수 있다. 이 장에 사용되는 모든 방정식들은 선형이므로 실수 벡터 장과 변위벡터뿐 아니라 그것들의 복소 벡터들에도 적용가능하다. 식(25-3)에 복소 변위벡터의 미분 형, $d\vec{\mathbf{r}}/dt = -i\omega\vec{\mathbf{r}}$ 과 $d^2\vec{\mathbf{r}}/dt^2 = -\omega^2\vec{\mathbf{r}}$ 을 대입하면 다음의 결과를 얻는다.

$$\vec{\mathbf{r}} = \frac{-e\vec{\mathbf{E}}}{-m\omega^2 - im\omega\gamma + K_S} \tag{25-5}$$

위 식을 식(25-2)에 대입하면 다음의 시간에 의존하는 복소 편극 $\vec{\mathbf{P}}$ 를 얻는다.

$$\vec{\mathbf{P}} = \left(\frac{Ne^2}{-m\omega^2 - im\omega\gamma + K_S}\right)\vec{\mathbf{E}} \tag{25-6}$$

식(25-6)에 정전기장$(\omega = 0)$의 조건을 대입하면 식(25-4)로 회귀함에 주목하시오. 일반적으로 편극은 주파수 ω에 의존하는 함수이다. 또한 식(25-6)의 $\vec{\mathbf{E}}$ 의 계수가 복소수이므로 편극은 $\vec{\mathbf{E}}$ 에 대해 주파수에 의존하는 위상을 가질 수 있다. 만약 $\vec{\mathbf{E}}$ 를 외부에서 인가된 전기장이라고 하면 이제까지의 해석은 단일 쌍극자 진동자의 경우에 국한하여 적용가능할 것이다. 식(25-6)의 전기장 $\vec{\mathbf{E}}$ 는 매질 내부의 쌍극자에서의 실제 장을 나타내야 한다. 이 국소장 $\vec{\mathbf{E}}_{\text{loc}}$는 인가한 전기장 $\vec{\mathbf{E}}_{\text{app}}$와 편극된 매질에서 배열된 다른 모든 쌍극자들에 의한 장들의 중첩이다. 따라서 쌍극자들의 거시적인 집합을 다루기 위해서는 전자기학 교재에서 제공하는 결과식을 이용해야 한다. 하나의 주어진 쌍극자의 위치에서 매질 내의 다른 모든 쌍극자들에 의한 전체 전기장에의 기여 분은 $\vec{\mathbf{P}}/3\varepsilon_0$로 주어진다. 여기서 ε_0는 진공의 유전율이다.

$$\vec{\mathbf{E}}_{\text{loc}} = \frac{\vec{\mathbf{P}}}{3\varepsilon_0} + \vec{\mathbf{E}}_{\text{app}} \tag{25-7}$$

인가한 전기장을 $\vec{\mathbf{E}}$ 로 놓으면 다음과 같아진다.

$$\vec{\mathbf{E}}_{\text{loc}} = \frac{\vec{\mathbf{P}}}{3\varepsilon_0} + \vec{\mathbf{E}}$$

식(25-6)의 우변을 국소장으로 대체하면 다음과 같아진다.

$$\vec{\mathbf{P}} = \left(\frac{Ne^2}{-m\omega^2 - im\omega\gamma + K_S}\right)\left(\vec{\mathbf{E}} + \frac{\vec{\mathbf{P}}}{3\varepsilon_0}\right) \tag{25-8}$$

식(25-8)의 분산계수를 임시로 F로 놓고 $\vec{\mathbf{P}}$ 에 관하여 풀면 다음의 결과를 얻는다.

$$\vec{\mathbf{P}} = \left(\frac{F}{1 - F/3\varepsilon_0}\right)\vec{\mathbf{E}} \tag{25-9}$$

$\vec{\mathbf{E}}$ 의 계수는 정리하면 다음과 같다.

$$\frac{F}{1 - F/3\varepsilon_0} = \frac{Ne^2/m}{(K_S/m - Ne^2/3m\varepsilon_0) - \omega^2 - i\omega\gamma}$$

윗 식에서 괄호 안의 값을 ω_0^2이라 정의하자.

$$\omega_0^2 \equiv \frac{K_S}{m} - \frac{Ne^2}{3m\varepsilon_0} \tag{25-10}$$

그러면 식(25-9)는 다음과 같아진다.

$$\vec{\mathbf{P}} = \frac{Ne^2/m}{\omega_0^2 - \omega^2 - i\omega\gamma}\vec{\mathbf{E}} \tag{25-11}$$

위 식의 양변에 절대값을 취하면 편극의 크기와 전기장의 크기 사이에 다음의 관계식을 얻는다.

$$|\vec{\mathbf{P}}| = \frac{Ne^2/m}{\sqrt{(\omega_0^2 - \omega^2)^2 + \omega^2\gamma^2}}|\vec{\mathbf{E}}|$$

분명히, $\omega \to \omega_0$이면 $|\vec{\mathbf{P}}|$는 급격히 증가하므로 ω_0는 매질의 쌍극자들과 관련한 **공명주파수**(resonance frequency)를 나타낸다. 식(25-11)은 감쇠가 있는 강제조화진동의 운동방정식과 똑같은 형태를 갖는다. 동작주파수가 진동자의 공명주파수 ω_0에 가까워지면 진동의 진폭은 매우 커지고, 주파수가 ω_0보다 커지면 다시 진폭이 줄어든다. 유전체 매질에서는 공명에 의한 쌍극자모멘트의 증가로 인해 큰 최대편극을 얻는다. 식(25-11)에 의하면 인가한 장과 편극 사이에 주파수에 의존하는 위상편이가 발생함을 알 수 있다. $\omega\gamma \ll \omega_0^2 - \omega^2$과 같이 공명 조건에서 멀어지면 식(25-11)의 우변의 분모에 있는 감쇠 항을 무시할 수 있다. 그러면 $\omega \ll \omega_0$인 조건에서 $\vec{\mathbf{P}}$ 와 $\vec{\mathbf{E}}$ 는 같은 부호를 가지며 쌍극자들은 전기장과 동 위상으로 진동한다. 그러나 $\omega \gg \omega_0$인 조건에서는 $\vec{\mathbf{P}}$ 와 $\vec{\mathbf{E}}$ 는 다른 부호를

가지며 π의 위상차를 보인다. $\omega \cong \omega_0$인 공명 조건 근처에서는 진동이 매우 커진다. 이 경우 분모의 감쇠 항은 무시할 수 없으며 $-i$로 나누거나 또는 같은 의미로 i를 곱하면 $\vec{\mathbf{P}}$와 $\vec{\mathbf{E}}$ 사이에 $\pi/2$의 위상편이가 발생함을 알 수 있다.

식(25-11)에 주어진 $\vec{\mathbf{P}}$와 $\vec{\mathbf{E}}$의 의존성은 평면파가 유전매질 내부를 전파할 수 있는 조건을 찾는 데 사용될 수 있다. 유전체에서의 전자기파의 기본 파동방정식은 맥스웰 방정식(Maxwell equations)의 결과로 주어진다.

25-2 유전체에서의 광파의 전파

맥스웰 방정식 네 가지는 다음과 같이 일반적인 형태로 기술된다.

$$\nabla \cdot \vec{\mathbf{E}} = \frac{\rho}{\varepsilon_0} \tag{25-12}$$

$$\nabla \times \vec{\mathbf{E}} = -\frac{\partial \vec{\mathbf{B}}}{\partial t} \tag{25-13}$$

$$\nabla \cdot \vec{\mathbf{B}} = 0 \tag{25-14}$$

$$c^2 \nabla \times \vec{\mathbf{B}} = \frac{\partial \vec{\mathbf{E}}}{\partial t} + \frac{\vec{\mathbf{J}}}{\varepsilon_0} \tag{25-15}$$

위의 식에서 ρ는 전하밀도이다. 일반적으로 전하밀도는 자유전하밀도 ρ_f와 속박전하밀도 ρ_b를 모두 포함하므로 $\rho = \rho_b + \rho_f$이다. 그러나 유전체에서는 $\rho_f = 0$이다. 전자기학 과정에서 속박전하밀도와 편극이 다음의 관계식으로 주어짐을 배웠다.

$$\rho_b = -\nabla \cdot \vec{\mathbf{P}} \tag{25-16}$$

같은 식으로 $\vec{\mathbf{J}}$는 전류밀도를 나타내며 자유전하와 속박전하에 의해 주어지므로 $\vec{\mathbf{J}} = \vec{\mathbf{J}}_b + \vec{\mathbf{J}}_f$로 쓸 수 있다. 유전체에서는 $\rho_f = 0$이므로 역시 $\vec{\mathbf{J}}_f = 0$이다. 또한 $\vec{\mathbf{J}}_b$는 다음과 같다.

$$\vec{\mathbf{J}}_b = \frac{\partial \vec{\mathbf{P}}}{\partial t} \tag{25-17}$$

위의 관계식들을 이용하면 유전체에서의 맥스웰 방정식은 다음과 같아진다.

$$\nabla \cdot \vec{\mathbf{E}} = \frac{-\nabla \cdot \vec{\mathbf{P}}}{\varepsilon_0} \tag{25-18}$$

$$\nabla \times \vec{\mathbf{E}} = -\frac{\partial \vec{\mathbf{B}}}{\partial t} \tag{25-19}$$

$$\nabla \cdot \vec{\mathbf{B}} = 0 \tag{25-20}$$

$$c^2 \nabla \times \vec{\mathbf{B}} = \frac{\partial \vec{\mathbf{E}}}{\partial t} + \frac{1}{\varepsilon_0} \frac{\partial \vec{\mathbf{P}}}{\partial t} \tag{25-21}$$

이제 식(25-19)의 양변에 컬(curl)을 취하면 다음과 같아진다.

$$\nabla \times (\nabla \times \vec{\mathbf{E}}) = \nabla \times \left(-\frac{\partial \vec{\mathbf{B}}}{\partial t} \right) = -\frac{\partial}{\partial t} (\nabla \times \vec{\mathbf{B}}) \tag{25-22}$$

위의 마지막 단계에서 공간과 시간에 대한 미분의 순서를 바꿀 수 있다. 식(25-22)는 다음의 벡터 항등식을 이용하여 다시 쓸 수 있다.

$$\nabla \times (\nabla \times \vec{\mathbf{E}}) \equiv \nabla (\nabla \cdot \vec{\mathbf{E}}) - \nabla^2 \vec{\mathbf{E}} \tag{25-23}$$

균질(homogeneous) 유전체에서 편극의 효과는 순 표면전하밀도를 생성하는 반면에 내부 전하밀도 $\rho_b = 0$에는 변화를 주지 않는다. 내부전하밀도가 0인 이유는 임의의 내부 폐곡면에서 편극 장에 대한 응답으로 폐쇄 공간 내부로 이동하는 모든 전하들은 폐쇄 공간 외부로 이동하는 모든 전하들에 의해 균형을 이루기 때문이다. 표면전하밀도가 존재하는 이유는 표면에서는 위와 같은 전하의 균형이 성립하지 않기 때문이다. 따라서 식(25-16)과 식(25-18)에 의해 $\nabla \cdot \vec{\mathbf{E}} = 0$이고, 식(25-23)의 우변의 마지막 항을 식(25-22)에 대입하면 다음과 같은 결과를 얻는다.

$$\nabla^2 \vec{\mathbf{E}} = \frac{\partial}{\partial t} (\nabla \times \vec{\mathbf{B}}) \tag{25-24}$$

맥스웰 방정식(25-21)을 위의 결과에 대입하면 다음과 같아진다.

$$c^2 \nabla^2 \vec{\mathbf{E}} = \frac{\partial^2 \vec{\mathbf{E}}}{\partial t^2} + \frac{1}{\varepsilon_0} \frac{\partial^2 \vec{\mathbf{P}}}{\partial t^2} \tag{25-25}$$

윗 식의 마지막 항은 식(25-11)을 이용하여 $\vec{\mathbf{E}}$의 항으로 표현할 수 있다.

$$c^2 \nabla^2 \vec{\mathbf{E}} = \left[1 + \frac{Ne^2}{m\varepsilon_0 (\omega_0^2 - \omega^2 - i\omega\gamma)} \right] \frac{\partial^2 \vec{\mathbf{E}}}{\partial t^2} \tag{25-26}$$

$\vec{\mathbf{E}} = \vec{\mathbf{E}}_0 e^{i(kz - \omega t)}$로 표현되는 조화파에서는, $\nabla^2 \vec{\mathbf{E}} = -k^2 \vec{\mathbf{E}}$이고 $\partial^2 \vec{\mathbf{E}} / \partial t^2 = -\omega^2 \vec{\mathbf{E}}$이므로, 식(25-26)을 k^2에 관해 풀면 다음과 같다.

$$k^2 = \frac{\omega^2}{c^2} \left[1 + \frac{Ne^2}{m\varepsilon_0} \frac{1}{(\omega_0^2 - \omega^2 - i\omega\gamma)} \right] \tag{25-27}$$

일반적으로 균질 유전체를 진행하는 평면파의 해석에서 전파상수 k는 복소수여야 한다는 결론에 도달한다. 결과적으로 k를 다음과 같이 쓸 수 있다.

$$k = k_R + ik_I \tag{25-28}$$

이 식을 조화파의 표현에 대입하면 다음과 같다.

$$\vec{\mathbf{E}} = \vec{\mathbf{E}}_0 e^{i(k_R z + ik_I z - \omega t)} = \vec{\mathbf{E}}_0 e^{-k_I z} e^{i(k_R z - \omega t)} \tag{25-29}$$

k_I를 포함하는 지수함수 항은 파동의 깊이에 의존하는 흡수를 나타내며, k_I는 파동의 **진폭 감쇠**(amplitude attenuation)의 정도를 나타낸다. 식(25-29)의 양변을 제곱하면, 다음과 같이 에너지속 밀도(energy flux density)를 기술하는 식을 얻을 수 있다.

$$I = I_0 e^{-\alpha z}$$

여기서 $\alpha = 2k_I$는 매질의 **흡수계수**(absorption coefficient)이다. 만약 전파상수가 복소수이면 굴절률도 복소수이며, 그 이유는 다음과 같다.

$$k = \frac{2\pi}{\lambda} = \frac{2\pi\nu}{v} = \left(\frac{\omega}{c}\right)n \tag{25-30}$$

따라서 복소 굴절률의 실수부와 허수부를 다음과 같이 정의할 수 있다.

$$n = n_R + in_I \tag{25-31}$$

여기서 n_R은 보통의 굴절률이고, n_I는 **소광계수**(extinction coefficient)이다. 식(25-28)과 식(25-30)을 이용하면 다음과 같아진다.

$$k_R + ik_I = \left(\frac{\omega}{c}\right)(n_R + in_I)$$

따라서 다음의 결과를 얻는다.

$$k_R = \left(\frac{\omega}{c}\right)n_R \tag{25-32}$$

그리고

$$k_I = \left(\frac{\omega}{c}\right)n_I \tag{25-33}$$

n^2은 다음과 같이 쓸 수 있다.

$$n^2 = (n_R + in_I)^2 = \left(\frac{ck}{\omega}\right)^2$$

위의 식과 식(25-27)을 연립하면 다음의 결과를 얻는다.

$$n^2 = (n_R + in_I)^2 = 1 + \left(\frac{Ne^2}{m\varepsilon_0}\right)\frac{1}{\omega_0^2 - \omega^2 - i\omega\gamma} \tag{25-34}$$

굴절률의 실수부와 허수부에 관한 표현들은 식(25-34)의 실수부와 허수부를 같다고 놓고 풀면 구할 수 있다. 좌변은 다음과 같다.

$$(n_R + in_I)^2 = (n_R^2 - n_I^2) + i(2n_R n_I) \tag{25-35}$$

우변은 실수부와 허수부의 합으로 주어진다. 복소 항은 우선 분모의 복소 공액을 분자와 분모에 곱하는 방식으로 다시 쓸 수 있다. 식을 간단히 한 결과는 다음과 같다.

$$(n_R + in_I)^2 = 1 + \frac{Ne^2}{m\varepsilon_0}\left(\frac{\omega_0^2 - \omega^2}{(\omega_0^2 - \omega^2)^2 + \omega^2\gamma^2} + i\frac{\omega\gamma}{(\omega_0^2 - \omega^2)^2 + \omega^2\gamma^2}\right) \tag{25-36}$$

식(25-35)와 식(25-36)의 우변끼리 비교하면 다음의 결과를 얻는다.

$$n_R^2 - n_I^2 = 1 + \frac{Ne^2}{m\varepsilon_0}\left[\frac{\omega_0^2 - \omega^2}{(\omega_0^2 - \omega^2)^2 + \gamma^2\omega^2}\right] \tag{25-37}$$

그리고

$$2n_I n_R = \frac{Ne^2}{m\varepsilon_0}\left[\frac{\gamma\omega}{(\omega_0^2 - \omega^2)^2 + \gamma^2\omega^2}\right] \tag{25-38}$$

위의 방정식들은 n_I와 n_R에 관하여 동시에 풀 수 있다. 이 방정식들의 분모에 질량 m이 있다는 사실은 전자의 진동이 이온의 진동보다 굴절률을 결정하는 데 있어 더 중요하다는 사실을 보여준다. 그러나 이온 편극은 식(25-37)과 (25-38)에서 대괄호로 표시되는 항들이 질량을 포함하는 작은 계수항들과 균형을 이루고 있는 공명영역에서는 매우 중요하다.

그림 25-2는 식(25-37)과 (25-38)에서 계산된 n_R과 n_I를 구동주파수 ω의 함수로 보여준다. 소광계수 n_I의 함수로 기술되는 흡수는 공명주파수 ω_0에서 첨두 값을 갖는다. 실수 굴절률은 ω가 증가함에 따라 급격히 증가했다가 바로 감소하는 경향을 보이며 공명조건을 통과하면 다시 증가하여 고주파 영역에서 $n_R = 1$에 도달한다. 주파수에 따라 n_R이 감소하는 좁은 영역은 투명한 매질의 일반적인 분산과 반대되며, 이를 **비정상분산**(anomalous dispersion) 영역이라 부른다.

유전체에 대한 ω_0와 같은 공명주파수는 주파수 ω_0인 입사 광자들에서 흡수가 일어날 확률이 매우 높음을 의미한다. 이러한 광자의 흡수는 물질의 에너지 밴드 구조에서 $\hbar\omega_0 = h\nu_0$에 의해 서로 다른 에너지를 갖는 상태들 사이에서의 전이에 해당한다. ω가 변화함에 따라 물질은 일련의 공명주파수 특성을 보인다. 예를 들어 이러한 공명이 가시

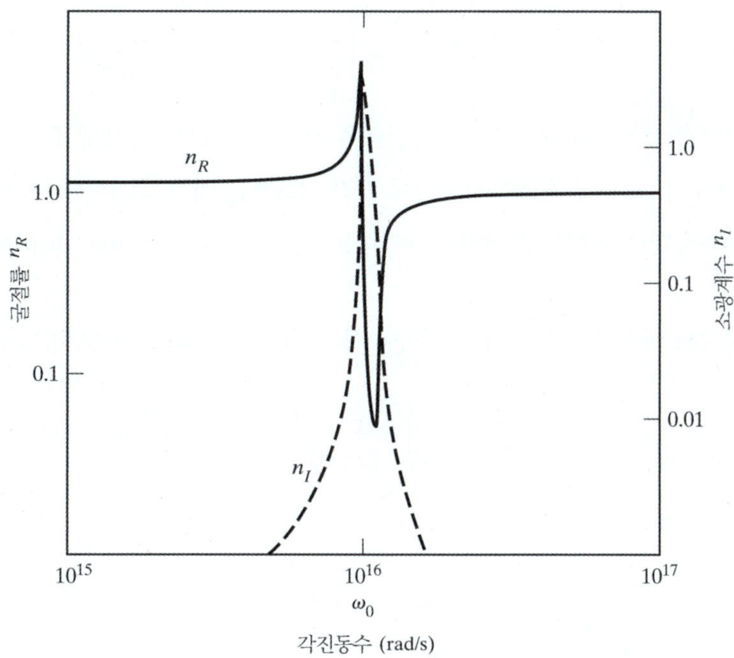

그림 25-2 유전체의 굴절률 n_R과 소광계수 n_I의 각진동수 의존성. $\omega_0 = 1\times10^{16}\,\mathrm{s}^{-1}$, $\gamma = 10^{14}\,\mathrm{s}^{-1}$ 그리고 $N = 1\times10^{28}\,\mathrm{m}^{-3}$을 가정하였다.

광선 주파수 영역에서 일어난다면 물질은 스펙트럼의 일부를 흡수하고 나머지를 투과시켜 특정한 색깔을 띠게 될 것이다. 유리와 같은 투명물질은 공명주파수가 적외선이나 자외선 영역에 있으며 가시광선 영역에는 없다. 유전체에 관한 이 단순화된 모델에서, 전자들이 인가된 장에 대한 응답으로 서로 다른 자유도를 가지게 되어 이로 인해 무수히 많은 공명주파수들이 생겨남을 알 수 있다. 이러한 개념을 공식화하기 위하여, 식(25-34)는 공명주파수 ω_j들의 급수 합을 포함하는 일반적인 형태로 다시 쓸 수 있다.

$$n^2 = 1 + \frac{Ne^2}{m\varepsilon_0}\sum_j \frac{f_j}{\omega_j^2 - \omega^2 - i\gamma_j\omega} \tag{25-39}$$

여기서 f_j는 ω_j의 공명에서의 **진동자 세기**(oscillator strength)라 불리며, 이 공명주파수를 갖는 쌍극자들의 비율을 나타낸다. 주어진 공진에서의 진동자 세기를 결정하기 위해서는 양자역학 이론을 써야 한다.

분산방정식

식(25-39)에 주어진 주파수에 따른 굴절률의 변화를 **분산**(dispersion)이라 부른다. 식(25-39)를 특별한 단순화 가정에 의해 근사시키면 식(3-17)에서 실험식으로 주어진 코시(Cauchy) 분산방정식으로 추론될 수 있음을 보이고자 한다. 자외선 영역에서의 단일 공명주파수 ω_0을 가정하면 가시광선 영역의 주파수에서 $\omega \ll \omega_0$의 부등식을 만족한다. 또한 $\gamma\omega \ll (\omega_0^2 - \omega^2)$의 조건을 가정하자. 이 경우에 굴절률은 실수이고 식(25-34)는 다음의 형태를 갖는다.

$$n^2 = 1 + \frac{Ne^2}{m\varepsilon_0}\left(\frac{1}{\omega_0^2 - \omega^2}\right)$$

기체의 경우에서 보듯이 $\omega \ll \omega_0$에서 굴절률은 거의 상수 값을 가짐에 주목하시오. 그림 25-2에서 보듯이 ω가 ω_0쪽으로 증가함에 따라 굴절률은 약간 증가한다. 주파수의 증가(파장의 감소)에 따라 굴절률이 천천히 증가하는 것이 정상분산(normal dispersion)의 특징이다.

코시 분산방정식을 유도하기 위하여 우선 주파수 성분을 이항 전개해 보자.

$$\frac{1}{\omega_0^2 - \omega^2} = \frac{1}{\omega_0^2}\left(1 - \frac{\omega^2}{\omega_0^2}\right)^{-1} = \frac{1}{\omega_0^2}\left(1 + \frac{\omega^2}{\omega_0^2} + \frac{\omega^4}{\omega_0^4} + \cdots\right)$$

따라서

$$n^2 = 1 + \frac{Ne^2}{m\varepsilon_0\omega_0^2}\left(1 + \frac{\omega^2}{\omega_0^2} + \frac{\omega^4}{\omega_0^4} + \cdots\right)$$

$\omega = 2\pi c/\lambda$와 새로운 상수들 A', B' 그리고 C' 등을 적절히 정의하면 다음과 같아진다.

$$n^2 = A' + \frac{B'}{\lambda^2} + \frac{C'}{\lambda^4} + \cdots$$

위의 식에서 양변의 제곱근을 취하면, 각각의 고차 항들은 A'보다 작기 때문에 우변에 이항전개를 다시 취하고 새로운 상수들을 정의하여 정리하면 다음의 식을 얻는다.

$$n = A + \frac{B}{\lambda^2} + \frac{C}{\lambda^4} + \cdots$$

위의 식이 앞에서 정상분산의 기술에서 도입한 코시 관계식이다.

25-3 금속에서의 전도전류

금속에서는 원자핵에 구속되지 않은 자유전자들이 존재하기 때문에 앞에서 유전체에 대하여 취급한 방식들이 변경되어야 한다. 물론 금속에도 구속된 전자들이 있지만 자유전자들의 응답특성이 매질의 전기적, 광학적 특성을 주도한다. 따라서 식(25-3)에서 $K_S = 0$으로 놓으면 운동방정식은 다음과 같이 기술된다.

$$m\frac{d\vec{\mathbf{v}}}{dt} + m\gamma\vec{\mathbf{v}} = -e\vec{\mathbf{E}} \tag{25-40}$$

이 방정식은 다음과 같이 정의되는 **전도전류밀도** $\vec{\mathbf{J}}$를 포함하는 식으로 간편하게 표현가능하다.

$$\vec{\mathbf{J}} = -Ne\vec{\mathbf{v}} \tag{25-41}$$

여기서 $\vec{\mathbf{J}}$는 제곱미터당 암페어의 단위(SI)를 갖는다. 식(25-40)을 $\vec{\mathbf{v}}$ 대신 $\vec{\mathbf{J}}$를 포함하는 식으로 표현하면 다음과 같다.

$$\frac{d\vec{\mathbf{J}}}{dt} + \gamma\vec{\mathbf{J}} = \left(\frac{Ne^2}{m}\right)\vec{\mathbf{E}} \tag{25-42}$$

위의 식에서 인가된 장이 $\vec{\mathbf{E}} = \vec{\mathbf{E}}_0 e^{-i\omega t}$의 조화파인 경우, 전류밀도도 같은 비율로 변할 것이 예상되므로 $\vec{\mathbf{J}} = \vec{\mathbf{J}}_0 e^{i\omega t}$로 쓸 수 있다. 그러면 식(25-42)는 다음과 같아진다.

$$(-i\omega + \gamma)\vec{\mathbf{J}} = \left(\frac{Ne^2}{m}\right)\vec{\mathbf{E}} \tag{25-43}$$

정전기장 또는 DC의 경우에 $\omega = 0$이므로 다음과 같아진다.

$$\vec{\mathbf{J}} = \left(\frac{Ne^2}{m\gamma}\right)\vec{\mathbf{E}} \tag{25-44}$$

옴의 법칙에 의해 정의되는 정전기 **전도도**(conductivity) σ는 다음과 같다.

$$\vec{\mathbf{J}} = \sigma\vec{\mathbf{E}} \tag{25-45}$$

따라서 σ는 다음의 이론적인 결과를 얻는다.

$$\sigma = \frac{Ne^2}{m\gamma} \tag{25-46}$$

전기전도도는 보통 측정 가능한 값이므로 식(25-43)을 σ를 이용하여 다음과 같이 쓸 수 있다.

$$\vec{\mathbf{J}} = \left(\frac{\sigma}{1 - i\omega/\gamma}\right)\vec{\mathbf{E}} \tag{25-47}$$

25-4 금속에서의 광파의 전파

전도매질 내부를 전파하는 전자기파는 식(25-12)에서 (25-15)의 맥스웰방정식을 만족한다. 금속에서는 자유전자가 존재하지만 내부 자유전하 밀도 ρ_f는 0이다. 자유전하는 매우 유동성이 좋아서 전기장에 응답하여 빠른 속도로 재배치가 일어나, 국재 전하밀도의 생성을 방지한다. 따라서 적절한 맥스웰방정식은 다음과 같아진다.

$$\nabla \cdot \vec{\mathbf{E}} = 0 \tag{25-48}$$

$$\nabla \times \vec{E} = -\frac{\partial \vec{B}}{\partial t} \quad (25\text{-}49)$$

$$\nabla \cdot \vec{B} = 0 \quad (25\text{-}50)$$

$$c^2 \nabla \times \vec{B} = \frac{\partial \vec{E}}{\partial t} + \frac{\vec{J}}{\varepsilon_0} \quad (25\text{-}51)$$

전과 마찬가지로, 식(25-23)의 항등식에서 $\nabla \cdot \vec{E} = 0$이므로 $\nabla \times (\nabla \times \vec{E}) = -\nabla^2 \vec{E}$이 된다. 따라서 식(25-49)의 양변에 컬(curl)을 취하면 다음과 같다.

$$-\nabla^2 \vec{E} = \nabla \times \left(-\frac{\partial \vec{B}}{\partial t}\right) = -\frac{\partial}{\partial t}(\nabla \times \vec{B}) = -\frac{1}{c^2}\frac{\partial^2 \vec{E}}{\partial t^2} - \frac{1}{\varepsilon_0 c^2}\left(\frac{\partial \vec{J}}{\partial t}\right)$$

위의 계산의 마지막 단계에서 식(25-51)을 적용하였다. 식(25-47)을 이용하여 $\vec{J}$를 대입하면 다음과 같은 결과를 얻는다.

$$\nabla^2 \vec{E} = \frac{1}{c^2}\left(\frac{\partial^2 \vec{E}}{\partial t^2}\right) + \frac{1}{\varepsilon_0 c^2}\left(\frac{\sigma}{1 - i\omega/\gamma}\right)\frac{\partial \vec{E}}{\partial t} \quad (25\text{-}52)$$

$\vec{E} = \vec{E}_0 e^{i(kz - \omega t)}$로 주어지는 평면조화파의 경우에 식(25-52)를 공간과 시간에 대해 미분한 다음, 그 결과를 정리하면 다음과 같아진다.

$$k^2 = \frac{\omega^2}{c^2} + i\left(\frac{\sigma\omega\mu_0}{1 - i\omega/\gamma}\right) \quad (25\text{-}53)$$

여기서 μ_0는 진공의 투자율이고, $\varepsilon_0\mu_0 = 1/c^2$인 사실을 적용하였다. 따라서 금속 내에서의 파동의 전파를 적절하게 기술하기 위해서는 전파상수 k가 복소수여야 함을 다시 확인하였다.

25-5 침투깊이

식(25-53)에 기술된 일반적인 경우를 다루기에 앞서, 입사광의 주파수 ω가 충분히 작은 경우에 식(25-53)은 다음과 같이 근사할 수 있다.

$$k^2 = i\omega\sigma\mu_0$$

순허수 i를 $e^{i\pi/2}$로 바꾸고, 양변에 제곱근을 취하면 다음과 같다.

$$k = (1 + i)\left(\frac{\sigma\mu_0\omega}{2}\right)^{1/2} \quad (25\text{-}54)$$

k를 전에서처럼 $k = k_R + ik_I$의 복소수 형태로 쓰면 실수부와 허수부의 비교를 통해 다음의 결과를 얻는다.

$$k_R = k_I = \left(\frac{\sigma\mu_0\omega}{2}\right)^{1/2} \tag{25-55}$$

또한 굴절률의 실수부와 허수부는 다음의 관계식을 얻는다.

$$n_R = \frac{c}{\omega}k_R = \left(\frac{c^2\sigma\mu_0}{2\omega}\right)^{1/2} = \left(\frac{\sigma}{2\omega\varepsilon_0}\right)^{1/2} \tag{25-56}$$

그리고

$$n_I = \frac{c}{\omega}k_I = \left(\frac{\sigma}{2\omega\varepsilon_0}\right)^{1/2} \tag{25-57}$$

k의 복소수의 성질을 평면조화파의 파동방정식에 대입하면 식(25-29)의 결과와 같아진다.

$$\vec{\mathbf{E}} = \vec{\mathbf{E}}_0 e^{-k_I z} e^{i(k_R z - \omega t)}$$

실수 지수함수 $e^{-k_I z}$는 흡수를 나타낸다. 따라서 빛이 $z = 1/k_I$의 깊이까지 침투하면 진폭은 표면에서의 값의 $1/e$로 줄어든다. 이 특별한 거리를 다음과 같이 **침투깊이**(skin depth 또는 penetration depth) δ라 부른다.

$$\delta \equiv \frac{1}{k_I} = \sqrt{\frac{2}{\sigma\mu_0\omega}} \tag{25-58}$$

σ가 더 큰, 더 우수한 전도체의 경우에 이 값은 더 작아진다. 예를 들어 파장이 3 cm인 마이크로파의 경우, 전도도가 $5.8\times10^7/\Omega$-m인 구리의 침투깊이는 약 6.6×10^{-5} cm에 불과하다.

25-6 플라즈마 주파수

식(25-53)의 일반적인 경우로 돌아가서, 이 식에 복소 굴절률을 도입하면 다음과 같다.

$$n^2 = \left(\frac{c}{\omega}k\right)^2 = 1 + \frac{i\sigma c^2\mu_0}{\omega(1 - i\omega/\gamma)}$$

이 식의 우변의 두 번째 항에 $i\gamma/i\gamma$를 곱하면 다음과 같아진다.

$$n^2 = 1 - \frac{\mu_0\sigma c^2\gamma}{\omega^2 + i\omega\gamma} \tag{25-59}$$

위의 식의 두 번째 항의 분자는 ω^2과 같은 차원을 가져야 하며 다음과 같이 **플라즈마 주파수**(plasma frequency)의 제곱으로 정의될 수 있다.

$$\omega_p^2 = \mu_0 c^2 \gamma \sigma = \mu_0 c^2 \gamma \left(\frac{Ne^2}{m\gamma} \right) = \frac{Ne^2}{m\varepsilon_0} \tag{25-60}$$

여기서 식(25-46)과 $\varepsilon_0 \mu_0 = 1/c^2$의 관계식을 사용하였다. 플라즈마 주파수는 평형상태 위치에서의 전자들의 자유진동과 관련한 공진주파수이다. 이 결과를 식(25-59)에 대입하면 다음과 같아진다.

$$n^2 = 1 - \frac{\omega_p^2}{\omega^2 + i\omega\gamma} \tag{25-61}$$

플라즈마 주파수는 굴절률이 실수인지 허수인지를 결정하는 매우 중요한 주파수이다. 충분히 높은 주파수($\omega \gg \gamma$)에서 γ-항을 무시하면 식(25-61)은 다음과 같이 간단해진다.

$$n^2 = 1 - \frac{\omega_p^2}{\omega^2} \tag{25-62}$$

이제 식(25-62)로부터 $\omega < \omega_p$인 경우에는 금속의 굴절률은 복소수이고 빛은 감쇠됨을 알 수 있다. 반면에 $\omega > \omega_p$인 경우에는 굴절률은 실수이고 금속은 빛을 투과함을 알 수 있다.

식(25-61)로 돌아가서, 전에서와 같은 방식으로 두 개의 방정식으로부터 굴절률의 실수부와 허수부를 계산할 수 있다.

$$n^2 = (n_R + in_I)^2 = (n_R^2 - n_I^2) + i(2n_R n_I) = 1 - \left(\frac{\omega_p^2}{\omega^2 + i\omega\gamma} \right) \tag{25-63}$$

위의 식으로부터 실수부와 허수부를 계산하면 다음과 같다.

$$n_R^2 - n_I^2 = 1 - \left(\frac{\omega_p^2}{\omega^2 + \gamma^2} \right) \tag{25-64}$$

그리고

$$2n_R n_I = \frac{\gamma}{\omega} \left(\frac{\omega_p^2}{\omega^2 + \gamma^2} \right) \tag{25-65}$$

이 식들을 연립하여 풀면 그림 25-3과 같은 곡선의 형태로 나타나며, 두 곡선은 식(25-64)에서 보듯이, $\omega = (\omega_p^2 - \gamma^2)^{1/2}$에서 교차한다. 일반적으로 $\omega_p \gg \gamma$이므로 교차점은 $\omega \cong \omega_p$에서 나타나며, 이 값은 투명 영역과 불투명(그리고 고반사) 영역을 구분해준다. 금속의 플라즈마 주파수는 가시광선에서 근자외선 영역에 들어가므로 금속은 가시광선에서 불투명하고 충분히 높은 주파수를 갖는 자외선은 투과하게 된다.

지금까지 우수한 부도체와 우수한 도체에 관하여 서로 분리하여 취급하였지만, 중간 정도의 성질을 가진 반도체와 같은 물질의 성질은 양 극단의 각각의 결과로는 충분한

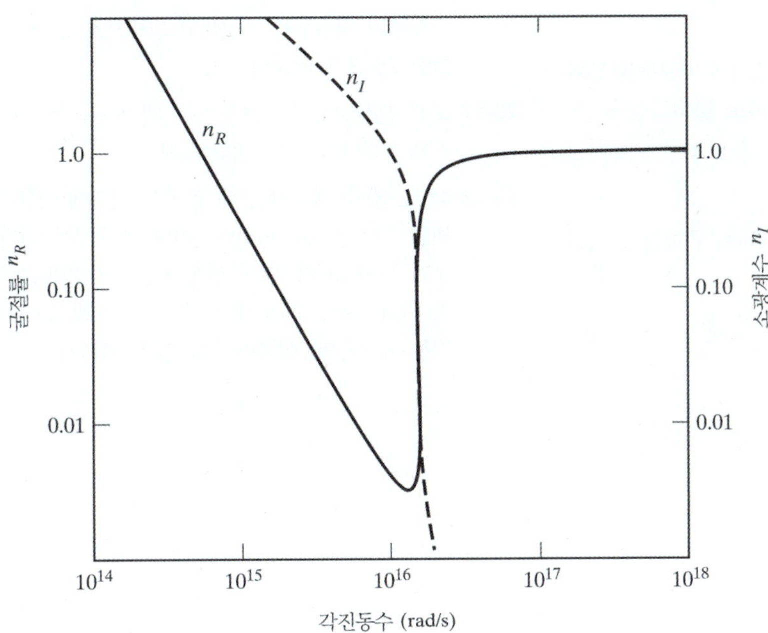

그림 25-3 구리의 굴절률 n_R과 소광계수 n_I의 각진동수 의존성. $\omega_p = 1.63 \times 10^{16} s^{-1}$과 $\gamma = 4.1 \times 10^{13} \mathrm{s}^{-1}$을 가정하였다. 곡선들의 교차점이 플라즈마 주파수와 일치한다.

설명을 할 수 없다. 이러한 물질들은 자유전하와 속박전하들이 모두 광학적인 특성에 골고루 기여하므로 양 극단의 거동을 모두 고려하여 다루어야 한다.

문제

25-1 일반적으로 유전상수라 불리는 "전기 상수" K는 굴절률과 다음의 관계를 갖는다.

a. K_R과 K_I가 유전상수의 실수부와 허수부라면 다음과 같이 쓸 수 있음을 보이시오.

$$n_R = \left[\frac{K_R + (K_R^2 + K_I^2)^{1/2}}{2} \right]^{1/2}$$

그리고

$$n_I = \left[\frac{-K_R + (k_R^2 + K_I^2)^{1/2}}{2} \right]^{1/2}$$

b. 충분히 높은 주파수, 즉 $K_I = K_R$에서 유전체의 n_R과 n_I를 K_I에 의존하는 함수로 표현하시오.

25-2 거의 투명한 매질에서 흡수계수는 전도도 및 굴절률과 다음의 관계를 가짐을 보이시오.

$$\alpha = \frac{(377\ \Omega)\sigma}{n_R}$$

25-3 마찰상수 γ, 공명주파수 ω_0 그리고 쌍극자 밀도 N을 갖는 유전체의 굴절률의 실수부와 허수부를 계산하고 그림으로 그리시오. 계산한 결과를 그림 25-2와 비교하시오.

25-4 알루미늄은 원자당 하나의 자유전자를 가지며 정전기 전도도 $3.54 \times 10^7/\Omega$-m를 가정하자. (a) 마찰계수 γ, (b) 플라즈마 주파수 ω_p, (c) 550 nm에서의 굴절률의 실수부와 허수부를 결정하시오.

25-5 낮은 주파수에서의 침투깊이에 관한 식(25-58)이 $\omega \ll \gamma$와 $\omega \ll \sigma/\varepsilon_0$일 때 적절한 근사임을 보이시오.

25-6 (a) 주파수 60 Hz와 (b) 파장 3 m인 전자기파에 대해 각각 구리에서의 침투깊이를 계산하시오. 우선 문제 25-5의 근사가 만족함을 확인하시오. (구리: $\sigma = 5.76 \times 10^7/\Omega$-m)

25-7 60 kHz의 라디오파에서 (a) 전도도가 $3.54 \times 10^7/\Omega$-m인 알루미늄과 (b) 전도도가 4.3/Ω-m인 바닷물의 침투깊이를 비교하시오.

25-8 10 cm 마이크로파에 대한 고체 은 도파로소자의 침투깊이를 계산하시오. 은의 전도도는 $3 \times 10^7/\Omega$-m이다. 은 도파로소자보다 더 저렴한 은 도금된 황동 소자를 사용해도 무방한 이

유를 설명하시오.

25-9 파장이 660 nm인 적색 광이 342 cm 깊이의 바닷물을 통과하면서 에너지 밀도가 본래의 값의 1/4로 줄어들었다.

a. 바닷물에서의 이 파장을 갖는 적색 광의 흡수계수는 얼마인가?

b. 적색 광이 본래의 에너지 밀도의 1%로 줄어들기 위한 깊이는 얼마인가?

25-10 마찰계수 γ와 플라즈마 주파수가 주어진 금속의 굴절률의 실수부와 허수부를 계산하고 그림으로 그리시오. 그 결과를 그림 25-3과 비교하시오.

25-11 코시 분산방정식을 표현하는 데 사용되는 상수 A, B 및 C의 이론적인 값을 결정하시오.

25-12 식(25-3)을 기술하는 데 있어서 전자에 작용하는 자기력에 의한 기여를 무시하였다. 어떤 조건에서 전자에 작용하는 조화 전자기파에 의해 생성되는 자기력의 크기가, 같은 조화 전자기파에 의해 생성되는 전기력의 크기보다 훨씬 작아지는가? (힌트: 식(4-30)을 참조하시오.)

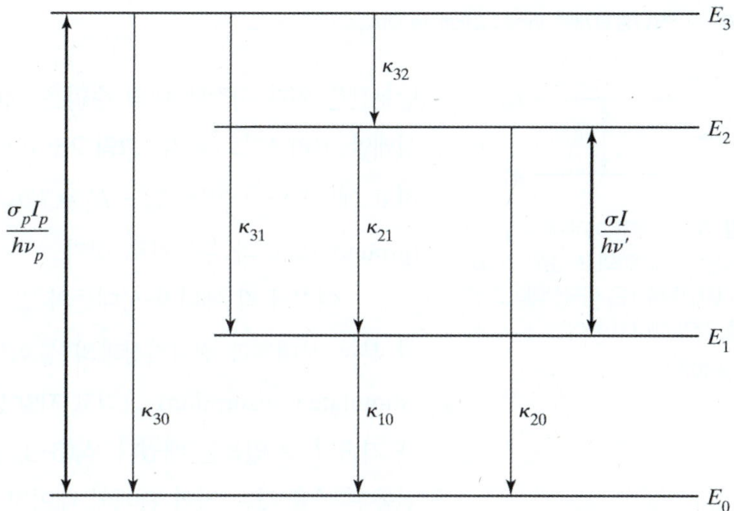

chapter 26 레이저의 동작원리

서론

이 장에서는 지난 6장에서 소개했던 레이저 시스템에 대한 정성적인 논의들을 확장하여 레이저 동작원리에 대한 좀 더 정량적인 접근을 하고자 한다.[1] 우선 전자기장과 매질의 상호작용에 의한 밀도(population density)의 변화를 지배하는 **비율방정식**(rate equation)의 도입으로부터 시작하기로 한다. 이러한 비율방정식은 1916년 알베르트 아인슈타인(Albert Einstein)의 연구로부터 개발되었다. 레이저 시스템을 구성하는 펌프, 이득 매질 그리고 공진기의 특성들을 밀도 비율방정식과 전자기장 하에서의 공진기의 효과를 나타내는 식들에 대입하여 레이저의 출력 복사조도를 예측하는 관계식을 도출할 수 있다. 다음으로 레이저 이득 매질이 균질확대(homogeneous broadening)와 비균질확대(inhomogeneous broadening)를 갖는 두 경우에 각각의 이득 대역폭에 대하여 논의한다. 펄스 출력을 얻기 위한 Q-스위칭과 모드 잠금 기술의 사용에 관해 소개한다. 마지막으로 반도체 레이저의 동작원리와 특성에 대하여 정성적으로 접근해 보기로 한다.

26-1 비율방정식

비율방정식은 밀도(주어진 에너지 상태에서의 단위 체적당 원자나 분자의 수)와 원자나 분자에 입사되는 전자기장의 특성과의 관계식이다. 6장에서의 논의로부터 서로 다른 에너지 상태에 있는 원자들은 최외곽 전자들의 전하구름의 모양이 차이가 있음을 기억하자. 분자들에 있어서도 에너지 상태는 분자의 진동상태나 회전상태에 의해 구분된다. 여기서

1 이 장을 시작하기에 앞서 6-4절에서 6-8절을 복습하면 좋을 것이다.

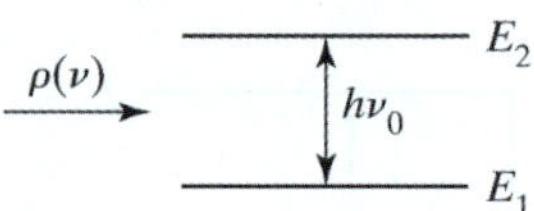

그림 26-1 분광 에너지밀도 $\rho(\nu)$를 갖는 전자기장의 2-준위 원자에의 입사. 준위 1은 바닥상태이고 준위들 간의 에너지 차이는 $E_2 - E_1 = h\nu_0$이다.

당분간은 원자 시스템 내의 수많은 에너지 상태 중에서 단지 두 개의 서로 다른 에너지 상태만 고려하기로 하자. 그림 26-1에서 보듯이 이 두 개의 에너지 준위를 E_1과 E_2라 하고 에너지의 차이는 $E_2 - E_1 = h\nu_0$가 되며 더 낮은 에너지 상태를 시스템의 **바닥상태**(ground state)라 부르기로 하자.

여기서 각 에너지 상태들의 밀도를 N_1과 N_2라 하자. 이미 6장에서 한 쌍의 원자나 분자 상태들과 전자기장과의 상호작용은 **유도 방출**(stimulated emission), **유도 흡수**(stimulated absorption) 그리고 **자발 방출**(spontaneous emission)의 세 가지 과정에 의해 기술될 수 있음을 배웠다. 식(6-9)에서 식(6-11)의 이러한 과정들과 연관된 비율들은 진동수 ν'을 갖는 거의 단색의 레이저 장과의 상호작용하는 경우에 유효하다. 분광 에너지밀도(spectral energy density) $\rho(\nu)$인 전자기장과의 상호작용에 의한 좀 더 일반적인 경우에 이 관계식들은 다음과 같이 일반화된다.

$$R_{\text{St.Em.}} = B_{21}N_2\int_0^\infty g(\nu)\rho(\nu)d\nu \tag{26-1}$$

$$R_{\text{St.Abs.}} = B_{12}N_1\int_0^\infty g(\nu)\rho(\nu)d\nu \tag{26-2}$$

$$R_{\text{Sp.Em.}} = A_{21}N_2\int_0^\infty g(\nu)d\nu = A_{21}N_2 \tag{26-3}$$

마지막 관계식에서 스펙트럼 모양 함수(line-shape function) $g(\nu)$는 정규화된 함수로 모든 진동수 영역에 대하여 적분하면 1이 된다. 특히 자발 방출의 비율은 전자기장의 분광 에너지밀도에 의존하지 않음에 주목하자. 분광 에너지밀도 $\rho(\nu)$는 단위 체적당 단위 진동수당 에너지의 단위를 갖는다. 이 분광 에너지밀도를 모든 진동수에 대하여 적분하면 다음과 같이 전자기장의 시간-평균 에너지밀도 $\langle u\rangle$를 얻는다.

$$\int_0^\infty \rho(\nu)d\nu = \langle u\rangle$$

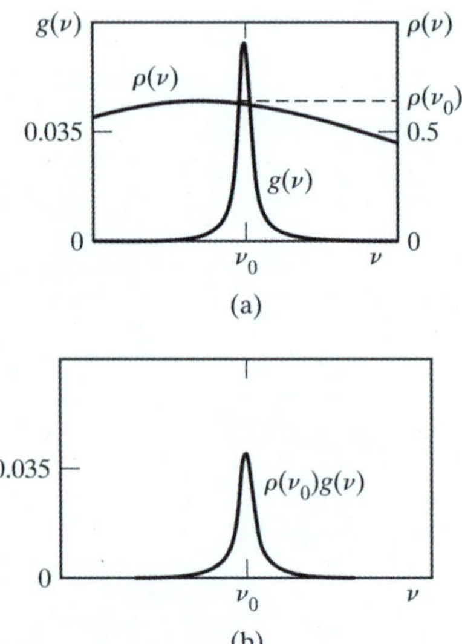

그림 26-2 광대역 분광 에너지밀도. (a) 스펙트럼 모양 함수 $g(\nu)$(왼쪽 축)와 분광 에너지밀도 $\rho(\nu)$(오른쪽 축), (b) (a)에 주어진 두 함수의 곱, $\rho(\nu)g(\nu) \approx \rho(\nu_0)g(\nu)$.

식(26-1)과 식(26-2)의 적분을 계산하려면 분광 에너지밀도 $\rho(\nu)$와 스펙트럼 모양 함수 $g(\nu)$를 알아야 한다. 이러한 적분들은 두 가지의 특별한 경우에 대해서 다음에서 소개하는 바와 같이 간단하게 표현될 수 있다.

광대역 전자기파 에너지밀도

분광 에너지밀도 $\rho(\nu)$가 스펙트럼 모양 함수 $g(\nu)$보다 훨씬 더 넓은 경우를 가정하자. 이 함수들의 거동은 그림 26-2에 나타내었다. 이 경우에 곱의 함수 $\rho(\nu)g(\nu)$는 $g(\nu)$가 ν_0 근처의 진동수 범위에서만 의미가 있음을 알 수 있다. 또한 이 범위에서 분광 에너지

밀도는 거의 상수에 가깝고, 그 값은 $\rho(\nu_0)$로 근사할 수 있다. 그 결과, 에너지밀도 함수는 근사적으로 적분식으로부터 빠져나오게 되어 다음과 같이 기술할 수 있다.

$$\int_0^{\infty} g(\nu)\rho(\nu)d\nu = \rho(\nu_0)\int_0^{\infty} g(\nu)d\nu = \rho(\nu_0)$$

따라서 광대역 전자기파의 경우 유도비율은 다음과 같이 기술된다.

$$R_{\text{St.Em.}} = B_{21}\rho(\nu_0)N_2$$
$$R_{\text{St.Abs.}} = B_{12}\rho(\nu_0)N_1$$

여기서 ν_0는 $2 \rightarrow 1$원자 전이의 중심 주파수이다. 물론 자발 방출 비율은 여전히 식 (26-3)에 의해 주어진다.

따라서 광대역 전자기장과 2준위 원자시스템과의 상호작용을 기술하는 비율방정식은 다음의 형태를 갖는다.

$$\frac{dN_2}{dt} = -A_{21}N_2 - B_{21}\rho(\nu_0)N_2 + B_{12}\rho(\nu_0)N_1 \tag{26-4}$$

과

$$\frac{dN_1}{dt} = +A_{21}N_2 + B_{21}\rho(\nu_0)N_2 - B_{12}\rho(\nu_0)N_1 \tag{26-5}$$

위의 두 식으로부터 다음의 결과를 얻는다.

$$\frac{dN_1}{dt} = -\frac{dN_2}{dt}$$

여기서는 에너지준위 2와 1을 **연결**하는 과정만을 고려하고 있다. 따라서 2준위의 밀도의 감소는 1준위의 밀도의 증가를 수반함을 알 수 있다.

이 방정식들에 적용된 여러 가지 물리량들은 6-4절에 정리되어 있다. A_{21}, B_{21} 및 B_{12}와 같은 계수들은 두 에너지 준위의 특성이다. 이 값들은 전자기장과 원자의 상호작용과 관련한 완전한 양자역학적인 계산[2]을 통해 결정될 수 있으나 그 과정은 본 교재의 수준을 넘어서므로 생략하기로 한다. 다만, 1916년에 아인슈타인이 양자역학적인 계산을 통하지 않고, 시스템 상의 원자들은 전자기장과 더불어 열적 평형상태에 도달하는 상황을 고려하여, 소위 A와 B 계수 사이의 **관계식**을 만들어냈다. 다음에서 그의 접근 방식을 설명하기로 한다.

---

2 예를 들어 M. O. Scully and M. S. Zubairy, *Quantum Optics* (Cambridge, UK: Cambridge University Press, 1997) 참조.

*A*와 *B* 계수 사이의 관계식

주변온도가 T인 열적 평형상태의 전자기장 하에서의 분광 에너지밀도는 다음의 식으로 주어진다[식(6-5)와 문제 26-1 참조].

$$\rho(\nu) = \frac{8\pi h\nu^3}{c^3}\frac{1}{e^{h\nu/k_BT}-1} \tag{26-6}$$

온도 T인 열적 평형상태의 원자들의 두 밀도 N_1과 N_2는 볼츠만 관계식(Boltzmann relation)[3]을 만족한다[식(6-4) 참조].

$$\frac{N_2}{N_1} = e^{-(E_2-E_1)/k_BT} = e^{-h\nu_0/k_BT} \tag{26-7}$$

이 관계식을 비율방정식(26-4)와 식(26-5)에 내포된 요구조건들과 비교해 볼 수 있다. 열적 평형상태에서의 밀도 변화의 비율은 0이 되어야 한다. 정상상태에서 식(26-4)와 식(26-5)의 좌변을 0으로 놓고 풀면 다음의 결과 식을 얻는다.

$$\rho(\nu_0) = \frac{A_{21}}{B_{12}(N_1/N_2)-B_{21}}$$

열적 평형상태에서 위의 결과와 식(26-6) 및 식(26-7)을 조합하면 다음의 결과를 얻는다.

$$\frac{8\pi h\nu_0^3}{c^3}\frac{1}{e^{h\nu_0/k_BT}-1} = \frac{A_{21}}{B_{12}e^{h\nu_0/k_BT}-B_{21}}$$

위의 결과를 $e^{h\nu_0/k_BT}$를 포함하는 항으로 묶어서 다시 정리하면 다음과 같다.

$$\left(\frac{A_{21}}{B_{21}}-\frac{8\pi h\nu_0^3}{c^3}\frac{B_{12}}{B_{21}}\right)e^{h\nu_0/k_BT}-\left(\frac{A_{21}}{B_{21}}-\frac{8\pi h\nu_0^3}{c^3}\right)=0$$

위의 결과가 모든 온도에서 항상 성립하기 위해서는 $e^{h\nu_0/k_BT}$를 포함하는 항과 나머지 항이 각각 0이 되어야 한다. 따라서 다음의 결과를 얻는다.

$$\frac{A_{21}}{B_{21}} = \frac{8\pi h\nu_0^3}{c^3} \tag{26-8}$$

와

$$B_{12} = B_{21} \tag{26-9}$$

따라서 열적 평형상태의 조건으로부터 식(6-12)와 식(6-13)을 유도하였다. 그러나 A와

---

3 6장의 각주 3 참조.

B 계수들은 원자 자체의 특성이므로[4] 열적 평형상태인지 아닌지에 따라 식(26-8)과 식(26-9)는 성립할 수도 있고 그렇지 않을 수도 있다.

단색광에 대한 비율방정식

분광 에너지밀도 $\rho(\nu)$의 주파수 선폭이 스펙트럼 모양 함수 $g(\nu)$의 주파수 선폭보다 훨씬 좁을 때, 다시 말해 레이저 광을 사용하는 경우에는, 식(26-1)과 식(26-2)에 나타나는 유도 방출과 유도 흡수의 비율은 다음과 같이 근사될 수 있다.

$$R_{\text{St.Em.}} = B_{21}N_2 g(\nu')\int_0^\infty \rho(\nu)d\nu = B_{21}N_2 g(\nu')\langle u\rangle = B_{21}N_2 g(\nu')(I/c) \quad (26\text{-}10)$$

와

$$R_{\text{St.Abs.}} = B_{12}N_1 g(\nu')\int_0^\infty \rho(\nu)d\nu = B_{12}N_1 g(\nu')\langle u\rangle = B_{12}N_1 g(\nu')(I/c) \quad (26\text{-}11)$$

여기서 ν'은 전자기장의 분광 에너지밀도의 중심 주파수이다. 거의 단색에 가까운 전자기장에서는 보통 ν'을 장의 주파수라 부른다. 마지막으로 식(4-37)과 문제 26-2에서 보듯이 거의 단색에 가까운 전자기장에서 $\langle u\rangle = I/c$이다. 여기서 I는 전자기장의 복사조도이다. 식(26-10)과 식(26-11)을 이용하여 2준위와 1준위의 밀도를 지배하는 비율방정식을 다시 기술하면 다음과 같다.

$$\frac{dN_2}{dt} = -A_{21}N_2 - B_{21}g(\nu')(I/c)N_2 + B_{12}g(\nu')(I/c)N_1 \quad (26\text{-}12)$$

과

$$\frac{dN_1}{dt} = +A_{21}N_2 + B_{21}g(\nu')(I/c)N_2 - B_{12}g(\nu')(I/c)N_1 \quad (26\text{-}13)$$

특별한 규약에 따라 **유도 방출 단면적**(stimulated emission cross section) σ를 다음과 같이 정의한다.

$$\sigma = B_{21}g(\nu')h\nu'/c$$

높은 준위와 낮은 준위의 축퇴도가 각각 1인 원자 시스템에서는 $B_{12} = B_{21}$이므로 σ는 **유도 흡수 단면적**(stimulated absorption cross section)[5]이기도 하다. 이 정의를 이용하

4 실제로, 이 계수들은 원자를 둘러싸고 있는 구조들에도 의존하지만 보통 그 구조들의 크기가 빛의 파장보다 너무 크지 않은 경우에 한해 그 의존성이 중요해진다.

5 좀 더 일반적으로 $\sigma_{\text{abs}} = (g_2/g_1)\sigma$이고 g_2와 g_1은 각각 높은 준위와 낮은 준위의 축퇴도이다.

면 비율방정식은 다음과 같이 쓸 수 있다.

$$\frac{dN_2}{dt} = -A_{21}N_2 - \frac{\sigma I}{h\nu'}(N_2 - N_1) \tag{26-14}$$

와

$$\frac{dN_1}{dt} = +A_{21}N_2 + \frac{\sigma I}{h\nu'}(N_2 - N_1) \tag{26-15}$$

여기서 σ는 단면적을 의미하는 면적의 단위이다. 또한 $\sigma I/h\nu'$는 시간의 역수의 단위를 가지므로 비율을 의미한다. 사실 이것은 유도 방출 비율을 의미하므로 자발 방출 계수 A_{21}과 비교된다. 다음 절에서 설명하겠지만, 유도 방출 비율과 자발 방출 비율의 비가 빛과 원자 시스템과의 상호작용을 지배한다.

26-2 흡수

빛은 매질을 진행하면서 약해지기도 하고 증폭되기도 한다. 매질의 서로 다른 에너지 상태의 밀도가 주어진 전자기장이 겪는 감쇠나 증폭의 정도를 결정한다. 이 절에서는 2준위 원자시스템에서의 정상상태의 밀도를 유도하기로 한다. 2준위 원자시스템에서는 낮은 에너지 준위를 시스템의 바닥상태로 간주한다. 복사조도가 I이고 진동수가 ν'인 레이저 광이 원자 매질에 입사하는 경우를 가정하자. 이 시스템은 식(26-14)와 식(26-15)에 의해 기술된다. 예제 6-3에서 보듯이 상온에서는 매질의 거의 모든 원자들이 바닥상태에 있다. 레이저 광이 매질에 입사되면 $E_2 - E_1 \approx h\nu'$의 전자기장의 **공명조건**을 만족하는 들뜬 상태로의 전이가 일어나는 경우에 한해 들뜬상태의 밀도가 상당히 증가하게 된다. 전자기장과의 상호작용의 결과로 들뜬상태 2의 밀도가 상당히 증가한 경우를 가정하자. 이 경우에 다음과 같이 쓸 수 있다.

$$N_1 + N_2 = N_T \tag{26-16}$$

여기서 N_T는 매질의 원자의 전체 밀도이다. 식(26-14)에서 정상상태($dN_2/dt = 0$)를 가정하고, 식(26-15)와 결합하여 풀면 정상상태의 밀도 N_1과 N_2를 구할 수 있다. 그 결과는 다음과 같다(문제 26-3 참조).

$$N_2 = N_T\left(\frac{\sigma I/(h\nu' A_{21})}{1 + 2\sigma I/(h\nu' A_{21})}\right) \tag{26-17}$$

$$N_1 = N_T\left(\frac{1 + \sigma I/(h\nu' A_{21})}{1 + 2\sigma I/(h\nu' A_{21})}\right) \tag{26-18}$$

여기서는 **밀도반전**(population inversion) $N_{\text{inv}} \equiv N_2 - N_1$이 물리적인 관심사이다. 이

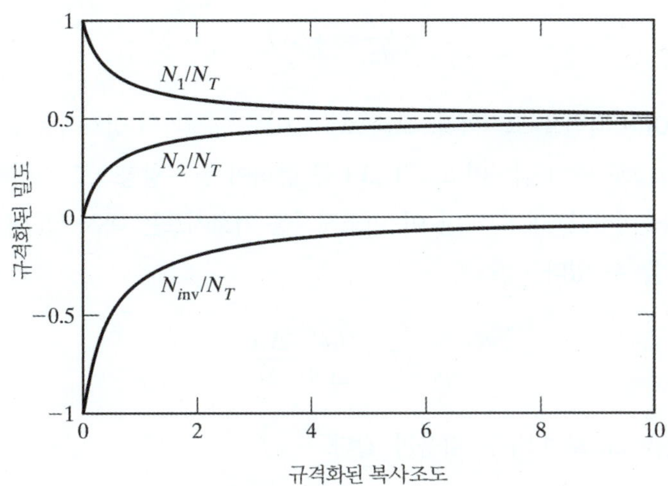

그림 26-3 규격화된 복사조도 I $(A_{21}h\nu'/\sigma)$의 함수로 주어진 2준위 원자 시스템에서의 들뜬상태(2)과 바닥상태(1)의 규격화된 밀도. 규격화된 밀도반전 값 $N_{inv}/N_T = (N_2 - N_1)N_T$도 주어져 있다.

경우에 위의 식으로부터 밀도반전은 다음과 같이 항상 음수임을 알 수 있다.

$$N_{inv} = N_2 - N_1 = -N_T\left(\frac{1}{1 + 2\sigma I/(h\nu' A_{21})}\right) \tag{26-19}$$

두 개의 준위 사이의 밀도 분포를 지배하는 핵심 매개변수는 유도 방출 비율 $\sigma I/h\nu'$과 자발 방출 비율 A_{21}의 상대적인 비이다.

그림 26-3에서는 두 준위의 밀도들과 밀도반전 값을 복사조도의 함수로 나타내었다. 밀도반전은 항상 음의 값을 가지며 매질에 입사되는 광의 복사조도가 증가할수록 그 크기가 감소함에 주목해야 한다. 매우 큰 복사조도의 빛에 대해서는 밀도반전은 0이 된다. 이러한 거동은 2의 준위에서 1의 준위로 전이시키는 유도 방출과 자발 방출의 두 개의 과정을 살펴보면 이해할 수 있다. 유도 흡수라 부르는 오직 한 과정만 원자를 1의 준위에서 2의 준위로 전이시킨다. 유도 방출과 유도 흡수의 비율은 동일하므로 "아랫방향으로의" 전이$(2 \rightarrow 1)$ 비율이 "위 방향으로의" 전이$(1 \rightarrow 2)$ 비율보다 항상 크다. 따라서 2준위 원자시스템에서 정상상태의 밀도반전은 일어날 수 없다. 매우 큰 입사 복사조도의 극한에서는 자발 방출 과정은 거의 무시할 수 있으므로 밀도의 균형에 거의 도달하게 된다.

흡수계수와 비어의 법칙(Beer's law)

이제까지는 입사 전기장에 의해 유도되는 밀도의 변화에 관심을 가져왔다. 그 과정에서 함축적으로 전자기장의 복사조도가 시간적, 공간적으로 일정하다고 가정하였다.

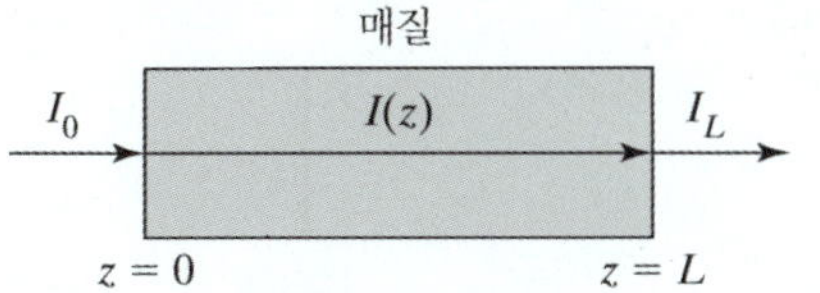

그림 26-4 길이 L인 매질을 통한 빛의 전파. 복사조도 I는 매질 내의 원자들과의 상호작용으로 인하여 변한다.

그림 26-4에 도시된 경우를 생각해 보자. 그림의 왼쪽에서 오른쪽으로 복사조도 I_0의 빛이 원자매질로 입사한다. 빛이 매질을 가로질러 $+z$-방향으로 진행함에 따라 빛과 매질 속의 원자들과의 사이에 에너지의 교환이 일어날 수 있다. 빛의 복사조도 변화의 공간적인 비율을 의미하는 **흡수계수**(absorption coefficient) 또는 **손실계수**(loss coefficient)는 다음과 같이 쓸 수 있다.

$$\frac{dI}{dz} = -\alpha I$$

이제 식(26-20)의 좌변을 고려하자. $\Delta n/\Delta t$는 이득 매질과의 상호작용에 의하여 단면적 ΔA와 길이 Δz로 주어지는 미소체적 ΔV를 통하여 $+z$-방향으로 진행하는 광자의 수 n의 평균변화율이라 놓자. 그러면 이 미소체적을 가로지르는 복사조도의 증가분 ΔI는 다음과 같이 쓸 수 있다.

$$\Delta I = \frac{h\nu'}{\Delta A}\frac{\Delta n}{\Delta t}$$

위 식의 양변을 Δz로 나누면 다음과 같다.

$$\frac{\Delta I}{\Delta z} = \frac{h\nu'}{\Delta V}\frac{\Delta n}{\Delta t} \tag{26-21}$$

이제 미소체적 ΔV에 대한 광자의 순 증가율이나 순 손실률은 자발 방출, 유도 방출 그리고 유도 흡수의 결과물이다. 가능한 입사광 복사조도에 대하여 빔의 진행방향으로의 자발 방출 비율은 유도 방출과 유도 흡수의 비율보다 훨씬 작다. 따라서 자발 방출이 광자의 순 증가율에 기여하는 정도는 무시할 만하다. 각 유도 방출마다 광자를 한 개씩 만들어내고 각 유도 흡수마다 광자가 한 개씩 없어지므로 체적 ΔV에 대한 광자의 개수의 변화는 다음과 같다(식(26-14) 마지막 항 참조).

$$\frac{\Delta n}{\Delta t} = \frac{\sigma I}{h\nu'}(N_2 - N_1)\Delta V$$

이 결과를 식(26-21)에 대입하면 다음과 같아진다.

$$\frac{\Delta I}{\Delta z} = \sigma I(N_2 - N_1)$$

위의 식을 미분형으로 바꾸면 다음의 결과 식을 얻는다.

$$\frac{dI}{dz} = \sigma(N_2 - N_1)I \tag{26-22}$$

따라서 식(26-20)의 손실계수 α의 형태를 다음과 같이 구할 수 있다.

$$\alpha = -\sigma(N_2 - N_1) \tag{26-23}$$

손실계수는 길이의 역수의 단위를 가짐에 유의하자.

식(26-18)과 그림 26-3으로부터 알 수 있듯이, 충분히 작은 입력광 복사조도(또는 충분히 작은 단면적)에 대하여 밀도는 바닥상태에 집중되어 있으므로 $N_1 \approx N_T$이다. 이 경우에 α는 다음과 같이 입력광의 복사조도와 무관한 상수로 주어진다.

$$\alpha \approx \sigma N_T \equiv \alpha_0 \tag{26-24}$$

여기서 α_0는 $I \rightarrow 0$인 경우의 **소신호 손실계수**(small-signal loss coefficient)라 부른다. 이 경우에 식(26-22)는 다음의 형태를 갖는다.

$$\frac{dI}{dz} = -\alpha_0 I$$

위의 식에 변수분리와 적분을 하면 다음의 결과를 얻는다.

$$\frac{dI}{I} = -\alpha_0 dz$$

$$\int_{I_0}^{I_L} \frac{dI}{I} = -\alpha_0 \int_0^L dz$$

$$\ln(I_L / I_0) = -\alpha_0 L$$

$$I_L = I_0 e^{-\alpha_0 L} \tag{26-25}$$

이 결과는 비어의 법칙으로 알려져 있다. 이 간단한 지수함수적인 감쇠의 표현은 거의 대부분의 원자가 바닥상태에 머무르는 경우에 약하게 흡수가 일어나는 경우에만 해당한다. 상당한 수의 원자가 들뜬상태로 전이하는 경우의 계산은 수학적으로 더욱 복잡하게 다루어진다. 문제 26-4의 경우와 같이, 이러한 상황에서는 손실계수가 입사광 복사조도의 증가에 따라 감소한다(**즉, 포화된다**).

예제 26-1

니오디뮴(Nd) 원자가 YAG(yttrium aluminum garnet) 결정[6]에 첨가된 물질에서 바닥상태에서 들뜬상태로의 전이가 808 nm의 전자기장과 공명을 일으키는 경우에 단면적이 대략 3×10^{-20} cm^2로 주어진다. YAG 결정 내의 Nd의 도핑농도(cm^3당 원자의 개수)가 10^{20} atoms/cm^3이고 YAG 결정 자체는 808 nm의 파장을 투과한다고 가정한다. 발진파장이 808 nm인 AlGaAs 반도체 레이저가 Nd:YAG 레이저 봉의 펌핑에 사용된다고 가정하자(다음 절에서 다루겠지만, 결정에 흡수된 펌프 에너지는 Nd:YAG 레이저의 광 출력으로 변환된다).

a. Nd:YAG 결정의 소신호 흡수계수를 계산하시오.
b. Nd:YAG 결정으로 흡수되는 반도체 레이저 빔의 충분한 침투깊이를 계산하시오.

---

6 축퇴가 없는 2준위 시스템으로 구성된 Nd:YAG 결정에서의 흡수에 관한 모델링은 실제 상황을 지나치게 단순화한 경우이다. 예제 26-1은 그 크기 정도만을 알기 위한 개략적인 계산으로 여겨져야 한다.

풀이

a. 소신호 흡수계수는 다음과 같다.

$$\alpha_0 = \sigma N_T = (3 \times 10^{-20})(10^{20})\,\text{cm}^{-1} = 3\,\text{cm}^{-1}$$

b. 문제에 주어진 충분한 침투깊이는 반도체 레이저의 복사조도가 초기 값의 $1/e \approx 0.368$로 줄어드는 깊이 L로 간주한다. 그러면 식(26-25)에 주어진 소신호의 결과를 사용하는 것이 적절하다는 가정에 따라 다음의 결과를 얻는다.

$$I_L = I_0 e^{-1} = I_0 e^{-\alpha_0 L}$$
$$L = 1/\alpha_0 = 0.33\,\text{cm}$$

따라서 약 0.33 cm보다 더 깊숙한 Nd 원자들은 펌프 에너지를 충분히 흡수할 수 없다.

26-3 이득 매질

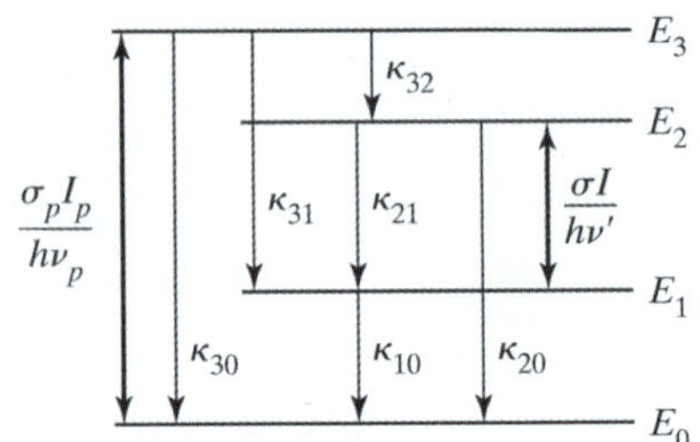

그림 26-5 4준위 이득 매질의 준위 구조. 굵은 양방향 화살표는 유도 과정을 나타내고, 가는 단방향 화살표는 감쇠 과정(decay process)을 나타낸다. 펌프광의 복사조도 I_p와 주파수 $\nu_p' \approx (E_3 - E_0)/h$의 결과로 복사조도 I와 주파수 $\nu' \approx (E_2 - E_1)/h$의 전자기장에 이득이 생긴다.

낮은 에너지 상태가 바닥상태인 간단한 2준위 시스템은 항상 흡수체임을 알았다. 레이저 시스템은 전자기장에 에너지를 공급하여 매질을 전파하게 하는 **이득 매질**(gain medium)이 필요하다. 6장에서 논의하고 예제 26-1에서 암시한 바와 같이, 이득 매질은 반드시 펌핑되어야 한다. 다시 말해서, 이득 매질에 저장된 펌프 에너지가 전자기장과 이득 매질과의 상호작용에 의하여 광 출력으로 변환된다. 그림 26-5에는 이득 매질이 될 수 있는 보편적인 원자의 준위 구조가 도시되어 있다. 이 그림에는 네 개의 중요한 준위들이 나와 있으며,[7] E_0의 에너지를 갖는 준위가 바닥상태이다. 증폭되는 광은 복사조도 I와 진동수 ν'을 가지며 2에서 1로의 전이와 거의 공진을 일으켜야 한다. 펌프 에너지는 0에서 3으로의 전이에 의해 시스템에 공급된다. 구체적으로 펌프는 진동수가 $\nu_p = (E_3 - E_0)/h$이고 복사조도가 I_p인 레이저 광이다. 그림 26-5에 나타난 4준위의 밀도를 지배하는 비율 방정식은 소정의 과정에 의해 다음과 같이 쓸 수 있다.

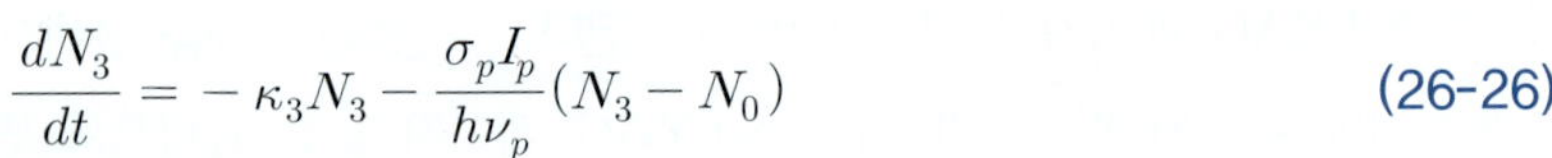

$$\frac{dN_3}{dt} = -\kappa_3 N_3 - \frac{\sigma_p I_p}{h\nu_p}(N_3 - N_0) \quad (26\text{-}26)$$

$$\frac{dN_2}{dt} = \kappa_{32} N_3 - \kappa_2 N_2 - \frac{\sigma I}{h\nu'}(N_2 - N_1) \quad (26\text{-}27)$$

$$\frac{dN_1}{dt} = \kappa_{31} N_3 + \kappa_{21} N_2 - \kappa_{10} N_1 + \frac{\sigma I}{h\nu'}(N_2 - N_1) \quad (26\text{-}28)$$

$$\frac{dN_0}{dt} = \kappa_{30} N_3 + \kappa_{20} N_2 + \kappa_{10} N_0 + \frac{\sigma_p I_p}{h\nu_p}(N_3 - N_0) \quad (26\text{-}29)$$

7 3준위와 관련된 다른 일반적인 배열에 관해서는 문제 26-7 참조.

여기서 자발 방출 A계수를 감쇠율 κ로 대체하였다. 이는 자발 방출뿐만 아니라 예를 들어 다른 원자, 분자 그리고 입자들과의 비탄성충돌과 같은 아랫방향으로의 전이를 일으키는 모든 감쇠(decay) 과정을 포함시키기 위함이다. 이러한 감쇠 과정들은 소위 **비발광성 감쇠**(non-radiative decay)의 예이다. 또한 σ_p는 $3 \to 0$으로 전이하는 유도 방출 단면적이고, 식을 간략화하기 위하여 역시 축퇴도는 무시하였다. 마지막으로 4준위 시스템은 폐쇄형으로 가정한다. 다시 말해, 시편을 구성하는 모든 원자들은 다음 식과 같이 이 네 개의 준위 중 어느 하나에 반드시 있어야 한다.

$$N_T = N_0 + N_1 + N_3 + N_4 \tag{26-30}$$

이것이 참이면, 식(26-26)부터 식(26-29)까지의 우변의 합은 0이 된다. 그렇게 되기 위해서는 $\kappa_3 = \kappa_{32} + \kappa_{31} + \kappa_{30}$와 $\kappa_2 = \kappa_{21} + \kappa_{20}$가 성립해야 한다. 에너지준위의 **수명** τ는 해당 준위에서의 총 감쇠율의 역수로 정의되므로 다음과 같이 쓸 수 있다.

$$\tau_3 = \frac{1}{\kappa_3}, \quad \tau_2 = \frac{1}{\kappa_2} \quad \text{그리고} \quad \tau_1 = \frac{1}{\kappa_{10}}$$

발생할 수 있는 유일한 과정이 감쇠과정인 경우에 한 준위의 수명(문제 6-7 참조)은 주어진 준위의 밀도가 초기 값의 $1/e$로 감쇠되는 데 걸리는 시간이다.

식(26-22)까지의 해석은 지금 고려하는 4준위 시스템에서도 잘 맞는다. 따라서 정상상태에서 **밀도반전**(population inversion)($N_2 > N_1$)이 일어나는 경우에 이득이 발생할 것이다. 이 조건 하에서 유도 방출이 유도 흡수를 능가하게 되고 광자의 순 증가가 발생하게 된다. 식(26-30)과 함께 4준위 비율방정식 중 임의의 세 개는 동시에 풀 수 있으며 이를 통해 4준위의 정상상태의 밀도와 정상상태의 밀도반전 값 $N_{\text{inv}} = N_2 - N_1$을 구할 수 있다. 이 완전한 풀이는 연습문제로 남긴다(문제 26-5). 실제 원자의 이득 매질에 일련의 단순화 가정을 적용하면 시스템의 방정식들의 복잡도가 획기적으로 줄어들므로 매우 유용하다. 다음에서 이러한 과정을 살펴보기로 한다.

비공핍 펌프 근사 레이저 펌프는 종종 4준위 시스템의 바닥상태를 충분히 비우지 않는다. 따라서 $N_0 \gg N_3$이고 $N_0 \approx N_T$라 놓을 수 있다. 이 경우에, 식(26-26)은 정상상태($dN_3/dt = 0$)에서 다음과 같이 주어진다.

$$N_3 \approx \frac{1}{\kappa_3} \frac{\sigma_p I_p}{h\nu_p} N_T \tag{26-31}$$

비공핍 펌프 근사에서 중요한 사실은 N_3는 근사적으로 상수이고, 비록 $N_3 \ll N_0$이지만 비율 $\kappa_3 N_3$는 무시할 수 없다는 점이다. 정상상태에서 식(26-27)과 식(26-28)에 식(26-31)을 대입하면 다음의 결과를 얻는다.

$$\frac{dN_2}{dt} = 0 = R_{p2} - \kappa_2 N_2 - \frac{\sigma I}{h\nu'}(N_2 - N_1) \tag{26-32}$$

$$\frac{dN_1}{dt} = 0 = R_{p1} + \kappa_{21} N_2 - \kappa_{10} N_1 + \frac{\sigma I}{h\nu'}(N_2 - N_1) \tag{26-33}$$

여기서 다음의 유효 펌프비율밀도를 다음과 같이 정의하였다.

$$R_{p2} = \frac{\kappa_{32}}{\kappa_3}\left(\frac{\sigma_p I_p}{h\nu_p} N_T\right)$$

$$R_{p1} = \frac{\kappa_{31}}{\kappa_3}\left(\frac{\sigma_p I_p}{h\nu_p} N_T\right)$$

밀도반전의 조건에서 식(26-32)와 식(26-33)을 풀면 다음의 결과를 얻는다.

$$N_{\text{inv}} = N_2 - N_1 = \frac{(1 - \kappa_{21}/\kappa_{10})R_{p2} - (\kappa_2/\kappa_{10})R_{p1}}{\kappa_2 + (1 + \kappa_{20}/\kappa_{10})(\sigma I/h\nu')} \tag{26-34}$$

이득 매질을 표현할 때, 식(26-22)는 이득계수 γ를 정의하여 다음과 같이 다시 쓸 수 있다.

$$\gamma = \sigma(N_2 - n_1) = \sigma N_{\text{inv}} \tag{26-35}$$

따라서

$$\frac{dI}{dz} = \gamma I \tag{26-36}$$

이다. 중요한 사실은 일반적으로 밀도반전이 복사조도 I에 의존하기 때문에 이득계수도 복사조도에 의존한다는 사실이다.

밀도반전을 극대화하면 이득계수도 극대화된다는 점은 분명하다. 식(26-34)와 식(26-35)를 살펴보면 밀도반전과 이득계수는 다음의 조건들 하에서 더 커짐을 알 수 있다.

1. 이득계수는 2준위와 관련된 감쇠율과 비교하여 κ_{10}가 증가함에 따라 더 커진다. 이것은 유도 흡수가 복사조도를 감쇠시킨다는 점과 1준위로부터의 큰 감쇠율은 원자들이 1준위에 오랜 시간 동안 머무르지 않는다는 것을 나타내므로 유도 흡수가 일어날 기회가 줄어들게 된다는 점에서 논리적이다.
2. R_{p1}이 줄어들면 이득계수는 커진다. 이것은 유효 펌프 비율 R_{p1}이 1준위의 밀도를 증가시켜 유도 흡수의 가능성을 증가시킨다는 점에서 논리적이다. κ_{31}이 작은 원자에 대해서는 유효 펌프비율밀도 R_{p1}도 줄어든다.
3. 이득계수는 2준위로부터의 감쇠율을 줄이면 증가한다. 그렇게 되면 원자들이 높은 들뜬상태인 2준위에 머무르는 시간이 길어져 유도 방출의 가능성과 더불

어 이득을 증가시킨다. 이렇게 긴 수명을 가진 에너지준위들은 보통 **준안정** 상태(metastable state)라 불린다.

4. 이득계수는 유효 펌프비율밀도 R_{p2}를 증가시키면 커진다. 여기서 R_{p2}는 높은 레이저 준위(upper laser level)의 밀도를 공급하여 유도 방출의 빈도를 증가시킨다. 이 비율은 펌프 레이저의 광 복사조도 I_p를 증가시키면 증가한다.

이상적인 4준위 이득 매질

이상적인 경우에 $R_{p1}=0$이고 $\kappa_{10}\rightarrow\infty$이다. 따라서 이득계수는 다음의 간단한 형태를 갖는다.

$$\gamma=\frac{\sigma R_{p2}/\kappa_2}{1+(\sigma I/h\nu')/\kappa_2}\equiv\frac{\gamma_0}{1+I/I_S} \qquad (26\text{-}37)$$

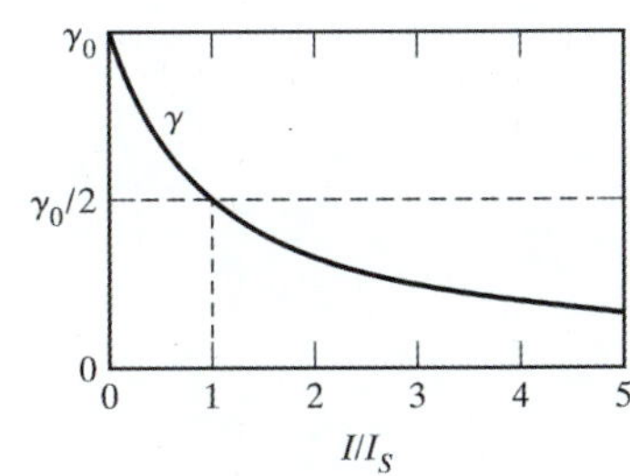

그림 26-6 규격화된 복사조도 I/I_S의 함수로 주어진 이득계수 γ. $I=I_S$일 때, $\gamma=\gamma_0/2$이다.

여기서 이득 매질을 기술하는 두 개의 중요한 매개변수들로 **소신호 이득계수**(small-signal gain coefficient) γ_0와 **포화 복사조도**(saturation irradiance) I_S를 도입하였다. 이상적인 4준위 이득 매질에서 이 매개변수들은 다음의 식으로 주어진다.

$$\gamma_0=\sigma R_{p2}/\kappa_2=\sigma R_{p2}\tau_2 \qquad (26\text{-}38)$$

와

$$I_S=h\nu'\kappa_2/\sigma=h\nu'/\sigma\tau_2 \qquad (26\text{-}39)$$

소신호 이득계수는 매질의 복사조도 I가 포화 복사조도 I_S보다 충분히 작을 때의 근사적인 이득계수이다. 그림 26-6에 도시된 바와 같이 $I=I_S$일 때의 이득계수는 소신호 이득계수의 절반으로 줄어든다. 게다가 $I\gg I_S$일 때, 이득계수는 복사조도와 반비례하게 되고 식(26-36)에 주어진 공간적인 복사조도의 변화율 γI는 상수가 된다. 식(26-37)의 가운데에 있는 항은 이상적인 4준위 이득 매질에서만 유효하지만 이 식의 오른쪽 끝에 있는 항은 이득계수의 일반적인 형태로 **균질 선폭확대**(homogeneously broadened)된 이득 매질의 넓은 범위에서 잘 맞는다(26-5절 참조). 그러나 이 경우 γ_0와 I_S의 정의는 식(26-38)과 식(26-39)의 결과들과 다르다.

더 큰 복사조도를 갖는 전자기장에서 이득계수가 더 작아지는 현상은 **이득포화**(gain saturation) 때문이다. 이득포화가 일어나는 원인은 더 큰 복사조도가 더 많은 유도 방출을 야기하고, 이는 높은 레이저 준위의 정상상태 밀도를 바닥나게 하여 유도 방출의 빈도를 줄이기 때문이다.

적분이득

식(26-36)에 식(26-37)을 대입하면 하나의 미분방정식을 얻는데, 이 식은 적분을 통하여 이득 매질로 들어가는 복사조도 입력 값 I_0와 이득 매질에서 나가는 복사조도 출력 값

I_L 사이의 관계를 알려준다.

$$\frac{dI}{dz} = \gamma I = \frac{\gamma_0}{1 + I/I_S} I \tag{26-40}$$

변수분리 후에 양변을 적분하면 다음의 관계식을 얻는다.

$$\int_{I_0}^{I_L} \left(\frac{1}{I} + \frac{1}{I_S} \right) dI = \gamma_0 \int_0^L dz$$

적분을 행하면 다음과 같아진다.

$$\ln\left(\frac{I_L}{I_0}\right) + \frac{1}{I_S}(I_L - I_0) = \gamma_0 L \tag{26-41}$$

식(26-41)에 주어진 중요한 결과는 초월함수적 관계식(transcendental relation)으로 출력 복사조도 I_L은 주어진 입력 복사조도와 이득 매질의 특성 값들인 γ_0, L 그리고 I_S를 이용하여 수치적으로 풀 수 있다. 이 관계식의 중요하고 흥미로운 특징들은 본 장의 끝부분에 있는 일련의 문제들을 통하여 알 수 있을 것이다.

그림 26-7은 소신호 이득계수 γ_0와 포화 복사조도 I_S의 변화가 이득 셀로부터의 출력 복사조도 I_L에 미치는 영향을 나타내고 있다. 세 개의 곡선 모두, 셀로 들어가는 복사조도 입력 값은 $I_0 = 1$ W/cm^{2}이다. 아래쪽에 있는 곡선들은 소신호 이득계수는 같지만 다른 포화 복사조도를 갖는다. 아래쪽이 있는 두 개의 곡선들은, 이득 셀 길이 L이 충분히 짧아서 셀이 포화 값보다 더 작은 상태에 안정적으로 있다면 셀로부터의 출력 복사조도는 포화 복사조도와 무관함을 보여준다. 그러나 이득 셀 길이 L이 충분히 길어서 복사조도가 포화 복사조도에 가깝게 커지면 포화 복사조도가 더 작은 셀일수록 출력 복사조도가 더 작게 나타난다. 위쪽에 있는 곡선으로 표현되는 이득 셀은 아래쪽 두 개의 곡선의

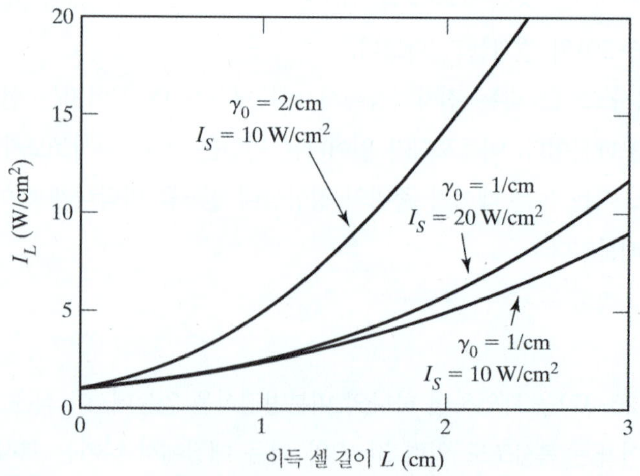

그림 26-7 이득 셀의 길이 L의 함수로 주어진 이득 셀로부터의 복사조도 출력 I_L. 서로 다른 소신호 이득계수 γ_0와 포화 복사조도 I_S의 경우에 대하여 나타나 있다. 각각의 경우에 이득 셀로 들어가는 복사조도 입력은 1 W/cm^{2}이다.

셀들보다 소신호 이득계수가 두 배이므로 그 결과, 그림에 나타난 출력 복사조도는 이득 매질의 길이가 짧은 경우에도 아래쪽 두 개의 곡선의 경우보다 훨씬 더 크게 나타난다.

이 절을 마치면서, 포화 복사조도 I_S와 소신호 이득계수 γ_0는 전자기장 주파수 ν'의 함수임을 지적하고자 한다. 왜냐하면 이 값들은 단면적 σ에 의존하는데, σ는 다음과 같이 스펙트럼 모양 함수(line-shape function)에 비례하기 때문이다.

$$\gamma_0 \propto g(\nu')$$

와

$$I_S \propto 1/g(\nu')$$

이 관계식을 이득 셀의 동작에 적용하는 과정은 문제 26-13에 예시되어 있다.

26-4 정상상태의 레이저 출력

식(26-41)은 레이저의 구성요소들인 펌프, 이득 매질 그리고 공진기의 특성에 의해 결정되는 정상상태 또는 **연속파**(continuous-wave, CW) 레이저의 출력 복사조도를 예측할 수 있게 한다. 우선 **링 레이저**(ring laser)의 CW 출력의 복사조도 표현을 유도하고, 다음으로 두 개의 거울을 사용한 **선형 공진기**(linear cavity) 구조의 레이저 시스템의 일반적인 경우에서의 결과를 보이고자 한다.

링 레이저

그림 26-8에서와 보는 것과 같은 세 개의 거울로 구성된 링 레이저에 대한 공진기에서 나오는 정상상태의 출력 복사조도를 식으로 표현해 보자.

세 개의 거울 M_1, M_2 및 M_3의 반사율을 각각 R_1, R_2 및 R_3라 하자. 추가적으로, 거울 M_3를 투과율이 T_3인 출력거울로 간주하자. 이득 매질은 포화 복사조도 I_S, 길이 L 그리고 소신호 이득계수 γ_0에 의해 특성이 결정된다. 여기서는 링의 반시계 방향으로만 레이저 거동이 나타나는 것으로 가정한다.

정상상태에서 각 1회 왕복운동마다, 거울들에서의 불완전한 반사와 투과에 의한 손실들은 이득 매질과의 상호작용의 결과로 생기는 복사조도의 증가로 상쇄한다. 그림 26-8에 표시된 바와 같이, 이득 셀의 입력단에서의 정상상태의 복사조도를 I_0라 하고 출력단에서의 정상상태의 복사조도를 I_L이라 놓자. 입력단에 대한 링 공진기의 출력단에서의 복사조도를 추적해 보면 다음의 결과를 얻는다.

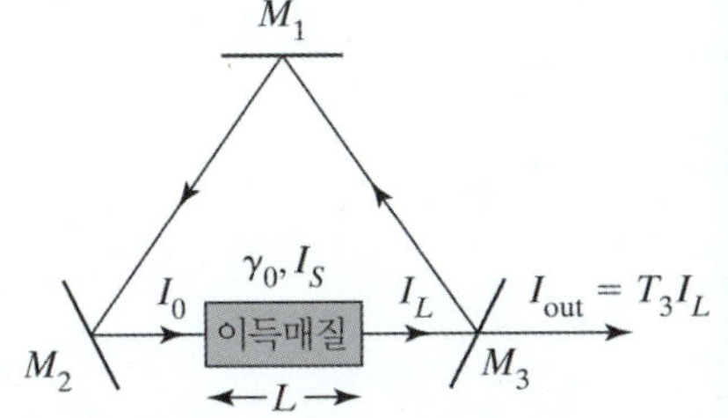

그림 26-8 링 레이저. 장은 반시계 방향으로 공진하도록 가정한다. 이득 셀의 길이는 L, 소신호 이득계수는 γ_0 그리고 포화 복사조도는 I_S이다. 출력거울의 투과율은 T_3이다.

$$I_0 = SI_L \tag{26-42}$$

여기서 S는 이득 셀의 입력을 기준으로 공진기를 따라 진행하면서 **살아남는** 복사조도의 비를 의미한다. 여기서 고려하는 간단한 공진기에 대해서 $S = R_1 R_2 R_3$이다. 좀 더 일반적으로 **생존인자**(survival factor) S는 광이 링 공진기를 진행함에 따라 복사조도가 줄어드는 각 과정을 기술하는 인자들을 포함한다. 식(26-41)에 식(26-42)를 대입하면 이득 셀의 출력단에서의 정상상태의 복사조도에 관한 표현을 얻을 수 있다. 약간 식을 정리하면 다음의 결과를 얻는다.

$$I_L = I_S\left(\frac{\gamma_0 L - \ln(1/S)}{1-S}\right)$$

따라서 링 공진기로부터 나오는 레이저 빔의 복사조도는 다음과 같다.

$$I_{\text{out}} = T_3 I_L = T_3 I_S\left(\frac{\gamma_0 L - \ln(1/S)}{1-S}\right) \tag{26-43}$$

위의 식의 특징들을 알아보자. 포화 복사조도가 더 큰 이득 매질일수록 더 큰 복사조도가 발생한다. 그러나 포화 복사조도는 이득 매질의 고유의 특성이므로 가공할 수는 없다. 주어진 이득 매질에서, 펌프 밀도 R_{p2}를 증가시키면 소신호 이득계수 γ_0가 증가하므로 출력 복사조도를 증가시킬 수 있다. 간단한 해석(문제 26-17 참조)을 통하여 레이저 출력과 무관하게 공진기의 손실을 줄이면 레이저의 출력 복사조도를 증가시킬 수 있음을 알 수 있다.

식(26-43)은 소신호 이득계수가 다음과 같은 특정 임계(threshold)값보다 클 때에만 의미가 있다.

$$\gamma_{\text{th}} = \frac{1}{L}\ln(1/S) \quad (\text{링 공진기}) \tag{26-44}$$

왜냐하면 $\gamma_0 < \gamma_{\text{th}}$일 때, 음의 복사조도가 예측되기 때문이다. 물론 음의 복사조도는 무의미하다. 대신에 이 조건에 의하면, 1회 왕복운동당 공진기 손실이 1회 왕복운동당 공진기 이득보다 커지면 공진기 내부에 빛이 생겨나지 않는다. γ_{th}는 공진기 **손실**을 특정함에 유의해야 한다. 식(26-43)에 식(26-44)를 대입하면 다음의 결과를 얻는다.

$$I_{\text{out}} = T_3 I_S\left(\frac{(\gamma_0 - \gamma_{\text{th}})L}{1-S}\right) \tag{26-45}$$

(소신호) 임계 이득계수 γ_{th}에 대한 다른 방식의 표현을 구해보자. 6장에서 자세히 논의한 바와 같이, 레이저 공진기에서 전자기장은 레이저 공진기 모드에 해당하는 자발 방출들로부터 발생한다. 이러한 자발 방출들은 이득 매질 내의 유도 방출에 의해 증폭된다. 그러나 이렇게 되려면 불완전한 거울들, 출력거울을 통한 투과 그리고 다른 공진기의 손실 메커니즘들에 의해 발생하는 손실보다 제공된 이득이 더 커야 한다. 자발 방출에 의한 복사조도는 보통 이득 매질의 포화 복사조도보다 훨씬 작다. 따라서 레이저 장이 시작되는 동안은 이득계수 γ는 소신호 값 γ_0와 같다. 이 경우 이득 셀로 들어가는 복사조도 입력 I_0과 이득 셀로부터 나오는 복사조도 출력 I_L은 다음의 식으로 간단히 쓸 수 있다(문제 26-8 참조).

$$I_L / I_0 = e^{\gamma_0 L}$$

복사조도가 각 1회 왕복운동하는 동안 증가하기 위해서는 다음과 같이 단일 경로의 소신호 이득지수 $e^{\gamma_0 L}$이 각 왕복운동마다의 손실비율보다 커야 한다.

$$S e^{\gamma_0 L} > 1 \tag{26-46}$$

이 조건은 증가하는 레이저 장에 관하여 다음의 결과를 의미한다.

$$\gamma_0 > \frac{\ln(1/S)}{L} = \gamma_{\text{th}}$$

만약 $\gamma_0 > \gamma_{\text{th}}$이면, 공진기를 통한 각 1회 왕복운동마다 전자기장은 증가하지만 그 결과로 이득계수 γ는 포화에 의해 줄어든다. 이득계수 γ가 줄어들어서 이득 셀을 경유하는 단일 경로 이득이 1회 왕복운동당 공진기 손실과 상쇄되는 조건이 되면 정상상태에 도달한다. 요약하자면, 레이저 장이 공진기 내에서 증가하기 위해서는 소신호 이득계수 γ_0가 임계 소신호 이득계수 γ_{th}보다 커야 한다. 그러면 이 전자기장은 이득계수 γ가 임계 값 γ_{th}로 포화될 때까지 계속하여 증가한다.

예제 26-2

그림 26-8과 같은 링 레이저 공진기 시스템은 반사율이 $R_1 = R_2 = 0.99$이고 $R_3 = 0.95$인 거울을 사용한다. 출력거울의 투과율은 $T_3 = 0.04$이다. 이득 매질은 2300 W/cm^{2}의 포화 복사조도를 가진 10 cm 길이의 Nd:YAG 결정이다. 이 결정은 소신호 이득계수 $\gamma_0 = 0.05$/cm가 되도록 광 펌핑된다.

a. 이 공진기의 임계 이득계수를 구하시오.
b. 이 공진기를 빠져나가는 레이저 장의 복사조도를 구하시오.
c. 레이저 빔의 단면적, $A = 0.1$ cm^{2}를 가정하여 레이저의 광 출력을 구하시오.
d. 이 레이저 시스템의 전체 효율이 3%라고 가정할 때, 이 레이저 시스템을 구동하기 위해 필요한 펌프 출력을 구하시오.

풀이

a. 식(26-44)를 이용하면 다음의 결과를 얻는다.

$$\gamma_{\text{th}} = \frac{1}{L}\ln(1/S) = \frac{1}{L}\ln\left(\frac{1}{R_1 R_2 R_3}\right) = \frac{1}{10\,\text{cm}}\ln\left(\frac{1}{0.99^2 \cdot 0.95}\right) = 0.0071/\text{cm}$$

b. 식(26-45)에 따르면, 다음의 결과를 얻는다.

$$I_{\text{out}} = T_3 I_S\left(\frac{(\gamma_0 - \gamma_{\text{th}})L}{1-S}\right) = (0.04)(2300\,\text{W/cm}^2)\frac{(0.05-0.0071)10}{1-0.99^2(0.95)}$$

$$I_{\text{out}} = 570\ \text{W/cm}^2$$

c. 광 출력은 근사적으로 다음과 같이 구할 수 있다.

$$P_{\text{out}} \approx I_{\text{out}} A = (570\,\text{W/cm}^2)(0.1\,\text{cm}^2) = 57\,\text{W}$$

d. 필요한 펌프 출력은 다음과 같다.

$$P_{\text{pump}} = \frac{P_{\text{out}}}{\text{효율(efficiency)}} = \frac{57\,\text{W}}{0.03} = 1900\,\text{W}$$

2개의 거울을 가진 선형공진기

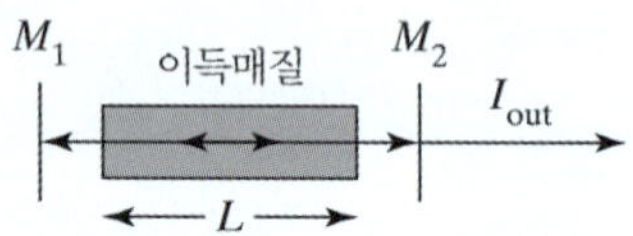

그림 26-9 선형 레이저 공진기.

좀 더 일반적인 2개의 거울을 가진 선형 레이저의 출력 복사조도를 구하는 과정은 링 레이저에서의 과정보다 좀 더 복잡하지만 비슷한 방식으로 진행할 수 있다.[8] 그림 26-9(문제 26-19 참조)와 같은 2개의 거울을 가진 공진기의 해석 결과는 다음과 같다.

$$I_{\text{out}} = \frac{T_2 I_S}{2} \frac{\gamma_0(2L) - \ln\left(\frac{1}{R_1 R_2}\right)}{(1-\sqrt{R_1 R_2})(1+\sqrt{R_2/R_1})} \tag{26-47}$$

여기서 T_2는 레이저 공진기 출력거울의 투과율이고, R_1과 R_2는 공진기 거울들의 반사율이며, 이득 셀은 길이 L, 소신호 이득계수 γ_0 그리고 포화 복사조도 I_S에 의해 특성지어진다. 식(26-47)로부터 2개의 거울을 이용한 선형 공진기의 임계 이득계수는 다음과 같이 된다.

$$\gamma_{\text{th}} = \frac{1}{2L}\ln\left(\frac{1}{R_1 R_2}\right)$$

좀 더 일반적으로 식(26-46)을 유도하는 것과 같은 방식으로 다음의 결과를 얻는다.

$$\gamma_{\text{th}} = \frac{1}{2L}\ln\left(\frac{1}{S}\right) \quad \text{(선형 공진기)} \tag{26-48}$$

예제 26-3

He-Ne 레이저시스템의 소신호 이득계수가 0.001/cm일 때, 거울의 반사율이 $R_1 = 0.99$이고 $R_2 = 0.98$인 선형 공진기의 최소길이를 계산하시오.

풀이

레이저 발진이 일어나기 위해서는 소신호 이득계수가 임계 이득계수보다 커야 한다. 따라서 식(26-48)을 이용하면 다음의 결과를 얻는다.

---

8 예를 들어 Joseph T. Verdeyen, *Laser Electronics*, 3d ed. (Prentice-Hall: Englewood Cliffs, New Jersey, 1995), Ch. 9 참조.

$$\gamma_{th} = \frac{1}{2L}\ln(1/S) < \gamma_0$$

따라서

$$L > \frac{1}{2\gamma_0}\ln(1/S) = \frac{1}{2(0.001/\mathrm{cm})}\ln\left(\frac{1}{(0.99)(0.98)}\right) = 15\,\mathrm{cm}$$

이득 셀은 레이저 공진기 내부에서 잘 맞아야 하기 때문에, 레이저 공진기는 15 cm보다 더 길어야 한다. 15 cm보다 더 짧은 He-Ne 레이저를 찾기는 쉽지 않다.

26-5 균질 선폭확대

6장에서 원자 시스템과 주파수 ν'인 입사 전기장과의 상호작용의 강도를 지배하는 스펙트럼 모양(line-shape) 함수 $g(\nu')$의 개념을 도입하였다. 이 절에서는 스펙트럼 모양 함수의 선폭 $\Delta\nu$를 결정하는 다음의 선폭확대 기작과 **균질** 선폭확대와 **불균질** 선폭확대 기작의 구분에 관하여 논의하기로 하자. 간단히 말해서, 균질 선폭확대의 기작은 매질을 구성하는 각 원자들의 동일한 방식의 주파수 응답에 의한 선폭확대를 일으키는 물리적 현상인 반면에, 불균질 선폭확대는 서로 다른 원자 그룹들이 서로 다른 방식으로 만들어내는 현상이다. 일반적으로 서로 다른 원자들에 대해서는 스펙트럼 모양 함수의 중심 주파수가 다르다.

두 가지 중요한 균질 선폭확대 기작에는 **수명 선폭확대**(lifetime broadening)와 **압력 선폭확대**(pressure broadening)가 있다. 이 효과들은 다음의 로렌츠 스펙트럼 모양함수를 갖는다.

$$g(\nu) = \frac{\Delta\nu_H}{2\pi[(\nu-\nu_0)^2 + (\Delta\nu_H/2)^2]} \tag{26-49}$$

이 함수는 $\nu = \nu_0$에서 첨두값을 갖고 $\Delta\nu_H$의 반치선폭(full-width at half-maximum)을 갖는다. 반치선폭은 때때로 전이의 **선폭**(line-width)이나 **이득 대역폭**(gain bandwidth)이라고도 불리며 다음과 같이 근사할 수 있다.

$$\Delta\nu_H = \frac{1}{2\pi}\left(\frac{1}{\tau_2} + \frac{1}{\tau_1} + 2r_{\mathrm{col}}\right) \tag{26-50}$$

여기서 τ_1과 τ_2는 전이에 참여하는 높은 준위와 낮은 준위의 각각의 수명을 나타낸다. 이 수명들을 포함하는 항들이 **수명 선폭확대**라 불리는 과정에 기여한다. 식(26-50)의 우변의 마지막 항은 **압력 선폭확대**에 의한 것이며, 압력 선폭확대는 이득원자들끼리 또는 이득원자들과 이득 매질 내의 다른 종들과의 충돌 비율 r_{col}에 비례한다. 이 항은 주로 기체 매질에서 중요하다. 이제 이러한 균질 선폭확대 기작들을 간단히 알아보기로 한다.

수명 선폭확대

고전적으로 원자에 이 원자의 공명주파수에 가까운 전자기장이 인가되는 경우, 원자는 이 전자기장의 주파수에서 공진이 일어난다. 이러한 공진에서는 원자 내부의 높은 레이저 준위와 낮은 레이저 준위 사이에서 일어나는 교차 전이를 양자역학적으로 다룬다. 이 준위들 중 어느 하나에서의 자발적인 감쇠는 원자가 전자기장과 결맞는 상호작용을 일으킬 수 없게 한다. 진동하는 원자들에서의 순 효과로 추가적인 시간에의 의존성이 나타난다. 이는 매질에서의 순 전하에 의한 공진 현상에서 진동자들 중의 어느 하나가 무작위로 기여할 수 없게 되는 현상에 기인한다. 그 결과, 이득 매질에서의 전하의 진동은 단일 주파수로 진동하는 함수로 표현할 수 없고, 대신 확대된 푸리에 스펙트럼을 갖게 된다. 선폭함수 $g(\nu)$에 대한 수명 선폭확대의 기여는 이러한 확장된 스펙트럼과 관련이 있다. 원자 준위의 유한한 수명은 자발 방출의 기본적인 과정과 더불어 다른 원자들과의 **비탄성** 충돌에 의한 전이에 기인한다. 이러한 비탄성 상호작용에서의 충돌은, 충돌에 관여하는 원자들 중 어느 하나나 둘 모두의 초기 상태의 변화를 수반한다.

압력 선폭확대

압력 선폭확대는 이득 매질 내의 원자들 사이의 **탄성충돌**의 결과이다. 이러한 탄성충돌이 충돌하는 원자들의 내부 상태에 변화를 주지는 않지만 원자 내의 전하들의 규칙적인 진동을 방해한다. 이러한 방해에 의해 이득 매질의 공진 스펙트럼에 추가적인 푸리에 성분이 생겨나며, 그 결과 원자 응답에서의 선폭확대가 발생한다. 물론 이득대역폭에 대한 압력 선폭확대 효과는 매질의 압력과 온도에 의존한다. 많은 기체 이득 매질에서 압력 선폭확대가 균질 선폭확대의 대역폭에 주로 기여한다.

예제 26-4

이산화탄소(CO_2) 레이저에서의 전이에 의한 균질 선폭확대를 고려하자.

a. 높은 레이저 준위의 수명이 10 μs이고 낮은 레이저 준위의 수명이 0.1 μs일 때, 이 전이의 균질 선폭확대의 대역폭에 수명 선폭확대가 미치는 영향의 정도를 구하시오.

b. 이 전이의 선폭이 1 GHz로 측정되었다. 이 전이의 선폭에 압력 선폭확대가 미치는 영향의 정도를 계산하시오.

c. 이득 대역폭은 종종 주파수 선폭확대 $\Delta\nu$보다 파장 선폭확대 $\Delta\lambda$로 표현된다. 이 전이와 공진하는 빛의 파장이 10.6 μm라 할 때, 이 전이의 선폭을 파장 선폭확대로 표현하시오.

풀이

a. 식(26-50)에 의하면, 선폭에 대한 수명 선폭확대의 기여도 $\Delta\nu_{H,\tau}$는 다음과

같다.

$$\Delta\nu_{H,\tau} = \frac{1}{2\pi}\left(\frac{1}{\tau_1} + \frac{1}{\tau_2}\right) = \frac{1}{2\pi}\left(\frac{1}{10\times10^{-6}} + \frac{1}{0.1\times10^{-6}}\right)\text{Hz}$$
$$= 1.61\times10^{6}\,\text{Hz}$$

b. 따라서 압력 선폭확대에 의한 기여도 $\Delta\nu_{H,p}$는 다음과 같다.

$$\Delta\nu_{H,p} = \Delta\nu_H - \Delta\nu_{H,\tau} = 1\,\text{GHz} - 0.00161\,\text{GHz} \approx 1\,\text{GHz}$$

1 GHz의 선폭을 따르는 구동조건에서는 이 전이는 주로 압력 선폭확대에 의존한다.

c. 선폭과 관련한 파장 선폭확대는 다음의 식으로 주어진다.

$$d\nu = d(c/\lambda) = -(c/\lambda^2)d\lambda$$

선폭확대가 작은 경우에, 파장 선폭확대의 크기는 다음과 같다.

$$\Delta\lambda = \lambda^2\Delta\nu/c = (10.6\times10^{-6}\,\text{m})^2(10^9\,\text{Hz})/(3\times10^8\,\text{m/s})$$
$$= 3.75\times10^{-10}\,\text{m} = 0.375\,\text{nm}$$

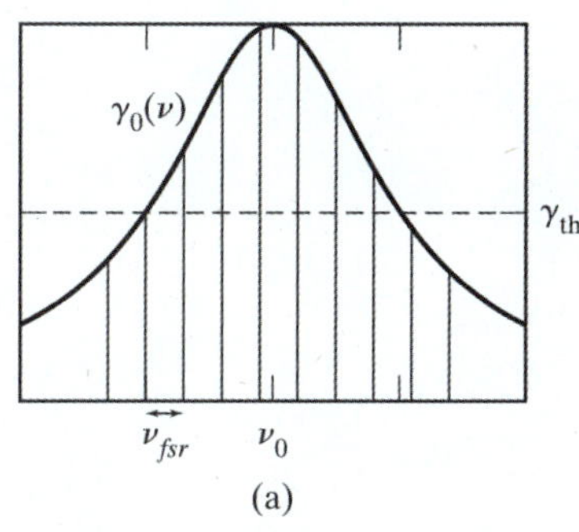

(a)

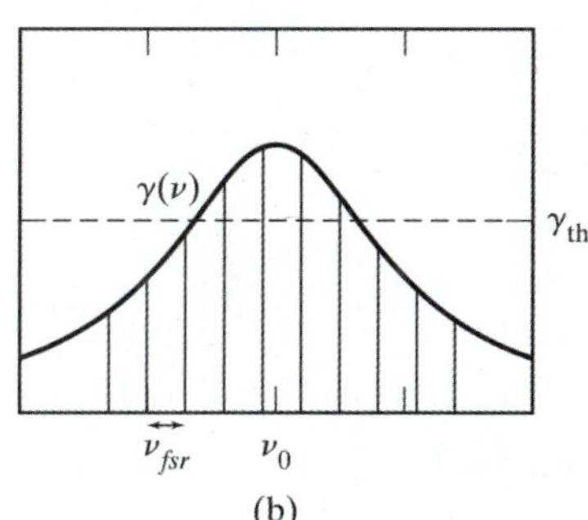

(b)

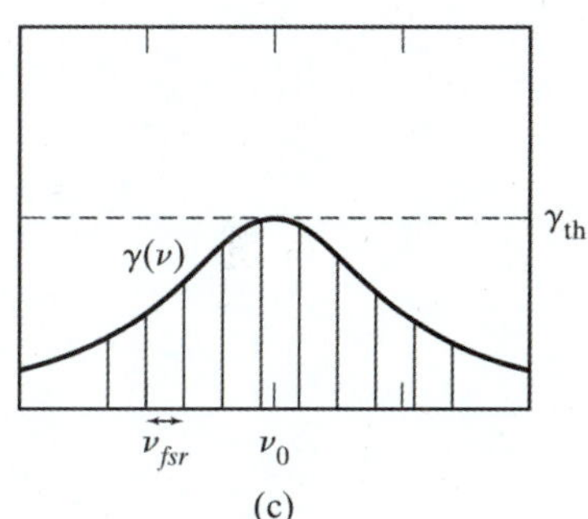

(c)

그림 26-10 균질 선폭확대된 레이저에서의 이득포화. 공진기 모드 주파수는 $\nu_{\text{fsr}} = 0.15\,\text{GHz}$ 간격으로 나눠져 있다. 세 개의 그림에서 이득대역폭은 $1\,\text{GHz}$이다. 스펙트럼 중심에서의 소신호 이득계수 $\gamma_0(\nu_0)$는 임계 이득계수 γ_{ath}의 두 배이다. (a) 발진이 막 시작될 때, 이득계수는 소신호 값 $\gamma_0(\nu)$를 갖고 6개의 모드가 임계값을 넘는다. (b) 임계값 이상의 공진기 모드들이 성장함에 따라 이득계수는 이득포화에 의해 줄어든다. 그림에서는 4개의 공진기 모드가 임계값을 넘는다. (c) 이득포화가 이득계수를 감소시켜 스펙트럼 중심에서 가장 가까운 모드만 살아남는다.

균질 선폭확대 매질에서의 이득포화

식(26-37)에 주어진 이득계수의 표현은 균질 선폭확장된 매질에서만 유효하다. 그 이유는 이 관계식을 유도하는 과정에서 빛과 상호작용을 하는 모든 원자들이 전부 같은 종류라는 가정에서 출발하였기 때문이다. 추가적으로, 6장의 결과(예를 들어 식(6-15) 참조)로부터 손실이 작은 선형 레이저 공진기의 공진기 모드들은 $c/2d$의 간격을 가짐을 알 수 있다. 여기서 d는 공진기의 길이이다(링 공진기의 경우는 모드 간격이 c/P로 주어지며, P는 공진기의 둘레이다). 8장의 결과로부터, 이러한 모드 간격은 때때로 공진기의 자유분광구간(free spectral range) ν_{fsr}이라 부른다. 일반적으로 몇 개의 서로 다른 공진기 모드들이 이득 매질의 대역폭 안에 들게 되어 충분한 이득을 얻는다. 이 과정을 좀 더 구체적으로 다루어보자. 모드 간격 $\nu_{fsr} = 1.5\times10^8\,\text{Hz}$인 1 m 길이의 선형 공진기를 고려하자. 이 공진기가 펌핑에 의해 1 GHz의 이득대역폭을 가지며, 이득 중심주파수 ν_0에서의 소신호 이득계수 $\gamma_0(\nu_0)$가 임계 이득계수 γ_{th}의 두 배라 하자. 소신호 이득계수는 스펙트럼 모양함수에 비례하며, 따라서 소신호 이득계수의 선폭은 $\Delta\nu_H = 1\,\text{GHz}$이다. 이 시스템의 이득계수와 공진기 모드들이 그림 26-10에 나타나 있다.

레이저가 막 발진이 시작될 때, 복사조도는 매우 작고 이득계수 $\gamma(\nu)$는 소신호 이득계수 $\gamma_0(\nu)$를 갖는다. 이 상황이 그림 26-10(a)에 나타나 있다. 이 경우에 6개의 공진기 모드들의 이득이 임계값보다 더 큰 값을 가짐을 알 수 있다. 따라서 이 6개의 모드들 각각의 복사조도가 커지기 시작한다. 복사조도가 증가함에 따라 이득은 포화되고 이득계수는 줄어든다. 이득계수가 줄어들게 되면 임계값을 상회하는 이득을 갖는 모드들의 개수가 줄어든다. 그림 26-10(b)는 4개의 공진기 모드들만이 임계값보다 큰 상태로 정상상태가 이루어진 시점에서의 이득계수를 보여준다. 이 4개의 모드들은 계속 증가하고 다른 모드들은 계속해서 감쇠한다. 이 4개의 모드들 각각의 복사조도가 증가함에 따라 이득포화는 이득계수를 더 줄어들게 하여 더 많은 모드들의 이득이 임계값 이하로 내려간다. 결국 중심주파수 ν_0에 가장 가까운 주파수를 갖는 하나의 공진기 모드만이 임계값과 같은 이득계수를 가지는 정상상태에 도달한다. 이 경우가 그림 26-10(c)에 보여진다.

이 시나리오는 **균질 선폭확대된**(homogeneously broadened) 이득 매질을 갖는 레이저의 CW출력에서는 오직 **단일 공진기 모드**(single cavity mode)만이 존재함을 나타낸다. 사실 이 모드들이 이득 매질 내의 공간적으로 다른 영역에서 이득을 사용한다면 출력에서 더 많은 공진기 모드들이 나타날 수도 있다. 반대로 다음 절에서 볼 수 있듯이 비균질 선폭확대된 이득 매질을 사용하는 시스템에서는 서로 다른 많은 모드들이 발진할 수 있다.

26-6 비균질 선폭확대

균질 이득대역폭은 매질을 구성하는 각 원자들의 주파수응답의 선폭확대의 결과로 나타난다. 추가로 여러 원자들 중 각 원자들의 **중심**주파수들을 서로 다르게 하는 환경요인들이 있을 수 있다. 따라서 이득 매질의 주파수 응답은 각 원자들의 균질 대역폭과 원자들의 중심주파수들의 분포를 반영한다. 기체 레이저에서 가장 중요한 비균질 선폭확대 기작은 **도플러 선폭확대**(Doppler broadening)로, 4장에서 설명한 도플러효과(Doppler effect)에 의한 것이다. 검출기에서 측정되는 주파수는 검출기의 속도에 대한 파원의 속도에 의존함을 상기하자. 기체 이득 매질의 원자들은 맥스웰 볼츠만 분포(Maxwell Boltzmann distribution)에 의한 속도분포를 갖는다. 따라서 정지좌표계를 기준으로 하면 각 원자들이, 예를 들어 ν_0의 동일한 주파수의 빛을 방출하지만 이득 매질 내에서의 각 원자들의 속도분포에 의한 주파수 선폭확장이 나타나게 된다. 이 과정에 의한 **가우스** 함수 형태의 스펙트럼 모양함수를 증명없이 다음과 같이 기술한다.

$$g(\nu) = \left(\frac{4\ln(2)}{\pi \Delta\nu_D^2}\right)^{1/2} e^{-4\ln(2)[\nu-\nu_0)/\Delta\nu_D]^2} \tag{26-51}$$

여기서 ν_0는 정지좌표계에서의 각 원자들이 방출하는 빛의 중심주파수이고 $\Delta\nu_D$는 도플러 선폭확대된 스펙트럼 모양함수의 반치선폭이다. 온도 T에서 각각의 질량이 M인 이득원자들의 경우에 $\Delta\nu_D$는 다음과 같다.

$$\Delta\nu_D = \left(\frac{8k_B T}{Mc^2}\ln(2)\right)^{1/2} \nu_0 \tag{26-52}$$

그림 26-11은 각각이 균질 선폭 $\Delta\nu_H$를 갖는 원자들로 구성된 도플러 선폭확대된 이득

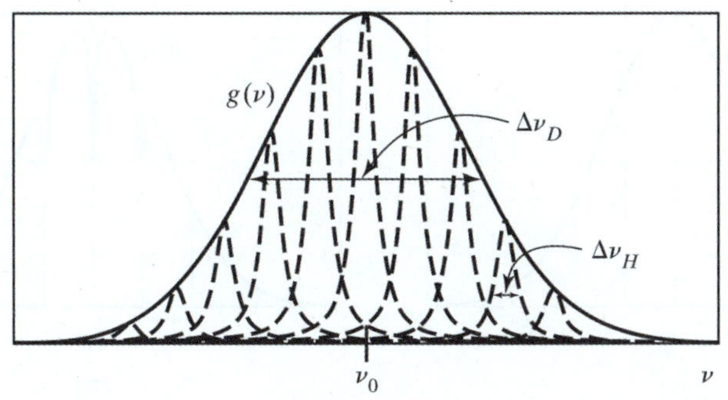

그림 26-11 도플러 선폭확대된 스펙트럼 모양함수 $g(\nu)$(실선)가 ν의 함수로 나타나 있다. 여러 개의 원자 집단들이 각각 중심주파수를 달리하면서 균질 선폭확대 값 $\Delta\nu_H$를 나타내며 10개의 스펙트럼 모양함수(점선)들이 합쳐져서 최종적인 스펙트럼 모양함수가 정해진다.

매질의 스펙트럼 모양함수 $g(\nu)$를 나타내고 있다. 일반적으로 균질 선폭확대와 비균질 선폭확대는 모두 같은 이득 시스템 내에서 일어난다. 위에 주어진 스펙트럼 모양함수의 형태는 균질 선폭확대나 도플러 선폭확대가 두드러진 일반적인 경우에 잘 맞는다. 중간적인 경우에는 스펙트럼 모양함수가 단순한 정형화된 함수의 형태로 나타나지 않는다. He-Ne이나 Ar^+와 같은 많은 기체 이득 매질들의 대역폭은 주로 도플러 선폭확대에 의해 주어진다.

예제 26-5

Ar^+이득 매질의 선폭을 계산하시오. 전이 파장은 $\lambda_0 = 488\,\mathrm{nm}$이고, 동작조건에서의 기체의 온도는 3000 K라 하자.

풀이

아르곤 원자의 원자질량은 $M = 6.64 \times 10^{-26}\,\mathrm{kg}$이다. 따라서 식(26-52)에 의해 다음의 결과를 얻는다.

$$\Delta\nu_D = \left(\frac{8 \times 1.38 \times 10^{-23} \times 3000}{6.64 \times 10^{-26}(3 \times 10^8)^2}\ln(2)\right)^{1/2} \frac{3 \times 10^8}{488 \times 10^{-9}}\mathrm{Hz}$$
$$= 3.8 \times 10^9\,\mathrm{Hz} = 3.8\,\mathrm{GHz}$$

도플러 선폭확대 이외에도 비균질 선폭확대를 야기하는 다른 중요한 기작들이 많이 있다. 예를 들어 투명한 호스트(host) 물질에 활성 원자들이 첨가된 고체 레이저에서는 호스트 물질의 비균질성에 의해 선폭확대가 나타난다. 많은 실제적인 이득 매질에서 이득 선폭확대는 다양한 물리적인 효과들이 복합적으로 작용하므로 정확하게 모델링하기가 쉽지 않다.

비균질 선폭확대 매질에서의 이득포화

이제 비균질 선폭확대된 매질에서의 이득포화에 관하여 기술해보자. 그림 26-12는 비균질 선폭확대된 매질에서 정상상태에 도달하는 과정의 이득계수의 거동을 보여준다. 그림 26-10의 균질 선폭확대된 매질에서의 경우와 마찬가지로, 이득 중심주파수에서의 소신

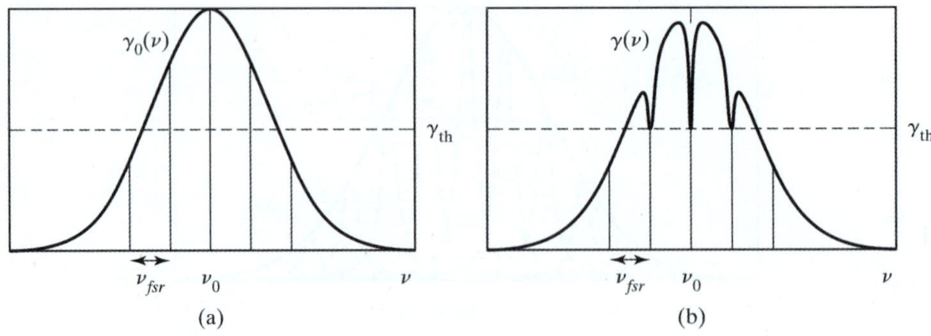

그림 26–12 비균질 선폭확대된 레이저에서의 이득포화. (a) 발진이 막 시작될 때, 이득계수는 소신호 값을 갖고 3개의 모드가 임계값을 넘는다. 따라서 이 주파수 값들에서 복사조도가 증가한다. (b) 정상상태에서는 3개의 공진기모드의 복사조도가 충분히 커져서 이 주파수 값들에서 이득계수 $\gamma(\nu)$가 임계값 $\gamma_{\rm th}$로 줄어든다.

호 이득계수 $\gamma_0(\nu_0)$가 임계 이득계수 $\gamma_{\rm th}$의 두 배인 경우를 고려하자. 또한 앞에서와 마찬가지로, 그림 26-12(a)에서 보듯이, 해당 주파수가 이득대역폭 안에 들어가는 공진기모드 중, 3개의 공진기모드의 소신호 이득계수가 임계 이득계수보다 큰 경우를 고려하자. 이 각각의 주파수들에서 복사조도는 증가한다. 결과적으로 증가하는 복사조도는 대략 해당 공진기모드 주파수의 하나의 균질 이득대역폭 안에 들어가는 원자들의 밀도반전만을 감소시켜 이득계수도 감소하게 된다. 따라서 그림 26-12(b)에서 보듯이, **비균질 선폭확대**(inhomogeneously broadened)된 이득 매질을 갖는 레이저에서의 출력은 **몇 개의 서로 다른 공진기**모드에 해당하는 주파수들로 구성될 수 있다. 이득 곡선에서의 골(dip)들의 주파수 선폭은 중심주파수가 공진기모드 주파수에 상응하는 원자들의 **균질 이득대역폭**(homogeneous gain bandwidth) $\Delta\nu_H$와 거의 같다. 만약 공진기모드 간격이 원자들의 균질 이득대역폭보다 작으면, 공진기 모드들은 같은 그룹의 원자들끼리 경쟁하며 초기에 임계값 이상인 공진기 모드들이 모두 발진하지는 않는다.

비균질 선폭확대된 이득 매질에서, 임계값 이상인 공진기모드 근처에서의 이득계수는 균질 선폭확대된 매질에 관한 식(26-37)에 주어진 거동과는 다른 방식으로 포화가 일어난다. 도플러 선폭확대된 매질을 표현하는 가우스 스펙트럼 모양함수를 갖는 비균질 매질의 경우에 이득포화는 다음의 식으로 주어진다.

$$\gamma = \frac{\gamma_0}{\sqrt{1+I/I_S}} \tag{26-53}$$

식(26-53)에서 포화 복사조도 I_S는 중심주파수가 공진기모드 주파수인 일련의 원자들에 의한 것이다. 비균질 선폭확대된 이득 매질에서의 이득계수는, 동일한 복사조도의 증가를 기준으로 식(26-37)의 균질 선폭확대된 매질의 이득계수보다 포화가 덜 일어난다. 예를 들어 식(26-53)을 따르면, $I = I_S$인 경우에 $\gamma = \gamma_0/\sqrt{2} \approx 0.71\gamma_0$이다. 반면에 균질 선폭확대된 매질에서는 $\gamma = 0.5\gamma_0$이다. 이렇게 포화가 느린 이유는 다음과 같다. 물론 중심주파수가 공진기모드 주파수인 일련의 원자들과의 상호작용이 주된 과정이므로 이에 의해 공진기모드의 주파수와 정확히 일치하는 주파수에서 주로 빛이 복사된다. 하지만 중심주파수 근처의 주파수를 갖는 다른 그룹의 원자들과의 상호작용에 의해서도 빛은 복사된다. 주어진 공진기모드 주파수에서의 복사조도가 증가함에 따라 원자 그룹들은 공진기모드 주파수로부터 중심 주파수가 점점 더 멀어진다. 이렇게 복사조도가 증가함에 따라 새로운 그룹의 원자들로부터 에너지를 추출하는 능력 때문에 이득계수의 포화율은 줄어든다. 식(26-41)을 얻었던 일련의 과정을 반복하면 식(26-53)으로부터 비균질 선폭확대된 이득 셀의 입력 복사조도에 대한 출력 복사조도의 관계식을 구할 수 있다. 이 결과와 공진기 생존인자(cavity survival factor)를 조합하면 비균질 선폭확대 매질로 구성된 레이저 시스템의 출력 복사조도의 표현을 구할 수 있다. 하지만 유도과정과 그 결과가 복잡하므로 이는 연습문제로 남긴다.

26-7 시간에 의존하는 현상

본 장의 전 절에서 레이저의 정상상태에서의 출력 복사조도를 예측하는 방법을 알게 되었다. 본 절에서는 이득 매질에 저장된 에너지와 공진기 내의 장에 저장된 에너지 사이의 시간에 의존하는 에너지의 교환과정을 기술하는 방정식을 구해본다. 간단한 모델링을 위해, 앞에서 언급한 이상적이고 균질 선폭확대된 4준위 시스템을 고려하자. 이 경우에, $\tau_1 \approx 0$을 고려하면 낮은 레이저 준위의 밀도 N_1은 무시할 수 있다. 따라서 원자밀도 N_2를 기술하는 식(26-32)는 다음과 같다.

$$\frac{dN_2}{dt} = R_{p2} - \kappa_2 N_2 - \frac{\sigma I}{h\nu'} N_2$$

공진기 내의 광자밀도(photon number density) N_p를 포함하는 비율방정식을 구하고자 한다. 여기서 전에 다루었던 링 공진기를 다시 적용해 보자. 이 경우 공진기 내의 광자밀도는 공진기 내 전자기장의 복사조도(field irradiance) I와 다음과 같은 관계를 갖는다.

$$I = h\nu' c N_p$$

이 결과를 N_2에 관한 비율방정식에 대입하면 다음과 같아진다.

$$\frac{dN_2}{dt} = R_{p2} - \kappa_2 N_2 - \sigma c N_p N_2 \tag{26-54}$$

광자밀도에 관한 비율방정식은 이득 매질과의 상호작용에서 기인한 항에, 8장에서 자세히 언급한 공진기 손실에서 기인하는 항을 추가하면 구할 수 있다. 이 경우에 이득의 기여분은 다음과 같이 구할 수 있다. 즉 각 유도 방출 사건은 2준위의 밀도를 1만큼 떨어뜨리고 공진기 내의 광자의 개수를 1만큼 증가시킨다. N_2와 N_p는 밀도이고 원자밀도는 이득 매질의 전 공간 V_g에 퍼져있으나 광자들은 공진기 내의 전자기장이 생성되는 유효체적 V_c에 분포되어 있으므로 N_p에 관한 비율방정식은 다음과 같이 기술할 수 있다.

$$\frac{dN_p}{dt} = -\Gamma N_p + (V_g / V_c)\sigma c N_p N_2 \tag{26-55}$$

여기서 Γ는 공진기 손실률이고, V_g/V_c는 링 공진기의 둘레 P에 대한 이득 셀의 길이의 근사적인 비이다. 선형공진기에서 유효한, 식(8-45)에서 유도한 방식을 사용하면 링 공진기의 공진기 손실률 Γ가 다음과 같이 표현된다(문제 26-23 참조).

$$\Gamma = \frac{c}{P}(1-S)$$

식(26-55)로부터 공진기 내에 광자가 없으면 증가율이 0임을 알 수 있다. 이러한 결과는 이 비율방정식을 유도하는 과정에서 자발 방출을 무시하였기 때문이다. 전에 언급한 바와 같이 자발 방출이 일반적으로 정상상태의 레이저의 동작에는 중요하지 않지만 레이저 장의 증폭이 시작되는 시점에서는 필수적이다. 레이저 장의 초기 증폭을 다루기 위해 식(26-55)의 우변의 마지막 항의 N_p 대신에 $(N_p V_c + 1)/V_c$로 대체할 수 있다. 이는 원자 시스템과 전자기장 사이의 상호작용에 관한 양자역학적인 계산을 통해 얻어지며, 주어진 **공진기 모드**(cavity mode)에서의 자발 방출에 대한 유도 방출의 비는 공진기 내의 광자의 개수 대 1의 비와 같음을 나타낸다. 실제로 0이 아닌 씨앗 광자밀도에서 출발하여 식(26-54)와 식(26-55)를 사용하면 시간에 따른 공진기 광자밀도의 변화를 구할 수 있다. 그림 26-13에서는 밀도반전 $N_p = N_2$와 광자밀도 N_p를 레이저 발진이 시작된 이후, 시간의 함수로 보여주고 있다. 그림 해설에 주어진 값들을 이용하면 밀도반전 상태의 밀도는 정상상태의 임계값의 대략 2배 정도 더 크게 나타난다. 그 결과 초기이득은 공진기 손실보다 커져서 광자밀도는 급격히 증가한다. 그러나 광자밀도가 정상상태의 값에 도달하면, 유도 방출 비율은 밀도반전을 유지하기 위한 펌프 비율보다 커지고 밀도반전이 급격하게 줄어들게 된다. 물론 이러한 밀도반전의 감소는 광자밀도의 급격한 증가를 수반한다. 그러나 이렇게 광자밀도가 커지면 밀도반전이 임계값 이하가 되도록 충분한 유도 방출들이 일어나게 되고, 이때 공진기 손실이 이득보다 커지게 되어 광자밀도는 **감소**

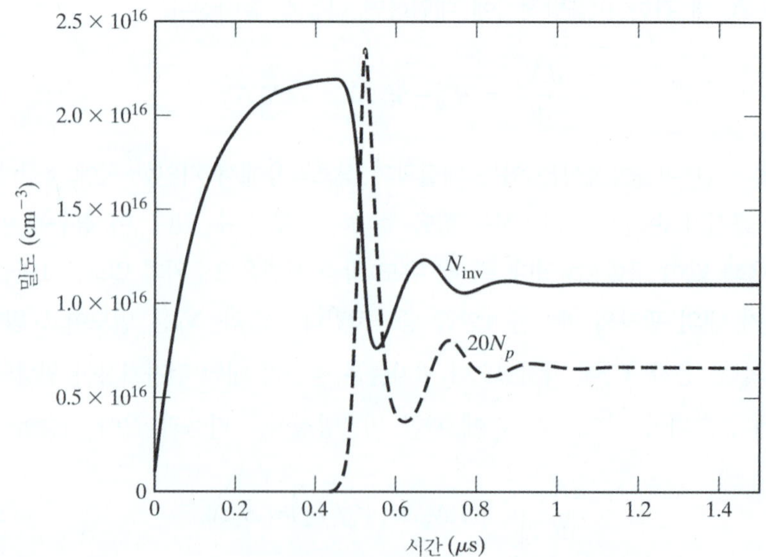

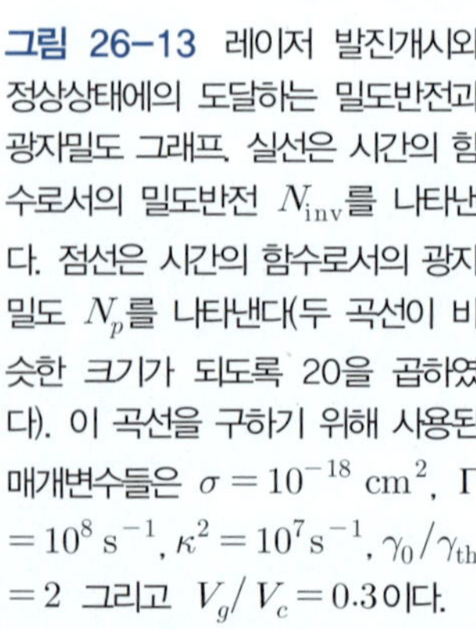
그림 26-13 레이저 발진개시와 정상상태에의 도달하는 밀도반전과 광자밀도 그래프. 실선은 시간의 함수로서의 밀도반전 N_{inv}를 나타낸다. 점선은 시간의 함수로서의 광자밀도 N_p를 나타낸다(두 곡선이 비슷한 크기가 되도록 20을 곱하였다). 이 곡선을 구하기 위해 사용된 매개변수들은 $\sigma = 10^{-18}\ \text{cm}^2$, $\Gamma = 10^8\ \text{s}^{-1}$, $\kappa^2 = 10^7\,\text{s}^{-1}$, $\gamma_0/\gamma_{\text{th}} = 2$ 그리고 $V_g/V_c = 0.3$이다.

하기 시작한다. 광자밀도의 감소는 다시 밀도반전을 증가시키고 원자밀도와 광자밀도 사이의 에너지의 반복적인 교환이 일어나면서 시스템은 정상상태에 도달한다. 정상상태에 도달하는 과정에서의 이러한 밀도반전의 진동을 **완화진동**(relaxation oscillation)이라 부른다. 완화진동의 강도와 지속시간은 레이저 시스템을 지배하는 변수들에 민감한 함수이다(문제 26-24와 문제 26-25 참조).

그림 26-13에서 보듯이, 정상상태에 도달하는 과정에서 레이저 시스템은 공진기 내에 광자밀도 N_p가 정상상태의 광자밀도보다 훨씬 큰 펄스를 생성할 수 있다. 결과적으로 정상상태에 도달하는 과정에서 레이저 시스템은 정상상태의 복사조도보다 훨씬 큰 첨두 복사조도를 갖는 펄스를 발생시킨다. 다음 절에서 펄스 레이저 출력을 만드는 다른 방식들을 알아보자.

26-8 펄스 동작

이 절에서는 레이저 출력 펄스를 만드는 방식들에 관하여 논의해 보기로 한다. 레이저 에너지의 공급을 시간적으로 조절하는 것은 재료가공, 고속 공정의 분석 그리고 레이저 핵융합(laser fusion) 기술 등을 포함하는 다양한 응용에 있어서 매우 중요하다. 레이저로부터 펄스 에너지 출력을 만들어내는 가장 간단한 방법은 펌핑을 펄스 형태로 인가하는 것이다. 다시 말해서 레이저의 에너지원을 점멸하는 것이다. 이러한 **펄스 펌핑**(pulsed pump) 또는 **이득 스위칭 시스템**(gain-switched system)을 이용하면 그림 26-13에 주어진 것과 같은 유용한 펄스들을 만들 수 있다. 그러나 일반적으로 이러한 시스템에서는 장과 원자들 간의 복잡한 에너지의 교환이 일어나기 때문에 펄스의 특성을 제어하기가 어려워진다. 레이저 광펄스의 특성을 제어하기 위해 사용되는 두 가지 중요한 방법에는 *Q*-**스위칭**(Q-switching)과 **모드잠금**(mode-locking)이 있다. 다음에서 그 내용들을 논의해 보자.

Q-스위칭

8장에서 공진기에서의 손실률의 척도로서 품질인자(quality factor) Q를 도입하였다. 손실률이 더 높은 공진기는 더 낮은 품질인자를 갖는다. Q-스위칭은 레이저의 출력을 펄스로 만들기 위하여 공진기의 손실률에 주기적으로 변화를 주는 기술이다. Q-스위칭은 시간적으로 다음과 같은 과정을 거쳐 진행된다.

1. 레이저 이득 매질은 공진기가 높은 손실(낮은 Q)을 갖는 동안 펌핑된다. 공진기의 낮은 Q는 공진기 내부의 복사조도의 증가를 방지해 주므로 자발방출과 결맞지 않은 감쇠과정만이 상위 레이저 준위의 밀도를 감소시키는 유일한 요소들이다. 그 결과, 이득 매질 내에 밀도반전이 크게 증가한다. 그러나 공진기의 손실이 크기 때문에 소신호 이득계수는 레이저 발진에 필요한 임계값보다 더 작다. 다시 말해서, $\gamma_0 = \sigma(N_2 - N_1) < \gamma_{\text{th}}^{\text{low}\,Q}$이다.

2. 공진기의 Q는 빠르게 높은 값으로 스위칭되어 공진기의 손실률이 낮은 값으로 줄어든다. 공진기가 높은 손실률을 가지는 동안 만들어진 소신호 이득계수는 높은 Q의 임계값보다 커진다. 다시 말해서, $\gamma_0 > \gamma_{\text{th}}^{\text{high}\,Q}$이다. 그 결과 큰 복사조도의 빛이 공진기 내부에서 빠르게 생성되어 큰 첨두 복사조도를 갖는 출력 펄스가 방출된다.
3. 공진기 내부의 큰 복사조도에 의해 높은 유도 방출 비율을 갖게 되고 이는 레이저 시스템의 밀도반전을 고갈시켜 이득계수를 임계값 이하로 떨어뜨린다.
4. 밀도반전이 다시 커져서 소신호 이득계수가 임계값보다 더 크게 유지되기 전까지는, 공진기 Q는 스위칭에 의해 낮은 값으로 되돌아간다. 이것은 레이저 발진이 다시 시작되는 것을 방지해 주고 밀도반전이 커져서 다시 한번 큰 값에 도달하게 해 주어 이득 매질에 많은 양의 에너지를 저장할 수 있게 해 준다.
5. 2~4의 단계가 반복된다.

Q-스위칭된 펄스의 생성과 관련한 이러한 설명은 그림 26-13의 첫 번째 펄스의 생성과 관련한 내용과 공통점이 많다. 그러나 이 시스템의 이득-스위칭과 Q-스위칭 거동의 사이에는 몇 가지 중요한 차이점들이 있다. Q-스위칭된 시스템에서는 밀도반전이 이득-스위칭된 시스템보다 더 큰 값으로 커지는데 그 이유는 낮은 Q와 높은 손실을 갖는 공진기가, 밀도반전이 펌프율/원자 감쇠율 동역학에서 허용된 최댓값으로 커질 때까지, 공진기 장이 커지는 것을 막아주기 때문이다. 게다가 Q-스위칭된 시스템에서의 공진기가 낮은 손실(높은 Q)을 가지게 되면, 시스템은 레이저 발진의 임계값보다 훨씬 커져서 복사조도가 더 빠르게 증가하게 되어 이득-스위칭된 시스템보다 더 큰 값을 갖게 된다. 마지막으로 Q-스위칭된 시스템에서는 펄스가 밀도반전을 임계값 이하로 만든 후까지 그리고 밀도반전이 다시 커지기 시작하기 전까지, 공진기가 높은 손실을 갖는 상태로 스위칭된다. 다시 말해서 낮은 Q상태로의 스위칭은 정상상태에의 도달에 의한 추가적인 완화진동 특성을 방해한다. 따라서 Q-스위칭된 레이저시스템은 이득-스위칭된 시스템의 첫 번째 펄스와 유사한 형태의 일련의 펄스들을 만들어낸다. Q-스위칭된 레이저 시스템은 축전기(capacitor)의 광학적인 경우이다. 낮은 Q를 갖는 공진기에서의 높은 손실률은 이득 매질에 큰 에너지를 저장할 수 있게 해 주며, 다시 공진기가 낮은 손실, 높은 Q상태로 스위칭되면 빛 에너지로 빠르게 방출된다.

Q-스위칭은 공진기 거울을 회전시켜 정렬을 맞추거나 어긋나게 하거나 공진기를 통하여 작은 회전 블레이드(fan blade)를 지나가게 하는 것과 같은 기계적인 방식으로 구현이 가능하다. 좀 더 일반적으로 Q-스위칭은 24장에서 소개되었던 그림 24-6과 그림 24-14에 주어진 전기광학적 또는 음향광학적 방식들을 이용한다. 특별히 고급 방식의 Q-스위칭으로는 공진기 내부에 **포화흡수체**(saturable absorber)를 집어넣는 방식이 있다. 포화흡수체는 낮은 복사조도의 빛은 흡수하고 복사조도가 커지면 투과시키는 장치이다.

높은 손실을 갖는 상태에서, 밀도반전이 증가하면 자발 방출도 증가하게 된다. 만일 자발 방출이 흡수체를 포화시킬 만큼 충분히 큰 값으로 증가하면 공진기는 갑자기 낮은 손실을 갖게 된다. 따라서 포화흡수체 Q-스위치는 외부의 개입이 필요 없고 자발 방출에 의한 복사조도가 흡수체를 포화시킬 만큼 충분히 큰 값에 도달하면 공진기는 자연적으로 Q-스위칭된다.

첫 번째 근사로, 레이저시스템을 Q-스위칭하는 것은 시스템의 전체 효율에 변화를 주지 않는다. 그 결과로 Q-스위칭된 시스템의 **평균 일률** 출력(average power output) P_{av}는 같은 시스템의 CW 출력과 거의 같다. Q-스위칭은 단순히 에너지를 재분포시켜 에너지 출력이 거의 0에 가까운 주기들 사이에서 큰 에너지를 갖는 펄스의 형태로 방출되게 한다. Q-스위칭된 시스템의 펄스 선폭은 펄스가 공진기로부터 빠져 나와야 하므로 일반적으로 공진기 수명 $\tau_p = 1/\Gamma$ 수준의 값을 갖는다. 따라서 펄스 선폭은 대략 1 μs나 그 이하의 값을 갖는다. **펄스 반복시간**(pulse repetition time)은 펄스 사이의 시간으로 밀도반전이 다시 생겨나는 데 필요한 시간이며, 이 시간은 상위 레이저 준위의 수명 τ_2의 지배를 받는다. Q-스위칭된 시스템의 펄스 반복시간은 보통 1 ms 정도이다. 그 결과, Q-스위칭된 펄스의 **첨두출력**(peak power) P_{peak}은 같은 레이저 시스템의 CW 출력 일률보다 1000배 이상이 된다.

예제 26-6

어떤 Nd:YAG 레이저의 CW출력이 $P_{CW} = 10$ W로 주어져 있다. 이 시스템이 1 kHz의 **펄스 반복률**과 $\Delta t_p = 0.25$ μs의 펄스폭으로 Q-스위칭된다고 할 때, (a) Q-스위칭된 펄스의 첨두출력을 계산하고, (b) 각 펄스의 에너지를 계산하시오.

풀이

첨두출력을 계산하기 위해서, 그림 26-14에 주어진 바와 같이 펄스폭이 사각파의 폭과 같고 펄스높이는 P_p로 일정한 사각파로 가정하자. 펄스 반복률이 1 kHz이므로 펄스 간 시간은 1 ms가 된다. Q-스위칭된 시스템에서의 평균출력은 시간 T로 평균한 출력이다. 각 사이클의 에너지는 단일펄스에 포함된 에너지이다.

$$E_p = P_p \Delta t_p$$

a. 따라서 평균출력은 $P_{\text{av}} = E_p / T$이며 이는 다음과 같이 주어진다.

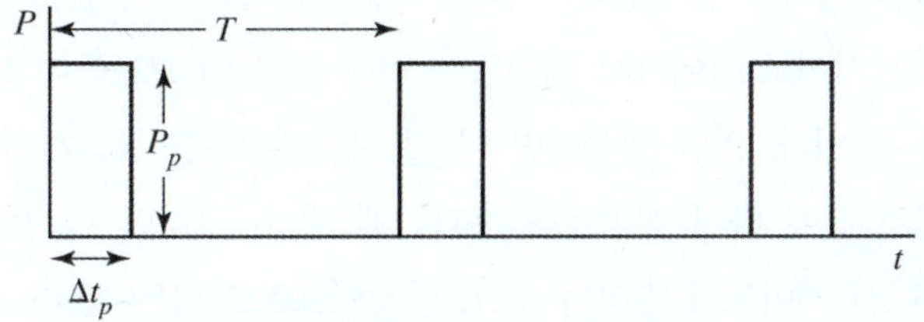

그림 26-14 예제 26-6에 사용된 Q-스위칭된 펄스의 사각파 펄스 근사를 보여주는 그림. 일반적으로 펄스폭 Δt_p는 이 그림에서 보여주는 것보다 펄스 반복시간 T에 비해 훨씬 작은 값을 갖는다.

$$P_{\text{av}} = \frac{P_p \Delta t_p}{T}$$

마지막으로 $P_{\text{av}} = P_{CW}$로 놓고 첨두출력에 관해 풀면 다음의 결과를 얻는다.

$$P_p = \frac{T}{\Delta t_p} P_{CW} = \frac{0.001}{0.25 \times 10^{-6}} (10\,\text{W}) = 4 \times 10^4\,\text{W}$$

b. 위에서 주어진 식을 사용하여 계산하면 다음과 같다.

$$E_p = P_p \Delta t_p = (4 \times 10^4\,\text{W})(0.25 \times 10^{-6}\,\text{s}) = 0.01\,\text{J} = 10\,\text{mJ}$$

모드잠금

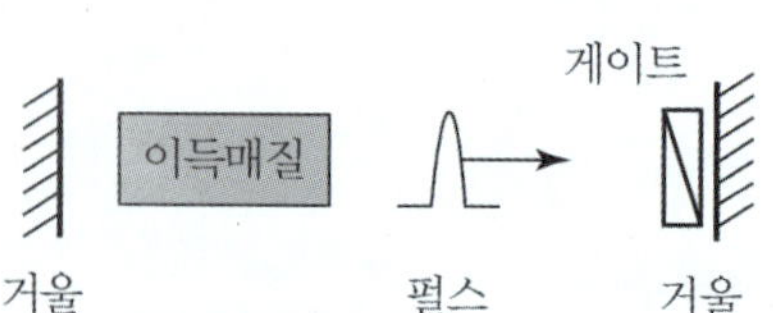

그림 26-15 모드잠김된 레이저 시스템. 각 왕복운동 동안 펄스가 통과할 수 있도록 게이트가 짧은 시간 동안 열린다.

그림 26-15에서 보듯이, 모드잠김 시스템의 물리적 배열을 살펴보면 Q-스위칭된 시스템과 유사하다. 두 장치 모두 레이저 공진기의 내부에 손실의 변조를 수행하는 요소들을 삽입하는 개념을 사용한다. 그러나 전술한 바와 같이, Q-스위칭된 시스템에서는 공진기가 밀도반전의 값이 커질 수 있도록 충분히 긴 시간 동안 높은 손실 상태로 남아있게 된다. 이 과정은 공진기 내에서의 수많은 왕복운동(round-trip)을 필요로 한다. 반면에 모드잠김 시스템에서는 다음과 같은 방식으로 **1회 왕복운동**에 1번씩 손실 변조가 일어난다. 선형 공진기에서 손실변조 게이트(gate)가 거울 중의 어느 하나 근처에 놓여 있어 1회 왕복운동에 1번씩 짧은 주기 동안 낮은 손실 상태로 스위칭된다. 여기서 짧은 주기란 1회 왕복시간의 일정 비에 해당한다. 그 결과 게이트가 열린 시간 동안에 통과한 펄스들만 공진기 내에서 살아남을 수 있다. 다른 모든 장 성분들은 높은 손실을 경험하기 때문에 발진하지 못한다. 모드잠김 시스템에서는 손실변조가 너무 빨리 일어나므로 이득 매질의 밀도반전이 반응할 수 없어서 밀도반전은 변조가 일어나는 동안 CW 시스템에서의 값과 거의 같은 값을 유지한다. 모드잠금 게이트로는 전에 언급한 Q-스위치로 사용될 수 있는 어떤 형태의 소자도 가능하다. 다만 게이트는 공진기 왕복시간보다 더 짧은 주기 동안 열리고 닫혀야 한다.

서로 다른 많은 공진기 모드들이 발진하는 비균질 선폭확대된 레이저 시스템들은 주로 모드잠금에 이용된다. 공진기 내의 전체 전자기장은 각각이 공진기의 자유분광구간 $c/2d$만큼 떨어진 공진기 모드 주파수들을 갖는 장들의 중첩이다. 여기서 d는 공진기의 길이이다. 이 모드들이 더해져서 펄스가 되기 위해서는 빛의 속도로 왕복운동을 하는 공진기 내의 특정 위치에서 동일한 위상으로 **잠김**되어야 한다. 이미 기술한 게이트의 개폐가 이러한 위상잠금 기작을 제공한다. 이러한 펄스의 시작은 우연한 자발 방출이 서로 다른 공진기 모드들 사이로 들어가서 게이트가 열린 동안 이 모드들이 보강간섭을 일으키는 경우로 설명할 수 있다. 일단 생성되면 이 펄스는 게이트를 통과하여 거울에서 반사되고 게이트가 닫히기 전에 다시 게이트를 통과하게 된다. 그러면 이 펄스는 이득 매질에 의하여 증폭되고 다시 게이트가 열리는 순간, 더 큰 펄스로 되돌아온다. 이런 식으로 펄스는 위상정합된 자발 방출 사건들을 통하여 생겨난다. 위상잠김에 의해 보강간섭을 일으키지 못하는 장 성분들은 게이트가 열린 동안 게이트의 위치에서 닫힌 게이트에 의해 막힌다. **모드잠김 펄스는 1회 왕복운동마다 한 번씩 손실 변조되는 공진기의 저손실 모드이다.**

공진기 내의 전자기장의 위상잠금은 공통의 위상의 위치에 중심을 둔, 좁은 선폭의 펄스의 생성을 가능하게 한다. 장들은 서로 다른 주파수를 가지고 있기 때문에, 공통의 위상의 위치들 사이에서 전자기장들은 상쇄간섭을 일으킨다. 공진기 내의 특정 위치에서, 모든 전자기장들이 공통 위상을 갖기 위한 조건은 모드 간의 일정한 주파수 간격의 역수와 같은 시간에서 재현된다(문제 26-26 참조). 전에 언급한 바와 같이, 모드들 간의 주파수 차이는 $n_{fsr} = c/2d$이므로 펄스의 재현 시간(recurrence time)은 공진기 왕복시간 $2d/c$이다.

모드잠김된 다중모드(multi-mode) 레이저의 첨두출력과 CW출력을 갖는 같은 다중모드 레이저 시스템의 평균출력을 비교해 보자. 이 시스템에서 각각의 출력은 P_0이고 거의 같은 진폭을 갖는 모드들의 수가 N개라고 하자. CW동작에서 이 모드들의 위상들은 서로 독립적이며 전자기장들이 완전히 결맞는 빛이 아니기 때문에 무작위로 진행한다. 따라서 CW레이저의 총 평균출력은 단순히 각각의 장들의 출력을 더하면 된다. 따라서 다음과 같이 쓸 수 있다.

$$P_{CW} = NP_0 \tag{26-56}$$

모드잠김된 펄스에서는 같은 위상의 위치에서 전자기장들이 보강간섭을 일으키므로 이 위치들에서의 총 전자기장의 출력 P_p는 다음과 같이 주어진다.

$$P_p = N^2 P_0 \tag{26-57}$$

이제 모드잠김 레이저의 **평균**출력은 대략 같은 CW 시스템의 평균출력과 동일하다. 따라서 Q-스위칭된 시스템을 위해 유도된 예제 26-6(a)의 관계식을 모드잠김된 경우에도 적용할 수 있다. 다시 말해서, $P_{\text{av}} = P_{CW}$를 이용하면 다음과 같이 쓸 수 있다.

$$P_{CW} = \frac{P_p \Delta t_p}{T}$$

펄스 반복시간 $T = 2d/c$의 관계식과 함께, 식(26-56)과 (26-57)을 사용하면 모드잠김된 펄스의 시간적인 선폭 Δt_p를 근사적으로 다음과 같이 쓸 수 있다.

$$\Delta t_p = \frac{P_{CW} T}{P_p} = \frac{NP_0 (2d/c)}{N^2 P_0} = \frac{1}{N(c/2d)} = \frac{1}{N\nu_{fsr}}$$

임계값보다 큰 모드들의 개수는 이득 매질의 대역폭 $\Delta\nu$와 임계 이득계수에 대한 소신호 이득계수의 비에 의존한다. 펌핑을 통해 $\gamma_0 = 2\gamma_{\text{th}}$인 비균질 선폭확대된 시스템에서 스펙트럼 중심부의 $\Delta\nu/2$ 이내의 모든 모드들은 임계값보다 커지게 된다(예를 들어 그림

26-12(a) 참조). 이 경우에 $N\nu_{fsr} = \Delta\nu$이고 펄스 선폭에 관한 표현은 다음과 같아진다.

$$\Delta t_p \approx \frac{1}{\Delta\nu} \tag{26-58}$$

이 중요한 관계식은 좀 더 일반적인 **대역폭 이론**(bandwidth theorem)에서 나오는 결과인데, 이는 펄스의 선폭이 펄스를 구성하는 장의 주파수 범위의 역수에 비례한다는 이론이다. 따라서 더 넓은 대역폭을 갖는 이득 매질은 더 좁은 모드잠김 펄스를 만드는 데 쓰일 수 있다. 식(26-57)과 식(26-58)에 주어진 관계식들은 문제 26-27에서 문제 26-31까지에서 탐구해 보기로 한다.

26-9 중요한 몇몇 레이저 시스템들

수많은 주요 레이저 시스템들의 특징들이 표 6-1에 기술되어 있다. 이 다양한 레이저 시스템들의 특성에 대한 상세한 기술은 본 교재의 범위를 벗어나므로, 본 절에서 서로 다른 종류의 원자 및 분자 이득 매질들의 특성을 간략히 기술하고 각각에 대한 몇 가지 예를 들어 설명하기로 한다. 26-10절에서는 반도체 레이저의 동작원리에 관해 좀 더 자세히 알아보기로 하자.

기체원자 레이저

원자 레이저라 하면, 이득 매질을 구성하는 원자들 중 하나의 원자에 상위 및 하위의 레이저 준위가 서로 다른 전자 준위로서 존재하는 경우를 의미한다. 헬륨-네온(He-Ne) 레이저와 아르곤 이온(Ar^+) 레이저들이 두 가지 중요한 기체원자 레이저이다. 6장에서 자세히 기술한 바와 같이 He-Ne 레이저에서는 네온 원자들이 레이저 매질이고 헬륨 원자들은 펌핑 과정을 돕는 역할을 한다. Ar^+ 레이저의 레이저 준위들은 아르곤 원자들이 1가로 양이온화되어 만드는 두 개의 서로 다른 전자 에너지 준위이다. 기체원자 레이저들은 주로 도플러 선폭확대된 매질이며 1% 미만의 낮은 효율을 갖는다. 여기서 언급된 두 가지 레이저들은 결맞음성이 매우 우수하다. 기체원자 레이저들은 주로 가시광선에서 근적외선 범위의 파장을 갖는 레이저 광을 방출한다. 이 레이저들은 주로 전기방전(electric discharge)에 의해 펌핑된다.

기체분자 레이저

6장에서 언급한 바와 같이, 분자들은 서로 다른 전자 구조와 관련한 에너지 준위들뿐만 아니라 서로 다른 회전 및 진동 상태들에 상응하는 에너지 준위들을 가진다. 기체분자 이득 매질의 상위 및 하위 레이저 준위들은 보통 바닥 전자 상태의 서로 다른 진동-회전 상태들에 해당된다. 보통 이러한 진동-회전 상태들의 에너지 차이는 매우 작아서 방출되는 빛은 중적외선(mid-infrared) 범위이다. 가장 대표적인 분자기체 레이저는 파장 10.6

μm의 빛을 방출하는 이산화탄소(CO_2) 레이저이다. CO_2 레이저는 가장 유용하고 효율적인 레이저들 중의 하나로 수 mW에서 수 MW 급의 CW 광 출력이 가능하고, 효율은 10%에서 40%에 이른다. CO_2 레이저는 주로 전기방전에 의해 펌핑된다. 고출력 CO_2 레이저는 때때로 전자빔(electron beam) 펌핑이나 기체동력학적(gas dynamic process) 펌핑을 하기도 한다.

엑시머 레이저

엑시머(excimer) 레이저에서의 이득 매질은 희토류 기체(rare-gas)와 할로겐(halogen) 족의 화합물이다. 희토류 기체원자들은 최외곽 껍질들이 가득 채워져 있기 때문에 다른 원자들과 잘 결합하려 하지 않는다. 그러나 들뜬 희토류 기체원자(예를 들어 Kr*)는 최외곽 껍질에 한 개의 전자가 있어, 최외곽 전자를 가득 채우기에는 전자가 한 개 모자란 상태인 할로겐 원자(예를 들어 F)와 이온결합을 이룰 수 있다. 이 반응식은 다음과 같다.

$$\mathrm{Kr}^* + \mathrm{F}_2 \rightarrow (\mathrm{Kr}^+\mathrm{F}^-)^* + \mathrm{F}$$

들뜬 희토류 기체 종의 생성은 전기방전이나 전자빔 펌핑에 의해 이루어진다. $(\mathrm{Kr}^+\mathrm{F}^-)^*$ 분자는 레이저 전이의 상위 준위에 있게 된다. 만약 Kr이 들뜨게 되지 않으면 F 원자를 밀어내므로 하위 레이저 준위는 불안정하며 10^{-13} s 정도의 극도로 짧은 수명을 갖는다. 따라서 이 시스템은 근사적으로 4준위 레이저시스템으로 간주할 수 있다. 엑시머 레이저는 주로 펄스로 구동되고 50 W 정도의 상당히 높은 평균출력을 가지며 주요 자외선 영역에서 발진 파장을 갖는다.

액체-색소 레이저

액체-색소 레이저의 이득 매질은 특정한 긴 사슬구조의 유기물 분자들을 알코올이나 다른 용제에 녹인 용액 형태이다. 색소 레이저들은 4/cm 이상의 매우 큰 소신호 이득계수를 가지며 50~100 nm의 매우 넓은 이득대역폭을 갖는다. 색소 레이저들은 주로 가시광선 스펙트럼 영역에서 빛을 방출하며, 몇 개의 서로 다른 색소들만 사용하면 충분히 전체 가시광선 스펙트럼 범위 내에서 파장 가변인 레이저 광을 만들어 낼 수 있다. 주어진 색소에서의 넓은 이득대역폭은 ps수준의 선폭을 갖는 극도로 짧은 모드잠김 펄스를 가능하게 한다.

고체 레이저

고체 레이저는 투명한 호스트 물질에 레이저 원자 종이 첨가된 형태의 레이저이다. 가장 대표적인 고체 레이저는 Nd:YAG 레이저로 이트륨-알루미늄-가넷(YAG) 호스트 결정 내의 이트륨(Y) 원자의 자리 중 1% 정도를 니오디뮴(Nd) 원자가 대체한 결정구조를 갖는다. 다른 중요한 고체 레이저들은 표 6-1에 정리되어 있다. 이 레이저들은 주로 근적외선 파장 대역에서 발진한다. Nd:YAG 레이저 시스템은 1.064 μm의 파장에서 레이저 출력을 갖는다. Nd:YAG 시스템은 고출력, 우수한 빔 특성, CW 출력 그리고 모드잠금이나 Q-스위칭이 가능한 장점들을 가지고 있다. Nd:YAG 레이저는 출력광의 주파수 배가(frequency doubling)에 의해 532 nm에서의 결맞는 광을 얻을 수 있다. 고체 레이저는 주로 섬광등(flash lamp)의 펄스나 다른 레이저를 이용하여 광펌핑을 한다. 특히, 반도체 레이저의 어레이(array)를 펌핑광원으로 하는 효율적이고 휴대성이 우수한 Nd:YAG 레이저가 사용 가능하다.

26-10 반도체 레이저

반도체 레이저(semiconductor laser) 또는 다이오드 레이저(diode laser)는 본 장의 앞 절에서 논의한 원자나 분자 이득 매질들과는 근본적으로 다른 이득 매질을 갖는다. 반도체 레이저는 p-n 접합(p-n junction) 구조로 한 쌍의 벽개면(cleaved edge)이 공진기의 되먹임이 가능하도록 하는 반사면 역할을 한다. 패키징(packaging) 관점에서, 반도체 레이저의 차별화되는 특징은 그 크기이다.

그림 26-16 패키징된 반도체 레이저의 두 가지 사진. 패키징된 반도체 레이저는 약 6 mm의 지름을 갖는다. 반도체 레이저 칩은 위쪽의 사진에서 보듯이 패키지 내부의 직육면체 마운트 위에 부착되어 있다. (출처: John Sohl.)

그림 26-16을 살펴보면 반도체 레이저와 일반적인 테이블-톱 레이저 시스템과의 크기의 차이를 잘 알 수 있다. 이 절에서는 반도체 레이저에 관하여 정성적으로 기술하기로 하고 반도체와 p-n접합에 관한 매우 간략한 소개로부터 시작한다.

고체인 **부도체**(insulator)의 각 전자들은 고체를 구성하는 격자 내의 주어진 전자 내부에 강하게 속박되어 있다. 이렇게 강하게 속박된 전자들이 물질의 전자 에너지 상태인 **가전자대**(valence band) 내의 준위들을 점유한다. 반면에, 도체(conductor)에서는 고체 내의 원자당 한 개나 그 이상의 전자들이 원자에 강하게 속박되지 않고 고체 내부를 비교적 자유롭게 돌아다닐 수 있다. 이 전자들은 고체 내의 전자 에너지 상태인 **전도대**(conduction band) 내의 준위들을 점유한다. **진성반도체**(intrinsic semiconductor 또는 pure semiconductor)에서는 고체 내의 각 전자들이 주어진 원자 내부에 속박되어 있다(다시 말해서 가전자대에 있다). 그러나 반도체 내의 최외곽 전자들은 부도체의 경우와는 달리 강하게 속박되지 않는다. 최외곽 가전자 전자들의 속박 강도는 **밴드갭 에너지**(band-gap energy)로 표현되는데, 이는 전자를 원자핵의 구속력으로부터 자유롭게 하는 데 필요한 에너지이다. 다시 말해서, 밴드갭 에너지는 전자를 가전자대에서 전도대로 끌어올리는 데 필요한 에너지이다. 부도체의 밴드갭 에너지는 보통 4 eV 정도이다. 반도체의 밴드갭 에너지는 1 eV에서 2 eV 범위이다(도체에서는 가전자대와 전도대가 겹쳐진다).

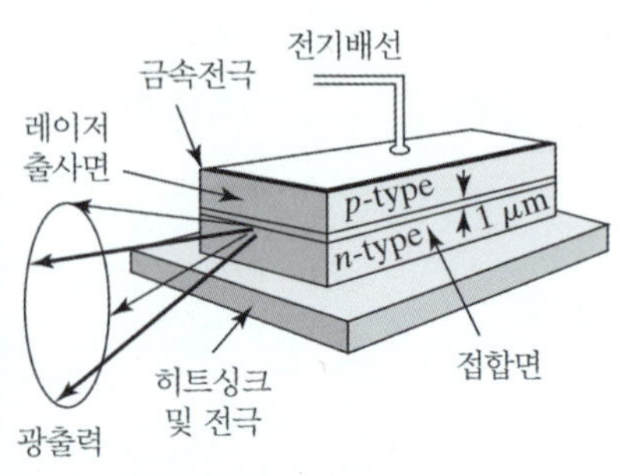

그림 26-17 전류 주입에 의해 펌핑되는 간단한 p-n 접합 구조의 반도체 레이저.

진성반도체에서 원자결합은 원자들의 최외곽 껍질들을 가득 채우는 방식으로 이루어진다. 예를 들어 갈륨비소(GaAs)에서, 갈륨(gallium)은 3개의 최외곽 전자를 가지며 비소(arsenic)는 5개의 최외곽 전자를 갖는다. 고체 격자 내에서의 이 원자들 간의 결합은 각 원자들이 최외곽 껍질을 8개의 전자로 가득 채울 수 있도록 전자들 중의 일부를 이웃한 원자들과 공유하는 방식으로 이루어진다. 즉 결정 결합의 완성은 이러한 전자들의 공유를 통해 이루어진다. p-형 반도체는, 호스트 원자보다 최외곽 전자가 한 개 적은 불순물들을 미량으로 **첨가**하여 호스트 원자의 자리를 대체한 물질이다. 예를 들어 아연(zinc, Zn)은 2개의 최외곽 전자를 갖는다. Zn이 첨가된 GaAs에서, Zn은 격자 상에서 최외곽 전자가 3개인 Ga을 대체한다. 그 결과, 첨가된 모든 Zn 원자에 대하여 격자 내에 전자가 들어갈 빈자리들이 생겨난다. 이 빈 공간들을 **정공**(hole)이라 부르며 이는 양전하 운반자(positive charge carrier)로 작용한다. n-형 반도체는 호스트 원자보다 최외곽 전자가 한 개 많은 불순물들을 미량으로 첨가하여 호스트 원자의 자리를 대체한 물질이다. 예를 들어 6개의 최외곽 전자를 갖는 셀레늄(selenium, Se)을 GaAs에 첨가하면, 격자 상에서 최외곽 전자가 5개인 As을 대체한다. 그 결과, Se 원자당 한 개의 전자는 격자 내의 원자핵 주변을 감싼 전자구름 내에 들어갈 자리가 없어진다. 이 잉여전자(extra electron)들은 음전하 운반자(negative charge carrier)로 작용한다. 물론 n-형 반도체와 p-형 반도체 모두는 도펀트(dopant) 원자들이 중성이기 때문에 순 전하량(net charge)은 0이다. 반도체 레이저는 순방향 전압이 인가된(forward-biased) p-n 접합 구조를 사용한다. 전압을 인가하면 접합면 쪽으로 p-형 물질에 정공이 주입되고 n-형 물질에 전도전자가 주입된다(그림 26-17 참조).

그림 26-18은 접합 영역에서의 밴드 구조를 나타낸다. 밴드 내의 캐리어들은 서로 다른 운동량 p_c를 가질 수 있기 때문에 밴드는 곡선이며 서로 다른 에너지 E의 상태들을 포함하고 있음에 유의해야 한다. 그림에서는 전도대에 잉여전자(excess electron)들이 존재하는 밴드의 중앙 근처에서 밀도반전이 생겨남을 보여준다. 접합 영역의 전도대의 전자들은 가용한 정공이 있으면 자신이 가진 에너지를 광자의 형태로 내어놓고 가전자대로 떨어진다. 이러한 **자발 방출**(spontaneous emission) 과정이 발광다이오드(light-emitting diode, LED)의 원리이며 그림 26-18(a)에 나타나 있다. 서브밀리미터 길이인 p-n 접합의 한 쌍의 벽개면은 거울로 작용하여 레이저 시스템의 동작을 위한 광 피드백(optical feedback)을 제공한다. 자발 방출된 광자들은 얇은 접합영역으로 되돌아가서 유도 흡수(stimulated absorption)를 일으키거나, 유도 방출(stimulated emission)을 일으킬 수 있다. 그림 26-18(b)에서 보듯이 유도 흡수를 통해 전도전자/가전자 정공 쌍을 생성하고 광자는 소멸된다. 또한 그림 26-18(c)에서 보듯이 유도 방출을 통해 전도대의 전자가 가전자대의 정공과 결합하는 과정을 통하여 쌍둥이 광자를 생성한다.

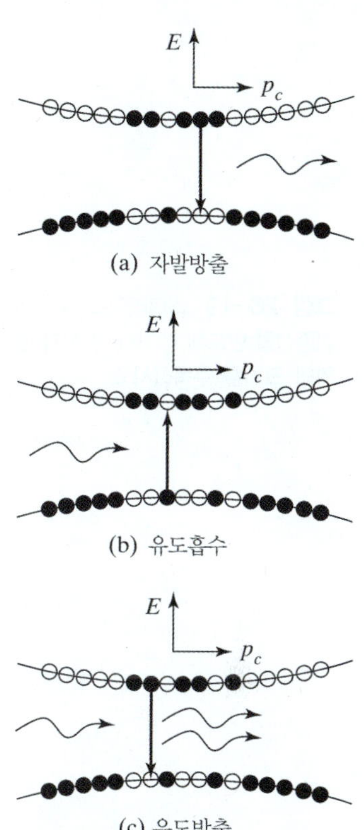

그림 26-18 반도체 이득 매질과 전자기장의 상호작용. 위쪽의 에너지 대역은 전도대이고 아래쪽은 가전자대이다. 채워진 원은 전자를, 속이 빈 원은 정공을 나타낸다. 굵은 직선 화살표는 전자가 한 대역에서 다른 대역으로 전이하는 과정을 나타내며, 더 가늘고 구부러진 화살표는 광자를 나타낸다. 전하운반자들의 에너지 E는 대역 내의 위치에 따라 변한다. 그 이유는 주어진 대역 내의 운반자들의 운동량 p_c가 위치에 따라 변하기 때문이다.

반도체 레이저의 동작 특성

반도체 레이저의 중요하고도 우수한 특징들은 상대적으로 낮은 가격, 작은 크기, 높은 효율 그리고 많은 응용에 필요한 다양한 파장의 소자들의 제작이 가능하다는 점이다. 추가적으로 반도체 레이저의 광 출력은 다이오드를 펌핑하기 위한 주입 전류의 변화를 통해 손쉽게 변조될 수 있다. 따라서 반도체 레이저의 광 출력에 정보를 부호화(encoding)하는 것은 비교적 용이하다. 효율이 높은 다이오드는 그림 26-17에 도시된 간단한 p-n 접합 소자보다 복잡한 다층구조(layered structure)를 갖는다. 좀 더 일반적인 스트라이프

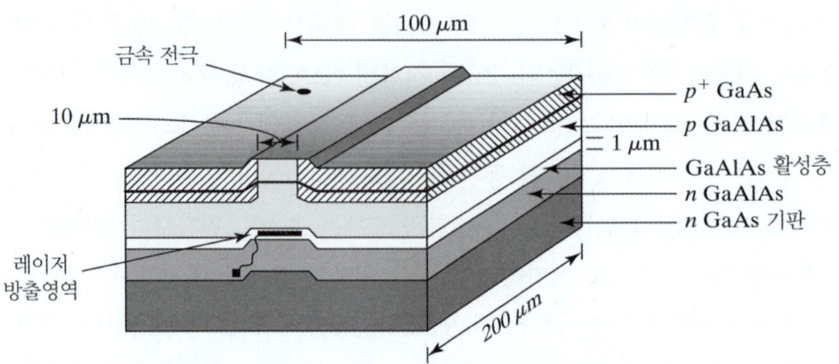

그림 26-19 스트라이프 구조의 이종접합 반도체 레이저. 공진기 영역의 크기를 주목하시오.

(stripe) 형태의 이종접합(heterojunction) 소자가 **그림 26-19**에 도시되어 있다. 반도체 레이저를 **어레이**(array)로 구성하면 비교적 높은 평균 광 출력을 갖는 소자가 가능하다. 반도체 레이저는 몇 가지 결점들도 가지고 있다. 작고 비대칭적인 출력 구경(aperture)으로 인해 **그림 26-17**에서 보듯이 발산각이 크고 비대칭적인 출력 빔을 얻는다. 그 결과, 반도체 레이저의 출력 빔은 광섬유에 직접 광 결합을 하거나 짧은 초점거리를 갖는 렌즈를 이용하여 시준(collimation)해야 한다. 게다가 반도체 레이저의 출력을 안정적인 단일 모드 출력으로 제한하기가 어렵다. 또한 Nd:YAG, He-Ne 또는 Ar^+ 레이저 등과 같은 레이저 시스템들과 비교하여 결맞음 길이(coherence length)가 더 짧다. 여전히 반도체 레이저의 장점들로 인하여 레이저 포인터, 광 펌프, 광 데이터 저장(optical data storage) 및 광 재생(read-out) 등에서 반도체 레이저나 어레이 소자가 선호되고 있다.

반도체 물질은 가공을 통하여 다양한 밴드갭 에너지를 가지게 할 수 있고, 이를 통해 다양한 동작 파장을 얻을 수 있다. 그 중 일부를 다음의 **표 26-1**에 정리하였다.

표 26-1 반도체 레이저의 파장

물질	GaN	AlGaInP	GaAlAs	InGaAsP	화합물
파장(nm)	400~480	630~690	750~900	1200~2000	2000~4000

문제

26-1 온도 T의 열적 평형상태에 있는 전자기장에서의 분광 에너지밀도 $\rho(\nu)$는 식(26-6)에 의해 주어진다. $\rho(\nu)$는 장 내의 단위 체적당 단위 주파수 간격당 에너지임을 상기하자.

a. 장 내의 단위 체적당 단위 **파장 간격**당 에너지로 정의되는 $\rho(\lambda)$가 다음과 같음을 보이시오.

$$\rho(\lambda) = \frac{8\pi h}{\lambda^5}\left(\frac{1}{e^{hc/\lambda k_B T} - 1}\right)$$

b. (a)에서 구한 식이 다음과 같이 식(6-5)에 주어진 흑체에서의 분광복사 방출도(spectral exitance)와 일치함을 보이시오.

$$M_\lambda = \frac{2\pi hc^2}{\lambda^5}\left(\frac{1}{e^{hc/\lambda k_B T} - 1}\right)$$

여기서 M_λ는 흑체 광원에서 복사되는 파장 간격당 복사 발산도를 의미한다. (힌트: (a)에서의 분광 에너지밀도는 모든 방향으로 움직이는 전자기장 성분들을 다 포함하지만 분광복사 방출도는 흑체 표면에서 수직 방향으로 방출되는 출력을 의미한다.)

26-2 특정 방향으로 속도 c로 진행하는 단색 전자기파가 있다. 에

너지 보존 법칙을 이용하여 이 전자기장과 관련된 시간-평균된 에너지밀도 $\langle u \rangle$가 복사조도 I와 $\langle u \rangle = I/c$의 관계를 가짐을 보이시오.

26-3 식(26-16)과 식(26-14)로부터 정상상태에서 식(26-17), (26-18) 그리고 (26-19)를 유도하시오.

26-4 흡수매질에서의 포화 복사조도 $I_{S,\,\text{abs}}$는 손실계수 α가 소신호 값의 절반으로 줄어들 때의 복사조도로 정의할 수 있다.

a. 26-2절에서 고려한 2-준위 흡수매질에서 다음의 식이 성립함을 보이시오.

$$I_{S,\,\text{abs}} = \frac{h\nu'}{2\sigma\tau_2}$$

여기서 $\tau_2 = 1/A_{21}$이다.

b. 이 식을 식(26-39)에 주어진 이상적인 4-준위 이득 매질의 포화 복사조도와 비교하고, 두 포화 복사조도 간의 두 가지 차이가 나는 요소들을 설명하시오.

26-5 그림 26-5에 나타낸 것과 같은 균질 선폭확대된 4-준위 원자들로 구성된 증폭매질이 있다. 증폭은 $2 \rightarrow 1$의 전이에서 일어난다. 매질은 $3 \rightarrow 0$ 전이와 공명하는 강도 I_p를 갖는 레이저에 의해 펌핑된다. 자발감쇠 과정은 그림에 명시된 바와 같다. 이득원자들의 밀도는 $N_T = N_0 + N_1 + N_2 + N_3$이다. 관련된 여러 가지 매개변수 값들은 다음과 같다.

$$\kappa_{32} = 10^8/\text{s},\ \kappa_{21} = 1000/\text{s},\ \kappa_{10} = 10^8/\text{s},$$
$$\kappa_{30} = \kappa_{31} = \kappa_{20} \approx 0$$
$$\sigma_p = 3\cdot 10^{-19}\,\text{cm}^2,\ \sigma = 10^{-18}\,\text{cm}^2$$
$$\lambda_{30} = 400\,\text{nm},\ \lambda_{21} = 600\,\text{nm}\,(\text{자유공간})$$
$$N_T = 1.5\cdot 10^{26}/\text{m}^3$$

a. 준위들의 밀도에 관한 비율방정식을 기술하시오.

b. 정상상태의 소신호 밀도반전 $N_2 - N_1$을 펌프 복사조도의 함수로 구하고 그림으로 그리시오. (소신호는 $I = 0$인 경우를 나타냄을 상기하시오.)

c. 정상상태의 밀도반전을 유지하는 데 필요한 펌프 복사조도 I_p를 구하시오.

d. 0.01/cm의 소신호 이득계수를 유지하는 데 필요한 펌프 복사조도 I_p를 구하시오.

e. 1/cm의 소신호 이득계수를 유지하는 데 필요한 펌프 복사조도 I_p를 구하시오.

f. (d)와 (e)의 펌프 복사조도에 대하여 N_0와 N_1, N_2 및 N_3를 비교하시오. 이 두 가지 복사조도에 대하여 $N_0 \approx N_T$로 놓는 것이 타당한가?

g. 식(26-38)에 주어진 이상적인 4-준위 이득 매질의 관계식과 식(26-33)에 주어진 유효 펌프 비율 밀도를 사용하여 0.01/cm와 1/cm의 소신호 이득계수를 유지하는 데 필요한 펌프 복사조도를 계산하시오. 여기서 구한 결과들과 (d)와 (e)에서 얻은 결과들을 비교하시오.

26-6 식(26-32)와 식(26-33)으로부터 식(26-34)를 얻을 수 있음을 보이시오.

26-7 균질 선폭확대된 3-준위 원자들로 구성된 증폭매질이 있다. 증폭은 $2 \rightarrow 1$의 전이에서 일어난다. 매질은 $3 \rightarrow 1$ 전이와 공명하는 강도 I_p를 갖는 레이저에 의해 펌핑된다. 준위 3은 자발적으로 준위 2로만 감쇠하고 준위 2는 자발적으로 준위 1로 감쇠한다. 이득원자들의 밀도는 $N_T = N_1 + N_2 + N_3$이다. 관련된 여러 가지 매개변수 값들은 다음과 같다.

$$\kappa_{32} = 10^8/\text{s},\ \kappa_{21} = 10^3/\text{s}$$
$$\sigma_p = \sigma_{31} = 3\cdot 10^{-19}\,\text{cm}^2,\ \sigma_{21} = 10^{-18}\,\text{cm}^2$$
$$\lambda_{31} = 400\,\text{nm},\ \lambda_{21} = 600\,\text{nm}\,(\text{자유공간})$$
$$N_T = 1.5\cdot 10^{26}/\text{m}^3$$

a. 이 경우에 적합한 그림 26-5와 같은 준위 도표를 그리고 이 도표 위에 화살표들을 이용하여 다양한 유도 및 감쇠 과정들을 나타내시오.

b. 준위들의 밀도에 관한 비율방정식을 기술하시오. 단, $2 \rightarrow 1$ 전이와 공명하는 복사조도 I를 갖는 장, 펌프 상호작용 그리고 감쇠 과정들의 존재를 포함시키시오.

c. 정상상태의 소신호 밀도반전 $N_2 - N_1$을 펌프 복사조도의 함수로 구하고 그림으로 그리시오. (소신호는 $I = 0$인 경우를 나타냄을 상기하시오.)

d. 정상상태의 밀도반전을 유지하는 데 필요한 펌프 복사조도 I_p를 구하시오. 이 결과를 문제 26-5의 (c)에서 구한 답의 결과와 비교하시오.

e. 0.01/cm의 소신호 이득계수를 유지하는 데 필요한 펌프 복사조도 I_p를 구하시오. 이 결과를 문제 26-5의 (d)에서 구한 답의 결과와 비교하시오.

f. 1/cm의 소신호 이득계수를 유지하는 데 필요한 펌프 복사조도 I_p를 구하시오. 이 결과를 문제 26-5의 (e)에서 구한 답의 결과와 비교하시오.

g. 이 문제에서 고려하는 3-준위 이득 매질의 거동과 문제 26-5에서 고려하는 4-준위 이득 매질의 거동과의 주요한 차이들을 요약하시오.

26-8 식(26-41)에 의해 기술된 이득 셀 내의 복사조도가 포화 복사조도 I_S보다 충분히 작은 경우에, 출력 복사조도 I_L은 입력 복사조도 I_0와 다음의 간단한 관계식으로 연결됨을 보이시오.

$$I_L = I_0 e^{\gamma_0 L}$$

다시 말해서, 소신호의 영역에서 복사조도가 **지수함수형** 성장(exponential growth)을 함을 보이시오.

26-9 식(26-41)에 의해 기술된 이득 셀 내의 복사조도가 포화 복사조도 I_S보다 충분히 큰 경우에, 출력 복사조도 I_L은 입력 복사조도 I_0와 다음의 간단한 관계식으로 연결됨을 보이시오.

$$I_L = I_0 + I_S \gamma_0 L$$

다시 말해서, 충분히 큰 입력 복사조도의 경우에, 복사조도가 **선형** 성장(linear growth)을 함을 보이시오. [식(26-40)에서 $I \gg I_S$의 조건을 대입하고 적분을 행하는 것보다 식(26-41)을 곧바로 사용하는 것이 더 간단할 수도 있다.]

26-10 문제 26-9에 기술된 극한을 가정하자.

a. 이 극한의 조건과 이상적인 4-준위 이득 매질에서 다음과 같이 쓸 수 있음을 보이시오.

$$I_L - I_0 = h\nu' R_{2p} L$$

b. (a)의 관계식이 문제 26-9의 **큰** 입력 복사조도의 경우에 각 펌프 사건마다 증폭되는 전자기장에 하나의 광자가 더해진다는 사실을 함축함을 논하시오.

c. 문제 26-8의 **소**신호 복사조도의 경우에는 이상적인 4-준위 이득 매질의 경우조차도 각 펌프 사건마다 증폭되는 전자기장에 하나의 광자가 더해진다는 사실이 맞지 않는다. 개념적으로 펌프 사건들이 누락되는 이유를 설명하시오.

26-11 균질 선폭확대된 이득 매질의 길이가 $L = 2$ cm, 전이 스펙트럼의 중심에서의 소신호 이득계수가 $\gamma_0(\nu_0) = 1$/cm 그리고 스펙트럼의 중심에서의 포화 복사조도가 $I_S(\nu_0) = 100$ W/cm²이다. $\nu' = \nu_0$인 주파수를 갖는 광이 이득 셀로 입사하는 경우를 가정하자. 이득 셀로 들어가는 입력 복사조도 I_0가 (a) 1 W/cm², (b) 10 W/cm², (c) 100 W/cm², (d) 1,000 W/cm² 그리고 (e) 10,000 W/cm²인 경우에 이득 셀을 빠져나오는 출력 복사조도 I_L을 구하시오.

26-12 문제 26-11의 각각의 경우에 이득 셀을 통과하면서 추가되는 복사조도 $I_L - I_0$를 구하고 입사 복사조도를 증가시키면 이 값이 어떻게 변하는지를 설명하시오.

26-13 셀로 입사하는 입력 전자기장의 주파수가 $\nu' = \nu_0 + \Delta\nu/2$인 경우에 문제 26-11과 문제 26-12를 반복하시오. 여기서 $\Delta\nu$는 이득 매질의 균질 선폭이다.

26-14 이득 셀의 최대 길이를 10 cm까지 확장하여 그림 26-7의 곡선을 다시 그리시오.

26-15 그림 26-8과 같은 링 공진기에서의 이상적인 4-준위 이득 매질이 있다. 단 $R_1 = R_2 = 1$이고 $R_3 = 1 - T_3$를 가정하자.

a. 이 경우에 다음을 보이시오.

$$I_{\text{out}} = I_{\text{sat}}(\gamma_0 - \gamma_{\text{th}})L$$

b. 이 경우에 $\gamma_0 \gg \gamma_{\text{th}}$에서 각 펌프 사건들이 하나의 출력 광자를 반드시 만들어냄을 보이시오.

c. 각 펌프 사건들이 하나의 출력 광자를 반드시 만들어내는 경우에도 레이저 시스템의 효율이 100%보다 작은 이유를 설명하시오.

26-16 이 문제와 다음의 두 문제에서는 그림 26-8에 도시한 것과 같은 링 공진기를 가정하자. 공진기 거울 M_1과 M_2의 반사율은 $R_1 = R_2$이고, 거울 M_3의 반사율은 $R_3 = 1 - T_3 - A_3$이다. 여기서 A_3는 출력거울의 흡수율이다. 이득 매질이 균질 선폭확대되어 있고 길이는 $L = 10\,\text{cm}$이며 레이저 주파수에서의 포화 복사조도는 $I_S = 2000$ W/cm²라 하자.

a. $R_1 = R_2 = 1$, $R_3 = 0.95$ 그리고 $T_3 = 0.05$인 경우에 임계 이득계수를 구하시오.

b. 소신호 이득계수가 임계값의 두 배인 경우에 레이저 출력의 복사조도를 구하시오.

26-17 문제 26-16에 기술된 링 공진기에서 소신호 이득계수는 0.01/cm, $R_3 = 0.95$ 그리고 $T_3 = 0.05$라 하자. 레이저 출력의 복사조도를 다른 두 공진기 거울의 가변 반사율 $R = R_1 = R_2$의 함수로 그림을 그리시오.

26-18 문제 26-16에 기술된 링 공진기에서 $R_1 = R_2 = 0.99$, $A_3 = 0.01$ 그리고 소신호 이득계수는 0.01/cm라 하자.

a. 레이저 출력 복사조도를 출력거울의 가변 투과율 T_3의 함수로 그림을 그리시오.

b. (a)에서 구한 그림을 사용하여 레이저 출력 복사조도를 극대화하는 T_3값을 결정하시오. 피할 수 없는 손실이 존재하는 이러한 시스템에서 T_3가 너무 크거나 너무 작은 경우에 출력 복사조도가 최대값보다 줄어드는 이유를 설명하시오.

26-19 식(26-43)을 유도한 것과 유사한 방식으로 식(26-47)을 유도하시오. 선형 공진기는 전자기장이 각 왕복운동마다 이득 매질을 두 번씩 만나고 거울에서의 손실이 이득 매질을 경유하면서 흩뿌려지기 때문에 복잡한 모델이다. 따라서 이 문제에 대한 답을 요약하는 것은 매우 유용하다.

26-20 $R_1 = 1$인 공진기의 경우, 선형 공진기에서의 식(26-47)이 다음과 같아짐을 보이시오.

$$I_{\text{out}} = \frac{T_2 I_S}{2}\left(\frac{\gamma_0(2L) - \ln(1/S)}{1 - S}\right)$$

여기서 S는 이득이 없는 선형 공진기에서의 생존 비율($S = R_2$)이다. 이 결과와 링 공진기에 대한 식(26-43)의 유사한 결과를 비교하고, 두 결과의 차이점을 설명하시오.

26-21 예제 26-4에서 기술한 CO_2의 전이를 고려하자. 예제에 주어진 조건에 추가로 전이의 자발 방출 비율이 $A_{21} = 0.34/\mathrm{s}$ 이다.

a. 이 천이에서 유도 방출 단면적 σ는 얼마인가?

b. 스펙트럼 중심 $\nu' = \nu_0$에서 0.03/cm의 소신호 이득계수를 얻기 위한 이득 매질에서의 밀도반전은 얼마인가?

c. 이 시스템을 이상적인 4-준위 시스템으로 가정하여 전이의 포화 복사조도를 계산하시오.

26-22 633 nm He-Ne 천이의 도플러 확대된 이득대역폭을 구하시오. 400 K의 동작온도를 가정하고 네온이 레이저 매질임을 상기하시오.

26-23 식(8-45)를 유도한 방식을 사용하여 왕복운동의 생존인자 S와 둘레의 길이 P를 가진 링 공진기의 손실률 Γ가 다음과 같음을 보이시오.

$$\Gamma = \frac{c}{P}(1-S)$$

26-24 그림 26-13에서 그림 설명에 주어진 값들을 사용하여 곡선을 다시 그리시오. 유효 펌프 비율은 주어진 조건 $\gamma_0 = 2\gamma_{\mathrm{th}}$로부터 구할 수 있다.

26-25 그림 26-13에서 그림 설명에 주어진 값들을 사용하여 곡선을 구하시오. 단, (a) $\kappa = 10^{-8}\mathrm{s}^{-1}$, (b) $\kappa = 10^{-6}\mathrm{s}^{-1}$, (c) $\gamma_0/\gamma_{\mathrm{th}} = 1.1$ 그리고 (d) $\gamma_0/\gamma_{\mathrm{th}} = 4$이다. 각 경우에 매개변수들의 변화에 의해 곡선이 어떻게 바뀌는지를 기술하시오.

26-26 다음과 같이 주어진 전자기장이 있다.

$$E_1 = E_0 \cos(2\pi\nu_1 t - k_1 z)$$
$$E_2 = E_0 \cos[2\pi(\nu_1 + \delta\nu)t - k_2 z]$$

a. $z = 0$에서 $t = n/\delta\nu$에 의해 주어진 시간들에서 $E_1 + E_2 = 2E_0$임을 보이시오. 여기서 n은 정수이다.

b. (a)의 결과와 모드잠김된 레이저와의 연관성을 논의하시오.

26-27 세 가지 서로 다른 레이저 시스템에 대한 nm 단위의 이득대역폭과 전이파장이 다음에 주어져 있다. 이 레이저 시스템들이 모드잠김되어 있다고 할 때, 이 레이저 시스템들에서 얻을 수 있는 펄스 선폭을 계산하시오.

Ar^+	$\lambda = 488\,\mathrm{nm}$	$\Delta\lambda = 0.004\,\mathrm{nm}$
He-Ne	$\lambda = 633\,\mathrm{nm}$	$\Delta\lambda = 0.002\,\mathrm{nm}$
로다민 6G dye	$\lambda = 590\,\mathrm{nm}$	$\Delta\lambda = 80\,\mathrm{nm}$

26-28 **대역폭** 이론을 검증하기 위하여 (a) $N = 5$, (b) $N = 10$ 그리고 (c) $N = 50$인 경우에 시간 t의 함수로 주어진 함수 F의 그림을 그리시오. 각 경우에 그림으로부터 펄스폭을 계산하고, 이 펄스폭을 중첩되는 주파수들의 범위와 비교하시오.

$$F = \sum_{j=0}^{N} \cos[2\pi(10 + 0.2j)t/s]$$

26-29 같은 크기의 진폭과 주파수 $\nu_j = \nu_0 + j\nu_{fsr}$들을 갖는 N개의 모드잠김된 공진기 모드들의 전기장들의 총합 E를 다음과 같이 쓸 수 있음을 보이시오.

$$E = \sum_{j=-(N-1)/2}^{(N-1)/2} E_0 \cos(2\pi\nu_j t + \varphi_0)$$
$$= E_0 \cos(2\pi\nu_0 t + \varphi_0)\frac{\sin(N\pi\nu_{fsr}t)}{\sin(\pi\nu_{frs}t)}$$

필요한 합의 계산을 위하여 11-6절의 다중슬릿 회절의 기술에 사용된 수학적 풀이과정 참조한다.

26-30 문제 26-29의 관계식을 사용하여 식(26-57)과 식(26-58)을 증명하시오.

26-31 Nd:YAG 레이저의 공진기 길이가 1.5 m이고 CW 출력이 10 W라 할 때, 펄스폭 70 ps로 모드잠김된 Nd:YAG 레이저 펄스의 첨두출력과 펄스 반복률을 계산하시오.

26-32 그림 26-19에 도시된 이종접합 반도체 레이저의 출력 빔의 회절한계 원거리장 발산각을 구하시오.

26-33 800 nm의 발진파장을 갖는 반도체 레이저 소자에 사용되는 AlGaAs 반도체의 밴드갭 에너지는 얼마인가?

26-34 그림 26-19에 도시된 반도체 레이저에서 매질의 소신호 이득계수가 40/cm라 할 때, 벽개면의 반사율은 얼마이어야 하는가?

26-35 **a.** **정상상태**의 광자밀도 N_p와 밀도반전 N_2에 대하여 식(26-54)와 식(26-55)를 풀면 다음의 결과를 얻음을 보이시오.

$$N_p = \frac{\sigma c(V_g/V_c)R_{p2} - \kappa_2\Gamma}{\sigma c\Gamma}$$

$$N_2 = \frac{\Gamma}{\sigma c}\frac{V_c}{V_g}$$

b. (a)의 N_p의 결과를 이용하여 그림 26-8에서 논의된 것과 유사한 링 레이저의 정상상태의 출력 복사조도가 다음과 같아짐을 보이시오.

$$I_{\mathrm{out}} = T_3\frac{\kappa_2 h\nu'}{\sigma}\frac{(\sigma R_{p2}L/\kappa_2) - (1-S)}{1-S}$$

c. (b)의 결과는 생존인자가 1에 가까운 경우에만 식(26-43)의 결과와 일치함을 보이시오(힌트: x가 충분히 작은 경우에 $\ln(1-x) \approx x$이다).

d. S가 1에 가깝지 않은 경우에 (b)의 결과와 식(26-43)의 결과 중 어느 쪽이 더 옳은가? 설명하시오.

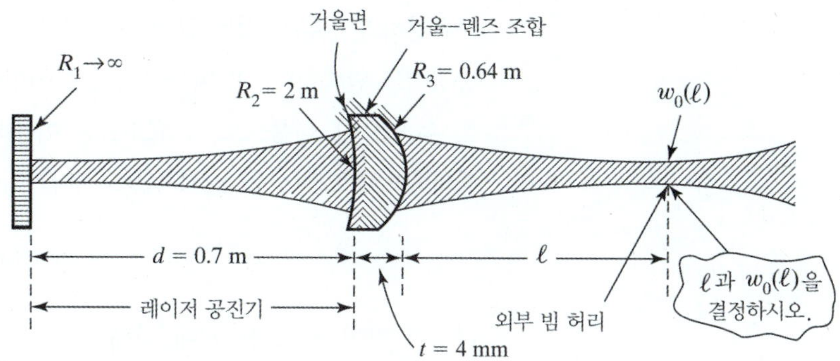

chapter 27 레이저 빔의 특성

서론

본 장에서는 레이저에 의해 만들어지는 광학 빔의 본질에 대하여 알아보자. 구면 거울 공진기에 의해 생성되는 레이저 빔은 평면파와 구면파의 성질을 모두 가짐을 알게 될 것이다. 그 중 가장 단순한 모드인 **기본 TEM_{00} 가우스 모드**(fundamental TEM_{00} Gaussian mode)에서 레이저 빔은 거의 구면파에 가까운 파면을 가지며 전기장은 횡 방향으로 가우스 복사조도분포를 가지고 빛의 진행 축 근방에 국한하여 존재한다. 좀 더 복잡한 형태의 다른 모드인, **고차 모드**(higher-order modes) 또는 **에르미트-가우스**(Hermite-Gaussians) 모드의 경우는 전기장의 형태가 단순한 가우스 분포에서 벗어나 핫-스폿(hot spots)들의 규칙적인 패턴을 갖는 횡방향의 복사조도분포를 갖는다. 많은 경우에 레이저 빔의 출력은 기본모드와 몇 개의 고차모드들의 조합으로 구성된다.

이 장에서는 에르미트-가우스 레이저 빔의 일반적인 특성을 기술하고 통상의 광학 시스템에 이러한 빔들이 전파되는 과정을 다룬다. 레이저 빔의 기본모드에 대한 충분한 이해를 거친 다음에 고차 횡모드와 해당 모드의 횡 방향의 복사조도분포에 대해 알아보기로 하자.

27-1 3차원 파동방정식과 전자기파

일반적인 전자기장은 다음과 같이 기술할 수 있다.

$$\vec{\mathrm{E}} = E_x(x,\ y,\ z,\ t)\hat{\mathbf{x}} + E_y(x,\ y,\ z,\ t)\hat{\mathbf{y}} + E_z(x,\ y,\ z,\ t)\hat{\mathbf{z}} \qquad (27\text{-}1)$$

자유전하와 전류가 없는 균질 매질에서 전자기장의 각 요소들은 식(4-25)에 주어진 파동방정식을 만족한다. 이 파동방정식은 선형이기 때문에 각각의 전기장 요소들을 분리하여 풀 수 있으며, 다음으로 각 요소들을 이용하여 식(27-1)의 완전한 전기장을 만들 수 있다. 결과적으로 일반성을 잃지 않고 전자기장을 다음의 형태로 간주할 수 있다.

$$\vec{\mathbf{E}} = E(x,\ y,\ z,\ t)\hat{\mathbf{x}} \tag{27-2}$$

다음과 같이 복소 장 $\widetilde{E}$에 의해 이 전기장을 표현하는 것이 더 편리하다.

$$E = \mathrm{Re}(\widetilde{E})$$

이 전자기장 성분 $\widetilde{E}$는 다음의 파동방정식을 만족한다.

$$\nabla^2 \widetilde{E} - \frac{n^2}{c^2}\frac{\partial^2 \widetilde{E}}{\partial t^2} = 0 \tag{27-3}$$

$$\nabla^2 = \frac{\partial^2}{\partial x^2} + \frac{\partial^2}{\partial y^2} + \frac{\partial^2}{\partial z^2}$$

여기서 ∇^2은 **라플라스** 연산자(Laplacian operator), n은 전기장이 진행하는 매질의 굴절률 그리고 c는 진공 중에서의 파동의 속도이다. 4장에서 식(27-3)의 두 가지 종류의 중요한 (단일주파수) 조화해를 기술하였다. 평면파 해와 구면파 해는 다음과 같이 복소 전기장에 의해 표현할 수 있다.

$$\widetilde{E} = E_0 e^{i(kz - \omega t + \phi)} \quad +z\text{-방향으로 진행하는 평면파} \tag{27-4}$$

$$\widetilde{E} = \frac{A}{r} e^{i(kr - \omega t + \phi)} \quad \text{구면파} \tag{27-5}$$

여기서 $r = \sqrt{x^2 + y^2 + z^2}$은 구면파 파원으로부터의 거리이고 각 파동에서 $k = n\omega/c$이다. 4-7절과 그림 4-9에서 가우스 빔을 정성적으로 도입하였다. 본 장의 나머지 부분에서 가우스 빔 해의 수학적 표현을 유도하고 해석하며 이 유용한 레이저 장의 표현을 평면파나 구면파와 비교할 것이다.

27-2 가우스 빔

전형적인 레이저 빔의 전자기적인 특성을 조사하다 보면 파면은 기본적으로 곡률반지름이 긴 구면파의 표면이고 진행 축을 따라 빛이 진행함에 따라 곡률반지름이 더 증가함을 알 수 있다. 그림 27-1에서는 전형적인 레이저 빔이 수렴렌즈를 통과하면서 파면과 복사조도가 어떻게 변하는지를 복합적으로 보여 준다. z-축의 위와 아래에 있는 실선 형태의 안내선은 레이저 빔의 횡 방향으로의 전기장 복사조도가 광축 상의 첨두(peak) 값의

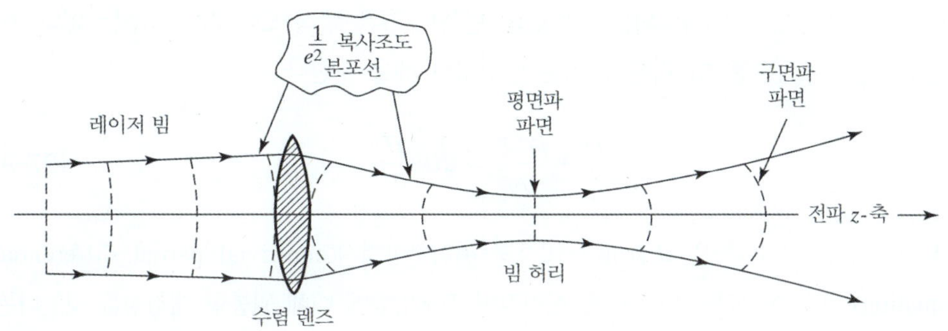

그림 27-1 $1/e^2$–복사조도 안내선 안의 영역에 구속된 외부의 레이저 빔은 수렴렌즈에 의해 조점을 맺는다. 입사하는 빔은 높은 수준으로 시준되어 파면이 거의 평면에 가까워진다. 수렴렌즈는 파면의 형태를 바꾸고 빔의 초점을 맞추어 렌즈의 우측에 빔허리를 형성한다. 빔은 빔허리를 지나면서 강하게 발산한다.

$1/e^2$이 되는 점들의 위치들을 나타낸 것이다. 따라서 이 선들은 연속적으로 변하는 **빔폭**(beam width)을 규정하는 데 사용된다. z-축에의 횡 방향으로 그려진 점선 형태의 호들은 빔의 파면을 나타낸다. 그림 27-1에 나타난 전기장 분포와 유사한, 파동방정식 (27-3)의 해를 구하기 위해 다음과 같은 형태의 레이저 빔의 전기장 $\widetilde{E}(x,\ y,\ z,\ t)$를 시험해(trial solution)로 선택하기로 하자.

$$\widetilde{E}(x,\ y,\ z,\ t) = U(x,\ y,\ z)\,e^{i(kz-\omega t+\phi)} \tag{27-6}$$

$U(x,\ y,\ z)$항은 순수한 평면파로부터 출발하며 이 항이 구해지면 파동의 복사조도와 위상의 차이가 정확하게 규정된 상세한 해가 구해진다. 식(27-6)의 지수함수는 단지 해가 평면파 성분을 가지고 있음을 반영한다.

식(27-6)의 시험해가 파동방정식을 만족해야 하므로 이 식을 식(27-3)에 대입하면 $U(x,\ y,\ z)$에 관한 다음의 식을 얻는다.

$$e^{i(kz-\omega t+\phi)}\left[\frac{\partial^2 U}{\partial x^2}+\frac{\partial^2 U}{\partial y^2}+\frac{\partial^2 U}{\partial z^2}+2ik\frac{\partial U}{\partial z}-\left(k^2-n^2\frac{\omega^2}{c^2}\right)U\right]=0$$

$\omega \equiv kc/n$이므로 이 식의 소괄호 안의 마지막 항은 소거된다. 따라서 위의 식은 다음과 같다.

$$\frac{\partial^2 U}{\partial x^2}+\frac{\partial^2 U}{\partial y^2}+\frac{\partial^2 U}{\partial z^2}+2ik\frac{\partial U}{\partial z}=0 \tag{27-7}$$

식(27-7)은 식(27-6)에 주어진 일반적인 형태의 전기장에 관한 완전한 파동방정식의 표현이라는 의미에서 완전미분방정식이다. 유감스럽게도 일반적으로 이 방정식은 풀기가 어렵다. 그러나 $\widetilde{E}$의 z 의존성은 빠르게 변하는 e^{ikz}에 의해 기술된다. 따라서 다음의 조건을 만족할 수 있도록 z에 따라 천천히 변하는, 식(27-7)의 근사해를 찾는 것이 적절하다.

$$\left|\frac{\partial^2 U}{\partial z^2}\right| \ll 2k\left|i\frac{\partial U}{\partial z}\right| \tag{27-8}$$

그렇게 하면 식(27-7)의 좌변에서 $\partial^2 U/\partial z^2$항을 생략할 수 있다. 그러나 U에 대한 x와

y의 2계 미분에 의해 기술되는 횡방향의 변화도 같은 방식으로 무시할 수는 없다. 이 결과 다음과 같은 좀 더 다루기 쉬운 방정식의 해를 구한다.

$$\frac{\partial^2 U}{\partial x^2} + \frac{\partial^2 U}{\partial y^2} + 2ik\frac{\partial U}{\partial z} = 0 \tag{27-9}$$

식(27-9)는 복소수 항을 포함하는 비자명 편미분방정식(nontrivial partial differential equation)이다. 이 식을 풀기 위해, 전기장이 진행방향에 대해 원통형 대칭성을 갖는다는 사실과 $U(x,\ y,\ z)$가 복소수 형태의 해여야 한다는 사실을 이용하여 해에 대한 다음의 가정[1]을 한다.

$$U(x,\ y,\ z) = E_0 e^{i\{p(z) + [k(x^2+y^2)/2q(z)]\}} = E_0 e^{i\{p(z) + [k\rho^2/2q(z)]\}} \tag{27-10}$$

마지막 등식에서 원통좌표계의 관계식 $\rho = \sqrt{x^2+y^2}$ 을 도입하였다. U는 p와 z에만 의존하기 때문에 z-축에 대하여 원통형 대칭성을 갖는다. 또한 $p(z)$와 $q(z)$는 아직은 미정인 일반적인 함수로 식(27-9)에 부과된 제약조건이다. 식(27-10)을 식(27-9)에 대입하면 다음의 결과를 얻는다.

$$\frac{2ikU}{q} - \frac{k^2}{q^2}\rho^2 U - 2kU\frac{\partial p}{\partial z} + \frac{k^2}{q^2}\rho^2 U\frac{\partial q}{\partial z} = 0$$

위의 식을 ρ^2의 오름차순으로 다시 정리하면 다음과 같다.

$$\left[\left(\frac{2ik}{q} - 2k\frac{\partial p}{\partial z}\right)(\rho^2)^0 + \left(\frac{k^2}{q^2}\frac{\partial q}{\partial z} - \frac{k^2}{q^2}\right)(\rho^2)^1\right]U = 0 \tag{27-11}$$

만일 식(27-10)에 주어진 함수가 모든 ρ에 대해서 해가 되기 위해서는 ρ^2의 오름차순으로 주어진 각 항들이 독립적으로 0이 되어야 한다. $(\rho^2)^0$과 $(\rho^2)^1$의 계수들을 0으로 놓으면 다음과 같다.

$$\frac{\partial p}{\partial z} = \frac{i}{q} \tag{27-12}$$

와

$$\frac{\partial q}{\partial z} = 1 \tag{27-13}$$

식(27-13)은 간단히 적분되며 그 결과는 다음과 같다.

$$q(z) = q(0) + z$$

---

1 더 상세한 유도과정은 Anthony E. Siegman, *Lasers* (Mill Valley, Calif.: University Science Books, 1986), Ch. 16에 주어져 있다.

여기서 $q(z)$는 일반적으로 복소수이다. 물론 독립변수 z는 실수이므로 $q(0)$이 복소수여야 한다. $q(0)$의 실수부와 허수부는 가우스 빔들을 서로 구별해주는 두 개의 매개변수이다. q는 길이의 단위를 가지므로 $q(0)$의 실수부와 허수부를 각각 z_{0R}과 z_{0I}라 놓으면 $q(0) = z_{0R} + iz_{0I}$가 된다. 따라서 $q(z) = z + z_{0R} + iz_{0I}$가 된다. $z = 0$ 평면을 $q(z)$가 순허수인 평면으로 선택하면 편리하다. 그러면 $z_{0R} = 0$이므로 $q(0) = iz_{0I}$가 된다. $z = 0$인 경우에 식(27-10)을 살펴보면 $q(0)$의 허수부가 음수가 되어야 x와 y가 무한대로 가더라도 전기장 진폭이 끝없이 커지지 않게 된다. 이 요구사항을 반영하면 $z_0 = |z_{0I}|$이고 $q(z)$는 다음과 같다.

$$q(z) = z - iz_0 \tag{27-14}$$

$q(0)$의 실수부는 평면 $z = 0$의 위치와 관련이 있음을 알았다. 다음 절에서는 식(27-14)를 도입하여 $q(0)$의 허수부의 의미를 설명할 것이다. $q(0)$의 허수부인 z_0는 **공초점 매개변수**(confocal parameter) 또는 **레일리 범위**(Rayleigh range)라 불린다.

이 토의에 앞서, 식(27-12)에 식(27-14)를 대입하여 완전한 일반해를 구하면 다음의 결과를 얻는다.

$$\frac{\partial p}{\partial z} = \frac{i}{z - iz_0} \tag{27-15}$$

이 관계식을 적분하고(문제 27-3 참조) 해를 정리하면 다음과 같다.

$$e^{ip(z)} = \sqrt{\frac{z_0^2}{z_0^2 + z^2}}\, e^{-i(\tan^{-1}(z/z_0))} \tag{27-16}$$

식(27-14)와 식(27-16)을 식(27-10)에 대입하면 완전한 가우스 빔 해를 얻을 수 있다. 이 결과의 표현을 구하기 전에 그 해를 좀 더 쉽게 설명할 수 있는 형태로 변환해 보자.

27-3 가우스 빔의 스폿 크기와 곡률반지름

$q(z)$는 다음의 식[2]으로 쓸 수 있다.

$$\frac{1}{q(z)} = \frac{1}{R(z)} + i\frac{\lambda}{\pi w(z)^2} \tag{27-17}$$

여기서 $R(z)$와 $w(z)$는 실함수이다. R은 파면의 **곡률반지름**(radius of curvature)이고 w는 빔의 횡방향의 크기와 관련이 있음을 보일 것이다. 일반적으로 $w(z)$는 빔의 **스폿 크기**(spot size)라 부른다. 매개변수 $q(z)$는 종종 빔의 **복소곡률반지름**(complex radius of curvature)이라 부른다.

---

2 식(27-6)에서 $\widetilde{E} = Ue^{-i(kz - wt + \phi)}$라 썼다면 $q(0) = z + iz_0$로 썼을 것이다. 그 결과 식(27-17)의 우변의 두 항들 사이의 음의 부호는 적절한 선택이 되었을 것이다.

식(27-17)을 식(27-10)의 시험해(trial solution)에 대입하면 다음의 결과를 얻는다.

$$U(\rho,\ z) = E_0\, e^{ip(z)} e^{ik\rho^2/2R(z)} e^{-\rho^2/w^2(z)} \tag{27-18}$$

스폿 크기 $w(z)$가 횡(ρ) 방향으로의 전기장 복사조도의 지수함수적인 감소의 매개변수임을 알 수 있다. 식(27-14)를 식(27-17)에 대입하여 약간의 복잡한 계산을 수행하면 $R(z)$와 $w(z)$를 다음과 같이 구할 수 있다.

$$\frac{1}{z - iz_0} = \frac{1}{R(z)} + i\frac{\lambda}{\pi w^2(z)}$$

이 관계식의 좌변을 변형시키면 다음과 같아진다.

$$\frac{1}{z - iz_0}\left(\frac{z + iz_0}{z + iz_0}\right) = \frac{z}{z^2 + z_0^2} + i\frac{z_0}{z^2 + z_0^2} = \frac{1}{R(z)} + i\frac{\lambda}{\pi w^2(z)}$$

실수부와 허수부를 비교하면 다음의 결과를 얻는다.

$$R(z) = z\left(1 + \frac{z_0^2}{z^2}\right) \tag{27-19}$$

그리고

$$w^2(z) = \frac{\lambda z_0}{\pi}\left(1 + \frac{z^2}{z_0^2}\right) \tag{27-20}$$

$z = 0$에서의 스폿 크기는 w_0라 부르며, $w(0) = \sqrt{\lambda z_0/\pi}$ 이므로 레일리 범위 z_0는 다음과 같이 쓸 수 있다.

$$z_0 = \frac{\pi w_0^2}{\lambda} \tag{27-21}$$

그리고 식(27-20)은 다음과 같아진다.

$$w^2(z) = w_0^2\left(1 + \frac{z^2}{z_0^2}\right) \tag{27-22}$$

식(27-22)를 이용하여 식(27-16)을 다음과 같이 좀 더 간단한 형태로 다시 쓸 수 있다.

$$e^{ip(z)} = \frac{w_0}{w(z)} e^{-i\tan^{-1}(z/z_0)} \tag{27-23}$$

이 관계식과 식(27-20)을 이용하면 식(27-10)의 $U(x,\ y,\ z)$를 완전한 형태로 규정할 수 있다. 위에서 규정한 $U(x,\ y,\ z)$를 식(27-6)에 대입하면 다음과 같이 파동방정식의 가우스 빔 해를 다루기 쉬운 형태로 구할 수 있다.

$$\widetilde{E} = E_0\left(\frac{w_0}{w(z)}\right)e^{-\rho^2/w^2(z)}e^{ik\rho^2/2R(z)}e^{-i\tan^{-1}(z/z_0)}e^{i(kz-\omega t+\phi)} \tag{27-24}$$

여기서 $R(z)$, z_0 및 $w(z)$는 각각 식(27-19), 식(27-21) 그리고 식(27-22)에 의해 주어진다. 식(27-24)에 기술된 z-방향으로 진행하는 빔은 진폭 E_0, 위상 상수 ϕ, 파장 λ, 빔허리(beam waist)에서의 스폿 크기 w_0 그리고 $z=0$ 평면에서의 빔허리의 위치가 주어지면 하나의 값으로 주어진다. 이와는 대조적으로, z-방향으로 진행하는 평면파는 단지 E_0, ϕ 그리고 λ만 알면 규정할 수 있다. 물론 평면파와 가우스 빔의 전체 전기장 벡터를 완전하게 규정하기 위해서는 전기장의 편광에 관한 정보도 필요하다.

27-4 가우스 빔의 특성

이제 식(27-24)에 주어진 가우스 빔에서, $R(z)$에 대한 곡률반지름이라는 명칭과 $w(z)$에 대한 스폿 크기라는 명칭을 정당화하는 방식으로 그 의미를 부여해 보자. 먼저 가우스 빔의 복사조도 분포에 대한 해석으로부터 빔과 관련한 위상 선단(phase front)의 형태를 조사해 보자.

복사조도 분포

조화 전자기파의 복사조도 I는 복소 전기장 세기 $\widetilde{E}$의 크기의 제곱에 비례한다. 따라서 식(27-24)를 이용하면 다음과 같이 쓸 수 있다.

$$I(\rho,\ z) = I_0\left(\frac{w_0}{w(z)}\right)^2 e^{-2\rho^2/w^2(z)} \tag{27-25}$$

여기서 I_0는 최대 복사조도로 빔허리의 중심에서의 값이다. 따라서 $I_0 = I(\rho=0,\ z=0)$이다. 그림 27-2에 도시된 바와 같이, 가우스 빔을 간단명료하게 보여주기 위하여 빔허리를 포함하는 평면으로 $z=0$ 평면을 적용하였다. 앞으로 소개할 식(27-25)의 중요한 특징들은 그림 27-2에서 보여진다. 식(27-25)에 의하면 z-축 방향으로의 빔의 중심에서의 복사조도는 다음의 식을 따른다.

$$I(\rho=0,\ z) = I_0\left(\frac{z_0^2}{z^2+z_0^2}\right) \quad \text{축상 복사조도} \tag{27-26}$$

축상 복사조도(axial irradiance)는 축상의 위치가 빔허리로부터 멀어지면 줄어드는데, 이는 빔허리로부터 멀어지는 지점에서는 빔이 더 넓어진다는 사실과 통한다. 빔의 확장은 식(27-25)에 주어진 복사조도 분포를 좀 더 살펴보면 알 수 있다. 주어진 z에서, 빔의 중심으로부터의 횡 방향 거리 ρ에 따른 복사조도 $I(\rho,\ z)$와 축상 복사조도 $I(\rho=0,\ z)$와 다음의 관계식을 갖는다.

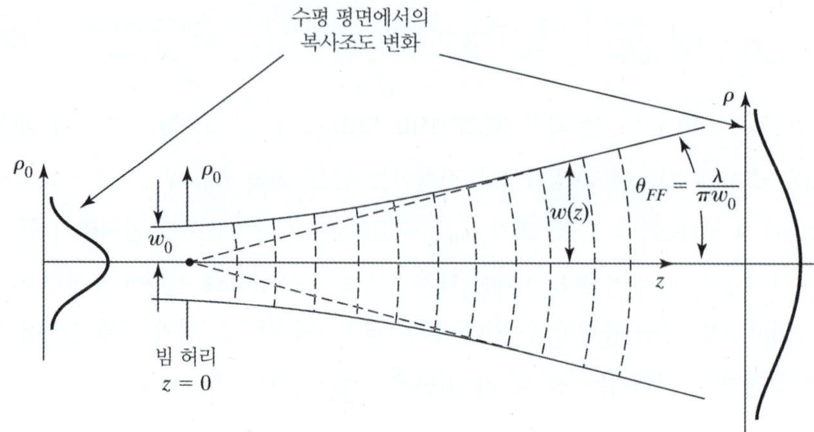

그림 27-2 z방향으로 진행하는 가우스 구면파 빔. 빔허리($z=0$)에서의 스폿 크기 $w(z)$는 w_0로 정의된다. 빔 발산반각 $\theta_{FF}=\lambda/(\pi w_0)$는 원거리 장에서만 유효하다. 빔이 우측으로 진행함에 따른 횡 방향 복사조도의 변화에 주목하시오.

$$\frac{I(\rho,\ z)}{I(\rho=0,\ z)} = e^{-2\rho^2/w^2(z)} \tag{27-27}$$

분명하게 축으로부터의 횡 방향 거리 ρ가 스폿 크기와 같은, 다시 말해서, $\rho = w(z)$인 경우에 복사조도는 축상의 값보다 $1/e^2 \simeq 0.135$만큼 줄어든다. 식(27-22)에 따르면, z^2이 증가함에 따라 스폿 크기 $w(z)$도 증가하며, 이는 그림 27-2에 그려진 빔의 확장을 설명한다. 따라서 스폿 크기 $w(z)$에 의해 기술되는 가우스 빔의 횡방향의 크기는 빔이 진행함에 따라 변한다. $w(z)$는 빔의 지름이 아니라 반지름의 측정임에 유의하자.

빔 퍼짐

빔허리로부터의 진행에 따른 가우스 빔의 확산(spreading)을 좀 더 조사해 보자. 식(27-22)를 이용하면, 다양한 횡 방향 평면에서의 스폿 크기를 구할 수 있다.

$w(z=0) = w_0$	빔허리에서의 스폿 크기
$w(z=z_0) = \sqrt{2}\,w_0$	$z=z_0$에서의 크기
$w(z \gg z_0) = \dfrac{w_0 z}{z_0} = \dfrac{\lambda}{\pi w_0} z$	원거리장($z \gg z_0$)에서의 스폿 크기

여기서 **원거리장**(far-field), 다시 말해서 $z \gg z_0$에서의 스폿 크기에 대한 마지막 단계의 표현을 위하여 식(27-21)을 사용하였다. 원거리장의 표현은 엄밀하게는 z/z_0가 무한히 커지는 경우에만 유효하다. 그러나 실제로는, 빔허리로부터의 거리 z가 레일리 범위 z_0보다 20에서 50배 정도 큰 경우에 원거리 장의 표현이 유효하게 사용될 수 있다. 또한 레일리 범위 z_0는 **근접장**(near field)에서 빔이 상당히 퍼지는 기준 거리의 척도임을 유의하라. 따라서 z_0는 빔의 **초점심도**(depth of focus)와 관련이 있다.

원거리장에서는 스폿 크기가 z에 따라 선형적으로 변하므로 그림 27-2에 주어진

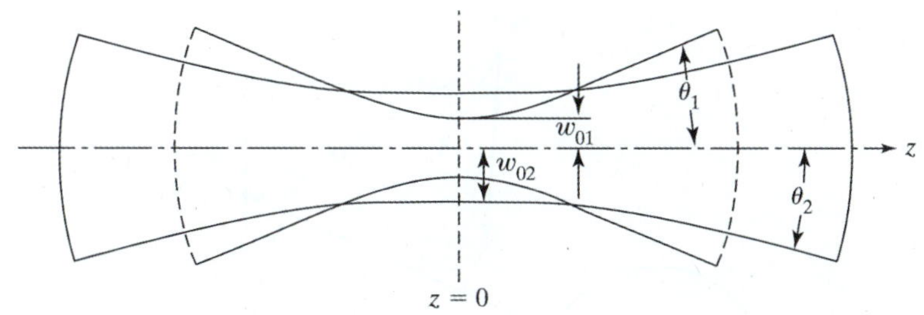

그림 27-3 $z=0$에 빔허리가 있는 두 개의 레이저 빔. 빔허리에서의 스폿 크기가 더 작은 레이저 빔이 빔허리에서의 스폿 크기가 더 큰 레이저 빔보다 더 빨리 퍼진다.

원거리장의 발산 각도(divergence angle)[3] θ_{FF}는 다음의 관계식을 만족한다.

$$\theta_{FF} \approx \tan\theta_{FF} = \frac{w(z \gg z_0)}{z} = \frac{\lambda}{\pi w_0} \tag{27-28}$$

식(27-28)로부터 더 작은 빔허리를 갖는 빔은 더 큰 빔허리를 갖는 빔보다 더 빨리 퍼진다는 중요한 결론에 도달한다. 이러한 거동이 그림 27-3에 도시되어 있다. 또한 식(27-28)은 파장이 더 짧은 가우스 빔은 파장이 더 긴 빔보다 더 덜 퍼진다는 사실을 보여준다.

가우스 빔의 파면 선단

가우스 빔이 진행하면서 복사조도가 변한다는 사실을 논의하였으므로, 이제 가우스 빔과 관련된 파면(다시 말하여, 동일한 위상의 파면)의 본질에 관하여 조사해 본다. 여기에서 조사하려는 이러한 파면의 본질이 그림 27-2와 27-3에 도시되어 있다. 가우스 빔에 관하여 논의하기에 앞서 비교하기 위한 목적으로, 식(27-5)에 의해 기술되고 그림 27-4에 보여지는 구면파의 동일 위상을 갖는 파면의 본질에 관하여 알아보자. 구면파의 동일 위상의 파면은 다음의 간단한 관계식에 의해 주어진다.

$$kr = \text{상수} \qquad \text{구면파} \tag{27-29}$$

서로 다른 상수 값에 대한 이 관계식은 서로 다른 반지름을 갖는 동심 구(concentric sphere)의 표면을 나타낸다. z-축 근처에 구속된 가우스 빔과의 비교를 위하여, z-축의 근처에서 빔허리로부터 떨어진 (다시 말해서, $\rho \ll |z|$) 조건에서 유효한 식(27-29)의 근사식을 구해 보자. 그러면 식(27-29)는 다음과 같아진다.

$$\begin{aligned} kr &= k(x^2+y^2+z^2)^{1/2} = k(\rho^2+z^2)^{1/2} \\ &= kz(1+\rho^2/z^2)^{1/2} \approx kz(1+\rho^2/2z^2) \end{aligned}$$

여기서 근사적인 등식을 만들기 위해 작은 ρ^2/z^2에 대하여 테일러 급수(Taylor series) 전개를 사용하였다. 이 근사의 유효성에 대한 영향이 없이 마지막 식의 $\rho^2/2z^2$를 $\rho^2/2r^2$으로 대체하여 구면파의 파면 선단에 관한 다음의 표현을 얻을 수 있다.

---

3 정의한 바와 같이 원거리장의 발산각은 빔의 확산 반각이다.

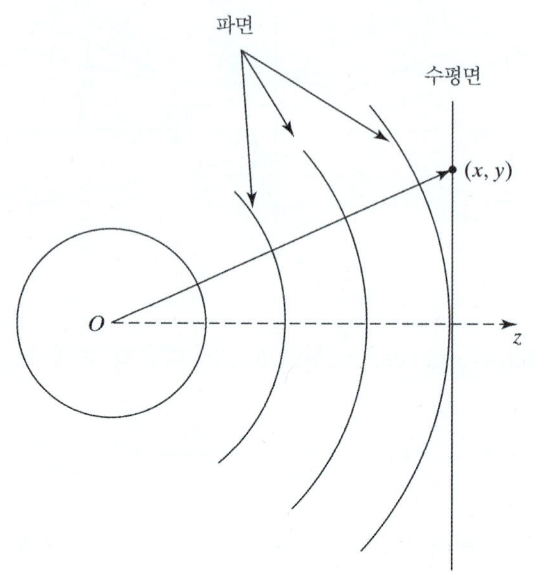

그림 27-4 구면파의 동일 위상을 갖는 표면은 원점 O로부터 바깥쪽으로 복사되는 동심구의 표면이 된다.

$$kr \approx kz + k\rho^2/2r \approx \text{상수} \qquad z\text{-축 근처에서의 구면파} \tag{27-30}$$

식(27-24)에 의해 기술되는 가우스 빔은 다음의 조건을 만족하는 파면 선단을 갖는다.

$$kz + k\rho^2/2R(z) - \tan^{-1}(z/z_0) = \text{상수} \tag{27-31}$$

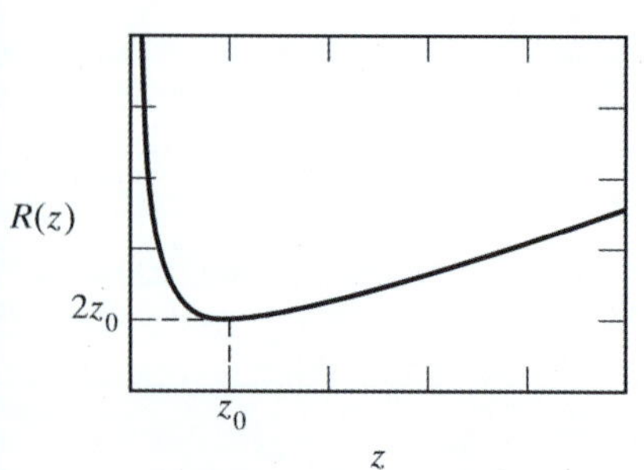

그림 27-5 가우스 빔의 파면 곡률반지름 $R(z)$. $z=0$과 $z=\infty$에서는 $R(z)=\infty$이다. 파면의 최소 곡률반지름은 $z=z_0$에서 $R(z_0)=2z_0$의 값을 갖는다.

크기가 작은 좌변의 세 번째 항을 무시하고 식(27-30)과 비교하면, $R(z)$가 가우스 빔의 동위상 파면의 곡률반지름에 중요한 역할을 한다는 결론에 도달한다. 위의 비교로부터 빔 축의 근처에서만 의미가 있음을 알 수 있다. 그러나 빔에 의한 출력의 대부분은 빔 축 근처에 집중되므로 함수 $R(z)$를 빔의 곡률반지름으로 간주하는 것이 적절하다. 하지만 그림 27-1, 27-2 및 27-3과 구면파와의 비교로부터 가우스 빔 파면의 곡률의 중심은 빔이 z-축을 따라 진행함에 따라 변한다.

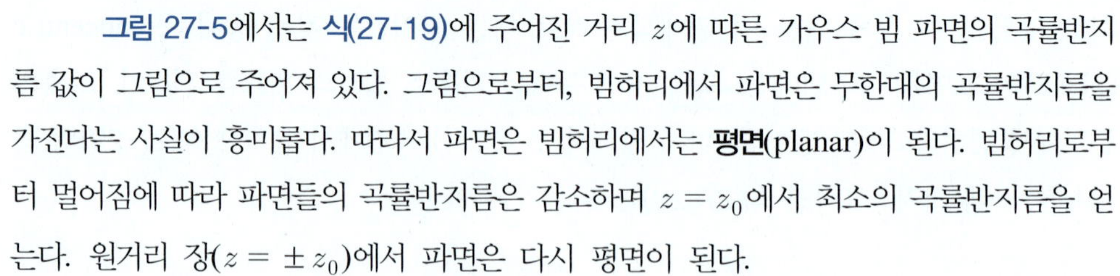

그림 27-5에서는 식(27-19)에 주어진 거리 z에 따른 가우스 빔 파면의 곡률반지름 값이 그림으로 주어져 있다. 그림으로부터, 빔허리에서 파면은 무한대의 곡률반지름을 가진다는 사실이 흥미롭다. 따라서 파면은 빔허리에서는 **평면**(planar)이 된다. 빔허리로부터 멀어짐에 따라 파면들의 곡률반지름은 감소하며 $z = z_0$에서 최소의 곡률반지름을 얻는다. 원거리 장($z = \pm z_0$)에서 파면은 다시 평면이 된다.

27-5 구면거울 공진기의 모드

광 공진기의 모드는 자기복제(self replication)에 의한 장 분포를 갖는다. 다시 말해서, 하나의 전자기장 파면이 광 공진기의 하나의 모드가 되면, 1회 왕복운동을 시작할 때와 똑같은 공간적 형태를 1회 왕복운동을 마친 후에도 그대로 유지하여야 한다. 이러한 이유로, 공진기 내에서 생성된 전기장은 공진기를 통하여 순환하는 전기장에 단계적으로 더해진다. 가우스 빔은 횡 방향으로 구속되어 있고 거의 구면파에 가까운 동일위상 파면을 가지므로 **그림 27-6**에 도시된 바와 같이 구면거울 공진기(spherical mirror cavity)와 잘 맞는다. 따라서 가우스 빔은 구면거울 공진기의 모드이다. **그림 27-6**에 나타난 바와 같이, 거울의 곡률반지름 R_{M1}과 R_{M2} 그리고 공진기의 길이 d가 구면거울 공진기의 가우스 빔 모드의 형태에 영향을 준다.

그림 27-6에서 거울 2를 향하여 움직이는 파면을 고려해 보자. 파면이 거울 2에 도달하면 파면의 곡률반지름 $R(z_2)$가 거울 2의 곡률반지름 R_{M2}와 정합하므로 그 모양 그대로 반사되어 되돌아간다. 같은 식으로, 거울 1의 파면의 곡률반지름 $R(z_1)$이 R_{M1}과 같으면 왼쪽으로 진행하는 빔은 거울 1에서 아무런 변형이 없이 반사되어 거울 2로의 경로로 되돌아간다. 따라서 이러한 빔이 공진기의 모드가 된다. 따라서 공진기에 의한 가우스 빔의 제약조건(constraint)은 다음과 같다.

$$R(z_1) = z_1(1 + z_0^2/z_1^2) = R_{M1} \tag{27-32}$$

$$R(z_2) = z_2(1 + z_0^2/z_2^2) = R_{M2} \tag{27-33}$$

그리고

$$z_2 - z_1 = d \tag{27-34}$$

여기서 z_1과 z_2는 두 공진기 거울의 축 상의 위치이다(빔허리는 $z = 0$에 있음을 상기하시오). 공진기 내를 빔이 앞뒤로 왕복하는 성질 때문에 식(27-32)에서 (27-34)를 사용할 때 약간의 주의가 필요하다. 식(27-24)는 $+z$-방향으로 진행하는 빔을 나타낸다. 여기서 지면상에서 오른쪽으로 움직이는 방향을 양의 z-방향으로 가정하자. 그러면 **그림 27-6**의 거울 1과 같이 빔허리의 왼쪽에 있는 위치들은 z-축 상의 음의 값을 가지며 **그림 27-6**의 거울 2와 같이 빔허리의 오른쪽에 있는 위치들은 z-축 상의 양의 값을 갖는다. 추가적으로 식(27-32)와 (27-33)이 의미를 가지기 위해서는, 반사면이 빔허리를 마주보고 있다면 빔허리의 왼쪽에 있는 거울의 곡률반지름은 **음**의 값을 가져야 하고, 반사면이 빔허리를 마주보고 있다면 빔허리의 **오른쪽**에 있는 거울의 곡률반지름은 **양**의 값을 가져야 한다. 예제 27-1은 공진기의 구조가 공진기 내에서 생성된 가우스 빔의 매개변수들과 거동들을

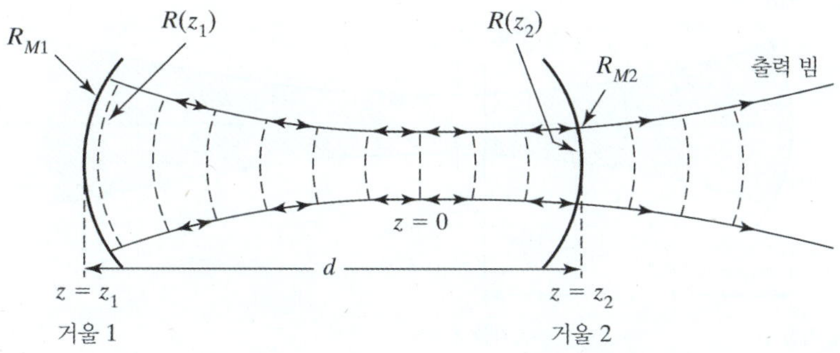

그림 27-6 면거울 공진기의 가우스 빔 모드는 공진기 거울의 곡률반지름과 일치하는 파면 곡률반지름을 갖는다.

결정하는 방식을 도시하고 있다.

예제 27-1

그림 27-7에 공진기 길이가 $d = 1\,\text{m}$ 인 4 mW 출력의 TEM_{00} 헬륨-네온(He-Ne) 레이저($\lambda = 632.8$ nm)가 도시되어 있다. 좌측 거울($|R_{M1}| = 2$ m)은 100% 반사된다. 우측 거울($R_{M2} \rightarrow \infty$)은 부분 반사(partially reflecting)되는 평면 출력 거울(output mirror)이다. 점선으로 표시된 분포들은 공진기 내의 파면들을 나타낸다.

a. 빔허리의 위치를 결정하시오.
b. 이 공진기에 의해 생성된 가우스 빔의 레일리 범위 z_0를 결정하시오.
c. 빔허리에서의 스폿 크기 w_0을 결정하시오.
d. 거울 1에서의 레이저 빔의 스폿 크기 w를 결정하시오.
e. 이 레이저의 원거리장 빔 발산 각도 θ_{FF}는 얼마인가?

풀이

a. 빔 파면의 곡률반지름은 거울의 곡률반지름과 같아야 한다. 따라서 $R(z_2) = \infty$ 이다. 이를 만족하기 위해서는 식(27-33)에 의해 $z_2 = 0$이 된다. 따라서 빔허리는 거울 2에 있다.

b. 식(27-34)에 의해, $z_1 = z_2 - d = -d$이다. 이 결과를 식(27-32)에 대입하면, $z_1 = z_2 - d = -d$가 된다. 이 식을 z_0에 관하여 풀면 다음의 결과를 얻는다.

$$z_0 = d\sqrt{-1 - R_{M1}/d} = (1\,\text{m})\sqrt{-1-(-2/1)} = 1\,\text{m}$$

c. 식(27-21)을 이용하면 다음의 결과를 얻는다.

$$w_0 = \sqrt{\lambda z_0/\pi} = \sqrt{(632.8 \times 10^{-9})(1)/\pi}\ \text{m} = 4.49 \times 10^{-4}\,\text{m} = 0.449\,\text{mm}$$

d. 식(27-22)에 $w_0 = 4.49 \times 10^{-4}\,\text{m}$, $z = -1\,\text{m}$ 그리고 $z_0 = 1\,\text{m}$를 대입하면 다음과 같다.

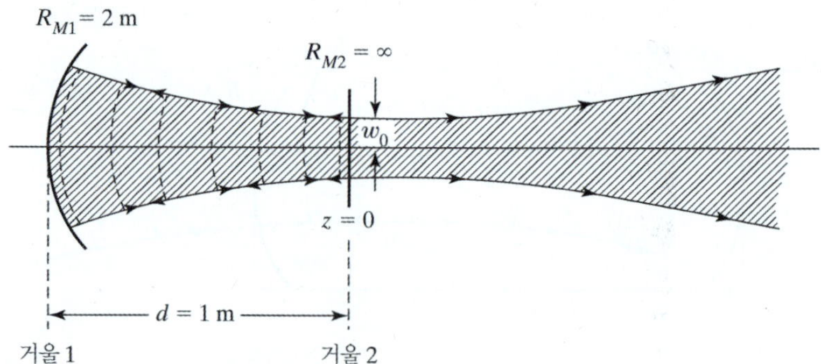

그림 27-7 예제 27-1의 그림

$$w^2(z) = (4.49 \times 10^{-4})^2 [1 + (-1/1)^2]\,\text{m}$$

따라서 $w(z) = 6.35 \times 10^{-4}\,\text{m} \cong 0.64\,\text{mm}$ 이다. 그러므로 스폿 크기 반지름은 빔허리에서 $w = 0.45\,\text{mm}$ 이고, 거울 1에서 $w = 0.64\,\text{mm}$ 로 증가한다.

e. 식(27-28)을 이용하면 다음의 결과를 얻는다.

$$\theta_{FF} = \frac{\lambda}{\pi w_0} = \frac{632.8 \times 10^{-9}}{(3.14)(4.49 \times 10^{-4})} = 4.49 \times 10^{-4}\,\text{rad} \cong 0.45\,\text{mrad}$$

27-6 임의의 광학시스템을 통한 레이저의 전파

식(27-14)의 복소 곡률반지름 $q(z)$에 대한 기본적인 전파의 법칙과 식(27-19)와 식(27-22)에서의 실수 곡률반지름 $R(z)$와 빔 폭 $w(z)$에 대한 규정 방정식을 통하여, 굴절률이 n인 임의의 균질 매질에서의 레이저의 전파에 대한 빔의 매개변수들을 특성화할 수 있다. 렌즈, 거울, 프리즘 등을 포함하는 임의의 광학 시스템에 의해 변형될 때, 빔이 어떻게 변화하는가 하는 질문을 제기하고자 한다.

기하광학(geometrical optics)에서 만나는 일반적인 구면파의 거동과 여기에서 만나는 가우스 구면파 사이의 유사성에 주목해야 한다. 그림 27-8에서는 각 파동의 기본적인 전파의 법칙과 렌즈에 의해 진행하는 파면의 형태가 바뀌는 효과가 도시되어 있다. 규정 방정식(defining equations)으로부터 일반적인 구면파의 $R(z)$와 가우스 구면파의 $q(z)$와의 상관관계를 안다. 예를 들어 z-축을 따라 진행하는 일반적인 구면파의 진행 법칙은 다음과 같이 주어진다.

$$R_2 = R_1 + (z_2 - z_1) \tag{27-35}$$

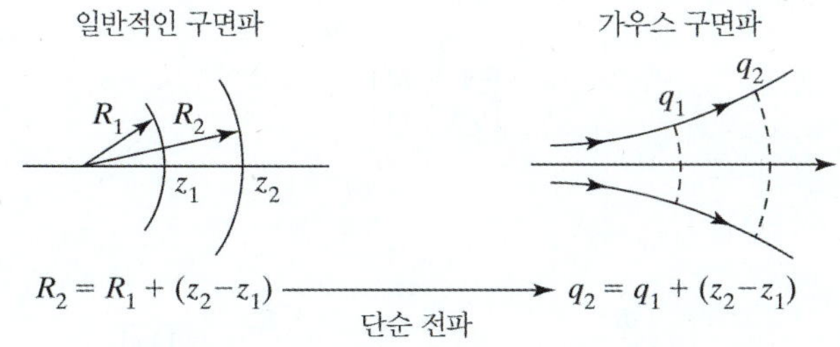

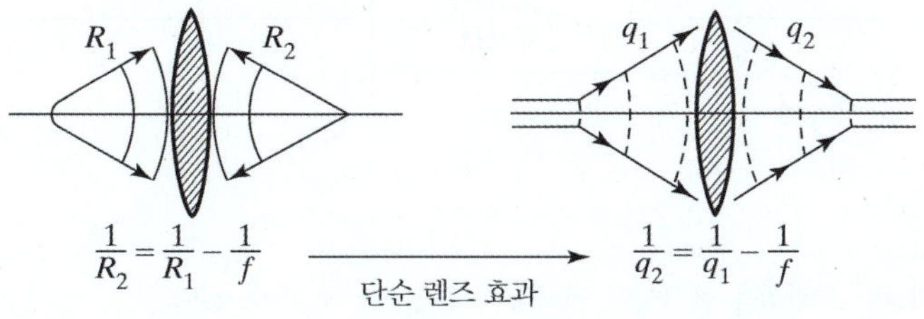

그림 27-8 일반적인 구면파와 가우스 구면파와의 유사성. 일반적인 구면파의 법칙을 알고 있으면 단순히 $R(z)$를 $q(z)$로 대체하는 것만으로 가우스 구면파에 관한 비슷한 법칙을 추론할 수 있다.

이와 유사하게, 식(27-14)를 따르는 레이저 빔의 전파의 법칙은 다음과 같이 주어진다.

$$q_2 = q_1 + (z_2 - z_1) \tag{27-36}$$

이는 R이 q로 바뀐 것을 제외하고는 식(27-35)와 동일한 식이다.

예를 들어 이러한 상관관계[4]는 간단한 렌즈의 법칙과 같은 다른 기본적인 법칙들로 확장할 수 있다. 일반적인 구면파에서, 렌즈의 결상 법칙에 대한 일반적인 형태는 다음과 같다.

$$\frac{1}{R_2} = \frac{1}{R_1} - \frac{1}{f} \tag{27-37}$$

여기서 R_1과 R_2는 각각 입사면과 굴절면의 곡률반지름이고 f는 초점거리이다(그림 27-8 참조). 레이저 빔의 경우에, R을 q로 바꾸면 다음의 결과를 얻는다.

$$\frac{1}{q_2} = \frac{1}{q_1} - \frac{1}{f} \tag{27-38}$$

이 관계식은 간단한 얇은 렌즈에서의 굴절에 의해 입사 레이저 빔의 형태가 바뀌는 것을 정확하게 예측한다.

ABCD 법칙

정해진 $R(z)$와 $q(z)$의 상관관계와 18장에서 배운 행렬 방법의 도움을 받아 임의의 광학 시스템을 지나는 레이저 빔을 위한 간단하지만 강력한 해법을 얻을 수 있다(그림 27-9 참조). 18장의 내용으로부터 주어진 평면에서의 광선은 높이 y와 광축에 대한 경사각도 α에 의해 기술될 수 있다.

임의의 광학시스템의 입사면으로 입사하는 $(y_1,\ \alpha_1)$의 매개변수를 갖는 광선은 다음의 총 시스템 행렬에 의해 기술된다.

$$\begin{bmatrix} A & B \\ C & D \end{bmatrix}$$

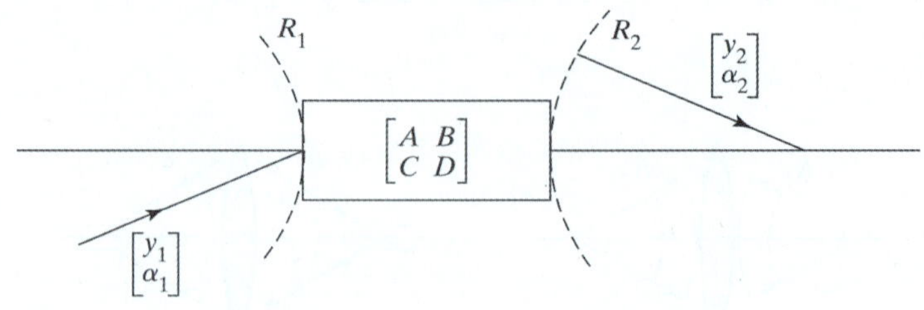

그림 27-9 임의의 광학 시스템을 통한 일반적인 구면파의 전파를 행렬식을 이용한 표현.

4 여기서 언급한 상관성은 유사성이 아니라 엄밀성임을 보일 수 있다.

시스템으로부터 광선이 밖으로 나올 때, 같은 광선은 (y_2, α_2)의 매개변수를 갖는다. 임의의 구면파의 곡률반지름 R은 적당한 근축광선(paraxial ray) 매개변수 y 및 α와 다음의 식에 의해 연관된다.

$$R = \frac{y}{\alpha} \tag{27-39}$$

행렬광학(matrix optics)으로부터 광학시스템에 의해 광선 1이 광선 2로 변화할 때, 이 변화는 다음의 $ABCD$ 시스템 행렬에 의해 표현될 수 있다.

$$\begin{bmatrix} y_2 \\ \alpha_2 \end{bmatrix} = \begin{bmatrix} A & B \\ C & D \end{bmatrix} \begin{bmatrix} y_1 \\ \alpha_1 \end{bmatrix} \tag{27-40}$$

이것으로부터 다음의 결과를 얻는다.

$$y_2 = Ay_1 + B\alpha_1 \text{와 } \alpha_2 = Cy_1 + D\alpha_1 \tag{27-41}$$

첫 번째 방정식을 두 번째 방정식으로 나누고, 식(27-39)를 이용하여 정리하면, 다음의 결과를 얻는다.

$$R_2 = \frac{AR_1 + B}{CR_1 + D} \tag{27-42}$$

식(27-42)의 기본적인 결과를 $R(z)$를 $q(z)$로 바꾸는 방식으로 가우스 구면파에 대해 일반화하면 다음의 결과를 얻는다.

$$q_2 = \frac{Aq_1 + B}{Cq_1 + D} \qquad ABCD \text{ 전파법칙} \tag{27-43}$$

이 관계식을 구하기 위해 여기서 사용한 접근 방식은 $ABCD$ 행렬[5]에 의해 표현 가능한 매질을 통해 진행하는 파동의 파동방정식(wave equation)의 일반해(general solution)로부터 주어진다. 식(27-43)에 주어진 q_2와 q_1의 관계식은 레이저 빔이 임의의 광학시스템을 지난 후의 새로운 모양을 기술할 수 있게 해준다. 여기서는 입사 빔의 매개변수 q_1과 광학시스템을 규정하는 2×2행렬만 알면 된다. 식(27-43)의 결과는 강력한 결과이다. 이 식은 종종 가우스 레이저 빔의 $ABCD$ **전파법칙**($ABCD$ propagation law)이라고 한다. 예를 들어 그림 27-10은 $ABCD$ 전파법칙이 적용될 수 있는 전형적인 레이저 시스템을 보여준다.

그림 27-10에 묘사된 문제는 외부의 빔 최소지름이 놓이는 위치 ℓ과 스폿 크기 w_0를 결정하는 것이다. 공진기 내의 특정 위치에서의 q_1 값(예를 들어 왼쪽 거울)과, 왼쪽 거울에서부터 오른쪽 거울-렌즈 조합을 통하여 외부의 빔허리를 포함하는 횡방향의 평면까지 확장되는 광학시스템의 $ABCD$ 행렬을 알면 식(27-43)을 사용할 수 있다. 그러면 식(27-43)의 도움을 받아 유도된 q_2 값은 외부의 집속된 빔허리의 ℓ과 w_0를 예측

5 Amnon Yariv, *Quantum Electronics* 3d ed. (New York: John Wiley & Sons, 1989), Ch. 6.

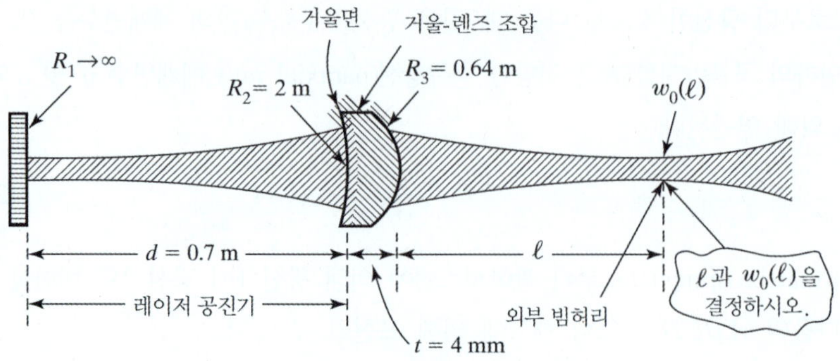

그림 27-10 He-Ne 레이저 시스템의 구조. 규정된 레이저 시스템의 매개변수들을 사용하여 레이저 외부에서의 위치 ℓ과 빔허리의 크기 $w_0(\ell)$을 정하기 위해 $ABCD$ 전파규칙을 사용할 수 있다.

할 수 있다. 이 문제 풀이의 개요는 다음의 예제에 주어진다.

예제 27-2

그림 27-10에 주어진 He-Ne 레이저의 구조에서 $ABCD$ 전파법칙을 사용하여 외부 빔허리의 스폿 크기 w_0와 거울-렌즈 조합의 바깥쪽 표면 R_3로부터의 거리를 구하시오.

a. 공진기 내의 평면거울에서의 복소 곡률반지름 q_1을 결정하시오.

b. 외부의 빔허리로의 전파에 대한 $ABCD$ 행렬을 결정하시오.

c. $ABCD$ 전파법칙을 이용하여 외부의 빔허리에서의 복소 곡률반지름 q_2를 결정하시오.

d. q_2로부터, 스폿 크기 w_0와 빔허리의 위치를 결정하시오.

풀이

해를 개략적으로만 구해보자. 상세한 풀이는 본 장의 끝에 있는 일련의 문제들에서 다루기로 한다.

a. 평면거울에서 $R_1 \to \infty$ 이므로 다음의 결과를 얻는다.

$$\frac{1}{q_1} = \frac{1}{R_1} + \frac{i\lambda}{\pi w_1^2} = \frac{i\lambda}{\pi w_1^2} \quad \text{또는} \quad q_1 = -\frac{i\pi w_1^2}{\lambda}$$

q_1은 다음과 같이 구할 수 있다. R_2에서의 파면의 곡률(파면의 곡률과 거울의 곡률이 일치)과 평면거울에서의 스폿 크기 w_1 그리고 평면에서 곡면거울 R_2까지의 거리 $z_2 = d$를 연관시키시오. 식(27-19)와 식(27-21)을 사용하면 다음과 같이 쓸 수 있다.

$$R_2 = z_2\left[1 + \left(\frac{\pi w_1^2}{\lambda z_2}\right)^2\right]$$

여기서 $\lambda = 0.633 \times 10^{-6}\,\text{m}$, $z_2 = 0.7\,\text{m}$ 그리고 $R_2 = 2.0\,\text{m}$이다. w_1에 대하

여 풀면 다음과 같이 $w_1 = 4.38 \times 10^{-4}\,\mathrm{m}$를 얻는다. 따라서 $q_1 = -i\pi w_1^2/\lambda = -i0.952\,\mathrm{m}$이다.

b. 평면거울에서 외부의 빔허리까지의 시스템 행렬을 만들면 다음과 같다.

$$\begin{bmatrix} A & B \\ C & D \end{bmatrix} = \underbrace{\begin{bmatrix} 1 & \ell \\ 0 & 1 \end{bmatrix}}_{\text{전파}} \underbrace{\begin{bmatrix} 1 & 0 \\ \dfrac{-0.5}{0.64} & 1.5 \end{bmatrix}}_{\text{굴절}} \underbrace{\begin{bmatrix} 1 & 0 \\ \dfrac{0.5}{3} & \dfrac{1}{1.5} \end{bmatrix}}_{\text{굴절}} \underbrace{\begin{bmatrix} 1 & 0.7 \\ 0 & 1 \end{bmatrix}}_{\text{전파}}$$

행렬의 곱을 수행하면 다음의 결과를 얻는다.

$$\begin{bmatrix} A & B \\ C & D \end{bmatrix} = \begin{bmatrix} 1-0.53\ell & 0.7+0.63\ell \\ -0.53 & 0.63 \end{bmatrix}$$

여기서 거울-렌즈 조합을 통한 전파의 전파행렬을 무시하였다. 이 과정은 문제 27-7에 의해 확인할 수 있다.

c. (a)와 (b)의 결과와 식(27-43)을 사용하면 $q_2(\ell)$의 표현을 구할 수 있다.

d. 식(27-17)을 이용하면 $q_2(\ell)$에 관한 다음의 두 번째 표현을 구할 수 있다.

$$\frac{1}{q_2(\ell)} = \frac{1}{R_2(\ell)} + \frac{i\lambda}{\pi w_2(\ell)^2}, \quad R_2(\ell) \to \infty \text{의 경우}$$

e. $q_2(\ell)$에 관한 두 가지 표현의 실수부들과 허수부들을 같다고 놓으면, $\ell = 0.06\,\mathrm{m}$와 $w_2(\ell) = 5.4 \times 10^{-4}\,\mathrm{m}$를 얻는다. 따라서 외부 빔허리는 스폿 크기 $w_2(\ell)$을 가지며, 거울-렌즈 조합의 R_3 표면으로부터 6 cm 떨어진 지점에 위치한다.

가우스 빔의 시준

시준된(collimated) 레이저 빔은 그림 27-11에서와 같이 긴 빔허리를 갖는 가우스 빔이다. **시준빔 길이**(collimated beam length)는 임의의 빔허리의 양쪽에 있는 대칭적인 횡방향의 평면 사이의 거리로 정의되며, 이러한 평면들은 빔허리에서의 스폿 크기 w_0의 $\sqrt{2}$ 배로 증가한 스폿 크기 $w(z)$를 갖는 평면들이다. 앞에서 보인 바와 같이 이 거리가 레일

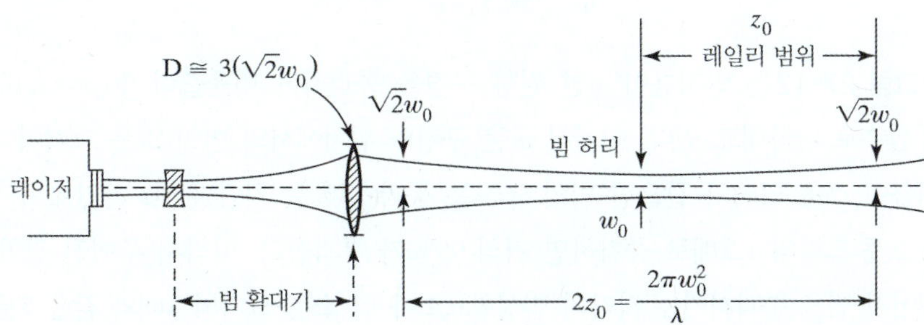

그림 27-11 레일리 범위 z_0를 갖는 시준된 레이저 빔.

리 범위 z_0이다. 시준 영역은 빔허리의 양쪽으로 레일리 범위의 2배 이상으로 확장된다. 그림 27-3에서 보인 바와 같이 빔허리에서의 스폿 크기 w_0를 줄이면 빔허리를 벗어남에 따라 더 급격히 발산하며, 결과적으로 레일리 범위를 더 짧게 만든다. 예제 27-2에서 규명한 바와 같이, 빔성형광학(beam-shaping optics)을 통해 빔허리의 크기를 조절할 수 있으며, 따라서 시준 영역의 길이를 조절할 수 있다.

최적의 빔 전파를 위한 빔 성형 광학

가우스 빔은 종종 거울, 렌즈, 빔 확대기(beam expanders) 그리고 망원경과 같은 구경(aperture)을 통과한다. 반지름이 a인 원형 구경(렌즈, 조리개 등)을 통과하는 입사광의 비율을 구하기 위하여, 식(27-25)에 주어진 가우스 빔 복사조도 I의 표현을 다시 사용하자. 그러면 적분의 계산을 통하여 다음과 같이 빔의 전체 출력 Φ_{tot}을 구할 수 있다.

$$\Phi_{\text{tot}} = \iint_A I\,dA = \frac{w_0^2}{w^2(z)} \iint_A I_0 e^{-2\rho^2/w^2(z)}\,dA$$

여기서 적분은 무한히 확장되는 빔의 횡 방향 단면적에 대한 면적분이다. 이 적분이 행해지면(문제 27-13 참조) 다음의 총 빔 출력(total beam power)을 얻는다.

$$\Phi_{\text{tot}} = I_0\left(\frac{\pi w_0^2}{2}\right)$$

따라서 빔이 가지는 총 출력은 당연히 z와는 무관하고 빔의 중앙($\rho = 0,\ z = 0$)에서의 복사조도 I_0에 빔의 유효면적 $\pi w_0^2/2$을 곱한 형태를 가진다. 반지름이 a인 원형 구경을 통과하는 비율출력(fractional power)인 $\Phi_{\text{frac}} = \Phi(\rho = a)/\Phi_{\text{tot}}$는 다음의 형태를 갖는다.

$$\Phi_{\text{frac}} = \frac{\Phi(\rho = a)}{\Phi_{\text{tot}}} = \frac{1}{\Phi_{\text{tot}}} \iint_{\text{Aperture}} I\,dA$$

$$\Phi_{\text{frac}} = \frac{(w_0^2/w^2(z))I_0}{\Phi_{\text{tot}}} \int_0^a e^{-2\rho^2/w^2}(2\pi\rho\,d\rho)$$

적분을 수행하고 위에서 구한 Φ_{tot}의 결과를 대입하면 다음의 결과를 얻는다.

$$\Phi_{\text{frac}} = 1 - e^{-2a^2/w^2}$$

그림 27-12는 반지름이 a인 원형 구경을 통과하는 비율출력 $\Phi(\rho = a)/\Phi_{\text{tot}}$를 a/w의 함수로 나타내고 있다. 여기서 w는 구경의 위치에서의 빔의 스폿 크기이다. 구경의 반지름이 스폿 크기와 같으면 빔의 86%는 통과(14%는 차단)한다. 반면에 구경의 반지름이 스폿 크기의 1.5배로 증가하면 거의 99%가 통과한다. 따라서 주어진 광학시스템에서 레이저 빔을 통과시키는 각각의 빔성형요소가 빔 스폿 크기의 3배와 같은 **지름** D를

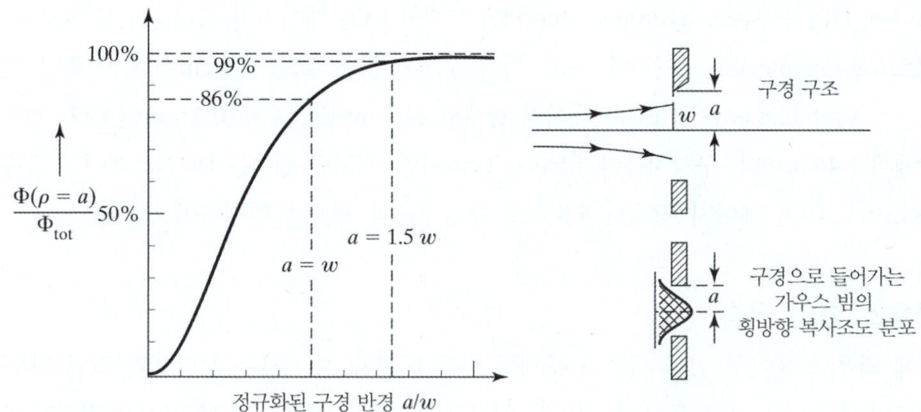

그림 27-12 반지름이 a인 원형 구경을 통과하는 스폿 크기 w인 가우스 빔의 비율출력 투과.

갖는다면($D = 3w$), **거의** 99%의 빛이 통과한다. 이 경우에도, 원형 구경의 날카로운 가장자리에 의한 회절 효과[6]에 의해 근접장의 복사조도 분포에 리플(ripple) 효과가 발생하며, 원거리장에서의 축상 복사조도가 17%가량 감소한다. 회절효과를 보상하려면 구경을 $D \cong 4.5w$ 정도로 키워야 한다. $D \geq 4.5w$인 빔성형광학에서는 빔의 **추가적인** 회절효과가 일어나지 않고, 빔 출력의 100%를 투과시킨다.

레일리 범위에 관한 식(27-21)과 구경지름 범위 $D = 4.5w$를 이용하면, 일반적인 레이저들의 레일리 범위 z_0를 구경지름의 함수로 구할 수 있다. 그림 27-13에서는

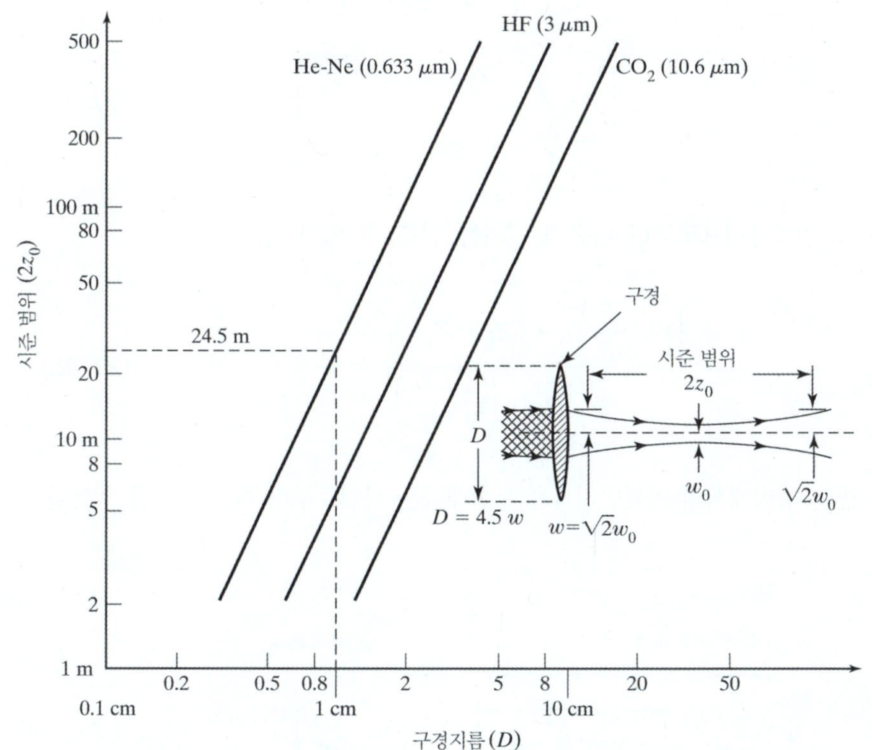

그림 27-13 레이저 빔이 빔허리 w_0에 초점을 맞춘 경우에, 구경지름 D의 함수로서의 시준 범위 $2z_0$. 여기서 구경지름 $D = 4.5w$이고 $w = \sqrt{2}\,w_0$를 가정하자.

6 Anthony E. Siegman, *Lasers* (Mill Valley, Calif.: University Science Books, 1986), Ch. 17.

He-Ne, HF(불화수소, hydrogen fluoride) 그리고 CO_2 레이저의 결과들이 로그-로그 그래프(log-log plot)로 보여진다. 예를 들어 구경 지름이 $4.5w = 1$ cm이면, 시준빔 길이 $2z_0$는 $\lambda = 632.8$ nm인 He-Ne 레이저 광에서 24.5 m이고, $\lambda = 10.6$ μm인 CO_2 레이저 광에서 1.46 m이다. 구경지름이 $4.5w = 2$ cm이면, 시준빔 길이는 He-Ne 레이저 광에서 98 m이고 CO_2 레이저 광에서 5.8 m로 구경지름의 제곱에 비례하여 증가한다.

가우스 빔의 집속

이제 가우스 레이저 빔의 집속의 문제를 논의해 보자. 여기서는 보다 일반적인 경우로, 렌즈의 좌측으로 거리 Z_1만큼 떨어진 위치의 빔 최소지름이 w_{01}인 빔이 초점거리 f인 양의 얇은 렌즈로 입사하고, 렌즈의 오른 쪽으로 거리 Z_2만큼 떨어진 위치에 빔 최소지름이 w_{02}인 빔이 집속되는 상황을 가정한다. 관련된 배치가 그림 27-14에 도시되어 있다.

주어진 문제는 다음과 같다. 주어진 빔허리 w_{01}과 렌즈의 입사면 쪽에서의 거리 Z_1이 주어진 경우에, 빔허리 w_{02}와 렌즈의 출사면 쪽에서의 거리 Z_2를 구하는 것이다. 식(27-43)의 $ABCD$ 전파법칙을 사용하자. 여기서는 다음과 같이 횡 방향 평면 Z_1에서 횡 방향 평면 Z_2까지의 $ABCD$ 행렬을 고려해야 한다.

$$\begin{bmatrix} A & B \\ C & D \end{bmatrix} = \begin{bmatrix} 1 & Z_2 \\ 0 & 1 \end{bmatrix} \begin{bmatrix} 1 & 0 \\ -\dfrac{1}{f} & 1 \end{bmatrix} \begin{bmatrix} 1 & Z_1 \\ 0 & 1 \end{bmatrix}$$

$$= \begin{bmatrix} 1 - \dfrac{Z_2}{f} & Z_1 + Z_2 - \dfrac{Z_1 Z_2}{f} \\ -\dfrac{1}{f} & 1 - \dfrac{Z_1}{f} \end{bmatrix} \tag{27-44}$$

그러면 $ABCD$ 전파규칙으로부터 다음의 결과를 얻을 수 있다.

$$q_2 = \frac{\left(1 - \dfrac{Z_2}{f}\right) q_1 + \left(Z_1 + Z_2 - \dfrac{Z_1 Z_2}{f}\right)}{-\dfrac{1}{f} q_1 + \left(1 - \dfrac{Z_1}{f}\right)} \tag{27-45}$$

식(27-17)과 빔의 허리에서의 곡률반지름은 무한대라는 사실로부터 다음의 식을 얻는다.

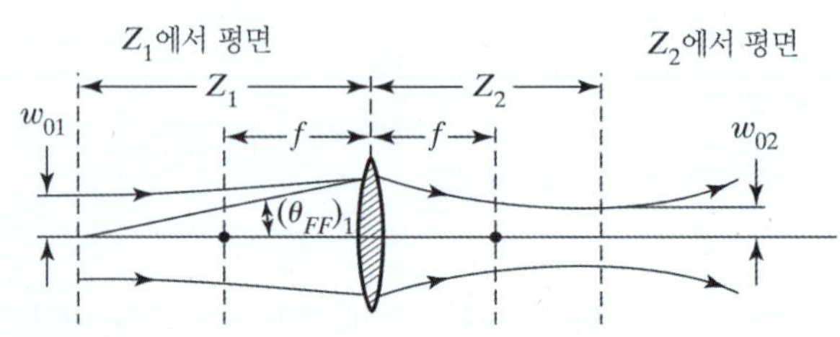

그림 27-14 빔허리가 w_{01}이고 빔의 발산반각이 $(\theta_{FF})_1$인 가우스 빔이 초점거리가 f인 양의 얇은 렌즈에 의해 집속된다. 빔은 거리 Z_2만큼 떨어진 빔허리 w_{02}에 집속된다.

$$Z_1 \text{에서 } q_1 = -i\frac{\pi w_{01}^2}{\lambda} \text{와 } Z_2 \text{에서 } q_2 = -i\frac{\pi w_{02}^2}{\lambda}$$

식(27-45)의 관계식을 사용하면, 구하고자 하는 미지의 값 Z_2와 w_{02}를 포함하는 다소 복잡한 방정식이 얻어진다. 실수부와 허수부끼리 같다고 놓으면 다음과 같이 미지의 값 Z_2와 w_{02}를 분류할 수 있다.

$$\frac{1}{w_{02}^2} = \frac{1}{w_{01}^2}\left(1-\frac{Z_1}{f}\right)^2 + \frac{1}{f^2}\left(\frac{\pi w_{01}}{\lambda}\right)^2 \tag{27-46}$$

$$Z_2 = f + \frac{f^2(Z_1 - f)}{(Z_1 - f)^2 + (\pi w_{01}^2/\lambda)^2} \tag{27-47}$$

식(27-47)의 결과로부터 일반적인 경우에 $Z_2 \neq f$임을 알 수 있다. 따라서 겉보기에는 가우스 빔은 렌즈의 우측으로 f만큼 떨어진 렌즈의 초점 평면(focal plane)에 집속될 필요가 없어 보인다.

식(27-46)과 (27-47)을 상당히 단순화할 수 있는 실제적인 몇 가지 가정들을 추가할 수 있다. 첫째로, 식(27-46)을 고려하자. 강한 양의 렌즈가 집속 과정에 사용되어 $w_{01} \gg w_{02}$이면, 식(27-46)의 우변의 첫 번째 항을 무시할 수 있으므로 집속된 빔의 허리 w_{02}는 다음과 같이 근사적으로 쓸 수 있다.

$$w_{02} \cong \frac{f\lambda}{\pi w_{01}} = f(\theta_{FF})_1 \tag{27-48}$$

다음으로 식(27-47)에서, $\pi w_{01}^2/\lambda \gg (Z_1 - f)^2$인 물리적 시스템(흔히 가질 수 있는 상황[7])을 가지고 있다면, 식(27-47)은 다음과 같이 간단해진다.

$$Z_2 \cong f \tag{27-49}$$

렌즈가 입사빔의 빔허리의 위치($Z_1 = 0$)에 놓이는 중요한 특별한 경우는 문제 27-12를 통해 풀 수 있다.

w_{01}이 근사적으로 렌즈의 반지름과 같은 빔의 경우에, 식(27-48)의 분자와 분모에 2를 곱하고, 렌즈의 f-값(f-number)에 대한 정의 f수 $\equiv f/D$(여기서 D는 렌즈의 지름)를 이용하면 다음의 결과를 얻는다.

$$w_{02} = \frac{2f\lambda}{\pi(2w_{01})} = \frac{2\lambda f\#}{\pi} \tag{27-50}$$

---

7 많은 경우에 레이저 빔은 레이저 용접의 경우와 마찬가지로 작은 점에 집속되기 전에 일정한 단면적으로 확대된다. 이 경우에 빔허리 w_{01}은 수 cm나 그 이상일 수도 있으므로, 부등식 $\pi w_{01}^2/\lambda \gg (z_1 - f)^2$을 만족한다.

일반적으로 집속렌즈가 더 작은 f수를 가질수록 집속 스폿(focused spot)의 빔의 허리가 더 작아진다.

27-7 고차 가우스 빔

앞에서 유도하였고 식(27-24)에서 보여준 원통형 대칭 가우스 빔의 해는 열린 측벽구조(open-side-wall)의 레이저 공진기에서 존재하는 가장 낮은 차수(기본)의 횡 방향 전자기 모드를 나타낸다. 존재하는 다른 고차 모드들은 횡 방향 평면에서의 복사조도의 분포가 순수한 가우스 분포를 나타내지 않는다. 본 장의 앞부분으로 돌아가서 다음의 형태를 갖는 것으로 가정했던 식(27-10)을 일반화해 보자.

$$U(x,\ y,\ z) = E_0 e^{i[p(z) + k(x^2+y^2)/2q(z)]}$$

일반화에 의해 다음과 같은 결과를 얻는다.

$$U(x,\ y,\ z) = E_0 g\left(\frac{x}{w}\right) h\left(\frac{y}{w}\right) e^{i[p(z) + k(x^2+y^2)/2q(z)]} \tag{27-51}$$

함수 $g(x/w(z))$와 $h(y/w(z))$의 존재로 인하여 이 빔은 원통형 대칭이 아닌 파형들이 된다. 식(27-51)을 식(27-9)에 대입하면 U에 대한 규정 방정식은 다음과 같아진다.

$$\underbrace{\frac{1}{w^2}\frac{g''}{g} + \frac{2ikx}{x}\left(\frac{1}{q} - \frac{1}{w}\frac{\partial w}{\partial z}\right)\frac{g'}{g}}_{1} + \underbrace{\frac{1}{w^2}\frac{h''}{h} + \frac{2iky}{w}\left(\frac{1}{q} - \frac{1}{w}\frac{\partial w}{\partial z}\right)\frac{h'}{h}}_{2}$$

$$+ \underbrace{\frac{2ik}{q} - 2k\frac{\partial p}{\partial z}}_{3} - \underbrace{\frac{k^2}{q^2}(x^2+y^2)\left(1 - \frac{\partial q}{\partial z}\right)}_{4} = 0 \tag{27-52}$$

여기서 프라임(prime) 기호는 g와 h를 독립변수로 미분하는 것을 나타낸다.

식(27-52)를 관찰해보면, 주어진 z에서(다시 말해서, 주어진 횡방향의 평면에서) g의 함수들로 표현되는 1의 항들은 x에만 의존하는 함수이고, h의 함수들로 표현되는 2의 항들은 y에만 의존하는 함수이고, 3의 항들은 x와 y에 무관하며, $q = q_0 + z$가 유효한 전파법칙이므로 4의 항은 0이 된다. 따라서 식(27-52)는 다음의 조건을 만족하는 경우에만 임의의 z를 기준으로 모든 x, y에 대해 만족할 수 있다. (1) g-표현은 상수와 같다(예를 들어 $-C_1$), (2) h-표현은 상수와 같다(예를 들어 $-C_2$). 따라서 (3) 세 번째 항은 $C_1 + C_2$와 같다. g-표현으로부터 다음의 결과를 얻는다.

$$\frac{1}{w^2}\frac{g''}{g} + \frac{2ikx}{w}\left(\frac{1}{q} - \frac{1}{w}\frac{\partial w}{\partial z}\right)\frac{g'}{g} = -C_1 \tag{27-53}$$

식(27-17), (27-21) 그리고 (27-22)의 결과로부터 괄호 안의 항은 다음과 같이 쓸 수 있다.

$$\frac{1}{q} - \frac{1}{w}\frac{\partial w}{\partial z} = \frac{i\lambda}{\pi w^2} \qquad (27\text{-}54)$$

식(27-54)를 이용하고, 식(27-53)에서 $\xi = \sqrt{2}\,x/w$로 변수를 변환하면 바로 다음과 같은 **에르미트 미분방정식**(Hermite differential equation)을 얻을 수 있다.

$$\frac{\partial^2 q}{\partial \xi^2} - 2\xi\frac{\partial q}{\partial \xi} + \frac{C_1 w^2}{2} q = 0 \qquad (27\text{-}55)$$

이 방정식은 다음의 조건 하에서 해를 갖는다고 알려져 있다.

$$\frac{C_1 w^2}{2} = 2m, \text{ 여기에서 } m = 0,\ 1,\ 2,\ \cdots \qquad (27\text{-}56)$$

식(27-55)의 해는 잘 알려진 다음의 **에르미트 다항식**(Hermite polynomial)이다.

$$g(\xi) = H_m(\xi) = H_m\left(\frac{\sqrt{2}\,x}{w}\right) \qquad (27\text{-}57)$$

여기서 생성함수(generating function)로부터 적당한 m을 대입하면 $H_m(\xi)$를 구할 수 있다.

$$H_m(\xi) = (-1)^m e^{\xi^2}\frac{d^m}{d\xi^m}(e^{-\xi^2}) \qquad (27\text{-}58)$$

$m = 0,\ 1,\ 2,\ \cdots$에 대하여 식(27-58)의 해는 다음과 같다.

$$\begin{aligned} m = 0&:\ H_0(\xi) = 1 \\ m = 1&:\ H_1(\xi) = 2\xi = \frac{2\sqrt{2}\,x}{w} \\ m = 2&:\ H_2(\xi) = 4\xi^2 - 2 = \frac{8x^2}{w^2} - 2 \end{aligned} \qquad (27\text{-}59)$$

두 번째 조건을 적용하여 g-표현에서와 동일한 방식으로, 변수 변환 $\eta = \sqrt{2}\,y/w$를 이용하여 식(27-52)의 h-표현에 대하여 풀면 다음의 식을 얻는다.

$$\frac{\partial^2 h}{\partial \eta^2} - 2\eta\frac{\partial h}{\partial \eta} + \frac{\lambda_2 w^2}{2} h = 0 \qquad (27\text{-}60)$$

이 방정식의 해도 역시 에르미트 다항식이 된다.

$$h(\eta) = H_n(\eta) = H_n\left(\frac{\sqrt{2}\,y}{w}\right), \text{ 여기서 } n = 0,\ 1,\ 2,\ \cdots \qquad (27\text{-}61)$$

여기서 식(27-58)의 생성함수로부터 모든 n에 대하여 구할 수 있다.

에르미트 함수 $g(\xi)$와 $h(\eta)$가 갖는 빔 복사조도의 횡 방향 특성에 대해 조사하기에 앞서, 식(27-52)의 세 번째 조건을 살펴보자.

$$\frac{2ik}{q} - 2k\frac{\partial p}{\partial z} = C_1 + C_2 \tag{27-62}$$

여기서 $C_1 = 4m/w^2$이고 $C_2 = 4n/w^2$이다. 만일 $C_1 = C_2 = 0$이면($m = n = 0$이면 당연히 성립한다. 식(27-56) 참조), $g(\xi) = h(\eta) = 1$이 되어 원통형 대칭 가우스 빔 해로 회귀한다. 이 경우에, 식(27-62)는 앞에서 구한 p의 규정 방정식 $\partial p/\partial z = i/q$로 간단해진다. 그러나 C_1과 C_2가 0이 **아닌** 일반적인 경우에, 식(27-62)는 함수 $p(z)$의 규정 방정식으로 남는다. 따라서 $p(z)$의 표현을 얻기 위해서는 다음의 식을 풀어야 한다.

$$\frac{\partial p}{\partial z} = \frac{i}{q(z)} - \frac{\lambda(m+n)}{\pi w^2(z)} \tag{27-63}$$

$1/q(z)$에 대하여 식(27-17)을 식(27-63)에 대입하고 $R(z)$와 $w(z)$에 대하여 식(27-19)와 식(27-22)를 식(27-63)에 대입하면 적분에 의해 다음과 같은 방정식을 얻는다.

$$p(z) = \frac{i}{2}\ln\left[\frac{\lambda^2 z^2 + (\pi w_0^2)^2}{(\pi w_0^2)^2}\right] - (m+n+1)\arctan\left[\frac{\lambda z}{\pi w_0^2}\right] \tag{27-64}$$

여기서 z_0를 소거하기 위하여 식(27-21)도 사용하였다. 식(27-64)를 이용하면 $e^{ip(z)}$는 다음과 같이 쓸 수 있다.

$$e^{ip(z)} = \frac{w_0}{w(z)}e^{-i(m+n+1)\arctan(\lambda z/\pi w_0^2)} = \frac{w_0}{w(z)}e^{-i(m+n+1)\arctan(z/z_0)} \tag{27-65}$$

여기서 간단한 표현을 위해 z_0에 대하여 식(27-21)을, $w(z)$에 대해 식(27-22)를 사용하였다.

에르미트-가우스 빔 해

이제 초기에 식(27-6)에 도입된 전기장 $\widetilde{E}(x, y, z, t)$의 일반적인 표현에, 지금까지 구한 p, q, $g(\xi)$ 그리고 $h(\eta)$의 결과들을 모두 대입하면 다음의 결과를 얻는다.

$$\widetilde{E}_{mn}(x, y, z, t) = \underbrace{\left[E_0\frac{w_0}{w(z)}H_m\left(\frac{\sqrt{2}\,x}{w(z)}\right)H_n\left(\frac{\sqrt{2}\,y}{w(z)}\right)e^{(-x^2+y^2)/w^2(z)}\right]}_{\text{진폭}} \times \tag{27-66}$$

$$\underbrace{\left[e^{ik(x^2+y^2)/2R(z)}e^{i[kz-(m+n+1)\arctan(z/z_0)]}e^{-i\omega t}e^{i\phi}\right]}_{\text{위상}}$$

서로 다른 m과 n값에 의해 구분되는 다양한 파형들을 일반적으로 TEM_{mn} 모드라 한다. 여기서 TEM은 '**t**ransverse **e**lectric and **m**agnetic'을 나타낸다. 이 모드들은 횡 축 x와 y에서 서로 다른 의존성을 가지므로 서로 다른 횡 모드들로 간주된다. 식(27-66)은 앞에서 유도한 TEM_{00} 모드뿐만 아니라 고차의 횡 모드들도 포함한다. 첫 번째 항들의 집합은 임의의 횡 방향 평면 z에서의 진폭의 변화를 기술한다. 횡 방향 **진폭**의 변화는 더 큰 정수 값 m과 n을 가질수록 순수한 가우스 형태로부터 더욱 더 멀어진다.

두 번째 항들의 집합은 복잡한 **위상**(phase) 요소로, m과 n의 함수로서의 파면의 특성을 기술한다. $m=n=0$인 경우에 위상 항은 앞에서 유도한 순수한 가우스 구면파의 특성으로 회귀한다. 길이가 d인 구면거울 공진기의 공진 모드인 TEM_{mn} 빔의 주파수는 다음의 관계식을 만족함을 보일 수 있다.[8]

$$\nu_{mnq} = \left[q + \frac{m+n+1}{\pi}\left(\arctan\frac{z_2}{z_0} - \arctan\frac{z_1}{z_0}\right)\right]\frac{c}{2d} \tag{27-67}$$

여기서 q는 **종모드 수**(axial mode number)이고(복소 곡률반지름이 아니다), m과 n은 에르미트 다항식 H_m과 H_n과 관련된 정수들이고, z_1과 z_2는 공진기 거울의 축 상의 위치이고($z=0$는 빔허리) z_0는 레일리 범위이다.

$\omega = 2\pi\nu_{mnq}$와 더불어 식(27-66)에 주어진 $\widetilde{E}_{mn}(x, y, z, t)$의 표현은 두 개의 구면거울을 가진 레이저 공진기의 **에르미트–가우스**(Hermite-Gaussian) 모드들을 기술한다. 어떤 임의의 빔이든지, 각각이 동일한 전파법칙 $q=q_0+z$를 만족하는 에르미트-가우스 빔들의 선형 결합(linear combination) 형태로 확장될 수 있다.

에르미트–가우스 빔의 전기장 및 복사조도 패턴

식(27-66)으로부터 횡 방향의 전기장과 작은 m과 n을 갖는 몇 개의 저차 모드들에 관하여 복사조도 분포를 그릴 수 있으며, 결과적으로 "연소(burn)" 패턴의 특성을 예측할 수 있다.

규격화된 축 $x_s = \sqrt{2}\,x/w(z)$와 $y_s = \sqrt{2}\,y/w(z)$를 사용하자. 이 식들과 더불어 복사조도가 진폭 $\widetilde{E}_{mn}$의 제곱에 비례한다는 사실로부터 다음의 결과를 얻는다.

$$I_{mn} = I_0\left(\frac{w_0^2}{w^2(z)}\right)H_m^2(x_s)H_n^2(y_s)e^{-(x_s^2+y_s^2)} \tag{27-68}$$

그림 27-15는 $z=z_0$의 횡 방향 평면에서 x_s-변화에 대한 복사조도 패턴 I_{mn}의 변화를 보여준다. 대칭성으로부터, y_s-변화에 대해서도 자명하게 동일한 결과를 얻는다. 따라서 $m=0$와 $m=1$의 두 가지 경우에, 그림 27-15는 $H_m(x_s)$, $H_m(x_s)\exp(-x_s^2/2)$ 그리고 마지막으로 $[H_m(x_s)\exp(-x_s^2/2)]^2$에 대한 각각의 그림들을 보여 주는데, 이는 기

8 Amnon Yariv, *Quantum Electronics* 3d ed. (New York: John Wiley & Sons, 1989), Ch. 7.

대했던 연소 패턴의 직접적인 증거를 제공한다.[9]

그림 27-15에 대한 검토를 통하여, 복사조도 분포는 가우스 분포의 멀리 떨어진 꼬리 부분의 0값들을 빼면, x-축 상에서 m개의 0값을 갖는다. 따라서 $m=1$인 경우에, $x_s=0$에서 한 개의 0값을 갖고 양 쪽으로 첨두(peak)가 존재한다. y 방향으로의 복사조도 분포도 동일한 형태의 분포가 일어난다. 식(27-68)과 그림 27-15로부터 예측할 수 있는 작은 에르미트 정수 값 m과 n에 대한 몇 개의 복사조도 패턴들을 그림 27-16에서 보여준다.

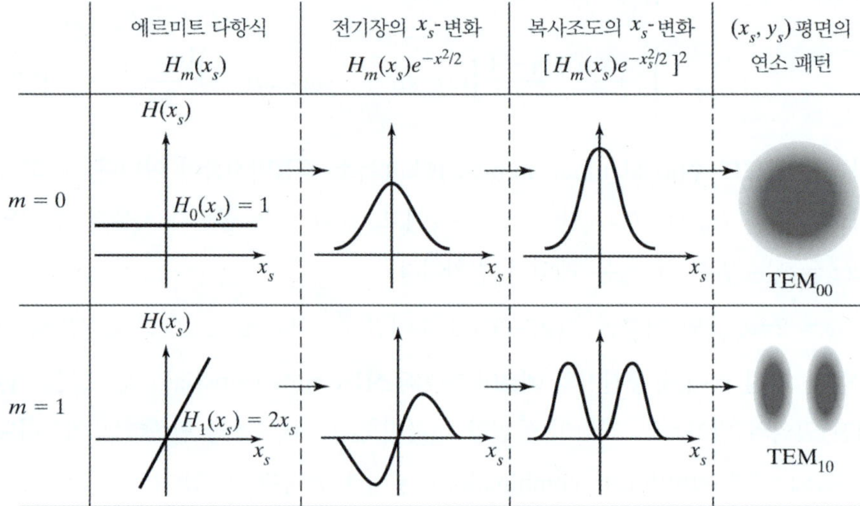

그림 27-15 두 개의 에르미트 정수값 m에 대한 x_s-방향으로의 레이저 빔의 전기장과 복사조도의 변화. $m=0$, $n=0$과 $m=1$, $n=0$에서의 연관된 연소 패턴들이 보여진다.

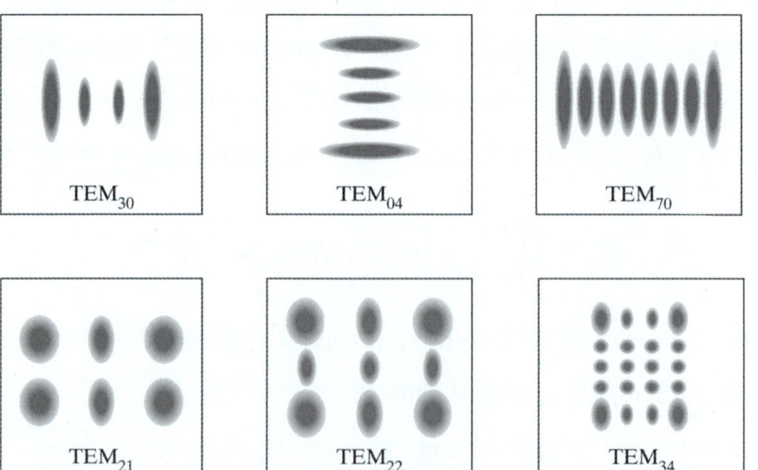

그림 27-16 레이저 공진기의 출력 빔에서 사진으로 찍은 서로 다른 몇 개의 차수들을 가진 에르미트-가우스 광 공진기 모드들의 대표적인 복사조도 또는 연소패턴들.

9 그림 27-15에서 보여지는 패턴의 이해를 돕기 위하여, $m=2$에 대한 다음 행을 계산하기 위하여 문제 27-19를 풀어보시오.

문제

27-1 TEM_{00}가우스 빔이 (a) 평면파 그리고 (b) 구면파와 어떤 면에서 비슷하거나 차이가 나는가를 기술하시오.

27-2 파동방정식(27-3)에 $\widetilde{E}(x, y, z, t) = U(x, y, z) e^{i(kz - \omega t + \phi)}$를 대입하면 식(27-7)을 얻을 수 있음을 보이시오.

27-3 식(27-15)로부터 식(27-16)을 유도하시오.

27-4 $\lambda = 632.8$ nm인 TEM_{00} He-Ne 레이저가 빔허리($z = 0$)가 $w_0 = 0.5$ mm이고 빔 발산각이 $\theta_{FF} = 0.4$ mrad이다.

a. 빔허리에서의 복소 곡률반지름 q값을 결정하시오.

b. 다음의 식들을 사용하여 빔허리로부터 50 m 떨어진 곳에서의 복소 곡률반지름 q의 수치적 표현을 결정하시오.

$$\frac{1}{q} = \frac{1}{R} + i\frac{\lambda}{\pi w^2(z)} \text{와 } q = z - iz_0$$

(힌트: 빔허리로부터 50 m 떨어진 횡방향의 평면은 원거리장이라 할 만큼 충분히 떨어져 있는가? 만약 그렇다면, R과 z는 어떻게 되는가?)

27-5 **a.** 문제 27-4에서 식(27-19), 식(27-21) 그리고 식(27-22)를 이용하여 50 m 떨어진 곳에서의 $R(z)$와 $w(z)$를 구하시오.

b. 원거리장에서 $R(z) \cong z$로 쓸 수 있는가? θ_{FF}를 빔 발산각이라 할 때, $\tan\theta_{FF} \cong w(z)/z$가 $z = 50$ m에서의 $w(z)$를 구하기 위한 유용한 근사식이 될 수 있는가?

27-6 $\lambda = 0.6328\ \mu$m인 TEM_{00} He-Ne 레이저가 0.34 m의 공진기 길이, 반지름 $R = 10$ m인 완전반사 거울(안으로 오목) 그리고 반지름 $R = 10$ m인 출력 거울(역시 안으로 오목)을 가진다고 하자.

a. 공진기 내의 빔허리의 위치를 결정하시오.

b. 빔허리 w_0에서의 스폿 크기를 결정하시오.

c. 좌측과 우측 공진기 거울에서의 빔 스폿 크기 $w(z)$를 결정하시오.

d. 이 레이저의 빔 발산각 θ_{FF}를 결정하시오.

e. $z_{FF} \geq 50z_0$의 범위를 사용한다면 이 레이저의 원거리장의 위치는?

f. 이 레이저가 5 mW의 일정한 빔 출력을 가진다면 $z_{FF} = 50z_0$ 위치에서의 축상 복사조도는 얼마인가?

27-7 그림 27-10 참조 레이저의 **출력요소**는 두께가 0.004 m인 거울-렌즈의 조합으로, 거울은 $|R_2| = 2$ m의 표면곡률을 가지고, 렌즈는 $|R_3| = 2$ m의 표면곡률을 가지며, 렌즈의 굴절률은 1.50이다.

a. 18장에 소개된 굴절과 전이행렬에 대한 정의들을 사용하여 이 요소들에 대한 다음과 같은 $ABCD$ 행렬을 구성하시오.

$$\begin{bmatrix} A & B \\ C & D \end{bmatrix} = \begin{bmatrix} 1 & 0 \\ \dfrac{n-n'}{R_3 n'} & \dfrac{n}{n'} \end{bmatrix} \begin{bmatrix} 1 & t \\ 0 & 1 \end{bmatrix} \begin{bmatrix} 1 & 0 \\ \dfrac{n-n'}{R_2 n'} & \dfrac{n}{n'} \end{bmatrix}$$

두 가지 굴절에 대한 n과 n'의 변화하는 의미와 행렬을 구성할 때의 R_2와 R_3에 대한 부호규정을 주의하시오. 어림근사에 의하여 다음의 결과를 얻어짐을 보이시오.

$$\begin{bmatrix} A & B \\ C & D \end{bmatrix} = \begin{bmatrix} 1.0007 & 0.0027 \\ -0.5318 & 0.9979 \end{bmatrix}$$

b. $L = 0.004$ m는 $|R_2| = 2$ m와 $|R_3| = 0.64$ m와 비교하면 매우 작은 값이므로 전이행렬을 단위행렬로 놓고 $ABCD$ 계산을 행하시오.

$$\begin{bmatrix} 1 & t \\ 0 & 1 \end{bmatrix} \rightarrow \begin{bmatrix} 1 & 0 \\ 0 & 1 \end{bmatrix}$$

이러한 "얇은 렌즈"의 경우에 $ABCD$ 행렬의 결과는 어떻게 되는가?

27-8 **a.** 문제 27-7에 기술된 출력요소는 얇은 렌즈에 해당한다. 다음과 같은 얇은 렌즈 행렬을 사용하여 문제 27-7(b)에서 얻은 $ABCD$ 행렬과 비교하고 출력요소의 초점거리를 추론하시오.

b. 얇은 렌즈의 부호규약에 유의하면서 $\dfrac{1}{f} = \dfrac{n_2 - n_1}{n_1}\left(\dfrac{1}{R_1} - \dfrac{1}{R_2}\right)$의 얇은 렌즈의 초점거리에 관한 표현을 이용하여 얇은 렌즈 출력요소의 초점거리를 구하시오. (a)와 (b)의 결과를 비교하시오.

27-9 예제 27-2와 그림 27-10을 참조하여 다음을 구하시오.

a. 평면거울에서의 q_1에 관한 표현을 구하시오.

b. 스폿 크기가 w_1인 경우에 식(27-19)를 풀이하시오.

c. q_1에 관한 실제 값을 구하시오.

d. q_2에 관한 상징적인 표현을 구하시오.

e. 식(27-17)과 (d)의 q_2로부터 ℓ과 $w(\ell)$을 구하시오.

27-10 **a.** 예제 27-2에서 외부 빔허리는 $\ell \cong 0.06$ m에서 스폿 크기 $w(\ell) = 0.54$ mm로 집속됨을 참조하고, 식(27-46) 및 식(27-47)과 그림 27-14를 이용하여 w_{02}와 z_2를 구하시오. 이 결과와 예제에서 구한 $w_0(\ell)$ 및 ℓ을 비

교하여 설명하시오.

b. 이 경우에 다음의 근사식을 사용**할 수 없는** 이유를 설명하시오.

$$w_{02} \cong \frac{f\lambda}{\pi w_{01}} = f\theta \text{와 } z_2 \cong f$$

27-11 그림 27-10에서 빔허리 $w_0(\ell) = 0.54$ mm로 출력요소로부터 0.06 m의 위치인 외부에서 집속된 TEM_{00}레이저 빔 참조하시오.

a. 외부에서 집속된 빔허리에 대하여 원거리장의 거리 $z_{FF} = 50 z_0$를 구하시오.

b. 집속된 빔허리로부터 방출되는 레이저 빔의 원거리장 빔 발산각을 계산하시오.

c. 집속된 빔허리로부터 $z = 30$ m만큼 떨어진 거리에서 빔에 10× 빔 확대기를 삽입하시오. 빔 확대기의 입사면과 출사 면에서의 빔 스폿 크기 w를 구하시오.

d. 빔 확대기의 출사면으로부터 20 cm 떨어진 곳에 초점거리 10 cm와 적당한 지름을 가진 얇은 렌즈를 놓는다. 그림 27-14와 식(27-46) 및 식(27-47)을 참조하여 새롭게 초점을 맞춘 빔의 Z_2와 w_{02}를 계산하시오. 이 경우에 $w_{02} \cong f\lambda/\pi w_{01}$과 $z_2 = f$의 근사식을 사용할 수 있는가? 그 이유는 무엇인가? 정확한 식과 근사식의 계산 방법을 비교하시오.

27-12 **a.** 렌즈가 입사 빔의 허리에 놓인 경우에 식(27-46)과 식(27-47)을 특화하시오.

b. (a)의 경우에 빔허리의 위치를 다음과 같이 쓸 수 있음을 보이시오.

$$Z_2 = \frac{f}{1 + f^2/z_{01}^2}$$

여기서 $z_{01} = \pi w_{01}^2/\lambda$이다.

c. (a)와 (b)의 결과로부터 렌즈의 초점거리와 빔 매개변수들의 합리적이고 다양한 선택을 통해 $Z_2 \approx f$로 근사할 수 있는지를 조사하시오.

27-13 적분을 통하여 TEM_{00}빔의 총 출력이 다음과 같음을 보이시오.

$$\Phi_{\text{tot}} = I_0 \frac{\pi w_0^2}{2}$$

27-14 적절한 적분을 통하여 반지름이 a인 원형구경을 통해 투과되는 TEM_{00} 빔의 출력의 비율이 $1 - e^{-2a^2/w^2}$임을 보이시오.

27-15 조절할 수 있는 원형구경(iris)과 파워미터(power meter)를 사용하여 TEM_{00} 레이저 빔의 궤적 상의 어떤 지점에서든 스폿 크기 w를 측정하는 방법을 설명하시오.

27-16 구경지름이 각각 $D = 1$ cm, 2 cm, 3 cm, 그리고 5 cm인 렌즈에 의해 집속되는 TEM_{00} Nd:YAG 레이저 빔($\lambda = 1.064\ \mu$m)의 시준된 빔 길이 $2z_0$를 구하시오. 렌즈의 지름 D는 집속된 빔허리 w_0와 $D = 4.5(\sqrt{2}\, w_0)$의 관계를 갖는다고 가정하자. 그림 27-13의 구조와 He-Ne, HF 그리고 CO_2 TEM_{00} 레이저에서 행해진 유사한 계산들을 참조하시오.

27-17 에르미트 다항식 $H_m(\xi)$(여기서 $\xi = \sqrt{2}\, x/w$)에 대한 식(27-58)의 생성함수가 주어진 경우에 $m = 0, 1, 2, \cdots$의 특별한 경우들에 대한 결과인 식(27-59)를 증명하시오.

27-18 식(27-64)로부터 식(27-65)를 구하는 과정의 단계들을 채우시오.

27-19 그림 27-15 참조 테이블을 확장하여 $m = 2,\ n = 0$의 경우를 추가하시오. 세 번째 행의 첫 번째 열에서 $H_m(x_s)$의 곡선을, 두 번째 열에서 전기장의 x_s-변위 곡선을, 세 번째 열에서 복사조도의 x_s-변위 곡선을 그리고 네 번째 행에서는 연소 패턴을 그리시오.

27-20 반지름이 a이고 빔이 중심을 통과하는 원형구경의 스폿 크기가 $w(z)$인 빔에서 (a) TEM_{00}, (b) TEM_{01}, (c) TEM_{11} 그리고 (d) TEM_{02}빔의 총 출력의 비율에 관한 표현들을 구하시오.

27-21 문제 27-20에서 $a/w(z)$의 함수로 구한 각각의 투과율 함수들의 그림을 그리시오. 동일한 축 상의 집합으로 네 개의 곡선들을 그림으로 나타내시오.

27-22 문제 27-21에서 구한 그림들을 토대로, 레이저 출력에서 TEM_{00} 공진기 모드만이 존재할 수 있도록 레이저 공진기 내에 가변 구경을 사용하는 방법을 기술하시오.

27-23 $\lambda = 488$ nm인 단일-모드 TEM_{00} Ar^+ 레이저의 출력이 0.001 rad의 원거리장 발산각과 5 W의 출력을 갖는다.

a. 이 레이저 장의 빔허리에서의 스폿 크기는 얼마인가?

b. 이 장에서 빔허리의 중심($\rho = 0,\ z = 0$)에서의 복사조도는 얼마인가?

c. 빔허리로부터 10 m 떨어진 곳의 빔의 중심에서의 복사조도는 얼마인가?

27-24 서로 마주보는 두 개의 구면 오목거울을 가진 레이저 공진기가 있다. 두 거울은 20 cm 떨어져 있고 각각의 거울의 곡률 반지름은 100 cm이다. 다음의 모드-주파수 간격을 구하시오.

(a) $\nu_{0,\,0,\,q+1} - \nu_{0,\,0,\,q}$ (b) $\nu_{m,\,n,\,q+1} - \nu_{m,\,n,\,q}$

(c) $\nu_{0,\,1,\,q} - \nu_{0,\,0,\,q}$ (d) $\nu_{1,\,0,\,q} - \nu_{0,\,0,\,q}$

(e) $\nu_{1,\,1,\,q} - \nu_{0,\,0,\,q}$

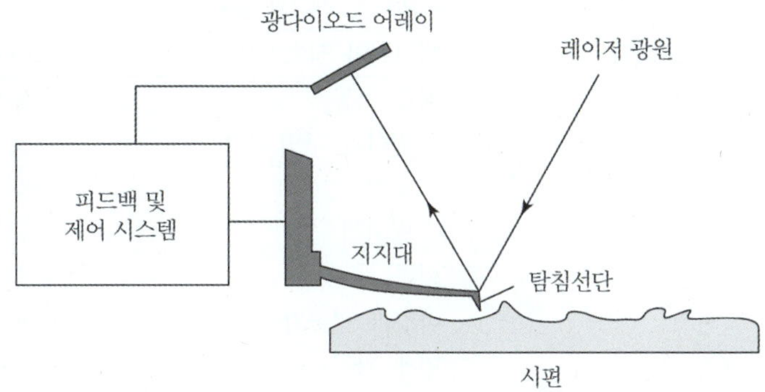

chapter 28 레이저의 응용

서론

광기술과 같이 급속하게 진화하는 분야의 최신 응용분야를 연대기별로 정리하려고 노력하다보면 정리를 마치자마자 바로 시류에 뒤처진 정보가 되어버리는 상황을 피할 수 없게 된다. 따라서 광기술과 관련한 최신 응용에 대한 소모적인 요약보다는 레이저와 광학이 특히 중요한 역할을 하는 분야들에 대해 개관하고, 레이저와 관련 광 시스템 중 몇 개의 특화된 응용에 대해 논의하기로 한다. 본 장에 소개된 분야들에 대한 완전한 이해를 위해서는 본 교재의 앞의 27개의 장에 소개된 내용들에 대한 통합적인 이해가 필요하다. 본 장의 내용들이 향후 심도 있게 연구 프로젝트를 수행하기 위한 출발점 역할을 할 수 있기를 기대한다. 우선 간략하게 레이저 응용의 범위에 대해 정리하고, 의학, 원격감지, 극초단 펄스 그리고 레이저 냉각과 포획의 네 가지 특별한 분야들에 대해 소개한다. 다음으로 그 중요성이 점점 커지고 있는 대체 결맞음 광원인 광매개 증폭기 및 공진기에 대해 논한다. 마지막으로 근접장 현미경에 대해 소개한다.

28-1 레이저 응용의 개요

대부분의 레이저의 응용은 표 28-1에 요약된 바와 같이 (1) 레이저와 상호작용 및 (2) 레이저와 정보라는 두 개의 영역으로 분류할 수 있다.

레이저와 물질 사이의 상호작용과 관련한 산업적 응용으로는 기계가공과 재료 가공, 의학 분야의 치료와 수술, 레이저 에너지원, 반도체와 컴퓨터 분야에서의 절단과 미세 가공 등을 들 수 있다. 레이저와 정보와 관련한 응용에는 정보처리, 광 센싱 및 측량, 광

표 28-1 레이저 응용의 분류

레이저와 상호작용	레이저와 정보
재료 가공	통신
절단과 구멍 뚫기	정보처리
용접	광 센싱
열처리	광 측량
의학	광 저장
마킹과 선긋기	프린터와 복사기
미세 가공	계량
레이저 분광법	홀로그래피
레이저 유도 에너지	정렬
무기	POS 스캐너
냉각 및 포획	오락 및 디스플레이

통신, 오락, 프린터 및 복사기, 측정, 건축과 농업에서의 정렬장치 등을 들 수 있다. 본 장의 나머지 부분에서는 표 28-1에 언급된 레이저의 많은 응용분야들 중에서 세 가지 분야를 소개하고자 한다.

28-2 의학 분야에서의 레이저

레이저 빔은 레이저 메스(a scalpel of light)라고도 불리며, 인간의 생체조직을 자르고, 기화시키고, 파열시키고, 용접하고, 태워 없애고, 응고시키고, 절개하고, 치료하는 데 사용된다. 예를 들어 19장에서 시력저하를 교정하기 위하여 레이저를 이용하여 눈의 각막을 성형하는 기술에 대하여 상세히 논의하였다. 또한 레이저 빔은 병원의 수술실이나 외래환자 진료센터에서 효과적이고 세균감염이 없는 수술도구로 그 용도가 증가하고 있다. 특정 의학적 응용 분야에서의 주어진 레이저의 적합성은 몇 가지 요소들에 의존한다. 예를 들어 레이저 수술이나 광 응고 치료법에서는 레이저에 의해 방출되는 빛이, 물 그리고 혈액에 의해 흡수되는지의 여부가 그 레이저의 적합성을 좌우한다. 이러한 요구사항을 고려하면서 물과 혈액의 주성분인 헤모글로빈에서의 파장에 따른 빛의 흡수계수를 그림 28-1에서 확인할 수 있다. 덧붙여 검버섯의 제거나 치과의 레이저 드릴 작업의 예와 같이, 많은 의학적 응용에서는 레이저의 에너지를 특정한 지속시간을 갖는 펄스의 형태로 제공할 수 있는지의 여부가 중요하다. 마지막으로 신체 내부의 특정 부위까지 레이저 에너지를 안전하게 전달하기 위해서는 레이저의 출력 광이 광섬유를 통해 상대적으로 적은 손실로 전파될 수 있어야 한다. 이제 의학 분야에서 주로 사용되는 대표적인 레이저 시스템들에 관하여 간단히 알아보기로 하자.

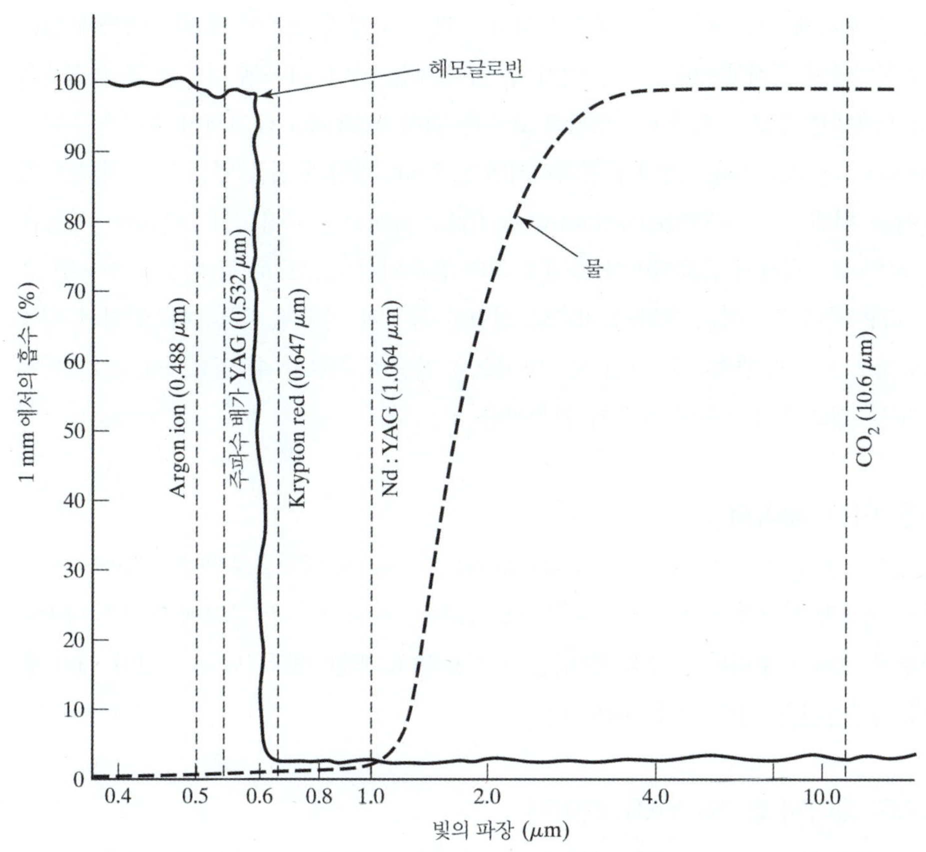

그림 28–1 1 mm의 물(점선)과 1 mm의 헤모글로빈(실선)을 통과하면서 흡수되는 빛의 조사량 비율(파장의 함수로 표시).

이산화탄소 레이저

CO_2 레이저는 의료종사자들에 의해 가장 먼저 왕성하게 사용된 레이저 중의 하나로 10.6 μm의 중적외선 에너지를 방출한다. 그림 28-1에 나타난 바와 같이 이 파장대역은 물에 의해 강하게 흡수된다. 인체의 세포와 조직은 70%에서 90%가 물로 구성되어 있기 때문에, CO_2 레이저는 깨끗한 절개와 더불어 레이저 광을 잘 집속시키면 병변조직을 기화시킬 수도 있다. 레이저 절개 수술의 경우, 레이저가 모세혈관을 태워서 막아주므로 기본적으로 무혈수술이 가능하다. 레이저 에너지는 신경의 말단부도 태워서 막아주므로 수술 후 통증도 상당히 완화시킬 수 있다. CO_2 레이저의 단점은 광섬유와 함께 사용할 수 없다는 점이다. 따라서 레이저 빔을 목표부위까지 보내기 위해 종종 거추장스러운 광학 관절 로봇 팔을 이용해야 한다. CO_2 레이저의 초점을 흐리게 하면 경조직의 제거, 깎아내기 또는 기화가 가능하다. 이러한 모드의 응용에는 종양 제거, 치은염 치료, 피부 장애의 제거 그리고 다양한 피부 성형시술 등을 들 수 있다. CO_2 레이저는 현재 가장 보편적으로 사용되는 레이저 수술 장치이다.

Nd:YAG 레이저

1064 nm의 발진파장을 갖는 Nd:YAG 레이저는 광섬유와 잘 맞는다. 또한 그림 28-1에서 보듯이, Nd:YAG 레이저의 빛은 물이나 헤모글로빈에 의해 강하게 흡수되지 않으므

로 초점을 흐리게 하면 피부나 혈액을 통과하여 레이저 광의 초점이 맺히는 영역에 있는 조직만 선별하여 절개하거나 응고를 시킬 수 있다(예를 들어, 다음에 나오는 후낭 절개술에서의 사용방법 참조). 또한 비선형광학 효과를 위해 Nd:YAG 레이저의 출력을 주파수 배가(frequency-doubling) 결정에 통과시키면 532 nm 파장의 빔을 얻는다. 의학 분야에서는 이를 위해 주로 KTP(potassium-titanyl-phosphate)를 사용한다. 532 nm 파장은 헤모글로빈에는 강하게 흡수되면서 물에는 거의 흡수되지 않으므로 광 응고에 사용될 수 있다. KTP-레이저는 혈관 질환의 치료와 전립선 폐색의 기화에 사용된다. 전립선 폐색 치료의 경우 요도에 광섬유를 삽입하는 방식으로 간단히 치료할 수 있으므로, 환자가 외래로 30분 정도만 소요하면 치료가 가능하다.

아르곤-이온 레이저

청-녹색 아르곤-이온 레이저는 파장이 488 nm와 514 nm로 헤모글로빈이나 멜라닌 색소와 같은 적색과 갈색 물질에 의해 선택적으로 흡수된다. 따라서 광 응고에 의해 망막출혈을 멈추게 하거나 분리된 망막을 붙이는 데 사용된다. 또한 혈관모반과 문신의 제거 및 비착색 피부질환의 치료 등에 사용된다.

Er:YAG 레이저와 Ho:YAG 레이저

YAG 결정에 어븀(Er)을 도핑한 레이저 매질(Er:YAG)은 2940 nm의 파장에서 발진을 일으키므로 물에서 강하게 흡수된다. 따라서 성형수술에서 연조직(soft tissue)을 절제하거나, 치과의 드릴과 같이 경조직(hard tissue)을 절제하는 데에도 사용된다. YAG 결정에 홀뮴(Ho)을 첨가한 레이저 매질(Ho:YAG)은 2070 nm의 파장에서 발진을 일으키므로 주파수 배가 Nd:YAG 레이저의 대체수단으로 사용되며 전립선 폐색의 광 선택적 기화 치료, 뼈나 연골의 정밀가공 그리고 담석의 제거 등에 사용된다.

반도체 레이저

반도체 레이저는 다른 레이저에 비해 상대적으로 저가, 소형, 광섬유 이용에의 편리성, 저소비전력, 강도변조의 용이성 그리고 냉각을 덜 시켜도 된다는 여러 가지 장점들로 인해 의료종사자들의 각별한 관심을 끌고 있다. 같은 이유로, 의학 분야가 아닌 수많은 다른 분야에서도 반도체 레이저는 인기를 얻고 있다. 현재 반도체 레이저는 제모나 성형수술 등에 사용된다. 또한 의학 분야에서 갈수록 그 응용분야를 넓혀 갈 것으로 기대된다.

엑시머 레이저

엑시머 레이저(excimer laser)는 주로 자외선 영역에서 발진한다. 의학 분야에서는 193 nm의 파장에서 발진하는 ArF(argon-fluoride) 레이저와 248 nm의 파장에서 발진하는 KrF(krypton-fluoride) 레이저가 주로 사용된다. 19장에서 자세히 설명한 바와 같이 엑시며 레이저는 시력교정을 위한 LASIK 수술에 사용된다. 추가적으로 이 레이저들은 동맥 혈류를 저해하는 혈전이나 지방침전물의 제거를 위한 레이저 혈관성형술(laser angioplasty)과 레이저를 이용한 풍선 혈관성형술(balloon angioplasty)에 이용된다. 엑시머 레이저는 레이저 빔의 정밀한 위치제어를 필요로 하는 레이저 미세수술에 가장 적합하다.

의학 분야에 이용되는 다른 레이저들에는 알렉산드라이트(alexandrite) 레이저(문신 제거), 파장가변 색소(dye) 레이저(혈관 질환, 종양 제거) 그리고 구리 증기(copper vapor) 레이저(혈관 질환) 등을 들 수 있다. 앞에서 언급하지 않은 레이저 광의 도움을 받는 의학적 처치에는 담낭(쓸개) 제거, 신경외과 수술, 이비인후과 질환의 치료, 다양한 정형외과 치료, 소화기 질환의 치료, 많은 성형 시술 그리고 모든 종류의 수의과 치료를 들 수 있다.

후낭 절개술: 사례연구

후낭 절개술(posterior capsulotomy)이라 부르는 특별한 의학적 치료에 대한 소개로 이 절을 마무리하고자 한다. 이 치료는 의학적 치료에서 레이저가 갖는 고유한 능력을 잘 보여준다. 후낭 절개술은 혼탁해진 수정체를 대체하여 투명한 인공 플라스틱 수정체를 끼우는 백내장 수술의 가장 대표적인 합병증을 치료하는 방법이다. 상당히 많은 사례에서, 수술 뒤에 인공 수정체 뒤쪽의 표면이 혼탁해지는 일이 발생한다. 후낭 절개술에서는 Nd:YAG 레이저를 이용하여 눈의 광축을 따라 혼탁해진 막을 제거하여 빛이 망막까지 제대로 된 경로로 도달할 수 있게 해 준다. 그림 28-2에 눈의 기하학적 구조와 이 시술에 사용되는 레이저 빔의 경로가 도시되어 있다. 펄스로 동작하는 Nd:YAG 레이저 빔이 각막(cornea), 수양액(aqueous humor) 그리고 수정체를 흡수가 전혀 없이 투과할 수 있다(그림 28-1 참조). 고강도의 레이저 빔이 눈의 앞부분을 통과하여 이식된 수정체의 뒷부분의 한 점에 모인다. 그 위치는 각막 표면으로부터 약 7 mm 떨어진 곳이다. 그곳에 있는 혼탁해진 막은 전에 백내장 수정체의 일부였고 백내장 수술 후에는 인공 수정체를 둘러싸고 있는 거미줄 형상의 캡슐처럼 되어있는 후면 영역이다.

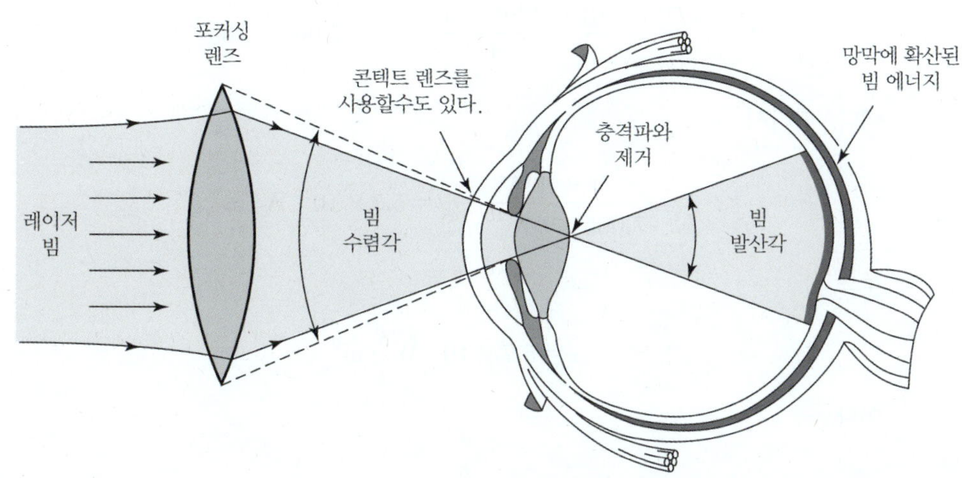

그림 28-2 후낭 절개술에서 막의 제거를 위한 레이저 광의 포커싱. 약 17도 미만의 넓은 빔 수렴각(동공 구경에 의해 제한됨.)은 넓은 빔 발산각을 가능하게 하여 망막에서의 복사조도를 줄여준다.

레이저를 사용하기 전에는 이 시술에서 감염될 수 있는 수술도구의 삽입을 통해서만 혼탁해진 막을 제거할 수 있었다. 수술과 관련된 외상(trauma)뿐만 아니라, 안구의 접촉식 수술은 외래 도구와의 접촉이 필연적이기 때문에 추가 감염의 위험이 크다. 반면에 Nd:YAG 레이저를 이용한 수술은 외래 환자의 형식으로 외상이나 감염이 전혀 없이 수 분 만에 시술이 가능하다.

후낭 절개술에서는 삽입된 수정체 바로 뒤쪽의 목표지점에 1.06 μm 파장의 짧은 레이저 펄스를 모은다. Q-스위치 형 Nd:YAG 레이저에 의해 생성되는 전형적인 펄스는 1 mJ에서 4 mJ의 에너지와 수 나노초의 펄스길이를 갖는다. 매우 짧은 시간 동안, 수 밀리줄(mJ) 수준의 낮은 에너지를 갖는 빛을 조사하므로 레이저의 출력은 메가와트(MW) 이상의 값을 가지게 된다.

예제 28-1

Nd:YAG 레이저에 의해 4 mJ의 펄스 에너지와 1 ns의 펄스길이를 갖는 레이저 펄스가 지름 30 μm인 작은 목표점에 집속될 때, 이 레이저 펄스의 복사조도(단위 면적당 광 출력)를 계산하시오.

풀이

복사조도 I는 다음과 같이 계산할 수 있다.

$$I = \frac{P}{A}$$

여기서

$$P = \frac{4 \times 10^{-3}\,\mathrm{J}}{1 \times 10^{-9}\,\mathrm{s}} = 4 \times 10^{6}\,\mathrm{W}$$

와

$$A = \frac{\pi D^2}{4} = \frac{(3.14)(30 \times 10^{-6})^2}{4} = 7.065 \times 10^{-10}\,\mathrm{m}^2$$

이다. 따라서

$$I = \frac{4 \times 10^{6}\,\mathrm{W}}{7.065 \times 10^{-10}\,\mathrm{m}^2} = 5.7 \times 10^{15}\,\mathrm{W/m^2}$$

또는

$$I = 5.7 \times 10^{11}\,\mathrm{W/cm^2}$$

이다.

예제에서 보듯이, 고출력 레이저 광이 지름 5 μm에서 50 μm인 작은 목표점에 집속될 때, 10^{12} W/cm^2 수준의 큰 복사조도나 출력 밀도가 생성된다. 이 정도 크기의 출력 밀도는 매우 큰 전기장을 수반하므로, 첫째로 광학조직의 유전파괴를 야기하고, 둘째로 플라즈마를 발생시킨다. 플라즈마의 폭발적인 성장은 반지름 방향으로 공간적으로 뻗어나가는 강한 충격파를 발생시킨다. 이 충격파는 기계적으로 근처에 있는 혼탁해진 막을 파괴시킨다. 다만 망막 쪽으로 입사되는 레이저 광이나 확장되는 충격파 모두 눈의 다른 영역에는 전혀 피해를 주지 않는다.

28-3 원격탐사

지구상의 인공위성 궤도화가 가능해지고, 이에 레이저 기술의 발전이 융합하여 레이저 원격탐사(remote sensing)의 새로운 장이 마련되었다. 간단히 말해, 원격탐사는 능동형 레이저 탐사장치로부터 떨어진 곳에 위치한 물체로부터 레이저 산란광을 검출하는 기술이다. 광원과 검출기로 이루어진 레이저 시스템은 주로 우주정거장에 위치하고, 원격 물체들은 훨씬 아래쪽에 있는 대기층, 육상식물 또는 지구상의 지표일 수도 있다. 지상 기반 시스템도 많이 사용되는데 이는 원격일 필요가 없고 공해나 대규모의 바람들을 관찰하고 감시하는 데 사용된다.

이 기술은 **레이저 레이더**(laser radar) 또는 LIDAR(**l**ight **d**etection **a**nd **r**anging) 라고도 불리며 레이저 광원, 적절한 탐사 대상 그리고 감도가 우수한 광 검출기에 의존한다. 어떤 특별한 원격탐사 응용에서든 이상적인 레이저는 적절한 파장, 파장가변성(tunability), 광 출력, 펄스 반복률(pulse repetition rate) 그리고 진폭과 진동수의 안정성이 필수적이다. 추가적으로 동작효율이 높아야 하고, 기계적으로 안정해야 하며, 긴 동작수명을 가져야 한다. 현재 사용되는 레이저에는 이산화탄소 레이저, Nd:YAG 및 Nd:Glass 레이저, 알렉산드라이트 레이저, Nd:YAG 레이저로 펌핑된 색소 레이저, 엑시머 레이저, AlGaAs 레이저로 펌핑된 Nd:YAG 레이저, 그리고 Ti:Sapphire 레이저와 같은 연속 파장가변형 고체레이저 등을 들 수 있다. 여러 개를 동시에 사용하면 0.66 μm에서 10.6 μm의 넓은 파장범위를 가지며, 이는 대부분의 원격탐사 용도에 충분한 파장범위가 된다.

정체가 무엇이든, 탐사 대상물체는 탐사 레이저광과의 상호작용을 통해 측정 가능한 변화가 일어나고 이를 검출할 수 있어야 한다. 이 변화는 검출 시스템 쪽으로 후방산란된 레이저광의 형태로 되돌아온다. 되돌아오는 광 신호에는 형광, 라만산란에 의한 파장이동 그리고 도플러효과 등이 있으며 각각은 대상의 정체, 농도 그리고 운동 상태 등에 대한 중요한 정보를 제공한다. 특화된 LIDAR 시스템에는 미분 흡수 LIDAR, 라만 LIDAR 그리고 도플러 LIDAR 등이 있으며, 후방 산란된 레이저광에 숨어있는 특별한 정보들을 검출하도록 설계되어 있다.

원격탐사가 최첨단 기술이라는 사실은 풍속 측정과 지구 지각의 이동의 측정이라는 두 가지 응용분야를 살펴보면 명확해진다. 대류권 내의 바람의 상세한 방향과 속도는 지구 기상 패턴의 연구에 있어 중요한 관심사이다. 이러한 정보를 알아내기 위하여 지상으로부터 250 km에서 800 km 정도 떨어진 궤도 우주선에 우주 기반의 CO_2 레이저를 탑재하여 사용한다. 이렇게 높은 고도에서는 약한 후방산란 광파를 탐지하려면 레이저의 높은 광 출력이 필요하다. 입사 레이저 광은 바람이 몰고 다니는 먼지 입자들에 의해 후방 산란된다. 바람의 속도와 방향의 측정은 반사 광파의 도플러 주파수 편이(Doppler frequency shift) 효과에 기반을 두고 있다. 풍속을 1 m/s의 정밀도로 측정할 수 있도록 설계된 CO_2 레이저는 초당 10 J 내외의 에너지를 갖는 펄스와 수백 kHz 이하의 주파수 안정성을 필요로 한다. 이 레이저 시스템을 동작시키기 위해서는 수 킬로와트 이상의 큰 출력이 요구된다. 결국 우주에서의 임무를 수행하면서, 고출력 레이저를 동시에 사용할 수 있는가의 여부가 중요한 관건이 된다.

우주선 탑재 LIDAR 시스템을 이용하여 지각의 이동을 탐지하는 기술은 지진대 근처의 응력, 화산활동 이전의 지각의 팽창 그리고 대면적의 지반침하 등의 탐지에 있어 매우 가치있는 기술이다. 우주공간에서 지상의 반사기로 갔다가 되돌아오는 나노초 수준의 짧은 레이저 펄스의 시간지연측정법(time-of flight)에 기반을 두고 삼각측량(triangulation)이라는 간단한 방법을 이용하여 지표 사이의 특정 영역들 사이의 거리들을 1~2 cm 이내의 정확도로 측정한다. 적당한 시간 간격으로 측정을 반복하면 주목할 만한 지각의 운동이 관측되고 감시된다. 지각의 연구를 위해 고려되는 시스템들에는 펄스 선폭이 0.5 ns 미만이고 펄스 반복률이 초당 10회 정도인 Nd:YAG 레이저가 사용되기도 한다. 우주선 상에서 후방 산란된 신호를 측정하기 위해서는 6-인치 지름의 집광 망원경(collecting telescope)과 광증배기(photomultiplier) 장치가 사용된다.

LIDAR 기술을 원격탐사 레이저시스템과 결합하면 공해의 검출, 독성입자 농도의 분석 또는 지구상의 특정 대기상의 기체들과 미세 고체 부유입자(aerosol)의 측정 등에 유용하다. 광센서 기술은 공장 굴뚝의 배기가스 검출과 가스 배관의 새는 구멍들을 찾는데 성공적으로 사용되어 왔다. 더 넓게는, 오존, 수증기 그리고 황산 가스의 대기권 농도를 매우 정확하게 측정할 수 있다. 특별히 서로 다른 흡수와 공명 형광의 원리를 이용하는 레이저 흡수 분광기(laser absorption spectrometer)는 이미 그 유용성을 검증받았다. 대기권의 미세 고체 부유입자의 측정은 중요한 관심사이며 원격탐사 시스템을 이용하여 그 측정이 이루어진다. 이러한 측정을 통해 미세 고체 부유입자들이 지구온난화나 냉각에 영향을 미칠 뿐만 아니라 대류권에서의 연무 층(haze layer)의 생성과 발달에도 영향이 있음을 알 수 있다. 지구상의 관측소들의 세계적인 네트워킹을 통한 LIDAR 측정은 달에 설치된 거울에서 반사되는 빛의 시간지연(time-of-flight) 측정법을 통하여 지구에서 달까지의 거리를 밀리미터 단위까지 정확하게 측정할 수 있게 해 준다. 이러한 측정은 일반 상대성이론(general relativity)의 예측을 검증하는 데에도 이용될 수 있다.

28-4 초단 펄스의 생성 및 응용

26장의 결과에 의하면, 모드 잠김된 펄스의 시간 펄스선폭 Δt_p는 모드잠김 시스템의 레이저 매질의 이득 대역폭 $\Delta\nu$의 역수만큼 짧을 수 있다. 예제 28-2에서 Ti:sapphire 레이저의 대역폭 **제한된 펄스선폭**을 계산해 보기로 하자.

예제 28-2

대역폭이 650 nm에서 1100 nm의 범위로 확장된 Ti:sapphire 레이저의 대역폭 제한된 펄스선폭을 계산하시오.

풀이

Ti:sapphire 레이저의 주파수 대역폭은 주파수에 의해 다음과 같이 제한된다.

$$\nu_{\text{high}} = c/\lambda_{\text{low}} = (3\times10^8\,\text{m/s})/(650\times10^{-9}\,\text{m}) = 4.62\times10^{14}\,\text{Hz}$$
$$\nu_{\text{low}} = c/\lambda_{\text{high}} = (3\times10^8\,\text{m/s})/(1100\times10^{-9}\,\text{m}) = 2.73\times10^{14}\,\text{Hz}$$

따라서 주파수의 차이로 표현되는 이득대역폭은 $\Delta\nu = \nu_{\text{high}} - \nu_{\text{low}} = 1.89\times10^{14}\,\text{Hz}$이며, 대역폭 제한된 펄스 선폭은 다음과 같다.

$$\Delta t_p = 1/\Delta\nu = 5.3\times10^{-15}\,\text{s} = 5.3\,\text{fs}$$

사실, Ti:sapphire 레이저에서 펄스 지속시간이 5 fs나 그보다 짧은 모드잠김 레이저 펄스가 이미 만들어졌다. 실제로 이제까지 Ti:sapphire 레이저에서 다른 어떤 레이저보다 가장 짧은 펄스가 만들어졌다(펄스성형이라는 후속과정과 조화파 생성기술을 이용하면 1 fs보다 더 짧은 펄스선폭도 가능하다).

이렇게 광파의 주기 정도에 해당하는 극도로 짧은 펄스 지속시간은 시간분해를 이용하는 고속 프로세스에 사용될 수 있다. 예를 들어, 펨토 초의 펄스 지속시간을 갖는 모드잠김 펄스는 수 펨토 초 정도로 분리된 시간에서의 화학반응들의 정보를 얻는 데 사용된다. 화학반응들은 수십 펨토 초의 시간 스케일에서 반응이 진행되므로 극초단 펄스 기술을 이용하면 화학결합들이 이루어지는 과정을 알 수 있다. 이 새로운 분야를 **펨토화학**(femto-chemistry)이라 부른다. 초단 펄스(ps)와 극초단 펄스(fs)를 이용하면, 생물학적인 프로세스뿐만 아니라 반도체 내의 전자 수송현상들의 관찰에 관한 시간 분해된 정보들을 얻을 수 있다. 극초단 펄스는 매우 빠른 프로세스에 대한 탐색뿐만 아니라 다른 독자적인 용도도 있다. 열 프로세스는 극초단 펄스의 지속시간보다 더 긴 시간 스케일에서 일어나므로 이 펄스들은 주변 물질에 열적 충격에 의한 손상을 덜 주면서 유기 및 무기물을 절단하거나 가공할 수 있다. 이 기술을 이용하면, 예를 들어 미세 기계가공(micromachining)

응용에서 더 작고 더 깨끗한 절단이 가능하다. 마지막으로 극초단 펄스는 50 GW나 그 이상의 극도로 큰 첨두출력을 갖는다. 이 엄청난 첨두 출력은 강력한 비선형 작용을 통하여 지금까지 실험실에서 볼 수 없었던 새로운 물질 상태를 가능하게 한다.

커-렌즈 모드잠금-사례 연구

펨토 초 Ti:sapphire 레이저에서의 모드잠금(mode-locking)은 커-렌즈(Kerr-lens) 모드잠금이라 불리는 과정을 통해 이루어진다. 이 과정은 24장에서 논의한 광학 커 효과(optical Kerr effect)에 기반을 두고 있다. TEM_{00}의 가우스 공간 분포를 갖는 높은 복사조도의 빛이 Ti:sapphire 결정을 통과하면, 비선형 커 효과의 결과로 횡 방향으로의 굴절률 분포가 생겨난다. 이러한 굴절률 분포가 빔의 집속을 가능하게 한다. 이러한 자기렌즈 효과(self-lensing effect)를 이용하면 Ti:sapphire 결정 근처에 단순히 구경(aperture)을 삽입하는 방식으로 수동형의 초고속 모드잠금 장치로 사용이 가능하다. 만일 구경의 지름이 충분히 커서 낮은 손실로 커(Kerr) 자기렌즈 효과에 의해 큰 복사조도를 갖는 빛의 집속이 가능하면서, 더불어 자기렌즈 효과를 보기에는 더 작은 복사조도를 갖는 빛의 대부분은 차단할 만큼 구경의 지름이 충분히 작다면, 이 시스템은 자기 모드잠금(self mode-locking)이 이루어진다. 다시 말해서, 높은 광 복사조도의 모드잠김 펄스는 공진기 내의 낮은 손실을 갖는 장 모드가 되고, 이는 당연히 자발방출에 의해 형성된다. 커 효과에 의한 결정 내의 굴절률 분포의 생성은 매우 빨리 일어나기 때문에 Ti:sapphire 이득매질의 전체 이득 대역폭이 펄스 생성에 이용될 수 있다.

28-5 레이저 냉각 및 포획

레이저 광을 이용하여 기체 시편의 원자들의 속도를 줄이는 기술을 **레이저 냉각**(laser cooling)이라 한다. **광학 포획장치**(optical trap)는 레이저 광을 이용하여 원자들을 제한된 공간에 붙잡아놓는 소자이다. 기체 시편의 온도는 시편 내의 원자나 분자들의 평균 운동에너지와 관련이 있다. 상온 근처에서 움직이는 원자나 분자들은 대략 수백 m/s의 속도를 갖는다. 개별적인 원자들을 조작하고 싶으면 우선 그 원자들의 속도를 늦춰야 한다. 레이저 장은 원자들의 속도를 수 m/s나 그 이하로 늦춘 다음, 이 원자들을 광학포획장치 내에 붙잡아놓는 방식으로 원하는 조작을 가능하게 한다.

레이저 냉각

광자는 운동량과 에너지를 가지므로(1장 참조), 빛이 원자들과의 충돌과정을 통하여 원자의 속도를 느리게 한다는 사실은 놀라운 것이 아니다. 운동량 보존의 법칙의 응용을 통하여 광자와 원자의 정면충돌(head-on collision)은 원자를 감속시킴을 알 수 있다. 사실, 광자가 원자에 흡수되는 비탄성충돌의 경우에는 원자의 운동량은 정확히 광자의 운동량

h/λ에 의해 감소한다. 물론 그 후에 원자는 자발방출의 결과로 제자리로 돌아오게 된다. 그러나 자발방출에 의한 광자는 임의의 방향으로 방출되므로 원자가 되돌아오는 방향도 임의의 방향을 갖는다. 따라서 만일 광자들이 원자들의 전자 전이(electronic transition)와 공명을 일으킨다면, **서로 반대 방향으로 움직이는 광자**와 원자의 충돌 전후의 순 효과는 원자를 감속시키는 것이다. 그러나 만일 광자들과 공명원자들의 집단이 같은 방향으로 움직인다면, 순 효과는 광자가 운동하는 방향으로 원자들을 가속시키는 것이 된다. 만일 전자기장 내의 광자들이 광자들과 같은 방향으로 움직이는 원자들보다 반대방향으로 움직이는 원자들에 의해 더 많이 흡수가 일어난다면 전자기장은 임의의 방향으로 움직이는 원자들을 더 손쉽게 **감속**시킬 수 있다. 전자기장의 주파수가 원자 전이의 공명주파수보다 약간 작게 조절하는 경우에(적색편이, red-shifted) 그러한 상황에 도달한다. 이 경우에, 도플러 천이에 의해(4장 참조) 원자들이 레이저 광원 쪽으로 움직이게 되면 더 많은 광자들을 흡수하게 된다(이 경우는 그림 28-3에 보여진다). 다시 말해서, 원자들이 광원 쪽으로 움직이는 경우에는 도플러 전이에 의해 원자들과 장의 공명이 일어나게 된다. 반면에, 광원으로부터 멀어지는 원자들은 도플러 전이에 의해 원자 전이와 공명을 일으키지 않는 전자기장을 경험하게 된다. 따라서 원자 집단에 임의의 방향에서 입사하는 레이저 장은 레이저 장의 주파수가 원자들의 공명주파수보다 약간 낮은 경우에 원자를 감속시키게 된다. 이렇게 하여 감속된 원자들의 집단을 **광당밀**(optical molasses)이라 부른다. 이 방법으로 얻을 수 있는 최소 온도(더불어 최소 평균속도)는 광자의 흡수에 따른 무작위의 자발방출로 인한 원자의 반동 운동에너지(recoil kinetic energy)에 의해 제한된다. **도플러 냉각**(Doppler-cooling) 기술의 확장으로 원자 집단을 절대온도 0 K보다 수 밀리켈빈 정도 높은 온도가 되도록 하는 냉각기술이 도입되었다. 따라서 느리게 움직이는 원자들은 다양한 흥미로운 분야들에 활용될 수 있다.

레이저 포획

느리게 움직이는 원자들조차도 서로 간에 무질서하게 움직인다. 이 원자들을 한 곳에 붙잡아두기 위해서는 포획(trapping)해야 한다. 몇 가지 서로 다른 포획 방법들이 존재한다. 그 중 한 가지 기술로는, 그림 28-4에 도시된 바와 같이, 세 쌍의 서로 다른 방향으로 움직이는 레이저 빔들의 중앙부에 천천히 움직이는 냉각된 원자들을 두고 그 주변에 자기 코일을 설치하는 방식이 있다. 그렇게 되면 원자의 전이주파수는 자기장의 영향을

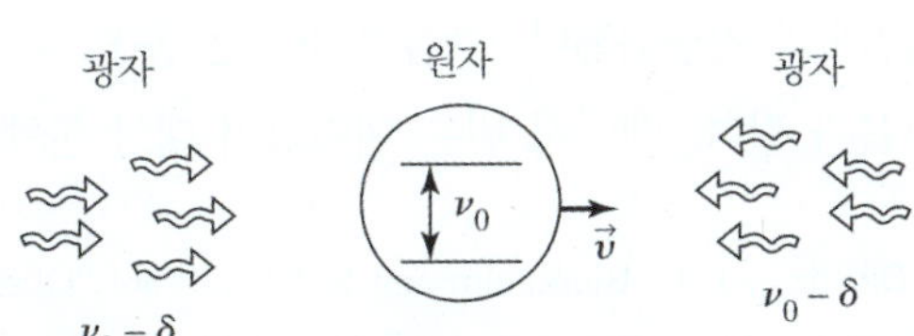

그림 28-3 원자의 도플러 감속. 전이주파수 ν_0를 갖는 원자는 $\nu_0 - \delta$(ν_0보다 약간 작음)의 주파수로 같은 방향의 전자기장으로 움직이는 광자보다 $\nu_0 - \delta$로 반대 방향의 전자기장으로 움직이는 광자들을 더 많이 흡수한다. 이 경우에 원자는 감속될 것이다.

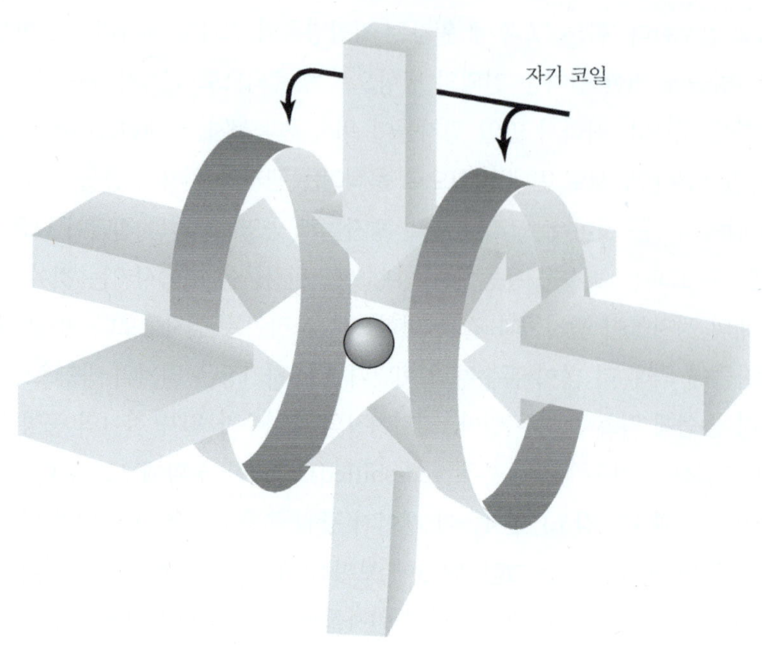

그림 28-4 자기광학 원자 포획장치의 개략도. 두꺼운 화살표로 표시된 수렴하는 레이저 빔의 중앙부의 작은 구가 포획영역이다.

받는다. 따라서 포획 영역에 공간적인 자기장의 경사가 가능해진다. 이를 통해 포획 영역의 바깥에서 무작위로 움직이는 원자들의 공명주파수가 변하여 이 원자들이 입사 레이저장과 더 강하게 반응하게 되어 우선적으로 포획 영역으로 되돌아오게 된다. 냉각되고(감속되고) 포획된 원자들은 흥미롭고 새로운 거동을 보인다. 예를 들어 최근에 원자포획(atom traps)에서 보즈-아인슈타인 응축(Bose-Einstein condensates)이 만들어졌다. 1925년에 보즈와 아인슈타인에 의해 존재가 예견되었던 이 독특한 물질의 상태는 광포획장치 내에 국재화된 이후에야 연구실에서 구현이 가능해졌다. 보즈-아인슈타인 응축에서는 모든 원자들이 포획 시스템의 바닥상태로 응축된다. 이 색다른 물질의 상태에 관한 연구뿐 만 아니라, 냉각된 원자들은 더 우수한 원자시계(atomic clock)나 원자-간섭계(atom-interferometer)를 만드는 데 사용된다(문제 28-18 참조). 루비듐(rubidium) 원자들을 포획하기 위해 반도체 레이저를 사용하면 상대적으로 간단한 광포획장치의 제작이 가능하다. 이는 800 nm 근처에서 적절한 공명 전이를 갖는다.

광집게

두 번째 기술은 1986년[1]에 최초로 단일 레이저 빔을 이용하여 실현되었다. 이 기술은 원자크기부터 1 μm 범위의 작은 물질 조각들을 포획하는 기술로 소위 **광집게**(optical tweezer)라 불린다. 이 기술은 단일 레이저 빔을 포획 장치로 사용한다는 점에서 전 절에서 기술한 도플러 냉각기술과 차별화된다. 광집게 소자는 종종 개량된 현미경으로 사용되며 일반적인 배치는 다음과 같다. 레이저 빔은 현미경의 대상 물체를 관통하여 지나가며,

---

1 A. Ashkin, J. M. Dziedzic, J. E. Bjorkholm and S. Chu. 1986. "Observation of a Single-Beam Gradient Force Optical Trap for Dielectric Particles," *Opt. Lett.*, 11 (5), 288 290.

현미경의 시료 면에 집속된다. 표준 TEM_{00} 가우스 빔의 복사조도 분포를 갖는 빛은 유전 입자들을 초점 영역에 포획할 수 있는 기울기 힘(gradient force)을 생성시킨다. 다른 빔 분포도 이런 특성을 보일 수 있다. 이 과정의 상세한 내용들은 문제 28-19에서 다루기로 한다. 중요한 사실은 빔 초점의 중심으로 향하는 포획력(trapping force)은 빛이 빔의 경로에 있는 물체에 의해 반사되거나 굴절되는 과정에서의 운동량 보존이라는 자연스러운 과정에 의해 발생한다는 점이다. 광집게는 박테리아, 바이러스, 유전체와 금속구, 한 가닥의 DNA의 포획과 조작 그리고 다른 미시적인 물체들의 구분에 사용된다. 세포 세계의 이동과 관련한 생물분자(biological molecules)의 일종인 분자 모터(molecular motors)의 연구는 매우 중요한 관심분야이다. 분자 모터는 생화학적 방식으로 마이크론 크기의 유전체 구(예를 들어 유리)에 부착된다. 다음으로 광집게를 이용하여 포획되고, 눌리고, 늘어나고, 행로가 추적된다. 세포의 운동과 동역학에 대한 이해를 높이는 것에 추가로, 과학자들은 원자나 세포의 운동과 관련한 특정한 임무를 수행하도록 고안된 **나노머신**(nano-machines)의 제작에 분자 모터를 모방하려고 한다. 광집게의 응용범위는 세포의 분류에서부터 체외수정(in vitro fertilization)에 이르기까지 매우 넓다.

28-6 광매개 공진기

임의의 특정한 파장을 갖는 결 맞는 빛을 만드는 것은 레이저 과학자들과 공학자들의 오랜 숙원이다. 넓은 이득대역폭을 가지면서 파장가변의 전자기파 복사가 가능한 광원 역할을 하는 레이저 이득매질들이 몇 가지 있다. 예를 들어, 액체 색소인 로다민 6G(Rhodamine 6G)는 600 nm 근처의 중심파장에서 50 nm나 그 이상의 이득대역폭을 가지며, 이러한 색소들을 몇 가지 선택하여 사용하면 전체 가시광선 파장대역에서 결 맞는 빛을 만드는 것이 가능하다. 전술한 바와 같이, Ti-sapphire 레이저는 650 nm에서 1100 nm 범위의 넓은 대역폭을 갖는다. 특정 파장에서의 결 맞는 빛을 만드는 또 다른 방법으로는 반도체 이득매질의 밴드-갭을 이용하는 방법(band-gap engineering)이 있다. 다시 말해서, 성분 원자들의 특별한 조합과 조성을 갖는 적층 구조의 p-n 접합 층들을 구성하면 특정 파장에서의 발광을 얻을 수 있다. 세 번째 방법은 광매개 공진기(optical parametric oscillator, OPO)를 사용하는 것으로 이 절의 주제이다. 물론 주어진 방식이 특정 파장에서 결 맞는 빛을 방출할 수 있다 하더라도, 이 빛이 해당 응용분야에 부적합한 특성을 나타낼 수도 있다. 예를 들어 광 출력이 범위를 벗어나거나, 필요한 특성을 갖는 펄스를 만들어내지 못하거나, 결맞음 길이가 너무 짧거나, 시스템이 너무 비싸지거나 또는 유지보수가 너무 어렵거나 하는 등등의 문제점들이 있을 수 있겠다.

OPO는 광 공진기 내부에 비선형 매질을 배치하는 방식을 사용한다. 그림 28-5에서는 외부의 **펌프** 빔(pump beam)과 주기분극 리튬-나오베이트[periodically-poled lithium-niobate($LiNbO_3$) 또는 PPLN] 결정을 사용한 하나의 응용을 보여준다. 24장에

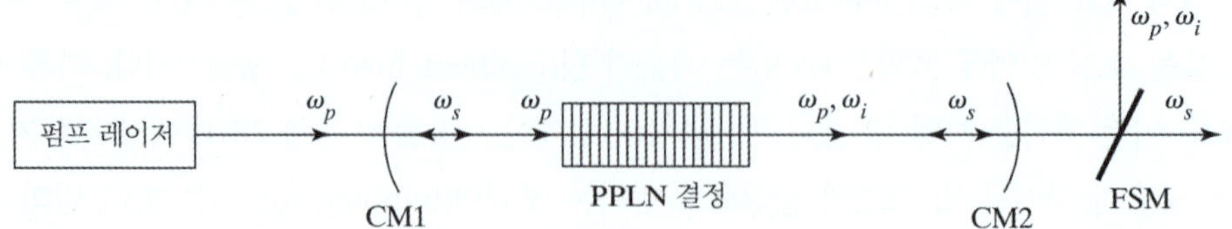

그림 28-5 광매개 공진기. 펌프 빔은 비선형 PPLN 결정 내에서 신호 빔과 아이들러 빔을 생성한다. 주어진 개략도에서, 신호 빔만이 두 개의 거울 CM1과 CM2에 의해 형성된 공진기와 공명하고 펌프 빔과 아이들러 빔은 반사하지 않는다. 추가적인 주파수 선택 거울(frequency selective mirror, FSM)을 사용하면 신호, 아이들러 그리고 펌프 빔을 분리할 수 있다.

서 기술한 3파 혼합(three-wave mixing)에 의해 주파수 ω_p를 갖는 펌프광 출력의 일부가 주파수 ω_s를 갖는 신호파(signal wave)와 주파수 ω_i를 갖는 **아이들러파**(idler wave)로 매개변환(parametric conversion)되며, 둘 중 하나나 둘 모두는 광 공진기와 공명을 일으킬 수 있다. 만일 광 공진기와 공명을 일으키는 파의 생성률이 공진기의 손실률보다 커지면 생성된 파는 레이저 이득매질에서의 발진과 마찬가지로 커지고, 포화되고, 정상상태에 도달한다. 그러나 OPO의 경우에는 생성된 파와 이득매질과의 비선형 매개 상호작용에 의하여 광 공진기 내에 생성된 파의 파장변환이 가능하다. 수많은 다른 구조들도 가능하다. 리튬-나오베이트 비선형 결정을 사용하는 시스템에서, 펌프 빔으로는 예를 들어 Nd:YAG 레이저나 주파수 배증된 Nd:YAG 레이저의 출력 광이 사용될 수 있다. 24장의 결과로부터 펌프 빔에서 신호 빔과 아이들러 빔으로의 효율적인 에너지 변환이 일어나기 위해서는 두 가지 조건이 만족되어야 한다. 첫째로, 에너지 보존의 직접적인 결과로 다음의 식을 얻는다.

$$\hbar\,\omega_p = \hbar\,\omega_s + \hbar\,\omega_i \tag{28-1}$$

두 번째 조건은 위상정합(phase-matching) 조건이다. 만일 세 개의 빔들이 동일직선상에 있다면 위상정합 조건은 다음과 같이 쓸 수 있다.

$$k_p = k_i + k_s \quad \text{또는} \quad n_p\omega_p/c = n_i\omega_i/c + n_s\omega_s/c \tag{28-2}$$

물론 분산에 의해서, 일반적으로 세 개의 굴절률은 같지 않으므로 식(28-1)과 식(28-2)는 주어진 주파수의 펌프 빔에 의해 생성되는 신호 빔과 아이들러 빔의 주파수에 대하여 풀 수 있다.[2] 신호 빔 또는 아이들러 빔(또는 둘 다)은 공진기의 공명주파수와 정합되는 주파수를 가져야 한다. 충분히 강한 펌프 빔에 대하여, 신호 빔 또는 아이들러 빔의 생성률은 충분히 커서 공진기 거울에서의 투과 및 흡수나 그 밖의 다른 손실 요인들에 의한 공진기 손실들을 상쇄하고도 남는다.

OPO 주파수 가변장치

언급한 바와 같이, 식(28-1)과 (28-2)는 주어진 펌프 주파수에 대한 신호 주파수와 아이들러 주파수를 제약한다. 결정의 온도를 변화시키면 서로 다른 신호 및 아이들러 주파수를 만드는 주파수변환이 가능하다. 이러한 온도변화는 굴절률 n_p, n_s 및 n_i를 변화시키

2 굴절률은 그 자체가 진동수의 함수임을 기억하시오.

고 다른 신호 및 아이들러 주파수를 만들어준다. 준위상정합(quasi-phase-matched)된 비선형 결정을 사용하면 좀 더 극적인 주파수변환이 가능해진다. 24장에서 기술한 바와 같이, 준위상정합(QPM)은 물질의 굴절률에 양과 음의 비선형 효과를 교번시킨 결정을 사용하면 가능해진다. 24장에서, 교번하는 비선형 굴절률은 비선형 매개 상호작용에서, 펌프 빔의 에너지가 다른 방향으로 흐르지 않고 신호와 아이들러 빔 쪽으로만 흐르게 하는데 사용된다는 사실을 알았다. 이렇게 교번하는 굴절률은 리튬-나오베이트나 KTP와 같은 비선형 매질의 **주기분극**(periodic poling)에 의해 이루어진다. 분극반전된 결정은 24장에서 논의되었고, 그림 24-2(b)에 소개하였다. 여기서 비선형 굴절률의 교번과 관련한 공간주파수 $K_C = 2\pi/\lambda_C$가 다음의 조건을 만족할 때, QPM은 펌프 빔에서 신호 빔과 아이들러 빔 쪽으로 효율적인 에너지의 이동이 가능하게 한다는 사실은 유용하다.

$$k_p = k_i + k_s + K_C \text{ 또는 } \frac{n_p \omega_p}{c} = \frac{n_i \omega_i}{c} + \frac{n_s \omega_s}{c} + \frac{2\pi}{\lambda c} \tag{28-3}$$

그림 24-2(b)는 $\lambda_C = 2L_C$가 비선형 결정의 주기분극과 관련한 공간적인 주기임을 나타낸다. 따라서 분극반전 주기 λ_C는 식(28-3)의 자유매개변수(free parameter)가 되므로, 식(28-1)과 함께 신호 및 아이들러 빔의 주파수를 결정한다. 분극반전 주기를 다르게 하면 다른 신호 및 아이들러 주파수를 얻는다(문제 28-9 참조). 따라서 주기분극 결정을 이용하면 특정 신호 및 아이들러 주파수를 만들어낼 수 있다. 사실 결정의 횡 방향을 따라 점진적으로 분극반전 주기를 변화시키는 방식으로 단일 결정의 분극반전을 얻을 수 있다. 이 결정을 공진기의 광축(optical axis)이 결정의 다른 영역들과 만나도록 바꾸면, 서로 다른 신호 및 아이들러 주파수의 생성이 가능하다. 주기분극된 리튬-나오베이트를 사용하는 OPO는 0.7 μm에서 4.5 μm의 파장 범위에서 수 와트 정도의 CW 출력(또는 펄스의 평균 출력)을 갖는 결 맞는 빛을 만들 수 있다. OPO의 최대 광출력은 펌프 출력이 너무 높은 경우에 비선형 상호작용에 의해 유도되는 비효율성에 의해 제한된다. 펌프 출력이 신호 및 아이들러 빔으로 변환되는 변환효율(conversion efficiency)의 경우, 50% 이상의 높은 값이 보편적이다.

단일 공명 OPO

일반적인 OPO 장치는 그림 28-5에 도시되어 있다. 단일 공명 OPO에서는 공진기가 신호나 아이들러 빔 중 어느 하나와 공명되도록 조정되며, 둘 모두와 공명되지는 않는다. 예를 들어 조정은 공진기의 길이를 변화시키는 방식으로 이루어진다. 여기서 소위 신호 빔과 아이들러 빔은 임의로 선택할 수 있으므로, 신호 빔이 공진기와 공명을 일으킨다고 가정하자. 그러면 이러한 배치에서 오직 신호 빔만이 1회 왕복운동당 손실보다 더 큰 이득(펌프 빔으로부터의 에너지 이동)을 가지므로 큰 값으로 증가하게 된다. 레이저 이득매질과 함께, OPO에서 초기이득은 공진기 손실에 의해 정해진 특정한 임계이득보다 커져야 한다. 빠르게 커지는 공진기 내의 장은 비선형 변환과정을 포화시킨다. 1회 왕복운동의 이득이 1회 왕복운동의 손실과 같고 정상상태의 진동이 정착될 때까지 이득은 포화된다. 공명을 벗어난 아이들러 빔은 근본적으로, 비선형 결정을 통한 단일 행로 증폭(single pass amplification)에 의해서만 증폭된다. 일반적으로 사용되는 이러한 배치는 장치가 간단하다는 장점이 있지만, 상대적으로 높은 펌프 임계값을 갖는다(펌프 임계값은 신호 빔의 이득이 공진기의 손실을 능가하는 펌프 출력이다). PPLN 결정을 사용한 시스템에서 펌프 임계값은 일반적으로 수 와트 수준이다.

이중 공명 OPO

신호 및 아이들러 빔이 공진기의 공명 조건을 만족하여 신호 및 아이들러 빔이 모두 큰 값으로 증폭되고 정상상태에서 진동하는 배치 또한 가능하다(문제 28-10 참조). 이중 공명 배치에서의 펌프 임계값은 나머지는 유사한 단일 공명 배치에서보다 1/100 정도 작다. 신호와 아이들러 빔이 서로 다른 주파수를 가지고 있기 때문에 각각 서로 다른 공진기 모드에서 공명을 일으킨다. 두 주파수가 공진기 모드 주파수와 초기에도 정합이 되고 지속적으로 정합이 유지되기는 어렵다. 식(28-1)에 나타나 있듯이 신호 주파수와 아이들러 주파수는 반-상관(anti-correlated) 관계를 가지므로, 신호 주파수가 더 높은 주파수로 이동하면 아이들러 주파수는 감소해야 한다. 결과적으로, 신호 빔과 아이들러 빔 모두를 공진기 모드 주파수에서 잠금 상태를 유지하는 피드백 기작(feedback mechanism)을 개발하는 것이 매우 어렵다. 하지만 불가능하지는 않다.

펌프 공명 OPO

펌프가 공진기 모드 주파수와 공명하면 결정이 느끼는 펌프 출력은 공진기 외부의 펌프 출력의 여러 배가 될 수 있다(문제 28-11 참조). 이러한 배치에서, 펌프 주파수를 공진기 모드 주파수에 잠글 수 있다. 증폭된 신호 빔은 자연적으로 낮은 손실을 갖는 공진기 모드 주파수에서 공명한다. 더불어 공명하지 않는 아이들러 빔은 에너지 보존과 위상 정합 조건을 만족하는 주파수를 가진다. 따라서 이러한 배치는 이중 공명하는 공진기보다 유지하기가 더 간단하다. 공진기 내의 공명 조건에서의 펌프 출력의 증가는 외부공진기(extra-cavity)의 펌프 임계값을 줄여준다.

광 매개 공진기는 그 구조가 점점 더 보편화되고 복잡해지고 있다. 현재는 레이저 광원 하나만 가지고 구현할 수 있는 파장, 출력 및 펄스 형태의 범위를 보충해 주는, 중급-출력(moderate-power)이고 주파수 가변인 결맞음 광원으로 활용되고 있다.

28-7 근접장 현미경

마지막으로 나노의 세계로 인도하는 또 다른 광학 탐침 장치(optical probe)인 **근접장 현미**

경(near-field microscopy, NFM)에 대한 논의로 이 장을 마무리하기로 한다. 무수히 많은 NFM 기술들이 있지만, 여기서는 **원자간력 현미경**(atomic force microscopy, AFM)과 **근접장 주사 광학현미경**(near-field scanning optical microscopy, NSOM)의 두 가지를 소개하기로 한다. 이 주사 탐침 현미경(scanning probe microscopes)들은 모두, 표면을 가로질러 물리적으로 움직이는 탐침에 의해 표면의 특성을 측정하고, 영상화한다. 빛의 파장보다 더 작은 크기를 상세하게 분해해내지 못하는 전통적인 광학 현미경들과는 달리, 주사 탐침 현미경의 해상도는 탐침과 시편이 상호작용을 하는 공간의 크기에 의해 제한된다. 주사 탐침 현미경은 10 pm나 그 이하의 길이를 갖는 표면을 상세하게 분해할 수 있으며 어떠한 종류의 고체 물체의 표면도 영상화할 수 있다. 보통 주사 탐침 현미경은 100 μm×100 μm보다 작은 수평 표면적과 높이 편차가 1 μm에 이르는 시편들을 영상화하는 데 사용된다.

원자간력 현미경

최초의 원자간력 현미경은 1986년에 개발되었다. 전형적인 AFM의 구조가 그림 28-6에 도시되어 있다. 이러한 배치에서 탐침 선단(probe tip)은 지지대에 부착되어 영상화하려는 시편의 표면을 가로질러 앞뒤로 주사된다. 탐침의 수직운동을 측정하기 위하여 레이저 빔이 탐침 선단을 지지하는 지지대의 선단으로부터 반사된다. 반사된 빔은 광다이오드 어레이(photodiode array)를 통하여 검출된다. 어레이를 가로지르는 빔의 운동은 탐침 선단의 수직 운동을 나타낸다. 탐침 선단의 수직 운동을 측정하는 다양한 대체 수단들이 있다(문제 28-21 참조).

AFM은 세 가지 기본적인 동작모드가 있다. **접촉 모드**(contact mode), **비접촉 모드**(noncontact mode) 그리고 **태핑 모드**(tapping mode) 또는 동적-접촉 모드(dynamic-contact mode)가 그것이다. 최초로 개발된 접촉 모드에서는 탐침 선단이 시편 표면을 훑고 다니며 표면 접촉력(surface contact force)에 의해 반발되어 오르락내리락한다. 따라서 시편의 평면 표면을 가로질러 주사함에 따라 선단의 편향이 시편의 지형도(topographical map)를 제공한다. 이 방법은 적용은 간단하지만 탐침과 시편이 접촉하기 때문에 야기되는 2차 상호작용 때문에 탐침 선단의 편향과 시편의 실제 지형의 상관관계를 유추하기가 복잡

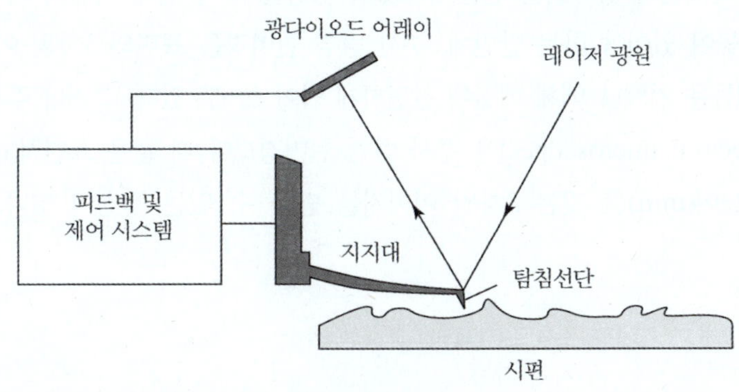

그림 28-6 일반적인 원자간력 현미경.

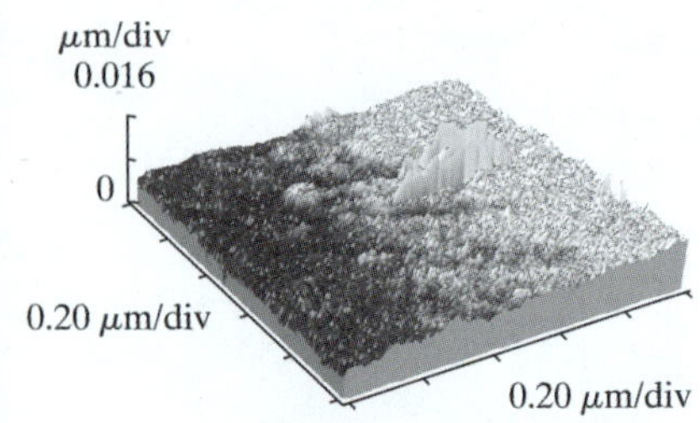

그림 28-7 유리 표면의 원자간력 현미경을 이용한 지형 주사. 유리 표면의 거칠기를 그리는 방식으로 마이크로 및 나노 크기의 특성을 관찰할 수 있다(출처: Chytra Pawashe).

하다. 항력(drag force)은 편향이 측정되는 정확도를 떨어뜨리고, 탐침과 시편의 다른 2차 상호작용들은 시편의 정확한 지형을 왜곡시킨다. 이러한 탐침과 시편의 다른 2차 상호작용 효과들은 시편과 탐침 선단을 유체에 담그는 방식으로 해결된다. 그러나 유체에 담그는 방식은 일부 시편들의 특성을 바꾸거나 나빠지게 할 수도 있다. 비접촉 모드를 사용하면 탐침과 시편의 다른 2차 상호작용들을 완화할 수 있다. 이 방식에서 탐침의 선단은 표면으로부터 5 nm에서 15 nm 정도의 거리를 두게 된다. 이 범위에서는 반데르발스 힘(Van der Waals force)이 선단을 표면 쪽으로 끌어들이며, 표면 쪽으로의 선단의 편향과 시편 표면의 지형의 상관관계를 유추할 수 있다. 하지만 반데르발스 힘은 일반적으로 약하므로 이 모드에서 생성되는 편향 신호도 매우 작다. 세 번째의 보편적인 AFM 동작모드인 태핑 모드에서는, 탐침 선단이 진동하는 방식을 사용하므로 시편과 간헐적으로 접촉을 한다. 태핑 모드에서의 선단의 진동 주파수는 보통 50 kHz에서 500 kHz의 범위를 갖는다. 이러한 고주파의 태핑은, 접촉 모드 동작에서 효율을 떨어뜨렸던 탐침과 시편의 다른 2차 상호작용들을 줄여준다. 태핑 모드 진동의 진폭의 변화와 시편의 지형을 연관시킬 수 있다. AFM으로 측정된 유리 슬라이드 표면의 영상이 그림 28-7에 나와 있다.

근접장 주사 광학현미경

근접장 주사 광학현미경에서 탐침 선단으로는 보통, 광섬유와 같은 광도파로(optical waveguide)의 테이퍼 형 선단(tapered end)을 사용하며, 이를 통하여 레이저 광이 도파되어 시편 표면까지 도달한다. 탐침 선단은 파장보다 작은 크기를 가지며 영상을 얻기 위하여 시편의 가까이에 위치하므로 표면은 광원의 근접장(near field) 범위에 들어간다. 불투명한 표면의 경우에는, 표면 지형과 관련된 신호는 반사에 의해 광섬유 선단을 통해 광섬유로 되돌아오는 광량이 된다. 투명한 표면의 경우에는, 신호는 표면을 통하여 투과되는 광량이 된다. 물론 또 다른 동작 모드들도 있다. NSOM 소자는 50 nm나 그 이하의 크기를 갖는 표면의 특징들을 분해해 낼 수 있다. 근접장 주사 광학현미경은 시편 표면의 지형과 관련한 영상을 제공하는 것뿐만 아니라, 불투명한 시편 표면이나 투명한 시편의 표면 근처의 표면이나 벌크 층(bulk layers)의 광학적 특성을 측정하는 데 이용될 수도 있다.

전자현미경(electron microscopes)도 표면의 고해상도 영상을 만들어낼 수 있다. 전자현미경이 2차원의 영상만을 얻을 수 있고, 영상을 얻기 위해 시편이 거의 진공에 가까운 공간에 놓여 있어야 하는 반면에, 주사 탐침 현미경은 표면의 3차원 이미지를 얻을 수 있고, 시편들은 기체나 액체 매질에 간편하게 담아 둘 수 있다. 그러나 **주사 전자현미경**(scanning electron microscopes)은 주사 탐침 현미경보다 더 넓은 표면적(mm×mm)과 더 큰 최대 높이(mm)를 갖는 3차원 이미지를 만들 수 있는 장점이 있다.

문 제

28-1 **a.** 왜 엑시머 레이저가 특별히 미세수술 응용에 유용한가?

b. 그림 28-1의 흡수곡선은 0.4 μm의 파장에서 시작하는데, 이는 엑시머 레이저의 파장보다 길다. 엑시머 레이저의 파장에서의 물과 헤모글로빈의 흡수 특성을 구하시오.

c. (b)에서 구한 결과를 토대로, 엑시머 레이저를 이용한 외과용 메스와 광 응고에의 유용성에 관하여 논하시오.

28-2 엑시머 레이저를 낮은 손실로 광섬유를 통해 전송할 수 있는 최신 기술에 관하여 조사하시오.

28-3 교재의 그림 28-2에 도시된 후낭 절개술이라는 의료시술에서, 27장에 소개된 분석 도구들을 활용하여, 시술에서 사용되는 수정체의 초점거리, 수정체에서의 빔허리의 스폿크기 그리고 수정체와 각막 사이의 거리를 정하시오. 그림 28-2의 설명에 있는 17°의 수렴각 조건을 준수하시오. 설계하려는 시스템에서, 초점을 맞춘 스폿에서의 빔허리 스폿크기와 초점을 맞춘 빔의 레일리 범위 파라메터(z_0)를 계산하시오. 이 설계 문제에서 레일리 범위의 중요성에 관하여 논하시오. 그림 19-3의 눈의 구조를 참고하면 도움이 될 것이다.

28-4 문제 28-3에서 4 mJ의 펄스에너지와 1 ns의 펄스폭을 가진 Nd:YAG 레이저의 초점을 맞춘 빔허리의 중앙에서의 복사조도를 구하시오. 여기서 얻은 결과와 예제 28-1에서 예시된 값을 비교하시오.

28-5 예제 28-1의 초점을 맞춘 스폿 중앙에서의 전기장의 세기를 계산하시오.

28-6 정지위성에 탑재된 레이저 시스템으로는 5 μrad의 발산각을 갖는 잘 집속된 1.06 μm 파장의 Nd:YAG 레이저를 사용한다.

a. 이 레이저가 지구의 36,205 km 상공에 위치한다면 지구 표면에서의 레이저 빔의 최소지름은 얼마인가?

b. 이 레이저가 200 MW출력의 펄스를 방출한다면 지구 표면에서의 레이저 빔의 펄스당 평균전기장은 얼마인가?

28-7 고출력 레이저나 차폐되지 않은 레이저 빔을 사용하는 사람들은 레이저로 인한 피부나 눈의 손상을 방지하기 위하여 측정을 행해야 한다. 이 목적으로 주어진 레이저에 대한 공칭 위험지역(nominal hazard zones, NHZ)을 설정할 수 있다. NHZ는 정상 동작의 경우에 직사, 반사 및 산란광의 세기가 소정의 최대허용노광(maximum permissible exposure, MPE)을 넘어서는 원추형의 공간을 의미한다. 원추형의 공간 밖에서는 노광량이 정해진 MPE 값보다 작다. 원추형의 공간은 꼭짓점에서 레이저가 나와서 빔 발산전각 ϕ로 R_{NHZ}의 범위를 가지고 퍼져나간다. 초점이 맞지 않은 레이저 빔의 범위는 다음의 식으로 주어진다.

$$R_{NHZ} = \frac{1}{\phi}\left[\left(\frac{4P}{\pi \mathrm{MPE}}\right)^{1/2} - d\right]$$

여기서 P는 레이저의 출력, ϕ는 빔의 발산각, MPE는 면적 당 출력의 단위로 주어지는 최대허용노광 그리고 d는 레이저 출사부의 구경지름이다.

a. 원추형의 NHZ를 개략적으로 그리고 범위 R_{NHZ}와 빔의 발산전각 ϕ를 표시하시오.

b. 50 W의 출력, 3.0 mrad의 빔 발산각, 5.1×10^{-3} W/cm^{2}의 MPE, 10s의 노광시간 그리고 3.0 mm의 출사 구경지름을 갖는 연속발진 Nd:YAG 레이저(λ = 1.06 μm)의 R_{NHZ}를 결정하시오.

28-8 문제 28-7에서 레이저의 출사 빔이 바로 렌즈로 입사하는 경우에 범위 R_{NHZ}는 다음의 식으로 주어진다.

$$R_{NHZ} = \left(\frac{f}{b}\right)\left(\frac{4P}{\pi \mathrm{MPE}}\right)^{1/2}$$

여기서 R_{NHZ}는 빔이 초점에서 퍼지는 정도를 결정하며, f는 렌즈의 초점거리, b는 출사 레이저 빔의 지름, P는 레이저의 출력 그리고 MPE는 최대허용노광이다.

a. 이 초점을 맞춘 레이저 빔의 원추형의 NHZ를 개략적으로 그리시오.

b. 50 W의 출력, 5.0 mm의 출사 구경지름 그리고 초점거리 7.5 cm인 렌즈로 덮은 연속발진 Nd:YAG 레이저에서 8시간의 노광과 1.6×10^{-3} W/cm^{2}의 MPE를 갖는 경우에 R_{NHZ}를 결정하시오.

28-9 PPLN 결정을 이용한 OPO의 신호 및 아이들러 주파수의 가변성을 조사하시오. 특히, 펌프가 (a) Nd:YAG 레이저인 경우와 (b) 진동수 배중된 Nd:YAG 레이저인 경우에 2400 nm 파장의 신호를 만들기 위한 공간주파수 K_C를 구하시오. 동작온도는 실온을 가정하시오(이 문제를 풀기 위해서는 약간의 연구가 필요하다. Sandia National Laboratory 웹사이트에 있는 SNLO라는 무료 소프트웨어 프로그램이 매우 유용할 것이다).

28-10 Nd:YAG 레이저로 펌핑하는 OPO 시스템이 있다. 특정 배치에서 신호 빔이 1500 nm의 파장을 갖는다고 하자.

a. 아이들러 빔의 파장을 구하시오.

b. 공진기 모드 주파수에의 PPLN 결정의 영향을 무시하고 한 쌍의 평면거울을 가진공진기 구조를 가정하여 1

m 근방에서 신호와 아이들러가 공진을 일으킬 수 있는 공진기 길이 d를 구하시오. 즉 공진기 모드 주파수를 $\nu_q = q_c/(2d)$로 놓으시오.

c. 한 개의 평면거울과 한 개의 곡률반지름이 2 m인 거울을 가진 공진기 구조에서 TEM_{00}모드로 신호와 아이들러가 공진을 일으킬 수 있는 1 m 근방의 공진기 길이를 구하여 (b)의 계산을 다시 하시오. 이 경우에 공진기 모드 주파수는 식(27-67)에 의해 주어진다.

28-11 두 개의 거울을 가진 공진기에서 각 거울의 반사율 $R = 0.97$이라고 하자. 100 mW 출력의 공진 광이 공진기 내로 입사한다. 공진기 내부의 빔의 출력을 구하시오.

28-12 1997년과 2001년에 노벨 물리학상을 받은 사람들과 상을 받게 된 그들의 업적을 요약하시오.

28-13 1999년에 노벨 화학상을 받은 사람들과 상을 받게 된 그들의 업적을 요약하시오.

28-14 펨토 초 색소 레이저의 실험 셋업을 기술하는 학술논문들의 내용을 요약하시오.

28-15 실제 커 렌즈를 사용한 모드잠금된 Ti:sapphire 레이저 시스템에 사용된 구경크기와 위치를 구하시오.

28-16 **a.** 산소 분자의 제곱평균제곱근 실온 속력을 구하시오.

b. 2 mK 온도에서의 루비듐 기체시료 내의 원자들의 제곱평균제곱근 속력을 구하시오.

28-17 3 mK 온도에서의 루비듐 원자들로 된 기체 시료의 냉각에 필요한 도플러 디튜닝 δ의 값을 계산하시오(그림 28-3 참조). 전이파장을 800 nm로 놓으시오(식 (4-44)를 사용하면 유용하다).

28-18 다음의 질문에 답하시오.

a. 원자-간섭계란 무엇인가?

b. 원자-간섭계에 관심이 집중되는 이유는 무엇인가?

28-19 광집게 배열상의 초점영역에 존재하는 포획력의 본질을 기술하시오.

28-20 광집게를 이용하여 DNA 연구에 활용된 몇 가지 실험 사례들을 조사하시오.

28-21 원자간력 현미경에서의 팁의 편향을 피에조 저항효과에 의해 측정하는 방법을 기술하시오.

28-22 주사탐침현미경으로 생물학적 시료들을 영상화하는 상세기술을 담은 학술논문들의 내용을 요약하시오.

28-23 표면의 광학적 특성을 측정하기 위하여 NSOM을 사용하는 상세기술을 담은 학술논문들의 내용을 요약하시오.

참고문헌

일반 참조문헌

Born, Max, and Emil Wolf. *Principles of Optics*, 5th ed. New York: Pergamon Press, 1975.

Dichtburn, R.W. *Light*, Vol. 2. New York: Academic Press, 1976.

Fincham,W. H. A., and M. H. Freeman. *Optics*, 9th ed. Boston: Butterworth Publishers, 1980.

Fowles, Grant R. *Introduction to Modern Optics*. New York: Holt, Rinehart and Winston, 1968.

Ghatak, Ajoy K. *An Introduction to Modern Optics*. New York: McGraw-Hill Book Company, 1972.

Goodman, Joseph W. *Introduction to Fourier Optics*, 3d ed. Greenwood Village, CO: Roberts & Company Publishers, 2004.

Guenther, Robert D. *Modern Optics*. New York: John Wiley and Sons, 1990.

Hecht, Eugene, *Optics*, 4th ed. Reading, MA:Addison-Wesley, 2002.

Klein, Miles V. *Optics*. New York: John Wiley and Sons, 1970.

Longhurst, R. S. *Geometrical and Physical Optics*, 2d ed. New York: John Wiley and Sons, 1967.

Meyer-Arendt, Jurgen R. *Introduction to Classical and Modern Optics*, 3d ed. Englewood Cliffs, NJ: Prentice-Hall, 1989.

Moller, K.D. *Optics*. Mill Valley, CA: University Science Books, 1988.

Nussbaum, Allen. *Geometric Optics:An Introduction*. Reading, MA:Addison-Wesley Publishing Company, 1968.

Nussbaum, Allen, and Richard A. Phillips. *Contemporary Optics for Scientists and Engineers*. Englewood Cliffs, NJ: Prentice-Hall, 1976.

Rossi, Bruno. *Optics*. Reading, MA:Addison-Wesley Publishing Company, 1957.

Saleh, B. E. A., and M. C. Teich. *Fundamentals of Photonics*. New York: John Wiley and Sons, 1991.

Siegman, Anthony E. *Lasers*. Mill Valley,CA: University Science Books, 1986.

Steward, E.G. *Fourier Optics: An Introduction*, 2d ed. New York: Halsted Press, 1987.

Strong, John. *Concepts of Classical Optics*. San Francisco: W. H. Freeman and Company Publishers, 1958.

Welford, W.T. *Optics*, 3d ed. New York: Oxford University Press, 1988.

Young, M. *Optics and Lasers*: Including Fibers and Optical Waveguides, 5th ed. New York: Springer-Verlag, 2000.

1장 빛의 성질

Feinberg, Gerald. "Light." *In Lasers and Light,* pp. 4-13. San Francisco:W. H. Freeman and Company Publishers, 1969.

OPN Trends, "The Nature of Light: What is a Photon?" Vol. 3., No. 1, October 2003.

Ronchi,Vasco. *The Nature of Light*. Cambridge: Harvard University Press, 1970.

2장 기하광학

Feynman, Richard P., Robert B. Leighton, and Matthew Sands. *The Feynman Lectures on Physics*, Vol. 1. Reading, MA:Addison-Wesley Publishing Company, 1975. Chs. 26, 27.

Longhurst, R. S. *Geometrical and Physical Optics*, 2d ed. New York: John Wiley and Sons, 1967. Chs. 1, 2.

Rossi, Bruno. *Optics*. Reading, MA:Addison-Wesley Publishing Company, 1957. Chs. 1, 2.

3장 광학기기

Cox, A. *Photographic Optics*, 15th ed. New York: Focal Press, 1974.

Goodman, Douglas S. "Basic Optical Instruments." *In Geometrical and Instrumental Optics*, edited by Daniel Malacara. Boston:Academic Press, 1988.

Horne, D. F. *Optical Instruments and Their Applications*. Bristol, England: Adam Hilger Ltd., 1980.

Klein, Miles V. *Optics*. New York: John Wiley and Sons, 1970. Ch. 4.1: "Radiometry and Photometry."

McLaughlin, R. B. *Special Methods in Light Microscopy*. London: Microscope Publications Ltd., 1977.

Smith, W. J. *Modern Optical Engineering*. New York: McGraw-Hill Book Company, 1966.

4장 파동방정식

Ghatak, Ajoy K. *An Introduction to Modern Optics*. New York: McGraw-Hill Book Company, 1972. Ch. 1.

Hecht, Eugene, and Alfred Zajac. *Optics*. Reading, MA: Addison-Wesley Publishing Company, 1974. Ch. 2.

Resnick, Robert. *Basic Concepts in Relativity and Early Quantum Mechanics*. New York: John Wiley and Sons, 1972. Ch. 2.

5장 파동의 중첩

Ghatak, Ajoy K. *An Introduction to Modern Optics*. New York: McGraw-Hill Book Company, 1972. Ch. 1.

Hecht, Eugene, and Alfred Zajac. *Optic*s. Reading, MA: Addison-Wesley Publishing Company, 1974. Ch. 7.

6장 레이저의 특성

O'Shea, D. C., W.R. Callen, and W.T. Rhodes. *Introduction to Lasers and Their Applications*. Reading MA:Addison-Wesley Publishing Company, 1978.

Saleh, B. E. A., and M. C. Teich. *Fundamentals of Photonics*. New York: John Wiley and Sons, 1991.

Scully, M. O., and M. S. Zubairy. *Quantum Optics*. Cambridge: Cambridge University Press, 1997.

Siegman, A. E. *Lasers*. Mill Valley, CA: University Science Books, 1986.

Verdeyen, J. T. *Laser Electronics*. Englewood Cliffs, NJ: Prentice-Hall, 1995.

7장 빛의 간섭

Feynman, Richard P., Robert B. Leighton, and Matthew Sands. *The Feynman Lectures on Physics*, Vol. 1. Reading, MA:Addison-Wesley Publishing Company, 1975. Chs. 28, 29.

Fincham,W. H. A., and M. H. Freeman. *Optics*, 9th ed. London: Butterworths, 1980. Ch. 14.

Ghatak, Ajoy K. *An Introduction to Modern Optics*. New York: McGraw-Hill Book Company, 1972. Ch. 4.

Hecht, Eugene, and Alfred Zajac. *Optics*. Reading, MA: Addison-Wesley Publishing Company, 1974. Ch. 9.

Longhurst, R. S. *Geometrical and Physical Optics*, 2d ed. New York: John Wiley and Sons, 1967. Chs. 7, 8.

8장 광간섭법

Francon, Maurice. *Optical Interferometry*. New York: Academic Press. 1966.

Hariharan, P. *Optical Interferometry*. Boston: Academic Press, 2003.

Hernandez, G. *Fabry-Perot Interferometers*. New York: Cambridge University Press, 1986.

James, J. F., and R. S. Sternberg. *The Design of Optical Spectrometers*. London: Chapman and Hall Ltd., 1969. Ch. 7.

Reynolds, George O., John B. DeVelis, George B. Parrent, Jr., and Brian J. Thompson. *Physical Optics Notebook: Tutorials in Fourier Optics*. Bellingham, WA: SPIE Optical Engineering Press, 1989. Chs. 22.24.

Robinson, Glen M., David M. Perry, and Richard W. Peterson. "Optical Interferometry of Surfaces." *Scientific American*, July 1991: 66.

Tolansky, Samuel. *An Introduction to Interferometry*. New York: John Wiley and Sons, 1973.

9장 결맞음

Feynman, Richard P., Robert B. Leighton, and Matthew Sands. *The Feynman Lectures on Physics*, Vol. 1. Reading, MA:Addison-Wesley Publishing Company, 1975. Ch. 50.

Parrent, Mark J., and George B. Parrent, Jr. *Theory of Partial Coherence*. Englewood Cliffs, NJ: Prentice-Hall, 1964.

Peřina, Jan. *Coherence of Light*. New York: Van Nostrand Reinhold Co., 1971.

Reynolds, George O., John B. DeVelis, George B. Parrent, Jr., and Brian J. Thompson. *Physical Optics Notebook: Tutorials in Fourier Optics*. Bellingham, WA: SPIE Optical Engineering Press, 1989. Chs. 11, 17, 18.

10장 광섬유 광학

Boyd, Waldo T. *Fiber Optics Communications, Experiments and Projects*. Indianapolis: Howard W. Sams and Co., 1982.

Cheo, Peter K. *Fiber Optics Devices and Systems*. Englewood Cliffs, NJ: Prentice-Hall, 1985. Ch. 4.

Cvijetic, Milorad. *Optical Transmission Systems Engineering*, Boston: Artech House, Inc., 2004. Ch. 2.

Karim, Mohammad A. *Electro-Optical Devices and Systems*. Boston: PWS-Kent Publishing Company, 1990. Ch. 9.

Nerou, Jean Pierre. *Introduction to Fiber Optics*. Sainte-Foy, Quebec: Les Editions Le Griffon D'Argile, 1988.

Palais, Joseph C. *Fiber Optic Communications*. Englewood Cliffs, NJ: Prentice-Hall, 1988.

Yariv, Amnon. *Optical Electronics*, 3d ed. New York: Holt, Rinehart and Winston, 1985. Ch. 3.

11장 프라운호퍼 회절

Ball, C. J. *An Introduction to the Theory of Diffraction*. New York: Pergamon Press, 1971.

Born, Max, and Emil Wolf. *Principles of Optics*, 5th ed. New York: Pergamon Press, 1975. Ch. 8.

Goodman, Joseph W. *Introduction to Fourier Optics*. New York: McGraw-Hill Book Company, 1968. Ch. 3.

Longhurst, R. S. *Geometrical and Physical Optics*, 2d ed. New York: John Wiley and Sons, 1967. Chs. 10, 11.

12장 회절격자

Davis, Sumner P. *Diffraction Grating Spectrographs*. New York: Holt, Rinehart and Winston, 1970.

Feynman, Richard P., Robert B. Leighton, and Matthew Sands. *The Feynman Lectures on Physics*, Vol. 1. Reading, MA: Addison-Wesley Publishing Company, 1975. Ch. 30.

Hutley, M. C. *Diffraction Gratings*. New York: Academic Press, 1982.

Ingalls, Albert G. "Ruling Engines." *Scientific American*, June 1952: 45.

James, J. F., and R. S. Sternberg. *The Design of Optical Spectrometers*. London: Chapman and Hall Ltd., 1969. Chs. 5, 6.

13장 프레넬 회절

Born, Max, and Emil Wolf. *Principles of Optic*s, 5th ed. New York: Pergamon Press, 1975. Ch. 8.

Guenther, Robert. *Modern Optics*. New York: John Wiley and Sons, 1990. Ch. 9.

Longhurst, R. S. *Geometrical and Physical Optics*, 2d ed. New York: John Wiley and Sons, 1967. Ch. 13.

Reynolds, George O., John B. DeVelis, George B. Parrent, Jr., and Brian J. Thompson. *Physical Optics Notebook: Tutorials in Fourier Optics*. Bellingham, WA: SPIE Optical Engineering Press, 1989. Ch. 9.

14장 편광의 행렬 기법

Gerrard, A., and J. M. Burch. *Introduction to Matrix Methods in Optics*. New York: John Wiley and Sons, 1975.

Jones, R. Clark. "A New Calculus for the Treatment of Optical Systems." *Journal of the Optical Society*, Vol. 31, 1941: 488.

Shurcliff, W. A. *Polarized Light: Production and Use*. Cambridge: Harvard University Press, 1962.

15장 편광의 생성

Feynman, Richard P., Robert B. Leighton, and Matthew Sands. *The Feynman Lectures on Physics*, Vol. 1. Reading, MA: Addison-Wesley Publishing Company, 1963. Chs. 32, 33.

Goure, J-P, and I. Verrier. *Optical Fibre Devices*, Bristol and Philadelphia: Institute of Physics Publishing, 2002.

Kittel, Charles, *Introduction to Solid State Physics*. New York: John Wiley & Sons, 1986.

Kliger, David S. *Polarized Light in Optics and Spectroscopy*. Boston: Academic Press, 1990.

Meyer-Arendt, Jurgen R. *Introduction to Classical and Modern Optics*, 3d ed. Englewood Cliffs, NJ: Prentice-Hall, 1989. Ch. 4.2.

Shurcliff, W. A., and S. S. Ballard. *Polarized Light. Princeton*, NJ: D.Van Nostrand Company, 1964.

Weisskopf, Richard F. "How Light Interacts with Matter." In *Lasers and Light*, pp. 14-16 San Francisco: W. H. Freeman and Company Publishers, 1969.

16장 홀로그래피

Francon, Maurice. *Holography*. New York: Academic Press, 1974.

Reynolds, George O., John B. DeVelis, George B. Parrent, Jr., and Brian J. Thompson. *Physical Optics Notebook: Tutorials in Fourier Optics*. Bellingham, WA.: SPIE Optical Engineering Press, 1989. Chs. 25-27.

Smith, Howard Michael. *Principles of Holography*. New York: John Wiley and Sons, 1975.

Stroke, George W. *An Introduction to Coherent Optics and Holography*, 2d ed. New York: Academic Press, 1969.

Vest, C. M. *Holographic Interferometry*. New York: John Wiley and Sons, 1979.

17장 광검출기와 디스플레이

Budde, W. *Physical Detectors of Optical Radiation*. Optical Radiation Measurements Series, Vol. 4. New York: Academic Press, 1983.

Davis, Christopher C. *Lasers and Electro-Optics*, Cambridge: Cambridge University Press, 1996. Ch. 22.

Grum, Franc, and Richard J. Becherer. *Radiometry*. Optical Radiation Measurements Series, Vol. 1. New York: Academic Press, 1979.

Kingston, R. H. *Detection of Optical and Infrared Radiation*. New York: Springer-Verlag, 1978.

Malacara, Zacarias H., and Morales R. Arquimedes. "Light Sources." In *Geometrical and Instrumental Optics*, edited by Daniel Malacara. Boston: Academic Press, 1988.

Nussbaum, Allen. *Geometric Optics: An Introduction*. Reading, MA: Addison-Wesley Publishing Company, 1968. Ch. 6.

Saleh, B. E. A., and M. C. Teich, *Fundamentals of Photonics*. New York: John Wiley & Sons, Inc., 1991. Ch. 6.

Stimson, A. *Photometry and Radiometry for Engineers*. New York: Wiley-Interscience, 1974.

18장 근축 광학의 행렬 해법

Brouwer, William. *Matrix Methods in Optical Instrument Design*. New York: W. A. Benjamin, 1964.

Fincham, W. H. A., and M. H. Freeman. *Optics*, 9th ed. Boston: Butterworth Publishers, 1980. Chs. 8, 9, 19.

Gerard, A., and J. M. Burch. *Introduction to Matrix Methods in Optics*. New York: John Wiley and Sons, 1975.

Kingslake, Rudolf. *Lens Design Fundamentals*. New York: Academic Press, 1978. Chs. 2, 3, 7.

Nussbaum, Allen, and Richard A. Phillips. *Contemporary Optics for Scientists and Engineers*. Englewood Cliffs, NJ: Prentice-Hall, 1976. Ch. 1.

19장 안광학

Feynman, Richard P., Robert B. Leighton, and Matthew Sands. *The Feynman Lectures on Physics*, Vol. 1. Reading, MA: Addison-Wesley Publishing Company, 1975. Chs. 35, 36.

Fincham, W. H. A., and M. H. Freeman. *Optics*, 9th ed. Boston: Butterworth Publishers, 1980. Ch. 20.

Michaels, D. D. *Visual Optics and Refraction*, 2d ed. St. Louis: C. V. Mosby Company, 1980.

Rubin, M. L. *Optics for Clinicians*, 2d ed. Gainesville, FL: Triad Scientific Publishers, 1974.

Sliney, D. H., and M. L. Wolbarsht. *Safety with Lasers and Other Optical Sources: A Comprehensive Handbook*. New York: Plenum Press, 1980.

20장 수차 이론

Fincham, W. H. A., and M. H. Freeman. *Optics*, 9th ed. Boston: Butterworth Publishers, 1980. Ch. 18.

Guenther, Robert D. *Modern Optics*. New York: John Wiley and Sons, 1990. Appendix 5-B.

Kingslake, Rudolf. *Lens Design Fundamentals*. New York: Academic Press, 1978.

Nussbaum, Allen. *Geometric Optics: An Introduction*. Reading, MA: Addison-Wesley Publishing Company, 1968. Chs. 7, 8.

Smith, F. Dow. "How Images Are Formed." *Scientific American*, Sept. 1968: 59.70.

Welford, W. T. *Aberrations of Optical Systems*. Boston: Adam Hilger Ltd., 1986.

21장 푸리에 광학

Bell, Robert John. *Introductory Fourier Transform Spectroscopy*. New York: Academic Press, 1972.

Duffieux, P. M. *The Fourier Transform and Its Applications to Optics*, 2d ed. New York: John Wiley and Sons, 1983.

Francon, M. *Optical Image Formation and Processing*. New York: Academic Press, 1979.

Goodman, Joseph W. *Introduction to Fourier Optics*. New York: McGraw-Hill Book Company, 1968.

Lee, S. H., ed. *Optical Information Processing, Fundamentals*. New York: Springer-Verlag, 1981.

Matthys, D. R., and F. L. Pedrotti. "Fourier Transforms and the Use of a Microcomputer in the Advanced Undergraduate Laboratory." *American Journal of Physics*, Vol. 50, 1982: 990.

Steward, E. G. *Fourier Optics: An Introduction*, 2d ed. New York: Halsted Press, 1987. Chs. 4, 5.

Strong, John. *Concepts of Classical Optics*. San Francisco: W. H. Freeman and Company Publishers, 1958. Appendix F.

22장 다층 박막 이론

Chopra, Kasturi L. *Thin Film Phenomena*. New York: McGraw-Hill Book Company, 1969.

Heavens, O. S. *Thin Film Physics*. New York: Barnes and Noble, 1970.

Knittl, Z. *Optics of Thin Films, an Optical Multilayer Theory*. New York: John Wiley and Sons, 1976.

Macleod, H. A. *Thin Film Optical Filters*. New York: American Elsevier Publishing Company, 1969.

23장 프레넬 식

Dichtburn, R. W. *Light*, Vol. 2. New York: Academic Press, 1976. Ch. 14.

Longhurst, R. S. *Geometrical and Physical Optics*, 2d ed. New York: John Wiley and Sons, 1967. Ch. 21.

Rossi, Bruno. *Optics*. Reading, MA: Addison-Wesley Publishing Company, 1957. Ch. 8.

24장 비선형 광학과 빛의 변조

Butcher, P. N., and D. Cotter. *The Elements of Nonlinear Optics*. New York: Cambridge University Press, 1990. Ch. 6.

Kaminov, Ivan P. *An Introduction to Electrooptic Devices*. New York: Academic Press, 1974. Ch. 3.

Pedrotti, Frank L., and Peter Bandettini. "Faraday Rotation in the Undergraduate Advanced Laboratory." *Am. J. Phys.*, Vol. 58, June 1990: 542.

Yariv, Amnon. *Optical Electronics*, 3d ed. New York: Holt, Rinehart and Winston, 1985. Ch. 8.

25장 물질의 광학적 특성

Feynman, Richard P., Robert B. Leighton, and Matthew Sands. *The Feynman Lectures on Physics*, Vol. 1. Reading, MA: Addison-Wesley Publishing Company, 1975. Ch. 31.

Javan, Ali. "The Optical Properties of Materials." *Scientific American*, Sept. 1967: 238.

Sommerfeld, Arnold. *Optics*. New York: Academic Press, 1964. Ch. 3.

26장 레이저의 동작원리

Davis, Christopher C. *Lasers and Electro-Optics*. Cambridge: Cambridge University Press, 1996. Ch. 22.

Scully, M. O., and M. S. Zubairy. *Quantum Optics*. Cambridge: Cambridge University Press, 1997.

Siegman, A. E. *Lasers*. Mill Valley, CA: University Science Books, 1986.

Verdeyen, J. T. *Laser Electronics*. Englewood Cliffs, NJ: Prentice-Hall, 1995.

27장 레이저 빔의 특성

Gerrard, A., and J. M. Burch. *Introduction to Matrix Methods in Optics*. New York: John Wiley and Sons, 1975.

Saleh, B. E. A., and M. C. Teich. *Fundamentals of Photonics*. New York: John Wiley and Sons, 1991. Chs. 3, 9.

Siegman, Anthony E. *Lasers*. Mill Valley, CA: University Science Books, 1986. Chs. 16, 17.

Verdeyen, J. T. *Laser Electronics*. Englewood Cliffs, NJ: Prentice-Hall, 1995.

28장 레이저의 응용

Berns, Michael H., and Donald E. Rounds. "Cell Surgery by Laser." *Scientific American*, Feb. 1970: 98.

Faller, James E., and E. Joseph Wampler. "The Lunar Laser Reflector." *Scientific American*, Mar. 1970: 38.

Lasers and Optronics. Morris Plains, NJ: Elsevier Communications. Trade journal, published monthly.

Optics and Photonics. Washington, DC: Optical Society of America. Published monthly.

Photonics Spectra. Pittsfield, MA: Laurin Publishing Co. Trade journal, published monthly.

Saleh, B. E. A., and M. C. Teich. *Fundamentals of Photonics*. New York: John Wiley and Sons, 1991. Chs. 3, 9.

Vali, Victor. "Measuring Earth Strains by Laser." *Scientific American*, Dec. 1969: 88.

Yariv, Amnon. *Optical Electronics*, 3d ed. New York: Holt, Rinehart and Winston, 1985.

문제해답

chapter 1

1-1 (a) 6.6×10^{-34} m (b) 3.9 Å

1-2 3.6×10^{-17} W

1-3 3.27과 1.61 eV

1-4 0.024 Å; 2.7×10^{-22} kg-m/s

1-5 0.511 MeV

1-6 1.422 MeV/c

1-9 (a) 1.49×10^{-18} kg-m/s (b) 4.45×10^{-16} m (c) 4.22×10^{-16} m

1-10 2.77×10^{17}

1-12 3.9×10^{14} Hz부터 7.9×10^{14} Hz까지

1-13 1.5 m

1-14 0.83 m

1-15 (a) 0.3 ms (b) 0.1 m

1-16 (a) 39.8 W/sr (b) 10^6 W/m^2 (c) 9.95 W/m^2 (d) 0.0195 W

1-17 (a) 0.0096° (b) 8.73×10^{-8} sr (c) 76.4 W/m^2 (d) 8.75×10^{10} W/(m$^2 \cdot$ sr)

chapter 2

2-1 $t = (\Sigma_i n_i x_i)/c$

2-2 $1.25(x^2 + y^2) + 70(x^2 + y^2)^{1/2} - 135x + 800 = 0$

2-3 4.00 mm

2-4 3 ft, 사람 눈의 높이와 사람 머리 꼭대기 사이의 절반 높이에 거울의 상단 가장자리를 놓는다.

2-5 광선이 바닥에서 45°로 나간다.

2-6 바닥면으로부터 반사, 1.60

2-7 1.55

2-8 1.153 cm

2-9 8 cm

2-10 공기방울부터 나간 광선이 유리반구의 평면을 통과하여 굴절한다. 또한 구면거울로부터 반사한 후에 유리반구의 평면을 통과하여 굴절한다. 직접적으로 두 상이 생기는데, 평면으로부터 3.33 cm와 10 cm에 생긴다.

2-11 12.5 cm, 75 cm

2-12 가까운 면의 뒤쪽으로 10 cm, 3×

2-13 (a) $f = n_1R/(n_2 - n_1)$ (b) 각각 $R > 0$(볼록)과 $R < 0$(오목)

2-14 (a) 중심, 실제크기의 $\frac{4}{3}$ (b) 유리 뒤쪽으로 6.4 cm, 실제크기의 $\frac{8}{7}$

2-15 허상, 도립상, 창으로부터 15 cm 거리, 물체크기의 2배

2-16 13.0 cm

2-17 +20 cm와 −20 cm

2-18 렌즈 뒤쪽으로 22.5 cm, 실제크기의 1.50배

2-19 (a) **−6.7 cm** (b) **−10 cm 또는 −60 cm**

2-20 **−50 cm**

2-21 (a) 물체 앞쪽으로 3.33 mm (b) 정립상이고 확대상이다.

2-22 렌즈로부터 $(21/34)f$ 되는 렌즈와 거울 사이의 거리에 최종상 생김, 허상, 도립상, 원래 크기의 $\frac{1}{17}$

2-23 (a) **33.3 cm, 2 ×** (b) **86.67 cm, 2 ×** (c) **7.37 cm, −0.316 ×**

2-24 1.63

2-25 150 cm와 600 cm, 도립상

2-26 (a) 10, 5, −2.5 디옵터; 12.5 디옵터 (b) **8.33 m^{-1}, 4.17 m^{-1}; 24 cm**

2-30 $f_1/f_2 = n/(n-1)$

2-31 $s = s' = 2f$에서

2-32 (b) $\Sigma_i\,(t_i \tan\theta_i)$

2-33 렌즈의 평면 쪽으로 입사: 렌즈를 지나서 8 cm, 렌즈의 구면 쪽에서, 렌즈를 지나서 5.33 cm

2-34 **+40 cm, +30 cm; −30 cm, −40 cm**

2-35 25,000 ft

2-36 직선상은 실상이고, 렌즈를 지나서 18.5 cm에 결상되며, 길이가 15.75 cm이다.

2-37 직선상은 렌즈에서 물체 쪽 방향으로 65.2 cm 거리에 생긴 길이가 5.65 cm인 허상이다.

2-38 직선상은 렌즈에서 물체 쪽 방향으로 11.11 cm 거리에 생긴 길이가 2.80 cm 인 허상이다.

2-39 직선상은 렌즈에서 물체 쪽 방향으로 13.33 cm 거리에 생긴 길이가 0.67 cm 인 허상이다.

2-40 직선상은 렌즈에서 물체 쪽 방향으로 21.4 cm 거리에 생긴 길이가 17.97 cm 인 허상이다.

chapter 3

3-1 입사동은 스톱이다. 출사동은 렌즈 앞쪽으로 3.33 cm의 거리에 있으며, 구경은 3.33 cm이다. 상은 렌즈 뒤쪽으로 10 cm에 생기며 도립상이고 길이는 2 cm이다.

3-2 출사동은 스톱이다. 입사동은 렌즈 뒤쪽으로 의 거리에 있으며, 구경은 4.29 cm이다. 상은 렌즈 뒤쪽으로 10.5 cm에 생기며 도립상이고 길이가 3 cm이다.

3-3 입사동은 스톱이다. 출사동은 렌즈 앞쪽으로 12 cm의 거리에 있으며, 구경은 6 cm이다. 상은 렌즈 뒤쪽으로 10.5 cm에 생기며 도립상이고 길이가 1.5 cm이다.

3-4 (b) L_2의 오른쪽 20 cm (c) L_1에서 양쪽 (d) L_2를 지나 8.57 cm에 생기며 직경이 $\frac{4}{7}$ cm

(e) A에 시야조리개, 물체면에 직경 1 cm의 입사창 (f) **2.86°**

3-5 (a) 직경 6 cm의 렌즈
(b) 입사창은 L_1의 오른쪽으로 12 cm에 반경 9 cm로 생긴다. 출사창은 직경 6 cm의 렌즈 L_2이다.

3-7 53′

3-8 (a) 크라운 유리: $A = 1.511$, $B = 4240\ \text{nm}^2$, $n_D = 1.523$, 프린트 유리: $A = 1.677$, $B = 13{,}190\ \text{nm}^2$, $n_D = 1.715$
(b) 크라운 유리: $-4.146 \times 10^{-5}\ \text{nm}^{-1}$, 프린트 유리: $-1.290 \times 10^{-4}\ \text{nm}^{-1}$
(c) 크라운 유리: **3110, 1.9 Å**, 프린트 유리: **9675, 0.61 Å**

3-9 (a) **50.0°** (b) **1/55.5** (c) $A = 1.6205$, $B = 6073.7\ \text{nm}^2$; $4.297 \times 10^{-5}\ \text{nm}^{-1}$ (d) **1.12 m**

3-10 0.01909

3-11 **5.99°, 2.16′**

3-12 **4.82°, 4.37°**

3-13 (a) $M_e = 10^4\ \text{W/m}^2$, $I_e(\theta = 0) = 7.96\ \text{W/sr}$, $L_e = 3180\ \text{W/m}^2\text{-sr}$
(b) 1.56×10^{-4} **W** (c) **35.9 W/m²**

3-15 **5.7 cm**

3-16 $f = 53.3$ **cm, 13.33 cm, 1.86 cm**

3-17 5.3에서 7.0 ft까지

3-18 $1.3 \times 10^5\ \text{W/cm}^2$

3-19 (a) 0.90 cm (b) **5.45 cm, 3 ×**

3-20 (a) 27.8 cm (b) ***f*/3.1, *f*/5.4, *f*/9.4** (c) **16.0, 9.26, 5.35 mm** (d) **0.03, 0.09, 0.27 s**

3-22 (a) 2.8 cm (b) **10 ×**

3-23 (a) **320 ×** (b) 0.516 cm

3-24 (a) **46.7 ×** (b) **8.68 cm**

3-25 5 cm

3-26 14.9 cm

3-27 (a) **7 ×** (b) 2 cm (c) 5 mm (d) 2.3 cm (e) 337 ft

3-28 (b) **7.50 ×; 8.70 ×**

3-29 1.05 cm

3-30 (a) 8 cm, 3× (b) 7.38 cm, 2.6×

3-31 대물렌즈로부터 1.25 cm 더 움직임

3-32 (a) 1.25× (b) 15× (c) 0.13 cm, 3 mm (d) **3.8°**

3-34 −2.5 ft, −180×

chapter 4

4-1 $y = ae^{-b(x+10t)^2}$

4-2 (a) $y = \dfrac{4\text{m}^3}{(x + (2.5\ \text{m/s})t)^2 + 2\ \text{m}^2}$

4-3 (a) (1)과 (2) $w = z + vt$ w: $y = A\sin^2(4\pi w)$ $y = Aw^2$
(b) (i) z-방향으로 $v = 1$ m/s; (ii) x-방향으로 $v = 1$ m/s

4-4 x-방향으로 **10 m/s in**

4-5 (a) $\psi = 2\sin[2\pi(z/5\ \text{m} + t/3\ \text{s})]$ (b) $\psi = 2\sin(2\pi/5)\left(z/\text{m} + \frac{5}{3}t/\text{s}\right)$
(c) $\psi = 2\exp[(2\pi i(z/5\ \text{m} + t/3\ \text{s})]$

4-6 (a) $y = (5\text{ m})\sin(\pi x/25\text{ m})$ (b) $y = (5\text{ m})\sin[(\pi/25)(x/\text{m} + 8)]$

4-7 (a) 0.01 cm (b) 1000 Hz (c) 628.3 cm^{-1} (d) 6283 s^{-1} (e) 1 ms (f) 10 cm/s (g) 10 cm

4-8 (a) y-방향으로 $+1$ (b) x-방향으로 $-C/B$ (c) z-방향으로 C

4-9 $y = 15\sin(kx + \pi/3)$

4-10 (b) $\pi/2, \pi/3, 0, -\pi/2, 0.6\pi$ (c) 각각에서 $\pi/2$를 빼시오.

4-11 (a) $A\sin(2\pi/\lambda)(z - vt)$ (b) $A\sin(2\pi/\lambda)(\sqrt{2}x \pm vt)$ (c) $A\sin(2\pi/\lambda)\left[(\sqrt{3}/3)(x + y + z) \pm vt\right]$

4-15 $E = 870\text{ V/m}, B = 2.90 \times 10^{-6}\text{ T}$

4-16 (a) $5 \times 10^{-7}\text{ T}$ (b) 19.88 W/m^2

4-17 (a) $1.01 \times 10^3\text{ V/m}, 3.37 \times 10^{-6}\text{ T}$ (b) $4.76 \times 10^{21}/\text{m}^2\text{-s}$
(c) $E = 1010\sin 2\pi(1.43 \times 10^6 r + 4.28 \times 10^{14} t)$, r은 m 단위이고 t는 s 단위임.

4-18 (a) $8.75 \times 10^{-3}\text{ W/m}^2, 2.57\text{ V/m}$ (b) $2 \times 10^{13}\text{ W/m}^2, 1.23 \times 10^8\text{ V/m}, 0.410\text{ T}$

4-21 $v = 0.168c$

4-22 $v = -0.917c$

4-23 $2\,\Delta\lambda = 0.12\text{ Å}$

chapter 5

5-1 (a) 파동은 x축을 따라 서로 반대방향으로 움직이는데, E_1은 오른쪽으로, E_2는 왼쪽으로 움직이되, 둘 다 $\frac{4}{3}$ m/s의 속력이다. (b) $t = \frac{3}{4}\text{s}$ (c) $x = 1\text{ m}$

5-2 (b) $E_R = 8.53\cos(0.20\pi - \omega t)$

5-3 $E_R = 6.08\cos(0.36\pi - 2\pi t/\text{s})$

5-4 $y = 11.6\sin(\omega t + 0.402\pi)$

5-5 $E = 0.695\cos(0.349 - \pi t/\text{s})$

5-6 (a) 2 V/m (b) 0.2 V/m

5-7 $\psi(t) = (2.48\text{ cm})\cos(2.51 - (20/\text{s})t)$

5-8 (a) $v_g = v_p[1 - (\omega/n)(dn/d\omega)]$ (b) $v_g < v_p$

5-9 $c/1.56$

5-10 $v_p = c/1.5; v_g = c/1.73$

5-12 $v_g = A =$ 상수

5-14 $2(v/c)v_0$

5-15 14 cm; 1.57 cm; 0.785 cm; 0 cm/s; T 초

5-16 (a) 1.5 cm; 25 Hz; 20 cm; 5 m/s; 반대 방향 (b) 10 cm (c) -3 cm; 0 cm/s; $7.40 \times 10^4\text{ cm/s}^2$

5-18 40

chapter 6

6-1 (a) 122 nm, 103 nm, 97.3 nm; 자외선 (b) 656 nm 486 nm, 434 nm; 가시광

6-2 (a) no (b) 91.2 nm 이하 (b) 365 nm 이하

6-3 (a) $2.4 \times 10^{-21}\text{ J} = 0.015\text{ eV}$ (b) 0.55

6-4 (a) $8.6 \times 10^{-20}\text{ J} = 0.54\text{ eV}$ (c) 5×10^{-10}

6-6 e^{-76}

6-10 (a) 0.4830 μm (b) 0.0756 W

6-11 6266 K; 462.5 nm

6-12 6105 K

6-15 0.45 nm

6-16 10^{-5} s; 3000 m (b) 5×10^{-10} s; 15 cm

6-17 6

6-18 (a) half angle spread: 0.4 mrad (b) 80 cm.

6-19 3.6 mm

6-20 (a) 0.81 μm; 0.75 μm; 0.585 μm; 0.525 μm (b) 76%; 70%; 55%; 49%

6-21 (a) 31.5 W (b) 1.26%

chapter 7

7-1 (a) 11,945와 21,235 W/m^2 (b) 12,960 W/m^2 (c) 33,200 W/m^2 (d) 0.95

7-2 0.86, 0

7-3 0.8; 3.73/1

7-4 (b) 1.78, 2.55, 4.00, 13.9

7-5 로이드 거울에 의한 간섭무늬는 그 간격이 0.273 mm로 슬릿에 평행하게 생긴다. 이 간섭무늬의 복사조도는 $I = 4I_0 \sin^2(115y)$인데, y는 거울면으로부터 측정한 거리로 cm 단위이다.

7-6 509 nm

7-7 514.5 nm

7-8 결맞는 빔을 얻기 위해서; 800 nm

7-9 (a) 83.3 cm (b) 83.3 개 (c) 150 nm

7-10 556 nm, 455 nm

7-11 20.3′

7-12 6′5″

7-13 35′40″

7-14 9.09×10^{-5} cm; 각각 4차와 3차

7-15 498 nm

7-16 1.33; 103 nm

7-17 (a) 2.78% (b) 89.3 nm (c) 1%

7-18 비누막은 중력하에서 쐐기 형태가 된다. 쐐기각은 1′14″이다.

7-19 15

7-20 1.16×10^{-3} cm

7-21 1.09 mm; 184

7-23 3 m

7-25 603.5 nm; 2.39 mm; 2.87×10^{-4} cm

7-26 928 nm

7-27 (a) 980 V/m (b) 30° (c) $r' = 0.28$; $tt' = 0.9216$ (d) 274, 253, 19.8 V/m; 7.8%, 6.7%, 0.041%
(e) 903, 70.8 V/m; 85%, 0.52% (f) 258 nm

chapter 8

8-1 436 mm

8-2 한 거울이 빛 가르개에서 반사된 다른 거울의 상과 0.0172°의 쐐기 모양의 각도를 이룬다. 따라서 피조 무늬가 나타난다.

8-3 23.75 μm

8-4 (a) 80,000; (b) 79,994

8-5 (a) $n = 1 + N\lambda/2L$ (b) 153

8-6 (a) 11.2° (b) 45.9°

8-7 79.1 nm 또는 $\lambda/8$

8-8 (a) 48,260 (b) 0.01013 cm

8-9 (a) 3.996×10^6 (b) 3.16×10^6 (c) 0.318 mm (d) 6.29 Å (e) 0.002 Å

8-10 (a) 329,670 (b) 361 (c) 9.8×10^6

8-11 2.18 cm

8-12 0.161 mm

8-13 (a) 360° (b) 180° (c) 2

8-14 1; 0.47

8-15 (a) $R = \dfrac{4r^2 \sin^2 \delta/2}{(1 - r^2)^2 + 4r^2 \sin^2 \delta/2}$

8-16 16

8-17 손실 없는 거울들에 대하여, $R_{1,2} \equiv |r_{1,2}|^2$, $T = \dfrac{(1 - R_1)(1 - R_2)}{(1 - \sqrt{R_1R_2})^2 + 4\sqrt{R_1R_2} \sin^2 \delta/2}$; $R = 1 - T$

8-18 (a) 70 (b) 1.5 GHz (c) 21 MHz (d) 2.2×10^7 (e) 8 ns

8-20 9.99×10^5; 1570; 3.14×10^8; 8.4×10^{-8}; 3.14×10^8; 1.6×10^{-6} nm; 250 nm; 0.16 nm; 3 GHz; 1.91 MHz

8-21 (a) 0.5 μm (b) 2×10^{-8} μm (c) -2.48×10^{-6} μm

8-22 (a) 10.6 GHz (b) 0.83 GHz; 0.62 GHz

chapter 9

9-1 $f(x) = (4/\pi)\left(\sin kx + \frac{1}{3}\sin 3kx + \frac{1}{5}\sin 5kx + \cdots\right)$

9-2 $f(t) = \dfrac{E_0}{\pi} + \dfrac{E_0}{2}\cos \omega t + \dfrac{2E_0}{3\pi}\cos 2\omega t - \dfrac{2E_0}{15\pi}\cos 4\pi t + \cdots$

9-3 $g(\omega) = \dfrac{\sigma h}{\sqrt{2\pi}} e^{(-\sigma^2\omega^2)/2}$

만약 처음 것의 폭이 σ라면, 나중 것의 폭은 $1/\sigma$이다. 따라서 원래의 가우스 함수가 좁아지면 스펙트럼은 넓어지고, 역으로도 같다.

9-4 $|g(\omega)|^2 = (A^2\tau_0^2/4\pi^2)(\sin u/u)^2$, 여기에서 $u = \omega\tau_0/2$ 이다.

9-5 협대역필터는 1보다 더 나은 결맞음 길이를 갖는다: 3.48×10^{-5} m

9-6 1.3 fm; 106 Hz; 300 m

9-7 0.0243 mm

9-8 (a) 0.00138 nm (b) 1 ns

9-9 2.5 mm

9-10 0.0625 cm; 2.08×10^{-12} s

9-11 0.144 cm

9-12 4×10^{-7} Å; 3×10^4 Hz

9-13 (a) 2.08×10^{-12} s, 0.0625 cm (b) 0.36, 0.36 (c) 53

9-14 1.01×10^{-4} cm, 2.90×10^{-6} cm^2; 1.8, 35

9-15 (b) 2.55

9-17 0.998, 0.63

9-18 0.937, 0.686, 15.95 cm

9-19 (a) 0, 0, 0.596 cm (b) 0.895 mm

chapter 10

10-1 672

10-2 (a) 3천 2백만 (b) 67 만

10-3 (b) 1284

10-4 (a) 68.1° (b) 0.567 (c) 34.5°

10-5 (a) 0.64 (b) 79.5° (c) 6624, 3281

10-6 (c) 432 μm; 429 μm; 10.07 m

10-7 159

10-8 10.2 μm

10-9 양쪽 편광을 모두 계산하여, 12와 120

10-10 −70 db/km

10-11 0.080 mW

10-12 3.33 km; 10 km

10-13 0.136 db/km

10-14 (b) 1.25 db, 6.02 db, 10 db, 20 db

10-15 (a) 1.0069 km; 1 km (b) 4.900 μs; 4.867 μs

10-16 431 ns; 2.32 MHz

10-17 77.2 ns

10-18 14.6 ns/km

10-20 457 ps; 1/146

10-21 25 MHz

10-22 (a) 4 ns (b) 0.4 ns

10-23 48.9 ns

10-24 (b) 3.9 ps/km; 4.3 ps/km

10-25 (a) 50.5 ns; 1.075 ns; 0.075 ns (b) 50.5 ns

10-27 (a) 100 GHz (b) 4 THz

10-28 (a) 어떤 ΔL도 정확히 정수 m으로는 식(10-21)과 (10-22)을 만족시키지 못하나, 근사해는 많이 존재한다. 그 중 하나는 $\Delta L = 950.01\lambda_1 = 950.500\lambda_2$이다. (b) 출력 2 (c) 0.94

chapter 11

11-1 (a) 0.218 cm (b) 0.218 cm

11-2 0.090

11-3 (a) 0.135 mm (b) 139

11-4 496 nm

11-5 2.125, 1.44, 0.778, 그리고 0.55 μm

11-6 (a) 15° (b) 0.678, 0.166, 0, 0.0461

11-7 (a) 4.477 π; 5.482 π (b) 1/199; 1/298

11-8 단일 슬릿: 0.047, 0.017; 원형 개구: 0.018, 0.0042

11-9 1.68×10^{-3} cm; 2.75×10^{-3} cm

11-10 8.4×10^{-4} cm

11-11 직경 9725 km; 2.69×10^{-11} W/m^2

11-12 5.2 m

11-13 5.3 miles

11-14 3~10.4 m

11-15 (a) 0.400 mm (b) 0.8106, 0.4053, 0.09006

11-16 (b) 2.10 mm

11-17 (b) 20

11-20 0.875, 0.573, 0.255, 0.0547, 0

11-22 (a) $I = I_0 \dfrac{\sin^2(1.151y)\sin^2(0.575x)}{0.438x^2y^2}$ (b) x 방향으로 5.46 mm; y 방향으로 2.73 mm

(c) x 방향으로 0.895; y 방향으로 0.629 (d) 0.005

11-23 (a) 90° (b) 11.5° (c) 5.7°

11-24 $\Delta\theta = (\lambda/D)(1/\cos\theta)$

11-25 (b) $m = 1, 2, 3$에 대해 각각, 4.7%, 1.8%, 0.84%

11-26 $m = 0$; $\theta_{1/2} = 30°$

11-27 (a) 120° (b) $I_p = \left(\frac{1}{9}\right) I_{max}$ (c) $I_p = I_{max}$ (d) $I_p = 3\, I_{av}$

chapter 12

12-1 13°18′

12-2 (a) 0.0823°/nm; 0.464 nm/mm (b) 63,000

12-3 (a) 8.66′ (b) 612.5 nm(혹은 587.5 nm) (c) 48; 48

12-4 987; 494

12-5 (a) 700 nm, 360 nm (b) 57.1°, 25.6° (c) 크라운 유리에 대해 350 nm, 175 nm; 수정에 대해 180 nm, 90 nm.

12-6 120,000; 0.069 Å

12-7 (a) 3차 (b) 빔보다 작은 폭은 아무거나

12-8 (a) 각 경우 21.8 cm (b) 각 경우 9 (c) 각각 21.8 cm, 4.37 cm, 0.0029 cm

12-9 (a) 8750 선/cm (b) 18.89° (c) 37.77° (d) 7.88 nm/도(°)

12-10 (a) 7000 (b) 0.018 mm

12-11 (a) −5.7° ~ +11.5° (b) 100,000 (c) 10 Å/mm (d) 1 m

12-12 약 5000 선/cm

12-13 (a) 1.16 μm (b) 18.4 Å/mm

12-14 (a) 11.5° (b) 11.8°

12-15 3550 선/mm ; 줄인다.

12-16 (a) 3647 (b) 1200 선/mm (c) 3.04 mm

12-17 (a) 557~318 (b) 960 (c) 388,800 ; 0.014 Å (d) 0.41°/nm (e) 5.5 Å

chapter 13

13-1 프레넬, 프레넬, 프라운호퍼

13-2 최대: 409, 136, 81.8 cm ; 최소 204.5, 102, 68 cm

13-3 (a) 1.88, 3.26 mm (b) 2.66, 3.76 mm

13-4 (a) 0.0346 cm (b) 833 (c) 20 cm, 6.67 cm, 4 cm

13-6 (a) 0.02 cm (b) 2500

13-7 (a) 4배 (b) 거의 0 (c) 5 ; 6

13-8 0.0012%

13-9 (a) 1/100 (b) 50.31 cm

13-10 1.05, 1.48, 1.82 mm

13-12 반지름 1.97 mm ; 0

13-13 14.8 cm

13-14 (a) 0.829 I_u (b) 0.213 I_u

13-15 (a) 0.0119 I_u (b) 1.23 I_u

13-16 (a) 0.018 I_u (b) 0.223 I_u

13-17 1.19 I_u ; 0.86 I_u

13-18 0.55 I_u

13-19 21%

13-20 (b) 0.145 mm (c) 0.665 I_u

13-21 19 μm

chapter 14

14-2 (a) $\frac{1}{\sqrt{2}}\begin{bmatrix}1\\-1\end{bmatrix}$: −45°로 선편광 (b) $\frac{1}{\sqrt{2}}\begin{bmatrix}1\\1\end{bmatrix}$: +45°로 선편광

(c) $\frac{1}{\sqrt{2}}\begin{bmatrix}1\\\frac{1}{\sqrt{2}}(1-i)\end{bmatrix}$: +45°로 우선타원편광 (d) $\frac{1}{\sqrt{2}}\begin{bmatrix}1\\i\end{bmatrix}$: 좌원편광

14-3 (a) 진폭 $2E_0$를 가지고 $+z$-방향으로 진행하는 x-방향 선편광
(b) 진폭 $5E_0$를 가지고 $+z$-방향으로 진행하는 선편광(x-축에 대해 53.1° 기울어짐)
(c) 진폭 $5E_0$를 가지고 $-z$-방향으로 진행하는 우원편광

14-4 75°

14-5 우원편광

14-6 (a) $\vec{\mathbf{E}} = E_0(\sqrt{3}\,\hat{\mathbf{y}} + \hat{\mathbf{z}})e^{i(kx-\omega t)}$ (b) $\vec{\mathbf{E}} = E_0(2\hat{\mathbf{z}} - i\hat{\mathbf{x}})e^{i(ky-\omega t)}$
(c) $\vec{\mathbf{E}} = \hat{\mathbf{z}}E_0 \exp\{i[(x+y)k/\sqrt{2} - \omega t]\}$

14-7 (a) $C = 0,\ m\pi$ (b) $B = 0,\ (m + \frac{1}{2})\pi$ (c) $B = 0,\ A = \pm C,\ (m + \frac{1}{2})\pi$

14-9 (a) 선편광, $\alpha = 18.4°$, $A = \sqrt{10}$ (b) 우원편광, $A = 1$

(c) 우선타원편광; 장축 = 5(y-축 방향), 단축 = 4(x-축 방향) (d) 수평 선편광, $A = 5$
(e) 좌원편광, $A = 2$ (f) 선편광, $\alpha = 56.3°$, $A = \sqrt{13}$
(g) 좌선타원편광, $\varepsilon = 53.1°, \alpha = -7°, E_{0x} = 2, E_{0y} = 10$

14-10 우선타원편광, x-축과 y-축에 대칭, $E_{0x}/E_{0y} = \sqrt{3}$

14-13 우원편광

14-14 빛이 나오지 않는다.

14-15 (a) 우선타원편광, 장축은 x-축 방향 (b) 수직 선편광

14-16 (a) ±45° 선편광 (b) 타원편광

14-17 $\begin{bmatrix} 1 & -i \\ i & 1 \end{bmatrix}$

14-20 (a) 타원편광, 경사각 $\alpha = -25.097°$: $\dfrac{1}{\sqrt{13}}\begin{bmatrix} 2 \\ \dfrac{3}{2} + \dfrac{i3\sqrt{3}}{2} \end{bmatrix}$

(b) 타원편광, 경사각 $\alpha = 4.903°$, 즉 30° 회전: $30° \dfrac{1}{\sqrt{34.475}}\begin{bmatrix} 2.6519 \\ -0.6651 + i(5.1962) \end{bmatrix}$

14-21 (a) 장축과 단축(길이 $2E_{0x}$와 $2E_{0y}$)이 좌표축과 나란한 타원편광
(b) 장(단)축이 좌표축과 45° 각을 이루는 타원편광
(c) 원점에 중심을 둔 반지름 E_0인 원편광 (d) 기울기가 E_{0y}/E_{0x}인 선편광

14-22 $I = I_0(2\sin^2\theta\cos^2\theta)$

chapter 15

15-1 28.1%

15-2 67.5°; 22.5°

15-3 (a) $I_0\{0.5(\alpha^2 + \beta^2)\cos^2\theta + \alpha\beta\sin^2\theta\}$
(b) $0.4525I_0 : 0.5I_0$; $0.351I_0 : 0.375I_0$; 둘 다 $0.25I_0$; $0.0475I_0 : 0$

15-4 0.0633 mm

15-5 (a) 분리 없음, 위상지연, 아무 편광이나 가능. (b) 분리 없음, 위상지연 없음, 비편광.
(c) (a)와 같음. (d) 이중 굴절, 분리된 각각의 빔에 위상지연 없음, 각각 선편광. (e) (a)와 (c).

15-6 (a) 0.121 mm 차이 (b) 0.015 mm

15-7 (b) 0% (c) 33%

15-8 24

15-9 0.0162 mm

15-10 20°

15-11 0.005

15-12 (a) 53.12° (b) 11.5°

15-13 (a) 비편광과 원편광의 혼합 (b) 타원편광

15-14 (a) 56.2° (b) 33.8°

15-15 (a) 0.05 g/ml (b) 약 46°

15-16 (a) 0.200 mm (b) 50°

15-17 (a) 8.57×10^{-5} cm (b) 녹색

15-19 (a) 0.0091 (b) 15 μm (c) 12 (d) 15 μm

15-20 3.15×10^{-4}

15-21 (a) 36.8 μm (b) 18.4 μm

15-22 14.7°

15-23 (a) 14.8% (b) I_0의 2.03% (c) 0.92

15-24 $I_0 \sin^2(2\theta)$

15-25 (a) 42.5° (b) 0.60°

chapter 16

16-2 (b) 0.866

16-3 1000 Gb (1 Tb)

16-4 1.82 μm

16-5 63.3 m/s

16-7 1.8×10^{10} bit

16-8 (a) 156.25 nm (b) 500 nm (c) 475 nm

16-9 (b) 208 nm (c) 없음.

16-10 365 nm; 파란색 성분이 자외선으로 이동하여 보이지 않는다.

16-11 (a) 1.88배 (b) 6330배

chapter 17

17-1 1850 nm

17-2 (a) 0.1 (b) 0.0724 A/W

17-3 0.08 μA

17-4 1.3×10^{-13} W

17-5 (a) 300 (b) 아니오.

17-8 40,000

17-9 0.1 mW

chapter 18

18-1 $f_1 = -62.05$ cm; $f_2 = 46.66$ cm; $r = 2.91$ cm; $s = -0.98$ cm

18-2 (a) $f_1 = 14.06$ cm $= -f_2$; $r = 1.17$ cm; $s = -0.73$ cm
(b) 렌즈 중심 왼쪽 8.92 cm (c) 렌즈 중심 왼쪽 9.78 cm(오차 9.6%)

18-3 두 번째 볼록 렌즈의 왼쪽 6.67 cm에 정립 허상, 높이 0.556 in

18-4 $f_1 = -11.51$ cm; $f_2 = 15.31$ cm; $r = 0.400$ cm; $s = -1.16$ cm; $v = 4.20$ cm; $w = 2.64$ cm;
$s_i = 18.9$ cm from H_2; $h_i = -1.18$ cm

18-5 (a) $f_1 = -20.15$ cm $= -f_2$; $r = 10$ cm $= -s$; $v = 10$ cm $= -w$
(b) 상은 구 중심으로부터 61.38 cm 위치에 거꾸로인 실상이며, 배율은 $m = -2.05$이다.

18-6 (a) $y = 1$ cm; $\alpha = -5.73°$ (b) $A = 1 - x/10$; $B = 10/3 + 2x/3$; $C = -1/10$; $D = 2/3$
(c) $x = 10$ cm

18-8 $p = -4.17$ cm, $q = +2.17$ cm, $r = -0.83$ cm, $s = -2.17$ cm, $f_1 = -3.33$ cm, $f_2 = 4.33$ cm

18-9 $f_1 = -20$ cm, $f_2 = +20$ cm, $p = -30$ cm, $q = +10$ cm, $r = -10$ cm, $s = -10$ cm

18-10 $f_1 = -16.7$ cm, $f_2 = +23.3$ cm, $q = +18.7$ cm, $p = -18.3$ cm, $r = -1.67$ cm, $s = -4.67$ cm

18-11 (a) $A = -\frac{1}{2}, B = 0, C = -\frac{1}{10}, D = -2$
(b) 입사면과 출력면은 공액 물체와 상의 위치에 있다. A는 선형 확대된 동일한 것이다.

18-12 (a) $p = -2, q = +2, f_1 = -6, f_2 = +6, r = 4, s = -4$ in (b) 유리공 넘어 2 in

18-13 (a) 행렬의 성분들: $A = \frac{16}{15}, B = \frac{2}{3}, C = -\frac{1}{150}, D = \frac{14}{15}$
(b) $p = -140, q = 160, r = s = 10, f_1 = -150, f_2 = 150$, all in cm

18-14 (a) $A = 0.9764, B = 0.9676, C = 0.009182, D = 1.033$
(b) $f_1 = 108.9$ cm, $f_2 = -108.9$ cm, $p = 112.5$ cm, $q = -106.3$ cm, $r = 3.62$ cm, $s = 2.57$ cm
(c) -100 cm

18-15 (a) $A = \frac{2}{3} - s'/6; B = \frac{25}{3} + 2 - ss'/6 + s'; C = -\frac{1}{6}; D = -s/6 + 1$
(b) $s' = (4s + 12)/(s - 6); m = \frac{2}{3} - s'/6$ (c) $s' = 6\frac{4}{7}$cm; $m = -0.429$
(d) $s' = 4$ cm는 두 번째 초점평면, $s = 6$ cm는 첫 번째 초점평면

18-16 $A = 0.93935$; $B = 22.2212$; $C = -0.009284$; $D = 0.8448$; $r = v = 16.72$ mm; $s = w = -6.53$ mm: $p = -90.99$ mm; $q = 101.18$ mm; $f_1 = -f_2 = -107.71$ mm; 필름 면은 마지막 표면에서 $q = 101.2$ mm 거리에 있다.

18-17 $A = \dfrac{n - n_L}{n_L R_1}t + 1, B = \dfrac{nt}{n_L}, C = \dfrac{n_L - n'}{n' R_2} - \dfrac{n_L - n}{n' R_1} - \dfrac{(n_L - n)(n_L - n')}{n' n_L}\dfrac{t}{R_1 R_2},$
$D = \dfrac{n}{n'} + \left(\dfrac{n_L - n'}{n' R_2}\right)\dfrac{nt}{n_L}$

18-21 $\alpha = 0°$일 때 $s' = 3.180$ cm, $\alpha' = -23.51°$. $\alpha = -20°$일 때 $s' = 16.104$ cm, $\alpha' = 6.081°$.

18-22 $s' = -49.525$ cm; $\alpha' = 3.371°$; $Q = 2.912$

18-23 $h = 1$ mm일 때 $s' = 98.20$ mm, $\alpha' = -0.567°$. $h = 5$ mm일 때 $s' = 102.45$ mm, $\alpha' = -2.723°$

chapter 19

19-1 (a) 헬륨-카드뮴은 약 1.3배 밝다. (b) 2.4 mW 정도

19-2 (a) 900 cd (b) 85.4 lm/m^2 혹은 lx

19-3 1.055:1

19-4 320 lx

19-5 (a) 1.7×10^9 cd/m^2 (b) $2\pi L$

19-6 0.97 lm

19-7 +41.6 D

19-8 (a) 8.33 mm; +120 D (b) 42.86 mm; +23.33 D
(c) 그것의 두 번째 주요면에서 측정된 43.65 mm, 또는 두 번째 면에서 42.38 mm; +22.9 D

19-9 (a) 각막에서 22.34 mm (b) 각막에서 21.60 mm

19-10 (a) $A = 0.75846, B = 5.1050, C = -0.05011, D = 0.65180$
(b) 초점은 앞 13.01 mm와 각막 뒤에 22.34 mm이며; 주요점은 뒤에 1.96 mm와 각막 뒤에 2.38 mm이다.

19-11 블록 문자 크기는 1.309 인치 (20/300)이다; 0.262 인치 (20/60); 0.087 인치 (20/20); 0.065 인치 (20/15). 문자 세부 사항은 각각의 경우에 블록 문자 크기이다.

19-12 (a) 3.45 D (b) 30.5 cm

19-13 (a) − 2.000 D (b) 21.4 cm (c) − 2.083 D: 19.8 cm

19-14 (a) 근시, 난시 (b) 근시 (c) 원시 (d) 원시, 난시

19-15 (a) 오른쪽 눈: 7.32 cm, 14.3 cm. 왼쪽 눈: 8.57 cm, 20 cm
(b) 오른쪽 눈: 11.5 cm, 50.2 cm. 왼쪽 눈: 21.4 cm, ∞(피곤한 눈)

19-16 장거리 시력: − 7.41 D; 근거리 시력: − 6.10D, (두 경우에 눈에서 렌즈 거리는 1.5 cm)

chapter 20

20-2 (d) $s' = 0, +8, +14.4$ cm

20-3 $a = -0.858$ mm; $b_y = -10.98$ mm; $b_z = -35.15$ mm

20-5 $a = -0.015$ mm; $b_y = -0.49$ mm; $b_z = -3.9$ mm

20-6 (a) -0.0296 mm (b) 0.021 mm

20-7 (a) -0.6 mm (b) 1.2 mm

20-8 $b_z = 1.64$ mm; $b_y = 0.164$ mm

20-9 $b_z = 0.974$ mm at $h = 1$ cm, 3.84 mm at $h = 2$ cm, 8.44 mm at $h = 3$ cm, 14.53 mm at $h = 4$ cm, 21.81 mm at $h = 5$ cm

20-10 $b_z = 1.82$ cm; $b_y = 0.970$ mm

20-12 $\sigma = 0.7$일 때 $r_1 = 17.65$, $r_2 = -100$ cm. $\sigma = 3$일 때 $r_1 = 7.50$, $r_2 = 15.0$ cm

20-13 $r_1 = 18.62$ cm, $r_2 = -33.75$ cm

20-14 최적 $\sigma = +0.867$, -1까지 보다 -1까지 가까움

20-15 (a) $+0.714$ (b) $r_1 = 17.5$ cm; $r_2 = -105$ cm (c) -0.714, 렌즈 방향 반대

20-16 (a) 0.8 (b) $r_1 = 16.7$ cm; $r_2 = -150$ cm (c) -0.8 렌즈 방향 반대

20-17 $+20$ cm과 -20 cm.

20-18 답 같음

20-19 -17.7 cm

20-20 (a) $R = 15.7$ cm (b) $f_2 = -3.476$ cm

20-21 $r_{11} = 8.5168$ cm, $r_{22} = -434.89$ cm; $f_D = 20.0000$ cm, $f_C = 20.0096$ cm, $f_F = 20.0096$ cm

20-22 (a) $r_{11} = 3.4535$ cm, $r_{22} = -12.6576$ cm (b) $f_D = 5.0000$ cm $f_C = 5.0026$ cm, $f_F = 5.0026$ cm (c) $P_{1D} = 0.3695$ cm^{-1}, $P_{2D} = -0.1695$ cm^{-1}, $\Delta_{1D} = 0.01802$, $\Delta_{2D} = 0.03928$ (d) 예.

20-23 (a) $r_{11} = -5.2415$ cm, $r_{22} = 53.1840$ cm (b) $f_{1D} = -4.5770$ cm $f_{2D} = 8.4399$ cm (c) $f_D = -10.0000$ cm, $f_C = -10.0050$ cm, $f_F = -10.0050$ cm

chapter 21

21-1 (a) 0.633, 1.898, 3.164 mm (b) 0.50 mm (c) 12.57, 37.70과 62.83 원/mm (d) $1 : \frac{1}{9} : \frac{1}{25}$

21-2 (a) 곱

21-3 (c) 32.8%, 0.48

21-4 (a) 진폭의 5단위 (c) $25[1+\sin(ay)]^2$

21-7 $(\pi A^2/\omega)\cos(\omega\tau)$

21-8 (a) 18.3 kHz (b) 17.2 kHz

21-9 (a) 0.04 Å (b) 0.1 Å

21-10 (a) 2.86×10^{-3} cm (b) 5.59 nm (c) 224 nm (d) 0.80 reading/s

21-11 (a) 3.6 cm^{-1} (b) 2450 (c) 0.093 mm/s

chapter 22

22-2 (a) 102 nm, 1.22 (b) 0.084%

22-4 (a) 2.81% (b) 3.17% (c) 4.26%

22-5 32.3%

22-6 2; 0.25 μm; ZrO_2

22-7 (a) 산화알루미늄 859 Å, 빙정석 1058 Å; 0.0003% (b) 15.6%

22-8 (a) 227 nm와 370 nm (b) 10% (c) 1.2%

22-12 예를 들어, 표면에서 기판까지: MgF_2 ($n = 1.35$), SiO ($n = 1.5$), ZnS ($n = 2.2$)

22-13 (a) 81.1% (b) 98.4% (c) 99.99%

22-14 99.96%

22-15 2.24

chapter 23

23-2 61°4′; 28°56′

23-3 $\theta_c = 32.9°, \theta_p = 61.5°, \theta_p' = 28.5°$

23-4 1.272

23-10 (a) 2.55% (b) 0.233% (c) 4.26% (d) 1.26%

23-11 (a) 2.01%, 2.10%, 5.23%, 100% (b) 2.01%, 1.91%, 0.274, 100%

23-12 (a) TM: $\theta_p = 67°33'$, no θ_c; TE: no θ_p, no θ_c (b) TM: $\theta_p = 22°27', \theta_c = 24°24'$; TE: no $\theta_p, \theta_c = 24°24'$

23-13 (a) $R = 13.85\%$, $T = 86.15\%$ (b) $R = 0.62\%$, $T = 99.38\%$

23-15 (a) $\theta_c = 43.3°, \theta_p = 55.6°, \theta_p' = 34.4°$ (b) $R = 3.47\%$, $T = 96.53\%$; $R = 8.21\%$, $T = 91.79\%$
(c) $R = 3.47\%$, $T = 96.53\%$; $R = 0.67\%$, $T = 99.33\%$ (d) $0, 0, \pi$, 2.43 rad, 2.65 rad, π

23-16 (a) 59°51′ (b) 0.457π와 0.539π

23-17 (a) 29.3%, 34.5%, 45.4%, 65.7%, 100% (b) 29.3%, 24.2%, 14.9%, 5.4%, 100%

23-18 (a) 82.5%, 84.7%, 90.9% (b) 82.5%, 80.1%, 69.5%

23-19 (a) 0.113 nm^{-1} (b) 41 nm

23-21 (a) 0.164 μm (b) 5.1×10^{-6}

chapter 24

24-1 ω, 3ω

24-2 $3\omega_1, 3\omega_2, 2\omega_1 + \omega_2, 2\omega_1 - \omega_2, 2\omega_2 + \omega_1, 2\omega_2 - \omega_1, \omega_1, \omega_2$

24-3 $0, 2\omega_1, 2\omega_2, \omega_1 \pm \omega_2, \omega_1 \pm \omega_3, \omega_2 \pm \omega_3$

24-5 (a) 5983 nm (b) 0.046

24-6 9.84 kV; V_{HW}는 길이와 무관하다.

24-7 7.9×10^{-6}; $\pi/2$

24-8 (a) $\Phi = 2\pi, 4\pi, \ldots; V = 2V_{HW}, 4V_{HW}, \ldots$ (b) At $V = 0, I = I_{max}$; at $V = V_{HW}, I = 0$

24-9 $\Phi_{pock}/\Phi_{kerr} = (r/K)(n_0^3/\lambda_0 VL)$; 73

24-10 3.47 m; 실제 값과는 차이가 있다.

24-12 음파는 150 nm를 앞서며, 이는 $\lambda = 500$ nm를 기준으로 $\lambda/3.3$에 해당한다.

24-13 (d) 67

24-14 221 MHz

24-16 2.97′

24-17 5-cm의 길이에 대하여, 전류는 31.8 A이다.

24-18 (a) 0.0647 min/Gcm (b) 0.0956 min/Gcm

24-19 14.1°; 0.0712 μm^{-1}

chapter 25

25-1 (b) $n_I = 0.455\sqrt{K_I}$; $n_R = 1.099\sqrt{K_I}$

25-4 (a) $4.80 \times 10^{13}\,\text{s}^{-1}$ (b) $1.38 \times 10^{16}\,\text{s}^{-1}$ (c) $n_R = 0.0292$; $n_I = 3.92$

25-6 (a) 0.856 cm (b) 6.63 μm

25-7 (a) 0.35 mm (b) 1 m

25-8 1.7 μm

25-9 (a) 0.405 m^{-1} (b) 11.4 m

25-11 $A = (1+\alpha)^{1/2} B = 2(\pi c/\omega_0)^2(\alpha+1)^{-1/2} C = 2(\pi c/\omega_0)^4 \alpha(3\alpha+4)(\alpha+1)^{-3/2}$ 여기서

$\alpha = Ne^2/m\varepsilon_0\omega_0^2$

chapter 26

26-5 (c) 0 (d) $1100\,\text{W/m}^2$ (e) $1.11 \times 10^5\,\text{W/m}^2$

(f) $\gamma = 1/\text{cm}$의 경우, $N_0/N_t = 0.993$. $\gamma = 0.01/\text{cm}$의 경우, $N_0/N_T = 0.99993$.

두 경우 모두 타당한 결과이다. (g) $1100\,\text{W/m}^2$; $1.10 \times 10^5\,\text{W/m}^2$

26-7 (d) $1.6565 \times 10^7\,\text{W/m}^2$ (e) $1.6567 \times 10^7\,\text{W/m}^2$ (f) $1.6788 \times 10^7\,\text{W/m}^2$

26-11 (a) 6.96 W/m^2 (b) 49.7 W/m^2 (c) 221 W/m^2 (d) 1180 W/m^2 (e) 10,200 W/m^2

26-12 (a) 5.96 W/m^2 (b) 39.7 W/m^2 (c) 121 W/m^2 (d) 180 W/m^2 (e) 200 W/m^2

26-13 (a) 2.7 W/m^2, 1.7 W/m^2 (b) 25.2 W/m^2, 15.2 W/m^2 (c) 181 W/m^2, 81 W/m^2

(d) 1170 W/m^2, 170 W/m^2 (e) 10,200 W/m^2, 200 W/m^2

26-16 (a) 0.00513/cm (b) 103 W/m^2

26-18 0.0242

26-21 (a) 스펙트럼 중심에서, $9.69 \times 10^{-22}\,\text{m}^2$ (b) $3.1 \times 10^{-21}\,\text{m}^3$ (c) $1.94 \times 10^6\,\text{W/m}^2$

26-22 1500 MHz

26-27 2.0×10^{-10} s, 6.7×10^{-10} s, 1.5×10^{-14} s

26-31 (a) 100 MHz (b) 1430 W

26-32 발산각의 각도퍼짐의 전폭은 90°, 9°

26-33 1.55 eV

26-34 0.45

chapter 27

27-4 (a) $-i(1.24\text{ m})$ (b) 각각의 경우에, 근사적으로, 50 m $-i(1.24\text{ m})$

27-5 (a) $R_{50} = 50.03$ m; $w_{50} = 20.15 \times 10^{-3}$ m

27-6 (a) center of cavity (b) 0.51 mm (c) 0.51 mm (d) 0.4 mrad (e) ≥ 64.6 m (f) 1.22 $\mu\text{W/cm}^2$

27-7 (b) $\begin{bmatrix} 1 & 0 \\ -0.53125 & 1 \end{bmatrix}$

27-8 (a) 1.88 m (b) 1.88 m

27-9 (a) $-i\pi w_1^2/\lambda$ (b) 0.438 mm (c) $(-0.952\text{ m})i$

(d) $\dfrac{ACq_1q_1^* + BD + ADq_1^* + BCq_1}{A^2q_1q_1^* + B^2} = \dfrac{1}{R_2(\ell)} + i\dfrac{\lambda}{\pi w_2^2(\ell)}$ (e) $\ell \cong 6$ cm; $w_2(\ell) \cong 0.54$ mm

27-10 (a) $w_{02} = 0.543$ mm; $z_2 = 0.0663$ m

27-11 (a) $z_{FF} \gg 1.46$ m (b) 0.371 mrad (c) $w_{\text{in}} = 1.113$ cm; $w_{\text{out}} = 11.31$ cm

(d) $z_2 \cong 0.1$ m; $w_{02} \cong 1.81 \times 10^{-7}$ m

27-16 14.6 m; 58.3 m; 131.2 m; 364.5 m

27-20 (a) $1-e^{-2a^2/w^2}$ (b) $1-(1+2a^2/w^2)e^{-2a^2/w^2}$ (c) $1-\left(1+2a^2/w^2+\frac{1}{2}(2a^2/w^2)^2\right)e^{-2a^2/w^2}$

(d) $1-\left(1+\frac{2}{3}(2a^2/w^2)+\frac{1}{2}(2a^2/w^2)^2\right)e^{-2a^2/w^2}$

27-23 (a) 0.155 mm (b) 1.32×10^4 W/cm^2 (c) 3.17 W/cm^2

27-24 (a) 750 MHz (b) 750 MHz (c) 154 MHz (d) 154 MHz (e) 308 MHz

chapter 28

28-5 2.1×10^9 V/m

28-6 (a) 181 m (b) 2.42×10^3 V/m

28-7 (b) $R_{NHZ}=371$ m

28-8 (b) $R_{NHZ}=29.9$ m

28-10 (a) 3610 nm

28-11 3.33 W, 3.23 W

28-16 (a) 480 m/s (b) 0.8 m/s

28-17 1.2 MHz

찾아보기

ㅅ

ㅇ

ㅈ

ㅊ

ㅋ

ㅌ

ㅍ

P

Q

R

S

T

U

V

W

X

Y

Z